新 毒物劇物
取扱の手引

［監修］

大野　泰雄

［編集］

益山　光一

［編集協力］

栗原　正明

橘高　敦史

髙橋　祐次

黒木由美子

時事通信社

監修にあたって

　毒物及び劇物取締法は、化学物質の有害性、特に、急性毒性に着目し、少量で人体に健康被害をもたらすおそれのあるものを毒物または劇物に指定し、これらの物質による保健衛生上の危害を防止するために必要な規制、および取り締まりを行うことを目的としています。

　このためには、毒物劇物を製造する者、輸入する者、販売する者、さらには業務上毒物劇物を取り扱う者等関係者はもとより、毒物劇物を利用する一般国民も毒物劇物に関する正しい知識を身につけるとともに、危害防止の観点から法が要求している事柄を十分に理解し、これを遵守していく必要があります。

　本書は、この必要性を踏まえて 1951（昭和 26）年に初めて刊行されました。それ以来、毒物劇物取扱責任者の参考書、講習テキストとしてばかりでなく、広く毒物劇物に関わる方々にとっても必携書として利用され、今日に至っているところであります。

　今回の改訂に際しては、2018 年 4 月までに改正された最新の法令に基づいて見直すとともに、記載を縦書きから横書きに変え、用語や化学構造の表記ならびに薬物中毒の際の応急処置を全面的にアップデートし、毒物劇物に関する総合的な手引書として編集しましたので、関係の方々の座右の書として日頃の業務に活用いただき、危害防止の一助とされることを望む次第であります。

　2018 年 5 月

国立医薬品食品衛生研究所名誉所長　　大野　泰雄

［監　修］

大野 泰雄
国立医薬品食品衛生研究所 名誉所長

［編　集］

益山 光一
東京薬科大学薬学部薬事関係法規研究室 教授

［編集協力］

栗原 正明
国際医療福祉大学薬学部 教授

橘高 敦史
帝京大学薬学部医薬化学講座薬化学研究室 教授

髙橋 祐次
国立医薬品食品衛生研究所
安全性生物試験研究センター毒性部 室長

黒木由美子
公益財団法人 日本中毒情報センター 参与

新 毒物劇物取扱の手引・目次

監修にあたって　i

総　説　　1

1	毒物および劇物	3
	・毒物劇物の判定基準	6
2	毒物および劇物の毒作用	10
3	毒物および劇物の取扱い	12
	【参考資料】GHS 対応ラベルの読み方 ～毒物・劇物取扱者向け～	14
4	中毒の応急手当と救命処置	34
5	産業中毒	38
6	農薬中毒と治療法	39
	・有機リン製剤	40
	・パラコート製剤	41
	・クロルピクリン製剤	42
7	特定毒物の使用上の注意	44
	・散布前の注意	44
	・薬剤運搬の注意	44
	・散布液調製時の注意	44
	・薬剤散布時の注意	45
	・薬剤散布後の注意	45
8	化合物、製剤等の用語の意義	47
	・「製剤」について	47
	・「化合物・塩類」について	48
9	毒物劇物危害防止規定	49
10	毒物、劇物の廃棄	51
	・廃棄の方法に関する基準の内容	52

昭和 50 年 11 月 26 日制定品目／昭和 52 年 12 月 8 日制品
目／昭和 56 年 3 月 31 日制定品目／昭和 60 年 4 月 5 日制定
品目／昭和 62 年 9 月 12 日制定品目／平成 3 年 3 月 6 日制
定品目／平成 4 年 12 月 7 日制定品目／平成 6 年 3 月 14 日

制定品目／平成 7 年 3 月 16 日制定品目／平成 8 年 3 月 15
日制定品目

11　毒物、劇物の運搬　　　　　　　　　　　　　　　　61

・毒物及び劇物の運搬事故時における応急措置に関する

　基準の内容　　　　　　　　　　　　　　　　　　　　62

　昭和 52 年 2 月 14 日制定品目／昭和 56 年 3 月 31 日制定品

　目／昭和 60 年 4 月 5 日制定品目／昭和 62 年 9 月 12 日制定

　品目／平成 3 年 3 月 6 日制定品目／平成 4 年 12 月 7 日制定

　品目／平成 6 年 3 月 14 日制定品目／平成 7 年 3 月 16 日制

　定品目／平成 8 年 3 月 15 日制定品目

・毒物及び劇物の運搬容器に関する基準の内容　　　　66

・毒物及び劇物の運搬容器に関する基準

　　—その一・固定容器の基準　　　　　　　　　　　69

・毒物及び劇物の運搬容器に関する基準

　　—その二・積載式容器の基準　　　　　　　　　　75

・毒物及び劇物の運搬容器に関する基準

　　—その三・小型運搬容器の基準　　　　　　　　　75

・毒物及び劇物の運搬容器に関する基準

　　—その四・中型運搬容器の基準　　　　　　　　　90

12　毒物、劇物の貯蔵　　　　　　　　　　　　　　　　104

・毒物及び劇物の貯蔵に関する構造・設備等基準

　　その一（固体以外のものを貯蔵する屋外タンク貯蔵所の基準）　104

・毒物及び劇物の貯蔵に関する構造・設備等基準

　　その二（固体以外のものを貯蔵する屋内タンク貯蔵所の基準）　109

・毒物及び劇物の貯蔵に関する構造・設備等基準

　　その三（固体以外のものを貯蔵する地下タンク貯蔵所の基準）　109

13　毒物劇物営業者登録等システム　　　　　　　　　117

・毒物劇物営業者登録等システムの概要　　　　　　118

・法令改正の概要　　　　　　　　　　　　　　　　119

14　地震防災応急計画　　　　　　　　　　　　　　　120

15　テロの未然防止と武力攻撃事態・災害への対策　　123

各　論　127

- ・毒　物　129
- ・劇　物　286

毒物及び劇物取締法の解説　743

1　沿　革　745

　　制定後の経過　747

2　逐条解説　800

　　第 1 条　目的　800

　　第 2 条　定義　800

　　第 3 条　禁止規定　802

　　第 3 条の 2　804

　　第 3 条の 3　807

　　第 3 条の 4　808

　　第 4 条　営業の登録　809

　　第 4 条の 2　販売業の登録の種類　810

　　第 4 条の 3　販売品目の制限　811

　　第 5 条　登録基準　812

　　第 6 条　登録事項　815

　　第 6 条の 2　特定毒物研究者の許可　816

　　第 7 条　毒物劇物取扱責任者　818

　　第 8 条　毒物劇物取扱責任者の資格　820

　　第 9 条　登録の変更　824

　　第 10 条　届出　824

　　第 11 条　毒物又は劇物の取扱　826

　　第 12 条　毒物又は劇物の表示　828

　　第 13 条　特定の用途に供される毒物又は劇物の販売等　831

　　第 13 条の 2　831

　　第 14 条　毒物又は劇物の譲渡手続　832

第 15 条　毒物又は劇物の交付の制限等	833
第 15 条の 2　廃棄	836
第 15 条の 3　回収等の命令	836
第 16 条　運搬等についての技術上の基準等	837
第 16 条の 2　事故の際の措置	838
第 17 条　立入検査等	839
第 18 条	840
第 19 条　登録の取消等	840
第 20 条　聴聞等の方法の特例	842
第 21 条　登録が失効した場合等の措置	843
第 22 条　業務上取扱者の届出等	845
第 23 条　手数料	849
第 23 条の 2　薬事・食品衛生審議会への諮問	850
第 23 条の 3　都道府県が処理する事務	850
第 23 条の 4　緊急時における厚生労働大臣の事務執行	853
第 23 条の 5　事務の区分	853
第 23 条の 6　権限の委任	854
第 23 条の 7　政令への委任	855
第 23 条の 8　経過措置	855
第 24 条　罰則	855
第 24 条の 2	856
第 24 条の 3	856
第 24 条の 4	856
第 25 条	856
第 26 条	857
第 27 条	857
3　毒物及び劇物取締法施行令について	859

法令集   861

・毒物及び劇物取締法	863
・毒物及び劇物指定令	893
・毒物及び劇物取締法施行令	942

第1章　四アルキル鉛を含有する製剤（第1条-第10条）　　943

第2章　モノフルオール酢酸の塩類を含有する製剤
　　　　（第11条-第15条）　　945

第3章　ジメチルエチルメルカプトエチルチオホスフエイトを
　　　　含有する製剤（第16条-第21条）　　948

第4章　モノフルオール酢酸アミドを含有する製剤
　　　　（第22条-第27条）　　950

第5章　燐化アルミニウムとその分解促進剤とを含有する製剤
　　　　（第28条-第32条）　　952

第5章の2　興奮、幻覚又は麻酔の作用を有する物
　　　　　　（第32条の2）　　954

第5章の3　発火性又は爆発性のある劇物（第32条の3）　　954

第6章　営業の登録及び特定毒物研究者の許可
　　　　（第33条-第37条）　　954

第7章　危害防止の措置を講ずべき毒物等含有物（第38条）　　959

第8章　特定の用途に供される毒物又は劇物
　　　　（第39条・第39条の2）　　959

第8章の2　毒物又は劇物の譲渡手続（第39条の3）　　959

第9章　毒物及び劇物の廃棄（第40条）　　960

第9章の2　毒物及び劇物の運搬（第40条の2-第40条の8）　　960

第9章の3　毒物劇物営業者等による情報の提供（第40条の9）　　964

第10章　業務上取扱者の届出（第41条・第42条）　　965

第11章　手数料（第43条）　　965

・毒物及び劇物取締法施行規則	976
・毒物又は劇物を含有する物の定量方法を定める省令	1047

viii

- ・家庭用品に含まれる劇物の定量方法及び容器又は被包の試験方法を
  定める省令　　　　　　　　　　　　　　　　　　　　　　　　1052
- ・毒物及び劇物取締法施行令第十三条第二号ハただし書の規定に基づく
  森林の野ねずみの駆除を行うため降雪前に地表上にえさを仕掛けるこ
  とができる地域　　　　　　　　　　　　　　　　　　　　　　1056
- ・農薬取締法　　　　　　　　　　　　　　　　　　　　　　　　1057
- ・農薬取締法施行令　　　　　　　　　　　　　　　　　　　　　1086
- ・農薬取締法施行規則　　　　　　　　　　　　　　　　　　　　1090
- ・農薬取締法第 3 条第 1 項第 4 号から第 7 号までに掲げる場合に該当す
  るかどうかの基準を定める等の件　　　　　　　　　　　　　　1105
- ・地方自治法（抄）　　　　　　　　　　　　　　　　　　　　　1109
- ・地方公共団体の手数料の標準に関する政令　　　　　　　　　　1110

索　引　　　　　　　　　　　　　　　　　　　　　　　　　1117

編集後記　1155

総　説

1 毒物および劇物

　化学工業の急速な発展により、多種多様な化学物質が生産され、使用されるようになった。これらの化学物質の多くは各種産業の基幹となっているが、一方で、化学物質はその姿をいろいろに変え、われわれの日常生活にも深いかかわり合いを持っている。このように化学物質は、現代社会にとって非常に有用なものであるが、半面、爆発性、引火性、毒性などの有害な性質を併せ持っていることが多い。この「有害な性質」をいかにコントロールしてその有用性を引き出していくかということが、現代社会に課せられた大きな課題であろう。

　それでは、化学物質にはどんなものがあるであろうか。その主なものを挙げると、第一に工業薬品である。塩酸、硫酸、水酸化ナトリウムなどがこれに属し、これらは何千トン、何万トンという単位で生産されている。いずれも化学工業の基礎を支えるものであり、実に多方面で使用されている。また、ピクリン酸のように有機合成の原料として使用されるほか、爆薬の原料となるものもあれば、塗料、接着剤の原料となるものもある。

　第二に、医薬品である。医薬品の重要性については、改めていうまでもないことであるが、医療上その果たす役割ははかり知れない。

　第三に、食品添加物である。食品に用いられる着色料、甘味料などがこれに属する。

　第四に、農薬である。農薬には、殺鼠剤、除草剤、殺虫剤などがある。

　第五に、家庭用化学物質である。トイレ洗浄剤や漂白剤、滅菌用アルコールなどがある。

　このほか、大学、研究機関で使用される試薬、ダイオキシン類のように工業生産や廃棄物処理の過程で意図せずに生ずる化学物質などがある。

　それでは、これらの化学物質を規制している法律にはどんなものがあるであろうか。大別すると、次の二つに分けることができよう。

　一つは、化学物質の用途に着目して、その品質、有効性などを規制した法律（以下「特別法」という）であり、もう一つは、化学物質の物理的・化学的性質に着目し、その危害防止について規定した法律（以下「一般法」という）である。

　特別法の主なものとしては、医薬品、医薬部外品、化粧品等についてその品質、有効性、安全性の確保を図ることを目的とした医薬品、医療機器等の品質、有効性及び安全性の確保等に関する法律（厚生労働省所管、以下「医薬品医療機器法」という）、農薬の品質と安全な使用の確保を目的とした農薬

3

取締法（農林水産省所管）、食品添加物について飲食に起因する危害の発生を防止することを目的とした食品衛生法（厚生労働省所管）、火薬、爆薬などによる災害を防止し、公共の安全を確保することを目的とした火薬類取締法（経済産業省所管）などがある。これらの特別法は、化学物質が医薬品、農薬、食品添加物などに用いられる場合に限って、それぞれの法律の規制を受けることになる。

これに対し、一般法は、前述したように単に化学物質の特別な性質に着目しているため、それがどのような用途を有しているかということは問題としていない。一般法の主なものとしては、発火性または引火性の物品（危険物）による火災を予防し、社会公共の福祉の増進に資することを目的とした消防法（総務省消防庁所管）、高圧の化学物質（高圧ガス）による災害を防止し、公共の安全を確保することを目的とした高圧ガス保安法（経済産業省所管）、有害な化学物質による労働災害を防止し、労働者の安全と健康を確保するとともに、快適な作業環境の形成を促進することを目的とした労働安全衛生法（厚生労働省所管）などがある。なお、ダイオキシン類やDDTなどのような、ヒトの健康を損なうおそれ又動植物の生息若しくは生育に支障を及ぼすおそれがある化学物質による環境汚染を防止するために昭和42年に制定された"化学物質の審査及び製造等の規制に関する法律（いわゆる化審法）"は化学物質の用途に関わらず、環境中での分解性と蓄積性、ヒトや動植物に対して懸念される毒性（主に長期暴露時の毒性）に基づいて規制される。

したがって、ある化学物質が危険物であると同時に高圧ガスにも該当するものであれば、一つの物質について、消防法と高圧ガス保安法が同時に適用されることになる。

毒物及び劇物取締法も、化学物質の用途とは無関係に、単にその毒性（主に短期暴露時の毒性）のみを問題とし、毒性が強く、取扱いに特に注意を要する化学物質について、保健衛生上の見地から各種規制を行うことを目的としている法律である。前述の分類に従えば、本法も一般法に属することになる。

ここで、塩素酸ナトリウムを例にして特別法と一般法の関係について述べると、塩素酸ナトリウムは、除草剤として非常に有用であるが、相当の毒性があり、また発火性もある。したがって、これを農薬の除草剤として製造しようとする場合は、特別法たる農薬取締法に基づく登録が必要となり、毒性物質、発火性物質であるということで、一般法たる毒物及び劇物取締法（劇物）と消防法（第1類危険物）の規制を受けることになる。

なお、毒物及び劇物取締法では、医薬品と医薬部外品は除かれている。医薬品が除かれている理由は、医薬品医療機器法でも「毒薬」「劇薬」という規定があり、その製造から使用に至るまで医薬品医療機器法で規制されており、毒物及び劇物取締法と一部同様の趣旨の規定があることなどによるものであ

る。また、医薬部外品が除かれている理由は、医薬品医療機器法において「人体に対する作用が緩和なもの」との定義がなされていることから、元来、毒性または劇性を持ち得ないものだからである。したがって、毒物及び劇物取締法は、医薬品、医薬部外品以外の化学物質について、その毒性の激しさによって、特定毒物、毒物、劇物に指定し、これらの取扱いを厳しく規制しているのである。

以上の関係を図示すると、次のようになる。

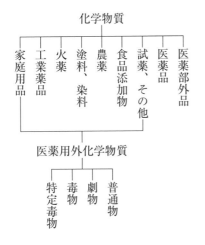

さて、毒物、劇物というのは何か。常識的には、いろいろな解釈がつけられようが、法律上では毒物及び劇物取締法（昭和25年法律第303号）で定義づけられており、本書でもこれによって述べるものである。そして、この法律では「毒物とは、別表第一に掲げる物であつて、医薬品及び医薬部外品以外のものをいう」「劇物とは、別表第二に掲げる物であつて、医薬品及び医薬部外品以外のものをいう」「特定毒物とは、毒物であつて、別表第三に掲げるものをいう」と規定しており、毒物と劇物についてそれを具体的に示しているが（別表については法令集888ページ参照）、これを概念的に言い表すと、毒物および劇物とは、毒性または劇性を持つ医薬品および医薬部外品以外のものの総称であるということになろう。参考として、本法の前身である毒物劇物営業取締規則および毒物劇物営業取締法の規定を次に示す。

1 毒物劇物営業取締規則（明治45年5月、内務省令第5号）
  第1条 本令ニ於テ毒物劇物ト称スルハ医薬以外ノ用ニ供セシムル目的ヲ以テ販売スル毒性又ハ劇性ノ物品ニシテ別ニ指定シタルモノヲ謂フ
2 毒物劇物営業取締法（昭和22年12月、法律第206号）
  第2条 この法律で毒物又は劇物とは、医薬以外の用に供する毒性又は劇性の物品で、厚生大臣の指定するものをいう。

それでは毒性や劇性というのは、どのような意味であろうか。それについて定義を下すことは非常に困難ではあるが、強いて言えば、比較的少量で通常の健康状態の生体の機能に障害を与える性質であり、毒性と劇性との差は、この性質の強弱の程度によるものと言えよう。

すなわち、毒物および劇物とは、工業その他の職業上、または学術上、あるいは一般家庭などに使用されるもので、それが粉じんあるいは蒸気として吸入されたり、皮膚に触れたり、誤って、あるいは故意に体内に摂取された場合に、比較的少量で人や動物に危害を与えるものである。

要するに本法では、毒物・劇物の定義は、それぞれ別表第一・第二で具体的な物を列挙する方法をとっており、特にその抽象的な概念規定を行っていない。

ただし、薬事・食品衛生審議会では、内規として次のような毒物および劇物の判定基準を定めている（薬事・食品衛生審議における平成29年2月21日の毒物劇物部会で一部改定）。

毒物劇物の判定基準

1 毒物劇物の判定基準

毒物劇物の判定は、動物における知見、ヒトにおける知見、又はその他の知見に基づき、当該物質の物性、化学製品としての特質等をも勘案して行うものとし、その基準は、原則として次のとおりとする。

(1) 動物における知見
① 急性毒性
原則として、得られる限り多様な暴露経路の急性毒性情報を評価し、どれか一つの暴露経路でも毒物と判定される場合には毒物に、一つも毒物と判定される暴露経路がなく、ど

れか一つの暴露経路で劇物と判定される場合には劇物と判定する。

(a) 経口
毒物：LD_{50} が 50 mg/kg 以下のもの
劇物：LD_{50} が 50 mg/kg を越え 300 mg/kg 以下のもの

(b) 経皮
毒物：LD_{50} が 200 mg/kg 以下のもの
劇物：LD_{50} が 200 mg/kg を越え、1,000 mg/kg 以下のもの

(c) 吸入（ガス）
毒物：LC_{50} が 500 ppm（4 hr）以下のもの
劇物：LC_{50} が 500 ppm（4 hr）を越え 2,500 ppm（4 hr）以下のもの

吸入（蒸気）
毒物：LC_{50} が 2.0 mg/L（4 hr）以下のもの
劇物：LC_{50} が 2.0 mg/L（4 hr）を越え 10 mg/L（4 hr）以下のもの

吸入（ダスト、ミスト）
毒物：LC_{50} が 0.5 mg/L（4 hr）以下のもの
劇物：LC_{50} が 0.5 mg/L（4 hr）を越え 1.0 mg/L（4 hr）以下のもの

(d) その他
② 皮膚に対する腐食性
劇物：最高4時間までの暴露の後試験動物3匹中1匹以上に皮膚組織の破壊、すなわち、表皮を貫通して真皮に至るような明らかに認められる壊死を生じる場合

③ 眼等の粘膜に対する重篤な損傷
眼の場合
劇物：ウサギを用いた Draize 試験において、少なくとも1匹の動物で角

膜、虹彩又は結膜に対する、可逆的であると予測されない作用が認められる、または、通常 21 日間の観察期間中に完全には回復しない作用が認められる、または試験動物 3 匹中少なくとも 2 匹で、被験物質滴下後 24、48 及び 72 時間における評価の平均スコア計算値が角膜混濁 ≧ 3 または虹彩炎 > 1.5 で陽性応答が見られる場合。

なお、上記のほか次に掲げる項目に関して知見が得られている場合は、当該項目をも参考にして判定を行う。

- イ　中毒徴候の発現時間、重篤度並びに器官、組織における障害の性質と程度
- ロ　吸収・分布・代謝・排泄動態・蓄積性及び生物学的半減期
- ハ　生体内代謝物の毒性と他の物質との相互作用
- ニ　感作の程度
- ホ　その他

(2)　ヒトにおける知見

　ヒトの事故例等を基礎として毒性の検討を行い、判定を行う。

(3)　その他の知見

　化学物質の反応性等の物理化学的性質、有効な *in vitro* 試験[※1] 等における知見により、毒性、刺激性の検討を行い、判定を行う。

(4)　上記(1)、(2)又は(3)の判定に際しては次に掲げる項目に関する知見を考慮し、例えば、物性や製品形態から投与経路が限定されるものについては、想定しがたい暴露経路については判定を省略するなど現実的かつ効率的に判定するものとする。

- イ　物性（蒸気圧、溶解度等）
- ロ　解毒法の有無
- ハ　通常の使用頻度
- ニ　製品形態

(5)　毒物のうちで毒性が極めて強く、当該物質が広く一般に使用されるか又は使用されると考えられるものなどで、危害発生のおそれが著しいものは特定毒物とする。

2　毒物劇物の製剤の除外に関する考え方

　毒物又は劇物に判定された物の製剤について、普通物への除外を考慮する場合には、その判断は、概ね次に定めるところによるものとする。なお、製剤について何らかの知見がある場合には(1)を優先すること。

　ただし、毒物に判定された物の製剤は、原則として、除外は行わない。[※2]

(1)　製剤について知見が有る場合[※3]

　①　急性毒性が強いため劇物に判定された物の製剤を除外する場合は、原則として、次の要件を満たす必要があること。

　(a)　除外する製剤について、本基準で示された劇物の最も大きい急性毒性値（LD_{50}, LC_{50}）の 10 倍以上と考えられるものであること。この場合において投与量、投与濃度の限界に

総　　説

おいて安全が確認されたものについ
ては、当該経路における急性毒性は
現実的な危害の恐れがないものと考
えること。
（例）経口　対象製剤 2,000 mg/kg
の投与量において使用した動物すべ
てに投与物質に起因する毒性徴候が
観察されないこと。
(b)　経皮毒性、吸入毒性が特異的に
強いものではないこと。
②　皮膚・粘膜に対する刺激性が強
いため劇物に判定された物の製剤を
除外する場合は、当該製剤の刺激性
は、劇物相当（皮膚に対する腐食性、
眼に対し重篤な損傷又は同等の刺
激性）より弱いものであること。
（例）10％硫酸、5％水酸化ナトリウ
ム、5％フェノールなどと同等以下の

刺激性
③　上記①及び②の規定にかかわら
ず、当該物の物理的・化学的性質、
用途、使用量、製品形態等からみて、
当該物の製剤による保健衛生上の危
害発生の恐れがある場合には、製剤
の除外は行わない。

(2)　製剤について知見が無い場合[※4]
①　急性毒性が強いため劇物に判定
された物の製剤を除外する場合は、
原則として、次の要件を満たす必要
があること。[※5, ※6]

　下記の式により、【判定基準
2.(1).①に相当する含有率】を算出し
た含有率（％）以下を含有するもの
については劇物から除外する。

【判定基準 2.(1).①に相当する含有率】

$$= \frac{\text{【原体の急性毒性値】}}{\text{【毒性の最も大きい急性毒性値の 10 倍の値】}} \times 100\%$$

（例えば、経口急性毒性の場合：$LD_{50} = 300 \text{ mg/kg} \times 10$）

---

②　皮膚・粘膜に対する刺激性が
強いため劇物に判定された物の
製剤を除外する場合は、原則とし
て、次の要件を満たす必要があるこ
と。[※7, ※8]

　2.(1).②に相当する含有率（％）は、
3％であり、3％未満を含有するもの
については劇物から除外する。ただ
し、pH 2 以下の酸、又は pH 11.5 以

上の塩基等については、1％未満を含
有するものについて劇物から除外す
る。
③　上記①及び②の規定にかかわら
ず、当該物の物理的・化学的性質、
用途、使用量、製品形態等からみて、
当該物の製剤による保健衛生上の危
害発生の恐れがある場合には、製剤
の除外は行わない。

8

※1 皮膚に対する作用は皮膚腐食性試験（TG 430，TG 431）と皮膚刺激性試験（TG 439）の併用が推奨される。化学物質の皮膚腐食性又は皮膚刺激性が明確に分類され、皮膚刺激性を有するものと分類された場合は動物を用いた皮膚腐食性試験は不要であり、皮膚腐食性を有すると分類された場合は新たに急性経皮毒性試験は不要である。眼等の粘膜に対する作用は眼腐食性及び強度刺激性試験（TG 437，TG 438，TG 460，TG 491）が推奨される。上記の *in vitro* 試験の実施に際しては、各試験の適用限界に留意が必要である。（TG［数字］：OECD 毒性試験ガイドライン No.［数字］）

※2 用途、物質濃度、製品形態等から、保健衛生上の危害発生の恐れが考えられない場合は、例外的に除外している。

※3 国際機関や主要国等で作成され信頼性が認知されており、情報源を確認できる評価書等の知見が有る場合、当該知見を活用して製剤の除外を考慮しても差し支えない。

※4 試験の実施が技術的に困難な場合や、活用できる既知見が存在しない場合等に限られる。推定された含有率（％）以下において劇物相当以上の健康有害性を有するという知見、又は物性、拮抗作用等の毒性学的知見等より、劇物相当以上の健康有害性を示唆する知見がある場合は、この考え方は適用できない。

※5 この考え方は、国連勧告「化学品の分類および表示に関する世界調和システム（GHS）」3.1.3 を参照している。
　　具体的には、LD_{50} が 1,000 mg/kg の製剤を等容量の判定に影響のない物質（例えば水）で希釈すれば、希釈製剤の LD_{50} は 2,000 mg/kg となるという考え方を元にしている。

※6 判定に影響のない物質（例えば水）で希釈した場合を想定している。

※7 この考え方は、GHS3.2.3、GHS3.3.3 を参照している。

※8 判定に影響のない物質（例えば水）で希釈した場合を想定している。

2 | 毒物および劇物の毒作用

　毒物および劇物は、人あるいは動物の局部に対して強烈に作用するか、体内に吸収されて諸器官に作用するか、またはこの両者によって生体に危害を与えるものであるが、それらの物質により急性的に現われる作用を大別すると次のとおりである。

1　接触した局部の細胞に作用して凝固、崩壊または壊疽を起こさせるもの。
　　これには、硫酸、塩酸、硝酸、石炭酸などの腐食性酸類、水酸化ナトリウム、水酸化カリウム、アンモニア水などの腐食性アルカリ、水銀、銀、銅、亜鉛などの塩類などが属する。
2　主として体内に吸収されて、細胞の原形質を侵し、酸素の供給を妨げ、代謝作用に障害をきたし、さまざまな器官に脂肪変性を起こさせるもの。
　　これには、黄リン、ヒ素化合物、アンチモン化合物、鉛化合物などが属する。
3　血色素を溶解したり、メトヘモグロビンとしたり、あるいは結合力の強いヘモグロビン結合体をつくって、酸素の供給を不十分とするもの。
　　これには、シアン化合物、塩素酸塩類、ニトロベンゼンなどが属する。
4　体内に吸収されて、主として中枢神経と心臓を侵すもの。
　　これには、メタノール、スルホナール、クロロホルムなどが属する。
5　体内に吸収されて、コリンエステラーゼを阻害し、神経の正常な機能を妨げるもの。
　　これには、パラチオン、EPN などの有機リン製剤が属する。

　これらの毒作用は、事故あるいは誤って食べたりすることによって、一時に相当多量に用いられた場合には急性中毒を起こし、少量ずつ長い期間にわたって体内に吸収された場合には慢性中毒を起こす。
　上述のように、毒物、劇物は、直接触れた皮膚から、蒸気または粉じんの形で呼吸器から、あるいは飲食物などと誤って摂取した場合には消化管から体に吸収され、血液に混じって体内のさまざまな器官や組織に作用するが、ついには種々の経路を経て体の外へ排出される。この際、あるものは元のままで、またあるものは体内で酸化や還元などの化学的変化を受けたり、他の物質と結合して無害なものとされて、尿や糞中に、また、肺などを通じて体外に排出される。排出経路別に述べると、硝酸塩や塩素酸塩などの無機塩類、およびパラフェニレンジアミンやフェノールのような有機化合物などの

毒物、劇物は、主として腎臓から尿中へ、多くの重金属やアルカロイドなどは、主として消化管から糞便中へ、また揮発性の毒物、劇物、例えば酢酸エチル、ニトロベンゼン、クロロホルムなどは、主として肺から呼気中へ排出される。また少量ではあるが、皮膚腺や唾液も毒物や劇物の排出経路の一種である。排出の早さは、比較的速やかなものもあれば、肝臓や骨髄、神経中枢などの組織に沈着して極めて徐々に排出されるものもある。

2、3の具体例を挙げると、例えばフェノールは、体内に吸収されると大半は酸化され、また一部はグルクロン酸と結合して無毒なフェニルグルクロン酸となり、さらに一部は硫酸と結合して同様に無毒なフェニル硫酸となり、いずれも腎臓から尿中へ排出される。

メタノールは、体内で徐々に酸化されてぎ酸となり、ぎ酸塩として排出されるのであるが、大部分が排出されるまでには5、6日を要する。

水銀化合物は吸収された後、各種の器官、主として腎臓と肝臓に蓄積され、特にアルキル水銀は脳および胎盤を通過して胎児に蓄積される。そして、一部分は尿や糞便に混じって排出されるが、胆汁、汗、唾液、胃液、腸液中にも排出される。このようにして大部分は最初の1週間に排出されるが、一部は体内に長く残留する。

3 毒物および劇物の取扱い

前述のように、毒物および劇物は、医薬用に供せられるもの以外の毒性または劇性を有するものであるから、その使われる範囲は大変広く、工業薬品、化学用試薬、農薬、顔料、写真用薬品、一般家庭で使用される洗浄剤や衣料用殺虫剤に至るまで、われわれの生活のあらゆる分野で毒物、劇物が取り扱われているといっても過言ではない。

また、ある毒物または劇物が、工業薬品として、農薬として、あるいは一般家庭で使用されるというように、同一のものが極めて多方面の用途を持っている場合が多い。例えば、強い腐食性劇物である水酸化ナトリウムは、工業薬品、医薬品、油脂、石けん、染料など、ほとんどあらゆる化学工業の基礎原料であると同時に、パルプ、製紙、繊維、石油などの諸工業にも多量に使用され、また染色業、クリーニング業から、さらに一般家庭でも建物、家具などの洗浄に使用される。

さらに毒物、劇物の取扱者について毒物及び劇物取締法上の区分で説明すると、毒物又は劇物を製造する製造業者、毒物又は劇物を輸入する輸入業者、毒物又は劇物を販売する販売業者（以上を「毒物劇物営業者」という）、毒物又は劇物を反復、継続的に取り扱っている業務上取扱者およびその他一般の使用者というように分けられる。

このように毒物、劇物の用途は極めて広い範囲にわたるので、その取扱いについて、取扱者がそれぞれの立場で相応の注意を払い、不測の危害を防止することに努めなければならない。

毒物劇物営業者および業務上取扱者等は、特に大量の毒物、劇物を取り扱っているころから、毒物及び劇物取締法では、第11条で毒物または劇物の取扱いを規定し、それら営業者等に義務を課しているところである。

それでは、毒物、劇物を取り扱う場合、どのような点に注意が必要であろうか。

まず、取り扱う毒物、劇物の物理的または化学的性質、特に、毒性の把握は当然のことであり、万一の事故の際に早急に対応が必要な事項は、事前の情報として収集し、活用できる態勢を整えておくことである。その上で毒物、劇物のそれぞれの性質に応じた取扱い、保管等を行い、また、必要に応じ防護手段を講じなければならない。毒物、劇物を取り扱っている工場などから多量の毒物が流出し、付近の河川が汚染された事故や、有毒ガスが施設から漏えいし、数人の住民に被害が及んだ事故が発生したことがあるが、これらはいずれも工場設備が故障して、その故障に対し適切な対応が取られなかったことが原因であった。設備が正常に作

動しているときは、日常行っている動作の繰り返しであるので毒物、劇物の取扱いにも誤りが少ない。しかし、設備の故障など異常が発生した場合は、作業員の動揺等により適切な対応が往々にしてできないことがあり、単純な操作ミスが原因で大きな事故につながってしまう。したがって、これらを防止するには、危害防止規定を作成し、日常の適正な毒物、劇物管理等のマニュアルおよび設備の故障や漏えい事故発生時の適切な対応手順を盛り込むとともに、日頃から作業員の訓練・教育が不可欠となる。

次に注意することは、毒物、劇物の保管を厳重に行うことである。盗難予防の立場から、誤用防止の点からも、保管を厳重に行わねばならないことは当然であって、毒物及び劇物取締法でも毒物または劇物の輸入、製造、販売を行う者および業務上毒物、劇物を取り扱う者については、貯蔵や陳列をする場所に鍵をかけるか、それができない場合には堅固な柵を設けて、また、一般の人の立ち入りができないようにするとともに、毒物、劇物の容器は、内容物が外に漏れたり、しみ出たりするおそれのない堅固なものを使用すること、および万が一盗難に遭ったときは直ちに警察署に届け出るべき旨を規定している。

さらに、誤用を防ぐためには、同法に規定してあるように、毒物、劇物の容器および被包に、毒物または劇物である旨の記載をすることを厳守する必要がある。

また、毒物、劇物の中には、揮発性のもの、皮膚から吸収されやすいもの、爆発性のもの、引火性のものなど通常の状態あるいは漏えい時等に人体に危険なものが多い。したがって、それらを扱う場合は、保護具の着用や予備としてそれらを備えておくことが必要である。具体的には、毒物及び劇物取締法施行規則別表第五で、大量運搬される23品目につき、車両に備える保護具が規定され、また、薬務局長通知で示した「毒物及び劇物の運搬事故時における応急措置に関する基準」に参考となる保護具が規定されているので、活用されることが望ましい。

総　説

【参考資料】
GHS対応ラベルの読み方 〜毒物・劇物取扱者向け〜

「化学品の分類および表示に関する世界調和システム（Globally Harmonized System of Classification and Labeling of Chemicals)」(略して GHS)」は、危険有害性に関する情報を伝達し、使用者がより安全な製剤の取扱いを求めて自ら必要な措置を実施できるよう国連において開発されたシステムです。

毒物及び劇物取締法（以下「毒劇法」とよぶ。）は、GHS に対応したラベルを義務としては求めていません。しかしながら、GHS が普及すれば、同法が求める健康被害回避のための必要な措置だけではなく、使用者自らが工夫して、製剤の特性に合ったより安全な取扱いを実施することができ、毒物または劇物を含めた製剤全体の健康被害を軽減することが期待できることから、GHS のラベルを推奨し、普及を図ることとしました。

このパンフレットでは、GHS に対応したラベルの読み方を解説するとともに、GHS に基づき作成されたラベルと毒劇法で規制されている毒物または劇物の関係を解説し、毒物または劇物を毒劇法に基づきどのように管理するか、また、毒物または劇物に相当する GHS 表示された製剤を、毒劇法で定める毒物または劇物の取扱いに準じてどのように自主的に管理するかを解説したものです。

なお、このパンフレットは、毒物または劇物を取り扱う方を対象に作成されています。

平成 18 年 6 月作成
平成 24 年 3 月改訂

パンフレットに出てくるマークの意味

Check 法律	毒劇法に規定されている事項で遵守義務があります。
Check 通知	通知により行政庁がお願いしている事項です。
Check 衛生管理	衛生管理上実施が望ましい事項です。
Check 自主管理	GHS 分類から自主的な取組みが望ましい事項です。

1. GHS とは

「化学品の分類および表示に関する世界調和システム（Globally Harmonized System of Classification and Labeling of Chemicals）」(略して GHS）は、製剤の危険有害性に関して世界共通の分類と表示を行い、正確な情報伝達を実現し、取扱者が当該製剤によって起こりうる影響を考慮して必要な対策を可能とすることを目的として、2003 年 7 月に国連より勧告されたものです。

GHS は、無償で公開されており、国連の HP（下記アドレス）から入手することができます。
（GHS）
　http://www.unece.org/trans/danger/danger.htm
　http://www.unece.org/trans/danger/publi/ghs/ghs_rev04/04files_e.html
（GHS 和訳）
　http://www.mhlw.go.jp/bunya/roudoukijun/anzeneisei07/

毒劇法においては、GHS に対応したラベルを義務づけてはいません。しかしながら、事業者の自主的な取り組みの中で毒物・劇物に対して GHS に対応したラベルを作成することを推奨しています。

毒劇法と GHS ラベルとの関係について

　次の表示がなされているものは、毒物または劇物であって、毒劇法に基づく取扱いが義務づけられているものです。その取扱いの詳細は、4. で解説します。

　次に、毒物または劇物に相当する急性的な健康有害性を有するものには、GHS では、次の表示がなされています。（詳しい比較はこのパンフレットの 2. を参照して下さい。)

　このような GHS ラベルがあるものは、毒物または劇物に該当していなくても毒劇法に準じた取扱いが望ましいものです。

総　説

2. ラベルの読み方
(1) GHS ラベル

　GHS に対応するラベルには、①絵表示、注意喚起語と危険有害性情報、②注意書き、③製剤の特定名、④供給者の特定の 4 つの項目が含まれています。（詳細は、GHS 本文をご覧下さい）

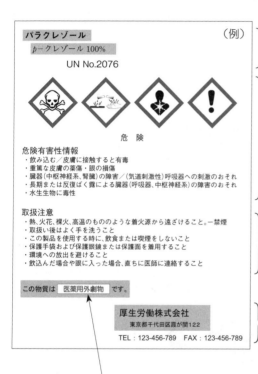

③製剤の特定名
製剤を特定する情報です。名称、成分、含有量等が記載されています。

①絵表示、注意喚起語と危険有害性情報
製剤の有害性を伝達するために GHS において定められた絵表示等が記載されています。

②注意書き
取扱い上の注意等が記載されています。

④供給者の特定
製造業者または輸入業者を特定する情報です。製造業者または輸入業者の氏名、住所等が記載されています。

※注 1：このラベルは、例として作成されたもので、危険有害性等については、確定的なものではありません。
※注 2：このラベルは、毒劇法に基づいて作成されています。その他の法令、条例等に規定された文言等は記載されていません。

 法律

　毒劇法に規制されている化学品には 医薬用外毒物 または 医薬用外劇物 の文字が記載されています。この記載がなされているものについては、行政庁に対する登録なしで他者に販売・授与することはできません。そのほか、毒劇法に定める取扱いを行う義務があります。

16

〈解説〉
　GHS に対応したラベルには、化学品の有害性や取扱い上の注意等が記載され、取扱者自らが化学品をどのように取り扱うべきかについて必要な情報を提供しています。取扱者は、それら情報から適切な取扱いをする必要があります。
　なお、例の ▓▓▓ の部分は、毒劇法に規定された義務として記載されているところです。

(1) 絵表示、注意喚起語と危険有害性情報について
○絵表示　各危険有害性クラスおよび区分に従い割り当てられています。

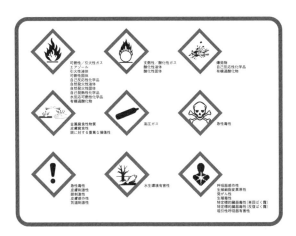

化学品の危険有害性について確認しましょう！

〈解説〉
～それぞれの有害性の用語の意味～
爆発物：爆発性物質および爆発性混合物（GHS 第 2.1 章）
可燃性／引火性ガス（化学的に不安定なガスを含む）：常圧 20℃で空気との混合気が爆発範囲を有するガス（GHS 第 2.2 章）
エアゾール：圧縮ガス等を内蔵する再充填不能な容器に噴射装置をつけたもの（GHS 第 2.3 章）
支燃性／酸化性ガス：酸素を供給し、他の物質の燃焼を助けるガス（GHS 第 2.4 章）
高圧ガス：20℃で 200 kPa（ゲージ圧）以上で容器に充填されたガスまたは液化または深冷液化ガス（GHS 第 2.5 章）
引火性液体：引火点が 93℃以下の液体（GHS 第 2.6 章）
可燃性固体：易燃性の固体、または摩擦により発火あるいは発火を助長する固体（GHS 第 2.7 章）

総　　説

自己反応性化学品：熱的に不安定で、酸素の供給がなくても強烈に発熱分解する物質（GHS 第 2.8 章）

自然発火性液体：少量でも空気と接触すると 5 分以内に発火しやすい液体（GHS 第 2.9 章）

自然発火性固体：少量でも空気と接触すると 5 分以内に発火しやすい固体（GHS 第 2.10 章）

自己発熱性化学品：上記二つの物質以外で、空気との接触により自己発熱しやすい物質（GHS 第 2.11 章）

水反応可燃性化学品：水と接触して可燃性／引火性ガスを発生する物質（GHS 第 2.12 章）

酸化性液体：酸素の発生により、他の物質の燃焼を助長する液体（GHS 第 2.13 章）

酸化性固体：酸素の発生により、他の物質の燃焼を助長する固体（GHS 第 2.14 章）

有機過酸化物：過酸化水素の誘導体であって、熱的に不安定で、自己発熱分解を起こす恐れがある物質（GHS 第 2.15 章）

金属腐食性物質：化学反応によって金属を著しく損傷、または破壊する物質（GHS 第 2.16 章）

急性毒性：急性的な毒性症状を引き起こす物質（GHS 第 3.1 章）

皮膚腐食性／刺激性：皮膚に不可逆／可逆的な損傷を与える物質（GHS 第 3.2 章）

眼に対する重篤な損傷性／眼刺激性：眼に重篤な／可逆的な損傷を与える物質（GHS 第 3.3 章）

呼吸器感作性または皮膚感作性：吸入後気道過敏症を、または皮膚接触後アレルギー反応を誘発する物質（GHS 第 3.4 章）

生殖細胞変異原性：次世代に受け継がれる可能性のある突然変異を誘発する物質（GHS 第 3.5 章）

発がん性：がんを誘発する物質（GHS 第 3.6 章）

生殖毒性：雌雄の成体の生殖機能および受精能力に対する悪影響、または子に発生毒性を与える物質（GHS 第 3.7 章）

特定標的臓器毒性（単回ばく露）：単回ばく露で起こる特異的な非致死性の特定標的臓器毒性を与える物質（GHS 第 3.8 章）

特定標的臓器毒性（反復ばく露）：反復ばく露で起こる特異的な非致死性の特定標的臓器毒性を与える物質（GHS 第 3.9 章）

吸引性呼吸器有害性：誤嚥によって化学肺炎、種々の程度の肺損傷、あるいは死亡のような重篤な急性の作用を引き起こす物質（GHS 第 3.10 章）

水生環境有害性：水生環境（水生生物およびその生態系）に悪影響を及ぼす物質（GHS 第 4.1 章）

〈解説〉
～それぞれの絵表示の意味と事故の予防策～

	〈意味〉 爆発物・自己反応性化学品・有機過酸化物を表しており、熱や火花にさらされると爆発するようなものを表しています。 〈事故の予防〉 **熱、火花、裸火、高温のような着火源から遠ざけること。－禁煙。** **保護手袋、保護衣および保護眼鏡／保護面を着用すること。** ※そのほか、ラベルに記載された注意書きに沿った取扱いが必要です。
	〈意味〉 可燃性／引火性ガス（化学的に不安定なガスを含む）、エアゾール、引火性液体、可燃性固体、自己反応性化学品、自然発火性液体、自然発火性固体、自己発熱性化学品、水反応可燃性化学品、有機過酸化物を表しており、空気、熱や火花にさらされると発火するようなものを表しています。 〈事故の予防〉 **熱、火花、裸火、高温のような着火源から遠ざけること。－禁煙。** **空気に接触させないこと。（自然発火性物質）** **保護手袋、保護衣および保護眼鏡／保護面を着用すること。** ※そのほか、ラベルに記載された注意書きに沿った取扱いが必要です。

	〈意味〉 支燃性／酸化性ガス、酸化性液体、酸化性固体を表しており、他の物質の燃焼を助長するようなものを表しています。 〈事故の予防〉 **熱から遠ざけること。** **衣類および他の可燃物から遠ざけること。** **保護手袋、保護衣および保護眼鏡／保護面を着用すること。** ※そのほか、ラベルに記載された注意書きに沿った取扱いが必要です。
	〈意味〉 高圧ガスを表しており、ガスが圧縮または液化されて充填されているものを表しています。熱したりすると膨張して爆発する可能性があります。 〈事故の予防〉 **換気の良い場所で保管すること。** **耐熱手袋、保護衣および保護面／保護眼鏡を着用すること。** ※そのほか、ラベルに記載された注意書きに沿った取扱いが必要です。
	〈意味〉 急性毒性を表しており、飲んだり、触ったり、吸ったりすると急性的な健康障害が生じ、死に至る場合があります。 〈事故の予防〉 **この製品を使用する時に、飲食または喫煙をしないこと。** **取扱い後はよく手を洗うこと。** **眼、皮膚、または衣類に付けないこと。** **保護手袋、保護衣および保護眼鏡／保護面を着用すること。** ※そのほか、ラベルに記載された注意書きに沿った取扱いが必要です。

	〈意味〉 金属腐食性物質、皮膚腐食性、眼に対する重篤な損傷性を表しており、接触した金属または皮膚等を損傷させる場合があります。 〈事故の予防〉 **他の容器に移し替えないこと。（金属腐食性物質）** **粉じんまたはミストを吸入しないこと。** **取扱い後はよく手を洗うこと。** **保護手袋、保護衣および保護眼鏡／保護面を着用すること。** ※そのほか、ラベルに記載された注意書きに沿った取扱いが必要です。
	〈意味〉 呼吸器感作性、生殖細胞変異原性、発がん性、生殖毒性、特定標的臓器／全身毒性（単回または反復ばく露）、吸引性呼吸器有害性を表しており、短期または長期に飲んだり、触れたり、吸ったりしたときに健康障害を引き起こす場合があります。 〈事故の予防〉 **この製品を使用する時に、飲食や喫煙をしないこと。** **取扱い後はよく手を洗うこと。** **粉じん／煙／ガス／ミスト／蒸気／スプレーなどを吸入しないこと。** **推奨された個人用保護具を着用すること。** ※そのほか、ラベルに記載された注意書きに沿った取扱いが必要です。
	〈意味〉 水生環境有害性を表しており、環境に放出すると水生環境（水生生物およびその生態系）に悪影響を及ぼす場合があります。 〈事故の予防〉 **環境への放出を避けること。** ※そのほか、ラベルに記載された注意書きに沿った取扱いが必要です。

〈意味〉
急性毒性、皮膚刺激性、眼刺激性、皮膚感作性、気道刺激性、麻酔作用の健康有害性があるものを表してます。
〈事故の予防〉
※どのような危険有害性があるか確認して、ラベルに記載された注意書きに沿った取扱いが必要です。

○注意喚起語

　注意喚起語とは、危険有害性の重大性の程度を表し、「危険」または「警告」の文言が使用されます。

○危険有害性情報

　各危険有害性クラスおよび区分に割り当てられた文言をいいます。例えば「飲み込むと危険」など。

〈解説〉

　これら絵表示等は、一目でその化学品の有害性がわかるように考案されたものです。取扱いや保管する場合は、それらの絵表示等がなるべく見やすいようにしましょう。

(2) 注意書き

　危険有害性をもつ製品へのばく露、不適切な貯蔵や取扱いから生じる被害を防止するための措置について記載した文言です。具体的には、事故の予防策、事故を起こしたときの対応、貯蔵方法、廃棄方法についての注意が記載されています。取扱者は、注意書きをよく読み、取り扱う必要があります。

〈解説〉

　毒劇法では使用者の責任において毒物または劇物の取扱いに係る危害の防止を行うよう定められています。(毒劇法第11条 (毒劇法第22条第4項および第5項で準用規定))。よって、毒物または劇物に該当する製剤を取り扱う場合は、注意書きに記載された内容をよく確認しておく必要があります。

(3) 製剤の特定名

　製剤を特定するための名称および各成分の名称等が記載されています。

〈解説〉

　万が一事故等が起こったときの対処のために、毒物又は劇物の使用者はその成分と含有量を確認しておく必要があります。例えば、誤って毒物または劇物を飲んでしまった場合は速やかに医師に診せるとともに、医師にどのような毒性成分

をどの程度飲んでしまったのかを伝える必要があります。
(参考) 毒劇法においては、毒物または劇物に該当する成分の名称と含有量は必ず記載するよう求めています。(法律第12条)

(4) 供給者の特定
　製造業者、輸入業者の氏名と住所等が記載されています。

(参考)「毒物」「劇物」とGHS分類の比較

　化学物質(単一物質)のGHSの分類と「毒物」「劇物」の分類については、おおよそ下記のような対応になっています。

毒物・劇物 GHS分類	医薬用外毒物		医薬用外劇物	毒劇法規制対象外	
急性毒性 毒性の程度により区分1～5に分類※	区分1	区分2	区分3	区分4	区分5 絵表示 無し
皮膚腐食性 刺激の程度により区分1～3に分類			区分1	区分2	区分3 絵表示 無し
眼の重篤な損傷性／刺激性 刺激の程度により区分1～2に分類			区分1	区分2A	区分2B 絵表示 無し

3. SDSの読み方

取扱いについて確認しましょう！

　GHSに対応するSDSには、以下の項目が含まれます。
1. 化学品および会社情報
2. 危険有害性の要約 (危険有害性の要約にはラベルと同じ情報が含まれます。)
3. 組成および成分情報
4. 応急措置
5. 火災時の措置
6. 漏出時の措置
7. 取扱いおよび保管上の注意

総　　説

8. ばく露防止および保護措置
9. 物理的および化学的性質
10. 安定性および反応性
11. 有害性情報
12. 環境影響情報
13. 廃棄上の注意
14. 輸送上の注意
15. 適用法令
16. その他の情報

SDSをよく読み、次の事項について確認しましょう。
○危険有害性の要約を確認して、どのような有害性があるか確認しましょう。
○組成や成分を確認して、どのような有害な成分が含有されているか把握しておきましょう。（誤飲やばく露により医師の診察を受ける際に、どのような成分がどの程度含まれているかという情報は、救急治療において重要な情報です。）
○ばく露防止措置、漏出時の措置などを確認し、この化学品の管理体制が万全かどうか確認しましょう。具体的には、次の項目について十分な対応が取られているかチェックしましょう。
　・取扱いの際のばく露の予防措置
　・漏出等事故の対応
　・保管の際の措置

※注：このSDSは、イメージとして作成されたもので、危険有害性等については、確定的なものではありません。

4. どくろまたは腐食性の絵表示が付いている製剤の取扱いについて

どくろマークや腐食マークが付いているものであっても、毒劇法の規制の対象となっていないものもあります。ただし、規制の対象外のものでも、毒劇法に準じた取扱いをすることが望ましいでしょう。

(1) 事業場内の取扱い
（その1）盗難・紛失の予防措置

毒劇法第11条第1項（毒劇法第22条第4項および第5項準用規定）では、毒物または劇物を業務上取り扱う者は、毒物または劇物が盗難にあい、または紛失することを防ぐために必要な措置を講じなければならないとされています。具体的な措置については、各事業場の実態に合わせて、責任者自らの判断で措置すべきことですが、毒物または劇物を取り扱う上で最低限実施すべき事項を以下に記載していますので、よく読んで必要な措置を実施して下さい。

○敷地境界線から離れたところに保管する。

〈解説〉

昭和52年 薬務局長通知において「貯蔵陳列する場所については、盗難防止のため敷地境界線から十分離すかまたは一般の人が容易に近づけない措置を講ずること。」とされています。不用意に人を近づけて盗難や犯罪が発生することを防止するため、関係者以外が触れることのないような配慮を求めているものです。

○保管場所は目の行き届くところにする。

〈解説〉

毒物または劇物がきちんと保管されていることを常に把握するためには、目配りの利く場所に保管することは有効な手段です。また、地震や火災などにおいても素早い対応ができるでしょう。さらに、離れたところにある毒物または劇物の貯蔵施設については、警備等の巡回経路に含め目配りをしましょう。

○保管庫に保管する場合は施錠する。

〈解説〉

毒劇法施行規則第4条の4では、毒物劇物営業者は、「毒物または劇物を貯蔵する場所に鍵をかける設備があること、または毒物または劇物を貯蔵する場所が性質上鍵をかけることができないものであるときは、その周囲に、堅

総　説

固な柵が設けてあること。」が毒物または劇物の貯蔵設備の要件として求められています。さらに、昭和52年薬務局長通知において、毒物劇物営業者のみならず、毒物または劇物を業務上取り扱う者に対しても「毒物または劇物を貯蔵陳列する場所は、その他のものを貯蔵、陳列する場所と明確に区別された毒物または劇物専用のものとし、鍵をかけられる設備等のある堅固な設備とすること」とされています。盗難防止のために必ず措置すべき事項です。

○鍵の管理を徹底する。
〈解説〉
　毒物または劇物を貯蔵する施設に鍵をかけても、鍵の管理が不十分では、意味がありません。以下の管理を行い、鍵の管理を徹底して下さい。
　1. 鍵の管理者を明確にする。
　2. 鍵の数量のチェックを定期的に行う。（合鍵の数は最小限に）
　3. 鍵を使用する場合は、チェック表に記入、責任者の許可を得るなど

○「管理簿」を作成し、定期的に在庫量を確認する。
〈解説〉
　紛失の防止、および紛失の早期発見のために「管理簿」を作成し、定期的に在庫量を確認しましょう。

（その2）漏洩、流出の防止
　毒劇法第11条第2項（法律第22条第4項および第5項準用規定）では、毒物または劇物を業務上取り扱う者は、毒物もしくは劇物または毒物もしくは劇物を含有する物[※1]がその製造所、営業所若しくは店舗または研究所の外に飛散し、漏れ、流れ出、若しくはしみ出、またはこれらの設備の地下にしみ込むことを防ぐのに必要な措置を講じなければならないとされています。具体的な措置については、各事業場の実態に合わせて、責任者自らの判断で措置すべきことですが、毒物または劇物を取り扱う上で最低限実施すべき事項を以下に記載してありますので、よく読んで、必要な措置を講じて下さい。
※1：毒物もしくは劇物を含有する物とは、政令第38条に定められています。
　　1. 無機シアン化合物たる毒物を含有する液体状の物（シアン含有量が1Lにつき1mg以下の物を除く）。
　　2. 塩化水素、硝酸若しくは硫酸または水酸化カリウム若しくは水酸化ナトリウムを含有する液体状の物（水で十倍に希釈した場合のpHが2.0～12.0のものを除く）。

○コンクリート製にするなど、取り扱う毒物または劇物の特性に合わせた設備を設置するとともに、粉じん、蒸気、廃水等の処理設備を備える。

〈解説〉
　毒物劇物営業者の登録要件として、毒物または劇物の漏洩、流出を予防するために、毒劇法施行規則第4条の4には、
一　毒物または劇物の製造作業を行なう場所は、次に定めるところに適合するものであること。
　　イ　コンクリート、板張りまたはこれに準ずる構造とする等その外に毒物または劇物が飛散し、漏れ、しみ出若しくは流れ出、または地下にしみ込むおそれのない構造であること。
　　ロ　毒物または劇物を含有する粉じん、蒸気または廃水の処理に要する設備または器具を備えていること。
二　毒物または劇物の貯蔵設備は、次に定めるところに適合するものであること。
　　イ　毒物または劇物とその他の物とを区分して貯蔵できるものであること。
　　ロ　毒物または劇物を貯蔵するタンク、ドラムかん、その他の容器は、毒物または劇物が飛散し、漏れ、またはしみ出るおそれのないものであること。
　　ハ　貯水池その他容器を用いないで毒物または劇物を貯蔵する設備は、毒物または劇物が飛散し、地下にしみ込み、または流れ出るおそれのないものであること。
と定めています。毒物劇物営業者のみならず、毒物または劇物を業務上取り扱う者においても、毒劇法第11条第2項の規定（漏洩防止の措置）を遵守する手段として、上記の要件を満たすような設備を備える必要があるでしょう。
　なお、貯蔵設備に関しては、次の通知を参照して下さい。
◇固体以外のものを貯蔵する屋外タンク貯蔵所の基準
　　昭和52年10月20日付け薬発第1175号薬務局長通知「毒物及び劇物の貯蔵に関する構造・設備等基準－その1（固体以外のものを貯蔵する屋外タンク貯蔵所の基準）について」
　　昭和52年10月20日付け薬安第66号薬務局安全課長通知「毒物及び劇物の貯蔵に関する構造・設備等基準－その1（固体以外のものを貯蔵する屋外タンク貯蔵所の基準）の運用について」
◇固体以外のものを貯蔵する屋内タンク貯蔵所および地下タンク貯蔵所の基準

総　説

　　昭和 56 年 5 月 20 日付け薬発第 480 号薬務局長通知「毒物及び劇物の貯蔵に関する構造・設備等基準−その 2（固体以外のものを貯蔵する屋内タンク貯蔵所の基準）及びその 3（固体以外のものを貯蔵する地下タンク貯蔵所の基準）について」

　　昭和 60 年 4 月 5 日付け薬安第 73 号薬務局安全課長通知「毒物及び劇物の貯蔵に関する構造・設備等基準−その 1（固体以外のものを貯蔵する屋外タンク貯蔵所の基準）、その 2（固体以外のものを貯蔵する屋内タンク貯蔵所の基準）、その 3（固体以外のものを貯蔵する地下タンク貯蔵所の基準）の運用等について」

　○「毒物劇物危害防止規定」を整備する。　
　〈解説〉
　　毒物または劇物を取り扱う体制、日常の管理、取扱い方法、事故時等の対応に関する事項を定めたものが「毒物劇物危害防止規定」です。毒物または劇物の種類や設備等に合わせて事業場ごとに自主的に作成することをお願いしているものです。法令上必要な事項、安全上必要な事項などを盛り込んで、その規定に従い行動し、毒物または劇物を適正に取り扱えるよう整備しておきましょう。詳しくは、次の通知をご覧下さい。
　◇毒物劇物危害防止規定について
　　昭和 50 年 11 月 6 日付け薬安発第 80 号および薬監第 134 号薬務局安全課長および薬務局監視指導課長通知

(2) 輸送時の取扱い
　毒劇法施行令で、保健衛生上の危害を防止するための必要な措置として、運搬に係る技術上の基準が定められています。

　○製剤の特性に応じた適切な運搬容器を使用する。　
　〈解説〉
　　それぞれの製剤の特性に応じた容器を選択することが、事故防止の第一歩です。四アルキル鉛、無機シアン、フッ化水素を含有する製剤については、毒劇法施行令第 40 条の 2、第 40 条の 3 に定められた容器で運搬する必要があります。法令上定められたもの（四アルキル鉛、無機シアン化合物、フッ化水素）以外の容器については、UN 容器またはそれに準じた容器を推奨しています。詳しくは、次の通知をご覧下さい。

3 毒物および劇物の取扱い

　さらに、毒物または劇物の容器の使用に関して、毒劇法施行令第40条の3に定められているようにふた等により密閉された容器または被包に収納し運搬する必要があります。また、1t以上運搬する場合には、容器または被包の外部に収納した毒物または劇物の名称および成分を表示する必要があります。

◇液体状の毒物劇物を車両に固定または積載する容器の基準
　昭和63年6月15日付け薬発第511号薬務局長通知「毒物及び劇物の運搬容器に関する基準について」(一部改正：平成6年9月21日付け薬発第819号)
　昭和63年6月15日付け薬安第60号薬務局安全課長通知「毒物及び劇物の運搬容器に関する基準の運用指針について」(一部改正：平成6年9月21日付け薬安第77号、平成7年3月16日付け薬安第26号)

◇小型運搬容器の基準
　平成3年3月6日付け薬発第255号薬務局長通知「毒物及び劇物の運搬容器に関する基準について」(一部改正：平成6年9月21日付け薬発第819号、平成7年3月16日付け薬発第244号)
　平成3年3月6日付け薬安第22号薬務局安全課長通知「毒物及び劇物の運搬容器に関する基準の運用指針について」(一部改正：平成8年3月15日付け薬安第22号)

◇中型運搬容器の基準
　平成4年9月11日付け薬発第836号薬務局長通知「毒物及び劇物の運搬容器に関する基準について」(一部改正：平成6年9月21日付け薬発第819号、平成7年3月16日付け薬発第244号)
　平成4年9月11日付け薬安第102号薬務局安全課長通知「毒物及び劇物の運搬容器に関する基準の運用指針について」(一部改正：平成7年3月16日付け薬安第26号)

○適切に積載する。

〈解説〉
　不適切な積載は、紛失や漏洩事故の原因になります。毒物または劇物を入れた容器または被包を運搬する場合は、毒劇法施行令第40条の4に定められた積載の態様により積載する必要があります。ここでは、毒物または劇物を車両または鉄道にて運搬する場合には、容器が落下し、横転し、または破損することがないよう積載することおよび積載装置の長さや幅を超えないように積載するよう定められています。また、四アルキル鉛やフッ化水素を含有する製剤については、同条に特別な積載に関する規定があり、遵守する必要があります。

29

総　説

○適切に運搬する。
〈解説〉
　路上での毒物または劇物を積載した車両の横転事故等は、大惨事を引き起こします。万が一の事故を想定し、保護具や応急措置を記載した書面を車両に備え、万全の準備をするとともに、無理な運送計画を立てないようにしましょう。事故時の連絡先を把握しておくことも重要です。また、下記に定められた毒物または劇物を1回につき5t以上を長時間運搬する場合は、毒劇法施行令第40条の5に定められた運搬方法（保護具の備えや「毒」の標識を掲げるなど）により運搬する必要があります。
　また、毒劇法第22条第1項の規定に基づき、次に定められた毒物または劇物を1t以上（四アルキル鉛については200L）の容器に入れて運送、または5t以上の車両に固定された容器を使用して運送を行う事業者は、事業場ごとに都道府県知事に届け出をする必要があります。

黄燐、四アルキル鉛を含有する製剤、無機シアン化合物たる毒物およびこれを含有する製剤で液体状のもの、弗化水素およびこれを含有する製剤、アクリルニトリル、アクロレイン、アンモニアおよびこれを含有する製剤（10%以下を除く）で液体状のもの、塩化水素およびこれを含有する製剤（10%以下を除く）で液体状のもの、塩素、過酸化水素およびこれを含有する製剤（6%以下を除く）、クロルスルホン酸、クロルピクリン、クロルメチル、硅弗化水素酸、ジメチル硫酸、臭素、硝酸およびこれを含有する製剤（10%以下は除く）で液体状のもの、水酸化カリウムおよびこれを含有する製剤（5%以下は除く）で液体状のもの、水酸化ナトリウムおよびこれを含有する製剤（5%以下は除く）で液体状のもの、ニトロベンゼン、発煙硫酸、ホルムアルデヒドおよびこれを含有する製剤（1%以下を除く）で液体状のもの、硫酸およびこれを含有する製剤（10%以下を除く）で液体状のもの

○毒物または劇物の運搬を依頼するときは、毒物または劇物の名前や事故時の措置等を記載した用紙を荷物と一緒に渡しましょう。
〈解説〉
　運送人が自分の運送する荷物を毒物または劇物と知らなければ、不用意な取扱いをし、不幸な事故を引き起こしてしまいます。毒物または劇物の運搬を依頼するときは、運送人に荷物が毒物または劇物であることを伝え、適切な取扱いの方法を伝えて下さい。また、1回に1t以上の毒物または劇物の運搬をお願

いする場合は、運送人に毒物または劇物の名称、成分、含有量、数量および事故時の応急措置の内容を記載した書面を渡すことが毒劇法施行令第40条の6に定められていますが、義務的数量以下でも、そのような書面を渡して、運送人に万全の措置を実施してもらうことが事故の防止につながるでしょう。

> イエローカードについて
> 　イエローカードとは化学物質の有害性、事故発生時の応急措置、緊急連絡先などを記載した黄色いカードです。毒物または劇物に限らず、危険物などでも活用できるものです。具体的には、(社) 日本化学工業協会の「物流安全管理指針附属書1イエローカード運営要領」をご参照下さい。

(3) 事故時の対応

毒劇法第16条の2（毒劇法第22条第4項および第5項準用規定）では、毒物劇物営業者および毒物または劇物を業務上取り扱う者は、
1. その取扱いに係る毒物若しくは劇物または毒物若しくは劇物を含有する物が飛散し、漏れ、流れ出、しみ出、または地下にしみ込んだ場合において、不特定または多数の者について保健衛生上の危害が生ずるおそれがあるときは、直ちに、その旨を保健所、警察署または消防機関に届け出るとともに、保健衛生上の危害を防止するために必要な応急の措置を講じなければならない。
2. その取扱いに係る毒物または劇物が盗難にあい、または紛失したときは、直ちに、その旨を警察署に届け出なければならない。

とされています。

○通報体制を整備する。
・消防機関、都道府県警察、海上保安部等（臨海部）、自治体（県庁担当部局や保健所等）、事業所内体制や周辺住民等への通報体制および連絡先一覧を作成する。
・連絡先一覧は、通話場所からよく見えるところに掲示する。
・事故時に誰が通報を行い、事故を起こした施設の毒物または劇物が何であるか、毒性の程度、応急措置に必要な装備や被害者の応急措置方法など、毒物または劇物の特性や設備の特徴に応じ、関係者に何を伝えるべきかを決める。決めた事項は、連絡先一覧と一緒に掲げておく。
・連絡する場合に、必要に応じて質問等に答えられるようSDS等を通話場所の近

総　説

くに置いておきましょう。同時に被災者の応急措置や被災物質等に関する問い合わせに対応できる者の連絡先を登録できるよう、関係者の連絡先一覧も一緒に備える。
・被災施設から連絡が取れない場合や担当者が不在の場合に、社内の誰かが通報・必要な情報提供ができるよう、毒物または劇物の貯蔵／取扱設備の場所、毒物または劇物の種類、連絡先一覧を守衛所や社内の保安部などにも登録する。
・上記の体制を整備したことを関係者にも周知し、必要に応じ訓練を行い、事故時に適切に行動できるようにする。

〈解説〉
　事故対応においては初動が何よりも重要です。そのためには関係者が必要な情報を速やかに共有し、その情報をもとに関係者が適切に行動できるようにすることが必要です。また、通報の体制の整備を行う際は、極力関係者と相談し、それぞれが実施すべき役割を把握して、必要な情報が必要な関係者に的確に伝わるよう配慮して作成することが望ましいでしょう。

○被害を最小限にくいとめる措置とその準備を行う。
・事故時に備え、設備内の毒物または劇物の種類、貯蔵量が日常把握されているよう管理体制を整える。
・毒物または劇物を取り扱う施設の周囲に関係者以外の人が出入りできないよう柵などを設ける。
・防液堤や安全弁など漏洩時に物理的に拡散を防ぐ装置を設置する。また、安全装置が適切に稼働するよう、常時点検する。
・毒物または劇物を無毒化するための中和剤等[※1]を用意する。
・事故等の対処を行う関係者の人数分、毒物または劇物の種類に適した保護具[※2]を用意する。
・事故時の対処行動の手順を定め、マニュアルを作成しましょう。また、マニュアルは設備のそばに常置させておくとともに、フロー図などの簡易版を作成し、よく見える場所に掲げる。
・事故時にマニュアルに沿った行動が速やかに行えるよう、訓練を行う。

　※1　中和剤は、必要に応じ関係他社と協力体制を構築し、緊急時に十分な量を確保できる手段を整備しておく。また、土嚢（漏出のせき止め）、ビニールカバー（飛散を防ぐため）や空容器（漏洩した毒物または劇物を回収するため）等被害の拡大を防止するための資機材も準備しておく。
　※2　反応副産物による被害が想定されれば、反応副生成物に対する保護具等の準備をしておく。

〈解説〉
　事故が発生した場合、直ちに対処方法を考え、的確に行動することはなかなかで

きるものではありません。防液堤や安全弁など人の判断なしで自動的に被害を最
小に留める安全装置を設置したり、被災者がでないよう関係者以外が施設に近寄
れないよう柵を設けるなどの機械的物理的措置で対応できる部分については、可
能な限りそのような措置をしておくべきでしょう。その上で、安全装置が適切に
働かなかった場合などあらゆる事態を想定し、関係者の対処手順を極力マニュア
ル化しておくことが重要です。また、事故時にそのマニュアルに沿った行動が条
件反射的にできるよう、平素から訓練を実施しておくべきでしょう。

（財）日本中毒情報センターについて
毒物または劇物による事故が発生し、緊急に応急処置や治療方法に関する情
報が必要な場合は、中毒 110 番（（財）日本中毒情報センター）に問い合わせ
て下さい。
＜大阪中毒 110 番＞
電話 0990-50-2499（24 時間、365 日）
＜つくば中毒 110 番＞
電話 0990-52-9899（9 時〜 21 時、365 日）
（ダイヤル Q2 制：通話料のほかに情報料（1 件 315 円）がかかります。）

（厚生労働省医薬食品局：GHS 対応ラベルの読み方〜毒物・劇物取扱者向け〜より転載）

4 中毒の応急手当と救命処置

現場での応急手当

不幸にして毒物または劇物による中毒が発生した場合、中毒患者を助ける際に最も優先すべきことは、救助者自身が二次被害を起こさないことである。救助者は自分自身が汚染されないよう、保護手袋やマスク、保護眼鏡を着用するなどの注意が必要である。中毒患者の容態が悪い場合は、直ちに救急車を呼ぶ。毒物、劇物の容器や摂取した可能性のあるすべての毒物、劇物を保管しておき、医師か救急隊員に渡し経過を説明する[1],[2]。

中毒物質を経口摂取した場合、摂取直後であれば、通常は水分を摂取し希釈することを勧める。しかし、催吐は①成功率が30％程度と低いこと、②吐物で窒息してしまう場合があること、③毒物または劇物を飛散させる場合があることなどから、現在では勧められていない。

また、催吐が禁忌とされている場合がある。例えば、①意識がない場合や痙攣を起こしている場合は、吐物がのどにつまる可能性があるため、②酸・アルカリやその他の腐食作用のある物質は、吐かせることで再び粘膜に刺激を与え損傷をよりひどくする可能性があるため、③有機溶剤や石油類を含む場合は、気管へ吸い込み誤嚥して化学性肺炎を起こす可能性があるため、催

吐は禁忌である。酸・アルカリ、腐食作用のある物質を摂取した場合は、牛乳を飲ませ希釈することもある[3]。

有毒ガスに暴露した場合は、速やかにその場所から離れ、できれば新鮮な空気のある屋外に出る。化学物質がこぼれた場合は、靴下や靴も含めて汚染された衣類を速やかに脱ぎ、アクセサリーも外す。皮膚を石鹸と水で徹底的に洗う。眼に入った場合は、直ちに水または生理食塩液で10分以上徹底的に洗浄する。いずれの場合も症状がある場合は、医師の診察が必要である[1]~[3]。

医療機関で行う治療

中毒患者が医療機関を受診した場合は、まずバイタルサインをチェックされ、呼吸・循環管理が行われる。次に、必要に応じて未吸収の中毒物質の排泄（胃洗浄、活性炭および下剤の投与など）、既吸収の中毒物質の排泄（血液浄化法など）、解毒剤・拮抗剤の投与が施行され、対症的に治療が行われる。

急性中毒の標準治療について、欧米では平成9年に American Academy of Clinical Toxicology（AACT）/European Association of Poisons Centres and Clinical Toxicologists（EAPCCT）が、急性中毒に対する Position Statements を発表し[4]、消化管除染に関する知見や基本手技について解説した。日本に

34

おいては、日本中毒学会が平成13年より検討を始め、現在、推奨する「急性中毒の標準治療」を公開している[3]。

以上を参考にして、毒物劇物による急性中毒患者に対して医療機関で行う治療について簡単に紹介する。

1 胃洗浄

毒物、劇物を経口摂取した急性中毒患者には、原則として胃洗浄を行う。1時間以内に実施しなければ効果は少ないとされているが、腸管蠕動を抑制する場合や、胃内で固まりになりやすく胃内での停滞が考えられる場合は、数時間以上経過していても効果がある。

太い胃管（34～36 Fr）を患者の胃内に挿入し、洗浄液には微温湯または生理食塩液（1回200～300 mL）を用いて、左側臥位にして施行する。

胃洗浄が禁忌となるのは、意識障害があり気管挿管が行われていない場合（誤嚥するおそれがある）、石油製品や有機溶剤を摂取した場合（誤嚥するおそれがある）、強酸・強アルカリなどの腐食物質を摂取した場合（熱傷が拡大するおそれがある）などである。

2 活性炭および下剤の投与

活性炭（薬用炭）は、多くの物質と結合する吸着剤であり、それ自身は消化管から体内に吸収されないため、未吸収の中毒物質の体内への吸収を減少する効果がある。また、すでに血中に吸収されていても、活性炭の繰り返し投与により排泄が促進される中毒物質も確認されている。通常、活性炭50～

100 gを下剤（ソルビトールなど）といっしょに懸濁し胃管にて胃内に投与する。繰り返し投与では、2回目以降は初回量の半量を2～6時間ごとに24～48時間繰り返し投与し、下剤は併用しない。

中毒物質が非イオン型であるほど活性炭への吸着は良好であり、酸性物質ではpHが低いほど、塩基性物質ではpHが高いほど吸着が良好になる。活性炭投与が無効と考えられている物質は、強酸・強アルカリ、アルコール類などの溶剤、鉄、リチウム、ヒ素、カリウム、ヨウ素、ホウ酸、フッ化物、臭化物などである。また、腸管閉塞や消化管穿孔のおそれがある場合、および内視鏡検査施行前は投与禁忌である。

活性炭投与時に下剤を併用すると、中毒物質が結合した活性炭の排泄を早め、腸内滞在時間を短縮できる。下痢が出現している患者への下剤の投与は不要である。

3 腸管洗浄

腸管洗浄は、多量の洗浄液（ポリエチレングリコール電解質液）を上部消化管から投与して、全腸管を洗い流し、未吸収の中毒物質の排泄を早める方法である。しかし、現在、腸管洗浄の適応は確立しておらず、パラコート中毒や活性炭の効果がない中毒物質の過剰摂取の際に考慮される手法である。

4 血液浄化法

すでに体内に吸収されてしまった中毒物質を除去する方法として、血液透

析、血液灌流・血液吸着、血液濾過・
持続的血液濾過・持続的血液濾過透析、
血漿交換・交換輸血などの方法がある。
急性中毒に対する血液浄化法は、中毒
の原因となる物質の毒性が高く、分布
容積（中毒物質が体内に分布する範囲）
が小さく、体外循環による血中からの
消失（クリアランス）が内因性クリア
ランスより高値の中毒物質には一定の
治療効果があるとされている。

血液透析（hemodialysis, HD）：分子
量が小さく、タンパク結合率が低く、
分布容積が小さい中毒物質に適応があ
り、メタノールなどのアルコール類や
エチレングリコール、リチウム中毒に
推奨されている。そのほか、アニリン

中毒などの場合は実施を考慮する。

血液吸着（direct hemoperfusion, DHP）：分子量やタンパク結合率には
左右されず、テオフィリン中毒に推奨
されている。そのほか、パラコート中
毒などの場合に実施を考慮する。

5 解毒薬・拮抗剤

すでに吸収された中毒物質への対応
として、特異的解毒剤・拮抗剤の投与
がある。しかし、解毒剤・拮抗剤が存
在している中毒物質は限られている。

表1に中毒物質とともに代表的な解
毒剤・拮抗剤の一覧を示したので、参
考にしていただきたい。

参考文献

1) 中毒の概要. MSD マニュアル家庭版, 2017.
   https://www.msdmanuals.com/ja-jp/ホーム/25-外傷と中毒/中毒/中毒の概要（2018 年 4
   月 2 日アクセス）
2) 日本救急医療財団心肺蘇生法委員会 監修：応急手当. 改訂第 4 版 救急蘇生法の指針 2010
   （市民用・解説編）, へるす出版, 74-81, 2011.
3) 日本中毒学会 編：I 急性中毒の標準治療. 急性中毒標準治療ガイド, じほう, 3-76, 2008.
4) Krenzelok, E., Vale, A.: Position statements: gut decontamination. American Academy of
   Clinical Toxicology; European Association of Poisons Centres and Clinical Toxicologists. *J
   Toxicol Clin Toxicol*. 1997; **35**: 695-786.

4 中毒の応急手当と救命処置

表1

毒物・劇物の種類	解毒剤・拮抗剤	用法・用量
有機リン剤系殺虫剤	①硫酸アトロピン ②プラリドキシムヨウ化物（パム）	①中等症の場合：1～2 mg を皮下・筋肉内または静脈内に注射。必要があれば、その後 20～30 分ごとに繰り返し注射 ②1回1g を徐々に静脈内に注射
カーバメイト系殺虫剤	硫酸アトロピン	中等症の場合：1～2 mg を皮下・筋肉内または静脈内に注射。必要があれば、その後 20～30 分ごとに繰り返し注射
シアン化物	ヒドロキソコバラミン	5 g を生理食塩液 200 mL に溶解して、15 分間以上かけて点滴静注
	①亜硝酸アミル ②亜硝酸ナトリウム*1 ③チオ硫酸ナトリウム	①吸入 ②3%液（10 mL）を3分かけて静脈内に注射 ③25%液（50 mL）を10分以上かけて静脈内に注射
ヒ素、水銀、鉛、銅、金、ビスマス、クロム、アンチモン	ジメルカプロール（バル）	1回 2.5 mg/kg を第1日目は6時間間隔で4回筋肉内に注射し、第2日目以降6日間は毎日1回 2.5 mg/kg を筋肉内に注射
鉛、水銀、銅	ペニシラミン	1日 1000 mg を食前空腹時に数回に分けて経口投与
鉛	エデト酸カルシウム二ナトリウム	1 g を 250～500 mL の5%ブドウ糖注射液または生理食塩液で希釈して約1時間かけて1日2回点滴静注
タリウム	ヘキサシアノ鉄（Ⅱ）酸鉄（Ⅲ）水和物（プルシアンブルー）	1回3g を1日3回経口投与
硫化水素	酸素	酸素吸入・高圧酸素療法
	①亜硝酸アミル ②亜硝酸ナトリウム*1	①吸入 ②3%液（10 mL）を3分かけて静脈内に注射
一酸化炭素	酸素	酸素吸入・高圧酸素療法
メタノール	ホメピゾール	初回は 15 mg/kg、2回目から5回目は 10 mg/kg、6回目以降は 15 mg/kg を、12 時間ごとに 30 分間以上かけて点滴静注
	エタノール	10%エタノール 8～10 mL/kg を 30 分かけて点滴静注
	葉酸	1回 15 mg を1日1回、皮下または筋肉内に注射
フッ化水素	グルコン酸カルシウムゼリー*1, *2	皮膚暴露の場合は、2.5%グルコン酸カルシウムゼリーを塗る。

*1 国内では、医薬品として市販されていない（院内製剤として調製する）

*2 事故現場でグルコン酸カルシウムゼリーを皮膚に塗った場合は、ゼリーを浸透させない手袋をはめマッサージを続けながら病院に搬送する。海外では、塗布時に使用する手袋などの用具とともに Emergency Kit として販売されている。

5 産業中毒

これまで述べたように、毒物や劇物による中毒は多種多様である。その及ぼす影響はさまざまであり、広い範囲に及ぶこともあるが、特に注意を要するのは、これらの毒物、劇物を職業上取り扱うことによって引き起こされる中毒である。

最近各種の工業、特に化学工業における産業中毒の問題が注目され、労働災害として大きくクローズアップされてきた。

化学工業においては、毒物、劇物のほかにもさまざまな化学物質が製造され、使用されている。通常考えられる産業中毒は、これらの有害な物質による急性の中毒である。有害な物質で汚染された手で口に触れたり、四エチル鉛、アニリン、ニトロベンゼンなどのようにその蒸気を皮膚あるいは呼吸器から吸収したりした場合などに現れる。

しかし、今日、労働災害として社会の関心を集めているのは、急性的な中毒よりむしろ慢性的な中毒である。ごくわずかな量を長期間にわたって、皮膚あるいは呼吸器から吸収し続けると、次第に健康が害され、数カ月、数年経って初めて中毒症状が現れる場合である。慢性中毒は、危険が目に見えにくいだけに、かえってその及ぼす影響は大きいと言える。

また、化学工業では、数種の物質を同時に取り扱うことが日常化しており、これらの物質の組み合わせによる中毒も考えられる。

このように、産業中毒は、一般の中毒とはかなり異なった様相を示すことが多いが、特に留意すべきことは、これらの産業に従事している人々のほとんどが、多かれ少なかれ、産業中毒の危険にさらされているということであり、日常その使用する物質について十分理解をした上で、衛生管理に注意して使用すべきである。

産業中毒は、労働衛生の重要な部分を占めており、これを防止するための法律が厚生労働省所管の「労働安全衛生法」である。この法律では、事業者が講じるべき措置が具体的に規定されており、各事業所の施設、設備、作業環境、健康管理などの事項が詳細に定められている。

6 農薬中毒と治療法

農薬とは、農作物を害虫、病気、雑草などから守るために使われる薬剤で、殺虫剤、殺菌剤、除草剤、殺鼠剤などがある。農薬の製造、販売、使用は「農薬取締法」によって規制されており、農林水産省に登録された製剤だけが農薬として製造、販売、使用できる。

農薬のラベルには「登録番号」「農薬の種類（有効成分の一般名と剤型）」「成分（有効成分の化学名と含有量）」などの表示が義務付けられており、毒物に該当する農薬には「医薬用外毒物」、劇物に該当する農薬には「医薬用外劇物」の表示がある。平成29年7月現在、農薬登録されている製品のうち、特定毒物に該当する農薬としてリン化アルミニウム（燻蒸剤）、毒物に該当する農薬としてEPN（有機リン系殺虫剤）、パラコート（除草剤）、青酸（燻蒸剤）、フッ化スルフリル（燻蒸剤）がある[1]。劇物に該当する製品は、殺虫剤、殺菌剤、除草剤、殺鼠剤など多数存在する。農家などには古い農薬が残っていることもあり、農薬登録が失効した古い製品が中毒の原因となる場合もある。

農薬による中毒事故は、作業中に使用者が吸入したり、皮膚に付いたりする事故のほか、飛散した農薬による周辺住民や通行人の暴露、ペットボトルなどの飲食物容器への移し替えによる

誤飲、小児や認知症のある高齢者の誤飲、自殺企図による意図的摂取などがある。農薬中毒では重篤な全身症状を呈することもあり、なかには誤飲事故であっても致死的になる場合もある。農林水産省の調査「農薬の使用に伴う事故及び被害の発生状況について」によると、農薬による中毒事故の件数（自殺企図は含まない）は、平成26年度29件（死亡5人）、27年度28件（死亡7人）、28年度19件（死亡0人）であった[2]。また、公益財団法人日本中毒情報センターへの農業用品による中毒事故の問合せ件数（自殺企図含む）は、平成26年が440件、27年が421件、28年が423件であり、農薬による中毒事故は決して少なくない[3]。

農薬には、粉剤、粒剤、水和剤、乳剤、液剤、油剤、燻蒸剤などさまざまな剤型があり、同じ成分であっても、剤型によって中毒のリスクが異なる。例えば、粒子径が小さい粉剤や燻蒸剤では吸入のリスクがある。粒剤では、経口摂取した場合、食道や胃壁に付着することがあり、症状の出現が遅れたり、遷延したりすることがある。乳剤には界面活性剤、有機溶剤が含有されているため、有効成分以外の毒性も考慮する必要がある。また、揮発性が高い成分を含む農薬（クロルピクリンなど）や、胃内の水分や酸と反応して有毒ガ

スが発生する農薬（リン化アルミニウムなど）、経皮吸収され全身症状が出現する農薬（パラコートなど）などでは、救助者や医療従事者の二次暴露にも注意が必要である。

農薬による中毒事故を防止するためには、毒物および劇物に該当する農薬のみならず、すべての農薬について、①ペットボトルなど飲食物容器へ移し替えないこと、②小児などが手にしないよう安全な場所に施錠して保管するなど保管管理に十分注意すること、③農薬散布時には、ラベルの使用上の注意事項に従って適切な保護具を着用すること、④周辺住民への暴露を防ぐために風向き等に注意することなどが重要である。

ここでは、中毒事故が多い有機リン製剤、致死的になる例が多いパラコート製剤、作業に伴う事故のほか医療従事者の二次暴露の報告があるクロルピクリン製剤に関して、製品、中毒症状、治療、二次暴露のリスクについて述べる。

有機リン製剤

1　製品

主に殺虫剤として使用される有機リンは非常に種類が多く、化学構造により物性や毒性が異なる。また、剤型も粉剤、粒剤、水和剤、乳剤などがあり、剤型によっても中毒のリスクが異なる。毒物に該当する製品として EPN、劇物に該当する製品として DEP（トリクロルホン）、MPP（フェンチオン）、PAP（フェントエート）、イソキサチオン、ク

ロルピリホス、ジメトエート、ダイアジノンなどがある（平成 29 年 7 月現在）[4]。

2　中毒症状

有機リンは、神経伝達物質のアセチルコリンを分解する酵素であるコリンエステラーゼ（ChE）と結合しその働きを阻害するため、神経終末にアセチルコリンが過剰に蓄積して、ムスカリン様症状、ニコチン様症状、中枢神経症状が出現する。初期症状が軽くても遅れて重い中毒症状を呈する例や、初期に縮瞳や徐脈などの典型的な症状が出現しない例もある。また、遅発性末梢神経障害の報告もある。主な症状を以下に示す[5]。

・ムスカリン様症状

縮瞳、視力障害（調節障害）、唾液分泌の亢進、気管分泌の亢進、気管支収縮、徐脈、消化管蠕動の亢進（悪心、嘔吐、下痢、腹痛）

・ニコチン様症状

筋線維束性収縮、筋力低下、呼吸麻痺、散瞳、発汗、頻脈、高血圧

・中枢神経症状

不穏、頭痛、興奮、失調、傾眠、見当識障害、昏睡、痙攣

診断には血清 ChE 値の低下が役に立つが、重症度と ChE 活性は必ずしも相関せず、ChE 活性が極めて低値であっても中毒症状が軽い例もある。

3　治療

重症中毒症例ではまず呼吸循環管理を行うが、特に必要性が高いのは呼吸不全に対する緊急気管挿管である。経

口摂取の場合は、そのあとできるだけ早く消化管除染を試みる。解毒剤（アトロピン、プラリドキシムヨウ化物［パム：PAM］）は症状に応じて早期に投与する。

アトロピン：ムスカリン様作用に拮抗する。特に、気道分泌の増加および気管支収縮と著しい徐脈が認められる場合に適応となる。使いすぎると、副作用として消化管蠕動が低下して消化管除染に不利に働くため、中毒症状の再燃や遷延の一因となりうる。

・初回投与：1〜2 mg（小児0.05 mg/kg）を静注する。この用量でアトロピンの副作用（口渇、頻脈、散瞳、腹満、排尿障害など）が出現するなら、有機リン中毒ではないか、あるいはアトロピン投与を必要としない程度の軽い中毒と判断してよい[5), 6)]。

・重症例：2 mgを15〜30分ごとに静注、あるいは同程度の用量を持続静注する。投与量および投与期間には明確な基準がない。症例ごとに必要に応じて、増量または減量、中止を考える

パム（PAM）：有機リンによって阻害されたChE活性を回復させる。重症の有機リン剤中毒が疑われる場合に、できるだけ早期に投与を開始し、有効血中濃度を維持するよう十分量の使用、および十分な期間の持続投与が推奨される。投与期間には一律の基準はなく、原因物質や中毒症状の程度によって調節する。

・初回投与：1〜2 g（小児では20〜40 mg/kg）を生理食塩液100 mLに希釈し、15〜30分間かけて点滴静注、または5分間かけて徐々に静注する。PAM投与初期には呼吸管理を十分に行う[5), 6)]。

・継続投与：投与後1時間が経過しても十分な効果が得られない場合、再び初回と同様の投与を行う。それでも筋力低下が残るときは、慎重に追加投与を行う。0.5 g/hrの点滴静注により1日12 gまで投与が可能である。

4　二次暴露のリスク

現在汎用される有機リンは蒸気圧が低く容易に気化しないが、強い臭気があり、乳剤では有機溶剤を含有するため、治療にあたっては、処置室を換気し保護具を着用する。

パラコート製剤

1　製品

毒物に該当するパラコートは、非選択性除草剤として使用される。毒性が非常に高く、経口摂取による死亡例が多数報告されている。また、散布時のミストの吸入や経皮暴露による死亡例もある。過去には、パラコート24％の高濃度の液剤が販売されていたが、自殺や殺人事件等による中毒事故が多発したため、現在は、パラコート5％とジクワット7％の混合液剤に切り替えられている。製剤には、中毒事故防止のために催吐性物質、苦味物質、ピリジン様臭気物質が添加され、暴露したことがわかりやすいように青緑色の色

素も添加されている。

2 中毒症状

パラコートは生体内でパラコートラジカルとなり、酸素に触れて活性酸素イオンを生じることで組織に障害を与える。特に酸素毒性に感受性の強い肺が影響を受ける。少量摂取例では、腎機能障害や肝機能障害は1～2週間で改善するが、呼吸障害は進行性であり、最終的には肺線維症で死亡するケースが多い。大量摂取例では、短時間のうちにショックとなり、24～48時間以内に死亡する。中毒症状の経過は次の3段階に分けられる[5), 6)]。

・第1段階（経口直後～2日以内）：激しい嘔吐、舌・口腔内・咽喉頭・消化管の直接的な粘膜障害、食道穿孔、大量服用時（200 mL以上）はショックで死亡
・第2段階（経口2～3日）：急性肝不全、進行性の糸球体腎炎、尿細管壊死による急性腎不全、肺水腫
・第3段階（経口3～10日）：間質性肺炎、進行性の肺線維症

尿中パラコート簡易定性法で診断が可能である。生命予後は、吸収されたパラコートの量とよく相関するとしてノモグラム（経過時間－血中濃度）の利用が推奨されている。

3 治療[5)]

解毒剤・拮抗剤はなく、決定的な治療法はない。可能なかぎり早く胃洗浄と活性炭投与を行うとともに、摂取後4時間以内（遅くとも10～12時間以内）に血液浄化（特に活性炭カラムを用いた直接血液灌流［DHP］）を行う。肺障害を助長するため、不必要な酸素吸入は行わない。

4 二次暴露のリスク

パラコートは蒸気圧が低くほとんど気化しないので、経口摂取患者の吐物から発生したガスを吸入するおそれはないが、皮膚に付着すると吸収される可能性があるため、治療にあたっては、保護具を着用する。

クロルピクリン製剤

1 製品

劇物に該当するクロルピクリンは、特有の刺激臭と催涙性を有する揮発性の液体で、過去に化学兵器（毒ガス）としても使用されたことがある。農薬としては、土壌中の病原菌、害虫、線虫などを防除するための土壌燻蒸剤として使用される。土壌中で気化して効果を発揮するため、作業者は保護眼鏡や吸収缶付きの防護マスクを着用し、畑に注入後はガスが漏えいしないようにポリエチレンシートなどで被覆する必要がある。取扱いを誤ると、作業者や周辺住民に影響が及ぶ可能性がある。

2 中毒症状

眼や皮膚、粘膜に対する刺激作用があり、ガスに暴露した場合は、直後から眼や呼吸器の刺激症状が出現する。経口摂取した場合は、消化器症状のほか、肺水腫、循環虚脱の可能性がある。主な症状を以下に示す[6)]。

- 全身症状：頭痛、めまい、全身倦怠、悪心、嘔吐、鼻汁、咽頭痛、咳、喀痰、呼吸苦、呼吸困難（喘息様）、肺水腫
- 神経症状：嗜眠状態、振戦、運動失調、複視、筋攣縮、てんかん様痙攣、譫妄、失語症
- 皮膚症状：水疱、びらん
- 眼症状：眼痛、流涙、結膜充血

3 治療

解毒剤・拮抗剤はなく、呼吸管理、循環管理などの対症療法を行う。

4 二次暴露のリスク

クロルピリンは気化しやすいため、本剤が付着した衣類や機具、また経口摂取した患者の呼気や吐物から発生したガスによる二次暴露の可能性が高い。治療にあたっては、処置室を可能なかぎり換気し、保護手袋、防毒マスク（眼刺激作用が強いので、眼部被覆型の防毒マスクがよい）、保護眼鏡、保護衣を着用する。汚染された衣類は気密性のある容器で保管する。大量服用例には、消化管除染を含む初期治療を屋外で行うことも考慮する。

参考文献
1) 全国農薬協働組合 編：農薬安全適正使用ガイドブック 2018 年版, 2017.
2) 農林水産省：農薬の使用に伴う事故及び被害の発生状況について.
   http://www.maff.go.jp/j/nouyaku/n_topics/h20higai_zyokyo.html（2018 年 4 月 2 日アクセス）
3) 日本中毒情報センター：年報受信報告.
   http://www.j-poison-ic.or.jp/homepage.nsf（2018 年 4 月 2 日アクセス）
4) 日本植物防疫協会 編：農薬要覧 2017, 2017.
5) 日本中毒学会 編：急性中毒標準診療ガイド, 2008.
6) 農薬工業会 編, 農林水産省消費・安全局農産安全管理課 監修：農薬中毒の症状と治療法 第 17 版, 2018.

7 特定毒物の使用上の注意

　毒物のうち毒性が極めて強く、かつ当該物質が広く一般に使用されるもので危害発生のおそれが著しいものは、特定毒物として特に厳しく規制されており、政令でその使用者、用途、使用方法等について規定している。ここでは、特定毒物たる農薬を散布するにあたってさまざまな注意が必要であるので、以下に守るべき注意事項を箇条書きにする。

　なお、下線を引いている項は、特定毒物以外の農薬の散布にあたっても留意すべき事項である。

散布前の注意

1　防除を実施する団体が、政令に定められている指定を受けているか確認する。

2　防除の実施日時、区域が公示されているか確認するとともに、防除実施地域付近の人々に特に周知させておく。

3　散布に使用する器具が作業中故障しないよう、あらかじめ十分な点検をする。

4　散布後1週間は田畑に入ることは危険であるため、散布前に除草を行っておく。

5　子どもや家畜を作業現場から遠ざける。

6　中毒に対する応急処置方法をよく

研究しておく。

7　水道の水源を汚染しないように、散布地域について考慮する。

薬剤運搬の注意

1　薬剤を運搬するときは、厳重に包装して運ぶ。運搬中に破損して、薬液が身体に触れると危険であるから、特に注意する。

2　薬剤を運ぶときは、弁当などの飲食物と一緒に包んだり、ポケットに入れたりしない。

散布液調製時の注意

1　散布液の調製は、慣れている人が行う。

2　必ずゴム手袋、眼鏡、マスクをし、皮膚の露出部分をできるだけ少なくして行う。

3　薬液を量るときは、瓶の周囲に薬液がつかないように注意し、量り終わった場合は、1回ごとに必ず栓をしておく。もし瓶の周囲に薬液がついたときは、布片等でよく拭きとったあと、よく洗う。この場合、汚れた布片等は焼き捨てるなど、危険のないようにする。

4　薬液を水に混ぜるときは、薬液や水滴が跳ね返らないように水面近くから静かに入れる。

5　薬液を入れた水は棒で攪拌し、手

44

では攪拌しない。

6　薬液を道路などにこぼしたときは、保健衛生上の危害が生じないように処理する。

薬剤散布時の注意

1　散布作業に慣れてくると、油断して取扱いが粗雑になりがちであるため、指導員は自ら作業に従事することなく、作業員一人一人の行動をよく監視して、次の事項について指導する。

2　身体の悪い人、手足に傷のある人、生理日の女性、年少者、老人等は作業に従事させない。

3　散布作業によって中毒した人は、その中毒が重い場合は、治っても1カ月間は作業に従事させない。軽い場合でも、1週間以上経たなければ作業等に従事させない。

4　同一人が数日間も連続して作業すると中毒を起こす危険があるため、連続して作業することのないように作業員を選定する。

5　服装の点検を行い、服装が不完全な者は作業をさせない。帽子、マスク、眼鏡、ゴム手袋、長袖の上衣、長ズボン、ゴム長を着用する。上衣、長ズボンは防水加工のものを着用する。

6　果樹園の場合は、散布液を頭からかぶるおそれがあるため、必ず防水加工した帽子、外衣を着用する。

7　散布にあたっては風向きを考え、常に身体が風上になるように作業を行わせ、噴霧や散布により農薬を浴

びないようにする。特に、ドローンなどにより空中から散布する場合は高濃度の薬液を使用することが多いことに留意する。

8　作業中は常に作業員の身体の具合に注意し、作業中、頭痛がしたり、気持ちが悪くなった人は、直ちに作業をやめさせる。

9　作業中、作業員でひどく散布液を浴びている者がいないか注意し、いれば交代させ、直ちに石けんで身体をよく洗い、新しい作業衣に取り替えさせる。

10　作業中は喫煙させない。食事の前は必ず手や顔をよく洗い、うがいをさせる。

11　作業は日中の暑いときを避け、朝夕の涼しい時間を選んで行う。

12　作業員は十分備えておき、同一人が長時間散布することは避ける。

薬剤散布後の注意

1　作業が終わったら、使用した器具はよく洗う。

2　残った薬剤は必ず責任者に引き渡し、作業員が持ち帰ることのないように、特に注意し、鍵のかかるところに保管させる。

3　空になった瓶は地中深く埋め、袋は焼き捨てるなど、保健衛生上の危害が生じないように完全に処理する。

4　手、足はもちろん、全身を石けんを用いてよく洗う。

5　衣服は下着まで全部取り替え、作業に使用した衣類は必ず石けんを使ってよく洗う。作業に使用した衣

類を、そのまま翌日使用することの
ないように注意する。

6　散布した地域には明確に標識をつ
　け、散布後7日間は立ち入らないよ
　うにする。

7　標識に使用の赤旗などは、散布後
　7日間を経過したときは必ず取り外
　し、焼却する。

8　作業後、解散にあたって、その晩
守るべき事項として、次のことを注
意しておく。

　(イ)酒を飲まない。(ロ)夜更かしをし
ない。(ハ)気分が少しでも悪くなった
ら、医師に診てもらう。(ニ)医師の診
断を受ける際には、農薬の散布作業
に従事したことと、使用した薬剤名
を告げる。

8 化合物、製剤等の用語の意義

毒物及び劇物取締法の別表には、毒物および劇物のいわゆる原体のみが規定され、それらの塩類や化合物、またそれらを含有する製剤や、今後新たに製造されるものなどで毒性の強いものなどは、すべて政令（毒物及び劇物指定令）で定めることとしている。毒物及び劇物指定令（昭和40年政令第2号）では、第1条に毒物、第2条に劇物、第3条に特定毒物が指定されている。

ここでは、毒物や劇物の指定に際して使用されている用語について説明する。

「製剤」について

指定令全般にわたって使用されているこの「……を含有する製剤」という用語は、おおむね次のように解釈されている。

① 物質は、それぞれ固有の社会生活に対する有用性を持っている。「製剤」とは、毒物または劇物の効果的利用を図るため、意図的に製剤化されてできたものをいうが、この場合は含量の程度を問わず「製剤」と解される。

ただし、単なる粉砕、成型など、原体の組成に影響しない物理的操作により製品化されているものにあっては、「製剤」と解さず「原体」と解

するものとする。

「製剤」の概念には、天然物および不純物は含まれない。例えば、クロム酸鉛の色を利用できるように作られた塗料は、クロム酸鉛の「製剤」であるが、タルク中に不純物として含有しているヒ素を指して、そのタルクがヒ素の「製剤」であるとはいわない。

② 「製剤」は、通常、市場に流通する状態のものが考えられる。この場合、その内容の実質を指すのであって、容器に収められているか否かは問わないものである。

また、廃棄された製剤は、一般に「製剤」には該当しない。「製剤」は社会的有用性を持っているものであるが、廃棄された場合には、廃棄者にとってはその有用性は失われているので、一般的に「製剤」とは考えない。毒物及び劇物取締法では、これらについては廃棄物と称している。

③ 「製剤」が使用された状態においては、もはやその物質の製剤と考えない。例えば、クロム酸鉛の製剤である塗料を塗って色づけされた家具や器具、ディルドリン製剤で防虫加工された洋服生地や羊毛は「製剤」でなく、さらに忌避剤ナラマイシンを使用してネズミの忌避効果を期待した被覆電線もナラマイシンの「製剤」

47

でなく、また、水銀体温計も水銀の「製剤」とは考えない。ただし、「製剤」を使用したものであっても、そのものが当該製剤と同一の使用目的を失っていないような場合には「製剤」とみなす。例えば、殺虫剤を塗布した紙袋があって、この紙袋をリンゴ等にかぶせるという場合、当該紙袋は殺虫剤たる製剤を使用したものであるが、なお殺虫剤としての使用目的を失っていない。このような場合の紙袋は、殺虫剤の担体としての役を果たしているに過ぎないので、これは「製剤」に該当すると考えられている。

「化合物・塩類」について

化合物という言葉の意味するところは非常に広い。

例えば、アニリン化合物といっても、アニリンにメチル基が1つ入ったオルトメチルアニリンからタール系の色素まで実にさまざまな物質を挙げることができる。しかし本法では、この「化合物」「塩類」は次のような考えのもとに使用されている。

化合物：化合物とは、化合によって生じ、一定組成を持ち各成分の性質がそのまま現れていないような物質をいう。化合物の語は、化学的にその範囲が非常に広い表現のため、重金属あるいは簡単かつ毒性学的に重要な基についてのみ使用した。例えば、水銀、ヒ素のような元素の原子がその化学構造のなかに入っているもののみに「化合物」を用いている。

塩類：一般に「塩」とは、酸と塩基との中和反応によって生成される化合物をいう。本法にいう「塩類」も、化学的定義に基づく「塩類」と同義に解してよい。すなわち、正塩、酸性塩、塩基性塩、含溶媒塩などの塩類を指す。

9 毒物劇物危害防止規定

　毒物、劇物による危害を防止するために毒物及び劇物取締法に規定されているところはもとより、各事業場においてさまざまな対策が講じられているが、法第11条では、毒物、劇物が、施設の外に飛散し、漏れ、流れ出、またはしみ出ることを防ぐのに必要な措置を講じなければならない、と規定されており、この「必要な措置」こそ、とりもなおさず、毒物、劇物の危害防止対策を指している。しかし、ひと口に危害防止対策といっても、毒物、劇物の管理、責任体制の明確化、毒物、劇物の取扱いに関する作業手順、各種機器類の作業手順、異常事態が発生または発生しつつある場合の作業を中断する際の手順、事故時の連絡・通報系統の確立、施設、設備の点検など、その範囲は非常に広く、また、実際に取り扱っている毒物、劇物の種類、取扱いの態様に応じて危害防止対策の内容も自ずから異なったものとなる。

　いずれにせよ、これらの危害防止対策が有機的に連携してはじめて有効な対策を実施できることになる。そのためには、各事業場の実情に応じた「危害防止対策」を実施し、作業者に対してあらかじめ十分に周知徹底しておく必要がある。また、当該事業場に出入りする他の作業者に対しても、同様の配慮が必要であろう。この危害防止対策を体系的にまとめたものが、各事業場における「危害防止規定」である。一般には、法により置くことが義務付けられている毒物劇物取扱責任者が、その業務を円滑に遂行できるよう作成しておくこととなる。

　昭和50年11月6日に、厚生省薬務局安全課長、監視指導課長の両課長名をもって「毒物劇物危害防止規定について」が各都道府県衛生主管部（局）長宛てに通知された。この通知には、危害防止規定に盛り込むべき事項が示されている。次に、本通知を示す。

一　危害防止規定の目的及び性格について

　危害防止規定は、毒物劇物製造所等における毒物又は劇物の管理・責任体制を明確にし、もつて毒物又は劇物による保健衛生上の危害を未然に防止することをねらいとした、事業所の自主的な規範であること。

二　危害防止規定の記載事項について

(1)　危害防止規定は、当該製造所等において取扱われる毒物及び劇物の種類・量、取扱いの方法等の態様に応じ、具体的、かつ、詳細な内容になるように作成すること。

　なお、毒物及び劇物の運搬車などの製造所等以外の事項にわたる内容

49

総　　説

であつても差し支えないこと。

(2)　危害防止規定の記載事項には、毒
物及び劇物の管理・責任体制を明確
にし、毒物及び劇物による危害防止
の目的を達成しうるよう、下記の基
本的な事項が記載されていなければ
ならないこと。

　なお、危害防止規定に付随してそ
れぞれの基本的事項について、規定
を具体的に実施するために必要な細
則を定めること。

ア　毒物及び劇物の貯蔵又は取扱い
の作業を行う者、これらの作業に
係る設備等の点検・保守を行う者、
事故時における関係機関への通報
及び応急措置を行う者の職務及び
組織に関する事項

イ　毒物及び劇物の貯蔵又は取扱い

に係る作業の方法に関する事項

ウ　毒物及び劇物の貯蔵又は取扱い
に係る設備等の点検の方法に関す
る事項

エ　毒物及び劇物の貯蔵又は取扱い
に係る設備等の整備又は補修に関
する事項

オ　事故時における関係機関への通
報及び応急措置活動に関する事項

カ　毒物及び劇物の貯蔵又は取扱い
の作業を行う者及びこれらの作業
に係る設備等の保守を行う者並び
に事故時の応急措置を行う者の教
育及び訓練に関する事項

キ　その他、保健衛生上の危害を防
止するために遵守しなければなら
ない事項

10 毒物、劇物の廃棄

毒物、劇物を廃棄した場合、その廃棄の仕方によっては、その毒性が残存するため保健衛生上不測の事態を招くおそれがある。そのため、毒物、劇物の廃棄については、毒物及び劇物取締法第15条の2の規定に基づく毒物及び劇物取締法施行令第40条で技術上の基準を定め、その基準によらなければ、何人も廃棄することを禁止しているのである。

廃棄の規制は、本来、毒物または劇物についてのみ対象としていたが、昭和39年7月の法律改正で、保健衛生上重大な危害を及ぼすものについては、毒物または劇物を単に含有しているもの（製剤でないため毒物、劇物に該当しない）についても政令で指定して飛散、流出、廃棄を取り締まることとした。取り締まりの対象としては、無機シアン化合物たる毒物を含有する液体状のものと、いわゆる廃酸、廃アルカリが指定されている。これらのものは、事業場で広く使用され、また、廃棄する機会が多く、かつ、これらによって事故の発生が予測されるものである。

大気や水質の汚染に伴う環境汚染対策としては、大気汚染防止法、水質汚濁防止法など各種の規制法があるが、毒物及び劇物取締法は、公害の防止という観点から見れば、公害の発生源対策としての意味を持っているものである。

毒物及び劇物取締法施行令第40条で定める技術上の基準は、次のとおりである。

一　中和、加水分解、酸化、還元、稀釈その他の方法により、毒物及び劇物並びに法第11条第2項に規定する政令で定める物のいずれにも該当しない物とすること。

二　ガス体又は揮発性の毒物又は劇物は、保健衛生上危害を生ずるおそれがない場所で、少量ずつ放出し、又は揮発させること。

三　可燃性の毒物又は劇物は、保健衛生上危害を生ずるおそれがない場所で、少量ずつ燃焼させること。

四　前各号により難い場合には、地下1メートル以上で、かつ、地下水を汚染するおそれがない地中に確実に埋め、海面上に引き上げられ、若しくは浮き上がるおそれがない方法で海水中に沈め、又は保健衛生上危害を生ずるおそれがないその他の方法で処理すること。

これらの規定に違反した者に対する罰則も定められ、また、両罰規定の適用もある。

この政令の技術上の基準については、毒物及び劇物等の廃棄方法についての

51

総　　説

一般的な方法を規定したものであるため、これまで、厚生労働省（旧厚生省）では中央薬事審議会の意見を踏まえ、個別品目ごとに具体的廃棄方法を定め、その結果を薬務局長通知「毒物及び劇物の廃棄の方法に関する基準について」で公表し廃棄を行う者の参考に供してきたところである。

昭和50年11月26日から平成8年3月15日までに10回通知され、作成された品目は145品目となる。その通知の内容を掲載する。

廃棄の方法に関する基準の内容
Ⅰ　廃棄についての留意点など
1　本基準は、毒物及び劇物取締法施行令第40条の規定を実施するため、毒物劇物の品目ごとに具体的な廃棄の方法を定めたものであること。
2　本基準は、一般的に広く適用しうる方法であるが、廃棄される毒劇物の量または当該毒劇物に含まれている他の物質の種類および量等により、本基準が実施できない場合は基準の細部についての変法もしくは本基準と異なる方法を採用しても差し支えない。いずれの場合においても、廃棄処理に伴う生成物等について検討を行い、水質汚濁防止法等関連諸法令に適合するよう十分留意しなければならないこと。
3　廃棄に際しては、あらかじめ作業計画および作業責任者を定め、廃棄は当該作業計画に従い、かつ、当該責任者の監督のもとに行うこと。
4　作業責任者は、当該毒劇物の廃棄

に関し十分な化学的知識と技能を有する者をあてること。
5　廃棄処理の際における作業者の安全を確保するための保護具については、次の保護具より作業状況に応じて選択すること。
〈皮膚〉
　　保護手袋、保護長靴、保護衣（対象毒劇物に対して不浸透性のもの）
〈眼〉
　　保護眼鏡、顔面シールド（防災面、保護面）
〈呼吸器系〉
　　ホースマスク、人工呼吸器、酸素吸入器、防毒マスク（毒物劇物の種類により、適当な吸収剤の入った吸収缶を用いる）
6　基準中の用語については、次のとおりであること。
①　アフターバーナー（Afterburner）
　　焼却炉、エンジン等の排気ガス中のHC（炭化水素）、CO等を再燃焼させるために用いられる装置。
②　スクラバー（Scrubber）
　　水または他の液体を利用して、排気ガス中の粒子および有毒ガスを分離捕集する集じん装置。液体を含塵ガス中へ分散させ、粒子と液滴との衝突、増湿による粒子相互の付着凝集、液膜による捕集粒子の再飛散防止、凝縮による粒径の増大等による粒子の捕集ならびに有毒ガスの吸収を容易にした装置である。
③　活性汚泥法（Activated Sludge Process）

生物学的廃水処理法の一つで、排水中の有機物を好気性微生物の作用で分解処理する方法である。排水中に空気を通し（曝気）、微生物の作用により有機物を分解させる。繁殖した微生物は凝集してフロック状の汚泥となり、これを沈降分離すると排水は透明な処理液となる。この方法は、廃水中のBOD の除去に有用である。

7　廃棄に際して、引火性、発火性等の物性を有する毒物または劇物については、その危険性を十分に考慮し作業すること。

II　制定品目

それぞれの品目の具体的な廃棄基準については、各論を参照のこと。

◎昭和 50 年 11 月 26 日制定品目
（薬発第 1090 号）

改正：昭和 52 年 12 月　8 日　薬発第 1416 号
　　　昭和 60 年　4 月　5 日　薬発第　373 号
　　　昭和 62 年　9 月 12 日　薬発第　782 号

・黄　燐
・アクリルニトリル（アクリロニトリル）
・アクロレイン
・アンモニア及びこれを含有する製剤
・塩化水素及びこれを含有する製剤
・塩　素
・過酸化水素及びこれを含有する製剤
・クロルスルホン酸
・クロルメチル（塩化メチル）
・ジメチル硫酸
・臭　素
・硝酸及びこれを含有する製剤

・水酸化カリウム及びこれを含有する製剤
・水酸化ナトリウム及びこれを含有する製剤
・ニトロベンゼン
・発煙硫酸
・ホルムアルデヒド及びこれを含有する製剤
・硫酸及びこれを含有する製剤

◎昭和 52 年 12 月 8 日制定品目
（薬発第 1416 号）

改正：昭和 60 年　4 月　5 日　薬発第 373 号
　　　昭和 62 年　9 月 12 日　薬発第 782 号
　　　平成　3 年　3 月　6 日　薬発第 259 号

・アクリルアミド及びこれを含有する製剤
・亜硝酸塩類
・アニリン
・アニリン塩類
　塩酸アニリン
・エチレンクロルヒドリン（2-クロロエタノール）及びこれを含有する製剤
・カリウム
・カリウムナトリウム合金（ナトリウムカリウム合金）
・キシレン
・クレゾール及びこれを含有する製剤
・クロルエチル（塩化エチル）
・クロルピクリン（クロロピクリン）及びこれを含有する製剤
・酢酸エチル
・有機シアン化合物及びこれを含有する製剤
　（液体のもの-1）
　　アセトンシアンヒドリン

総　　説

（液体のもの-2）

　（RS)-α-シアノ-3-フェノキシベ
　ンジル=(RS)-2-(4-クロロフェ
　ニル)-3-メチルブタノアート
　（フェンバレレート）
・蓚酸及びこれを含有する製剤
・蓚酸塩類及びこれを含有する製剤
・トルエン
・ナトリウム
・フェノール及びこれを含有する製剤
・ブロムエチル（臭化エチル）
・ブロムメチル（臭化メチル）及びこ
　れを含有する製剤
・メチルエチルケトン（エチルメチル
　ケトン）

◎昭和 56 年 3 月 31 日制定品目
（薬発第 330 号）

改正：昭和 60 年 4 月 5 日　薬発第 373 号
　　　昭和 62 年 9 月 12 日　薬発第 782 号

・過酸化ナトリウム
・過酸化尿素及びこれを含有する製剤
・ジクロル酢酸
・トリクロル酢酸
・トルイジン
・トルイレンジアミン
　　2,4-ジアミノトルエン
・二硫化炭素
・ブロム水素を含有する製剤
・ベタナフトール
・メタノール
・モノクロル酢酸
・沃化水素を含有する製剤

◎昭和 60 年 4 月 5 日制定品目
（薬発第 373 号）

改正：昭和 62 年 9 月 12 日　薬発第 782 号

・水銀、水銀化合物及びこれを含有す
　る製剤
　水銀
　（水溶性のもの-1）
　　塩化第二水銀、硝酸第一水銀、硝
　　酸第二水銀
　（水溶性のもの-2）
　　酢酸第二水銀
　（水溶性のもの-3）
　　チメロサール、酢酸フェニル水銀
　（不溶性のもの-1）
　　酸化第二水銀、沃化第二水銀、臭
　　化第二水銀、塩化第一水銀、チ
　　オシアン酸第二水銀
　（不溶性のもの-2）
　　オキシシアン化第二水銀
・ニッケルカルボニル及びこれを含有
　する製剤
・N-アルキルアニリン
　　N-メチルアニリン、N-エチルア
　　ニリン
・N-アルキルトルイジン
　　N-エチルメタトルイジン
・カドミウム化合物
　（水溶性のもの）
　　塩化カドミウム、臭化カドミウム、
　　硫酸カドミウム、硝酸カドミウ
　　ム
　（不溶性のもの-1）
　　酸化カドミウム、硫化カドミウム、
　　炭酸カドミウム、水酸化カドミ
　　ウム
　（不溶性のもの-2）
　　ステアリン酸カドミウム、ラウリ
　　ン酸カドミウム

- 無機金塩類
  - 塩化金酸、塩化第二金
- 無機銀塩類
  - （水溶性のもの）
    - 硝酸銀
  - （不溶性のもの）
    - 硫酸銀、臭化銀、沃化銀
- クロム酸塩類及びこれを含有する製剤
  - （水溶性のもの）
    - クロム酸ナトリウム、クロム酸カルシウム
  - （不溶性のもの-1）
    - クロム酸鉛、硫酸モリブデン酸クロム酸鉛
  - （不溶性のもの-2）
    - クロム酸バリウム、クロム酸ストロンチウム、クロム酸亜鉛カリウム、四塩基性クロム酸亜鉛
- クロロホルム
- 四塩化炭素及びこれを含有する製剤
- 水酸化トリアリール錫、その塩類及びこれらの無水物並びにこれらのいずれかを含有する製剤
  - （不溶性のもの）
    - 水酸化トリフェニル錫、弗化トリフェニル錫、酢酸トリフェニル錫、塩化トリフェニル錫
- 水酸化トリアルキル錫、その塩類及びこれらの無水物並びにこれらのいずれかを含有する製剤
  - （水溶性のもの）
    - 酸化ビス（トリブチル錫）のエマルジョン（水系）10％
  - （不溶性のもの）
    - 酸化ビス（トリブチル錫）、弗化ト

リブチル錫、二臭化コハク酸ビス（トリブチル錫）
- ピクリン酸
- ピクリン酸塩類
  - ピクリン酸アンモニウム
- N-ブチルピロリジン
- 沃化メチル及びこれを含有する製剤
- 無機シアン化合物たる毒物を含有する液体状の物
  - （シアン含有量が1リットルにつき1ミリグラム以下のものを除く。）
- 四アルキル鉛及びこれを含有する製剤
- 無機シアン化合物及びこれを含有する製剤
  - （液体のもの）
    - シアン化水素
  - （水溶性のもの-1）
    - シアン化ナトリウム、シアン化カリウム
  - （水溶性のもの-2）
    - シアン化ニッケルカリウム、シアン化コバルトカリウム
  - （不溶性のもの）
    - シアン化亜鉛、シアン化第一銅、シアン化銅酸ナトリウム、シアン化銅酸カリウム
  - （金属を回収するもの）
    - シアン化第一金カリウム、シアン化銀
- 重クロム酸塩類及びこれを含有する製剤
  - 重クロム酸ナトリウム、重クロム酸カリウム、重クロム酸アンモニウム、重クロム酸ナトリウム水溶液

総　説

・無水クロム酸及びこれを含有する製
剤
　　無水クロム酸、クロム酸水溶液

◎昭和 62 年 9 月 12 日制定品目
（薬発第 782 号）
改正：昭和 62 年 10 月　2 日　薬発第 866 号
　　　平成　2 年　2 月 17 日　薬発第 142 号
　　　平成　3 年　3 月　6 日　薬発第 259 号
・燐化アルミニウムとその分解促進剤
とを含有する製剤
・燐化水素（ホスフィン）及びこれを
含有する製剤
・一水素二弗化アンモニウム及びこれ
を含有する製剤
・燐化亜鉛及びこれを含有する製剤
・セレン並びにセレン化合物及びこれ
を含有する製剤
（気体のもの-1）
　　セレン化水素
（気体のもの-2）
　　六弗化セレン
（水溶性のもの）
　　亜セレン酸ナトリウム、亜セレン
　　酸バリウム、二酸化セレン
（不溶性のもの-1）
　　セレン、セレン化鉄
（不溶性のもの-2）
　　硫セレン化カドミウム
・砒素並びに砒素化合物及びこれを含
有する製剤
　　砒素
（気体のもの-1）
　　水素化砒素（アルシン）
（気体のもの-2）
　　五塩化砒素、五弗化砒素
（液体のもの）

　　三塩化砒素、三弗化砒素
（水溶性のもの-1）
　　五酸化二砒素、三酸化二砒素（無
　　水亜砒酸）、砒酸、砒酸水素二ナ
　　トリウム
（水溶性のもの-2）
　　ヘキサフルオロ砒酸リチウム
（不溶性のもの）
　　三硫化二砒素、四硫化四砒素、砒
　　酸カルシウム
・弗化水素及びこれを含有する製剤
　　弗化水素、弗化水素酸
・硫化燐及びこれを含有する製剤
　　五硫化二燐
・無機亜鉛塩類
（水溶性のもの）
　　塩化亜鉛、酢酸亜鉛、硝酸亜鉛、
　　チオシアン酸亜鉛、硫酸亜鉛
（不溶性のもの）
　　ピロリン酸亜鉛、弗化亜鉛、燐酸
　　亜鉛
・アンチモン化合物及びこれを含有す
る製剤
（気体のもの）
　　水素化アンチモン（スチビン）
（液体のもの-1）
　　五塩化アンチモン
（液体のもの-2）
　　五弗化アンチモン
（水溶性のもの-1）
　　三塩化アンチモン
（水溶性のもの-2）
　　三弗化アンチモン、ヘキサフルオ
　　ロアンチモン酸カリウム、ヘキ
　　サフルオロアンチモン酸ナトリ
　　ウム

（水溶性のもの-3）
　硼弗化アンチモン
（水溶性のもの-4）
　酒石酸アンチモニルカリウム
（不溶性のもの）
　酸化アンチモン（Ⅲ）（酸化アンチモ
　ン（Ⅲ）を含有する製剤を除く。）
・硅弗化水素酸（ヘキサフルオロケイ
　酸）及びこれを含有する製剤
・硅弗化水素酸（ヘキサフルオロケイ
　酸）塩類及びこれを含有する製剤
（水溶性のもの-1）
　硅弗化アンモニウム、硅弗化カリ
　ウム、硅弗化ナトリウム、硅弗
　化マグネシウム
（水溶性のもの-2）
　硅弗化亜鉛、硅弗化錫、硅弗化銅、
　硅弗化マンガン
（水溶性のもの-3）
　硅弗化鉛
（不溶性のもの）
　硅弗化バリウム
・無機錫塩類
（液体のもの）
　塩化第二錫（無水物）
（水溶性のもの-1）
　塩化第一錫、塩化第二錫・五水和
　物、硫酸第一錫
（水溶性のもの-2）
　弗化第一錫
（不溶性のもの）
　ピロリン酸第一錫
・無機銅塩類
（水溶性のもの-1）
　塩化第二銅、酢酸第二銅、硝酸第
　二銅、硫酸第二銅

（水溶性のもの-2）
　塩化第二銅アンモニウム
（不溶性のもの）
　塩化第一銅、塩基性炭酸銅、チオ
　シアン酸第一銅、ピロリン酸第
　二銅、弗化第二銅、沃化第一銅
・鉛化合物
（水溶性のもの）
　酢酸鉛、硝酸鉛
（不溶性のもの-1）
　一酸化鉛、塩基性硅酸鉛、硅酸鉛、
　三塩基性硫酸鉛、シアナミド鉛、
　水酸化鉛、鉛酸カルシウム、二
　塩基性亜硫酸鉛、二塩基性亜燐
　酸鉛、弗化鉛、硼酸鉛
（不溶性のもの-2）
　ステアリン酸鉛、二塩基性ステア
　リン酸鉛、二塩基性フタル酸鉛
バリウム化合物
（水溶性のもの-1）
　塩化バリウム、硝酸バリウム
（水溶性のもの-2）
　酸化バリウム、水酸化バリウム
（水溶性のもの-3）
　硫化バリウム
（不溶性のもの-1）
　炭酸バリウム、チタン酸バリウム、
　弗化バリウム、メタ硼酸バリウ
　ム
（不溶性のもの-2）
　カルボン酸（高級脂肪酸）のバリ
　ウム塩
・硼弗化水素酸（テトラフルオロ硼酸）
・硼弗化水素酸（テトラフルオロ硼酸）
　塩類
（水溶性のもの）

総　説

硼弗化アンモニウム、硼弗化カリ
ウム、硼弗化テトラエチルアン
モニウム、硼弗化ナトリウム、
硼弗化マグネシウム、硼弗化リ
チウム

◎平成 3 年 3 月 6 日制定品目
（薬発第 259 号）

・エチルパラニトロフェニルチオノベ
ンゼンホスホネイト（別名 EPN）及
びこれを含有する製剤
・ジエチル–S–(エチルチオエチル)–ジ
チオホスフェイト及びこれを含有す
る製剤
・1,1′–ジメチル–4,4′–ジピリジニウムヒ
ドロキシド、その塩類及びこれらの
いずれかを含有する製剤
・2–イソプロピルフェニル–N–メチル
カルバメート及びこれを含有する製
剤
・2–イソプロピル–4–メチルピリミジ
ル–6–ジエチルチオホスフェイト（別
名ダイアジノン）及びこれを含有す
る製剤
・エチルジフェニルジチオホスフェイ
ト及びこれを含有する製剤
・塩素酸塩類及びこれを含有する製剤
・1,3–ジカルバモイルチオ–2–(N,N–ジ
メチルアミノ)–プロパン、その塩類
及びこれらのいずれかを含有する製
剤
・ジ(2–クロルイソプロピル)エーテル
及びこれを含有する製剤
・2,2′–ジピリジリウム–1,1′–エチレンジ
ブロミド及びこれを含有する製剤
・ジメチル–2,2–ジクロルビニルホス

フェイト（別名 DDVP）及びこれを
含有する製剤
・ジメチルジチオホスホリルフェニル
酢酸エチル及びこれを含有する製剤
・ジメチル–4–メチルメルカプト–3–メ
チルフェニルチオホスフェイト及び
これを含有する製剤
・トリクロルヒドロキシエチルジメチ
ルホスホネイト及びこれを含有する
製剤
・トリフルオロメタンスルホン酸及び
これを含有する製剤
・N–メチル–1–ナフチルカルバメート
及びこれを含有する製剤
・3–メチルフェニル–N–メチルカルバ
メート及びこれを含有する製剤
・2–(1–メチルプロピル)–フェニル–N–
メチルカルバメート及びこれを含有
する製剤
・S–メチル–N–［(メチルカルバモイル)
–オキシ]–チオアセトイミデート（別
名メトミル）及びこれを含有する製
剤

◎平成 4 年 12 月 7 日制定品目
（薬発第 1192 号）

・モノゲルマン及びこれを含有する製
剤
　　モノゲルマン
・塩化ホスホリル及びこれを含有する
製剤
　　塩化ホスホリル
・五塩化燐及びこれを含有する製剤
　　五塩化燐
・三塩化硼素及びこれを含有する製剤
　　三塩化硼素

・三塩化燐及びこれを含有する製剤
　　三塩化燐
・三弗化硼素及びこれを含有する製剤
　　三弗化硼素
・三弗化燐及びこれを含有する製剤
　　三弗化燐
・四弗化硫黄及びこれを含有する製剤
　　四弗化硫黄
・ジボラン及びこれを含有する製剤
　　ジボラン
・亜塩素酸ナトリウム及びこれを含有する製剤
　　亜塩素酸ナトリウム
・トリクロロシラン及びこれを含有する製剤
　　トリクロロシラン
・ヒドロキシルアミン塩類及びこれを含有する製剤
　　酸ヒドロキシルアミン

◎平成 6 年 3 月 14 日制定品目
　（薬発第 232 号）
・アリルアルコール及びこれを含有する製剤
　　アリルアルコール
・アクリル酸及びこれを含有する製剤
　　アクリル酸
・エチレンオキシド及びこれを含有する製剤
　　エチレンオキシド
・エピクロルヒドリン及びこれを含有する製剤
　　エピクロルヒドリン
・2-クロロニトロベンゼン及びこれを含有する製剤
　　2-クロロニトロベンゼン

・シクロヘキシルアミン及びこれを含有する製剤
　　シクロヘキシルアミン
・2,4-ジニトロトルエン及びこれを含有する製剤
　　2,4-ジニトロトルエン
・ヘキサメチレンジイソシアナート及びこれを含有する製剤
　　ヘキサメチレンジイソシアナート
・メタクリル酸及びこれを含有する製剤
　　メタクリル酸

◎平成 7 年 3 月 16 日制定品目
　（薬発第 1090 号）
・ホスゲン及びこれを含有する製剤
・メチルメルカプタン及びこれを含有する製剤
・亜硝酸メチル及びこれを含有する製剤
・2-アミノエタノール及びこれを含有する製剤
・塩化チオニル及びこれを含有する製剤
・キノリン及びこれを含有する製剤
・クロロアセチルクロライド及びこれを含有する製剤
・2-クロロアニリン及びこれを含有する製剤
・クロロ酢酸ナトリウム及びこれを含有する製剤
・クロロプレン及びこれを含有する製剤

◎平成 8 年 3 月 15 日制定品目
　（薬発第 252 号）

総　　説

- ヒドラジン
- ぎ酸及びこれを含有する製剤
    ぎ酸
- 五酸化バナジウム（溶融した五酸化
  バナジウムを固形化したものを除く）
  及びこれを含有する製剤
    五酸化バナジウム

- ジメチルアミン及びこれを含有する
  製剤
    ジメチルアミン
- メチルアミン及びこれを含有する製
  剤
    メチルアミン

11 毒物、劇物の運搬

　近代化学工業の発達は、化学薬品の大量生産、大量消費となって、われわれの生活周辺において、当該化学薬品との接触の機会が大幅に増えている。特に、化学工業の原料である化学薬品は、工場の分散とともに生産地と消費地との分離を余儀なくされ、運送手段の発達と相まって、量の増加とともに、質の変化をきたしているのが現状である。

　危険な化学薬品の運搬については、その化学薬品の持つ危険性に応じて、高圧ガス保安法、火薬類取締法、消防法等によって規制がなされてきたが、毒性の面での規制は一部を除いてほとんどなされていなかった。シアン化ナトリウムやフッ化水素による事故が発生するに及び、国民の多数がこの危険にさらされていることの実態が明らかとなり、昭和45年の法律改正（毒物及び劇物取締法第16条の改正）により、これら毒物、劇物の規制がなされることとなった。すなわち、従来特定毒物にのみ規制を認められていた運搬、貯蔵その他の取扱いを毒物および劇物のすべてに拡充したのである。

　毒物及び劇物取締法第16条第1項では「保健衛生上の危害を防止するため必要があるときは、政令で、毒物又は劇物の運搬、貯蔵その他の取扱について、技術上の基準を定めることができ

る」とあり、運搬については、毒物及び劇物取締法施行令第40条の2から第40条の7までに技術上の基準が定められている。その内容を要約すると次のとおりである。

1　毒物および劇物の運搬に関して、車両または鉄道による場合は、容器または被包を使用しなければならないこと。
2　一定の毒物および劇物について、車両を用いて1回5000kg以上運搬する場合の運搬方法を定めたこと。
3　荷送人に運送人に対する通知義務を課したこと。
4　一定の毒物および劇物の運送の事業を行う者に対して、毒物および劇物を業務上取り扱う者として届出の義務を課したこと（本項は昭和46年11月、政令第358号で毒物及び劇物取締法施行令第41条第三号を追加したことによる）。

　以上であるが、2および4の「一定の毒物及び劇物」とは現在、毒物及び劇物取締法で定められている「シアン化ナトリウム」に加えて23品目が指定されている。これらの毒物劇物はいずれも気体または液体のもので、これらが事故等により流出した場合に、除毒など危害の防止が簡単でなく、かつ、

61

その危険性が不特定または多数の者に及ぶことが予測され、その障害の程度がかなり激しいものである。

毒物または劇物として指定されているもののなかには、これらの条件に合致するものも他にかなりあるが、生産量、輸送量、運搬の方法など実態を考慮して23品目となったもので、将来、必要があれば品目が追加指定されることは当然予想される。実際、昭和63年には、他の16品目について法令により指定された品目と同様に扱うことにした。なお、運送業者で4に該当する者は、事業場ごとに都道府県知事に届け出なければならないと同時に、事業場ごとに毒物劇物取扱責任者を設置しなければならないことになっている。

現在、厚生労働省では薬事・食品衛生審議会の意見を踏まえて運搬に関する各種基準を定め、通知でそれらの基準を公表しているところである。すでに公表されている基準は、昭和52年2月14日より平成8年3月15日までに9回通知された「毒物及び劇物の運搬事故時における応急措置に関する基準について」(現在291品目作成) および昭和63年6月15日より平成4年9月11日までに3回通知された「毒物及び劇物の運搬容器に関する基準について」(現在4基準作成) である。以下にその内容を掲載する。

毒物及び劇物の運搬事故時における応急措置に関する基準の内容

I 基準についての留意点など

1 本基準は、毒劇物の運搬事故が生じた場合にとるべき毒物及び劇物取締法第16条の2第1項に規定する応急措置の具体的な方法を定めたものであること。

2 本基準は、単に運搬時に運転者等に所持させるだけでなく、昭和50年11月6日付薬務局安全課長・監視指導課長通知「毒物劇物危害防止規定について」における危害防止規定の一環として、毒劇物製造所等における毒劇物の管理・責任体制のなかに組み入れ、事故を起こした際迅速に応急措置が行えるよう、従業員の教育および訓練に役立てるべきものであること。

3 タンクローリー、タンクコンテナ等による運搬事故を想定したものであるが、運搬時以外の漏えい事故等についても適用し得るものであること。

4 本基準と「毒物及び劇物の廃棄の方法に関する基準」ではかならずしも一致していないが、これは、毒劇物の漏洩等の結果、保健衛生上の危害が不特定または多数の者に及ぶことがないよう、早期にとるべき措置を考慮したことによるものであること。

5 本基準の実施にあたっては、水質汚濁防止法等関連諸法令の規制等を十分に考慮すること。

II 応急措置上の留意事項

1 漏えい時の措置

事故を起こした場合には、その旨を直ちに保健所、警察署または消防機関

に届け出るとともに、製造業者、荷送人等の関係先に至急連絡を取り、それらの指示を仰ぐべきこと。また、漏えいした場合には、まずその漏えいを止めることが原則であるが、この場合毒劇物による危害を十分に注意すること。

2 出火時の措置

可燃性ガスの毒劇物にあっては、消火の際、その毒性について考慮する必要があること。また、周辺火災の場合には散水により当該毒物または劇物が流出するおそれがある場合などは容器をシート等で覆うなど、保健衛生上の危害を防止するための配慮が必要であること。

3 暴露・接触時の措置

事故現場に居合わせて、少しでも毒劇物を吸入し、または毒劇物に接触した者等についても、この措置を応用すべきであること。また、救急方法を行うにあたっては次の点に留意すること。
① 付着または接触した毒劇物を水で洗い流す場合は、付着または接触後直ちに行わなければ十分な効果が期待できないこと。
② 汚染された衣服や靴を脱がす場合は、衣服等が皮膚に付着していることがあるので、皮膚をはがさないよう注意しながら行うこと。場合によってはハサミで衣服を切りとるなどの措置が必要であること。
③ 肺水腫を起こしたときに行う人工呼吸は、気道が舌で塞がる（舌根沈下）おそれがあるので、呼気吹込み

人工呼吸（装置を用いる方法もある）が望ましいこと。また、気道分泌物・吐しゃ物等による気道閉塞に注意すること。なお、シアン中毒の応急措置として、亜硝酸アミルの吸入およびチオ硫酸ナトリウム（25％）の注射があること。

4 保護具

保護具の使用に際しては、毒劇物の種類、作業時間等を十分に考慮する必要があること。また、毒物及び劇物取締法施行規則第13条の4で定める保護具以外のものも基準に取り入れているので、運搬時にはこれらのものを携帯させることが望ましいこと。

5 その他

運搬する車両等には、次に掲げるものから毒劇物に応じ必要なものを選択して備えることが望ましいこと。
・ロープ、「立入り禁止」の札、手ぬぐい、むしろ、シート等
・吸着剤（土砂、活性白土、おがくず、活性炭、タルク、硅そう土、石こう等）
・化学処理剤（水酸化カルシウム、水酸化ナトリウム、アンモニア水、硫酸第一鉄等）
・消火剤
・救急用水、救急用具（毛布、人工呼吸器等）

Ⅲ 制定品目

それぞれの品目の具体的な運搬事故時の応急措置の基準については、各論

総　　説

を参照のこと。

◎昭和 52 年 2 月 14 日制定品目
（薬発第 163 号）

改正：昭和 60 年 4 月　5 日　薬発第 375 号
　　　昭和 62 年 9 月 12 日　薬発第 784 号

黄燐／アンチノック剤／アクリロニ
トリル／アクリルアルデヒド／液化
アンモニア／アンモニア水／液化塩
化水素／塩酸／液化塩素／過酸化水
素水／クロロスルホン酸／クロロピ
クリン／塩化メチル／硫酸ジメチル
／臭素／硝酸／水酸化カリウム水溶
液／水酸化ナトリウム水溶液／ニト
ロベンゼン／発煙硫酸／ホルムアル
デヒド水溶液／硫酸

◎昭和 56 年 3 月 31 日制定品目
（薬発第 332 号）

改正：昭和 60 年 4 月　5 日　薬発第 375 号
　　　昭和 62 年 9 月 12 日　薬発第 784 号

アクリルアミド／アクリルアミド水
溶液／亜硝酸ナトリウム／アニリン
／塩酸アニリン／エチレンクロルヒ
ドリン／塩素酸カリウム／塩素酸ナ
トリウム／過酸化ナトリウム／過酸
化尿素／カリウム／カリウムナトリ
ウム合金／キシレン／クレゾール／
塩化エチル／酢酸エチル／アセトン
シアノヒドリン／ジクロル酢酸／蓚
酸／蓚酸ナトリウム／トリクロル酢
酸／トルイジン／2,4-ジアミノトル
エン／トルエン／ナトリウム／二硫
化炭素／フェノール／臭化エチル／
臭化水素酸／臭化メチル／β-ナフ
トール／メタノール／エチルメチル

ケトン／モノクロル酢酸／沃化水素
酸

◎昭和 60 年 4 月 5 日制定品目
（薬発第 375 号）

改正：昭和 62 年　9 月 12 日　薬発第 784 号
　　　昭和 62 年 10 月　2 日　薬発第 866 号
　　　平成　2 年　2 月 17 日　薬発第 142 号
　　　平成　3 年　3 月　6 日　薬発第 257 号

シアン化水素／シアン化カリウム／
シアン化ニッケルカリウム／シアン
化コバルトカリウム／シアン化亜鉛
／シアン化第一銅／シアン化銅酸カ
リウム／シアン化銅酸ナトリウム／
シアン化第一金カリウム／シアン化
銀／水銀／酸化第二水銀／塩化第二
水銀／硝酸第一水銀／硝酸第二水銀
／沃化第二水銀／臭化第二水銀／チ
オシアン酸第二水銀／オキシシアン
化第二水銀／酢酸第二水銀／酢酸
フェニル水銀／チメロサール／セレ
ン／二酸化セレン／亜セレン酸ナト
リウム／セレン化鉄／亜セレン酸バ
リウム／硫セレン化カドミウム／
ニッケルカルボニル／N-エチルアニ
リン／N-メチルアニリン／N-エチ
ルメタトルイジン／酸化アンチモン
（Ⅲ）／三塩化アンチモン／五塩化ア
ンチモン／酒石酸アンチモニルカリ
ウム／塩化第一水銀／酸化カドミウ
ム／硫化カドミウム／塩化カドミウ
ム／臭化カドミウム／硫酸カドミウ
ム／硝酸カドミウム／炭酸カドミウ
ム／水酸化カドミウム／ステアリン
酸カドミウム／ラウリン酸カドミウ
ム／塩化金酸／塩化第二金／硫酸銀
／硝酸銀／臭化銀／沃化銀／クロム

酸ナトリウム／クロム酸鉛／硫酸モリブデン酸クロム酸鉛／クロム酸バリウム／クロム酸亜鉛カリウム／四塩基性クロム酸亜鉛／クロム酸ストロンチウム／クロム酸カルシウム／クロロホルム／四塩化炭素／重クロム酸カリウム／重クロム酸アンモニウム／水酸化トリフェニル錫／弗化トリフェニル錫／酢酸トリフェニル錫／塩化トリフェニル錫／酸化ビス(トリブチル錫)／酸化ビス(トリブチル錫)のエマルジョン(水系)10％／弗化トリブチル錫／二臭化コハク酸ビス(トリブチル錫)／塩化第一錫／硫酸第一錫／ピロリン酸第一錫／塩化第二錫(無水物)／塩化第二錫・五水和物／塩化第一銅／塩化第二銅／沃化第一銅／塩化第二銅アンモニウム／塩基性炭酸銅／硫酸第二銅／硝酸第二銅／酢酸第二銅／チオシアン酸第一銅／ピロリン酸第二銅／硝酸鉛／酢酸鉛／硼酸鉛／シアナミド鉛／水酸化鉛／二塩基性亜硫酸鉛／二塩基性亜燐酸鉛／塩基性硅酸鉛／硅酸鉛／鉛酸カルシウム／ステアリン酸鉛／二塩基性ステアリン酸鉛／二塩基性フタル酸鉛／ピクリン酸／ピクリン酸アンモニウム／N-ブチルピロリジン／沃化メチル／シアン化ナトリウム／重クロム酸ナトリウム／重クロム酸ナトリウム水溶液／一酸化鉛／三塩基性硫酸鉛／無水クロム酸／クロム酸水溶液／無機シアン化合物たる毒物を含有する液体状の物

◎昭和62年9月12日制定品目（薬発第784号）

セレン化水素／五塩化砒素／五弗化砒素／三弗化砒素／弗化水素／燐化アルミニウムとその分解促進剤とを含有する製剤／燐化水素／酢酸亜鉛／硝酸亜鉛／チオシアン酸亜鉛／ピロリン酸亜鉛／弗化亜鉛／硫酸亜鉛／燐酸亜鉛／三弗化アンチモン／水素化アンチモン／一水素二弗化アンモニウム／硅弗化亜鉛／硅弗化アンモニウム／硅弗化カリウム／硅弗化銅／硅弗化バリウム／硅弗化マグネシウム／硅弗化マンガン／弗化第一錫／弗化第二銅／弗化鉛／チタン酸バリウム／弗化バリウム／硼弗化アンモニウム／硼弗化ナトリウム／硼弗化マグネシウム／硼弗化リチウム／砒素／五酸化二砒素／三塩化砒素／三酸化二砒素／三硫化二砒素／四硫化四砒素／水素化砒素／砒酸水素二ナトリウム／砒酸／弗化水素酸／五硫化二燐／塩化亜鉛／硅弗化水素酸／硅弗化ナトリウム／塩化バリウム／カルボン酸(高級脂肪酸)のバリウム塩／酸化バリウム／硝酸バリウム／水酸化バリウム／炭酸バリウム／メタ硼酸バリウム／硫化バリウム／硼弗化水素酸／硼弗化カリウム／燐化亜鉛

◎平成3年3月6日制定品目（薬発第257号）

EPN／エチルチオメトン／パラコート／六弗化セレン／ヘキサフルオロ砒酸リチウム／五弗化アンチモン／

総　　説

ヘキサフルオロアンチモン酸カリウム／ヘキサフルオロアンチモン酸ナトリウム／硼弗化アンチモン／MIPC／ダイアジノン／EDDP／硅弗化錫／硅弗化鉛／フェンバレレート／カルタップ／DCIP／ジクワット／DDVP／PAP／MPP／DEP／トリフルオロメタンスルホン酸／硼弗化テトラエチルアンモニウム／NAC／MTMC／BPMC／メトミル

◎平成 4 年 12 月 7 日制定品目
　（薬発第 1190 号）
　塩化ホスホリル／五塩化燐／三塩化硼素／三塩化燐／三弗化硼素／三弗化燐／四弗化硫黄／ジボラン／亜塩素酸ナトリウム／トリクロロシラン／硫酸ヒドロキシルアミン／モノゲルマン

◎平成 6 年 3 月 14 日制定品目
　（薬発第 230 号）
　アリルアルコール／アクリル酸／エチレンオキシド／エピクロルヒドリン／2-クロロニトロベンゼン／シクロヘキシルアミン／2,4-ジニトロトルエン／ヘキサメチレンジイソシアナート／メタクリル酸

◎平成 7 年 3 月 16 日制定品目
　（薬発第 248 号）
　ホスゲン／メチルメルカプタン／亜硝酸メチル／2-アミノエタノール／塩化チオニル／キノリン／クロロアセチルクロライド／2-クロロアニリン／クロロ酢酸ナトリウム／クロロ

プレン

◎平成 8 年 3 月 15 日制定品目
　（薬発第 250 号）
　ヒドラジン／ぎ酸／五酸化バナジウム／ジメチルアミン／メチルアミン

毒物及び劇物の運搬容器に関する基準の内容

　本基準は、毒物及び劇物を運搬する場合の容器に関する技術基準であり、累次の薬務局長通知で示されている。制定、改正の経緯は以下のとおりである。

基準―その一（内容積 1000 リットル以
　　　上の固定容器（いわゆるタンク
　　　ローリー）の基準）及び
基準―その二（内容積 1000 リットル以
　　　上の積載式容器（いわゆるタン
　　　クコンテナ）の基準）
　　制定　昭和 63 年 6 月 15 日薬発
　　　　第 511 号
　　改正　平成 6 年 9 月 21 日薬発第
　　　　819 号
基準―その三（内容積が 450 リットル
　　　以下の小型運搬容器の基準）
　　制定　平成 3 年 3 月 6 日薬発第
　　　　255 号
　　改正　平成 6 年 9 月 21 日薬発第
　　　　819 号、平成 7 年 3 月 16
　　　　日薬発第 244 号
基準―その四（機械により荷役される
　　　構造を有する中型運搬容器の基
　　　準）
　　制定　平成 4 年 9 月 11 日薬発第

836 号

改正　平成 6 年 9 月 21 日第 819
号、平成 7 年 3 月 16 日薬
発第 244 号

　毒物及び劇物の運搬容器に関する基
準は、以下の場合を除き、毒物（四ア
ルキル鉛を含有する製剤を除く。以下
同じ。）又は劇物（可溶性ウラン化合物
及びこれを含有する製剤を除く。以下
同じ。）を車両（道路交通法（昭和 35
年法律第 105 号）第 2 条第 8 号に規定
する車両をいう。以下同じ。）を使用し
て、又は鉄道によって運搬する場合に
適用される。

1　液体状の無機シアン化合物たる毒
　物又は弗化水素若しくはこれを含有
　する製剤を内容積が 1000 リットル
　以上の容器に収納して運搬する場合
　（この場合は毒物及び劇物取締法に
　規定される技術上の基準が適用され
　る。）
2　高圧ガス保安法（昭和 26 年法律第
　204 号）に係る高圧ガスの収納容器
　により運搬する場合
3　放射性同位元素等による放射線障
　害防止に関する法律に係る放射性同
　位元素の収納容器により運搬する場
　合

　本基準の適用期間は、各基準の施行
後、毒物及び劇物取締法第 16 条第 1 項
の規定による技術上の基準が政令によ
り定められるまでの間とされているが、
容器の使用実態等を考慮し、一部の基
準については例外がある。

1　基準―その一の「2　固定容器」の
　規定（基準―その二「1　毒物及び劇
　物の運搬容器に関する基準―その一
　に定められた規定の準用」において
　準用する場合を含む。）は昭和 63 年
　6 月 15 日以降に新造又は改造が行わ
　れた容器についてのみ適用される。
2　基準―その三の「5　容器の試験」
　の規定にかかわらず、ナトリウム及
　び塗料（包装等級 I 以外の毒物又は
　劇物を含有するものに限る。）の天
　板取外し式金属ドラムについては基
　準の 5-(2)-③号の水圧試験を、日本
　工業規格 Z1602（金属板製 18 リット
　ル缶）の適合容器については基準の
　5-(2)-①号の落下試験のうち、底面
　の対面落下以外の落下試験を、当分
　の間、適用しない。

　なお、本基準は、車両又は鉄道で運
搬する場合に限り適用されるものであ
るが、運搬する毒物及び劇物によって
は消防法（昭和 22 年法律第 226 号）の
適用を受ける場合がある。また、運搬
は、陸上輸送に限らず海上輸送、航空
輸送の各輸送モードと連携して行われ
ることが少なからずあることから、本
基準によるほか、消防法等の他法令の
規定も十分考慮しておく必要がある。

　本基準の運用に当たって留意する必
要がある諸点は以下のとおりである。
また、以下の他、薬務局安全課長通知
「毒物及び劇物の運搬容器に関する基準
の運用指針について」で運用上の留意
点が詳細に示されているので、詳細な
検討のためにはこちらも参照すること

総　説

が不可欠である。

1　運搬する毒物及び劇物の物性等により、更に容器等の板厚、構造又はライニング設置の必要性等に配慮し、保健衛生上の危害が発生しないよう必要な措置を講ずるべきものであること。

2　基準─その三の別表2又は別表3に適合しない容器（以下「基準外容器」という。）を使用する場合は、同別表に掲げる当該容器であり、かつ、「5　容器の試験」の項に適合していることが確認されたもの（以下「基準容器」という。）と運搬の安全性が同等以上のものであることが必要となる。この場合、基準外容器を使用する前に基準外容器に関する資料及び同容器についての容器試験の試験資料を厚生省に提出し、基準容器と同等以上であることの確認を受けた上でなければ当該基準外容器を使用できないものであること。

3　1容器当たり最大に収納できる毒物又は劇物の量は、基準で規定されている収納率、最大内容積又は最大収納重量を厳守しなければならないこと。なお、最大収納重量とは、当該容器へ毒物又は劇物を収納することができる最大の重量であるので、当該容器の内容積は空間容積を考慮したものとする必要があること。

4　小型運搬容器の積み重ねは、基準─その三の3-(3)項及び3-(4)項で規定されているとおり、容器の積み重ね高さは、容器を置く平面から3メートル以下とし、また、積み重ね

たとき上部に積み重ねる容器が種類の異なるものなどその重量が下部の容器と異なる場合は、下部の容器の上部にかかる荷重が当該容器の上に当該容器と同一の容器を積み重ねて3メートルの高さとしたときにかかる荷重以下でなければならないこと。

5　小型運搬容器及び中型運搬容器が基準の容器の試験に適合することの確認については、容器の使用実態からみて、容器へ毒物若しくは劇物の充てん若しくは詰替えを行う者又は毒物劇物輸入業者（以下「容器使用者」という。）が一義的に行う必要があること。したがって、容器使用者でない者が運搬をする場合は、それら容器使用者から当該容器が基準の容器の試験に適合していることの確認を受けた上で運搬を行うものとすること。

6　容器の試験は、毒物劇物営業者以外の者でも試験を実施して差し支えないが、この場合、毒物又は劇物を収納した容器を用いて業務上試験を実施する毒物劇物営業者以外の者は、毒物及び劇物取締法第22条第5項にいう業務上取扱者に該当すること。

7　本基準は、容器の性能に関してのみならず、毒物又は劇物の容器への収納方法、車両等への積載の態様及び運搬方法についても定めたものであるため、毒物劇物営業者以外の運搬業者も基準を遵守すべきであること。

なお、本基準は運搬容器に関するも

のだが、毒物又は劇物の運搬に際して
留意する必要がある以下の事項も本基
準に併せて薬務局長通知で示されてい
る。

1 基準―その一及びその二別添の表
の左欄に掲げる劇物を車両を使用し
て1回につき5000キログラム以上
運搬する場合にも毒物及び劇物取締
法施行令（昭和30年政令第261号）
第40条の5第2項に定める基準を準
用すべきものであること。

2 毒物又は劇物を運搬する場合にお
いて、車両を休憩、故障等のため一
時停止させるときには、安全な場所
を選ぶこと。

3 毒物又は劇物を運搬する場合は、
積載された量、防波板又は間仕切の
有無等を十分に考慮し、車両の走行
安定性に注意をする必要があること。

4 毒物又は劇物を基準―その一に規
定する固定容器又は基準―その二に
規定するタンクコンテナでやむを得
ず積置きする場合は、毒物劇物営業
者又は業務上取扱者が十分管理でき
る場所で行うこと。

5 毒物及び劇物の運搬を行う毒物劇
物営業者又は運送業者は、その車両
を運転する者（以下「運転者」とい
う。）に対して、法定速度の遵守等
安全運転の教育及び事故の際の応急
措置に関する教育等を実施するとと
もに、運転者の過労防止対策、タコ
メータによる運行速度の確認の励行
並びに運行計画及び運行記録による
過密運行防止のための確認及び点検
等を行うこと。

毒物及び劇物の運搬容器に関する基準―その一・固定容器の基準

毒物（四アルキル鉛を含有する製剤
を除く。以下同じ。）又は劇物であって
液体状のものを内容積が1000リットル
以上の容器（車両（道路交通法（昭和
35年法律第105号）第2条第8項に規
定する車両をいう。以下同じ。）に固
定された容器であって積載式以外のも
のに限る。以下「固定容器」という。）
に収納して運搬する場合には、その固
定容器等は以下の基準に適合するもの
でなければならない。ただし、無機シ
アン化合物たる毒物（液体状のものに
限る。）又は弗化水素若しくはこれを含
有する製剤を収納して運搬する場合の
固定容器で内容積が1000リットル以上
のものを除く。

1 車両の制限

固定容器を固定する車両は単一車形
式又は被牽引車形式のいずれの車両で
も差し支えない。ただし被牽引自動車
にあっては、前車軸を有しないもので
あって、当該被牽引自動車の一部が牽
引自動車に載せられ、かつ、当該被牽
引自動車及びその積載物の重量の相当
部分が牽引自動車によって支えられる
構造のもの以外のものであってはなら
ない。

2 固定容器

固定容器（附属装置等を含む。）は、
次に定めるところにより、作られてい
るものであること。ただし、高圧ガス
取締法（昭和26年法律第204号）第

総　　説

44条第1項の容器検査に合格した固定容器にあっては、この規定を適用しない。

⑴　固定容器は、厚さ 3.2 ミリメートルの鋼板（日本工業規格 G3101（一般構造用圧延鋼材）SS400 に適合する鋼板をいう。⑶のただし書以下の②を除き、以下同じ。）又は当該鋼板と同等以上の強度を有する金属性材料若しくは強化プラスチック材料（日本工業規格 K6919（強化プラスチック用液状不飽和ポリエステル樹脂）又はこれと同等以上の耐薬品性を持つビニルエステル樹脂及び日本工業規格 R3411（ガラスチョップドストランドマット）、R3412（ガラスロービング）、R3415（ガラステープ）、R3416（処理ガラスクロス）、R3417（ガラスロービングクロス）に適合するガラス繊維並びに表層に使用するサーフェシングマットから構成される強化プラスチック材料をいう。以下「強化プラスチック」という。）で気密に作るとともに、圧力容器以外の容器にあっては 0.07 メガパスカルの圧力（ゲージ圧力をいう。）で、圧力容器にあっては最大常用圧力の 1.5 倍の圧力で、それぞれ 10 分間行う水圧試験において、漏れ、又は変形しないものであること。ただし、腐食性物質を運搬する固定容器の弁類にあっては、強化プラスチック以外の材料でも差し支えない。

⑵　固定容器には、その上部にマンホールが設けられていること。

⑶　固定容器の厚さが 6 ミリメートル（当該固定容器の直径又は長径が 1.8 メートル以下のものにあっては 5 ミリメートル）未満のもの又は強化プラスチック製容器については、次に定めるところにより防波板を設けること。

①　容量が 2000 リットル以上の固定容器に設けること。

②　厚さ 3.2 ミリメートルの鋼板又は当該鋼板と同等以上の強度を有する金属性材料若しくは強化プラスチック材料で作るとともに、固定容器に収納する毒物又は劇物の揺動により容易に湾曲しないような構造とすること。

③　容量 3000 リットル以下ごとに固定容器の移動方向と直角に設けること。

④　1 箇所に設ける防波板の面積は、固定容器の移動方向に直角の断面の面積の 40 パーセント以上とすること。

　　ただし、固定容器の内部の厚さ 3.2 ミリメートルの鋼板又は当該鋼板と同等以上の強度を有する金属性材料若しくは強化プラスチック材料で作られた完全な間仕切により容量 4000 リットル以下ごとに仕切られている場合で、防波板が次の各条件のいずれにも適合するものは、この限りではない。

①　容量が 2000 リットル以上のタンク室（完全な間仕切により仕切られた容器の部分をいう。以下同じ。）に設けられていること。

② 厚さ1.6ミリメートルの鋼板（日本工業規格G3131（熱間圧延軟鋼板）SPHCに適合する鋼板をいう。）又は当該鋼板と同等以上の強度を有する金属性材料若しくは強化プラスチック材料で作るとともに、固定容器に収納する毒物又は劇物の揺動により容易に湾曲しないような構造であること。

③ タンク室内の2箇所に、その移動方向と平行に、高さ又は間仕切からの距離を異にして設けられていること。

④ 1箇所に設ける防波板の面積は、タンク室の移動方向の最大断面積の50パーセント以上であること。ただし、タンク室の移動方向に直角の断面の形状が円形又は短径が1メートル以下のだ円形である場合は、40パーセント以上とする。

(4) 固定容器のマンホール及び注入口のふたは、厚さ3.2ミリメートルの鋼板又は当該鋼板と同等以上の強度を有する金属性材料若しくは強化プラスチック材料で作ること。

(5) マンホール、注入口その他の附属装置がその上部に突出している固定容器には、次に定めるところにより、当該附属装置の損傷を防止するための装置が設けられていること。

　　ただし、被牽引自動車に固定された容器には、②に掲げる装置を設けないことができる。

① 防護枠（固定容器の上部にある附属装置を防護するために設けるもの）

イ 厚さ2.3ミリメートルの鋼板又は当該鋼板と同等以上の強度を有する金属性材料若しくは強化プラスチック材料で、通し板補強を行った底部の幅が120ミリメートル以上の山形又はこれと同等以上の強度を有する構造に作ること。

ロ 頂部は附属装置より50ミリメートル以上高くすること。ただし、当該高さを確保した場合と同等以上に附属装置を保護することができる措置を講じたときは、この限りでない。

② 側面枠（転覆を防止するため固定容器の両側面の上部に設けるもの）

イ 当該固定容器を固定した自動車又は被牽引自動車の後部立面図において、当該側面枠の最外側と当該固定容器を固定した自動車又は被牽引自動車の最外側とを結ぶ直線（以下「最外側線」という。）と地盤面とのなす角度が75度以上で、かつ、収納最大数量の毒物又は劇物を収納した状態における当該固定容器を固定した自動車又は被牽引自動車の重心点と当該側面枠の最外側とを結ぶ直線と当該重心点から最外側線におろした垂線とのなす角度が35度以上となるように設けること。

ロ 外部からの荷重に耐えるように作ること。

ハ 固定容器の両側面の上部の四

隅に、それぞれ当該固定容器の前端又は後端から水平距離で1メートル以内の位置に設けること。

ニ　取付け箇所には、当該側面枠にかかる荷重によって固定容器が損傷しないように、補強すること。

(6)　固定容器と配管との接続部には元弁が設けられているとともに、当該固定容器の下部に設ける元弁（以下「底弁」という。）にあっては非常の場合に直ちに当該底弁を閉鎖することができる手動閉鎖装置が設けられていること。ただし、地上より容易に底弁を開閉できるものは、手動閉鎖装置を設けないことができる。

(7)　前項の手動閉鎖装置は、次に定めるところにより、緊急用のレバーが設けられているとともに、その直近に「緊急レバー手前に引く」との表示がなされていること。

①　手前に引き倒すことにより手動閉鎖装置を作動させるものであること。

②　固定容器の吐出口から離れた位置に設けること。

(8)　底弁を設ける固定容器には、外部からの衝撃による当該底弁の損傷を防止するための措置が講じられていること。

(9)　固定容器及びその附属装置並びに配管の外面には、自然的作用による腐食を防止するための措置が講じられていること。

(10)　固定容器及びその附属装置並びに

配管において毒物又は劇物に接触するおそれのある箇所には、当該毒物又は劇物の物性に応じた腐食を防止するための措置が講じられていること。

3　空間容積

固定容器内は5パーセント以上の空間が残されていなければ、固定容器を使用して毒物又は劇物を運搬してはならないこと。ただし、防波板又は間仕切を設けない固定容器にあっては空間容積を5パーセント以上20パーセント以下とする。

4　取扱い

(1)　固定容器から毒物若しくは劇物を貯蔵し、又は取り扱うタンクに毒物若しくは劇物を注入するための作業用ホースには、当該タンクの注入口及び固定容器の配管と結合できる器具（以下「結合器具」という。）が備えられているとともに、当該作業用ホース（結合器具を含む。以下同じ。）は、当該毒物又は劇物の物性に応じた耐食性を有し、かつ、毒物又は劇物を注入するために十分な強度を有するものであること。

(2)　固定容器から毒物若しくは劇物を貯蔵し、又は取り扱うタンクに毒物若しくは劇物を注入するときは、当該タンクの注入口及び固定容器の配管に作業用ホースを緊結すること。

5　毒物又は劇物の名称及び成分の表示

固定容器後部の鏡板又は車両後部の

見やすい場所に掲げた表示板に、運搬する毒物又は劇物の名称及び成分を表示しなければならないこと。

6 車両に掲げる標識

別添の表の左欄に掲げる劇物を1回につき5000キログラム以上運搬する場合には、毒物及び劇物取締法施行規

別添

車両に備える保護具

・アクリルアミドを含有する製剤で液体状のもの ・塩素酸塩類を含有する製剤（爆発薬を除く。）で液体状のもの ・重クロム酸塩類を含有する製剤で液体状のもの ・無水クロム酸を含有する製剤で液体状のもの	保護手袋 保護長ぐつ 保護衣 保護眼鏡
・アニリン ・キシレン ・クレゾール及びこれを含有する製剤（クレゾール5%以下を含有するものを除く。） ・クロロホルム ・酢酸エチル ・四塩化炭素及びこれを含有する製剤 ・トルエン ・二硫化炭素及びこれを含有する製剤 ・フェノール及びこれを含有する製剤（フェノール5%以下を含有するものを除く。） ・メタノール ・メチルエチルケトン	保護手袋 保護長ぐつ 保護衣 保護眼鏡 有機ガス用防毒マスク
・硼弗化水素酸	保護手袋 保護長ぐつ 保護衣 保護眼鏡 酸性ガス用防毒マスク

備考
1 この表に掲げる防毒マスクは、空気呼吸器又は酸素呼吸器で代替させることができる。なお、「アニリン、クロロホルム、四塩化炭素及びこれを含有する製剤並びに二硫化炭素及びこれを含有する製剤」の「有機ガス用防毒マスク」及び「硼弗化水素酸」の「酸性ガス用防毒マスク」については「空気呼吸器」を備えることが可能であるならば、「空気呼吸器」を備えることが望ましい。
2 防毒マスクは、隔離式全面形のものに、空気呼吸器又は酸素呼吸器は、全面形のものに限る。
3 防毒マスクの吸収缶は、予備として有効期間内の未開封品を一人あたり2個以上備える。
4 保護眼鏡は、プラスチック製一眼型のものに限る。
5 保護手袋、保護長ぐつ及び保護衣は、対象とする毒物又は劇物に対して不浸透性のものに限る。

則（昭和 26 年厚生省令第 4 号）第 13
条の 3 に規定する標識を車両の前後の
見やすい箇所に掲げなければならない
こと。

7 車両に備える保護具

別添の表の左欄に掲げる劇物を 1 回
につき 5000 キログラム以上運搬する場
合は、車両には、同表左欄に掲げる劇
物に対応する右欄の保護具を 2 人分以
上備えること。

8 点検等

(1) 点検等は、原則として毒物及び劇
物を貯蔵しない状態において行うこ
と。なお、特に規定されているもの
以外の点検等は、目視、打診等の有
効な手段により行うこと。

(2) 使用前点検
毒物又は劇物を積載する直前にお
いて、亀裂、腐食、毒物又は劇物漏
洩の痕跡等の異常の有無を定期検査
の点検等の項目を参考とし点検する
こと。

(3) 定期検査
原則として、1 年に 1 回以上定期
検査表に基づいて、異常の有無を検
査し、その結果を記録として 3 年間
保存すること。

主な定期検査の項目は次のとおり
であること。

① 容器本体、容器受け台、防護枠、
側面枠、固定金具、配管、弁類、
緊結装置、作業用ホース等につい
て、亀裂、変形、腐食、外面塗装
の剥離及び毒物又は劇物漏洩の痕

跡の有無を点検すること。

② 固定容器受け台と固定金具、マ
ンホールのふたの締付け及び配管
固定金具の締付け等のゆるみの有
無を点検すること。

③ 底弁と手動閉鎖装置の連結軸部、
配管接合部、作業用ホース・結合
金具その他の附属装置等からの毒
物又は劇物漏洩の痕跡の有無を点
検すること。

④ 注入口のふたの開閉状況、パッ
キンの劣化等の有無を点検するこ
と。

⑤ 固定容器の内部について、腐食、
亀裂、防波板の変形及び損傷、ラ
イニング状態を点検すること。な
お、ライニングについて、切りき
ず、損傷、ふくれ、剥離、ピン
ホール等の有無を点検すること。
特にライニングが損傷するとタン
ク本体を著しく腐食する劇物を貯
蔵するものにあっては、ピンホー
ルテスター等を使用してライニン
グの検査を行う必要がある。

⑥ 毒物又は劇物の名称、成分及び
その含量、及び緊急レバーの表示
並びに標識の適否を点検すること。

⑦ 車両に備えられた保護具の種類、
数量、防毒マスクの吸収缶の有効
期間等の適否を点検すること。

(4) 異常が発見された場合は、直ちに
必要な措置を講ずること。

(5) 修理が完了したときは、その修復
状態を確認した後に使用を開始する
こと。

毒物及び劇物の運搬容器に関する基準—その二・積載式容器の基準

毒物（四アルキル鉛を含有する製剤を除く。以下同じ。）又は劇物であって液体状のものを内容積が1000リットル以上の容器（車両（道路交通法（昭和35年法律第105号）第2条第8項に規定する車両をいう。以下同じ。）に積載する容器に限る。以下「タンクコンテナ」という。）に収納して運搬する場合には、そのタンクコンテナ等は以下の基準に適合するものでなければならない。ただし、無機シアン化合物（液体状のものに限る。）又は弗化水素若しくはこれを含有する製剤を収納して運搬する場合のタンクコンテナで内容積が1000リットル以上のものを除く。

1 毒物及び劇物の運搬容器に関する基準—その一に定められた規定の準用

毒物及び劇物の運搬容器に関する基準—その一（以下「基準—その一」という。）の2の(5)の②の側面枠の規定を除き、基準—その一を準用する。この場合において、「1 車両の制限」中「固定容器を固定する車両」とあるのは「タンクコンテナを積載する車両」と、「2 固定容器」、「3 空間容積」、「4 取扱い」、「5 毒物又は劇物の名称及び成分の表示」及び「8 点検等」中「固定容器」とあるのは「タンクコンテナ」とそれぞれ読み替えるものとする。ただし、箱状の枠に収納されるタンクコンテナ（以下「枠付きタンクコンテナ」という。）で次の条件のいずれにも適合するものは、基準—その一の2の

(5)の①の防護枠の規定を適用しない。

① 枠付きタンクコンテナの容器並びにマンホール及び注入口のふたが、厚さ6ミリメートル（当該タンクの直径又は長径が1.8メートル以下のものにあっては5ミリメートル）以上の鋼板又は当該鋼板と同等以上の強度を有する金属性材料若しくは強化プラスチック材料であること。

② 箱状の枠が、積載最大数量の毒物又は劇物を積載した状態において当該タンクコンテナの総荷重（以下「最大総荷重」という。）の状態においてタンクの移動方向に平行した枠及び垂直の枠にあっては当該荷重の2倍以上、タンクの移動方向に直角にある枠にあっては1倍以上の荷重に耐える強度をもつ構造であること。

③ マンホール、注入口、底弁等が箱枠の外のり寸法より突出していないこと。

2 車両への緊結方法等

タンクコンテナは、車両のシャシフレームに最大総荷重の3倍のせん断荷重に耐えるボルト等又は緊結装置によって緊結できる構造を有するものであること。

ただし、1回に運搬する毒物又は劇物の量が5000キログラムを超える場合のタンクコンテナにあっては、緊結装置で車両に緊結されなければならない。

毒物及び劇物の運搬容器に関する基準—その三・小型運搬容器の基準

毒物（四アルキル鉛を含有する製剤

を除く。以下同じ。）又は劇物（可溶性ウラン化合物及びこれを含有する製剤を除く。以下同じ。）を車両（道路交通法（昭和35年法律第105号）第2条第8号に規定する車両をいう。以下同じ。）を使用して、又は鉄道によって運搬する場合であって、内容積が450リットル以下の容器に収納して運搬する場合には、その運搬容器（以下「容器」という。）、容器への収納方法その他の取扱いは以下の基準に適合するものでなければならない。ただし、中型運搬容器を使用して毒物若しくは劇物を運搬する場合、又は毒物若しくは劇物であって高圧ガス取締法（昭和26年法律第204号）第2条に定める高圧ガス若しくは放射性同位元素等による放射線障害防止に関する法律（昭和32年法律第167号）第2条第2項に定める放射性同位元素を運搬する場合には、本基準を適用しない。

1　容器の一般規定

(1)　容器は、運搬時における温度変化、湿度変化又は圧力変化によって破損するおそれがなく、かつ、収納された毒物又は劇物が漏れるおそれがないものでなければならないこと。

(2)　容器は、外部環境による劣化又は内容物による化学的変化により運搬の安全性を損なわないものでなければならないこと。

(3)　毒物又は劇物は、別表一の右欄に掲げる毒物又は劇物の種類ごとに左欄に掲げる包装等級Ⅰ、包装等級Ⅱ及び包装等級Ⅲにそれぞれ区分し、

容器は、収納する毒物又は劇物の区分された包装等級で、次の各号に適合するものでなければならないこと。ただし、包装等級Ⅰ及び包装等級Ⅱの毒物又は劇物であって10%以下を含有する製剤は、それぞれ包装等級Ⅱ及び包装等級Ⅲとすることができる。

①　容器の種類、材質並びに毒物及び劇物の包装等級別最大内容積又は最大収納重量は、液体の毒物又は劇物（パラフィン、灯油等の保護液を満たして運搬する毒物又は劇物を含む。以下同じ。）にあっては別表二、固体の毒物又は劇物にあっては別表三の毒物又は劇物の包装等級の項で使用することが認められたものについてこれらの表において適応するものとされるものに適合するものであること。ただし、運搬の安全上別表二又は別表三の基準に適合するものと同等以上であると認められるものについては、この限りでない。

②　容器は、「5　容器の試験」の項の規定に適合することが確認されたものであること。

(4)　ガラス製内装容器（陶磁器製容器を含む。）を収納した組合せ容器は、運搬時において破損又は収納物の漏れが起こらないように適当な不活性の緩衝材を詰めて内装容器を保護しなければならないこと。

2　容器への収納方法

(1)　毒物又は劇物は、温度変化等によ

り毒物又は劇物が漏れないように容器を密閉して収納すること。ただし、温度変化等により毒物又は劇物からのガスの発生によって容器内の圧力が上昇するおそれがある場合は、発生するガスが毒性を有する等の危険性があるときを除き、ガス抜き口（毒物又は劇物の漏えい及び外部からの物質の浸透を防止する構造のものに限る。）を設けた容器に収納することができる。

(2)　固体の毒物又は劇物は、容器の内容積の95%以下の収納率で容器に収納すること。

(3)　液体の毒物又は劇物は、容器の内容積の98%以下の収納率であって、かつ、55℃の温度において漏れないように十分な空間容積を有して容器に収納すること。

(4)　一の外装容器には、他の毒物若しくは劇物（毒物又は劇物の含有量のみが異なるものを除く。）又は毒物若しくは劇物以外のものを収納してはならないこと。ただし、包装等級Ⅰ以外の毒物又は劇物であって、次に掲げる場合にあってはこの限りでない。

　　①　互いに反応しないか若しくは反応しても有害な生成物が生じない

ことが確認されている毒物又は劇物を収納する場合

　　②　1の内装容器に次の表の左欄に掲げる毒物又は劇物が同欄の当該毒物又は劇物に対応する右欄の値以下で収納され、かつ、外装容器の最大収納重量が30キログラム以下の場合（**表1**）

(5)　運搬中に融解するおそれのある固体の毒物又は劇物は、1-(3)項の規定にかかわらず組合せ容器にあっては袋類の内装容器、単一容器にあってはファイバドラム及び袋類に収納してはならないこと。

3　積載の態様

(1)　容器は落下し、転倒し、又は破損することがないように積載すること。

(2)　容器（組合せ容器の外装容器及び袋類を除く。）は、収納口を上方に向けて積載すること。

(3)　毒物又は劇物を収納した容器を運搬する場合の積み重ね高さは、3メートル以下とすること。

(4)　毒物若しくは劇物を収納した容器の上部に毒物若しくは劇物を収納した容器又はそれら以外のものを収納した容器を積み重ねる場合には、当該容器の上部にかかる荷重が当該容

表1

包装等級Ⅱの液体の毒物又は劇物	500ミリリットル
包装等級Ⅱの固体の毒物又は劇物	1キログラム
包装等級Ⅲの液体の劇物	1リットル
包装等級Ⅲの固体の劇物	3キログラム

器の上に当該容器と同一の容器を積
み重ねて3メートルの高さとしたと
きにかかる荷重以下でなければなら
ないこと。

(5) 積載装置を備える車両を使用して
運搬する場合には、容器が当該積載
装置の長さ又は幅をこえないように
積載されていること。

(6) 容器の外部には、日光の直射及び
雨水の浸透を防止するための措置が
講じられていること。

4 運搬方法

(1) 毒物又は劇物を収納した容器は、
著しく動揺又は摩擦を起こさないよ
うに運搬しなければならないこと。

(2) 気体若しくは液体の毒物又は劇物
を車両を使用して1回につき5,000
キログラム以上運搬する場合には、
次の各号に適合するものでなければ
ならないこと。

① 毒物及び劇物取締法施行規則
（昭和26年厚生省令第4号）第13
条の3に規定する標識を車両の前
後の見やすい箇所に掲げること。

② 車両には、防毒マスク、保護手
袋その他事故の際に応急措置を講
ずるために必要な保護具を2人分
以上備えること。

5 容器の試験

(1) 容器試験の一般的要件

① 5-(2)項の容器試験（以下「試
験」という。）は、同一の容器製造
場所（組合せ容器にあっては、内
装容器と外装容器を組み合わせた
場所をいう。）で製造（組合せ容
器にあっては、組合せ行為をいう。
以下同じ。）された同一設計仕様容
器の単位で行うこと。

② 同一設計仕様で連続的に製造さ
れる容器にあっては、その製造工
程が適切に管理されたところで製
造され、かつ、一定間隔で製造さ
れた容器を抽出し、繰り返し試験
を行い、試験に合格していること
が確認されたものであること。

③ 前2号の規定にかかわらず、次
の表の左欄に掲げる容器について
は、それぞれ同表の右欄に掲げる
試験を行わずその容器を使用する
ことができること（**表2**）。

④ 組合せ容器で落下試験及び積み
重ね試験を実施するときは、運搬
に供する内装容器と外装容器の組
合せごとに行うこと。

⑤ 液体の毒物又は劇物を収納する
複合容器（プラスチック製内容器
付きのもの）及びプラスチック製
単一容器は、試験を行う前に毒物

表2

2-(4)-②号に該当する組合せ容器	5-(2)項のすべての試験
別表二の複合容器のうちファイバ板箱（プラスチック製内容器付きのもの）で内容積が10L以下の容器	5-(2)-③号の水圧試験

若しくは劇物を収納した状態で6箇月間保管した上、又はこれと同等以上と認められる方法でなければ、試験容器として供してはならないこと。

⑥　ガス抜き口を有する容器又は天板取外し式金属ドラムの気密試験及び水圧試験を実施する場合には、ガス抜き口を有する容器にあってはガス抜き口を密封（ガス抜き口栓の場合は、ガス抜き口栓を密封又はガス抜き口栓のない口栓に交換）して試験を行い、天板取外し式金属ドラムにあっては天板を試験用天板に取り替えて試験を行って差し支えないこと。

(2)　容器試験

①　落下試験

a　落下試験は、すべての容器について実施すること。

b　容器には、固体の毒物又は劇物を収納するものにあっては内容積の98％以上、液体の毒物又は劇物を収納するものにあっては内容積の98％以上の内容物を満たして、試験を実施すること。

c　プラスチック製容器（プラスチック袋を除く。）は、容器及び内容物をマイナス18℃以下に冷却した状態において試験を実施すること。また、必要な場合には、内容物に不凍剤を添加することにより、液体の状態を保たなければならないこと。なお、組合せ容器において外装容器の冷却が困難な場合は、内容物を収納した内装容器のみを

マイナス18℃以下に冷却した状態で試験を実施し、合格を確認した場合のみ常温で当該組合せ容器の試験を実施して差し支えない。

d　試験に供する容器の個数及び落下姿勢は**表3**のとおりであること。なお、対面落下以外の落下は、落下面に対し衝撃点の垂直上方に重心がくるように行わなければならない。

e　容器は、次のいずれかの場合において、各表の上欄に掲げる収納する毒物又は劇物の包装等級に応じ、同表下欄に掲げる高さから、硬く、弾力性のない平滑な水平面に落下させて試験を行うこと。

イ　収納される毒物若しくは劇物又はこれと同等の物性をもつ代替物質を用いて試験を行う場合（**表4**）

ロ　液体の毒物又は劇物を収納する容器に対し、代替物質として水を用いて試験を行う場合（**表5**）

f　落下試験における適合基準は、次に定めるところによること。

イ　容器からの漏えい（内装容器又は内容器からの漏えいを含む。）がないこと。ただし、液体の毒物又は劇物を収納する容器（内装容器は除く。）にあっては、試験後、内圧と外圧が平衡に達した後判定を行わなければならない。

ロ　容器には、運搬中の安全性に影響を与えるような損傷がない

総　　説

表3

容器	個数	落下姿勢
箱形状以外の容器 （組合せ容器にあっては、外装容器が箱形状以外のもの）	6個 （1回の落下につき3個）	第1回落下（3個使用） 　チャイム（チャイムがない容器にあっては、円周の接合部又はかど）を衝撃点とするように対角落下させる。 第2回落下（3個使用） 　第1回落下とは別の、最も弱いと考えられる部分（口栓部、ドラムの胴体溶接部等）を衝撃点とするように落下させる。
箱形状の容器 （組合せ容器にあっては、外装容器が箱形状のもの）	5個 （1回の落下につき1個）	第1回落下：底面の対面落下 第2回落下：天面の対面落下 第3回落下：側面の対面落下 第4回落下：つま面の対面落下 第5回落下：任意のかどの対角落下
袋 （横とじで一層のもの）	3個 （1個を3回落下）	第1回落下：袋の広い面の対面落下 第2回落下：袋の狭い面の対面落下 第3回落下：袋の端部の対面落下
袋 （横とじ以外で一層のもの又は多層のもの）	3個 （1個を2回落下）	第1回落下：袋の広い面の対面落下 第2回落下：袋の端部の対面落下

表4

包装等級	Ⅰ	Ⅱ	Ⅲ
落下高さ（m）	1.8	1.2	0.8

こと。
② 気密試験
a　気密試験は、液体の毒物又は劇物を収納する容器（組合せ容器は除く。）について実施すること。

b　試験に供する容器の個数は、3個。
c　容器内部には、次の表の上欄に掲げる収納する毒物又は劇物の包装等級に応じ、同表下欄に掲げる

11 毒物、劇物の運搬

表5
（運搬される毒物又は劇物の比重が 1.2 以下の場合の高さ）

包装等級	I	II	III
落下高さ（m）	1.8	1.2	0.8

（運搬される毒物又は劇物の比重が 1.2 を超える場合の高さ）

包装等級	I	II	III
落下高さ（m）	比重 × 1.5	比重 × 1.0	比重 × 0.67

(注) 比重：小数点第2位以下は切上げとする。

表6

包装等級	I	II 又は III
適用圧力	30 kPa 以上	20 kPa 以上

空気圧力（ゲージ圧）を加えて試験を行うこと（**表6**）。

d　気密試験における適合基準は、容器からの漏えい（内容器からの漏えいを含む。）がないこと。

③　水圧試験

a　水圧試験は、液体の毒物又は劇物を収納する容器（組合せ容器は除く。）について実施すること。

b　試験に供する容器の個数は、3個。

c　容器内部には、次に掲げる水圧力（ゲージ圧）のうちいずれかの圧力を5分間（複合容器（プラスチック製内容器付きのもの）及びプラスチック製単一容器にあっては30分間）加えて試験を行うこと。

イ　次に掲げる圧力のうちいずれか高い圧力

ⅰ　収納する毒物又は劇物の

55℃における蒸気圧の 1.5 倍の圧力から 100 kPa を減じた圧力

ⅱ　100 kPa（包装等級が I の毒物又は劇物を収納する容器にあっては、250 kPa）の圧力

ロ　55℃における容器内の最大圧力（ゲージ圧）の 1.5 倍の圧力（包装等級が I の毒物又は劇物を収納する容器にあっては、250 kPa）

d　水圧試験における適合基準は、容器から漏えい（内容器からの漏えいを含む。）がないこと。

④　積み重ね試験

a　積み重ね試験は、袋以外のすべての容器について実施すること。

b　試験に供する容器の個数は、3個。

c　積み重ね試験は、収納する毒

81

物又は劇物を入れた状態（ただし、液体の毒物又は劇物にあっては、水で代替できる。）の容器の上面に、次の算式により算定した荷重を24時間（液体の毒物又は劇物を収納する容器でプラスチック製容器（ただし、内装容器のみがプラスチック製容器であるものを除く。）であるものにあっては、40℃以上で28日間）加えて試験を行うこと。

$$W = \frac{3-h}{h} \times G$$

W：容器の上面に加える荷重をキログラムで表した数値

h：容器の高さをメートルで表した数値

G：容器及び収納する毒物又は劇物の総重量をキログラムで表した数値（収納する毒物又は劇物の重量は、当該容器へ収納が許容される最大量の当該毒物又は劇物の重量とする。）

d 積み重ね試験における適合基準は、容器から内容物の漏えい（内装容器又は内容器からの漏えいを含む。）がなく、かつ、容器に運搬の安全を損なうおそれのある変形がないこと。

6 容器の表示

(1) 容器が容器試験に合格していることを表示するため、次に掲げる事項を容器に表示すること。

① 容器の種類を示す記号

②

イ 包装等級を示す文字

ロ 液体を収納する複合容器及び単一容器にあっては、許容された収納物の比重（1.2以下は不要）

組合せ容器の外装容器及び固体を収納する容器にあっては、最大収納重量

③ 組合せ容器の外装容器及び固体を収納する容器にあっては、「S」の文字

④ 容器の製造年
西暦年の下2桁

⑤ 国名記号

⑥ その他（容器製造業者記号等）

附則

（施行期日）

1 この基準は、平成3年10月1日から施行する。

（経過規定）

2 この基準の施行の際現に内容積が10リットルを超えて22リットル以下のファイバ板箱（プラスチック製内容器付きのもの）を、液体の毒物又は劇物の収納容器として製造に使用している製造業者が、引き続き製造に使用する当該容器については、平成6年3月31日までは、基準の5－(2)－③号の規定を適用しない。

3 容器試験が必要な次の表の左欄に掲げる容器は、それぞれの容器に対応する右欄の試験について、「5 容器の試験」の規定にかかわらず、当分の間、適用しない（**表7**）。

4 液体の毒物又は劇物を収納する再

表7

ナトリウム及び塗料（包装等級Ⅰ以外の毒物又は劇物を含有するものに限る。）の天板取外し式金属ドラム	5-(2)-③号の水圧試験
日本工業規格Z1602（金属板製18リットル缶）の適合容器	5-(2)-①号の落下試験のうち、底面の対面落下以外の落下試験

生金属ドラムについては、平成6年3月31日までは、基準の5-(2)-①号のfに定める適合基準のうち、ただし書きの規定を適用しない。

総　　　説

別表一　毒物又は劇物の包装等級

包装等級	毒物又は劇物の種類
I	・特定毒物
	・アクロレイン
	・アセトンシアンヒドリン及びこれを含有する製剤
	・アリルアルコール及びこれを含有する製剤
	・エチレンクロルヒドリン及びこれを含有する製剤
	・O-エチル=S,S-ジプロピル=ホスホロジチオアート及びこれを含有する製剤（ただし、O-エチル=S,S-ジプロピル=ホスホロジチオアート5%以下を含有するものを除く。）
	・エチルジクロロアルシン及びこれを含有する製剤
	・エチルパラニトロフェニルチオノベンゼンホスホネイト（ただし、エチルパラニトロフェニルチオノベン　ゼンホスホネイト1.5%以下を含有するものを除く。）
	・塩化チオニル及びこれを含有する製剤
	・黄燐及びこれを含有する製剤
	・過酸化水素及びこれを含有する製剤（ただし、過酸化水素60%以下を含有するものを除く。）
	・クロルスルホン酸
	・クロルピクリン及びこれを含有する製剤
	・クロロアセチルクロライド及びこれを含有する製剤
	・クロロプレン及びこれを含有する製剤
	・三塩化燐及びこれを含有する製剤
	・三酸化砒素及びこれを含有する製剤
	・シアン化亜鉛及びこれを含有する製剤
	・シアン化カリウム及びこれを含有する製剤
	・シアン化カルシウム及びこれを含有する製剤
	・シアン化水銀カリウム及びこれを含有する製剤
	・シアン化銅酸ナトリウム及びこれを含有する製剤
	・シアン化ナトリウム及びこれを含有する製剤
	・シアン化バリウム及びこれを含有する製剤
	・ジエチル-S-(エチルチオエチル)-ジチオホスフェイト及びこれを含有する製剤（ただし、ジエチル-S-(エチルチオエチル)-ジチオホスフェイト5%以下を含有するものを除く。）
	・シクロヘキシミド及びこれを含有する製剤（ただし、40%以下を含有するものを除く。）
	・2-ジフェニルアセチル-1,3-インダンジオン及びこれを含有する製剤（ただし、0.005%以下を含有するものを除く。）
	・ジフェニルアミン塩化砒素及びこれを含有する製剤
	・ジフェニルクロロアルシン及びこれを含有する製剤
	・1,2-ジブロムエタン及びこれを含有する製剤
	・ジメチル硫酸
	・臭化シアン及びこれを含有する製剤

11 毒物、劇物の運搬

	・臭素 ・硝酸及びこれを含有する製剤（ただし、硝酸70％以下を含有するものを除く。） ・ストリキニーネ、その塩類及びこれらのいずれかを含有する製剤 ・セレン化合物及びこれを含有する製剤（ただし、二硫化セレン及びこれを含有する製剤を除く。） ・トリクロロシラン及びこれを含有する製剤 ・トリフルオロメタンスルホン酸及びこれを含有する製剤 ・ニッケルカルボニル及びこれを含有する製剤 ・二硫化炭素及びこれを含有する製剤 ・発煙硫酸 ・砒酸及びこれを含有する製剤 ・弗化水素及びこれを含有する製剤（ただし、弗化水素60％以下を含有するものを除く。） ・ブロモベンジルニトリル及びこれを含有する製剤 ・2-(フェニルパラクロルフェニルアセチル)-1,3-インダンジオン及びこれを含有する製剤 ・ヘキサクロルエポキシオクタヒドロエンドエンドジメタノナフタリン及びこれを含有する製剤
Ⅱ	・包装等級Ⅰ以外の毒物 ・亜塩素酸ナトリウム及びこれを含有する製剤（ただし、亜塩素酸ナトリウム25％以下を含有するもの及び爆発薬を除く。） ・アクリル酸及びこれを含有する製剤 ・アセトニトリル及びこれを含有する製剤 ・アニリン ・N-アルキルトルイジン及びその塩類 ・イソブチロニトリル及びこれを含有する製剤 ・一水素二弗化アンモニウム及びこれを含有する製剤 ・エチル-N-(ジエチルジチオホスホリールアセチル)-N-メチルカルバメート及びこれを含有する製剤 ・エチレンクロルヒドリン及びこれを含有する製剤 ・エピクロルヒドリン及びこれを含有する製剤 ・塩化アンチモン(Ⅲ) 及びこれを含有する製剤 ・塩化アンチモン(Ⅴ) 及びこれを含有する製剤 ・塩化水素を含有する製剤 ・塩化第二錫 ・塩素酸バリウム ・過塩素酸鉛 ・過塩素酸バリウム ・過酸化水素を含有する製剤（ただし、過酸化水素20％を超え60％以下を含有するものに限る。） ・過酸化バリウム ・過マンガン酸バリウム ・クレゾール及びこれを含有する製剤

総　　説

- ・クロロアセトニトリル及びこれを含有する製剤
- ・2-クロロアニリン及びこれを含有する製剤
- ・2-クロロニトロベンゼン及びこれを含有する製剤
- ・硅弗化水素酸
- ・酢酸タリウム及びこれを含有する製剤
- ・三塩化砒素及びこれを含有する製剤
- ・O,O′-ジエチル=O″-(2-キノキサリニル)=チオホスファート及びこれを含有する製剤
- ・ジエチル-1-(2′,4′-ジクロルフェニル)-2-クロルビニルホスフェイト及びこれを含有する製剤
- ・四塩化炭素及びこれを含有する製剤
- ・シクロヘキシミド及びこれを含有する製剤（ただし、シクロヘキシミド4％を超え40％以下を含有するものに限る。）
- ・シクロヘキシルアミン及びこれを含有する製剤
- ・ジ(2-クロルイソプロピル)エーテル及びこれを含有する製剤
- ・ジクロル酢酸
- ・2,4-ジニトロトルエン及びこれを含有する製剤
- ・2-ジメチルアミノアセトニトリル及びこれを含有する製剤
- ・ジメチルエチルメルカプトエチルジチオホスフェイト及びこれを含有する製剤
- ・ジメチル-2,2-ジクロルビニルホスフェイト及びこれを含有する製剤
- ・ジプロピル-4-メチルチオフェニルホスフェイト及びこれを含有する製剤
- ・3-ジメチルジチオホスホリル-S-メチル-5-メトキシ-1,3,4-チアジアゾリン-2-オン及びこれを含有する製剤
- ・3-(ジメトキシホスフィニルオキシ)-N-メチル-シス-クロトナミド及びこれを含有する製剤
- ・臭素酸バリウム
- ・硝酸を含有する製剤（ただし、硝酸70％以下を含有するものに限る。）
- ・硝酸タリウム及びこれを含有する製剤
- ・硝酸鉛
- ・水酸化カリウム及びこれを含有する製剤
- ・水酸化ナトリウム及びこれを含有する製剤
- ・センデュラマイシン、その塩類及びこれらのいずれかを含有する製剤
- ・テトラエチルメチレンビスジチオホスフェイト及びこれを含有する製剤
- ・トリクロル酢酸
- ・トルイジン
- ・トルイジン塩類
- ・ニトロベンゼン
- ・フェノール及びこれを含有する製剤
- ・弗化アンチモン(V)及びこれを含有する製剤
- ・t-ブチル=(E)-4-(1,3-ジメチル-5-フェノキシ-4-ピラゾリルメチレンアミノオキシメチル)ベンゾアート及びこれを含有する製剤
- ・ブチロニトリル及びこれを含有する製剤
- ・プロピオニトリル及びこれを含有する製剤

11 毒物、劇物の運搬

	・ブロムアセトン及びこれを含有する製剤
	・ブロムエチル
	・ブロム水素を含有する製剤
	・ヘキサクロルエポキシオクタヒドロエンドエキソジメタノナフタリン及びこれを含有する製剤
	・ヘキサクロルヘキサヒドロジメタノナフタリン及びこれを含有する製剤
	・ヘキサメチレンジイソシアナート及びこれを含有する製剤
	・ベンゾニトリル及びこれを含有する製剤
	・1,4,5,6,7-ペンタクロル-3a,4,7,7a-テトラヒドロ-4,7-(8,8-ジクロルメタノ)-インデン及びこれを含有する製剤
	・ペンタクロルフェノール及びこれを含有する製剤
	・ペンタクロルフェノール塩類及びこれを含有する製剤
	・硼弗化水素酸及びその塩類
	・マロノニトリル及びこれを含有する製剤
	・無水クロム酸及びこれを含有する製剤
	・メチルイソチオシアネート及びこれを含有する製剤
	・2-メチルビフェニル-3-イルメチル=(1RS,2RS)-2-(Z)-(2-クロロ-3,3,3-トリフルオロ-1-プロペニル)-3,3-ジメチルシクロプロパンカルボキシラート及びこれを含有する製剤
	・S-メチル-N-〔(メチルカルバモイル)-オキシ〕-チオアセトイミデート及びこれを含有する製剤
	・モノクロル酢酸
	・沃化水素を含有する製剤
	・沃化メチル及びこれを含有する製剤
	・硫酸及びこれを含有する製剤
	・硫酸タリウム及びこれを含有する製剤
Ⅲ	・包装等級Ⅰ及びⅡ以外の劇物

総　説

別表二　液体の毒物又は劇物に認められる運搬容器

<table>
<tr><th colspan="6">運搬容器</th><th colspan="3">毒物劇物の
包装等級</th><th>備考</th></tr>
<tr><th colspan="2">内装容器の種類</th><th>最大内容積</th><th colspan="2">外装容器の種類</th><th>最大収納重量</th><th>Ⅰ</th><th>Ⅱ</th><th>Ⅲ</th><th></th></tr>
<tr><td rowspan="9">【組合せ容器】</td><td rowspan="4">ガラス製容器（陶磁器製容器を含む。）又はプラスチック製容器（プラスチック袋を除く。）</td><td rowspan="4">10 L</td><td colspan="2" rowspan="2">木箱、プラスチック箱又は金属製容器</td><td>75 kg</td><td>○</td><td>○</td><td>○</td><td></td></tr>
<tr><td>125 kg</td><td>×</td><td>○</td><td>○</td><td></td></tr>
<tr><td colspan="2" rowspan="2">ファイバ板箱</td><td>40 kg</td><td>○</td><td>○</td><td>○</td><td></td></tr>
<tr><td>55 kg</td><td>×</td><td>×</td><td>○</td><td></td></tr>
<tr><td rowspan="5">金属製容器</td><td rowspan="5">30 L</td><td colspan="2" rowspan="2">木箱</td><td>125 kg</td><td>○</td><td>○</td><td>○</td><td></td></tr>
<tr><td>225 kg</td><td>×</td><td>○</td><td>○</td><td></td></tr>
<tr><td colspan="2" rowspan="3">ファイバ板箱</td><td>40 kg</td><td>○</td><td>○</td><td>○</td><td></td></tr>
<tr><td>55 kg</td><td>×</td><td>○</td><td>○</td><td></td></tr>
<tr><td>75 kg</td><td>×</td><td>×</td><td>○</td><td>注1</td></tr>
<tr><td rowspan="9">【複合容器】</td><td colspan="2"></td><td colspan="2">外装容器の種類</td><td>最大内容積</td><td>Ⅰ</td><td>Ⅱ</td><td>Ⅲ</td><td></td></tr>
<tr><td colspan="2"></td><td colspan="2">金属ドラム（プラスチック製内容器付きのもの）</td><td>250 L</td><td>○</td><td>○</td><td>○</td><td></td></tr>
<tr><td colspan="2"></td><td colspan="2" rowspan="2">プラスチックドラム（プラスチック製内容器付きのもの）</td><td>120 L</td><td>○</td><td>○</td><td>○</td><td></td></tr>
<tr><td colspan="2"></td><td>250 L</td><td>×</td><td>×</td><td>○</td><td></td></tr>
<tr><td colspan="2"></td><td colspan="2" rowspan="2">ファイバドラム（プラスチック製内容器付きのもの）</td><td>120 L</td><td>○</td><td>○</td><td>○</td><td></td></tr>
<tr><td colspan="2"></td><td>250 L</td><td>×</td><td>○</td><td>○</td><td></td></tr>
<tr><td colspan="2"></td><td colspan="2">金属製容器（プラスチック製内容器付きのもの。ただし、金属ドラムを除く。）</td><td>60 L</td><td>○</td><td>○</td><td>○</td><td></td></tr>
<tr><td colspan="2"></td><td colspan="2" rowspan="2">ファイバ板箱（プラスチック製内容器付きのもの）</td><td>10 L</td><td>○</td><td>○</td><td>○</td><td>注2</td></tr>
<tr><td colspan="2"></td><td>60 L</td><td>○</td><td>○</td><td>○</td><td></td></tr>
<tr><td rowspan="5">【単一容器】</td><td colspan="4">容器の種類</td><td>最大内容積</td><td>Ⅰ</td><td>Ⅱ</td><td>Ⅲ</td><td></td></tr>
<tr><td colspan="4">金属ドラム</td><td>250 L</td><td>○</td><td>○</td><td>○</td><td></td></tr>
<tr><td colspan="4">プラスチックドラム</td><td>250 L</td><td>×</td><td>○</td><td>○</td><td></td></tr>
<tr><td colspan="4">金属製容器（金属ドラムを除く。）</td><td>60 L</td><td>○</td><td>○</td><td>○</td><td></td></tr>
<tr><td colspan="4">プラスチック製容器（プラスチックドラム及びプラスチック袋を除く。）</td><td>60 L</td><td>×</td><td>○</td><td>○</td><td></td></tr>
</table>

備考
1　○印は、当該毒物又は劇物の各包装等級において、運搬容器として使用できるものであること。
2　注1：腐食性を有する劇物についてのみ、当該最大収納重量の容器が使用できるものであること。
3　注2：当該欄に該当する容器で水圧試験に適合することの確認を行っていないものにあっては、包装等級Ⅰの毒物又は劇物の運搬容器として使用することができないものであること。

11 毒物、劇物の運搬

別表三 固体の毒物又は劇物に認められる運搬容器

運搬容器					毒物劇物の包装等級			備考
	内装容器の種類	最大内容積又は最大収納重量	外装容器の種類	最大収納重量	I	II	III	
【組合せ容器】	ガラス製容器（陶磁器製容器を含む。）	10 L	木箱	125 kg	○	○	○	
				225 kg	×	○	○	
			ファイバ板箱	40 kg	○	○	○	
				55 kg	×	○	○	
	プラスチック製容器（プラスチック袋を除く。）	30 kg	木箱又はプラスチック箱	125 kg	○	○	○	
				225 kg	×	○	○	
			ファイバ板箱	40 kg	○	○	○	
				55 kg	×	○	○	
	金属製容器	40 kg	木箱	125 kg	○	○	○	
				225 kg	×	○	○	
			ファイバ板箱	40 kg	○	○	○	
				55 kg	×	○	○	
	袋類	20 kg	木箱	125 kg	○	○	○	
				225 kg	×	○	○	
			ファイバ板箱	40 kg	○	○	○	
				55 kg	×	○	○	
【単一容器】	容器の種類			最大収納重量	I	II	III	
	金属ドラム			400 kg	○	○	○	
	プラスチックドラム			250 kg	○	○	○	
				400 kg	×	○	○	
	ファイバドラム			200 kg	○	○	○	
				250 kg	×	○	○	
	金属製容器（金属ドラムを除く。）又はプラスチック製容器（プラスチックドラム及びプラスチック袋を除く。）			120 kg	○	○	○	
	樹脂クロス袋（防水性のもの）、プラスチックフィルム袋、織布袋（防水性のもの）又は紙袋（防水性のもの）			50 kg	×	○	○	

備考
1 　○印は、当該毒物又は劇物の各包装等級において、運搬容器として使用できるものであること。

89

総　説

毒物及び劇物の運搬容器に関する基準—その四・中型運搬容器の基準

毒物（四アルキル鉛を含有する製剤を除く。以下同じ。）又は劇物（可溶性ウラン化合物及びこれを含有する製剤を除く。以下同じ。）を車両（道路交通法（昭和35年法律第105号）第2条第8号に規定する車両をいう。以下同じ。）を使用して、又は鉄道によって運搬する場合には、その中型運搬容器（以下「容器」という。）、容器への収納方法その他の取扱いは以下の基準に適合するものでなければならない。

ただし、次に掲げるものは本基準を適用しない。

イ　無機シアン化合物たる毒物（液体状のものに限る。）又は弗化水素若しくはこれを含有する製剤を内容積が1,000リットル以上の固定容器で運搬する場合

ロ　毒物若しくは劇物であって高圧ガス取締法（昭和26年法律第204号）第2条に定める高圧ガス又は放射性同位元素等による放射線障害防止に関する法律（昭和32年法律第167号）第2条第2項に定める放射性同位元素を運搬する場合

1　容器の一般規定

(1)　容器は、機械により荷役される構造を有すること。

(2)　容器は、運搬時に生じる応力、温度変化、湿度変化又は圧力変化によって破損するおそれがなく、かつ、収納された毒物又は劇物が漏れるおそれがないものでなければならない

こと。

(3)　容器は、外部環境による劣化又は内容物による化学的変化により運搬の安全性を損なわないものでなければならないこと。

(4)　毒物又は劇物は、別表一の下欄に掲げる毒物又は劇物の種類毎に上欄に掲げる包装等級Ⅰ、包装等級Ⅱ及び包装等級Ⅲにそれぞれ区分すること。ただし、包装等級Ⅰ及び包装等級Ⅱの毒物又は劇物であって10％以下を含有する製剤は、それぞれ包装等級Ⅱ及び包装等級Ⅲとすることができる。

(5)　容器の種類、材質並びに毒物又は劇物の状態が包装等級に応じて認められる最大内容量は、別表二のとおりとする。

(6)　容器は、「5　容器の試験等」の項の規定に適合すること。

2　容器への収納方法

(1)　毒物又は劇物は、温度変化等により毒物又は劇物が漏れないように容器を密閉して収納すること。ただし、温度変化等により毒物又は劇物からのガスの発生によって容器内の圧力が上昇するおそれがある場合は、発生するガスが毒性を有する等の危険性があるときを除き、ガス抜き口（毒物又は劇物の漏えい及び外部からの物質の浸透を防止する構造のものに限る。）を設けた容器に収納することができる。

(2)　固体の毒物又は劇物は、容器の内容積の95％以下の収納率で容器に収

納すること。

(3) 液体の毒物又は劇物は、容器の内
容積の98%以下の収納率であって、
かつ、50℃の温度において漏れない
ように十分な空間容積を有して容器
に収納すること。

(4) 運搬中に融解するおそれのある固
体の毒物又は劇物は、液体状態にお
ける当該物質の運搬に適応した容器
に収納すること。

(5) 毒物又は劇物を、連続して複数の
閉鎖装置が付いている容器に収納す
る場合の閉鎖順序は、収納後の内容
物に近い閉鎖装置から閉鎖すること。

(6) 容器に、腐食、汚染又は損傷がな
いこと及び付属装置の機能が適切で
あることを確かめた上で、毒物又は
劇物を収納すること。設計強度に比
べて強度低下が認められた容器には、
毒物又は劇物を収納しないこと。

(7) 金属製容器には、50℃における
蒸気圧が110 kPaを超える液体又は
55℃において130 kPaを超える液体
の毒物又は劇物は、収納しないこと。

(8) 硬質プラスチック製容器又は複合
容器に、液体の毒物又は劇物を収納
する場合は、通常の運搬条件におい
て生成する内部圧力に対し適切な耐
性を有する容器に収納すること。

水圧試験圧力の表示した硬質プラ
スチック製容器又は複合容器には、
次の蒸気圧を有する液体の毒物又は
劇物に限り収納することができる。

一 最大充填率及び充填温度15℃に
基づいて決定した55℃における容
器内のゲージ圧合計値が、表示さ

れた水圧試験圧力の3分の2以下
であるとき。

二 50℃において、表示された水圧
試験圧力と100 kPaの和の7分の
4未満であるとき。

三 55℃において、表示された水圧
試験圧力と100 kPaの和の3分の
2未満であるとき。

(9) 液体の毒物又は劇物は、製造日か
ら5年間以上経過した硬質プラス
チック製容器又は複合容器には収納
しないこと。

3 積載の態様

(1) 容器は、落下し、転倒し、又は破
損することがないように積載するこ
と。

(2) 容器は、運搬中横方向又は縦方向
の移動及び衝撃を防止し、適当な外
部支持により確実に輸送ユニットに
固定して積載すること。

(3) 毒物又は劇物を収納した容器を運
搬する場合の積み重ね高さは、3メー
トル以下とすること。

(4) 毒物又は劇物を収納した容器の上
部に「毒物又は劇物を収納した容
器」若しくは「それら以外のものを
収納した容器」を積み重ねる場合に
は、当該容器の上部にかかる荷重が
「5-(2)-⑤ 積み重ね試験」の項に
おける総重量以下でなければならな
いこと。

(5) 積載装置を備える車両を使用して
運搬する場合には、容器が当該積載
装置の長さ又は幅をこえないように
積載されていること。

(6) 容器の外部には、日光の直射及び雨水の浸透を防止するための措置が講じられていること。

4 運搬方法

(1) 毒物又は劇物を収納した容器は、著しく動揺又は摩擦を起こさないように運搬しなければならないこと。

(2) 気体若しくは液体の毒物又は劇物を車両を使用して1回につき5000キログラム以上運搬する場合には、次の各号に適合するものでなければならない。

　① 毒物及び劇物取締法施行規則（昭和26年厚生省令第4号）第13条の3に規定する標識を車両の前後の見やすい箇所に掲げること。

　② 車両には、防毒マスク、保護手袋その他事故の際に応急措置を講ずるために必要な保護具を2人分以上備えること。

5 容器の試験等

(1) 容器の一般的要件

　① 5-(2)項の容器試験（以下「試験」という。）は、同一の容器製造場所で製造された同一設計仕様容器の単位で行うこと。

　② 同一設計仕様で連続的に製造される容器にあっては、その製造工程が適切に管理されたところで製造され、かつ、一定間隔で製造された容器を抽出し、繰り返し試験を行い、試験に合格していることが確認されたものであること。

　③ 容器は、試験を行う前に毒物若しくは劇物を収納した状態で6箇月間保管したもの、又はこれと同等以上と認められる方法で調整したものでなければ、試験容器として供してはならないこと。

(2) 容器試験

　① 試験は、各容器ごとに別表三に掲げるものについて実施すること。

　② 底持上げ試験

　a 試験は、最大許容総質量の1.25倍の荷重状態で実施すること。

　b 容器底部の中心箇所における最大幅の4分の3の幅（挿入箇所が定められている場合を除く。）にフォークリフトの爪を挿入し、容器を2回上げ下げする。試験は、挿入可能な方向にそれぞれについて反復すること。

　c 底持上げ試験における適合基準は、容器に運搬の安全を損なうような永久変形がなく、かつ、漏えいがないこと。

　③ 頂部吊り上げ試験

　a 試験は、最大許容総質量の2倍（フレキシブル容器にあっては最大収納重量の6倍）の荷重状態で実施すること。

　b 金属製容器にあっては、設計された方法で床面から離れるまで吊り上げ、その位置で5分間保持すること。フレキシブル容器にあっては、吊り具により床面から離れるまで吊り上げ、その位置で5分間保持すること。硬質プラスチック製容器及び複合容器にあっては、対角線上で向かい合う吊り具を用

いて、吊り上げ方向が鉛直方向及び鉛直方向に45度の傾きをもつ方向に吊り上げて、その位置で5分間保持すること。

c 頂部吊り上げ試験における適合基準は、フレキシブル容器以外の容器にあっては、容器に運搬の安全を損なうような永久変形がなく、かつ、漏えいがないこと。

フレキシブル容器にあっては、容器に運搬の安全を損なうような損傷がないこと。

④ 裂け伝播試験

a 容器には、内容積が95％以上の内容物を満たして、試験を実施すること。

b 容器を床面に直立させ、容器の底面と内容物の頂部との中間位置に容器の主軸に対し、45度の角度で完全に側面材を貫通する長さ10センチメートルの切傷をつけ、次に容器に最大収納重量の2倍に相当する荷重を均一に加えた後、付加荷重を取り除いてから吊り上げて5分間保持すること。

c 裂け伝播試験における適合基準

は、切傷の拡大する長さが2.5センチメートル以下であること。

⑤ 積み重ね試験

a 金属製容器にあっては、水平で硬質の基盤上に、5-(2)-⑤-b で規定される試験荷重を5分間上から均等に加えること。

金属製以外の容器にあっては、水平で硬質の基盤上に置き、5-(2)-⑤-b で規定される試験荷重を最大許容総質量（フレキシブル容器にあっては、最大収納重量）まで充填した同型の容器を一個以上積み重ねるか、又は被試験容器の上に平板あるいは当該容器の底部の複製板を載せることにより、次の表に定められる条件の下で加えること（**表8**）。

b 容器に加える荷重は、運搬中に当該容器上に積み重ねられる容器と同型式の容器の最大許容総質量の総計の1.8倍とすること。

c 積み重ね試験における適合基準は、フレキシブル容器以外の容器にあっては、容器（複合容器、ファイバ板製容器、木製容器

表8

容器の種類及び型式	試験時間等
フレキシブル容器 硬質プラスチック製容器（自立型以外のもの） 複合容器（硬質プラスチック製内容器のもの） ファイバ板製容器、木製容器	24時間
硬質プラスチック製容器（自立型のもの） 複合容器（軟質プラスチック製内容器のもの）	28日 （40℃）

にあってはパレット基部を含む。）に運搬の安全性に影響を与えるような永久変形がなく、かつ、漏えいがないこと。

フレキシブル容器にあっては、容器からの漏えいがなく、かつ、容器に運搬中の安全性に影響を与えるような損傷がないこと。

⑥　気密試験

a　空気を用いて、20 kPa（0.2 bar）以上のゲージ圧力で10分間以上実施すること。

b　気密試験における適合基準は、容器からの漏えいがないこと。

⑦　水圧試験

a　水圧試験は、5-(2)-⑦-b で規

表9

型式等	ゲージ圧力
包装等級Ⅰの固体を 10 kPa（0.1 bar）を超える圧力で充填・排出する金属製容器	250 kPa（2.5 bar）
包装等級Ⅱ及びⅢの固体用の金属製容器	200 kPa（2.0 bar）
液体用の金属製容器	65 kPa（0.65 bar）及び 200 kPa（2.0 bar）
固体用で圧力をかけて充填・排出する硬質プラスチック製容器及び複合容器	75 kPa（0.75 bar）
液体用の硬質プラスチック容器及び複合容器	次の1及び2の圧力のうち高いもの。 1　次の圧力のうちから一つ選択すること。 　①　55℃における容器内のゲージ圧力合計値に安全係数 1.5 を乗じた値（ただし、50℃における最大充填率（98％）及び充填温度 15℃に基づくものとする。） 　②　50℃における収納する毒物又は劇物の蒸気圧の 1.75 倍から 100 kPa を減じた値（ただし、100 kPa 以上とすること。） 　③　55℃における収納する毒物又は劇物の蒸気圧の 1.5 倍から 100 kPa を減じた値（ただし、100 kPa 以上とすること。） 2　収納する毒物又は劇物の静圧力の2倍（ただし、水の静圧力の2倍以上とすること。）

定される圧力以上の水圧を10分間以上かけて実施すること。当該被試験容器は、試験の間、機械的に拘束しないこと。

b　水圧試験で規定する圧力は次の表に定めるところとする（**表9**）。

c　水圧試験における適合基準は、金属製容器については、250 kPa又は200 kPaの圧力を加えた場合に漏えいがないこと。液体用の金属製容器については、65 kPaの圧力を加えた場合に、運搬中の安全性に影響を与えるような永久変形がなく、かつ、漏えいがないこと。硬質プラスチック製容器及び複合容器にあっては、運搬中の安全性に影響を与えるような永久変形がなく、かつ、漏えいがないこと。

⑧　落下試験

a　固体用の容器については、内容積の95％以上（フレキシブル容器にあっては、最大収納重量）、液体用の容器については、内容積の98％以上の内容物を充填すること。

b　硬質プラスチック製容器及び複合容器にあっては、容器及び内容物をマイナス18℃以下に冷却した状態で試験を実施すること。

　　ただし、容器の材質がマイナス18℃以下でも延性及び引張り強さを失わない場合には、当該調質を省略してもよい。

c　容器は、次のいずれかの場合において、各表の左欄に掲げる収納する毒物又は劇物の包装等級に応じ、各表右欄に掲げる高さから、

硬く、弾力性の無い、平滑な水平面に、底部で最も脆弱と考えられる部分を落下（フレキシブル容器にあっては、底部を下にして落下）させること。ただし、内容積が450リットル以下の容器については、さらに側面落下、上面落下及び角落下（金属製容器にあっては、初回落下部以外の最も脆弱な部分についてのみの落下、フレキシブル容器にあっては、側面についてのみの落下）を実施すること。

イ　収納される毒物若しくは劇物又はこれと同等の物性をもつ代替物質を用いて試験を行う場合（**表10**）

ロ　液体の毒物又は劇物を収納する容器に対し、代替物質として水を用いて試験を行う場合（**表11**）

d　落下試験における適合基準は、容器からの漏えいがないこと。

⑨　引き落し試験

a　容器には、内容積の95％以上、最大収納重量の内容物を荷重が均等になるように充填すること。

b　容器は、次の表の左欄に掲げる収納する毒物又は劇物の包装等級に応じ、同表の右欄に掲げる高さ

表10

包装等級	落下高さ（m）
Ⅰ	1.8
Ⅱ	1.2
Ⅲ	0.8

総　　説

表 11
（運搬される毒物又は劇物の比重が 1.2
以下の場合）

包装等級	落下高さ（m）
Ⅰ	1.8
Ⅱ	1.2
Ⅲ	0.8

（運搬される毒物又は劇物の比重が 1.2
を超える場合）

包装等級	落下高さ（m）
Ⅰ	比重 × 1.5
Ⅱ	比重 × 1.0
Ⅲ	比重 × 0.67

（注）比重：小数点第2位以下は切上げとする。

表 12

包装等級	落下高さ（m）
Ⅱ	1.2
Ⅲ	0.8

　から、硬く弾力の無い、平滑な水平面に、頂部から落下するよう引き落すこと（**表12**）。
　c　引き落し試験における適合基準は、容器からの漏えいがないこと。
⑩　引き起し試験
　a　容器には、内容積が 95 % 以上、最大収納重量の内容物を荷重が均等になるよう充填すること。
　b　横置きした容器を一つの吊り具（吊り具の数が 4 個以上である場合は 2 個の吊り具）により、毎秒

0.1 メートル以上の速度で垂直になるまで吊り上げること。
　c　引き起し試験における適合基準は、容器に運搬中又は容器の取扱いの安全性に影響を与えるような損傷がないこと。
(3)　初期及び定期試験
　①　金属製、硬質プラスチック製及び複合容器（いずれも 10 kPa 以上の圧力をかけて充填又は排出する固体用及び液体用に限る。）については、個々の容器について初期及び 2.5 年間以内の間隔で気密試験を実施すること。
(4)　点検
　①　金属製、硬質プラスチック製及び複合容器については、個々の容器について初期及び 2.5 年間以内の間隔で次の項目の点検を実施すること。
　イ　表示を含め設計強度との合致
　ロ　外観状態。ただし、容器内部の点検にあっては、5 年間以内の間隔で実施すること。
　ハ　付属装置の正常な機能

6　容器の表示

(1)　容器が容器試験に合格していることを表示するため、次に掲げる事項を容器に表示すること。
　イ　容器の種類を示す記号
　ロ　包装等級を示す文字
　ハ　容器の製造年月
　ニ　国名記号
　ホ　容器製造業者名称等
　ヘ　積み重ね試験に合格した容器に

あっては、積み重ね試験値

ト　最大許容総質量又はフレキシブ

ル容器にあっては、最大収納重量

チ　その他

総　　説

別表一　毒物又は劇物の包装等級

包装等級	毒物又は劇物の種類
Ⅰ	・特定毒物 ・アクロレイン ・アセトンシアンヒドリン及びこれを含有する製剤 ・アリルアルコール及びこれを含有する製剤 ・O–エチル＝S,S–ジプロピル＝ホスホロジチオアート及びこれを含有する製剤（ただし、O–エチル＝S,S–ジプロピル＝ホスホロジチオアート5％以下を含有するものを除く。） ・エチルジクロロアルシン及びこれを含有する製剤 ・エチルパラニトロフェニルチオノベンゼンホスホネイト（ただし、エチルパラニトロフェニルチオノベンゼンホスホネイト1.5％以下を含有するものを除く。） ・塩化チオニル及びこれを含有する製剤 ・黄燐及びこれを含有する製剤 ・過酸化水素及びこれを含有する製剤（ただし、過酸化水素60％以下を含有するものを除く。） ・クロルスルホン酸 ・クロルピクリン及びこれを含有する製剤 ・クロロアセチルクロライド及びこれを含有する製剤 ・クロロプレン及びこれを含有する製剤 ・三塩化燐及びこれを含有する製剤 ・三酸化砒素及びこれを含有する製剤 ・シアン化亜鉛及びこれを含有する製剤 ・シアン化カリウム及びこれを含有する製剤 ・シアン化カルシウム及びこれを含有する製剤 ・シアン化水銀カリウム及びこれを含有する製剤 ・シアン化銅酸ナトリウム及びこれを含有する製剤 ・シアン化ナトリウム及びこれを含有する製剤 ・シアン化バリウム及びこれを含有する製剤 ・ジエチル–S–(エチルチオエチル)–ジチオホスフェイト及びこれを含有する製剤（ただし、ジエチル–S–(エチルチオエチル)–ジチオホスフェイト5％以下を含有するものを除く。） ・シクロヘキシミド及びこれを含有する製剤（ただし、40％以下を含有するものを除く。） ・2–ジフェニルアセチル–1,3–インダンジオン及びこれを含有する製剤（ただし、0.005％以下を含有するものを除く。） ・ジフェニルアミン塩化砒素及びこれを含有する製剤 ・ジフェニルクロロアルシン及びこれを含有する製剤 ・1,2–ジブロムエタン及びこれを含有する製剤 ・ジメチル硫酸 ・臭化シアン及びこれを含有する製剤 ・臭素

	・硝酸及びこれを含有する製剤（ただし、硝酸70％以下を含有するものを除く。） ・ストリキニーネ、その塩類及びこれらのいずれかを含有する製剤 ・セレン化合物及びこれを含有する製剤（ただし、二硫化セレン及びこれを含有する製剤を除く。） ・トリクロロシラン及びこれを含有する製剤 ・トリフルオロメタンスルホン酸及びこれを含有する製剤 ・ニッケルカルボニル及びこれを含有する製剤 ・二硫化炭素及びこれを含有する製剤 ・発煙硫酸 ・砒酸及びこれを含有する製剤 ・弗化水素及びこれを含有する製剤（ただし、弗化水素60％以下を含有するものを除く。） ・ブロモベンジルニトリル及びこれを含有する製剤 ・2-（フェニルパラクロルフェニルアセチル）-1,3-インダンジオン及びこれを含有する製剤 ・ヘキサクロルエポキシオクタヒドロエンドエンドジメタノナフタリン及びこれを含有する製剤
II	・包装等級 I 以外の毒物 ・亜塩素酸ナトリウム及びこれを含有する製剤（ただし、亜塩素酸ナトリウム25％以下を含有するもの及び爆発薬を除く。） ・アクリル酸及びこれを含有する製剤 ・アセトニトリル及びこれを含有する製剤 ・アニリン ・N-アルキルトルイジン及びその塩類 ・イソブチロニトリル及びこれを含有する製剤 ・一水素二弗化アンモニウム及びこれを含有する製剤 ・エチル-N-（ジエチルジチオホスホリールアセチル）-N-メチルカルバメート及びこれを含有する製剤 ・エピクロルヒドリン及びこれを含有する製剤 ・塩化アンチモン（III）及びこれを含有する製剤 ・塩化アンチモン（V）及びこれを含有する製剤 ・塩化水素を含有する製剤 ・塩化第二錫 ・塩素酸バリウム ・過塩素酸鉛 ・過塩素酸バリウム ・過酸化水素を含有する製剤（ただし、過酸化水素20％を超え60％以下を含有するものに限る。） ・過酸化バリウム ・過マンガン酸バリウム ・クレゾール及びこれを含有する製剤 ・クロロアセトニトリル及びこれを含有する製剤 ・2-クロロアニリン及びこれを含有する製剤

総　　説

- ・2-クロロニトロベンゼン及びこれを含有する製剤
- ・硅弗化水素酸
- ・酢酸タリウム及びこれを含有する製剤
- ・三塩化砒素及びこれを含有する製剤
- ・O,O′-ジエチル=O″-(2-キノキサリニル)=チオホスファート及びこれを含有する製剤
- ・ジエチル-1-(2′,4′-ジクロルフェニル)-2-クロルビニルホスフェイト及びこれを含有する製剤
- ・四塩化炭素及びこれを含有する製剤
- ・シクロヘキシミド及びこれを含有する製剤（ただし、シクロヘキシミド4％を超え40％以下を含有するものに限る。）
- ・シクロヘキシルアミン及びこれを含有する製剤
- ・ジ(2-クロルイソプロピル)エーテル及びこれを含有する製剤
- ・ジクロル酢酸
- ・2,4-ジニトロトルエン及びこれを含有する製剤
- ・2-ジメチルアミノアセトニトリル及びこれを含有する製剤
- ・ジメチルエチルメルカプトエチルジチオホスフェイト及びこれを含有する製剤
- ・ジメチル-2,2-ジクロルビニルホスフェイト及びこれを含有する製剤
- ・ジプロピル-4-メチルチオフェニルホスフェイト及びこれを含有する製剤
- ・3-ジメチルジチオホスホリル-S-メチル-5-メトキシ-1,3,4-チアジアゾリン-2-オン及びこれを含有する製剤
- ・3-(ジメトキシホスフィニルオキシ)-N-メチル-シス-クロトナミド及びこれを含有する製剤
- ・臭素酸バリウム
- ・硝酸を含有する製剤（ただし、硝酸70％以下を含有するものに限る。）
- ・硝酸タリウム及びこれを含有する製剤
- ・硝酸鉛
- ・水酸化カリウム及びこれを含有する製剤
- ・水酸化ナトリウム及びこれを含有する製剤
- ・センデュラマイシン、その塩類及びこれらのいずれかを含有する製剤
- ・テトラエチルメチレンビスジチオホスフェイト及びこれを含有する製剤
- ・トリクロル酢酸
- ・トルイジン
- ・トルイジン塩類
- ・ニトロベンゼン
- ・フェノール及びこれを含有する製剤
- ・弗化アンチモン(V)及びこれを含有する製剤
- ・t-ブチル=(E)-4-(1,3-ジメチル-5-フェノキシ-4-ピラゾリルメチレンアミノオキシメチル)ベンゾアート及びこれを含有する製剤
- ・ブチロニトリル及びこれを含有する製剤
- ・プロピオニトリル及びこれを含有する製剤
- ・ブロムアセトン及びこれを含有する製剤
- ・ブロムエチル

11 毒物、劇物の運搬

	・ブロム水素を含有する製剤 ・ヘキサクロルエポキシオクタヒドロエンドエキソジメタノナフタリン及びこれを含有する製剤 ・ヘキサクロルヘキサヒドロジメタノナフタリン及びこれを含有する製剤 ・ヘキサメチレンジイソシアナート及びこれを含有する製剤 ・ベンゾニトリル及びこれを含有する製剤 ・1,4,5,6,7-ペンタクロル-3a,4,7,7a-テトラヒドロ-4,7-(8,8-ジクロルメタノ)-インデン及びこれを含有する製剤 ・ペンタクロルフェノール及びこれを含有する製剤 ・ペンタクロルフェノール塩類及びこれを含有する製剤 ・硼弗化水素酸及びその塩類 ・マロノニトリル及びこれを含有する製剤 ・無水クロム酸及びこれを含有する製剤 ・メチルイソチオシアネート及びこれを含有する製剤 ・2-メチルビフェニル-3-イルメチル=(1RS,2RS)-2-(Z)-(2-クロロ-3,3,3-トリフルオロ-1-プロペニル)-3,3-ジメチルシクロプロパンカルボキシラート及びこれを含有する製剤 ・S-メチル-N-[(メチルカルバモイル)-オキシ]-チオアセトイミデート及びこれを含有する製剤 ・モノクロル酢酸 ・沃化水素を含有する製剤 ・沃化メチル及びこれを含有する製剤 ・硫酸及びこれを含有する製剤 ・硫酸タリウム及びこれを含有する製剤
Ⅲ	・包装等級Ⅰ及びⅡ以外の劇物

総　説

別表二　毒物又は劇物に認められる運搬容器の最大内容量

容器の種類	材質		状態	固体			液体
			包装等級	Ⅰ		Ⅱ又はⅢ	Ⅱ又はⅢ
			最大内容量	1500 リットル	3000 リットル	3000 リットル	3000 リットル
金属製容器	金属			○	○	○	○
フレキシブル容器※1	樹脂クロス					○	
	プラスチックフィルム					○	
	織布					○	
	紙袋（多層のもの）					○	
硬質プラスチック製容器	硬質プラスチック			○		○	○
複合容器	プラスチック内容器	金属		○		○	○
		木材		○		○	○
		ファイバ板		○		○	○
ファイバ板製容器※1	ファイバ板					○	
木製容器※1	木材（ライナー付き）					○	

※1　排出方法が重力によるものに限る。

102

11　毒物、劇物の運搬

別表三　運搬容器に必要な容器試験

	金属製容器	フレキシブル容器	硬質プラスチック製容器	複合容器	ファイバ板製容器	木製容器
底持上げ試験	○a		○a	○a	○	○
頂部吊り上げ試験	○a	○	○a	○a		
裂け伝播試験		○c				
積み重ね試験	○b	○	○b	○b	○b	○b
気密試験	○d		○d	○d		
水圧試験	○d		○d	○d		
落下試験	○	○	○	○	○	○
引き落し試験		○				
引き起し試験		○c				

a：容器が、当該取扱い方法で設計されている場合に限る。

b：容器が、積み重ねられるように設計されている場合に限る。

c：容器が、頂部又は側部から吊り上げられるように設計されている場合に限る。

d：10 kPa 以上の圧力をかけて充填・排出する固体の毒物若しくは劇物用のもの又は液体用の毒物若しくは劇物用のものに限る。

12 毒物、劇物の貯蔵

化学工業の発展に伴って化学薬品は大量に貯蔵されるようになってきている。毒物及び劇物取締法では第16条第1項で、保健衛生上の危害を防止するため必要があるときには、毒物、劇物の貯蔵その他の取扱いについての技術上の基準を定めることができると規定されている。かかる情勢に鑑み、中央薬事審議会では、貯蔵タンクの構造、設備等についての基準を検討してきたが、その結果、昭和52年10月20日に「固体以外のものを貯蔵する屋外タンク貯蔵所の基準」を、昭和56年5月20日に「固体以外のものを貯蔵する屋内タンク貯蔵所の基準」「固体以外のものを貯蔵する地下タンク貯蔵所の基準」を薬務局長名で示しているので以下にその通知の内容を掲載する。

毒物及び劇物の貯蔵に関する構造・設備等基準　その一

（固体以外のものを貯蔵する屋外タンク貯蔵所の基準）

昭和52年10月20日　薬発第1175号
改正：昭和60年 4月 5日　薬発第 377号

今般、毒物及び劇物による保健衛生上の危害を防止するため、別添のとおり標記の基準を定めたので、次の事項に御留意のうえ、その実施に遺憾のないよう、関係各方面に対し周知徹底を図られたい。

第一　基準制定の趣旨及び適用範囲等について

1　本基準は、固体以外の毒物又は劇物を貯蔵する屋外タンク貯蔵所（屋外に固定されたタンク（ただし、地盤面下に埋設しているタンク及び製造施設に付属する工程タンクを除く。）において毒物又は劇物を貯蔵する施設をいう。）の構造、設備等について具体的に定めたものであること。

2　本基準は、毒物及び劇物取締法第16条第1項の規定による技術上の基準が政令により定められるまでの間適用されるものであること。

3　本基準は、主として、今後、新設、改造等を行う屋外タンク貯蔵所を対象とするものであるが、既設のもの（基礎工事を着工しているものを含む。）についても、少なくとも第1項及び第2項以外の項目については、本基準の趣旨に沿って所要の措置を講ずる必要があること。

4　高圧ガス取締法（昭和26年法律第204号）、消防法（昭和23年法律第186号）又は労働安全衛生法（昭和47年法律第57号）が適用される毒物又は劇物にあっては、本基準によるほか、各々の法令の規定するところによること。

5　今後、屋内タンク貯蔵所等の基準についても順次定める予定であるこ

と。

第二　基準の内容に関する事項

1　設置場所について

事故又は異常事態の発生に際して、当該事業所以外の場所に危害を及ぼすことのないよう、タンクは、毒物又は劇物の種類、性状、タンク容量等を考慮し、当該事業所内で敷地境界線から十分な距離を保って、設置すべきこと。

2　基礎について

タンクを設置する地盤の強度は、主として、貯蔵されるタンク容量に応じて配慮される必要があること。

3　タンクについて

(1)　「大気圧タンク」とは、タンク内圧が大気圧と同じか、水柱500ミリ以内の圧力で使用するタンクをいい、「低圧タンク」とは、タンク内部にゲージ圧 $2\,kg/cm^2$ 未満の気圧を有するタンクであって、大気圧タンク以外のタンクをいい、また、「大気圧密閉タンク」とは、大気圧タンクのうち、不活性ガスでシールされているタンク又は通気管等が大気と直接通じていないタンクをいうものであること。

(2)　タンクの設計に際しては、少なくとも、応力、地耐力等を考慮して、高さ及び構造を定める必要があること。

4　流出時安全施設について

漏えいした毒物又は劇物を収容等する施設の構造及び保持容量は、当該毒物又は劇物の物性及び貯蔵量、タンクの材質、タンク周囲の状況を考慮して、適正なものとすること。

5　配管等について

「保健衛生上特に重要な」とは、毒物を移送する場合又は民家に近接して劇物を多量に移送する場合をいうものであること。

6　バルブ等について

「高圧」とは、常用の温度でゲージ圧 $10\,kg/cm^2$ 以上をいい「振動・衝撃を受けるバルブ等」とは、液体の通過するバルブ等であって、急速に遮断又はオンオフ制限を受けるもの及び激しい脈動を受ける配管系に付属しているバルブ等をいうものであること。

7　ポンプ設備について

(1)　タンクに付属するポンプにあっては、ポンプによる振動及び自重を考慮するとともに、必要に応じ防食措置を講ずること。

(2)　ホース（フレキシブルチューブを含む。）及び接続用具は、耐食性（必要に応じ耐熱性や耐寒性をも考慮すること。）を有するものとし、また、耐圧試験等により安全に使用できる圧力を定め、当該圧力以上の圧送を避けること。

8　検査等について

検査について、その方法、頻度等を示し、異常が発見された場合の修理等に当たっての必要事項を示したものであること。

総　説

別添

【毒物及び劇物の貯蔵に関する構造・設備等基準　その一】

（固体以外のものを貯蔵する屋外タンク貯蔵所の基準）

1　設置場所

　タンクは当該毒物又は劇物の漏えい等による保健衛生上の危害を防止することができるように、当該事業所内で敷地境界線から十分離れた場所に設置すること。

2　基礎

　タンクの基礎は有害な不等沈下を生じないよう堅固な地盤の上に施行すること。

　支柱のあるタンクにあってはその支柱を、枕型タンクにあってはそのサドルを同一の基礎に固定すること。

　ただし、盛砂基礎の上に直接据え付ける円筒たて型タンクは除く。

3　タンク

(1)　タンクは必要な性能を有する材料で気密（不揮発性のものを除く。）に造ること。

　　大気圧タンクにあっては水張試験（水以外の適当な液体を張って行う試験を含む。以下同じ。）に、低圧タンクにあっては最大常用圧力の1.5倍の圧力で10分間行う耐圧試験にそれぞれ合格するとともに、使用中に漏えい又は顕著な永久変形を来さないものであること。

(2)　タンクには必要に応じ防食措置を講ずること。

　　特にタンクの底板を地盤面に接して設けるものであっては、底板の外面は内容物及びタンクの構造、設置場所に応じた防食措置を講ずること。

(3)　タンクには溢流又は過充てんを防止するため当該毒物又は劇物の量を覚知することができる装置を設けること。

(4)　低圧タンクにあっては、最大常用圧力を超えた場合に、直ちに最大常用圧力以下に戻すことができる安全装置を、大気圧密閉タンクにあっては大気圧よりタンク内圧が著しく上下することを防止する通気管等をそれぞれ設け、かつ各開口部は必要に応じ当該毒物又は劇物の除害装置内に導くこと。

4　流出時安全施設

　漏えいした毒物又は劇物を安全に収容できる施設又は除害、回収等の施設を設け、当該毒物又は劇物が貯蔵場所外へ流出等しないような措置を講ずること。

5　配管等

(1)　配管、タンクとの結合部及び管継手（以下「配管等」という。）は、当該毒物又は劇物に対して十分な耐食性を有する材料で造ること。

(2)　配管等は最大常用圧力の1.5倍以上の圧力で耐圧試験を行ったとき、漏えいその他の異常がないものであること。

(3)　配管等は移送される当該毒物又は劇物の重量、内圧、付属設備を含めた自重並びに振動、温度変化その他の影響に十分耐え得る構造とすること。

　　ただし、保健衛生上特に重要な配

管にあっては風圧及び地震にも十分
耐え得る構造とすること。

(4) 配管の破壊にいたるような伸縮を
生ずる恐れのある箇所には、当該伸
縮を吸収し得る措置を講ずること。

(5) 配管は地震等により当該配管とタ
ンクとの結合部分に損傷を与えない
ように設置すること。

(6) 配管を地上に設置する場合は、地
盤面に接しないようにするとともに、
かつその見やすい箇所に毒物又は劇
物の名称その他必要な事項を記載し
た標識を設けること。

(7) 配管を地下に設置する場合は、必
要に応じ保護管とするほか、配管の
接合部分（溶接による接合部分を除
く。）に当該毒物又は劇物の漏えいを
点検することができる措置を講ずる
こと。

なお、非金属性の配管を地下に設
置する場合は原則として鋼製の保護
管を設け配管の接合部分には当該毒
物又は劇物の漏えいを点検できる措
置を講ずること。

(8) 配管等には必要に応じ、防食措置
を講ずること。

6 バルブ等

(1) バルブ及びコック（以下「バルブ
等」という。）は当該毒物又は劇物の
物性に応じた耐食性と強度を有する
材料で造り、かつ毒物又は劇物が漏
えいしないものであること。

(2) バルブ等は最大常用圧力の 1.5 倍
以上の圧力で耐圧試験を行ったとき、
漏えいその他の異常がないものであ
ること。

(3) 高圧用及び振動・衝撃を受けるバ
ルブ等にあっては原則として、鋳鉄
製又は非金属製の弁体を用いてはな
らない。またハンドル回しを必要と
するバルブ等にあっては、制限トル
ク以上にならないようなハンドル回
しを備えること。

(4) 誤操作等により保安上重大な影響
を与えるバルブ等にあっては、当該
バルブ等の開閉方向を明示し、かつ
開閉状態が容易に識別できるような
措置を講ずるとともに、当該バルブ
等に近接する配管に、容易に識別で
きる方法で毒物又は劇物の名称及び
その流れの方向を明示すること。

(5) (4)に規定するバルブ等にあって通
常使用しないもの（緊急用のものを
除く。）にあっては施錠、封印又はこ
れらに類する措置を講ずること。

7 ポンプ設備（液体の毒物又は劇物
を送り出す設備）

(1) 毒物又は劇物をタンク車、タンク
ローリー、船等に送り出しする貯蔵
施設には、圧送ポンプ設備、ヘッド
タンク又はその他の安全な加圧設備
を設けること。

(2) ポンプ設備は、原則として堅固な
基礎又は架台の上に固定すること。

(3) ポンプ設備には、その直下の地盤
面の周囲に高さ 0.15 メートル以上
の囲い又は集液溝を設けるとともに、
当該地盤面を当該毒物又は劇物が浸
透しない材料で覆い、かつ適当な傾
斜及びためますを設けること。

8 検査等

(1) 日常点検

タンク、配管、バルブ及びポンプ設備は漏えい、腐食、き裂等の異常を早期に発見するため、原則として1日に1回以上異常の有無を点検すること。

(2) 定期検査

原則として、1年に1回以上点検表に基づいて、異常の有無を検査し、その結果を記録として3年間保存すること。

また、地震の発生した場合は、地震の規模に応じ、直ちに、定期検査に準じた検査を行うこと。

(3) 沈下状況の測定

タンクのうち、液体の毒劇物を貯蔵する屋外に設置された盛土上の平底円筒形タンクについては、少なくとも年1回タンクの外側から、原則として水準儀その他の計測器を用いてその沈下状況を測定すること。

(4) 精密検査

下記のタンクについては、内部開放検査等の精密検査を行うこと。

イ 日常点検、定期検査により著しい腐食、き裂など重大な異常が認められたタンク。

ロ (3)における沈下状況の結果、タンクの直径に対する不等沈下の数値の割合が、容量1000キロリットル以上のものについては100分の1以上、1000キロリットル未満のものについては50分の1以上生じ

たタンク。

ハ 内容量が毒物にあっては1000キロリットル以上、劇物にあっては1万キロリットル以上の液体を貯蔵する屋外タンクで、前回精密検査の日から10年を経過したタンク。

(5) 送り出し又は受け入れに使用するホース(フレキシブルチューブを含む。)及びその接続用具は、その日の使用を開始する前に検査すること。

(6) ライニングを施したタンク等のうち、ライニングが損傷するとタンク本体を著しく腐食する毒物又は劇物を貯蔵するものにあっては、少なくとも2年に1回ライニングの検査を行うこと。

検査箇所はタンク本体、ライニング全部、通気管、主配管及びその他付属配管(タンク出口よりバルブまで)とする。

(7) 安全弁は少なくとも年に1回検査を行うほか、特に腐食性のあるものの場合は6カ月に1回検査を行うこと。

(8) 異常が発見された場合は、直ちに必要な措置を講ずること。

(9) 修理の際は、予め、作業計画及び当該作業の責任者を定め、当該作業計画に従い、かつ当該作業責任者の監督の下に行うこと。

(10) 修理が完了したときは、その修復状態を確認した後に使用を開始すること。

毒物及び劇物の貯蔵に関する構造・設備等基準　その二
（固体以外のものを貯蔵する屋内タンク貯蔵所の基準）**及び、**
毒物及び劇物の貯蔵に関する構造・設備等基準　その三
（固体以外のものを貯蔵する地下タンク貯蔵所の基準）

昭和56年5月20日　薬発第480号
改正：昭和60年4月5日　薬発第377号

　毒物及び劇物の貯蔵に関する構造・設備等基準については、昭和52年10月20日薬発第1175号をもって、その一（固体以外のものを貯蔵する屋外タンク貯蔵所の基準）を通知したところであるが、今般、別添のとおり標記の基準を定めたので、下記事項に御留意の上で、その実施に遺憾のないよう関係各方面に対し、周知徹底を図られたい。

第一　基準制定の趣旨及び適用範囲等について

1　基準その二は、固体以外の毒物又は劇物を貯蔵する屋内タンク貯蔵所（屋内に固定されたタンク（ただし、製造設備に付属する工程タンクを除く。）において毒物又は劇物を貯蔵する施設をいう。）の構造、設備等について具体的に定めたものであること。

2　基準その三は、固体以外の毒物又は劇物を貯蔵する地下タンク貯蔵所（屋外の地盤面下に埋設されたタンク（ただし、製造設備に付属する工程タンクを除く。）において毒物又は劇物を貯蔵する施設をいう。）の構造、設備等について具体的に定めたものであること。

3　本基準は、毒物及び劇物取締法第16条第1項の規定による技術上の基準が政令により定められるまでの間適用されるものであること。

4　本基準は、主として今後新設、改造等を行う施設を対象とするが、既設のもの（基礎工事を着工しているものを含む）についても、可能な限り基準の趣旨に沿って所要の措置を講ずる必要があること。

5　高圧ガス取締法（昭和25年法律第204号）、消防法（昭和22年法律第226号）又は労働安全衛生法（昭和47年法律第57号）が適用される毒物又は劇物にあっては、本基準によるほか、各々の法令の規定するところによること。

第二　基準その二の内容に関する事項

1　設置場所について

　屋内タンク貯蔵所のタンクは、専用の部屋又はこれに準ずる施設内（以下「屋内タンク室」という。）に設置すべきであること。ただし、毒物又は劇物の性状、タンクの容量、屋内の状況等からみて、事故又は異常事態の発生に際して、保健衛生上の危害の発生を防止するのに必要な措置が講じられている場合には、屋内の一部に適当な区画を設けて設置しても差し支えないこと。

2　流出時安全施設について

　屋内タンク室には、漏えいした毒物又は劇物が貯蔵場所以外に流出しないような措置を講ずることとされている

が、貯蔵する毒物又は劇物の物性、タンクの容量等を考慮し、必要な場合は流出時安全施設を設けること。

3 バルブ等について

「高圧」とは、常用の温度でゲージ圧 10 kg/cm² 以上をいい「振動・衝撃を受けるバルブ等」とは、液体の通過するバルブ等であって、急速に遮断又はオンオフ制限を受けるもの及び激しい脈動を受ける配管系に付属しているバルブ等をいうものであること。

4 ポンプ設備について

(1) タンクに付属するポンプにあっては、ポンプによる振動及び自重を考慮するとともに、必要に応じ防食措置を講ずること。

(2) ホース（フレキシブルチューブを含む。）及び接続用具は、耐食性（必要に応じ耐熱性や耐寒性をも考慮すること。）を有するものとし、また、耐圧試験等により安全に使用できる圧力を定め、当該圧力以上の圧送を避けること。

第三　基準その三の内容に関する事項

1 設置場所について

地下タンク貯蔵所のタンクは、専用の部屋（以下「地下タンク室」という。）を設けて設置すべきであること。地下タンク室は、当該タンクに貯蔵する毒物又は劇物の種類、周囲の状況を考慮し、不特定又は多数の者に漏えいした毒物又は劇物による保健衛生上の危害を及ぼすおそれのある場所及び地下タンク室が悪影響を受けるおそれのある場所には設置すべきでないこと。

2 地下タンク室について

地下タンク室は、床、壁等をコンクリート造りとするなど、必要な強度を持たせ、かつ、コンクリートを用いる場合は防水措置を講ずる必要があること。

屋内タンク室との主な相違点は、通常、タンク室内に保守点検作業等のため人が入ることを想定していないことであり、このため、屋内タンク室の場合と異なり、照明、換気装置は特に要求されていないが、漏えい等を覚知するための装置は必要であること。また、タンクの周囲は、原則として空間にしておくが、タンクの材質、貯蔵する毒物又は劇物の種類等を考慮し、必要に応じて砂、水、その他の充てん物を詰める場合があること。タンクの周囲に砂、水等の充てん物を詰める場合は、特にタンクの外面の防食措置について十分に配慮する必要があること。

3 流出時安全施設について

地下タンク室には漏えいした毒物又は劇物が貯蔵場所外に流出しないような措置を講ずることとされているが、貯蔵する毒物又は劇物の物性、タンクの容量等を考慮し、必要な場合は流出時安全施設を設けること。

4 バルブ等について

「高圧」とは、常用の温度でゲージ圧 10 kg/cm² 以上をいい「振動・衝撃を受けるバルブ等」とは、液体の通過するバルブ等であって、急速に遮断又はオンオフ制限を受けるもの及び激しい脈動を受ける配管系に付属しているバルブ等をいうものであること。

5 ポンプ設備について

(1) タンクに付属するポンプにあっては、ポンプによる振動及び自重を考慮するとともに、必要に応じ防食措置を講ずること。

(2) ホース（フレキシブルチューブを含む。）及び接続用具は、耐食性（必要に応じ耐熱性や耐寒性をも考慮すること。）を有するものとし、また、耐圧試験等により安全に使用できる圧力を定め、当該圧力以上の圧送を避けること。

別添
【毒物及び劇物の貯蔵に関する構造・設備等基準　その二】

（固体以外のものを貯蔵する屋内タンク貯蔵所の基準）

1 設置場所

タンクは毒物又は劇物の漏えい等による保健衛生上の危害を防止することができるように、原則として専用の部屋又はこれに準ずる施設内（以下「屋内タンク室」という。）に設置すること。

2 屋内タンク室

(1) 屋内タンク室は必要な強度を有する構造物とし、かつ、その床、壁等は毒物又は劇物の物性に応じた耐食性を有する材料で造るか、又は当該毒物又は劇物により侵食されにくい材料で被覆するなど当該毒物又は劇物が浸透しないよう必要な措置を講ずること。

(2) 屋内タンク室には必要に応じ照明、換気等の設備及び毒物又は劇物の漏えい等を覚知するための装置を設けること。

(3) 屋内タンク室の壁とタンクとの間及び同一の屋内タンク室にタンクを2以上設置する場合におけるそれらのタンクの相互間に0.5メートル以上の間隔を保つこと。

(4) 屋内タンク室には漏えいした毒物又は劇物が貯蔵場所外へ流出しないような措置（流出時安全施設の設置を含む。）を講ずること。

3 タンク

(1) タンクは堅固な床又は架台の上に設置すること。

(2) タンクは必要な性能を有する材料で気密（不揮発性のものを除く。）に造ること。

大気圧タンクにあっては水張試験（水以外の適当な液体を張って行う試験を含む。）に、低圧タンクにあっては最大常用圧力の1.5倍の圧力で10分間行う耐圧試験にそれぞれ合格するとともに、使用中に漏えい又は顕著な永久変形を来さないものであること。

(3) タンクには溢流又は過充てんを防止するため、毒物又は劇物の量を覚知することができる装置を設けること。

(4) タンクには必要に応じ防食措置を講ずること。

(5) 低圧タンクにあっては、最大常用圧力を超えた場合に直ちに最大常用圧力以下に戻すことができる安全装置を、大気圧密閉タンクにあっては、大気圧よりタンク内圧が著しく上下することを防止する通気管等をそれ

ぞれ設け、かつ、各開口部は必要に応じ毒物又は劇物の除害装置内に導くこと。

4 流出時安全施設

漏えいした毒物又は劇物を安全に収容できる施設又は除害、回収等の施設を設け、当該毒物又は劇物が貯蔵場所外へ流出しないような措置を講ずること。

5 配管等

(1) 配管、タンクとの結合部分及び管継手（以下「配管等」という。）は、毒物又は劇物に対して十分な耐食性を有する材料で造ること。

(2) 配管等は最大常用圧力の 1.5 倍以上の圧力で耐圧試験を行ったとき、漏えいその他の異常がないものであること。

(3) 配管等は移送される毒物又は劇物の重量、内圧、付属設備を含めた自重並びに振動、温度変化その他の影響に十分耐え得る構造とすること。

(4) 配管の破壊にいたるような伸縮を生ずる恐れのある箇所には、当該伸縮を吸収し得る措置を講ずること。

(5) 配管は地震等により当該配管とタンクとの結合部分に損傷を与えないように設置すること。

(6) 配管にはその見やすい箇所に毒物又は劇物の名称その他必要な事項を記載した標識を設けること。

(7) 配管には必要に応じ防食措置を講ずること。

(8) 配管は原則として地盤面に接している床及び壁を貫通させないこと。
ただし、配管と床又は壁との貫通

部分に損傷を与えないよう必要な措置が講じられている場合にはこの限りでない。

6 バルブ等

(1) バルブ及びコック（以下「バルブ等」という。）は、毒物又は劇物の物性に応じた耐食性と強度を有する材料で造り、かつ、当該毒物又は劇物が漏えいしないものであること。

(2) バルブ等は最大常用圧力の 1.5 倍以上の圧力で耐圧試験を行ったとき、漏えいその他の異常がないものであること。

(3) 高圧用及び振動・衝撃を受けるバルブ等にあっては、原則として鋳鉄製又は非金属製の弁体を用いてはならない。また、ハンドル回しを必要とするバルブ等にあっては、制限トルク以上にならないようなハンドル回しを備えること。

(4) 誤操作等により保安上重大な影響を与えるバルブ等にあっては、当該バルブ等の開閉方向を明示し、かつ、開閉状態が容易に識別できるような措置を講ずるとともに、当該バルブ等に近接する配管に、容易に識別できる方法で毒物又は劇物の名称及びその流れの方向を明示すること。

(5) (4)に規定するバルブ等であって通常使用しないもの（緊急用のものを除く。）にあっては、施錠、封印又はこれらに類する措置を講ずること。

7 ポンプ設備

(1) 毒物又は劇物をタンク車、タンクローリー、船等に送り出しする貯蔵施設には、圧送ポンプ設備、ヘッド

タンク又はその他の安全な加圧設備
を設けること。

(2) ポンプ設備は、原則として堅固な
基礎、床又は架台の上に固定するこ
と。

(3) 屋内タンク室の外に設けるポンプ
設備は、その直下の地盤面の周囲に
高さ 0.15 メートル以上の囲い又は集
液溝を設けるとともに、当該地盤面
を毒物又は劇物が浸透しない材料で
覆い、かつ、適当な傾斜及びためま
すを設けること。

8 検査等

(1) 日常点検

タンク、配管、バルブ及びポンプ
設備は漏えい、腐食、き裂等の異常
を早期に発見するため、原則として
1 日に 1 回以上異常の有無を点検す
ること。

(2) 定期検査

原則として、1 年に 1 回以上点検
表に基づいて、異常の有無を検査し、
その結果を記録として 3 年間保存す
ること。

また、地震の発生した場合は、地
震の規模に応じ、直ちに、定期検査
に準じた検査を行うこと。

(3) 精密検査

下記のタンクについては、内部開
放検査等の精密検査を行うこと。

イ 日常点検、定期検査により著し
い腐食、き裂など重大な異常が認
められたタンク。

ロ 内容量が毒物にあっては 1000 キ
ロリットル以上、劇物にあっては
1 万キロリットル以上の液体を貯

蔵するタンクで、前回精密検査の
日から 10 年を経過したタンク。

(4) 送り出し又は受け入れに使用する
ホース（フレキシブルチューブを含
む。）及びその用具は、その日の使用
を開始する前に検査すること。

(5) ライニングを施したタンク等のう
ち、ライニングが損傷するとタンク
本体を著しく腐食する毒物又は劇物
を貯蔵するものにあっては、少なく
とも 2 年に 1 回ライニングの検査を
行うこと。

検査箇所はタンク本体、ライニン
グ全部、通気管、主配管及びその他
の付属配管（タンク出口よりバルブ
まで）とする。

(6) 安全弁は少なくとも年に 1 回検査
を行うほか、特に腐食性のあるもの
の場合は 6 カ月に 1 回検査を行うこ
と。

(7) 異常が発見された場合は、直ちに
必要な措置を講ずること。

(8) 検査及び修理の際は、予め作業計
画及び当該作業の責任者を定め、当
該作業計画に従い、かつ、当該作業
責任者の監督の下に行うこと。

(9) 修理が完了したときは、この修復
状態を確認した後に使用を開始する
こと。

別添

【毒物及び劇物の貯蔵に関する構造・設備等基準　その三】

（固体以外のものを貯蔵する地下タンク
貯蔵所の基準）

総　説

1　設置場所

タンクは毒物又は劇物の漏えい等による保健衛生上の危害を防止することができるように、原則として地盤面下の専用の部屋（以下「地下タンク室」という。）に設置すること。

この場合において、当該タンクに貯蔵する毒物又は劇物の種類、周囲の状況を考慮して地下タンク室の設置場所を定めること。

2　地下タンク室

(1)　地下タンク室は必要な強度を有する構造とし、かつ、その床、壁等は毒物又は劇物の物性に応じた耐食性を有する材料で造るか、又は当該毒物又は劇物により侵食されにくい材料で被覆するなど当該毒物又は劇物が浸透しないよう必要な措置を講ずること。

(2)　地下タンク室には毒物又は劇物の漏えい等を覚知するための装置を設けること。

(3)　当該タンクの周囲には、タンクの材質、毒物又は劇物の種類に応じ適切な措置を講ずること。また、地下タンク室の壁とタンクとの間に 0.1 メートル以上の必要な間隔を保つこと。

(4)　同一の地下タンク室にタンクを2以上設置する場合におけるそれらのタンクの相互間に 0.5 メートル以上の間隔を保つこと。

(5)　地下タンク室には漏えいした毒物又は劇物が貯蔵場所外へ流出しないような措置（流出時安全施設の設置を含む。）を講ずること。

3　タンク

(1)　タンクは必要な性能を有する材料で気密（不揮発性のものを除く。）に造ること。

大気圧タンクにあっては水張試験（水以外の適当な液体を張って行う試験を含む。）に、低圧タンクにあっては最大常用圧力の 1.5 倍の圧力で 10 分間行う耐圧試験にそれぞれ合格するとともに、使用中に漏えい又は顕著な永久変形を来さないものであること。

(2)　タンクには溢流又は過充てんを防止するため、毒物又は劇物の量を覚知することができる装置を設けること。

(3)　タンクには必要に応じ防食措置を講ずること。

(4)　低圧タンクにあっては、最大常用圧力を超えた場合に直ちに最大常用圧力以下に戻すことができる安全装置を、大気圧密閉タンクにあっては、大気圧よりタンク内圧が著しく上下することを防止する通気管等をそれぞれ設け、かつ、各開口部は必要に応じ毒物又は劇物の除害装置内に導くこと。

4　流出時安全施設

漏えいした毒物又は劇物を安全に収容できる施設又は除害、回収等の施設を設け、当該毒物又は劇物が貯蔵場所外へ流出しないような措置を講ずること。

5　配管等

(1)　配管、タンクとの結合部分及び管継手（以下「配管等」という。）は、

毒物又は劇物に対して十分な耐食性を有する材料で造ること。

　また、配管等には必要に応じ材料選択、設計を含めた防食措置を講ずること。

(2)　配管等は最大常用圧力の1.5倍以上の圧力で耐圧試験を行ったとき、漏えいその他の異常がないものであること。

(3)　配管等は移送される毒物又は劇物の重量、内圧、付属設備を含めた自重並びに振動、温度変化その他の影響に十分耐え得る構造とすること。

　ただし、保健衛生上特に重要な配管等にあっては、地震にも十分耐え得る構造とする。

(4)　配管の破壊にいたるような伸縮を生ずる恐れのある箇所には、当該伸縮を吸収し得る措置を講ずること。

(5)　埋設配管は必要に応じ保護管とするほか、配管の接合部分（溶接による接合部分を除く。）に、毒物又は劇物の漏えいを点検することができる措置を講ずること。なお、非金属製の配管は原則として鋼製の保護管を設け配管の接合部位には毒物又は劇物の漏えいを点検できる措置を講ずること。

(6)　配管は原則として地盤面に接している床及び壁を貫通させないこと。

　ただし、配管と床又は壁との貫通部分に損傷を与えないよう必要な措置が講じられている場合にはこの限りでない。

6　バルブ等

(1)　バルブ及びコック（以下「バルブ

等」という。）は、毒物又は劇物の物性に応じた耐食性と強度を有する材料で造り、かつ、当該毒物又は劇物が漏えいしないものであること。

(2)　バルブ等は最大常用圧力の1.5倍以上の圧力で耐圧試験を行ったとき、漏えいその他の異常がないものであること。

(3)　高圧用及び振動・衝撃を受けるバルブ等にあっては、原則として鋳鉄製又は非金属製の弁体を用いてはならない。また、ハンドル回しを必要とするバルブ等にあっては、制限トルク以上にならないようなハンドル回しを備えること。

(4)　誤操作等により保安上重大な影響を与えるバルブ等にあっては、当該バルブ等の開閉方向を明示し、かつ、開閉状態が容易に識別できるような措置を講ずるとともに、当該バルブ等に近接する配管に、容易に識別できる方法で毒物又は劇物の名称及びその流れの方向を明示すること。

(5)　(4)に規定するバルブ等であって通常使用しないもの（緊急用のものを除く。）にあっては、施錠、封印又はこれらに類する措置を講ずること。

7　ポンプ設備

(1)　毒物又は劇物をタンク車、タンクローリー、船等に送り出しする貯蔵施設には、圧送ポンプ設備その他の安全な加圧設備を設けること。

(2)　ポンプ設備は、原則として堅固な基礎、床又は架台の上に固定すること。

(3)　地下タンク室の外に設けるポンプ

設備は、その直下の地盤面の周囲に高さ0.15メートル以上の囲い又は集液溝を設けるとともに、当該地盤面を毒物又は劇物が浸透しない材料で覆い、かつ、適当な傾斜及びためますを設けること。

8 検査等

(1) 日常点検

タンク、配管、バルブ及びポンプ設備は漏えい、腐食、き裂等の異常を早期に発見するため、原則として1日に1回以上異常の有無を点検すること。

ただし、地下タンク室に設けられた漏えい等を覚知するための装置などによる漏えい点検に代えて差し支えない。

(2) 定期検査

原則として、1年に1回以上点検表に基づいて、異常の有無を検査し、その結果を記録として3年間保存すること。また、地震の発生した場合は、地震の規模に応じ、直ちに、定期検査に準じた検査を行うこと。

(3) 精密検査

下記のタンクについては、内部開放検査等の精密検査を行うこと。

イ 日常点検、定期検査により著しい腐食、き裂など重大な異常が認められたタンク。

ロ 内容量が毒物にあっては1000キロリットル以上、劇物にあっては1万キロリットル以上の液体を貯蔵する地下タンクで、前回精密検査の日から10年を経過したタンク。

(4) 送り出し又は受け入れに使用するホース（フレキシブルチューブを含む。）及びその用具は、その日の使用を開始する前に検査すること。

(5) ライニングを施したタンク等のうち、ライニングが損傷するとタンク本体を著しく腐食する毒物又は劇物を貯蔵するものにあっては、少なくとも2年に1回ライニングの検査を行うこと。

検査箇所はタンク本体、ライニング全部、通気管、主配管及びその他の付属配管（タンク出口よりバルブまで）とする。

(6) 安全弁は少なくとも年に1回検査を行うほか、特に腐食性のあるものの場合は6カ月に1回検査を行うこと。

(7) 異常が発見された場合は、直ちに必要な措置を講ずること。

(8) 検査及び修理の際は、予め作業計画及び当該作業の責任者を定め、当該作業計画に従い、かつ、当該作業責任者の監督の下に行うこと。

(9) 修理が完了したときは、その修復状態を確認した後に使用を開始すること。

13 毒物劇物営業者登録等 システム

概　要

　近年、化学工業の発展に伴い、化学物質の種類が増加するとともに複雑化が進み、毒物劇物営業者および行政側双方において事務負担が増大しており、また、サリン事件などを契機に毒物劇物に対する厳正な取締り、情報化進展への対応が求められている。このため、毒物または劇物の製造業、輸入業または販売業の登録および登録の更新に関する事務（以下「登録等の事務」という）の全部または一部を電子情報処理組織によって取り扱うことができることとすることや、毒物劇物営業者の登録申請書等をフレキシブルディスク（以下「FD」という）、ならびに申請者または届出者の氏名および住所、ならびに申請または届出の趣旨およびその年月日を記載した書類（以下「FD書類」という）をもって代えることができることとすることなどにより、登録等の事務の適正迅速な処理および毒物劇物営業者の申請等に係る利便の向上が図られている。

これまでの経緯

1　背景

〈平成7年3月31日〉

　規制緩和推進計画（閣議決定）

　「毒物・劇物の製造業・輸入業の登録について、フロッピー等の電子媒体による申請を可能とする。（実施予定時期　平成11年度）」

〈平成7年4月14日〉

　緊急円高・経済対策（経済対策閣僚会議決定）

　「規制緩和推進計画について、平成9年度までの3年計画として前倒し実施する。」

〈平成7年9月20日〉

　「経済対策―景気回復を確実にするために―（経済対策閣僚会議決定）

　「景気の早期回復を図るため、公共コンピューターシステム開発部事業を拡大する……こととし、総額12兆8100億円規模の公共投資を行う。……毒物及び劇物取締法の登録のフロッピーディスク等による申請・審査等を行えるシステムを開発し、平成8年度に、新システムを導入する。」

〈平成8年3月29日〉

　規制緩和推進計画（閣議決定）

　「毒物・劇物の製造業・輸入業の登録について、フロッピー等電子媒体による申請を可能とする措置を平成8年度中に講じる。」

2　システム開発、稼働

〈平成7年10月〉

　仕様調査開始

〈平成8年2月〉

117

システム開発開始

〈平成8年12月〉

パイロット・システム完成、稼働開始

〈平成9年3月〉

製造・輸入業システム完成、稼働開始

順次行政機関内（厚生省、都道府県本庁、保健所）の事務及び行政機関間の事務を電子化。順次FD申請受付可能機関を拡大。

3　法令整備

〈平成9年2月28日〉

毒物及び劇物取締法施行令一部改正政令の閣議

〈平成3月5日〉

改正政令公布、毒物及び劇物取締法施行規則一部改正省令公布

〈平成3月21日〉

改正政令施行、改正省令一部施行（製造・輸入業のFD申請受付開始）

〈平成10年4月1日〉

改正省令全部施行（販売業のFD申請受付開始）

毒物劇物営業者登録等システムの概要

毒劇システムは、申請システムならびに厚生労働省、都道府県および保健所が用いる業務システム、これらを結ぶネットワークで構成される。本システムでは、物質名については命名法の違いによる表記の違いをなくし、申請者および行政機関間で毒物劇物に対する認識が一致するよう、申請者および

各行政機関は毒物劇物データベースを共有することとしている。現行のシステムでは約1700品目の毒物劇物がデータベースとして組み込まれている。

申請者システムは、会社名や所在地、扱う毒物劇物の名称など必要な事項から申請・届出用FDを作成する。申請者システムは以前に入力された事項は記憶しているので、次回の申請等に当たっては同じことを再度入力する必要はない。また、上記毒物劇物データベースが組み込まれているので、取り扱う物質が毒物あるいは劇物に該当するか否か、該当する場合にはその物質の法令番号を自動的に判定し、記録する。本システムは申請・届出用FDを作成するのみならず、紙に申請書・届出書をプリントすることも可能なので、申請者はこうして作成されたFDあるいは書面を都道府県や保健所に提出することができる。なお、申請者システムについては、市販されているほか、厚生労働省、都道府県薬務主管課および関係団体が貸し出し等を行っており、これを入手して複製するなどの方法により入手可能である。

ちなみに、行政機関の用いる業務システムは申請されたFDを読み取り、または書面で申請された事項の入力を受けて、必要な事項を登録簿に電子的に記録する、あるいは他の行政機関へ電子的に通知し、また、登録簿を検索するなどの機能を有している。

法令改正の概要

1　電子情報処理組織による事務の取扱い

　厚生労働省、都道府県およびそれらの機関において、毒物及び劇物取締法における毒物劇物営業者の登録に関する事務を電子情報処理組織によって取り扱えることとした。また、登録権限者の変更に伴う登録簿の送付を、電子情報処理組織を用いて行う方法を規定した。

2　FD等による申請または届出の手続

　毒物劇物製造業者、輸入業者及び販売業者の登録等の事務に係る申請書または届書はいずれもFDおよびFD書類による申請または届出に代えることができる。ただし、規則別記第17号様式（特定毒物所有品目及び数量届書）、特定毒物研究者の許可および届出に係る申請書または届書および業務上取扱者の届出に係る届書については、従来どおり書面で行う必要がある。

3　その他の改正

　電子情報処理組織を用いて登録事務を行う場合においては、登録変更の際の登録票への裏書きを廃止し、毒物劇物製造業（輸入業）登録変更済通知書を交付することとした。これに伴い、登録変更の際の登録票の提出は不要とし、権限者変更により新たに登録票が交付される場合にのみ従前の登録票を回収することとした。

　また、品目表の備考欄への販売名の記載を不要とした。

14 地震防災応急計画

　昨今頻発する大規模地震により、人や環境に危害を加えるおそれのある物質等を取扱う施設の設備基準や応急体制等が見直されている。

　大規模地震対策特別措置法（昭和53年法律第73号）では、地震防災対策強化地域において毒物又は劇物（液体又は気体のものに限る。）を製造し、貯蔵し、又は取り扱う等を行う施設の管理者に対して、施設ごとに地震防災応急計画を作成するよう義務付けた。それを受け、適切な地震防災対策の実施を確保するため、「毒物又は劇物の取扱い事業場等において作成すべき地震防災応急計画作成について」（昭和54年12月3日薬発第1704号薬務局長通知）において、地震防災応急計画作成指針を定めた。

　以下に、当該指針（抜粋）を示す。

第1　地震防災応急計画は、地震防災強化計画と矛盾し、又は抵触するものであつてはならないこと。

第2　地震防災応急計画には、大規模地震対策特別措置法第2条第3号に規定する地震予知情報及び同条第13号に規定する警戒宣言（以下「警戒宣言」という。）の内容に応じ（予想震度の大小、地震発生までの余裕等）、次の事項について、当該毒物又は劇物の取扱い事業場等における具体的な方策を示す必要があること。

1　警戒宣言及び地震予知情報の伝達に関すること。
　(1)　警戒宣言及び地震予知情報の受理責任者及び関係者への伝達経路
　(2)　伝達の方法（代替伝達方法を含む。）
　(3)　警戒宣言又は地震予知情報に関連し伝達すべきその他必要な事項
2　警戒宣言が発せられた場合における避難に関すること。
　(1)　避難の対象者、時期、場所及び経路
　(2)　避難の勧告又は指示の方法及び誘導員
3　警戒宣言が発せられた場合における応急対策を実施するための組織に関すること。
　　指揮監督責任者及びその職務
4　警戒宣言が発せられた場合における防災要員の確保に関すること。
　　防災要員（代替要員を含む。）の範囲及びその動員の方法
5　警戒宣言が発せられた場合における施設及び設備の整備、点検その他地震による被害の発生の防止又は軽減を図るための措置に関すること。
　(1)　施設及び設備の整備及び点検

120

ア、防液堤、除害設備、緊急移
送設備等の流出時安全施設

イ、散水設備、貯水施設、排水
設備、防潮堤等

ウ、非常用電源設備、非常用照
明設備、緊急制御設備等

エ、その他地震防災上必要な施
設及び設備

(2) 製造施設、取扱い施設、火気
取扱い施設等の運転の停止又は
制御

(3) 充てん作業、火気取扱い作業、
高所作業等の停止又は制限

(4) タンク車、タンクローリー等
の待避又は安全装置

(5) 工事中建築物等の工事の中断
及びその補強、落下防止措置等

(6) その他地震防止上必要な措置

6 警戒宣言が発せられた場合にお
ける防災に関する資機材の点検・
整備に関すること。

(1) 除害用薬剤、土のう、照明器

具、消火用機器、漏えい検知器、
救急資機材の点検・整備

(2) その他地震防止上必要な資機
材の点検・整備

7 大規模な地震に係る防災訓練に
関すること。

(1) 地震防災応急対策の実施訓練
の内容、方法、時期等

(2) 発災後の災害応急対策の実施
訓練の内容、方法、時期等

(3) 関係事業場等との共同防災訓
練

8 地震防災上必要な教育及び広報
に関すること。

(1) 従業員等に対する地震防災上
の教育の実施内容及びその方法
等

(2) 従業員、取扱い事業場等周辺
の居住者等に対する広報の実施
内容及びその方法

9 その他地震防災応急対策に関す
ること。

総　　説

常温・常圧において液体又は気体である毒物又は劇物の例示

毒物又は劇物の種類	
四アルキル鉛製剤	臭素
水銀	硝酸
ニッケルカルボニル	水酸化カリウム溶液（5%以下を除く。）
弗化水素酸	水酸化ナトリウム溶液（5%以下を除く。）
アクリロニトリル	トルエン
アクロレイン	ニトロベンゼン
アニリン	二硫化炭素
アンモニア水（10%以下を除く。）	発煙硫酸
塩酸（塩化水素10%以下を除く。）	ブロムエチル
塩素酸塩類溶液	ホルマリン（ホルムアルデヒド1%以下を
過酸化水素水（6%以下を除く。）	除く。）
キシレン	メタノール
クロルエチル	メチルエチルケトン
クロルスルホン酸	沃化メチル
クロルピクリン	硫酸
クロロホルム	シアン化水素
硅弗化水素酸	アンモニア
酢酸エチル	塩化水素
四塩化炭素	塩素
1,2–ジブロムエタン	クロルメチル
ジメチル硫酸	ブロムメチル

15 テロの未然防止と武力攻撃事態・災害への対策

　毒物または劇物は、吸入したり、皮膚に触れたり、誤ってあるいは故意に体内に摂取した場合に、比較的少量で人や動物に危害を与えるものである。昨今、世界的にテロが多発化しており、このような性質を有する毒物または劇物が悪用されたり、毒物劇物取扱施設が武力攻撃の対象となるおそれもある。そのため未然防止策と緊急事態への応急体制が重要となる。

　平成16年12月、「テロの未然防止に関する行動計画」（国際組織犯罪等・国際テロ対策推進本部）が策定され、これを受け厚生労働省は、「過酸化水素製剤等に係る適正な管理等の徹底について」（平成17年3月29日付け薬食発第0329007号医薬食品局長通知）、「爆発物の原料となり得る劇物等の適正な管理等の徹底について」（平成20年10月17日付け薬食総発第1017002号医薬食品局総務課長等通知）等の通知を発出し、薬局開設者等がとるべき措置の周知・指導が行われている。

　しかし、平成21年10月、化学物質の販売事業者が、爆発物を製造しようとした者に対し、法律で義務付けられた書面の提出を受けることなく劇物を販売したこと等により、本法第14条違反容疑で検挙された。そのため、警察庁から厚生労働省に対し、「爆弾テロの未然防止に向けた薬局開設者等がとる

べき措置の周知・指導の徹底に関する依頼について」（平成21年11月20日付け警察庁丁備企発第65号、警察庁丁公発第210号、警察庁丁国テ発第64号）により協力及び指導等について依頼がなされ、それを受け、「爆発物の原料となり得る劇物等の適正な管理等の徹底について」（平成21年12月2日付け薬食総発第1202第4号、薬食審査発第1202第32号、薬食監麻発第1202第8号）が通知された。

　警察庁通知で記された依頼内容を下記に示す。

1　爆発物の原料となり得る化学物質（塩素酸カリウム、塩素酸ナトリウム、硝酸、硫酸、塩酸、過酸化水素、硝酸アンモニウム、尿素、アセトン、ヘキサミン、硝酸カリウム等）の適正な管理に資するため、関係法令に基づく譲渡手続・交付制限の規制等の遵守に加え、販売の記録に関する書面（電磁的記録を含む。）を適切に保管すること。

2　上記化学物質の取引に際し、特に、インターネットを利用した販売を行う場合には、購入者の氏名、住所、使用目的等の確認を確実に行うこと。

3　上記化学物質の取引に際し、通常取引がないのに大量に購入しようとする、氏名、住所、使用目的等を明

らかにすることを拒否するなど、顧客に不審な動向がある場合は、当該顧客に係る情報（電話番号等連絡先、車両ナンバー等）を把握すること。

4　通常取引がないのに大量に購入しようとする者、使用目的があいまいな者等、爆発物の原料となり得る化学物質の安全な取扱いに不安があると認められる者に対しては、販売を差し控えること。

5　上記化学物質の保管等に当たり、盗難防止対策の強化等の管理の徹底を図ること。

6　上記化学物質の盗難・紛失事案が発生した場合や、4により販売を差し控えた場合を含め、顧客に不審動向が認められる場合は、速やかに警察へ通報すること。

　また、毒物劇物取扱施設は、武力攻撃事態等における国民の保護のための措置に関する法律（平成16年法律第112号）第102条第1項、武力攻撃事態等における国民の保護のための措置に関する法律施行令（平成16年政令第275号）第27条第10号、第28条第2号において生活関連等施設とされており、「生活関連等施設の安全確保の留意点」で武力攻撃事態における対策事項が記載されているので、以下に示す。

■安全確保の留意点
○武力攻撃事態や武力攻撃災害を念頭においた設備に関する事項
　・毒物劇物の保管又は取り扱う設備を敷地境界線から離れたところに配置する。
　※漏洩時になるべく事業場外に漏れないように配慮
　※不審者に容易に見つけられ、盗取等されないよう配慮
　・毒物劇物の保管又は取扱う設備には施錠及び柵を設ける等を行い不審な人物が侵入できないようにする。
　・複数の保管設備等が同時に破損する等、大量に漏洩した場合に事業場外へ流出しないよう措置を講ずる。
　※漏洩した毒物劇物を収容する設備（防液堤や廃液処理設備）などの設置
　・複数の保管設備等が同時に破損する等、大量に漏洩した場合、応急措置を行うために必要な中和剤及び措置を行う者のための保護具等を準備する。
　※保護具は、複数の設備が破損した場合を想定し、十分な数を準備
　※中和剤は、必要に応じ関係他社と協力体制を構築し、緊急時に十分な量を確保できる手段を整備
　※土嚢（漏出のせき止め）、ビニールカバー（飛散を防ぐため）や空容器（漏洩した毒劇物を回収するため）等災害の拡大を防止するための部材等を準備
　※反応副生成物による被害が想定される場合においては、反応副生成物に対する保護具等の準備

・上記の諸措置の実施計画を立て、実施する。

○武力攻撃事態における毒物劇物を取扱う設備等の管理体制に関する事項

・毒物劇物の保管又は取扱う設備への出入りや鍵の管理体制を整備する。

・施設内の毒物劇物の種類と保有量について把握体制を整備する。

※管理台帳、又は事業計画等での日単位の物量管理などからの把握方法や体制の整備

※夜間や休日など現場担当者がいない場合でもどの設備にどの毒劇物があるか確認ができるよう現場事務所以外の守衛所等にも情報提供

※毒劇物の種類と大まかな量について、消防機関、都道府県警察や自治体（県庁担当部局や保健所等）にも情報提供

・毒物劇物を取扱う設備の安全装置等が非常時に適切に機能するよう点検の実施体制を整備する。

・武力攻撃災害を回避するための毒物劇物を取扱う設備の緊急停止、毒物劇物の安全な地域への移動や緊急廃棄の手順等について、マニュアルを整備する。

・毒劇物の輸送時における武力攻撃災害を回避するため、搬送経路が武力攻撃の危機にさらされている場合に当該経路の毒劇物の輸送を最小限になるよう体制を検討する。

・海上輸送の場合においては、毒劇物輸送船が被害を受けないようにするため、安全な港への避泊等武力攻撃災害の回避に必要なあらゆる手段をとること。

・施設全体の警備体制を整備する。

※施設への出入りに身分や携帯物の確認や毒物劇物施設の重点的な巡回の実施に関するマニュアルを整備。必要に応じ、防犯カメラ等の設備について検討

※平素から自治体（県庁担当部局や保健所等）、都道府県警察等との緊密な連携の下、自主警戒体制の強化に努める

・上記の諸措置に関して、必要に応じ、訓練・教育計画を立て、実施する。

※訓練計画は、消防機関、都道府県警察や自治体（県庁担当部局や保健所等）と相談して作成するとともに、訓練を実施するに当たっては、消防機関、都道府県警察や自治体（県庁担当部局や保健所等）と相談しつつ、周辺住民への参加も呼びかけて実施

・上記の諸措置に関する整備計画を立て、実施する。なお、武力攻撃事態に限らず、平素より実施可能なものは、現行の危害防止規定に当該規定を盛り込み、平素より実施する。

○武力攻撃災害時の応急措置体制に関する事項

・通報体制を整備する。

※消防機関、都道府県警察、海上保安部等[注1]（臨海部に限る。）、

自治体（県庁担当部局や保健所等）、事務所内関係者や周辺住民等への通報体制及び連絡先一覧の作成

注1：海上保安部等とは海上保安部、海上保安航空基地、海上保安署をいう。以下同じ

※災害現場に立ち会ったものが速やかに連絡できるよう、連絡先一覧を関係者に周知するとともに、事業場の見やすいところに掲げる。特に、拡散しやすい毒物劇物など（ガス状のものや揮発性の高いもの、あるいは水と反応し有毒ガスを発生するものなど）、災害時に処置を行う間もなく周辺住民への危害が及ぶ恐れのある毒物劇物を保有している施設については、災害と同時に消防機関、都道府県警察、海上保安部等（臨海部に限る。）、自治体（県庁担当部局や保健所等）に連絡を取る体制やマニュアル等を整備

※消防機関、都道府県警察、海上保安部等（臨海部に限る。）、自治体（県庁担当部局や保健所等）に連絡する場合に、災害を受けた施設の毒物劇物が何であるか、毒性の程度、応急措置に必要な装置や被害者の応急措置等が説明できるようなMSDS等を連絡

先一覧とセットで用意しておく。同時に被災者の応急措置や被災物質等に関する問い合わせに対応できる者の連絡先を登録できるよう、関係者の連絡先一覧を準備

※災害現場が混乱して通報ができない場合も想定し、災害現場以外の、例えば守衛所等からでも通報ができるよう必要な情報を共有

・応急措置体制を整備する。

※毒物劇物の保管又は取扱う施設からの毒物劇物の流出時における応急措置体制と方法

・避難体制を整備する。

※関係者及び関係者以外の避難体制、避難経路、避難場所の設定をマニュアルに定める

・被害の拡大防止体制を整備する。

※周辺住民の避難・対応方法等をマニュアルに定める。なお、当該マニュアルは消防機関や自治体（県庁担当部局や保健所等）と相談の上作成するとともに、周辺住民への周知に努める。

・上記の諸措置に関する整備計画及び訓練・教育計画を立て、実施する。

○その他の留意事項

・上記の留意点は、緊急対処事態についても準用する。

各論

各論では、「毒物及び劇物取締法」および「毒物及び劇物指定令」の別表第一および第二の順序に従って、個々の毒物劇物（物質名の左欄中、法で掲げられたものは「法～」と、指定例で指定されたものは「指～」と表記）について述べているが、まず大分類の項目について概説し、次に主な毒劇物の一つ一つについて説明する。

　通常、「性状」「毒性」は指定時のデータに基づくもので、参考データとして記載している。

　毒劇物の解説中の「応急措置基準」「廃棄基準」については、厚生労働省の通知等をもとに表現や構成を現代に適うよう変更したものを掲載している。

　また、フッ素、ホウ素、ヨウ素、リンなどの化学物質名は、カタカナで表記している。英語名が官報で掲載された内容と異なる場合は官報が優先される。

【凡例】

LD_{50}	50%致死量（別途記載のないものは、体重 1 kg あたりの致死量）
LC_{50}	50%致死濃度（別途記載のないものは、吸入での致死濃度）
LD_{LO}	最小致死量
LC_{LO}	最小致死濃度
> ●● mg/kg	LD_{50} または LC_{50} が ●● mg/kg を超える値であることを示す
経口	強制経口投与（po）
皮下	皮下注射（sc）
静脈	静脈内投与（iv）
腹腔	腹腔内投与（ip）
$\log P_{ow}$	オクタノールと水との分配係数 P_{ow} の値を対数変換（底は 10）したもの
普通物	毒物および劇物に指定されていない物質
蒸気圧	特に記載のないものは、25℃での蒸気圧（mmHg）を示す
沸点、融点	別途記載のないものは、1 気圧（1013.25 hPa）での値を示す
イオン電極法（F）	フッ素電極を用いたイオン電極法
吸光光度法（P）	吸光光度法によりリン（P）を検定する
重量法（S）	重量法によりイオウ（S）を検定する
食さじ	調理用の大さじ（英語名 tablespoon）のことで、容量は 15 mL に等しい

毒　物

毒物	アジ化ナトリウム
毒物及び劇物指定令 第1条／1	**Sodium azide** 〔別名〕ナトリウムアジド

【組成・化学構造】　**分子式**　N_3Na

　　　　　　　　　　構造式　$Na^+ \quad {}^-N{=}N^+{=}N^-$

【CAS番号】　26628-22-8

【性状】　無色無臭の結晶。融点275℃。比重1.846（20℃）。溶解性。水に29%
　　　　　（20℃）、アルコールに難溶、エーテルに不溶。

【用途】　試薬。試薬・医療検体の防腐剤。エアバッグのガス発生剤。

【毒性】　原体のLD_{50}＝マウス経口：27 mg/kg、ウサギ経皮：20 mg/kg。
　　　　　ヒトにおいて14 mg/kgの経口摂取で死亡した事例がある。経口摂取の
　　　　　場合、胃酸によりアジ化水素が発生するおそれがある。

毒物	亜硝酸イソプロピル
毒物及び劇物指定令 第1条／1の2	**Isopropyl nitrite**

【組成・化学構造】　**分子式**　$C_3H_7NO_2$

　　　　　　　　　　構造式

$$H_3C{-}\overset{\displaystyle |}{\underset{\displaystyle CH_3}{C}}{-}O{-}N{=}O$$

【CAS番号】　541-42-4

【性状】　淡黄色の油性液体。沸点40℃。比重0.84（25℃）。水に不溶、エタノー
　　　　　ル、エーテルに可溶。

【用途】　合成色素。

【毒性】　原体のLC_{50}＝ラット吸入（蒸気）：1.25 mg/L（4 hr）。
　　　　　ヒトで軽度の皮膚刺激性を示し、呼吸器刺激性の可能性がある。

毒物	亜硝酸ブチル
毒物及び劇物指定令 第1条／1の3	**Butyl nitrite**

【組成・化学構造】　**分子式**　$C_4H_9NO_2$

　　　　　　　　　　構造式　$H_3C{-}{-}{-}O{-}N{=}O$

129

各　　論

【CAS番号】 544-16-1

【性状】 特徴的臭気のある黄色の油性液体。沸点78.2℃。比重0.91（4℃）。蒸気密度3.6（空気＝1）。蒸気圧81.3 mmHg（＝10.8 kPa、25℃推定）。水に可溶（25℃の水100 mLに対して推定0.1 g）。エタノール、エーテルに可溶。密閉式引火点10℃。空気と反応しやすく、水で分解する。

【用途】 試験研究用試薬。

【毒性】 原体のLD_{50}＝ラット経口：83 mg/kg、マウス経口：171 mg/kg。LC_{50}＝ラット吸入（ガス）：420 ppm（4 hr）、マウス吸入（ガス）：284 ppm（4 hr）。

　　　　 ヒトで軽度の皮膚刺激性を示し、気管・気管支刺激性の可能性がある。

毒物	
毒物及び劇物指定令 第1条／1の4	**アバメクチン** **Abamectin**

【組成・化学構造】 **分子式**　アベルメクチン B1a：$C_{48}H_{72}O_{14}$
　　　　　　　　　　　　　　　　アベルメクチン B1b：$C_{47}H_{70}O_{14}$

構造式

アベルメクチン B1a: R=CH₂CH₃
アベルメクチン B1b: R=CH₃

【CAS番号】 71751-41-2

　　　　　　 アベルメクチン B1a：65195-55-3

　　　　　　 アベルメクチン B1b：65195-56-4

【性状】 類白色の結晶粉末（25℃）。沸点は、融点（162〜169℃）で分解するため測定不能。密度1.18 ± 0.02 g/cm³（22℃）。蒸気圧 $3.7 × 10^{-6}$ Pa（25℃）以下。溶解度は水 1.21 ± 0.15 mg/L。室温から150℃の間で安定。

【用途】 農薬（殺虫・殺ダニ剤）。

【毒性】 LD_{50}＝ラット雄経口：8.7 mg/kg、$LD_{50} ≧$ ラット雌雄経皮：330 mg/kg。

毒　　物

$LC_{50} \geqq$ ラット雌吸入（ダスト）：0.034 mg/L（4 hr）。

毒物	**3-アミノ-1-プロペン**
毒物及び劇物指定令 第1条／1の5	**3-Amino-1-propene** 〔別名〕アリルアミン

【組成・化学構造】　**分子式**　C_3H_7N

構造式　H_2N ⌢

【CAS番号】　107-11-9

【性状】　アンモニア臭のある無色または淡黄色の透明液体。沸点53℃。融点 -88℃。比重0.761。蒸気圧53.3 kPa（35℃）。水、アルコール、ベンゼン、エーテル、アセトンに可溶。

【用途】　化学反応触媒、染料固着剤、医薬用原料。

【毒性】　原体の LD_{50} ＝ ラット経口：106 mg/kg、マウス経口：57 mg/kg、ウサギ経皮：35 mg/kg、マウス腹腔内：49 mg/kg。LC_{50} ＝ ラット吸入：177 ppm（8 hr）。

毒物	**アリルアルコール**
毒物及び劇物指定令 第1条／1の6	**Allyl alcohol**

【組成・化学構造】　**分子式**　C_3H_6O

構造式　HO ⌢

【CAS番号】　107-18-6

【性状】　刺激臭のある無色の軽い液体。沸点96.9℃。融点 -50℃。蒸気圧17.3 mmHg（20℃）。水、アルコール、クロロホルム等に可溶。引火点32℃（開放）。

【用途】　ジアリルフタレート樹脂、医薬品、アリルグリシジルエーテル、樹脂原料、プロパンサルトン、香料、難燃化剤原料。

【毒性】　原体の LD_{50} ＝ ラット経口：64 mg/kg、マウス経口：96 mg/kg、ウサギ経口：71 mg/kg、ウサギ経皮：45 mg/kg。

131

各　　論

毒物	アルカノールアンモニウム-2,4-ジニトロ-6- （1-メチルプロピル）-フェノラート
毒物及び劇物指定令 第1条／1の7	Alkanolammonium-2,4-dinitro-6-(1-methyl-propyl)-phenolate 〔別名〕ジノセブ（DNBP）のアルカノールアミン塩

【組成・化学構造】 構造式

$N\left[(CH_2)_n OH\right]_3$

【CAS 番号】 8048-12-2

【性状】 暗褐色の結晶。融点 37.9 〜 39.3℃。揮発性。

【用途】 畑地一年生雑草の除去。

【毒性】 原体の LD_{50} ＝ マウス経口：31.6 mg/kg、マウス皮下：22.9 mg/kg。
マウスに投与した際の中毒症状は比較的早く、自発運動の減少、刺激に対する反射亢進、呼吸促進が主。

【その他】 〔製剤〕プリマージ液剤（トリエタノールアミン塩 40%、イソプロパノールアミン塩 7%含有）。

毒物	O-エチル-O-（2-イソプロポキシカルボニルフェニル）-N- イソプロピルチオホスホルアミド
毒物及び劇物指定令 第1条／1の8	O-Ethyl-O-(2-isopropoxycarbonylphenyl)-N-isopropylthiophosphoramide 〔別名〕イソフェンホス／Isofenphos

【化学構造】 分子式 $C_{15}H_{24}NO_4PS$

構造式

【CAS 番号】 25311-71-1

【性状】 無色の液体。弱い特異臭。

【用途】 農薬殺虫剤（コガネムシ、ハリガネムシ、タネバエなど）。

【毒性】 原体の LD_{50} ＝ ラット雄経口：50 mg/kg、ラット雌経口：35 mg/kg。

【その他】 〔製剤〕主剤 5%を含有する粒剤（アミドチッド粒剤）は劇物である。

毒物

毒物	***O*-エチル=*S*,*S*-ジプロピル=ホスホロジチオアート**
毒物及び劇物指定令 第1条／1の9	***O*-Ethyl *S*,*S*-dipropyl phosphorodithioate** 〔別名〕エトプロホス／Ethoprophos

【化学構造】 分子式 C₈H₁₉O₂PS₂
構造式

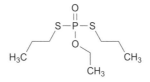

【CAS番号】 13194-48-4

【性状】 メルカプタン臭のある淡黄色の透明液体。沸点 86 ～ 91℃。比重 1.094（26℃）。蒸気圧 3.5 × 10⁻⁴ mmHg（26℃）。水に難溶。有機溶媒に可溶。log P_{ow} = 3.477（20℃）。

【用途】 野菜等のネコブセンチュウを防除する農薬。

【毒性】 原体のLD₅₀＝マウス雄経口：80.0 mg/kg、マウス雌経口：68.3 mg/kg、ラット雄経口：61.5 mg/kg、ラット雌経口：33.0 mg/kg、ウサギ雄経皮：4.4 mg/kg、ウサギ雌経皮：5.5 mg/kg。
5％粒剤のLD₅₀＝マウス雄経口：780 mg/kg、マウス雌経口：970 mg/kg。
3％マイクロカプセル粒剤のLD₅₀＝マウス雌雄経口：5000 mg/kg、LD₅₀ ≧ ウサギ雌雄経皮：2800 mg/kg。

【その他】〔製品〕
①劇物に該当しないもの：モーキャップ3MC粒剤（エトプロホス3％）
②劇物に該当するもの：モーキャップ粒剤（エトプロホス5％）
③毒物に該当するもの：マイクロカプセルスラリー（エトプロホス15％）

毒物	**エチルパラニトロフェニルチオノベンゼンホスホネイト**
毒物及び劇物取締法 別表第一／1 毒物及び劇物指定令 第1条／2	**Ethyl-paranitrophenyl-thionobenzene-phosphonate** 〔別名〕EPN

【組成・化学構造】 分子式 C₁₄H₁₄NO₄PS
構造式

【CAS番号】 2104-64-5

【性状】 白色結晶。融点 36℃。水に難溶、一般有機溶媒に可溶。

133

各　　論

工業的製品は暗褐色の液体で、比重1.27。本薬物を25％含有する粉剤（水和剤）は、灰白色で、特異の不快臭あり。

【用途】遅効性の殺虫剤（TEPPおよびパラチオンと同じ有機リン化合物）。通常、乳剤は1000～3000倍に希釈しアカダニ、アブラムシ、ニカメイチュウ等に使用。

【毒性】原体のLD_{50}＝マウス経口：24 mg/kg、ウサギ経皮：50～150 mg/kg。温血動物に対する毒性はTEPPやパラチオンと同じく強いため、皮膚につけたり口から吸うことは危険。

【応急措置基準】**(1)漏えい時**

　漏えいした場所の周辺にはロープを張るなどして人の立入りを禁止する。付近の着火源となるものを速やかに取り除く。作業の際には必ず保護具を着用し、風下で行わない。

　漏えいした液は土砂などでその流れを止め、安全な場所に導き、空容器にできるだけ回収し、そのあとを水酸化カルシウム等の水溶液にて処理し、中性洗剤などの分散剤を使用して多量の水で洗い流す。この場合、高濃度の廃液が河川等に排出されないよう注意する。

(2)出火時

・周辺火災の場合＝速やかに容器を安全な場所に移す。移動不可能な場合には容器および周囲に散水して冷却する。

・着火した場合＝必ず保護具を着用し消火剤、水噴霧等を用いて消火する。

・消火剤＝水、粉末、泡、二酸化炭素

(3)暴露・接触時

①急性中毒と刺激性

・吸入した場合＝倦怠感、頭痛、めまい、嘔気、嘔吐、腹痛、下痢、多汗などの症状を呈し、重症の場合には、縮瞳、意識混濁、全身痙攣などを起こす。

・皮膚に触れた場合＝軽度の紅斑、浮腫など。放置すると皮膚より吸収し中毒を起こす。

・眼に入った場合＝軽度の発赤、浮腫などを起こす。

②医師の処置を受けるまでの救急方法

・吸入した場合＝直ちに患者を毛布等にくるんで安静にさせ、新鮮な空気の場所に移す。呼吸困難または呼吸停止の場合には、直ちに人工呼吸を行う。

・皮膚に触れた場合＝直ちに汚染された衣服や靴などを脱がせ、付着部または接触部を石けん水で洗浄し、多量の水で洗い流す。

・眼に入った場合＝直ちに多量の水で15分間以上洗い流す。

毒　物

(4)注意事項
中毒症状が発現した場合には、至急医師による解毒処置を受ける。

(5)保護具
保護眼鏡、保護手袋、保護長靴、保護衣、有機ガス用防毒マスク（火災時：人工呼吸器）

【廃棄基準】〔廃棄方法〕

(1)燃焼法
ア　おが屑等に吸収させてアフターバーナーおよびスクラバーを備えた焼却炉で焼却する。

イ　可燃性溶剤とともにアフターバーナーおよびスクラバーを備えた焼却炉の火室へ噴霧し、焼却する。

〈備考〉スクラバーの洗浄液には水酸化ナトリウム水溶液を用いる。

〔検定法〕ガスクロマトグラフィー

【その他】〔製剤〕主剤 1.5％粉剤、45％乳剤および NAC 等との配合乳剤等。

毒物	*N*-エチル-*O*-メチル-*O*- (2-クロル-4-メチルメルカプトフェニル)-チオホスホルアミド *N*-Ethyl-*O*-methyl-*O*-(2-chloro-4-methylmercaptophenyl)- phosphoramido thioate 〔別名〕アミドチオエート
毒物及び劇物指定令 第 1 条／2 の 2	

【組成・化学構造】　**分子式**　$C_{10}H_{15}ClNO_2PS_2$

構造式

【CAS 番号】54381-26-9

【性状】淡黄色油状。弱い特異臭。アセトン等の有機溶媒に可溶、水に難溶。

【用途】みかん、りんご、なし等のハダニ類の殺虫剤。

【毒性】原体の LD_{50} ＝ マウス経口：33 mg/kg、マウス経皮：174 mg/kg。

【その他】〔製剤〕　現在、農薬としての市販品はない。

各　　論

毒物	塩化ベンゼンスルホニル
毒物及び劇物指定令 第1条／2の3	**Benzenesulfonyl chloride**

【組成・化学構造】　**分子式**　$C_6H_5ClO_2S$

構造式

【CAS 番号】　98-09-9

【性状】　無色の油性液体。沸点251℃で分解。融点14.5℃。比重1.38（g/mL）。蒸気圧0.009 kPa（25℃）。水に不溶、エタノール、エーテルに可溶。引火点128℃。

【用途】　医薬品および農薬原料。

【毒性】　原体の LD_{50} ＝マウス経口：828 mg/kg。LC_{50} ＝ラット吸入（ミスト）：0.47 mg/L（4 hr、推定値）、ラット吸入（蒸気）：0.12 mg/L（4 hr、推定値）。

皮膚刺激性については、ウサギで刺激性〜腐食性を示し、強い眼刺激性を示す。

毒物	塩化ホスホリル
毒物及び劇物指定令 第1条／2の4	**Phosphoryl chloride** 〔別名〕オキシ塩化リン／Phosphorus oxychloride

【組成・化学構造】　**分子式**　Cl_3OP

構造式

【CAS 番号】　10025-87-3

【性状】　無色の刺激臭のある液体。沸点106℃。融点1.25℃。蒸気圧100 mmHg（47.4℃）。水により加水分解し、塩酸とリン酸を生成。不燃性。

【用途】　特殊材料ガス、医薬品の原料、無水酢酸、リン系農薬製造用。

【毒性】　原体の LD_{50} ＝ラット経口：380 mg/kg。LC_{50} ＝ラット吸入：32 ppm（4 hr）。

毒　物

毒物	黄リン
毒物及び劇物取締法別表第一／2 毒物及び劇物指定令第1条／3	**Yellow phosphorus** 〔別名〕白リン／White phosphorus

リンには黄リン（別名白リン）のほかに、赤リン（red phosphorus）、金属状リン（別名ヒットルフリン）(metallic phosphorus［Hittorf's phosphorus］)、黒花リン（black phosphorus）、紅リン（scarlet phosphorus）など、数種の同素体がある。これらはいずれも安定で、無毒のため除外されている。

黄リンと硫黄を二酸化炭素中で反応させると、爆発的に反応し化合する。黄リンの代わりに赤リンを用いると、両者は緩やかに反応して、その反応の割合によって P_4S_{10}、P_4S_7、P_4S_3 などの硫化リンを生成する。これらの化合物は無毒だが、引火性を有する。

【組成・化学構造】　**分子式**　P_4

　　　　　　　　　構造式

【CAS番号】　12185-10-3

【性状】白色または淡黄色のロウ様半透明の結晶性固体。ニンニク臭。沸点280℃。融点44℃。比重1.83〜1.85。水に不溶（15℃で水100 mLに 3×10^{-4} g溶解）。アルコール、エーテルに難溶、ベンゼン、二硫化炭素に可溶（44.1℃）。二硫化炭素はその10〜15倍量を溶解する。空気中では非常に酸化されやすく、放置すると50℃で発火して無水リン酸となる。また、塩素とは直ちに発火して化合し、塩化物となり、水酸化カリウムと熱するとホスフィンを発生。湿った空気に触れ徐々に酸化され、暗所ではいわゆる、リン光を発する。

【用途】酸素の吸収剤（ガス分析その他の化学反応）、赤リンその他のリン化合物および殺鼠剤の原料。そのほか、マッチ（わが国では禁止）、発煙剤あるいは黄リン焼夷弾の原料。

【毒性】非常に毒性が強く、0.0098 gで中毒を起こし、0.02〜0.05 gで死亡する。黄リンマッチの製造禁止以来、わが国ではその中毒は少なくなったが、黄リンを含む殺鼠剤による故意または誤用による中毒はしばしば見られる。経口摂取では、一般的に、服用後しばらくして胃部の疼痛、灼熱感、ニンニク臭のげっぷ、悪心、嘔吐をきたす。吐瀉物は、ニンニク臭を有し、暗所ではリン光を発する。一時は軽快するが、2、3日後、再び悪化して黄疸様状態、肝臓肥大、粘膜出血、全身衰弱、高度の興奮状態をきたし、次第に心機能が低下して死亡する。一気に大量のリンを吸収すると痙攣

を起こし、昏睡におちいり、数時間のうちに心臓麻痺によって死亡する。急性中毒の死亡率は約57%で、死期は毒物摂取後数時間〜1週間程度である。

なお、皮膚にリンが付着することにも注意しなければならない。多量のリンではやけどを負い、一部は皮膚、筋肉、骨などを侵して身体に吸収される。そのため、微量でも皮膚に付着することは危険である。

【応急措置基準】**(1)漏えい時**

　風下の人を退避させ、事故場所の周辺にはロープを張るなどして人の立入りを禁止する。作業の際には必ず保護具を着用し、風下で行わない。漏出した黄リンの表面を速やかに土砂または多量の水で覆い、水を満たした空容器に回収する。黄リンで汚染された土砂、物体は同様の措置を採る。

(2)出火時

・周辺火災の場合 ＝ 速やかに容器を安全な場所に移す。移動不可能の場合は、容器および周囲に散水して冷却する。

・着火した場合 ＝ 小規模火災の場合、土砂等で覆って消火する。大規模火災の場合は霧状の水を多量に用いて消火する。

・黄リン火災の際に発生する燃焼ガスを吸入すると肺水腫を起こすことがある。また、黄リンが身体に触れると激しいやけど（薬傷）を起こすため必ず保護具を着用する。

・放水機で注水すると黄リンが細かい粒子となり、飛び散って危険であるため、霧状の水を用いる。消火後は上記漏えい時の措置を採る。

・消火剤 ＝ 水、土砂

(3)暴露・接触時

①急性中毒と刺激性

・吸入した場合 ＝ 黄リンが燃えて発生する煙霧は鼻、のど、肺を激しく刺激する。

・皮膚に触れた場合 ＝ 激しいやけど（薬傷）を起こす。

・眼に入った場合 ＝ 激しい障害を起こす。

②医師の処置を受けるまでの救急方法

・吸入した場合 ＝ 直ちに患者を毛布等にくるんで安静にさせ、新鮮な空気の場所に移し、速やかに医師の手当てを受ける。呼吸困難のときは直ちに酸素吸入を行う。

・皮膚に触れた場合 ＝ 直ちに付着または接触部を多量の水で十分に洗い、水で濡らした布で覆う。汚染された衣服や靴は脱がせ、速やかに医師の手当てを受ける。

・眼に入った場合 ＝ 直ちに多量の水で15分間以上洗い流し、速やか

毒　物

に医師の手当てを受ける。

⑷**注意事項**

①自然発火性のため容器に水を満たして貯蔵し、水で覆い密封して運搬する。

②黄リンの付着したものは、濡れている間は発火しないが、乾くと自然発火する。

③保護具は、すき間より黄リン粒子が入り込まないよう装着する。

⑸**保護具**

保護眼鏡（顔面全体を覆うものが良い）、保護手袋（ゴム）、保護長靴（ゴム）、保護衣（耐熱性またはゴム引き）、酸性ガス用防毒マスク

【廃棄基準】〔廃棄方法〕

燃焼法

廃ガス水洗設備および必要があれば、アフターバーナーを備えた焼却設備で焼却する。廃ガス水洗設備から発生するリン酸含有廃水は水酸化カルシウム等を加えて中和する。

〈備考〉

・黄リン容器の継ぎ目等に少量でも黄リンが残留する場合は完全燃焼に必要な処置を行う。

・黄リンを取り扱う作業は、すべて水で空気を遮断した状態で行う。

【その他】〔鑑識法〕

ミッチェルリッヒ法

暗室内で酒石酸または硫酸酸性で水蒸気蒸留を行う。その際、冷却器あるいは流出管の内部に美しい青白色の「リン光」が認められ、それによってリンの存在を確認する。

〔貯法〕空気に触れると発火しやすいので、水中に沈めて瓶に入れ、さらに砂を入れた缶中に固定して、冷暗所に保管する。

毒物	**1,3,4,5,6,7,8,8-オクタクロロ-3a,4,7,7a-テトラヒドロ-4,7-メタノフタラン**
毒物及び劇物取締法別表第一／3 毒物及び劇物指定令第1条／4	**1,3,4,5,6,7,8,8-Octachloro-3a,4,7,7a-tetrahydro-4,7-methanophthalan**
	〔別名〕テロドリン

【組成・化学構造】 分子式　$C_9H_4Cl_8O$

構造式

139

各　論

【CAS番号】297-78-9

【性状】微黄白色の結晶。融点120～122℃。アセトン、ベンゼン、トルエン、エーテルに可溶、水に不溶。

【用途】野菜、麦、陸稲、大根などのタネバエ、ネアブラムシの駆除。

【毒性】原体のLD_{50}＝マウス経口：12.8 mg/kg、マウス経皮：52.8 mg/kg。有機塩素製剤であり、エンドリンとほぼ同様の毒性を有する。マウスに投与すると不安状態を示し、次いで振戦、強直性痙攣を起こして死亡する。死亡例は眼球突出を示す。

【その他】〔製剤〕現在、農薬としての市販品はない。

毒物	オクタメチルピロホスホルアミド
毒物及び劇物取締法 別表第一／4 毒物及び劇物指定令 第1条／5	**Octamethyl-pyrophosphoramide** 〔別名〕シュラーダン、OMPA

【組成・化学構造】

分子式　$C_8H_{24}N_4O_3P_2$

構造式

$$H_3C-N\begin{matrix}H_3C\\ \\H_3C\end{matrix}\quad O\quad O\quad CH_3$$

（構造式図）

【CAS番号】152-16-9

【性状】無色無臭の粘性のある液体。わずかに刺激性のある味を有する。水および有機溶媒に可溶。

【毒性】原体のLD_{50}＝ラット経口：5.8 mg/kg、モルモット経皮：10～20 mg/kg。本薬物の中毒症状はパラチオンと似ている。軽症の場合は、筋肉弛緩と疲労感、不快感、不眠、めまい、頭痛、腹痛、多汗、嘔吐。重症では、激しい筋肉弛緩と虚脱感、顔面蒼白、流涎、呼吸困難、精神錯乱、チアノーゼが見られる。生体内で分解し、組織および血液中のコリンエステラーゼと結合してその作用を抑制する。すなわち、中枢および副交感神経刺激症状を呈し、特に眼球突出、血性の流涙、流涎があり、肝細胞および腎臓細尿管の実質変性が見られる。

【その他】〔製剤〕特定毒物であり、商品名シュラーダン、ペストックス-3（いずれも66％含有乳剤）があったが、現在は使用が禁止されており、製品はない。

毒　　物

毒物
毒物及び劇物指定令 第 1 条／5 の 2

オルトケイ酸テトラメチル
Tetramethyl orthosilicate

【組成・化学構造】　分子式　$C_4H_{12}O_4Si$

構造式

$$\begin{array}{c} CH_3 \\ | \\ O \\ | \\ H_3C-O-Si-O-CH_3 \\ | \\ O \\ | \\ H_3C \end{array}$$

【CAS 番号】　681-84-5

【性状】　無色の液体。沸点 121℃。融点 −2℃。相対蒸気密度 5.3（空気 = 1）。密度 1.02 g/cm³（20℃）。蒸気圧 1.3 kPa（25℃）。水に不溶（分解）、アルコールに易溶。引火点 46℃の引火性液体。アルカリ/アルカリ土類金属、酸化剤、酸、水と反応。

【用途】　テレビブラウン管表面のコーティング、触媒調整、高純度合成シリカ原料、無機コート剤。

【毒性】　原体の LD_{LO} = ラット経口：700 mg/kg。LD_{50} = ラット経皮：17.4 g/kg。LC_{50} = ラット吸入（蒸気）：53 ppm（4 hr）、モルモット吸入（蒸気）：100 ppm（4 hr）。
皮膚腐食性についてのデータはない。ウサギにおいて強度の眼刺激性あり。

毒物
毒物及び劇物取締法 別表第一／5 毒物及び劇物指定令 第 1 条／6

クラーレ
Curare

〔別名〕ウラリ

【組成】　猛毒性アルカロイド、クラーレアルカロイドを含有。

分子式　$C_{39}H_{46}N_2O_5^{+2}$

構造式

【CAS 番号】　8063-06-7

141

各論

【性状】容器によって、竹筒クラーレ（tubo-curare または bamboo-curare）、壺クラーレ（pot-curare）、ひょうたんクラーレ（calabash-curare または calabassen-curare）の3種類がある。産地は南米アマゾン流域、ギアナ、ベネズエラなどで、いずれも先住民族が毒矢に用いた。原植物（確説はないが、ツヅラフジ科植物またはマチン科植物）の樹皮の煎汁を蒸発乾固したもので、もろい黒または黒褐色の塊状あるいは粒状をなしている。水に可溶。

【用途】薬理学の実験用試薬。

【毒性】原体の LD_{50} ＝ イヌ・ネコ皮下：0.34 mg/kg。
中毒症状は、まず四肢の運動麻痺に始まり、胸腹部、頭部に及び、呼吸麻痺で死亡する。

毒物	
毒物及び劇物指定令 第1条／6の2	**クロトンアルデヒド** **Crotonaldehyde**

【組成・化学構造】　分子式　C_4H_6O

構造式

【CAS番号】4170-30-3

【性状】特有の刺激臭のある無色の液体。沸点104℃。融点 −76℃。相対蒸気密度2.41（空気＝1）。相対比重0.85（水＝1）。蒸気圧3.2 kPa（25℃）。20℃の水100 mLあたり18.1 g溶解、エタノール、エーテル、アセトンに可溶。引火点8℃の高引火性液体。酸、塩基と接触すると重合化する。酸化剤と反応すると危険である。

【用途】ブタノール、クロトン酸、ソルビン酸等の各種化学薬品および医薬品の製造原料。樹脂およびポリビニルアセタールの製造原料。ポリ塩化ビニルの溶媒。ゴム酸化防止剤。

【毒性】原体の LD_{50} ＝ ラット経口：50〜300 mg/kg、ウサギ経皮：128 mg/kg。LC_{50} ＝ ラット吸入（ガス）：486 ppm（4 hr）、495 ppm（4 hr）、88 ppm（＝0.26 mg/L）（4 hr）。
ウサギで皮膚腐食性、眼刺激性あり。

毒　物

毒物	クロロアセトアルデヒド
毒物及び劇物指定令 第1条／6の3	Chloroacetaldehyde

【組成・化学構造】　分子式　C_2H_3ClO

構造式

【CAS番号】107-20-0

【性状】無色の液体。沸点85℃。融点 −16℃。比重0.761。水に易溶。

【用途】化学品原料、殺虫剤原料。

【毒性】原体の LD_{50} ＝ マウス経口：82 mg/kg、ラット経口：89 mg/kg。LC_{50} ＝ マウス吸入：185 ppm（1 hr）。

毒物	クロロ酢酸メチル
毒物及び劇物指定令 第1条／6の4	Methyl chloroacetate

【組成・化学構造】　分子式　$C_3H_5ClO_2$

構造式

【CAS番号】96-34-4

【性状】特徴的な臭気のある無色の液体。沸点130℃。融点 −32℃。相対蒸気密度3.7（空気＝1）。相対比重1.2（水＝1）。蒸気圧650 Pa（20℃）。25℃の水100 mL あたり4.6 g 溶解、アルコール、エーテルに可溶。引火点57℃の引火性液体。還元剤、酸化剤と反応。

【用途】医薬品（ビタミン B_1、B_6）、香料、農薬、界面活性剤などの溶剤等。

【毒性】原体の LD_{50} ＝ ラット経口：50 〜 300 mg/kg。LD_{50} ＝ ウサギ経皮：318 mg/kg。LC_{50} ＝ ラット吸入（ガス）：210 〜 315 ppm（4 hr）。ウサギで強度の皮膚腐食性あり、眼に重篤な損傷をきたす。

毒物	1-クロロ-2,4-ジニトロベンゼン
毒物及び劇物指定令 第1条／6の5	1,3-Dinitro-4-chlorobenzene

【組成・化学構造】　分子式　$C_6H_3ClN_2O_4$

構造式

143

各　論

【CAS番号】 97-00-7

【性状】 淡黄色から黄色の結晶。沸点315℃。融点52〜54℃。相対蒸気密度6.98（空気＝1）。密度1.7 g/cm³。蒸気圧0.011 Pa（25℃）。水に不溶（9.24 mg/L、25℃）、エーテル、ベンゼンに可溶。引火点194℃。強酸化剤、強塩基と反応。

【用途】 アルキル化、アリル化および置換反応用試薬。染料、防カビ剤等の原料。

【毒性】 原体のLD$_{50}$＝ラット経口：640 mg/kg、ウサギ経皮：130 mg/kg（急性吸入毒性のデータはなし）。
ウサギで重度の皮膚腐食性あり、眼に重篤な損傷をきたす。

毒物	
毒物及び劇物指定令 第1条／6の6	**クロロ炭酸フェニルエステル** **Phenyl chlorocarbonate**

【組成・化学構造】

分子式 $C_7H_5ClO_2$

構造式

【CAS番号】 1885-14-9

【性状】 刺激臭のある無色の液体。沸点188〜189℃。融点−28℃。相対蒸気密度5.41（空気＝1）。密度1.24 g/cm³（20℃）。蒸気圧90 Pa（20℃）。引火点69℃。エーテル、ベンゼン、クロロホルムに可溶。加熱や水、湿気との接触により分解し、塩化水素、フェノールを含む有毒な腐食性フュームを生成。酸、アルコール、アミン、塩基、酸化剤、金属と激しく反応。

【用途】 合成用試薬。クロロ炭酸エステル類として、重合触媒、プラスチックの改質、繊維処理および医薬品。農薬の原料。

【毒性】 原体のLD$_{50}$＝ラット経口：1748 mg/kg、ウサギ経皮：4923 mg/kg。LC$_{50}$＝ラット吸入（蒸気）：44 ppm（＝0.29 mg/L）（4 hr）。
ウサギで皮膚刺激性があり、眼に重篤な損傷をきたす。

毒物	
毒物及び劇物指定令 第1条／6の7	**3-クロロ-1,2-プロパンジオール** **3-Chloropropane-1,2-diol**

【組成・化学構造】

分子式 $C_3H_7ClO_2$

構造式

【CAS番号】 96-24-2

【性状】 無色から淡黄色の液体。吸湿性。沸点213℃。融点−40℃。比重1.32。蒸

気密度 3.8（空気 ＝ 1）。蒸気圧 27 Pa（20℃）。水に易溶（100 g/100 mL）、エタノール、エーテルに可溶。

【用途】 有機合成の中間体、ダイナマイトの抗凍結剤、セルロースアセテート等の溶媒、げっ歯類の不妊化剤など。

【毒性】 原体の LD_{50} ＝ ラット経口：150 〜 300 mg/kg、マウス経口：135 〜 180 mg/kg、ラット・マウス経皮：1057 mg/kg。LC_{50} ＝ ラット・マウス吸入（蒸気）：88 〜 174 ppm（0.39 〜 0.78 mg/L）(4 hr)。
皮膚腐食性は *in vitro* 試験で、EpiDerm™ で陰性、VitroLife-Skin™ で陽性を示す。ウサギに眼刺激性が認められた。

毒物	
毒物及び劇物指定令 第 1 条／6 の 8	**塩化ベンジル** **Benzyl chloride**

【組成・化学構造】 分子式　C_7H_7Cl
構造式

【CAS 番号】 100-44-7

【性状】 刺激臭のある無色の液体。沸点 179℃。融点 －43℃。密度 1.10 g/cm³（20℃）。相対蒸気密度 4.4（空気 ＝ 1）。蒸気圧 120 Pa（20℃）。水約 1.2 g/L（25℃）、エタノール、エーテル、クロロホルムに混和。引火点 67℃（c.c.）。金属の存在下で重合し、水の存在下で金属を腐食。

【用途】 染料・合成樹脂・香料の合成原料、医薬品及び農薬の中間体、紙力増強剤、ガソリン重合物生成防止剤等として使用。

【毒性】 原体の LD_{50} ＝ ラット経口：1231 mg/kg、経皮投与の知見はない。LC_{50} ＝ ラット吸入（蒸気）：106 ppm（0.56 mg/L）(4 hr)、マウス吸入（蒸気）：57 ppm（0.30 mg/L）(4 hr)。
ウサギにおいて皮膚腐食性なし（中程度〜強度の刺激性）。眼刺激性はウサギであり、ヒトでは重篤な損傷をきたす。

毒物	
毒物及び劇物指定令 第 1 条／6 の 9	**五塩化リン** **Phosphorus pentachloride**

【組成・化学構造】 分子式　Cl_5P
構造式

各 論

【CAS番号】：10026-13-8
【性状】：淡黄色の刺激臭と不快臭のある結晶。融点148℃（加圧下）。蒸気圧1 mmHg（55.5℃）。水により加水分解し、塩酸とリン酸を生成。不燃性。潮解性あり。
【用途】：特殊材料ガス、各種塩化物の原料。
【毒性】：原体の LD_{50} ＝ ラット経口：660 mg/kg。LC_{50} ＝ ラット吸入：205 mg/m^3。

毒物 毒物及び劇物指定令 第1条／6の10	三塩化ホウ素 **Boron trichloride** 〔別名〕塩化ホウ素／Boron chloride

【組成・化学構造】： 分子式　BCl$_3$
　　　　　　　　　 構造式

【CAS番号】：10294-34-5
【性状】：無色の刺激臭のある気体。沸点12.5℃。融点−107℃。蒸気圧100 mmHg（−32.4℃）。不燃性。水により加水分解し、塩酸とホウ酸を生成。
【用途】：特殊材料ガス。
【毒性】：原体の LC_{50} ＝ ラット吸入：20 ppm（7 hr）、マウス吸入：20 ppm（7 hr）。

毒物 毒物及び劇物指定令 第1条／6の11	三塩化リン **Phosphorus trichloride**

【組成・化学構造】： 分子式　Cl$_3$P
　　　　　　　　　 構造式

　　　　　　Cl
　　Cl―P
　　　　　　Cl

【CAS番号】：7719-12-2
【性状】：無色の刺激臭のある液体。沸点76℃。融点−112℃。蒸気圧100 mmHg（21℃）。不燃性。水により加水分解し、塩酸と亜リン酸を生成。
【用途】：特殊材料ガス、各種塩化物の原料。
【毒性】：原体の LD_{50} ＝ ラット経口：550 mg/kg。LC_{50} ＝ モルモット吸入：50.1 ppm（4 hr）。

毒　物

毒物	三フッ化ホウ素
毒物及び劇物指定令 第 1 条／6 の 12	**Boron trifluoride** 〔別名〕フッ化ホウ素／Boron fluoride

【組成・化学構造】　**分子式**　　BF_3

構造式

$$F-B\begin{matrix}F\\\\F\end{matrix}$$

【CAS 番号】 7637-07-2

【性状】 無色の刺激臭のある気体。沸点 -99.8℃。融点 -128℃。蒸気圧 100 mmHg（-123.5℃）。不燃性。水により加水分解し、フッ化ホウ素酸とホウ酸を生成。

【用途】 特殊材料ガス、各種触媒。

【毒性】 原体の LC_{50} ＝ ラット吸入：1180 mg/m^3（4 hr）、モルモット吸入：109 mg/m^3（4 hr）。

毒物	三フッ化リン
毒物及び劇物指定令 第 1 条／6 の 13	**Phosphorus trifluoride**

【組成・化学構造】　**分子式**　　F_3P

構造式

$$F-P\begin{matrix}F\\\\F\end{matrix}$$

【CAS 番号】 7783-55-3

【性状】 無色の刺激臭のある気体。沸点 -101℃。融点 -151℃。蒸気圧 100 mmHg（-129℃）。不燃性。水により加水分解し、フッ化水素酸と亜リン酸を生成。

【用途】 特殊材料ガス。

【毒性】 原体の LC_{LO} ＝ マウス吸入：1900 mg/m^3（10 min）。

毒
物

各　論

毒物	ジアセトキシプロペン
毒物及び劇物指定令 第1条／6の14	**Diacetoxypropene** 〔別名〕アリリデンジアセテート、DAP

【組成・化学構造】　**分子式**　$C_7H_{10}O_4$

構造式

【CAS番号】　869-29-4

【性状】　無色の液体。ほとんどの有機溶媒に可溶、水に難溶。

【用途】　野菜、テンサイの苗立枯れ病用。

【毒性】　原体の LD_{50} ＝ マウス経口：31.6 mg/kg。

【その他】　〔製剤〕現在、農薬としての市販品はない。

四アルキル鉛

毒物	毒物及び劇物取締法　別表第一／6 毒物及び劇物指定令　第1条／7

特定毒物	四エチル鉛
毒物及び劇物取締法 別表第一／6 毒物及び劇物指定令 第1条／7	**Tetraethyllead** 〔別名〕エチル液／Ethyl fuid

【組成・化学構造】　**分子式**　$C_8H_{20}Pb$

構造式

【CAS番号】　78-00-2

【性状】　特殊な臭気のある無色の揮発性液体。引火性。不安定で、日光によって徐々に分解、白濁する。金属に対して腐食性。

【用途】　ガソリンのアンチノック剤。

【毒性】　原体の LC_{50} ＝ ラット吸入：81 ppm（1 hr）。

　　　　一般的鉛中毒の症状以外に、神経系を侵し、重い神経障害を起こす。四エチル鉛は、一般の鉛化合物と異なって有機化合物であるため、その毒作用は非常に強く、蒸発して蒸気となり、鼻、口腔などから吸入され、また液が皮膚に触れても皮膚から浸透して体内に入り込むため、取り扱い上細心の注意を要する。

毒　物

【その他】〔貯法〕容器は特別製のドラム缶を用い、出入を遮断できる独立倉庫で、火気のないところを選定し、床面はコンクリートまたは分厚な枕木の上に保管する。ドラム缶はなるべく1列ごとに並べ、通路を設け、特にドラム缶の表面は、微量の漏えいも発見できるように手入れをしておく必要がある。また、常に漏えいを点検し、古い缶は良質の缶に填充替えを行う。

（参考）四エチル鉛は特定毒物であるため、その使用者および用途、着色および表示、運搬、貯蔵、混合の割合等については、本法施行令第1章および第9章の2により厳重に規制されている。

特定毒物	四メチル鉛
毒物及び劇物取締法 別表第一／6 毒物及び劇物指定令 第1条／7	**Tetramethyllead** 〔別名〕テトラメチル鉛

【組成・化学構造】　**分子式**　$C_4H_{12}Pb$

構造式

H_3C 　　 CH_3
　　　Pb
H_3C 　　 CH_3

【CAS番号】　75-74-1

【性状】　常温において無色の液体。ハッカ実臭。沸点110℃。融点 −30.3℃。比重1.99。ガソリンに全溶、水に難溶。可燃性。日光によって分解。

【用途】　ガソリンのオクタン価の向上に用いる（アンチノック剤）。

【毒性】　原体の LD_{50} ＝ ラット経口：109 mg/kg。

四エチル鉛と同様の中毒症状を呈する（四エチル鉛の項148ページ参照）。

【その他】〔製剤〕四メチル鉛液（主剤50%のほかエチレンジクロリド、エチレンジブロミド、トルエン、色素を含む）。

特定毒物	四アルキル鉛　（四エチル鉛および四メチル鉛を除く）
毒物及び劇物取締法 別表第一／6 毒物及び劇物指定令 第1条／7	**Tetraalkyllead** 〔別名〕テトラミックス、MLA、TMEL

【組成・化学構造】　四アルキル鉛混合剤、原液の組成は次のとおりである。

重量（%）				
Et4（T.E.L.）	Et3Me2	Et2Me2	EtMe3	Me4（T.M.L.）
6.84	26.19	37.50	23.81	5.66

Et4 ……………四エチル鉛

Et3Me2 ………トリエチルメチル鉛………(1)

149

各　　論

　　　Et2Me2 ········ジエチルジメチル鉛·········(2)

　　　EtMe3 ·········エチルトリメチル鉛·········(3)

　　　Me4 ·············四メチル鉛

(1)(2)(3)の分子式と構造式は次のとおりである。

分子式

(1)　$C_7H_{18}Pb$　　　　(2)　$C_6H_{16}Pb$　　　　(3)　$C_5H_{14}Pb$

構造式

(1)
$$H_3C-\overset{\overset{\displaystyle CH_2CH_3}{|}}{\underset{\underset{\displaystyle CH_2CH_3}{|}}{Pb}}-CH_2CH_3$$

(2)
$$H_3C-\overset{\overset{\displaystyle CH_2CH_3}{|}}{\underset{\underset{\displaystyle H_3C}{|}}{Pb}}-CH_2CH_3$$

(3)
$$H_3C-\overset{\overset{\displaystyle CH_3}{|}}{\underset{\underset{\displaystyle CH_2CH_3}{|}}{Pb}}-CH_3$$

【CAS番号】(1)　1762-28-3　　　(2)　1762-27-2　　　(3)　1762-26-1

【性状】無色透明の油状液体。甘味のある芳香臭。水より重い。水に難溶。引火点40℃以上。一般に二臭化エチレンが加えてある。

【用途】自動車ガソリンのオクタン価向上剤として用いられ、次の効果がある。①ロードオクタン価の向上、②低速ノッキングの解消、③マイレージの伸長、④経済性の増大。

【添加量】ガソリン1Lにつき最高 0.3 mL。

【毒性】四エチル鉛、四メチル鉛と同等の毒性および中毒症状を呈する（四エチル鉛の項148ページ参照）。

【応急措置基準】**(1)漏えい時**

　　風下の人を退避させ、漏えいした場所の周辺は立入りを禁止する。付近の着火源となるものは速やかに取り除く。作業の際には必ず保護具を着用し、風下で行わない。

・少量＝漏えいした液は過マンガン酸カリウム水溶液（5％）、さらし粉水溶液または次亜塩素酸ナトリウム水溶液で処理するとともに、至急関係先に連絡し専門家に任せる。

・多量＝漏えいした液は、活性白土、砂、おが屑などでその流れを止め、過マンガン酸カリウム水溶液（5％）またはさらし粉で十分に処理するとともに、至急関係先に連絡し専門家に任せる。

　この場合、高濃度の廃液が河川等に排出されないよう注意する。

(2)出火時

・周辺火災の場合＝速やかに容器を安全な場所に移す。移動不可能の場合は、容器および周囲に散水して冷却する。

・着火した場合＝必ず保護具を着用し、風上より消火剤で覆って消火する。その後は漏えい時の措置を採る。

・消火剤＝水成膜泡消火剤、たん白系泡消火剤、霧状の水

(3)暴露・接触時

毒　　物

①急性中毒と刺激性

通常、症状は数時間～数日後に出現する。

・吸入した場合＝軽度の場合は血圧降下、貧血を呈し吐気、嘔吐、めまい、頭痛、食欲不振、幻覚、悪夢、不眠等の症状を呈する。重篤の場合は中枢神経が侵される。

・皮膚に触れた場合＝吸入した場合と同様の中毒症状を呈する（皮膚からも吸収される）。

・眼に入った場合＝吸収した場合と同様の中毒症状を呈する。

②医師の処置を受けるまでの救急方法

・吸入した場合＝直ちに患者を毛布等にくるんで安静にさせ、新鮮な空気の場所に移し、速やかに医師の手当てを受ける。呼吸が停止しているときは直ちに人工呼吸を行い、呼吸困難のときは酸素吸入を行う。

・皮膚に触れた場合＝直ちに付着または接触部を灯油、軽油または鉱油を浸した布で拭き取り、その後石けん水で十分に洗い流す。汚染された衣服や靴は脱がせ、速やかに医師の手当てを受ける。

・眼に入った場合＝直ちに多量の水で15分間以上洗い流し、速やかに医師の手当てを受ける。

(4)注意事項

①汚染した衣服等は過マンガン酸カリウム水溶液（5%）、さらし粉水溶液または次亜塩素酸ナトリウム水溶液で処理後すべて焼却する。

②「四アルキル鉛中毒予防規則」（昭和47年労働省令第38号）に、四アルキル鉛等作業主任者が定められている。

③甘味ある芳香臭があるが、猛毒である。

(5)保護具

不浸透性保護衣・保護手袋・保護長靴（以上白色のものに限る）、有機ガス用防毒マスク

【廃棄基準】〔廃棄方法〕

(1)酸化隔離法

多量の次亜塩素酸塩水溶液を加えて分解させた後、水酸化カルシウム、炭酸ナトリウム等を加えて処理し、沈殿濾過しさらにセメントを加えて固化し、溶出試験を行い、溶出量が判定基準以下であることを確認して埋立処分する。

(2)燃焼隔離法

アフターバーナーおよびスクラバー（洗浄液にアルカリ液）を備えた焼却炉の火室へ噴霧し焼却する。洗浄液に水酸化カルシウム、炭酸ナトリウム等の水溶液を加えて処理し、沈殿濾過し、さらに焼却炉とともに

各　論

セメントを用いて固化する。溶出試験を行い、溶出量が判定基準以下であることを確認して埋立処分する。

〈備考〉

・中和時の pH は 8.5 以上とすること。これ未満では水溶性鉛塩類は水酸化鉛（Ⅱ）として完全には沈殿しない。

・廃棄物の溶出試験、溶出基準は廃棄物の処理及び清掃に関する法律の規定に基づく。

〔生成物〕PbCO$_3$*，Pb(OH)$_2$*

（注）　＊は、生成物が廃棄物の処理及び清掃に関する法律により規制を受けるもの。

〔検定法〕吸光光度法、原子吸光法

【その他】〔製剤〕本薬物の製剤としては別名の MLA、テトラミックス、TMEL があり、次の組成を有する。

四アルキル鉛混合剤原液………	56.15%
二臭化エタン…………………	17.86%
二塩化エタン…………………	18.81%
溶剤、色素、その他…………	7.18%
計…………………………	100.00%

シアン化合物

毒物	毒物及び劇物取締法　別表第一／7・8 毒物及び劇物指定令　第1条／8

ここで毒物に規定されているシアン化合物（青酸化合物）は、いずれも猛烈な毒性を有しており、その取扱いには特別の注意が必要である。シアン中毒症は、大量の青酸ガスを吸入した場合は、2、3回の呼吸と痙攣のもとに倒れ、死に至る。やや少量の場合には、まず呼吸困難、呼吸痙攣などの刺激症状（痙攣期）があり、次いで呼吸麻痺で倒れる。最少致死量は、ガス状のシアンが空気1L中0.2〜0.3mgの濃度で、無水のシアン化水素が経口摂取で0.06g、シアン化カリウムが経口摂取で0.2〜0.28gである。

【毒性】

シアンは鉄イオン（Fe^{3+}）と強い親和性を有する。シアンの吸収は速く、ミトコンドリアのシトクローム酸化酵素の鉄イオンと結合して細胞の酸素代謝を直接阻害するため、即時に作用し致死性を示す。また、酸素利用の阻害により嫌気性代謝が進行するため代謝性アシドーシスとなる。致死量のシアンを接種した場合には、直ちに意識消失、痙攣、呼吸停止、心停止などの症状が出現し死亡する。低濃度暴露では一過性の症状発現により回復するが、比較的高濃度の暴露では死に至らずとも組織における酸素代謝失調により臓器不全を発症する可能性があるため積極的な治療が必要である。

152

毒　物

【鑑識法】

シェーンバイン反応

検体を小さなコルベンにとり、酒石酸酸性として栓を施す。この木栓の下面に、10%のグアヤク脂エタノール溶液で潤し乾燥させた濾紙片を、さらに1%硫酸銅溶液で濡らしてから懸垂する。そして、コルベンをわずかに温めたとき、紙片が青色を呈すればシアンの存在が予想される。

その際には、検体を水蒸気蒸留して、その留液について次の確認反応を行う。

(1)留液5 mLをアルカリ性とし、黄色硫化アンモニウム数滴を加えて水浴上で蒸発乾固し、残滓を少量の希塩酸に溶かして、析出する硫黄を濾去し、冷液に塩化第二鉄溶液1滴を加える。赤色を呈すればシアンが存在する（チオシアン酸鉄反応）。

(2)留液10〜25 mLに、水酸化ナトリウム溶液数滴を加えてアルカリ性とし、次いで0.5 mLの硫酸第一鉄溶液および0.5 mLの塩化第二鉄溶液を加えて熱し、塩酸で酸性とする。藍色を呈すればシアンが存在する（ベルリン青）。

毒物	シアン化水素
毒物及び劇物取締法 別表第一／7	**Hydrogen cyanide** 〔別名〕青酸ガス

【組成・化学構造】　**分子式**　CHN

　　　　　　　　　　構造式　N≡CH

【CAS番号】　74-90-8

【性状】　シアン化水素は無色で特異臭のある液体。水を含まない純シアン化水素は無色透明の液体で、青酸臭（焦げたアーモンド臭）を帯び、水、アルコールによく混和し、点火すれば青紫色の炎を発し燃焼する。完全に純粋な物質は安定であるが、水があると安定度が減少し、通常のものは長く保存する間に分解や重合を起こす。沸点25.7℃。融点 −13.3℃。比重0.6876（20℃）。引火点 −17.8℃（密閉式）。水溶液は極めて弱い酸性。

【用途】　殺虫剤（特に果実など）、船底倉庫の殺鼠剤、シアン化合物の原料、化学分析用試薬など。

【毒性】　原体の LD_{50} ＝ マウス経口：3.7 mg/kg。

極めて猛毒で、希薄な蒸気でも吸入すると呼吸中枢を刺激し、次いで麻痺させる。

【応急措置基準】　**(1)漏えい時**

風下の人を退避させる。漏えいした場所の周辺にはロープを張るなどして人の立入りを禁止する。作業の際には必ず保護具を着用し、風下で作業をしない。

漏えいしたボンベ等を多量の水酸化ナトリウム水溶液（20 W/V％以上）

各　　論

に容器ごと投入してガスを吸収させ、さらに酸化剤（次亜塩素酸ナトリウム、さらし粉等）の水溶液で酸化処理を行い、多量の水で洗い流す（pH8 程度のアルカリ性ではクロルシアン［ClCN］が発生するので注意する）。

(2)出火時

・周辺火災の場合 ＝ 速やかに容器を安全な場所に移す。移動不可能な場合には、容器および周囲に散水して冷却する。容器が火炎に包まれた場合は、爆発の危険があるので近寄らず、周辺住民を非難させる。

・着火した場合 ＝ 高圧ボンベに着火した場合は消火せず燃焼させる。

(3)暴露・接触時

①急性中毒と刺激性

・暴露した場合 ＝ シアン中毒（頭痛、めまい、悪心、意識不明、呼吸麻痺）を起こす。

・皮膚に触れた場合 ＝ 皮膚より吸収されシアン中毒を起こす。

・眼に入った場合 ＝ 粘膜を刺激して結膜炎を起こす。

②医師の処置を受けるまでの救急方法

・吸入した場合 ＝ 直ちに患者を毛布等にくるんで安静にさせ、新鮮な空気の場所に移し、鼻をかみ、うがいをさせる。呼吸困難または呼吸が停止しているときは、直ちに人工呼吸を行う。

・皮膚に触れた場合 ＝ 直ちに汚染された衣服や靴などを脱がせ、付着または接触部を石けん水で洗浄し、多量の水で洗い流す。

・眼に入った場合 ＝ 直ちに多量の水で 15 分間以上洗い流す。

(4)注意事項

①有毒かつ引火性の液体または気体である。

②吸収した場合は至急医師による解毒手当てを受ける。

(5)保護具

保護眼鏡、保護手袋、保護長靴、保護衣、人工呼吸器

【廃棄基準】〔廃棄方法〕

(1)燃焼法

スクラバーを備えた焼却炉の火室に噴霧して、できるだけ高温で焼却する。

(2)酸化法

多量の水酸化ナトリウム水溶液（20 W/% 以上）に吹き込んだのち、酸化剤（次亜塩素酸ナトリウム、さらし粉等）の水溶液を加えてシアン成分を酸化分解する。シアン成分を分解したのち硫酸を加え中和し、多量の水で希釈して処理する。

(3)アルカリ法

毒　物

　　　多量の水酸化ナトリウム水溶液（20 ㎧％以上）に吹き込んだのち、高温加圧下で加水分解する。

(4)活性汚泥法

　　　多量の水酸化ナトリウム水溶液（20 ㎧％以上）に吹き込んだのち、多量の水で希釈して活性汚泥槽で処理する。

　　〈備考〉

　　・スクラバーの洗浄液には、アルカリ溶液を用いる。

　　・シアン成分の酸化はアルカリ性で十分に時間をかける必要がある。

〔検定法〕吸光光度法、イオン電極法

【その他】〔貯法〕少量ならば褐色ガラス瓶を用い、多量ならば銅製シリンダーを用いる。日光および加熱を避け、風通しのよい冷所に置く。極めて猛毒であるため、爆発性、燃焼性のものと隔離する。

毒物／劇物／特定毒物	シアン化カリウム
毒物及び劇物指定令 第1条／8	**Potassium cyanide** 〔別名〕青酸カリ、青化カリ

毒物

【組成・化学構造】　**分子式**　CKN

　　　　　　　　　構造式　K$^+$[⁻C≡N]

【CAS番号】151-50-8

【性状】白色等軸晶の塊片、あるいは粉末。融点634.5℃。十分に乾燥したものは無臭であるが、空気中では湿気を吸収し、かつ空気中の二酸化炭素に反応して有毒な青酸臭を放つ。アルコールに難溶、水に易溶。水溶液は強アルカリ性、その溶液を煮沸すると、ギ酸カリウムとアンモニアを生成する。

【用途】冶金、電気鍍金、写真、金属の着色および殺虫剤などほか、化学実験。

【毒性】原体のLD$_{50}$＝イヌ経口：8.5 mg/kg、ラット経口：5 mg/kg。

【応急措置基準】**(1)漏えい時**

　　　飛散した場所の周辺は立入りを禁止する。作業の際には必ず保護具を着用し、風下で作業をしない。

　　　飛散したものは空容器にできるだけ回収する。砂利などに付着している場合は、砂利などを回収し、そのあとに水酸化ナトリウム、炭酸ナトリウム等の水溶液を散布してアルカリ性（pH11以上）とし、さらに酸化剤（次亜塩素酸ナトリウム、さらし粉等）の水溶液で酸化処理を行い、多量の水で洗い流す（pH8ぐらいのアルカリ性ではクロルシアン［ClCN］が発生するので注意する）。この場合、高濃度の廃液が河川等に排出されないよう注意する。また、前処理なしに直接水で洗い流してはならない。

(2)出火時

各　　論

　　・周辺火災の場合 ＝ 速やかに容器を安全な場所に移す。移動が不可能な
　　　場合には、容器および周囲に散水して冷却する。

(3) 暴露・接触時

　　①急性中毒と刺激性
　　・吸入した場合 ＝ シアン中毒（頭痛、めまい、悪心、意識不明、呼吸
　　　麻痺）を起こす。
　　・皮膚に触れた場合 ＝ 高濃度液は皮膚を侵す。皮膚より吸収されシア
　　　ン中毒を起こす。
　　・眼に入った場合 ＝ 粘膜を刺激して結膜炎を起こす。
　　②医師の処置を受けるまでの救急方法
　　・吸入した場合 ＝ 直ちに患者を毛布等にくるんで安静にさせ、新鮮な
　　　空気の場所に移し、鼻をかみ、うがいをさせる。呼吸困難または呼
　　　吸が停止しているときは、直ちに人工呼吸を行う。
　　・皮膚に触れた場合 ＝ 直ちに汚染された衣服や靴などを脱がせ、付着
　　　または接触部を石けん水で洗浄し、多量の水で洗い流す。
　　・眼に入った場合 ＝ 直ちに多量の水で15分間以上洗い流す。

(4)注意事項

　　①シアン化物は酸と接触すると、有毒なシアン化水素を生成する。
　　②空気中では徐々に二酸化炭素と反応してシアン化水素を生成する。
　　③シアン成分を吸収した場合は、至急医師による解毒手当てを受ける。

(5) 保護具

　　保護眼鏡、保護手袋、保護長靴、保護衣、人工呼吸器

【廃棄基準】〔廃棄方法〕

(1)酸化法

　　水酸化ナトリウム水溶液を加えてアルカリ性（pH11以上）とし、酸
　化剤（次亜塩素酸ナトリウム、さらし粉等）の水溶液を加えてシアン成
　分を酸化分解する。シアン成分を分解したのち硫酸を加え中和し、多量
　の水で希釈して処理する。

(2)アルカリ法

　　水酸化ナトリウム水溶液等でアルカリ性とし、高温加圧下で加水分解
　する。
　　〈備考〉シアン成分の酸化はアルカリ性で十分に時間をかける必要があ
　　る。

〔検定法〕吸光光度法、イオン電極法
〔その他〕本薬物の付着した紙袋等を焼却するとシアン成分を含有するガ
　スを生成するので、洗浄装置のない焼却炉等で焼却しない。

【その他】〔貯法〕少量ならばガラス瓶、多量ならばブリキ缶または鉄ドラムを用い、

156

酸類とは離して、風通しのよい乾燥した冷所に密封して保存する。

毒物	シアン化ナトリウム
毒物及び劇物取締法 別表第一／8	**Sodium cyanide** 〔別名〕青酸ソーダ、シアンソーダ、青化ソーダ

【組成・化学構造】 **分子式** CNNa

構造式 $Na^+[^-C\equiv N]$

【CAS 番号】 143-33-9

【性状】 白色の粉末、粒状またはタブレット状の固体。融点564℃。水に可溶（20℃で水100 mLに58 g溶解）。水溶液は強アルカリ性。酸と反応すると有毒かつ引火性のシアン化水素を生成。

【用途】 冶金、鍍金、写真用、果樹の殺虫剤。工業用にはシアン化カリウムよりも、シアン化ナトリウムのほうが多用される。

【毒性】 原体のLD_{50}＝ラット経口：6.44 mg/kg。

【応急措置基準】 **(1)漏えい時**

　飛散した場所の周辺にはロープを張るなどして人の立入りを禁止する。作業の際には必ず保護具を着用し、風下で作業をしない。

　飛散したものは空容器にできるだけ回収する。砂利などに付着している場合は、砂利などを回収し、そのあとに水酸化ナトリウム、炭酸ナトリウム等の水溶液を散布してアルカリ性（pH11以上）とし、さらに酸化剤（次亜塩素酸ナトリウム、さらし粉等）の水溶液で酸化処理を行い、多量の水で洗い流す（pH8ぐらいのアルカリ性ではクロルシアン（ClCN）が発生するので注意する）。この場合、高濃度の廃液が河川等に排出されないよう注意する。また、前処理なしに直接水で洗い流してはならない。

(2)出火時

・周辺火災の場合＝速やかに容器を安全な場所に移す。移動不可能な場合には、容器および周囲に散水して冷却する。

(3)暴露・接触時

①急性中毒と刺激性

・吸入した場合＝シアン中毒（頭痛、めまい、悪心、意識不明、呼吸麻痺）を起こす。

・皮膚に触れた場合＝高濃度液は皮膚を侵す。皮膚より吸収されシアン中毒を起こす。

・眼に入った場合＝粘膜を刺激して結膜炎を起こす。

②医師の処置を受けるまでの救急方法

・吸入した場合＝直ちに患者を毛布等にくるんで安静にさせ、新鮮な空気の場所に移し、鼻をかみ、うがいをさせる。呼吸困難または呼

各　　論

　　　　吸が停止しているときは、直ちに人工呼吸を行う。
　　　・皮膚に触れた場合 ＝ 直ちに汚染された衣服や靴などを脱がせ、付着
　　　　または接触部を石けん水で洗浄し、多量の水で洗い流す。
　　　・眼に入った場合 ＝ 直ちに多量の水で 15 分間以上洗い流す。
　　(4)注意事項
　　　①シアン化物は酸と接触すると有毒なシアン化水素を生成する。
　　　②空気中では徐々に二酸化炭素と反応してシアン化水素を生成する。
　　　③シアン成分を吸収した場合は、至急医師による解毒手当てを受ける。
　　(5)保護具
　　　保護眼鏡、保護手袋、保護長靴、保護衣、人工呼吸器

【廃棄基準】〔廃棄方法〕
　　(1)酸化法
　　　水酸化ナトリウム水溶液を加えてアルカリ性（pH11 以上）とし、酸
　　化剤（次亜塩素酸ナトリウム、さらし粉等）の水溶液を加えてシアン成
　　分を酸化分解する。シアン成分を分解したのち硫酸を加え中和し、多量
　　の水で希釈して処理する。
　　(2)アルカリ法
　　　水酸化ナトリウム水溶液等でアルカリ性とし、高温加圧下で加水分解
　　する。
　　　〈備考〉シアン成分の酸化はアルカリ性で十分に時間をかける必要があ
　　　　　　る。
　　〔検定法〕吸光光度法、イオン電極法
　　〔その他〕本薬物の付着した紙袋等を焼却するとシアン成分を含有するガ
　　　　　スを生成するので、洗浄装置のない焼却炉等で焼却しない。
【その他】〔貯法〕シアン化カリウム（156 ページ参照）と同様である。

毒物	シアン化カルシウム
毒物及び劇物指定令 第１条／8	**Calcium cyanide** 〔別名〕青酸カルシウム、シアンカルシウム、青酸石灰、シアン石灰

【組成・化学構造】 **分子式** C_2CaN_2

　　　　　　　構造式 $Ca^{2+}\left[^{-}C\equiv N\right]_2$

【CAS 番号】 592-01-8

【性状】 無色または白色の粉末。水、熱湯に難溶。アルコールに可溶。湿った空
　　　　気中では徐々に分解して、シアンガスを生成する。

【用途】 農薬（果樹の消毒）。

【毒性】 原体の LD_{50} ＝ マウス経口：39 mg/kg。

【その他】 〔貯法〕シアン化カリウムと同じく、密封して、乾燥した冷暗所に保存する。

158

毒　　物

毒物	シアン化銀
毒物及び劇物指定令 第 1 条／8	**Silver cyanide** 〔別名〕青化銀、シアン銀

【組成・化学構造】

分子式　AgCN

構造式　$Ag^+\left[^-C\equiv N\right]$

【CAS 番号】506-64-9

【性状】白色または帯黄白色の結晶または粉末。融点 320℃（分解）。水に難溶（20℃で水 100 mL に 2.2 × 10^{-5} g 溶解）。硝酸、アンモニア水、シアン化ナトリウム水溶液に可溶。

【用途】鍍金用、写真用および試薬。

【応急措置基準】**(1)漏えい時**

飛散した場所の周辺にはロープを張るなどして人の立入りを禁止する。作業の際には必ず保護具を着用し、風下で作業をしない。

飛散したものは空容器にできるだけ回収し、そのあとに水酸化ナトリウム、炭酸ナトリウム等の水溶液を散布してアルカリ性（pH11 以上）とし、さらに酸化剤（次亜塩素酸ナトリウム、さらし粉等）の水溶液で酸化処理を行い、多量の水で洗い流す（pH8 くらいのアルカリ性ではクロルシアン〔ClCN〕が発生するので注意する）。この場合、高濃度の廃液が河川等に排出されないよう注意する。

(2)出火時

・周辺火災の場合 = 速やかに容器を安全な場所に移す。移動不可能な場合には、容器および周囲に散水して冷却する。

・着火した場合 = 必ず保護具を着用し、多量の水で消火する。

・消火剤 = 水

(3)暴露・接触時

①急性中毒と刺激性

・吸入した場合 = シアン中毒（頭痛、めまい、悪心、意識不明、呼吸麻痺）を起こす。

・皮膚に触れた場合 = 皮膚より吸収されシアン中毒を起こす。

・眼に入った場合 = 異物感を与え、粘膜を刺激する。

②医師の処置を受けるまでの救急方法

・吸入した場合 = 直ちに患者を毛布等にくるんで安静にさせ、新鮮な空気の場所に移し、鼻をかみ、うがいをさせる。呼吸困難または呼吸が停止しているときは、直ちに人工呼吸を行う。

・皮膚に触れた場合 = 直ちに汚染された衣服や靴などを脱がせ、付着または接触部を石けん水で洗浄し、多量の水で洗い流す。

159

各　論

・眼に入った場合 ＝ 直ちに多量の水で 15 分間以上洗い流す。

(4)注意事項

①火災などで強熱されると分解して、有毒な酸化銀(Ⅱ) の煙霧および
シアン成分を含有するガスを生成する。

②シアン化物は酸と接触すると有毒なシアン化水素を生成する。

③シアン成分を吸収した場合は、至急医師による解毒手当てを受ける。

(5)保護具

保護眼鏡、保護手袋、保護長靴、保護衣、防塵マスク（火災時：人工
呼吸器）

【廃棄基準】〔廃棄方法〕

(1)酸化沈殿法

水酸化ナトリウム水溶液を加えてアルカリ性（pH11 以上）とし、酸
化剤（次亜塩素酸ナトリウム、さらし粉等）の水溶液を加えてシアン成
分を酸化分解する。シアン成分を分解した後、硫酸を加え中和して金属
塩を水酸化物（水酸化銀）として沈殿濾過し、それより金属を回収する。

(2)焙焼法

多量の場合には還元焙焼法を用いて金属（銀）として回収する。

〈備考〉

・シアン成分の酸化はアルカリ性で十分に時間をかける必要がある。

・シアン成分を分解した後に中和するときは pH8.5 以上に保つこと。こ
れ未満では沈殿が完全には生成されない。

・焙焼法を用いる場合は専門業者に処理を委託することが望ましい。

〔生成物〕Ag$_2$O，AgOH

〔検定法〕吸光光度法、イオン電極法

〔その他〕本薬物の付着した紙袋等を焼却するとシアン成分を含有するガ
スを生成するので、洗浄装置のない焼却炉等で焼却しない。

毒物	シアン化カドミウム
毒物及び劇物指定令 第 1 条／8	**Cadmium cyanide** 〔別名〕青化カドミウム、シアンカドミウム

【組成・化学構造】 分子式　C$_2$CdN$_2$

構造式　Cd^{2+} $[\text{}^-\text{C} \equiv \text{N}]_2$

【CAS 番号】542-83-6

【性状】白色の結晶性の粉末。水に難溶、アンモニア水、シアン化カリウム溶液
に可溶。

【用途】カドミウム鍍金用および試薬。

160

毒　　物

毒物	シアン化第二水銀
毒物及び劇物指定令 第1条／8	**Mercuric cyanide** 〔別名〕青化水銀、青化汞、青酸汞、シアン水銀

【組成・化学構造】　**分子式**　C_2HgN_2

　　　　　　　　　　構造式　$Hg^{2+}\left[{}^-C\equiv N\right]_2$

【CAS番号】　592-04-1

　【性状】　無色無臭の柱状晶。光によって暗色。水に難溶。

　【用途】　シアン化合物の原料、農薬。

　【毒性】　原体の LD_{50} ＝ マウス経口：33 mg/kg。

毒物	シアン化第一銅
毒物及び劇物指定令 第1条／8	**Cuprous cyanide** 〔別名〕青化第一銅、シアン化銅（シアン化銅（I））

【組成・化学構造】　**分子式**　CCuN

　　　　　　　　　　構造式　$Cu^+\left[{}^-C\equiv N\right]$

【CAS番号】　544-92-3

　【性状】　白色半透明の結晶性粉末。融点473℃（窒素中）。水に難溶（18℃で水
　　　　　100 mL に 2.6×10^{-4} g 溶解）。塩酸、アンモニア水、シアン化ナトリウ
　　　　　ム水溶液に可溶。

　【用途】　鍍金用。

【応急措置基準】　**(1)漏えい時**

　　　飛散した場所の周辺にはロープを張るなどして人の立入りを禁止する。
　　作業の際には必ず保護具を着用し、風下で作業をしない。

　　　飛散したものは空容器にできるだけ回収し、そのあとに水酸化ナトリ
　　ウム、炭酸ナトリウム等の水溶液を散布してアルカリ性（pH11以上）と
　　し、さらに酸化剤（次亜塩素酸ナトリウム、さらし粉等）の水溶液で酸
　　化処理を行い、多量の水で洗い流す（pH8くらいのアルカリ性ではクロ
　　ルシアン［ClCN］が発生するので注意する）。この場合、高濃度の廃液
　　が河川等に排出されないよう注意する。

　　(2)出火時

　　・周辺火災の場合 ＝ 速やかに容器を安全な場所に移す。移動不可能な場
　　　合には、容器および周囲に散水して冷却する。

　　・着火した場合 ＝ 必ず保護具を着用し、多量の水で消火する。

　　・消火剤 ＝ 水

　　(3)暴露・接触時

　　①急性中毒と刺激性

161

各　論

・吸入した場合 ＝ シアン中毒（頭痛、めまい、悪心、意識不明、呼吸麻痺）を起こす。

・皮膚に触れた場合 ＝ 皮膚より吸収されシアン中毒を起こす。

・眼に入った場合 ＝ 異物感を与え、粘膜を刺激する。

②医師の処置を受けるまでの救急方法

・吸入した場合 ＝ 直ちに患者を毛布等にくるんで安静にさせ、新鮮な空気の場所に移し、鼻をかみ、うがいをさせる。呼吸困難または呼吸が停止しているときは、直ちに人工呼吸を行う。

・皮膚に触れた場合 ＝ 直ちに汚染された衣服や靴などを脱がせ、付着または接触部を石けん水で洗浄し、多量の水を用いて洗い流す。

・眼に入った場合 ＝ 直ちに多量の水で15分間以上洗い流す。

(4)注意事項

①火災などで強熱されると分解して、有毒な酸化銅（Ⅱ）の煙霧およびシアン成分を含有するガスを生成する。

②シアン化物は酸と接触すると有毒なシアン化水素を生成する。

③シアン成分を吸収した場合は、至急医師による解毒手当てを受ける。

(5)保護具

保護眼鏡、保護手袋、保護長靴、保護衣、防塵マスク（火災時：人工呼吸器）

【廃棄基準】〔廃棄方法〕

(1)酸化沈殿法

水酸化ナトリウム水溶液を加えてアルカリ性（pH11以上）とし、酸化剤（次亜塩素酸ナトリウム、さらし粉等）の水溶液を加えてシアン成分を酸化分解する。シアン成分を分解したのち硫酸を加え中和した金属塩を水酸化物（水酸化銅）として沈殿濾過し、溶出試験を行い、溶出量が判定基準以下であることを確認して埋立処分する。

(2)焙焼法

多量の場合には還元焙焼法を用いて金属（銅）として回収する。

〈備考〉

・シアン成分の酸化はアルカリ性で十分に時間をかける必要がある。

・シアン成分を分解した後に中和するときはpH8.5以上に保つこと。これ未満では沈殿が完全に生成されない。

・廃棄物の溶出試験、溶出基準は廃棄物の処理及び清掃に関する法律の規定に基づく。

・焙焼法を用いる場合は専門業者に処理を委託することが望ましい。

〔生成物〕$Cu(OH)_2$

〔検定法〕吸光光度法、原子吸光法、イオン電極法

162

〔その他〕
・本薬物の付着した紙袋等を焼却すると、シアン成分を含有するガスおよび酸化銅（Ⅱ）の煙霧を生成するので、洗浄装置のない焼却炉で焼却しない。
・汚泥を濾過することが困難な場合などのときは、セメントで固化して埋立処分することが望ましい。

【その他】シアン化銅には、このシアン化第一銅のほかにシアン化第二銅（Cupriccyanide）がある。これは緑色、黄緑色、あるいは帯褐黄色の粉末で、水に不溶で不安定な化合物であり、ジシアンを遊離してシアン化第一銅に変化する性質を有する。したがって、極めて猛毒である。

毒物	シアン化第一金カリウム
毒物及び劇物指定令 第1条／8	Gold-potassium cyanide 〔別名〕青化第一金カリウム、ジシアノ金（Ⅰ）酸カリウム

【組成・化学構造】　分子式　C_2AuKN_2
　　　　　　　　　構造式

【CAS番号】13967-50-5
【性状】無色の結晶。水に可溶。アンモニア水、シアン化ナトリウム水溶液に可溶。アルコールに可溶、エーテルに不溶。加熱により分解。
【用途】鍍金用。
【応急措置基準】(1) **漏えい時**
　飛散した場所の周辺にはロープを張るなどして人の立入りを禁止する。作業の際には必ず保護具を着用し、風下で作業をしない。
　飛散したものは空容器にできるだけ回収し、そのあとに水酸化ナトリウム、炭酸ナトリウム等の水溶液を散布してアルカリ性（pH11以上）とし、さらに酸化剤（次亜塩素酸ナトリウム、さらし粉等）の水溶液で酸化処理を行い、多量の水で洗い流す（pH8くらいのアルカリ性ではクロルシアン［ClCN］が発生するので注意する）。この場合、高濃度の廃液が河川等に排出されないよう注意する。

(2) **出火時**
・周辺火災の場合＝速やかに容器を安全な場所に移す。移動不可能な場合には、容器および周囲に散水して冷却する。
・着火した場合＝必ず保護具を着用し、多量の水で消火する。

各　　論

・消火剤 ＝ 水

(3)暴露・接触時

①急性中毒と刺激性

・吸入した場合 ＝ シアン中毒（頭痛、めまい、悪心、意識不明、呼吸麻痺）を起こす。

・皮膚に触れた場合 ＝ 皮膚より吸収されシアン中毒を起こす。

・眼に入った場合 ＝ 粘膜を刺激する。

②医師の処置を受けるまでの救急方法

・吸入した場合 ＝ 直ちに患者を毛布等にくるんで安静にさせ、新鮮な空気の場所に移し、鼻をかみ、うがいをさせる。呼吸困難または呼吸が停止しているときは、直ちに人工呼吸を行う。

・皮膚に触れた場合 ＝ 直ちに汚染された衣服や靴などを脱がせ、付着または接触部を石けん水で洗浄し、多量の水で洗い流す。

・眼に入った場合 ＝ 直ちに多量の水で 15 分間以上洗い流す。

(4)注意事項

①火災などで強熱されると分解して、有毒な酸化金（Ⅱ）の煙霧およびシアン成分を含有するガスを生成する。

②シアン化物は酸と接触すると有毒なシアン化水素を生成する。

③シアン成分を吸収した場合は、至急医師による解毒手当てを受ける。

(5)保護具

保護眼鏡、保護手袋、保護長靴、保護衣、防塵マスク（火災時：人工呼吸器）

【廃棄基準】〔廃棄方法〕

(1)酸化沈殿法

水酸化ナトリウム水溶液を加えてアルカリ性（pH11 以上）とし、酸化剤（次亜塩素酸ナトリウム、さらし粉等）の水溶液を加えてシアン成分を酸化分解する。シアン成分を分解したのち硫酸を加えて中和し、金属塩を水酸化物（水酸化金）として沈殿濾過し回収する。

(2)焙焼法

多量の場合には還元焙焼法を用いて金属（金）として回収する。

〈備考〉

・CN 成分の酸化はアルカリ性で十分に時間をかける必要がある。

・CN 成分を分解した後に中和するときは pH8.5 以上に保つこと。これ未満では沈殿が完全には生成されない。

・焙焼法を用いる場合は専門業者に処理を委託することが望ましい。

〔生成物〕AuOH、Au_2O

〔検定法〕吸光光度法、イオン電極法

164

〔その他〕本薬物の付着した紙袋等を焼却するとシアン成分を含有するガスを生成するので、洗浄装置のない焼却炉等で焼却しない。

毒物	シアン化鉛
毒物及び劇物指定令 第1条／8	Lead cyanide 〔別名〕青化鉛

【組成・化学構造】
分子式 C_2N_2Pb
構造式 $Pd^{2+}[^-C\equiv N]_2$

【CAS番号】 592-05-2
【性状】 白色、柱状の結晶。水に難溶、温湯およびシアン化カリウム溶液に可溶。
【用途】 鍍金、冶金用および試薬。

毒物	シアン化白金バリウム
毒物及び劇物指定令 第1条／8	Platinum-barium cyanide

【組成・化学構造】
分子式 C_6BaN_6Pt
構造式

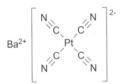

【CAS番号】 562-81-2
【性状】 黄緑色の結晶。
【用途】 化学用試薬。

毒物	シアン化ニッケルカリウム
毒物及び劇物指定令 第1条／8	Potassium nickel cyanide 〔別名〕青化ニッケルカリウム、テトラシアノニッケル（Ⅱ）酸カリウム

【組成・化学構造】
分子式 $C_4K_2N_4Ni$
構造式

$$2K^+ \begin{bmatrix} N\equiv C & C\equiv N \\ & Ni & \\ N\equiv C & C\equiv N \end{bmatrix}^{2-}$$

【CAS番号】 14220-17-8
【性状】 橙色の結晶。105℃で無水物になる。水に易溶（25℃で水100 mLに65.9 g溶解）。
【応急措置基準】 (1)漏えい時

各　　論

　飛散した場所の周辺にはロープを張るなどして人の立入りを禁止する。作業の際には必ず保護具を着用し、風下で作業をしない。
　飛散したものは空容器にできるだけ回収し、そのあとに水酸化ナトリウム、炭酸ナトリウム等の水溶液を散布してアルカリ性（pH11以上）とし、さらに酸化剤（次亜塩素酸ナトリウム、さらし粉等）の水溶液で酸化処理を行い、多量の水で洗い流す（pH8くらいのアルカリ性ではクロルシアン［ClCN］が発生するので注意する）。この場合、高濃度の廃液が河川等に排出されないよう注意する。

(2)出火時
・周辺火災の場合 ＝ 速やかに容器を安全な場所に移す。移動が不可能な場合には、容器および周囲に散水して冷却する。
・着火した場合 ＝ 必ず保護具を着用し、多量の水で消火する。
・消火剤 ＝ 水

(3)暴露・接触時
　①急性中毒と刺激性
・吸入した場合 ＝ シアン中毒（頭痛、めまい、悪心、意識不明、呼吸麻痺）を起こす。
・皮膚に触れた場合 ＝ 皮膚より吸収されシアン中毒を起こす。
・眼に入った場合 ＝ 粘膜を刺激する。
　②医師の処置を受けるまでの救急方法
・吸入した場合 ＝ 直ちに患者を毛布等にくるんで安静にさせ、新鮮な空気の場所に移し、鼻をかみ、うがいをさせる。呼吸困難または呼吸が停止しているときは、直ちに人工呼吸を行う。
・皮膚に触れた場合 ＝ 直ちに汚染された衣服や靴などを脱がせ、付着または接触部を石けん水で洗浄し、多量の水を用いて洗い流す。
・眼に入った場合 ＝ 直ちに多量の水で15分間以上洗い流す。

(4)注意事項
　①火災などで強熱されると分解して有毒なシアン成分を含有するガスを生成する。
　②シアン化物は酸と接触すると有毒なシアン化水素を生成する。
　③シアン成分を吸収した場合は、至急医師による解毒手当てを受ける。

(5)保護具
　保護眼鏡、保護手袋、保護長靴、保護衣、防塵マスク（火災時：人工呼吸器）

【廃棄基準】〔廃棄方法〕

(1)酸化沈殿法
　水酸化ナトリウム水溶液を加えてアルカリ性（pH11以上）とし、酸

毒　物

化剤（次亜塩素酸ナトリウム、さらし粉等）の水溶液を加えてシアン成分を酸化分解する。シアン成分を分解したのち硫酸を加えて中和し、金属塩を水酸化物（水酸化ニッケル）として沈殿濾過し、溶出試験を行い、溶出量が判定基準以下であることを確認して埋立処分する。

(2)焙焼法

多量の場合には還元焙焼法を用いて金属（ニッケル）として回収する。

〈備考〉

・シアン成分の酸化はアルカリ性で十分に時間をかける必要がある。

・シアン成分を分解したのちに中和するときは pH8.5 以上に保つこと。これ未満では沈殿が完全に生成されない。

・廃棄物の溶出試験、溶出基準は廃棄物の処理及び清掃に関する法律の規定に基づく。

・焙焼法を用いる場合は専門業者に処理を委託することが望ましい。

〔生成物〕Ni(OH)$_2$

〔検定法〕吸光光度法、イオン電極法

〔その他〕

・本薬物の付着した紙袋等を焼却するとシアン成分を含有するガスを生成するので、洗浄装置のない焼却炉等で焼却しない。

・汚泥を濾過することが困難な場合などのときは、セメントで固化して埋立処分することが望ましい。

毒物	シアン化コバルトカリウム
毒物及び劇物指定令 第 1 条／8	**Potassium cobalt cyanide** 〔別名〕青化コバルトカリウム、ヘキサシアノコバルト（Ⅲ）酸カリウム

【組成・化学構造】 **分子式** C$_6$CoK$_3$N$_6$

構造式

【CAS 番号】13963-58-1

【性状】黄色結晶。水に可溶。

【応急措置基準】**(1)漏えい時**

飛散した場所の周辺にはロープを張るなどして人の立入りを禁止する。作業の際には必ず保護具を着用し、風下で作業をしない。

飛散したものは空容器にできるだけ回収し、そのあとに水酸化ナトリウム、炭酸ナトリウム等の水溶液を散布してアルカリ性（pH11 以上）と

167

各　　論

し、さらに酸化剤（次亜塩素酸ナトリウム、さらし粉等）の水溶液で酸化処理を行い、多量の水で洗い流す（pH8くらいのアルカリ性ではクロルシアン［CICN］が発生するので注意する）。この場合、高濃度の廃液が河川等に排出されないよう注意する。

(2)出火時

・周辺火災の場合 ＝ 速やかに容器を安全な場所に移す。移動が不可能な場合には、容器および周囲に散水して冷却する。
・着火した場合 ＝ 必ず保護具を着用し、多量の水で消火する。
・消火剤 ＝ 水

(3)暴露・接触時

①急性中毒と刺激性
・吸入した場合 ＝ シアン中毒（頭痛、めまい、悪心、意識不明、呼吸麻痺）を起こす。
・皮膚に触れた場合 ＝ 皮膚より吸収されシアン中毒を起こす。
・眼に入った場合 ＝ 粘膜を刺激する。
②医師の処置を受けるまでの救急方法
・吸入した場合 ＝ 直ちに患者を毛布等にくるんで安静にさせ、新鮮な空気の場所に移し、鼻をかみ、うがいをさせる。呼吸困難または呼吸が停止しているときは、直ちに人工呼吸を行う。
・皮膚に触れた場合 ＝ 直ちに汚染された衣服や靴などを脱がせ、付着または接触部を石けん水で洗浄し、多量の水を用いて洗い流す。
・眼に入った場合 ＝ 直ちに多量の水で15分間以上洗い流す。

(4)注意事項

①火災などで強熱されると分解して有毒なシアン成分を含有するガスを生成する。
②シアン化物は酸と接触すると有毒なシアン化水素を生成する。
③シアン成分を吸収した場合は、至急医師による解毒手当てを受ける。

(5)保護具

保護眼鏡、保護手袋、保護長靴、保護衣、防塵マスク（火災時：人工呼吸器）

【廃棄基準】〔廃棄方法〕

(1)酸化沈殿法

水酸化ナトリウム水溶液を加えてアルカリ性（pH11以上）とし、酸化剤（次亜塩素酸ナトリウム、さらし粉等）の水溶液を加えてシアン成分を酸化分解する。シアン成分を分解したのち硫酸を加えて中和し、金属塩を水酸化物（水酸化コバルト）として沈殿濾過し、溶出試験を行い、溶出量が判定基準以下であることを確認して埋立処分する。

毒　　物

(2)焙焼法

　　多量の場合には還元焙焼法を用いて金属（コバルト）として回収する。

〈備考〉

　・シアン成分の酸化はアルカリ性で十分に時間をかける必要がある。

　・シアン成分を分解したのちに中和するときは pH8.5 以上に保つこと。
　　これ未満では沈殿が完全に生成されない。

　・廃棄物の溶出試験、溶出基準は廃棄物の処理及び清掃に関する法律
　　の規定に基づく。

　・焙焼法を用いる場合は専門業者に処理を委託することが望ましい。

〔生成物〕Co(OH)$_2$

〔検定法〕吸光光度法、イオン電極法

〔その他〕

・本薬物の付着した紙袋等を焼却するとシアン成分を含有するガスを生
　成するので、洗浄装置のない焼却炉等で焼却しない。

・汚泥を濾過することが困難な場合などのときは、セメントで固化して
　埋立処分することが望ましい。

毒物	シアン化亜鉛
毒物及び劇物指定令 第1条／8	**Zinc cyanide** 〔別名〕シアン化亜鉛（Ⅱ）、青化亜鉛

【組成・化学構造】 **分子式** C$_2$N$_2$Zn

　　　　　　　　　 構造式 Zn^{2+} [⁻C≡N]$_2$

【CAS番号】557-21-1

【性状】白色粉末。水に難溶（18℃で水 100mL に 5.8 × 10^{-4} g 溶解）。アンモニ
　　　　ア水、シアン化ナトリウム水溶液に可溶。800℃で分解する。

【用途】鍍金用。

【応急措置基準】(1)漏えい時

　　飛散した場所の周辺にはロープを張るなどして人の立入りを禁止する。
作業の際には必ず保護具を着用し、風下で作業をしない。

　　飛散したものは空容器にできるだけ回収し、そのあとに水酸化ナトリ
ウム、炭酸ナトリウム等の水溶液を散布してアルカリ性（pH11 以上）と
し、さらに酸化剤（次亜塩素酸ナトリウム、さらし粉等）の水溶液で酸
化処理を行い、多量の水で洗い流す（pH8 くらいのアルカリ性ではクロ
ルシアン［ClCN］が発生するので注意する）。この場合、高濃度の廃液
が河川等に排出されないよう注意する。

(2)出火時

・周辺火災の場合 ＝ 速やかに容器を安全な場所に移す。移動不可能な場

各　　論

合には、容器および周囲に散水して冷却する。

・着火した場合 ＝ 必ず保護具を着用し、多量の水で消火する。

・消火剤 ＝ 水

(3)暴露・接触時

①急性中毒と刺激性

・吸入した場合 ＝ シアン中毒（頭痛、めまい、悪心、意識不明、呼吸麻痺）を起こす。

・皮膚に触れた場合 ＝ 皮膚より吸収されシアン中毒を起こす。

・眼に入った場合 ＝ 異物感を与え、粘膜を刺激する。

②医師の処置を受けるまでの救急方法

・吸入した場合 ＝ 直ちに患者を毛布等にくるんで安静にさせ、新鮮な空気の場所に移し、鼻をかみ、うがいをさせる。呼吸困難または呼吸が停止しているときは、直ちに人工呼吸を行う。

・皮膚に触れた場合 ＝ 直ちに汚染された衣服や靴などを脱がせ、付着または接触部を石けん水で洗浄し、多量の水を用いて洗い流す。

・眼に入った場合 ＝ 直ちに多量の水で15分間以上洗い流す。

(4)注意事項

①火災などで強熱されると分解して、有毒な酸化亜鉛（Ⅱ）の煙霧およびシアン成分を含有するガスを生成する。

②シアン化物は酸と接触すると有毒なシアン化水素を生成する。

③シアン成分を吸収した場合は、至急医師による解毒手当てを受ける。

(5)保護具

保護眼鏡、保護手袋、保護長靴、保護衣、防塵マスク（火災時：人工呼吸器）

【廃棄基準】〔廃棄方法〕

(1)酸化沈殿法

水酸化ナトリウム水溶液を加えてアルカリ性（pH11以上）とし、酸化剤（次亜塩素酸ナトリウム、さらし粉等）の水溶液を加えてシアン成分を酸化分解する。シアン成分を分解したのち硫酸を加えて中和し、金属塩を水酸化物（水酸化亜鉛）として沈殿濾過し、溶出試験を行い、溶出量が判定基準以下であることを確認して埋立処分する。

(2)焙焼法

多量の場合には還元焙焼法を用いて金属（亜鉛）として回収する。

〈備考〉

・シアン成分の酸化はアルカリ性で十分に時間をかける必要がある。

・シアン成分を分解した後に中和するときはpH8.5以上に保つこと。これ未満では沈殿が完全に生成されない。

・廃棄物の溶出試験、溶出基準は廃棄物の処理及び清掃に関する法律の規定に基づく。

・焙焼法を用いる場合は専門業者に処理を委託することが望ましい。

〔生成物〕Zn(OH)$_2$

〔検定法〕吸光光度法、原子吸光法、イオン電極法

〔その他〕

・本薬物の付着した紙袋等を焼却すると、シアン成分を含有するガスおよび酸化亜鉛(Ⅱ)の煙霧を生成するので、洗浄装置のない焼却炉で焼却しない。

・汚泥を濾過することが困難な場合などのときは、セメントで固化して埋立処分することが望ましい。

毒物	シアン化銅酸カリウム
毒物及び劇物指定令 第1条／8	**Potassium cuprocyanide** 〔別名〕青化銅酸カリウム

【組成・化学構造】 分子式　C$_2$CuKN$_2$

構造式

【CAS番号】13682-73-0

【性状】無色結晶。水に難溶。アンモニア水、シアン化ナトリウム水溶液に可溶。潮解性。

【応急措置基準】**(1)漏えい時**

　飛散した場所の周辺にはロープを張るなどして人の立入りを禁止する。作業の際には必ず保護具を着用し、風下で作業をしない。

　飛散したものは空容器にできるだけ回収し、そのあとに水酸化ナトリウム、炭酸ナトリウム等の水溶液を散布してアルカリ性（pH11以上）とし、さらに酸化剤（次亜塩素酸ナトリウム、さらし粉等）の水溶液で酸化処理を行い、多量の水で洗い流す（pH8くらいのアルカリ性ではクロルシアン［ClCN］が発生するので注意する）。この場合、高濃度の廃液が河川等に排出されないよう注意する。

(2)出火時

・周辺火災の場合 ＝ 速やかに容器を安全な場所に移す。移動不可能な場合には、容器および周囲に散水して冷却する。

・着火した場合 ＝ 必ず保護具を着用し、多量の水で消火する。

各　　論

・消火剤 ＝ 水

(3)暴露・接触時

①急性中毒と刺激性

・吸入した場合 ＝ シアン中毒（頭痛、めまい、悪心、意識不明、呼吸麻痺）を起こす。

・皮膚に触れた場合 ＝ 皮膚より吸収されシアン中毒を起こす。

・眼に入った場合 ＝ 異物感を与え、粘膜を刺激する。

②医師の処置を受けるまでの救急方法

・吸入した場合 ＝ 直ちに患者を毛布等にくるんで安静にさせ、新鮮な空気の場所に移し、鼻をかみ、うがいをさせる。呼吸困難または呼吸が停止しているときは、直ちに人工呼吸を行う。

・皮膚に触れた場合 ＝ 直ちに汚染された衣服や靴等を脱がせ、付着または接触部を石けん水で洗浄し、多量の水で洗い流す。

・眼に入った場合 ＝ 直ちに多量の水で 15 分間以上洗い流す。

(4)注意事項

①火災などで強熱されると分解して、有毒な酸化銅（Ⅱ）の煙霧およびシアン成分を含有するガスを生成する。

②シアン化物は酸と接触すると有毒なシアン化水素を生成する。

③シアン成分を吸収した場合は、至急医師による解毒手当てを受ける。

(5)保護具

保護眼鏡、保護手袋、保護長靴、保護衣、防塵マスク（火災時：人工呼吸器）

【廃棄基準】〔廃棄方法〕

(1)酸化沈殿法

水酸化ナトリウム水溶液を加えてアルカリ性（pH11 以上）とし、酸化剤（次亜塩素酸ナトリウム、さらし粉等）の水溶液を加えてシアン成分を酸化分解する。シアン成分を分解したのち硫酸を加えて中和し、金属塩を水酸化物（水酸化銅）として沈殿濾過し、溶出試験を行い、溶出量が判定基準以下であることを確認して埋立処分する。

(2)焙焼法

多量の場合には還元焙焼法を用いて金属（銅）として回収する。

〈備考〉

・シアン成分の酸化はアルカリ性で十分に時間をかける必要がある。

・シアン成分を分解した後に中和するときは pH8.5 以上に保つこと。これ未満では沈殿が完全に生成されない。

・廃棄物の溶出試験、溶出基準は廃棄物の処理及び清掃に関する法律の規定に基づく。

・焙焼法を用いる場合は専門業者に処理を委託することが望ましい。
〔生成物〕Cu(OH)$_2$
〔検定法〕吸光光度法、原子吸光法、イオン電極法
〔その他〕
・本薬物の付着した紙袋等を焼却すると、シアン成分を含有するガスおよび酸化銅（Ⅱ）の煙霧を生成するので、洗浄装置のない焼却炉で焼却しない。
・汚泥を濾過することが困難な場合などのときは、セメントで固化して埋立処分することが望ましい。

毒物	シアン化銅酸ナトリウム
毒物及び劇物指定令 第1条／8	Sodium cuprocyanide 〔別名〕青化銅酸ナトリウム

【組成・化学構造】 **分子式** C$_3$CuN$_3$Na$_2$

構造式

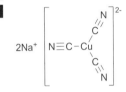

【CAS番号】 14264-31-4
【性状】 白色粉末。水に難溶。アンモニア水、シアン化ナトリウム水溶液に可溶。
【応急措置基準】(1)漏えい時
　飛散した場所の周辺にはロープを張るなどして人の立入りを禁止する。作業の際には必ず保護具を着用し、風下で作業をしない。
　飛散したものは空容器にできるだけ回収し、そのあとに水酸化ナトリウム、炭酸ナトリウム等の水溶液を散布してアルカリ性（pH11以上）とし、さらに酸化剤（次亜塩素酸ナトリウム、さらし粉等）の水溶液で酸化処理を行い、多量の水で洗い流す（pH8くらいのアルカリ性ではクロルシアン［ClCN］が発生するので注意する）。この場合、高濃度の廃液が河川等に排出されないよう注意する。

(2)出火時
・周辺火災の場合 ＝ 速やかに容器を安全な場所に移す。移動不可能な場合には、容器および周囲に散水して冷却する。
・着火した場合 ＝ 必ず保護具を着用し、多量の水で消火する。
・消火剤 ＝ 水

(3)暴露・接触時
　①急性中毒と刺激性

各　　論

・吸入した場合 = シアン中毒（頭痛、めまい、悪心、意識不明、呼吸麻痺）を起こす。

・皮膚に触れた場合 = 皮膚より吸収されシアン中毒を起こす。

・眼に入った場合 = 異物感を与え、粘膜を刺激する。

②医師の処置を受けるまでの救急方法

・吸入した場合 = 直ちに患者を毛布等にくるんで安静にさせ、新鮮な空気の場所に移し、鼻をかみ、うがいをさせる。呼吸困難または呼吸が停止しているときは、直ちに人工呼吸を行う。

・皮膚に触れた場合 = 直ちに汚染された衣服や靴などを脱がせ、付着または接触部を石けん水で洗浄し、多量の水で洗い流す。

・眼に入った場合 = 直ちに多量の水で15分間以上洗い流す。

(4)注意事項

①火災などで強熱されると分解して、有毒な酸化銅（Ⅱ）の煙霧およびシアン成分を含有するガスを生成する。

②シアン化物は酸と接触すると有毒なシアン化水素を生成する。

③シアン成分を吸収した場合は、至急医師による解毒手当てを受ける。

(5)保護具

保護眼鏡、保護手袋、保護長靴、保護衣、防塵マスク（火災時：人工呼吸器）

【廃棄基準】〔廃棄方法〕

(1)酸化沈殿法

水酸化ナトリウム水溶液を加えてアルカリ性（pH11以上）とし、酸化剤（次亜塩素酸ナトリウム、さらし粉等）の水溶液を加えてシアン成分を酸化分解する。シアン成分を分解したのち硫酸を加えて中和し、金属塩を水酸化物（水酸化銅）として沈殿濾過し、溶出試験を行い、溶出量が判定基準以下であることを確認して埋立処分する。

(2)焙焼法

多量の場合には還元焙焼法を用いて金属（銅）として回収する。

〈備考〉

・シアン成分の酸化はアルカリ性で十分に時間をかける必要がある。

・シアン成分を分解した後に中和するときはpH8.5以上に保つこと。これ未満では沈殿が完全に生成されない。

・廃棄物の溶出試験、溶出基準は廃棄物の処理及び清掃に関する法律の規定に基づく。

・焙焼法を用いる場合は専門業者に処理を委託することが望ましい。

〔生成物〕$Cu(OH)_2$

〔検定法〕吸光光度法、原子吸光法、イオン電極法

174

毒　物

〔その他〕
・本薬物の付着した紙袋等を焼却すると、シアン成分を含有するガスおよび酸化銅（Ⅱ）の煙霧を生成するので、洗浄装置のない焼却炉で焼却しない。
・汚泥を濾過することが困難な場合などのときは、セメントで固化して埋立処分することが望ましい。

毒物	ジエチル-S-（エチルチオエチル）-ジチオホスフェイト
毒物及び劇物指定令 第1条／9	Diethyl-S-(ethylthioethyl)-dithiophosphate 〔別名〕エチルチオメトン、ジスルホトン

【組成・化学構造】　**分子式**　$C_8H_{19}O_2PS_3$

構造式

H_3C — O — P(=S) — S — CH_2CH_2 — S — CH_3
H_3C — O

【CAS番号】　298-04-4
【性状】　無色～淡黄色の液体。硫黄化合物特有の臭気。沸点62℃（0.01 mmHg）。比重（d_4^{20}）1.14。蒸気圧 1.8×10^{-4} mmHg（20℃）。水に難溶（22℃で水 100 mL に 2.5 mg 溶解）。有機溶剤に易溶。引火点156℃。
【用途および使用方法】　稲、野菜、果樹のアブラムシ、ハダニ等吸汁性害虫の駆除。
【毒性】　原体の LD_{50} ＝ マウス経口：14.1 mg/kg、マウス皮下：15.6 mg/kg。
【応急措置基準】　**(1)漏えい時**

漏えいした場所の周辺にはロープを張るなどして人の立入りを禁止し、付近の着火源となるものを速やかに取り除く。作業の際には必ず保護具を着用し、風下で作業をしない。

漏えいした液は土砂などでその流れを止め、安全な場所に導き、空容器にできるだけ回収し、そのあとを水酸化カルシウム等の水溶液にて処理し、中性洗剤等の分散剤を使用して多量の水で洗い流す。この場合、高濃度の廃液が河川等に排出されないよう注意する。

(2)出火時
・周辺火災の場合 ＝ 速やかに容器を安全な場所に移す。移動不可能な場合には容器および周囲に散水して冷却する。
・着火した場合 ＝ 必ず保護具を着用し、消火剤、水噴霧等を用いて消火する。
・消火剤 ＝ 水、粉末、泡、二酸化炭素

(3)暴露・接触時
①急性中毒と刺激性

175

各　　論

- 吸入した場合＝倦怠感、頭痛、めまい、嘔気、嘔吐、腹痛、下痢、多汗などの症状を呈し、重症の場合には、縮瞳、意識混濁、全身痙攣などを起こす。
- 皮膚に触れた場合＝軽度の紅斑等を起こし、放置すると皮膚より吸収され中毒を起こすことがある。
- 眼に入った場合＝軽度の発赤等を起こす。

②医師の処置を受けるまでの救急方法

- 吸入した場合＝直ちに患者を毛布等にくるんで安静にさせ、新鮮な空気の場所に移す。呼吸困難または呼吸停止の場合には、直ちに人工呼吸を行う。
- 皮膚に触れた場合＝直ちに汚染された衣服や靴などを脱がせ、付着部または接触部を石けん水で洗浄し、多量の水で洗い流す。
- 眼に入った場合＝直ちに多量の水で15分間以上洗い流す。

(4)注意事項

中毒症状が発現した場合には、至急医師による解毒手当てを受ける。

(5)保護具

保護眼鏡、保護手袋、保護長靴、保護衣、有機ガス用防毒マスク（火災時：人工呼吸器）

【廃棄基準】〔廃棄方法〕

燃焼法

ア　おが屑等に吸収させてアフターバーナーおよびスクラバーを備えた焼却炉で焼却する。

イ　可燃性溶剤とともにアフターバーナーおよびスクラバーを備えた焼却炉の火室へ噴霧し、焼却する。

〈備考〉スクラバーの洗浄液には水酸化ナトリウム水溶液を用いる。

〔検定法〕ガスクロマトグラフィー

【その他】〔製剤〕有効成分5％を含有する粒剤（ダイシストン粒剤、エカチン TD 粒剤）など。

毒　物

毒物	ジエチル-S-（2-クロル-1-フタルイミドエチル）-ジチオホスフェイト
毒物及び劇物指定令 第1条／9の2	Diethyl-S-(2-chloro-1-phthalimidoethyl)-dithiophosphate 〔別名〕ジアリホール

【組成・化学構造】**分子式** $C_{14}H_{17}ClNO_4PS_2$

構造式

【CAS番号】 10311-84-9

【性状】 無色の結晶。融点 67 ～ 69℃。水、アルコール、ヘキサンに難溶、アセトン、クロロホルム、エーテルに易溶。

【用途】 りんご、なし、みかんのハダニ、カイガラムシの駆除。

【毒性】 原体の LD_{50} ＝ マウス経口：39 mg/kg、ラット経口：5 mg/kg、ラット経皮：28 mg/kg、ウサギ雌経口：35 mg/kg。

【その他】〔製剤〕現在、農薬としての市販品はない。

毒物	ジエチル-（1,3-ジチオシクロペンチリデン）-チオホスホルアミド
毒物及び劇物指定令 第1条／9の3	Diethyl-(1,3-dithiocyclopentylidene)-thiophosphoramide 〔別名〕2-（ジエトキシホスフィノチオイルイミノ）-1,3-ジチオラン／ 2-(Diethoxyphosphinothioylimino)-1,3-dithiolane

【組成・化学構造】**分子式** $C_7H_{14}NO_2PS_3$

構造式

【CAS番号】 333-29-9

【性状】 白色の結晶。融点 37 ～ 39℃。アセトン、キシレン、ベンゼン、メタノール、エタノール、トルエン、エーテル、クロロホルムに可溶。ペンタン、ヘキサン、ヘプタンに難溶。水に 30℃で 300 ppm 溶解。中性、弱酸で安定、アルカリ性で不安定。

【用途】 稲のニカメイチュウの駆除。

【毒性】 原体の LD_{50} ＝ マウス経口：35.1 mg/kg。
マウスにおける主な中毒症状は呼吸速迫、筋収縮、間代性痙攣、排尿、流

177

各　論

涎など。誤って飲み込んだ場合、直ちに医師の手当てを受ける。

【その他】〔製剤〕現在、農薬としての市販品はない。

毒物	ジエチルパラジメチルアミノスルホニルフェニルチオホスフェイト
毒物及び劇物指定令 第 1 条／9 の 4	Diethyl-paradimethylaminosulfonylphenyl-thiophosphate

【組成・化学構造】　**分子式**　$C_{12}H_{20}NO_5PS_2$

　　　　　　　　　構造式

【CAS 番号】3078-97-5

【性状】ザラメ状の無色の結晶。融点 68 ～ 69℃。水に不溶。エタノールに可溶、アセトン、ベンゼンには易溶。

【用途】稲、蔬菜、その他一般作物の線虫の駆除。

【毒性】原体の LD_{50} ＝ マウス経口：23.1 mg/kg。

【その他】〔製剤〕現在、農薬としての市販品はない。

特定毒物	ジエチルパラニトロフェニルチオホスフェイト
毒物及び劇物取締法 別表第一／9 毒物及び劇物指定令 第 1 条／10	Diethyl-paranitrophenyl-thiophosphate 〔別名〕パラチオン／Parathion

【組成・化学構造】　**分子式**　$C_{10}H_{14}NO_5PS$

　　　　　　　　　構造式

【CAS 番号】56-38-2

【性状】純品は無色または淡黄色の液体であるが、通常は褐色の液体で、特異の臭気がある。比重 1.26。水に難溶。アセトン、エーテル、アルコール等に可溶、石油、石油エーテルに難溶。アルカリの存在で加水分解するが、TEPP ほど速やかではない。

【用途】遅効性の殺虫剤。

【毒性】原体の LD_{50} ＝ マウス経口：6 mg/kg。

毒性は極めて強く、中毒症状は、頭痛、めまい、吐気、発熱、麻痺、痙攣など。

【その他】〔製剤〕ホリドールの商品名で市販されていたが、現在は使用が禁止され、市販品はない。

178

毒　物

毒物	ジエチル-4-メチルスルフィニルフェニル-チオホスフェイト
毒物及び劇物指定令 第1条／10の2	**Diethyl-4-methylsulfinylphenyl-thiophosphate**

【組成・化学構造】　**分子式**　$C_{11}H_{17}O_4PS_2$

構造式

【CAS番号】：115-90-2

【性状】：黄褐色の液体。水に難溶。大部分の有機溶媒に可溶。

【用途】：稲のニカメイチュウ、ツマグロヨコバイ、ウンカ類の駆除。

【毒性】：原体のLD_{50}＝マウス経口：13.2 mg/kg、マウス経皮：22 mg/kg。

【その他】：〔製剤〕現在、農薬としての市販品はない。

毒物	1,3-ジクロロプロパン-2-オール
毒物及び劇物指定令 第1条／10の3	**1,3-Dichloropropane-2-ol**

【組成・化学構造】　**分子式**　$C_3H_6Cl_2O$

構造式

【CAS番号】：96-23-1

【性状】：無色のわずかに粘稠性の液体。エーテル臭。沸点174℃。融点 −4℃。溶解度は25℃の水に対して 9.9 g/100 mL。引火点74℃。

【用途】：プラスチックの膨潤剤。

【毒性】：原体のLD_{50}＝ラット経口：77.5 mg/kg、ラット経皮：471 mg/kg。LC_{50}＝ラット吸入（蒸気）：0.66 mg/L（4 hr、推定値）。

ウサギにおいて軽度の皮膚刺激性があり、中程度から強い眼刺激性がある。

各　論

毒物
毒物及び劇物指定令 第 1 条／10 の 4

ジチアノン
2,3-Dicyano-1,4-dithia-anthraquinone

【組成・化学構造】 **分子式** $C_{14}H_4O_2N_2S_2$

構造式

【CAS 番号】 3347-22-6

【性状】 暗褐色の結晶性粉末。分解のため沸点は測定不能。融点216℃（分解を伴う）。密度 1.576 g/cm^3（20℃）。蒸気圧 2.71 × 10^{-9} Pa（25℃）。溶解度（いずれも 20℃）は、水 0.27 mg/L（pH5）、ヘキサン 6.34 mg/L、メタノール 0.08 g/L、トルエン 1.59 g/L、アセトン 1.76 g/L、酢酸エチル 0.77 g/L、ジクロロメタン 2.01 g/L。80℃以上で分解。

【用途】 農薬（殺菌剤）。

【毒性】 原体の LD_{50} ＝ ラット雌経口：678 mg/kg、LD_{50} ＞ ラット経皮：2000 mg/kg。LC_{50} ＝ ラット雄吸入（ダスト）：0.28 mg/L（4 hr）。ウサギにおいて強度の眼刺激性あり。
50％製剤の LD_{50} ＝ ラット雌経口：735 mg/kg、LD_{50} ＞ ラット経皮：3000 mg/kg。LC_{50} ＝ ラット雄吸入（ダスト）：0.83 mg/L（4 hr）。

毒物
毒物及び劇物取締法 別表第一／10 毒物及び劇物指定令 第 1 条／11・12

4,6-ジニトロオルトクレゾールナトリウム
Sodium 4,6-dinitro-o-cresol

【組成・化学構造】 **分子式** $C_7H_5N_2NaO_5$

構造式

【CAS 番号】 2312-76-7

【性状】 無水塩は赤色粉末、含水塩は黄色針状晶。水、アルコールに易溶。なお、ジニトロクレゾールは黄色柱状晶で、融点 87.5℃、水に難溶、多くの有機溶媒に可溶。

【用途】 亜麻畑の雑草除去。

【毒性】 原体の LD_{LO} ＝ ラット皮下：20 mg/kg。LD_{50} ＝ ラット経口：26 mg/kg、

180

毒　物

ラット経皮：200 mg/kg。

中枢抑制症状が著明であり、呼吸困難に陥り、酸素欠乏による痙攣を起こして死亡。

【その他】〔製剤〕現在、農薬としての市販品はない。

毒物	ジニトロフェノール
毒物及び劇物指定令 第1条／12の2	**Dinitrophenol**

【組成・化学構造】**分子式** $C_6H_4N_2O_5$

構造式

O_2N — NO_2, HO

【CAS番号】25550-58-7

【性状】黄色の結晶、結晶粉末。フェノール様臭、苦味。水に対する溶解性600 mg/dL。アルコール、クロロホルム、ベンゼンに可溶。

【用途】化学品原料（染料、指示薬など）。

【毒性】原体の LD_{50} ＝ マウス経口：45 mg/kg、ラット経口：30 mg/kg、ウサギ経口：30 mg/kg。

毒物	2,4-ジニトロ-6-(1-メチルプロピル)-フェノール
毒物及び劇物取締法 別表第一／11 毒物及び劇物指定令 第1条／13	**2,4-Dinitro-6-(1-methylpropyl)-phenol**

【組成・化学構造】**分子式** $C_{12}H_{14}N_2O_6$

構造式

H_3C — CH_3, H_3C, O_2N — NO_2

【CAS番号】2813-95-8

【性状】暗褐色の結晶。融点37.9 ～ 39.3℃。水に難溶。

【用途】みかんのヤノネカイガラムシ、落葉果樹のクワカイガラムシなどの駆除。

【毒性】原体の LD_{50} ＝ マウス経口：17.1 mg/kg、マウス皮下：14.5 mg/kg、ラット経口：60 mg/kg。LC_{50} ＝ ラット吸入：1.3 mg/kg（4 hr）。

呼吸が激しくなり、刺激に対して過敏。さらに症状が進むと全身の振戦、次いで痙攣に陥り横転する。強直性の痙攣は5 ～ 10秒で緩解し、間代性痙攣を反復。最終的には呼吸麻痺で死亡。

【その他】〔製剤〕現在、農薬としての市販品はない。

181

各　　論

毒物	2-ジフェニルアセチル-1,3-インダンジオン
毒物及び劇物指定令 第1条／13の2	**2-Diphenylacetyl-1,3-indandione** 〔別名〕ダイファシノン／Diphacinone

【組成・化学構造】　分子式　$C_{23}H_{16}O_3$

構造式

【CAS番号】　82-66-6

【性状】　黄色の結晶性粉末。融点146〜147℃。水に不溶。アセトン、酢酸に可溶、ベンゼンにわずかに可溶。

【用途】　殺鼠。

【毒性】　原体のLD_{50}＝マウス雌経口：22.7 mg/kg、ラット雄経口：15.4 mg/kg。

【その他】　〔製剤〕0.005％粒剤（ヤソヂオン）があるが、劇物である。

毒物	四フッ化硫黄
毒物及び劇物指定令 第1条／13の3	**Sulfur tetrafluoride** 〔別名〕フッ化硫黄／Sulfur fluoride

【組成・化学構造】　分子式　F_4S

構造式

$$F-S-F$$

【CAS番号】　7783-60-0

【性状】　無色の気体。沸点 −38℃。融点 −121℃。水と反応。

【用途】　特殊材料ガス。

【毒性】　原体のLC_{LO}＝ラット吸入：19 ppm（4 hr）。

毒　物

毒物	ジボラン
毒物及び劇物指定令 第1条／13の4	**Diborane** 〔別名〕ボロエタン／Boroethane

【組成・化学構造】　**分子式**　B_2H_6

構造式

$$\begin{array}{ccccc} H & & H & & H \\ & B & & B & \\ H & & H & & H \end{array}$$

【CAS番号】：19287-45-7

【性状】：無色のビタミン臭のある気体。沸点 −92℃。融点 −165℃。蒸気圧 28 atm（0℃）。可燃性。自然発火温度 38 〜 52℃。水により速やかに加水分解し、ホウ酸と水素を生成。

【用途】：特殊材料ガス。

【毒性】：原体の LC_{50} ＝ラット吸入：40 ppm（4 hr）、マウス吸入：29 ppm（4 hr）。

毒物	ジメチル−(イソプロピルチオエチル)−ジチオホスフェイト
毒物及び劇物指定令 第1条／13の5	**Dimethyl-(isopropylthioethyl)-dithiophosphate** 〔別名〕イソチオネート

【組成・化学構造】　**分子式**　$C_7H_{17}O_2PS_3$

構造式

$$H_3C-O \quad S$$
$$\quad\quad P$$
$$H_3C-O \quad S-CH_2-CH_2-S-CH{\langle}^{CH_3}_{H_3C}$$

【CAS番号】：36614-38-7

【性状】：特有の芳香臭を有する淡黄褐色の液体。水に難溶。クロロホルム、ベンゼン、メタノールに易溶。アルカリに不安定。

【用途】：大根、ばれいしょ、白菜、トマトなどのアブラムシ類、ハダニ類の害虫駆除。

【毒性】：原体の LD_{50} ＝マウス経口：33 mg/kg、ラット経口：180 mg/kg。

【その他】：〔製剤〕現在、農薬としての市販品はない。

毒
物

各　　論

特定毒物	ジメチルエチルメルカプトエチルチオホスフェイト
毒物及び劇物取締法 別表第一／12 毒物及び劇物指定令 第1条／14	**Dimethyl-ethyl-mercaptoethyl-thiophosphate** 〔別名〕メチルジメトン

【組成・化学構造】 分子式　$C_6H_{15}O_3PS_2$

構造式

A 型

H₃C—O, P=S, H₃C—O, O—CH₂CH₂—S—CH₂CH₃

B 型

H₃C—O, P=O, H₃C—O, S—CH₂CH₂—S—CH₂CH₃

【CAS番号】 8022-00-2

【性状】 A型は、黄褐色油状の液体。ニラ様の不快臭。沸点90℃（0.4 mmHg）。比重1.190（20℃）。水に難溶。

B型は、黄色流動性の油状。不快臭。沸点102℃（0.4 mmHg）。比重1.207（20℃）。

【用途】 浸透性殺虫剤（ダニ、アブラムシ等の駆除用）。

【毒性】 原体のLD_{50}＝ラット経口：16.7 mg/kg。

浸透性の有機リン製剤の一種であり、中毒症状はパラチオンなどと同様であるが、本薬物は特に皮膚などからの吸収作用が強く、衣服に付着しただけで強い中毒症状を引き起こす。

【その他】 〔散布上の注意〕本薬物の散布には、有機リン製剤の散布上の注意を参照のこと。

〔製剤〕現在、農薬としての市販品はない。

（参考）本薬物は特定毒物であるので、その用途および使用者、着色および表示、使用方法等については、本法施行令第3章に厳重に規制されている。

特定毒物	ジメチル−（ジエチルアミド−1−クロルクロトニル）−ホスフェイト
毒物及び劇物取締法 別表第一／13 毒物及び劇物指定令 第1条／15	**Dimethyl-(diethylamido-1-chlorocroto-nyl)-phosphate** 〔別名〕ホスファミドン

【組成・化学構造】 分子式　$C_{10}H_{19}ClNO_5P$

構造式

H₃C—O, P, H₃C—O, O—C=C—C(=O)—N(CH₂CH₃)(CH₂CH₃), Cl, CH₃

【CAS番号】 13171-21-6

184

【性状】 純品は無色、無臭の油状。沸点162℃（1.5 mmHg）。比重1.213（25℃）。水および有機溶媒に易溶。中性または非アルカリ性で安定、アルカリ溶液中で速やかに加水分解する。

【毒性】 原体の LD_{50} ＝ マウス経口：11.2 mg/kg、マウス皮下：6.2 mg/kg。有機リン製剤の一種であり、パラチオンと同様の毒性を有し、その強さもパラチオンと同様に強い。

【その他】 〔製剤〕毒性が強いため、現在製造許可された市販品はない。

毒物	1,1′-ジメチル-4,4′-ジピリジニウムジクロリド
毒物及び劇物指定令 第1条／15の2	**1,1′-Dimethyl-4,4′-dipyridinium dichloride** 〔別名〕パラコート／Paraquate

【組成・化学構造】 **分子式** $C_{12}H_{14}Cl_2N_2$

構造式

$$\left[H_3C-{}^+N \bigcirc\bigcirc N^+-CH_3 \right] \ 2Cl^-$$

【CAS番号】 1910-42-5

【性状】 無色の吸湿性結晶。約300℃で分解。比重（d_4^{20}）1.24〜1.26。水に可溶（20℃で水100 mLに70 g溶解）。中性、酸性下で安定。アルカリ性で不安定。水溶液中紫外線で分解。工業品は、暗褐色または暗青色の特異臭のある水溶液。

【用途】 除草剤。

【毒性】 原体の LD_{50} ＝ モルモット経口：30 mg/kg、イヌ経口：25.5 mg/kg、ネコ経口：35 mg/kg、ラット経皮：80〜90 mg/kg。

【応急措置基準】 **(1)漏えい時**

漏えいした場所の周辺にはロープを張るなどして人の立入りを禁止する。作業の際には必ず保護具を着用し、風下で作業をしない。漏えいした液は土壌などでその流れを止め、安全な場所に導き、空容器にできるだけ回収し、そのあとを土壌で覆って十分に接触させた後、土壌を取り除き、多量の水で洗い流す。

(2)出火時

・周辺火災の場合 ＝ 速やかに容器を安全な場所に移す。移動不可能な場合には容器および周囲に散水して冷却する。

(3)暴露・接触時

①急性中毒と刺激性

・吸入した場合 ＝ 鼻やのどなどの粘膜に起炎性を有し、重症な場合には、嘔気、嘔吐、下痢などを起こすことがある。

・皮膚に触れた場合 ＝ 皮膚を刺激し、紅斑、浮腫などを起こし、放置

各　論

すると皮膚より吸収され中毒を起こすことがある。

・眼に入った場合＝粘膜を刺激し、結膜発赤・浮腫、角膜混濁、虹彩炎などを起こす。

②医師の処置を受けるまでの救急方法

・吸入した場合＝直ちに患者を毛布等にくるんで安静にさせ、新鮮な空気の場所に移す。

・皮膚に触れた場合＝直ちに汚染された衣服や靴等を脱がせ、付着部または接触部を石けん水で洗浄し、多量の水で洗い流す。

・眼に入った場合＝直ちに多量の水で15分間以上洗い流す。

⑷注意事項

①土壌等に強く吸着されて不活性化する性質がある。

②パラコートを誤って飲み込んだ場合には、消化器障害、ショックのほか、数日遅れて肝臓、腎臓、肺などの機能障害を起こすことがあるので、特に症状がない場合にも至急医師による手当てを受けること。

⑸保護具

保護眼鏡、保護手袋、保護長靴、保護衣、有機ガス用防毒マスク（火災時：人工呼吸器）

【廃棄基準】〔廃棄方法〕

燃焼法

ア　おが屑等に吸収させてアフターバーナーおよびスクラバーを備えた焼却炉で焼却する。

イ　そのままアフターバーナーおよびスクラバーを備えた焼却炉の火室へ噴霧し、焼却する。

〈備考〉スクラバーの洗浄液には水酸化ナトリウム水溶液を用いる。

〔検定法〕吸光光度法、高速液体クロマトグラフィー

【その他】〔製剤〕パラコート5％とジクワット7％との混合剤（プリグロックスL）。

特定毒物	ジメチルパラニトロフェニルチオホスフェイト
毒物及び劇物取締法 別表第一／14 毒物及び劇物指定令 第1条／16	**Dimethyl-paranitrophenyl-thiophosphate** 〔別名〕メチルパラチオン／Methyl parathion

【組成・化学構造】　分子式　$C_8H_{10}NO_5PS$

構造式

O_2N—⬡—O—P(=S)(O—CH_3)(O—CH_3)

【CAS番号】298-00-0

【性状】ジエチルパラニトロフェニルチオホスフェイトと構造、性質ともに極め

てよく似ている。

【毒性】原体の LD_{50} = マウス経口：22 mg/kg。

温血動物に対する毒性がかなり強い。本薬物を誤って食用に供したり、皮膚に擦り込んだり、また散布作業中多量に吸い込むと中毒を起こし、頭痛、めまい、吐気、麻痺、痙攣などの症状を呈する。これをノミ、シラミ、ダニなどの駆除のため、人畜に使用したり、家屋内に散布してはならない。

【その他】〔製剤〕特定毒物であるが、現在使用禁止となり、市販品はない。

毒物	1,1-ジメチルヒドラジン
毒物及び劇物指定令 第1条／16の2	**1,1-Dimethylhydrazine** 〔別名〕非対称型ジメチルヒドラジン

【組成・化学構造】 **分子式** $C_2H_8N_2$

構造式

【CAS番号】 57-14-7

【性状】無色または黄褐色透明液体。沸点63℃。比重0.791。凝固点 −57℃。蒸気圧157 mmHg（25℃）。水、アルコール、エーテル、DMF に可溶。

【用途】化学品原料、ロケット燃料。

【毒性】原体の LD_{50} = ラット経口：122 mg/kg、マウス経口：265 mg/kg、ウサギ経皮：1060 mg/kg。LC_{50} = マウス吸入：172 ppm（4 hr）、ラット吸入：252 ppm（4 hr）。

毒物	2,2-ジメチルプロパノイルクロライド
毒物及び劇物指定令 第1条／16の3	**2,2-Dimethylpropanoyl chloride** 〔別名〕トリメチルアセチルクロライド

【組成・化学構造】 **分子式** C_5H_9ClO

構造式

【CAS番号】 3282-30-2

【性状】特徴的臭気のある無色の液体。沸点107℃。融点 −56℃。蒸気密度4.2（空気 = 1）。比重1.0（20℃）。蒸気圧35 mmHg（= 4.7 kPa、20℃）。水で分解し、エーテルに可溶。引火点14℃。発火点455℃。爆発限界（下限–上限）1.9 ～ 7.4 vol%。常温で安定し、水と反応。

各　論

【用途】農薬や医薬品製造における反応用中間体、反応用試薬。

【毒性】原体の LD_{50} ＝ ラット経口：638 mg/kg、ウサギ経皮：2010 mg/kg。LC_{50} ＝ ラット吸入（蒸気）：0.5 mg/L（4 hr）、マウス吸入（蒸気）：0.18 ～ 0.32 mg/L（4 hr）。

ウサギで皮膚腐食性、眼刺激性（重篤な眼の損傷）を示す。

毒物	2,2-ジメチル-1,3-ベンゾジオキソール-4-イル-N-メチルカルバマート
毒物及び劇物指定令 第1条／16の4	2,2-Dimethyl-1,3-benzodioxol-4-yl-N-methylcarbamate 〔別名〕ベンダイオカルブ

【組成・化学構造】　分子式　$C_{11}H_{13}NO_4$

構造式

【CAS番号】22781-23-3

【性状】白色の結晶状粉末。

【用途】殺虫剤（稲の箱育苗に用いる）。

【毒性】原体の LD_{50} ＝ マウス雄経口：34.1 mg/kg、マウス雌経口：33.0 mg/kg。

【その他】〔製剤〕5％粒剤（タト粒剤）があるが、劇物である。

水銀化合物

毒物	毒物及び劇物取締法　別表第一／15 毒物及び劇物指定令　第1条／17

　金属毒のなかで、ヒ素に次いでしばしば中毒の原因となるものは、水銀およびその化合物である。その毒性は、気体として吸収されるか、細分された状態で皮膚に付着したときに現れる。水銀化合物のなかで、水および希塩酸に溶けるものは一般に猛毒性を有し、水に不溶なものほど毒性が弱い。

【急性中毒】

　最も多い例は、消毒剤として一般に用いられる塩素水銀（Ⅱ）による中毒である。塩素水銀（Ⅱ）を経口摂取すると、始めに胃腸が痛み、嘔吐、下痢を起こす。次いで尿が極めて少なくなり、濁ってきて、しばしばほとんど出なくなる。よだれが出て、口や歯ぐきが腫れる。疲労を感じ、脈は弱くなり、最終的に心機能が低下し死亡する。

【慢性中毒】

188

毒　物

　金属水銀を使う職業にしばしば起こる。特徴は口の中や歯ぐきが腫れ、歯が浮き出して顔面が蒼白になる。また消化不良を起こす。精神的に興奮し、しばしば恐怖症におそわれる。これは間もなく消失するが、次に動作の始めに手指の震えが現れる。そのほか、特に話をするときに不規則な筋肉のひきつりが、口の周りに現れる。これは職業を離れた数年後にも残ることがある。

【鑑識法】

(1)水銀化合物は小試験管にとり、熱灼すれば、一般に昇華する。

(2)無水炭酸ナトリウムと小試験管で熱灼すれば、灰色の水銀鏡をつくり、これをガラス棒で摩擦すれば、凝集して水銀滴となる。

(3)第一水銀塩の水溶液（以下(6)まで同様）は、水酸化ナトリウムで黄色（黒色）の酸化水銀をつくる。

(4)ヨードカリウムで赤色のヨウ化水銀をつくる。

(5)硫化水素、硫化ナトリウムで黒色の硫化水銀を沈殿する。

(6)塩化スズ（Ⅱ）で白色（灰黒色）の塩化水銀（Ⅰ）（金属水銀）を沈殿する。

毒物	水銀
毒物及び劇物取締法 別表第一／15 毒物及び劇物指定令 第1条／17	**Mercury**

【組成・化学構造】
　分子式　Hg
　構造式　Hg

【CAS番号】　7439-97-6

【性状】　唯一の常温で液状の金属。銀白色、金属光沢を有する重い液体で、比重約13.6。沸点357℃。融点 −39℃。硝酸に可溶、塩酸に不溶。油脂と研磨、攪拌すれば容易にコロイド状に分散し、灰黒色のエマルジョンを生成。ナトリウム、カリウム、金、銀その他多くの金属とアマルガムを生成するが、鉄、コバルト、ニッケル等とはアマルガムを生成しない。

【用途】　工業用の寒暖計、気圧計その他の理化学機械、水銀ランプ、整流器、医薬品の水銀軟膏、歯科用アマルガム（充填剤）など。

【応急措置基準】　**(1)漏えい時**

　漏えいした場所の周辺にはロープを張るなどして人の立入りを禁止する。作業の際には必ず保護具を着用し、風下で作業をしない。漏えいした水銀は空容器にできるだけ回収し、さらに土砂などに混ぜて空容器に全量を回収し、そのあとを多量の水で洗い流す。

(2)出火時

・周辺火災の場合 ＝ 速やかに容器を安全な場所に移す。移動不可能な場合には、容器および周囲に散水して冷却する。

(3)暴露・接触時

189

各　　論

①急性中毒と刺激性

・吸入した場合 ＝ 多量に水銀蒸気を吸入すると呼吸器、粘膜を刺激し、重症の場合は肺炎を起こす。

・眼に入った場合 ＝ 異物感を与え、粘膜を刺激する。

②医師の処置を受けるまでの救急方法

・吸入した場合 ＝ 鼻をかみ、うがいをさせる。

・皮膚に触れた場合 ＝ 直ちに汚染された衣服や靴などの汚れを落として、付着または接触部を石けん水で洗浄し、多量の水で洗い流す。

・眼に入った場合 ＝ 直ちに多量の水で 15 分間以上洗い流す。

⑷注意事項

①強熱すると有毒な煙霧およびガスを生成する。

②付着、接触されたまま放置すると吸入することがある。

⑸保護具

保護眼鏡、保護手袋、保護長靴、保護衣、防塵マスク（火災時：人工呼吸器）

【廃棄基準】〔廃棄方法〕

回収法

そのまま再利用するため蒸留する。

〈備考〉回収を行う場合は専門業者に処理を委託することが望ましい。

〔生成物〕（Hg*）

(注)　1　（　）は、生成物が化学的変化を生じていないもの。

　　　2　*は、生成物が廃棄物の処理及び清掃に関する法律により規制を受けるもの。

〔検定法〕原子吸光法

〔その他〕本薬物の付着した容器等を焼却すると水銀および酸化水銀（Ⅱ）の煙霧を生成するので、洗浄装置のない焼却炉等で焼却しない。

毒物	酸化第二水銀
毒物及び劇物指定令 第 1 条／17	**Mercuric oxide** 〔別名〕酸化汞（赤色酸化汞、黄色酸化汞）、酸化水銀（Ⅱ）

【組成・化学構造】**分子式**　HgO

構造式　Hg＝O

【CAS番号】21908-53-2

【性状】赤色または黄色の粉末で、製法によって色が異なり、赤色は赤色酸化汞、黄色は黄色酸化汞。一般に赤色酸化汞のほうが粉があらく、化学作用もいくぶん劣る。500℃で分解して、水銀と酸素になる。水に難溶（25℃で水 100 mL に 5.2×10^{-3} g 可溶）。酸に易溶。

【用途】塗料、試薬（医療用としては外用剤）。

190

【毒性】 原体の LD_{50} ＝ ラット経口：18 mg/kg。

【応急措置基準】 **(1)漏えい時**

　飛散した場所の周辺にはロープを張るなどして人の立入りを禁止する。作業の際には必ず保護具を着用し、風下で作業をしない。飛散したものは空容器にできるだけ回収し、そのあとを多量の水で洗い流す。

(2)出火時

・周辺火災の場合 ＝ 速やかに容器を安全な場所に移す。移動不可能な場合には、容器および周囲に散水して冷却する。

(3)暴露・接触時

　①急性中毒と刺激性

　・吸入した場合 ＝ 水銀中毒を起こす。

　・眼に入った場合 ＝ 異物感を与え、粘膜を刺激する。

　②医師の処置を受けるまでの救急方法

　・吸入した場合 ＝ 鼻をかみ、うがいをさせる。

　・皮膚に触れた場合 ＝ 直ちに汚染された衣服や靴などの汚れを落として、付着または接触部を石けん水で洗浄し、多量の水で洗い流す。

　・眼に入った場合 ＝ 直ちに多量の水で 15 分間以上洗い流す。

(4)注意事項

　①強熱すると有毒な煙霧およびガスを生成する。

　②付着、接触されたまま放置すると吸入することがある。

(5)保護具

　保護眼鏡、保護手袋、保護長靴、保護衣、防塵マスク（火災時：人工呼吸器）

【廃棄基準】 〔廃棄方法〕

(1)焙焼法

　還元焙焼法により金属水銀として回収する。

(2)沈殿隔離法

　水に懸濁し硫化ナトリウム（Na_2S）の水溶液を加えて硫化水銀（Ⅰ）または（Ⅱ）の沈殿を生成したのち、セメントを加えて固化し、溶出試験を行い、溶出量が判定基準以下であることを確認して埋立処分する。

　〈備考〉

　・硫化ナトリウムは適量を加えるように注意する。理論量の 3 倍以下に抑える。

　・廃棄物の溶出試験、溶出基準は廃棄物の処理及び清掃に関する法律の規定に基づく。

　・還元焙焼法を用いる場合は専門業者に処理を委託することが望ましい。

各　論

〔生成物〕HgS*，Hg$_2$S*

　（注）　*は、生成物が廃棄物の処理及び清掃に関する法律により規制を受けるもの。

〔検定法〕原子吸光法

〔その他〕本薬物の付着した紙袋等を焼却すると、酸化水銀（Ⅰ）または（Ⅱ）の煙霧およびガスを生成するので、洗浄装置のない焼却炉等で焼却しない。

【その他】〔鑑識法〕小さな試験管に入れて熱すると、始めに黒色に変わり、後に分解して水銀を残す。なお熱すると、完全に揮散してしまう。

毒物	塩化第二水銀
毒物及び劇物指定令 第1条／17	Mercuric chloride 〔別名〕昇汞、過クロル汞、塩化水銀（Ⅱ）

【組成・化学構造】　**分子式**　Cl$_2$Hg

　　　　　　　　　構造式　Cl－Hg－Cl

【CAS番号】7487-94-7

【性状】白色の透明で重い針状の結晶。粉々にくだくと、純白色の粉末となる。融点276℃、加熱すると昇華する。水に可溶（20℃で水100 mLに6.1 g溶解）。エーテルに可溶、アルコール、熱湯に易溶。水溶液は酸性を示し、青色リトマス試験紙を赤変させる。水溶液に食塩を多量に加えると中性になり、リトマス試験紙に反応しなくなり、変色させない。光に安定。

【用途】工業用の染色剤、写真用（強い殺菌力があるため、消毒剤としても用いられる）。

【毒性】原体のLD$_{50}$＝マウス経口：10 mg/kg。

【応急措置基準】**(1)漏えい時**

　　飛散した場所の周辺にはロープを張るなどして人の立入りを禁止する。作業の際には必ず保護具を着用し、風下で作業をしない。飛散したものは空容器にできるだけ回収し、そのあとを水酸化カルシウム、炭酸ナトリウム等の水溶液を用いて処理し、多量の水で洗い流す。この場合、高濃度の廃液が河川等に排出されないよう注意する。

(2)出火時

・周辺火災の場合＝速やかに容器を安全な場所に移す。移動不可能な場合には、容器および周囲に散水して冷却する。

(3)暴露・接触時

①急性中毒と刺激性

　・吸入した場合＝鼻、のど、気管支、粘膜への刺激性を有し、口腔、咽頭に起炎性を有する。水銀中毒を起こす。

　・皮膚に触れた場合＝粘膜に刺激性・起炎性を示す。

192

毒　　物

・眼に入った場合＝粘膜への刺激性を有する。

②医師の処置を受けるまでの救急方法

・吸入した場合＝鼻をかみ、うがいをさせる。

・皮膚に触れた場合＝直ちに汚染された衣服や靴などを脱がせ、付着または接触部を石けん水で洗浄し、多量の水で洗い流す。

・眼に入った場合＝直ちに多量の水で15分間以上洗い流す。

⑷注意事項

①強熱すると酸化水銀（Ⅱ）の有毒な煙霧およびガスを生成する。

②傷口に触れた場合に強い刺激性を有する。

⑸保護具

保護眼鏡、保護手袋、保護長靴、保護衣、防塵マスク（火災時：人工呼吸器）

【廃棄基準】〔廃棄方法〕

⑴焙焼法

還元焙焼法により金属水銀として回収する。

⑵沈殿隔離法

水に溶かし硫化ナトリウム（Na_2S）の水溶液を加え硫化水銀（Ⅱ）の沈殿を生成したのち、セメントを加えて固化し、溶出試験を行い、溶出量が判定基準以下であることを確認して埋立処分する。

〈備考〉

・硫化ナトリウムは適量を加えるように注意する。理論量の３倍以下に抑える。

・廃棄物の溶出試験、溶出基準は廃棄物の処理及び清掃に関する法律の規定に基づく。

・還元焙焼法を用いる場合は専門業者に処理を委託することが望ましい。

〔生成物〕HgS^*, Hg_2S^*

（注）＊は、生成物が廃棄物の処理及び清掃に関する法律により規制を受けるもの。

〔検定法〕原子吸光法

〔その他〕本薬物の付着した紙袋等を焼却すると、酸化水銀（Ⅱ）の煙霧およびガスを生成するので、洗浄装置のない焼却炉等で焼却しない。

【その他】〔鑑識法〕塩化水銀（Ⅱ）の溶液に水酸化カルシウムを加えると、赤い酸化水銀の沈殿を生成する。アンモニア水を加えると、白色のアミノ塩化第二水銀を生成する。

毒
物

193

各　論

毒物	ヨウ化第二水銀
毒物及び劇物指定令 第1条／17	**Mercuric iodide** 〔別名〕過ヨード汞、ヨウ化水銀（Ⅱ）

【組成・化学構造】 **分子式** HgI_2

構造式 $I-Hg-I$

【CAS番号】 7774-29-0

【性状】 紅色の粉末。126℃以上の高温では黄色ヨウ化水銀（Ⅱ）に変化。融点259℃（黄色）。水に難溶（25℃で水100 mLに 4.8×10^{-3} g溶解）。ベンゼンには水よりも可溶。

【用途】 顔料（医療用は外用剤）。

【毒性】 原体の LD_{50} ＝ ラット経口：40 mg/kg。

【応急措置基準】 **(1)漏えい時**

飛散した場所の周辺にはロープを張るなどして人の立入りを禁止する。作業の際には必ず保護具を着用し、風下で作業をしない。飛散したものは空容器にできるだけ回収し、そのあとを多量の水で洗い流す。

(2)出火時

・周辺火災の場合 ＝ 速やかに容器を安全な場所に移す。移動不可能な場合には、容器および周囲に散水して冷却する。

(3)暴露・接触時

①急性中毒と刺激性

・吸入した場合 ＝ 水銀中毒を起こす。

・眼に入った場合 ＝ 異物感を与え、粘膜への刺激性を有する。

②医師の処置を受けるまでの救急方法

・吸入した場合 ＝ 鼻をかみ、うがいをさせる。

・皮膚に触れた場合 ＝ 直ちに汚染された衣服や靴などの汚れを落として、付着または接触部を石けん水で洗浄し、多量の水で洗い流す。

・眼に入った場合 ＝ 直ちに多量の水で15分間以上洗い流す。

(4)注意事項

①強熱すると酸化水銀（Ⅱ）の有毒な煙霧およびガスを生成する。

②付着、接触されたまま放置すると吸入することがあるので注意する。

(5)保護具

保護眼鏡、保護手袋、保護長靴、保護衣、防塵マスク（火災時：人工呼吸器）

【廃棄基準】 〔廃棄方法〕

(1)焙焼法

還元焙焼法により金属水銀として回収する。

(2)沈殿隔離法

水に懸濁し硫化ナトリウム（Na₂S）の水溶液を加えて硫化水銀（Ⅱ）の沈殿を生成したのち、セメントを加えて固化し、溶出試験を行い、溶出量が判定基準以下であることを確認して埋立処分する。

〈備考〉
- ・硫化ナトリウムは適量を加えるように注意する。理論量の3倍以下に抑える。
- ・廃棄物の溶出試験、溶出基準は廃棄物の処理及び清掃に関する法律の規定に基づく。
- ・還元焙焼法を用いる場合は専門業者に処理を委託することが望ましい。

〔生成物〕HgS*、Hg₂S*
（注）*は、生成物が廃棄物の処理及び清掃に関する法律により規制を受けるもの。
〔検定法〕原子吸光法
〔その他〕毒物（劇物）の付着した紙袋等を焼却すると、酸化水銀（Ⅱ）の煙霧およびガスを生成するので、洗浄装置のない焼却炉等で焼却しない。

【その他】〔鑑識法〕水酸化ナトリウムの液に本薬物と少量の乳糖を入れて熱すると、水銀を出す。

毒物	硝酸第一水銀
毒物及び劇物指定令 第1条／17	Mercurous nitrate 〔別名〕硝酸亜酸化汞、硝酸水銀（Ⅰ）

【組成・化学構造】　**分子式**　HgNO₃
　　　　　　　　　構造式

【CAS番号】10415-75-5
【性状】無色の結晶。融点70℃（爆発する）。水に溶け酸性を呈する。多量の水に接触すると、黄色の塩基性塩を沈殿する。これに硝酸を加えると無色になる。エーテルに不溶。風解性。
【用途】タンパク質の検出用試薬（赤くなる）。
【毒性】原体のLD₅₀＝ラット経口：170 mg/kg、マウス経口：49.3 mg/kg。
【応急措置基準】(1)漏えい時

飛散した場所の周辺にはロープを張るなどして人の立入りを禁止する。作業の際には必ず保護具を着用し、風下で作業をしない。飛散したものは空容器にできるだけ回収し、そのあとを水酸化カルシウム、炭酸ナト

各　　論

リウム等の水溶液を用いて処理し、多量の水で洗い流す。この場合、高濃度の廃液が河川等に排出されないよう注意する。

(2)出火時

・周辺火災の場合＝速やかに容器を安全な場所に移す。移動不可能な場合には、容器および周囲に散水して冷却する。

(3)暴露・接触時

①急性中毒と刺激性

・吸入した場合＝鼻、のど、気管支、粘膜を刺激し、口腔、咽頭に起炎性を有し、水銀中毒を起こす。

・皮膚に触れた場合＝粘膜への刺激性・起炎性を有する。

・眼に入った場合＝粘膜への刺激性を有する。

②医師の処置を受けるまでの救急方法

・吸入した場合＝鼻をかみ、うがいをさせる。

・皮膚に触れた場合＝直ちに汚染された衣服や靴などを脱がせ、付着または接触部を石けん水で洗浄し、多量の水で洗い流す。

・眼に入った場合＝直ちに多量の水で15分間以上洗い流す。

(4)注意事項

①可燃物と混合し、加熱すると発火する。

②強熱すると酸化水銀（Ⅰ）の有毒な煙霧およびガスを生成する。

③傷口に触れた場合に強い刺激作用がある。

(5)保護具

保護眼鏡、保護手袋、保護長靴、保護衣、防塵マスク（火災時：人工呼吸器）

【廃棄基準】〔廃棄方法〕

(1)焙焼法

還元焙焼法により金属水銀として回収する。

(2)沈殿隔離法

水に溶かし硫化ナトリウム（Na_2S）の水溶液を加え硫化水銀（Ⅰ）の沈殿を生成したのち、セメントを加えて固化し、溶出試験を行い、溶出量が判定基準以下であることを確認して埋立処分する。

〈備考〉

・硫化ナトリウムは適量を加えるように注意する。理論量の3倍以下に抑える。

・廃棄物の溶出試験、溶出基準は廃棄物の処理及び清掃に関する法律の規定に基づく。

・還元焙焼法を用いる場合は専門業者に処理を委託することが望ましい。

196

〔生成物〕HgS*，Hg₂S*
　(注)　*は、生成物が廃棄物の処理及び清掃に関する法律により規制を受けるもの。
〔検定法〕原子吸光法
〔その他〕本薬物の付着した紙袋等を焼却すると、酸化水銀（Ⅰ）の煙霧およびガスを生成するので、洗浄装置のない焼却炉等で焼却しない。

【その他】〔鑑識法〕硝酸を加えた水溶液が、皮膚など（タンパク質）に接触すると赤色になる。

毒物	硝酸第二水銀
毒物及び劇物指定令 第1条／17	Mercuric nitrate 〔別名〕硝酸酸化汞、硝酸水銀（Ⅱ）

【組成・化学構造】　分子式　HgN₂O₆

構造式

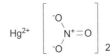

【CAS番号】10045-94-0
【性状】無色の透明結晶。融点79℃（分解）。冷水に易溶、熱水で分解。加水分解しやすい。硝酸、アンモニア水、アセトンに可溶、エタノールに不溶。潮解性。
【用途】試薬。
【毒性】原体の LD_{50} ＝ マウス腹腔内：8 mg/kg。
【応急措置基準】(1)漏えい時
　飛散した場所の周辺にはロープを張るなどして人の立入りを禁止する。作業の際には必ず保護具を着用し、風下で作業をしない。飛散したものは空容器にできるだけ回収し、そのあとを水酸化カルシウム、炭酸ナトリウム等の水溶液を用いて処理し、多量の水で洗い流す。この場合、高濃度の廃液が河川等に排出されないよう注意する。

(2)出火時
・周辺火災の場合 ＝ 速やかに容器を安全な場所に移す。移動不可能な場合には、容器および周囲に散水して冷却する。

(3)暴露・接触時
①急性中毒と刺激性
・吸入した場合 ＝ 鼻、のど、気管支、粘膜への刺激性、口腔、咽頭への炎症性を有し、水銀中毒を起こす。
・皮膚に触れた場合 ＝ 粘膜への刺激性・起炎性を有する。
・眼に入った場合 ＝ 粘膜への刺激性を有する。
②医師の処置を受けるまでの救急方法

各　論

・吸入した場合 ＝ 鼻をかみ、うがいをさせる。

・皮膚に触れた場合 ＝ 直ちに汚染された衣服や靴などを脱がせ、付着または接触部を石けん水で洗浄し、多量の水で洗い流す。

・眼に入った場合 ＝ 直ちに多量の水で 15 分間以上洗い流す。

(4)注意事項

①可燃物と混合し、加熱すると発火する。

②強熱すると酸化水銀（Ⅱ）の有毒な煙霧およびガスを生成する。

③傷口に触れた場合に強い刺激性を有する。

(5)保護具

保護眼鏡、保護手袋、保護長靴、保護衣、防塵マスク（火災時：人工呼吸器）

【廃棄基準】〔廃棄方法〕

(1)焙焼法

還元焙焼法により金属水銀として回収する。

(2)沈殿隔離法

水に溶かし硫化ナトリウム（Na_2S）の水溶液を加え硫化水銀（Ⅱ）の沈殿を生成したのち、セメントを加えて固化し、溶出試験を行い、溶出量が判定基準以下であることを確認して埋立処分する。

〈備考〉

・硫化ナトリウムは適量を加えるように注意する。理論量の 3 倍以下に抑える。

・廃棄物の溶出試験、溶出基準は廃棄物の処理及び清掃に関する法律の規定に基づく。

・還元焙焼法を用いる場合は専門業者に処理を委託することが望ましい。

〔生成物〕HgS^*, Hg_2S^*

（注）　＊は、生成物が廃棄物の処理及び清掃に関する法律により規制を受けるもの。

〔検定法〕原子吸光法

〔その他〕本薬物の付着した紙袋等を焼却すると、酸化水銀（Ⅱ）の煙霧およびガスを発生するので、洗浄装置のない焼却炉等で焼却しない。

【その他】〔鑑識法〕硝酸を加えた水溶液が、皮膚など（タンパク質）に接触すると赤色になる。

毒　物

毒物	
毒物及び劇物指定令 第 1 条／17	**酢酸第一水銀** **Mercurous acetate**

【組成・化学構造】　**分子式**　$C_4H_6Hg_2O_4$
　　　　　　　　　構造式

$$Hg^+ \left[\begin{array}{c} {}^-O \diagdown \diagup O \\ | \\ CH_3 \end{array} \right]$$

【CAS 番号】　631-60-7
　　【性状】　白色、脂肪光沢のあるウロコ状晶。
　　【用途】　試薬。

毒物	
毒物及び劇物指定令 第 1 条／17	**酢酸第二水銀** **Mercuric acetate**

【組成・化学構造】　**分子式**　$C_2H_4HgO_2$
　　　　　　　　　構造式

$$Hg^{2+} \left[\begin{array}{c} {}^-O \diagdown \diagup O \\ | \\ CH_3 \end{array} \right]_2$$

【CAS 番号】　1600-27-7
　　【性状】　白色の結晶または結晶性粉末。融点 178℃。これ以上に加熱すると分解して酸化水銀（Ⅱ）になる。水に可溶（10℃で水 100 mL に 25 g 溶解）。エタノールに可溶。
　　【用途】　試薬。
【応急措置基準】　**(1)漏えい時**

　飛散した場所の周辺にはロープを張るなどして人の立入りを禁止する。作業の際には必ず保護具を着用し、風下で作業をしない。飛散したものは空容器にできるだけ回収し、そのあとを水酸化カルシウム、炭酸ナトリウム等の水溶液を用いて処理し、多量の水で洗い流す。この場合、高濃度の廃液が河川等に排出されないよう注意する。

　(2)出火時

　・周辺火災の場合 ＝ 速やかに容器を安全な場所に移す。移動不可能な場合には、容器および周囲に散水して冷却する。

　・着火した場合 ＝ 必ず保護具を着用して多量の水で消火する。

　・消火剤 ＝ 水

199

各　　論

(3)暴露・接触時

①急性中毒と刺激性

・吸入した場合＝鼻、のど、気管支の粘膜への起炎性を有し、水銀中毒を起こす。

・皮膚に触れた場合＝刺激性・起炎性を有する

・眼に入った場合＝粘膜への刺激性を有する。

②医師の処置を受けるまでの救急方法

・吸入した場合＝鼻をかみ、うがいをさせる。

・皮膚に触れた場合＝直ちに汚染された衣服や靴などを脱がせ、付着または接触部を石けん水で洗浄し、多量の水を用いて洗い流す。

・眼に入った場合＝直ちに多量の水で 15 分間以上洗い流す。

(4)注意事項

強熱すると酸化水銀（Ⅱ）の有毒な煙霧およびガスを生成する。

(5)保護具

保護眼鏡、保護手袋、保護長靴、保護衣、防塵マスク（火災時：人工呼吸器）

【廃棄基準】〔廃棄方法〕

(1)焙焼法

還元焙焼法により金属水銀として回収する。

(2)沈殿隔離法

水に溶かし硫化ナトリウム（Na_2S）の水溶液を加えて硫化水銀（Ⅱ）を沈殿させ、セメントを加えて固化し、溶出試験を行い、溶出量が判定基準以下であることを確認して埋立処分する。

〈備考〉

・硫化ナトリウムは適量加えるように注意する。理論量の 3 倍以下に抑える。

・廃棄物の溶出試験、溶出基準は廃棄物の処理及び清掃に関する法律の規定に基づく。

・還元焙焼法を用いる場合は専門業者に処理を委託することが望ましい。

〔生成物〕HgS＊

（注）＊は、生成物が廃棄物の処理及び清掃に関する法律により規制を受けるもの。

〔検定法〕原子吸光法

〔その他〕本薬物の付着した紙袋等を焼却すると酸化水銀（Ⅱ）の煙霧およびガスを生成するので、洗浄装置のない焼却炉等で焼却しない。

毒　物

毒物	臭化第二水銀
毒物及び劇物指定令 第 1 条／17	**Mercuric bromide** 臭化水銀（Ⅱ）

【組成・化学構造】　**分子式**　Br_2Hg

　　　　　　　　構造式　$Hg^{2+}\left[Br^-\right]_2$

【CAS 番号】　7789-47-1

【性状】　白色または帯微黄白色の結晶、または結晶性粉末。融点 236℃。水に難溶（20℃ で水 100 mL に 0.55 g 溶解）。エタノールに可溶。

【用途】　ヒ素分析。

【応急措置基準】　**(1)漏えい時**

　　飛散した場所の周辺にはロープを張るなどして人の立入りを禁止する。作業の際には必ず保護具を着用し、風下で作業をしない。飛散したものは空容器にできるだけ回収し、そのあとを多量の水で洗い流す。

(2)出火時

・周辺火災の場合 ＝ 速やかに容器を安全な場所に移す。移動不可能な場合には、容器および周囲に散水して冷却する。

(3)暴露・接触時

　①急性中毒と刺激性

　・吸入した場合 ＝ 水銀中毒を起こす。

　・眼に入った場合 ＝ 異物感を与え、粘膜への刺激性を有する。

　②医師の処置を受けるまでの救急方法

　・吸入した場合 ＝ 鼻をかみ、うがいをさせる。

　・皮膚に触れた場合 ＝ 直ちに汚染された衣服や靴などの汚れを落とした後、付着または接触部を石けん水で洗浄し、多量の水で洗い流す。

　・眼に入った場合 ＝ 直ちに多量の水で 15 分間以上洗い流す。

(4)注意事項

　①強熱すると酸化水銀（Ⅱ）の有毒な煙霧およびガスを生成する。

　②付着、接触されたまま放置すると吸入することがある。

(5)保護具

　保護眼鏡、保護手袋、保護長靴、保護衣、防塵マスク（火災時：人工呼吸器）

【廃棄基準】　〔廃棄方法〕

(1)焙焼法

　還元焙焼法により金属水銀として回収する。

(2)沈殿隔離法

201

各　論

　　水に懸濁し硫化ナトリウム（Na₂S）の水溶液を加えて硫化水銀（Ⅱ）の沈殿を生成したのち、セメントを加えて固化し、溶出試験を行い、溶出量が判定基準以下であることを確認して埋立処分する。

〈備考〉

・硫化ナトリウムは適量を加えるように注意する。理論量の3倍以下に抑える。

・廃棄物の溶出試験、溶出基準は廃棄物の処理及び清掃に関する法律の規定に基づく。

・還元焙焼法を用いる場合は専門業者に処理を委託することが望ましい。

〔生成物〕HgS＊，Hg₂S＊

（注）＊は、生成物が廃棄物の処理及び清掃に関する法律により規制を受けるもの。

〔検定法〕原子吸光法

〔その他〕本薬物の付着した紙袋等を焼却すると、酸化水銀（Ⅱ）の煙霧およびガスを生成するので洗浄装置のない焼却炉等で焼却しない。

毒物	チオシアン酸第二水銀
毒物及び劇物指定令第1条／17	**Mercuric thiocyanate** 〔別名〕チオシアン酸水銀（Ⅱ）

【組成・化学構造】　分子式　C₂HgN₂S₂

構造式　$Hg^{2+} \left[\ ^{-}S-CN \right]_2$

【CAS番号】592-85-8

【性状】白色または微黄色の粉末。融点165℃（分解）。水に難溶（25℃で水100 mLに 6.3×10^{-2} g 溶解）。アンモニア水、アンモニウム塩水溶液に可溶。

【用途】ヒ素分析。

【応急措置基準】**(1)漏えい時**

　　飛散した場所の周辺にはロープを張るなどして人の立入りを禁止する。作業の際には必ず保護具を着用し、風下で作業をしない。飛散したものは空容器にできるだけ回収し、そのあとを多量の水で洗い流す。

(2)出火時

・周辺火災の場合＝速やかに容器を安全な場所に移す。移動不可能な場合には、容器および周囲に散水して冷却する。

・着火した場合＝多量の水で消火する。消火作業の際には必ず保護具を着用し、風下で作業をしない。

・消火剤＝水

(3)暴露・接触時

毒　物

①急性中毒と刺激性

・吸入した場合 = 水銀中毒を起こす。

・眼に入った場合 = 異物感を与え、粘膜への刺激性を有する。

②医師の処置を受けるまでの救急方法

・吸入した場合 = 鼻をかみ、うがいをさせる。

・皮膚に触れた場合 = 直ちに汚染された衣服や靴などの汚れを落とした後、付着または接触部を石けん水で洗浄し、多量の水で洗い流す。

・眼に入った場合 = 直ちに多量の水で15分間以上洗い流す。

(4)注意事項

①強熱すると酸化水銀（Ⅱ）の有毒な煙霧およびガスを生成する。

②付着、接触されたまま放置すると吸入することがある。

(5)保護具

保護眼鏡、保護手袋、保護長靴、保護衣、防塵マスク（火災時：人工呼吸器）

【廃棄基準】〔廃棄方法〕

(1)焙焼法

還元焙焼法により金属水銀として回収する。

(2)沈殿隔離法

水に懸濁し硫化ナトリウム（Na_2S）の水溶液を加えて硫化水銀（Ⅱ）の沈殿を生成したのち、セメントを加えて固化し、溶出試験を行い、溶出量が判定基準以下であることを確認して埋立処分する。

〈備考〉

・硫化ナトリウムは適量を加えるように注意する。理論量の3倍以下に抑える。

・廃棄物の溶出試験、溶出基準は廃棄物の処理及び清掃に関する法律の規定に基づく。

・還元焙焼法を用いる場合は専門業者に処理を委託することが望ましい。

〔生成物〕HgS*，Hg_2S*

　(注)　＊は、生成物が廃棄物の処理及び清掃に関する法律により規制を受けるもの。

〔検定法〕原子吸光法

〔その他〕本薬物の付着した紙袋等を焼却すると、酸化水銀（Ⅱ）の煙霧およびガスを生成するので、洗浄装置のない焼却炉等で焼却しない。

各　論

毒物	オキシシアン化第二水銀
毒物及び劇物指定令 第1条／17	**Mercury oxycyanide** 〔別名〕オキシシアン化水銀（Ⅱ）、シアン化酸化水銀（Ⅱ）

【組成・化学構造】　分子式　$C_2Hg_2N_2O$

構造式　　$N{\equiv}C{\diagdown}Hg{\diagdown}O{\diagdown}Hg{\diagdown}C{\equiv}N$

【CAS 番号】　1335-31-5

【性状】　白色または微灰褐色の結晶または粉末。光によって徐々に分解して着色する。水に可溶（20℃で水 100 mL に 1.3 g 溶解）。市販品は、オキシシアン化第二水銀一分とシアン化第二水銀二分とを溶解し析出させたものである。

【用途】　殺菌消毒用。

【応急措置基準】　**(1)漏えい時**

　　飛散した場所の周辺にはロープを張るなどして人の立入りを禁止する。作業の際には必ず保護具を着用し、風下で作業をしない。飛散したものは空容器にできるだけ回収し、そのあとに水酸化ナトリウム、炭酸ナトリウム等の水溶液を散布してアルカリ性（pH11 以上）とし、さらに酸化剤（次亜塩素酸ナトリウム、さらし粉等）の水溶液で酸化処理を行い、多量の水で洗い流す（pH8 ぐらいのアルカリ性ではクロルシアン［ClCN］が発生するので注意する）。

(2)出火時

・周辺火災の場合 ＝ 速やかに容器を安全な場所に移す。移動不可能な場合には、容器および周囲に散水して冷却する。

・着火した場合 ＝ 必ず保護具を着用して多量の水で消火する。

・消火剤 ＝ 水

(3)暴露・接触時

　①急性中毒と刺激性

・吸入した場合 ＝ シアン中毒（頭痛、めまい、悪心、意識不明、呼吸麻痺）や、水銀中毒を起こす。

・皮膚に触れた場合 ＝ 皮膚より吸収されシアン中毒を起こす。

・眼に入った場合 ＝ 異物感を与え、粘膜への刺激性を有する。

　②医師の処置を受けるまでの救急方法

・吸入した場合 ＝ 直ちに患者を毛布等にくるんで安静にさせ、新鮮な空気の場所に移し、鼻をかみ、うがいをさせる。呼吸困難または呼吸が停止しているときは、直ちに人工呼吸を行う。

・皮膚に触れた場合 ＝ 直ちに汚染された衣服や靴などを脱がせ、付着

204

毒　　物

　　または接触部を石けん水で洗浄し、多量の水で洗い流す。
　・眼に入った場合＝直ちに多量の水で15分間以上洗い流す。

⑷注意事項
　①強熱すると有毒な酸化水銀（Ⅱ）の煙霧およびシアン成分を含有す
　　るガスを生成する。
　②シアン化物は酸と接触すると有毒なシアン化水素を生成する。
　③加熱、摩擦、衝撃により爆発する。
　④シアン成分を吸収した場合は、至急医師による解毒手当てを受ける。

⑸保護具
　保護眼鏡、保護手袋、保護長靴、保護衣、防塵マスク（火災時：人工
呼吸器）

【廃棄基準】〔廃棄方法〕

⑴焙焼法
　還元焙焼法により金属水銀として回収する。

⑵酸化隔離法
　水酸化ナトリウム水溶液を加えてアルカリ性（pH11以上）とし、酸化
剤（次亜塩素酸ナトリウム、さらし粉等）の水溶液を加えてシアン成分
を酸化分解する。シアン成分を分解したのち硫酸を加えて中和する。さ
らに硫化ナトリウム（Na_2S）を加えて硫化水銀（Ⅱ）とし沈殿させる。上
澄み液を除き、セメントを加えて固化する。溶出試験を行い、溶出量が
判定基準以下であることを確認して埋立処分する。

　〈備考〉
　・シアン成分の酸化はアルカリ性で十分に時間をかける必要がある。
　・硫化ナトリウムは適量を加えるように注意する。理論量の3倍以下
　　に抑える。
　・廃棄物の溶出試験、溶出基準は廃棄物の処理及び清掃に関する法律
　　の規定に基づく。
　・還元焙焼法を用いる場合は専門業者に処理を委託することが望まし
　　い。

〔生成物〕HgS ＊
　（注）　＊は、生成物が廃棄物の処理及び清掃に関する法律により規制を受けるもの。
〔検定法〕吸光光度法、原子吸光法
〔その他〕本薬物の付着した紙袋等を焼却すると酸化水銀（Ⅱ）の煙霧お
よびシアンを含有するガスを生成するので、洗浄装置のない焼却炉等で
焼却しない。

各　　論

毒物	チメロサール
毒物及び劇物指定令 第1条／17	**Thimerosal** 〔別名〕エチル水銀チオサリチル酸ナトリウム

【組成・化学構造】　**分子式**　$C_9H_9HgNaO_2S$

　　　　　　　　　　構造式

H_3C—Hg—S—〈ベンゼン環〉—$C(=O)$—O^- Na^+

【CAS 番号】　54-64-8

【性状】　白色または淡黄色の結晶性粉末。融点110℃。光により分解。水に易溶
　　　　（25℃で水 100 mL に 100 g 溶解）。エタノールに可溶。

【用途】　殺菌消毒薬。

【応急措置基準】　**⑴漏えい時**

　　飛散した場所の周辺にはロープを張るなどして人の立入りを禁止する。
作業の際には必ず保護具を着用し、風下で作業をしない。飛散したもの
は空容器にできるだけ回収し、そのあとを多量の水で洗い流す。この場
合、高濃度の廃液が河川等に排出されないように注意する。

⑵出火時

・周辺火災の場合 ＝ 速やかに容器を安全な場所に移す。移動不可能な場
　合には、容器および周囲に散水して冷却する。

・着火した場合 ＝ 必ず保護具を着用し、多量の水で消火する。

・消火剤 ＝ 水

⑶暴露・接触時

　①急性中毒と刺激性

・吸入した場合 ＝ 鼻、のど、気管支の粘膜への起炎性を有し、水銀中
　　毒を起こす。

・皮膚に触れた場合 ＝ 刺激性・起炎性を有する。

・眼に入った場合 ＝ 粘膜への刺激性を有する。

　②医師の処置を受けるまでの救急方法

・吸入した場合 ＝ 鼻をかみ、うがいをさせる。

・皮膚に触れた場合 ＝ 直ちに汚染された衣服や靴などを脱がせ、付着
　　または接触部を石けん水で洗浄し、多量の水で洗い流す。

・眼に入った場合 ＝ 直ちに多量の水で 15 分間以上洗い流す。

⑷注意事項

　強熱すると酸化水銀（Ⅱ）の有毒な煙霧およびガスを生成する。

⑸保護具

206

毒　　物

保護眼鏡、保護手袋、保護長靴、保護衣、防塵マスク（火災時：人工呼吸器）

【廃棄基準】〔廃棄方法〕

(1)焙焼法

還元焙焼法により、金属水銀として回収する。

(2)沈殿隔離法

水に溶かし希硫酸を加えて酸性にし、酸化剤（次亜塩素酸ナトリウム、さらし粉等）の水溶液を加えて酸化分解する。酸化分解したのち硫化ナトリウム水溶液を加えて硫化水銀（Ⅱ）を沈殿させ上澄み液を除き、セメントを加えて固化し、溶出試験を行い、溶出量が判定基準以下であることを確認して埋立処分する。

〈備考〉

・酸化は酸性（pH3 付近）にし、十分な時間をかけて行う。

・硫化ナトリウムは適量を加えるよう注意する。理論量の 3 倍以下に抑える。

・廃棄物の溶出試験、溶出基準は廃棄物の処理及び清掃に関する法律の規定に基づく。

・還元焙焼法を用いる場合は専門業者に処理を委託することが望ましい。

〔生成物〕HgS＊

（注）　＊は、生成物が廃棄物の処理及び清掃に関する法律により規制を受けるもの。

〔検定法〕原子吸光法

〔その他〕本薬物の付着した紙袋等を焼却すると酸化水銀（Ⅱ）の煙霧およびガスを生成するので、洗浄装置のない焼却炉等で焼却しない。

毒物	酢酸フェニル水銀
毒物及び劇物指定令 第 1 条／17	**Phenylmercuric acetate** 〔別名〕アセタトフェニル水銀（Ⅱ）

【組成・化学構造】　分子式　$C_8H_8HgO_2$

構造式

H_3C — C(=O) — O — Hg — （フェニル基）

【CAS 番号】62-38-4

【性状】白色の結晶性粉末。融点 149℃。水に難溶（25℃で水 100 mL に 0.17 g 溶解）。エタノールに可溶。

【用途】殺菌消毒薬。

207

各　　論

【応急措置基準】　**(1)漏えい時**

　　飛散した場所の周辺は立入りを禁止する。作業の際には必ず保護具を着用し、風下で作業をしない。飛散したものは空容器にできるだけ回収し、そのあとを多量の水で洗い流す。この場合、高濃度の廃液が河川等に排出されないように注意する。

(2)出火時

・周辺火災の場合 ＝ 速やかに容器を安全な場所に移す。移動不可能な場合には、容器および周囲に散水して冷却する。

・着火した場合 ＝ 必ず保護具を着用し、多量の水で消火する。

・消火剤 ＝ 水

(3)暴露・接触時

　①急性中毒と刺激性

　・吸入した場合 ＝ 鼻、のど、気管支の粘膜への起炎性を有する。水銀中毒を起こす。

　・皮膚に触れた場合 ＝ 刺激性・起炎性を有する。

　・眼に入った場合 ＝ 粘膜への刺激性を示す。

　②医師の処置を受けるまでの救急方法

　・吸入した場合 ＝ 鼻をかみ、うがいをさせる。

　・皮膚に触れた場合 ＝ 直ちに汚染された衣服や靴などを脱がせ、付着または接触部を石けん水で洗浄し、多量の水で洗い流す。

　・眼に入った場合 ＝ 直ちに多量の水で 15 分間以上洗い流す。

(4)注意事項

　　強熱すると酸化水銀（Ⅱ）の有毒な煙霧およびガスを生成する。

(5)保護具

　　保護眼鏡、保護手袋、保護長靴、保護衣、防塵マスク（火災時：人工呼吸器）

【廃棄基準】　〔廃棄方法〕

(1)焙焼法

　　還元焙焼法により、金属水銀として回収する。

(2)沈殿隔離法

　　水に溶かし希硫酸を加えて酸性にし、酸化剤（次亜塩素酸ナトリウム、さらし粉等）の水溶液を加えて酸化分解する。酸化分解したのち硫化ナトリウム水溶液を加えて硫化水銀（Ⅱ）を沈殿させ上澄み液を除き、セメントを加えて固化し、溶出試験を行い、溶出量が判定基準以下であることを確認して埋立処分する。

　　〈備考〉

　・酸化は酸性（pH3 付近）にし、十分な時間をかけて行う。

208

- 硫化ナトリウムは適量を加えるよう注意する。理論量の3倍以下に抑える。
- 廃棄物の溶出試験、溶出基準は廃棄物の処理及び清掃に関する法律の規定に基づく。
- 還元焙焼法を用いる場合は専門業者に処理を委託することが望ましい。

〔生成物〕HgS＊
　（注）　＊は、生成物が廃棄物の処理及び清掃に関する法律により規制を受けるもの。
〔検定法〕原子吸光法
〔その他〕本薬物の付着した紙袋等を焼却すると酸化水銀（Ⅱ）の煙霧およびガスを生成するので、洗浄装置のない焼却炉等で焼却しない。

毒物	
毒物及び劇物指定令 第1条／17	**シアン化第二水銀** Mercuric cyanide

性状・用途・毒性等については161ページを参照。

毒物	
毒物及び劇物指定令 第1条／17の2	**硝酸ストリキニーネ** Strychnine nitrate

【組成・化学構造】　分子式　$C_{21}H_{23}N_3O_5$
　　　　　　　　　構造式

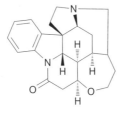

【CAS番号】　66-32-0
【性状】　無色の針状晶。水、エタノール、グリセリン、クロロホルムに可溶。エーテルに不溶。
【用途】　薬理学実験用薬、分析用試薬。
【毒性】　原体の LD_{50} ＝ ラット経口：16.2 mg/kg。

各　　論

セレン化合物

毒物	毒物および劇物取締法　別表第一／16 毒物および劇物指定令　第1条／18

　セレンは天然には硫黄鉱または黄鉄鉱（硫化鉄鉱）中に存在するもので、硫酸製造中に煙の中に発見されることがある。セレン化合物の化学的性質は、硫黄化合物のそれと同様である。

【用途】

　光電池用、ガラスの着色、半導体材料、写真用、試薬。

【毒性】

　セレンとセレン化合物による人間の呼吸器、消化器、皮膚からの吸収によって起こる中毒症状は、ヒ素と似ている。急性中毒症状は胃腸障害、神経過敏症、くしゃみ、肺炎、肝臓および脾臓の障害、低血圧、呼吸の衰弱など。慢性中毒症状は著しい蒼白、息のニンニク臭、指、歯、毛髪等を赤くする、鼻出血、皮膚炎、うつ病、著しい衰弱など。動物ではラットにおいて肝がんを生じた例がある。

【鑑識法】

　(1)セレン化合物を石綿につけて還元炎中で熱すれば、セレン（赤色）にまで還元される。

　(2)炭の上に小さな孔をつくり、無水炭酸ナトリウムの粉末とともに試料を吹管炎で熱灼すると、特有のニラ臭を出し、冷えると赤色の塊となる。これは濃硫酸に緑色に溶ける。

毒物 毒物及び劇物指定令 第1条／18	セレン Selenium

【組成・化学構造】　分子式　Se

　　　　　　　　　構造式　Se

【CAS番号】7782-49-2

【性状】灰色の金属光沢を有するペレットまたは黒色の粉末。融点217℃。水に不溶。硫酸、二硫化炭素に可溶。

【用途】ガラスの脱色、釉薬、整流器。

【毒性】LD_{50} ＝ ラット静脈内：6 mg/kg。

【応急措置基準】(1)漏えい時

　　　　多量に飛散した場合は風下の人を退避させ、飛散した場所の周辺にはロープを張るなどして人の立入りを禁止する。作業の際には必ず保護具を着用し、風下で作業をしない。飛散したものは空容器にできるだけ回収し、そのあとを多量の水で洗い流す。

毒　　物

(2)出火時

・周辺火災の場合 ＝ 速やかに容器を安全な場所に移す。移動不可能な場合には、容器および周囲に散水して冷却する。

・着火した場合 ＝ 必ず保護具を着用し、多量の水で消火する。

・消火剤 ＝ 水

(3)暴露・接触時

①急性中毒と刺激性

・吸入した場合 ＝ のどを刺激する。重症な場合には肺炎を起こす。

・眼に入った場合 ＝ 異物感を与え、粘膜を刺激する。

②医師の処置を受けるまでの救急方法

・吸入した場合 ＝ 鼻をかみ、うがいをさせる。

・皮膚に触れた場合 ＝ 直ちに汚染された衣服や靴などを脱がせ、付着または接触部を石けん水で洗浄し、多量の水で洗い流す。

・眼に入った場合 ＝ 直ちに多量の水で15分間以上洗い流す。

(4)注意事項

①火災などで強熱されると燃焼して有毒な酸化セレン（Ⅳ）の煙霧を生成する。

②付着、接触されたまま放置すると吸入することがある。

(5)保護具

保護眼鏡、保護手袋、保護長靴、保護衣、防塵マスク（火災時：人工呼吸器）

【廃棄基準】〔廃棄方法〕

(1)固化隔離法

セメントを用いて固化し、埋立処分する。

(2)回収法

多量の場合には加熱し、蒸発させて金属セレンとして捕集回収する。

〈備考〉回収法は危険を伴うので、専門業者に処理を委託することが望ましい。

〔生成物〕（Se）

(注)（　）は、生成物が化学的変化を生じていないもの。

〔検定法〕吸光光度法、原子吸光法

〔その他〕本薬物の付着した紙袋等を焼却するとセレンの酸化物の煙霧を生成するので、洗浄装置のない焼却炉等で焼却しない。

211

各　　論

毒物
毒物及び劇物指定令 第 1 条／18

亜セレン酸ナトリウム
Sodium selenite

【組成・化学構造】 **分子式** $H_{10}Na_2O_8Se$

構造式

$$2Na^+ \left[\begin{array}{c} {}^-O \\ Se=O \\ {}^-O \end{array} \right] \quad 5H_2O$$

【CAS 番号】 26970-82-1

【性状】 白色、結晶性の粉末。融点 340℃、317℃ で昇華。水に可溶（20℃ で水 100 mL に 46.2 g 溶解）。その水溶液は、硫酸銅液で緑青色の結晶性の沈殿を生じるが、この沈殿は酸に可溶（セレン酸との区別）。硫酸、酢酸、エタノールに可溶。

【用途】 試薬。

【毒性】 原体の LD_{50} ＝ ラット経口：7 mg/kg。

【応急措置基準】 **(1)漏えい時**

　多量に飛散した場合は風下の人を退避させ、飛散した場所の周辺にはロープを張るなどして人の立入りを禁止する。作業の際には必ず保護具を着用し、風下で作業をしない。飛散したものは空容器にできるだけ回収し、そのあとを多量の水で洗い流す。この場合、高濃度の廃液が河川等に排出されないように注意する。

(2)出火時

・周辺火災の場合 ＝ 速やかに容器を安全な場所に移す。移動不可能な場合には、容器および周囲に散水して冷却する。

(3)暴露・接触時

①急性中毒と刺激性

・吸入した場合 ＝ 発熱、頭痛、気管支炎を起こし、重症な場合には肺水腫を起こす。

・皮膚に触れた場合 ＝ 皮膚に浸透し、痛みを与え、黄色に変色する。つめの間から入りやすい。

・眼に入った場合 ＝ 粘膜を刺激し、角膜などに障害を与える。

②医師の処置を受けるまでの救急方法

・吸入した場合 ＝ 直ちに患者を毛布等にくるんで安静にさせ、新鮮な空気の場所に移し、鼻をかみ、うがいをさせる。呼吸困難または呼吸停止の場合は、直ちに人工呼吸を行う。

・皮膚に触れた場合 ＝ 直ちに汚染された衣服や靴などを脱がせ、付着部または 接触部を石けん水で洗浄し、多量の水で洗い流す。

毒　物

　　　・眼に入った場合＝直ちに多量の水で15分間以上洗い流す。

⑷注意事項

　火災などで強熱されると有毒な煙霧を生成する。

⑸保護具

　保護眼鏡、保護手袋、保護長靴、保護衣、防塵マスク（火災時：人工呼吸器）

【廃棄基準】〔廃棄方法〕

⑴沈殿隔離法

　水に溶かし、希硫酸を加えて酸性にし、硫化ナトリウム水溶液を加えて沈殿させ、さらにセメントを用いて固化し、埋立処分する。

⑵回収法

　多量の場合には加熱し、蒸発させて亜セレン酸ナトリウムとして捕集回収を行う。

　　〈備考〉

　　・硫化セレン（Ⅳ）を沈殿させる場合には適量（理論量の1.5〜3倍）の硫化ナトリウムを加える。硫化ナトリウムを理論量の3倍以上加えると沈殿が溶解するので注意する。

　　・回収法は危険を伴うので、専門業者に処理を委託することが望ましい。

〔生成物〕SeS_2

〔検定法〕吸光光度法、原子吸光法

〔その他〕本薬物の付着した紙袋等を焼却するとセレンの酸化物の煙霧を生成するので、洗浄装置のない焼却炉等で焼却しない。

毒物	二酸化セレン
毒物及び劇物指定令 第1条／18	**Selenium dioxide** 〔別名〕無水亜セレン酸

【組成・化学構造】**分子式**　O_2Se

　　　　　　　　構造式　$O＝Se＝O$

【CAS番号】7446-08-4

【性状】白色の粉末。吸湿性。融点340℃、317℃で昇華。水に易溶（20℃で水100 mLに257 g溶解）。硫酸、酢酸、エタノールに可溶。

【用途】試薬。

【毒性】原体のLD_{50}＝ウサギ皮下：4 mg/kg。

【応急措置基準】⑴漏えい時

　多量に飛散した場合は風下の人を退避させ、飛散した場所の周辺にはロープを張るなどして人の立入りを禁止する。作業の際には必ず保護具

213

各　　論

を着用し、風下で作業をしない。飛散したものは空容器にできるだけ回収し、そのあとを多量の水で洗い流す。この場合、高濃度の廃液が河川等に排出されないように注意する。

(2)出火時

・周辺火災の場合 ＝ 速やかに容器を安全な場所に移す。移動不可能な場合には、容器および周囲に散水して冷却する。

(3)暴露・接触時

①急性中毒と刺激性

・吸入した場合 ＝ 発熱、頭痛、気管支炎を起こし、重症な場合には肺水腫を起こす。

・皮膚に触れた場合 ＝ 皮膚に浸透し、痛みを与え、黄色に変色する。つめの間から入りやすい。

・眼に入った場合 ＝ 粘膜を刺激し、角膜などに障害を与える。

②医師の処置を受けるまでの救急方法

・吸入した場合 ＝ 直ちに患者を毛布等にくるんで安静にさせ、新鮮な空気の場所に移し、鼻をかみ、うがいをさせる。呼吸困難または呼吸停止の場合は、直ちに人工呼吸を行う。

・皮膚に触れた場合 ＝ 直ちに汚染された衣服や靴などを脱がせ、付着部または接触部を石けん水で洗浄し、多量の水で洗い流す。

・眼に入った場合 ＝ 直ちに多量の水で15分間以上洗い流す。

(4)注意事項

火災などで強熱されると有毒な煙霧を生成する。

(5)保護具

保護眼鏡、保護手袋、保護長靴、保護衣、防塵マスク（火災時：人工呼吸器）

【廃棄基準】〔廃棄方法〕

(1)沈殿隔離法

水に溶かし、希硫酸を加えて酸性にし、硫化ナトリウム水溶液を加えて沈殿させ、さらにセメントを用いて固化し、埋立処分する。

(2)回収法

多量の場合には加熱し、蒸発させて二酸化セレンとして捕集回収を行う。

〈備考〉

・硫化セレン（Ⅳ）を沈殿させる場合には適量（理論量の1.5〜3倍）の硫化ナトリウムを加える。硫化ナトリウムを理論量の3倍以上加えると沈殿が溶解するので注意する。

・回収法は危険を伴うので、専門業者に処理を委託することが望まし

214

い。
〔生成物〕SeS₂
〔検定法〕吸光光度法、原子吸光法
〔その他〕本薬物の付着した紙袋等を焼却するとセレンの酸化物の煙霧を生成するので、洗浄装置のない焼却炉等で焼却しない。

毒物	セレン酸
毒物及び劇物指定令 第1条／18	**Selenic acid**

【組成・化学構造】 分子式　H₂O₄Se
　　　　　　　　 構造式
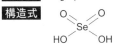

【CAS 番号】7783-08-6
【性状】無色、柱状の結晶。融点 340℃で、317℃で昇華。水に易溶（20℃で水 100 mL に 257 g 溶解）。硫酸、酢酸、エタノールに可溶。
【用途】工業用の写真用、脱水剤。
【毒性】原体の LD_{50} ＝ ラット静注：3 mg/kg。

毒物	セレン化水素
毒物及び劇物指定令 第1条／18	**Hydrogen selenide** 〔別名〕水素化セレニウム

【組成・化学構造】 分子式　H₂Se
　　　　　　　　 構造式　H — Se — H

【CAS 番号】7783-07-5
【性状】無色、ニンニク臭の気体。沸点 −42℃。融点 −65.7℃。比重 2.81（空気を1として）。160℃で分解、水に難溶（4℃で水 100 mL に 377 mL 溶解）。爆発範囲 12.5 〜 63.0 $\frac{V}{V}$ %。
【用途】ドーピングガス。

【応急措置基準】(1) 漏えい時
　風下の人を退避させ、漏えいした場所の周辺にはロープを張るなどして人の立入りを禁止する。作業の際には必ず人工呼吸器その他の保護具を着用し、風下で作業をしない。付近の着火源となるものは速やかに取り除く。漏えいしたボンベ等を多量の水酸化ナトリウム水溶液と酸化剤（次亜塩素酸ナトリウム、さらし粉等）の水溶液の混合溶液に容器ごと投入してガスを吸収させ、酸化処理し、この処理液を処理設備に持ち込み、毒物及び劇物の廃棄の方法に関する基準に従って処理を行う。

各　　論

(2)出火時

・周辺火災の場合 = 速やかに容器を安全な場所に移す。移動不可能な場合には、遮蔽物の活用など容器の破裂に対する防護措置を講じ、容器および周囲に散水して冷却する。容器が火炎に包まれた場合には、爆発の危険があるため近寄らない。火災時には、漏えいしたガスが燃焼すると有毒な酸化セレン（Ⅳ）の煙霧を生成するので、消火作業の際には必ず人工呼吸器その他の保護具を着用する。

・着火した場合 = 高圧ボンベに着火した場合には消火せずに燃焼させる。

(3)暴露・接触時

①急性中毒と刺激性

・吸入した場合 = 鼻、のど、気管支等の粘膜を刺激し、気管支炎を起こす。頭痛、発熱があり、肺水腫を起こし、呼吸困難を起こす。

・皮膚に触れた場合 = しばらく後に接触部位の皮膚に浸透し、痛みを与え、黄色に変色し、潰瘍を起こす。

・眼に入った場合 = 粘膜を刺激し、角膜等に障害を与える。

②医師の処置を受けるまでの救急方法

・吸入した場合 = 直ちに患者を毛布等にくるんで安静にさせ、新鮮な空気の場所に移す。呼吸困難または呼吸停止の場合には直ちに人工呼吸を行う。

・皮膚に触れた場合 = 直ちに汚染された衣服や靴などを脱がせ、付着部または接触部を石けん水で洗浄し、多量の水で洗い流す。

・眼に入った場合 = 直ちに多量の水で 15 分間以上洗い流す。

(4)注意事項

①有毒で、かつ、引火性の気体である。

②火災等で燃焼すると有毒な酸化セレン（Ⅳ）の煙霧を生成する。

③セレン化水素は少量の吸入であっても危険である。

(5)保護具

保護眼鏡、保護手袋、保護長靴、保護衣、人工呼吸器

【廃棄基準】〔廃棄方法〕

(1)燃焼隔離法

スクラバーを備えた焼却炉の火室へ噴霧し、焼却した後、洗浄廃液に硫化ナトリウム水溶液を加えて沈殿させ、さらにセメントを用いて固化し、埋立処分する。

(2)酸化隔離法

多量の次亜塩素酸ナトリウムと水酸化ナトリウムの混合水溶液に吹き込んで吸収させ、酸化分解した後、過剰の次亜塩素酸ナトリウムをチオ硫酸ナトリウム水溶液等で分解して希硫酸を加えて中和し、硫化ナトリ

毒　　物

ウム水溶液を加えて沈殿させ、さらにセメントを用いて固化し、埋立処分する。

〈備考〉

・スクラバーの洗浄液には水酸化ナトリウム水溶液を用いる。

・酸化はアルカリ性で十分に時間をかける必要がある。

・硫化セレン（Ⅳ）を沈殿させる場合には適量（理論量の1.5〜3倍）の硫化ナトリウムを加える。硫化ナトリウムを理論量の3倍以上加えると沈殿が溶解するので注意する。

〔生成物〕SeS_2

〔検定法〕吸光光度法、原子吸光法

〔その他〕酸化隔離法の作業の際には未反応の有毒なガスを生成することがあるので、必ず保護具を着用する。ガスは少量の吸入であっても危険なので注意する。

毒物	
毒物及び劇物指定令 第1条／18	**セレン化鉄** **Ferrous selenide**

毒物

【組成・化学構造】　**分子式**　FeSe

　　　　　　　　　構造式　Fe＝Se

【CAS番号】　1310-32-3

【性状】　黒色塊状。空気中高温で分解。水に不溶。市販品はセレン含有量50%のもの。

【用途】　半導体。

【応急措置基準】　**(1)漏えい時**

　　飛散した場所の周辺にはロープを張るなどして人の立入りを禁止する。作業の際には必ず保護具を着用し、風下で作業をしない。飛散したものは空容器にできるだけ回収し、そのあとを多量の水で洗い流す。

(2)出火時

・周辺火災の場合 ＝ 速やかに容器を安全な場所に移す。移動不可能な場合には、容器および周囲に散水して冷却する。

・着火した場合 ＝ 必ず保護具を着用し、多量の水で消火する。

・消火剤 ＝ 水

(3)暴露・接触時

　①急性中毒と刺激性

　・吸入した場合 ＝ のどを刺激する。重症な場合には肺炎を起こす。

　・眼に入った場合 ＝ 異物感を与え、粘膜を刺激する。

　②医師の処置を受けるまでの救急方法

各　　論

　　　　・吸入した場合 ＝ 鼻をかみ、うがいをさせる。
　　　　・皮膚に触れた場合 ＝ 直ちに汚染された衣服や靴などを脱がせ、付着
　　　　　部または接触部を石けん水で洗浄し、多量の水で洗い流す。
　　　　・眼に入った場合 ＝ 直ちに多量の水で 15 分間以上洗い流す。

　　(4)**注意事項**
　　　①火災などで強熱されると燃焼して有毒な酸化セレン（Ⅳ）の煙霧を
　　　　生成する。
　　　②付着または接触部をそのまま放置すると吸入することがある。

　　(5)**保護具**
　　　保護眼鏡、保護手袋、保護長靴、保護衣、防塵マスク（火災時：人工
　　呼吸器）

【廃棄基準】〔廃棄方法〕

　　(1)**固化隔離法**
　　　セメントを用いて固化し、埋立処分する。

　　(2)**回収法**
　　　多量の場合には加熱し、蒸発させて金属セレンとして捕集回収する。
　　〈備考〉
　　　回収法は危険を伴うので、専門業者に処理を委託することが望ましい。
　　〔生成物〕（FeSe・xFe）
　　　(注)　（　）は、生成物が化学的変化を生じていないもの。
　　〔検定法〕吸光光度法、原子吸光法
　　〔その他〕本薬物の付着した紙袋等を焼却するとセレンの酸化物の煙霧を
　　生成するので、洗浄装置のない焼却炉等で焼却しない。

毒物	**亜セレン酸バリウム**
毒物及び劇物指定令 第 1 条／18	**Barium selenite**

【組成・化学構造】　**分子式**　BaO_3Se

　　　　　　　　　構造式

$$Ba^{2+} \left[\begin{array}{c} {}^-O \\ \quad Se = O \\ {}^-O \end{array} \right]$$

【CAS 番号】13718-59-7
　　【性状】白色粉末。白熱下でも分解しない。水に不溶。
　　【用途】光電管、半導体。
【応急措置基準】(1)**漏えい時**
　　　多量に飛散した場合は風下の人を退避させ、飛散した場所の周辺には

ロープを張るなどして人の立入りを禁止する。作業の際には必ず保護具を着用し、風下で作業をしない。飛散したものは空容器にできるだけ回収し、そのあとを多量の水で洗い流す。

(2)出火時

・周辺火災の場合 ＝ 速やかに容器を安全な場所に移す。移動不可能な場合には、容器および周囲に散水して冷却する。

(3)暴露・接触時

①急性中毒と刺激性

・吸入した場合 ＝ 発熱、頭痛、気管支炎を起こし、重症な場合には肺水腫を起こす。

・皮膚に触れた場合 ＝ 皮膚に浸透し、痛みを与え、黄色に変色する。つめの間から入りやすい。

・眼に入った場合 ＝ 粘膜を刺激し、角膜などに障害を与える。

②医師の処置を受けるまでの救急方法

・吸入した場合 ＝ 直ちに患者を毛布等にくるんで安静にさせ、新鮮な空気の場所に移し、鼻をかみ、うがいをさせる。呼吸困難または呼吸停止の場合は、直ちに人工呼吸を行う。

・皮膚に触れた場合 ＝ 直ちに汚染された衣服や靴などを脱がせ、付着部または接触部を石けん水で洗浄し、多量の水で洗い流す。

・眼に入った場合 ＝ 直ちに多量の水で15分間以上洗い流す。

(4)注意事項

火災などで強熱されると有毒な酸化セレン（Ⅳ）の煙霧を生成する。

(5)保護具

保護眼鏡、保護手袋、保護長靴、保護衣、防塵マスク（火災時：人工呼吸器）

【廃棄基準】 〔廃棄方法〕

(1)沈殿隔離法

水に溶かし、希硫酸を加えて酸性にし、硫化ナトリウム水溶液を加えて沈殿させ、さらにセメントを用いて固化し、埋立処分する。

(2)回収法

多量の場合には加熱し、蒸発させて亜セレン酸バリウムとして捕集回収を行う。

〈備考〉

・硫化セレン（Ⅳ）を沈殿させる場合には適量（理論量の1.5〜3倍）の硫化ナトリウムを加える。硫化ナトリウムを理論量の3倍以上加えると沈殿が溶解するので注意する。

・回収法は危険を伴うので、専門業者に処理を委託することが望まし

各論

い。
〔生成物〕SeS$_2$
〔検定法〕吸光光度法、原子吸光法
〔その他〕本薬物の付着した紙袋等を焼却するとセレンの酸化物の煙霧を生成するので、洗浄装置のない焼却炉等で焼却しない。

毒物	硫セレン化カドミウム
毒物及び劇物指定令 第1条／18	Cadmium selenide sulfide 〔別名〕カドミウムレッド

【組成・化学構造】 分子式　Cd$_2$SSe
構造式

【CAS 番号】12214-12-9
【性状】橙赤色または赤色粉末。セレン化カドミウムの量が増加するにしたがって橙色から赤色になる。水に不溶。熱硝酸、熱濃硫酸に可溶。
【用途】無機顔料。
【応急措置基準】(1)漏えい時
　　飛散した場所の周辺にはロープを張るなどして人の立入りを禁止する。作業の際には必ず保護具を着用し、風下で作業をしない。飛散したものは空容器にできるだけ回収し、そのあとを多量の水で洗い流す。

(2)出火時
・周辺火災の場合 ＝ 速やかに容器を安全な場所に移す。移動不可能な場合には、容器および周囲に散水して冷却する。
・着火した場合 ＝ 必ず保護具を着用し、多量の水を用いて消火する。
・消火剤 ＝ 水

(3)暴露・接触時
①急性中毒と刺激性
・吸入した場合 ＝ カドミウム中毒を起こす。
・眼に入った場合 ＝ 異物感を与え、粘膜を刺激する。
②医師の処置を受けるまでの救急方法
・吸入した場合 ＝ 鼻をかみ、うがいをさせる。
・皮膚に触れた場合 ＝ 直ちに汚染された衣服や靴などの汚れを落として、付着部または接触部を石けん水で洗浄し、多量の水で洗い流す。
・眼に入った場合 ＝ 直ちに多量の水で15分間以上洗い流す。

(4)注意事項
　　強熱すると有毒な酸化カドミウム（Ⅱ）と酸化セレン（Ⅳ）の煙霧およびガスを生成する。

毒　物

(5)保護具

保護眼鏡、保護手袋、保護長靴、保護衣、防塵マスク（火災時：人工呼吸器）

【廃棄基準】〔廃棄方法〕

固化隔離法

セメントを用いて固化し、溶出試験を行い、溶出量が判定基準以下であることを確認して埋立処分する。

〈備考〉

・廃棄物の溶出試験および溶出基準は、廃棄物の処理及び清掃に関する法律による規定に基づく。

・硫セレン化カドミウムについては焙焼法を行ってはならない。

〔生成物〕（CdS・CdSe*）

（注）1　（　）は、生成物が化学的変化を生じていないもの。
　　　2　*は、生成物が廃棄物の処理及び清掃に関する法律により規制を受けるもの。

〔検定法〕吸光光度法、原子吸光法

〔その他〕本薬物の付着した紙袋等を焼却すると金属の酸化物の煙霧を生成するので、洗浄装置のない焼却炉等で焼却しない。

毒物	
毒物及び劇物指定令 第1条／18	

六フッ化セレン

Selenium hexafluoride

〔別名〕ヘキサフルオロセレン

【組成・化学構造】 **分子式**　F_6Se

構造式

$$F-\underset{\underset{F}{|}}{\overset{\overset{F}{|}}{Se}}\genfrac{}{}{0pt}{}{F}{F}$$

【CAS番号】7783-79-1

【性状】無色の気体。比重6.7（空気を1として）。−47℃で昇華。臨界温度72℃。水および有機溶剤に不溶。空気中で発煙する。

【用途】無機顔料。

【応急措置基準】(1)漏えい時

風下の人を退避させ、漏えいした場所の周辺にはロープを張るなどして人の立入りを禁止する。作業の際には必ず保護具を着用し、風下で作業をしない。漏えいしたボンベ等を多量の水酸化ナトリウム水溶液に容器ごと投入してガスを吸収させ、処理し、この処理液を処理設備に持ち込み、毒物及び劇物の廃棄の方法に関する基準に従って処理を行う。

(2)出火時

・周辺火災の場合＝速やかに容器を安全な場所に移す。移動不可能な場

221

各　　論

合には、遮蔽物の活用など容器の破裂に対する防護措置を講じ、容器および周囲に散水して冷却する。容器が火炎に包まれた場合には、爆発の危険があるため近寄らない。火災時には漏えいしたガスが強熱されると有毒な酸化セレン（Ⅳ）の煙霧およびフッ化水素ガスが発生するので、消火作業の際には必ず人工呼吸器その他の保護具を着用する。

(3)暴露・接触時

①急性中毒と刺激性

・吸入した場合 ＝ 鼻、のど、気管支等の粘膜を刺激し、炎症を起こす。重症な場合には肺水腫を起こす。

・皮膚に触れた場合 ＝ しばらく後に、接触部位に炎症を起こす。

・眼に入った場合 ＝ 粘膜を刺激して炎症を起こす。

②医師の処置を受けるまでの救急方法

・吸入した場合 ＝ 直ちに患者を毛布等にくるんで安静にさせ、新鮮な空気の場所に移し、酸素吸入を行う。呼吸困難または呼吸停止の場合には、直ちに人工呼吸を行う。

・皮膚に触れた場合 ＝ 直ちに汚染された衣服や靴などを脱がせ、付着部または接触部を石けん水で洗浄し、多量の水で洗い流す。

・眼に入った場合 ＝ 直ちに多量の水で15分間以上洗い流す。

(4)注意事項

①六フッ化セレンは少量の吸入であっても危険である。

②火災等で強熱されると有毒なセレンの酸化物の煙霧およびフッ化水素ガスを生成する。

(5)保護具

保護眼鏡、保護手袋、保護長靴、保護衣、人工呼吸器

【廃棄基準】〔廃棄方法〕

沈殿隔離法

多量の水酸化ナトリウム水溶液に吹き込んで吸収させた後、希硫酸を加えて中和し硫化ナトリウム水溶液を加えて沈殿濾過し、さらにセメントを用いて固化し、埋立処分する。濾液、洗液には塩化カルシウム水溶液を加えて処理し、沈殿濾過して埋立処分する。

〈備考〉

・硫化セレン（Ⅳ）を沈殿させる場合には適量（理論量の1.5～3倍）の硫化ナトリウムを加える。硫化ナトリウムを理論量の3倍以上加えると沈殿が溶解するので注意する。

・濾液、洗液の処理時にはpHを8.5以上とする。これ未満では沈殿が完全には生成しない。

〔生成物〕SeS_2, CaF_2

毒　　物

〔検定法〕吸光光度法、原子吸光法、イオン電極法（F）
〔その他〕作業の際には未反応の有毒なガスを生成することがあるので、必ず保護具を着用する。ガスは少量の吸入であっても危険なので注意する。

毒物	チオセミカルバジド
毒物及び劇物取締法 別表第一／17	**Thiosemicarbazide**

【組成・化学構造】　**分子式**　CH_5N_3S

構造式

$$H_2N-C(=S)-NH-NH_2$$

【CAS番号】：79-19-6

【性状】：白色、結晶性粉末または白色、針状晶（水から再結晶）。融点 181 〜 183℃。水、アルコールに可溶。

【用途】：アルデヒド、ケトン類の確認試薬。殺鼠剤（野ネズミ）。

【毒性】：原体の LD_{50} ＝ マウス経口：14.8 mg/kg、ラット経口：9.2 mg/kg。

【その他】：〔製剤〕市販品は 10%含有の粉末（水溶モルトール）のほか小麦粒子にまぶして、黒色に着色され、かつ、トウガラシエキスを用いていちじるしく辛く着味されている。

特定毒物	テトラエチルピロホスフェイト
毒物及び劇物取締法 別表第一／18 毒物及び劇物指定令 第1条／19	**Tetraethylpyrophosphate** 〔別名〕TEPP

【組成・化学構造】　**分子式**　$C_8H_{20}O_7P_2$

構造式

【CAS番号】：107-49-3

【性状】：純品は無色の液体。わずかに芳香臭を有する。沸点 124℃（1.0 mmHg）。比重 1.15 〜 1.25。水、アセトン、ベンゼン、アルコールに任意の割合で溶解。水溶液の反応は微酸性。放置すると加水分解して、わずかに酸性度を増す。

【毒性】：原体の LD_{50} ＝ マウス経口：3 mg/kg、マウス経皮：8 mg/kg。本薬物の製剤は殺虫剤として極めて優秀であるが、温血動物に対する毒

223

各　　論

性も極めて強い。

【その他】〔製剤〕現在、使用が禁止されており、市販品はない。

毒物	
毒物及び劇物指定令 第1条／19の2	**2,3,5,6-テトラフルオロ-4-メチルベンジル=（Z）- （1RS,3RS）-3-（2-クロロ-3,3,3-トリフルオロ-1-プロペニル）- 2,2-ジメチルシクロプロパンカルボキシラート** 2,3,5,6-Tetrafluoro-4-methylbenzyl(Z)-(1RS,3RS)-3-(2-chloro-3,3,3- trifluoro-1-propenyl)-2,2-dimethylcyclopropanecarboxylate 〔別名〕テフルトリン／Tefluthrin

【組成・化学構造】　**分子式**　$C_{17}H_{14}ClF_7O_2$

構造式

【CAS番号】79538-32-2

【性状】淡褐色の固体。融点 44.6℃。比重 1.48（25℃）。蒸気圧 6.0×10^{-5} mmHg（20℃）。水に難溶。有機溶媒に可溶。$\log P_{ow} = 6.5$（20℃）。

【用途】野菜等のコガネムシ類、ネキリムシ類などの土壌害虫を防除する農薬。

【毒性】原体の LD_{50} ＝ ラット雄経口：25.1 mg/kg、ラット雌経口：22.4 mg/kg、マウス雄経口：49 mg/kg、マウス雌経口：57 mg/kg。原体は、軽度の眼粘膜刺激性あり。

0.5％粒剤の LD_{50} ＝ マウス雄経口：2140 mg/kg、マウス雌経口：1932 mg/kg。0.5％粒剤は、眼刺激性あり。

【その他】〔製品〕フォース粒剤（テフルトリン 0.5％、劇物に該当しない）。

毒物	
毒物及び劇物指定令 第1条／19の3	**テトラメチルアンモニウム=ヒドロキシド** Tetramethylammonium hydroxide

【組成・化学構造】　**分子式**　$C_4H_{13}NO$

構造式

【CAS番号】75-59-2

毒　　物

【性状】白色の吸湿性針状結晶。沸点 135 〜 140℃。融点 63℃。相対蒸気密度 3.1（空気 ＝ 1）。相対比重 1.0（水 ＝ 1）。蒸気圧 1.55×10^{-6} hPa（25℃）。25℃の水 1 L あたり 1000 g 溶解。$\log P_{ow} = -2.47$。水溶液は塩基と強く反応、金属と触れると水素ガスを生成。

【用途】半導体および液晶パネルのフォトリソグラフィーにおいて使用。電子部品洗浄剤。触媒。試薬。

【毒性】原体の LD_{50} ＝ ラット経口：34 〜 50 mg/kg、ラット経皮：112 mg/kg（急性吸入毒性のデータはなし）。
強いアルカリ性から腐食性物質と推定。

毒物	1-ドデシルグアニジニウム=アセタート
毒物及び劇物指定令 第 1 条／19 の 4	**1-Dodecylguanidinium acetate** 〔別名〕ドジン

【組成・化学構造】　**分子式**　$C_{15}H_{33}N_3O_2$

構造式

【CAS 番号】2439-10-3

【性状】若干黄色味がかった微粒粉末。融点 133℃。約 200℃で分解。密度 0.983 g/cm^3（25℃）。蒸気圧 5.49×10^{-6} Pa 以下（50℃）。溶解度は水（20℃、pH ＝ 6.9）に対して 0.93 g/L。常温で安定。反応性はなし。

【用途】農薬（殺菌剤）。

【毒性】原体の LD_{50} ＝ ラット雌経口：817 mg/kg、ラット経皮：5000 mg/kg。LC_{50} ＝ ラット雌吸入（ダスト）：0.44 mg/L。ウサギにおいて皮膚刺激性は軽度で、重度の眼刺激性がある。
65％製剤の LC_{50} ＝ ラット雌吸入（ダスト）：0.96 mg/L。ウサギにおいて皮膚刺激性は軽度で、重度の眼刺激性がある。

毒物	トリブチルアミン
毒物及び劇物指定令 第 1 条／19 の 5	**Tributylamine**

【組成・化学構造】　**分子式**　$C_2H_{27}N$

構造式

【CAS 番号】102-82-9

各　　論

【性状】 無色から黄色の吸湿性液体。沸点 216℃。融点 −70℃。相対蒸気密度 6.4（空気 ＝ 1）。相対比重 0.78（空気 ＝ 1、20℃）。蒸気圧 12.5 Pa（＝ 0.0934 mmHg、25℃）。25℃の水 1 L あたり 142 mg 溶解、エタノール・エーテルに可溶。引火点 63℃。酸化剤、強酸と反応。

【用途】 防錆剤、腐食防止剤、医薬品や農薬の原料。

【毒性】 原体の LD_{50} ＝ ラット経口：421 mg/kg、ラット経皮：195 mg/kg。LC_{50} ＝ ラット吸入（蒸気）：90 ppm（＝ 0.69 mg/L）（4 hr）。
ウサギで皮膚刺激性、眼刺激性あり。

毒物	ナラシン
毒物及び劇物指定令 第 1 条／19 の 6	**Narasin** 〔別名〕4-メチルサリノマイシン

【組成・化学構造】　**分子式**　　$C_{43}H_{72}O_{11}$

構造式

【CAS 番号】 55134-13-9

【性状】 白色から淡黄色の粉末。特異な臭い。常温で固体。融点 98 ～ 100℃。水に難溶。酢酸エチル、クロロホルム、アセトン、ベンゼンに可溶。

【用途】 飼料添加物。

【毒性】 原体の LD_{50} ＝ ラット雄経口：81 mg/kg、ラット雌経口：75 mg/kg、マウス雄経口：90 mg/kg、マウス雌経口：61 mg/kg、$LD_{50} \geqq$ ラット雄経皮：2000 mg/kg。

毒　　物

ニコチン塩類

毒物	毒物及び劇物取締法　別表第一／19 毒物及び劇物指定令　第 1 条／20・21

毒物 毒物及び劇物取締法 別表第一／19 毒物及び劇物指定令 第 1 条／20	ニコチン **Nicotine**

【組成・化学構造】 分子式　$C_{10}H_{14}N_2$

構造式

【CAS番号】 54-11-5

【性状】 ニコチンは、たばこ葉中の主アルカロイド。純ニコチンは無色・無臭の油状液体。空気中では速やかに褐変する。沸点246℃。比重1.0097。光学的左旋性。また純ニコチンは、刺激性の味を有する。ニコチンの不快なたばこ臭は、分解生成物のためである。水蒸気蒸留にすれば、分解しないで留出する。水、アルコール、エーテル、石油等に易溶。

【毒性】 原体の LD_{50} ＝ ラット経口：50 ～ 60 mg/kg、ウサギ経皮：50 mg/kg。ニコチンは猛烈な神経毒。人体に対する経口致死量は、成人に対して0.06 g。急性中毒では、よだれ、吐気、悪心、嘔吐があり、次いで脈拍緩徐不整となり、発汗、瞳孔縮小、意識喪失、呼吸困難、痙攣をきたす。慢性中毒では、咽頭、喉頭などのカタル、心臓障害、視力減弱、めまい、動脈硬化などをきたし、ときに精神異常を引き起こす。

【その他】 〔鑑識法〕ニコチンのエーテル溶液に、ヨードのエーテル溶液を加えると、褐色の液状沈殿を生じ、これを放置すると赤色針状結晶となる。また、ニコチンにホルマリン1滴を加えたのち、濃硝酸1滴を加えるとばら色を呈する。

ニコチンの硫酸酸性水溶液に、ピクリン酸溶液を加えると、ピクリン酸ニコチンの黄色結晶を沈殿する。この結晶の融点は218℃である。

227

毒物	硫酸ニコチン
毒物及び劇物指定令 第1条／21	**Nicotine sulfate**

【組成・化学構造】 **分子式** $C_{20}H_{30}N_4O_4S$

構造式

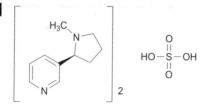

【CAS番号】 65-30-5

【性状】 ニコチンを硫酸に結びつけて不揮発性にしたもので、無色針状の結晶。刺激性の味を有する。水、アルコール、エーテルに可溶。

【用途】 病害虫に対する接触剤（農薬）、医薬その他の原料。

【毒性】 原体の LD_{50} ＝ マウス経口：24 mg/kg。

【その他】〔製剤〕硫酸ニコチンを40％含有する液体（ブラックリーフ40、硫酸ニコチン40）

毒物	ニッケルカルボニル
毒物及び劇物取締法 別表第一／20 毒物及び劇物指定令 第1条／22	**Nickel carbonyl** 〔別名〕テトラカルボニルニッケル、ニッケルテトラカルボニル

【組成・化学構造】 **分子式** C_4NiO_4

構造式

$$\begin{array}{c} OC \diagdown \quad \diagup CO \\ Ni \\ OC \diagup \quad \diagdown CO \end{array}$$

【CAS番号】 13463-39-3

【性状】 無色の揮発性の液体。沸点42.3℃。融点 −25℃。比重1.35。蒸気は空気より重い。ガス比重5.9（空気を1とする）。水に難溶。エタノール、ベンゼンに可溶。発火性。空気中で酸化し、60℃で濃硫酸と接触すると爆発。爆発範囲2％以上。急に熱すると $Ni(CO)_4 \rightarrow Ni + 2C + 2CO_2$ のように分解して爆発する。気体および液体では、紫外線によって分解し、酸素あるいは空気と混合すると、次式のように変化する。

$$2Ni(CO)_4 + 5O_2 \rightarrow 2NiO + 8CO_2$$

【用途】 高圧アセチレン重合、オキソ反応などにおける触媒、ガソリンのアンチノッキング剤。

【毒性】 原体の LD_{50} ＝ ラット吸入：31.5〜35 ppm（30 min）。

毒　　物

吸入毒性が強く、皮膚、粘膜の刺激作用が強い。急性作用は肺刺激と中枢神経系の障害。

【応急措置基準】**(1)漏えい時**

　風下の人を退避させ、漏えいした場所の周辺にはロープを張るなどして人の立入りを禁止する。作業の際には必ず保護具を着用し、風下で作業をしない。着火源は速やかに取り除く。漏えいした液は水で覆った後、土砂などに吸着させ空容器に回収し、水封後密栓する。そのあとを多量の水で洗い流す。この場合、高濃度な廃液が河川等に排出されないよう注意する。

(2)出火時

・周辺火災の場合 ＝ 速やかに容器を安全な場所に移す。移動不可能な場合には、容器および周囲に散水して冷却する。容器が火災に包まれた場合は爆発するおそれがあるので近寄らない。

・着火した場合 ＝ 消火せず燃焼させる。

(3)暴露・接触時

　①急性中毒と刺激性

　・吸入した場合 ＝ 鼻、のど、気管支などを刺激し、頭痛、めまい、悪心、チアノーゼ、精神神経症状を起こす。重症な場合は呼吸困難、意識不明になる。

　・皮膚に触れた場合 ＝ 吸入した場合と同様の中毒症状を起こす。

　・眼に入った場合 ＝ 角膜などに障害を起こす。

　②医師の処置を受けるまでの救急方法

　・吸入した場合 ＝ 直ちに患者を毛布等にくるんで安静にさせ、新鮮な空気の場所に移す。

　・チアノーゼ症状を起こしたとき、または呼吸が停止しているときは、直ちに人工呼吸を行う。

　・皮膚に触れた場合 ＝ 直ちに汚染された衣服や靴などを脱がせ、付着部または接触部を石けん水で洗浄し、多量の水で洗い流す。

　・眼に入った場合 ＝ 直ちに多量の水で15分間以上洗い流す。

(4)注意事項

　大型火災時の消火後に、漏えいに気づかずガスを吸入した障害事例があるので、厳重に注意する必要がある。

(5)保護具

　保護眼鏡、保護手袋、保護長靴、保護衣、人工呼吸器

【廃棄基準】〔廃棄方法〕

(1)酸化沈殿法

　多量の次亜塩素酸ナトリウム水溶液を用いて酸化分解する。そののち

各　論

過剰の塩素を亜硫酸ナトリウム水溶液等で分解させ、そのあと硫酸を加えて中和し、金属塩を水酸化ニッケル（Ⅱ）として沈殿濾過し埋立処分する。

(2)燃焼法

多量のベンゼンに溶解し、スクラバーを備えた焼却炉の火室へ噴霧し、焼却する。

〈備考〉

・中和時の pH は 8.5 以上とすること。これ以下ではニッケル塩類が水酸化ニッケル（Ⅱ）として完全には沈殿しない。

・スクラバーの洗浄液には、アルカリ溶液を用いる。

〔生成物〕 $Ni(OH)_2$, CO_2

〔検定法〕ヨウ素滴定法、原子吸光法

毒物	*S,S*-ビス（1-メチルプロピル）＝*O*-エチル＝ホスホロジチオアート
毒物及び劇物指定令 第 1 条／22 の 2	*S,S*-Bis(1-methylpropyl)=*O*-ethylphosphorodithioate 〔別名〕カズサホス／Cadusafos

【組成・化学構造】

分子式 $C_{10}H_{23}O_2PS_2$

構造式

【CAS 番号】 95465-99-9

【性状】硫黄臭のある淡黄色の液体。沸点 149℃。比重 1.05（20℃）。水に難溶（20℃で 241 mg/L）。有機溶媒に可溶。$\log P_{ow}$ = 4.08（室温）

【用途】野菜等のネコブセンチュウ等を防除する農薬。

【毒性】原体の LD_{50} ＝ マウス雄経口：74 mg/kg、マウス雌経口：67 mg/kg、ラット雄経口：48 mg/kg、ラット雌経口：30 mg/kg、ウサギ雄経皮：12 mg/kg、ウサギ雌経皮：11 mg/kg。

10％粒剤の LD_{50} ＝ ラット雄経口：679 mg/kg、ラット雌経口：391 mg/kg、ウサギ雄経皮：155 mg/kg、ウサギ雌経皮：143 mg/kg。

3％マイクロカプセル粒剤の LD_{50} ≧ ラット雌雄経口：5000 mg/kg、マウス雌雄経口：5000 mg/kg、ラット雌雄経皮：2000 mg/kg。

毒　　物

ヒ素化合物

| 毒物 | 毒物及び劇物取締法　別表第一／21 |
| | 毒物及び劇物指定令　第1条／23 |

　ヒ素は、鉱物界に広く分布しており、天然に白砒石（三酸化ヒ素）、鶏冠石、雄黄（いずれも硫化ヒ素）、硫砒鉄鉱（硫化ヒ素とヒ化鉄の結合したもの）などとして産出する。

　ヒ素化合物は多数存在するが、なかでもヒ酸および亜ヒ酸化合物として有用なものが多い。

　ヒ素化合物はそのほとんどすべてが有毒であるが、亜ヒ酸はその代表的なものである。ヒ素化合物による急性中毒は、自殺以外は極めてまれで、工業的には慢性中毒として現れる。危険工業としては、ヒ鉱採掘、ヒ素化合物を含む色素の製造、造花、壁紙、色紙の製造、金属細工、ガラス工業などで、人体には主として粉塵として吸入され、消化器より吸収される。

【急性中毒】

　二型ある。一つは麻痺型で、意識喪失、昏睡、呼吸血管運動中枢の急性麻痺を起こす。もう一つは胃腸型で咽頭、食道等に熱灼の感を起こし、腹痛、嘔吐、口渇などがあり、症状はコレラに似ている。いずれも数時間～数日間で死亡する。

【慢性中毒】

　はじめ食欲不振、吐気などがあり、次いで皮膚、粘膜の乾燥または炎症、特異な皮膚の異変を起こす。また頑固な頭痛、末梢神経炎、知覚神経障害なども起こす。内臓は脂肪変性を起こし、高度の衰弱または心臓麻痺で倒れる。

【ヒ素化合物の検出法】

　(1)ラインシェ反応（予試験）

　　検体を小コルベンにとり、希塩酸酸性として、これに、脂を除きよく磨いた銅片をつけて数分間水浴上で加温し、数時間放置したのち、銅片を取り出して水洗いしたとき、灰色の霜のようなものが付着していれば、ヒ素、水銀、アンチモンの存在が予想される。

　(2)マーシュ反応

　　ヒ素または亜ヒ酸を発生機の水素で還元してヒ化水素とし、熱灼管中を通過させて分解し、生じた金属ヒ素によって管壁にヒ素鏡を生じさせる。他方、このヒ化水素を水素ガスとともに管口から放出させて点火し、分解して生じる金属ヒ素を白色の磁器面に付着させて、ヒ素斑を生じさせる。

毒物

231

各　　論

毒物	ヒ素
毒物及び劇物取締法 別表第一／21	Arsenic

【組成・化学構造】　**分子式**　As
　　　　　　　　　　構造式　As

【CAS番号】7440-38-2

【性状】種々の形で存在するが、結晶のものが最も安定。灰色、金属光沢を有する。もろく、粉砕が可能。1気圧下、615℃で融解することなく昇華。水に不溶。無定形ヒ素には、黄色、黒色、褐色の3種が存在。
乾燥した空気中、常温では安定、400℃に加熱すると燃えて三酸化二ヒ素を生成する。ヒ素と塩素酸カリウムとの混合物は、衝撃により爆発する。

【用途】鉛との合金は球形となりやすい性質があるため、散弾の製造に用い、また冶金、化学工業用として使用される。少量は花火の製造にも用いられる。

【毒性】ヒ素は水に不溶で、皮膚、粘膜に変化をきたさない。また経口摂取しても吸収されにくく、すべて尿中に排出される。しかし一部は酸化されて、亜ヒ酸に変化し、亜ヒ酸の作用を呈する。

【応急措置基準】**(1)漏えい時**

　飛散した場所の周辺にはロープを張るなどして人の立入りを禁止する。作業の際には必ず保護具を着用し、風下で作業をしない。飛散したものは空容器にできるだけ回収し、そのあとを硫酸鉄（Ⅲ）等の水溶液を散布し、水酸化カルシウム、炭酸ナトリウム等の水溶液を用いて処理した後、多量の水で洗い流す。この場合、高濃度な廃液が河川等に排出されないよう注意する。

(2)出火時

・周辺火災の場合 ＝ 速やかに容器を安全な場所に移す。移動不可能な場合には容器および周囲に散水して冷却する。

・着火した場合 ＝ 初期の火災には粉末、二酸化炭素、乾燥砂などを用いて消火する。大規模火災の場合には水噴霧を行う。火災時には有毒な酸化ヒ素（Ⅲ）の煙霧が発生するので、消火作業の際には必ず人工呼吸器その他の保護具を着用する。

・消火剤 ＝ 粉末、二酸化炭素、乾燥砂、水

(3)暴露・接触時

①急性中毒と刺激性

・吸入した場合 ＝ 鼻、のど、気管支等の粘膜を刺激し、頭痛、めまい、悪心、チアノーゼを起こすことがある。重症な場合には血色素尿を

232

排泄し、肺水腫を生じ、呼吸困難を起こす。

・皮膚に触れた場合＝接触部位に湿疹、水疱、炎症または潰瘍を起こす。

・眼に入った場合＝粘膜を刺激して結膜炎を起こす。

②医師の処置を受けるまでの救急方法

・吸入した場合＝直ちに患者を毛布等にくるんで安静にさせ、新鮮な空気の場所に移し、鼻をかませ、うがいをさせる。呼吸困難または呼吸停止の場合には直ちに人工呼吸を行う。

・皮膚に触れた場合＝直ちに汚染された衣服や靴などを脱がせ、付着部または接触部を石けん水で洗浄し、多量の水で洗い流す。

・眼に入った場合＝直ちに多量の水で15分間以上洗い流す。

(4)注意事項

①酸化剤と混合すると発火することがある。

②火災等で燃焼すると酸化ヒ素（Ⅲ）の煙霧を生成する。煙霧は少量の吸入であっても強い溶血作用がある。

(5)保護具

保護眼鏡、保護手袋、保護長靴、保護衣、防塵マスク（火災時：人工呼吸器）

【廃棄基準】〔廃棄方法〕

(1)回収法

そのまま再利用するため蒸留する。

(2)固化隔離法

セメントを用いて固化し、溶出試験を行い、溶出量が判定基準以下であることを確認して埋立処分する。

〈備考〉

・回収法は危険を伴うので、専門業者に処理を委託することが望ましい。

・廃棄物の溶出試験および溶出基準は、廃棄物の処理及び清掃に関する法律の規定に基づく。

〔生成物〕（As*）

(注) 1 （ ）は、生成物が化学的変化を生じていないもの。

(注) 2 *は、生成物が廃棄物の処理及び清掃に関する法律により規制を受けるもの。

〔検定法〕吸光光度法、原子吸光法

〔その他〕

ア 水溶性物質（ヒ素酸化物）を含む場合には硝酸を加え、完全に可溶性とした後、この溶液に、含有するヒ素の化学当量の4倍以上の硫酸鉄（Ⅲ）の水溶液を加えて混合攪拌した後、水酸化カルシウム、

各　論

　　　　炭酸ナトリウム等の水溶液を加えて処理し、さらにセメントを用い
　　　　て固化し、溶出試験を行い、溶出量が判定基準以下であることを確
　　　　認して埋立て処分する。
　　イ　本薬物の付着した紙袋等を焼却するとヒ素の酸化物の煙霧を生成
　　　　するので、洗浄装置のない焼却炉等で焼却しない。

毒物	水素化ヒ素
毒物及び劇物指定令 第1条／23	**Arsenic hydride／Hydrogen arsenide** 〔別名〕アルシン／Arsine、ヒ化水素

【組成・化学構造】　**分子式**　AsH_3

　　　　　　　　　　構造式

$$H-As\begin{matrix} H \\ \\ H \end{matrix}$$

【CAS番号】7784-42-1

【性状】無色、ニンニク臭の気体。沸点 −55℃。融点 −117℃。比重 2.7（空気を
　　　　1として）。分解点 300℃。水に可溶（25℃で水 100 mL に 2000 mL 溶解）。
　　　　点火すれば無水亜ヒ酸の白色煙を放って燃える。加熱したガラス管に通
　　　　じると、容易に分解してヒ素を遊離し、いわゆるヒ素鏡を生成。硝酸銀
　　　　にあえば銀を遊離して黒変させる。

【用途】工業用、ドーピングガス、化学反応試薬。

【毒性】原体の LC_{LO} ＝ ヒト吸入：25 ppm（30 min）。

【応急措置基準】　**(1)漏えい時**

　　　風下の人を退避させ、漏えいした場所の周辺にはロープを張るなどし
　　て人の立入りを禁止する。作業の際には必ず人工呼吸器その他の保護具
　　を着用し、風下で作業をしない。付近の着火源となるものは速やかに取
　　り除く。

　　　漏えいしたボンベ等を多量の水酸化ナトリウム水溶液と酸化剤（次亜塩
　　素酸ナトリウム、さらし粉など）の水溶液の混合溶液に容器ごと投入し
　　て気体を吸収させ、酸化処理し、この処理液を処理設備に持ち込み、毒
　　物および劇物の廃棄の方法に関する基準に従って処理を行う。

　　(2)出火時

　　・周辺火災の場合＝速やかに容器を安全な場所に移す。移動不可能な場
　　　合には、遮蔽物の活用など容器の破裂に対する防護措置を講じ、容器
　　　および周囲に散水して冷却する。容器が火炎に包まれた場合には爆発
　　　の危険があるので近寄らない。火災時には、漏えいした気体が燃焼す
　　　ると有毒な酸化ヒ素（Ⅲ）の煙霧が発生するので、消火作業の際には
　　　必ず人工呼吸器その他の保護具を着用する。

234

毒　　物

・着火した場合＝高圧ボンベに着火した場合には消火せずに燃焼させる。

(3)暴露・接触時

①急性中毒と刺激性

・吸入した場合＝鼻、のど、気管支等の粘膜を刺激し、頭痛、めまい、悪心、チアノーゼを起こす。血色素尿を排泄し、肺水腫を生じ、呼吸困難を起こす。

・皮膚に触れた場合＝接触部位に湿疹、水疱、炎症または潰瘍を起こす。

・眼に入った場合＝粘膜を刺激して結膜炎を起こす。

②医師の処置を受けるまでの救急方法

・吸入した場合＝直ちに患者を毛布等にくるんで安静にさせ、新鮮な空気の場所に移す。呼吸困難または呼吸停止の場合には直ちに人工呼吸を行う。この場合の人工呼吸は、呼気吹き込み法を避けること。

・皮膚に触れた場合＝直ちに汚染された衣服や靴等を脱がせ、付着部または接触部を石けん水で洗浄し、多量の水で洗い流す。

・眼に入った場合＝直ちに多量の水で15分間以上洗い流す。

(4)注意事項

①水素化ヒ素（アルシン）は少量の吸入であっても強い溶血作用がある。

②引火性の気体である。

③火災等で燃焼すると有毒な酸化ヒ素（Ⅲ）の煙霧を生成する。

④アルシンを吸収した場合は、至急医師による処置を受ける。

(5)保護具

保護眼鏡、保護手袋、保護長靴、保護衣、人工呼吸器

【廃棄基準】〔廃棄方法〕

(1)燃焼隔離法

スクラバーを備えた焼却炉の火室へ噴霧し、焼却した後、洗浄廃液に希硫酸を加えて酸性にする。この溶液に含有するヒ素の化学当量の4倍以上の硫酸鉄（Ⅲ）の水溶液を加えて混合撹拌した後、水酸化カルシウム、炭酸ナトリウム等の水溶液を加えて処理し、さらにセメントを用いて固化し、溶出試験を行い、溶出量が判定基準以下であることを確認して埋立処分する。

(2)酸化隔離法

適当な酸化剤（次亜塩素酸ナトリウム、さらし粉等）を用いた吸収設備に通し、生成したヒ素化合物の溶液に、含有するヒ素の化学当量の4倍以上の硫酸鉄（Ⅲ）の水溶液を加えて混合撹拌した後、水酸化カルシウム、炭酸ナトリウム等の水溶液で処理し、さらにセメントを用いて固

各　論

化し、溶出試験を行い、溶出量が判定基準以下であることを確認して埋立処分する。

〈備考〉

・スクラバーの洗浄液には水酸化ナトリウム水溶液を用いる。

・廃棄物の溶出試験および溶出基準は、廃棄物の処理及び清掃に関する法律の規定に基づく。

〔生成物〕$FeAsO_3 \cdot nFe(OH)_3$*　$n = 4 \sim 10$, $FeAsO_4 \cdot nFe(OH)_3$*　$n = 4 \sim 10$

（注）　＊は、生成物が廃棄物の処理及び清掃に関する法律により規制を受けるもの。

〔検定法〕吸光光度法、原子吸光法

〔その他〕酸化隔離法の作業の際には未反応の有毒な気体を生成することがあり、少量の吸入であっても危険なので必ず保護具を着用する。

【その他】〔貯法〕ボンベに貯蔵する。

毒物	三酸化二ヒ素
毒物及び劇物指定令 第1条／23	**Diarsenic trioxide** 〔別名〕三酸化ヒ素／Arsenictrioxide、無水亜ヒ酸／Arseniousanhydride、亜ヒ酸／Arsenious acid

【組成・化学構造】　**分子式**　As_2O_3

構造式

【CAS番号】1327-53-3

【性状】無色の2つの結晶系の結晶および無定形ガラス状のもの。無臭。融点313℃（単斜）、275℃（立方）。水に可溶（結晶：20℃で水100 mLに1.8 g溶解）。

【用途】医薬用、工業用、ヒ酸塩の原料、エメラルドグリーンの製造、殺虫剤、殺鼠剤、除草剤、皮革の防虫剤、陶磁器の釉薬など。

【毒性】原体のLD_{50}＝ラット経口：20 mg/kg。

【応急措置基準】**(1)漏えい時**

飛散した場所の周辺にはロープを張るなどして人の立入りを禁止する。作業の際には必ず保護具を着用し、風下で作業をしない。飛散したものは空容器にできるだけ回収し、そのあとを硫酸鉄（Ⅲ）等の水溶液を散布し、水酸化カルシウム、炭酸ナトリウム等の水溶液を用いて処理した後、多量の水で洗い流す。この場合、高濃度な廃液が河川等に排出されないよう注意する。

236

毒　物

(2)出火時

・周辺火災の場合 ＝ 速やかに容器を安全な場所に移す。移動不可能な場合には容器および周囲に散水して冷却する。火災時には有毒な酸ヒ砒素（Ⅲ）の煙霧が発生するので、消火作業の際には必ず人工呼吸器その他の保護具を着用する。

(3)暴露・接触時

①急性中毒と刺激性

・吸入した場合 ＝ 鼻、のど、気管支等の粘膜を刺激し、頭痛、めまい、悪心、チアノーゼを起こす。重症な場合には血色素尿を排泄し、肺水腫を生じ、呼吸困難を起こす。

・皮膚に触れた場合 ＝ しばらく後に、接触部位に湿疹、水疱、炎症または潰瘍を起こす。

・眼に入った場合 ＝ 粘膜を刺激して結膜炎を起こす。

②医師の処置を受けるまでの救急方法

・吸入した場合 ＝ 直ちに患者を毛布等にくるんで安静にさせ、新鮮な空気の場所に移し、鼻をかませ、うがいをさせる。呼吸困難または呼吸停止の場合には直ちに人工呼吸を行う。

・皮膚に触れた場合 ＝ 直ちに汚染された衣服や靴などを脱がせ、付着部または接触部を石けん水で洗浄し、多量の水で洗い流す。

・眼に入った場合 ＝ 直ちに多量の水で 15 分間以上洗い流す。

(4)注意事項

火災等で強熱されると酸化ヒ素（Ⅲ）の煙霧を生成する。煙霧は少量の吸入であっても強い溶血作用がある。

(5)保護具

保護眼鏡、保護手袋、保護長靴、保護衣、防塵マスク（火災時：人工呼吸器）

【廃棄基準】〔廃棄方法〕

沈殿隔離法

水酸化ナトリウム水溶液を加えて完全に可溶性とした後、希硫酸を加えて酸性にする。この溶液に、含有するヒ素の化学当量の 4 倍以上の硫酸鉄（Ⅲ）の水溶液を加えて混合攪拌した後、水酸化カルシウム、炭酸ナトリウム等の水溶液を加えて処理し、さらにセメントを用いて固化し、溶出試験を行い、溶出量が判定基準以下であることを確認して埋立処分する。

〈備考〉廃棄物の溶出試験および溶出基準は、廃棄物の処理及び清掃に関する法律の規定に基づく。

〔生成物〕$FeAsO_3 \cdot nFe(OH)_3$* 　n ＝ 4 〜 10，$FeAsO_4 \cdot nFe(OH)_3$*　n ＝

各論

　　　4～10
　　（注）＊は、生成物が廃棄物の処理及び清掃に関する法律により規制を受けるもの。
〔検定法〕吸光光度法、原子吸光法
〔その他〕本薬物の付着した紙袋等を焼却するとヒ素の酸化物の煙霧を生成するので、洗浄装置のない焼却炉等で焼却しない。
【その他】〔貯法〕少量ならばガラス瓶に密栓し、大量ならば木樽に入れる。

毒物	亜ヒ酸カリウム
毒物及び劇物指定令 第1条/23	Potassium arsenite

【組成・化学構造】　分子式　AsK_3O_3
　　　　　　　　　構造式

【CAS番号】10124-50-2
【性状】不安定な組成で、主としてメタ亜ヒ酸カリウム $KAsO_2$ からなる。無色の針状結晶または白色の結晶状粉末。水に可溶。アルコールに不溶。水溶液はアルカリ性を呈する。
【用途】分析試薬、鏡の銀の還元用、医薬用。

毒物	亜ヒ酸ナトリウム
毒物及び劇物指定令 第1条/23	Sodium arsenite 〔別名〕亜ヒ酸ソーダ

【組成・化学構造】メタ亜ヒ酸ナトリウム $NaAsO_2$ を主とし、ほかに亜ヒ酸水素二ナトリウム Na_2HAsO_3、オルト亜ヒ酸ナトリウム Na_3AsO_3、ピロ亜ヒ酸ナトリウム Na_4AsO_3 などを含んでいる。
　　　　　　　　　分子式　$AsHNaO_2$
　　　　　　　　　構造式　Na^+ 〔 $O-As=O$ 〕

【CAS番号】10124-50-2
【性状】白色または灰白色の粉末。水、熱湯、アルコールに可溶。空気中の二酸化炭素を吸収しやすい。
【用途】除草用、毒餌用。また剥製用の亜ヒ酸石鹸の原料、染色、防腐剤など。
【その他】〔貯法〕よく密栓して保存する。

毒　　物

毒物	ヒ酸カルシウム
毒物及び劇物指定令 第1条／23	**Calcium arsenate**

【組成・化学構造】　**分子式**　$As_2Ca_3O_8$

構造式

$$3Ca^{2+} \left[\begin{array}{c} O^- \\ {}^-O-As=O \\ O^- \end{array} \right]_2$$

【CAS番号】　7778-44-1

【性状】　白色の粉末。100℃で無水物となる。水に不溶。酸に可溶。

【廃棄基準】　〔廃棄方法〕

固化隔離法

　セメントを用いて固化し、溶出試験を行い、溶出量が判定基準以下であることを確認して埋立処分する。

　　〈備考〉廃棄物の溶出試験および溶出基準は、廃棄物の処理及び清掃に関する法律の規定に基づく。

〔生成物〕$(Ca_3(AsO_4)^2 \cdot 3H_2O ^*)$

　(注)1　（　）は、生成物が化学的変化を生じていないもの。
　(注)2　＊は、生成物が廃棄物の処理及び清掃に関する法律により規制を受けるもの。

〔検定法〕吸光光度法、原子吸光法

〔その他〕

　ア　水溶性物質（ヒ素酸化物）を含む場合には硝酸を加え、完全に可溶性とした後、この溶液に、含有するヒ素の化学当量の4倍以上の硫酸鉄(Ⅲ)の水溶液を加えて混合撹拌した後、水酸化カルシウム、炭酸ナトリウム等の水溶液を加えて処理し、さらにセメントを用いて固化し、溶出試験を行い、溶出量が判定基準以下であることを確認して埋立て処分する。

　イ　本薬物の付着した紙袋等を焼却すると、ヒ素の酸化物の煙霧および二酸化硫黄の気体（ヒ酸カルシウムの場合を除く）を生成するので、洗浄装置のない焼却炉等で焼却しない。

【その他】　〔貯法〕よく密栓して保存する。

各　　論

毒物	亜ヒ酸カルシウム
毒物及び劇物指定令 第 1 条／23	**Calcium arsenite** 〔別名〕亜ヒ酸石灰

【組成・化学構造】正塩のほか種々の組成のものが知られ、市販品はこれらの混合物で組成は一定しない。

　　　分子式　$As_2Ca_3O_6$

　　　構造式

$$3Ca^{2+} \left[\begin{array}{c} {}^-O \diagdown \\ As-O^- \\ {}^-O \diagup \end{array} \right]_2$$

【CAS 番号】27152-57-4

【性状】白色の粉末。水に不溶。酸には可溶。

毒物	パリスグリーン
毒物及び劇物指定令 第 1 条／23	**Paris green** 〔別名〕シュワインフルトグリーン／Schweinfurt green、エメラルドグリーン／Emerald green

【組成・化学構造】　分子式　$C_4H_{12}As_6Cu_4O_{16}$

　　　構造式

$$3Ca^{2+} \quad Cu^{2+} \left[\begin{array}{c} O \\ \parallel \\ {}^-O-C-CH_3 \end{array} \right]_2 \left[{}^-O-As=O \right]_6$$

【CAS 番号】12002-03-8

【性状】エメラルド色の粉末。

【用途】緑色顔料。

【毒性】原体の LD_{50} ＝ ラット経口：22 mg/kg。

毒物	シェーレグリーン
毒物及び劇物指定令 第 1 条／23	**Scheele's green**

【組成・化学構造】アセト亜ヒ酸第二銅 $Cu_3As_2O_6 \cdot 2H_2O$ が主成分で、塩基性硫酸銅や塩基性炭酸銅が不純物として混在している。

　　　分子式　$AsCuHO_3$

　　　構造式

$$Cu^{2+} \left[\begin{array}{c} {}^-O \diagdown \\ As-OH \\ {}^-O \diagup \end{array} \right]$$

【CAS 番号】1345-20-6

【性状】緑色の粉末。水に難溶。

【用途】緑色顔料。

240

毒　物

毒物	亜ヒ酸鉛
毒物及び劇物指定令 第 1 条／23	**Lead arsenite**

【組成・化学構造】　**分子式**　$As_2O_6Pb_3$

構造式

$$3Pb^{2+} \left[\begin{matrix} {}^-O & & O^- \\ & As & \\ & O^- & \end{matrix} \right]_2$$

【CAS 番号】　10031-13-7

【性状】　白色の粉末。水に可溶、加水分解する。塩基性水溶液に易溶。

毒物	五酸化二ヒ素
毒物及び劇物指定令 第 1 条／23	**Arsenic pentaoxide** 〔別名〕無水ヒ酸／Arsenic anhydride

【組成・化学構造】　**分子式**　As_2O_5

構造式

$$\underset{O}{\overset{O}{\underset{\|}{As}}}\text{—}O\text{—}\underset{O}{\overset{O}{\underset{\|}{As}}}$$

【CAS 番号】　1303-28-2

【性状】　白色無定形の粉末。潮解性。315℃で分解して、酸素を放って亜ヒ酸になる。水に可溶（64.7g/100 mL、20℃）。

【用途】　試薬。

【毒性】　原体の LD_{50} ＝ ラット経口：8 mg/kg。

【応急措置基準】　**(1)漏えい時**

　　飛散した場所の周辺にはロープを張るなどして人の立入りを禁止する。作業の際には必ず保護具を着用し、風下で作業をしない。飛散したものは空容器にできるだけ回収し、そのあとを硫酸鉄（Ⅲ）等の水溶液を散布し、水酸化カルシウム、炭酸ナトリウム等の水溶液を用いて処理した後、多量の水で洗い流す。この場合、高濃度の廃液が河川等に排出されないよう注意する。

(2)出火時

・周辺火災の場合 ＝ 速やかに容器を安全な場所に移す。移動不可能な場合には容器および周囲に散水して冷却する。火災時には有毒な酸化ヒ素（Ⅲ）の煙霧が発生するので、消火作業の際には必ず人工呼吸器その他の保護具を着用する。

(3)暴露・接触時

①急性中毒と刺激性

各　　論

・吸入した場合＝鼻、のど、気管支等の粘膜を刺激し、頭痛、めまい、悪心、チアノーゼを起こす。重症の場合には血色素尿を排泄し、肺水腫を生じ、呼吸困難を起こす。

・皮膚に触れた場合＝接触部位に湿疹、水疱、炎症または潰瘍を起こす。

・眼に入った場合＝粘膜を刺激して結膜炎を起こす。

②医師の処置を受けるまでの救急方法

・吸入した場合＝直ちに患者を毛布等にくるんで安静にさせ、新鮮な空気の場所に移し、鼻をかませ、うがいをさせる。呼吸困難または呼吸停止の場合には直ちに人工呼吸を行う。

・皮膚に触れた場合＝直ちに汚染された衣服や靴などを脱がせ、付着部または接触部を石けん水で洗浄し、多量の水で洗い流す。

・眼に入った場合＝直ちに多量の水で 15 分間以上洗い流す。

(4)**注意事項**

火災等で強熱されると酸化ヒ素（Ⅲ）の煙霧を生成する。煙霧は少量の吸入であっても強い溶血作用がある。

(5)**保護具**

保護眼鏡、保護手袋、保護長靴、保護衣、防塵マスク（火災時：人工呼吸器）

【廃棄基準】〔廃棄方法〕

沈殿隔離法

水酸化ナトリウム水溶液を加えて完全に可溶性とした後、希硫酸を加えて酸性にする。この溶液に、含有するヒ素の化学当量の 4 倍以上の硫酸鉄（Ⅲ）の水溶液を加えて混合攪拌した後、水酸化カルシウム、炭酸ナトリウム等の水溶液を加えて処理し、さらにセメントを用いて固化し、溶出試験を行い、溶出量が判定基準以下であることを確認して埋立て処分する。

〈備考〉廃棄物の溶出試験及び溶出基準は、廃棄物の処理及び清掃に関する法律の規定に基づく。

〔生成物〕$FeAsO_3 \cdot nFe(OH)_3$* $\quad n = 4 \sim 10$, $FeAsO_4 \cdot nFe(OH)_3$* $\quad n = 4 \sim 10$

（注）　＊は、生成物が廃棄物の処理及び清掃に関する法律により規制を受けるもの。

〔検定法〕吸光光度法、原子吸光法

〔その他〕本薬物の付着した紙袋等を焼却するとヒ素の酸化物の煙霧を生成するので、洗浄装置のない焼却炉等で焼却しない。

毒　　物

毒物	
毒物及び劇物指定令 第 1 条／23	**ヒ酸** **Arsenic acid**

【組成・化学構造】 　**分子式**　AsH_3O_4

　　　　　　　　構造式

$$
\begin{array}{c}
OH \\
| \\
HO-As-OH \\
\| \\
O
\end{array}
$$

【CAS 番号】　7778-39-4

【性状】　無色透明の微小な板状結晶または結晶性粉末。160℃で無水物となる。融点 35.5℃。水に可溶（100℃で水 100 mL に 99.4 g 溶解）。アルコール、グリセリンに可溶。中性溶液から硝酸銀によって赤褐色の沈殿を生成、加熱した酸性液からは、硫化水素によって黄色の沈殿を生成。

【用途】　ヒ酸鉛、ヒ酸カルシウム、フクシンその他医薬用ヒ素剤の原料。

【毒性】　原体の LD_{50} ＝ ラット経口：48 mg/kg。

【応急措置基準】　**⑴漏えい時**

　　飛散した場所の周辺にはロープを張るなどして人の立入りを禁止する。作業の際には必ず保護具を着用し、風下で作業をしない。飛散したものは空容器にできるだけ回収し、そのあとを硫酸鉄（Ⅲ）等の水溶液を散布し、水酸化カルシウム、炭酸ナトリウム等の水溶液を用いて処理した後、多量の水で洗い流す。この場合、高濃度の廃液が河川等に排出されないよう注意する。

⑵出火時

・周辺火災の場合 ＝ 速やかに容器を安全な場所に移す。移動不可能な場合には容器および周囲に散水して冷却する。火災時には有毒な酸化ヒ素（Ⅴ）の煙霧が発生するので、消火作業の際には必ず人工呼吸器その他の保護具を着用する。

⑶暴露・接触時

①急性中毒と刺激性

・吸入した場合 ＝ 鼻、のど、気管支等の粘膜を刺激し、頭痛、めまい、悪心、チアノーゼを起こす。重症の場合には血色素尿を排泄し、肺水腫を生じ、呼吸困難を起こす。

・皮膚に触れた場合 ＝ 接触部位に湿疹、水疱、炎症または潰瘍を起こす。

・眼に入った場合 ＝ 粘膜を刺激して結膜炎を起こす。

②医師の処置を受けるまでの救急方法

・吸入した場合 ＝ 直ちに患者を毛布等にくるんで安静にさせ、新鮮な

各　　論

空気の場所に移し、鼻をかませ、うがいをさせる。呼吸困難または呼吸停止の場合には直ちに人工呼吸を行う。

・皮膚に触れた場合＝直ちに汚染された衣服や靴などを脱がせ、付着部または接触部を石けん水で洗浄し、多量の水で洗い流す。

・眼に入った場合＝直ちに多量の水で15分間以上洗い流す。

⑷注意事項

火災等で強熱されると酸化ヒ素（Ⅴ）の煙霧を生成する。煙霧は少量の吸入であっても強い溶血作用がある。

⑸保護具

保護眼鏡、保護手袋、保護長靴、保護衣、防塵マスク（火災時：人工呼吸器）

【廃棄基準】〔廃棄方法〕

沈殿隔離法

水酸化ナトリウム水溶液を加えて完全に可溶性とした後、希硫酸を加えて酸性にする。この溶液に、含有するヒ素の化学当量の4倍以上の硫酸鉄（Ⅲ）の水溶液を加えて混合攪拌した後、水酸化カルシウム、炭酸ナトリウム等の水溶液を加えて処理し、さらにセメントを用いて固化し、溶出試験を行い、溶出量が判定基準以下であることを確認して埋立て処分する。

〈備考〉廃棄物の溶出試験および溶出基準は、廃棄物の処理及び清掃に関する法律の規定に基づく。

〔生成物〕$FeAsO_3 \cdot nFe(OH)_3$* 　n＝4〜10, $FeAsO_4 \cdot nFe(OH)_3$* 　n＝4〜10

（注）＊は、生成物が廃棄物の処理及び清掃に関する法律により規制を受けるもの。

〔検定法〕吸光光度法、原子吸光法

〔その他〕本薬物の付着した紙袋等を焼却するとヒ素の酸化物の煙霧を生成するので、洗浄装置のない焼却炉等で焼却しない。

毒物	ヒ酸カリウム
毒物及び劇物指定令 第1条／23	**Potassium arsenate**

【組成・化学構造】

分子式　AsH_2KO_4

構造式

$$K^+ \begin{bmatrix} & O & \\ & \| & \\ {}^-O-&As&-OH \\ & | & \\ & OH & \end{bmatrix}$$

【CAS番号】7784-41-0

244

毒　　物

【性状】：無色または白色の結晶塊または粉末。水、アルコール、グリセリンに可
　　　　溶。風化作用があり、水溶液は二酸化炭素を吸収。

【用途】：殺虫剤、試薬。

毒物	ヒ酸ナトリウム
毒物及び劇物指定令 第 1 条／23	**Sodium arsenate** 〔別名〕第三ヒ酸ナトリウム

【組成・化学構造】　**分子式**　$AsNa_3O_4$
　　　　　　　　　　構造式

$$3Na^+ \left[\begin{array}{c} O^- \\ | \\ ^-O-As=O \\ | \\ O^- \end{array} \right]$$

【CAS 番号】：13464-38-5

【性状】：無色の結晶。融点 86.3℃。比重 1.759。水に可溶。

毒物	ヒ酸鉛
毒物及び劇物指定令 第 1 条／23	**Lead arsenate**

【組成・化学構造】　各種ヒ酸鉛の混合物で酸性ヒ酸鉛として $PbHAsO_4$、塩基性ヒ酸鉛として
　　　　　　　　　　$Pb_5(OH)(AsO_4)_3$、$Pb_7(OH)_2(AsO_4)_4$、$Pb_9(OH)_6(AsO_4)_4$ などが知られ
　　　　　　　　　　ている。

　　　　　　　　　　分子式　AsH_3O_4Pb
　　　　　　　　　　構造式

$$Pb^{2+} \left[\begin{array}{c} O^- \\ | \\ ^-O-As-OH \\ || \\ O \end{array} \right]$$

【CAS 番号】：7784-40-9

【性状】：白色の粉末。水に難溶。酸あるいは水酸化カルシウムに可溶。

毒物	ヒ酸石灰
毒物及び劇物指定令 第 1 条／23	**Calcium arsenate**

【組成・化学構造】　**分子式**　$As_2Ca_3O_8$
　　　　　　　　　　構造式

$$3Ca^{2+} \left[\begin{array}{c} O^- \\ | \\ ^-O-As=O \\ | \\ O^- \end{array} \right]_2$$

【CAS 番号】：7778-44-1

【性状】：石灰乳とヒ酸との反応によって生成する混合物。条件の差異によって約
　　　　　20 種の塩類が生じる。元来は白色の粉末であるが、赤色に着色されてい

各　　論

る。水に不溶。

毒物	
毒物及び劇物指定令 第1条／23	**ヒ酸鉄** Ferric arsenate

【組成・化学構造】$FeAsO_4$、このほか各種のヒ酸鉄を含んでいる。

分子式　$As_2Fe_3O_8$

構造式

$$3Fe^{2+} \left[\begin{array}{c} O^- \\ | \\ {}^-O-As=O \\ | \\ O^- \end{array} \right]_2$$

【CAS番号】10102-49-5

【性状】褐色の粉末。水に不溶（酸性塩よりも塩基性塩のほうがいっそう溶けにくい）。

毒物	
毒物及び劇物指定令 第1条／23	**ヒ酸マンガン** Manganese arsenate

【組成・化学構造】**分子式**　$AsMnO_4$

構造式

$$Mn^{3+} \left[\begin{array}{c} O^- \\ | \\ {}^-O-As=O \\ | \\ O^- \end{array} \right]$$

【CAS番号】10103-50-1

【性状】褐色の針状結晶。水に難溶。

毒物	
毒物及び劇物指定令 第1条／23	**ヒ酸銅** Copper arsenate

【組成・化学構造】正ヒ酸銅 $Cu_3(AsO_4)_2 \cdot 4H_2O$ のほか、塩基性ヒ酸銅 $Cu[Cu(OH)AsO_4]$、酸性ヒ酸銅 $Cu_5H_2(AsO_4)_2 \cdot 2H_2O$ など各種のヒ酸銅を含んでいる。

分子式　$As_2Cu_3O_8$

構造式

$$3Cu^{2+} \left[\begin{array}{c} O^- \\ | \\ {}^-O-As=O \\ | \\ O^- \end{array} \right]_2$$

【CAS番号】10103-61-4

【性状】緑色または青緑色の粉末。水に難溶。

毒物	ヒ酸亜鉛
毒物及び劇物指定令 第1条／23	Zinc arsenate

【組成・化学構造】 ヒ酸亜鉛の混合物。

構造式

【CAS 番号】 1303-39-5

【性状】 水酸化亜鉛または酸化亜鉛とヒ酸の反応によって、ヒ酸亜鉛を生成する。白色の結晶性または無晶形の粉末。水に不溶。

毒物	三硫化二ヒ素
毒物及び劇物指定令 第1条／23	Arsenic disulfide
	〔別名〕鶏冠石／Realgar、赤ヒ石／Red orpiment、硫化第一ヒ素

【組成・化学構造】 分子式 As_2S_3

構造式

【CAS 番号】 1303-33-9

【性状】 黄色の粉末または赤色の結晶。融点300℃。水に不溶（18℃で水100 mLに 5.2×10^{-5} g 溶解）。エタノールに可溶。

【用途】 天然にも産出するが、顔料として使用されるのはほとんど合成品である。顔料として被覆力はやや強いが、保存性がなく毒性が強いので、あまり用いられない。

【応急措置基準】 **(1)漏えい時**

飛散した場所の周辺にはロープを張るなどして人の立入りを禁止する。作業の際には必ず保護具を着用し、風下で作業をしない。飛散したものは空容器にできるだけ回収し、そのあとを硫酸鉄（Ⅲ）等の水溶液を散布し、水酸化カルシウム、炭酸ナトリウム等の水溶液を用いて処理した後、多量の水で洗い流す。この場合、高濃度の廃液が河川等に排出されないよう注意する。

(2)出火時

・周辺火災の場合＝速やかに容器を安全な場所に移す。移動不可能な場合には容器および周囲に散水して冷却する。

各　　論

・着火した場合 ＝ 初期の火災には粉末、二酸化炭素、乾燥砂などを用い
て消火する。大規模火災の場合には水の噴霧を行う。火災時には有毒
な酸化ヒ素（Ⅲ）の煙霧および気体が発生するので、消火作業の際に
は必ず人工呼吸器その他の保護具を着用する。

・消火剤 ＝ 粉末、二酸化炭素、乾燥砂、水

(3)暴露・接触時

①急性中毒と刺激性

・吸入した場合 ＝ 鼻、のど、気管支等の粘膜を刺激し、頭痛、めまい、
悪心、チアノーゼを起こす。重症の場合には血色素尿を排泄し、肺
水腫を生じ、呼吸困難を起こす。

・皮膚に触れた場合 ＝ 接触部位に湿疹、水疱、炎症または潰瘍を起こ
す。

・眼に入った場合 ＝ 粘膜を刺激して結膜炎を起こす。

②医師の処置を受けるまでの救急方法

・吸入した場合 ＝ 直ちに患者を毛布等にくるんで安静にさせ、新鮮な
空気の場所に移し、鼻をかませ、うがいをさせる。呼吸困難または
呼吸停止の場合には直ちに人工呼吸を行う。

・皮膚に触れた場合 ＝ 直ちに汚染された衣服や靴などを脱がせ、付着
部または接触部を石けん水で洗浄し、多量の水で洗い流す。

・眼に入った場合 ＝ 直ちに多量の水で15分間以上洗い流す。

(4)注意事項

①酸化剤と混合すると爆発性を有する。

②火災等で燃焼すると酸化ヒ素（Ⅲ）の煙霧および気体を生成する。煙
霧は少量の吸入であっても強い溶血作用がある。

③酸と接触すると有毒な硫化水素の気体を生成する。

(5)保護具

保護眼鏡、保護手袋、保護長靴、保護衣、防塵マスク（火災時：人工
呼吸器）

【廃棄基準】 〔廃棄方法〕

固化隔離法

セメントを用いて固化し、溶出試験を行い、溶出量が判定基準以下で
あることを確認して埋立て処分する。

〈備考〉廃棄物の溶出試験および溶出基準は、廃棄物の処理及び清掃に
関する法律の規定に基づく。

〔生成物〕（As_2S_3*）

(注)1 （　）は、生成物が化学的変化を生じていないもの。
(注)2 ＊は、生成物が廃棄物の処理及び清掃に関する法律により規制を受けるもの。

毒　物

〔検定法〕吸光光度法、原子吸光法
〔その他〕
　ア　水溶性物質（ヒ素酸化物）を含む場合には硝酸を加え、完全に可溶性とした後、この溶液に、含有するヒ素の化学当量の4倍以上の硫酸鉄（Ⅲ）の水溶液を加えて混合攪拌した後、水酸化カルシウム、炭酸ナトリウム等の水溶液を加えて処理し、さらにセメントを用いて固化し、溶出試験を行い、溶出量が判定基準以下であることを確認して埋立て処分する。
　イ　本薬物の付着した紙袋等を焼却するとヒ素の酸化物の煙霧および二酸化硫黄の気体（ヒ酸カルシウムの場合を除く）を生成するので、洗浄装置のない焼却炉等で焼却しない。

毒物	硫化第二ヒ素
毒物及び劇物指定令 第1条／23	**Arsenic trisulfide** 〔別名〕雄黄／Orpiment、キング黄／King's yellow orpiment、黄色硫化ヒ素／Yellow arsenic sulfide、五硫化二ヒ素

【組成・化学構造】　**分子式**　As_2S_5 または As_4S_{10}
　　　　　　　　　　構造式

$$S=As(-S-)As=S$$
（S）（S）

【CAS番号】　1303-34-0
【性状】　淡黄色の粉末。水に難溶。
【用途】　顔料。油、水とはよく混和するが、日光により色があせる。群青、カドミウム黄とは配合できるが、鉛、銅の顔料と混合すると黒変する。

毒物	四硫化四ヒ素
毒物及び劇物指定令 第1条／23	**Tetraarsenic tetrasulfide** 〔別名〕一硫化ヒ素

【組成・化学構造】　**分子式**　As_4S_4
　　　　　　　　　　構造式

【CAS番号】　12279-90-2
【性状】　ガラス状の赤色結晶または橙黄色粉末。転移点267℃でα型（赤色）からβ型（黒色）に変化する。α型の融点307℃、沸点565℃。
【用途】　顔料。
【応急措置基準】　**(1)漏えい時**

各　論

　飛散した場所の周辺にはロープを張るなどして人の立入りを禁止する。作業の際には必ず保護具を着用し、風下で作業をしない。飛散したものは空容器にできるだけ回収し、そのあとを硫酸鉄（Ⅲ）等の水溶液を散布し、水酸化カルシウム、炭酸ナトリウム等の水溶液を用いて処理した後、多量の水で洗い流す。この場合、高濃度の廃液が河川等に排出されないよう注意する。

(2)出火時
・周辺火災の場合 ＝ 速やかに容器を安全な場所に移す。移動不可能な場合には容器および周囲に散水して冷却する。
・着火した場合 ＝ 初期の火災には粉末、二酸化炭素、乾燥砂などを用いて消火する。大規模火災の場合には水の噴霧を行う。火災時には有毒な酸化ヒ素（Ⅲ）の煙霧および気体が発生するので、消火作業の際には必ず人工呼吸器その他の保護具を着用する。
・消火剤 ＝ 粉末、二酸化炭素、乾燥砂、水

(3)暴露・接触時
　①急性中毒と刺激性
・吸入した場合 ＝ 鼻、のど、気管支等の粘膜を刺激し、頭痛、めまい、悪心、チアノーゼを起こす。重症の場合には血色素尿を排泄し、肺水腫を生じ、呼吸困難を起こす。
・皮膚に触れた場合 ＝ 接触部位に湿疹、水疱、炎症または潰瘍を起こす。
・眼に入った場合 ＝ 粘膜を刺激して結膜炎を起こす。
　②医師の処置を受けるまでの救急方法
・吸入した場合 ＝ 直ちに患者を毛布等にくるんで安静にさせ、新鮮な空気の場所に移し、鼻をかませ、うがいをさせる。呼吸困難または呼吸停止の場合には直ちに人工呼吸を行う。
・皮膚に触れた場合 ＝ 直ちに汚染された衣服や靴などを脱がせ、付着部または接触部を石けん水で洗浄し、多量の水で洗い流す。
・眼に入った場合 ＝ 直ちに多量の水で15分間以上洗い流す。

(4)注意事項
　①酸化剤と混合すると爆発性を有する。
　②火災等で燃焼すると酸化ヒ素（Ⅲ）の煙霧および気体を生成する。煙霧は少量の吸入であっても強い溶血作用がある。
　③酸と接触すると有毒な硫化水素の気体を生成する。

(5)保護具
　保護眼鏡、保護手袋、保護長靴、保護衣、防塵マスク（火災時：人工呼吸器）

毒　物

【廃棄基準】〔廃棄方法〕

固化隔離法

　セメントを用いて固化し、溶出試験を行い、溶出量が判定基準以下であることを確認して埋立て処分する。

　〈備考〉廃棄物の溶出試験および溶出基準は、廃棄物の処理及び清掃に関する法律の規定に基づく。

〔生成物〕（As_4S_4 ＊）

　（注）1　（　）は、生成物が化学的変化を生じていないもの。
　（注）2　＊は、生成物が廃棄物の処理及び清掃に関する法律により規制を受けるもの。

〔検定法〕吸光光度法、原子吸光法

〔その他〕

　ア　水溶性物質（ヒ素酸化物）を含む場合には硝酸を加え、完全に可溶性とした後、この溶液に、含有するヒ素の化学当量の4倍以上の硫酸鉄（Ⅲ）の水溶液を加えて混合攪拌した後、水酸化カルシウム、炭酸ナトリウム等の水溶液を加えて処理し、さらにセメントを用いて固化し、溶出試験を行い、溶出量が判定基準以下であることを確認して埋立て処分する。

　イ　本薬物の付着した紙袋等を焼却するとヒ素の酸化物の煙霧および二酸化硫黄の気体（ヒ酸カルシウムの場合を除く）を生成するので、洗浄装置のない焼却炉等で焼却しない。

毒物	
毒物及び劇物指定令 第1条／23	**フッ化ヒ酸カルシウム** Calcium arsenate fluoride

【組成・化学構造】ヒ酸カルシウムにケイフッ化ナトリウム、ケイフッ化カリウム等のケイフッ化物を結合したもの。

　分子式　As_2CaF_{12}

　構造式　Ca^{2+} 〔 $\bar{\ }O-AsF_6$ 〕$_2$

【CAS番号】17068-86-9

【性状】元来は白色の粉末であるが、赤色に着色されている。水に不溶。

251

各　　論

毒物	五塩化ヒ素
毒物及び劇物指定令 第1条／23	Arsenic pentachloride 〔別名〕塩化第二ヒ素

【組成・化学構造】 分子式　AsCl$_5$

構造式

$$\begin{array}{ccc} & Cl & \\ Cl & | & Cl \\ & \diagdown As \diagup & \\ Cl & \diagup \diagdown & Cl \end{array}$$

【CAS番号】22441-45-8

【性状】無色、刺激臭の気体。融点 −40℃。沸点 −25℃で水によって分解。湿気と反応し白煙（塩化水素）を生成。

【用途】ドーピングガス用。

【応急措置基準】（1）漏えい時

　　風下の人を退避させ、漏えいした場所の周辺にはロープを張るなどして人の立入りを禁止する。作業の際には必ず人工呼吸器その他の保護具を着用し、風下で作業をしない。漏えいしたボンベ等を多量の水酸化ナトリウム水溶液に容器ごと投入して気体を吸収させ処理し、この処理液を処理設備に持ち込み、毒物及び劇物の廃棄の方法に関する基準に従って処理を行う。

（2）出火時

・周辺火災の場合＝速やかに容器を安全な場所に移す。移動不可能な場合には、遮蔽物の活用など容器の破裂に対する防護措置を講じ、容器および周囲に散水して冷却する。容器が火炎に包まれた場合には爆発する危険があるので近寄らない。火災時には、漏えいした気体が強熱されると分解して有毒な酸化ヒ素（V）の煙霧および塩化水素の気体が発生するので、消火作業の際には必ず人工呼吸器その他の保護具を着用する。

（3）暴露・接触時

①急性中毒と刺激性

・吸入した場合＝鼻、のど、気管支等の粘膜を刺激し、頭痛、めまい、悪心、チアノーゼを起こす。重症の場合には血色素尿を排泄し、肺水腫を生じ、呼吸困難を起こす。

・皮膚に触れた場合＝接触部位に湿疹、水疱、炎症または潰瘍を起こす。

・眼に入った場合＝粘膜を刺激して結膜炎を起こす。

②医師の処置を受けるまでの救急方法

・吸入した場合＝直ちに患者を毛布等にくるんで安静にさせ、新鮮な

毒　　物

空気の場所に移す。呼吸困難または呼吸停止の場合には直ちに人工呼吸を行う。

・皮膚に触れた場合 ＝ 直ちに汚染された衣服や靴などを脱がせ、付着部または接触部を石けん水で洗浄し、多量の水で洗い流す。

・眼に入った場合 ＝ 直ちに多量の水で 15 分間以上洗い流す。

⑷**注意事項**

①空気中で発煙し、刺激性が強い。

②火災等で強熱されると有毒な酸化ヒ素（Ⅴ）の煙霧および塩化水素の気体を生成する。

③五塩化ヒ素の気体および酸化ヒ素（Ⅴ）の煙霧は少量の吸入であっても強い溶血作用がある。

⑸**保護具**

保護眼鏡、保護手袋、保護長靴、保護衣、人工呼吸器

【廃棄基準】〔廃棄方法〕

沈殿隔離法

多量の水酸化ナトリウム水溶液に気体を吸収させ、完全に可溶性とした後、希硫酸を加えて酸性にする。この溶液に、含有するヒ素の化学当量の 4 倍以上の硫酸鉄（Ⅲ）の水溶液を加えて混合攪拌した後、水酸化カルシウム、炭酸ナトリウム等の水溶液を加えて処理し、さらにセメントを用いて固化し、溶出試験を行い、溶出量が判定基準以下であることを確認して埋立処分する。

〈備考〉廃棄物の溶出試験および溶出基準は、廃棄物の処理及び清掃に関する法律の規定に基づく。

〔生成物〕$FeAsO_4 \cdot nFe(OH)_3$ [*]　　$n = 4 \sim 10$

（注）　[*]は、生成物が廃棄物の処理及び清掃に関する法律により規制を受けるもの。

〔検定法〕吸光光度法、原子吸光法（n）、イオン電極法（F）

〔その他〕作業の際には未反応の有毒な気体を生成することがあり、少量の吸入であっても危険なので必ず保護具を着用する。

毒物	三塩化ヒ素
毒物及び劇物指定令 第 1 条／23	**Arsenic trichloride** 〔別名〕塩化第一ヒ素

【組成・化学構造】　**分子式**　$AsCl_3$

　　　　　　　　　構造式

$$\begin{array}{c} Cl \\ | \\ Cl \diagdown \overset{\displaystyle As}{} \diagup Cl \end{array}$$

【CAS 番号】　7784-34-1

253

各　　論

【性状】 無色の油状液体。沸点130℃。融点 −16℃。水で分解。比重 2.1497。塩酸、エタノール、エーテルに可溶。

【用途】 特殊材料ガス。

【応急措置基準】 **(1)漏えい時**

　　漏えいした場所の周辺にはロープを張るなどして人の立入りを禁止する。作業の際には必ず保護具を着用し、風下で作業をしない。漏えいした液は土砂等でその流れを止め、安全な場所に導き、空容器にできるだけ回収し、そのあとを硫酸鉄（Ⅲ）等の水溶液を散布し、水酸化カルシウム、炭酸ナトリウム等の水溶液を用いて処理した後、多量の水で洗い流す。この場合、高濃度の廃液が河川等に排出されないよう注意する。

(2)出火時

・周辺火災の場合 ＝ 速やかに容器を安全な場所に移す。移動不可能な場合には容器および周囲に散水して冷却する。火災時には、漏えいしたガスが強熱されると分解して有毒な酸化ヒ素（Ⅲ）の煙霧および塩化水素の気体が発生するので、消火作業の際には必ず人工呼吸器その他の保護具を着用する。

(3)暴露・接触時

①急性中毒と刺激性

・吸入した場合 ＝ 鼻、のど、気管支等の粘膜を刺激し、頭痛、めまい、悪心、チアノーゼを起こす。重症の場合には血色素尿を排泄し、肺水腫を生じ、呼吸困難を起こす。

・皮膚に触れた場合 ＝ 接触部位に湿疹、水疱、炎症または潰瘍を起こす。

・眼に入った場合 ＝ 粘膜を刺激して結膜炎を起こす。

②医師の処置を受けるまでの救急方法

・吸入した場合 ＝ 直ちに患者を毛布等にくるんで安静にさせ、新鮮な空気の場所に移す。呼吸困難または呼吸停止の場合には直ちに人工呼吸を行う。

・皮膚に触れた場合 ＝ 直ちに汚染された衣服や靴などを脱がせ、付着部または接触部を石けん水で洗浄し、多量の水で洗い流す。

・眼に入った場合 ＝ 直ちに多量の水で15分間以上洗い流す。

(4)注意事項

①空気中で発煙し、強い刺激性を有する。

②火災等で強熱されると、有毒な酸化ヒ素（Ⅲ）の煙霧および塩化水素の気体を生成する。

③三塩化ヒ素および酸化ヒ素（Ⅲ）の煙霧は少量の吸入であっても強い溶血作用がある。

(5) 保護具

保護眼鏡、保護手袋、保護長靴、保護衣、人工呼吸器

【廃棄基準】〔廃棄方法〕

沈殿隔離法

水酸化ナトリウム水溶液を加えて完全に可溶性とした後、希硫酸を加えて酸性にする。この溶液に、含有するヒ素の化学当量の4倍以上の硫酸鉄（Ⅲ）の水溶液を加えて混合攪拌した後、水酸化カルシウム、炭酸ナトリウム等の水溶液を加えて処理し、さらにセメントを用いて固化し、溶出試験を行い、溶出量が判定基準以下であることを確認して埋立処分する。

〈備考〉廃棄物の溶出試験および溶出基準は廃棄物の処理及び清掃に関する法律の規定に基づく。

〔生成物〕$FeAsO_3 \cdot nFe(OH)_3$*　$n = 4 \sim 10$

（注）　＊は、生成物が廃棄物の処理及び清掃に関する法律により規制を受けるもの。

〔検定法〕吸光光度法、原子吸光法（n）、イオン電極法（F）

〔その他〕作業の際には未反応の有毒な気体を生成することがあり、少量の吸入であっても危険なので必ず保護具を着用する。

毒物	五フッ化ヒ素
毒物及び劇物指定令 第1条／23	**Arsenic pentafluoride** 〔別名〕フッ化第二ヒ素

【組成・化学構造】　**分子式**　AsF_5
　　　　　　　　　　構造式

【CAS番号】7784-36-3

【性状】無色、刺激臭の気体。沸点 −52.9℃。融点 −79.8℃。比重 2.47。水で分解。アルカリ、エタノール、エーテル、ベンゼンに可溶。湿気と反応し白煙（フッ化水素）を生成。

【用途】特殊材料ガス。

【応急措置基準】(1) **漏えい時**

風下の人を退避させる。漏えいした場所の周辺にはロープを張るなどして人の立入りを禁止する。作業の際には必ず人工呼吸器その他の保護具を着用し、風下で作業をしない。漏えいしたボンベ等を多量の水酸化ナトリウム水溶液に容器ごと投入して気体を吸収させ処理し、この処理液を処理設備に持ち込み、毒物及び劇物の廃棄の方法に関する基準に従って処理を行う。

各　論

(2)出火時

・周辺火災の場合 ＝ 速やかに容器を安全な場所に移す。移動不可能な場合には、遮蔽物の活用など容器の破裂に対する防護措置を講じ、容器および周囲に散水して冷却する。容器が火炎に包まれた場合には爆発の危険があるので近寄らない。火災時には、漏えいした気体が強熱されると分解して有毒な酸化ヒ素（Ⅴ）の煙霧およびフッ化水素の気体が発生するので、消火作業の際には必ず人工呼吸器その他の保護具を着用する。

(3)暴露・接触時

①急性中毒と刺激性

・吸入した場合 ＝ 鼻、のど、気管支等の粘膜を刺激し、頭痛、めまい、悪心、チアノーゼを起こす。重症の場合には血色素尿を排泄し、肺水腫を生じ、呼吸困難を起こす。

・皮膚に触れた場合 ＝ 接触部位に湿疹、水疱、炎症または潰瘍を起こす。重症の場合には激しい痛みを感じ、皮膚の内部にまで浸透腐食する。

・眼に入った場合 ＝ 粘膜を刺激して結膜炎を起こす。重症の場合には失明する。

②医師の処置を受けるまでの救急方法

・吸入した場合 ＝ 直ちに患者を毛布等にくるんで安静にさせ、新鮮な空気の場所に移す。呼吸困難または呼吸停止の場合には直ちに人工呼吸を行う。

・皮膚に触れた場合 ＝ 直ちに汚染された衣服や靴などを脱がせ、付着部または接触部を石けん水で洗浄し、多量の水で洗い流す。

・眼に入った場合 ＝ 直ちに多量の水で15分間以上洗い流す。

(4)注意事項

①空気中で発煙し、強い刺激性を有する。

②火災等で強熱されると、有毒な酸化ヒ素（Ⅲ）の煙霧およびフッ化水素の気体を生成する。

③五フッ化ヒ素の気体および酸化ヒ素（Ⅲ）の煙霧は少量の吸入であっても強い溶血作用がある。

(5)保護具

保護眼鏡、保護手袋、保護長靴、保護衣、人工呼吸器

【廃棄基準】〔廃棄方法〕

沈殿隔離法

多量の水酸化ナトリウム水溶液にガスを吸収させ、完全に可溶性とした後、希硫酸を加えて酸性にする。この溶液に、含有するヒ素の化学当

量の4倍以上の硫酸鉄(Ⅲ)の水溶液を加えて混合攪拌した後、水酸化カルシウムの水溶液を加えて処理し、さらにセメントを用いて固化し、溶出試験を行い、溶出量が判定基準以下であることを確認して埋立処分する。

〈備考〉
・廃棄物の溶出試験および溶出基準は、廃棄物の処理及び清掃に関する法律の規定に基づく。
・希硫酸を過剰に加えるとフッ化水素の気体を生成する。

〔生成物〕FeAsO₄·nFe(OH)₃*　n = 4 ～ 10, CaF₂
　　(注)　*は、生成物が廃棄物の処理及び清掃に関する法律により規制を受けるもの。
〔検定法〕吸光光度法、原子吸光法(n)、イオン電極法(F)
〔その他〕作業の際には未反応の有毒な気体を生成することがあり、少量の吸入であっても危険なので必ず保護具を着用する。

毒物	三フッ化ヒ素
毒物及び劇物指定令 第1条／23	Arsenic trifluoride 〔別名〕フッ化第一ヒ素

【組成・化学構造】　分子式　AsF₃
　　　　　　　　　構造式

【CAS番号】7784-35-2
【性状】無色の液体。沸点63℃。融点 −8.5℃。比重2.73。水で分解。エタノール、エーテル、ベンゼンに可溶。空気中で発煙し、刺激臭のあるフッ化水素を生成する。
【用途】特殊材料ガス。
【応急措置基準】(1) **漏えい時**

　漏えいした場所の周辺にはロープを張るなどして人の立入りを禁止する。作業の際には必ず保護具を着用し、風下で作業をしない。漏えいした液は土砂等でその流れを止め、安全な場所に導き、空容器にできるだけ回収し、そのあとを硫酸鉄(Ⅲ)等の水溶液を散布し、水酸化カルシウム等の水溶液を用いて処理した後、多量の水で洗い流す。この場合、高濃度の廃液が河川等に排出されないよう注意する。

(2) **出火時**
・周辺火災の場合 ＝ 速やかに容器を安全な場所に移す。移動不可能な場合には容器および周囲に散水して冷却する。火災時には、漏えいした気体が強熱されると分解して有毒な酸化ヒ素(Ⅲ)の煙霧およびフッ

各　　論

化水素の気体が発生するので、消火作業の際には必ず人工呼吸器その他の保護具を着用する。

(3)暴露・接触時

①急性中毒と刺激性

・吸入した場合 = 鼻、のど、気管支等の粘膜を刺激し、頭痛、めまい、悪心、チアノーゼを起こす。重症の場合には血色素尿を排泄し、肺水腫を生じ、呼吸困難を起こす。

・皮膚に触れた場合 = 接触部位に湿疹、水疱、炎症または潰瘍を起こす。重症の場合には激しい痛みを感じ、皮膚の内部にまで浸透腐食する。

・眼に入った場合 = 粘膜を刺激して結膜炎を起こす。重症の場合には失明する。

②医師の処置を受けるまでの救急方法

・吸入した場合 = 直ちに患者を毛布等にくるんで安静にさせ、新鮮な空気の場所に移す。呼吸困難または呼吸停止の場合には直ちに人工呼吸を行う。

・皮膚に触れた場合 = 直ちに汚染された衣服や靴などを脱がせ、付着部または接触部を石けん水で洗浄し、多量の水で洗い流す。

・眼に入った場合 = 直ちに多量の水で 15 分間以上洗い流す。

(4)注意事項

①空気中で発煙し、強い刺激性を有する。

②火災等で強熱されると、有毒な酸化ヒ素（Ⅲ）の煙霧およびフッ化水素の気体を生成する。

③三フッ化ヒ素および酸化ヒ素（Ⅲ）の煙霧は少量の吸入であっても強い溶血作用がある。

(5)保護具

保護眼鏡、保護手袋、保護長靴、保護衣、人工呼吸器

【廃棄基準】〔廃棄方法〕

沈殿隔離法

水酸化ナトリウム水溶液を加えて完全に可溶性とした後、希硫酸を加えて酸性にする。この溶液に、含有するヒ素の化学当量の 4 倍以上の硫酸鉄（Ⅲ）の水溶液を加えて混合攪拌した後、水酸化カルシウムの水溶液を加えて処理し、さらにセメントを用いて固化し、溶出試験を行い、溶出量が判定基準以下であることを確認して埋立処分する。

〈備考〉

・廃棄物の溶出試験および溶出基準は、廃棄物の処理及び清掃に関する法律の規定に基づく。

毒　　物

・希硫酸を過剰に加えるとフッ化水素の気体を生成する。

〔生成物〕FeAsO$_3$·nFe(OH)$_3$*　n ＝ 4 ～ 10, CaF$_2$

（注）　＊は、生成物が廃棄物の処理及び清掃に関する法律により規制を受けるもの。

〔検定法〕吸光光度法、原子吸光法（n）、イオン電極法（F）

〔その他〕作業の際には未反応の有毒な気体を生成することがあり、少量の吸入であっても危険なので必ず保護具を着用する。

毒物	ヒ酸水素二ナトリウム
毒物及び劇物指定令第 1 条／23	**Disodium hydrogenarsenate**〔別名〕第二ヒ酸ナトリウム

【組成・化学構造】

分子式　AsH$_3$O$_4$2Na

構造式

$$2Na^+ \begin{bmatrix} OH \\ | \\ {}^-O-As-O^- \\ || \\ O \end{bmatrix}$$

【CAS 番号】7778-43-0

【性状】無色の結晶。融点28℃。水に可溶（0℃で水 100 mL に 17.2 g 溶解）。99.5℃以上で無水塩となる。

【用途】試薬、木材防腐等。

【応急措置基準】

(1)漏えい時

　飛散した場所の周辺にはロープを張るなどして人の立入りを禁止する。作業の際には必ず保護具を着用し、風下で作業をしない。飛散したものは空容器にできるだけ回収し、そのあとを硫酸鉄（Ⅲ）等の水溶液を散布し、水酸化カルシウム、炭酸ナトリウム等の水溶液を用いて処理した後、多量の水で洗い流す。この場合、高濃度の廃液が河川等に排出されないよう注意する。

(2)出火時

・周辺火災の場合 ＝ 速やかに容器を安全な場所に移す。移動不可能な場合には容器および周囲に散水して冷却する。火災時には有毒な酸化ヒ素（Ⅲ）の煙霧が発生するので、消火作業の際には必ず人工呼吸器その他の保護具を着用する。

(3)暴露・接触時

　①急性中毒と刺激性

　　・吸入した場合 ＝ 鼻、のど、気管支等の粘膜を刺激し、頭痛、めまい、悪心、チアノーゼを起こす。重症の場合には血色素尿を排泄し、肺水腫を生じ、呼吸困難を起こす。

　　・皮膚に触れた場合 ＝ 接触部位に湿疹、水疱、炎症または潰瘍を起こす。

各　　論

・眼に入った場合 = 粘膜を刺激して結膜炎を起こす。
②医師の処置を受けるまでの救急方法
・吸入した場合 = 直ちに患者を毛布等にくるんで安静にさせ、新鮮な空気の場所に移し、鼻をかませ、うがいをさせる。呼吸困難または呼吸停止の場合には直ちに人工呼吸を行う。
・皮膚に触れた場合 = 直ちに汚染された衣服や靴などを脱がせ、付着部または接触部を石けん水で洗浄し、多量の水で洗い流す。
・眼に入った場合 = 直ちに多量の水で15分間以上洗い流す。

(4)注意事項
　火災等で強熱されると酸化ヒ素（Ⅲ）の煙霧を生成する。煙霧は少量の吸入であっても強い溶血作用がある。

(5)保護具
　保護眼鏡、保護手袋、保護長靴、保護衣、防塵マスク（火災時：人工呼吸器）

【廃棄基準】〔廃棄方法〕
沈殿隔離法
　水酸化ナトリウム水溶液を加えて完全に可溶性とした後、希硫酸を加えて酸性にする。この溶液に、含有する砒素の化学当量の4倍以上の硫酸鉄（Ⅲ）の水溶液を加えて混合撹拌した後、水酸化カルシウム、炭酸ナトリウム等の水溶液を加えて処理し、さらにセメントを用いて固化し、溶出試験を行い、溶出量が判定基準以下であることを確認して埋立処分する。
　　〈備考〉廃棄物の溶出試験および溶出基準は、廃棄物の処理及び清掃に関する法律の規定に基づく。
〔生成物〕$FeAsO_3 \cdot nFe(OH)_3{}^{*}$　n = 4 ～ 10, $FeAsO_4 \cdot nFe(OH)_3{}^{*}$　n = 4 ～ 10
　（注）　＊は、生成物が廃棄物の処理及び清掃に関する法律により規制を受けるもの。
〔検定法〕吸光光度法、原子吸光法
〔その他〕本薬物の付着した紙袋等を焼却するとヒ素の酸化物の煙霧を生成するので、洗浄装置のない焼却炉等で焼却しない。

毒　物

毒物
毒物及び劇物指定令 第1条／23

ヘキサフルオロヒ酸リチウム
Lithium hexafluoro arsenate

【組成・化学構造】 **分子式**　AsF_6Li

構造式

$$Li^+ \begin{bmatrix} F & F \\ F-As-F \\ F & F \end{bmatrix}^-$$

【CAS番号】 29935-35-1

【性状】 白色の粉末。融点280℃（分解）。水に可溶（25℃で水100 mLに39 g溶解）。エチレングリコール、テトラヒドロフランに可溶。

【応急措置基準】 **(1)漏えい時**

飛散した場所の周辺にはロープを張るなどして人の立入りを禁止する。作業の際には必ず保護具を着用し、風下で作業をしない。飛散したものは空容器にできるだけ回収し、そのあとを硫酸鉄（Ⅲ）等の水溶液を散布し、水酸化カルシウム等の水溶液を用いて処理した後、多量の水で洗い流す。この場合、高濃度の廃液が河川等に排出されないよう注意する。

(2)出火時

・周辺火災の場合 ＝ 速やかに容器を安全な場所に移す。移動不可能な場合には容器および周囲に散水して冷却する。

(3)暴露・接触時

①急性中毒と刺激性

・吸入した場合 ＝ 鼻、のど、気管支等の粘膜を刺激し、炎症を起こす。重症の場合には肺水腫を起こす。

・皮膚に触れた場合 ＝ 接触部位に対し、起炎性を有する。

・眼に入った場合 ＝ 粘膜に対し、起炎性を有する。

②医師の処置を受けるまでの救急方法

・吸入した場合 ＝ 直ちに患者を毛布等にくるんで安静にさせ、新鮮な空気の場所に移し、鼻をかませ、うがいをさせる。呼吸困難または呼吸停止の場合には直ちに人工呼吸を行う。

・皮膚に触れた場合 ＝ 直ちに汚染された衣服や靴などを脱がせ、付着部または接触部を石けん水で洗浄し、多量の水で洗い流す。

・眼に入った場合 ＝ 直ちに多量の水で15分間以上洗い流す。

(4)注意事項

①火災等で強熱されると、有毒なヒ素の酸化物の煙霧ならびにヒ素のフッ化物およびフッ化水素の気体が生成する。

②酸と接触すると有毒なフッ化水素ガスを生成する。

毒物

261

各　　論

(5)保護具

保護眼鏡、保護手袋、保護長靴、保護衣、防塵マスク（火災時：人工呼吸器）

【廃棄基準】〔廃棄方法〕

沈殿隔離法

水酸化ナトリウム水溶液を加えてヒ酸ナトリウム、フッ化ナトリウム等にした後、希硫酸を加えて酸性にする。この溶液に、含有するヒ素の化学当量の4倍以上の硫酸鉄（Ⅲ）の水溶液を加えて混合攪拌した後、水酸化カルシウムの水溶液を加えて処理し（pH8.5以上とする）、さらにセメントを用いて固化し、溶出試験を行い、溶出量が判定基準以下であることを確認して埋立処分する。

〈備考〉

・廃棄物の溶出試験および溶出基準は、廃棄物の処理及び清掃に関する法律の規定に基づく。

・希硫酸を過剰に加えるとフッ化ヒ素（Ⅴ）およびフッ化水素の気体を生成する。

〔生成物〕$FeAsO_4 \cdot nFe(OH)_3$*　　n = 4 ～ 10,　CaF_2

（注）　*は、生成物が廃棄物の処理及び清掃に関する法律により規制を受けるもの。

〔検定法〕吸光光度法、原子吸光法（n）、イオン電極法（F）

〔その他〕

ア　本薬物の付着した紙袋等を焼却すると、ヒ素の酸化物の煙霧ならびにヒ素のフッ化物およびフッ化水素の気体を生成するので、洗浄装置のない焼却炉等で焼却しない。

イ　作業の際には、有毒な五フッ化ヒ素およびフッ化水素の気体を生成することがあり、少量の吸入であっても危険なので必ず保護具を着用する。

毒物	**ヒドラジン**
毒物及び劇物指定令 第1条／23の2	**Hydrazine** 〔別名〕無水ヒドラジン

【組成・化学構造】　**分子式**　　H_4N_2

　　　　　　　　　　構造式　　$H_2N{-}NH_2$

【CAS番号】　302-01-2

【性状】　無色の油状の液体。沸点113℃。融点2℃。水、低級アルコールと混合。空気中で発煙する。52℃で発火。強い還元剤。

【用途】　ロケット燃料。

【毒性】　原体のLD_{50}＝ラット経口：59 mg/kg、ウサギ経皮：91 mg/kg。LC_{50}＝

262

毒　物

：ラット吸入：570 ppm/kg（4 hr）、マウス吸入：252 ppm/kg（4 hr）。

毒物	ブチル=2,3-ジヒドロ-2,2-ジメチルベンゾフラン-7-イル =N,N′-ジメチル-N,N′-チオジカルバマート
毒物及び劇物指定令 第1条／23の3	Butyl 2,3-dihydro-2,2-dimethylbenzofuran-7-yl N,N′-dimethyl-N,N′ -thiodicarbamate
	〔別名〕フラチオカルブ

【組成・化学構造】　**分子式**　$C_{18}H_{26}N_2O_5S$

構造式

【CAS番号】：65907-30-4

【性状】：白色粉末。沸点250℃以上。蒸気圧 3.9×10^{-6} Pa（25℃）。比重1.148。溶
　　　　解度は水 0.01 g/L（25℃）、エタノール、n-オクタノール、アセトン、ト
　　　　ルエン、n-ヘキサンに完全混和。

【用途】：育苗箱処理による水稲のイネミズゾウムシをはじめとする水稲初期害虫
　　　　等の殺虫剤。国外では、穀類および野菜の種子処理用、土壌処理用、茎
　　　　葉散布用の殺虫剤として登録されている。

【毒性】：原体の LD_{50} ＝ ラット雄経口：15.3 mg/kg、ラット雌経口：9.7 mg/kg、
　　　　LD_{50} ＞ ラット雌雄経皮：2000 mg/kg。LC_{50} ＝ ラット雄吸入：75 mg/kg、
　　　　ラット雌吸入：55 mg/kg。

フッ化水素

毒物	毒物及び劇物取締法　別表第一／22 毒物及び劇物指定令　第1条／24

毒物	フッ化水素
毒物及び劇物取締法 別表第一／22 毒物及び劇物指定令 第1条／24	Hydrogen fluoride
	〔別名〕無水フッ化水素酸

【組成・化学構造】　**分子式**　FH

構造式　H－F

【CAS番号】：7664-39-3

【性状】：不燃性の無色液化した気体。沸点19℃。融点 －83℃。比重0.987。強い

263

各　　論

刺激性。気体は空気より重く、空気中の水や湿気と作用して白煙を生じ、強い腐食性を示す。水に易溶。

【応急措置基準】 **(1)漏えい時**

　風下の人を退避させ、必要があれば水で濡らした手ぬぐい等で口および鼻を覆う。漏えいした場所の周辺にはロープを張るなどして人の立入りを禁止する。作業の際には必ず人工呼吸器その他の保護具を着用し、風下で作業をしない。

　漏えい容器には石膏による閉止、木栓の打ち込み等により漏えいを防ぐ。漏えいを止められない場合には布、むしろ等を当て、さらに水酸化カルシウムを散布して気体を吸収させる。

　多量に気体が噴出した場合には遠方から霧状の水をかけて吸収させる。この場合、容器に直接散水してはならない。水と急激に接触すると多量の熱が発生し、酸が飛散することがあるので注意する。

　漏えいした液が少量の場合には徐々に霧状の水を多量にかけ、ある程度希釈した後、水酸化カルシウム等の水溶液で処理し、多量の水で洗い流す。この場合、高濃度の廃液が河川等に排出されないよう注意する。

(2)出火時

・周辺火災の場合＝速やかに容器を安全な場所に移す。移動不可能な場合には、遮蔽物の活用など容器の破裂に対する防護措置を講じ、容器および周囲に散水して冷却する。この場合、容器に水が入らないよう注意する。

(3)暴露・接触時

　①急性中毒と刺激性

・吸入した場合＝鼻、のど、気管支、肺などの粘膜が障害され、肺水腫を生じ、呼吸困難、呼吸停止を起こす。

・皮膚に触れた場合＝直接液に触れると激しい痛みを感じ、皮膚の内部にまで浸透腐食する。

・眼に入った場合＝粘膜等が侵され、失明することがある。

　②医師の処置を受けるまでの救急方法

・吸入した場合＝直ちに患者を毛布等にくるんで安静にさせ、新鮮な空気の場所に移し、直ちに酸素吸入を行う。呼吸困難または呼吸停止の場合には直ちに人工呼吸を行う。

・皮膚に触れた場合＝直ちに付着部または接触部を多量の水で洗い流した後、汚染された衣服や靴などを脱がせる。

・眼に入った場合＝直ちに多量の水で15分間以上洗い流す。

(4)注意事項

　①水が加わると大部分の金属、ガラス、コンクリート等を激しく腐食

毒　　　物

する。

②水と急激に接触すると多量の熱が発生し、酸が飛散することがある。

③フッ化水素は爆発性でも引火性でもないが、水分の存在下では、各種の金属を腐食して水素の気体を生成し、これが空気と混合して引火爆発することがある。

④直接中和剤を散布すると発熱し、酸が飛散することがあるので、ある程度希釈してから中和する。

⑤フッ化水素は液体で運搬されるが、皮膚または衣服等に接触することにより、または外気に触れることにより急激に気体化する。気体は有毒。

⑥皮膚に接触した場合には、至急医師による手当てなどを受ける。

(5)保護具

保護眼鏡、保護手袋、保護長靴、全身保護衣、人工呼吸器

【廃棄基準】〔廃棄方法〕

沈殿法

多量の水酸化カルシウム水溶液中に吹き込んで吸収させ、中和し、沈殿濾過して埋立処分する。

〈備考〉中和時の pH は 8.5 以上とする。これ未満では沈殿が完全には生成されない。

〔生成物〕CaF_2

〔検定法〕イオン電極法、吸光光度法

〔その他〕作業の際には未反応の有毒な気体を生成することがあり、少量の吸入であっても危険なので必ず保護具を着用する。

毒物	フッ化水素酸
毒物及び劇物取締法 別表第一／22 毒物及び劇物指定令 第1条／24	**Hydrofluoric acid** 〔別名〕フッ酸

【組成・化学構造】　**分子式**　FH

　　　　　　　　　構造式　H－F

【CAS番号】7664-39-3

【性状】フッ化水素の水溶液。無色またはわずかに着色した透明の液体。特有の刺激臭。不燃性で高濃度なものは空気中で白煙を生じる。濃度 55% のものは、比重 1.195、融点 −32.3℃、沸点 95.9℃。濃度 71% のものは、比重 1.230、融点 −71.0℃、沸点 65.8℃。共沸点（濃度 38.2%）112.4℃。水に易溶。

【用途】フロンガスの原料、ガソリンのアルキル化反応の触媒、ガラスのつや消し、金属の酸洗剤、半導体のエッチング剤など。

265

各　　論

【毒性】原体の LC_{50} ＝ マウス吸入：342 ppm（1 hr）。

化水素酸が皮膚に触れると、激しい痛みを感じて、著しく腐食される。1～2％の低濃度であっても皮膚に付着すると、その場では異常がなくても数時間後に痛みだす。特に指先の場合が激しく、数日後に爪がはく離することがある。

フッ化水素は組織浸透性が高く、組織に深く浸透し生体内に拡散する。フッ化水素から放出されるフッ素イオンはカルシウムイオンやマグネシウムイオンと強い親和性を有するため、低カルシウム血症、低マグネシウム血症を招き、心室細動、心停止をきたす。皮膚ではフッ化カルシウムおよびフッ化マグネシウムの結晶が沈着し、細胞機能障害を招くとともに、カリウムイオンの細胞膜透過性亢進によって神経が刺激されるため激しい疼痛をもたらす。

【応急措置基準】**(1)漏えい時**

　風下の人を退避させ、必要があれば水で濡らした手ぬぐい等で口および鼻を覆う。漏えいした場所の周辺にはロープを張るなどして人の立入りを禁止する。作業の際には必ず保護具を着用し、風下で作業をしない。漏えいした液は土砂等でその流れを止め、安全な場所に導き、できるだけ空容器に回収し、そのあとを徐々に注水してある程度希釈した後、水酸化カルシウム等の水溶液で処理し、多量の水で洗い流す。発生する気体は霧状の水をかけて吸収させる。この場合、高濃度な廃液が河川等に排出されないよう注意する。

(2)出火時

・周辺火災の場合 ＝ 速やかに容器を安全な場所に移す。移動不可能な場合には、遮へい物の活用など容器の破損に対する防護措置を講じ、容器および周囲に散水して冷却する。この場合、容器に水が入らないよう注意する。

(3)暴露・接触時

①急性中毒と刺激性

・吸入した場合 ＝ 鼻、のど、気管支、肺などの粘膜が刺激され、侵される。重症の場合には肺水腫を生じ、呼吸困難を起こす。

・皮膚に触れた場合 ＝ 激しい痛みを感じ、皮膚の内部にまで浸透腐食する。薄い溶液でも指先に触れると爪の間に浸透し、激痛を感じる。数日後に爪がはく離することがある。

・眼に入った場合 ＝ 粘膜等が侵され、失明する。

②医師の処置を受けるまでの救急方法

・吸入した場合 ＝ 直ちに患者を毛布等にくるんで安静にさせ、新鮮な空気の場所に移し、直ちに酸素吸入を行う。呼吸困難または呼吸停

止の場合には直ちに人工呼吸を行う。

・皮膚に触れた場合 = 直ちに付着部または接触部を多量の水で洗い流した後、汚染された衣服や靴などを脱がせる。

・眼に入った場合 = 直ちに多量の水で15分間以上洗い流す。

(4)注意事項

①大部分の金属、ガラス、コンクリート等と反応する。

②水と急激に接触すると多量の熱が発生し、酸が飛散することがある。

③フッ化水素酸は爆発性でも引火性でもないが、各種の金属と反応して気体の水素が発生し、これが空気と混合して引火爆発することがある。

④直接中和剤を散布すると発熱し、酸が飛散することがあるので、ある程度希釈してから中和する。

⑤火災等で強熱されるとフッ化水素の有毒な気体を生成する。

⑥1～2%の低濃度であっても皮膚に付着すると、その場では異常がなくても数時間後に痛むことがある。

⑦皮膚に接触した場合には、至急医師による手当て等を受ける。

(5)保護具

保護眼鏡、保護手袋、保護長靴、保護衣、人工呼吸器

【廃棄基準】〔廃棄方法〕

沈殿法

多量の水酸化カルシウム水溶液に攪拌しながら少量ずつ加えて中和し、沈殿濾過して埋立処分する。

〈備考〉

・水酸化カルシウム水溶液と急激に混合すると多量の熱が発生し、酸が飛散することがあるので注意する。

・中和時のpHは8.5以上とする。これ未満では沈殿が完全には生成されない。

〔生成物〕CaF_2

〔検定法〕イオン電極法、吸光光度法

〔その他〕作業の際には未反応の有毒な気体を生成することがあり、少量の吸入であっても危険なので必ず保護具を着用する。

【その他】〔鑑識法〕ロウをぬったガラス板に針で任意の模様を描いたものに、フッ化水素酸をぬると、ロウをかぶらない模様の部分のみ反応する。

〔貯法〕銅、鉄、コンクリートまたは木製のタンクにゴム、鉛、ポリ塩化ビニルあるいはポリエチレンのライニングを施したものを用いる。火気厳禁。

各　論

毒物	
毒物及び劇物指定令 第 1 条／24 の 2	**フッ化スルフリル** **Sulfuryl fluoride**

【組成・化学構造】　**分子式**　F_2O_2S

　構造式

$$\begin{array}{c} O \\ \parallel \\ F-S-F \\ \parallel \\ O \end{array}$$

【CAS 番号】2699-79-8

【性状】無色の気体。沸点 −55.2℃。融点 −136.7℃。気体密度 3.52（空気 = 1）。蒸気圧 8.32 × 10^5 Pa（−5℃）、1.217 × 10^6 Pa（10℃）、1.788 × 10^6 Pa（25℃）。水に難溶。アセトン、クロロホルムに可溶。

【用途】農薬（殺虫剤）。

【毒性】原体の LC_{50} ＝ マウス吸入：400 ～ 600 ppm（4 hr）、ラット吸収：991 ppm（4 hr）。

毒物	
毒物及び劇物指定令 第 1 条／24 の 3	**フルオロスルホン酸** **Fluorosulfonic acid** 〔別名〕フルオロ硫酸、フッ化スルホン酸

【組成・化学構造】　**分子式**　FHO_3S

　構造式

$$\begin{array}{c} O \\ \parallel \\ HO-S-F \\ \parallel \\ O \end{array}$$

【CAS 番号】7789-21-1

【性状】無色の液体。沸点 163℃。融点 −89℃。比重 1.726（25℃）。蒸気圧 25.3 ～ 160 hPa（77 ～ 110℃）。アセトンに可溶。水や蒸気と反応し、フッ化水素を生成。硫酸より強い強酸塩であり、強腐食性の液体。発煙性。

【用途】有機化合物の合成反応の触媒。

【毒性】原体の LD_{50} ＝ ラット経皮：100 ～ 1000 mg/kg。
激しい皮膚腐食性を有する。

毒　物

毒物	1-（4-フルオロフエニル）プロパン-2-アミン
毒物及び劇物指定令 第1条／24の4	Benzeneethanamine,4-fluoro-α-methyl

【組成・化学構造】　分子式　$C_9H_{12}FN$

構造式

【CAS番号】64609-06-9

【性状】水に可溶。白色、結晶性。

【用途】試薬。

【毒性】原体の LD_{50} ＝ラット雌雄経口：50 mg/kg。

被検物質によって中枢神経の運動支配系に異常が生じ、運動協調性が失われた結果、振戦・はいずり姿勢・麻痺の症状を呈すると考えられる。体重あたり 50 mg/kg の用量で死亡または安楽殺した個体では痙攣が認められ、痙攣発作に伴う呼吸不全により死亡したと考えられる（死亡直後の解剖で死後硬直が観察されたのは痙攣のためと考えられる）。神経系等に対する作用として、中枢神経系では常同行動・幻覚様行動が、交感神経系では立毛・体温上昇・顕著な流涎が、交感神経系・副交感神経系では唾液の分泌が見られた。そのほか、死亡または安楽殺した個体では、胃の膨張と腺胃大彎部にストレス性の出血が確認された。

毒物	7-ブロモ-6-クロロ-3-[3-[（2R,3S）-3-ヒドロキシ-2-ピペリジル]-2-オキソプロピル]-4（3H）-キナゾリノン
	7-Bromo-6-chloro-3-[3-[(2R,3S)-3-hydroxy-2-piperidyl]-2oxopropyl]-4(3H)-quinazolinone
毒物及び劇物指定令 第1条／24の5	7-ブロモ-6-クロロ-3-[3-[（2S,3R）-3-ヒドロキシ-2-ピペリジル]-2-オキソプロピル]-4（3H）-キナゾリノン
	7-Bromo-6-chloro-3-[3-[(2S,3R)-3-hydroxy-2-piperidyl]-2oxopropyl]-4(3H)-quinazolinone
	〔別名〕ハロフジノンまたはハロフギノン／Halofuginone

【組成・化学構造】　分子式　$C_{16}H_{17}BrClN_3O_3$

構造式

および鏡像異性体

【CAS番号】55837-20-2

【性状】ラセミ体（臭化水素酸塩）。白色または灰白色の粉末。

各　　論

【用途】：飼料添加物原料。

【毒性】：原体の LD_{50} ＝ マウス雄経口：3.49 mg/kg、マウス雌経口：4.42 mg/kg、
ラット雄経口：15.2 mg/kg、ラット雌経口：12.8 mg/kg。

毒物	
毒物及び劇物指定令 第 1 条／24 の 6	**ブロモ酢酸エチル** **Ethyl bromoacetate**

【組成・化学構造】：**分子式** $C_4H_7BrO_2$

構造式

【CAS 番号】：105-36-2

【性状】：無刺激臭を伴う無色の液体。沸点 159℃（他データに 168.5℃）。融点
－38℃。相対蒸気密度 5.8（空気 ＝ 1）。相対比重 1.5（水 ＝ 1）。蒸気圧
449 Pa（25℃）。水に不溶（分解する）。$\log P_{ow}$ ＝ 1.12（他データに 0.21）。
エタノール、エチルエーテルに混和、ベンゼン、アセトンに可溶。引火
点 48℃の引火性液体。水、酸、塩基と反応。

【用途】：医薬品および農薬の製造中間体。有機合成原料。

【毒性】：原体の LD_{50} ＝ ラット経口：50 〜 300 mg/kg（急性経皮毒性のデータは
なし）。LC_{50} ＝ ラット吸入（ガス）：68 ppm（4 hr 換算値）。
ヒトにおいて軽度の皮膚刺激性あり、眼刺激性は重篤な損傷をきたす。

毒物	
毒物及び劇物指定令 第 1 条／24 の 7	**酸化フェンブタスズ** **Fenbutatin oxide**

【組成・化学構造】：**分子式** $C_{50}H_{78}OSN_2$

構造式

【CAS 番号】：13356-08-6

【性状】：白色の粉末個体。沸点は測定不能（280℃以上で分解）。融点 140 〜 145℃。
密度 1.31（g/cm³）。蒸気圧 3.9×10^{-8} Pa（20℃）。溶解度は水 15.8×10^{-6} g/L、ヘキサン 3.5 g/L、メタノール 182 g/L、イソプロパノール 25.3
g/L、トルエン 70.1 g/L、アセトン 4.9 g/L、酢酸エチル 11.4 g/L、ジク
ロロメタン 310 g/L。280℃以下で安定。

【用途】農薬（殺虫剤）。
【毒性】原体の LD_{50} ＝ ラット雌経口：1681 mg/kg、LD_{50} ＞ ラット雄雌経皮：2000 mg/kg。LC_{50} ＞ ラット雄吸入（ダスト）：0.046 mg/L。
皮膚刺激性は *in vitro* 試験で EPIDERM® 陰性、眼刺激性は *in vitro* 試験で HET-CAM 陰性。

毒物	ヘキサクロルエポキシオクタヒドロエンドエンドジメタノナフタリン
毒物及び劇物取締法 別表第一／23 毒物及び劇物指定令 第1条／25	Hexachloro-epoxy-octahydro-endo,endodimethanonaphthalene 〔別名〕エンドリン

【組成・化学構造】 **分子式** $C_{12}H_8Cl_6O$
構造式

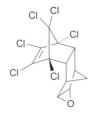

【CAS 番号】72-20-8
【性状】白色または微黄褐色の結晶。わずかな特異臭。水に不溶、アルコール、パラフィン、キシレンに難溶。ベンゼン、アセトンに可溶。245℃で分解。
【用途】接触性殺虫剤。
【毒性】原体の LD_{50} ＝ マウス経口：5〜8 mg/kg。
他の塩素製剤と同様で、急性中毒症状は、吐気、嘔吐、頭痛、イライラ、痙攣。慢性中毒症状は、神経過敏、食欲不振、体重減少。また、本薬物の中毒には特効薬がない。
【その他】〔製剤〕現在、市販されているものはない。

毒物	ヘキサクロルヘキサヒドロメタノベンゾジオキサチエピンオキサイド
毒物及び劇物取締法 別表第一／24 毒物及び劇物指定令 第1条／26	Hexachloro-hexahydro-methano-benzo-dio-xathiepine oxide 〔別名〕エンドスルファン、ベンゾエピン

【組成・化学構造】 **分子式** $C_9H_6Cl_6O_3S$
構造式

【CAS 番号】115-29-7
【性状】純品は白色の結晶、工業品は黒褐色の固体。融点 93〜95℃。水に不溶、有機溶媒に可溶。アルカリで分解。

各　　論

【用途】　野菜のアブラムシ類、アオムシ、ヨトウムシ等、果樹のアブラムシ類、カ
キミガ等の害虫駆除。本薬物は、水質汚濁性農薬に指定され、使用が規
制されている。

【毒性】　原体の LD_{50} ＝ マウス経口：3.5 〜 7.8 mg/kg、ラット経口：40 〜 60
mg/kg。

有機塩素製剤と同様に、激しい中毒症状を呈する。症状は振戦、間代性
および強直性痙攣を呈して死亡する。また、本薬物はエンドリンと同様
に、魚類に対して強い毒性を示す。

【その他】　〔製剤〕主剤 3％および 5％含有の粉剤、1％および 3％含有の粒剤、30％
および 35％含有の乳剤ならびに 48％含有の水和剤。

毒物	ヘキサクロロシクロペンタジエン
毒物及び劇物指定令 第 1 条／26 の 2	Hexachlorocyclopentadiene

【組成・化学構造】　**分子式** C_5Cl_6

構造式

【CAS 番号】　77-47-4

【性状】　刺激性のカビ臭のする黄色〜黄緑色の液体。沸点 239℃。融点 −9.9℃。
比重 1.702（20℃）。水に不溶。エタノール、アセトン、ヘキサン、四塩
化炭素に可溶。

【用途】　塩素化農薬、染料、薬品等の中間体。

【毒性】　原体の LD_{50} ＝ ラット経口：1300 mg/kg、マウス経口：505 mg/kg、ウサ
ギ経皮：430 mg/kg。LC_{50} ＝ ラット雄吸入：1.6 ± 0.6 ppm（4 hr）、ラッ
ト雌吸入：3.5 ± 2.1 ppm（4 hr）。

毒物	ベンゼンチオール
毒物及び劇物指定令 第 1 条／26 の 3	Benzenethiol 〔別名〕フェニルメルカプタン

【組成・化学構造】　**分子式** C_6H_6S

構造式

【CAS 番号】　108-98-5

【性状】　無色または淡黄色の透明な液体。沸点 169℃。融点 −15℃。比重 1.078。

蒸気圧 1.6 mmHg（25℃）。水に難溶、ベンゼン、エーテル、アルコールに可溶。
【用途】医薬・農薬・染料用原料。
【毒性】原体の LD_{50} = ラット経口：46.2 mg/kg、野鳥経口：24 mg/kg、ラット経皮：300 mg/kg、ウサギ経皮：134 mg/kg。LC_{50} = ラット吸入：33 ppm（4 hr）、マウス吸入：28 ppm（4 hr）。
皮膚刺激性を有する。

毒物 毒物及び劇物指定令 第1条／26の4	ホスゲン **Phosgene** 〔別名〕カルボニルクロライド

【組成・化学構造】**分子式** CCl_2O
構造式

【CAS 番号】75-44-5
【性状】無色の気体。窒息性。沸点 8.2℃。融点 −127.8℃。水により徐々に分解され、CO_2 と HCl を生成。ベンゼン、トルエン、酢酸等に易溶。
【用途】樹脂、染料等の原料。
【毒性】原体の LC_{50} = ラット吸入：1400 mg/m³（30 min）、マウス吸入：1800 mg/m³（30 min）、サル吸入：600 mg/m³（1 min）。

毒物 毒物及び劇物指定令 第1条／26の5	メタンスルホニルクロライド **Methanesulfonyl chloride**

【組成・化学構造】**分子式** CH_3ClO_2S
構造式

$$Cl-\underset{\underset{O}{\|}}{\overset{\overset{O}{\|}}{S}}-CH_3$$

【CAS 番号】124-63-0
【性状】無色～淡黄色の発煙性液体。沸点 162℃。融点 −32℃。密度 1.4805 g/cm³（18℃）。相対蒸気密度 4（空気 = 1）。蒸気圧 270 Pa（20℃）。水に反応し、エタノール、エーテルに可溶。引火点 110℃（c.c.）。塩基（アンモニア他多くの物質）と激しく反応し、火災および爆発の危険をもたらす。水、水蒸気と反応、有毒で腐食性のフューム（塩化水素等）を生成。
【用途】難燃化剤、写真関連、繊維染料、農業用化学製品、製薬における合成中間体。安定化剤、触媒、硬化剤、塩素化剤。

各　　論

【毒性】原体の LD_{50} ＝ラット経口：255 mg/kg、ウサギ経皮：200～2000 mg/kg。
LC_{50} ＝ラット吸入（蒸気）：25 ppm（0.117 mg/L）（4 hr）。
ラットにおいて皮膚刺激性あり、眼刺激性ではウサギにおいて重篤な損傷をきたす。

毒物	
毒物及び劇物指定令 第1条／26の6	**メチルシクロヘキシル-4-クロルフェニルチオホスフェイト** **Methylcyclohexyl-4-chlorophenylthiophosphate**

【組成・化学構造】　**分子式**　$C_{13}H_{18}ClO_3PS$

構造式

【CAS番号】2346-99-8

【性状】無色～淡黄色の油状の液体。ほとんど無臭。水に不溶。アルコール、有機溶媒に可溶。

【用途】稲のイモチ病。

【毒性】原体の LD_{50} ＝マウス経口：60 mg/kg、マウス皮下：13 mg/kg。
魚毒性がかなり強い。

【その他】〔製剤〕現在、農薬としての市販品はない。

毒物	
毒物及び劇物指定令 第1条／26の7	**メチル-N′,N′-ジメチル-N-［（メチルカルバモイル）オキシ］-** **1-チオオキサムイミデート** **Methyl-N′,N′-dimethyl-N-[(methylcarbamoyl)oxy]-1-thiooxamimidate** 〔別名〕オキサミル／Oxamyl

【組成・化学構造】　**分子式**　$C_7H_{13}N_3O_3S$

構造式

【CAS番号】23135-22-0

【性状】白色針状結晶。かすかな硫黄臭。融点108～110℃。アセトン、メタノール、酢酸エチル、水に可溶、n-ヘキサン、クロロホルム、石油エーテルに不溶。

【用途】殺虫、殺線虫。

274

毒　　物

【毒性】原体の LD_{50} ＝ マウス雌雄経口：4.4 mg/kg、ラット雄経口：6.2 mg/kg、ラット雌経口：6.9 mg/kg。

中毒症状はマウス経口投与の場合、全身性の痙攣、乳白色の眼分泌物、流涎および被毛の汚れなど。

【その他】〔製剤〕バイデート粒剤（有効成分1％含有）。

毒物	メチルホスホン酸ジクロリド
毒物及び劇物指定令 第1条／26の8	**Methylphosphonic dichloride**

【組成・化学構造】**分子式** CH_3Cl_2OP

構造式

【CAS番号】676-97-1

【性状】無色固体。沸点163℃。融点37℃。比重1.468。

【用途】医薬品等研究開発用試薬。

【毒性】原体の LC_{50} ＝ 26 ppm（1 hr）。

毒物	*S*-メチル-*N*-［（メチルカルバモイル）-オキシ］-チオアセトイミデート
毒物及び劇物指定令 第1条／26の9	**S-Methyl-N-[(methylcarbamoyl)-oxy]-thioacetimidate** 〔別名〕メトミル、メソミル

【組成・化学構造】**分子式** $C_5H_{10}N_2O_2S$

構造式

【CAS番号】16752-77-5

【性状】白色の結晶個体（常温常圧）。弱い硫黄臭。融点78.6〜80.4℃。密度1.324 g/cm³（20℃）。蒸気圧 $7.2\,ka \times 10^{-4}$ Pa（25℃）。ジクロロメタン、メタノールのいずれにも1 L中510gの溶解性（20℃）。対熱で150までは変質がなく、温室では安定している。

【用途】農薬（殺虫剤）。

【毒性】原体の LD_{50} ＝ ラット雌経口：30 mg/kg、$LD_{50} \geqq$ ウサギ雌雄経皮：2000 mg/kg。LC_{50} ＝ ラット雌雄吸入（ミスト）：0.258 mg/L（4 hr）。

皮膚刺激性、眼刺激性についてはウサギで陰性、皮膚感性性についてはモルモットで陰性を示した。

各　　論

毒物	メチルメルカプタン
毒物及び劇物指定令 第 1 条／26 の 10	**Methyl mercaptan** 〔別名〕メタンチオール

【組成・化学構造】　**分子式**　CH_4S

　　　　　　　　　　構造式　$HS-CH_3$

【CAS 番号】：74-93-1

【性状】：腐ったキャベツ様の悪臭を有する気体。沸点 5.9℃。融点 −123℃。水に可溶で結晶性の水化物を生成。

【用途】：殺虫剤、香料、付臭剤、触媒活性調整剤、反応促進剤など。

【毒性】：原体の LC_{50} ＝ ラット吸入：675 ppm（2 hr）、マウス吸入：6.53 mg/L（2 hr）。

毒物	メチレンビス（1−チオセミカルバジド）
毒物及び劇物指定令 第 1 条／26 の 11	**Methylenebis(1-thiosemicarbazide)** 〔別名〕ビスチオセミ

【組成・化学構造】　**分子式**　$C_3H_{10}N_6S_2$

　　　　　　　　　　構造式

【CAS 番号】：39603-48-0

【性状】：白色の結晶性粉末。融点 171 〜 174℃（分解）。水、一般の有機溶媒に不溶。酸、アルカリで容易に分解。

【用途】：殺鼠剤。

【毒性】：原体の LD_{50} ＝ マウス：30.4 mg/kg。

【その他】：〔製剤〕カヤネックス（有効成分 2.0％含有）は劇物である。

毒物	2−メルカプトエタノール
毒物及び劇物指定令 第 1 条／26 の 12	**2-Mercaptoethanol**

【組成・化学構造】　**分子式**　C_2H_6OS

　　　　　　　　　　構造式

【CAS 番号】：60-24-2

【性状】：特徴的な臭気を有する無色の液体。沸点 157℃。融点 −100 〜 −50℃。蒸気圧 0.234 kPa（25℃）。水、エタノール、エーテル、ベンゼンに可溶。引火点 74℃。

毒　物

【用途】 化学繊維・樹脂添加剤。

【毒性】 原体の LD_{50} ＝ マウス経口：190 mg/kg、ラット経皮：150 mg/kg。LC_{50} ＝ ラット吸入（蒸気）：2 mg/L（4 hr、推定値）。

ウサギで皮膚刺激性、眼刺激性を示す。

毒物	モノフルオール酢酸ナトリウム
毒物及び劇物取締法 別表第一／25 毒物及び劇物指定令 第 1 条／27	Sodium fuoroacetate

【組成・化学構造】 **分子式** $C_2H_2FNaO_2$

構造式

$$Na^+ \left[\quad F \quad \begin{array}{c} O \\ \| \\ \end{array} \quad O^- \right]$$

【CAS 番号】 62-74-8

【性状】 白色の重い粉末で、吸湿性。からい味と酢酸の臭いを有する。冷水に易溶。有機溶媒に不溶。モノフルオール酢酸は針状晶で融点 33℃。水、エタノールに可溶。

【用途】 殺鼠剤。

【毒性】 原体の LD_{50} ＝ ラット経口：0.22 mg/kg、マウス経口：4 mg/kg。

哺乳動物ならびに人間には強い毒作用を呈するが、皮膚を刺激したり、皮膚から吸収されることはない。主な中毒症状は、激しい嘔吐、胃の疼痛、意識混濁、てんかん性痙攣、脈拍の緩除、チアノーゼ、血圧下降。心機能の低下により死亡する場合もある。

【その他】 〔製剤〕1％含有のテンエイテイ、0.3％含有の固形テンエイテイ。

（参考）本薬物は特定毒物であるので、その使用者および用途、品質および表示、使用方法、空容器の処置については、本法施行令第 2 章に厳重に規制されている。

特定毒物	モノフルオール酢酸アミド
毒物及び劇物取締法 別表第一／26 毒物及び劇物指定令 第 1 条／28	Monofuoro acetamide

【組成・化学構造】 **分子式** C_2H_4FNO

構造式

$$H_2N \quad \begin{array}{c} O \\ \| \\ \end{array} \quad F$$

【CAS 番号】 640-19-7

【性状】 白色の結晶。無味無臭。融点 108℃。冷水に難溶、エタノール、エーテルに易溶。

各　論

【用途】：浸透性殺虫剤。

【毒性】：原体の LD_{50} ＝ マウス経口：51.5 mg/kg、マウス経皮：34 mg/kg。
中毒症状はモノフルオール酢酸塩と同様に、動作緩慢、歩行不能、痙攣など。

【その他】：〔製剤〕現在農薬としての市販品はない。
（参考）本薬物は特定毒物であるため、その使用者、用途、着色、使用方法、器具等の処置については、本法施行令第 4 章によって厳重に規制されている。

硫化リン	
毒物	毒物及び劇物取締法　別表第一／27

毒物	**硫化リン**
毒物及び劇物取締法 別表第一／27	**phosphorus sulfide**

　黄リンと硫黄とを二酸化炭素中で反応させると、爆発的に反応して化合する。黄リンの代わりに赤リンを用いた場合緩やかに反応して、その反応物の割合によって P_2S_5、P_4S_7、P_4S_3 などの発火性の化合物を生成する。ここでは広く使用される三硫化リンおよび五硫化リンについて記し、他を付記する。

毒物	**三硫化リン**
毒物及び劇物取締法 別表第一／27	**Phosphorus trisulfide** 〔別名〕三硫化四リン／Tetraphosphorus trisulfide

【組成・化学構造】　**分子式**　P_4S_3

　構造式

【CAS 番号】：1314-85-8

【性状】：黄色または淡黄色の斜方晶系針状晶の結晶、あるいは結晶性の粉末。沸点 407℃。融点 172℃。

【用途】：硫化リンマッチの原料。有機化合物の製造および化学実験用試薬など。

【その他】：〔鑑識法〕火炎に接すると容易に引火し、沸騰水により徐々に分解して硫化水素が発生し、リン酸が生成される。

毒　　物

〔貯法〕少量ならば、共栓ガラス瓶を用い、多量ならばブリキ缶を使用し、木箱入れとする。引火性、自然発火性、爆発性物質を遠ざけて、通風のよい冷所に保存する。

毒物	五硫化二リン
毒物及び劇物取締法 別表第一／27	**Phosphorus pentasulfide** 〔別名〕五硫化リン、十硫化四リン

【組成・化学構造】　**分子式**　P_2S_5

　　　　　　　　　構造式

$$S{=}P{-}S{-}P{=}S$$

（S下部にS、S）

【CAS番号】1314-80-3

【性状】淡黄色の結晶性粉末。硫化水素臭。吸湿性。沸点510℃。融点290℃。空気中では260～290℃で発火、燃焼し、二酸化硫黄、五酸化リン等を含む刺激臭のある煙霧を生成。エタノール、二硫化炭素に可溶。水、酸により分解され硫化水素とリン酸が生成。

【用途】選鉱剤、医薬品原料、潤滑油添加剤。

【応急措置基準】**(1)漏えい時**

　多量に飛散した場合には風下の人を退避させ、飛散した場所の周辺にはロープを張るなどして人の立入りを禁止する。作業の際には必ず保護具を着用し、風下で作業をしない。飛散したものは空容器にできるだけ回収し、そのあとを多量の水で洗い流す。

(2)出火時

・周辺火災の場合 ＝ 速やかに容器を安全な場所に移す。移動不可能な場合には容器および周囲に散水して冷却する。

・着火した場合 ＝ 初期の火災には粉末、乾燥砂などを用いて消火する。大規模火災の場合には必ず保護具を着用して、多量の水で消火する。

・消火剤 ＝ 粉末、乾燥砂、水

(3)暴露・接触時

　①急性中毒と刺激性

　・吸入した場合 ＝ 鼻、のど、気管支、肺などの粘膜に対する起炎性を有する。水や空気中の水分により本薬物が分解して発生する硫化水素を吸入すると意識不明となり、重症の場合には呼吸困難を起こす。

　・皮膚に触れた場合 ＝ 皮膚炎およびやけどを起こす。

　・眼に入った場合 ＝ 粘膜等に対して起炎性を有する。

　②医師の処置を受けるまでの救急方法

　・吸入した場合 ＝ 直ちに患者を毛布等にくるんで安静にさせ、新鮮な

各　　論

空気の場所に移し、鼻をかませ、うがいをさせる。呼吸困難または
呼吸停止の場合には直ちに人工呼吸を行う。

・皮膚に触れた場合 ＝ 直ちに汚染された衣服や靴などを脱がせ、付着
部または接触部を石けん水で洗浄し、多量の水で洗い流す。

・眼に入った場合 ＝ 直ちに多量の水で 15 分間以上洗い流す。

(4)注意事項

①空気中での水分や少量の水との接触により、硫化水素を生成し、発
火することがある。

②乾燥空気中でも融点付近まで加熱すると発火する。

③摩擦、火花、火炎により着火する。

(5)保護具

保護眼鏡、保護手袋、保護長靴、保護衣、人工呼吸器

【廃棄基準】 〔廃棄方法〕

(1)燃焼法

スクラバーを備えた焼却炉で焼却する。

(2)酸化法

多量の水酸化ナトリウム水溶液に少量ずつ加えて分解した後、酸化剤
（次亜塩素酸ナトリウム、さらし粉等）の水溶液を加えて酸化分解する。

〈備考〉

・スクラバーの洗浄液には水酸化ナトリウム水溶液を用いる。

・酸化はアルカリ性で十分に時間をかける必要がある。

〔検定法〕吸光光度法（P）、重量法（S）

〔その他〕

ア　本薬物の付着した紙袋等を焼却すると、酸化リン（Ⅴ）の煙霧お
よび二酸化硫黄の気体を生成するので、洗浄装置のない焼却炉等で
焼却しない。

イ　本薬物は水分の存在下で発熱し、発火するおそれがある。

【その他】 〔鑑識法〕火災、爆発の危険性があり、わずかな熱で発火し、発生した硫
化水素で爆発することがあるので、風通しのよい冷暗所に保存。

〔その他〕硫化リンには、これらのほかに、七硫化リン（Phosphorus
heptasulfide：P_4S_7）、 五硫化四リン（Tetraphosphorus pentasulfide：
P_4S_5）の 2 種があるが、いずれも三硫化リンおよび五硫化リンと同様の
危険性を有するので、同一の取扱いをする。

なお、七硫化リンは、黄色または淡黄色の柱状結晶で、融点 310℃、沸
点 532℃。五硫化四リンは黄色の結晶で、融点 170 ～ 220℃。融解と同時
に分解。

硫化リンの微粒子に暴露したときは、気管および眼の粘膜を刺激。黄リ

280

ンが混じっている場合は危険である（黄リンの項 137 ページを参照）。

毒物	**リン化アルミニウムとカルバミン酸アンモニウムとの錠剤**
毒物及び劇物指定令 第 1 条／29	**Alminum phosphide ammonium carbamate** 〔別名〕リン化アルミニウム燻蒸剤

【組成・化学構造】 分子式　AlH_4P

構造式

$Al\equiv P$　　NH_4^+　$\left[\begin{array}{c} O \\ \| \\ {}^-O-C-NH_2 \end{array}\right]$

【CAS 番号】 20859-73-8

【性状】 淡黄褐色の錠剤。比重 2.9。大気中の水分に触れると、徐々に分解して有毒なリン化水素の気体が発生、分解促進剤としてのカルバミン酸アンモニウムからは二酸化炭素とアンモニアの気体が生じ、同時にリンのカーバイド様の臭気に変わる。分解した後は、水酸化アルミニウムが残留する。錠剤（ホストキシン）1 個の重量は 3 g で、約 1 g のリン化水素を生成する。

【用途】 倉庫内、コンテナ内または船倉内における鼠、昆虫等の駆除。

【毒性】 原体の LD_{50} ＝ マウス経口：14.5 mg/kg。

分解すると猛毒のリン化水素の気体を生成するため、リン化水素の中毒症状を呈する。中毒症状ははじめ不快な吐気をもよおし、疲労をおぼえ、顔面蒼白となる。次いで焦躁と不安を生じ、胸部に圧迫感をおぼえ、急激な悪寒、胃痛、下痢を伴う。特徴は口渇、頭痛、めまいであり、典型的なものは胸部圧迫感、肋骨の強痛である。重症の場合は脈拍の急調、呼吸困難、昏睡で死亡する。

【応急措置基準】 **(1)漏えい時**

　飛散した場所の周辺にはロープを張るなどして人の立入りを禁止する。作業の際には必ず保護具を着用し、風下で作業をしない。飛散したものの表面を速やかに土砂等で覆い、密閉可能な空容器に回収して密閉する。リン化アルミニウムで汚染された土砂等も同様の措置をし、そのあとを多量の水で洗い流す。

(2)出火時

・周辺火災の場合 ＝ 速やかに容器を安全な場所に移す。移動不可能な場合には容器および周囲に散水して冷却する。

・着火した場合 ＝ 初期の火災には土砂等で覆い、空気を遮断して消火する。大規模火災の場合には霧状の水を多量で消火する。火災時には有毒なホスフィン（リン化水素）の気体が発生するので、消火作業の際には必ず人工呼吸器その他の保護具を着用する。

各　論

・消火剤 ＝ 土砂、水

(3)暴露・接触時

①急性中毒と刺激性

・吸入した場合 ＝ 頭痛、吐き気、嘔吐、悪寒、めまい等の症状を起こす。重症の場合には肺水腫、呼吸困難、昏睡を起こす。

・皮膚に触れた場合 ＝ 起炎性を有する。

・眼に入った場合 ＝ 異物感を与え、粘膜を刺激する。

②医師の処置を受けるまでの救急方法

・吸入した場合 ＝ 直ちに患者を毛布等にくるんで安静にさせ、新鮮な空気の場所に移し、鼻をかませ、うがいをさせる。呼吸困難または呼吸停止の場合には直ちに人工呼吸を行う。

・皮膚に触れた場合 ＝ 直ちに汚染された衣服や靴などを脱がせ、付着部または接触部を石けん水で洗浄し、多量の水で洗い流す。

・眼に入った場合 ＝ 直ちに多量の水で15分間以上洗い流す。

(4)注意事項

①火災等で燃焼すると有毒なホスフィン（リン化水素）を生成する。

②酸と接触すると有毒なホスフィンを生成する。ホスフィンは少量の吸入であっても危険である。

③水と徐々に反応してホスフィンを生成する。

(5)保護具

保護眼鏡、保護手袋、保護長靴、保護衣、人工呼吸器

【廃棄基準】〔廃棄方法〕

(1)燃焼法

おが屑等の可燃物に混ぜて、スクラバーを備えた焼却炉で焼却する。

(2)酸化法

多量の次亜塩素酸ナトリウムと水酸化ナトリウムの混合水溶液を攪拌しながら少量ずつ加えて酸化分解する。過剰の次亜塩素酸ナトリウムをチオ硫酸ナトリウム水溶液等で分解した後、希硫酸を加えて中和し、沈殿濾過する。

〈備考〉

・スクラバーの洗浄液には水酸化ナトリウム水溶液を用いる。

・酸化はアルカリ性で十分に時間をかける必要がある。

〔生成物〕Al_2O_3, $Al(OH)_3$

〔検定法〕吸光光度法、原子吸光法

〔その他〕

ア　本薬物の付着した容器等を焼却するとホスフィン（リン化水素）の気体を生成するので、洗浄装置のない焼却炉等で焼却しない。

282

イ　酸化法の作業の際には有毒な気体を発生することがあり、少量の吸入であっても危険なので必ず保護具を着用する。

【その他】〔鑑識法〕本薬物より生成されたリン化水素の気体の検知法としては、5～10％硝酸銀溶液を吸着させた濾紙が黒変することにより、存在を確認する。

〔使用方法〕本薬物が有毒な気体を生成することを考慮して、特に厳重な注意が必要である。燻蒸に関しては、その船倉に気体が漏れないように目ばりを施し、また、その付近には燻蒸中のため危険であることを表示する。使用方法については、本法施行令第30条に規定されており、また使用者についても第28条で制限されている。

〔製剤〕ホストキシン（1個中3g含有の錠剤および0.6gのペレット）など。

(参考) 本薬物は特定毒物であるため、その使用者、用途、使用方法、罰則等について、本法施行令第5章において詳しく規制されている。

毒物	リン化水素
毒物及び劇物指定令 第1条／30	**Hydrogen phosphide** 〔別名〕ホスフィン／Phosphine

【組成・化学構造】　**分子式**　H₃P

　　　　　　　　　構造式

【CAS番号】　7803-51-2

【性状】　無色、腐魚臭の気体。沸点 −87℃。融点 −133℃。比重 0.746（−90℃）。蒸気比重 1.529（0℃）。水に難溶（17℃で 26 mL/100 mL 溶解）。エタノール、エーテルに可溶。自然発火性。酸素およびハロゲンと激しく化合する。

【用途】　半導体工業におけるドーピングガス。

【毒性】　原体の LC_{50} ＝ ラット吸入：11 ppm（4 hr）。

【応急措置基準】　**(1)漏えい時**

　　風下の人を退避させ、漏えいした場所の周辺にはロープを張るなどして人の立入りを禁止する。作業の際には必ず人工呼吸器その他の保護具を着用し、風下で作業をしない。付近の着火源となるものは速やかに取り除く。漏えいしたボンベ等を多量の水酸化ナトリウム水溶液と酸化剤（次亜塩素酸ナトリウム、さらし粉等）の水溶液の混合溶液に容器ごと投入して気体を吸収させ、酸化処理し、そのあとを多量の水で洗い流す。

(2)出火時

各　　論

・周辺火災の場合 ＝ 速やかに容器を安全な場所に移す。移動不可能な場合には、遮へい物の活用など容器の破裂に対する防護措置を講じ、容器および周囲に散水して冷却する。容器が火炎に包まれた場合には爆発の危険があるので近寄らない。消火作業の際には必ず人工呼吸器その他の保護具を着用する。

・着火した場合 ＝ 高圧ボンベに着火した場合には消火せずに燃焼させる。

(3)暴露・接触時

①急性中毒と刺激性

・吸入した場合 ＝ 吐き気、顔面蒼白、急激な悪寒、胃痛、下痢を伴い、頭痛、めまいなどの症状がある。重症の場合には呼吸困難、昏睡を起こす。

・皮膚に触れた場合 ＝ 起炎性を有する。

・眼に入った場合 ＝ 粘膜を刺激し、角膜等を障害する。

②医師の処置を受けるまでの救急方法

・吸入した場合 ＝ 直ちに患者を毛布等にくるんで安静にさせ、新鮮な空気の場所に移す。呼吸困難または呼吸停止の場合には直ちに人工呼吸を行う。

・皮膚に触れた場合 ＝ 直ちに汚染された衣服や靴などを脱がせ、付着部または接触部を石けん水で洗浄し、多量の水で洗い流す。

・眼に入った場合 ＝ 直ちに多量の水で15分間以上洗い流す。

(4)注意事項

①この気体は粘膜刺激性がないので急性中毒を起こしやすく、死亡することが多い。

②酸素と接触し、または混合すると爆発的反応が起こる。塩素と接触すると激しい反応が起こる。

③有毒かつ自然発火性の気体である。

④火災等で燃焼すると有毒な酸化リン（V）の煙霧を生成する。

⑤リン化水素は少量の吸入であっても危険である。

(5)保護具

保護眼鏡、保護手袋、保護長靴、保護衣、人工呼吸器

【廃棄基準】〔廃棄方法〕

(1)燃焼法

スクラバーを備えた焼却炉の火室へ噴霧し、焼却する。

(2)酸化法

多量の次亜塩素酸ナトリウムと水酸化ナトリウムの混合水溶液に吹き込んで吸収させ、酸化分解した後、多量の水で希釈して処理する。

〈備考〉

毒　　物

・スクラバーの洗浄液には水酸化ナトリウム水溶液を用いる。

・酸化はアルカリ性で十分に時間をかける必要がある。

〔検定法〕吸光光度法

〔その他〕酸化法の作業の際には未反応の有毒な気体を生成することがあり、少量の吸入であっても危険なので必ず保護具を着用する。

毒物	六フッ化タングステン
毒物及び劇物指定令 第1条／30	**Tungsten hexafluoride** 〔別名〕ヘキサフルオロタングステン

【組成・化学構造】　分子式　F_6W

構造式

$$F-\underset{\underset{F}{|}}{\overset{\overset{F}{|}}{W}}\genfrac{}{}{0pt}{}{F}{F}$$

【CAS番号】 7783-82-6

【性状】 無色の気体。沸点17.5℃。融点2.5℃。比重3.4（液体15℃）。蒸気圧16.6 kPa（20℃）。ベンゼンに可溶。吸湿性で加水分解を受ける。反応性が強く、ほとんどの金属と反応する。湿っているガラスと速やかに反応する。

【用途】 半導体配線の原料。

【毒性】 原体のLC_{50} ＝ ラット雄吸入（ガス）：105.3 ppm（1 hr）、ラット雌吸入（ガス）：184.7 ppm（1 hr）。

毒
物

285

劇 物

無機亜鉛塩類	
劇物	毒物及び劇物指定令　第2条／1

【毒性】

　亜鉛塩類は銅塩類と非常によく似ており、同じような中毒症状を起こさせる。

　急性毒性としては、経口摂取での一般症状は、嘔吐、下痢、腹痛、痙攣である。事業場で、粉塵を吸入した場合、metal fume fever（亜鉛熱）を招き、悪心、嘔吐、発熱、疲労感、関節痛などの症状を呈するが、24 ～ 48時間後に軽快する。

【鑑識法】

(1)炭の上に小さな孔をつくり、無水炭酸ナトリウムの粉末とともに試料を吹管炎で熱灼すると、白色の塊となる。熱しているときは黄色である。

(2)亜鉛塩類の水溶液は（以下同じ）、水酸化ナトリウム液で、白色のゲル状の水酸化亜鉛を沈殿するが、過剰の水酸化ナトリウム液で亜鉛酸ナトリウムを生成し溶解する。

(3)アンモニアで、白色のゲル状の水酸化亜鉛を沈殿するが、過剰のアンモニアでアンモニア錯塩を生成し溶解する。

(4)硫化水素、硫化アンモニア、硫化ナトリウムで、白色の硫化亜鉛が沈殿する。

劇物	
毒物及び劇物指定令 第2条／1	**硝酸亜鉛** **Zinc nitrate**

【組成・化学構造】　**分子式**　N_2O_6Zn

　　　　　　　　　構造式

$$Zn^{2+} \left[\begin{array}{c} O \\ | \\ O-N^+=O \\ | \\ O^- \end{array} \right]_2$$

【CAS番号】　7779-88-6

　【性状】　無水物もあるが、一般には六水和物が流通。六水和物は、白色結晶、融点 36.4℃、105 ～ 131℃で無水物になる。水に易溶（25℃で水 100 mL に 128 g 溶解）。潮解性あり。

　【用途】　工業用の捺染剤。

【応急措置基準】　(1)漏えい時

　　　　　飛散した場所の周辺にはロープを張るなどして人の立入りを禁止する。作業の際には必ず保護具を着用し、風下で作業をしない。飛散したもの

劇　　物

は空容器にできるだけ回収し、そのあとを水酸化カルシウム、炭酸ナトリウム等の水溶液を用いて処理し、多量の水で洗い流す。この場合、高濃度の廃液が河川等に排出されないよう注意する。

(2)出火時

・周辺火災の場合 = 速やかに容器を安全な場所に移す。移動不可能な場合には容器および周囲に散水して冷却する。

(3)暴露・接触時

①急性中毒と刺激性

・吸入した場合 = 鼻、のど、気管、気管支などの粘膜に対して起炎性を有する。

・皮膚に触れた場合 = 刺激作用があり、皮膚炎または潰瘍を起こす。

・眼に入った場合 = 粘膜に対して起炎性を有する。

②医師の処置を受けるまでの救急方法

・吸入した場合 = 鼻をかませ、うがいをさせる。

・皮膚に触れた場合 = 直ちに汚染された衣服や靴などを脱がせ、付着部または接触部を石けん水で洗浄し、多量の水で洗い流す。

・眼に入った場合 = 直ちに多量の水で 15 分間以上洗い流す。

(4)注意事項

①火災等で強熱されると有毒な酸化亜鉛の煙霧および気体の酸化窒素を生成する。煙霧は亜鉛熱を起こす。

②可燃物と混合すると発火することがある。

(5)保護具

保護眼鏡、保護手袋、保護長靴、保護衣、防塵マスク（火災時：人工呼吸器）

【廃棄基準】〔廃棄方法〕

(1)沈殿法

水に溶かし、水酸化カルシウム、炭酸ナトリウム等の水溶液を加えて処理し、沈殿濾過して埋立処分する。

(2)焙焼法

多量の場合には還元焙焼法により金属亜鉛として回収する。

〈備考〉

・中和時の pH は 8.5 以上とする。これ未満では沈殿が完全には生成されない。

・焙焼法による場合には専門業者に処理を委託することが望ましい。

〔生成物〕$Zn(OH)_2$，$ZnCO_3$

〔検定法〕吸光光度法、原子吸光法

〔その他〕本薬物の付着した紙袋等を焼却すると酸化亜鉛の煙霧および気

各　　論

体を生成するので、洗浄装置のない焼却炉等で焼却しない。

劇物	過マンガン酸亜鉛
毒物及び劇物指定令 第 2 条／1	Zinc permanganate

【組成・化学構造】　**分子式**　Mn₂O₈Zn

構造式

$$Zn^{2+} \left[\begin{array}{c} O^- \\ O=Mn=O \\ O \end{array} \right]_2$$

【CAS 番号】23414-72-4

【性状】暗紫褐色の板状または針状結晶。融点 100℃。

【用途】酸化剤、収斂剤、防腐剤。

劇物	硫酸亜鉛
毒物及び劇物指定令 第 2 条／1	Zinc sulfate 〔別名〕皓礬

【組成・化学構造】　**分子式**　H₂O₄SZn

構造式

$$Zn^{2+} \left[\begin{array}{c} O^- \\ ^-O-S-O \\ O \end{array} \right]$$

【CAS 番号】7733-02-0、（七水塩）7446-20-0

【性状】無水物のほか数種類の水和物が知られているが、一般には七水和物が流通。七水和物は、白色結晶、転移点 39℃。融点 100℃。280℃で無水物になり、740℃で分解。水に可溶（25℃で水 100 mL に 63.4 g 溶解）。グリセリンに可溶。

【用途】工業用の木材防腐剤、捺染剤、塗料、染料、鍍金のほか、農薬、試薬、医薬品など。

【応急措置基準】**(1)漏えい時**

　飛散した場所の周辺にはロープを張るなどして人の立入りを禁止する。作業の際には必ず保護具を着用し、風下で作業をしない。飛散したものは空容器にできるだけ回収し、そのあとを水酸化カルシウム、炭酸ナトリウム等の水溶液を用いて処理し、多量の水で洗い流す。この場合、高濃度の廃液が河川等に排出されないよう注意する。

(2)出火時

・周辺火災の場合 ＝ 速やかに容器を安全な場所に移す。移動不可能な場合には容器および周囲に散水して冷却する。

(3)暴露・接触時

劇　物

①急性中毒と刺激性
・吸入した場合＝鼻、のど、気管、気管支などの粘膜に対して起炎性を有する。
・皮膚に触れた場合＝刺激作用があり、皮膚炎または潰瘍を起こす。
・眼に入った場合＝粘膜に対して起炎性を有する。
②医師の処置を受けるまでの救急方法
・吸入した場合＝鼻をかませ、うがいをさせる。
・皮膚に触れた場合＝直ちに汚染された衣服や靴などを脱がせ、付着部または接触部を石けん水で洗浄し、多量の水で洗い流す。
・眼に入った場合＝直ちに多量の水で15分間以上洗い流す。

(4)注意事項
火災等で強熱されると有毒な酸化亜鉛の煙霧および気体を生成する。煙霧は亜鉛熱を起こす。

(5)保護具
保護眼鏡、保護手袋、保護長靴、保護衣、防塵マスク（火災時：人工呼吸器）

【廃棄基準】〔廃棄方法〕

(1)沈殿法
水に溶かし、水酸化カルシウム、炭酸カルシウム等の水溶液を加えて処理し、沈殿濾過して埋立処分する。

(2)焙焼法
多量の場合には還元焙焼法により金属亜鉛として回収する。

〈備考〉
・中和時の pH は 8.5 以上とする。これ未満では沈殿が完全には生成されない。
・焙焼法による場合には専門業者に処理を委託することが望ましい。

〔生成物〕$Zn(OH)_2$，$ZnCO_3$

〔検定法〕吸光光度法、原子吸光法

〔その他〕本薬物の付着した紙袋等を焼却すると酸化亜鉛の煙霧および気体を生成するので、洗浄装置のない焼却炉等で焼却しない。

【その他】〔鑑識法〕水に溶かして硫化水素を通じると、白色の硫化亜鉛の沈殿を生成。また、水に溶かして塩化バリウムを加えると、白色の硫酸バリウムの沈殿を生成する。

各　　論

劇物	塩化亜鉛
毒物及び劇物指定令 第2条／1	**Zinc chloride** 〔別名〕クロル亜鉛

【組成・化学構造】　**分子式**　Cl_2Zn

　　　　　　　　　構造式　Cl－Zn－Cl

【CAS番号】7646-85-7

【性状】白色の結晶。融点283℃。水に可溶（20℃で水100 mLに303 g溶解）。アルコールに可溶。潮解性あり。

【用途】脱水剤、木材防腐剤、活性炭の原料、乾電池材料、脱臭剤、染料安定剤、試薬など。

【応急措置基準】**(1)漏えい時**

　飛散した場所の周辺にはロープを張るなどして人の立入りを禁止する。作業の際には必ず保護具を着用し、風下で作業をしない。飛散したものは空容器にできるだけ回収し、そのあとを水酸化カルシウム、炭酸ナトリウム等の水溶液を用いて処理し、多量の水で洗い流す。この場合、高濃度の廃液が河川等に排出されないよう注意する。

(2)出火時

・周辺火災の場合 ＝ 速やかに容器を安全な場所に移す。移動不可能な場合には容器および周囲に散水して冷却する。

(3)暴露・接触時

①急性中毒と刺激性

・吸入した場合 ＝ 鼻、のど、気管、気管支などに対して起炎性を有する。

・皮膚に触れた場合 ＝ 刺激作用があり、皮膚炎または潰瘍を起こす。

・眼に入った場合 ＝ 粘膜に対して起炎性を有する。

②医師の処置を受けるまでの救急方法

・吸入した場合 ＝ 鼻をかませ、うがいをさせる。

・皮膚に触れた場合 ＝ 直ちに汚染された衣服や靴などを脱がせ、付着部または接触部を石けん水で洗浄し、多量の水で洗い流す。

・眼に入った場合 ＝ 直ちに多量の水で15分間以上洗い流す。

(4)注意事項

　火災等で強熱されると有毒な酸化亜鉛を含む煙霧および気体を生成する。煙霧は亜鉛熱を起こす。

(5)保護具

　保護眼鏡、保護手袋、保護長靴、保護衣、防塵マスク（火災時：人工呼吸器）

劇　物

【廃棄基準】〔廃棄方法〕
(1)**沈殿法**
水に溶かし、水酸化カルシウム、炭酸カルシウム等の水溶液を加えて処理し、沈殿濾過して埋立処分する。
(2)**焙焼法**
多量の場合には還元焙焼法により金属亜鉛として回収する。
〈備考〉
・中和時のpHは8.5以上とする。これ未満では沈殿が完全には生成されない。
・焙焼法による場合には専門業者に処理を委託することが望ましい。
〔生成物〕$Zn(OH)_2$, $ZnCO_3$
〔検定法〕吸光光度法、原子吸光法
〔その他〕本薬物の付着した紙袋等を焼却すると酸化亜鉛の煙霧および気体を生成するので、洗浄装置のない焼却炉等で焼却しない。
【その他】〔鑑識法〕水に溶かし、硝酸銀を加えると、白色の沈殿塩化銀を生成する。

劇物 毒物及び劇物指定令 第2条／1	酢酸亜鉛 Zinc acetate

【組成・化学構造】　**分子式**　$C_4H_{10}O_6Zn$
　　　　　　　　　構造式

【CAS番号】5970-45-6
【性状】無水物もあるが、一般には二水和物が流通。二水和物は、白色結晶で、100℃で無水物になる。融点244℃（分解）。水に可溶（25℃で水100 mLに40 g溶解）。エタノールに易溶。
【用途】有機合成触媒、染料助剤。
【応急措置基準】(1)**漏えい時**
飛散した場所の周辺にはロープを張るなどして人の立入りを禁止する。作業の際には必ず保護具を着用し、風下で作業をしない。飛散したものは空容器にできるだけ回収し、そのあとを水酸化カルシウム、炭酸ナトリウム等の水溶液を用いて処理し、多量の水で洗い流す。この場合、高濃度の廃液が河川等に排出されないよう注意する。
(2)**出火時**
・周辺火災の場合 ＝ 速やかに容器を安全な場所に移す。移動不可能な場合には容器および周囲に散水して冷却する。

各　　論

(3)**暴露・接触時**

①急性中毒と刺激性

・吸入した場合 = 鼻、のど、気管、気管支などに対して起炎性を有する。

・皮膚に触れた場合 = 皮膚に対して起炎性を有する。

・眼に入った場合 = 粘膜に対して起炎性を有する。

②医師の処置を受けるまでの救急方法

・吸入した場合 = 鼻をかませ、うがいをさせる。

・皮膚に触れた場合 = 直ちに汚染された衣服や靴などを脱がせ、付着部または接触部を石けん水で洗浄し、多量の水で洗い流す。

・眼に入った場合 = 直ちに多量の水で 15 分間以上洗い流す。

(4)**注意事項**

火災等で燃焼すると有毒な酸化亜鉛の煙霧および気体を生成する。煙霧は亜鉛熱を起こす。

(5)**保護具**

保護眼鏡、保護手袋、保護長靴、保護衣、防塵マスク（火災時：人工呼吸器）

【廃棄基準】〔廃棄方法〕

(1)**沈殿法**

水に溶かし、水酸化カルシウム、炭酸ナトリウム等の水溶液を加えて処理し、沈殿濾過して埋立処分する。

(2)**焙焼法**

多量の場合には還元焙焼法により金属亜鉛として回収する。

〈備考〉

・中和時の pH は 8.5 以上とする。これ未満では沈殿が完全には生成されない。

・焙焼法による場合には専門業者に処理を委託することが望ましい。

〔生成物〕$Zn(OH)_2$, $ZnCO_3$

〔検定法〕吸光光度法、原子吸光法

〔その他〕本薬物の付着した紙袋等を焼却すると酸化亜鉛の煙霧および気体を生成するので、洗浄装置のない焼却炉等で焼却しない。

劇　物

劇物	チオシアン酸亜鉛
毒物及び劇物指定令 第2条／1	**Zinc thiocyanate** 〔別名〕ロダン化亜鉛、硫シアン化亜鉛

【組成・化学構造】　**分子式**　$C_2N_2S_2Zn$

構造式　Zn^{2+} $\left[^-S-C\equiv N\right]_2$

【CAS番号】　557-42-6

【性状】　無水物もあるが、一般には二水和物が流通。二水和物は、白色結晶で、潮解性あり。融点225℃（分解）。水に可溶（18℃で水100 mLに2.6 g溶解）。エタノール、アンモニア水に可溶。

【応急措置基準】　**(1)漏えい時**

　飛散した場所の周辺にはロープを張るなどして人の立入りを禁止する。作業の際には必ず保護具を着用し、風下で作業をしない。飛散したものは空容器にできるだけ回収し、そのあとを水酸化カルシウム、炭酸ナトリウム等の水溶液を用いて処理し、多量の水で洗い流す。この場合、高濃度の廃液が河川等に排出されないよう注意する。

(2)出火時

・周辺火災の場合 ＝ 速やかに容器を安全な場所に移す。移動不可能な場合には容器および周囲に散水して冷却する。

(3)暴露・接触時

　①急性中毒と刺激性

・吸入した場合 ＝ 鼻、のど、気管、気管支などに対して起炎性を有する。

・皮膚に触れた場合 ＝ 皮膚に対して起炎性を有する。

・眼に入った場合 ＝ 粘膜に対して起炎性を有する。

　②医師の処置を受けるまでの救急方法

・吸入した場合 ＝ 鼻をかませ、うがいをさせる。

・皮膚に触れた場合 ＝ 直ちに汚染された衣服や靴などを脱がせ、付着部または接触部を石けん水で洗浄し、多量の水で洗い流す。

・眼に入った場合 ＝ 直ちに多量の水で15分間以上洗い流す。

(4)注意事項

　火災等で燃焼すると有毒な酸化亜鉛の煙霧および気体が発生する。煙霧は亜鉛熱を起こす。

(5)保護具

　保護眼鏡、保護手袋、保護長靴、保護衣、防塵マスク（火災時：人工

各　論

呼吸器）

【廃棄基準】〔廃棄方法〕

(1)沈殿法

　水に溶かし、水酸化カルシウム、炭酸ナトリウム等の水溶液を加えて処理し、沈殿濾過して埋立処分する。

(2)焙焼法

　多量の場合には還元焙焼法により金属亜鉛として回収する。

　〈備考〉

　・中和時の pH は 8.5 以上とする。これ未満では沈殿が完全には生成されない。

　・焙焼法による場合には専門業者に処理を委託することが望ましい。

〔生成物〕Zn(OH)$_2$, ZnCO$_3$

〔検定法〕吸光光度法、原子吸光法

〔その他〕本薬物の付着した紙袋等を焼却すると酸化亜鉛の煙霧および気体を生成するので、洗浄装置のない焼却炉等で焼却しない。

劇物	ピロリン酸亜鉛
毒物及び劇物指定令 第2条／1	**Zinc pyrophosphate** 〔別名〕二リン酸亜鉛

【組成・化学構造】**分子式**　O$_7$P$_2$Zn$_2$

構造式

$$2Zn^{2+} \left[\begin{array}{c} O^- \quad\quad O^- \\ | \quad\quad\quad | \\ O=P-O-P=O \\ | \quad\quad\quad | \\ O^- \quad\quad O^- \end{array} \right]$$

【CAS番号】7446-26-6

【性状】無水物もあるが、一般には三水和物が流通。三水和物は、白色結晶で、800℃付近で分解。水に難溶。酸、アルカリに可溶。

【応急措置基準】**(1)漏えい時**

　飛散した場所の周辺にはロープを張るなどして人の立入りを禁止する。作業の際には必ず保護具を着用し、風下で作業をしない。飛散したものは空容器にできるだけ回収し、そのあとを多量の水で洗い流す。

(2)出火時

・周辺火災の場合 ＝ 速やかに容器を安全な場所に移す。移動不可能な場合には容器および周囲に散水して冷却する。

(3)暴露・接触時

①急性中毒と刺激性

　・吸入した場合 ＝ 重症の場合には鼻、のど、気管、気管支などの粘膜

294

劇　　物

に対して起炎性を有する。

・眼に入った場合 = 異物感を与え、粘膜を刺激する。

②医師の処置を受けるまでの救急方法

・吸入した場合 = 鼻をかませ、うがいをさせる。

・皮膚に触れた場合 = 直ちに汚染された衣服や靴などの汚れを落とした後、付着部または接触部を石けん水で洗浄し、多量の水で洗い流す。

・眼に入った場合 = 直ちに多量の水で15分間以上洗い流す。

(4)保護具

保護眼鏡、保護手袋、保護長靴、保護衣、防塵マスク

【廃棄基準】〔廃棄方法〕

(1)固化隔離法

セメントを用いて固化し、埋立処分する。

(2)焙焼法

多量の場合には還元焙焼法により金属亜鉛として回収する。

〈備考〉焙焼法による場合には専門業者に処理を委託することが望ましい。

〔生成物〕($Zn_2P_2O_7$)

（注）（　）は、生成物が化学的変化を生じていないもの。

〔検定法〕イオン電極法（F）、吸光光度法、原子吸光法

〔その他〕本薬物の付着した紙袋等を焼却すると酸化亜鉛の煙霧を生成するので、洗浄装置のない焼却炉等で焼却しない。

劇
物

劇物	
毒物及び劇物指定令 第2条／1	**フッ化亜鉛** Zinc fluoride

【組成・化学構造】　**分子式**　F_2Zn

　　　　　　　　　構造式　$F-Zn-F$

【CAS番号】7783-49-5

【性状】無水物もあるが、一般には四水和物が流通。四水和物は、白色結晶で、融点872℃。加熱すると100℃で無水物になる。水に可溶（25℃で水100 mLに1.52 g溶解）。アンモニア水に可溶。

【応急措置基準】(1)漏えい時

飛散した場所の周辺にはロープを張るなどして人の立入りを禁止する。作業の際には必ず保護具を着用し、風下で作業をしない。飛散したものは空容器にできるだけ回収し、そのあとを多量の水で洗い流す。

(2)出火時

295

各　　論

・周辺火災の場合 ＝ 速やかに容器を安全な場所に移す。移動不可能な場合には容器および周囲に散水して冷却する。

(3)暴露・接触時

①急性中毒と刺激性

・吸入した場合 ＝ 鼻、のど、気管支、肺などの粘膜に対して起炎性を有する。

・皮膚に触れた場合 ＝ 起炎性を有する。

・眼に入った場合 ＝ 粘膜を激しく刺激する。

②医師の処置を受けるまでの救急方法

・吸入した場合 ＝ 鼻をかませ、うがいをさせる。

・皮膚に触れた場合 ＝ 直ちに汚染された衣服や靴などを脱がせ、付着部または接触部を石けん水で洗浄し、多量の水で洗い流す。

・眼に入った場合 ＝ 直ちに多量の水で15分間以上洗い流す。

(4)注意事項

①火災等で強熱されると有毒な酸化亜鉛の煙霧およびフッ化水素の気体が発生する。煙霧は亜鉛熱を起こす。

②酸と接触すると有毒なフッ化水素の気体を生成する。

(5)保護具

保護眼鏡、保護手袋、保護長靴、保護衣、防塵マスク（火災時：人工呼吸器）

【廃棄基準】〔廃棄方法〕

(1)固化隔離法

セメントを用いて固化し、埋立処分する。

(2)焙焼法

多量の場合には還元焙焼法により金属亜鉛として回収する。

〈備考〉焙焼法による場合には専門業者に処理を委託することが望ましい。

〔生成物〕（ZnF_2）

（注）（　）は、生成物が化学的変化を生じていないもの。

〔検定法〕イオン電極法（F）、吸光光度法、原子吸光法

〔その他〕本薬物の付着した紙袋等を焼却すると酸化亜鉛の煙霧を生成するので、洗浄装置のない焼却炉等で焼却しない。

劇　　物

劇物	
毒物及び劇物指定令 第2条／1	**リン酸亜鉛** **Zinc phosphate**

【組成・化学構造】　**分子式**　$O_8P_2Zn_3$

構造式

$$3Zn^{2+} \left[\begin{array}{c} {}^{-}O \quad O^{-} \\ \diagdown P \diagup \\ \diagup \quad \diagdown \\ O \quad O^{-} \end{array} \right]_2$$

【CAS番号】　7779-90-0

【性状】　無水物もあるが、一般には四水和物が流通。四水和物は、白色結晶で、転移点105℃。沸点1075℃。水に難溶。酸、アンモニア水に可溶。

【応急措置基準】　**(1)漏えい時**

　飛散した場所の周辺にはロープを張るなどして人の立入りを禁止する。作業の際には必ず保護具を着用し、風下で作業をしない。飛散したものは空容器にできるだけ回収し、そのあとを多量の水で洗い流す。

(2)出火時

・周辺火災の場合 ＝ 速やかに容器を安全な場所に移す。移動不可能な場合には容器および周囲に散水して冷却する。

(3)暴露・接触時

　①急性中毒と刺激性

・吸入した場合 ＝ 重症の場合には鼻、のど、気管、気管支などに対して起炎性を有する。

・眼に入った場合 ＝ 異物感を与え、粘膜を刺激する。

　②医師の処置を受けるまでの救急方法

・吸入した場合 ＝ 鼻をかませ、うがいをさせる。

・皮膚に触れた場合 ＝ 直ちに汚染された衣服や靴等の汚れを落とした後、付着部または接触部を石けん水で洗浄し、多量の水で洗い流す。

・眼に入った場合 ＝ 直ちに多量の水で15分間以上洗い流す。

(4)保護具

　保護眼鏡、保護手袋、保護長靴、保護衣、防塵マスク

【廃棄基準】　〔廃棄方法〕

(1)固化隔離法

　セメントを用いて固化し、埋立処分する。

(2)焙焼法

　多量の場合には還元焙焼法により金属亜鉛として回収する。

　〈備考〉焙焼法による場合には専門業者に処理を委託することが望ましい。

各論

〔生成物〕(Zn₃(PO₄)₂)
（注）（ ）は、生成物が化学的変化を生じていないもの。
〔検定法〕イオン電極法（F）、吸光光度法、原子吸光法
〔その他〕本薬物の付着した紙袋等を焼却すると酸化亜鉛の煙霧を生成するので、洗浄装置のない焼却炉等で焼却しない。

劇物	亜塩素酸ナトリウム
毒物及び劇物指定令 第2条／1の2	**Sodium chloride** 〔別名〕亜塩素酸ソーダ、亜塩曹

【組成・化学構造】 **分子式** ClNaO₂
　　　　　　　　　　構造式 Na⁺ [⁻O—Cl=O]

【CAS 番号】7758-19-2
【性状】白色の粉末。純品は 180℃以上で分解するが、市販品は 140〜150℃で分解。水に可溶。酸化力は、さらし粉の 4〜5 倍。加熱、衝撃、摩擦により爆発的に分解。
【用途】繊維、木材、食品等の漂白。
【毒性】原体の LD₅₀ ＝ ラット雄経口：158 mg/kg、ラット雌経口：177 mg/kg。
【その他】〔製品〕シルブライト 80/87。

劇物	アクリルアミド
毒物及び劇物指定令 第2条／1の3	**Acrylamide** 〔別名〕アクリル酸アミド、アクリルアマイド

【組成・化学構造】 **分子式** C₃H₅NO
　　　　　　　　　　構造式

【CAS 番号】79-06-1
【性状】無色の結晶。融点 85℃。水に易溶（30℃で水 100 mL に 215 g 溶解）。エタノール、エーテル、クロロホルムに可溶。
【用途】土木工事用の土質安定剤（反応開始剤および促進剤と混合して地盤に注入）。水処理剤、紙力増強剤、接着剤等に用いられるポリアクリルアミドの原料。
【毒性】原体の LD₅₀ ＝ ラット・マウス経口：170 mg/kg。
高濃度のアクリルアミドを連続投与すると、全身の振戦、四肢麻痺、衰弱などをきたす。

【応急措置基準】**(1)漏えい時**

劇　　物

　　飛散した場所の周辺にはロープを張るなどして人の立入りを禁止する。
作業の際には必ず保護具を着用、風下で作業をしない。飛散したものは、
速やかに掃き集めて空容器に回収し、そのあとを多量の水で洗い流す。こ
の場合、高濃度の廃液が河川等に排出されないように注意する。

(2)出火時

・周辺火災の場合 ＝ 速やかに容器を安全な場所に移す。移動不可能の場
　合は、容器および周囲に散水して冷却する。
・着火した場合 ＝ 粉末、二酸化炭素等を用いて消火する。大規模火災の
　際には水噴霧、泡を用いる。消火作業の際には必ず保護具を着用する。
・消火剤 ＝ 泡（アルコール泡）、粉末、二酸化炭素、水

(3)暴露・接触時

　①急性中毒と刺激性
・吸入した場合 ＝ 吸入することは少ないが、万が一吸入した場合は、
　口がもつれたり、発音がはっきりしなくなったり、手足がしびれ歩
　行困難を起こすことがある。
・皮膚に触れた場合 ＝ 放置すると皮膚を刺激し、皮膚がむける。また
　皮膚からも吸収され、吸入した場合と同様の中毒症状を起こす。
・眼に入った場合 ＝ 起炎性を有する。
　②医師の処置を受けるまでの救急方法
・吸入した場合 ＝ 直ちに患者を毛布等にくるんで安静にさせ、新鮮な
　空気の場所に移す。呼吸困難または呼吸停止の場合は直ちに人工呼
　吸を行う。
・皮膚に触れた場合 ＝ 直ちに汚染された衣服や靴を脱がせ、付着また
　は接触部を石けん水または多量の水で洗い流す。
・眼に入った場合 ＝ 直ちに多量の水で 15 分間以上洗い流す。

(4)注意事項

　直射日光や高温にさらされると重合・分解等を起こし、アンモニア等
を生成する。

(5)保護具

　保護眼鏡、保護手袋、保護長靴、保護衣、防塵マスク（火災時：人工
呼吸器または青酸用隔離式防毒マスク）

【廃棄基準】〔廃棄方法〕

燃焼法

　アフターバーナーを備えた焼却炉で焼却する。水溶液の場合は、おが
屑等に吸収させて同様に処理する。

〔検定法〕ガスクロマトグラフィー（臭素化後）

【その他】〔製剤〕日東 SS–30R（主剤中約 33％含有）その他。

劇
物

各　　論

劇物	アクリル酸
毒物及び劇物指定令 第2条／1の4	Acrylic acid

【組成・化学構造】　**分子式**　$C_3H_4O_2$

構造式

$H_2C\!=\!\!\overset{\displaystyle O}{\underset{\displaystyle OH}{C}}$

【CAS番号】　79-10-7

【性状】　酢酸に似た刺激臭を有する液体。沸点141℃。融点13℃。蒸気圧103 mmHg（39℃）。引火点68℃。水と混合する。

【用途】　酢酸ビニル等他のモノマーと共重合させたものは、不織布バインダー、フロッキー加工用バインダー、繊維の改質剤など。ポリアクリル酸塩類は、高吸水性樹脂、増粘剤、凝集剤など。

【毒性】　原体の LD_{50} ＝ ラット経口：33.5 mg/kg、ウサギ経皮：280 mg/kg。

劇物	亜硝酸イソブチル
毒物及び劇物指定令 第2条／1の5	Isobutyl nitrite

【組成・化学構造】　**分子式**　$C_4H_9NO_2$

構造式

$H_3C\!-\!\overset{\displaystyle CH_3}{\underset{\displaystyle}{CH}}\!-\!CH_2\!-\!O\!-\!N\!=\!O$

【CAS番号】　542-56-3

【性状】　無色の液体。沸点67℃。蒸気圧1333 Pa。エーテル、エタノールに可溶、水に難溶。水により徐々に分解。

【用途】　試薬。

【毒性】　原体の LD_{50} ＝ マウス経口：205 mg/kg。LC_{50} ＝ ラット吸入（蒸気）：2.01 mg/L（4 hr、推定値）。
皮膚刺激性については *in vitro* で陽性である。

劇　物

劇物	亜硝酸イソペンチル
毒物及び劇物指定令 第2条／1の6	Isopentyl nitrite

【組成・化学構造】　**分子式**　$C_5H_{11}NO_2$

構造式

H_3C...O...N...O / CH_3

【CAS番号】　110-46-3

【性状】　黄色の液体。沸点 97 ～ 99℃。蒸気圧 3.5 kPa（20℃）。水に難溶、エタノール、エーテル、クロロホルムに可溶。空気、光、水により分解。

【用途】　試薬。

【毒性】　原体の LD_{50} ＝ ラット経口：505 mg/kg。LC_{50} ＝ マウス吸入（蒸気）：2.4 mg/L（4 hr、推定値）。
皮膚刺激性は *in vitro* で陽性、ウサギで軽微な眼粘膜損傷性を示す。

劇物	アクリルニトリル
毒物及び劇物取締法 別表第二／1	Acrylic nitrile
	〔別名〕アクリロニトリル、アクリル酸ニトリル、シアン化ビニル、プロペンニトリル

【組成・化学構造】　**分子式**　C_3H_3N

構造式

$N≡C$...CH_2

【CAS番号】　107-13-1

【性状】　無臭または微刺激臭のある無色透明の蒸発しやすい液体。沸点 77℃。融点 −83℃。比重 0.8（20℃）。水に可溶（20℃で水 100 mL に 7.3 g 溶解）。有機溶媒に任意の割合で混和。青酸は 0.0003％の割合で含有する。引火点 −1℃。火災、爆発の危険性が強い。

【用途】　化学合成上の主原料で、合成繊維、合成ゴム、合成樹脂、塗料、農薬、医薬、染料などの製造の重要な原料。

【毒性】　原体の LD_{50} ＝ ラット経口：82 mg/kg、ウサギ経皮：250 mg/kg。
粘膜刺激作用が強く、気道、眼、消化器を刺激して、流涙その他の粘膜よりの分泌を促進。皮膚に接触すると水疱を生じる。粘膜から吸収しやすく、めまい、頭痛、悪心、嘔吐、腹痛、下痢を訴え、意識喪失し、呼吸麻痺で死亡する。これはアクリルニトリルが吸収後、体内で分解し、青酸を生成するためである。
（備考）本薬物は有機シアン化合物である。

【応急措置基準】　**(1)漏えい時**

各　　論

　　風下の人を退避させ、漏えいした場所の周辺にはロープを張るなどして人の立入りを禁止する。付近の着火源となるものを速やかに取り除く。作業の際には必ず保護具を着用し、風下で作業をしない。
・少量＝漏えいした液は乾燥した土砂に吸収させて空容器に回収し、その後を多量の水で十分に希釈して洗い流す。
・多量＝漏えいした液は土砂等でその流れを止め安全な場所に導き、遠くからホース等で多量の水をかけて、高濃度の蒸気が発生しなくなるまで十分に希釈して洗い流す。
　この場合、高濃度の廃液が河川等に排出されないよう注意する。漏えい場所、使用した保護具、器材等は多量の水で洗い流す。

(2)出火時
・周辺火災の場合＝速やかに容器を安全な場所に移す。移動不可能の場合は、容器および周囲に散水して冷却する。
・着火した場合＝初期の火災には粉末、二酸化炭素、乾燥した砂などを用いる。タンクなどに引火するような大規模火災の際には爆発の恐れがあるので付近の住民を退避させる。この際、消火剤等を散布し空気を遮断することが有効。消火作業には必ず保護具を着用する。
・消火剤＝泡、粉末、二酸化炭素

(3)暴露・接触時
　①急性中毒と刺激性
・吸入した場合＝衰弱感、頭痛、悪心、くしゃみ、腹痛、嘔吐などが見られ、多量に吸入すると意識不明、呼吸停止を起こし死亡する。
・皮膚に触れた場合＝皮膚を刺激し、数時間後に発赤または水ぶくれを生じ、多量の場合は吸入と同様の中毒症状を呈する。
・眼に入った場合＝粘膜を刺激し、また粘膜からも吸収されて中毒症状を呈する。
　②医師の処置を受けるまでの救急方法
・吸入した場合＝直ちに患者を毛布等にくるんで安静にさせ、新鮮な空気の場所に移し、速やかに医師の手当てを受ける。呼吸が停止しているときは直ちに人工呼吸を行う。呼吸困難のときは酸素吸入を行う。
・皮膚に触れた場合＝直ちに付着または接触部を多量の水で洗い流す。汚染された衣服や靴は脱がせ、速やかに医師の手当てを受ける。
・眼に入った場合＝直ちに多量の水で15分間以上洗い流し、速やかに医師の手当てを受ける。

(4)注意事項
　①アクリロニトリルは空気や光によって重合する性質がある。

②運搬時には、重合防止剤が添加されている。
③酸化性物質、アルカリ類、強酸類と接触させない。

(5)**保護具**

保護手袋（ゴム）、保護長靴（ゴム）、保護前掛（ゴム）、保護衣、保護眼鏡、有機ガス用または青酸用防毒マスク

【廃棄基準】〔廃棄方法〕

(1)**燃焼法**

焼却炉の火室へ噴霧し焼却する。

(2)**アルカリ法**

水酸化ナトリウム水溶液でpHを13以上に調整後、高温加圧下で加水分解する。

(3)**活性汚泥法**

〔検定法〕ガスクロマトグラフィー

【その他】〔貯法〕タンクまたはドラムの貯蔵所は炎や火花を生じるような器具から離しておく。硫酸や硝酸など強酸と激しく反応するので、強酸とも安全な距離を保つ必要がある。アクリロニトリルを貯蔵してあるすべての場所は防火性で適当な換気装置を備え、特に換気には注意し、屋内で取り扱う場合には下層部空気の機械的換気が必要である。

アクロレインはできるだけ直接空気に触れることを避け、窒素のような不活性ガスの雰囲気の中に貯蔵する。

劇物	アクロレイン
毒物及び劇物取締法別表第二／2	**Acrolein**〔別名〕アクリルアルデヒド、アリルアルデヒド、プロペナール

【組成・化学構造】 **分子式** C_3H_4O

構造式

【CAS番号】 107-02-8

【性状】 無色または帯黄色の液体。刺激臭。沸点52℃。融点 −87℃。比重0.841。水に可溶（水100 mLに26.3 g溶解）。引火性。引火点 −17.8℃（開放）。爆発範囲2.8〜31 V/V%。熱または炎にさらすと、分解して毒性の高い煙を発生する。本薬物の火災時の消火法は、二酸化炭素を用いる。

【用途】 各種薬品の合成原料のほか、医薬、アミノ酸（メチオニン、葉酸、リジン）、香料、染料、殺菌剤の製造の原料。アクロレイン自体としての用途は、主として探知剤（冷凍機用）、アルコールの変性、殺菌剤（水や下水）など。

【毒性】 原体のLD_{50} = ラット経口：46 mg/kg、ウサギ経皮：562 mg/kg。

各　　論

眼と呼吸器系を刺激し、その催涙性を利用して化学戦用催涙ガスとしても使用されていた。また皮膚を刺激し、気管支カタルや結膜炎を起こさせる。空気中にわずか 0.1 ppm 含まれている場合でも、眼や鼻に刺激を与え、催涙作用を有する。

【応急措置基準】 **(1)漏えい時**

　風下の人を退避させ、必要があれば水で濡らした手ぬぐい等で口および鼻を覆う。漏えいした場所の周辺にはロープを張るなどして人の立入りを禁止する。作業の際には必ず保護具を着用し、風下で作業をしない。

・少量 = 漏えいした液は亜硫酸水素ナトリウム水溶液（約 10％）で反応させた後、多量の水で十分に希釈して洗い流す。

・多量 = 漏えいした液は土砂等でその流れを止め、安全な場所に穴を掘るなどしてためる。これに亜硫酸水素ナトリウム水溶液（約 10％）を加え、時々攪拌して反応させた後、多量の水で十分に希釈して洗い流す。この際、蒸発したアクロレインが大気中に拡散しないよう霧状の水をかけて吸収させる。

　この場合、高濃度の廃液が河川等に排出されないよう注意する。

(2)出火時

・周辺火災の場合 = 速やかに容器を安全な場所に移す。移動不可能の場合は、容器および周囲に散水して冷却する。

・着火した場合 = 散水等により周囲への延焼を防止し、多量の水で消火しその後の処理は専門家に任せる。

・消火剤 = 水噴霧、二酸化炭素

(3)暴露・接触時

①急性中毒と刺激性

・吸入した場合 = のど、気管支、肺などを刺激し、気管支の炎症などを起こす。肺水腫および全身の麻痺の可能性がある。

・皮膚に触れた場合 = 皮膚を刺激し、激しい場合は水ぶくれややけど（薬傷）を起こす。

・眼に入った場合 = 粘膜などを刺激し炎症を起こす。催涙性である。

②医師の処置を受けるまでの救急方法

・吸入した場合 = 直ちに患者を毛布等にくるんで安静にさせ、新鮮な空気の場所に移し速やかに医師の手当てを受ける。

・皮膚に触れた場合 = 直ちに付着部または接触部を多量の水で十分に洗い流す。汚染された衣服や靴は脱がせ、速やかに医師の手当てを受ける。

・眼に入った場合 = 直ちに多量の水で 15 分間以上洗い流し速やかに医師の手当てを受ける。

劇　物

(4)注意事項

①極めて引火しやすく、またその蒸気は空気と混合して広範囲の爆発性混合ガスとなるので火気には絶対に近づけない。

②アルカリ性物質および酸化剤と接触させない。

③火災の場合、温度上昇により激しい重合反応を起こし、容器が破裂することがある。

④運搬時には少量の重合防止剤（ハイドロキノンなど）添加および窒素シールがされている。

(5)保護具

保護手袋（ゴム）、保護長靴（ゴム）、保護前掛（ゴム）、保護衣、保護眼鏡、有機ガス用防毒マスク

【廃棄基準】〔廃棄方法〕

(1)燃焼法

・珪そう土等に吸収させ開放型の焼却炉で焼却する。

・可燃性溶剤（アセトン、ベンゼン等）に溶かし焼却炉の火室へ噴霧し焼却する。

(2)酸化法

過剰の酸性亜硫酸ナトリウム水溶液に混合した後、次亜塩素酸塩水溶液で分解し多量の水で希釈して流す。

(3)活性汚泥法

・上記(2)の方法で処理をした後、過剰の次亜塩素酸塩をチオ硫酸ナトリウム水溶液で分解し、さらに活性汚泥法にかける。

・アルカリ水溶液で重合沈降させた後、上澄み液を多量の水で希釈しさらに活性汚泥法にかける。

・多量の水で希釈した後、さらに活性汚泥法にかける。

〔生成物〕$H_2C＝CHCOOH$,　$ClH_2C－CHCl－COOH$

〔検定法〕吸光光度法、ガスクロマトグラフィー

【その他】〔貯法〕火気厳禁。非常に反応性に富む物質なので、安定剤を加え、空気を遮断して貯蔵する。

亜硝酸塩類

劇物	第2条／2

　亜硝酸塩類は、血液の中で分解されて亜硝酸となり、次に酸化されて硝酸となる。一方、血液はしだいに暗黒色となる。その作用は中枢神経を麻痺させるとともに、血管の壁の筋肉にはたらいて弛緩させる。心臓には直接的に作用しない。

各　　論

【毒性】

めまいがして、重症になると血圧が下がる。呼吸が激しくなり、痙攣したり、気を失ってぼんやりする。

【鑑識法】

(1)炭の上に小さな孔をつくり、試料を入れて吹管炎で熱灼すると、パチパチ音をたてる。

(2)希硫酸に冷時反応して分解し、褐色の蒸気を出す。

(3)硝酸銀の中性溶液で白色の亜硝酸銀を沈殿する。

(4)ヨウ化物を加え、酢酸酸性にするとヨウ素を遊離する。

劇物	亜硝酸ナトリウム
毒物及び劇物指定令 第2条／2	**Sodium nitrite** 〔別名〕亜硝酸ソーダ

【組成・化学構造】　**分子式**　$NNaO_2$

　　　　　　　　　構造式

$$Na^+ \left[\begin{array}{c} {}^-O \diagdown N {=} O \end{array} \right]$$

【CAS番号】 7632-00-0

【性状】 白色または微黄色の結晶性粉末、粒状または棒状。融点 271℃、320℃以上で分解。水に可溶（15℃で水 100 mL に 81.5 g 溶解）。アルコールに難溶。潮解性。空気中で徐々に酸化する。

【用途】 工業用のジアゾ化合物製造用、染色工場の顕色剤、写真用。試薬。

【毒性】 原体の LD_{50} ＝ ラット経口：85 mg/kg。

【応急措置基準】 **(1)漏えい時**

　　　飛散した場所の周辺にはロープを張るなどして人の立入りを禁止する。作業の際には必ず保護具を着用し、風下で作業をしない。飛散したものは空容器に回収し、そのあとを多量の水を用いて流し流す。この場合、高濃度の廃液が河川等に排出されないように注意する。

(2)出火時

・周辺火災の場合 ＝ 速やかに容器を安全な場所に移す。移動不可能の場合は、容器および周囲に散水して冷却する。

(3)暴露・接触時

①急性中毒と刺激性

　・吸入した場合 ＝ 鼻、のどを刺激する。

　・皮膚に触れた場合 ＝ 皮膚を刺激する。

　・眼に入った場合 ＝ 粘膜を刺激する。

②医師の処置を受けるまでの救急方法

・吸入した場合＝直ちにうがいをさせる。
・皮膚に触れた場合＝直ちに汚染された衣服や靴を脱がせ、付着部または接触部を多量の水で十分に洗い流す。
・眼に入った場合＝直ちに多量の水で15分間以上洗い流す。

(4) **注意事項**
酸類を接触させると有毒な酸化窒素の気体を生成する。

(5) **保護具**
保護眼鏡、保護手袋、保護長靴、防塵マスク

【廃棄基準】〔廃棄方法〕

分解法

ア　亜硝酸ナトリウムを水溶液とし、攪拌下のスルファミン酸溶液に徐々に加えて分解させた後中和し、多量の水で希釈して処理する。

イ　亜硝酸ナトリウムを水溶液とし、加温、攪拌しながら塩化アンモニウムを少量ずつ加えて分解させた後冷却し、さらに、残存する亜硝酸ナトリウムはアの方法で処理する。

〈備考〉
・イの亜硝酸ナトリウム溶液の濃度は20％以下とし、反応液のpHはおおむね5～7とする。
・イの加温温度は約85℃とする。
・分解の際発生する窒素の気体で、反応液が溢流しないよう注意する。
・約1時間の加温、攪拌で約80％分解する。

〔生成物〕N_2、Na_2SO_4 など
〔検定法〕吸光光度法、滴定法

劇物	**亜硝酸カリウム**
毒物及び劇物指定令 第2条／2	**Potassium nitrite** 〔別名〕亜硝酸カリ

【組成・化学構造】　**分子式**　KNO_2

構造式

【CAS番号】7758-09-0

【性状】白色または微黄色の固体。融点297℃、350℃以上で分解。水に可溶、アルコールに不溶。空気中で徐々に酸化する。潮解性。

【用途】亜硝酸ナトリウムと同様。

各　　論

劇物	
毒物及び劇物指定令 第2条／2の2	**亜硝酸三級ブチル** *tert*-**Butyl nitrite**

【組成・化学構造】 **分子式** $C_4H_9NO_2$

構造式

O=N−O−C(CH₃)(CH₃)CH₃

【CAS 番号】 540-80-7

【性状】 透明な黄色の液体。沸点 63℃。比重 0.87（20℃）。蒸気密度 3.6（空気＝1）。水に難溶、エタノール、エーテル、クロロホルムに可溶。密閉式引火点 −11℃。光で分解、酸化性がある。

【用途】 試験研究用試薬。

【毒性】 原体の LD_{50} ＝ マウス経口：307 mg/kg（95％の信頼性限界区間：220 〜 426 mg/kg）。LC_{50} ＝ マウス吸入：5426 ppm（4 hr）。
ヒト皮膚刺激性については、軽度の皮膚、眼、気管、気管支への刺激性の可能性がある。

劇物	
毒物及び劇物指定令 第2条／2の3	**亜硝酸メチル** **Methyl nitrite**

【組成・化学構造】 **分子式** CH_3NO_2

構造式

O=N−O−CH₃

【CAS 番号】 624-91-9

【性状】 常温で気体。沸点 −12℃。

【用途】 ロケット燃料等。

【毒性】 原体の LC_{50} ＝ ラット吸入：176 ppm（4 hr）。

劇物	
毒物及び劇物指定令 第2条／3	**アセチレンジカルボン酸アミド** **Acetylenedicarboxylic acid diamide** 〔別名〕セロサイジン

【組成・化学構造】 **分子式** $C_4H_4N_2O_2$

構造式

O=C(NH₂)−C≡C−C(=O)NH₂

【CAS 番号】 543-21-5

308

劇　　物

【性状】：放線菌ストレプトミセス・チバエンシスが生産する抗生物質。白色の柱状結晶。融点216〜218℃（分解）。水、メタノール、エタノール、アセトンに可溶、他の有機溶媒に難溶。

【用途】：稲の白葉枯病の防除。

【毒性】：原体の LD_{50} ＝ マウス経口：82.9 mg/kg、マウス静注：11 mg/kg、マウス腹腔内：15 mg/kg。

主な中毒症状は運動緩慢、体温降下、呼吸困難、呼吸停止。

【その他】：〔製剤〕現在、農薬としての市販品はない。

劇物	
毒物及び劇物指定令 第2条／3の2	**亜セレン酸** Selenious acid

【組成・化学構造】：**分子式** H_2SeO_3

構造式

$$O\!\!\diagdown_{\!\!\!Se}\!\!\diagup^{OH}$$
$$\underset{OH}{|}$$

【CAS番号】：7783-00-8

【性状】：白色結晶。沸点は知見なし。融点70℃（分解）。密度3.004 g/cm³（15℃）。蒸気圧266 Pa（15℃）。水、エタノールに易溶。pH は酸性。安定。潮解性。強熱されると有毒な酸化セレン（Ⅳ）の煙霧を発生。

【用途】：生物実験用試薬（細胞培養用培地、細胞など）。

【毒性】：0.0082％製剤の LD_{50} ＞ラット経口：50 mg/kg、ラット経皮：200 mg/kg。LC_{50} ＞ラット吸入（ミスト）：0.5 mg/L（4 hr）。

0.000082％製剤の LD_{50} ＞ラット経口：2000 mg/kg、ラット経皮：10000 mg/kg。LC_{50} ＞ラット吸入（ミスト）：10 mg/L（4 hr）。

ウサギにおいて皮膚刺激性、眼刺激性なし。

劇
物

各 論

アニリン塩類・N–アルキルアニリン塩類

劇物	毒物及び劇物取締法　別表第二／3 毒物及び劇物指定令　第2条／4・5

劇物	アニリン
毒物及び劇物取締法 別表第二／3	Aniline 〔別名〕アニリン油、アミノベンゼン、フェニルアミン

【組成・化学構造】　**分子式**　C_6H_7N
　　　　　　　　　構造式

【CAS番号】　62-53-3

【性状】　純品は無色透明な油状の液体。特有の臭気。沸点184℃。比重1.026〜1.027。水に難溶、アルコール、エーテル、ベンゼンに易溶。空気に触れて赤褐色を呈する。

【用途】　タール中間物の製造原料、医薬品、染料等の製造原料、試薬、写真現像用のハイドロキノンなどの原料。

【毒性】　原体のLD_{50}＝ウサギ経皮：820 mg/kg。

アニリンの中毒は、蒸気の吸入や皮膚からの吸収によって起こる。したがって、染料製造工場や染色工場などで中毒が発生することがある。中毒症状としては、アニリンが血液毒と神経毒を有しているため、血液に作用してメトヘモグロビンをつくり、チアノーゼを引き起こす。急性中毒では、顔面、口唇、指先などにチアノーゼが現れ、重症ではさらにチアノーゼが著しくなる。脈拍と血圧は、最初に亢進した後下降し、嘔吐、下痢、腎臓炎、痙攣、意識喪失といった症状が現れ、さらに死亡することもある。慢性中毒では、顔面が蒼白になり、胃腸障害、腎臓炎、めまい、頭痛、腹痛、不眠、耳鳴、神経痛、視力減退、結膜炎などを起こし、皮膚に発疹ができる。

【応急措置基準】　(1)漏えい時

風下の人を退避させ、漏えいした場所の周辺にはロープを張るなどして人の立入りを禁止する。付近の着火源となるものを速やかに取り除く。作業の際には必ず保護具を着用し、風下で作業をしない。

・少量＝漏えいした液は、土砂等に吸着させて空容器に回収し、そのあとを多量の水で洗い流す。

・多量＝漏えいした液は、土砂等でその流れを止め、安全な場所に導き、土砂等に吸着させて空容器に回収し、そのあとを多量の水で洗い流す。

劇　　物

この場合、高濃度の廃液が河川等に排出されないように注意する。

(2)出火時

・周辺火災の場合 ＝ 速やかに容器を安全な場所に移す。移動不可能の場合は、容器および周囲に散水して冷却する。

・着火した場合 ＝ 粉末、二酸化炭素等を用いて消火する。大規模火災の際には水噴霧、泡を用いる。消火作業の際には必ず保護具を着用する。

・消火剤 ＝ 水、粉末、泡（アルコール泡）、二酸化炭素、乾燥砂

(3)暴露・接触時

①急性中毒と刺激性

・吸入した場合 ＝ 皮膚や粘膜が青黒くなる（チアノーゼ）。頭痛、めまい、吐き気が起こる。重症の場合は昏睡、意識不明となる。

・皮膚に触れた場合 ＝ 皮膚からも吸収され、吸入した場合と同様の中毒症状を起こす。発疹を起こすことがある。

・眼に入った場合 ＝ 強い刺激性はないが結膜炎を起こす。

②医師の処置を受けるまでの救急方法

・吸入した場合 ＝ 直ちに患者を毛布等にくるんで安静にさせ、新鮮な空気の場所に移す。チアノーゼ症状または呼吸停止の場合は直ちに人工呼吸を行う。

・皮膚に触れた場合 ＝ 直ちに汚染された衣服や靴を脱がせ、付着または接触部を石けん水または多量の水で十分に洗い流す。

・眼に入った場合 ＝ 直ちに多量の水で15分間以上洗い流す。

(4)保護具

保護眼鏡、保護手袋、保護長靴、保護衣、有機ガス用防毒マスク（火災時：人工呼吸器または有機ガス用防毒マスク）

【廃棄基準】〔廃棄方法〕

(1)燃焼法

可燃性溶剤とともに焼却炉の火室へ噴霧し焼却する。

(2)活性汚泥法

〔検定法〕クロマトグラフィー、吸光光度法

【その他】〔鑑識法〕アニリンの水溶液にさらし粉を加えると、紫色を呈する。

劇
物

311

各 論

劇物
毒物及び劇物指定令 第 2 条／4

塩酸アニリン
Aniline hydrochloride
〔別名〕アニリンソルト／Aniline salt、アニリン塩酸塩

【組成・化学構造】 分子式 　C_6H_8ClN
構造式

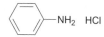

【CAS 番号】 142-04-1

【性状】 純品は白色結晶または結晶性粉末。融点192℃。引火点193℃（開放）。水に可溶（15℃で水 100 mL に 88.4 g 溶解）。普通品は空気中で表面が酸化され、緑色または灰色を呈する。板状または針状の結晶で、水に可溶。

【用途】 染料の製造原料（特にアニリンブラックの原料として大量に使用される）、試薬。

【応急措置基準】 (1) **漏えい時**
　飛散した場所の周辺にはロープを張るなどして人の立入りを禁止する。作業の際には必ず保護具を着用し、風下で作業をしない。飛散したものは、速やかに掃き集めて空容器に回収し、そのあとを多量の水で洗い流す。この場合、高濃度の廃液が河川等に排出されないように注意する。

(2) **出火時**
・周辺火災の場合＝速やかに容器を安全な場所に移す。移動不可能の場合は、容器および周囲に散水して冷却する。
・着火した場合＝粉末、二酸化炭素等を用いて消火する。大規模火災の際には水噴霧、泡を用いる。消火作業の際には必ず保護具を着用する。
・消火剤＝粉末、二酸化炭素、乾燥砂、水、泡

(3) **暴露・接触時**
① 急性中毒と刺激性
・吸入した場合＝皮膚や粘膜が青黒くなる（チアノーゼ）。頭痛、めまい、吐気が起こる。重症の場合は、昏睡、意識不明となる。
・皮膚に触れた場合＝皮膚からも吸収され、吸入した場合と同様の中毒症状を起こす。発疹を起こすことがある。
・眼に入った場合＝強い刺激性はないが結膜炎を起こす。
② 医師の処置を受けるまでの救急方法
・吸入した場合＝直ちに患者を毛布等にくるんで安静にさせ、新鮮な空気の場所に移す。チアノーゼ症状または呼吸停止の場合は直ちに人工呼吸を行う。
・皮膚に触れた場合＝直ちに汚染された衣服や靴を脱がせ、付着または接触部を石けん水または多量の水で十分に洗い流す。

劇　物

　　・眼に入った場合＝直ちに多量の水で 15 分間以上洗い流す。

(4)保護具

　保護眼鏡、保護手袋、保護長靴、保護衣、有機ガス用防毒マスク（火災時：人工呼吸器または有機ガス用防毒マスク）

【廃棄基準】〔廃棄方法〕

(1)燃焼法

　スクラバーを備えた焼却炉で焼却する。

(2)活性汚泥法

　〈備考〉

　　・(1)のスクラバーの洗浄液にはアルカリ溶液を用いる。

　　・焼却炉は有機ハロゲン化合物を焼却するに適したものとする。

〔検定法〕ガスクロマトグラフィー（遊離後）

劇物	*N*-エチルアニリン
毒物及び劇物指定令 第 2 条／5	**N-Ethylaniline** 〔別名〕エチルフェニルアミン

【組成・化学構造】　**分子式**　$C_8H_{11}N$

　　　　　　　　　構造式

【CAS 番号】103-69-5

【性状】淡黄色または淡褐色の液体。刺激臭。沸点 206℃。融点 −63.6℃。比重（d_4^{20}）0.963。蒸気は空気より約 4.2 倍重い。水に難溶。エタノール、エーテル、ベンゼン等に任意の割合で混和。引火点 85℃。

【用途】有機合成原料、アゾ染料、トリフェニルメタン染料の重要な中間物。

【応急措置基準】**(1)漏えい時**

　風下の人を退避させ、漏えいした場所の周辺にはロープを張るなどして人の立入りを禁止する。付近の着火源となるものを速やかに取り除く。作業の際には必ず保護具を着用し、風下で作業をしない。漏えいした液は土砂等でその流れを止め、安全な場所に導き、空容器にできるだけ回収し、そのあとを中性洗剤等の分散剤を使用して多量の水で洗い流す。この場合、高濃度の廃液が河川等に排出されないよう注意する。

(2)出火時

・周辺火災の場合＝速やかに容器を安全な場所に移す。移動不可能な場合には、容器および周囲に散水して冷却する。

・着火した場合＝必ず保護具を着用し消火剤、水噴霧等を用いて消火する。

313

各　論

・消火剤 ＝ 水、粉末、泡、アルコール泡、二酸化炭素

(3)暴露・接触時

①急性中毒と刺激性

・吸入した場合 ＝ 頭痛、めまい、吐き気、チアノーゼが起こる。重症の場合は意識不明となり、昏睡状態に陥る。

・皮膚に触れた場合 ＝ 皮膚からも吸収され、吸入した場合と同様の中毒症状を起こす。発疹することがある。

・眼に入った場合 ＝ 激痛を伴い、角膜の炎症を起こす。

②医師の処置を受けるまでの救急方法

・吸入した場合 ＝ 直ちに患者を毛布等にくるんで安静にさせ、新鮮な空気の場所に移す。チアノーゼ症状または呼吸停止の場合は、直ちに人工呼吸を行う。

・皮膚に触れた場合 ＝ 直ちに汚染された衣服や靴などを脱がせ、付着または接触部を石けん水で洗浄し、多量の水で洗い流す。

・眼に入った場合 ＝ 直ちに多量の水で15分間以上洗い流す。

(4)保護具

保護眼鏡、保護手袋、保護長靴、保護衣、有機ガス用防毒マスク（火災時：人工呼吸器）

【廃棄基準】〔廃棄方法〕

燃焼法

ア　おが屑等に吸収させて焼却炉で焼却する。

イ　可燃性溶剤とともに焼却炉の火室へ噴霧し焼却する。

〔検定法〕ガスクロマトグラフィー、吸光光度法

劇物	_N_-メチルアニリン
毒物及び劇物指定令 第2条／5	**N-Methylaniline** 〔別名〕モノメチルアニリン、メチルフェニルアミン

【組成・化学構造】　**分子式**　C_7H_9N

構造式

【CAS番号】　100-61-8

【性状】　淡黄色または淡褐色の油状液体。沸点196℃。水に不溶。

【用途】　染料の製造原料。

【応急措置基準】(1)漏えい時

風下の人を退避させ、漏えいした場所の周辺にはロープを張るなどして人の立入りを禁止する。付近の着火源となるものを速やかに取り除く。

314

劇　　物

作業の際には必ず保護具を着用し、風下で作業をしない。漏えいした液は土砂等でその流れを止め、安全な場所に導き、空容器にできるだけ回収し、そのあとを中性洗剤等の分散剤を使用して多量の水で洗い流す。この場合、高濃度の廃液が河川等に排出されないよう注意する。

(2)出火時

・周辺火災の場合 = 速やかに容器を安全な場所に移す。移動不可能な場合には、容器および周囲に散水して冷却する。

・着火した場合 = 必ず保護具を着用し消火剤、水噴霧等を用いて消火する。

・消火剤 = 水、粉末、泡、アルコール泡、二酸化炭素

(3)暴露・接触時

①人体に対する影響

・吸入した場合 = 頭痛、めまい、吐き気、チアノーゼが起こる。重症の場合は意識不明となり、昏睡状態に陥る。

・皮膚に触れた場合 = 皮膚からも吸収され、吸入した場合と同様の中毒症状を起こす。発疹が起こることがある。

・眼に入った場合 = 激痛を伴い、角膜の炎症を起こす。

②医師の処置を受けるまでの救急方法

・吸入した場合 = 直ちに患者を毛布等にくるんで安静にさせ、新鮮な空気の場所に移す。チアノーゼ症状または呼吸停止の場合は、直ちに人工呼吸を行う。

・皮膚に触れた場合 = 直ちに汚染された衣服や靴などを脱がせ、付着または接触部を石けん水で洗浄し、多量の水で洗い流す。

・眼に入った場合 = 直ちに多量の水で15分間以上洗い流す。

(4)保護具

保護眼鏡、保護手袋、保護長靴、保護衣、有機ガス用防毒マスク（火災時：人工呼吸器）

【廃棄基準】〔廃棄方法〕

燃焼法

ア　おが屑等に吸収させて焼却炉で焼却する。

イ　可燃性溶剤とともに焼却炉の火室へ噴霧し焼却する。

〔検定法〕ガスクロマトグラフィー、吸光光度法

劇物	
毒物及び劇物指定令第2条／4の2	**アバメクチン** Abamectin

組成・化学構造・性状・用途等については130ページ参照。

315

各　　論

【毒性】1.8％製剤の LD_{50} ＝ ラット経口：891mg/kg、$LD_{50} \geqq$ ラット経皮：5050 mg/kg。$LC_{50} \geqq$ ラット吸入：5.04 mg/L（4 hr）。
ウサギで軽度の眼刺激性を示す。

劇物	2-アミノエタノール
毒物及び劇物指定令 第 2 条／4 の 3	2-Aminoethanol 〔別名〕モノエタノールアミン、2-ヒドロキシエチルアミン

【組成・化学構造】**分子式** C_2H_7NO
構造式 H_2N ～ OH

【CAS 番号】141-43-5
【性状】無色のやや粘稠な液体。沸点170℃。アンモニア臭。アルカリ性。水、エタノールなどに可溶。エーテルに不溶。
【用途】合成洗剤、乳化剤、化粧品、靴墨、つや出し、ワックス、切削油、防虫添加剤など。
【毒性】皮膚刺激性、眼刺激性。

劇物	2-（2-アミノエチルアミノ）エタノール
毒物及び劇物指定令 第 2 条／4 の 4	2((2-Aminoethyl)amino)ethanol

【組成・化学構造】**分子式** $C_4H_{12}N_2O$
構造式
HO ～ NH ～ NH_2

【CAS 番号】111-41-1
【性状】無色～淡黄色の液体。沸点243℃。融点 −38℃。密度 1.02 g/cm^3（25℃）。相対蒸気密度 5.41（空気 ＝ 1）。比重 1.03（20/20℃）。蒸気圧 1.8 Pa（20℃）。水に対する溶解性は混和（1000 g/L ＝ 25℃）。エタノールにも混和、アセトンに易溶。引火点 132℃（c.c.）。酸化剤と激しく反応。
【用途】イミダゾリン型カチオンおよび両性界面活性剤原料。金属イオン封鎖剤。
【毒性】原体の LD_{50} ＝ ラット経口：2150 mg/kg、$LD_{50} >$ ラット経皮：2000 mg/kg。$LC_{50} >$ ラット吸入（飽和蒸気）：0.0771 mg/L（8 hr）。
ウサギにおいて皮膚刺激性あり、眼刺激性では重篤な損傷をきたす。10％製剤ではウサギにおいて皮膚刺激性なし、軽度の眼刺激性あり。

劇　物

劇物	***L*-2-アミノ-4-[(ヒドロキシ)(メチル)ホスフィノイル]ブチリル-*L*-アラニル-*L*-アラニンナトリウム塩**
毒物及び劇物指定令 第2条／4の5	Sodium=*L*-2-amino-4-[(hydroxy)(methyl)phosphinoyl]butyryl-*L*-alanyl-*L*-alanine 〔別名〕ビアラホス

【組成・化学構造】　**分子式**　$C_{11}H_{21}N_3NaO_6P$

構造式

【CAS番号】　71048-99-2

【性状】　白色粉末。

【用途】　農薬除草剤。

【毒性】　ナトリウム塩の場合、LD_{50} ＝ ラット雄経口：268 mg/kg、ラット雌経口：404 mg/kg。

【その他】　〔製剤〕主剤20％含有の水溶剤（ハービエース水溶剤）および32％含有の液剤（ハービエース液剤）。

劇物	**3-アミノメチル-3,5,5-トリメチルシクロヘキシルアミン**
毒物及び劇物指定令 第2条／4の6	3-Aminomethyl-3,5,5-trimethylcyclohexylamine 〔別名〕イソホロンジアミン

【組成・化学構造】　**分子式**　$C_{10}H_{22}N_2$

構造式

【CAS番号】　2855-13-2

【性状】　特徴的な臭気を有した無色に近い淡黄色の液体。沸点247℃。比重0.926（25℃）。蒸気密度は5.9（空気＝1）。蒸気圧2 Pa（20℃）。水に易溶。引火点110℃。

【用途】　接着剤、洗剤、樹脂用添加剤、樹脂硬化剤、試薬、ウレタンラッカー製造時の鎖伸長剤の中間物。

【毒性】　原体の LD_{50} ＝ ラット経口：1030 mg/kg。LC_{50} ＝ ラット吸入：550 ppm

317

各　　論

（4 hr）。

ラット・ウサギで重度の皮膚刺激性、ウサギで重度の眼刺激性が認められる。皮膚腐食性については、*in vitro* 試験で陽性。

劇物	
毒物及び劇物指定令 第2条／4の7	**3-(アミノメチル)ベンジルアミン** 3-(Aminomethyl)benzylamine

【組成・化学構造】　**分子式**　$C_8H_{12}N_2$
　　　　　　　　　　構造式

H_2N〜〜〜〜NH_2

【CAS番号】：1477-55-0

【性状】：無色の液体。沸点273℃。融点14.1℃以下。蒸気圧20 hPa（145℃）。水に可溶。アルコール、エーテルに易溶。通常の取り扱いでは安定。酸等と反応する。

【用途】：エポキシ樹脂硬化剤、ナイロンの原料、ポリウレタン原料。

【毒性】：原体の LD_{50} ＝ ラット雌経口：980 mg/kg。LC_{50} ≧ ラット雄吸入（ダストまたはミスト）：1.42 mg/L、LC_{50} ＝ ラット雌吸入（ダストまたはミスト）：0.8 mg/L。ウサギにおいて皮膚腐食性がある。
　　　　8.0％製剤の LC_{50} ≧ ラット吸入：5.14 mg/L。ウサギにおいて軽度の皮膚刺激性がある。

劇物	
毒物及び劇物指定令 第2／6	**N-エチルメタトルイジン** *N*-Ethyltoluidine

【組成・化学構造】　**分子式**　$C_9H_{13}N$
　　　　　　　　　　構造式

H_3C〜N〜〜CH_3
　　　　　H

【CAS番号】：102-27-2

【性状】：淡黄色または淡褐色の液体。刺激性の臭気。沸点222 〜 223℃。比重（d_4^{20}）0.938。蒸気は空気より約4.7倍重い。水に難溶。エタノール、エーテル、ベンゼン等と任意の割合で混和。引火点93℃。

【応急措置基準】：**(1)漏えい時**

　　風下の人を退避させ、漏えいした場所の周辺にはロープを張るなどして人の立入りを禁止する。付近の着火源となるものを速やかに取り除く。作業の際には必ず保護具を着用し、風下で作業をしない。漏えいした液

劇　物

は土砂等でその流れを止め、安全な場所に導き、空容器にできるだけ回収し、そのあとを中性洗剤等の分散剤を使用し多量の水で洗い流す。この場合、高濃度の廃液が河川等に排出されないよう注意する。

(2)出火時

・周辺火災の場合 ＝ 速やかに容器を安全な場所に移す。移動不可能な場合には、容器および周囲に散水して冷却する。

・着火した場合 ＝ 必ず保護具を着用し消火剤、水噴霧等を用いて消火する。

・消火剤 ＝ 水、粉末、泡、アルコール泡、二酸化炭素

(3)暴露・接触時

①急性中毒と刺激性

・吸入した場合 ＝ 頭痛、めまい、吐き気、チアノーゼが起こる。重症な場合は意識不明となり、昏睡状態に陥る。

・皮膚に触れた場合 ＝ 皮膚からも吸収され、吸入した場合と同様の中毒症状を起こす。発疹することがある。

・眼に入った場合 ＝ 激痛を伴い、角膜の炎症を起こす。

②医師の処置を受けるまでの救急方法

・吸入した場合 ＝ 直ちに患者を毛布等にくるんで安静にさせ、新鮮な空気の場所に移す。チアノーゼ症状または呼吸停止の場合は、直ちに人工呼吸を行う。

・皮膚に触れた場合 ＝ 直ちに汚染された衣服や靴などを脱がせ、付着部または接触部を石けん水で洗浄し、多量の水で洗い流す。

・眼に入った場合 ＝ 直ちに多量の水で15分間以上洗い流す。

(4)保護具

保護眼鏡、保護手袋、保護長靴、保護衣、有機ガス用防毒マスク（火災時：人工呼吸器）

【廃棄基準】〔廃棄方法〕

燃焼法

ア　おが屑等に吸収させて焼却炉で焼却する。

イ　可燃性溶剤とともに焼却炉の火室へ噴霧し焼却する。

〔検定法〕ガスクロマトグラフィー、吸光光度法

各　論

アンチモン化合物

劇物	毒物及び劇物指定令　第2条／7

【毒性】

　アンチモン化合物のほとんどすべては、ヒ素より弱いが、類似の毒性を発揮する。

　急性中毒は、アンチモン化合物の経口摂取または吸入によって起こるが、吐気、嘔吐、下痢、乏尿、無尿、運動麻痺、痙攣を呈し、失神する。慢性中毒は、皮膚のかゆみ、化膿、結膜炎、歯肉出血、頭痛、貧血などの症状が現れる。

　吐酒石0.2 gで死亡した例もあるが、致死量は0.6 ～ 1.2 gといわれる。局所刺激作用はヒ素より強く、特に汗を出している皮膚では非常にかゆく、発疹を生じる。

【鑑識法】

(1)白金線に試料をつけて溶融炎で熱し、次に希塩酸で白金線をしめして、再び溶融炎で炎の色を見ると淡青色となる。

(2)コバルトの色ガラスを通して見れば、この炎が淡紫色となる。

(3)炭の上に小さな孔をつくり、無水炭酸ナトリウムの粉末とともに試料を吹管炎で熱灼すると、白色のもろい粒状物となる。

(4)水溶液は、硫化水素、硫化アンモニア、硫化ナトリウムなどで、橙赤色の硫化物が沈殿する。

劇物	三塩化アンチモン
毒物及び劇物指定令 第2条／7	**Antimony trichloride** 〔別名〕アンチモンバター

【組成・化学構造】 分子式　Cl_3Sb

構造式

$$Cl-\underset{|}{\overset{Cl}{Sb}}-Cl$$

【CAS番号】 10025-91-9

【性状】 淡黄色の結晶。沸点283℃。融点73.4℃。水に易溶（20℃で水100 mLに910 g溶解）。塩酸、臭化水素酸に可溶。水分により分解して、オキシ塩化アンチモン（Ⅲ）（SbOCl）を生成し、白煙（塩化水素の気体）を生成。潮解性。

【用途】 工業用の木綿の媒染剤、塗装剤ほか、試薬。

【応急措置基準】 **(1)漏えい時**

　飛散した場所の周辺にはロープを張るなどして人の立入りを禁止する。作業の際には必ず保護具を着用し、風下で作業をしない。飛散したものは空容器にできるだけ回収し、そのあとを水酸化カルシウム、炭酸ナト

劇　物

リウム等の水溶液を用いて処理し、多量の水で洗い流す。

(2)出火時

・周辺火災の場合 ＝ 速やかに容器を安全な場所に移す。移動不可能な場合には、容器および周囲に散水して冷却する。この場合、容器に水が入らぬよう注意する。

(3)暴露・接触時

　①急性中毒と刺激性

・吸入した場合 ＝ 鼻、のど、気管支を刺激し、粘膜が侵される。

・皮膚に触れた場合 ＝ 起炎性を有する。

・眼に入った場合 ＝ 粘膜を刺激する。

　②医師の処置を受けるまでの救急方法

・吸入した場合 ＝ 鼻をかみ、うがいをさせる。

・皮膚に触れた場合 ＝ 直ちに汚染された衣服や靴などを脱がせ、付着部または接触部を石けん水で洗浄し、多量の水で洗い流す。

・眼に入った場合 ＝ 直ちに多量の水で15分間以上洗い流す。

(4)注意事項

　強熱すると酸化アンチモン（Ⅲ）の有毒な煙霧および気体を生成する。

(5)保護具

　保護眼鏡、保護手袋、保護長靴、保護衣、防塵マスク（火災時：人工呼吸器）

【廃棄基準】〔廃棄方法〕

沈殿法

　水に溶かし、硫化ナトリウム水溶液を加えて沈殿させ、濾過して埋立処分する。

　　〈備考〉硫化アンチモン（Ⅲ）を沈殿させる場合には適量（理論量の1.5〜3倍）の硫化ナトリウムを加える。硫化ナトリウムを理論量の3倍以上加えると沈殿が溶解するので注意する。

〔生成物〕Sb_2S_3

〔検定法〕吸光光度法、原子吸光法

〔その他〕本薬物の付着した紙袋等を焼却するとアンチモンの酸化物の煙霧および塩化水素の気体を生成するので、洗浄装置のない焼却炉等で焼却しない。

各　　論

劇物
毒物及び劇物指定令 第2条／7

酸化アンチモン（Ⅲ）
Antimony trioxide
〔別名〕三酸化アンチモン、アンチモン華、アンチモン白、無水亜アンチモン酸

【組成・化学構造】 **分子式** O_3Sb_2

構造式 $O\!\!=\!\!\underset{Sb}{}\!\!-\!\!O\!\!-\!\!\underset{Sb}{}\!\!=\!\!O$

【CAS番号】 1309-64-4

【性状】 白色の粉末または結晶。水に不溶（25℃で水 100 mL に 9.29×10^{-4} g 溶解）。希硝酸、希硫酸に不溶、濃硝酸、濃硫酸、塩酸、酒石酸、酸性酒石酸アルカリ塩液に可溶。

【用途】 顔料、試薬。

【応急措置基準】 **(1)漏えい時**

飛散した場所の周辺にはロープを張るなどして人の立入りを禁止する。作業の際には必ず保護具を着用し、風下で作業をしない。飛散したものは空容器にできるだけ回収し、そのあとを多量の水で洗い流す。

(2)出火時

・周辺火災の場合 ＝ 速やかに容器を安全な場所に移す。移動不可能な場合には、容器および周囲に散水して冷却する。

(3)暴露・接触時

①急性中毒と刺激性

・眼に入った場合 ＝ 異物感を与え、粘膜を刺激する。

②医師の処置を受けるまでの救急方法

・吸入した場合 ＝ 鼻をかませ、うがいをさせる。

・皮膚に触れた場合 ＝ 直ちに汚染された衣服や靴などの汚れを落とし、付着部または接触部を石けん水で洗浄し、多量の水で洗い流す。

・眼に入った場合 ＝ 直ちに多量の水で 15 分間以上洗い流す。

(4)保護具

保護眼鏡、保護手袋、保護長靴、保護衣、防塵マスク

【廃棄基準】 〔廃棄方法〕

(1)固化隔離法

セメントを用いて固化し、埋立処分する。

(2)沈殿法

希塩酸に溶かし、硫化ナトリウム水溶液を加えて沈殿させ、濾過して埋立処分する。

〈備考〉硫化アンチモン（Ⅲ）を沈殿させる場合には適量（理論量の 1.5 ～ 3 倍）の硫化ナトリウムを加える。硫化ナトリウムを理

劇　　物

論量の 3 倍以上加えると沈殿が溶解するので注意する。

〔生成物〕(Sb_2O_3)，Sb_2S_3

　（注）　（ ）は、生成物が化学的変化を生じていないもの。

〔検定法〕吸光光度法、原子吸光法

〔その他〕本薬物の付着した紙袋等を焼却するとアンチモンの酸化物の煙霧を生成するので、洗浄装置のない焼却炉等で焼却しない。

劇物	五塩化アンチモン
毒物及び劇物指定令 第 2 条／7	**Antimony pentachloride** 〔別名〕塩化アンチモン（Ｖ）

【組成・化学構造】　**分子式**　Cl_5Sb

　　　　　　　　　構造式

$$Cl-\underset{\underset{Cl}{\overset{}{|}}}{\overset{\overset{Cl}{|}}{Sb}}-Cl$$
　　　　　　　　　　　Cl　Cl

【CAS 番号】7647-18-9

【性状】淡黄色の液体。沸点 79℃（22 mmHg）。融点 2.8℃。比重（d_4^{20}）2.346。塩酸、クロロホルムに可溶。加熱すると分解して塩素の気体を生成し、塩化アンチモン（Ⅲ）になる。水により加水分解し、白煙（塩化水素の気体）を生成して酸化アンチモン（Ｖ）（Sb_2O_5）になる。

【用途】触媒。

【応急措置基準】**(1)漏えい時**

　　風下の人を退避させ、漏えいした場所の周辺にはロープを張るなどして人の立入りを禁止する。作業の際には必ず保護具を着用し、風下で作業をしない。

　　漏えいした液を直接水で洗い流してはならない。漏えいした液は土砂等でその流れを止め、安全な場所に導き、密閉可能な空容器にできるだけ回収し、そのあとを水酸化カルシウム、炭酸ナトリウム等の水溶液を用い徐々に処理を行い、多量の水で洗い流す。この場合、高濃度の廃液が河川等に排出されないよう注意する。

(2)出火時

・周辺火災の場合 ＝ 速やかに容器を安全な場所に移す。移動不可能な場合には、容器および周囲に散水して冷却する。この場合、容器に水が入らぬよう注意する。

(3)暴露・接触時

　①急性中毒と刺激性

　・眼に入った場合 ＝ 鼻、のど、気管支などの粘膜が刺激され侵される。肺水腫を起こすことがある。

各　　論

・皮膚に触れた場合 ＝ 激しい痛みを生じ、炎症を起こす。
・眼に入った場合 ＝ 粘膜が侵され、失明することがある。
②医師の処置を受けるまでの救急方法
・吸入した場合 ＝ 直ちに患者を毛布等にくるんで安静にさせ、新鮮な
　空気の場所に移し、酸素吸入を行う。呼吸困難または呼吸停止の場
　合には、直ちに人工呼吸を行う。
・皮膚に触れた場合 ＝ 直ちに汚染された衣服や靴などを脱がせ、付着
　部または接触部を石けん水で洗浄し、多量の水で洗い流す。
・眼に入った場合 ＝ 直ちに多量の水で 15 分間以上洗い流す。

(4)注意事項

①多量の水に触れると反応し、白煙（塩化水素の気体）を生成する。
②火災等で強熱すると、アンチモンの酸化物の有毒な煙霧ならびに塩
　素および塩化水素の気体を生成する。

(5)保護具

保護眼鏡、保護手袋、保護長靴、保護衣、人工呼吸器

【廃棄基準】〔廃棄方法〕

沈殿法

多量の水に溶かし、硫化ナトリウム水溶液を加えて沈殿させ、濾過し
て埋立処分する。

〈備考〉
・五塩化アンチモンは水により急激に加水分解を起こし、白煙（塩化
　水素の気体）を生成するので、多量の水に極少量ずつ添加して水溶
　液とする。
・硫化アンチモン（V）を沈殿させる場合には適量（理論量の 1.5 ～ 3
　倍）の硫化ナトリウムを加える。硫化ナトリウムを理論量 3 倍以上
　加えると沈殿が溶解するので注意する。

〔生成物〕Sb_2S_5
〔検定法〕吸光光度法、原子吸光法
〔その他〕本薬物の付着した容器等を焼却すると、アンチモンの酸化物の
煙霧、ならびに塩素および塩化水素の気体を生成するので、洗浄装置の
ない焼却炉等で焼却しない。

劇物	酒石酸アンチモニルカリウム
毒物及び劇物指定令 第2条／7	**Antimony potassium tartrate** 〔別名〕吐酒石、酒石酸カリウムアンチモン

【組成・化学構造】 **分子式** $C_8H_4K_2O_{12}Sb_2$

構造式

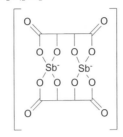

【CAS番号】 11071-15-1

【性状】 無色、無臭の結晶または白色粉末。甘味あり。比重2.607。水に可溶（8.7℃で水100 mLに5.3 g溶解）。グリセリンに可溶。エタノールに不溶。100℃で無水物となる。弱酸性。大気中で風化する。

【用途】 媒染剤、試薬（医療用には吐剤として用いられる）。

【毒性】 原体のLD_{50}＝ラット経口：115 mg/kg。

【応急措置基準】 **(1)漏えい時**

　　飛散した場所の周辺にはロープを張るなどして人の立入りを禁止する。作業の際には必ず保護具を着用し、風下で作業をしない。飛散したものは空容器にできるだけ回収し、そのあとを多量の水で洗い流す。この場合、高濃度の廃液が河川等に排出されないよう注意する。

(2)出火時

・周辺火災の場合＝速やかに容器を安全な場所に移す。移動不可能な場合には、容器および周囲に散水して冷却する。

・着火した場合＝必ず保護具を着用し、多量の水を用いて消火する。

・消火剤＝水

(3)暴露・接触時

　①急性中毒と刺激性

・吸入した場合＝鼻、のど、気管支を刺激し、粘膜が侵される。

・皮膚に触れた場合＝起炎性を有する。

・眼に入った場合＝粘膜を刺激する。

　②医師の処置を受けるまでの救急方法

・吸入した場合＝鼻をかみ、うがいをさせる。

・皮膚に触れた場合＝直ちに汚染された衣服や靴などを脱がせ、付着部または接触部を石けん水で洗浄し、多量の水で洗い流す。

各　　論

　・眼に入った場合 ＝ 直ちに多量の水で 15 分間以上洗い流す。

(4)注意事項

強熱すると燃焼し酸化アンチモン（Ⅲ）の有毒な煙霧を生成する。

(5)保護具

保護眼鏡、保護手袋、保護長靴、保護衣、防塵マスク（火災時：人工呼吸器）

【廃棄基準】〔廃棄方法〕

沈殿法

水に溶かし、希硫酸を加えて酸性にし、硫化ナトリウム水溶液を加えて沈殿させ、濾過して埋立処分する。

〈備考〉硫化アンチモン（Ⅲ）を沈殿させる場合には適量（理論量の 1.5 ～ 3 倍）の硫化ナトリウムを加える。硫化ナトリウムを理論量の 3 倍以上加えると沈殿が溶解するので注意する。

〔生成物〕Sb_2S_3

〔検定法〕吸光光度法、原子吸光法

〔その他〕本薬物の付着した紙袋等を焼却するとアンチモンの酸化物の煙霧を生成するので、洗浄装置のない焼却炉等で焼却しない。

劇物	
毒物及び劇物指定令 第 2 条／7	**酸性ピロアンチモン酸カリウム** Acid potassium pyroantimonate

【組成・化学構造】**分子式** H_6O_6SbK

構造式

$$K^+ \left[\begin{array}{c} OH \\ HO \diagdown \mid \diagup OH \\ Sb \\ HO \diagup \mid \diagdown OH \\ OH \end{array} \right]^-$$

【CAS 番号】11071-15-1

【性状】無色の結晶。水に可溶。

【用途】ナトリウムの分析試薬。

326

劇物
毒物及び劇物指定令 第2条／7

メタアンチモン酸ナトリウム
Sodium metaantimonate

【組成・化学構造】 **分子式** NaO₃Sb

構造式

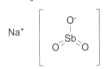

【CAS 番号】：15432-85-6
【性状】：白色の粉末。水に不溶。濃硫酸に可溶。
【用途】：釉薬原料。

劇物
毒物及び劇物指定令 第2条／7

アンチモン酸鉛
Lead antimonite
〔別名〕ネープル黄、アンチモンエロー

【組成・化学構造】 **分子式** O₈Pb₃Sb₂

構造式

【CAS 番号】：13510-89-9
【性状】：橙黄色の粉末。
【用途】：顔料。

劇物
毒物及び劇物指定令 第2条／7

三フッ化アンチモン
Antimony trifluoride
〔別名〕フッ化アンチモン（Ⅲ）

【組成・化学構造】 **分子式** F₃Sb

構造式

F—Sb(F)—F
  |
  F

【CAS 番号】：7783-56-4
【性状】：白色結晶。潮解性。沸点376℃。融点292℃。水に易溶（20℃で水100 mL に 443 g 溶解）。アンモニア水に不溶。
【応急措置基準】：(1)**漏えい時**
　飛散した場所の周辺にはロープを張るなどして人の立入りを禁止する。作業の際には必ず保護具を着用し、風下で作業をしない。飛散したもの

各　　論

は空容器にできるだけ回収し、そのあとを水酸化カルシウム等の水溶液を用いて処理し、多量の水で洗い流す。この場合、高濃度の廃液が河川等に排出されないよう注意する。

(2)出火時

・周辺火災の場合 = 速やかに容器を安全な場所に移す。移動不可能な場合には容器および周囲に散水して冷却する。

(3)暴露・接触時

①急性中毒と刺激性

・吸入した場合 = 鼻、のど、気管支、肺などの粘膜を刺激し、炎症を起こすことがある。

・皮膚に触れた場合 = 刺激作用があり、炎症を起こすことがある。

・眼に入った場合 = 粘膜を刺激する。

②医師の処置を受けるまでの救急方法

・吸入した場合 = 鼻をかませ、うがいをさせる。

・皮膚に触れた場合 = 直ちに汚染された衣服や靴などを脱がせ、付着部または接触部を石けん水で洗浄し、多量の水で洗い流す。

・眼に入った場合 = 直ちに多量の水で15分間以上洗い流す。

(4)注意事項

①火災等で強熱されると酸化アンチモン（Ⅲ）の有毒な煙霧およびフッ化水素の気体を生成する。

②酸と接触すると有毒なフッ化水素の気体を生成する。

(5)保護具

保護眼鏡、保護手袋、保護長靴、保護衣、防塵マスク（火災時：人工呼吸器）

【廃棄基準】〔廃棄方法〕

沈殿法

水に溶かし、硫化ナトリウム水溶液を加えて沈殿させ、濾過した濾液および洗液には、さらに塩化カルシウムの水溶液を加えて処理し、沈殿濾過して埋立処分する。

〈備考〉硫化アンチモン（Ⅲ）を沈殿させる場合には適量（理論量の1.5～3倍）の硫化ナトリウムを加える。硫化ナトリウムを理論量の3倍以上加えると沈殿が溶解するので注意する。

〔生成物〕Sb_2S_3, CaF_2

〔検定法〕吸光光度法、原子吸光法、イオン電極法（F）

〔その他〕本薬物の付着した紙袋等を焼却すると、アンチモンのフッ化物およびフッ化水素の気体を生成するので、洗浄装置のない焼却炉等で焼却しない。

劇物	五フッ化アンチモン
毒物及び劇物指定令 第 2 条／7	**Antimony pentafluoride** 〔別名〕フッ化アンチモン（Ⅴ）

【組成・化学構造】 **分子式** F_5Sb

構造式

【CAS 番号】 7783-70-2

【性状】 無色の油状液体。刺激性。沸点150℃。融点6℃。比重（d_4^{23}）2.99。水により激しく加水分解。空気中で発煙（フッ水素の気体）し、刺激性が強い。ガラスを腐食する。

劇物	水素化アンチモン
毒物及び劇物指定令 第 2 条／7	**Antimony hydride** 〔別名〕スチビン、アンチモン化水素

【組成・化学構造】 **分子式** H_3Sb

構造式

$$\text{H} - \underset{\text{H}}{\overset{\text{H}}{\text{Sb}}} - \text{H}$$

【CAS 番号】 7803-52-3

【性状】 無色、ニンニク臭の気体。沸点 −17.1℃。融点 −88℃。比重 4.33（空気を 1 として）。水に難溶。エタノールに可溶。空気中では常温でも徐々に水素と金属アンチモンに分解する。

【用途】 エピタキシャル成長用。

【毒性】 アルシンとよく似ている。ヘモグロビンと結合し急激な赤血球の低下を導き、強い溶血作用が現れる。また、肺水腫や肝臓、腎臓にも影響し、頭痛、吐気、衰弱、呼吸低下などの兆候が現れる。

【応急措置基準】 **(1)漏えい時**

風下の人を退避させ、漏えいした場所の周辺にはロープを張るなどして人の立入りを禁止する。作業の際には必ず人工呼吸器その他の保護具を着用し、風下で作業をしない。付近の着火源となるものは速やかに取り除く。

漏えいしたボンベ等を多量の水酸化ナトリウム水溶液と酸化剤（次亜塩素酸ナトリウム、さらし粉等）の水溶液の混合溶液に容器ごと投入して気体を吸収させ、酸化処理する。この処理液を処理設備に持ち込み、毒物及び劇物の廃棄の方法に関する基準に従って処理を行う。

各　　論

(2)出火時

- 周辺火災の場合 = 速やかに容器を安全な場所に移す。移動不可能な場合には、遮蔽物の活用など容器の破裂に対する防護措置を講じ、容器および周囲に散水して冷却する。容器が火炎に包まれた場合は爆発の危険があるので近寄らない。火災時には、漏えいした気体が燃焼すると有毒な酸化アンチモン（Ⅲ）の煙霧が発生するので、消火作業の際には必ず人工呼吸器その他の保護具を着用する。
- 着火した場合 = 高圧ボンベに着火した場合には消火せずに燃焼させる。

(3)暴露・接触時

①急性中毒と刺激性

- 吸入した場合 = 鼻、のど、気管支などの粘膜を刺激し、呼気にニンニク臭があり、頭痛、めまい、悪心、嘔吐を起こす。重症な場合には血色素尿を排泄し、皮膚に黄変が見られ、呼吸は緩徐、脈拍は遅弱不規則となり、呼吸困難を起こす。
- 皮膚に触れた場合 = 皮膚より吸収され、中毒を起こすことがある。
- 眼に入った場合 = 粘膜を刺激して結膜炎を起こす。

②医師の処置を受けるまでの救急方法

- 吸入した場合 = 直ちに患者を毛布等にくるんで安静にさせ、新鮮な空気の場所に移す。呼吸困難または呼吸停止の場合には直ちに人工呼吸を行う。
- 皮膚に触れた場合 = 直ちに汚染された衣服や靴などを脱がせ、付着部または接触部を石けん水で洗浄し、多量の水で洗い流す。
- 眼に入った場合 = 直ちに多量の水で15分間以上洗い流す。

(4)注意事項

①水素化アンチモン（スチビン）は少量の吸入であっても強い溶血作用があり、肝、腎の障害を示す。さらに、神経毒、呼吸器毒である。
②引火性の気体である。
③火災等で燃焼すると酸化アンチモン（Ⅲ）の有毒な煙霧を生成する。

(5)保護具

保護眼鏡、保護手袋、保護長靴、保護衣、人工呼吸器

【廃棄基準】〔廃棄方法〕

(1)燃焼沈殿法

スクラバーを備えた焼却炉の火室へ噴霧し、焼却した後、洗浄廃液に希硫酸を加えて酸性にする。この溶液に、硫化ナトリウム水溶液を加えて沈殿させ、濾過して埋立処分する。

(2)酸化沈殿法

多量の次亜塩素酸ナトリウムと水酸化ナトリウムの混合水溶液に吹き

劇　物

込んで吸収させ、酸化分解した後、過剰の次亜塩素酸ナトリウムをチオ硫酸ナトリウム水溶液等で分解し、希硫酸を加えて中和し、硫化ナトリウム水溶液を加えて沈殿させ、濾過して埋立処分する。

　　〈備考〉

　　・スクラバーの洗浄液には水酸化ナトリウム水溶液を用いる。

　　・酸化はアルカリ性で十分に時間をかける必要がある。

　　・硫化アンチモン（Ⅲ）を沈殿させる場合には適量（理論量の1.5～3倍）の硫化ナトリウムを加える。硫化ナトリウムを理論量の3倍以上加えると沈殿が溶解するので注意する。

〔生成物〕Sb_2S_3

〔検定法〕吸光光度法、原子吸光法

〔その他〕酸化沈殿法の作業の際には未反応の有毒な気体を生成することがあり、少量の吸入であっても危険なので必ず保護具を着用する。

劇物	ヘキサフルオロアンチモン酸カリウム
毒物及び劇物指定令 第2条／7	Potassium hexafluoroantimonate

【組成・化学構造】　**分子式**　F_6KSb

　　　　　　　　構造式

$$K^+ \quad \left[\begin{array}{ccc} & F & \\ F & | & F \\ & Sb & \\ F & | & F \\ & F & \end{array} \right]^-$$

【CAS番号】　16893-92-8

【性状】　白色の結晶性粉末。350℃で分解。水に可溶。有機溶剤に不溶。

【応急措置基準】　**(1)漏えい時**

　　飛散した場所の周辺にはロープを張るなどして人の立入りを禁止する。作業の際には必ず保護具を着用し、風下で作業をしない。飛散したものは空容器にできるだけ回収し、そのあとを水酸化カルシウム等の水溶液を用いて処理し、多量の水で洗い流す。この場合、高濃度の廃液が河川等に排出されないよう注意する。

　　(2)出火時

　　・周辺火災の場合＝速やかに容器を安全な場所に移す。移動不可能な場合には容器および周囲に散水して冷却する。

　　(3)暴露・接触時

　　①急性中毒と刺激性

　　　・吸入した場合＝鼻、のど、気管支などの粘膜が刺激され侵される。

　　　・皮膚に触れた場合＝皮膚を刺激し、炎症を起こすことがある。

各　論

・眼に入った場合 ＝ 粘膜を刺激し、炎症を起こす。

②医師の処置を受けるまでの救急方法

・吸入した場合 ＝ 鼻をかませ、うがいをさせる。

・皮膚に触れた場合 ＝ 直ちに汚染された衣服や靴などを脱がせ、付着部または接触部を石けん水で洗浄し、多量の水で洗い流す。

・眼に入った場合 ＝ 直ちに多量の水で 15 分間以上洗い流す。

(4)注意事項

①火災等で強熱されるとアンチモンの有毒なフッ化物およびフッ化水素の気体を生成する。

②酸と接触するとフッ化水素の有毒な気体を生成する。

(5)保護具

保護眼鏡、保護手袋、保護長靴、保護衣、防塵マスク（火災時：人工呼吸器）

【廃棄基準】〔廃棄方法〕

沈殿法

水に溶かし、硫化ナトリウム水溶液を加えて沈殿させ、濾過した濾液および洗液には、さらに塩化カルシウムの水溶液を加えて処理し、沈殿濾過して埋立処分する。

〈備考〉硫化アンチモン（Ｖ）を沈殿させる場合には適量（理論量の 1.5 ～ 3 倍）の硫化ナトリウムを加える。硫化ナトリウムを理論量の 3 倍以上加えると沈殿が溶解するので注意する。

〔生成物〕Sb_2S_5, CaF_2

〔検定法〕吸光光度法、原子吸光法、イオン電極法（F）

〔その他〕本薬物の付着した紙袋等を焼却すると、アンチモンのフッ化物およびフッ化水素の気体を生成するので、洗浄装置のない焼却炉等で焼却しない。

劇物	ヘキサフルオロアンチモン酸ナトリウム
毒物及び劇物指定令第 2 条／7	Sodium hexafluoroantimonate

【組成・化学構造】 **分子式** F_6NaSb

構造式

$$Na^+ \begin{bmatrix} F & F \\ & | \\ F-Sb-F \\ & | \\ F & F \end{bmatrix}^-$$

【CAS 番号】16925-25-0

【性状】白色の結晶性粉末。250℃で分解。水に可溶。有機溶剤に不溶。

劇　　物

【応急措置基準】（1）**漏えい時**

　　飛散した場所の周辺にはロープを張るなどして人の立入りを禁止する。作業の際には必ず保護具を着用し、風下で作業をしない。飛散したものは空容器にできるだけ回収し、そのあとを水酸化カルシウム等の水溶液を用いて処理し、多量の水で洗い流す。この場合、高濃度の廃液が河川等に排出されないよう注意する。

（2）**出火時**

・周辺火災の場合＝速やかに容器を安全な場所に移す。移動不可能な場合には容器および周囲に散水して冷却する。

（3）**暴露・接触時**

　　①急性中毒と刺激性

　　・吸入した場合＝鼻、のど、気管支などの粘膜が刺激され侵される。

　　・皮膚に触れた場合＝皮膚を刺激し、炎症を起こすことがある。

　　・眼に入った場合＝粘膜を刺激し、炎症を起こす。

　　②医師の処置を受けるまでの救急方法

　　・吸入した場合＝鼻をかませ、うがいをさせる。

　　・皮膚に触れた場合＝直ちに汚染された衣服や靴などを脱がせ、付着部または接触部を石けん水で洗浄し、多量の水で洗い流す。

　　・眼に入った場合＝直ちに多量の水で15分間以上洗い流す。

（4）**注意事項**

　　①火災等で強熱されるとアンチモンの有毒なフッ化物およびフッ化水素の気体を生成する。

　　②酸と接触するとフッ化水素の有毒な気体を生成する。

（5）**保護具**

　　保護眼鏡、保護手袋、保護長靴、保護衣、防塵マスク（火災時：人工呼吸器）

【廃棄基準】〔廃棄方法〕

沈殿法

　　水に溶かし、硫化ナトリウム水溶液を加えて**沈殿**させ、濾過した濾液および洗液には、さらに塩化カルシウムの水溶液を加えて処理し、沈殿濾過して埋立処分する。

　　〈備考〉硫化アンチモン（V）を沈殿させる場合には適量（理論量の1.5〜3倍）の硫化ナトリウムを加える。硫化ナトリウムを理論量の3倍以上加えると沈殿が溶解するので注意する。

〔生成物〕Sb_2S_5，CaF_2

〔検定法〕吸光光度法、原子吸光法、イオン電極法（F）

〔その他〕本薬物の付着した紙袋等を焼却すると、アンチモンのフッ化物

各　　論

およびフッ化水素の気体を生成するので、洗浄装置のない焼却炉等で焼却しない。

劇物	ホウフッ化アンチモン
毒物及び劇物指定令 第2条／7	**Antimony borofluoride** 〔別名〕テトラフルオロホウ酸アンチモン

【組成・化学構造】　**分子式**　$B_3F_{12}Sb$

構造式

$$Sb^{3+} \left[F-\overset{\overset{\displaystyle F}{|}}{\underset{\underset{\displaystyle F}{|}}{B}^-}-F \right]_3$$

【CAS番号】14486-20-5

【性状】市販品は無色の水溶液。比重1.44（34％）。エタノールに不溶。

【応急措置基準】**(1)漏えい時**

　漏えいした場所の周辺にはロープを張るなどして人の立入りを禁止する。作業の際には必ず保護具を着用し、風下で作業をしない。漏えいした液は土砂等でその流れを止め、安全な場所に導き、空容器にできるだけ回収し、そのあとを水酸化カルシウム等の水溶液を用いて処理し、多量の水で洗い流す。この場合、高濃度の廃液が河川等に排出されないよう注意する。

(2)出火時

・周辺火災の場合＝速やかに容器を安全な場所に移す。移動不可能な場合には容器および周囲に散水して冷却する。

(3)暴露・接触時

　①急性中毒と刺激性

・吸入した場合＝鼻、のど、気管支などの粘膜を刺激し、炎症を起こすことがある。

・皮膚に触れた場合＝皮膚を刺激し、炎症を起こすことがある。

・眼に入った場合＝粘膜を刺激し、炎症を起こす。

　②医師の処置を受けるまでの救急方法

・吸入した場合＝鼻やのどに刺激があるときは、鼻をかませ、うがいをさせる。

・皮膚に触れた場合＝直ちに汚染された衣服や靴などを脱がせ、付着部または接触部を石けん水で洗浄し、多量の水で洗い流す。

・眼に入った場合＝直ちに多量の水で15分間以上洗い流す。

(4)注意事項

　①火災等で強熱されると、有毒なアンチモンの酸化物の煙霧ならびに

劇　　物

フッ化水素および三フッ化ホウ素の気体を生成する。

②酸と接触すると有毒なフッ化水素および三フッ化ホウ素の気体を生成する。

(5)保護具

保護眼鏡、保護手袋、保護長靴、保護衣、防塵マスク（火災時：人工呼吸器）

【廃棄基準】〔廃棄方法〕

分解沈殿法

水で希釈して硫化ナトリウム水溶液を加えて沈殿させ、濾過して埋立処分する。濾液、洗液を多量の塩化カルシウム水溶液に撹拌しながら少量ずつ加え、数時間加熱撹拌する。ときどき水酸化カルシウム水溶液を加えて中和し、溶液が酸性を示さなくなるまで加熱し、沈殿濾過して埋立処分する。

〈備考〉

・硫化アンチモン（V）を沈殿させる場合には適量（理論量の1.5 ～ 3倍）の硫化ナトリウムを加える。硫化ナトリウムを理論量の3倍以上加えると沈殿が溶解するので注意する。

・テトラフルオロホウ酸イオンの分解には長時間の加熱が必要である。分解を検定法で確認することが望ましい。

〔生成物〕Sb_2S_3，CaF_2

〔検定法〕吸光光度法、原子吸光法、イオン電極法（ホウフッ化イオン電極を使用すること）

〔その他〕本薬物の付着した容器等を焼却すると、アンチモンの酸化物の煙霧ならびにフッ化水素および三フッ化ホウ素のガスを生成するので、洗浄装置のない焼却炉等で焼却しない。

劇
物

各論

劇物	アンモニア
	毒物及び劇物取締法　別表第二／4 毒物及び劇物指定令　第2条／8

劇物	アンモニア
毒物及び劇物取締法 別表第二／4	Ammonia

【組成・化学構造】 　分子式　　H₃N
　　　　　　　　　構造式

【CAS番号】　7664-41-7

【性状】　特有の刺激臭のある無色の気体。圧縮することによって、常温でも簡単に液化する。水に可溶（0℃で水100 mLに89.9 g溶解）。エタノール、エーテルに可溶。爆発範囲15～28 V/V%。空気中では燃焼しないが、酸素中では黄色の炎をあげて燃焼し、主として窒素および水を生成し、また同時に少量の硝酸アンモニウム、二酸化窒素などを生成する。

【用途】　化学工業の原料、アンモニア水の製造。液体アンモニアは冷凍用寒剤（最近はほとんどの場合フレオンなどを使用）。

【毒性】　アンモニアガスの吸入により、すべての露出粘膜に刺激性を有し、せき、結膜炎、口腔、鼻、咽喉粘膜の発赤、高濃度では口唇、結膜の腫脹、一時的失明をきたす。また、不眠、胸部不快感、泡沫痰、チアノーゼなどが見られ、肺浮腫をきたし致命的となる。2500 ppm以上では生命に危険がある。慢性中毒としては、気管支炎、慢性結膜炎をきたす。

【応急措置基準】　(1) 漏えい時

　風下の人を退避させ、必要があれば水で濡らした手ぬぐい等で口および鼻を覆う。漏えいした場所の周辺にはロープを張るなどして人の立入りを禁止する。付近の着火源となるものを速やかに取り除く。作業の際には必ず保護具を着用し、風下で作業をしない。

・少量 ＝ 漏えい箇所を濡れむしろ等で覆い、遠くから多量の水をかけて洗い流す。

・多量 ＝ 漏えい箇所を濡れむしろ等で覆い、ガス状のアンモニアに対しては遠くから霧状の水をかけ吸収させる。
　この場合、高濃度の廃液が河川等に排出されないよう注意する。

(2) 出火時

劇　　物

・周辺火災の場合＝速やかに容器を安全な場所に移す。移動不可能の場合は、容器および周囲に散水して冷却する。
・着火した場合＝漏出を止めることができる場合は漏出を止める。ガス漏れが多量で、火災が発生している場合は、容器および周囲に散水するとともに至急関係先に連絡し延焼防止に努める。
・消火剤＝水、粉末、泡、二酸化炭素

(3)暴露・接触時

①急性中毒と刺激性
・吸入した場合＝激しく鼻やのどを刺激し、長時間吸入すると肺や気管支に起炎性を有する。高濃度のガスを吸入すると、喉頭痙攣を起こすので極めて危険である。
・皮膚に触れた場合＝直接液に触れると、やけど（腐食性薬傷）やしもやけ（凍傷）を起こす。
・眼に入った場合＝結膜や角膜に起炎性を有し、失明する危険性が高い。

②医師の処置を受けるまでの救急方法
・吸入した場合＝直ちに患者を毛布等にくるんで安静にさせ新鮮な空気の場所に移し、速やかに医師の手当てを受ける。呼吸が停止しているときは直ちに人工呼吸を行う。呼吸困難のときは酸素吸入を行う。
・眼や皮膚に付着した場合＝汚染された衣服や靴は速やかに脱がせ、付着部または接触部を多量の水で15分間以上洗い流す。速やかに医師の手当てを受ける。

(4)注意事項

液化アンモニアは漏えいすると空気よりも軽いアンモニアガスとして拡散する。

(5)保護具

保護手袋（ゴム）、保護長靴（ゴム）、保護衣、保護眼鏡、アンモニア用防毒マスクまたは人工呼吸器

【廃棄基準】〔廃棄方法〕

中和法

水で希薄な水溶液とし、酸（希塩酸、希硫酸など）で中和させた後、多量の水で希釈して処理する。

〔検定法〕pHメーター法

劇
物

各　論

劇物	アンモニア水
毒物及び劇物指定令 第2条／8	**Ammonia water**

【組成・化学構造】　アンモニア NH₃ の水溶液である。

$$\text{分子式}\quad H_5NO$$

$$\text{構造式}\quad NH^{4+}\quad OH^-$$

【CAS番号】　1336-21-6

【性状】　無色透明、揮発性の液体。アンモニアガスと同様な鼻をさすような臭気。アルカリ性。水と混和する。

【用途】　化学工業用、医薬用ほか、試薬。

【毒性】　アルカリ性で、強い局所刺激性を有する。濃アンモニア水を飲み、あるいはそのガスを吸入すると、死亡することがある。経口投与によって口腔、胸腹部疼痛、嘔吐、咳嗽、虚脱を発する。また、腐食作用によって直接細胞を損傷し、気道刺激症状、肺浮腫、肺炎を招く。25％アンモニア水 20 ～ 30 mL の経口摂取は致命的であるという。

【応急措置基準】　**(1)漏えい時**

　　風下の人を退避させ、必要があれば水で濡らした手ぬぐい等で口および鼻を覆う。漏えいした場所の周辺にはロープを張るなどして人の立入りを禁止する。作業の際には必ず保護具を着用し、風下で作業をしない。

・少量 ＝ 漏えい箇所は濡れむしろ等で覆い遠くから多量の水をかけて洗い流す。

・多量 ＝ 漏えいした液は土砂等でその流れを止め、安全な場所に導いて遠くから多量の水をかけて洗い流す。

　　この場合、高濃度の廃液が河川等に排出されないよう注意する。

(2)出火時

・周辺火災の場合 ＝ 速やかに容器を安全な場所に移す。移動不可能の場合は容器および周囲に散水して冷却する。

(3)暴露・接触時

　①急性毒性と刺激性

・吸入した場合 ＝ 激しく鼻やのどを刺激し、長時間吸入すると肺や気管支に炎症を起こす。高濃度のガスを吸うと、喉頭痙攣を起こすので極めて危険である。

・皮膚に触れた場合 ＝ やけど（薬傷）を起こす。

・眼に入った場合 ＝ 結膜や角膜に起炎性を有し、失明する危険性が高い。

　②医師の処置を受けるまでの救急方法

劇　物

・吸入した場合＝直ちに患者を毛布等にくるんで安静にさせ、新鮮な空気の場所に移し、速やかに医師の手当てを受ける。呼吸が停止しているときは直ちに人工呼吸を行う。呼吸困難のときは酸素吸入を行う。

・眼や皮膚に付着した場合＝汚染された衣服や靴は速やかに脱がせ、付着部または接触部を多量の水で15分間以上洗い流す。速やかに医師の手当てを受ける。

⑷注意事項

アンモニア水は温度の上昇により空気より軽いアンモニアガスを生成する。

⑸保護具

保護手袋（ゴム）、保護長靴（ゴム）、保護衣、保護眼鏡、アンモニア用防毒マスク

【廃棄基準】〔廃棄方法〕

中和法

水で希薄な水溶液とし、酸（希塩酸、希硫酸など）で中和させた後、多量の水で希釈して処理する。

〔検定法〕pHメーター法

【その他】〔鑑識法〕アンモニア水は前述のように、強い臭気でわかるが、濃塩酸を潤したガラス棒を近づけると、白い霧を生じる。また、塩酸を加えて中和した後、塩化白金溶液を加えると、黄色、結晶性の沈殿を生じる。

〔貯法〕アンモニアが揮発しやすいので、密栓して保管する。

劇
物

劇物	2-イソプロピルオキシフェニル–*N*–メチルカルバメート
毒物及び劇物指定令 第2条／9	2-Isopropyloxyphenyl-*N*-methylcarbamate 〔別名〕PHC

【組成・化学構造】　**分子式**　$C_{11}H_{15}NO_3$

構造式

【CAS番号】114-26-1

【性状】無臭の白色結晶性粉末。融点91.5℃。水には約0.1%溶解、有機溶媒に可溶。アルカリ溶液中での分解は速く、20℃の水溶液の50%分解時間はpH10.8で40 min、pH11.8で15 min、pH12.8で1 min。

【用途】水稲のウンカ、ヨコバイ類の駆除。

339

各　　論

【毒性】原体の LD_{50} ＝ マウス経口：88.9 mg/kg、ラット経口：128 mg/kg。

【その他】〔製剤〕有効成分1％を含有する粉剤（サンサイド粉剤普通物）、5％を含有する粒剤（サンサイド粒剤）、25％を含有する乳剤（サンサイド乳剤）および50％を含有する水和剤（サンサイド水和剤）。

劇物	**2-イソプロピルフェニル-*N*-メチルカルバメート**
毒物及び劇物指定令 第2条／9の2	**2-Isopropylphenyl-*N*-methylcarbamate** 〔別名〕イソプロカルブ、MIPC

【組成・化学構造】 分子式　$C_{11}H_{15}NO_2$

構造式

【CAS番号】2631-40-5

【性状】白色結晶性の粉末。融点96〜97℃。180℃で分解。蒸気圧 2.1×10^{-5} mmHg（20℃）。水に不溶（20℃で水100 mLに26.5 mg溶解）。アセトンに易溶、メタノール、エタノール、酢酸エチルに可溶。

【用途】稲のツマグロヨコバイ、ウンカ類の駆除。

【毒性】原体の LD_{50} ＝ マウス経口：94 mg/kg、マウス経皮：1620 mg/kg。

【応急措置基準】**(1)漏えい時**

　　飛散した場所の周辺にはロープを張るなどして人の立入りを禁止する。作業の際には必ず保護具を着用し、風下で作業をしない。飛散したものは空容器にできるだけ回収し、そのあとを水酸化カルシウム等の水溶液を用いて処理し、多量の水で洗い流す。この場合、高濃度の廃液が河川等に排出されないよう注意する。

(2)出火時

・周辺火災の場合 ＝ 速やかに容器を安全な場所に移す。移動不可能な場合には容器および周囲に散水して冷却する。

・着火した場合 ＝ 必ず保護具を着用し消火剤、水噴霧等を用いて消火する。

・消火剤 ＝ 水、粉末、泡、二酸化炭素

(3)暴露・接触時

①急性中毒と刺激性

・吸入した場合 ＝ 倦怠感、頭痛、めまい、嘔気、嘔吐、腹痛、下痢、多汗等の症状を呈し、重症の場合には、縮瞳、意識混濁、全身痙攣などを起こす。

340

劇　　物

・皮膚に触れた場合 ＝ 軽度の紅斑等を起こし、放置すると皮膚より吸
　収され中毒を起こすことがある。
・眼に入った場合 ＝ 軽度の角膜混濁、結膜発赤・浮腫などを起こすこ
　とがある。
②医師の処置を受けるまでの救急方法
・吸入した場合 ＝ 直ちに患者を毛布等にくるんで安静にさせ、新鮮な
　空気の場所に移す。呼吸困難または呼吸停止の場合には、直ちに人
　工呼吸を行う。
・皮膚に触れた場合 ＝ 直ちに汚染された衣服や靴などを脱がせ、付着
　部または接触部を石けん水で洗浄し、多量の水で洗い流す。
・眼に入った場合 ＝ 直ちに多量の水で 15 分間以上洗い流す。

(4)注意事項

中毒症状が発現した場合には、至急医師による解毒手当てを受ける。

(5)保護具

保護眼鏡、保護手袋、保護長靴、保護衣、防塵マスク（火災時：人工
呼吸器）

【廃棄基準】〔廃棄方法〕

(1)燃焼法

ア　そのまま焼却炉で焼却する。
イ　可燃性溶剤とともにスクラバーを備えた焼却炉の火室へ噴霧し、焼
　　却する。

(2)アルカリ法

水酸化ナトリウム水溶液等と加温して加水分解する。
〈備考〉加水分解の際、反応液の pH を 10 以上に、また、反応液の温
　　　　度を 40℃ 以上とする。

〔検定法〕ガスクロマトグラフィー、高速液体クロマトグラフィー
〔その他〕アルカリ法の場合には廃液中にフェノール類が生成される。

【その他】〔製剤〕MIPC 乳剤（有効成分 20％含有）、MIPC 粒剤（有効成分 4％含
有）、MIPC 粉剤（有効成分 2％）、MIPC 粉粒剤（有効成分 2％含有）。

劇
物

各　　論

劇物
毒物及び劇物取締法 別表第二／5 毒物及び劇物指定令 第2条／10

2-イソプロピル-4-メチルピリミジル-6-ジエチルチオホスフェイト
2-Isopropyl-4-methylpyrimidyl-6-diethylthiophosphate
〔別名〕ダイアジノン

【組成・化学構造】

分子式　$C_{12}H_{21}N_2O_3PS$

構造式

【CAS番号】：333-41-5

【性状】：純品は無色液体。沸点83〜84℃（0.002 mmHg）。比重1.11〜1.12（20℃）。蒸気圧：1.4×10^{-4} mmHg（20℃）。溶解度は水に難溶（20℃で水100 mLに4 mg溶解）。エーテル、アルコール、ベンゼン、同様な炭水化物または防臭ケロシン油、シクロヘキサン、石油エーテルに可溶。引火点166℃。工業製品は純度90％で、淡褐色透明やや粘稠、かすかなエステル臭を有している。

【用途】：接触性殺虫剤（ニカメイチュウ、サンカメイチュウ、クロカメムシなど）。

【毒性】：原体のLD_{50}＝マウス経口：48 mg/kg、マウス経皮：200〜300 mg/kg、ラット経口：66 mg/kg。LC_{50}＝ラット吸入：3.5 mg/L（4 hr）。他の有機リン製剤と同様。

【応急措置基準】：**(1)漏えい時**

　漏えいした場所の周辺にはロープを張るなどして人の立入りを禁止する。付近の着火源となるものを速やかに取り除く。作業の際には必ず保護具を着用し、風下で作業をしない。漏えいした液は土砂等でその流れを止め、安全な場所に導き、空容器にできるだけ回収し、そのあとを水酸化カルシウム等の水溶液を用いて処理し、中性洗剤等の界面活性剤を使用し多量の水で洗い流す。この場合、高濃度の廃液が河川等に排出されないよう注意する。

(2)出火時

・周辺火災の場合＝速やかに容器を安全な場所に移す。移動不可能な場合には容器および周囲に散水して冷却する。

・着火した場合＝必ず保護具を着用し消火剤、水噴霧等を用いて消火する。

・消火剤＝水、粉末、泡、二酸化炭素

(3)暴露・接触時

劇　　物

①急性毒性と刺激性

・吸入した場合 ＝ 倦怠感、頭痛、めまい、嘔気、嘔吐、腹痛、下痢、多汗等の症状を呈し、重症の場合には、縮瞳、意識混濁、全身痙攣などを起こす。

・皮膚に触れた場合 ＝ 軽度の紅斑等を起こし、放置すると皮膚より吸収され中毒を起こすことがある。

・眼に入った場合 ＝ 軽度の結膜充血等を起こすことがある。

②医師の処置を受けるまでの救急方法

・吸入した場合 ＝ 直ちに患者を毛布等でくるんで安静にさせ、新鮮な空気の場所に移す。呼吸困難または呼吸停止の場合には、直ちに人工呼吸を行う。

・皮膚に触れた場合 ＝ 直ちに汚染された衣服や靴などを脱がせ、付着部または接触部を石けん水で洗浄し、多量の水で洗い流す。

・眼に入った場合 ＝ 直ちに多量の水で 15 分間以上洗い流す。

(4)注意事項

中毒症状が発現した場合には、至急医師による解毒手当てを受ける。

(5)保護具

保護眼鏡、保護手袋、保護長靴、保護衣、有機ガス用防毒マスク（火災時：人工呼吸器）

【廃棄基準】〔廃棄方法〕

燃焼法

ア　おが屑等に吸収させてアフターバーナーおよびスクラバーを備えた焼却炉で焼却する。

イ　可燃性溶剤とともにアフターバーナーおよびスクラバーを備えた焼却炉の火室へ噴霧し、焼却する。

〈備考〉スクラバーの洗浄液には水酸化ナトリウム水溶液を用いる。

〔検定法〕ガスクロマトグラフィー

【その他】〔製剤〕ダイアジノン 30 ～ 40％を含有する乳剤、ダイアジノン 2 ～ 3％を含有する粉剤、ダイアジノン 34 ～ 45％を含有する水和剤。このほかに粉粒剤（3％）、油剤（24％）、燻煙剤もある。

劇物	一水素二フッ化アンモニウム
毒物及び劇物指定令 第 2 条／10 の 2	**Ammonium hydrogenfluoride** 〔別名〕酸性フッ化アンモン、重フッ化アンモニウム、フッ化水素アンモニウム

【組成・化学構造】**分子式**　F_2H_5N

構造式　$F_2H\,NH_4$

【CAS 番号】1341-49-7

各　　論

【性状】無色斜方または正方晶結晶。融点 124.6℃。水に可溶（20℃で水 100 mL に 60.1 g 溶解）。エタノールに難溶。潮解性。水溶液は酸性でガラスを侵す。わずかに酸の臭いを有する

【用途】ガラスの加工（特に電球の艶消し）、発酵工業における消毒。

【毒性】原体の LD_{50} ＝ マウス経口：129 mg/kg。

4％水溶液の LD_{50} ≧ ラット雌雄経口：3000 mg/kg、LD_{50} ＝ ラット雌雄経皮：10000 mg/kg。LC_{50} ≧ ラット雌雄吸入（ミスト）：6.45 mg/L（4 hr）。ウサギにおいて軽度の皮膚刺激性があり、眼刺激性については 10％硫酸、5％水酸化ナトリウムと比べ弱く、5％フェノールと比べほぼ同等。

【応急措置基準】**(1)漏えい時**

飛散した場所の周辺にはロープを張るなどして人の立入りを禁止する。作業の際には必ず保護具を着用し、風下で作業をしない。飛散したものは空容器にできるだけ回収し、その後を水酸化カルシウム等の水溶液を用いて処理し、多量の水で洗い流す。この場合、高濃度の廃液が河川等に排出されないよう注意する。

(2)出火時

・周辺火災の場合 ＝ 速やかに容器を安全な場所に移す。移動不可能な場合には容器および周囲に散水して冷却する。

・着火した場合 ＝ 必ず保護具を着用し、多量の水で消火する。

・消火剤 ＝ 水

(3)暴露・接触時

①急性中毒と刺激性

・吸入した場合 ＝ 鼻、のど、気管支、肺などの粘膜に刺激性・起炎性を有する。重症の場合には肺水腫を生じ、呼吸困難を起こす。

・皮膚に触れた場合 ＝ 刺激性・起炎性を有し発赤、発疹等の皮膚炎を起こす。

・眼に入った場合 ＝ 粘膜等が侵され、失明することがある。

②医師の処置を受けるまでの救急方法

・吸入した場合 ＝ 直ちに患者を新鮮な空気の場所に移して安静にさせ、鼻をかませ、うがいをさせる。多量に吸入した場合には直ちに酸素吸入を行う。

・皮膚に触れた場合 ＝ 直ちに汚染された衣服や靴などを脱がせ、付着部または接触部を石けん水で洗浄し、多量の水で洗い流す。

・眼に入った場合 ＝ 直ちに多量の水で 15 分間以上洗い流す。

(4)注意事項

①火災等で燃焼し、または酸と接触すると有毒なフッ化水素ガスを生成する。

劇　物

②水溶液は酸性で大部分の金属、ガラス、コンクリート等を激しく腐食する。

⑸保護具

保護眼鏡、保護手袋、保護長靴、保護衣、防塵マスク（火災時：人工呼吸器）

【廃棄基準】〔廃棄方法〕

沈殿法

水に溶かし、水酸化カルシウムの水溶液を加えて中和し、沈殿濾過して埋立処分する。

〈備考〉中和時の pH は 8.5 以上とする。これ以下では沈殿が完全には生成されない。

〔生成物〕CaF_2

〔検定法〕イオン電極法、吸光光度法

〔その他〕本薬物の付着した紙袋等を焼却するとフッ化水素ガスを生成するので、洗浄装置のない焼却炉等で焼却しない。

劇物	1,1′-イミノジ（オクタメチレン）ジグアニジン
毒物及び劇物指定令 第 2 条／10 の 3	**1,1′-Iminodi (octamethylene) diguanidine** 〔別名〕イミノクタジン／Iminoctadine

【組成・化学構造】　**分子式**　$C_{18}H_{41}N_7$

構造式

【CAS 番号】13516-27-3

【性状】白色粉末（三酢酸塩の場合）。

【用途】果樹の腐らん病、晩腐病など、麦類の斑葉病、腥黒穂病、芝の葉枯れ病の殺菌。

【毒性】原体の LD_{50} ＝ ラット雄経口：326 mg/kg、ラット雌経口：300 mg/kg（三酢酸塩での mg 量）。

【その他】〔製剤〕主剤 25％を含有する液剤（ベフラン液剤）、3％を含有する塗布剤（ベフラン塗布剤）および各種配合剤が市販されている。

345

各　　論

可溶性ウラン化合物	
劇物	毒物及び劇物指定令　第２条／11

　ウランはラジウムの親核種で、放射性物質である。

【毒性】

　ウランおよびウランの化合物の毒性を受けやすい臓器は腎臓であり、タンパク尿、排泄機能の異常などが見られ、引き続きアシドーシスや窒血症となり、肝障害を伴うようになる。また、微量では、電離放射線の影響が強くなる。

【鑑識法】

(1)白金線を炎で熱灼して、ホウ砂末の中に突っ込んで付着させ、これを再び熱して溶融させ、これに試料を少しつけて、まず酸化炎中で溶融させると、黄色となり、還元炎では緑色となる。

(2)硫化水素では、硫化物をつくらない。

(3)硫化アンモンで黒色の硫化ウラニルを沈殿する。

(4)硫化ナトリウムで黄色のウラン酸ナトリウムを沈殿する（(2)～(4)は水溶液での反応）。

劇物	**酢酸ウラニル**
毒物及び劇物指定令 第２条／11	**Uranyl acetate**

【組成・化学構造】　**分子式**　$C_4H_6O_6U$

　　　　　　　　　構造式

$$H_3C\text{—}C(=O)\text{—}O\text{—}U(=O)(=O)\text{—}O\text{—}C(=O)\text{—}CH_3$$

【CAS番号】：541-09-3、（２水和物）6159-44-0

　　【性状】：黄色の柱状の結晶。わずかな酢酸臭。水に可溶。

　　【用途】：試薬。

劇物	**硝酸ウラニル**
毒物及び劇物指定令 第２条／11	**Uranyl nitrate**

【組成・化学構造】　**分子式**　$H_{12}N_2O_{14}U$

　　　　　　　　　構造式

$$\begin{bmatrix} O=U^{2+}=O \end{bmatrix} \begin{bmatrix} O=N^{+}(\text{—}O^{-})\text{—}O^{-} \end{bmatrix}_2 \cdot 6H_2O$$

【CAS番号】：13520-83-7

劇　　物

【性状】	淡黄色の柱状の結晶。緑色の光沢を有する。水に可溶。
【用途】	工業用のガラス、写真用ほか、試薬。
【毒性】	原体の LD_{50} ＝ ウサギ静注：0.21 mg/kg。

劇物	**O-エチル-O-（2-イソプロポキシカルボニルフェニル）-N-** **イソプロピルチオホスホルアミド**
毒物及び劇物指定令 第2条／11の2	**O-Ethyl-O-(2-isopropoxycarbonylphenyl)-N-isopropylthiophosphoramide** 〔別名〕イソフェンホス／Isofenphos

性状・用途・毒性等については 132 ページ参照。

劇物	**N-エチル-O-（2-イソプロポキシカルボニル-1-** **メチルビニル）-O-メチルチオホスホルアミド**
毒物及び劇物指定令 第2条／11の3	**N-Ethyl-O-(2-isopropoxycarbonyl-1-methylvinyl)-O-methyl-** **phosphoramidothioate** 〔別名〕プロペタンホス／Propetamphos

【組成・化学構造】　**分子式**　$C_{10}H_{20}NO_4PS$

構造式

【CAS番号】 31218-83-4

【性状】	無色～淡黄色のわずかに粘性を有する液体。特異な臭い。
【用途】	不快害虫用殺虫剤。
【毒性】	原体の LD_{50} ＝ ラット雄経口：98.8 mg/kg、ラット雌経口：94.2 mg/kg、 マウス雄経口：67.7 mg/kg、マウス雌経口：62.4 mg/kg。

劇物	**エチル-N-（ジエチルジチオホスホリールアセチル）-N-** **メチルカルバメート**
毒物及び劇物取締法 別表第二／6 毒物及び劇物指定令 第2条／12	**Ethyl-N-(diethyldithiophosphorylacethyl)-N-methylcarbamate** 〔別名〕メカルバム

【組成・化学構造】　**分子式**　$C_{10}H_{20}NO_5PS_2$

構造式

【CAS番号】 2595-54-2

| 【性状】 | 濃褐色、微臭のある油状液体。比重 1.041（室温）。水に難溶。脂肪族炭 |

347

各　論

化水素以外の有機溶媒に可溶。強アルカリで分解しやすい。

【用途】：ツマグロヨコバイ、ダニ類、アブラムシ類、ナシシンクイムシ、カイガ
ラムシなどの駆除。

【毒性】：原体の LD_{50} ＝ マウス経口：106 mg/kg、ラット経口：36 mg/kg。
有機リン製剤の一種で、コリンエステラーゼ阻害に基づく症状を呈する。
呼吸促進、振戦、うずくまる、流涎、下痢、眼球突出など。

【その他】：〔製剤〕現在、農薬としての市販品はない。

劇物	エチル＝2-ジエトキシチオホスホリルオキシ-5-メチルピラゾロ
毒物及び劇物指定令 第2条／12の2	[1,5-*a*]ピリミジン-6-カルボキシラート Ethyl 2-diethoxy thiophosphoryloxy-5-methylpyrazolo[1,5-*a*] pyrimidine-6-carboxylate 〔別名〕ピラゾホス／Pyrazophos

【組成・化学構造】：**分子式**　$C_{14}H_{20}N_3O_5PS$

構造式

【CAS番号】：13457-18-6

【性状】：褐色～暗緑色の脂状～結晶。

【用途】：桑、まさきのうどんこ病の殺菌。

【毒性】：原体の LD_{50} ＝ ラット雄経口：297 mg/kg、ラット雌経口：237 mg/kg。

【その他】：〔製剤〕ピラゾホス乳剤（有効成分27.5％含有）。

劇物	エチル-2,4-ジクロルフェニルチオノベンゼンホスホネイト
毒物及び劇物指定令 第2条／13	Ethyl-2,4-dichlorophenylthionobenzene phosphonate 〔別名〕EPBP

【組成・化学構造】：**分子式**　$C_{14}H_{13}Cl_2O_2PS$

構造式

【CAS番号】：3792-59-4

【性状】：油状物質。沸点175℃（0.04 mmHg）。比重1.294（20℃）。水に不溶、ほ
とんどの有機溶媒に可溶。アルカリに不安定。

348

劇　物

【用途】タネバエ、タマネギバエ、ネダニ、ダイコンバエ、キスジノミノムシの駆除。
【毒性】原体の LD_{50} ＝ マウス経口：274.5 mg/kg。
　　　　主な中毒症状は自発運動減少、筋収縮、流涎、排尿、食欲不振、痙攣など。
【その他】〔製剤〕現在、農薬としての市販品はない。

劇物	エチルジフェニルジチオホスフェイト
毒物及び劇物指定令 第2条／13の2	**Ethyldiphenyldithiophosphate** 〔別名〕エジフェンホス、EDDP

【組成・化学構造】　**分子式**　$C_{14}H_{15}O_2PS_2$
　　　　　　　　　　構造式

【CAS番号】17109-49-8
【性状】無色～淡褐色の液体。特異臭。沸点154℃（0.01 mmHg）。比重（d_4^{20}）1.23。水に難溶（20℃で水 100 mL に 5.6 mg 溶解）。有機溶剤に易溶。引火点210℃。アルカリ性で不安定、酸性で比較的安定、高温で不安定。
【用途】有機リン殺菌剤。
【毒性】原体の LD_{50} ＝ マウス経口：214 mg/kg、ラット経口：100 mg/kg。
【応急措置基準】**(1)漏えい時**
　　　　漏えいした場所の周辺にはロープを張るなどして人の立入りを禁止する。付近の着火源となるものを速やかに取り除く。作業の際には必ず保護具を着用し、風下で作業をしない。漏えいした液は土砂等でその流れを止め、安全な場所に導き、空容器にできるだけ回収し、そのあとを水酸化カルシウム等の水溶液を用いて処理し、中性洗剤等の分散剤を使用して多量の水で洗い流す。この場合、高濃度の廃液が河川等に排出されないよう注意する。

(2)出火時
・周辺火災の場合 ＝ 速やかに容器を安全な場所に移す。移動不可能な場合には容器および周囲に散水して冷却する。
・着火した場合 ＝ 必ず保護具を着用し消火剤、水噴霧等を用いて消火する。
・消火剤 ＝ 水、粉末、泡、二酸化炭素

(3)暴露・接触時

349

各　　論

①急性中毒と刺激性

・吸入した場合 = 倦怠感、頭痛、めまい、嘔気、嘔吐、腹痛、下痢、多汗などの症状を呈し、重症の場合には、縮瞳、意識混濁、全身痙攣などを起こす。

・皮膚に触れた場合 = 放置すると皮膚より吸収され中毒を起こす。

②医師の処置を受けるまでの救急方法

・吸入した場合 = 直ちに患者を毛布等にくるんで安静にさせ、新鮮な空気の場所に移す。呼吸困難または呼吸停止の場合には、直ちに人工呼吸を行う。

・皮膚に触れた場合 = 直ちに汚染された衣服や靴などを脱がせ、付着部または接触部を石けん水で洗浄し、多量の水で洗い流す。

・眼に入った場合 = 直ちに多量の水で 15 分間以上洗い流す。

⑷**注意事項**

中毒症状が発現した場合には、至急医師による解毒手当てを受ける。

⑸**保護具**

保護眼鏡、保護手袋、保護長靴、保護衣、有機ガス用防毒マスク（火災時：人工呼吸器）

【廃棄基準】〔廃棄方法〕

燃焼法

ア　おが屑等に吸収させてアフターバーナーおよびスクラバーを備えた焼却炉で焼却する。

イ　可燃性溶剤とともにアフターバーナーおよびスクラバーを備えた焼却炉の火室へ噴霧し、焼却する。

〈備考〉スクラバーの洗浄液には水酸化ナトリウム水溶液を用いる。

〔検定法〕ガスクロマトグラフィー、高速液体クロマトグラフィー

【その他】〔製剤〕ヒノザン乳剤（有効成分 30％含有）、ヒノザン粉剤（有効成分 1.5 ～ 2.5％含有）、ヒノザン粉粒剤（有効成分 2.5％含有）があるが、有効成分 1.5％含有のヒノザン粉剤は普通物である。

劇物	*O*-エチル=*S*,*S*-ジプロピル=ホスホロジチオアート
毒物及び劇物指定令 第 2 条／13 の 3	*O*-Ethyl *S*,*S*-dipropyl phosphorodithioate 〔別名〕エトプロホス／Ethoprophos

性状・用途・毒性等については 133 ページ参照。

劇 物

劇物	炭酸=2-エチル-3,7-ジメチル-6-[4-(トリフルオロメトキシ)フエノキシ]キノリン-4-イル=メチル
毒物及び劇物指定令 第2条／13の4	Carbonic acid, 2-ethyl-3,7-dimethyl-6-[4-(trifluoromethoxy)phenoxy]-4-quinolinyl methyl ester

【組成・化学構造】 **分子式** $C_{22}H_{20}F_3NO_5$

構造式

【CAS番号】 875775-74-9

【性状】 綿状粉末。沸点248℃（2.23 kPa）、271〜500℃までに分解（100〜101 kPa）。融点117〜118℃。密度0.3042 g/cm³（21℃）。蒸気圧9.04×10^{-9} Pa（25℃）。水1Lあたり12.0 μg溶解（20℃、pH7.51〜8.95）、ジクロロメタン1L（20℃）あたり500 gを超え、アセトン1L（20℃）あたり373 g、酢酸エチル1L（20℃）あたり297 g、トルエン1L（20℃）あたり283 g、メタノール1L（20℃）あたり33.7 g、n-ヘキサン1L（20℃）あたり11.1 g溶解。200℃以下で安定する。発熱開始温度（Ti′）＝238℃、同（Tp）＝279℃。発熱量は76.4 J/g。

【用途】 農薬（殺虫剤）。

【毒性】 原体のLD$_{50}$＝ラット経口：50〜300 mg/kg、ラット経皮：933.03 mg/kg。LC$_{50}$＝ラット雄吸入（ダスト）：0.67 mg（4 hr）、ラット雌吸入（ダスト）：0.93 mg（4 hr）。

皮膚、眼刺激性ともにウサギにおいてなし。

劇物	2-エチルチオメチルフェニル-**N**-メチルカルバメート
毒物及び劇物指定令 第2条／13の5	2-Ethylthiomethylphenyl-**N**-methylcarbamate 〔別名〕エチオフェンカルブ／Ethiophencarb

【組成・化学構造】 **分子式** $C_{11}H_{15}NO_2S$

構造式

【CAS番号】 29973-13-5

351

各　　論

【性状】夏季は無色～淡黄色の液体で、冬季は白色の結晶。

【用途】野菜、果樹園等のアブラムシ類の殺虫。

【毒性】原体の LD_{50} ＝ マウス雄経口：105 mg/kg、マウス雌経口：77 mg/kg、ラット雄経口 250 mg/kg、ラット雌経口：210 mg/kg。

【その他】〔製剤〕エチオフェンカルブ 2 ～ 50％を含有するアリルメート（液剤、乳剤、粉剤、粒剤）。

劇物	エチルパラニトロフェニルチオノベンゼンホスホネイト
毒物及び劇物指定令 第 2 条／14	**Ethyl-paranitrophenyl-thionobenzene-phosphonate** 〔別名〕EPN

性状・用途・毒性等については 133 ページ参照。

劇物	*O*-エチル＝*S*-プロピル＝［(2*E*)-2-(シアノイミノ)-3-エチルイミダゾリジン-1-イル］ホスホノチオアート
毒物及び劇物指定令 第 2 条／14 の 2	***O*-Ethyl *S*-propyl [(2*E*)-2-(cyanoimino)-3-ethylimidazolidin-1-yl] phosphonothioate** 〔別名〕イミシアホス

【組成・化学構造】　|分子式|　$C_{11}H_{21}N_4O_2PS$

|構造式|

【CAS 番号】140163-89-9

【性状】透明な液体。沸点は測定不能。融点 $-53.3 ～ -50.5℃$。20℃における溶解度は水で 77.6 g/L（pH4.5）、*n*-ヘプタンで 93 mg/L、1,2-ジクロロメタンで 1000 g/L 以上、メタノールで 1000 g/L 以上、アセトンで 1000 g/L 以上、*p*-キシレンで 1000 g/L 以上。174 ～ 226℃で分解。通常条件での反応性なし。

【用途】農薬（殺虫剤）。

【毒性】原体の LD_{50} ＝ ラット経口：81.3 mg/kg、$LD_{50} \geqq$ ラット経皮：2000 mg/kg。LC_{50} ＝ ラット雄吸入（ミスト）：1.83 mg/L。

1.5％製剤の LD_{50} ＝ ラット経口：2000 mg/kg。

ウサギにおいて皮膚刺激性はなく、軽微な眼刺激性がある。

劇　物

劇物	エチル＝(Z)-3-[N-ベンジル-N-[[メチル(1-メチルチオエチリ デンアミノオキシカルボニル)アミノ]チオ]アミノ]プロピオナート
毒物及び劇物指定令 第2条／14の3	Ethyl(Z)-3-[N-benzyl-N-[[methyl(1-methylthio- ethylideneaminooxycarbonyl)amino]thio]amino]propionate

【組成・化学構造】　**分子式**　$C_{17}H_{25}N_3O_4S_2$

構造式

【CAS番号】：83130-01-2

【性状】：白色結晶。融点 46.8 〜 47.2℃。蒸気圧 3.5×10^{-8} mmHg 以下（20℃）。水に難溶。pH7 および 9 で安定。

【用途】：たばこのタバコアオムシ、ヨトウムシ等の害虫を防除する農薬。

【毒性】：原体の LD_{50} ＝ ラット雄経口：440 mg/kg、ラット雌経口：397 mg/kg、マウス雄経口：473 mg/kg、マウス雌経口：412 mg/kg。
30％乳剤の LD_{50} ＝ ラット雄経口：399 mg/kg、ラット雌経口：289 mg/kg、マウス雄経口：403 mg/kg、マウス雌経口：470 mg/kg。

劇物	O-エチル-O-4-メチルチオフェニル-S-プロピルジチオホスフェイト
毒物及び劇物指定令 第2条／14の4	O-Ethyl-O-4-methylthiophenyl-S-propyldithiophosphate 〔別名〕スルプロホス

【組成・化学構造】　**分子式**　$C_{12}H_{19}O_2PS_3$

構造式

【CAS番号】：35400-43-2

【性状】：無色の液体。

【用途】：農薬殺虫剤。

【毒性】：原体の LD_{50} ＝ ラット雄経口：140 mg/kg、ラット雌経口 120 mg/kg。

【その他】：〔製剤〕スルプロホス 50％を含有する乳剤（ボルスタール乳剤）。

各　　論

劇物	_O_-エチル=_S_-1-メチルプロピル=（2-オキソ-3-チアゾリジニル）ホスホノチオアート
毒物及び劇物指定令 第 2 条／14 の 5	_O_-Ethyl _S_-1-methylpropyl (2-oxo-3-thiazolidinyl) phosphono thioate 〔別名〕ホスチアゼート／Fosthiazate

【組成・化学構造】　**分子式**　$C_9H_{18}NO_3PS_2$
　　　　　　　　　　構造式

【CAS 番号】　98886-44-3

【性状】　弱いメルカプタン臭のある淡褐色の液体。沸点 198℃（/0.5 mmHg）。比重
　　　　　1.240（20℃）。蒸気圧 5.6×10^{-4} Pa（4.2×10^{-6} mmHg、25℃）。$\log P_{ow}$
　　　　　= 1.68（25℃）。水に難溶。pH6 および pH8 で安定。

【用途】　野菜などのネコブセンチュウ等の害虫を防除する農薬。

【毒性】　原体の LD_{50} ＝ ラット雄経口：73 mg/kg、ラット雌経口：57 mg/kg、マ
　　　　　ウス雄経口：104 mg/kg、マウス雌経口：91 g/kg、ラット雄経皮：2396
　　　　　mg/kg、ラット雌経皮：861 mg/kg。原体は眼粘膜刺激性がある。
　　　　　1.5％粒剤の LD_{50} ≧ ラット雄経口：5000 mg/kg、マウス経口：5000
　　　　　mg/kg、LD_{50} ＝ ラット雌経口：3375 ～ 4147 mg/kg。

【その他】　〔製品〕ネマトリン1％粒剤（劇物に該当しない）。

劇物	4-エチルメルカプトフェニル-_N_-メチルカルバメート
毒物及び劇物指定令 第 2 条／14 の 6	4-Ethylmercaptophenyl-_N_-methylcarbamate 〔別名〕EMPC

【組成・化学構造】　**分子式**　$C_{10}H_{13}NO_2S$
　　　　　　　　　　構造式

【CAS 番号】　18809-57-9

【性状】　無色の液体。弱い特異臭。水に難溶、アセトン等の有機溶媒に可溶。

【用途】　りんご、柿、かんきつ類などのコナカイガラムシ、アブラムシ、コナジ
　　　　　ラミ類の殺虫剤。

【毒性】　原体の LD_{50} ＝ マウス経口：109 mg/kg、マウス経皮 2600 mg/kg。

354

【その他】〔製剤〕現在、農薬としての市販品はない。

劇物	エチレンオキシド
毒物及び劇物指定令 第2条／14の7	**Ethylene oxide** 〔別名〕酸化エチレン

【組成・化学構造】　**分子式**　C_2H_4O

　　　　　　　　　構造式

【CAS番号】 75-21-8

【性状】 エーテル臭のある無色の液体。沸点 10.7℃。融点 −112℃。水、エタノール、エーテル等に可溶。蒸気は空気より重く、引火性。引火点 −17.8℃以下。爆発範囲 3.0 ～ 100 $\frac{V}{V}$%。分解爆発性。

【用途】 有機合成原料（エチレングリコール、エタノールアミン、アルキルエーテルなど）、界面活性剤、有機合成顔料、燻蒸消毒、殺菌剤。

【毒性】 原体の LD_{50} ＝ ラット経口：72 mg/kg、イヌ経口：330 mg/kg、モルモット 270 mg/kg。LC_{50} ＝ ラット吸入：800 ppm（4 hr）、マウス吸入：835 ppm（4 hr）、イヌ吸入：960 ppm（4 hr）。

【応急措置基準】 **(1)漏えい時**

　　風下の人を退避させ、漏えいした場所の周辺にはロープを張るなどして人の立入りを禁止する。付近の着火源となるものは速やかに取り除く。作業の際には必ず人工呼吸器その他の保護具を着用し、風下で作業しない。漏えいしたボンベ等を多量の水に容器ごと投入して気体を吸収させ、処理し、その処理液を多量の水で希釈して流す。この場合、高濃度の廃液が河川等に排出されないよう注意する。

(2)出火時

・周辺火災の場合 ＝ 速やかに容器を安全な場所に移す。移動不可能な場合には、遮蔽物の活用など容器の破損に対する防護措置を講じ、容器および周囲に散水して冷却する。容器が火炎に包まれた場合には、爆発・破裂の危険があるので近寄らない。

・着火した場合 ＝ 周囲に影響がない場合であって、噴出した気体に着火し、かつ、容易に噴出を止められない場合には消火せず燃焼させる。周囲に影響がある場合には、周囲の延焼を防止するため注水する。消火する場合は、消火剤または多量の水で消火する。消火後、噴出する気体を直ちに止める。止められない場合には、再着火あるいは爆発に十分配慮する。作業の際には必ず人工呼吸器その他の保護具を着用し、風下で作業をしない。

・消火剤 ＝ 水、耐アルコール泡、粉末、二酸化炭素

各　　論

(3)暴露・接触時

①急性中毒と刺激性

・吸入した場合 = 鼻、のど、気管支などの粘膜を刺激し、炎症を起こすとともに、倦怠感、頭痛、めまい、嘔気など。重症の場合には肺水腫を生じ、呼吸困難を起こすことがある。

・皮膚に触れた場合 = 皮膚を刺激し、炎症を起こす。

・眼に入った場合 = 粘膜を刺激し、炎症を起こす。重症の場合には失明することがある。

②医師の処置を受けるまでの救急方法

・吸入した場合 = 直ちに患者を毛布等にくるんで安静にさせ、新鮮な空気の場所に移し、呼吸困難または呼吸停止の場合には直ちに人工呼吸を行い、心臓が停止している場合には直ちに心臓マッサージを行う。

・皮膚に触れた場合 = 直ちに汚染された衣服や靴などを脱がせ、付着部または接触部を石けん水で洗浄し、多量の水で洗い流す。

・眼に入った場合 = 直ちに多量の水で15分間以上洗い流す。

(4)注意事項

①加熱、摩擦、衝撃、火花等により発火または爆発することがある。

②可燃性の気体である。

③密閉容器内では加熱により爆発することがある。

(5)保護具

保護眼鏡、保護手袋、保護長靴、保護衣、人工呼吸器

【廃棄基準】〔廃棄方法〕

活性汚泥法

多量の水に少量ずつ気体を吹き込み溶解し希釈した後、少量の硫酸を加えエチレングリコールに変え、アルカリ水で中和し活性汚泥で処理する。

〈備考〉高濃度のエチレンオキシドは活性汚泥に悪影響があるので注意する。

〔検定法〕ガスクロマトグラフィー

劇物	エチレンクロルヒドリン
毒物及び劇物取締法 別表第二／7 毒物及び劇物指定令 第2条／15	**Ethylene chlorohydrin** 〔別名〕2-クロルエチルアルコール、グリコールクロルヒドリン

【組成・化学構造】　**分子式**　C_2H_5ClO

構造式

Cl〜〜OH

356

劇　　物

【CAS番号】107-07-3
【性状】無色の液体。エーテル臭。沸点129℃。比重（d_4^{20}）1.202。蒸気は空気より重い。水に任意の割合で混和。有機溶媒に易溶。引火点60℃。爆発範囲 4.9 〜 15.9%。工業製品は純度 42.3 wt%の含水物（共沸混合物）が多いが、純度 98%あるいは無水物とすることもできる。
【用途】エチレングリコールの製造原料、有機合成中間体、溶剤。
【毒性】原体の LD_{50} ＝ ラット経皮：84 mg/kg。
皮膚から容易に吸収され、全身中毒症状を引き起こす。中枢神経系、肝臓、腎臓、肺に著明な障害を引き起こす。致死量のエチレンクロルヒドリンガスに暴露すると、粘膜刺激症状、眠気、嗜眠、めまい、吐気を起こし、数時間後には呼吸困難、激しい頭痛、失神、チアノーゼ、左胸部痛などが生じ、最終的に呼吸不全を起こして死亡する。

【応急措置基準】**(1)漏えい時**
　　風下の人を退避させ、漏えいした場所の周辺にはロープを張るなどして人の立入りを禁止する。付近の着火源となるものを速やかに取り除く。作業の際には必ず保護具を着用し、風下で作業をしない。
・少量 ＝ 漏えいした液は、多量の水で洗い流す。
・多量 ＝ 漏えいした液は、土砂等でその流れを止め安全な場所に導き、できるだけ空容器に回収する。そのあとは多量の水で洗い流す。
　この場合、高濃度の廃液が河川等に排出されないように注意する。

(2)出火時
・周辺火災の場合 ＝ 速やかに容器を安全な場所に移す。移動不可能の場合は、容器および周囲に散水して冷却する。
・着火した場合 ＝ 初期の火災には粉末、二酸化炭素等を用いる。大規模火災の際には、水噴霧を用いるか、または泡消火剤等を用いて空気を遮断することが有効である。爆発のおそれがあるときは付近の住民を退避させる。消火作業の際には必ず保護具を着用する。
・消火剤 ＝ 粉末、二酸化炭素、水、泡（アルコール泡）、乾燥砂

(3)暴露・接触時
　①急性中毒と刺激性
　・吸入した場合 ＝ 吐気、嘔吐、頭痛、胸痛などの症状を起こすことがある。なお、これらの症状は通常数時間後に現れる。
　・皮膚に触れた場合 ＝ 皮膚を刺激し、皮膚からも吸収され吸入した場合と同様の中毒症状を起こすことがある。
　・眼に入った場合 ＝ 粘膜を刺激して炎症を起こすことがある。
　②医師の処置を受けるまでの救急方法
　・吸入した場合 ＝ 直ちに患者を毛布等にくるんで安静にさせ、新鮮な

劇
物

357

各論

　　空気の場所に移す。呼吸困難または呼吸が停止しているときは直ちに人工呼吸を行う。
　・皮膚に触れた場合＝直ちに汚染された衣服や靴を脱がせ、付着部または接触部を石けん水または多量の水で十分に洗い流す。
　・眼に入った場合＝直ちに多量の水で15分間以上洗い流す。
(4)保護具
　保護眼鏡、保護手袋、保護長靴、保護衣、有機ガス用防毒マスク（火災時：人工呼吸器または有機ガス用防毒マスク）

【廃棄基準】〔廃棄方法〕
　燃焼法
　可燃性溶剤とともにスクラバーを備えた焼却炉で焼却する。
　〈備考〉
　・スクラバーの洗浄液にはアルカリ液を用いる。
　・焼却炉は有機ハロゲン化合物を焼却するに適したものとする。
〔検定法〕ガスクロマトグラフィー

劇物	エピクロルヒドリン
毒物及び劇物指定令 第2条／15の2	**Epichlorohydrin** 〔別名〕3-クロロ-1,2-エポキシプロパン

【組成・化学構造】
　分子式　C_3H_5ClO
　構造式　

【CAS番号】106-89-8

【性状】無色でクロロホルムに似た刺激臭のある液体。沸点118℃。融点-25.6℃。比重1.1801（20℃）。蒸気圧12.5 mmHg（20℃）。水に難溶（20℃で水100 mLに6 mg溶解）。エタノール、エーテル等に可溶。蒸気は空気より重く、引火しやすい。引火点32℃（開放式）。爆発範囲3.8～21.0 V/V%。

【用途】エポキシ樹脂、合成グリセリン、グリシジルメタクリレート、界面活性剤、イオン交換樹脂などの原料、繊維処理剤（羊毛や木綿の防縮・防しわ剤）、溶剤（酢酸セルロース、セロハン、エステルゴム）、可塑剤、安定剤、殺虫殺菌剤、医薬品原料。

【毒性】原体のLD_{50}＝ラット経口：90 mg/kg、マウス経口：236 mg/kg、ウサギ経口：345 mg/kg、モルモット：280 mg/kg、マウス経皮：250 mg/kg、ウサギ経皮：515 mg/kg。LC_{50}＝ラット吸入：250 ppm（8 hr）。

【応急措置基準】(1)漏えい時
　風下の人を退避させ、漏えいした場所の周辺にはロープを張るなどして人の立入りを禁止する。付近の着火源となるものは速やかに取り除く。

劇　　物

作業の際には必ず保護具を着用し、風下で作業をしない。漏えいした液は、土砂等でその流れを止め安全な場所に導き、空容器にできるだけ回収し、そのあとを水酸化カルシウム等の水溶液を用いて処理し、中性洗剤等の分散剤を使用し多量の水で洗い流す。

(2)出火時
・周辺火災の場合 ＝ 速やかに容器を安全な場所に移す。移動不可能な場合には、容器および周囲に散水して冷却する。
・着火した場合 ＝ 消火剤または多量の霧状の水で消火する。
・消火剤 ＝ 粉末、泡、二酸化炭素、水、乾燥砂、強化液

(3)暴露・接触時
　①急性中毒と刺激性
　・吸入した場合 ＝ 鼻、のど、気管支などの粘膜を刺激し、腐食する。
　・皮膚に触れた場合 ＝ 皮膚を刺激し、腐食する。
　・眼に入った場合 ＝ 粘膜を刺激し、腐食する。重症の場合には失明することがある。
　②医師の処置を受けるまでの救急方法
　・吸入した場合 ＝ 直ちに患者を毛布等にくるんで安静にさせ、新鮮な空気の場所に移し、呼吸困難または呼吸停止の場合には直ちに人工呼吸を行い、心臓が停止している場合には直ちに心臓マッサージを行う。
　・皮膚に触れた場合 ＝ 直ちに付着部または接触部を多量の水で洗い流した後、汚染された衣服や靴などを脱がせる。さらに付着部を石けん水で洗浄し、多量の水で洗い流す。
　・眼に入った場合 ＝ 直ちに多量の水で 15 分間以上洗い流す。

(4)注意事項
　①酸化剤と混合すると発火または爆発することがある。
　②火災等で強熱されると分解して有毒な塩化水素のガスを生成する。

(5)保護具
　保護眼鏡、保護手袋、保護長靴、保護衣、有機ガス用防毒マスク（火災時：人工呼吸器）

【廃棄基準】〔廃棄方法〕

(1)燃焼法
　そのまま、または、可燃性溶剤とともにアフターバーナーおよびスクラバーを備えた焼却炉で焼却する。

(2)活性汚泥法
　多量の水で希釈し、アルカリ水で中和した後、活性汚泥で処理する。
　〈備考〉

各　　論

・スクラバーの洗浄液には、アルカリ溶液を用いる。
・燃焼法の焼却炉は有機ハロゲン化合物を焼却するのに適したものとする。
・燃焼温度は、1100℃以上とする。
・活性汚泥法は低濃度排水の処理に適する。

〔検定法〕ガスクロマトグラフィー

劇物	**エマメクチン安息香酸塩**
毒物及び劇物指定令 第2条／15の3	**Emamectin benzoate** 〔別名〕アファーム乳剤

【組成・化学構造】 分子式　$C_7H_6O_2$・Unspecified
　　　　　　　　　B1a：$C_{49}H_{75}NO_{13}$・$C_7H_6O_2$
　　　　　　　　　B1b：$C_{48}H_{73}NO_{13}$・$C_7H_6O_2$

構造式

B1a:R=CH₂CH₃
B1b:R=CH₃

B1a:R=CH_2CH_3
B1b:R=CH_3

【CAS番号】155569-91-8

【性状】類白色結晶粉末。融点141～146℃。比重1.20（23℃）。蒸気圧3.99 × 10^{-6} Pa。溶解度は水0.024 g/L（20℃）、メタノール387 g/L（25℃）。

【用途】鱗翅目およびアザミウマ目害虫に対する殺虫剤。

【毒性】原体のLD_{50}＝ラット雄経口：63 mg/kg、ラット雌経口：76 mg/kg。2％乳剤のLD_{50}＝ラット雄経口：3555 mg/kg、ラット雌経口：3532 mg/kg、マウス雌経口：3846～5000 mg/kg、LD_{50}≧マウス雄経口：5000 mg/kg。

劇　物

塩化水素

劇物	毒物及び劇物取締法　別表第二／8 毒物及び劇物指定令　第2条／16・16の2

　毒物及び劇物指定令の第2条指定16の2は、塩化水素と硫酸とを含有する製剤である。ただし、塩化水素と硫酸と合わせて10%以下を含有するものを除く。

劇物 毒物及び劇物取締法 別表第二／8 毒物及び劇物指定令 第2条／16	**塩化水素** Hydrogen chloride

【組成・化学構造】　**分子式**　ClH

　　　　　　　　　構造式　H−Cl

【CAS番号】　7647-01-0

【性状】　常温、常圧においては無色の刺激臭を有する気体。比重1.268。水に易溶（0℃で水100 mLに82.3 g溶解）。メタノール、エタノール、エーテルに易溶。湿った空気中で激しく発煙する。冷却すると無色の液体および固体となる。

【用途】　塩酸の製造原料、無水物は塩化ビニルの原料。

【毒性】　原体のLC_{50}＝マウス吸入：2644 ppm（30 min）。

　　　　眼、呼吸器系粘膜を刺激する。35 ppmでは短時間暴露で喉の痛み、咳、窒息感、胸部圧迫を感じる。50〜1000 ppmになると、1時間以上の暴露には耐えることができず、これを超すと喉頭痙攣や肺水腫を起こす。1000〜2000 ppmでは極めて危険である。

【応急措置基準】　**(1)漏えい時**

　　　　風下の人を退避させ、必要があれば水で濡らした手ぬぐい等で口および鼻を覆う。漏えいした場所の周辺にはロープを張るなどして人の立入りを禁止する。作業の際には必ず保護具を着用し、風下で作業をしない。

　　・少量＝漏えいガスは水を用いて十分に吸収させる。漏えい容器に散水しない。

　　・多量＝漏えいガスは多量の水をかけて吸収させる。多量にガスが噴出する場合は遠くから霧状の水をかけ吸収させる。

　　　　この場合、高濃度の廃液が河川等に排出されないよう注意する。

　　(2)出火時

　　・周辺火災の場合＝速やかに容器を安全な場所に移す。移動不可能の場合は、容器および周囲に散水して冷却する。

　　(3)暴露・接触時

　　①急性中毒と刺激性

劇
物

361

各　　論

・吸入した場合 ＝ のど、気管支、肺などを刺激し粘膜が侵される。多量に吸入すると、喉頭痙攣、肺水腫を起こし呼吸困難・呼吸停止に至る。

・皮膚に触れた場合 ＝ ガスは皮膚を侵し直接液に触れるとやけど（薬傷）やしもやけ（凍傷）を起こす。

・眼に入った場合 ＝ 粘膜などが刺激される。

②医師の処置を受けるまでの救急方法

・吸入した場合 ＝ 直ちに患者を毛布等にくるんで安静にさせ、新鮮な空気の場所に移し速やかに医師の手当てを受ける。呼吸が停止しているときは直ちに人工呼吸を行う。呼吸困難のときは酸素吸入を行う。

・皮膚に触れた場合 ＝ 直ちに付着部または接触部を多量の水で十分に洗い流し、汚染された衣服や靴は脱がせる。速やかに医師の手当てを受ける。

・眼に入った場合 ＝ 直ちに多量の水で 15 分間以上洗い流し、速やかに医師の手当てを受ける。

(4)注意事項

①吸湿すると、大部分の金属、コンクリート等を腐食する。

②塩化水素は爆発性でも引火性でもないが、吸湿すると各種の金属を腐食して水素ガスを生成し、これが空気と混合して引火爆発することがある。

(5)保護具

保護手袋、保護長靴、保護衣、保護眼鏡、酸性ガス用防毒マスクまたは人工呼吸器

【廃棄基準】〔廃棄方法〕

中和法

徐々に石灰乳などの攪拌溶液に加え中和させた後、多量の水で希釈して処理する。

〔検定法〕pH メーター法

劇物	塩酸
毒物及び劇物取締法 別表第二／8 毒物及び劇物指定令 第 2 条／16	**Hydrochloric acid** 〔別名〕塩化水素酸、カン水酸

【組成・化学構造】塩化水素 HCl の水溶液である。

分子式　ClH

構造式　H－Cl

【CAS 番号】7647-01-0

362

劇　　物

【性状】無色透明の液体。25％以上のものは湿った空気中で発煙し、刺激臭がある。工業用として市販のものは30〜38％の塩化水素を含有し、やや黄色に着色され、白塩酸と称するものは35〜38％で無色、純塩酸は38％以上で無色。塩酸は種々の金属を溶解し、水素を生成。

【用途】化学工業用の諸種の塩化物、膠の製造、獣炭の精製、そのほか染色、色素工業、試薬など。

【毒性】塩酸は強酸のため、人体に触れると接触部を侵す。経口摂取した場合の致死量は必ずしも一定しないが、成人では14gで死亡した例もある一方、倍量を経口摂取して助かった例もある。

【応急措置基準】**(1)漏えい時**

　風下の人を退避させ、必要があれば水で濡らした手ぬぐい等で口および鼻を覆う。漏えいした場所の周辺にはロープを張るなどして人の立入りを禁止する。作業の際には必ず保護具を着用し、風下で作業をしない。

・少量＝漏えいした液は土砂等に吸着させて取り除くか、またはある程度水で徐々に希釈した後、水酸化カルシウム、炭酸ナトリウム等で中和し、多量の水で洗い流す。

・多量＝漏えいした液は土砂等でその流れを止め、これに吸着させるか、または安全な場所に導いて遠くから徐々に注水してある程度希釈した後、水酸化カルシウム、炭酸ナトリウム等で中和し多量の水で洗い流す。発生するガスは霧状の水をかけ吸収させる。

この場合、高濃度の廃液が河川等に排出されないよう注意する。

(2)出火時

・周辺火災の場合＝速やかに容器を安全な場所に移す。移動不可能の場合は、容器および周囲に散水して冷却する。

(3)暴露・接触時

①急性中毒と刺激性

・吸入した場合＝のど、気管支、肺などを刺激し粘膜が侵される。

・皮膚に触れた場合＝やけど（薬傷）を起こす。

・眼に入った場合＝粘膜が刺激され、失明することがある。

②医師の処置を受けるまでの救急方法

・吸入した場合＝直ちに患者を毛布等にくるんで安静にさせ、新鮮な空気の場所に移し、速やかに医師の手当てを受ける。

・皮膚に触れた場合＝直ちに付着部または接触部を多量の水で十分に洗い流し、汚染された衣服や靴は速やかに脱がせる。速やかに医師の手当てを受ける。

・眼に入った場合＝直ちに多量の水で15分間以上洗い流し、速やかに医師の手当てを受ける。

劇
物

各　　論

(4)**注意事項**

①大部分の金属、コンクリート等を腐食する。

②塩酸は爆発性でも引火性でもないが、各種の金属を腐食して水素ガスを生成し、これが空気と混合して引火爆発することがある。

③直接中和剤を散布すると発熱し、酸が飛散することがある。

(5)**保護具**

保護手袋、保護長靴、保護衣、保護眼鏡、酸性ガス用防毒マスク

【廃棄基準】〔廃棄方法〕

中和法

徐々に石灰乳などの撹拌溶液に加え中和させた後、多量の水で希釈して処理する。

〔検定法〕pH メーター法

【その他】〔鑑識法〕

ア　本薬物の水溶液は青色リトマス紙を赤色変し、次の反応を呈する。

①硝酸銀溶液を加えると、塩化銀の白い沈殿を生じる。沈殿を分取し、この一部に希硝酸を加えても溶けない。また、他の一部に加量のアンモニア試液を加えるとき、溶ける。

②硫酸および過マンガン酸カリウムを加えて加熱すると、塩素ガスを発生させる。このガスは潤したヨウ化カリウムデンプン紙を青変する。

イ　本薬物の液面にアンモニア試液で潤したガラス棒を近づけると、濃い白煙を生じる。

劇物 毒物及び劇物取締法 別表第二／9 毒物及び劇物指定令 第 2 条／17	**塩化第一水銀** **Mercurous chloride** 〔別名〕甘汞、カロメル、亜クロル汞、塩化水銀（Ⅰ）

【組成・化学構造】

分子式	ClHg
構造式	Hg－Cl

【CAS 番号】7546-30-7

【性状】白色粉末。400℃で昇華。水に不溶（20℃で水 100 mL に 2.35×10^{-4} g 溶解）。王水に可溶、希硝酸に難溶。エタノール、エーテルに不溶。光によって分解し、塩化第二水銀と水銀になる。

【用途】医療用、甘汞電極、試薬。

【毒性】原体の LD_{50} ＝ラット経口：210 mg/kg。

【応急措置基準】(1)**漏えい時**

飛散した場所の周辺にはロープを張るなどして人の立入りを禁止する。作業の際には必ず保護具を着用し、風下で作業をしない。飛散したもの

は空容器にできるだけ回収し、そのあとを多量の水で洗い流す。

(2)出火時

・周辺火災の場合 ＝ 速やかに容器を安全な場所に移す。移動不可能な場合には、容器および周囲に散水して冷却する。

(3)暴露・接触時

　①急性中毒と刺激性

・吸入した場合 ＝ 水銀中毒を起こすことがある。

・眼に入った場合 ＝ 異物感を与え、粘膜を刺激する。

　②医師の処置を受けるまでの救急方法

・吸入した場合 ＝ 鼻をかみ、うがいをさせる。

・皮膚に触れた場合 ＝ 直ちに汚染された衣服や靴等の汚れを落とした後、付着部または接触部を石けん水で洗浄し、多量の水で洗い流す。

・眼に入った場合 ＝ 直ちに多量の水で15分間以上洗い流す。

(4)注意事項

　①強熱すると有毒な酸化水銀（Ⅰ）の煙霧およびガスを生成する。

　②付着、接触したまま放置すると、吸収することがある。

(5)保護具

　保護眼鏡、保護手袋、保護長靴、保護衣、防塵マスク（火災時：人工呼吸器）

【廃棄基準】〔廃棄方法〕

(1)焙焼法

　還元焙焼法により金属水銀として回収する。

(2)沈殿隔離法

　水に懸濁し硫化ナトリウム（Na_2S）の水溶液を加えて硫化水銀（Ⅰ）または（Ⅱ）の沈殿を生成させたのち、セメントを加えて固化し、溶出試験を行い、溶出量が判定基準以下であることを確認して埋立処分する。

　〈備考〉

・硫化ナトリウムは適量を加えるように注意する。理論量の３倍以下に抑える。

・廃棄物の溶出試験、溶出基準は廃棄物の処理及び清掃に関する法律の規定に基づく。

・還元焙焼法を用いる場合は専門業者に処理を委託することが望ましい。

〔生成物〕Hg_2S^*

　（注）　＊は、生成物が廃棄物の処理及び清掃に関する法律により規制を受けるもの。

〔検定法〕原子吸光光度法

〔その他〕本薬物の付着した紙袋等を焼却すると、酸化水銀（Ⅰ）の煙霧

およびガスを生成するので、洗浄装置のない焼却炉等で焼却しない。
【その他】〔鑑識法〕水酸化ナトリウムを加えると黒色の亜酸化水銀となる。

劇物	塩化チオニル
毒物及び劇物指定令 第 2 条／17 の 2	**Thionyl chloride** 〔別名〕オキシ塩化硫黄、塩化スルフィニル

【組成・化学構造】 **分子式** Cl₂OS
構造式

【CAS 番号】 7719-09-7
【性状】 刺激性のある無色の液体。沸点 76℃。融点 −104℃。ベンゼン、クロロホルム、四塩化炭素に可溶。発煙性。加水分解する。
【用途】 化学反応剤など。
【毒性】 原体の LC_{50} ＝ ラット吸入：500 ppm（1 hr）。

劇物	塩素
毒物及び劇物指定令 第 2 条／17 の 3	**Chlorine** 〔別名〕クロール

【組成・化学構造】 **分子式** Cl₂
構造式 Cl—Cl

【CAS 番号】 7782-50-5
【性状】 常温においては窒息性臭気を有する黄緑色の気体。冷却すると、黄色溶液を経て黄白色固体となる。沸点 −34℃。融点 −100 〜 −98℃、水には 10℃で 100 mL 中 0.997 g 溶解。
【用途】 酸化剤、紙・パルプの漂白剤、殺菌剤、消毒剤（上水道水）、合成塩酸の原料、漂白剤（さらし粉）原料、有機塩素製品の製造原料、塩化物の製造原料、金属チタン、金属マグネシウムの製造など。
【毒性】 原体の LC_{50} ＝ マウス吸入：137 ppm（1 hr）、ラット吸入：293 ppm（1 hr）。
粘膜接触により刺激症状を呈し、眼、鼻、咽喉および口腔粘膜を障害する。吸入により、窒息感、喉頭および気管支筋の強直をきたし、呼吸困難に陥る。大量では 20 〜 30 秒の吸入でも反射的に声門痙攣を起こし、声門浮腫から呼吸停止により死亡する。労働安全許容濃度は 1.0 ppm。

【応急措置基準】 (1) 漏えい時
風下の人を退避させ、必要があれば水で濡らした手ぬぐい等で口および鼻を覆う。漏えいした場所の周辺にはロープを張るなどして人の立入

劇　　物

りを禁止する。作業の際には必ず保護具を着用し、風下で作業をしない。

・少量 ＝ 漏えい箇所や漏えいした液には水酸化カルシウムを十分に散布して吸収させる。

・多量 ＝ 漏えい箇所や漏えいした液には水酸化カルシウムを十分に散布し、シート等を被せ、その上にさらに水酸化カルシウムを散布して吸収させる。漏えい容器には散布しない。多量にガスが噴出した場所には、遠くから霧状の水をかけて吸収させる。

(2)出火時

・周辺火災の場合 ＝ 速やかに容器を安全な場所に移す。移動不可能の場合は、容器および周囲に散水して冷却する。

(3)暴露・接触時

　①急性中毒と刺激性

・吸入した場合 ＝ 鼻、気管支などの粘膜が激しく刺激され、多量吸入したときは、かっ血、胸の痛み、呼吸困難、皮膚や粘膜が青黒くなる（チアノーゼ）などを起こす。

・皮膚に触れた場合 ＝ ガスは皮膚を激しく侵し、直接液に触れるとしもやけ（凍傷）を起こす。

・眼に入った場合 ＝ 粘膜などに激しい刺激性・起炎性を有する。

　②医師の処置を受けるまでの救急方法

・吸入した場合 ＝ 直ちに患者を毛布等にくるんで安静にさせ、新鮮な空気の場所に移し速やかに医師の手当てを受ける。呼吸が停止しているときは人工呼吸を行う。呼吸困難のときは酸素吸入を行う。

・皮膚に触れた場合 ＝ 直ちに付着部または接触部を多量の水で十分に洗い流し、汚染された衣服や靴は脱がせる。速やかに医師の手当てを受ける。

・眼に入った場合 ＝ 直ちに多量の水で 15 分間以上洗い流し、速やかに医師の手当てを受ける。

(4)注意事項

　①塩素は不燃性を有し、鉄、アルミニウムなどの燃焼を助ける。

　②塩素は極めて反応性が強く、水素または炭化水素（特にアセチレン）と爆発的に反応する。

　③水分の存在下では、各種の金属を腐食する。

(5)保護具

　保護手袋、保護長靴、保護衣、保護眼鏡、ハロゲン用防毒マスクまたは人工呼吸器

【廃棄基準】　〔廃棄方法〕

(1)アルカリ法

各　　論

多量のアルカリ水溶液（石灰乳または水酸化ナトリウム水溶液など）中に吹き込んだ後、多量の水で希釈して処理する。

(2)還元法

必要な場合（例えば多量の場合など）には、アルカリ処理法で処理した液に還元剤（例えばチオ硫酸ナトリウム水溶液など）の溶液を加えた後中和する。その後、多量の水で希釈して処理する。

〔生成物〕Ca(OCl)$_2$, NaOCl

〔検定法〕ヨウ素滴定法、吸光光度法

塩素酸塩類	
劇物	毒物及び劇物指定令　第2条／18

塩素酸塩類は血液毒である。

【毒性】

血液に対し毒作用を有するため、血液はどろどろになり、どす黒くなる。腎臓が障害されるため尿に血が混じり、量が少なくなる。重度であると、気を失い、痙攣を起こして死亡することがある。

【鑑識法】

(1)熱すると、酸素を生成し、塩化物となる。

(2)炭の上に小さな孔をつくり、試料を入れ吹管炎で熱灼すると、パチパチ音をたてて分解する。

(3)希硫酸とは反応しないが、濃硫酸とは冷時反応して、過塩素酸および緑黄色の二酸化塩素を生成する。二酸化塩素は特有の臭気を有し、60℃以上で激しく爆発し、塩素と酸素になる。この反応は爆発力が大きいため、注意を要する。

(4)亜硝酸などの還元剤で塩化物を生成する。

劇物	塩素酸バリウム
毒物及び劇物指定令 第2条／18	**Barium chlorate**

【組成・化学構造】　**分子式**　Ba・2ClHO$_3$

構造式

$$Ba^{2+} \left[O=\overset{\displaystyle O}{\underset{\displaystyle O^-}{Cl}} \right]_2$$

【CAS番号】13477-00-4

【性状】無色の結晶。水に可溶、アルコールに不溶。

【用途】工業用の煙火用、媒染剤ほか、試薬。

劇　物

劇物	塩素酸コバルト
毒物及び劇物指定令 第2条／18	Cobalt chlorate

【組成・化学構造】

分子式　Cl_2CoO_6

構造式

$$Co^{2+} \left[\begin{array}{c} O \\ \| \\ O-Cl-O^- \end{array} \right]_2$$

【CAS番号】：80546-49-2

【性状】：暗赤色の結晶。

【用途】：工業用の煙火用、媒染剤ほか、試薬。

【毒性】：原体のLD_{50}＝マウス腹腔内：160 mg/kg。

劇物	塩素酸ナトリウム
毒物及び劇物指定令 第2条／18	Sodium chlorate 〔別名〕クロル酸ソーダ、塩素酸ソーダ

【組成・化学構造】

分子式　$ClHO_3 \cdot Na$

構造式

$$Na^+ \left[\begin{array}{c} O \\ \| \\ O-Cl-O^- \end{array} \right]$$

【CAS番号】：7775-09-9

【性状】：無色無臭の白色の正方単斜状の結晶。融点248℃。水に易溶（20℃で水100 mLに101 g溶解）。強い酸化剤で有機物、硫黄、金属粉などの可燃物が混在すると、加熱、摩擦または衝撃により爆発する。加熱により分解して酸素を生成する。強酸と作用して爆発性で有毒な二酸化塩素を生成する。潮解性。

【用途】：農業用の除草剤、工業用の塩素酸ブラックの原料、抜染剤、酸化剤。

【応急措置基準】：**(1)漏えい時**

　飛散した場所の周辺にはロープを張るなどして人の立入りを禁止する。作業の際には必ず保護具を着用し、風下で作業をしない。飛散したものは速やかに掃き集めて空容器にできるだけ回収し、そのあとは多量の水で洗い流す。この場合、高濃度の廃液が河川等に排出されないように注意する。

(2)出火時

・周辺火災の場合＝速やかに容器を安全な場所に移す。移動不可能の場合は、容器および周囲に散水して冷却する。容器が火炎に包まれた場

369

各　　論

合は、爆発のおそれがあるため近寄らない。
・着火した場合 ＝ 必ず保護具を着用し、多量の水で消火する。
・消火剤 ＝ 水

(3)暴露・接触時
①人体に対する影響
・吸入した場合 ＝ 鼻、のどの粘膜を刺激し、悪心、嘔吐、下痢、チア
ノーゼ（皮膚や粘膜が青黒くなる）、呼吸困難などを起こす。
・皮膚に触れた場合 ＝ 皮膚を刺激する。
・眼に入った場合 ＝ 粘膜等を刺激する。
②医師の処置を受けるまでの救急方法
・吸入した場合 ＝ 直ちに患者を毛布等にくるんで安静にさせ、新鮮な
空気の場所に移す。呼吸困難または呼吸停止の場合は直ちに人工呼
吸を行う。
・皮膚に触れた場合 ＝ 直ちに汚染された衣服や靴を脱がせ、付着部ま
たは接触部を多量の水で十分に洗い流す。
・眼に入った場合 ＝ 直ちに多量の水で15分間以上洗い流す。

(4)注意事項
①強酸と反応し、発火または爆発することがある。
②アンモニウム塩と混ざると爆発するおそれがあるため接触させない。
③衣服等に付着した場合、着火しやすくなる。

(5)保護具
保護眼鏡、保護手袋、保護長靴、保護衣、防塵マスク

【廃棄基準】〔廃棄方法〕
還元法
還元剤（例えば、チオ硫酸ナトリウム等）の水溶液に希硫酸を加えて
酸性にし、この中に少量ずつ投入する。反応終了後、反応液を中和し多
量の水で希釈して処理する。
〔検定法〕滴定法
〔その他〕
ア　一度に多量の塩素酸ナトリウムを投入すると、有毒で爆発性のあ
る二酸化塩素を生成する。
イ　本薬物の付着した容器等をそのまま焼却しないこと。

劇　物

劇物	塩素酸カリウム
毒物及び劇物指定令 第2条／18	**Potassium chlorate** 〔別名〕塩剥、塩素酸カリ

【組成・化学構造】　**分子式**　$ClHO_3 \cdot K$

構造式

$$K^+ \left[\begin{array}{c} O \\ \| \\ O=Cl-O^- \end{array} \right]$$

【CAS番号】　3811-04-9

【性状】　無色の単斜晶系板状の結晶。水に可溶（20℃で水100 mLに7.2 g溶解）。アルコールに難溶。その水溶液は中性の反応を示す。燃えやすい物質と混合して、摩擦すると爆発する。

【用途】　工業用のマッチ、煙火、爆発物の原料、酸化剤、抜染剤。医療用外用消毒剤。

【応急措置基準】　**(1)漏えい時**

　飛散した場所の周辺にはロープを張るなどして人の立入りを禁止する。作業の際には必ず保護具を着用し、風下で作業をしない。飛散したものは速やかに掃き集めて空容器にできるだけ回収し、そのあとは多量の水で洗い流す。この場合、高濃度の廃液が河川等に排出されないように注意する。

(2)出火時

・周辺火災の場合 ＝ 速やかに容器を安全な場所に移す。移動不可能の場合は、容器および周囲に散水して冷却する。容器が火炎に包まれた場合は爆発のおそれがあるので近寄らない。

・着火した場合 ＝ 必ず保護具を着用し、多量の水で消火する。

・消火剤 ＝ 水

(3)暴露・接触時

①人体に対する影響

・吸入した場合 ＝ 鼻、のどの粘膜を刺激し悪心、嘔吐、下痢、チアノーゼ（皮膚や粘膜が青黒くなる）、呼吸困難などを起こす。

・皮膚に触れた場合 ＝ 皮膚を刺激する。

・眼に入った場合 ＝ 粘膜等を刺激する。

②医師の処置を受けるまでの救急方法

・吸入した場合 ＝ 直ちに患者を毛布等にくるんで安静にさせ、新鮮な空気の場所に移す。呼吸困難または呼吸停止の場合は直ちに人工呼吸を行う。

・皮膚に触れた場合 ＝ 直ちに汚染された衣服や靴を脱がせ、付着部ま

371

各　　論

たは接触部を多量の水で十分に洗い流す。

・眼に入った場合＝直ちに多量の水で 15 分間以上洗い流す。

(4)注意事項

①強酸と作用し発火または爆発することがある。

②アンモニウム塩と混ざると爆発するおそれがあるので接触させない。

③衣服等に付着した場合、着火しやすくなる。

(5)保護具

保護眼鏡、保護手袋、保護長靴、保護衣、防塵マスク

【廃棄基準】〔廃棄方法〕

還元法

還元剤（例えば、チオ硫酸ナトリウム等）の水溶液に希硫酸を加えて酸性にし、この中に少量ずつ投入する。反応終了後、反応液を中和し多量の水で希釈して処理する。

〔検定法〕滴定法

〔その他〕

ア　一度に多量の塩素酸ナトリウムを投入すると、有毒で爆発性のある二酸化塩素を生成する。

イ　本薬物の付着した容器等をそのまま焼却しないこと。

【その他】〔鑑識法〕熱すると酸素を生成して、塩化カリウムとなり、これに塩酸を加えて熱すると塩素を生成する。水溶液に酒石酸を多量に加えると、白色の結晶性の重酒石酸カリウムを生成する。

劇物	**（1R,2S,3R,4S）-7-オキサビシクロ［2,2,1］ヘプタン-2,3-ジカルボン酸**
毒物及び劇物指定令 第 2 条／18 の 2	**(1R,2S,3R,4S)-7-Oxabicyclo[2,2,1]heptane-2,3-dicarboxylic acid** 〔別名〕エンドタール

【組成・化学構造】**分子式**　$C_8H_{10}O_5$

構造式

【CAS 番号】145-73-3

【性状】白色結晶。融点 108 ～ 110℃。比重 0.957。蒸気圧 $> 10^{-7}$ mmHg（20℃）。

【用途】芝生の難防除雑草スズメノカタビラの除草剤。海外では、1 年生雑草防除のための芝生用除草剤のほか、甜菜用除草剤、藻類・水生雑草用除草剤等として登録されている。

【毒性】 原体の LD_{50} ＝ マウス雄経口：52 mg/kg、LD_{50} ＞ マウス雌経口：63 mg/kg、ラット雄経皮：5000 mg/kg、ラット雌経皮：5000 mg/kg。

劇物	オキシ三塩化バナジウム
毒物及び劇物指定令 第2条／18の3	**Vanadium oxytrichlorid**

【組成・化学構造】 **分子式** Cl_3OV

構造式

【CAS番号】 7727-18-6

【性状】 黄色・レモン色の液体。沸点127℃。融点 −77℃。比重1.83。蒸気密度6.0（空気 ＝ 1）。蒸気圧19.3 mmHg（2.57 kPa、25℃）。水に溶解（分解）、メタノール、エーテル、アセトンに可溶。水と反応して塩酸およびバナジウム塩を生成。吸湿性。

【用途】 オレフィン重合（エチレン-プロピレンゴム）の触媒、有機バナジウムの合成、染料の繊維固着剤。

【毒性】 原体の LD_{50} ＝ ラット経口：140 mg/kg。
皮膚刺激性あり（実験動物の知見はない）。腐食性については、*in vitro* 試験において、EpiDerm™、VitroLife-Skin™ ともに陽性である。

劇物	1,2,4,5,6,7,8,8-オクタクロロ-2,3,3a,4,7,7a-ヘキサヒドロ-4,7-メタノ-1*H*-インデン、1,2,3,4,5,6,7,8,8-ノナクロロ-2,3,3a,4,7,7a-ヘキサヒドロ-4,7-メタノ―1*H*-インデン、4,5,6,7,8,8-ヘキサクロロ-3a,4,7,7a-テトラヒドロ-4,7-メタノインデン、1,4,5,6,7,8,8-ヘプタクロロ-3a,4,7,7a-テトラヒドロ-4,7-メタノ-1*H*-インデン及びこれらの類縁化合物の混合物
毒物及び劇物指定令 第2条／18の4	1,2,4,5,6,7,8,8-Octachloro-2,3,3a,4,7,7a-hexahydro-4,7-methano-1*H*-indene・1,2,3,4,5,6,7,8,8-nonachloro-2,3,3a,4,7,7a-hexahydro4,7-methano-1*H*-indene・4,5,6,7,8,8-hexachloro-3a,4,7,7a-tetrahydro-4,7-methanoindene・1,4,5,6,7,8,8-heptachloro-3a,4,7,7a-tetrahydro-4,7-methano-1*H*-indene
	〔別名〕クロルデン

【組成・化学構造】 **分子式** $C_{10}H_6Cl_8$

構造式

【CAS番号】 57-74-9

各　　論

【性状】黄褐色～暗褐色の粘性澄明液体。

【用途】白アリ防除剤。

【毒性】原体の LD_{50} ＝ラット経口：265 ～ 320 mg/kg、マウス経口：279 ～ 309 mg/kg。

劇物	過酸化水素水
毒物及び劇物取締法 別表第二／10 毒物及び劇物指定令 第 2 条／19	Hydrogen peroxide solution 〔別名〕過酸化水素液

【組成・化学構造】H_2O_2 の水溶液である。

　分子式　　H_2O_2

　構造式　　H－O－O－H

【CAS 番号】7722-84-1

【性状】無色透明の高濃度な液体。強く冷却すると稜柱状の結晶に変化する。常温において徐々に酸素と水に分解するが、微量の不純物が混入したり、少し加熱されると、爆鳴を発して急激に分解する。また金、銀、白金などの金属粉末、二酸化マンガン、鉛丹などの多孔性物質と接触するときも、同様に分解を起こす。

過酸化水素水は不安定な化合物で、アルカリ存在下では、その分解作用が著しい。そのため通常、安定剤として種々の酸類または塩酸を添加して貯蔵する。過酸化水素水は強い酸化力と還元力を併有している。

市販の過酸化水素水は約 30 ～ 40％の H_2O_2 を含有している。また過酸化水素水は強い殺菌力を有しており、その 3％溶液は塩化水銀（Ⅱ）の 1000 倍溶液に匹敵する。

【用途】酸化、還元の両作用を有しているため、工業上貴重な漂白剤として獣毛、羽毛、綿糸、絹糸、骨質、象牙などを漂白することに応用される。織物、油絵などの洗浄に使用され、また消毒および防腐の目的で使用される。そのほか、化粧品の製造にも使用される。

【毒性】原体の LD_{50} ＝ラット経皮：4060 mg/kg。LC_{50} ＝ラット吸入：132 ppm（4 hr）。

溶液、蒸気いずれも刺激性が強い。35％以上の溶液は皮膚に水疱をつくりやすい。眼には腐食作用を及ぼす。蒸気は低濃度でも刺激性が強く、7 ppm ですでに咳が出る。動物実験では、100 ppm 前後で気管支炎、肺水腫などが起こり短時間で死亡する。

【応急措置基準】(1)漏えい時

漏えいした場所の周辺にはロープを張るなどして人の立入りを禁止する。作業の際には必ず保護具を着用し、風下で作業をしない。

・少量＝漏えいした液は多量の水を用い十分に希釈して洗い流す。

・多量 ＝ 漏えいした液は土砂等でその流れを止め、安全な場所に導き多量の水で十分に希釈して洗い流す。

　　この場合、高濃度の廃液が河川等に排出されないよう注意する。

(2)出火時

　・周辺火災の場合 ＝ 速やかに容器を安全な場所に移す。移動不可能な場合は、容器および周囲に散水して冷却する。

(3)暴露・接触時

　①急性中毒と刺激性

　　通常、症状は時間をおいて現れる。

　・皮膚に触れた場合 ＝ やけど（腐食性薬傷）を起こす。

　・眼に入った場合 ＝ 角膜が侵され、場合によっては失明することがある。

　②医師の処置を受けるまでの救急方法

　・皮膚に触れた場合 ＝ 直ちに付着部または接触部を多量の水で十分に洗い流し、汚染された衣服や靴は脱がせる。速やかに医師の手当てを受ける。

　・眼に入った場合 ＝ 直ちに多量の水で15分間以上洗い流し、速やかに医師の手当てを受ける。

(4)注意事項

　①過酸化水素は不燃性であるが、分解が起こると激しく酸素を生成し、周囲に易燃物があると火災になるおそれがある。高濃度（74$\frac{w}{w}$％以上）のものは自己分解により爆発の可能性がある。

　②製品には安定剤が加えてあるが、有機物、金属塩（鉄塩、銅塩など）、塵埃等の混入により分解が促進されるので、漏えい液は多量の水で十分希釈する。

　③液の付着した衣類等は速やかに水で十分に洗う。

(5)保護具

　保護手袋、保護長靴、保護衣、保護眼鏡

【廃棄基準】〔廃棄方法〕

希釈法

　多量の水で希釈して処理する。

〔検定法〕ヨウ素滴定法

【その他】〔鑑識法〕過マンガン酸カリウムを還元し、クロム酸塩を過クロム酸塩に変える。またヨード亜鉛からヨードを析出する。

〔貯法〕少量ならば褐色ガラス瓶、大量ならばカーボイなどを使用し、3分の1の空間を保って貯蔵する。日光の直射を避け、冷所に有機物、金属塩、樹脂、油類、その他有機性蒸気を放出する物質と引き離して貯蔵す

劇
物

375

各　　論

る。特に、温度の上昇、動揺などによって爆発することがあるため、注意を要する。

不純物として通常、無機酸、ときには有機酸が混入している。これらが混入しているときは安定であるが、腐食性は増大する。ただし、一般に安定剤として少量の酸類の添加は許容されている。

劇物	過酸化ナトリウム
毒物及び劇物取締法 別表第二／11 毒物及び劇物指定令 第2条／20	**Sodium peroxide** 〔別名〕過酸化ソーダ、二酸化ナトリウム

【組成・化学構造】　**分子式**　Na_2O_2

構造式　$Na-O-O-Na$

【CAS番号】：1313-60-6

【性状】：純粋なものは白色だが、一般には淡黄色。常温で水と反応して酸素を発し水酸化ナトリウムを生成する。冷水または酸性溶液では過酸化水素を生成。強い酸化剤で二酸化炭素と反応して炭酸ナトリウムと酸素を、一酸化炭素とでは炭酸ナトリウムを生成する。過酸化物特有の反応を示すほか、有機物、硫黄などに触れて水分を吸うと、自然発火する。また、乾燥状態で炭素と接触すると、容易に発火する。

【用途】：工業用の酸化剤、漂白剤ほか、試薬（医療用としても用いられる）。

【毒性】：皮膚・粘膜に対する刺激が強い。

【応急措置基準】：**(1)漏えい時**

　飛散した場所の周辺にはロープを張るなどして人の立入りを禁止する。作業の際には必ず保護具を着用し、風下で作業しない。飛散したものは、空容器にできるだけ回収する。回収したものは、発火のおそれがあるので速やかに多量の水に溶かして処理する。回収したあとは、多量の水で洗い流す。この場合、高濃度の廃液が河川等に排出されないように注意する。

(2)出火時

・周辺火災の場合 ＝ 速やかに容器を安全な場所に移す。

(3)暴露・接触時

①急性中毒と刺激性

・吸入した場合 ＝ 鼻やのどを刺激し粘膜が侵される。

・皮膚に触れた場合 ＝ やけど（薬傷）を起こす。

・眼に入った場合 ＝ 失明することがある。

②医師の処置を受けるまでの救急方法

・吸入した場合 ＝ 直ちに患者を毛布等にくるんで安静にさせ、新鮮な空気の場所に移す。呼吸困難または呼吸停止の場合は直ちに人工呼

吸を行う。
・皮膚に触れた場合＝直ちに汚染された衣服や靴を脱がせ、付着部または接触部を多量の水で十分に洗い流す。
・眼に入った場合＝直ちに多量の水で15分間以上洗い流す。

(4)**保護具**
保護眼鏡、保護手袋、保護長靴、保護衣、防塵マスク

【廃棄基準】〔廃棄方法〕
中和法
水に加えて希薄な水溶液とし、酸（希塩酸、希硫酸等）で中和した後、多量の水で希釈して処理する。
〔生成物〕pHメーター法、ヨウ素滴定法
〔その他〕容器を開けるときは、噴出することがあるので保護眼鏡を必ず着用すること。

劇物	**過酸化尿素**
毒物及び劇物取締法 別表第二／12 毒物及び劇物指定令 第2条／21	Urea hydrogen peroxide 〔別名〕過酸化カルバミド

【組成・化学構造】
分子式 $CH_6N_2O_3$
構造式 H－O－O－H

【CAS番号】124-43-6

【性状】白色の結晶性粉末。水に可溶（20℃で水100 mLに85.2 g溶解）。空気中で尿素、酸素、水に分解する。アルコール、エーテル中で尿素と過酸化水素に分解する。

【用途】酸化作用を利用して、過酸化水素と同様に毛髪の脱色剤として用いる。

【毒性】中毒症状は過酸化水素と同様に酸化作用があるためであり、また高濃度液は局所刺激作用等がある。

【応急措置基準】(1)**漏えい時**
飛散した場所の周辺にはロープを張るなどして人の立入りを禁止する。作業の際には必ず保護具を着用し、風下で作業をしない。飛散したものは速やかに掃き集めてできるだけ空容器に回収し、そのあとを多量の水で洗い流す。この場合、高濃度の廃液が河川等に排出されないように注意する。

(2)**出火時**
・周辺火災の場合＝速やかに容器を安全な場所に移す。移動不可能の場合は、容器および周囲に散水して冷却する。

各　　論

(3)**暴露・接触時**

①急性中毒と刺激性

・吸入した場合 = 粉末を吸入した場合、鼻、のどに起炎性を有する。

・皮膚に触れた場合 = 数分後、表皮に白斑を生じる。痛みを感じることもある。

・眼に入った場合 = 粘膜を刺激し角膜炎症を起こす。

②医師の処置を受けるまでの救急方法

・吸入した場合 = 直ちにうがいをさせる。患者を毛布等にくるんで安静にさせ、新鮮な空気の場所に移す。

・皮膚に触れた場合 = 直ちに汚染された衣服や靴を脱がせ、付着部または接触部を多量の水で十分に洗い流す。

・眼に入った場合 = 直ちに多量の水で 15 分間以上洗い流す。

(4)**注意事項**

重金属塩（二酸化マンガン等）により分解が促進されることがある。

(5)**保護具**

保護眼鏡、保護手袋、保護長靴、保護衣、防塵マスク

【廃棄基準】　〔廃棄方法〕

希釈法

多量の水で希釈して処理する。

〔生成物〕 H_2O_2, $CO(NH_2)_2$

〔検定法〕滴定法

カドミウム化合物

劇物	毒物及び劇物指定令　第 2 条／22

【**毒性**】

経口摂取されたカドミウム化合物は、胃液に溶解して胃腸粘膜を強く刺激するため、悪心、嘔吐、腹痛、下痢を起こす。

【**鑑識法**】

(1)炭の上に小さな孔をつくり、無水炭酸ナトリウムの粉末とともに試料を吹管炎で熱灼すると、褐色の塊となる。

(2)水溶液（(3)～(6)も同様）は、水酸化ナトリウム溶液で白色の水酸化カドミウムを沈殿する。

(3)アンモニア水で白色の水酸化カドミウムを沈殿するが、過剰のアンモニア水に溶解して、無色のアンモニア錯塩となる。

(4)シアン化カリウムで白色のシアン化カドミウムを沈殿するが、過剰のシアン化カ

378

劇　　物

リウムに溶けて、無色のシアン化錯塩となる。

(5)フェロシアン化カリウムで白色のフェロシアン化カドミウムを沈殿する。

(6)硫化水素で黄色または橙色の硫化カドミウムを沈殿する。

劇物	酸化カドミウム
毒物及び劇物指定令 第2条／22	**Cadmium oxide** 〔別名〕酸化カドミウム（Ⅱ）

【組成・化学構造】　**分子式**　CdO

　　　　　　　　　構造式　Cd＝O

【CAS番号】　1306-19-0

【性状】　赤褐色の粉末。融点1500℃以上。昇華点1559℃。水に不溶。酸に易溶。アンモニア水、アンモニア塩類水溶液に可溶。

【用途】　安定剤原料、電気メッキ。

【応急措置基準】　(1)**漏えい時**

　　飛散した場所の周辺にはロープを張るなどして人の立入りを禁止する。作業の際には必ず保護具を着用し、風下で作業をしない。飛散したものは空容器にできるだけ回収し、そのあとを多量の水で洗い流す。

(2)**出火時**

・周辺火災の場合 ＝ 速やかに容器を安全な場所に移す。移動不可能な場合には、容器および周囲に散水して冷却する。

(3)**暴露・接触時**

①急性中毒と刺激性

・吸入した場合 ＝ 鼻、のど、気管支などを刺激し、頭痛、めまい、悪心などのカドミウム中毒を起こすことがある。

・眼に入った場合 ＝ 異物感を与え、粘膜を刺激する。

②医師の処置を受けるまでの救急方法

・吸入した場合 ＝ 鼻をかみ、うがいをさせる。

・皮膚に触れた場合 ＝ 直ちに汚染された衣服や靴などの汚れを落とした後、付着部または接触部を石けん水で洗浄し、多量の水で洗い流す。

・眼に入った場合 ＝ 直ちに多量の水で15分間以上洗い流す。

(4)**注意事項**

　　強熱すると有毒な煙霧を生成する。

(5)**保護具**

　　保護眼鏡、保護手袋、保護長靴、保護衣、防塵マスク（火災時：人工呼吸器）

【廃棄基準】　〔廃棄方法〕

劇
物

各　　論

(1)固化隔離法

セメントで固化し溶出試験を行い、溶出量が判定基準以下であること
を確認して埋立処分する。

(2)焙焼法

多量の場合には還元焙焼法により金属カドミウムとして回収する。

〈備考〉

・廃棄物の溶出試験、溶出基準は廃棄物の処理及び清掃に関する法律
　の規定に基づく。

・焙焼法を用いる場合は専門業者に処理を委託することが望ましい。

〔生成物〕（CdO＊）

　(注)　1　（　）は、生成物が化学的変化を生じていないもの。
　(注)　2　＊は、生成物が廃棄物の処理及び清掃に関する法律により規制を受けるもの。

〔検定法〕吸光光度法、原子吸光法

〔その他〕本薬物の付着した紙袋等を焼却すると酸化カドミウム（Ⅱ）の
煙霧およびガスを生成するので、洗浄装置のない焼却炉等で焼却しない。

劇物	
毒物及び劇物指定令 第2条／22	**臭化カドミウム** **Cadmium bromide**

【組成・化学構造】　**分子式**　Br_2Cd

　　　　　　　　　構造式　$Br-Cd-Br$

【CAS番号】　7789-42-6

【性状】　無水物のほか、一水和物および四水和物が知られているが、四水和物が
一般に流通している。四水和物は、無色の結晶で風解性。36℃で一水和
物に、200℃で無水物になる。融点567℃（無水物）。水に可溶（20℃で
水100 mLに98.8 g溶解）。エタノール、アセトンに可溶。

【応急措置基準】　**(1)漏えい時**

飛散した場所の周辺にはロープを張るなどして人の立入りを禁止する。
作業の際には必ず保護具を着用し、風下で作業をしない。飛散したもの
は空容器にできるだけ回収し、そのあとを水酸化カルシウム、炭酸ナト
リウム等の水溶液で処理し、多量の水で洗い流す。この場合、高濃度の
廃液が河川等に排出されないよう注意する。

(2)出火時

・周辺火災の場合＝速やかに容器を安全な場所に移す。移動不可能な場
　合には、容器および周囲に散水して冷却する。

(3)暴露・接触時

①急性中毒と刺激性

劇　物

・吸入した場合 ＝ カドミウム中毒を起こすことがある。

・皮膚に触れた場合 ＝ 刺激作用がある。

・眼に入った場合 ＝ 粘膜を刺激する。

②医師の処置を受けるまでの救急方法

・吸入した場合 ＝ 鼻をかみ、うがいをさせる。

・皮膚に触れた場合 ＝ 直ちに汚染された衣服や靴などを脱がせ、付着部または接触部を石けん水で洗浄し、多量の水で洗い流す。

・眼に入った場合 ＝ 直ちに多量の水で15分間以上洗い流す。

(4)注意事項

強熱すると酸化カドミウム（Ⅱ）の有毒な煙霧およびガスを生成する。

(5)保護具

保護眼鏡、保護手袋、保護長靴、保護衣、防塵マスク（火災時：人工呼吸器）

【廃棄基準】〔廃棄方法〕

(1)沈殿隔離法

水に溶かし、水酸化カルシウム、炭酸ナトリウム等の水溶液を加えて処理し、さらにセメントを用いて固化する。溶出試験を行い、溶出量が判定基準以下であることを確認して埋立処分する。

(2)焙焼法

多量の場合には還元焙焼法により金属カドミウムとして回収する。

〈備考〉

・中和のときはpH8.5以上とすること。これ未満のpHでは水酸化カドミウム（Ⅱ）が完全には沈殿しない。

・廃棄物の溶出試験、溶出基準は廃棄物の処理及び清掃に関する法律の規定に基づく。

・焙焼法を用いる場合は専門業者に処理を委託することが望ましい。

〔生成物〕$Cd(OH)_2$*，$CdCO_3$*

（注）　＊は、生成物が廃棄物の処理及び清掃に関する法律により規制を受けるもの。

〔検定法〕吸光光度法、原子吸光法

〔その他〕本薬物の付着した紙袋等を焼却すると酸化カドミウム（Ⅱ）の煙霧およびガスを生成するので、洗浄装置のない焼却炉等で焼却しない。

劇
物

各　　論

劇物	硝酸カドミウム
毒物及び劇物指定令 第2条／22	**Cadmium nitrate**

【組成・化学構造】　**分子式**　Cd・2HNO$_3$

構造式

Cd^{2+} $\left[\begin{array}{c} O \\ \| \\ {}^-O-N^+-O^- \end{array} \right]_2$

【CAS番号】10325-94-7（四水和化合物 10022-68-1）

【性状】無水物のほか、数種類の水和物が知られており、一般に四水和物が流通している。四水和物は、無色の結晶で潮解性。沸点132℃。融点59.4℃。360℃で無水物になる。水に易溶（20℃で水100 mLに135 g溶解）。

【用途】ガラスおよび陶磁器の着色剤、写真用のエマルジョン。

【応急措置基準】**(1)漏えい時**

　　飛散した場所の周辺にはロープを張るなどして人の立入りを禁止する。作業の際には必ず保護具を着用し、風下で作業をしない。飛散したものは空容器にできるだけ回収し、そのあとを水酸化カルシウム、炭酸ナトリウム等の水溶液で処理し、多量の水で洗い流す。この場合、高濃度の廃液が河川等に排出されないよう注意する。

(2)出火時

・周辺火災の場合＝速やかに容器を安全な場所に移す。移動不可能な場合には、容器および周囲に散水して冷却する。

(3)暴露・接触時

①急性中毒と刺激性

・吸入した場合＝カドミウム中毒を起こすことがある。

・皮膚に触れた場合＝刺激作用がある。

・眼に入った場合＝粘膜を刺激する。

②医師の処置を受けるまでの救急方法

・吸入した場合＝鼻をかみ、うがいをさせる。

・皮膚に触れた場合＝直ちに汚染された衣服や靴などを脱がせ、付着部または接触部を石けん水で洗浄し、多量の水で洗い流す。

・眼に入った場合＝直ちに多量の水で15分間以上洗い流す。

(4)注意事項

　　強熱すると酸化カドミウム（Ⅱ）の有毒な煙霧およびガスを生成する。可燃物と混合しないように注意する。

(5)保護具

　　保護眼鏡、保護手袋、保護長靴、保護衣、防塵マスク（火災時：人工

劇　物

呼吸器）

【廃棄基準】〔廃棄方法〕

(1)**沈殿隔離法**

　水に溶かし、水酸化カルシウム、炭酸ナトリウム等の水溶液を加えて処理し、さらにセメントを用いて固化する。溶出試験を行い、溶出量が判定基準以下であることを確認して埋立処分する。

(2)**焙焼法**

　多量の場合には還元焙焼法により金属カドミウムとして回収する。

　〈備考〉

　・中和のときは pH8.5 以上とすること。これ未満の pH では水酸化カドミウム（Ⅱ）が完全には沈殿しない。

　・廃棄物の溶出試験、溶出基準は廃棄物の処理及び清掃に関する法律の規定に基づく。

　・焙焼法を用いる場合は専門業者に処理を委託することが望ましい。

〔生成物〕Cd(OH)$_2$*，CdCO$_3$*

　(注)　*は、生成物が廃棄物の処理及び清掃に関する法律により規制を受けるもの。

〔検定法〕吸光光度法、原子吸光法

〔その他〕本薬物の付着した紙袋等を焼却すると酸化カドミウム（Ⅱ）の煙霧およびガスを生成するので、洗浄装置のない焼却炉等で焼却しない。

劇　物	
毒物及び劇物指定令 第 2 条／22	**炭酸カドミウム** Cadmium carbonate

【組成・化学構造】　**分子式**　CCdO$_3$

　　　　　　　　　構造式

$$Cd^{2+} \begin{bmatrix} \ ^-O \\ \quad\ \ \ C=O \\ \ ^-O \end{bmatrix}$$

【CAS番号】513-78-0

【性状】無水結晶または白色粉末。357℃で分解して、酸化カドミウムになる。水に不溶。希酸に易溶。アンモニウム塩水溶液に可溶。

【用途】ガラスおよび陶磁器の着色剤、写真用のエマルジョン。

【応急措置基準】(1)**漏えい時**

　飛散した場所の周辺にはロープを張るなどして人の立入りを禁止する。作業の際には必ず保護具を着用し、風下で作業をしない。飛散したものは空容器にできるだけ回収し、そのあとを多量の水で洗い流す。

(2)**出火時**

・周辺火災の場合 ＝ 速やかに容器を安全な場所に移す。移動が不可能な

各　論

場合には、容器および周囲に散水して冷却する。

(3)暴露・接触時

①急性中毒と刺激性

・吸入した場合 ＝ カドミウム中毒を起こすことがある。

・眼に入った場合 ＝ 異物感を与え、粘膜を刺激する。

②医師の処置を受けるまでの救急方法

・吸入した場合 ＝ 鼻をかみ、うがいをさせる。

・皮膚に触れた場合 ＝ 直ちに汚染された衣服や靴などの汚れを落とした後、付着部または接触部を石けん水で洗浄し、多量の水で洗い流す。

・眼に入った場合 ＝ 直ちに多量の水で15分間以上洗い流す。

(4)注意事項

強熱すると有毒な酸化カドミウム（Ⅱ）の煙霧を生成する。

(5)保護具

保護眼鏡、保護手袋、保護長靴、保護衣、防塵マスク（火災時：人工呼吸器）

【廃棄基準】〔廃棄方法〕

(1)固化隔離法

セメントで固化し溶出試験を行い、溶出量が判定基準以下であることを確認して埋立処分する。

(2)焙焼法

多量の場合には還元焙焼法により金属カドミウムとして回収する。

〈備考〉

・廃棄物の溶出試験、溶出基準は廃棄物の処理及び清掃に関する法律に基づく規定による。

・焙焼法を用いる場合は専門業者に処理を委託することが望ましい。

〔生成物〕（$CdCO_3$*）

(注) 1　（ ）は、生成物が化学的変化を生じていないもの。

(注) 2　*は、生成物が廃棄物の処理及び清掃に関する法律により規制を受けるもの。

〔検定法〕吸光光度法、原子吸光法

〔その他〕本薬物の付着した紙袋等を焼却すると酸化カドミウム（Ⅱ）の煙霧およびガスを生成するので、洗浄装置のない焼却炉等で焼却しない。

384

劇　　　物

劇物	水酸化カドミウム
毒物及び劇物指定令 第 2 条／22	Cadmium hydroxide

【組成・化学構造】　**分子式**　CdH_2O_2

　構造式　HO－Cd－OH

【CAS 番号】　21041-95-2

【性状】　無水結晶または白色粉末。300℃で分解して、酸化カドミウムになる。水に不溶（25℃で水 100 mL に 2.6×10^{-4} g 溶解）。酸、アンモニウム塩水溶液に可溶。

【応急措置基準】　**(1)漏えい時**

　　飛散した場所の周辺にはロープを張るなどして人の立入りを禁止する。作業の際には必ず保護具を着用し、風下で作業をしない。飛散したものは空容器にできるだけ回収し、そのあとを多量の水で洗い流す。

(2)出火時

・周辺火災の場合 ＝ 速やかに容器を安全な場所に移す。移動不可能な場合には、容器および周囲に散水して冷却する。

(3)暴露・接触時

　①急性中毒と刺激性

　・吸入した場合 ＝ カドミウム中毒を起こすことがある。

　・眼に入った場合 ＝ 異物感を与え、粘膜を刺激する。

　②医師の処置を受けるまでの救急方法

　・吸入した場合 ＝ 鼻をかみ、うがいをさせる。

　・皮膚に触れた場合 ＝ 直ちに汚染された衣服や靴などの汚れを落とした後、付着部または接触部を石けん水で洗浄し、多量の水で洗い流す。

　・眼に入った場合 ＝ 直ちに多量の水で 15 分間以上洗い流す。

(4)注意事項

　　強熱すると有毒な酸化カドミウム（Ⅱ）の煙霧を生成する。

(5)保護具

　　保護眼鏡、保護手袋、保護長靴、保護衣、防塵マスク（火災時：人工呼吸器）

【廃棄基準】　〔廃棄方法〕

(1)固化隔離法

　　セメントで固化し溶出試験を行い、溶出量が判定基準以下であることを確認して埋立処分する。

(2)焙焼法

劇
物

385

各　　論

多量の場合には還元焙焼法により金属カドミウムとして回収する。

〈備考〉

・廃棄物の溶出試験、溶出基準は廃棄物の処理及び清掃に関する法律の規定に基づく。

・焙焼法を用いる場合は専門業者に処理を委託することが望ましい。

〔生成物〕(Cd(OH)$_2$*)

(注) 1　（　）は、生成物が化学的変化を生じていないもの。
(注) 2　＊は、生成物が廃棄物の処理及び清掃に関する法律により規制を受けるもの。

〔検定法〕吸光光度法、原子吸光法

〔その他〕本薬物の付着した紙袋等を焼却すると酸化カドミウム（Ⅱ）の煙霧およびガスを生成するので、洗浄装置のない焼却炉等で焼却しない。

劇物	ステアリン酸カドミウム
毒物及び劇物指定令 第2条／22	Cadmium stearate

【組成・化学構造】　分子式　$C_{18}H_{36}O_2 \cdot 1/2Cd$

構造式

$$Cd^{2+} \left[-O-\overset{\overset{O}{\|}}{C}-(CH_2)_{16}-CH_3 \right]_2$$

【CAS番号】2223-93-0

【性状】白色粉末。融点103～110℃。水に難溶。

【応急措置基準】(1)漏えい時

　飛散した場所の周辺にはロープを張るなどして人の立入りを禁止する。作業の際には必ず保護具を着用し、風下で作業をしない。飛散したものは空容器にできるだけ回収し、そのあとを中性洗剤等の分散剤を使用して多量の水で洗い流す。

(2)出火時

・周辺火災の場合＝速やかに容器を安全な場所に移す。移動不可能な場合には、容器および周囲に散水して冷却する。

・着火した場合＝必ず保護具を着用し、多量の水を用いて消火する。

・消火剤＝水

(3)暴露・接触時

①急性中毒と刺激性

・吸入した場合＝カドミウム中毒を起こすことがある。

・眼に入った場合＝異物感を与え、粘膜を刺激する。

②医師の処置を受けるまでの救急方法

・吸入した場合＝鼻をかみ、うがいをさせる。

劇　物

・皮膚に触れた場合 ＝ 直ちに汚染された衣服や靴などを脱がせ、付着
　部または接触部を石けん水で洗浄し、多量の水で洗い流す。
・眼に入った場合 ＝ 直ちに多量の水で 15 分間以上洗い流す。

(4)注意事項

①火災時など加熱されると熔融して流れ出し、さらに強熱すると燃焼
し酸化カドミウム（Ⅱ）の有毒な煙霧を生成する。

②皮膚に触れた場合そのまま放置すると、口、鼻などより吸入するこ
とがある。

(5)保護具

保護眼鏡、保護手袋、保護長靴、保護衣、防塵マスク（火災時：人工
呼吸器）

【廃棄基準】〔廃棄方法〕

(1)固化隔離法

セメントを用いて固化し、溶出試験を行い、溶出量が判定基準以下で
あることを確認して埋立処分する。

(2)焙焼法

多量の場合には還元焙焼法により金属カドミウムとして回収する。

〈備考〉

・有機酸カドミウム化合物は水に混ざりにくいので、作業の際には分
　散剤（中性洗剤等）を使用して水と混合する必要がある。

・廃棄物の溶出試験、溶出基準は廃棄物の処理及び清掃に関する法律
　の規定に基づく。

・焙焼法を用いる場合は専門業者に処理を委託することが望ましい。

〔生成物〕（$Cd(C_{17}H_{35}COO)_2$*）

(注) 1 （ ）は、生成物が化学的変化を生じていないもの。
(注) 2 ＊は、生成物が廃棄物の処理及び清掃に関する法律により規制を受けるもの。

〔検定法〕吸光光度法、原子吸光法
〔その他〕本薬物の付着した紙袋等を焼却すると酸化カドミウム（Ⅱ）の
煙霧を生成するので、洗浄装置のない焼却炉等で焼却しない。

劇
物

387

各　　論

劇物
毒物及び劇物指定令 第2条／22

ラウリン酸カドミウム
Cadmium laurate

【組成・化学構造】 **分子式** $C_{12}H_{24}O_2 \cdot 1/2Cd$

構造式

$$Cd^{2+} \left[\begin{array}{c} O \\ \| \\ \text{-O-C-(CH}_2)_{10}\text{-CH}_3 \end{array} \right]_2$$

【CAS番号】 2605-44-9

【性状】 白色粉末。融点 94 ～ 102℃。水に難溶。

【応急措置基準】 **(1)漏えい時**

　　飛散した場所の周辺にはロープを張るなどして人の立入りを禁止する。作業の際には必ず保護具を着用し、風下で作業をしない。飛散したものは空容器にできるだけ回収し、そのあとを中性洗剤等の分散剤を使用して多量の水で洗い流す。

(2)出火時

・周辺火災の場合 ＝ 速やかに容器を安全な場所に移す。移動不可能な場合には、容器および周囲に散水して冷却する。

・着火した場合 ＝ 必ず保護具を着用し、多量の水で消火する。

・消火剤 ＝ 水

(3)暴露・接触時

　①急性中毒と刺激性

・吸入した場合 ＝ カドミウム中毒を起こすことがある。

・眼に入った場合 ＝ 異物感を与え、粘膜を刺激する。

　②医師の処置を受けるまでの救急方法

・吸入した場合 ＝ 鼻をかみ、うがいをさせる。

・皮膚に触れた場合 ＝ 直ちに汚染された衣服や靴などを脱がせ、付着部または接触部を石けん水で洗浄し、多量の水で洗い流す。

・眼に入った場合 ＝ 直ちに多量の水で15分間以上洗い流す。

(4)注意事項

　①火災時など加熱されると熔融して流れ出し、さらに強熱すると燃焼し酸化カドミウム（Ⅱ）の有毒な煙霧を生成する。

　②皮膚に触れた場合そのまま放置すると、口、鼻などより吸入することがある。

(5)保護具

　保護眼鏡、保護手袋、保護長靴、保護衣、防塵マスク（火災時：人工呼吸器）

388

劇　物

【廃棄基準】〔廃棄方法〕

(1)固化隔離法

　　セメントを用いて固化し、溶出試験を行い、溶出量が判定基準以下であることを確認して埋立処分する。

(2)焙焼法

　　多量の場合には還元焙焼法により金属カドミウムとして回収する。

　　〈備考〉

　　・有機酸カドミウム化合物は水に混ざりにくいので、作業の際には分散剤（中性洗剤等）を使用して水と混合する必要がある。

　　・廃棄物の溶出試験、溶出基準は廃棄物の処理及び清掃に関する法律の規定に基づく。

　　・焙焼法を用いる場合は専門業者に処理を委託することが望ましい。

　〔生成物〕$(Cd(C_{11}H_{23}COO)_2{}^*)$

　　(注) 1 （ ）は、生成物が化学的変化を生じていないもの。

　　(注) 2 ＊は、生成物が廃棄物の処理及び清掃に関する法律により規制を受けるもの。

〔検定法〕吸光光度法、原子吸光法

〔その他〕本薬物の付着した紙袋等を焼却すると酸化カドミウム（Ⅱ）の煙霧を生成するので、洗浄装置のない焼却炉等で焼却しない。

劇物	
毒物及び劇物指定令 第2条／22	**酢酸カドミウム** Cadmium acetate

【組成・化学構造】 **分子式**　$C_2H_4O_2\cdot1/2Cd$

　　　　　　　　 構造式

$$Cd^{2+}\left[\begin{array}{c}O\\ \|\\ C-CH_3\\ \|\\ O\end{array}\right]_2$$

【CAS番号】543-90-8

【性状】無色の結晶。冷水に易溶、メタノールに可溶。

【用途】試薬。

劇物	
毒物及び劇物指定令 第2条／22	**硫酸カドミウム** Cadmium sulfate

【組成・化学構造】 **分子式**　$Cd\cdot H_2O_4S$

　　　　　　　　 構造式

$$Cd^{2+}\left[\begin{array}{c}O\ \ \ O\\ \diagdown S \diagup\\ \diagup \ \diagdown\\ O\ \ \ O\end{array}\right]$$

各　　論

【CAS 番号】10124-36-4（八水和化合物 7790-84-3）

【性状】無水物のほか、数種類の水和物が知られている。八・三水和物が一般的に流通している。八・三水和物は、無色の結晶で風解性。融点 1000℃。41.5℃で一水和物に、108℃で無水物になる。水に可溶（20℃で水 100 mL に 76.4 g 溶解）。

【用途】試薬。

【毒性】無水塩において、LD_{50} ＝ マウス腹腔内：69 mg/kg。

【応急措置基準】**(1)漏えい時**

　　飛散した場所の周辺にはロープを張るなどして人の立入りを禁止する。作業の際には必ず保護具を着用し、風下で作業をしない。飛散したものは空容器にできるだけ回収し、そのあとを水酸化カルシウム、炭酸ナトリウム等の水溶液で処理し、多量の水で洗い流す。この場合、高濃度の廃液が河川等に排出されないよう注意する。

(2)出火時

・周辺火災の場合 ＝ 速やかに容器を安全な場所に移す。移動不可能な場合には、容器および周囲に散水して冷却する。

(3)暴露・接触時

　①急性中毒と刺激性

　・吸入した場合 ＝ カドミウム中毒を起こすことがある。

　・皮膚に触れた場合 ＝ 刺激作用がある。

　・眼に入った場合 ＝ 粘膜を刺激する。

　②医師の処置を受けるまでの救急方法

　・吸入した場合 ＝ 鼻をかみ、うがいをさせる。

　・皮膚に触れた場合 ＝ 直ちに汚染された衣服や靴などを脱がせ、付着部または接触部を石けん水で洗浄し、多量の水で洗い流す。

　・眼に入った場合 ＝ 直ちに多量の水で 15 分間以上洗い流す。

(4)注意事項

　　強熱すると酸化カドミウム（Ⅱ）の有毒な煙霧およびガスを生成する。

(5)保護具

　　保護眼鏡、保護手袋、保護長靴、保護衣、防塵マスク（火災時：人工呼吸器）

【廃棄基準】〔廃棄方法〕

(1)沈殿隔離法

　　水に溶かし、水酸化カルシウム、炭酸ナトリウム等の水溶液を加えて処理し、さらにセメントを用いて固化する。溶出試験を行い、溶出量が判定基準以下であることを確認して埋立処分する。

(2)焙焼法

劇　物

多量の場合には還元焙焼法により金属カドミウムとして回収する。

〈備考〉

・中和のときは pH8.5 以上とすること。これ未満の pH では水酸化カドミウム（Ⅱ）が完全には沈殿しない。

・廃棄物の溶出試験、溶出基準は廃棄物の処理及び清掃に関する法律の規定に基づく。

・焙焼法を用いる場合は専門業者に処理を委託することが望ましい。

〔生成物〕 $Cd(OH)_2$*，$CdCO_3$*

（注）　＊は、生成物が廃棄物の処理及び清掃に関する法律により規制を受けるもの。

〔検定法〕 吸光光度法、原子吸光法

〔その他〕 本薬物の付着した紙袋等を焼却すると酸化カドミウム（Ⅱ）の煙霧およびガスを生成するので、洗浄装置のない焼却炉等で焼却しない。

劇物	塩化カドミウム
毒物及び劇物指定令 第 2 条／22	Cadmium chloride

【組成・化学構造】　**分子式**　$CdCl_2$

　　　　　　　　構造式　$Cl-Cd-Cl$

【CAS 番号】　10108-64-2（二・五水和化合物 7790-78-5）

【性状】　無水物のほか、一水和物および二・五水和物が知られており、一般に二・五水和物が流通している。二・五水和物は、無色の結晶で風解性。34℃で 1 分子の結晶水を失い、120℃で無水物になる。融点 568℃（無水物）。水に易溶（20℃で水 100 mL に 113 g 溶解）。メタノールに可溶。

【用途】　工業用の顔料ほか、試薬。

【毒性】　原体の LD_{50} ＝ ラット経口：88 mg/kg。

【応急措置基準】　**(1)漏えい時**

　　飛散した場所の周辺にはロープを張るなどして人の立入りを禁止する。作業の際には必ず保護具を着用し、風下で作業をしない。飛散したものは空容器にできるだけ回収し、そのあとを水酸化カルシウム、炭酸ナトリウム等の水溶液を用いて処理し、多量の水で洗い流す。この場合、高濃度の廃液が河川等に排出されないよう注意する。

(2)出火時

・周辺火災の場合 ＝ 速やかに容器を安全な場所に移す。移動不可能な場合には、容器および周囲に散水して冷却する。

(3)暴露・接触時

①急性中毒と刺激性

・吸入した場合 ＝ カドミウム中毒を起こすことがある。

391

各　　論

・皮膚に触れた場合 = 刺激作用がある。

・眼に入った場合 = 粘膜を刺激する。

②医師の処置を受けるまでの救急方法

・吸入した場合 = 鼻をかみ、うがいをさせる。

・皮膚に触れた場合 = 直ちに汚染された衣服や靴などを脱がせ、付着部または接触部を石けん水で洗浄し、多量の水で洗い流す。

・眼に入った場合 = 直ちに多量の水で 15 分間以上洗い流す。

(4)注意事項

強熱すると酸化カドミウム（II）の有毒な煙霧およびガスを生成する。

(5)保護具

保護眼鏡、保護手袋、保護長靴、保護衣、防塵マスク（火災時：人工呼吸器）

【廃棄基準】〔廃棄方法〕

(1)沈殿隔離法

水に溶かし、水酸化カルシウム、炭酸ナトリウム等の水溶液を加えて処理し、さらにセメントを用いて固化する。溶出試験を行い、溶出量が判定基準以下であることを確認して埋立処分する。

(2)焙焼法

多量の場合には還元焙焼法により金属カドミウムとして回収する。

〈備考〉

・中和のときは pH8.5 以上とすること。これ未満の pH では水酸化カドミウム（II）が完全には沈殿しない。

・廃棄物の溶出試験、溶出基準は廃棄物の処理及び清掃に関する法律の規定に基づく。

・焙焼法を用いる場合は専門業者に処理を委託することが望ましい。

〔生成物〕$Cd(OH)_2$*, $CdCO_3$*

（注）　＊は、生成物が廃棄物の処理及び清掃に関する法律により規制を受けるもの。

〔検定法〕吸光光度法、原子吸光法

〔その他〕本薬物の付着した紙袋等を焼却すると酸化カドミウム（II）の煙霧およびガスを生成するので、洗浄装置のない焼却炉等で焼却しない。

劇物	硫化カドミウム
毒物及び劇物指定令第 2 条／22	**Cadmium sulfide** 〔別名〕カドミウムエロー（無機顔料）

【組成・化学構造】　分子式　CdS

構造式　Cd＝S

【CAS 番号】1306-23-6

劇　　物

【性状】黄橙色の粉末。硫化亜鉛を含むと、色相は青黄色になる。昇華点 980℃（窒素中）。水に不溶（25℃で水 100 mL に 2.11 × 10^{-9} g 溶解）。熱硝酸、熱濃硫酸に可溶。

【用途】顔料。

【毒性】原体の LD$_{50}$ = マウス経口：1166 mg/kg。

【応急措置基準】(1)**漏えい時**

　飛散した場所の周辺にはロープを張るなどして人の立入りを禁止する。作業の際には必ず保護具を着用し、風下で作業をしない。飛散したものは空容器にできるだけ回収し、そのあとを多量の水で洗い流す。

(2)**出火時**

・周辺火災の場合 = 速やかに容器を安全な場所に移す。移動不可能な場合には、容器および周囲に散水して冷却する。

・着火した場合 = 必ず保護具を着用し、多量の水を用いて消火する。

・消火剤 = 水

(3)**暴露・接触時**

　①急性中毒と刺激性

　・吸入した場合 = カドミウム中毒を起こすことがある。

　・眼に入った場合 = 異物感を与え、粘膜を刺激する。

　②医師の処置を受けるまでの救急方法

　・吸入した場合 = 鼻をかみ、うがいをさせる。

　・皮膚に触れた場合 = 直ちに汚染された衣服や靴などの汚れを落とした後、付着部または接触部を石けん水で洗浄し、多量の水で洗い流す。

　・眼に入った場合 = 直ちに多量の水で 15 分間以上洗い流す。

(4)**注意事項**

　強熱すると酸化カドミウム（Ⅱ）の有毒な煙霧およびガスを生成する。

(5)**保護具**

　保護眼鏡、保護手袋、保護長靴、保護衣、防塵マスク（火災時：人工呼吸器）

【廃棄基準】〔廃棄方法〕

(1)**固化隔離法**

　セメントで固化し溶出試験を行い、溶出量が判定基準以下であることを確認して埋立処分する。

(2)**焙焼法**

　多量の場合には還元焙焼法により金属カドミウムとして回収する。

　〈備考〉

　・廃棄物の溶出試験、溶出基準は廃棄物の処理及び清掃に関する法律

劇
物

393

各　論

の規定に基づく。
・焙焼法を用いる場合は専門業者に処理を委託することが望ましい。
〔生成物〕（CdS*）
　（注）1　（　）は、生成物が化学的変化を生じていないもの。
　（注）2　*は、生成物が廃棄物の処理及び清掃に関する法律により規制を受けるもの。
〔検定法〕吸光光度法、原子吸光法
〔その他〕本薬物の付着した紙袋等を焼却すると酸化カドミウム（Ⅱ）の煙霧およびガスを生成するので、洗浄装置のない焼却炉等で焼却しない。

劇物 毒物及び劇物指定令 第2条／22の2	ぎ酸 Formic acid

【組成・化学構造】　**分子式**　CH_2O_2
　　　　　　　　　構造式

【CAS番号】64-18-6
【性状】無色の刺激性の強い液体。沸点100℃。融点8.4℃。水、アルコール、エーテルに可溶。引火点42℃（100%）、50℃（90%）。強い腐食性。強い還元性。
【用途】ゴム薬、塗料、農薬等の原料。染色助剤、皮なめし助剤、サイレージ調整剤。
【毒性】原体のLD_{50} ＝ マウス経口：700 mg/kg。LC_{50} ＝ ラット吸入：7400 mg/m^3（4 hr）。
【応急措置基準】(1)**漏えい時**
　風下の人を退避させ、漏えいした場所の周辺にはロープを張るなどして人の立入りを禁止する。作業の際には必ず保護具を着用し、風下で作業をしない。漏えいした液は土砂等でその流れを止め、安全な場所に導き、密閉可能な空容器にできるだけ回収し、そのあとを水酸化カルシウム等の水溶液で中和し、多量の水で洗い流す。この場合、高濃度の廃液が河川等に排出されないよう注意する。
(2)**出火時**
　消火作業の際には、必ず人工呼吸器その他の保護具を着用し、風下で作業をしない。
・周辺火災の場合 ＝ 速やかに容器を安全な場所に移す。移動不可能な場合には容器および周囲に散水して冷却する。
・着火した場合 ＝ 消火剤または多量の水で消火する。

劇　　物

・消火剤 ＝ 粉末、泡（耐アルコール泡が望ましい）、二酸化炭素、水、乾燥砂、強化液

(3)暴露・接触時

①急性中毒と刺激性

・吸入した場合 ＝ 鼻、のど、気管支などの粘膜を刺激し、炎症を起こす。重症な場合には肺水腫、呼吸困難を起こすことがある。

・皮膚に触れた場合 ＝ 皮膚を刺激し、炎症を起こす。

・眼に入った場合 ＝ 粘膜を刺激し、炎症を起こす。重症な場合には失明することがある。

②医師の処置を受けるまでの救急方法

・吸入した場合 ＝ 直ちに患者を毛布等にくるんで安静にさせ、新鮮な空気の場所に移し、鼻をかませ、うがいをさせる。呼吸が困難な場合または呼吸が停止している場合には直ちに人工呼吸を行い、心臓が停止している場合には直ちに心臓マッサージを行う。

・皮膚に触れた場合 ＝ 直ちに付着部または接触部を多量の水で洗い流した後、汚染された衣服や靴などを脱がせる。さらに付着部を石けん水で洗浄し、多量の水で洗い流す。

・眼に入った場合 ＝ 直ちに多量の水で15分間以上洗い流す。

(4)注意事項

①酸化物、過酸化物、強酸、酸無水物と接触すると発熱、発火、爆発性を有する。

②アルカリと接触すると激しく反応し、発熱する。

(5)保護具

保護眼鏡、保護手袋、保護長靴、保護衣、酸性ガス用防毒マスク（火災時：人工呼吸器）

【廃棄基準】〔廃棄方法〕

(1)燃焼法

可燃性溶剤とともにアフターバーナーおよびスクラバーを備えた焼却炉の火室に噴霧し焼却する。

(2)活性汚泥法

多量の水酸化ナトリウム水溶液に少しずつ加えて中和した後、多量の水で希釈して活性汚泥で処理する。

〈備考〉

・スクラバーの洗浄液には、水酸化ナトリウム水溶液を用いる。

・水酸化ナトリウム水溶液と急激に混合すると発熱し、酸が飛散することがあるので注意する。

〔検定法〕ガスクロマトグラフィー

劇
物

395

各　　論

〔その他〕作業の際には、必ず酸性ガス用防毒マスクその他の保護具を着用する。

劇物	キシレン
毒物及び劇物指定令 第2条／22の3	**Xylene** 〔別名〕キシロール

【組成・化学構造】　**分子式**　C_8H_{10}

構造式

【CAS番号】1330-20-7

【性状】無色透明の液体。芳香族炭化水素特有の臭い。沸点130〜150℃。水に不溶。一般には混合キシレンが多い。

【用途】溶剤、染料中間体などの有機合成原料、試薬。

【毒性】原体の LD_{50} ＝ ラット経口：4300 mg/kg。LC_{50} ＝ ラット吸入：5000 ppm（4 hr）。

吸入すると、眼、鼻、のどを刺激する。高濃度で興奮、麻酔作用あり。

【応急措置基準】〔措置〕

(1)漏えい時

　風下の人を退避させ、漏えいした場所の周辺にはロープを張るなどして人の立入りを禁止する。付近の着火源となるものを速やかに取り除く。作業の際は必ず保護具を着用し、風下で作業をしない。

・少量 ＝ 漏えいした液は、土砂等に吸着させて空容器に回収する。

・多量 ＝ 漏えいした液は、土砂等でその流れを止め、安全な場所に導き、液の表面を泡で覆いできるだけ空容器に回収する。

(2)出火時

・周辺火災の場合 ＝ 速やかに容器を安全な場所に移す。移動不可能の場合は、容器および周囲に散水して冷却する。

・着火した場合 ＝ 初期の火災には、粉末、二酸化炭素、乾燥砂等を用いる。大規模火災の際には、泡消火剤等を用いて空気を遮断することが有効である。爆発のおそれがあるときは付近の住民を退避させる。消火作業の際には必ず保護具を着用する。

・消火剤 ＝ 粉末、二酸化炭素、乾燥砂、泡

(3)暴露・接触時

　①急性中毒と刺激性

・吸入した場合＝はじめに短時間の興奮期を経て、深い麻酔状態に陥ることがある。
・皮膚に触れた場合＝皮膚を刺激し、皮膚からも吸収され、吸入した場合と同様の中毒症状を起こすことがある。
・眼に入った場合＝粘膜を刺激して炎症を起こす。

②医師の処置を受けるまでの救急方法
・吸入した場合＝直ちに患者を毛布等にくるんで安静にさせ、新鮮な空気の場所に移す。呼吸困難または呼吸停止の場合は直ちに人工呼吸を行う。
・皮膚に触れた場合＝直ちに汚染された衣服や靴を脱がせ、付着部または接触部を石けん水または多量の水で十分に洗い流す。
・眼に入った場合＝直ちに多量の水で15分間以上洗い流す。

(4) 注意事項
① 引火しやすく、また、その蒸気は空気と混合して爆発性混合ガスとなるので火気は絶対に近づけない。
② 静電気に対する対策を十分考慮する。
③ パラキシレンの凝固点は13.3℃なので冬季には固結することがある。

(5) 保護具
保護眼鏡、保護手袋、保護長靴、保護衣、有機ガス用防毒マスク

【廃棄基準】〔廃棄方法〕
(1) 燃焼法
　ア　木粉（おが屑）等に吸収させて焼却炉で焼却する。
　イ　可燃性溶剤とともに焼却炉の火室へ噴霧し焼却する。
(2) 活性汚泥法

〔検定法〕ガスクロマトグラフィー

劇物	キノリン
毒物及び劇物指定令 第2条／22の4	Quinoline 〔別名〕2,3-ベンゾピリジン

【組成・化学構造】　分子式　C_9H_7N

構造式

【CAS番号】91-22-5
【性状】無職または淡黄色の不快臭の吸湿性の液体。沸点238℃。融点−15℃。蒸気は空気より重い。熱水、アルコール、エーテル、二硫化炭素に可溶。
【用途】界面活性剤等。

各　　論

【毒性】：原体の LD_{50} ＝ ラット経口：331 mg/kg、ウサギ経皮：540 mg/kg。

劇物	カリウム
毒物及び劇物取締法 別表第二／13	**Potassium** 〔別名〕金属カリウム

【組成・化学構造】：**分子式**　K

構造式　K

【CAS番号】：7440-09-7

【性状】：金属光沢を持つ銀白色の軟らかい固体。融点 63.7℃。水と激しく反応して、水酸化カリウムと水素を生成し、反応熱により水素が発火する。反応性に富む。

【用途】：試薬。

【応急措置基準】：〔措置〕

(1)漏えい時

　事故現場の周辺にはロープを張るなどして人の立入りを禁止し禁水を標示する。作業の際には必ず保護具を着用し、風下で作業をしない。

・流動パラフィン浸漬品 ＝ 露出したカリウムは、速やかに拾い集めて灯油または流動パラフィンの入った容器に回収する。砂利、石等に付着している場合は砂利等ごと回収する。

・溶融固化品：タンク車、タンクローリー、200 L ドラム缶 ＝ 容器に穴があいた場合には、パラフィン等でカリウムの表面を覆った後、ガムテープ等で容器をシールする。パラフィン等が手近にない場合は、ガムテープ等だけで容器をシールする。さらに、それらの上を防水シート等で覆って安全な場所に移す。

(2)出火時

・周辺火災の場合 ＝ 速やかに容器を安全な場所に移す。

・着火した場合 ＝ 粉末（金属火災用）、乾燥した炭酸ナトリウムまたは乾燥砂等でカリウムが露出しないように完全に覆い消火する。消火作業の際には必ず保護具を着用する。消火後の措置は、燃焼物が完全に冷却固化したことを確認した後空容器に回収し、その上を乾燥した炭酸ナトリウム、砂等で覆い安全な場所に移す。

・消火剤 ＝ 乾燥砂、乾燥炭酸ナトリウム、粉末（金属火災用）

(3)暴露・接触時

①急性中毒と刺激性

・皮膚に触れた場合 ＝ やけど（熱傷と薬傷）を起こす。

・眼に入った場合 ＝ 粘膜に激しい炎症を起こす。

②医師の処置を受けるまでの救急方法

劇　　物

・皮膚に触れた場合 ＝ 直ちに汚染された衣服や靴を脱がせ、付着部または接触部を多量の水で十分に洗い流す。

・眼に入った場合 ＝ 直ちに多量の水で 15 分間以上洗い流す。

⑷注意事項

①燃焼すると生成した酸化カリウムが空気中で水酸化カリウムになり、皮膚、鼻、のどを刺激するので注意する。

②ナトリウムに比較して反応が激しいので取扱いに注意する。

③水、二酸化炭素、ハロゲン化炭化水素と激しく反応するので、これらと接触させない。

⑸保護具

保護眼鏡、保護手袋、保護長靴、難燃性保護衣、人工呼吸器

【廃棄基準】〔廃棄方法〕

⑴燃焼法

スクラバーを備えた焼却炉の中で乾燥した鉄製容器を用い、油または油を浸した布等を加えて点火し、鉄棒でときどき攪拌して完全に燃焼させる。残留物は放冷後、水に溶かし希硫酸等で中和する。

⑵溶解中和法

不活性ガスを通じて酸素濃度を 3% 以下にしたグローブボックス内で乾燥した鉄製容器を用い、エタノールを徐々に加えて溶かす。溶解後水を徐々に加えて加水分解し、希硫酸等で中和する。

〈備考〉

・⑴のスクラバーの洗浄液には水を用いる。

・燃焼の際発生する煙は有毒なため、皮膚に触れたり吸入しない。

・⑴における「完全に燃焼」とは燃えきって自然に火の消えた状態をいう。

・油、布等は水分のないものを用いる。

・鉱油中に分散したカリウム（いわゆるディスパーズド・ポタシウム）は少量ずつ焼却する。

・⑵のエタノールは、純度 95% 以上のものをカリウムに対して 60 倍容量以上用いる。

・⑵の溶解時発生する水素は、不活性ガスと共に流動パラフィンの液封壜を経て放出する。

・⑵の溶解操作中は保護面を必ず着用する。

〔生成物〕K_2SO_4

〔検定法〕pH メーター法

〔その他〕

ア　カリウムはナトリウムと比較してエタノールとの反応が激しいの

各　　論

で取扱いには注意する。

イ　カリウムは水、二酸化炭素、ハロゲン化炭化水素等と激しく反応するので、これらと接触させない。

【その他】〔鑑識法〕

(1)白金線に試料をつけて溶融炎で熱し、炎の色をみると青紫色となる。

(2)上記の炎は、コバルトの色ガラスをとおしてみると紅紫色となる。

〔貯法〕空気中にそのまま貯蔵することはできないので、通常石油中に貯蔵する。しかし、石油も酸素を吸収するため、長時間のうちには表面に酸化物の白い皮を生じる。水分の混入、火気を避け貯蔵する。

〔その他〕中毒というよりは爆発の危険のほうが大きく、皮膚についたときには、水酸化カリウムより強力に皮膚を腐食する（水酸化カリウムの項 542 ページおよび水酸化ナトリウムの項 558 ページ参照）。

劇物	カリウムナトリウム合金
毒物及び劇物取締法 別表第二／14	**Alloy of potassium and sodium** 〔別名〕ナック

【組成・化学構造】ナトリウム 22％、カリウム 78％、またはナトリウム 56％、カリウム 44％

分子式　KNa

構造式　Na　K

【CAS 番号】11135-81-2

【性状】沸点 784℃。融点 −11℃。ナトリウム、カリウムと同様の性質を有する。

【用途】原子炉の冷却用。

【毒性】カリウムおよびナトリウムはそれ自体も劇物であり、合金となっても、単独のときと同様の生理作用を有する。すなわち、皮膚についたときは強い腐食作用を呈する。

【応急措置基準】〔措置〕

(1)漏えい時

漏えいした場所の周辺にはロープを張るなどして人の立入りを禁止し禁水を標示する。作業の際には必ず保護具を着用し、風下で作業をしない。漏えいした液は、速やかに乾燥した砂等に吸着させて、灯油または流動パラフィンの入った容器に回収する。汚染された場所の土砂等も同様に回収する。この際発火の可能性が高いので周囲の水、可燃物は速やかに取り除く。

(2)出火時

・周辺火災の場合 ＝ 速やかに容器を安全な場所に移す。

・着火した場合 ＝ 粉末（金属火災用）、乾燥した炭酸ナトリウムまたは砂などでカリウムナトリウム合金が露出しないよう完全に覆い消火す

400

る。作業の際には必ず保護具を着用する。消火後の措置は、燃焼物が完全に冷却したことを確認した後空容器に回収し、その上を乾燥した炭酸ナトリウム、砂等で覆い安全な場所に移す。

・消火剤 = 乾燥砂、乾燥炭酸ナトリウム、膨張ひる石（バーミキュライト）、粉末（金属火災用）

(3)暴露・接触時

①急性中毒と刺激性

・皮膚に触れた場合 = やけど（熱傷と薬傷）を起こす。

・眼に入った場合 = 粘膜に激しい炎症を起こす。

②医師の処置を受けるまでの救急方法

・皮膚に触れた場合 = 直ちに汚染された衣服や靴を脱がせ、付着部または接触部を乾燥した柔らかい布等でふきとった後、多量の水で十分に洗い流す。特に発汗時は、少量でも発火するので直ちに多量の水で十分に洗い流す。

・眼に入った場合 = 直ちに多量の水で 15 分間以上洗い流す。

(4)注意事項

①燃焼すると生成した酸化カリウム、酸化ナトリウムが空気中で水酸化カリウム、水酸化ナトリウムとなり、皮膚、鼻、のどを刺激する。

②カリウムナトリウム合金は液体であり、カリウムおよびナトリウムと比較して、水、二酸化炭素、ハロゲン化炭化水素等とより激しく反応するので、これらと接触させない。

③保管に際しては、十分に乾燥した鋼製容器に収め、アルゴンガス（微量の酸素も除いておくこと）を封入し密栓する。

(5)保護具

保護眼鏡、保護手袋、保護長靴、難燃性保護衣、人工呼吸器

【廃棄基準】〔廃棄方法〕

燃焼法

スクラバーを備えた焼却炉の中で、あらかじめ流動パラフィンを入れた乾燥した鉄製容器を用い、油または油を浸した布等を加えて点火し、鉄棒でときどき攪拌して完全に燃焼させる。残留物は放冷後水に溶かし希硫酸等で中和する。

〈備考〉

・スクラバーの洗浄液には水を用いる。

・燃焼の際発生する煙は有毒であるため、皮膚に触れたり吸入したりしない。

・「完全に燃焼」とは燃えきって自然に火の消えた状態をいう。

・流動パラフィン、油、布等は水分のないものを用いる。

各　　論

　　　　　・流動パラフィンはカリウムナトリウム合金に対して3倍容量以上用
　　　　　　いる。
　　〔生成物〕K$_2$SO$_4$，Na$_2$SO$_4$
　　〔検定法〕pH メーター法
　　〔その他〕
　　　ア　カリウムナトリウム合金は液体であり、カリウムおよびナトリウ
　　　　　ムと比較して、水、二酸化炭素、ハロゲン化炭化水素等とより激し
　　　　　く反応するので、これらと接触させない。
　　　イ　保管に際しては、十分に乾燥した鋼製容器に収め、アルゴンガス
　　　　　（微量の酸素も除いておくこと）を封入し、密栓する。

無機金塩類

劇物	毒物及び劇物指定令　第2条／23

　金化合物は末梢血管に作用し、麻痺させる。軽症では、口の中がはれたり、尿のタンパク量が増える。血が混じった便をしたり、血圧が低くなり、重症化すると腎臓、肺臓、肝臓に出血をすることがある。

【鑑識法】
　(1)炭の上に小さな孔をつくり、脱水炭酸塩の粉末とともに試料を吹管炎で熱灼すると、黄色の粒をつくる。
　(2)水溶液は（以下同じ）水酸化ナトリウム水溶液で、赤褐色の水酸化第二金を沈殿するが、過剰の水酸化ナトリウムで溶性メタ金酸塩をつくって溶ける。
　(3)塩化錫の強酸性液で、コロイド状の金が生成し、紫色を呈する。
　(4)硫酸鉄（Ⅱ）を加えて加温すると金属金を析出する。

劇物	塩化金酸
毒物及び劇物指定令 第2条／23	**Aurichloric acid** 〔別名〕塩化金、テトラクロロ金（Ⅲ）酸

【組成・化学構造】　**分子式**　AuCl$_4$・H

　構造式

$$\begin{array}{c}
Cl \diagdown \quad \diagup Cl \\
Au-H \\
Cl \diagup \quad \diagdown Cl
\end{array}$$

【CAS 番号】16903-35-8

【性状】　淡黄色の結晶。水、アルコール、エーテルに可溶。空気中の水分を吸い、べとべとになる（強い潮解性）。腐食性。加熱すると塩化水素を失って塩化金（Ⅲ）になる。

402

劇　物

【用途】写真用、試薬。

【応急措置基準】〔措置〕

(1)漏えい時

　飛散した場所の周辺にはロープを張るなどして人の立入りを禁止する。作業の際には必ず保護具を着用し、風下で作業をしない。飛散したものは空容器にできるだけ回収し、炭酸ナトリウム、水酸化カルシウム等の水溶液を用いて処理し、そのあとを多量の水で洗い流す。

(2)出火時

・周辺火災の場合 ＝ 速やかに容器を安全な場所に移す。移動不可能な場合には、容器および周囲に散水して冷却する。

(3)暴露・接触時

　①急性中毒と刺激性

　・吸入した場合 ＝ 鼻、のど、気管支の粘膜を刺激する。

　・皮膚に触れた場合 ＝ 皮膚を刺激する。

　・眼に入った場合 ＝ 粘膜を激しく刺激する。

　②医師の処置を受けるまでの救急方法

　・吸入した場合 ＝ 鼻をかみ、うがいをさせる。

　・皮膚に触れた場合 ＝ 直ちに汚染された衣服や靴などを脱がせ、付着部または接触部を石けん水で洗浄し、多量の水で洗い流す。

　・眼に入った場合 ＝ 直ちに多量の水で15分間以上洗い流す。

(4)注意事項

　①皮膚に触れた場合、そのままに放置すると皮膚に赤色の斑点を残す。

　②強熱すると酸化金（Ⅲ）の有毒な煙霧を生成する。

(5)保護具

　保護眼鏡、保護手袋、保護長靴、保護衣、防塵マスク（火災時：人工呼吸器）

【廃棄基準】〔廃棄方法〕

沈殿法

　水に溶かし水酸化ナトリウム、炭酸ナトリウム等の水溶液で沈殿分解する。

〔生成物〕Au_2O, $AuOH$

〔検定法〕沈殿滴定法、原子吸光法

各　論

劇物	金塩化カリウム
毒物及び劇物指定令 第2条／23	Potassium chloroaurate

【組成・化学構造】　**分子式**　$AuCl_4 \cdot K$

　　　　　　　　　構造式

$$K^+ \left[\begin{array}{cc} Cl & Cl \\ & Au \\ Cl & Cl \end{array} \right]^-$$

【CAS番号】：13682-61-6

　【性状】：淡黄色の結晶。水、酸、アルコールに可溶。

　【用途】：写真用。

劇物	金塩化ナトリウム
毒物及び劇物指定令 第2条／23	Sodium chloroaurate

【組成・化学構造】　**分子式**　$AuCl_4 \cdot Na$

　　　　　　　　　構造式

$$Na^+ \left[\begin{array}{cc} Cl & Cl \\ & Au \\ Cl & Cl \end{array} \right]^-$$

【CAS番号】：15189-51-2

　【性状】：黄色の結晶。水、無水アルコールに可溶。

　【用途】：写真用。

劇物	塩化第二金
毒物及び劇物指定令 第2条／23	Auric chloride 〔別名〕塩化金（Ⅲ）

【組成・化学構造】　**分子式**　$AuCl_3$

　　　　　　　　　構造式

$$Cl \diagdown \underset{\underset{Cl}{|}}{Au} \diagup Cl$$

【CAS番号】：13453-07-1

　【性状】：紅色または暗赤色の結晶。昇華点200℃（塩素気流中）。加熱により塩素を放出し塩化金（Ⅰ）となる。二水和物は橙色結晶で、68℃で結晶水を放出し無水物になる。水に可溶（水100 mLに68.1 g溶解）。エタノール、エーテル、希塩酸に可溶。潮解性。腐食性。加熱により塩素を放出し塩化金（Ⅰ）となる。二水和物は橙色結晶で、68℃で結晶水を放出し無水物になる。

劇　物

【用途】鍍金用、写真用、金粉原料。

【応急措置基準】〔措置〕

(1)漏えい時

　飛散した場所の周辺にはロープを張るなどして人の立入りを禁止する。作業の際には必ず保護具を着用し、風下で作業をしない。飛散したものは空容器にできるだけ回収し、炭酸ナトリウム、水酸化カルシウム等の水溶液を用いて処理し、そのあと食塩水を用いて塩化金とし、多量の水で洗い流す。

(2)出火時

・周辺火災の場合 ＝ 速やかに容器を安全な場所に移す。移動不可能な場合には、容器および周囲に散水して冷却する。

(3)暴露・接触時

　①急性中毒と刺激性

　・吸入した場合 ＝ 鼻、のど、気管支の粘膜を刺激する。

　・皮膚に触れた場合 ＝ 皮膚を刺激する。

　・眼に入った場合 ＝ 粘膜を刺激する。

　②医師の処置を受けるまでの救急方法

　・吸入した場合 ＝ 鼻をかみ、うがいをさせる。

　・皮膚に触れた場合 ＝ 直ちに汚染された衣服や靴などを脱がせ、付着部または接触部を石けん水で洗浄し、多量の水で洗い流す。

　・眼に入った場合 ＝ 直ちに多量の水で15分間以上洗い流す。

(4)注意事項

　①皮膚に触れた場合、そのままに放置すると皮膚に赤色の斑点を残す。

　②強熱すると有毒な酸化金（Ⅲ）の煙霧およびガスを生成する。

(5)保護具

　保護眼鏡、保護手袋、保護長靴、保護衣、防塵マスク（火災時：人工呼吸器）

【廃棄基準】〔廃棄方法〕

沈殿法

　水に溶かし水酸化ナトリウム、炭酸ナトリウム等の水溶液で沈殿分解する。

〔生成物〕Au_2O, $AuOH$

〔検定法〕沈殿滴定法、原子吸光法

劇
物

各　論

無機銀塩類

劇物	毒物及び劇物指定令　第2条／24

　銀の化合物は、身体に触れると激しい腐食性を示すが、その部分で水に不溶の化合物をつくり、中に浸透しないため毒性は少ない。このため胃、腸から吸収されることはあまりない。

【毒性】

　嘔吐、胃痛、下痢。重症になるとめまい、痙攣を起こす。慢性になると、その部分に銀が沈着することがある。

【鑑識法】

(1)炭の上に小さな孔をつくり、無水炭酸ナトリウムの粉末とともに試料を吹管炎で熱灼すると、白色の粒状となる。これは硝酸に溶ける。

(2)水溶液（以下同じ）は水酸化ナトリウム溶液で、褐色の酸化銀を沈殿する。

(3)アンモニア水で褐色の酸化銀を沈殿するが、過剰のアンモニア水で溶性のアンモニア錯塩をつくって溶ける。

(4)塩酸で白色、無定形の塩化銀を沈殿する。

(5)クロム酸カリウムで赤褐色のクロム酸銀を沈殿する。

(6)硫化水素、硫化アンモニウム、硫化ナトリウムで黒色の硫化銀を沈殿する。これらは濃硝酸によく溶ける。

劇物	硝酸銀
毒物及び劇物指定令 第2条／24	**Silver nitrate**

【組成・化学構造】 **分子式**　$AgNO_3$

構造式

$$Ag+ \left[\begin{array}{c} O \\ \| \\ {}^-O{-}N^+{-}O^- \end{array} \right]$$

【CAS番号】 7761-88-8

【性状】 無色透明の結晶。転移点160℃。融点212℃。分解点444℃。水に易溶（0℃で水100 mLに121 g溶解）。アセトン、グリセリンに可溶。光によって分解して黒変する。強力な酸化剤であり、また腐食性がある。

【用途】 工業用の銀塩原料、鍍金、写真用ほか、試薬、医薬用。

【毒性】 LD_{50} ＝ マウス経口：50 mg/kg、マウス腹腔内：17 mg/kg。

【応急措置基準】 〔措置〕

(1)漏えい時

　飛散した場所の周辺にはロープを張るなどして人の立入りを禁止する。

劇　物

作業の際には必ず保護具を着用し、風下で作業をしない。飛散したもの
は空容器にできるだけ回収し、そのあと食塩水を用いて塩化銀とし、多
量の水で洗い流す。この場合、高濃度の廃液が河川等に排出されないよ
う注意する。

(2)**出火時**
・周辺火災の場合 = 速やかに容器を安全な場所に移す。移動不可能な場
　合には、容器および周囲に散水して冷却する。

(3)**暴露・接触時**
　①急性中毒と刺激性
　・吸入した場合 = 鼻、のど、気管支の粘膜を刺激し、粘膜を腐食する。
　・皮膚に触れた場合 = 皮膚を刺激し、皮膚を腐食する。
　・眼に入った場合 = 粘膜を刺激する。
　②医師の処置を受けるまでの救急方法
　・吸入した場合 = 鼻をかみ、うがいをさせる。
　・皮膚に触れた場合 = 直ちに汚染された衣服や靴などを脱がせ、付着
　　部または接触部を石けん水で洗浄し、多量の水で洗い流す。
　・眼に入った場合 = 直ちに薄い食塩水で洗浄した後、多量の水で15
　　分間以上洗い流す。

(4)**注意事項**
　①可燃物と混合しないように注意する。
　②強熱すると有毒な酸化銀（Ⅱ）の煙霧および気体を生成する。

(5)**保護具**
　保護眼鏡、保護手袋、保護長靴、保護衣、防塵マスク（火災時：人工
呼吸器）

【廃棄基準】〔廃棄方法〕
(1)**沈殿法**
　水に溶かし、食塩水を加えて塩化銀を沈殿濾過する。

(2)**焙焼法**
　還元焙焼法により金属銀として回収する。
　〈備考〉焙焼法を行う場合には処理を専門業者に委託することが望まし
　い。

〔生成物〕AgCl, Ag
〔検定法〕沈殿滴定法、原子吸光法

【その他】〔鑑識法〕水に溶かして塩酸を加えると、白色の塩化銀を沈殿する。その
液に硫酸と銅粉を加えて熱すると、赤褐色の蒸気を生成する。

劇
物

407

各　　論

劇物	
毒物及び劇物指定令 第2条／24	**クロム酸銀** **Silver chromate**

【組成・化学構造】　**分子式**　Ag_2CrO_4

構造式

$2Ag^+ \begin{bmatrix} {}^-O & & O \\ & Cr & \\ {}^-O & & O \end{bmatrix}$

【CAS番号】　7784-01-2

【性状】　赤褐色の粉末。水に難溶。

【用途】　試薬。

劇物	
毒物及び劇物指定令 第2条／24	**亜硝酸銀** **Silver nitrite**

【組成・化学構造】　**分子式**　$AgNO_2$

構造式

$Ag^+ \begin{bmatrix} {}^-O_{\diagdown N} {}^{\diagup O} \end{bmatrix}$

【CAS番号】　7783-99-5

【性状】　無色または黄色の結晶性の粉末。水に難溶。

【用途】　試薬。

劇物	
毒物及び劇物指定令 第2条／24	**硫酸銀** **Silver sulfate**

【組成・化学構造】　**分子式**　Ag_2SO_4

構造式

$2Ag^+ \begin{bmatrix} {}^-O & & O \\ & S & \\ {}^-O & & O \end{bmatrix}$

【CAS番号】　10294-26-5

【性状】　無色結晶または白色粉末。融点652℃、分解点1085℃。水に難溶（20℃で水100 mLに0.8 g溶解）。アンモニア水、硫酸、硝酸に可溶。光により分解して黒変する。

【用途】　一般分析用。

【応急措置基準】　〔措置〕

(1)漏えい時

飛散した場所の周辺にはロープを張るなどして人の立入りを禁止する。

作業の際には必ず保護具を着用し、風下で作業をしない。飛散したものは空容器にできるだけ回収し、そのあと食塩水を用いて塩化銀とし、多量の水で洗い流す。

(2)出火時

・周辺火災の場合 ＝ 速やかに容器を安全な場所に移す。移動不可能な場合には、容器および周囲に散水して冷却する。

(3)暴露・接触時

①急性中毒と刺激性

・吸入した場合 ＝ 鼻、のど、気管支の粘膜を刺激する。

・皮膚に触れた場合 ＝ 皮膚を刺激する。

・眼に入った場合 ＝ 粘膜を刺激する。

②医師の処置を受けるまでの救急方法

・吸入した場合 ＝ 鼻をかみ、うがいをさせる。

・皮膚に触れた場合 ＝ 直ちに汚染された衣服や靴等を脱がせ、付着部または接触部を石けん水で洗浄し、多量の水で洗い流す。

・眼に入った場合 ＝ 直ちに薄い食塩水で洗浄した後、多量の水で15分間以上洗い流す。

(4)注意事項

強熱すると有毒な酸化銀（Ⅱ）の煙霧および気体を生成する。

(5)保護具

保護眼鏡、保護手袋、保護長靴、保護衣、防塵マスク（火災時：人工呼吸器）

【廃棄基準】〔廃棄方法〕

焙焼法

還元焙焼法により金属銀として回収する。

〈備考〉焙焼法を行う場合には処理を専門業者に委託することが望ましい。

〔生成物〕Ag

〔検定法〕沈殿滴定法、原子吸光法

劇物	
毒物及び劇物指定令 第2条／24	**臭化銀** **Silver bromide**

【組成・化学構造】　**分子式**　AgBr

　　　　　　　　　構造式　Ag－Br

【CAS番号】　7785-23-1

【性状】　淡黄色の粉末。融点432℃。水に難溶（20℃で水100 mLに 0.97×10^{-5}

各　　論

g 溶解）。シアン化カリウム水溶液に可溶。分解点 1300℃以上。光により分解して黒変する。

【用途】写真感光材料。

【応急措置基準】〔措置〕

(1)漏えい時

　飛散した場所の周辺にはロープを張るなどして人の立入りを禁止する。作業の際には必ず保護具を着用し、風下で作業をしない。飛散したものは空容器にできるだけ回収し、そのあとを多量の水で洗い流す。

(2)出火時

・周辺火災の場合 = 速やかに容器を安全な場所に移す。移動不可能な場合には、容器および周囲に散水して冷却する。

(3)暴露・接触時

　①急性中毒と刺激性

　・眼に入った場合 = 異物感を与え、粘膜を刺激する。

　②医師の処置を受けるまでの救急方法

　・吸入した場合 = 鼻をかみ、うがいをさせる。

　・皮膚に触れた場合 = 直ちに汚染された衣服や靴などの汚れを落とし、付着部または接触部を石けん水で洗浄し、多量の水で洗い流す。

　・眼に入った場合 = 直ちに多量の水で 15 分間以上洗い流す。

(4)注意事項

　強熱すると有毒な酸化銀（Ⅱ）の煙霧および気体を生成する。

(5)保護具

　保護眼鏡、保護手袋、保護長靴、保護衣、防塵マスク（火災時：人工呼吸器）

【廃棄基準】〔廃棄方法〕

焙焼法

　還元焙焼法により金属銀として回収する。

　〈備考〉焙焼法を行う場合には処理を専門業者に委託することが望ましい。

〔生成物〕Ag

〔検定法〕沈殿滴定法、原子吸光法

劇物　毒物及び劇物指定令　第 2 条／24	**ヨウ化銀**　Silver iodide

【組成・化学構造】　**分子式**　AgI

　　　　　　　　構造式　Ag—I

劇　物

【CAS番号】	7783-96-2

【性状】 黄色の粉末。融点552℃。水に難溶（20℃で水100 mLに 3.4×10^{-6} g溶解）。硝酸、チオ硫酸ナトリウム水溶液、シアン化カリウム水溶液に可溶。

【用途】 写真乳剤。

【応急措置基準】 〔措置〕

(1)漏えい時

飛散した場所の周辺にはロープを張るなどして人の立入りを禁止する。作業の際には必ず保護具を着用し、風下で作業をしない。飛散したものは空容器にできるだけ回収し、そのあとを多量の水で洗い流す。

(2)出火時

・周辺火災の場合 ＝ 速やかに容器を安全な場所に移す。移動不可能な場合には、容器および周囲に散水して冷却する。

(3)暴露・接触時

①急性中毒と刺激性

・眼に入った場合 ＝ 異物感を与え、粘膜を刺激する。

②医師の処置を受けるまでの救急方法

・吸入した場合 ＝ 鼻をかみ、うがいをさせる。

・皮膚に触れた場合 ＝ 直ちに汚染された衣服や靴などの汚れを落とし、付着部または接触部を石けん水で洗浄し、多量の水で洗い流す。

・眼に入った場合 ＝ 直ちに多量の水で15分間以上洗い流す。

(4)注意事項

強熱すると有毒な酸化銀（Ⅱ）の煙霧および気体を生成する。

(5)保護具

保護眼鏡、保護手袋、保護長靴、保護衣、防塵マスク（火災時：人工呼吸器）

【廃棄基準】 〔廃棄方法〕

焙焼法

還元焙焼法により金属銀として回収する。

〈備考〉焙焼法を行う場合には処理を専門業者に委託することが望ましい。

〔生成物〕Ag

〔検定法〕沈殿滴定法、原子吸光法

各　論

劇物	ヒドロキシ酢酸
毒物及び劇物指定令 第2条／24の2	**Hydroxyacetic acid**

【組成・化学構造】　**分子式**　$C_2H_4O_3$

構造式

【CAS番号】　79-14-1

【性状】　無色の吸湿性結晶。沸点100℃。融点80℃。密度1.49 g/cm^3（25℃）。相対蒸気密度2.6（空気＝1）。蒸気圧0.02 mmHg＝2.67 Pa（25℃、外挿）。水に易溶（1000 g/L、25℃［推定］）。メタノール、エタノール、アセトン、酢酸、エーテルに可溶。強酸化剤、シアン化物、硫化物と反応。アルミニウム、亜鉛、スズと激しく反応。

【用途】　皮膚・毛・爪のケア製品（化粧品）、洗浄剤、塗料剥離剤、繊維加工仕上げ剤、pH調整剤、有機化学合成の出発物質。

【毒性】　原体のLD$_{50}$＝ラット経口1938 mg/kg、LD$_{50}$＞ラット経皮：1000 mg/kg。LC$_{50}$＝ラット吸入（ミスト）：3.6 mg（4 hr）。ウサギにおいて皮膚刺激性があり、眼刺激性は重篤な損傷をきたす。
　　　　　3.6％製剤では、ウサギにおいて皮膚刺激性なし、軽度な眼刺激性あり。

劇物	クレゾール
毒物及び劇物取締法 別表第二／15 毒物及び劇物指定令 第2条／25	**Cresol** 〔別名〕メチルフェノール、オキシトルエン

【組成・化学構造】　**分子式**　C_7H_8O

構造式

【CAS番号】　1319-77-3

【性状】　オルト-クレゾール（*o*-）、メタ-クレゾール（*m*-）、パラ-クレゾール（*p*-）の3異性体がある。工業的にはこれらの混合物をさす。オルトおよびパラ異性体は無色の結晶、メタ異性体は無色または淡褐色の液体。フェノール様の臭いがある。蒸気は空気より重い。

412

劇　　物

	$o-$	$m-$	$p-$
沸点	191℃	202.7℃	201.9℃
融点	31℃	11.9℃	34.7℃
比重（d_4^{20}）	1.047	1.034	1.034
引火点	81℃	86℃	86℃
爆発下限界（％）	1.4	1.1	1.1

アルコール、エーテル、クロロホルム、希アルカリに可溶。水に不溶、混濁を与える。一般に流通しているものは、メタ、パラの混合物のものが多く、メタ分60～70％、凝固点は約9℃。

【用途】消毒、殺菌、木材の防腐剤（消毒力はメタ体が最も強く、オルト、パラ体がこれに次ぐ）、合成樹脂可塑剤。

【毒性】LD_{50} ＝ ラット経口：$o-$ 121 mg/kg、$m-$ 242 mg/kg、$p-$ 207 mg/kg。

【応急措置基準】〔措置〕

(1)漏えい時

　風下の人を退避させ、漏えいした場所の周辺にはロープを張るなどして人の立入りを禁止する。付近の着火源となるものを速やかに取り除く。作業の際には必ず保護具を着用し、風下で作業をしない。

・少量 ＝ 漏えいした液は、土砂等に吸着させて空容器に回収し、そのあとを多量の水で洗い流す。

・多量 ＝ 漏えいした液は、土砂等でその流れを止め、安全な場所に導き、土砂等に吸着させて回収し、そのあとを多量の水で洗い流す。この場合、高濃度の廃液が河川等に排出されないように注意する。

(2)出火時

・周辺火災の場合 ＝ 速やかに容器を安全な場所に移す。移動不可能の場合は、容器および周囲に散水して冷却する。

・着火した場合 ＝ 初期の火災には粉末、二酸化炭素を用いる。さらに必要があれば、水噴霧、泡を用いる。消火作業の際には必ず保護具を着用する。

・消火剤 ＝ 粉末、二酸化炭素、泡、水

(3)暴露・接触時

①人体に対する影響

・吸入した場合 ＝ 倦怠感、嘔吐等の症状を起こす。

・皮膚に触れた場合 ＝ 皮膚からも吸収され、吸入した場合と同様の中毒症状を起こす。皮膚を刺激しやけど（薬傷）を起こすことがある。皮膚に付着した直後には異常がなくても、数分後に痛み、やけどを

413

各　論

起こす。

・眼に入った場合 ＝ 粘膜を刺激して炎症を起こす。

②医師の処置を受けるまでの救急方法

・吸入した場合 ＝ 直ちに患者を毛布等にくるんで安静にさせ、新鮮な空気の場所に移す。呼吸困難または呼吸停止の場合は直ちに人工呼吸を行う。鼻やのどに刺激があるときは、うがいを行う。

・皮膚に触れた場合 ＝ 直ちに汚染された衣服や靴を脱がせ、付着部または接触部を石けん水または多量の水で十分に洗い流す。

・眼に入った場合 ＝ 直ちに多量の水で 15 分間以上洗い流す。

(4)保護具

保護眼鏡、保護手袋、保護長靴、保護衣、有機ガス用防毒マスク

【廃棄基準】〔廃棄方法〕

(1)燃焼法

ア　おが屑等に吸収させて焼却炉で焼却する。

イ　可燃性溶剤とともに焼却炉の火室へ噴霧し焼却する。

(2)活性汚泥法

〔検定法〕ガスクロマトグラフィー

【その他】〔製剤〕クレゾール 42 ～ 52 $\frac{v}{v}$% を含有するクレゾール石けん液。

クロム酸塩類

劇物	毒物及び劇物指定令　第2条／26

クロム酸塩類による中毒は、口と食道が赤黄色に染まり、のち青緑色に変化する。腹部が痛くなり、緑色のものを吐き出し、血の混じった便をする。重症になると、尿に血が混じり、痙攣を起こしたり、さらに気を失う。

【鑑識法】

(1)クロム酸イオンは黄色で、重クロム酸は赤色である。これは中性またはアルカリ性溶液では黄色のクロム酸として、酸性溶液では赤色の重クロム酸として存在する。

(2)水溶液（以下同じ）は硝酸バリウムまたは塩化バリウムで、黄色のクロム酸のバリウム化合物を沈殿する。

(3)酢酸鉛で黄色のクロム酸の鉛化合物を沈殿する。

(4)硝酸銀で赤褐色のクロム酸銀を沈殿する。

劇　物

劇物	クロム酸カリウム
毒物及び劇物指定令 第 2 条／26	**Potassium chromate** 〔別名〕中性クロム酸カリウム、クロム酸カリ

【組成・化学構造】　**分子式**　K_2CrO_4

　　　　　　　　　構造式

$$2K^+ \begin{bmatrix} ^-O \diagdown _{Cr} \diagup O \\ ^-O \diagup \diagdown O \end{bmatrix}$$

【CAS 番号】：7789-00-6

【性状】：橙黄色の結晶。水に易溶。アルコールに不溶。

【用途】：試薬。

【毒性】：原体の LD_{50} ＝ マウス経口：180 mg/kg。

劇物	クロム酸ナトリウム
毒物及び劇物指定令 第 2 条／26	**Sodium chromate** 〔別名〕クロム酸ソーダ

【組成・化学構造】　**分子式**　$Na_2CrO_4 \cdot H_2O$

　　　　　　　　　構造式

$$2Na^+ \begin{bmatrix} ^-O \diagdown _{Cr} \diagup O \\ ^-O \diagup \diagdown O \end{bmatrix} \cdot 10H_2O$$

【CAS 番号】：13517-17-4

【性状】：市販品は十水和物が一般に流通している。十水和物は、黄色結晶で潮解性。融点 19.9℃（結晶水に溶解）。水に可溶（20℃で水 100 mL に 79.2 g 溶解）。エタノールに難溶。

【用途】：工業用の酸化剤、製革用、試薬。

【毒性】：原体の LD_{50} ＝ マウス腹腔内：32 mg/kg。

【応急措置基準】：〔措置〕

(1)漏えい時

　飛散した場所の周辺にはロープを張るなどして人の立入りを禁止する。作業の際には必ず保護具を着用し、風下で作業をしない。飛散したものは空容器にできるだけ回収し、そのあとを還元剤（硫酸第一鉄等）の水溶液を散布し、水酸化カルシウム、炭酸ナトリウム等の水溶液で処理した後、多量の水で洗い流す。この場合、高濃度の廃液が河川等に排出されないよう注意する。

(2)出火時

・周辺火災の場合 ＝ 速やかに容器を安全な場所に移す。移動不可能な場合には、容器および周囲に散水して冷却する。

415

各　　論

(3)暴露・接触時

①急性中毒と刺激性

・吸入した場合＝鼻、のど、気管支などの粘膜が侵され、クロム中毒を起こすことがある。

・皮膚に触れた場合＝皮膚炎または潰瘍を起こすことがある。

・眼に入った場合＝粘膜を刺激して結膜炎を起こす。

②医師の処置を受けるまでの救急方法

・吸入した場合＝直ちに患者を毛布等にくるんで安静にさせ、新鮮な空気の場所に移し、鼻をかみ、うがいをさせる。

・皮膚に触れた場合＝直ちに汚染された衣服や靴などを脱がせ、付着部または接触部を石けん水で洗浄し、多量の水で洗い流す。

・眼に入った場合＝直ちに多量の水で 15 分間以上洗い流す。

(4)注意事項

可燃物と混合しないように注意する。

(5)保護具

保護眼鏡、保護手袋、保護長靴、保護衣、防塵マスク

【廃棄基準】〔廃棄方法〕

還元沈殿法

希硫酸に溶かし、クロム酸を遊離させ還元剤（硫酸第一鉄等）の水溶液を過剰に用いて還元した後、水酸化カルシウム、炭酸ナトリウム等の水溶液で処理し、水酸化クロム（Ⅲ）として沈殿濾過する。溶出試験を行い、溶出量が判定基準以下であることを確認して埋立処分する。

〈備考〉

・還元にあたっては pH3.0 以下とし十分に時間（15 分間以上）をかける。

・生成物の水酸化クロム（Ⅲ）は乾燥すると一部が酸化された六価クロムに戻るが、過剰の水酸化鉄（Ⅱ）が共存する場合はこれを防止できる。

・中和時に溶液がアルカリ性に傾くと、沈殿した水酸化クロム（Ⅲ）が溶解し、一部は六価クロムに戻るため pH8.5 を超えないように注意する。また、セメントを用いて行うコンクリート固化法も、同様な現象を示すので適切ではない。

・廃棄物の溶出試験、溶出基準は廃棄物の処理及び清掃に関する法律の規定に基づく。

〔生成物〕$Cr(OH)_3$[*]

（注）　＊は、生成物が廃棄物の処理及び清掃に関する法律により規制を受けるもの。

〔検定法〕吸光光度法、原子吸光法

劇　物

劇物	クロム酸亜鉛
毒物及び劇物指定令 第 2 条／26	Zinc chromate

無機亜鉛塩類の項 286 ページ参照。

劇物	クロム酸銀
毒物及び劇物指定令 第 2 条／26	Silver chromate

性状・用途等については 408 ページ参照。

劇物	クロム酸鉛
毒物及び劇物指定令 第 2 条／26・77	Lead chromate
	〔別名〕クロム黄、クロムエロー（無機顔料）

【組成・化学構造】 分子式　$PbCrO_4$

構造式

$Pb^{2+} \begin{bmatrix} ^-O & O \\ & Cr \\ ^-O & O \end{bmatrix}$

【CAS 番号】 7758-97-6

【性状】 黄色または赤黄色粉末。一般的に色が淡黄色のものは一部硫酸鉛 $PbSO_4$ を含む。$CrH_2O \cdot Pb$ 90％以上クロムエロー G（赤黄）。$CrH_2O \cdot Pb$ 70％以上クロムエロー 5G（中黄）。融点 844℃（分解）。水に不溶（25℃で水 100 mL に 1.7×10^{-5} g 溶解）。酸、アルカリに可溶。酢酸、アンモニア水に不溶。

【用途】 顔料。

【応急措置基準】 〔措置〕

(1)漏えい時

飛散した場所の周辺にはロープを張るなどして人の立入りを禁止する。作業の際には必ず保護具を着用し、風下で作業をしない。飛散したものは空容器にできるだけ回収し、そのあとを多量の水で洗い流す。

(2)出火時

・周辺火災の場合 ＝ 速やかに容器を安全な場所に移す。移動不可能な場合には、容器および周囲に散水して冷却する。

(3)暴露・接触時

①急性中毒と刺激性

・吸入した場合 ＝ クロム中毒を起こすことがある。

・眼に入った場合 ＝ 異物感を与え、粘膜を刺激する。

417

各　　論

②医師の処置を受けるまでの救急方法

・吸入した場合 ＝ 鼻をかみ、うがいをさせる。

・皮膚に触れた場合 ＝ 直ちに汚染された衣服や靴などの汚れを落とし、付着部または接触部を石けん水で洗浄し、多量の水で洗い流す。

・眼に入った場合 ＝ 直ちに多量の水で15分間以上洗い流す。

(4)注意事項

乾性油と不完全混合し、放置すると乾性油が発火することがある。

(5)保護具

保護眼鏡、保護手袋、保護長靴、保護衣、防塵マスク

【廃棄基準】〔廃棄方法〕

(1)還元沈殿法

希硫酸を加え、還元剤（硫酸第一鉄等）の水溶液を過剰に用いて残存する可溶性クロム酸塩類を還元した後、水酸化カルシウム、炭酸ナトリウム等の水溶液で処理し、沈殿濾過する。溶出試験を行い、溶出量が判定基準以下であることを確認して埋立処分する。

(2)焙焼法

多量のクロム酸鉛については還元焙焼法により金属鉛として回収する。クロム酸分は還元されて酸化クロム（Ⅲ）となり、鉱さい中に混入されて不溶化される。

〈備考〉

・還元にあたっては pH3.0 以下とし十分に時間（15分間以上）をかける。

・生成物の水酸化クロム（Ⅲ）は乾燥すると一部が酸化された六価クロムに戻るが、過剰の水酸化鉄（Ⅱ）が共存する場合はこれを防止できる。

・中和時に溶液がアルカリ性に傾くと、沈殿した水酸化クロム（Ⅲ）が溶解し、一部は六価クロムに戻るため pH8.5 を超えないように注意する。また、セメントを用いて行うコンクリート固化法も、同様な現象を示すので適切でない。

・廃棄物の溶出試験、溶出基準は廃棄物の処理及び清掃に関する法律の規定に基づく。

・焙焼法を用いる場合は専門業者に処理を委託することが望ましい。

〔生成物〕$Cr(OH)_3$*，（$PbCrO_4$*）

(注) 1　（ ）は、生成物が化学的変化を生じていないもの。

(注) 2　＊は、生成物が廃棄物の処理及び清掃に関する法律により規制を受けるもの。

〔検定法〕吸光光度法、原子吸光法

劇　物

劇物	クロム酸バリウム
毒物及び劇物指定令 第2条／26	**Barium chromate** 〔別名〕バリウムエロー

【組成・化学構造】　**分子式**　$BaCrO_4$

　　　　　　　　構造式

$$Ba^{2+} \left[\begin{array}{c} \text{-O} \diagdown \diagup \text{O} \\ \text{Cr} \\ \text{-O} \diagup \diagdown \text{O} \end{array} \right]$$

【CAS番号】　10294-40-3

【性状】　黄色の粉末。水に不溶（20℃で水100 mLに3.7×10^{-4} g溶解）。酸、アルカリに可溶。

【用途】　一般分析。

【応急措置基準】　〔措置〕

(1)漏えい時

　飛散した場所の周辺にはロープを張るなどして人の立入りを禁止する。作業の際には必ず保護具を着用し、風下で作業をしない。飛散したものは空容器にできるだけ回収し、そのあとを多量の水で洗い流す。

(2)出火時

・周辺火災の場合 ＝ 速やかに容器を安全な場所に移す。移動不可能な場合には、容器および周囲に散水して冷却する。

(3)暴露・接触時

　①急性中毒と刺激性

・吸入した場合 ＝ クロム中毒を起こすことがある。

・眼に入った場合 ＝ 異物感を与え、粘膜に刺激性を有する。

　②医師の処置を受けるまでの救急方法

・吸入した場合 ＝ 鼻をかみ、うがいをさせる。

・皮膚に触れた場合 ＝ 直ちに汚染された衣服や靴などの汚れを落とし、付着部または接触部を石けん水で洗浄し、多量の水で洗い流す。

・眼に入った場合 ＝ 直ちに多量の水で15分間以上洗い流す。

(4)注意事項

　乾性油と不完全混合し、放置すると乾性油が発火することがある。

(5)保護具

　保護眼鏡、保護手袋、保護長靴、保護衣、防塵マスク

【廃棄基準】　〔廃棄方法〕

還元沈殿法

　希硫酸に溶かし、クロム酸を遊離させ還元剤（硫酸第一鉄等）の水溶液を過剰に用いて還元した後、水酸化カルシウム、炭酸ナトリウム等の

各　論

水溶液で処理し、水酸化クロム（Ⅲ）および硫酸バリウムとして沈殿濾
過する。溶出試験を行い、溶出量が判定基準以下であることを確認して
埋立処分する。

〈備考〉

・還元にあたっては pH3.0 以下とし十分に時間（15 分間以上）をかけ
る。

・生成物の水酸化クロム（Ⅲ）は乾燥すると一部が酸化された六価ク
ロムに戻るが、過剰の水酸化鉄（Ⅱ）が共存する場合にはこれを防
止できる。

・中和時に溶液がアルカリ性に傾くと、沈殿した水酸化クロム（Ⅲ）が
溶解し、一部は六価クロムに戻るため pH8.5 を超えないように注意
する。また、セメントを用いて行うコンクリート固化法も、同様な
現象を示すので適切でない。

・廃棄物の溶出試験、溶出基準は廃棄物の処理及び清掃に関する法律
の規定に基づく。

〔生成物〕Cr(OH)$_3$*，BaSO$_4$

（注）　＊は、生成物が廃棄物の処理及び清掃に関する法律により規制を受けるもの。

〔検定法〕吸光光度法、原子吸光法

劇物	硫酸モリブデン酸クロム酸鉛
毒物及び劇物指定令 第 2 条／26	**Lead chromate molybdate sulfate** 〔別名〕クロムバーミリオン、モリブデン赤

【組成・化学構造】　**分子式**　PbSO$_4$・PbMoO$_4$・PbCrO$_4$ 固溶体（組成は変化する）

【CAS 番号】12656-85-8

【性状】橙色または赤色の粉末。クロムバーミリオンはクロム酸鉛、モリブデン
酸鉛、硫酸鉛の混晶。PbCrO$_4$ 70％以上。融点 844℃（分解）。水に不溶
（25℃で水 100 mL に 1.7 × 10^{-4} g 溶解）。酸、アルカリに可溶。酢酸、ア
ンモニア水に不溶。

【用途】顔料。

【応急措置基準】〔措置〕

(1)漏えい時

飛散した場所の周辺にはロープを張るなどして人の立入りを禁止する。
作業の際には必ず保護具を着用し、風下で作業をしない。飛散したもの
は空容器にできるだけ回収し、そのあとを多量の水で洗い流す。

(2)出火時

・周辺火災の場合 ＝ 速やかに容器を安全な場所に移す。移動不可能な場
合には、容器および周囲に散水して冷却する。

劇　　物

(3)暴露・接触時

①急性中毒と刺激性

・吸入した場合 ＝ クロム中毒を起こすことがある。

・眼に入った場合 ＝ 異物感を与え、粘膜に刺激性を有する。

②医師の処置を受けるまでの救急方法

・吸入した場合 ＝ 鼻をかみ、うがいをさせる。

・皮膚に触れた場合 ＝ 直ちに汚染された衣服や靴などの汚れを落とし、付着部または接触部を石けん水で洗浄し、多量の水で洗い流す。

・眼に入った場合 ＝ 直ちに多量の水で15分間以上洗い流す。

(4)注意事項

乾性油と不完全混合し、放置すると乾性油が発火することがある。

(5)保護具

保護眼鏡、保護手袋、保護長靴、保護衣、防塵マスク

【廃棄基準】〔廃棄方法〕

還元沈殿法

希硫酸を加え、還元剤（硫酸第一鉄等）の水溶液を過剰に用いて残存する可溶性クロム酸塩類を還元した後、水酸化カルシウム、炭酸ナトリウム等の水溶液で処理し、沈殿濾過する。溶出試験を行い、溶出量が判定基準以下であることを確認して埋立処分する。

〈備考〉

・還元にあたっては pH3.0 以下とし十分に時間（15分間以上）をかける。

・生成物の水酸化クロム（Ⅲ）は乾燥すると一部が酸化された六価クロムに戻るが、過剰の水酸化鉄（Ⅱ）が共存する場合にはこれを防止できる。

・中和時に溶液がアルカリ性に傾くと、沈殿した水酸化クロム（Ⅲ）が溶解し、一部は六価クロムに戻るため pH8.5 を超えないように注意する。また、セメントを用いて行うコンクリート固化法も、同様な現象を示すので適切でない。

・廃棄物の溶出試験、溶出基準は廃棄物の処理及び清掃に関する法律の規定に基づく。

〔生成物〕$Cr(OH)_3$*，（$PbCrO_4$*，$PbMoO_4$*，$PbSO_4$*）

(注) 1　（　）は、生成物が化学的変化を生じていないもの。
(注) 2　＊は、生成物が廃棄物の処理及び清掃に関する法律により規制を受けるもの。

〔検定法〕吸光光度法、原子吸光法

劇
物

各　論

劇物 毒物及び劇物指定令 第2条／26	クロム酸亜鉛カリウム **Potassium zinc chromate** 〔別名〕亜鉛黄一種、ZPC

【組成・化学構造】　**分子式**　$Cr_2K_2O_8Zn$

構造式

$$2K^+ \quad Zn^{2+} \quad \left[\begin{array}{c} ^-O \quad O \\ Cr \\ ^-O \quad O \end{array} \right]_2$$

【CAS番号】　63020-43-9

【性状】　淡黄色の粉末。水に可溶（25℃で水100 mLに6 g溶解）。酸、アルカリに可溶。

【用途】　さび止め下塗り塗料用。

【応急措置基準】　〔措置〕

(1)漏えい時

　飛散した場所の周辺にはロープを張るなどして人の立入りを禁止する。作業の際には必ず保護具を着用し、風下で作業をしない。飛散したものは空容器にできるだけ回収し、そのあとを還元剤（硫酸第一鉄等）の水溶液を散布し、水酸化カルシウム、炭酸ナトリウム等の水溶液で処理した後、多量の水で洗い流す。この場合、高濃度の廃液が河川等に排出されないよう注意する。

(2)出火時

・周辺火災の場合 ＝ 速やかに容器を安全な場所に移す。移動不可能な場合には、容器および周囲に散水して冷却する。

(3)暴露・接触時

①急性中毒と刺激性

・吸入した場合 ＝ クロム中毒を起こすことがある。

・皮膚に触れた場合 ＝ 皮膚炎または潰瘍を起こすことがある。

・眼に入った場合 ＝ 粘膜を刺激して結膜炎を起こす。

②医師の処置を受けるまでの救急方法

・吸入した場合 ＝ 鼻をかみ、うがいをさせる。

・皮膚に触れた場合 ＝ 直ちに汚染された衣服や靴などの汚れを落とし、付着部または接触部を石けん水で洗浄し、多量の水で洗い流す。

・眼に入った場合 ＝ 直ちに多量の水で15分間以上洗い流す。

(4)注意事項

①乾性油と不完全混合し、放置すると乾性油が発火することがある。

②強熱すると酸化亜鉛（Ⅱ）の有毒な煙霧を生成する。

(5)保護具

劇　物

　　保護眼鏡、保護手袋、保護長靴、保護衣、防塵マスク（火災時：人工呼吸器）

【廃棄基準】〔廃棄方法〕

⑴**還元沈殿法**

　　希硫酸に溶かし、クロム酸を遊離させ還元剤（硫酸第一鉄等）の水溶液を過剰に用いて還元した後、水酸化カルシウム、炭酸ナトリウム等の水溶液で処理し、水酸化クロム（Ⅲ）および水酸化亜鉛として沈殿濾過する。溶出試験を行い、溶出量が判定基準以下であることを確認して埋立処分する。

⑵**焙焼法**

　　多量のクロム酸亜鉛カリウムについては還元焙焼法により金属亜鉛として回収する。クロム酸分は還元されて酸化クロム（Ⅲ）となり、鉱さい中に混入されて不溶化される。

　　〈備考〉

　　・還元にあたっては pH3.0 以下とし十分に時間（15分間以上）をかける。

　　・生成物の水酸化クロム（Ⅲ）は乾燥すると一部が酸化された六価クロムに戻るが、過剰の水酸化鉄（Ⅱ）が共存する場合にはこれを防止できる。

　　・中和時に溶液がアルカリ性に傾くと、沈殿した水酸化クロム（Ⅲ）が溶解し、一部は六価クロムに戻るため pH8.5 を超えないように注意する。また、セメントを用いて行うコンクリート固化法も、同様な現象を示すので適切でない。

　　・廃棄物の溶出試験、溶出基準は廃棄物の処理及び清掃に関する法律の規定に基づく。

　　・焙焼法を用いる場合は専門業者に処理を委託することが望ましい。

〔生成物〕$Cr(OH)_3$*，$Zn(OH)_2$

　（注）　＊は、生成物が廃棄物の処理及び清掃に関する法律により規制を受けるもの。

〔検定法〕吸光光度法、原子吸光法

〔その他〕本薬物の付着した紙袋等を焼却すると、酸化亜鉛（Ⅱ）の煙霧を生成するので、洗浄装置のない焼却炉等で焼却しない。

劇
物

各論

劇物	四塩基性クロム酸亜鉛
毒物及び劇物指定令 第2条／26	Zinc chromate, tetrabasic 〔別名〕亜鉛黄二種、ZTO

【組成・化学構造】 **分子式** ZnCrO₄・4ZnO
構造式

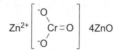

【CAS 番号】 50922-29-7

【性状】 淡赤黄色の粉末。水に可溶（25℃で水 100 mL に 1.0 g 溶解）。酸、アルカリに可溶。

【用途】 さび止め下塗り塗料用。

【応急措置基準】〔措置〕

(1)漏えい時

飛散した場所の周辺にはロープを張るなどして人の立入りを禁止する。作業の際には必ず保護具を着用し、風下で作業をしない。飛散したものは空容器にできるだけ回収し、そのあとを還元剤（硫酸第一鉄等）の水溶液を散布し、水酸化カルシウム、炭酸ナトリウム等の水溶液で処理した後、多量の水で洗い流す。この場合、高濃度の廃液が河川等に排出されないよう注意する。

(2)出火時

・周辺火災の場合 ＝ 速やかに容器を安全な場所に移す。移動不可能な場合には、容器および周囲に散水して冷却する。

(3)暴露・接触時

①急性中毒と刺激性

・吸入した場合 ＝ クロム中毒を起こすことがある。
・皮膚に触れた場合 ＝ 皮膚炎または潰瘍を起こすことがある。
・眼に入った場合 ＝ 粘膜を刺激して結膜炎を起こす。

②医師の処置を受けるまでの救急方法

・吸入した場合 ＝ 鼻をかみ、うがいをさせる。
・皮膚に触れた場合 ＝ 直ちに汚染された衣服や靴などの汚れを落とし、付着部または接触部を石けん水で洗浄し、多量の水で洗い流す。
・眼に入った場合 ＝ 直ちに多量の水で 15 分間以上洗い流す。

(4)注意事項

①乾性油と不完全混合し、放置すると乾性油が発火することがある。
②強熱すると酸化亜鉛（Ⅱ）の有毒な煙霧を生成する。

(5)保護具

劇　　物

保護眼鏡、保護手袋、保護長靴、保護衣、防塵マスク（火災時：人工
呼吸器）

【廃棄基準】〔廃棄方法〕

(1)還元沈殿法

　希硫酸に溶かし、クロム酸を遊離させ還元剤（硫酸第一鉄等）の水溶
液を過剰に用いて還元した後、水酸化カルシウム、炭酸ナトリウム等の
水溶液で処理し、水酸化クロム（Ⅲ）および水酸化亜鉛（Ⅱ）として沈殿
濾過する。溶出試験を行い、溶出量が判定基準以下であることを確認し
て埋立処分する。

(2)焙焼法

　多量の四塩基性クロム酸亜鉛については還元焙焼法により金属亜鉛と
して回収する。クロム酸分は還元されて酸化クロム（Ⅲ）となり、鉱さ
い中に混入されて不溶化される。

　〈備考〉

　・還元にあたっては pH3.0 以下とし十分に時間（15 分間以上）をかけ
　　る。

　・生成物の水酸化クロム（Ⅲ）は乾燥すると一部が酸化された六価ク
　　ロムに戻るが、過剰の水酸化鉄（Ⅱ）が共存する場合にはこれを防
　　止できる。

　・中和時に溶液がアルカリ性に傾くと、沈殿した水酸化クロム（Ⅲ）が
　　溶解し、一部は六価クロムに戻るため pH8.5 を超えないように注意
　　する。またセメントを用いて行うコンクリート固化法も同様な現象
　　を示すので適切でない。

　・廃棄物の溶出試験、溶出基準は廃棄物の処理及び清掃に関する法律
　　の規定に基づく。

　・焙焼法を用いる場合は専門業者に処理を委託することが望ましい。

〔生成物〕$Cr(OH)_3$*，$Zn(OH)_2$

　(注)　＊は、生成物が廃棄物の処理及び清掃に関する法律により規制を受けるもの。

〔検定法〕吸光光度法、原子吸光法

〔その他〕本薬物の付着した紙袋等を焼却すると酸化亜鉛（Ⅱ）の煙霧を
生成するので、洗浄装置のない焼却炉等で焼却しない。

劇
物

各　　論

劇物
毒物及び劇物指定令 第2条／26

クロム酸ストロンチウム
Strontium chromate
〔別名〕ストロンチュームエロー

【組成・化学構造】　**分子式**　$SrCrO_4$

　構造式　$Sr^{2+} \begin{bmatrix} O & O \\ & Cr & \\ O & O \end{bmatrix}$

【CAS番号】　7789-06-2

【性状】　淡黄色の粉末。水に難溶（25℃で水100 mLに0.10 g溶解）。酸、アルカリに可溶。

【用途】　さび止め顔料。

【応急措置基準】　〔措置〕

(1)漏えい時

　飛散した場所の周辺にはロープを張るなどして人の立入りを禁止する。作業の際には必ず保護具を着用し、風下で作業をしない。飛散したものは空容器にできるだけ回収し、そのあとを還元剤（硫酸第一鉄等）の水溶液を散布し、水酸化カルシウム、炭酸ナトリウム等の水溶液で処理した後、多量の水で洗い流す。この場合、高濃度の廃液が河川等に排出されないよう注意する。

(2)出火時

・周辺火災の場合 = 速やかに容器を安全な場所に移す。移動不可能な場合には、容器および周囲に散水して冷却する。

(3)暴露・接触時

①急性中毒と刺激性

・吸入した場合 = クロム中毒を起こすことがある。

・皮膚に触れた場合 = 皮膚炎または潰瘍を起こすことがある。

・眼に入った場合 = 粘膜を刺激して結膜炎を起こす。

②医師の処置を受けるまでの救急方法

・吸入した場合 = 鼻をかみ、うがいをさせる。

・皮膚に触れた場合 = 直ちに汚染された衣服や靴などを脱がせ、付着部または接触部を石けん水で洗浄し、多量の水で洗い流す。

・眼に入った場合 = 直ちに多量の水で15分間以上洗い流す。

(4)注意事項

　乾性油と不完全混合し、放置すると乾性油が発火することがある。

(5)保護具

　保護眼鏡、保護手袋、保護長靴、保護衣、防塵マスク

劇　　物

【廃棄基準】〔廃棄方法〕

還元沈殿法

　希硫酸に溶かし、クロム酸を遊離させ還元剤（硫酸第一鉄等）の水溶液を過剰に用いて還元した後、水酸化カルシウム、炭酸ナトリウム等の水溶液で処理し、水酸化クロム（Ⅲ）として沈殿濾過する。溶出試験を行い、溶出量が判定基準以下であることを確認して埋立処分する。

　〈備考〉

　・還元にあたっては pH3.0 以下とし十分に時間（15 分間以上）をかける。

　・生成物の水酸化クロム（Ⅲ）は乾燥すると一部が酸化された六価クロムに戻るが、過剰の水酸化鉄（Ⅱ）が共存する場合にはこれを防止できる。

　・中和時に溶液がアルカリ性に傾くと、沈殿した水酸化クロム（Ⅲ）が溶解し、一部は六価クロムに戻るため pH8.5 を超えないように注意する。また、セメントを用いて行うコンクリート固化法も、同様な現象を示すので適切でない。

　・廃棄物の溶出試験、溶出基準は廃棄物の処理及び清掃に関する法律の規定に基づく。

〔生成物〕$Cr(OH)_3$ *

　(注)　＊は、生成物が廃棄物の処理及び清掃に関する法律により規制を受けるもの。

〔検定法〕吸光光度法、原子吸光法

劇物	
毒物及び劇物指定令 第 2 条／26	**塩基性クロム酸鉛** **Basic lead chromate**

劇
物

【組成・化学構造】　分子式　CrO_5Pb_2

　　　　　　　　　構造式

$$Pb^{2+} \left[\begin{array}{c} O \\ O-Cr-O \\ O \end{array} \right] PbO$$

【CAS番号】　18454-12-1

　【性状】　赤色または橙黄色の粉末。水、アルコールに不溶。

　【用途】　顔料。

各　論

劇物	クロム酸ビスマス
毒物及び劇物指定令 第2条／26	**Bismuth chromate** 〔別名〕クロム酸蒼鉛

【組成・化学構造】　**分子式**　$Bi_2Cr_3O_{12}$

構造式

$$2Bi^{3+} \left[\begin{array}{c} ^-O \diagdown \diagup O \\ Cr \\ ^-O \diagup \diagdown O \end{array} \right]_3$$

【CAS番号】　37235-82-8

【性状】　黄色の粉末。

【用途】　顔料。

劇物	クロム酸カルシウム
毒物及び劇物指定令 第2条／26	**Calcium chromate**

【組成・化学構造】　**分子式**　$CaCrO_4$

構造式

$$Ca^{2+} \left[\begin{array}{c} ^-O \diagdown \diagup O \\ Cr \\ ^-O \diagup \diagdown O \end{array} \right]$$

【CAS番号】　13765-19-0

【性状】　淡赤黄色の粉末。200℃で無水物となる。水に可溶（20℃で水100 mLに16.6 g溶解）。酸、アルカリに可溶。

【用途】　顔料。

【応急措置基準】　〔措置〕

(1)漏えい時

　飛散した場所の周辺にはロープを張るなどして人の出入りを禁止する。作業の際には必ず保護具を着用し、風下で作業をしない。飛散したものは空容器にできるだけ回収し、そのあとを還元剤（硫酸第一鉄等）の水溶液を散布し、水酸化カルシウム、炭酸ナトリウム等の水溶液で処理した後、多量の水で洗い流す。この場合、高濃度の廃液が河川等に排出されないよう注意する。

(2)出火時

・周辺火災の場合 ＝ 速やかに容器を安全な場所に移す。移動不可能な場合には、容器および周囲に散水して冷却する。

(3)暴露・接触時

　①急性中毒と刺激性

　　・吸入した場合 ＝ クロム中毒を起こすことがある。

劇　物

・皮膚に触れた場合 ＝ 皮膚炎または潰瘍を起こすことがある。

・眼に入った場合 ＝ 粘膜を刺激して結膜炎を起こす。

②医師の処置を受けるまでの救急方法

・吸入した場合 ＝ 鼻をかみ、うがいをさせる。

・皮膚に触れた場合 ＝ 直ちに汚染された衣服や靴などを脱がせ、付着部または接触部を石けん水で洗浄し、多量の水で洗い流す。

・眼に入った場合 ＝ 直ちに多量の水で15分間以上洗い流す。

(4)注意事項

乾性油と不完全混合し、放置すると乾性油が発火することがある。

(5)保護具

保護眼鏡、保護手袋、保護長靴、保護衣、防塵マスク

【廃棄基準】〔廃棄方法〕

還元沈殿法

希硫酸に溶かし、クロム酸を遊離させ還元剤（硫酸第一鉄等）の水溶液を過剰に用いて還元した後、水酸化カルシウム、炭酸ナトリウム等の水溶液で処理し、水酸化クロム（Ⅲ）として沈殿濾過する。溶出試験を行い、溶出量が判定基準以下であることを確認して埋立処分する。

〈備考〉

・還元にあたっては pH3.0 以下とし十分に時間（15分間以上）をかける。

・生成物の水酸化クロム（Ⅲ）は乾燥すると一部が酸化された六価クロムに戻るが、過剰の水酸化鉄（Ⅱ）が共存する場合にはこれは防止できる。

・中和時に溶液がアルカリ性に傾くと、沈殿した水酸化クロム（Ⅲ）が溶解し、一部は六価クロムに戻るため pH8.5 を超えないように注意する。また、セメントを用いて行うコンクリート固化法も、同様な現象を示すので適切でない。

・廃棄物の溶出試験、溶出基準は廃棄物の処理及び清掃に関する法律の規定に基づく。

〔生成物〕$Cr(OH)_3$[*]

（注）　＊は、生成物が廃棄物の処理及び清掃に関する法律により規制を受けるもの。

〔検定法〕吸光光度法、原子吸光法

各　論

劇物	クロルエチル
毒物及び劇物取締法 別表第二／16	**Ethyl chloride** 〔別名〕塩化エチル、クロロエタン、エチルクロリド

【組成・化学構造】　**分子式**　C_2H_5Cl

構造式　$H_3C\diagup\diagdown Cl$

【CAS番号】　75-00-3

【性状】　常温で気体。可燃性。沸点12～12.5℃。比重0.921。水に可溶。アルコール、エーテルに易溶。点火すれば緑色の辺縁を有する炎をあげて燃焼。－30℃に冷却しても凝固しない。

【用途】　合成化学工業でのアルキル化剤。

【毒性】　吸入毒性を有する。

【応急措置基準】　〔措置〕

(1)漏えい時

　風下の人を退避させ、漏えいした場所の周辺にはロープを張るなどして人の立入りを禁止する。付近の着火源となるものを速やかに取り除く。作業の際には必ず保護具を着用し、風下で作業をしない。

・少量 ＝ 漏えいした液は、速やかに蒸発するので周辺に近づかないようにする。

・多量 ＝ 液状で漏えいしたときは、土砂等でその流れを止め、液が拡がらないようにして蒸発させる。

(2)出火時

・周辺火災の場合 ＝ 速やかに容器を安全な場所に移す。移動不可能の場合は、容器および周囲に散水して冷却する。

・着火した場合 ＝ 漏出を止めることができる場合は漏出を止める。漏出が多量で火災が発生している場合には、容器および周囲に散水するとともに、至急関係先に通報し延焼防止に努める。なお火災時には分解を起こし、有毒な気体を生成するので消火作業の際には必ず保護具を着用する。

・消火剤 ＝ 水、粉末、二酸化炭素

(3)暴露・接触時

①急性中毒と刺激性

・吸入した場合 ＝ 麻酔作用が現れる。多量を吸入すると、めまい、吐気、嘔吐が起こり重症の場合は、意識不明となり呼吸が停止する。

・皮膚に触れた場合 ＝ 直接液に触れると、しもやけ（凍傷）を起こす。

・眼に入った場合 ＝ 眼の粘膜が侵される。

劇　物

②医師の処置を受けるまでの救急方法

・吸入した場合＝直ちに患者を毛布等にくるんで安静にさせ、新鮮な空気の場所に移す。意識不明、呼吸困難または呼吸が停止しているときは直ちに人工呼吸を行う。

・皮膚に触れた場合＝直ちに汚染された衣服や靴を脱がせ、付着部または接触部を石けん水または多量の水で十分に洗い流す。

・眼に入った場合＝直ちに多量の水で15分間以上洗い流す。

⑷保護具

保護眼鏡、保護手袋、保護長靴、有機ガス用防毒マスク（火災時：人工呼吸器または有機ガス用防毒マスク）

【廃棄基準】〔廃棄方法〕

燃焼法

スクラバーを備えた焼却炉の火室へ噴霧し焼却する。

〈備考〉

・スクラバーの洗浄液にはアルカリ溶液を用いる。

・焼却炉は有機ハロゲン化合物を焼却するに適したものとする。

〔検定法〕ガスクロマトグラフフィー

劇物	**2-クロルエチルトリメチルアンモニウムクロリド**
毒物及び劇物指定令 第2条／26の2	**2-Chroroethyltrimethylammoniumchloride** 〔別名〕クロルメコート

【組成・化学構造】　**分子式**　$C_5H_{13}Cl_2N$

構造式

$$\left[Cl-CH_2-CH_2-\overset{\displaystyle CH_3}{\underset{\displaystyle CH_3}{N^+}}-CH_3 \right] \quad Cl^-$$

【CAS番号】999-81-5

【用途】農薬植物成長調整剤。

【毒性】原体の LD_{50} ＝イヌ雌雄経口：37 mg/kg、ウサギ経皮：440 mg/kg。

【その他】〔製剤〕クロルメコート46％を含有する液剤（サイコセル）。

劇
物

各　論

劇物	**N−(3−クロル−4−クロルジフルオロメチルチオフェニル)−**
毒物及び劇物指定令 第 2 条／26 の 3	**N′,N′−ジメチルウレア** *N*-(3-Chloro-4-chlorodifuoromethylthiophenyl)-*N′,N′*-dimethylurea 〔別名〕チオクロルメチル

【組成・化学構造】　分子式　$C_{10}H_{10}Cl_2F_2N_2OS$

構造式

【CAS 番号】33439-45-1

【性状】無色の結晶性粉末。アルコール類に易溶。

【用途】水田のノビエ等の除草。

【毒性】原体の LD_{50} ＝ マウス経口：549 mg/kg、ラット経口：270 mg/kg。

【その他】〔製剤〕現在、農薬としての市販品はない。

劇物	**2−クロル−1−(2,4−ジクロルフェニル)ビニルエチルメチルホスフェイト**
毒物及び劇物指定令 第 2 条／26 の 4	**2-Chloro-1-(2,4-dichlorophenyl)vinylethylmethyl phosphate** 〔別名〕テミビンホス

【組成・化学構造】　分子式　$C_{11}H_{12}Cl_3O_4P$

構造式

【CAS 番号】35996-61-3

【性状】淡黄褐色の液体。アセトン、ヘキサンなど一般の有機溶媒に可溶。

【用途】稲のニカメイチュウ等の殺虫。

【毒性】原体の LD_{50} ＝ マウス経口：176 mg/kg、ラット経口：108 mg/kg。

【その他】〔製剤〕現在、農薬としての市販品はない。

劇物
毒物及び劇物指定令 第2条／26の5

2-クロル-1-(2,4-ジクロルフェニル)ビニルジメチルホスフェイト
2-Chloro-1-(2,4-dichlorophenyl)vinyl dimethyl phosphate
〔別名〕ジメチルビンホス

【組成・化学構造】 分子式　$C_{10}H_{10}Cl_3O_4P$

構造式

【CAS番号】 2274-67-1
【性状】 微粉末状結晶。キシレン、アセトンなどの有機溶媒に可溶。
【用途】 稲のニカメイチュウおよびキャベツのアオムシ、コナガ、ヨトウムシ等の殺虫。
【毒性】 原体の LD_{50} ＝マウス経口：177 mg/kg、ラット経口：141 mg/kg。
【その他】〔製剤〕2.0％粉剤（ランガード粉剤）、40〜50％水和剤（ランガード水和剤、ランガードゾル）、25％乳剤（ランガード乳剤）など。

劇物
毒物及び劇物指定令 第2条／26の6

1-クロル-1,2-ジブロムエタン
1-Chloro-1,2-dibromoethane
〔別名〕CDBE

【組成・化学構造】 分子式　$C_2H_3Br_2Cl$

構造式

【CAS番号】 598-20-9
【性状】 芳香性を有する淡黄褐色の透明な液体。沸点163℃。比重2.25。水に難溶。ベンゼン、トルエン、メタノール、アルコール、プロパノール、アセトン、エーテル等の有機溶媒に任意の比率で混合。
【用途】 にんじん、ごぼう、トマト、大根などの根瘤線虫、根腐線虫の防除。
【毒性】 原体の LD_{50} ＝マウス経口：298.5 mg/kg。
【その他】〔製剤〕現在、農薬としての市販品はない。

各　論

劇物	2-クロル-4,5-ジメチルフェニル-N-メチルカルバメート
毒物及び劇物指定令 第2条／26の7	2-Chloro-4,5-dimethylphenyl-*N*-methyl carbamate 〔別名〕カーバノレート

【組成・化学構造】 **分子式** $C_{10}H_{12}ClNO_2$

構造式

【CAS番号】 671-04-5

【性状】 白色結晶。融点 122.5～124℃。溶解性はアセトンに25%、ベンゼンに14%、トルエンに10%、キシレンに6.7%、クロロホルムに33%溶解。pH7以上の液中で不安定。工業品は純度98%。

【用途】 稲のツマグロヨコバイ、ヒメトビウンカ、セジロウンカの駆除。

【毒性】 原体の LD_{50} = マウス経口：45.8 mg/kg、マウス経皮：564 mg/kg。

【その他】 〔製剤〕現在、農薬としての市販品はない。

劇物	クロルスルホン酸
毒物及び劇物取締法 別表第二／17	Chlorosulfonic acid 〔別名〕クロロスルホン酸、クロル硫酸、クロロ硫酸

【組成・化学構造】 **分子式** $ClHO_3S$

構造式

【CAS番号】 7790-94-5

【性状】 無色または淡黄色の発煙性、刺激臭の液体。沸点 152℃。長時間加熱還流させると、硫酸、二酸化硫黄、塩素に分解。水と反応し、硫酸と塩酸を生成。濃硫酸によって塩酸と発煙硫酸を生成。

【用途】 スルホン化剤、煙幕。

【毒性】 皮膚を激しく侵す。

【応急措置基準】 〔措置〕

(1)漏えい時

風下の人を退避させ、必要があれば、水で濡らした手ぬぐい等で口および鼻を覆う。漏えいした場所の周辺にはロープを張るなどして人の立入りを禁止する。作業の際には必ず保護具を着用し、風下で作業をしない。

・少量 = 漏えいした液はベントナイト、活性白土、石膏等を振りかけて

劇　　物

吸着させ空容器に回収した後、多量の水で洗い流す。

・多量 ＝ 漏えいした液は土砂等でその流れを止め、霧状の水を徐々にかけ、十分に分解希釈した後、炭酸ナトリウム、水酸化カルシウム等で中和し、多量の水で洗い流す。

この場合、高濃度の廃液が河川等に排出されないよう注意する。

(2)出火時

・周辺火災の場合 ＝ 速やかに容器を安全な場所に移す。移動不可能の場合は、容器および周囲に散水して冷却する。この場合に水が入らないよう注意する。

(3)暴露・接触時

①急性中毒と刺激性

・吸入した場合 ＝ 煙霧を吸入すると肺が侵され、重症な場合は意識不明となる。

・皮膚に触れた場合 ＝ やけど（薬傷）を起こす。

・眼に入った場合 ＝ 粘膜が刺激され、失明することがある。

②医師の処置を受けるまでの救急方法

・吸入した場合 ＝ 直ちに患者を毛布等でくるんで安静にさせ、新鮮な空気の場所に移し、速やかに医師の手当てを受ける。呼吸が停止しているときは人工呼吸を行う。呼吸困難のときは酸素吸入を行う。

・皮膚に触れた場合 ＝ 直ちに付着部または接触部を多量の水で十分に洗い流し、汚染された衣服や靴は脱がせる。速やかに医師の手当てを受ける。

・眼に入った場合 ＝ 直ちに多量の水で15分間以上洗い流し、医師の手当てを受ける。

(4)注意事項

①可燃物、有機物と接触させない。

②水と急激に接触すると多量の熱を生成し、酸が飛散することがある。

③水と反応して生じた塩酸および硫酸は、各種の金属を腐食して水素ガスを生成し、これが空気と混合して引火爆発することがある。

④直接中和剤を散布すると発熱し、酸が飛散することがある。

(5)保護具

保護手袋（ゴム）、保護長靴（ゴム）、保護前掛（ゴム）、保護衣、保護眼鏡、酸性ガス用防毒マスク

【廃棄基準】〔廃棄方法〕

中和法

ア　耐食性の細い導管より気体生成がないように少量ずつ、多量の水中深く流す装置を用い希釈してからアルカリ水溶液で中和して処理

各　　論

する。

　イ　水蒸気（ドレンを含まない）または空気と接触させ白煙をアルカリで処理した後、残液を多量の水に徐々に添加し、希釈してからアルカリ水溶液で中和して処理する。

　ウ　硅そう土、タルク、石膏等に吸着させてから少量ずつ多量の水に加え、その後アルカリ水溶液で中和して処理する（吸着させるとき空気中の水分で発煙するので吸引処理する）。

〈備考〉本薬物は水と反応し、その際生成される塩化水素と硫酸とにより被害（酸が爆発的に飛散して密閉容器破裂）を受けるおそれがあるので注意して処理する。

〔検定法〕pH メーター法

劇物	クロルピクリン
毒物及び劇物取締法 別表第二／18 毒物及び劇物指定令 第 2 条／27	**Chloropicrin** 〔別名〕クロロピクリン、塩化ピクリン、トリクロルニトロメタン、ニトロクロロホルム

【組成・化学構造】

　分子式　CCl_3NO_2

　構造式

$$
\begin{array}{c}
Cl \\
| \\
Cl - C - NO_2 \\
| \\
Cl
\end{array}
$$

【CAS 番号】76-06-2

【性状】純品は無色の油状体、市販品は通常微黄色を呈している。催涙性、強い粘膜刺激臭を有する。沸点112℃。融点 −69℃。比重1.66。水には不溶（25℃で水 100 mL に 0.16 g 溶解）。アルコール、エーテルなどには可溶。熱には比較的に不安定で、180℃以上に熱すると分解するが、引火性はない。酸、アルカリには安定。揮発度は、0℃で 57.5 g/m³、30℃で 295 g/m³。金属腐食性が大きい。

【用途】土壌燻蒸（土壌病原菌、センチュウ等の駆除）。

【毒性】原体の LD_{50} ＝ ラット経口：250 mg/kg。LC_{50} ＝ マウス吸入：218 ppm（10 min）。

吸入すると、分解されずに組織内に吸収され、各器官が障害される。血液中でメトヘモグロビンを生成、また中枢神経や心臓、眼結膜を侵し、肺も強く障害する。療法は、酸素吸入をし、強心剤、興奮剤を飲ませる。

【応急措置基準】〔措置〕

(1)漏えい時

　風下の人を退避させ、必要があれば水で濡らした手ぬぐい等で口および鼻を覆う。漏えいした場所の周辺にはロープを張るなどして人の立入りを禁止する。作業の際には必ず保護具を着用し、風下で作業をしない。

劇　　物

・少量 ＝ 漏えいした液は布で拭き取るか、またはそのまま風にさらして
蒸発させる。
・多量 ＝ 漏えいした液は土砂等でその流れを止め、多量の活性炭または
水酸化カルシウムを散布して覆い、至急関係先に連絡し専門家の指示
により処理する。　この場合、クロロピクリンが河川等に排出されない
よう注意する。

(2)出火時
・周辺火災の場合 ＝ 速やかに容器を安全な場所に移す。移動不可能の場
合は、容器および周囲に散水して冷却する。

(3)暴露・接触時
①急性中毒と刺激性
・吸入した場合 ＝ 気管支を刺激してせきや鼻汁が出る。多量に吸入す
ると、胃腸炎、肺炎、尿に血が混じる。悪心、呼吸困難、肺水腫を
起こす。
・皮膚に触れた場合 ＝ 液が直接触れると、水ぶくれを生じることがあ
る。
・眼に入った場合 ＝ 眼の粘膜を刺激し催涙する。結膜が炎症し視力障
害を起こすことがある。
②医師の処置を受けるまでの救急方法
・吸入した場合 ＝ 直ちに患者を毛布等にくるんで安静にさせ、新鮮な
空気の場所に移し速やかに医師の手当てを受ける。呼吸が停止して
いるときは直ちに人工呼吸を行う。呼吸困難のときは酸素吸入を行
う。
・皮膚に触れた場合 ＝ 直ちに付着部または接触部を多量の水で十分に
洗い流し、汚染された衣服や靴を脱がせる。速やかに医師の手当て
を受ける。
・眼に入った場合 ＝ 直ちに多量の水で15分間以上洗い流し、速やか
に医師の手当てを受ける。

(4)保護具
保護手袋（ゴム）、保護長靴（ゴム）、保護前掛（ゴム）、保護眼鏡、有
機ガス用防毒マスク

【廃棄基準】〔廃棄方法〕
分解法
少量の界面活性剤を加えた亜硫酸ナトリウムと炭酸ナトリウムの混合
溶液中で、攪拌し分解させた後、多量の水で希釈して処理する。
〈備考〉
・混合溶液の亜硫酸ナトリウムの濃度は30％、炭酸ナトリウムの濃度

各 論

　　　　　は約4%とする。
　　　・混合溶液はクロルピクリンに対して25倍容量以上用いる。
　　　・分解は液中の油滴および刺激臭が消失するまで行う。
　　　〔検定法〕ガスクロマトグラフィー、吸光光度法
【その他】〔鑑識法〕
　　　①水溶液に金属カルシウムを加えこれにベタナフチルアミンおよび硫
　　　　酸を加えると、赤色の沈殿を生成。
　　　②アルコール溶液にジメチルアニリンおよびブルシンを加えて溶解し、
　　　　これにブロムシアン溶液を加えると、緑色ないし赤紫色を呈する。

劇物	クロルメチル
毒物及び劇物取締法 別表第二／19 毒物及び劇物指定令 第2条／28	**Methyl chloride** 〔別名〕クロロメチル、塩化メチル、クロルメタン、メチルクロリド

【組成・化学構造】　分子式　CH₃Cl
　　　　　　　　　構造式

【CAS番号】74-87-3
【性状】無色の気体。エーテル様の臭いと甘味を有する。沸点 −24℃。水に可
溶、圧縮すれば無色の液体になる。ただし、空気中で爆発するおそれも
あるため、高濃度な濃厚液の取扱いには注意を要する。爆発範囲10.7 〜
17.4 V/V%。
【用途】煙霧剤、冷凍剤。
【毒性】原体のLD₅₀ ＝ ラット経口：1800 mg/kg。LC₅₀ ＝ ラット吸入：5300 ppm
（4 hr）。
クロルエチル、ブロムエチル、ブロムメチル等と同様に中枢神経麻酔の
作用を有する。中毒の応急処置方法は、新鮮な空気中に引き出し、興奮
剤、強心剤等の服用。
【応急措置基準】〔措置〕
　(1)漏えい時
　　風下の人を退避させ、必要があれば水で濡らした手ぬぐい等で口およ
び鼻を覆う。漏えいした場所の周辺にはロープを張るなどして人の立入
りを禁止する。付近の着火源となるものは速やかに取り除く。作業の際
には必ず保護具を着用し、風下で作業をしない。
　・少量 ＝ 漏えいした液は速やかに蒸発するので周辺に近づかないよう
　　にする。
　・多量 ＝ 液状で漏えいしたときは、土砂等でその流れを止め、液が広

劇　　物

らないようにして蒸発させる。

(2)出火時

・周辺火災の場合 = 速やかに容器を安全な場所に移す。移動不可能の場
　合は、容器および周囲に散水して冷却する。

・着火した場合 = 漏出を止めることができる場合は漏出を止める。ガス
　漏れが多量で火災が発生している場合には、容器および周囲に散水す
　るとともに至急関係先に連絡し延焼防止に努める。なお火災時に分解
　し、有毒な気体が発生するので注意する。

・消火剤 = 水、粉末、二酸化炭素

(3)暴露・接触時

　①急性中毒と刺激性

・吸入した場合 = 麻酔作用が現れる。多量に吸入すると頭痛、吐気、
　嘔吐等が起こり、重症な場合は意識を失う。

・皮膚に触れた場合 = 液が触れるとしもやけ（凍傷）を起こす。

・眼に入った場合 = 液が入ると粘膜が侵される。

　②医師の処置を受けるまでの救急方法

・吸入した場合 = 直ちに患者を毛布等にくるんで安静にさせ、新鮮な
　空気の場所に移し医師の手当てを受ける。呼吸が停止しているとき
　は直ちに人工呼吸を行う。呼吸困難のときは酸素吸入を行う。

・皮膚に触れた場合 = 直ちに付着部または接触部を多量の水で十分に
　洗い流し、汚染された衣服や靴を脱がせる。速やかに医師の手当て
　を受ける。

・眼に入った場合 = 直ちに多量の水で15分間以上洗い流し、速やか
　に医師の手当てを受ける。

(4)注意事項

　塩化メチルは水に溶けると徐々に分解して塩酸を生成し、これが各種
の金属を腐食するので水との接触を避ける。

(5)保護具

　保護手袋（ゴム）、保護長靴（ゴム）、保護眼鏡、有機ガス用防毒マス
ク

【廃棄基準】〔廃棄方法〕

燃焼法

　アフターバーナーおよびスクラバー（洗浄液にアルカリ液）を備えた
焼却炉の火室へ噴霧し焼却する。

〔検定法〕ガスクロマトグラフィー

各　　論

劇物	クロロアセチルクロライド
毒物及び劇物指定令 第2条／28の2	**Chloroacetyl chloride** 〔別名〕クロロ酢酸クロライド、塩化クロロアセチル

【組成・化学構造】　**分子式**　$C_2H_2Cl_2O$

構造式

【CAS番号】　79-04-9

【性状】　刺激臭の強い無色の液体。沸点106℃。融点 −21.8℃。比重1.498（20℃）。加水分解する。水とは反応して強い発熱があり、塩化水素または塩酸を生成。強い腐食性。アセトン、トルエンに可溶。

【用途】　クロロアセチル化剤など。

【毒性】　原体の LD_{50} ＝ ラット経口：120 mg/kg。LC_{50} ＝ ラット吸入：1000 ppm（4 hr）。

劇物	2-クロロアニリン
毒物及び劇物指定令 第2条／28の3	**2-Chloroaniline** 〔別名〕オルソクロロアニリン、2-クロロベンゼンアミン、OCA

【組成・化学構造】　**分子式**　C_6H_6ClN

構造式

【CAS番号】　95-51-2

【性状】　無色の液体。沸点209℃。融点 −2℃。比重1.213。水に不溶。ほとんどの有機溶剤に可溶。酸、酸化性物質と混合すると反応し、発熱する。

【用途】　農薬中間原料等。

【毒性】　原体の LD_{50} ＝ マウス経口：256 mg/kg、ネコ経皮：222 mg/kg。

440

劇　物

劇物	4-クロロ-3-エチル-1-メチル-N-[4-（パラトリルオキシ）ベンジル]ピラゾール-5-カルボキサミド
毒物及び劇物指定令第 2 条／28 の 4	4-Chloro-3-ethyl-1-methyl-N-[4-(p-tolyloxy) benzyl]pyrazole-5-carboxamide 〔別名〕トルフェンピラド

【組成・化学構造】

分子式　$C_{21}H_{22}ClN_3O_2$

構造式

【CAS 番号】　129558-76-5

【性状】　類白色粉末。無臭。融点 87.8 ～ 88.2℃。沸点 250℃以上で分解のため測定不能。比重 1.18（25℃）。蒸気圧 5 × 10^{-7} Pa 以下（25℃）。水に難溶。アセトン、酢酸エチル、メタノールに可溶。

【用途】　農薬（殺虫剤）。

【毒性】　原体の LD_{50} ＝ ラット雄経口：86 mg/kg、ラット雌経口：75 mg/kg、マウス雄経口：114 mg/kg、マウス雌経口：107 mg/kg、LD_{50} ≧ ラット雄経皮：2000 mg/kg、ラット雌経皮：3000 mg/kg。LC_{50} ＝ ラット雄吸入：2.21 mg/L（4 hr）、ラット雌吸入：1.50 mg/L（4 hr）。

劇物	5-クロロ-N-[2-[4-（2-エトキシエチル）-2,3-ジメチルフェノキシ]エチル]-6-エチルピリミジン-4-アミン
毒物及び劇物指定令第 2 条／14 の 3	5-Chloro-N-[2-[4-(2-ethoxyethyl)-2,3-dimethylphenoxy]ethyl]-6-ethylpyrimidin-4-amine 〔別名〕ピリミジフェン

【組成・化学構造】

分子式　$C_{20}H_{28}ClN_3O_2$

構造式

【CAS 番号】　105779-78-0

【性状】　白色結晶または結晶性の粉末。融点 69.4 ～ 70.9℃。比重 1.22。蒸気圧 1.2 × 10^{-9} mmHg（25℃）。

【用途】　柑橘のミカンハダニ、りんごのナミハダニ、リンゴハダニなどのハダニ類やキャベツのコナガなどに有効な殺ダニ剤・殺虫剤。

【毒性】　原体の LD_{50} ＝ ラット雄経口：148 mg/kg、ラット雌経口：115 mg/kg。LD_{50} ＞ ラット雌雄経皮：2000 mg/kg。

441

各　論

劇物	クロロぎ酸ノルマルプロピル
毒物及び劇物指定令 第2条／28の6	***n*-Propyl chloroformate**

【組成・化学構造】　分子式　$C_4H_7ClO_2$

構造式

H_3C＼／＼O／＼Cl　（構造式：クロロぎ酸ノルマルプロピル）

【CAS番号】：109-61-5

【性状】：無色または淡黄色の液体。沸点105〜106℃。比重1.090。蒸気圧26 mmHg（20℃）。水に不溶で、徐々に分解する。ベンゼン、クロロホルム、エーテル、アルコールに可溶。

【用途】：医薬・農薬用原料。

【毒性】：原体のLD_{50}＝マウス経口：650 mg/kg。LC_{50}＝マウス吸入：319 ppm（1 hr）。
皮膚刺激性がある。

劇物	クロロ酢酸エチル
毒物及び劇物指定令 第2条／28の7	**Ethyl chloroacetate**

【組成・化学構造】　分子式　$C_4H_7ClO_2$

構造式

H_3C＼／＼O／＼Cl　（構造式：クロロ酢酸エチル）

【CAS番号】：105-39-5

【性状】：無色または淡褐色の液体。沸点141〜146℃。融点 −26℃。比重1.150。蒸気圧10 mmHg（38℃）。水に不溶。アルコール、エーテル、ベンゼンに可溶。

【用途】：医薬・農薬用原料。

【毒性】：原体のLD_{50}＝ラット経口：180 mg/kg、マウス経口：350 mg/kg、ラット経皮：161 mg/kg、ウサギ経皮：230 mg/kg。
眼粘膜刺激性を有する。

442

劇　物

劇物	クロロ酢酸ナトリウム
毒物及び劇物指定令 第2条／28の8	**Sodium chloroacetate** 〔別名〕モノクロル酢酸ソーダ

【組成・化学構造】　**分子式**　$C_2H_2ClNaO_2$

構造式

$Cl\diagdown\diagup\overset{\displaystyle O}{\underset{\displaystyle O}{\parallel}}-Na^+$

【CAS番号】　3926-62-3

【性状】　無色の結晶。水に可溶。

【用途】　有機合成原料など。

【毒性】　原体の LD_{50} ＝ ラット経口：95 mg/kg、マウス経口：318 mg/kg、ウサギ経口：156 mg/kg、モルモット経口：99 mg/kg、ニワトリ経口：81 mg/kg。

劇物	2-クロロニトロベンゼン
毒物及び劇物指定令 第2条／28の9	**2-Chloronitrobenzene** 〔別名〕*o*-クロロニトロベンゼン、*o*-ニトロクロロベンゼン

【組成・化学構造】　**分子式**　$C_6H_4ClNO_2$

構造式

（構造式：NO_2 と Cl を持つベンゼン環）

【CAS番号】　88-73-3

【性状】　黄色の針状晶。沸点245℃。融点33℃。蒸気圧8 mmHg（119℃）。水に不溶。エーテル、エタノール、ベンゼンに可溶。

【用途】　アゾ染料中間物として、ファストエロー G ベース（*o*-クロロアニリン）、ファストオレンジ GR ベース（*o*-ニトロアニリン）、ファストスカーレット R ベース、ファストレッド BB ベース（*o*-アニシジン）、ファストレッド ITR ベース、*o*-フェネチジン、*o*-アミノフェノールなどの原料。

【毒性】　原体の LD_{50} ＝ ラット経口：286 mg/kg、マウス経口：135 mg/kg、ウサギ経口：280 mg/kg。

各　　論

劇物	トランス-*N*-(6-クロロ-3-ピリジルメチル)-*N′*-シアノ-*N*-メチルアセトアミジン
毒物及び劇物指定令 第2条／28の10	(*E*)-*N*-[(6-Chloro-3-pyridyl) methyl]-*N′*-cyano-*N*-methylacetamidine 〔別名〕アセタミプリド

【組成・化学構造】　**分子式**　$C_{10}H_{11}ClN_4$

構造式

【CAS番号】　160430-64-8

【性状】　白色の結晶固体。融点 98.9℃。比重 1.330。蒸気圧 < 1.0×10^{-6} Pa（25℃）。溶解度 4.25 g/L。アセトン、エタノール、メタノール、クロロホルム、ジクロロメタン、アセトニトリル等の有機溶媒に可溶。$\log P_{ow}$ = 0.80（25℃）。

【用途】　農薬。十字花科作物のコナガ、果菜類のミナミキイロアザミウマ、アブラムシ類、タバココナジラミなど、果樹ではシンクイムシ類、ハモグリガ、コナカイガラムシ類、アザミウマ類などの害虫に有効な殺虫剤。

【毒性】　原体の LD_{50} ＝ ラット雄経口：217 mg/kg、ラット雌経口：146 mg/kg、マウス雄経口：198 mg/kg、マウス雌経口：184 mg/kg、LD_{50} ≧ ラット雄経皮：2000 mg/kg、ラット雌経皮：2000 mg/kg。LC_{50} ≧ ラット雄吸入（ダスト）：300 mg/m^3、ラット雌吸入（ダスト）：300 mg/m^3。眼刺激性なし。皮膚刺激性なし。

劇物	1-(6-クロロ-3-ピリジルメチル)-*N*-ニトロイミダゾリジン-2-イリデンアミン
毒物及び劇物指定令 第2条／28の11	1-(6-Chloro-3-pyridylmethyl)-*N*-nitroimidazolidin-2-ylideneamine 〔別名〕イミダクロプリド／Imidacloprid

【組成・化学構造】　**分子式**　$C_9H_{10}ClN_5O_2$

構造式

【CAS番号】　105827-78-9

【性状】　弱い特異臭のある無色の結晶。沸点 144℃。比重 1.542（20℃）。蒸気圧 2×10^{-7} Pa（25℃）。$\log P_{ow}$ = 0.57（21℃）。水に難溶。pH5 および pH9 で安定。

劇　物

【用途】 野菜等のアブラムシ類などの害虫を防除する農薬。
【毒性】 原体の LD_{50} ＝ ラット雄経口：440 mg/kg、ラット雌経口：410 mg/kg、マウス雄経口：100 mg/kg、マウス雌経口：98 mg/kg、$LD_{50} \geqq$ ラット雌雄経皮：2000 mg/kg。
2％粒剤の $LD_{50} \geqq$ ラット雌雄経口：5000 mg/kg、LD_{50} ＝ マウス雄経口：4500 mg/kg、マウス雌経口：4700 mg/kg。
【その他】〔製品〕
　①劇物に該当しないもの
　　アドマイヤー箱粒剤（イミダクロプリド 2％）、アドマイヤー 1 粒剤（イミダクロプリド 1％）およびアドマイヤー粉剤 DL（イミダクロプリド 0.25％）。
　②劇物に該当するもの
　　アドマイヤー水和剤（イミダクロプリド 10％）。

劇物	3-（6-クロロピリジン-3-イルメチル）-1,3-チアゾリジン-2-イリデンシアナミド
毒物及び劇物指定令 第 2 条／28 の 12	3-(6-Chloropyridin-3-ylmethyl)-1,3-thiazolidin-2-ylidenecyanamide 〔別名〕チアクロプリド／Thiacloprid

【組成・化学構造】 分子式　$C_{10}H_9ClN_4S$

構造式

【CAS 番号】 111988-49-9
【性状】 無臭の黄色の粉末結晶。沸点 136℃。比重 1.46（20℃）。蒸気圧 3×10^{-12} hPa（20℃）。$\log P_{ow}$ ＝ 1.26（20℃）。20℃における溶解度（g/L）は、水で 0.185、オクタノールで 1.4、アセトンで 64、ジメチルスルホキシドで 150、ジクロロメタンで 160。
【用途】 シンクイムシ類等に対する農薬。
【毒性】 原体の LD_{50} ＝ ラット雄経口：836 mg/kg、ラット雌経口：444 mg/kg、マウス雄経口：127 mg/kg、マウス雌経口：147 mg/kg、$LD_{50} \geqq$ ラット雌雄経皮：2000 mg/kg。$LC_{50} \geqq$ ラット雄吸入（ダスト）：2535 mg/m^3（4 hr）、LC_{50} ＝ ラット雌吸入（ダスト）：約 1223 mg/m^3（4 hr）。
3％フロアブル剤の $LD_{50} \geqq$ ラット雌雄経口：3000 mg/kg、マウス雌雄経口：3000 mg/kg、ラット雌雄経皮：2000 mg/kg。さらに、ウサギにおいて皮膚刺激性はないが、軽度の眼刺激性を有する。
1.5％粒剤の $LD_{50} \geqq$ ラット雌雄経口：5000 mg/kg、マウス雌雄経口：5000

445

各　　論

【その他】〔製品〕

①劇物に該当しないもの

バリアード箱粒剤（チアクロプリド1%）、ウィンバリアード箱粒剤（チアクロプリド1.5%、カルプロパミド4%）。

②劇物に該当するもの

バリアード顆粒水和剤（チアクロプリド30%）。

劇物	(RS)-[O-1-(4-クロロフェニル)ピラゾール-4-イル=O-エチル=S-プロピル=ホスホロチオアート]
毒物及び劇物指定令 第2条／28の13	(RS)-[O-1-(4-Chlorophenyl) pyrazol-4-yl O-ethyl S-propyl phosphorothioate] 〔別名〕ピラクロホス／Pyraclofos

【組成・化学構造】 分子式　$C_{14}H_{18}ClN_2O_3PS$

構造式

mg/kg、ラット雌雄経皮：2000 mg/kg。

【CAS番号】 77458-01-6

【性状】 淡黄色の油状液体。沸点164℃（0.01 mmHg）。水に不溶。アセトン、エタノール等に可溶。

【用途】 農業用殺虫剤（茶のチャノコカクモンハマキなど）。

【毒性】 原体のLD_{50}＝ラット雄経口：237 mg/kg。

50%製剤のLD_{50}＝ラット雄経口：457 mg/kg。

35%製剤のLD_{50}＝ラット雄経口：384 mg/kg。

劇物	クロロプレン
毒物及び劇物指定令 第2条／28の14	Chloroprene 〔別名〕クロロブタジエン、β-クロロプレン、2-クロロ-1,3-ブタジエン

【組成・化学構造】 分子式　C_4H_5Cl

構造式

【CAS番号】 126-99-8

【性状】 特異臭のある無色の揮発性液体。沸点59.4℃。比重0.958（20℃）。蒸気圧250 hPa（20℃）。水に難溶。多くの有機溶剤に可溶。蒸気は空気より

重く、引火性。引火点 −20℃。爆発限界 4 〜 20 vol%（空気中）。クロロプレンは不安定な化合物で、特定の状況下で過酸化物を生成して重合することがあり、安定剤を添加し低温下で貯蔵される。

【用途】　合成ゴム原料など。

【毒性】　原体の LD_{50} ＝ ラット経口：450 mg/kg、マウス経口：146 mg/kg。LC_{50} ＝ ラット吸入：11800 mg/m^3（4 hr）、マウス吸入：2300 mg/m^3（2 hr）。

劇物	クロロホルム
毒物及び劇物取締法 別表第二／20	**Chloroform** 〔別名〕トリクロロメタン

【組成・化学構造】　**分子式**　CHCl$_3$

　　　　　　　　　　構造式

【CAS 番号】　67-66-3

【性状】　無色の揮発性液体。特異臭と甘味を有する。水に難溶。グリセリンとは混和しないが、純アルコール、エーテル、脂肪酸、揮発油とはよく混和する。ヨード、硫黄、リン、パラフィン、樹脂などを溶解する。純品の沸点は 61.2℃、比重は 15℃で 1.498。純粋のクロロホルムは、空気に触れ、同時に日光の作用を受けると分解して塩素、塩化水素、ホスゲン、四塩化炭素を生成するが、少量のアルコールを含有させると、分解を防ぐことができる。

【用途】　溶媒。

【毒性】　クロロホルムは原形質毒である。この作用は脳の節細胞を麻酔させ、赤血球を溶解する。吸収すると、はじめは嘔吐、瞳孔の縮小、運動性不安が現れ、脳およびその他の神経細胞を麻酔させる。筋肉の張力は失われ、反射機能は消失し、瞳孔は散大する。中毒の際は、呼吸麻痺または心臓停止による死亡が多い。

【応急措置基準】　〔措置〕

(1)漏えい時

　風下の人を退避させ、漏えいした場所の周辺にはロープを張るなどして人の立入りを禁止する。作業の際には必ず保護具を着用し、風下で作業をしない。漏えいした液は土砂等でその流れを止め、安全な場所に導き、空容器にできるだけ回収し、そのあとを中性洗剤等の分散剤を使用して多量の水で洗い流す。この場合、高濃度の廃液が河川等に排出されないよう注意する。

(2)出火時

各　　論

・周辺火災の場合 ＝ 速やかに容器を安全な場所に移す。移動不可能な場合には、容器および周囲に散水して冷却する。

(3)暴露・接触時

①急性中毒と刺激性

・吸入した場合 ＝ 強い麻酔作用があり、めまい、頭痛、吐き気を催し、重症の場合は嘔吐、意識不明などを起こす。

・皮膚に触れた場合 ＝ 皮膚から吸収され、湿疹を生じたり、吸入した場合と同様の中毒症状を起こすことがある。

・眼に入った場合 ＝ 粘膜を刺激して炎症を起こす。

②医師の処置を受けるまでの救急方法

・吸入した場合 ＝ 多量に吸入した場合は、直ちに患者を毛布等にくるんで安静にさせ、新鮮な空気の場所に移す。呼吸困難または呼吸停止の場合は、直ちに人工呼吸を行う。

・皮膚に触れた場合 ＝ 直ちに汚染された衣服や靴などを脱がせ、付着部または接触部を石けん水で洗浄し、多量の水で洗い流す。

・眼に入った場合 ＝ 直ちに多量の水で 15 分間以上洗い流す。

(4)注意事項

火災などで強熱されるとホスゲンを生成するおそれがある。

(5)保護具

保護眼鏡、保護手袋、保護長靴、保護衣、有機ガス用防毒マスク（火災時：人工呼吸器）

【廃棄基準】〔廃棄方法〕

燃焼法

過剰の可燃性溶剤または重油等の燃料とともに、アフターバーナーおよびスクラバーを備えた焼却炉の火室へ噴霧してできるだけ高温で焼却する。

〈備考〉

・スクラバーの洗浄液には、アルカリ溶液を用いる。

・焼却炉は有機ハロゲン化合物を焼却するのに適したものであること。

〔生成物〕$NaCl$

〔検定法〕ガスクロマトグラフィー

【その他】〔鑑識法〕

①アルコール溶液に、水酸化カリウム溶液と少量のアニリンを加えて熱すると、不快な刺激臭を放つ。

②レゾルシンと 33％の水酸化カリウム溶液と熱すると黄赤色を呈し、緑色の螢石彩を放つ。

③ベタナフトールと高濃度水酸化カリウム溶液と熱すると藍色を呈し、

448

空気に触れて緑より褐色に変化し、酸を加えると赤色の沈殿を生じる。

〔貯法〕冷暗所に貯蔵する。純品は空気と日光によって変質するので、少量のアルコールを加えて分解を防止する。

ケイフッ化水素酸塩類

劇物	毒物及び劇物取締法　別表第二／21 毒物及び劇物指定令　第2条／29・30

ケイフッ化水素酸塩類は、フッ素の化合物より水に難溶で、その作用は緩和である。

【毒性】

腐食、殺菌作用。

【鑑識法】

(1)希硫酸とはほとんど反応しないが、濃硫酸と反応してフッ化水素とフッ化ケイ素を生成する。ただし、この反応は時計皿の凸部に水滴を付着させたものを蓋にした白金皿、または鉛皿で行う必要がある。

(2)水溶液はバリウム化合物の溶液（以下同じ）で、白色のケイフッ化バリウムを沈殿する。

(3)苛性アルカリ、炭酸アルカリ、アンモニア水で凝膠状ケイ酸を沈殿する。

劇物	ケイフッ化水素酸
毒物及び劇物取締法 別表第二／21 毒物及び劇物指定令 第2条／29	**Fluorosilicic acid** 〔別名〕フッ化ケイ素酸、ヘキサフルオロケイ酸、ケイフッ酸

【組成・化学構造】　分子式　F_6H_2Si

構造式　$\left[\begin{array}{ccc} & F & \\ F & | & F \\ & Si & \\ F & | & F \\ & F & \end{array}\right]^{2-} 2H^+$

【CAS番号】　16961-83-4

【性状】　無色澄明の、刺激臭を有する発煙性の液体。沸点108.5℃。比重約1.32。水に可溶。

【用途】　セメントの硬化促進剤、スズの電解精錬や鍍金の際の電解液。

【毒性】　ケイフッ化水素酸塩類と同様の性質を有する。中毒作用は中枢神経興奮作用で、悪心、吐き気、上腹部痛み、次いで筋肉低下、全身痙攣、体温低下、呼吸困難、全身硬直の後に死亡する。局所の刺激作用も強く、結膜、口腔、気道などの粘膜が侵される。皮膚接触により、深いやけどとなることがある。

【応急措置基準】　〔措置〕

各　　論

(1)漏えい時

　風下の人を退避させ、必要があれば水で濡らした手ぬぐい等で口およ
び鼻を覆う。漏えいした場所の周辺にはロープを張るなどして人の立入
りを禁止する。作業の際には必ず保護具を着用し、風下で作業をしない。

　漏えいした液は土砂等でその流れを止め、安全な場所に導き、できるだ
け空容器に回収し、そのあとを徐々に注水してある程度希釈した後、水
酸化カルシウム等の水溶液で処理し、多量の水で洗い流す。発生する気
体は霧状の水をかけて吸収させる。この場合、高濃度の廃液が河川等に
排出されないよう注意する。

(2)出火時

・周辺火災の場合 ＝ 速やかに容器を安全な場所に移す。移動不可能な場
　合には、遮蔽物の活用など容器の破損に対する防護措置を講じ、容器
　および周囲に散水して冷却する。この場合、容器に水が入らないよう
　注意する。

(3)暴露・接触時

①急性中毒と刺激性

・吸入した場合 ＝ 鼻、のど、気管支、肺などの粘膜が刺激され、侵さ
　れる。重症の場合には肺水腫を生じ、呼吸困難を起こす。

・皮膚に触れた場合 ＝ 強い痛みを感じ、皮膚の内部にまで浸透腐食す
　る。薄い溶液でも指先に触れると爪の間に浸透し、激痛を感じる。

・眼に入った場合 ＝ 粘膜等が侵され、失明することがある。

②医師の処置を受けるまでの救急方法

・吸入した場合 ＝ 直ちに患者を毛布等にくるんで安静にさせ、新鮮な
　空気の場所に移し、直ちに酸素吸入を行う。呼吸困難または呼吸停
　止の場合には直ちに人工呼吸を行う。

・皮膚に触れた場合 ＝ 直ちに付着部または接触部を多量の水で洗い流
　した後、汚染された衣服や靴などを脱がせる。

・眼に入った場合 ＝ 直ちに多量の水で 15 分間以上洗い流す。

(4)注意事項

①火災等で強熱されると有毒なフッ化水素ガスおよび四フッ化ケイ素
　ガスを生成する。

②大部分の金属、ガラス、コンクリート等を腐食する。

③水と急激に接触すると多量の熱を発し、酸が飛散することがある。

④直接中和剤を散布すると発熱し、酸が飛散することがあるので、あ
　る程度希釈してから中和する。

⑤皮膚に接触した場合には、至急医師による手当て等を受ける。

(5)保護具

劇　　物

保護眼鏡、保護手袋、保護長靴、保護衣、人工呼吸器

【廃棄基準】〔廃棄方法〕

分解沈殿法

多量の水酸化カルシウム水溶液に攪拌しながら少量ずつ加えて中和し、沈殿濾過して埋立処分する。

〈備考〉

・水酸化カルシウム水溶液と急激に混合すると多量の熱を発生し、酸が飛散することがあるので注意する。

・中和時の pH は 8.5 以上とする。これ未満では沈殿が完全には生成されない。

〔生成物〕CaF$_2$, SiO$_2$, CaSiO$_3$

〔検定法〕イオン電極法、吸光光度法

〔その他〕作業の際には未反応の有毒なガスを生成することがあるので、必ず保護具を着用する。ガスは少量の吸入であっても危険なので注意する。

劇物	ケイフッ化カリウム
毒物及び劇物指定令 第2条／30	**Potassium silicofluoride** 〔別名〕ヘキサフルオロケイ酸カリウム

【組成・化学構造】 分子式　F$_6$K$_2$Si

構造式

$$2K^+ \left[\begin{array}{c} F \\ F-Si-F \\ F \quad F \\ F \end{array} \right]^{2-}$$

【CAS 番号】16871-90-2

【性状】無色の結晶性粉末。融点 750℃（分解）。水に難溶（20℃で水 100 mL に 0.16 g 溶解）。塩酸に可溶。アルコールに不溶。

【応急措置基準】〔措置〕

(1)漏えい時

飛散した場所の周辺にはロープを張るなどして人の立入りを禁止する。作業の際には必ず保護具を着用し、風下で作業をしない。飛散したものは空容器にできるだけ回収し、そのあとを多量の水で洗い流す。

(2)出火時

・周辺火災の場合 ＝ 速やかに容器を安全な場所に移す。移動不可能な場合には容器および周囲に散水して冷却する。

(3)暴露・接触時

①急性中毒と刺激性

・吸入した場合 ＝ 重症の場合には鼻、のど、気管支、肺などの粘膜を

劇
物

451

各　論

刺激し、炎症を起こすことがある。

・眼に入った場合＝異物感を与え、粘膜を刺激する。

②医師の処置を受けるまでの救急方法

・吸入した場合＝鼻をかませ、うがいをさせる。

・皮膚に触れた場合＝直ちに汚染された衣服や靴などの汚れを落とし、付着部または接触部を石けん水で洗浄し、多量の水で洗い流す。

・眼に入った場合＝直ちに多量の水で15分間以上洗い流す。

(4)注意事項

①火災等で強熱されると有害な四フッ化ケイ素ガスを生成する。

②酸と接触すると有毒なフッ化水素ガスおよび四フッ化ケイ素ガスを生成する。

(5)保護具

保護眼鏡、保護手袋、保護長靴、保護衣、防塵マスク（火災時：人工呼吸器）

【廃棄基準】〔廃棄方法〕

分解沈殿法

水に溶かし、水酸化カルシウム等の水溶液を加えて処理した後、希硫酸を加えて中和し、沈殿濾過して埋立処分する。

〈備考〉処理時の pH は 8.5 以上とする。これ未満では沈殿が完全には生成されない。

〔生成物〕CaF_2, SiO_2, $CaSiO_3$

〔検定法〕吸光光度法、イオン電極法（F）

〔その他〕本薬物の付着した紙袋等を焼却すると、フッ化水素および四フッ化ケイ素のガスを生成するので、洗浄装置のない焼却炉等で焼却しない。

劇物　毒物及び劇物指定令 第2条／30・79	**ケイフッ化バリウム** Barium silicofluoride 〔別名〕ヘキサフルオロケイ酸バリウム、フッ化ケイ素酸バリウム

【組成・化学構造】

分子式　$Ba \cdot F_6Si$

構造式

$$Ba^{2+} \begin{bmatrix} & F & \\ F & | & F \\ & Si & \\ F & | & F \\ & F & \end{bmatrix}^{2-}$$

【CAS番号】17125-80-3

【性状】無色の結晶性粉末。融点300℃。水に難溶（20℃で水 100 mL に 0.02 g 溶解）。酸、塩化アンモニアに可溶。アルコールに不溶。加熱により分解する。

劇　　物

【用途】農薬、工業用の陶磁器の釉薬、乳白ガラスの製造、ホウロウ、ゴム着色剤。

【応急措置基準】〔措置〕

(1)漏えい時

　飛散した場所の周辺にはロープを張るなどして人の立入りを禁止する。作業の際には必ず保護具を着用し、風下で作業をしない。飛散したものは空容器にできるだけ回収し、そのあとを多量の水で洗い流す。

(2)出火時

・周辺火災の場合 ＝ 速やかに容器を安全な場所に移す。移動不可能な場合には容器および周囲に散水して冷却する。

(3)暴露・接触時

　①急性中毒と刺激性

・吸入した場合 ＝ 重症の場合には鼻、のど、気管支、肺などの粘膜を刺激し、炎症を起こすことがある。

・眼に入った場合 ＝ 異物感を与え、粘膜を刺激する。

　②医師の処置を受けるまでの救急方法

・吸入した場合 ＝ 鼻をかませ、うがいをさせる。

・皮膚に触れた場合 ＝ 直ちに汚染された衣服や靴などの汚れを落とし、付着部または接触部を石けん水で洗浄し、多量の水で洗い流す。

・眼に入った場合 ＝ 直ちに多量の水で 15 分間以上洗い流す。

(4)注意事項

　①多量に摂取すると嘔吐、腹痛、下痢等の症状を起こすことがある。

　②火災等で強熱されると有毒な四フッ化ケイ素ガスを生成する。

　③酸と接触すると有毒なフッ化水素ガスおよび四フッ化ケイ素ガスを生成する。

(5)保護具

　保護眼鏡、保護手袋、保護長靴、保護衣、防塵マスク（火災時：人工呼吸器）

【廃棄基準】〔廃棄方法〕

分解沈殿法

　水に懸濁し、希硫酸を加えて分解した後、水酸化カルシウム水溶液を加えて処理し、沈殿濾過して埋立処分する。

　〈備考〉

・希硫酸を過剰に加えない。希硫酸を過剰に加えるとフッ化水素ガスおよび四フッ化ケイ素ガスを生成する。

・中和時の pH は 8.5 以上とする。これ未満では沈殿が完全には生成されない。

各　論

〔生成物〕CaF₂, SiO₂, CaSiO₃, BaSO₄

〔検定法〕吸光光度法、原子吸光法、イオン電極法（F）

〔その他〕本薬物の付着した紙袋等を焼却するとフッ化水素および四フッ化ケイ素のガスを生成するので、洗浄装置のない焼却炉等で焼却しない。

劇物	ケイフッ化ナトリウム
毒物及び劇物指定令 第2条／30	**Sodium silicofluoride** 〔別名〕ヘキサフルオロケイ酸ナトリウム、ケイフッ化ソーダ

【組成・化学構造】 ┃分子式┃ F_6Na_2Si

┃構造式┃

$$2Na^+ \left[\begin{array}{c} F \\ F \diagdown \underset{|}{Si} \diagup F \\ F \diagup \quad \diagdown F \\ F \end{array} \right]^{2-}$$

【CAS番号】16893-85-9

【性状】白色の結晶。融点485℃（分解）。水に難溶（20℃で水100 mLに0.67 g溶解）。アルコールに不溶。

【用途】釉薬、試薬。

【毒性】原体のLD_{50}＝ラット経口：125 mg/kg。

【応急措置基準】〔措置〕

(1)漏えい時

飛散した場所の周辺にはロープを張るなどして人の立入りを禁止する。作業の際には必ず保護具を着用し、風下で作業をしない。飛散したものは空容器にできるだけ回収し、そのあとを多量の水で洗い流す。

(2)出火時

・周辺火災の場合＝速やかに容器を安全な場所に移す。移動不可能な場合には容器および周囲に散水して冷却する。

(3)暴露・接触時

①急性中毒と刺激性

・吸入した場合＝重症の場合には鼻、のど、気管支、肺などの粘膜を刺激し、炎症を起こすことがある。

・眼に入った場合＝異物感を与え、粘膜を刺激する。

②医師の処置を受けるまでの救急方法

・吸入した場合＝鼻をかませ、うがいをさせる。

・皮膚に触れた場合＝直ちに汚染された衣服や靴などの汚れを落とし、付着部または接触部を石けん水で洗浄し、多量の水で洗い流す。

・眼に入った場合＝直ちに多量の水で15分間以上洗い流す。

(4)注意事項

①火災等で強熱されると有毒な四フッ化ケイ素ガスを生成する。

劇　物

②酸と接触すると有毒なフッ化水素ガスおよび四フッ化ケイ素ガスを
生成する。

(5)保護具

保護眼鏡、保護手袋、保護長靴、保護衣、防塵マスク（火災時：人工
呼吸器）

【廃棄基準】〔廃棄方法〕

分解沈殿法

水に溶かし、水酸化カルシウム等の水溶液を加えて処理した後、希硫
酸を加えて中和し、沈殿濾過して埋立処分する。

〈備考〉処理時の pH は 8.5 以上とする。これ未満では沈殿が完全には
生成されない。

〔生成物〕CaF$_2$, SiO$_2$, CaSiO$_3$

〔検定法〕吸光光度法、イオン電極法（F）

〔その他〕本薬物の付着した紙袋等を焼却すると、フッ化水素および四
フッ化ケイ素のガスを生成するので、洗浄装置のない焼却炉等で焼却し
ない。

劇物	**ケイフッ化亜鉛**
毒物及び劇物指定令 第 2 条／30	**Zinc silicofluoride** 〔別名〕ヘキサフルオロケイ酸亜鉛

【組成・化学構造】 **分子式** F$_6$Si・Zn

構造式

$$Zn^{2+} \left[\begin{matrix} & F & \\ F & | & F \\ & Si & \\ F & | & F \\ & F & \end{matrix} \right]^{2-}$$

【CAS 番号】 16871-71-9

【性状】 無水物もあるが、一般には六水和物が流通している。六水和物は、白色
結晶で融点 115℃（分解）。水に可溶（20℃で水 100 mL に 36.2 g 溶解）。
エタノールに可溶。

【用途】 木材防腐剤、コンクリート増強剤。

【応急措置基準】 〔措置〕

(1)漏えい時

飛散した場所の周辺にはロープを張るなどして人の立入りを禁止する。
作業の際には必ず保護具を着用し、風下で作業をしない。飛散したもの
は空容器にできるだけ回収し、そのあとを水酸化カルシウム等の水溶液
を用いて処理し、多量の水で洗い流す。この場合、高濃度の廃液が河川
等に排出されないよう注意する。

(2)出火時

劇
物

455

各　　論

・周辺火災の場合＝速やかに容器を安全な場所に移す。移動不可能な場合には容器および周囲に散水して冷却する。

(3)暴露・接触時

①急性中毒と刺激性

・吸入した場合＝鼻、のど、気管支、肺などの粘膜を刺激し、炎症を起こすことがある。

・皮膚に触れた場合＝刺激作用があり、炎症を起こすことがある。

・眼に入った場合＝粘膜を激しく刺激する。

②医師の処置を受けるまでの救急方法

・吸入した場合＝鼻をかませ、うがいをさせる。

・皮膚に触れた場合＝直ちに汚染された衣服や靴などを脱がせ、付着部または接触部を石けん水で洗浄し、多量の水で洗い流す。

・眼に入った場合＝直ちに多量の水で15分間以上洗い流す。

(4)注意事項

①火災等で強熱されると有毒な酸化亜鉛の煙霧および四フッ化ケイ素ガスを生成する。

②酸と接触すると有毒なフッ化水素ガスおよび四フッ化ケイ素ガスを生成する。

(5)保護具

保護眼鏡、保護手袋、保護長靴、保護衣、防塵マスク（火災時：人工呼吸器）

【廃棄基準】〔廃棄方法〕

(1)分解沈殿法

水に溶かし、水酸化カルシウム等の水溶液を加えて処理し、沈殿濾過して埋立処分する。

(2)焙焼法

多量の場合には還元焙焼法により金属亜鉛として回収する。

〈備考〉

・処理時のpHは8.5以上とする。これ未満では沈殿が完全には生成されない。

・焙焼法による場合には専門業者に処理を委託することが望ましい。

〔生成物〕CaF_2, SiO_2, $CaSiO_3$, $Zn(OH)_2$

〔検定法〕吸光光度法、原子吸法法、イオン電極法（F）

〔その他〕本薬物の付着した紙袋等を焼却すると、金属のフッ化物および酸化物の煙霧ならびにフッ化水素および四フッ化ケイ素のガスを生成するので、洗浄装置のない焼却炉等で焼却しない。

劇　物

劇物	ケイフッ化アンモニウム
毒物及び劇物指定令 第2条／30	**Ammonium silicofluoride** 〔別名〕ヘキサフルオロケイ酸アンモニウム

【組成・化学構造】　**分子式**　$F_6H_8N_2Si$

構造式

$$2NH_4^+ \left[\begin{array}{c} F \\ F\!-\!\underset{\underset{F}{|}}{\overset{\overset{F}{|}}{Si}}\!-\!F \\ F \end{array} \right]^{2-}$$

【CAS番号】　16919-19-0

【性状】　無色の結晶。融点275℃（分解）。水に可溶（20℃で水100 mLに17.1 g溶解）。

【用途】　塩素酸アンモニウムの製造など。

【応急措置基準】　〔措置〕

(1)漏えい時

　飛散した場所の周辺にはロープを張るなどして人の立入りを禁止する。作業の際には必ず保護具を着用し、風下で作業をしない。飛散したものは空容器にできるだけ回収し、そのあとを水酸化カルシウム等の水溶液を用いて処理し、多量の水で洗い流す。この場合、高濃度の廃液が河川等に排出されないよう注意する。

(2)出火時

・周辺火災の場合 ＝ 速やかに容器を安全な場所に移す。移動不可能な場合には容器および周囲に散水して冷却する。

・着火した場合 ＝ 必ず保護具を着用し、多量の水で消火する。

・消火剤 ＝ 水

(3)暴露・接触時

　①急性中毒と刺激性

・吸入した場合 ＝ 鼻、のど、気管支、肺などの粘膜を刺激し、炎症を起こすことがある。

・皮膚に触れた場合 ＝ 刺激作用があり、炎症を起こすことがある。

・眼に入った場合 ＝ 粘膜を激しく刺激する。

　②医師の処置を受けるまでの救急方法

・吸入した場合 ＝ 鼻をかませ、うがいをさせる。

・皮膚に触れた場合 ＝ 直ちに汚染された衣服や靴などを脱がせ、付着部または接触部を石けん水で洗浄し、多量の水で洗い流す。

・眼に入った場合 ＝ 直ちに多量の水で15分間以上洗い流す。

(4)注意事項

　①火災等で燃焼すると有毒な四フッ化ケイ素ガスを生成する。

各　　論

②酸と接触すると有毒なフッ化水素ガスおよび四フッ化ケイ素ガスを
生成する。

(5)保護具

保護眼鏡、保護手袋、保護長靴、保護衣、防塵マスク（火災時：人工
呼吸器）

【廃棄基準】〔廃棄方法〕

分解沈殿法

水に溶かし、水酸化カルシウム等の水溶液を加えて処理した後、希硫
酸を加えて中和し、沈殿濾過して埋立処分する。

〈備考〉処理時の pH は 8.5 以上とする。これ未満では沈殿が完全には
生成されない。

〔生成物〕CaF_2，SiO_2，$CaSiO_3$

〔検定法〕吸光光度法、イオン電極法（F）

〔その他〕本薬物の付着した紙袋等を焼却すると、フッ化水素および四
フッ化ケイ素のガスを生成するので、洗浄装置のない焼却炉等で焼却し
ない。

劇物	ケイフッ化銅
毒物及び劇物指定令 第 2 条／30	**Copper silicofluoride** 〔別名〕ヘキサフルオロケイ酸銅（Ⅱ）

【組成・化学構造】 分子式　$Cu \cdot F_6Si$

構造式

$$Cu^{2+} \begin{bmatrix} & F & \\ F & | & F \\ & Si & \\ F & | & F \\ & F & \end{bmatrix}^{2-}$$

【CAS 番号】12062-24-7

【性状】無水物もあるが、一般には四水和物が流通している。四水和物は、青色
結晶で加熱すると分解する。水に易溶（25℃で水 100 mL に 84.1 g 溶解）。

【応急措置基準】〔措置〕

(1)漏えい時

飛散した場所の周辺にはロープを張るなどして人の立入りを禁止する。
作業の際には必ず保護具を着用し、風下で作業をしない。飛散したもの
は空容器にできるだけ回収し、そのあとを水酸化カルシウム等の水溶液
を用いて処理し、多量の水で洗い流す。この場合、高濃度の廃液が河川
等に排出されないよう注意する。

(2)出火時

・周辺火災の場合 ＝ 速やかに容器を安全な場所に移す。移動不可能な場
合には容器および周囲に散水して冷却する。

劇　物

(3)暴露・接触時

①急性中毒と刺激性

・吸入した場合 ＝ 鼻、のど、気管支、肺などの粘膜を刺激し、炎症を起こすことがある。

・皮膚に触れた場合 ＝ 刺激作用があり、炎症を起こすことがある。

・眼に入った場合 ＝ 粘膜を刺激する。

②医師の処置を受けるまでの救急方法

・吸入した場合 ＝ 鼻をかませ、うがいをさせる。

・皮膚に触れた場合 ＝ 直ちに汚染された衣服や靴などを脱がせ、付着部または接触部を石けん水で洗浄し、多量の水で洗い流す。

・眼に入った場合 ＝ 直ちに多量の水で15分間以上洗い流す。

(4)注意事項

①火災等で強熱されると有毒な酸化銅（Ⅱ）の煙霧および四フッ化ケイ素ガスを生成する。

②酸と接触すると有毒なフッ化水素ガスおよび四フッ化ケイ素ガスを生成する。

(5)保護具

保護眼鏡、保護手袋、保護長靴、保護衣、防塵マスク（火災時：人工呼吸器）

【廃棄基準】〔廃棄方法〕

(1)分解沈殿法

水に溶かし、水酸化カルシウム等の水溶液を加えて処理し、沈殿濾過して埋立処分する。

(2)焙焼法

多量の場合には還元焙焼法により金属銅として回収する。

〈備考〉

・処理時のpHは8.5以上とする。これ未満では沈殿が完全には生成されない。

・焙焼法による場合には専門業者に処理を委託することが望ましい。

〔生成物〕CaF_2, SiO_2, $CaSiO_3$, $Cu(OH)_2$

〔検定法〕吸光光度法、原子吸光法、イオン電極法（F）

〔その他〕本薬物の付着した紙袋等を焼却すると、金属のフッ化物および酸化物の煙霧ならびにフッ化水素および四フッ化ケイ素のガスを生成するので、洗浄装置のない焼却炉等で焼却しない。

劇物

各　論

劇物
毒物及び劇物指定令 第2条／30

ケイフッ化マグネシウム
Magnesium silicofluoride
〔別名〕ヘキサフルオロケイ酸マグネシウム

【組成・化学構造】　**分子式**　$F_6MgSi \cdot 6H_2O$

構造式

$$Mg^{2+} \left[\begin{array}{c} F \\ F{-}\underset{|}{\overset{|}{Si}}{-}F \\ F \quad F \\ F \end{array} \right] \cdot 6H_2O$$

【CAS番号】18972-56-0

【性状】無色の結晶。120℃で分解。水に可溶（20℃で水 100 mL に 24.3 g 溶解）。

【用途】コンクリート増強剤など。

【応急措置基準】〔措置〕

(1)漏えい時

　飛散した場所の周辺にはロープを張るなどして人の立入りを禁止する。作業の際には必ず保護具を着用し、風下で作業をしない。飛散したものは空容器にできるだけ回収し、そのあとを水酸化カルシウム等の水溶液を用いて処理し、多量の水で洗い流す。この場合、高濃度な廃液が河川等に排出されないよう注意する。

(2)出火時

・周辺火災の場合 ＝ 速やかに容器を安全な場所に移す。移動不可能な場合には容器および周囲に散水して冷却する。

(3)暴露・接触時

　①急性中毒と刺激性

　・吸入した場合 ＝ 鼻、のど、気管支、肺などの粘膜を刺激し、炎症を起こすことがある。

　・皮膚に触れた場合 ＝ 刺激作用があり、炎症を起こすことがある。

　・眼に入った場合 ＝ 粘膜を刺激する。

　②医師の処置を受けるまでの救急方法

　・吸入した場合 ＝ 鼻をかませ、うがいをさせる。

　・皮膚に触れた場合 ＝ 直ちに汚染された衣服や靴などを脱がせ、付着部または接触部を石けん水で洗浄し、多量の水で洗い流す。

　・眼に入った場合 ＝ 直ちに多量の水で 15 分間以上洗い流す。

(4)注意事項

　①火災等で強熱されると有毒な酸化マグネシウムの煙霧および四フッ化ケイ素ガスを生成する。

　②酸と接触すると有毒なフッ化水素ガスおよび四フッ化ケイ素ガスを生成する。

460

劇　物

(5)**保護具**

　保護眼鏡、保護手袋、保護長靴、保護衣、防塵マスク（火災時：人工呼吸器）

【廃棄基準】〔廃棄方法〕

分解沈殿法

　水に溶かし、水酸化カルシウム等の水溶液を加えて処理した後、希硫酸を加えて中和し、沈殿濾過して埋立処分する。

　　〈備考〉処理時の pH は 8.5 以上とする。これ未満では沈殿が完全には生成されない。

　〔生成物〕CaF$_2$、SiO$_2$、CaSiO$_3$

　〔検定法〕吸光光度法、イオン電極法（F）

　〔その他〕本薬物の付着した紙袋等を焼却するとフッ化水素および四フッ化ケイ素の気体を生成するので、洗浄装置のない焼却炉等で焼却しない。

劇物	ケイフッ化マンガン
毒物及び劇物指定令 第 2 条／30	**Manganese silicofluoride** 〔別名〕ヘキサフルオロケイ酸マンガン（Ⅱ）

【組成・化学構造】**分子式**　F$_6$MnSi・6H$_2$O

構造式

$$Mn^{2+} \left[\begin{array}{c} F \\ F-Si-F \\ F \quad F \end{array} \right]^{2-} \cdot 6H_2O$$

【CAS 番号】25868-86-4

【性状】淡桃色の結晶。加熱すると分解する。水に可溶（18℃で水 100 mL に 37.7 g 溶解）。

【応急措置基準】〔措置〕

(1)**漏えい時**

　飛散した場所の周辺は人の立入りを禁止する。作業の際には必ず保護具を着用し、風下で作業をしない。飛散したものは空容器にできるだけ回収し、そのあとを水酸化カルシウム等の水溶液を用いて処理し、多量の水で洗い流す。この場合、高濃度の廃液が河川等に排出されないよう注意する。

(2)**出火時**

・周辺火災の場合＝速やかに容器を安全な場所に移す。移動不可能な場合には容器および周囲に散水して冷却する。

(3)**暴露・接触時**

　①急性中毒と刺激性

　　・吸入した場合＝鼻、のど、気管支、肺などの粘膜を刺激し、炎症を

各　　論

起こすことがある。

・皮膚に触れた場合 ＝ 刺激作用があり、炎症を起こすことがある。

・眼に入った場合 ＝ 粘膜を刺激する。

②医師の処置を受けるまでの救急方法

・吸入した場合 ＝ 鼻をかませ、うがいをさせる。

・皮膚に触れた場合 ＝ 直ちに汚染された衣服や靴などを脱がせ、付着部または接触部を石けん水で洗浄し、多量の水で洗い流す。

・眼に入った場合 ＝ 直ちに多量の水で15分間以上洗い流す。

(4)注意事項

①火災等で強熱されると有毒な酸化マンガン（Ⅱ）の煙霧および四フッ化ケイ素ガスを生成する。

②酸と接触すると有毒なフッ化水素ガスおよび四フッ化ケイ素ガスを生成する。

(5)保護具

保護眼鏡、保護手袋、保護長靴、保護衣、防塵マスク（火災時：人工呼吸器）

【廃棄基準】 〔廃棄方法〕

分解沈殿法

水に溶かし、水酸化カルシウム等の水溶液を加えて処理し、沈殿濾過して埋立処分する。

〈備考〉処理時のpHは8.5以上とする。これ未満では沈殿が完全には生成されない。

〔生成物〕 CaF_2, SiO_2, $CaSiO_3$, $Mn(OH)_2$

〔検定法〕吸光光度法、原子吸光法、イオン電極法（F）

〔その他〕本薬物の付着した紙袋等を焼却すると、金属のフッ化物および酸化物の煙霧ならびにフッ化水素および四フッ化ケイ素のガスを生成するので、洗浄装置のない焼却炉等で焼却しない。

劇物	ケイフッ化スズ
毒物及び劇物指定令 第2条／30・69	**Stannous silicofluoride** 〔別名〕ヘキサフルオロケイ酸スズ

【組成・化学構造】 $Sn[SiF_6]\cdot nH_2O$

分子式 F_6SiSn

構造式

$$Sn^{2+}\left[\begin{array}{c} F \\ F-Si-F \\ F \quad F \\ F \end{array}\right]^{2-}\cdot nH_2O$$

【CAS番号】 74925-56-7

462

劇　物

【性状】白色の結晶性粉末。300℃で分解。水に可溶。エタノールに難溶。

【応急措置基準】〔措置〕

(1)漏えい時

　飛散した場所の周辺にはロープを張るなどして人の立入りを禁止する。作業の際には必ず保護具を着用し、風下で作業をしない。飛散したものは空容器にできるだけ回収し、そのあとを水酸化カルシウム等の水溶液を用いて処理し、多量の水で洗い流す。この場合、高濃度の廃液が河川等に排出されないよう注意する。

(2)出火時

・周辺火災の場合 = 速やかに容器を安全な場所に移す。移動不可能な場合には容器および周囲に散水して冷却する。

(3)暴露・接触時

　①急性中毒と刺激性

・吸入した場合 = 鼻、のど、気管支などの粘膜を刺激し、炎症を起こすことがある。

・皮膚に触れた場合 = 皮膚を刺激し、炎症を起こすことがある。

・眼に入った場合 = 粘膜を刺激し、炎症を起こすことがある。

　②医師の処置を受けるまでの救急方法

・吸入した場合 = 鼻をかませ、うがいをさせる。

・皮膚に触れた場合 = 直ちに汚染された衣服や靴などを脱がせ、付着部または接触部を石けん水で洗浄し、多量の水で洗い流す。

・眼に入った場合 = 直ちに多量の水で15分間以上洗い流す。

(4)注意事項

　①火災等で強熱されると有毒な金属のフッ化物および酸化物の煙霧、ならびにフッ化水素および四フッ化ケイ素のガスを生成する。

　②酸と接触すると有毒なフッ化水素および四フッ化ケイ素のガスを生成する。

(5)保護具

　保護眼鏡、保護手袋、保護長靴、保護衣、防塵マスク（火災時：人工呼吸器）

【廃棄基準】〔廃棄方法〕

(1)分解沈殿法

　水に溶かし、水酸化カルシウム等の水溶液を加えて処理し、沈殿濾過して埋立処分する。

(2)焙焼法

　多量の場合には還元焙焼法により金属スズとして回収する。

〈備考〉

各　　論

・処理時の pH は 8.5 以上とする。これ未満では沈殿が完全には生成されれない。

・焙焼法による場合には専門業者に処理を委託することが望ましい。

〔生成物〕CaF_2, SiO_2, $CaSiO_3$, $Sn(OH)_2$

〔検定法〕吸光光度法、原子吸光法、イオン電極法（F）

〔その他〕本薬物の付着した紙袋等を焼却すると、金属のフッ化物および酸化物の煙霧ならびにフッ化水素および四フッ化ケイ素のガスを生成するので、洗浄装置のない焼却炉等で焼却しない。

劇物	ケイフッ化鉛
毒物及び劇物指定令 第 2 条／30・77	**Lead silicofluoride** 〔別名〕ヘキサフルオロケイ酸鉛

【組成・化学構造】 **分子式** F_6PbSi

構造式

$$Pb^{2+} \left[\begin{array}{c} F \\ | \\ F-Si-F \\ | \\ F \end{array} \right]^{2-}$$

【CAS 番号】 25808-74-6

【性状】 白色の結晶性粉末。320℃ で分解。水に可溶（水 100 mL に 2.11 g（Pb〔SiF_6〕として）溶解）。エタノールに不溶。

【応急措置基準】 〔措置〕

(1)漏えい時

　飛散した場所の周辺にはロープを張るなどして人の立入りを禁止する。作業の際には必ず保護具を着用し、風下で作業をしない。飛散したものは空容器にできるだけ回収し、そのあとを水酸化カルシウム等の水溶液を用いて処理し、多量の水で洗い流す。この場合、高濃度の廃液が河川等に排出されないよう注意する。

(2)出火時

・周辺火災の場合 ＝ 速やかに容器を安全な場所に移す。移動不可能な場合には容器および周囲に散水して冷却する。

(3)暴露・接触時

①急性中毒と刺激性

・吸入した場合 ＝ 鼻、のど、気管支などの粘膜を刺激し、炎症を起こすことがある。

・皮膚に触れた場合 ＝ 皮膚を刺激し、炎症を起こすことがある。

・眼に入った場合 ＝ 異物感を与え、粘膜を刺激する。

②医師の処置を受けるまでの救急方法

・吸入した場合 ＝ 鼻をかませ、うがいをさせる。

劇　物

・皮膚に触れた場合 ＝ 直ちに汚染された衣服や靴などを脱がせ、付着
部または接触部を石けん水で洗浄し、多量の水で洗い流す。
・眼に入った場合 ＝ 直ちに多量の水で 15 分間以上洗い流す。

(4)注意事項

①火災等で強熱されると有毒な鉛のフッ化物および酸化物の煙霧、な
らびにフッ化水素および四フッ化ケイ素のガスを生成する。

②酸と接触すると有毒なフッ化水素および四フッ化ケイ素のガスを生
成する。

(5)保護具

保護眼鏡、保護手袋、保護長靴、保護衣、防塵マスク（火災時：人工
呼吸器）

【廃棄基準】〔廃棄方法〕

(1)沈殿隔離法

水に溶かし、水酸化カルシウムの水溶液を加えて沈殿させ、さらにセ
メントを用いて固化し、溶出試験を行い、溶出量が判定基準以下である
ことを確認して埋立処分する。

(2)焙焼法

多量の場合には還元焙焼法により金属鉛として回収する。

〈備考〉

・処理時の pH は 8.5 以上とする。これ未満では沈殿が完全には生成さ
れない。

・廃棄物の溶出試験および溶出基準は廃棄物の処理及び清掃に関する
法律に基づく。

・焙焼法による場合には専門業者に処理を委託することが望ましい。

〔生成物〕 $Pb(OH)_2$*, CaF_2, $CaSiO_3$, SiO_2

(注) ＊は、生成物が廃棄物の処理および清掃に関する法律により規制を受けるもの。

〔検定法〕吸光光度法、原子吸光法、イオン電極法（F）

〔その他〕本薬物の付着した紙袋等を焼却すると鉛のフッ化物および酸化
物の煙霧、ならびにフッ化水素および四フッ化ケイ素のガスを生成する
ので、洗浄装置のない焼却炉等で焼却しない。

劇
物

各　論

劇物	
毒物及び劇物指定令 第 2 条／30 の 2	**五酸化バナジウム** Vanadium pentoxide

【組成・化学構造】　**分子式**　O_5V_2

構造式

$$O=\overset{\displaystyle O}{\underset{\displaystyle O}{V}}-O-\overset{\displaystyle O}{\underset{\displaystyle O}{V}}=O$$

【CAS 番号】 1314-62-1

【性状】 赤～赤褐色の結晶。融点 690℃。水に難溶（25℃で水 100 mL に 70 mg 溶解）。酸、アルカリに可溶。アルコールに不溶。不燃性。

【用途】 触媒、塗料、顔料、蓄電池、蛍光体など。

【毒性】 原体の LD_{50} ＝ マウス経口：41 mg/kg。

劇物	
毒物及び劇物指定令 第 2 条／30 の 3	**酢酸エチル** Ethyl acetate 〔別名〕酢酸エステル

【組成・化学構造】　**分子式**　$C_4H_8O_2$

構造式

$$H_3C-\overset{\displaystyle O}{\overset{\|}{C}}-O-CH_3$$

【CAS 番号】 141-78-6

【性状】 無色透明の液体。果実様の芳香。沸点 77℃。比重（d_4^{20}）0.906。水に可溶（20℃で水 100 mL に 7.5 g 溶解）。蒸気は空気より重く、引火性。引火点 −4℃。爆発範囲 2.0 ～ 11.5％。

【用途】 香料、溶剤、有機合成原料。

【毒性】 原体の LC_{50} ＝ ラット吸入：1600 ppm（8 hr）。
蒸気は粘膜を刺激し、持続的に吸入するときは肺、腎臓および心臓を障害する。

【応急措置基準】 〔措置〕

(1)漏えい時

　風下の人を退避させ、漏えいした場所の周辺にはロープを張るなどして人の立入りを禁止する。付近の着火源となるものを速やかに取り除く。作業の際には必ず保護具を着用し、風下で作業をしない。

・少量 ＝ 漏えいした液は、土砂等に吸着させて空容器に回収し、そのあとを多量の水で洗い流す。

・多量 ＝ 漏えいした液は、土砂等でその流れを止め、安全な場所へ導い

劇　物

た後、液の表面を泡等で覆い、できるだけ空容器に回収する。そのあとは多量の水で洗い流す。 この場合、高濃度の廃液が河川等に排出されないように注意する。

(2)出火時

・周辺火災の場合 ＝ 速やかに容器を安全な場所に移す。移動不可能の場合は、容器および周囲に散水して冷却する。

・着火した場合 ＝ 初期の火災には、粉末、二酸化炭素、乾燥砂等を用いる。大規模火災の際には、水噴霧を用いるか、または泡消火剤等を用いて空気を遮断することが有効である。爆発のおそれがあるときは付近の住民を退避させる。消火作業の際には必ず保護具を着用する。

・消火剤 ＝ 粉末、二酸化炭素、泡（アルコール泡）、水、乾燥砂

(3)暴露・接触時

①急性中毒と刺激性

・吸入した場合 ＝ 短時間の興奮期を経て、麻酔状態に陥ることがある。

・皮膚に触れた場合 ＝ わずかに刺激性があり、皮膚炎を起こすことがある。

・眼に入った場合 ＝ 粘膜を刺激して炎症を起こすことがある。

②医師の処置を受けるまでの救急方法

・吸入した場合 ＝ 直ちに患者を毛布等にくるんで安静にさせ、新鮮な空気の場所に移す。呼吸困難または呼吸が停止しているときは直ちに人工呼吸を行う。

・皮膚に触れた場合 ＝ 直ちに汚染された衣服や靴を脱がせ、付着部または接触部を石けん水または多量の水で十分に洗い流す。

・眼に入った場合 ＝ 直ちに多量の水で15分間以上洗い流す。

(4)保護具

保護眼鏡、保護手袋、保護長靴、保護衣、有機ガス用防毒マスク

【廃棄基準】〔廃棄方法〕

(1)燃焼法

ア　珪藻土等に吸収させて開放型の焼却炉で焼却する。

イ　焼却炉の火室へ噴霧し焼却する。

(2)活性汚泥法

〔検定法〕ガスクロマトグラフィー

劇
物

467

各　論

劇物
毒物及び劇物指定令 第 2 条／30 の 4

酢酸タリウム
Thallium acetate

【組成・化学構造】　**分子式**　$C_2H_3O_2Tl$

　　　　　　　　　構造式

【CAS 番号】　563-68-8

　【性状】　無色の結晶。融点 131℃。水および有機溶媒に易溶。潮解性。

　【用途】　殺鼠剤。

　【毒性】　原体の LD_{50} ＝ マウス経口：35.2 mg/kg。

　【その他】　〔製剤〕市販品は、黒色で着色されており、タリムネコ（有効成分 10％含有）がある。

劇物
毒物及び劇物指定令 第 2 条／30 の 5

サリノマイシンナトリウム
Sodium salinomycin

【組成・化学構造】　*Streptomyces albus* の産生する抗生物質

　　　　　　　　　分子式　$C_{42}H_{69}NaO_{11}$

　　　　　　　　　構造式

【CAS 番号】　55721-31-8

　【性状】　白色〜淡黄白色の結晶性粉末。わずかな臭いを有する。融点 140 〜 142℃。酢酸エチルに易溶、ベンゼン、クロロホルム、アセトン、メタノールに可溶、水に不溶。

　【用途】　飼料添加物（抗コクシジウム剤）。

　【毒性】　原体の LD_{50} ＝ マウス雌経口：68.5 mg/kg、ラット雌経口：47.6 mg/kg、マウス雌皮下：18.9 mg/kg、ラット雌皮下：12.0 mg/kg。

中毒症状はラット経口投与の場合、自発運動の減少、失調性歩行、呼吸深大などが見られた。死亡例には四肢末端、唇などに浮腫を認めたものがあった。

劇物	三塩化チタン
毒物及び劇物指定令 第 2 条／30 の 6	**Titanium trichloride**

【組成・化学構造】 分子式　Cl_3Ti
構造式

【CAS 番号】　7705-07-9

【性状】　暗紫色の六方晶系の潮解性結晶。沸点 136℃。融点 −30℃。密度 1.772 g/cm^3（25℃）。蒸気圧 1.33×10^3 Pa（21.3℃）。エタノール、水、塩酸等極性の強い溶媒に可溶。エーテルに不溶。常温で徐々に分解するため不安定。大気中で酸化して白煙を発生。

【用途】　ポリオレフィン重合用触媒。

【毒性】　20％三塩化チタン溶液およびその希釈液を 2000 mg 投与した場合、LD_{50} ＝ ラット雌雄経口：130 mg/kg。
100％三塩化チタン溶液の 0.5％および 3％希釈液を 10 mL 投与した場合、LD_{50} ＝ ラット雌雄経口：2000 mg/kg、LD_{50} ≧ ラット雌雄経皮：2000 mg/kg。
ただし、強い腐食性が観察された。

劇物	酸化第二水銀
毒物及び劇物指定令 第 2 条／31	**Mercuric oxide** 〔別名〕酸化水銀（赤色酸化水銀、黄色酸化水銀）、酸化水銀（Ⅱ）

　　　　　性状・毒性等については 190 ページ参照。
【用途】　船底塗料（酸化水銀 2 ～ 5％を含有）。

劇物	アミノニトリル
毒物及び劇物指定令 第 2 条／31 の 2	**Cyanamide**

【組成・化学構造】 分子式　CH_2N_2
構造式　$NC-NH_2$

【CAS 番号】　420-04-2

【性状】　無色の吸湿性、潮解性の結晶。沸点 260℃。融点 44℃。密度 1.28 g/cm^3

各　論

（25℃）。相対蒸気密度1.4（20℃、空気 = 1）。相対比重1.28（20℃、水 = 1）。蒸気圧1.0 Pa（25℃）。水1 L（25℃）あたり850 g溶解、エタノールに易溶。エーテル、アセトン、ベンゼンに可溶。引火点141℃（c.c.）。酸、アルカリ、水分と接触すると分解し、有害ヒューム（アンモニア、窒素酸化物、シアン化合物等）を生成。自然重合の可能性あり。

【用途】 合成ゴム、青酸化合物、燻蒸剤、金属洗浄剤の製造。殺虫剤、除草剤、洗浄剤、医薬品の中間体。農薬（植物成長調節剤）。メラミンの製造原料（シアナミド2量体）。

【毒性】 原体のLD_{50} = ラット経口：223 mg/kg、ラット経皮：848 mg/kg。LC_{50} > ラット吸入（ミスト）：1000 mg/L（4 hr）。
ウサギにおいて皮膚腐食性は軽度、眼刺激性は中程度～強度。
10%製剤のLD_{50} > ラット雄経口：3783 mg/kg、同雌経口：3920 mg/kg、ラット経皮：10000 mg/kg。LC_{50} > ラット吸入（ミスト［原体］）：1.687 mg/L（4 hr）。
ウサギにおいて皮膚腐食性、眼刺激性ともになし。

劇物	**4-ジアリルアミノ-3,5-ジメチルフェニル-N-メチルカルバメート**
毒物及び劇物指定令第2条／31の3	**4-Diallylamino-3,5-dimethylphenyl-N-methylcarbamate** 〔別名〕APC

【組成・化学構造】 分子式　$C_{16}H_{22}N_2O_2$

構造式

【CAS番号】 6392-46-7

【性状】 無色～黄色の粉末または結晶。ほとんど無臭。融点68～69℃。アルコール、ベンゼンに可溶、水に難溶。

【用途】 みかん、白菜等のアブラムシ類、稲のウンカ類の駆除。

【毒性】 原体のLD_{50} = マウス経口：50.2 mg/kg。

【その他】 〔製剤〕現在、農薬としての市販品はない。

劇物

有機シアン化合物

劇物	毒物及び劇物指定令　第 2 条／32

劇物	ベンゾニトリル
毒物及び劇物指定令 第 2 条／32	**Benzonitrile** 〔別名〕シアン化フェニル、シアンベンゼン

【組成・化学構造】 分子式　C_7H_5N

構造式

【CAS 番号】 100-47-0
【性状】 無色の液体。沸点 191℃。エタノール、エーテルと任意の割合で混合可能。水に可溶（100℃で 1 g/100 mL 溶解）。水酸化アルカリまたは熱無機酸で加水分解されて安息香酸が生成。
【用途】 プラスチック原料、溶剤。
【毒性】 原体の LD_{50} ＝ マウス皮下：180 mg/kg。

劇物	アセトニトリル
毒物及び劇物指定令 第 2 条／32	**Acetonitrile** 〔別名〕シアン化メチル、シアン化メタン

【組成・化学構造】 分子式　C_2H_3N

構造式　H_3C-CN

【CAS 番号】 75-05-8
【性状】 エーテル様の臭気を有する無色液体。沸点 81.6℃。水、メタノール、エタノールなどに可溶。加水分解した場合アセトアミドを経て、酢酸とアンモニアを生成。
【用途】 有機合成出発原料（ビタミン B_1、エチルアミンなど）、アクリルニトリル系合成繊維の溶剤。
【毒性】 原体の LD_{50} ＝ モルモット経口：177 mg/kg。

劇物

471

各 論

劇物	アジポニトリル
毒物及び劇物指定令 第 2 条／32	**Adiponitrile** 〔別名〕アジピン酸ジニトリル、1,4-ジシアンブタン

【組成・化学構造】 分子式 $C_6H_8N_2$
構造式

【CAS 番号】 111-69-3
【性状】 無色の液体。沸点 295℃。融点 0.1℃。水に可溶（6 mL/100 mL 溶解）。メタノール、エタノール、クロロホルムに可溶、四塩化炭素に難溶、二硫化炭素に不溶。
【用途】 ナイロン製造の中間体、さび止め剤、ゴムの加硫促進剤の中間体。
【毒性】 原体の LD_{50} ＝ ラット経口：300 mg/kg。

劇物	イソブチロニトリル
毒物及び劇物指定令 第 2 条／32	**Isobutyronitrile** 〔別名〕シアン化イソプロピル

【組成・化学構造】 分子式 C_4H_7N
構造式

【CAS 番号】 78-82-0
【性状】 液体。沸点 103℃。引火点 27℃。
【用途】 殺虫剤である 2-イソプロピル-4-メチルピリミジル-6-ジエチルチオホスフェイト（ダイアジノン）の合成原料。
【毒性】 原体の LD_{50} ＝ ラット経口：102 mg/kg。

劇物	アセトンシアンヒドリン
毒物及び劇物指定令 第 2 条／32	**Acetone cyanohydrin** 〔別名〕α-オキシイソ酪酸ニトリル、アセトンシアノヒドリン

【組成・化学構造】 分子式 C_4H_7NO
構造式

【CAS 番号】 75-86-5
【性状】 無色透明の液体。アセトン様の微臭。沸点 81℃（15 mmHg）。比重 (d_4^{20}) 0.93。水、エタノールおよびエーテルに易溶。蒸気は空気より重く、120℃

劇　物

付近に加熱されると、分解して有毒なシアン化水素と引火性のアセトンを生成。引火点74℃。爆発範囲2.5〜12.0％。アセトンシアノヒドリンの気体の比重2.9（空気を1とする）。

【用途】　メタアクリル樹脂の原料。

【毒性】　原体のLD_{50}＝モルモット経皮：約150 mg/kg。

【応急措置基準】　〔措置〕

(1)漏えい時

　風下の人を退避させ、漏えいした場所の周辺にはロープを張るなどして人の立入りを禁止する。付近の着火源となるものを速やかに取り除く。作業の際には必ず保護具を着用し、風下で作業をしない。

・少量の場合＝漏えいした液は、土砂等に吸着させて空容器に回収し、そのあとは除害する。

・多量の場合＝漏えいした液は、土砂等で流れを止め、液および土砂等を空容器に回収し、少量の場合と同様の措置をとる。直接水で洗い流してはならない。

　除害は、次亜塩素酸塩水溶液を注ぎ完全に分解させた後、多量の水で洗い流す。この場合、高濃度の廃液が河川等に排出されないように注意する。

(2)出火時

・周辺火災の場合＝速やかに容器を安全な場所に移す。移動不可能の場合は、容器および周囲に散水して冷却する。

・着火した場合＝初期の火災には、粉末、二酸化炭素等を用いる。大規模火災の際には、水噴霧を用いるか、または泡消火剤等を用いて空気を遮断することが有効である。大規模火災の際には、有毒な気体が発生するので付近の住民を退避させる。消火作業の際には必ず保護具を着用する。

・消火剤＝粉末、二酸化炭素、水、泡（アルコール泡）

(3)暴露・接触時

①急性中毒と刺激性

・吸入した場合＝頭痛、めまい、衰弱、悪心、嘔吐、よろけなどが見られ、重症の場合は、意識不明、呼吸停止を起こす。

・皮膚に触れた場合＝皮膚から吸収されやすく、多量の場合は吸入した場合と同様の中毒症状を起こす。

・眼に入った場合＝わずかに刺激があり、粘膜から吸収される。

②医師の処置を受けるまでの救急方法

・吸入した場合＝直ちに患者を毛布等にくるんで安静にさせ、新鮮な空気の場所に移す。呼吸困難または呼吸停止の場合は直ちに人工呼

劇
物

473

各　　論

　　　吸を行う。
　　・皮膚に触れた場合＝直ちに汚染された衣服や靴を脱がせ、付着部または接触部を石けん水または多量の水で十分に洗い流す。
　　・眼に入った場合＝直ちに多量の水で15分間以上洗い流す。
(4)注意事項
　アルカリ類と接触するとアセトンとシアン化水素に分解。
(5)保護具
　保護眼鏡、保護手袋、保護長靴、保護衣、有機ガス用防毒マスク（火災時：人工呼吸器または青酸用隔離式防毒マスク）

【廃棄基準】〔廃棄方法〕
(1)燃焼法
　アフターバーナーおよびスクラバーを備えた焼却炉の火室へ噴霧し、焼却する。
(2)酸化法
　水酸化ナトリウム水溶液を加えてアルカリ性（pH11以上）とし、酸化剤（次亜塩素酸ナトリウム、さらし粉等）の水溶液を加えてCN成分を酸化分解する。CN成分を分解したのち硫酸を加え中和し、多量の水で希釈して処理する。
(3)活性汚泥法
〔検定法〕ガスクロマトグラフィー、吸光光度法、イオン電極法

劇物	エチレンシアンヒドリン
毒物及び劇物指定令 第2条／32	**Ethylene cyanohydrin** 〔別名〕2-シアンエチルアルコール、ヒドロアクリロニトリル

【組成・化学構造】　**分子式**　C_3H_5NO

　　　　　　　　　構造式

　　　　　　　　　NC⌒OH

【CAS番号】109-78-4
【性状】無色または淡黄色の液体。沸点228℃。水、エタノールと自由に混合。
【用途】アクリルニトリルの合成原料。※これで合成されたアクリルニトリルは純度が高い。

劇物	エチル-パラ-シアノフェニルフェニルホスホノチオエート
毒物及び劇物指定令 第 2 条／32	*O*-Ethyl *O*-*p*-cyanophenyl phenylphosphonothioate 〔別名〕CYP

【組成・化学構造】 分子式　$C_{15}H_{14}NO_2PS$
構造式

【CAS 番号】13067-93-1
【性状】白色の結晶。融点 83℃。アセトン、ベンゼン、クロロホルムに可溶、水に不溶。
【用途】ニカメイチュウ、ツマグロヨコバイ等の殺虫。
【毒性】原体の LD_{50} ＝ マウス経口：30 mg/kg。
【その他】〔製剤〕現在、農薬としての市販品はない。

劇物	2,3-ジブロムプロピオニトリル
毒物及び劇物指定令 第 2 条／32	2,3-Dibromopropionitrile

【組成・化学構造】 分子式　$C_3H_3Br_2N$
構造式

【CAS 番号】4554-16-9
【性状】液体。沸点 83 〜 83.5℃（7 mmHg）。
【用途】非水銀土壌殺菌剤（各種作物の苗立枯性病害の防除。蔬菜の萎凋病、根腐病、蔓割病、白絹病、根瘤病、たばこの黒根病など）。果樹の紋羽病の被害地消毒。
【毒性】原体の LD_{50} ＝ 47 mg/kg。
　　　本薬物は催涙性を有する。
【その他】〔製剤〕現在、農薬としての市販品はない。

劇物	アクリルニトリル
毒物及び劇物取締法 別表第二／1	Acrylic nitrile 〔別名〕アクリロニトリル、アクリル酸ニトリル、シアン化ビニル、プロペンニトリル

性状・用途・毒性等については 301 ページ参照

劇物

475

各　論

劇物	トリチオシクロヘプタジエン-3,4,6,7-テトラニトリル
毒物及び劇物指定令 第 2 条／32	**Trithiocycloheptadiene-3,4,6,7-tetranitrile** 〔別名〕1,2,5-トリチオシクロヘプタジエン-3,4,6,7-テトラニトリル、TCH

性状・用途・毒性等については 595 ページ参照

劇物	3,5-ジヨード-4-オクタノイルオキシベンゾニトリル
毒物及び劇物指定令 第 2 条／32	**3,5-Diiodo-4-octanoyloxybenzonitrile** 〔別名〕アイオキシニル、オクタノエート

【組成・化学構造】 **分子式** $C_{15}H_{17}I_2NO_2$

構造式

【CAS 番号】 3861-47-0

【性状】 淡黄色のロウ質の固体。融点 53 〜 55℃。水に不溶。メタノール、エーテル、アセトンに可溶。

【用途】 1 年生の広葉雑草の除草剤。

【その他】 〔使用方法〕乳剤は 100 〜 400 mL を水 70 〜 200 L に薄め、雑草の茎葉によく付着するように散布する。
〔製剤〕アクチノール乳剤（有効成分 30％含有）。

劇物	モノクロル酢酸-2-シアノエチルアミド
毒物及び劇物指定令 第 2 条／32	**N-Cyanoethyl monochloroacetoamide**

【組成・化学構造】 **分子式** $C_5H_7ClN_2O$

構造式

【CAS 番号】 17756-81-9

【性状】 白色の結晶性粉末。融点 95.0 〜 96.4℃。水に難溶、アルコール、アセトンに可溶。

【用途】 殺菌剤。

【その他】 〔製剤〕現在、農薬としての市販品はない。

劇　物

劇物	(*RS*)-シアノ-(3-フェノキシフェニル)メチル=2,2,3,3-テトラメチルシクロプロパンカルボキシラート
毒物及び劇物指定令 第2条／32	(*RS*)-Cyano-(3-phenoxyphenyl)methyl 2,2,3,3-tetramethylcyclopropanecarboxylate 〔別名〕フェンプロパトリン

【組成・化学構造】　**分子式**　$C_{22}H_{23}NO_3$

構造式

【CAS番号】　39515-41-8

【性状】　白色の結晶性粉末。融点 51.4℃。比重 1.18（24℃）。水に不溶（溶解度 14.1 μg/L、25℃）。キシレン、アセトン、ジメチルスルホキシドに可溶。

【用途】　殺虫剤、農薬。

【毒性】　原体の LD_{50}＝ラット雄経口：60 mg/kg、ラット雌経口：70 mg/kg、マウス雄経口：47 mg/kg、マウス雌経口：44 mg/kg、LD_{50}≧ラット雌雄経皮：5000 mg/kg。

1%製剤の LD_{50}≧ラット雌雄経口：2000 mg/kg、マウス雌雄経口：2000 mg/kg、ラット雌雄経皮：2000 mg/kg、マウス雌雄経皮：2000 mg/kg。

【その他】　〔製剤〕主剤1%以下を含有する製剤は普通物である。

劇物	(*RS*)-α-シアノ-3-フェノキシベンジル=*N*-(2-クロロ-α,α,α-トリフルオロ-パラトリル)-*D*-バリナート
毒物及び劇物指定令 第2条／32	(*RS*)-α-Cyano-3-phenoxybenzyl *N*-(2-chloro-α,α,α-trifluoro-*p*-tolyl)-*D*-valinate 〔別名〕フルバリネート

【組成・化学構造】　**分子式**　$C_{26}H_{22}ClF_3N_2O_3$

構造式

【CAS番号】　69409-94-5, 102851-06-9

【性状】　淡黄色または黄褐色の粘稠性液体。沸点 450℃以上。水に難溶。熱、酸性に安定、太陽光、アルカリに不安定。

【用途】　野菜、果樹、園芸植物のアブラムシ類、ハダニ類、アオムシ、コナガ等の殺虫用、シロアリ防除。

477

各　論

【毒性】原体の LD_{50} ＝ ラット雄経口：282 mg/kg、ラット雌経口：261 mg/kg。
【その他】〔製剤〕主剤 20％を含有する水和剤（マブリック水和剤）、15％を含有する燻煙剤（マブリックジェット）、10％と NAC30％を含有する配合水和剤。なお、主剤 5％以下を含有する製剤は普通物である。

劇物	**（RS）-α-シアノ-3-フェノキシベンジル=（RS）-2-（4-クロロフェニル）-3-メチルブタノアート**
毒物及び劇物指定令 第 2 条／32	**(RS)-α-Cyano-3-phenoxybenzyl (RS)-2-(4-chlorophenyl)-3-methylbutanoate** 〔別名〕フェンバレレート

【組成・化学構造】　**分子式**　$C_{25}H_{22}ClNO_3$

構造式

【CAS 番号】51630-58-1

【性状】黄褐色の粘稠性液体。特異臭。沸点250℃（5.5 mmHg）。比重（d_4^{25}）1.18。蒸気圧 1.1×10^{-8} mmHg（25℃）。水に不溶（20℃で水 100 mL に 0.1 mg 溶解）。メタノール、アセトニトリル、酢酸エチルに可溶。引火点256℃。熱、酸に安定、アルカリに不安定、光で分解する。

【用途】野菜、果樹等のアブラムシ類、コナガ、アオムシ、ヨトウムシなどの駆除。

【毒性】原体の LD_{50} ＝ マウス雄経口：270 mg/kg、マウス雌経口：230 mg/kg。

【応急措置基準】〔措置〕

(1)漏えい時

漏えいした場所の周辺にはロープを張るなどして人の立入りを禁止する。付近の着火源となるものを速やかに取り除く。作業の際には必ず保護具を着用し、風下で作業をしない。漏えいした液は土砂等でその流れを止め、安全な場所に導き、空容器にできるだけ回収し、そのあとを土砂等に吸着させて掃き集め、空容器に回収する。

(2)出火時

・周辺火災の場合 ＝ 速やかに容器を安全な場所に移す。移動不可能な場合には容器および周囲に散水して冷却する。

・着火した場合 ＝ 必ず保護具を着用し消火剤、水噴霧等を用いて消火する。

・消火剤 ＝ 水、粉末、泡、二酸化炭素

劇　　物

(3)**暴露・接触時**

①急性中毒と刺激性

・吸入した場合 ＝ 倦怠感、運動失調等の症状を呈し、重症の場合には、流涎、全身痙攣、呼吸困難等を起こすことがある。

・皮膚に触れた場合 ＝ 放置すると皮膚より吸収され中毒を起こすことがある。

②医師の処置を受けるまでの救急方法

・吸入した場合 ＝ 直ちに患者を毛布等にくるんで安静にさせ、新鮮な空気の場所に移す。呼吸困難または呼吸停止の場合には、直ちに人工呼吸を行う。

・皮膚に触れた場合 ＝ 直ちに汚染された衣服や靴などを脱がせ、付着部または接触部を石けん水で洗浄し、多量の水で洗い流す。

・眼に入った場合 ＝ 直ちに多量の水で 15 分間以上洗い流す。

(4)**注意事項**

本薬物は、魚毒性が強いので漏えいした場所を水で洗い流すことはできるだけ避け、水で洗い流す場合には、廃液が河川等へ流入しないよう注意する。

(5)**保護具**

保護眼鏡、保護手袋、保護長靴、保護衣、有機ガス用防毒マスク（火災時：人工呼吸器）

【廃棄基準】〔廃棄方法〕

燃焼法

ア　おが屑等に吸収させてアフターバーナーおよびスクラバーを備えた焼却炉で焼却する。

イ　可燃性溶剤とともにアフターバーナーおよびスクラバーを備えた焼却炉の火室へ噴霧し、焼却する。

〈備考〉スクラバーの洗浄液には水酸化ナトリウム水溶液を用いる。

〔検定法〕ガスクロマトグラフィー

【その他】〔製剤〕主剤 1.2％を含有する乳剤（スミサイジン乳剤 3）、主剤 10％とマラソンまたは MEP を 30％含有する水和剤（ハクサップ水和剤、パーマチオン水和剤）および乳剤（ハクサップ乳剤、パーマチオン乳剤）。

各　　論

劇物	**(RS)-α-シアノ-3-フェノキシベンジル=(1RS,3RS)-(1RS,3SR)-3-(2,2-ジクロロビニル)-2,2-ジメチルシクロプロパンカルボキシラート**
毒物及び劇物指定令 第2条／32	(RS)-α-Cyano-3-phenoxybenzyl (1RS,3RS)-(1RS,3SR)-3-(2,2-dichlorovinyl)-2,2-dimethylcyclopropanecarboxylate 〔別名〕シペルメトリン

【組成・化学構造】

分子式　$C_{22}H_{19}Cl_2NO_3$

構造式

【CAS番号】　52315-07-8

【性状】　白色の結晶性粉末。融点83.2℃。水に不溶、アセトン、メタノール、キシレンなど有機溶媒に可溶。熱、酸、中性に安定、アルカリに不安定。紫外線により分解する。

【用途】　野菜、果樹等のアブラムシ類、アオムシ、コナガ、ヨトウムシなどの駆除。

【毒性】　原体のLD_{50}＝マウス雄経口：143 mg/kg、マウス雌経口：135 mg/kg。

【その他】　〔製剤〕主剤6%を含有する水和剤および乳剤（アグロスリン水和剤、アグロスリン乳剤）。

劇物	**(S)-α-シアノ-3-フェノキシベンジル=(1R,3R)-3-(2,2-ジクロロビニル)-2,2-ジメチルシクロプロパン-カルボキシラートと(R)-α-シアノ-3-フェノキシベンジル=(1S,3S)-3-(2,2-ジクロロビニル)-2,2-ジメチルシクロプロパン-カルボキシラートとの等量混合物**
毒物及び劇物指定令 第2条／32	Equal mixture of (S)-α-cyano-3-phenoxybenzyl (1R,3R)-3-(2,2-dichlorovinyl)-2,2-dimethylcyclopropanecarboxylate and (R)-α-cyano-3-phenoxybenzyl (1S,3S)-3-(2,2-dichlorovinyl)-2,2-dimethylcyclopropanecarboxylate 〔別名〕アルファシペルメトリン

【組成・化学構造】

分子式　$C_{22}H_{19}Cl_2NO_3$

構造式

及び鏡像異性体

【CAS番号】　67375-30-8

【性状】　白色または淡黄色の結晶固体。融点81.4〜83.7℃。比重1.33（20℃）。蒸気圧$3.4×10^{-7}$ Pa（25℃）。水に難溶。トルエン、酢酸エチルに可溶。

【用途】　木材防蟻剤。

480

劇　物

【毒性】　原体の LD_{50} ＝ ラット雄経口：57 mg/kg。

軽度の眼刺激性および皮膚刺激性がある。

【その他】　〔製剤〕0.88％以下を含有する製剤は普通物である。

劇物	**(S)-α-シアノ-3-フェノキシベンジル=(1R,3S)-2,2-ジメチル-3-(1,2,2,2-テトラブロモエチル)シクロプロパンカルボキシラート**
毒物及び劇物指定令 第 2 条／32	**(S)-α-Cyano-3-phenoxybenzyl (1R,3S)-2,2-dimethyl-3-(1,2,2,2-tetrabromoethyl)cyclopropanecarboxylate** 〔別名〕トラロメトリン

【組成・化学構造】　**分子式**　$C_{22}H_{19}Br_4NO_3$

構造式

【CAS 番号】　66841-25-6

【性状】　橙黄色の樹脂状固体。溶解度は水 0.07 ppm（20℃）。トルエン、キシレンなど有機溶媒に可溶。熱、酸に安定、アルカリ、光に不安定。

【用途】　野菜、果樹、園芸植物等のアブラムシ類、コナガ、アオムシ、ヨトウムシなどの駆除。

【毒性】　原体の LD_{50} ＝ マウス雄経口：54.4 mg/kg、マウス雌経口：56.1 mg/kg、ラット雄経口：70 mg/kg、ラット雌経口：88.1 mg/kg。

【その他】　〔製剤〕主剤 1.4％を含有する水和剤（スカウトフロアブル）、1.6％を含有する乳剤（スカウト乳剤）。

劇物	**(RS)-α-シアノ-3-フェノキシベンジル=(1R,3R)-2,2-ジメチル-3-(2-メチル-1-プロペニル)-1-シクロプロパンカルボキシラートと(RS)-α-シアノ-3-フェノキシベンジル=(1R,3S)-2,2-ジメチル-3-(2-メチル-1-プロペニル)-1-シクロプロパンカルボキシラートを 4 対 1 で含有する混合物**
毒物及び劇物指定令 第 2 条／32	**Mixture of (RS)-α-Cyano-3-phenoxybenzyl (1R,3R)-2,2-dimethyl-3-(2-methyl-1-propenyl)-1-cyclopropanecarboxylate and (RS)-α-cyano-3-phenoxybenzyl (1R,3S)-2,2-dimethyl-3-(2-methyl-1-propenyl)-1-cyclopropanecarboxylate (4:1)** 〔別名〕シフェノトリン

【組成・化学構造】　**分子式**　$C_{24}H_{25}NO_3$

構造式

481

各　　論

【CAS 番号】39515-40-7
【性状】黄色または黄褐色のわずかな特異臭を有する液体。
【用途】不快害虫駆除用殺虫剤。
【毒性】LD_{50} = ラット雄経口：188 mg/kg、ラット雌経口：220 mg/kg。LC_{50} > ラット吸入：1850 mg/m^3。
【その他】〔製剤〕主剤（混合物として）10%以下を含有する製剤は普通物である。

劇物	α-シアノ-4-フルオロ-3-フェノキシベンジル=3-（2,2-ジクロロビニル）-2,2-ジメチルシクロプロパンカルボキシラート
毒物及び劇物指定令 第 2 条／32	α-Cyano-4-fluoro-3-phenoxybenzyl 3-(2,2-dichlorovinyl)-2,2-dimethylcyclopropanecarboxylate 〔別名〕シフルトリン

【組成・化学構造】
分子式 $C_{22}H_{18}Cl_2FNO_3$
構造式

【CAS 番号】68359-37-5
【性状】黄褐色の粘稠性液体または塊。無臭。蒸気圧 2.0×10^{-9} mmHg（20℃）。水に難溶。キシレン、アセトンに可溶。
【用途】農業用殺虫剤（野菜、果樹のアオムシ、コナガ、ハマキムシ）、園芸用殺虫剤（バラ、キクのアブラムシ類）。
【毒性】原体の LD_{50} = マウス雄経口：113 mg/kg、マウス雌経口：146 mg/kg。
【その他】〔製剤〕主剤 0.5%以下を含有する製剤は普通物である。

劇物	4-ブロモ-2-（4-クロロフエニル）-1-エトキシメチル-5-トリフルオロメチルピロール-3-カルボニトリル
毒物及び劇物指定令 第 2 条／32	4-Bromo-2-(4-chlorophenyl)-1-(ethoxymethyl)-5-trifluoromethylpyrrole-3-carbonitrile 〔別名〕クロルフェナピル

【組成・化学構造】
分子式 $C_{15}H_{11}BrClF_3N_2O$
構造式

【CAS 番号】122453-73-0

劇　物

【性状】：類白色の粉末固体。融点 $100 \sim 101$℃。比重 0.543（24℃）。水に不溶（溶
　　　　　解度 0.12 mg/L、25℃）。アセトン、ジクロロメタンに可溶。$\log P_{\mathrm{ow}} =$
　　　　　4.83（25℃）。
【用途】：殺虫剤、シロアリ防除剤。
【毒性】：原体の $LD_{50} =$ ラット雄経口：461 mg/kg、ラット雌経口：304 mg/kg、
　　　　　マウス雄経口：45 mg/kg、マウス雌経口：78 mg/kg、$LD_{50} \geqq$ ウサギ経
　　　　　口：2000 mg/kg。$LC_{50} =$ ラット雄吸入（ダスト）：0.83 mg/kg（4 hr）、
　　　　　$LC_{50} \geqq$ ラット雌吸入（ダスト）：2.7 mg/kg（4 hr）。
　　　　　0.6％製剤の $LD_{50} \geqq$ ラット雌雄経口：5000 mg/kg、$LD_{50} =$ マウス雌雄
　　　　　経口：3693 mg/kg。
【その他】：〔製剤〕主剤 0.6％以下を含有する製剤は普通物である。

劇物	メチル＝(*E*)-2-［2-［6-（2-シアノフェノキシ）ピリミジン-4-イルオキシ］フェニル］-3-メトキシアクリレート
毒物及び劇物指定令 第 2 条／32	Methyl (*E*)-2-[2-[6-(2-cyanophenoxy)pyrimidine-4-yloxy]phenyl]-3-methoxyacrylate 〔別名〕アゾキシストロビン

【組成・化学構造】　分子式　$C_{22}H_{17}N_3O_5$
　　　　　　　　　　構造式

【CAS 番号】：131860-33-8
【性状】：白色粉末固体。融点 116℃。蒸気圧 8.2×10^{-13} mmHg（20℃）。水、ヘ
　　　　　キサンに不溶。メタノール、トルエン、アセトンに可溶。
【用途】：農薬（殺菌剤）。
【毒性】：原体の $LC_{50} =$ ラット雌吸入：0.692 mg/L（4 hr）。
　　　　　80％製剤の $LC_{50} =$ ラット雌吸入：2.69 mg/L（4 hr）。
【その他】：〔製剤〕80％以下を含有する製剤は普通物である。

劇物	シアン酸ナトリウム
毒物及び劇物取締法 別表第二／22	Sodium cyanate 〔別名〕シアン酸ソーダ

【組成・化学構造】　分子式　CNO・Na
　　　　　　　　　　構造式　ONa―CN
【CAS 番号】：917-61-3

483

各　　論

【性状】：白色の結晶性粉末。融点 550℃。水に可溶（16℃で水 100 mL に 10.7 g 溶解）。ベンゼン、液体アンモニアに難溶、エタノールに不溶。熱に対して安定。

熱水によって次のように加水分解する。

$$4NaOCN + 6H_2O \rightarrow 2Na_2CO_3 + CO(NH_2)_2 + (NH_4)_2CO_3$$

600℃に加熱すると次のように分解する。

$$4NaOCN \rightarrow 2NaCN + Na_2CO_3 + CO + N_2$$

【用途】：除草剤、有機合成、鋼の熱処理。

【毒性】：原体の LD_{50} ＝ マウス腹腔内注射：266 mg/kg。

劇物	ジイソプロピル-*S*-（エチルスルフィニルメチル）-ジチオホスフェイト
毒物及び劇物指定令 第 2 条／33	Diisopropyl-*S*-(ethylsulfinylmethyl)-dithiophosphate 〔別名〕IPSP

【組成・化学構造】：

分子式　$C_9H_{21}O_3PS_3$

構造式

【CAS 番号】：5827-05-4

【性状】：無色の液体。比重 1.1696。水に対する溶解度は 15℃で約 1500 ppm。石油系溶剤以外の溶剤に可溶。酸、アルカリに対して安定。

【用途】：殺虫剤。モモアカアブラムシ、ワタアブラムシ、ヒゲナガアブラムシ（ウイルス病）の防除。

【毒性】：原体の LD_{50} ＝ マウス経口：84.5 mg/kg。

【その他】：〔製剤〕現在、農薬としての市販品はない。

劇物	2-（ジエチルアミノ）エタノール
毒物及び劇物指定令 第 2 条／33 の 2	2-(Diethylamino) ethanol

【組成・化学構造】：

分子式　$C_6H_{15}NO$

構造式

【CAS 番号】：100-37-8

【性状】：無色透明の吸湿性液体。沸点 163℃。融点 -70℃。密度 0.88 g/cm³。相対蒸気密度 4.04（空気 ＝ 1）。相対比重 1.02（水 ＝ 1）。蒸気

劇　物

圧 0.19 kPa（20℃）（他のデータ ＝ 0.25 kPa〔20℃〕）。水に混和（1 L あたり 1000 mg）、$\log P_{ow}$ ＝ 0.31（他のデータ ＝ 0.21）。エタノール、エーテル、アセトン、ベンゼンに可溶。引火点 52℃ の引火性液体。室温で安定し、吸湿性がある。強酸、強酸化剤と反応。

【用途】　医薬品（抗ヒスタミン剤、抗マラリヤ剤、局所麻酔剤、鎮痛剤等）の製造原料。印刷インキおよびアゾ染料の緩衝揮発剤。燃料油のスラッジ防止剤および分散剤。ワックス類の乳化剤。防錆剤。エポキシ樹脂の低温重合促進剤。ウレタンフォームの発泡触媒。

【毒性】　原体の LD_{50} ＝ ラット経口：1300 mg/kg、ウサギ経皮：1100 mg/kg、モルモット経皮：885 mg/kg（4 日間適用、4 hr では ＞ 1000 mg/kg と推察）。LC_{50} ＝ ラット吸入（蒸気）：4.5 mg/L（4 hr）。

皮膚刺激性はウサギであり、眼刺激性は同じくウサギで強度の刺激性～腐食性あり。

0.7％製剤の LD_{50} ＞ ラット経口：2000 mg/kg、ラット経皮：10000 mg/kg。LC_{50} ＞ ラット吸入（ミスト）：4.43 mg/L（4 hr）。

ウサギにおいて、皮膚刺激性はなく、軽度の眼刺激性あり。

劇　物	2-ジエチルアミノ-6-メチルピリミジル-4-ジエチルチオホスフェイト
毒物及び劇物指定令 第 2 条／33 の 3	2-Diethylamino-6-methylpyrimidyl-4-diethylthiophosphate 〔別名〕ピリミホスエチル

【組成・化学構造】　分子式　$C_{13}H_{24}N_3O_3PS$
構造式

【CAS 番号】　23505-41-1

【性状】　淡黄色の液体。水に難溶。大部分の有機溶媒を混和しやすい。

【用途】　インゲン、大豆等のタネバエの殺虫。

【毒性】　原体の LD_{50} ＝ マウス経口：383 mg/kg、ラット経口：126 mg/kg。

【その他】　〔製剤〕現在、農薬としての市販品はない。

劇　物	ジエチル-S-（エチルチオエチル）-ジチオホスフェイト
毒物及び劇物指定令 第 2 条／34	Diethyl-S-(ethylthioethyl)-dithiophosphate 〔別名〕エチルチオメトン、ジスルホトン

組成・性状・毒性等については 175 ページ参照。

各　　論

劇物	ジエチル-*S*-（2-オキソ-6-クロルベンゾオキサゾロメチル）-ジチオホスフェイト
毒物及び劇物指定令 第2条／34の2	Diethyl-*S*-(2-oxo-6-chlorobenzoxazolomethyl)-dithiophosphate 〔別名〕3-ジエトキシ-ホスホリル-チオメチル-6-クロロベンズオキサゾロン、ホサロン

【組成・化学構造】　**分子式**　$C_{12}H_{15}ClNO_4PS_2$

構造式

【CAS番号】：2310-17-0

【性状】：白色結晶。ネギ様の臭気。融点45～48℃。20℃における蒸気圧は0で、揮発性は極めてわずか。メタノール、エタノール、アセトン、クロロホルムおよびアセトニトリルに可溶、シクロヘキサンおよび石油エーテルに難溶。水に不溶。

【用途】：アブラムシ、ハダニなど吸収口および咀嚼口を有する害虫の駆除。

【毒性】：原体のLD_{50}＝マウス経口投与：131.3 mg/kg。

【その他】：〔製剤〕主剤30％を含有する水和剤（ルビトックス水和剤）、35％を含有する乳剤（ルビトックス乳剤）、4％を含有する粉剤（ルビトックス粉剤）、その他DDVPまたはNACを配合した乳剤および水和剤など。

劇物	*O,O′*-ジエチル＝*O″*-（2-キノキサリニル）＝チオホスファート
毒物及び劇物指定令 第2条／34の3	*O,O′*-Diethyl *O″*-(2-quinoxalinyl)thiophosphate 〔別名〕キナルホス／Quinalphos

【組成・化学構造】　**分子式**　$C_{12}H_{15}N_2O_3PS$

構造式

【CAS番号】：13593-03-8

【性状】：白色の結晶粉末。

【用途】：柑橘に用いる農薬殺虫剤（ヤノネカイガラムシ、ツノロウムシの防除）。

【毒性】：原体のLD_{50}＝マウス雄経口：55 mg/kg、マウス雌経口：59 mg/kg、ラット雄経口：56 mg/kg、ラット雌経口：51 mg/kg。

【その他】：〔製剤〕主剤40％を含有する乳剤（エカラックス乳剤）。

劇　物

劇物	ジエチル-4-クロルフェニルメルカプトメチルジチオホスフェイト
毒物及び劇物取締法 別表第二／23 毒物及び劇物指定令 第 2 条／35	Diethyl-4-chlorophenyl mercaptomethyldithio-phosphate

【組成・化学構造】

分子式　$C_{11}H_{16}ClO_2PS_3$

構造式

H_3C＼O＼P＜S＼S＜（4-クロルフェニル）
H_3C＼O／‖S　　　Cl

【CAS 番号】　786-19-6

【性状】　純品は無色、無臭の液体。比重 1.265 ～ 1.285。工業製品は淡黄色の油状で、純度は 95％。有機溶媒に易溶、水に難溶。

【用途】　ハダニ類の殺虫剤。

【毒性】　原体の LD_{50} ＝ マウス経口：55.6 mg/kg。

　　　　有機リン製剤の一種であり、中毒症状もパラチオンと同様の症状を示す。

【その他】　〔製剤〕現在、市販品はない。

劇物	ジエチル-1-（2′,4′-ジクロルフェニル）-2-クロルビニルホスフェイト
毒物及び劇物指定令 第 2 条／35 の 2	Diethyl-1-(2′,4′-dichlorophenyl)-2-chlorovinylphosphate 〔別名〕クロルフェンビンホス、CVP

【組成・化学構造】

分子式　$C_{12}H_{14}Cl_3O_4P$

構造式

H_3C＼O＼P＼O＼（2,4-ジクロルフェニル）
H_3C＼O／‖O　　Cl

【CAS 番号】　470-90-6

【性状】　甘い化学臭のある琥珀色の液体。沸点 167 ～ 170℃（0.5 mmHg）。比重 1.36。アセトン、キシレン、アルコールに可溶。アルカリに不安定。

【用途】　陸稲のネアブラムシ、タネバエなどや、茶のチャノホソガ、野菜のアオムシ、コナガ、アブラムシ類、タネバエなどの駆除。

【毒性】　原体の LD_{50} ＝ マウス経口：65 mg/kg。

【その他】　〔製剤〕ビニフェート乳剤（有効成分 24％または 50％含有）、ビニフェート粉剤（有効成分 1.5％含有）。

劇
物

487

各　　論

劇物	ジエチル-(2,4-ジクロルフェニル)-チオホスフェイト
毒物及び劇物取締法 別表第二／24 毒物及び劇物指定令 第2条／36	**Diethyl-(2,4-dichlorophenyl)-thiophosphate** 〔別名〕ジクロフェンチオン、ECP

【組成・化学構造】　**分子式**　$C_{10}H_{13}Cl_2O_3PS$

構造式

H₃C

【CAS番号】　97-17-6

【性状】　特異臭のある液体。沸点 120 〜 123℃（0.2 mmHg）。比重 1.313（20℃）。
　　　　　ベンゼン、ヘキサン、エタノール等の有機溶媒に易溶。水に難溶。

【用途】　タマネギバエなど土壌害虫の駆除。

【毒性】　原体の LD_{50} ＝ マウス経口：270 mg/kg。
　　　　　有機リン製剤で、パラチオン製剤と同様の中毒症状を呈する。

【その他】　〔製剤〕市販品は有効成分3％含有の粉剤（VC粉剤）および75％含有の
　　　　　乳剤（VC乳剤）。

劇物	ジエチル-2,5-ジクロルフェニルメルカプトメチルジチオホスフェイト
毒物及び劇物取締法 別表第二／25 毒物及び劇物指定令 第2条／37	**Diethyl-2,5-dichlorophenylmercaptomethyl dithiophosphate** 〔別名〕CMP

【組成・化学構造】　**分子式**　$C_{11}H_{15}Cl_2O_2PS_3$

構造式

【CAS番号】　2275-14-1

【性状】　微臭を有する微琥珀色の油状物質。比重1.348。90 〜 95％のものは水に
　　　　　不溶。一般に有機溶媒に可溶、蒸留すると分解。引火点37℃。

【用途】　マメハダニ、チャノアカダニなど各種ダニ類の成幼虫、卵の駆除。

【毒性】　原体の LD_{50} ＝ マウス経口：182 mg/kg。
　　　　　有機リン製剤の一種で、トリチオンと同様にパラチオン様の中毒症状を
　　　　　示す。

【その他】　〔製剤〕現在、農薬としての市販品はない。

488

劇　物

劇物	ジエチル−(1,3−ジチオシクロペンチリデン)−チオホスホルアミド
毒物及び劇物指定令 第2条／37の2	Diethyl-(1,3-dithiocyclopentylidene)-thiophosphoramide 〔別名〕2−(ジエトキシホスフィノチオイルイミノ)−1,3−ジチオラン／ 2-(Diethoxyphosphinothioylimino)-1,3-dithiolane

：組成・性状・毒性等については 177 ページ参照。

劇物	ジエチル−3,5,6−トリクロル−2−ピリジルチオホスフェイト
毒物及び劇物指定令 第2条／37の3	Diethyl-3,5,6-trichloro-2-pyridylthiophosphate 〔別名〕クロルピリホス

【組成・化学構造】　分子式　$C_9H_{11}Cl_3NO_3PS$

構造式

【CAS 番号】　2921-88-2
　【性状】　白色の結晶。融点 41 ～ 42℃。アセトン、ベンゼンに可溶、水に難溶。
　【用途】　果樹の害虫防除、白アリ防除。
　【毒性】　原体の LD_{50} ＝ マウス経口：70 mg/kg。
　【その他】　〔製剤〕水和剤、乳剤、粉粒剤など。

劇物	ジエチル−(5−フェニル−3−イソキサゾリル)−チオホスフェイト
毒物及び劇物指定令 第2条／37の4	O,O-Diethyl-O-(5-phenyl-3-isoxazolyl)-phosphorothioate 〔別名〕イソキサチオン

【組成・化学構造】　分子式　$C_{13}H_{16}NO_4PS$

構造式

【CAS 番号】　18854-01-8
　【性状】　淡黄褐色の液体。水に難溶。有機溶剤に可溶。アルカリに不安定。
　【用途】　みかん、稲、野菜、茶などの害虫の駆除。
　【毒性】　原体の LD_{50} ＝ マウス経口：75 mg/kg、ラット経口：112 mg/kg。
　【その他】　〔製剤〕有効成分 50％を含有する乳剤（カルホス乳剤）、20％を含有する
　　　　　　　油剤（カルホス水面展開剤）。

劇
物

489

各　論

劇物	ジエチル-*S*-ベンジルチオホスフェイト
毒物及び劇物指定令 第2条／37の5	***O,O*-Diethyl-*S*-benzylthiophosphate** 〔別名〕EBP

【組成・化学構造】　**分子式**　C₁₁H₁₇O₃PS

構造式

H₃C—O—P(=O)—S—CH₂—C₆H₅
      |
      O—CH₂—CH₃（H₃C）

【CAS番号】　13286-32-3

【性状】　精製された純品は無色透明の液体、組成（純度80%以上）のものはわずかに特臭のある淡黄色透明の液体。沸点120～130℃（0.10～0.15 mmHg）。比重1.1548。エーテル、アルコール、キシレン、シクロヘキサノンに易溶、水に難溶。

【用途】　稲のイモチ病の防除。

【毒性】　原体の LD_{50} ＝ マウス経口：237.7 mg/kg。

【その他】　〔製剤〕現在、市販品はない。

劇物	ジエチル-4-メチルスルフィニルフェニル-チオホスフェイト
毒物及び劇物指定令 第2条／37の6	**Diethyl-4-methylsulfinylphenyl-thiophosphate**

組成・性状・毒性等については179ページ参照。

劇物	四塩化炭素
毒物及び劇物取締法 別表第二／26 毒物及び劇物指定令 第2条／38	**Carbon tetrachloride** 〔別名〕四塩化メタン／Tetrachloromethane、 過クロルメタン／Perchloromethane、テトラクロルメタン

【組成・化学構造】　**分子式**　CCl₄

構造式

Cl₂C—CCl₂ 構造

【CAS番号】　56-23-5

【性状】　揮発性、麻酔性の芳香を有する無色の重い液体。沸点76℃。比重約1.63。水に難溶、アルコール、エーテル、クロロホルムなどに可溶。不燃性。揮発して重い蒸気となり、火炎を包んで空気を遮断するため強い消火力を示す。また、油脂類をよく溶解する性質があり、かつ不燃性なので、溶剤として種々の工業に用いられるが、毒性が強く、吸入すると中毒を起

490

劇　　物

こす。

【用途】洗浄剤および種々の清浄剤の製造、引火性の少ないベンジンの製造、化
学薬品など。

【毒性】LC_{50} ＝ ラット吸入：8000 ppm（4 hr）。

揮発性の蒸気の吸入によることが多い。症状は、はじめ頭痛、悪心などを
きたし、黄疸のように角膜が黄色となり、しだいに尿毒症様を呈し、重
症なときは死亡する。水分が存在するときは、金属製品を腐食し、また
高熱下で酸素と水分が共存するときは、無色無臭の毒ガス、ホスゲンを
生成する。通常、不純物として二硫化炭素、亜硫酸、水分がある。二硫
化炭素が多いときは爆発の危険があり、亜硫酸、水分が多いときは金属
類に対する腐食性を増大する。

【応急措置基準】〔措置〕

(1)漏えい時

　風下の人を退避させ、漏えいした場所の周辺にはロープを張るなどし
て人の立入りを禁止する。作業の際には必ず保護具を着用し、風下で作
業をしない。漏えいした液は土砂等でその流れを止め、安全な場所に導
き、空容器にできるだけ回収し、そのあとを中性洗剤等の分散剤を使用
して多量の水で洗い流す。この場合、高濃度の廃液が河川等に排出され
ないよう注意する。

(2)出火時

・周辺火災の場合 ＝ 速やかに容器を安全な場所に移す。移動不可能な場
合には、容器および周囲に散水して冷却する。

(3)暴露・接触時

①急性中毒と刺激性

・吸入した場合 ＝ めまい、頭痛、吐き気をおぼえ、重症な場合は、嘔
吐、意識不明などを起こす。

・皮膚に触れた場合 ＝ 皮膚を刺激し、皮膚からも吸収され、湿疹を生
成、吸入した場合と同様の中毒症状を起こすことがある。

・眼に入った場合 ＝ 粘膜を刺激して炎症を起こす。

②医師の処置を受けるまでの救急方法

・吸入した場合 ＝ 多量に吸入した場合は、直ちに患者を毛布等にくる
んで安静にさせ、新鮮な空気の場所に移す。呼吸困難または呼吸停
止の場合は、直ちに人工呼吸を行う。

・皮膚に触れた場合 ＝ 直ちに汚染された衣服や靴などを脱がせ、付着
部または接触部を石けん水で洗浄し、多量の水で洗い流す。

・眼に入った場合 ＝ 直ちに多量の水で15分間以上洗い流す。

(4)注意事項

劇
物

491

各　論

　　　火災などで強熱されるとホスゲンを生成するおそれがある。

　　⑸保護具

　　　保護眼鏡、保護手袋、保護長靴、保護衣、有機ガス用防毒マスク（火災時：人工呼吸器）

【廃棄基準】〔廃棄方法〕

燃焼法

　　過剰の可燃性溶剤または重油等の燃料とともに、アフターバーナーおよびスクラバーを備えた焼却炉の火室へ噴霧してできるだけ高温で焼却する。

　　〈備考〉

　　　・スクラバーの洗浄液には、アルカリ溶液を用いる。

　　　・焼却炉は有機ハロゲン化合物を焼却するのに適したものであること。

〔生成物〕NaCl

〔検定法〕ガスクロマトグラフィー

【その他】〔鑑識法〕アルコール性の水酸化カリウムと銅粉とともに煮沸すると、黄赤色の沈殿を生成。

〔貯法〕亜鉛またはスズメッキをした鋼鉄製容器で保管し、高温に接しない場所に保管する。ドラム缶で保管する場合は、雨水が漏入しないようにし、直射日光を避け冷所に置く。本品の蒸気は空気より重く、低所に滞留するので、地下室など換気の悪い場所には保管しない。

劇物	2-(1,3-ジオキソラン-2-イル)フェニル-*N*-メチルカルバメート
毒物及び劇物指定令 第2条／38の2	**2-(1,3-Dioxolan-2-yl)phenyl-*N*-methylcarbamate** 〔別名〕ジオキサカルブ

【組成・化学構造】**分子式**　$C_{11}H_{13}NO_4$

構造式

【CAS番号】6988-21-2

【性状】白色の結晶。水、ベンゼン、キシレンに可溶。

【用途】稲のツマグロヨコバイ、ウンカ類の駆除。

【毒性】原体の LD_{50} ＝ マウス経口：166 mg/kg、マウス経皮：860 mg/kg。

【その他】〔製剤〕現在、農薬としての市販品はない。

劇　　物

劇物	**1,3-ジカルバモイルチオ-2-（*N,N*-ジメチルアミノ）-プロパン塩酸塩**
毒物及び劇物指定令 第2条／38の3	1,3-Dicarbamoylthio-2-(*N,N*-dimethylamino)-propane hydrochloride 〔別名〕カルタップ

【組成・化学構造】　**分子式**　$C_7H_{15}N_3O_2S_2 \cdot ClH$

構造式

H_2N―（C=O）―S―CH_2―CH―CH_2―S―（C=O）―NH_2　　　H_3C―N―CH_3　　　HCl

【CAS番号】　15263-52-2

【性状】　無色の結晶。融点 183.0 〜 183.5℃。水およびメタノールに可溶、エーテル、ベンゼンに不溶。

【用途】　稲のニカメイチュウ、野菜のコナガ、アオムシ等の駆除。

【毒性】　原体の LD_{50} ＝ マウス経口：165 mg/kg。

【応急措置基準】　〔措置〕

(1)漏えい時

　飛散した場所の周辺にはロープを張るなどして人の立入りを禁止する。作業の際には必ず保護具を着用し、風下で作業をしない。飛散したものは空容器にできるだけ回収し、多量の水で洗い流す。この場合、高濃度の廃液が河川等に排出されないよう注意する。

(2)出火時

・周辺火災の場合 ＝ 速やかに容器を安全な場所に移す。移動不可能な場合には容器および周囲に散水して冷却する。

・着火した場合 ＝ 必ず保護具を着用し消火剤、水噴霧等を用いて消火する。

・消火剤 ＝ 水、粉末、泡、二酸化炭素

(3)暴露・接触時

①急性中毒と刺激性

・吸入した場合 ＝ 嘔気、振戦、流涎などの症状を呈し、重症な場合には、全身痙攣、呼吸困難などを起こすことがある。

・皮膚に触れた場合 ＝ 軽度の紅斑、浮腫などを起こし、放置すると皮膚より吸収され中毒を起こすことがある。

・眼に入った場合 ＝ 粘膜を刺激し、角膜混濁、結膜充血、浮腫、虹彩炎などを起こすことがある。

②医師の処置を受けるまでの救急方法

・吸入した場合 ＝ 直ちに患者を毛布等にくるんで安静にさせ、新鮮な

劇
物

各　　論

空気の場所に移し、鼻をかませ、うがいをさせる。呼吸困難または呼吸停止の場合には、直ちに人工呼吸を行う。

・皮膚に触れた場合＝直ちに汚染された衣服や靴などを脱がせ、付着部または接触部を石けん水で洗浄し、多量の水で洗い流す。

・眼に入った場合＝直ちに多量の水で15分間以上洗い流す。

⑷保護具

保護眼鏡、保護手袋、保護長靴、保護衣、防塵マスク（火災時：人工呼吸器）

【廃棄基準】〔廃棄方法〕

還元法

還元剤（例えば、チオ硫酸ナトリウム等）の水溶液に希硫酸を加えて酸性にし、この中に少量ずつ投入する。反応終了後、反応液を中和し多量の水で希釈して処理する。

〔検定法〕滴定法

〔その他〕

ア　一度に多量の塩素酸ナトリウムを投入すると、有毒で爆発性のある二酸化塩素を生成するので注意する。

イ　本薬物の付着した容器等をそのまま焼却しないこと。

【その他】〔製剤〕パダン水溶剤（有効成分50％含有）、パダン粒剤（有効成分4％含有）など。また、パダン粉剤（有効成分2％含有）があるが、これは普通物である。

劇物	
毒物及び劇物指定令 第2条／39	**しきみの実**

【組成・化学構造】　**分子式**　$C_{15}H_{20}O_8$

構造式

【CAS番号】　5230-87-5

【性状】　しきみ（*Illiciumanisatum L.*）の果実。集果は袋果が数個放射線状に配列。袋果はボート状をなし、長さは1.5 cm内外である。有毒成分シキミン（Shikimin）を有する。

【用途】　主として線香用の原料（現在はほとんど使用されない）。

劇　物

【毒性】 LD_{LO} ＝ マウス経口：1 mg/kg。

本薬物は大茴香（芳香薬として、また料理用香味料として用いられる）と形状が酷似しているため、誤って食用または薬用に供し、中毒を起こすことがある。中毒はまず腹痛、嘔吐、瞳孔縮小、チアノーゼ、顔面蒼白、発作性の痙攣などの症状を呈し、次いで全身の麻痺、昏睡に陥る。

劇　物	シクロヘキシミド
毒物及び劇物取締法 別表第二／27 毒物及び劇物指定令 第2条／40	**Cycloheximide** 〔別名〕(1) 3-[2-(3,5-ジメチル-2-オキソシクロヘキシル)-2-ヒドロキシエチル]グルタルイミド、(2)アクチジオン、ナラマイシン

【組成・化学構造】　**分子式**　$C_{15}H_{23}NO_4$

　構造式

【CAS番号】 66-81-9

【性状】 抗カビ性抗生物質で、無色の小板状晶または白色の針状晶。融点 115 ～ 121℃。クロロホルム、アセトン、低級アルコールに易溶、水に約 2% 溶解。無水酢酸、希アルカリで分解。

【用途】 殺菌剤（カラマツの先枯病、ネギ類のベト病に局限）、野ネズミ、野ウサギ、クマ、イノシシの忌避剤。

【毒性】 LD_{50} ＝ マウス経口：133 mg/kg、モルモット経口：65 mg/kg、ラット経口：2 mg/kg。

本薬物の結晶または高濃度溶液は、フェノールと同様の強い局所刺激作用を有する。動物に投与したとき、ウサギでは体重減少、腸カタル、腸内出血、イヌでは嘔吐、腸内出血、サルでは腸内出血、体重減少、人間では主に悪心、嘔吐などの症状を呈する。

【その他】 〔製剤〕現在、農薬としての市販品はない。

各　論

劇物	シクロヘキシルアミン
毒物及び劇物指定令 第 2 条／40 の 2	**Cyclohexylamine** 〔別名〕アミノシクロヘキサン、ヘキサヒドロアニリン

【組成・化学構造】　**分子式**　$C_6H_{13}N$

構造式

【CAS 番号】　108-91-8

【性状】　強いアミン臭のある無色の液体。沸点 134℃。融点 −17.7℃。蒸気圧 15 mmHg（30.5℃）。水およびほとんどの有機溶媒と完全に混合。強塩基。

【用途】　ゴム用薬品、清缶剤、染色助剤、染料および顔料、界面活性剤、殺虫剤、酸素吸収剤、防錆剤、不凍液。

【毒性】　原体の LD_{50} = ラット経口：156 mg/kg、マウス経口：224 mg/kg、ウサギ経皮：277 mg/kg。

劇物	ジ（2-クロルイソプロピル）エーテル
毒物及び劇物指定令 第 2 条／40 の 3	**Di(2-chloroisopropyl) ether** 〔別名〕2,2′-ジクロルジイソプロピルエーテル、DCIP

【組成・化学構造】　**分子式**　$C_6H_{12}Cl_2O$

構造式

【CAS 番号】　108-60-1

【性状】　淡黄褐色の粘稠な透明液体。沸点 187℃。比重 1.114。溶解度は水 100 mL に対して 0.17 g 溶解。引火点 85℃。

【用途】　なす、セロリ、トマト、サツマイモ等の根腐線虫、根瘤線虫、および桑、茶等の根瘤線虫、カナヤサヤワセン虫、茶根腐線虫の駆除。

【毒性】　原体の LD_{50} = マウス経口：295.8 mg/kg。

【応急措置基準】　〔措置〕

(1) **漏えい時**

風下の人を退避させ、漏えいした場所の周辺にはロープを張るなどして人の立入りを禁止する。付近の着火源となるものを速やかに取り除く。作業の際には必ず保護具を着用し、風下で作業をしない。漏えいした液は土砂等でその流れを止め、安全な場所に導き、空容器にできるだけ回収し、そのあとを中性洗剤等の分散剤を使用して多量の水で洗い流す。

(2) **出火時**

劇　　物

・周辺火災の場合 = 速やかに容器を安全な場所に移す。移動不可能な場合には容器および周囲に散水して冷却する。
・着火した場合 = 必ず保護具を着用し消火剤、水噴霧等を用いて消火する。
・消火剤 = 水、粉末、泡、二酸化炭素

(3)暴露・接触時
①急性中毒と刺激性
・吸入した場合 = 倦怠感、頭痛、めまい、貧血等の症状を呈し、重症な場合には、呼吸困難等を起こすことがある。
・皮膚に触れた場合 = 軽度の紅斑、浮腫等を起こし、放置すると皮膚より吸収され中毒を起こすことがある。
・眼に入った場合 = 粘膜を刺激し、角膜混濁、結膜充血、浮腫、虹彩炎等を起こすことがある。
②医師の処置を受けるまでの救急方法
・吸入した場合 = 直ちに患者を毛布等にくるんで安静にさせ、新鮮な空気の場所に移す。呼吸困難または呼吸停止の場合には、直ちに人工呼吸を行う。
・皮膚に触れた場合 = 直ちに汚染された衣服や靴などを脱がせ、付着部または接触部を石けん水で洗浄し、多量の水で洗い流す。
・眼に入った場合 = 直ちに多量の水で15分間以上洗い流す。

(4)保護具
保護眼鏡、保護手袋、保護長靴、保護衣、有機ガス用防毒マスク（火災時：人工呼吸器）

【廃棄基準】〔廃棄方法〕

燃焼法
ア　おが屑等に吸収させてアフターバーナーおよびスクラバーを備えた焼却炉で焼却する。
イ　可燃性溶剤とともにアフターバーナーおよびスクラバーを備えた焼却炉の火室へ噴霧し、焼却する。
〈備考〉スクラバーの洗浄液には水酸化ナトリウム水溶液を用いる。
〔検定法〕ガスクロマトグラフィー

【その他】〔製剤〕有効成分80％を含有する乳剤、20％または30％を含有する粒剤（ネマモール）。

劇
物

各　　論

劇物	ジクロル酢酸
毒物及び劇物取締法 別表第二／28	**Dichloroacetic acid** 〔別名〕ジクロロ酢酸

【組成・化学構造】 **分子式**　$C_2H_2Cl_2O_2$
構造式

$$Cl-\underset{\underset{Cl}{|}}{CH}-\overset{\overset{O}{\|}}{C}-OH$$

【CAS 番号】 79-43-6

【性状】 刺激臭のある無色の液体。沸点 192 ～ 193℃。融点 13.5℃。水に可溶。エ
タノール、エーテルに可溶。

【用途】 試薬。

【毒性】 原体の LD_{50} ＝ ウサギ経皮：510 mg/kg。
皮膚と眼に刺激症状を起こす。

【応急措置基準】 〔措置〕

(1)漏えい時

　漏えいした場所の周辺にはロープを張るなどして人の立入りを禁止す
る。作業の際には必ず保護具を着用し、風下で作業をしない。漏えいし
た液は、土砂等に吸着させて空容器に回収し、そのあとを水酸化カルシ
ウム、炭酸ナトリウム等で中和し、多量の水で洗い流す。この場合、高
濃度の廃液が河川等に排出されないように注意する。

(2)出火時

・周辺火災の場合 ＝ 速やかに容器を安全な場所に移す。移動不可能の場
　合は、容器および周囲に散水して冷却する。

(3)暴露・接触時

①急性中毒と刺激性

・吸入した場合 ＝ 鼻、のど、気管支などの粘膜が侵される。

・皮膚に触れた場合 ＝ 極めて刺激性・腐食性が強く、やけど（薬傷）、
　壊疽を生成。

・眼に入った場合 ＝ 角膜を刺激して炎症を起こす。

②医師の処置を受けるまでの救急方法

・吸入した場合 ＝ 直ちに患者を毛布等にくるんで安静にさせ、新鮮な
　空気の場所に移す。呼吸困難または呼吸停止の場合は直ちに人工呼
　吸を行う。

・皮膚に触れた場合 ＝ 直ちに汚染された衣服や靴を脱がせ、付着部ま
　たは接触部を石けん水または多量の水で十分に洗い流す。

・眼に入った場合＝直ちに多量の水で15分間以上洗い流す。
(4)**保護具**
　保護眼鏡、保護手袋、保護長靴、保護衣、有機ガス用防毒マスク

【廃棄基準】〔廃棄方法〕
燃焼法
　可燃性溶剤とともにアフターバーナーおよびスクラバーを備えた焼却炉の火室へ噴霧し焼却する。
〈備考〉
・スクラバーの洗浄液にはアルカリ溶液を用いる。
・焼却炉は有機ハロゲン化合物を焼却するのに適したものであること。
〔検定法〕ガスクロマトグラフィー

劇物	ジクロルジニトロメタン
毒物及び劇物指定令 第2条／40の4	Dichloro dinitromethane 〔別名〕NET

【組成・化学構造】　分子式　$CCl_2N_2O_4$
　　　　　　　　　構造式

【CAS 番号】1587-41-3
【性状】淡黄色澄明の揮発性液体。刺激臭。沸点43℃（18 mmHg）。水に不溶。エタノール、アセトン、ベンゼン、石油エーテルに易溶。
【用途】土壌殺菌剤（蔓割病、立枯病、苗立枯病、根腐病、疫病、萎凋病など）。
【毒性】原体のLD_{50}＝マウス経口：156 mg/kg。
【その他】〔製剤〕現在、農薬としての市販品はない。

劇物	2,4-ジクロル-6-ニトロフェノール・ナトリウム塩
毒物及び劇物指定令 第2条／40の5	Sodium 2,4-dichloro-6-nitrophenolate 〔別名〕DNCP

【組成・化学構造】　分子式　$C_6H_2Cl_2NNaO_3$
　　　　　　　　　構造式

【CAS 番号】64047-88-7
【性状】赤褐色の水溶性粉末。

【用途】ヤエムグラ、ハコベなどの除草剤。
【毒性】原体の LD_{50} ＝ マウス腹腔内：71 mg/kg。
【その他】〔製剤〕現在、農薬としての市販品はない。

劇物	ジクロルブチン
毒物及び劇物取締法 別表第二／29 毒物及び劇物指定令 第2条／41	**Dichlorobutyne**

【組成・化学構造】 分子式　$C_4H_4Cl_2$
構造式

【CAS番号】821-10-3
【性状】無色の液体。沸点68℃。比重1.246。水に難溶、有機溶媒に易溶。常温で安定。
【用途】根瘤線虫その他の土壌線虫の駆除。
【毒性】原体の LD_{50} ＝ マウス経口：53.6 mg/kg。
【その他】〔製剤〕現在、市販品はない。

劇物	2′,4-ジクロロ-α,α,α-トリフルオロ-4′- ニトロメタトルエンスルホンアニリド
毒物及び劇物指定令 第2条／41の2	**2′,4-Dichloro-α,α,α-trifluoro-4′-nitro-meta-toluenesulfonanilide** 〔別名〕フルスルファミド／Flusulfamide

【組成・化学構造】 分子式　$C_{13}H_7Cl_2F_3N_2O_4S$
構造式

【CAS番号】106917-52-6
【性状】淡黄色の結晶性粉末。融点170～171℃。比重1.739（23℃）。蒸気圧5.93 $\times 10^{-9}$ mmHg（25℃）。水に難溶。有機溶媒、無極性溶媒に易溶。$\log P_{ow}$ ＝ 2.4（25℃）。
【用途】野菜の根こぶ病等の病害を防除する農薬。
【毒性】原体の LD_{50} ＝ ラット雄経口：180 mg/kg、ラット雌経口：132 mg/kg、マウス雄経口：245 mg/kg、マウス雌経口：254 mg/kg。原体は、眼粘膜に対して重度の刺激性。
0.3%粉剤の LD_{50} ≧ ラット経口：5000 mg/kg。

劇　物

【その他】〔製品〕フルスルファミド粉剤（フルスルファミド 0.3％以下のものは劇
物に該当しない）。

劇　物	
毒物及び劇物指定令 第 2 条／41 の 3	**2,4-ジクロロ-1-ニトロベンゼン** **2,4-Dichloro-1-nitrobenzene**

【組成・化学構造】 **分子式** $C_6H_3Cl_2NO_2$

構造式

【CAS 番号】 611-06-3

【性状】 黄色の結晶個体、または黄色の液体。沸点 258℃。融点 29 ～ 31℃。相
対蒸気密度 6.6（空気＝1）。密度 1.54 g/cm³（15℃）。蒸気圧 1.0 Pa（＝
0.0075 mmmHg、25℃）。25℃の水 1 L あたり 200 mg 溶解、エタノール・
エーテルに可溶。引火点 112℃。強酸化剤、強塩基と反応。

【用途】 高圧用潤滑油の添加剤、加硫促進剤、殺菌剤、植物保護製品や染料の製
造原料、有機合成原料。

【毒性】 原体の LD_{50} ＝ ラット雄経口：379 mg/kg、ラット雌経口：385 mg/kg、
ラット経皮：921 mg /kg。

劇　物	
毒物及び劇物指定令 第 2 条／41 の 4	**1,3-ジクロロプロペン** **1,3-Dichloropropene**

【組成・化学構造】 **分子式** $C_3H_4Cl_2$

構造式　　トランス体（E 体）　　　シス体（Z 体）

【CAS 番号】 542-75-6

【性状】 淡黄褐色透明の液体。沸点はシス体 104℃ ～ 105℃、トランス体 114℃。
融点はシス体 −85℃、トランス体は −25℃ より低い。密度は 1 cm³ あ
たり、シス体 1.22 g（23℃）、トランス体 1.23 g（24℃）。蒸気圧はシス
体 4850 Pa（25℃）、トランス体 2982 Pa（同）。水溶解度は、シス体 2.45
g/L（20℃）、トランス体 2.52 g/L（20℃）。キシレン、ジクロロエタン、
アセトン、メタノール、1-オクタノール、酢酸エチルなどの有機溶剤に
可溶（19℃）。熱への安定性は 150℃ まで安定。アルミニウム、マグネシ
ウム、亜鉛、カドミニウムおよびそれらの合金性容器との接触で金属の
腐食がある。第 4 類第 2 石油類（引火点 28℃）。

501

各　論

【用途】農薬（殺虫剤）。

【毒性】LD_{50} ＝ ラット経口：470 mg/kg、ラット経皮：775 mg/kg、ウサギ経皮：333 mg/kg。LC_{50} ＝ マウス吸入：3220 mg/m³（2 hr）。

劇物
毒物及び劇物取締法 別表第二／30 毒物及び劇物指定令 第2条／42

2,3-ジー（ジエチルジチオホスホロ）-パラジオキサン
2,3-Di-(diethyldithiophosphoro)-paradioxan

【組成・化学構造】

分子式 $C_{12}H_{26}O_6P_2S_4$

構造式

【CAS番号】78-34-2

【性状】黄褐色の透明、可乳化、油状液体。微臭。

【用途】りんご、桜桃、大豆等のダニ類の防除。

【毒性】原体の LD_{50} ＝ ラット経口：111 mg/kg、マウス経口：176 mg/kg。
有機リン製剤であるため、中毒症状は他の有機リン製剤とほぼ同様である。

【その他】〔製剤〕現在、農薬としての市販品はない。

劇物
毒物及び劇物取締法 別表第二／31 毒物及び劇物指定令 第2条／43

2,4-ジニトロ-6-シクロヘキシルフェノール
2,4-Dinitro-6-cyclohexylphenol
〔別名〕DN、DNCHP

【組成・化学構造】

分子式 $C_{12}H_{14}N_2O_5$

構造式

【CAS番号】131-89-5

【性状】黄白色の結晶。融点 106 ～ 107℃。水、アルコールに不溶、ベンゼンに可溶。アルカリで分解。

【用途】接触剤、消化中毒剤として、ハダニ類、アブラムシ類の駆除。

【毒性】原体の LD_{50} ＝ マウス経口：225 mg/kg。
急性中毒症状は麻痺作用である。

【その他】〔製剤〕現在、農薬としての市販品はない。

劇物	2,4-ジニトロトルエン
毒物及び劇物指定令 第 2 条／43 の 2	**2,4-Dinitrotoluene**

【組成・化学構造】 分子式 $C_7H_6N_2O_4$

構造式

【CAS 番号】 121-14-2

【性状】 針状晶。融点 70 〜 71℃。二硫化炭素に易溶。ベンゼンに可溶。エーテルに難溶。酸化剤。

【用途】 有機合成、トルイジン、染料、火薬の中間体。

【毒性】 原体の LD_{50} ＝ ラット雄経口：568 mg/kg、ラット雌経口：650 mg/kg、マウス経口：268 mg/kg、モルモット経口：1300 mg/kg。

劇物	2,4-ジニトロ-6-（1-メチルプロピル）-フェニルアセテート
毒物及び劇物取締法 別表第二／32 毒物及び劇物指定令 第 2 条／44	**2,4-Dinitro-6- (1-methylpropyl)-phenyl acetate** 〔別名〕酢酸ジノセブ、DNBPA

【組成・化学構造】 分子式 $C_{12}H_{14}N_2O_6$

構造式

【CAS 番号】 2813-95-8

【性状】 わずかに刺激臭を有する茶褐色の液体（室温）。水に不溶。ほとんどの有機溶媒に可溶。アルカリ、紫外線により分解する。

【用途】 除草剤。

【毒性】 原体の LD_{50} ＝ マウス経口：51.25 mg/kg。

【その他】 〔製剤〕有効成分 40％の水和剤（アレチット）。

劇物	2,4-ジニトロ-6-（1-メチルプロピル）-フェノール
毒物及び劇物指定令 第 2 条／45	**2,4-Dinitro-6-(1-methylpropyl)-phenol**

組成・性状・毒性等については 181 ページ参照。

各　論

劇物	**2,4-ジニトロ-6-メチルプロピルフェノールジメチルアクリレート**
毒物及び劇物取締法 別表第二／33 毒物及び劇物指定令 第2条／46	**2,4-Dinitro-6-(1-methylpropyl)phenol-dimethyl-acrylate** 〔別名〕ビナパクリル

【組成・化学構造】　分子式　$C_{15}H_{18}N_2O_6$

構造式

【CAS番号】：485-31-4

【性状】：褐色の弱い芳香臭の固体。融点66℃。水に不溶、ほとんどあらゆる有機溶媒に可溶。アルカリ、紫外線によりいくらか分解する。

【用途】：柑橘類、りんご、なし、すいか等のハダニ、ウドンコ病の殺菌剤。

【毒性】：原体の LD_{50} = マウス経口：229.5 mg/kg。

【その他】：〔製剤〕有効成分30%および50%含有の水和剤（アクリシッドゾル、アクリシッド水和剤）。

劇物	**ジニトロメチルヘプチルフェニルクロトナート**
毒物及び劇物指定令 第2条／46の2	**Dinitromethylheptylphenylcrotonate** 〔別名〕ジノカップ／Dinocap、DPC

【組成・化学構造】　分子式　$C_{18}H_{24}N_2O_6$

構造式　(1)および(2)の混合物

(1)

(2)

【CAS番号】：39300-45-3

【性状】：暗褐色の粘性液体。

【用途】：バラ、たばこ等のウドンコ病の殺菌。

【毒性】：原体の LD_{50} = マウス雄経口：86 mg/kg、マウス雌経口：95 mg/kg。

504

劇　物

【その他】〔製剤〕カラセン水和剤およびカラセン乳剤。

劇物	2,3-ジヒドロ-2,2-ジメチル-7-ベンゾ[b]フラニル-N-ジブチルアミノチオ-N-メチルカルバマート
毒物及び劇物指定令 第2条／46の3	2,3-Dihydro-2,2-dimethyl-7-benzo[b]furanyl-N-dibutylaminothio-N-methylcarbamate 〔別名〕カルボスルファン／Carbosulfan

【組成・化学構造】　**分子式**　$C_{20}H_{32}N_2O_3S$
　　　　　　　　　構造式

【CAS番号】：55285-14-8
　　【性状】：褐色の粘稠液体。
　　【用途】：水稲のイネミズゾウムシ等の殺虫。
　　【毒性】：原体の LD_{50} ＝ マウス雄経口：101 mg/kg、マウス雌経口：103 mg/kg。
　【その他】：〔製剤〕有効成分5%の粒剤（アドバンテージ粒剤）。

劇物	2,2′-ジピリジリウム-1,1′-エチレンジブロミド
毒物及び劇物取締法 別表第二／34 毒物及び劇物指定令 第2条／47	2,2′-Dipyridilium-1,1′-ethylene-dibromide 〔別名〕ジクワット、ジクワットジブロミド

【組成・化学構造】　**分子式**　$C_{12}H_{12}Br_2N_2$
　　　　　　　　　構造式

【CAS番号】：85-00-7
　　【性状】：淡黄色の吸湿性結晶。約300℃で分解。比重（d_4^{20}）1.20。水に可溶（20℃で水100 mLに70 g溶解）。中性、酸性下で安定。アルカリ性で不安定。アルカリ溶液で薄める場合には、2〜3時間以上貯蔵できない。腐食性。水溶液中紫外線で分解。工業品は、暗褐色の水溶液。
　　【用途】：除草剤。

各　　論

【毒性】原体の LD_{50} ＝ マウス経口：178 mg/kg、ラット経口：157 mg/kg。

【応急措置基準】〔措置〕

(1)漏えい時

　漏えいした場所の周辺にはロープを張るなどして人の立入りを禁止する。作業の際には必ず保護具を着用し、風下で作業をしない。漏えいした液は土壌等でその流れを止め、安全な場所に導き、空容器にできるだけ回収し、そのあとを土壌で覆って十分接触させた後、土壌を取り除き、多量の水で洗い流す。

(2)出火時

・周辺火災の場合 ＝ 速やかに容器を安全な場所に移す。移動不可能な場合には容器および周囲に散水して冷却する。

(3)暴露・接触時

　①急性中毒と刺激性

・吸入した場合 ＝ 鼻やのどなどの粘膜に炎症を起こし、重傷な場合には、嘔気、嘔吐、下痢等を起こすことがある。

・皮膚に触れた場合 ＝ 皮膚を刺激し、紅斑、浮腫等を起こし、放置すると皮膚より吸収され中毒を起こすことがある。

・眼に入った場合 ＝ 軽度の結膜充血等を起こすことがある。

　②医師の処置を受けるまでの救急方法

・吸入した場合 ＝ 直ちに患者を毛布等にくるんで安静にさせ、新鮮な空気の場所に移す。

・皮膚に触れた場合 ＝ 直ちに汚染された衣服や靴などを脱がせ、付着部または接触部を石けん水で洗浄し、多量の水で洗い流す。

・眼に入った場合 ＝ 直ちに多量の水で15分間以上洗い流す。

(4)注意事項

　①土壌等に強く吸着されて不活性化する性質がある。

　②ジクワットを誤って嚥下した場合には、消化器障害、ショックのほか、数日遅れて腎臓の機能障害、肺の軽度の障害を起こすことがあるので、特に症状がない場合にも至急医師による手当てを受ける。

(5)保護具

　保護眼鏡、保護手袋、保護長靴、保護衣、有機ガス用防毒マスク（火災時：人工呼吸器）

【廃棄基準】〔廃棄方法〕

燃焼法

　ア　おが屑等に吸収させてアフターバーナーおよびスクラバーを備えた焼却炉で焼却する。

　イ　そのままアフターバーナーおよびスクラバーを備えた焼却炉の火

506

劇　物

室へ噴霧し、焼却する。

〈備考〉スクラバーの洗浄液には水酸化ナトリウム水溶液を用いる。

〔検定法〕吸光光度法、高速液体クロマトグラフィー

【その他】〔製剤〕30%含有のレグロックスや、パラコートとの配合剤（プリグロックス L、マイゼット）。

劇物	2-ジフェニルアセチル-1,3-インダンジオン
毒物及び劇物指定令 第 2 条／47 の 2	2-Diphenylacetyl-1,3-indandione 〔別名〕ダイファシノン／Diphacinone

組成・性状・毒性等については 182 ページ参照。

劇物	ジプロピル-4-メチルチオフェニルホスフェイト
毒物及び劇物指定令 第 2 条／47 の 3	Dipropyl-4-methylthiophenylphosphate 〔別名〕プロパホス

【組成・化学構造】　分子式　$C_{13}H_{21}O_4PS$

構造式

【CAS 番号】　7292-16-2

【性状】　ほとんど無色の油状液体。沸点 176℃。アルコール、エーテルに可溶、グリセリン、水に難溶。アルカリ性で不安定。

【用途】　ヒメトビウンカ、ツマグロヨコバイなどの駆除。

【毒性】　原体の LD_{50} ＝ マウス経口：90 mg/kg、ウサギ経口：82.5 mg/kg。

【その他】〔使用方法〕乳剤の 100 倍液を散布し、粉剤、粒剤は 10 アール当たり 3 kg を散布。

〔製剤〕カヤフォス乳剤（有効成分 50%含有）、カヤフォス粉剤（有効成分 2%）、カヤフォス粒剤（有効成分 3%）など。

劇物	1,2-ジブロムエタン
毒物及び劇物取締法 別表第二／35 毒物及び劇物指定令 第 2 条／48	1,2-Dibromoethane 〔別名〕二臭化エチレン／Ethylene dibromide、EDB

【組成・化学構造】　分子式　$C_2H_4Br_2$

構造式

【CAS 番号】　106-93-4

【性状】　無色のクロロホルムに似た臭気のある液体。沸点 131℃。凝固点 9.97℃。比重 2.19。蒸気圧 11 mmHg（25℃）。水に難溶、アルコールに可溶。金

507

各　論

　　　　　属腐食性が大きい。

【用途】　各種線虫の駆除。

【毒性】　原体の LD_{50} ＝ ラット経口：108 mg/kg。

　　　　　マウスに 8600 ppm のものを 50 分間噴霧すると、1 ～ 2 日で死亡する。皮膚を腐食する性質がある。

【その他】〔製剤〕EDB 燻蒸剤（97％含有）。

劇物	ジブロムクロルプロパン
毒物及び劇物取締法 別表第二／36 毒物及び劇物指定令 第 2 条／49	**Dibromochloropropane** 〔別名〕DBCP、ジブロムクロロプロパン

【組成・化学構造】　**分子式**　$C_3H_5Br_2Cl$

　　　　　　　　　構造式

　　　　　　　　　Br—CH₂—CH—CH₂—Cl
　　　　　　　　　　　　　　|
　　　　　　　　　　　　　Br

【CAS 番号】　96-12-8

【性状】　やや甘い香りと刺激臭のある淡黄色の透明な液体。沸点 196℃。比重 2.08。水に難溶、有機溶媒に可溶。

【用途】　にんじん、大根、みかん、茶等の根瘤線虫の防除。

【毒性】　原体の LD_{50} ＝ ラット経口：221 mg/kg。

　　　　　中毒症状は発現が遅く、摂取後 1 時間以内には生じない。主要症状は著しい体温降下作用および全身の麻痺症状。

【その他】〔製剤〕現在、農薬としての市販品はない。

劇物	3,5-ジブロム-4-ヒドロキシ-4′-ニトロアゾベンゼン
毒物及び劇物取締法 別表第二／37 毒物及び劇物指定令 第 2 条／50	**3,5-Dibromo-4-hydroxy-4′-nitroazobenzene** 〔別名〕BAB

【組成・化学構造】　**分子式**　$C_{12}H_7Br_2N_3O_3$

　　　　　　　　　構造式

【CAS 番号】　3281-96-7

【性状】　赤橙色の粉末。融点 207.5 ～ 209.5℃。水に難溶、有機溶媒に可溶。

【用途】　稲のユリミミズ類（エラミミズ、ゴトウイトミミズ、ウイリーイトミミズ、ヨゴレイトミミズ、オヨギミミズ）の駆除。

【毒性】　原体の LD_{50} ＝ マウス経口：176 mg/kg。

【その他】〔製剤〕現在、農薬としての市販品はない。

劇物	2,3-ジブロモプロパン-1-オール
毒物及び劇物指定令 第2条/50の2	**2,3-Dibromopropan-1-ol**

【組成・化学構造】 **分子式** $C_3H_6Br_2O$

構造式

$Br\text{---}\overset{\overset{\displaystyle Br}{|}}{}\text{---}OH$

【CAS番号】 96-13-9

【性状】 無色の液体。沸点219℃。融点8℃。相対蒸気密度7.5（空気 = 1）、相対比重2.1（水 = 1）。蒸気圧12 Pa（= 0.09 mmmHg、25℃）。25℃の水1 Lあたり52 g溶解。アセトン、エタノール、エーテル、ベンゼンに可溶。110℃より高い温度で引火。強酸化剤と反応。

【用途】 難燃剤や医薬品および農薬の製造中間体。

【毒性】 原体のLD_{50} = ラット経口：681 mg/kg、ラット経皮：316 mg/kg。LC_{50} = ラット吸入（ミスト）：9.92 mg/L（4 hr）。
ウサギにおいて眼刺激性あり。

劇物	2-(ジメチルアミノ)エチル=メタクリレート
毒物及び劇物指定令 第2条/50の3	**2-(Dimethylamino) ethyl methacrylate**

【組成・化学構造】 **分子式** $C_8H_{15}NO_2$

構造式

$H_2C\text{=}\overset{\overset{\displaystyle O}{||}}{C}\text{---}O\text{---}CH_2CH_2\text{---}N\overset{\displaystyle CH_3}{\underset{\displaystyle CH_3}{}}$

CH_3

【CAS番号】 2867-47-2

【性状】 無色透明の液体。沸点186℃。融点 −30℃。蒸気圧1.10 hPa（25℃）。溶解度は水1 Lあたり106 g（25℃）。引火点65℃。

【用途】 四級化物の原料。

【毒性】 原体の$LD_{50} \geq$ ラット経口・経皮：2000 mg/kg。LC_{50} = ラット吸入（蒸気）：2.28 ～ 3.24 mg/L（4 hr）。
ウサギで強い皮膚刺激性を示し、眼腐食性を示す。

各　論

劇物	2-ジメチルアミノ-5,6-ジメチルピリミジル-4-*N*,*N*-ジメチルカルバメート
毒物及び劇物指定令 第 2 条／50 の 4	2-Dimethylamino-5,6-dimethylpyrimidyl-4-*N*,*N*-dimethylcarbamate 〔別名〕ピリミカーブ

【組成・化学構造】 **分子式** $C_{11}H_{18}N_4O_2$

構造式

【CAS 番号】 23103-98-2

【性状】 無色無臭の結晶。融点 88℃。有機溶媒に可溶、水に難溶。

【用途】 キャベツ、大根等のアブラムシ類の殺虫。

【毒性】 原体の LD_{50} ＝ マウス経口：65.6 mg/kg、ラット経口：108.0 mg/kg。

【その他】 〔製剤〕48％水和剤（ピリマー水和剤）。

劇物	5-ジメチルアミノ-1,2,3-トリチアンシュウ酸塩
毒物及び劇物指定令 第 2 条／50 の 5	5-Dimethylamino-1,2,3-trithiane hydrogen-oxalate 〔別名〕チオシクラム／Thiocyclam

【組成・化学構造】 **分子式** $C_5H_{11}NS_3$

構造式

【CAS 番号】 31895-21-3

【性状】 無色の結晶。無臭。メタノール、アセトニトリル、水に可溶。アセトン、クロロホルム、トルエンに不溶。132℃で分解。太陽光線により分解される。

【用途】 農業用殺虫剤。

【毒性】 原体の LD_{50} ＝ マウス雄経口：273 mg/kg、マウス雌経口：300 mg/kg、ラット雄経口：310 mg/kg、ラット雌経口：195 mg/kg。
中毒症状はマウス経口投与の場合、投与 3 ～ 5 分より自発運動の低下が見られる。用量が大きくなると、軽度の全身にわたる振戦とその直後、中等度～強度の間代性痙攣を伴う苦悶状態が認められ、強直性痙攣が出現した。

【その他】 〔製剤〕エビセクト粉剤（有効成分 4％含有）、エビセクト水和剤（有効

劇　物

成分50％含有）。また、エビセクト粉剤（有効成分2％含有）があるが、これは普通物である。

劇物	ジメチルアミン
毒物及び劇物指定令 第2条50の6	**Dimethylamine** 〔別名〕N–メチルメタンアミン

【組成・化学構造】　**分子式**　C_2H_7N

構造式

$$H_3C\diagdown \overset{\overset{H}{|}}{N} \diagup CH_3$$

【CAS番号】　124-40-3

【性状】　強アンモニア臭のある気体。沸点7℃、融点 −92.2℃。水に易溶、強アルカリ性溶液となる。アルコール、エーテルに可溶。

【用途】　界面活性剤原料など。

【毒性】　原体の LD_{50} ＝ ウサギ経口：240 mg/kg。LC_{50} ＝ ラット吸入：4540 ppm（6 hr）。

劇物	ジメチル–（イソプロピルチオエチル）–ジチオホスフェイト
毒物及び劇物指定令 第2条／50の7	**Dimethyl-(isopropylthioethyl)-dithiophosphate** 〔別名〕イソチオネート

組成・性状・毒性等については183ページ参照。

劇物	ジメチルエチルスルフィニルイソプロピルチオホスフェイト
毒物及び劇物取締法 別表第二／38 毒物及び劇物指定令 第2条／51	**Dimethyl-ethylsulfinyl-isopropyl-thiophosphate** 〔別名〕ESP

【組成・化学構造】　**分子式**　$C_7H_{17}O_4PS_2$

構造式

$$\begin{matrix} H_3C\diagdown O \diagdown \\ \quad\quad\quad P \\ H_3C-O \diagup \end{matrix} \overset{S}{\underset{O}{\parallel}} \overset{}{\underset{}{}} S \diagdown CH-CH_2 \diagdown \overset{}{\underset{O}{S}} \diagdown CH_2CH_3$$

（CH₃, O等の構造式）

【CAS番号】　2674-91-1

【性状】　黄色油状の液体。沸点115℃（0.02 mmHg）。比重1.257。水およびすべての有機溶媒に可溶、石油、石油エーテルに不溶。アルカリで分解。

【用途】　果樹（りんご、なし、かんきつ類、ぶどう、もも、うめ、あんずなど）、その他食用以外の観賞植物のハダニ、アブラムシなどの吸汁性害虫の駆除。

【毒性】　原体の LD_{50} ＝ マウス雄経口：74 mg/kg、マウス雌経口：89 mg/kg、ラット雄経口：100 mg/kg、ラット雌経口：89 mg/kg。

有機リン製剤の一種で、中毒症状もパラチオン製剤と類似する。

511

各　　論

【その他】〔製剤〕有効成分45%含有の乳剤（エストックス乳剤）。

劇物
毒物及び劇物取締法 別表第二／39 毒物及び劇物指定令 第2条／52

ジメチルエチルメルカプトエチルジチオホスフェイト
O,O-Dimethyl-S-(2-ethylthioethyl) dithiophosphate

〔別名〕チオメトン

【組成・化学構造】**分子式** $C_6H_{15}O_2PS_3$

構造式

$$H_3C-O-\underset{\underset{S}{\parallel}}{\overset{O}{P}}-S-CH_2CH_2-S-CH_3$$
$$H_3C-O$$

【CAS番号】640-15-3

【性状】無色油状の液体。沸点110～111℃（0.1 mmHg）。有機溶媒に可溶。石油、エーテル、パラフィン油、プロピレングリコールまたは水に不溶。アルカリに不安定。乳剤には危害防止のため嫌悪臭をつけている。

【用途】ハダニ、アブラムシ等の駆除。

【毒性】原体の LD_{50} ＝マウス経口：59.25 mg/kg。
有機リン製剤の一種で、中毒症状もパラチオン等と同様に、コリンエステラーゼの阻害に基づく症状を呈する。

【その他】〔製剤〕主剤25%含有の乳剤、1.5%含有の粉剤（エカチン）。

劇物
毒物及び劇物取締法 別表第二／40 毒物及び劇物指定令 第2条／53

ジメチル-2,2-ジクロルビニルホスフェイト
Dimethyl-2,2-dichlorovinyl-phosphate

〔別名〕ジクロルボス 、DDVP

【組成・化学構造】**分子式** $C_4H_7Cl_2O_4P$

構造式

【CAS番号】62-73-7

【性状】刺激性で、微臭のある比較的揮発性の無色油状の液体。沸点140℃（20 mmHg）。比重1.415。水に難溶。一般の有機溶媒に可溶。石油系溶剤に可溶。

【用途】接触性殺虫剤（農業用、衣料用その他）。

【毒性】原体の LD_{50} ＝マウス経口：70～90 mg/kg。
有機リン製剤の一種で、中毒症状もパラチオン製剤に類似。激しい中枢神経刺激と副交感神経刺激が生じる。

【応急措置基準】〔措置〕

(1)漏えい時

劇　物

　　風下の人を退避させ、漏えいした場所の周辺にはロープを張るなどして人の立入りを禁止する。付近の着火源となるものを速やかに取り除く。作業の際には必ず保護具を着用し、風下で作業をしない。

　　漏えいした液は土砂等でその流れを止め、安全な場所に導き、空容器にできるだけ回収し、そのあとを水酸化カルシウム等の水溶液を用いて処理した後、中性洗剤等の分散剤を使用して多量の水で洗い流す。この場合、高濃度の廃液が河川等に排出されないよう注意する。

(2)出火時

・周辺火災の場合 ＝ 速やかに容器を安全な場所に移す。移動不可能な場合には容器および周囲に散水して冷却する。

・着火した場合 ＝ 必ず保護具を着用し消火剤、水噴霧等を用いて消火する。

・消火剤 ＝ 水、粉末、泡、二酸化炭素

(3)暴露・接触時

　①急性中毒と刺激性

・吸入した場合 ＝ 倦怠感、頭痛、めまい、嘔気、嘔吐、腹痛、下痢、多汗等の症状を呈し、重症な場合には、縮瞳、意識混濁、全身痙攣等を起こすことがある。

・皮膚に触れた場合 ＝ 軽度の紅斑、浮腫等を起こすことがある。放置すると皮膚より吸収され中毒を起こすことがある。

・眼に入った場合 ＝ 粘膜を刺激し、重症な場合は、全身痙攣、縮瞳等を起こすことがある。

　②医師の処置を受けるまでの救急方法

・吸入した場合 ＝ 直ちに患者を毛布等にくるんで安静にさせ、新鮮な空気の場所に移す。呼吸困難または呼吸停止の場合には、直ちに人工呼吸を行う。

・皮膚に触れた場合 ＝ 直ちに汚染された衣服や靴などを脱がせ、付着部または接触部を石けん水で洗浄し、多量の水で洗い流す。

・眼に入った場合 ＝ 直ちに多量の水で15分間以上洗い流す。

(4)注意事項

　①アルカリで急激に分解すると発熱するので、分解させるときは希薄な水酸化カルシウム等の水溶液を用いる。

　②中毒症状が発現した場合には、至急医師による解毒手当てを受ける。

(5)保護具

　保護眼鏡、保護手袋、保護長靴、保護衣、有機ガス用防毒マスク（火災時：人工呼吸器）

【廃棄基準】〔廃棄方法〕

513

各　論

(1)燃焼法

ア　おが屑等に吸収させてアフターバーナーおよびスクラバーを備えた焼却炉で焼却する。

イ　可燃性溶剤とともにアフターバーナーおよびスクラバーを具備した焼却炉の火室へ噴霧し、焼却する。

(2)アルカリ法

10倍量以上の水と攪拌しながら加熱還流して加水分解し、冷却後、水酸化ナトリウム等の水溶液で中和する。

〈備考〉スクラバーの洗浄液には水酸化ナトリウム水溶液を用いる。

〔検定法〕ガスクロマトグラフィー

【その他】〔製剤〕有効成分50％、75％含有の乳剤（DDVP乳剤、ホスビット乳剤など）、15％、18％、30％含有の燻煙剤（サンスモークVP、ブイピーグレン、ジェットVP、VPスモーク）、16％、16.7％、40％含有の燻蒸剤（バポナ殺虫剤、パナプレート）のほか、他剤との混合製剤がある。

劇物
毒物及び劇物取締法 別表第二／41 毒物及び劇物指定令 第2条／54

ジメチルジチオホスホリルフェニル酢酸エチル
Dimethyl dithiophosphoryl phenylacetic acid ethylester

〔別名〕フェントエート、PAP

【組成・化学構造】

分子式　$C_{12}H_{17}O_4PS_2$

構造式

【CAS番号】2597-03-7

【性状】芳香性刺激臭を有する赤褐色、油状の液体。芳香性刺激臭。比重1.226（20℃）。水、プロピレングリコールに不溶、リグロイン、アルコール、アセトン、エーテル、ベンゼンに可溶。アルカリに不安定。引火点168～172℃。

【用途】稲のニカメイチュウ、ツマグロヨコバイ、蔬菜のカブラハバチ幼虫、アオムシ、マメハンミョウ、果樹のモモシンクイガ（殺卵）、ヤノネカイガラムシ、モモコフキアブラムシ等の駆除。

【毒性】原体の $LD_{50} =$ マウス経口：228 mg/kg。

【応急措置基準】〔措置〕

(1)漏えい時

漏えいした場所の周辺にはロープを張るなどして人の立入りを禁止する。付近の着火源となるものを速やかに取り除く。作業の際には必ず保

514

劇　物

護具を着用し、風下で作業をしない。漏えいした液は土砂等でその流れを止め、安全な場所に導き、空容器にできるだけ回収し、そのあとを水酸化カルシウム等の水溶液を用いて処理し、中性洗剤等の分散剤を使用して多量の水で洗い流す。この場合、高濃度の廃液が河川等に排出されないよう注意する。

(2)出火時

・周辺火災の場合 ＝ 速やかに容器を安全な場所に移す。移動不可能な場合には容器および周囲に散水して冷却する。

・着火した場合 ＝ 必ず保護具を着用し消火剤、水噴霧等を用いて消火する。

・消火剤 ＝ 水、粉末、泡、二酸化炭素

(3)暴露・接触時

①急性中毒と刺激性

・吸入した場合 ＝ 倦怠感、頭痛、めまい、嘔気、嘔吐、腹痛、下痢、多汗等の症状を呈し、重症な場合には、縮瞳、意識混濁、全身痙攣等を起こすことがある。

・皮膚に触れた場合 ＝ 放置すると皮膚より吸収され中毒を起こすことがある。

②医師の処置を受けるまでの救急方法

・吸入した場合 ＝ 直ちに患者を毛布等にくるんで安静にさせ、新鮮な空気の場所に移す。呼吸困難または呼吸停止の場合には、直ちに人工呼吸を行う。

・皮膚に触れた場合 ＝ 直ちに汚染された衣服や靴などを脱がせ、付着部または接触部を石けん水で洗浄し、多量の水で洗い流す。

・眼に入った場合 ＝ 直ちに多量の水で15分間以上洗い流す。

(4)注意事項

中毒症状が発現した場合には、至急医師による解毒手当てを受ける。

(5)保護具

保護眼鏡、保護手袋、保護長靴、保護衣、有機ガス用防毒マスク（火災時：人工呼吸器）

【廃棄基準】〔廃棄方法〕

燃焼法

ア　おが屑等に吸収させてアフターバーナーおよびスクラバーを備えた焼却炉で焼却する。

イ　可燃性溶剤とともにアフターバーナーおよびスクラバーを備えた焼却炉の火室へ噴霧し、焼却する。

〈備考〉スクラバーの洗浄液には水酸化ナトリウム水溶液を用いる。

劇
物

515

各　　論

〔検定法〕ガスクロマトグラフィー

【その他】〔製剤〕有効成分50％含有の乳剤（エルサン乳剤、パプチオン剤）、2％、3％、5％、7％、30％含有の粉剤（エルサン粉剤、パプチオン粉剤）、40％含有の水和剤（エルサン水和剤、パプチオン水和剤）および3％含有の粉粒剤（エルサン微粒剤）。

劇物	3-ジメチルジチオホスホリル-S-メチル-5-メトキシ-1,3,4-チアジアゾリン-2-オン
毒物及び劇物指定令 第2条／54の2	3-Dimethyldithiophosphoryl-*S*-methyl-5-methoxy-1,3,4-thiadiazolin-2-one 〔別名〕メチダチオン、DMTP

【組成・化学構造】　**分子式**　$C_6H_{11}N_2O_4PS_3$

構造式

【CAS番号】950-37-8

【性状】灰白色の結晶。融点39〜40℃。水に難溶。有機溶媒に可溶。

【用途】果樹、野菜、鱗翅目幼虫、およびカイガラムシの防除。

【毒性】原体のLD_{50}＝ラット経口：52 mg/kg、ウサギ経口：63〜80 mg/kg。

【その他】〔製剤〕有効成分36％含有の水和剤（スプラサイド水和剤）、30％、40％含有の乳剤（スプラサイド乳剤40）、15％含有の粉剤（スプラサイドFD）およびNACとの混合水和剤。

劇物	2,2-ジメチル-2,3-ジヒドロ-1-ベンゾフラン-7-イル=N-[N-（2-エトキシカルボニルエチル）-N-イソプロピルスルフェナモイル]-N-メチルカルバマート
毒物及び劇物指定令 第2条／54の3	2,2-Dimethyl-2,3-dihydro-1-benzofuran-7-yl *N*-[*N*-(2-ethoxycarbonylethyl)-*N*-isopropylsulfenamoyl]-*N*-methylcarbamate 〔別名〕ベンフラカルブ／Benfuracarb

【組成・化学構造】　**分子式**　$C_{20}H_{30}N_2O_5S$

構造式

【CAS番号】82560-54-1

劇　物

【性状】淡黄色の粘稠液体。

【用途】農薬殺虫剤（イネミズゾウムシ、イネドロオイムシ、イネヒメハモグリバエ、ツマグロヨコバイ、ヒメトビウンカ、ミナミキイロアザミウマ、コナガなど）。

【毒性】原体のLD_{50}＝マウス雄経口：106 mg/kg、マウス雌経口：102 mg/kg、ラット雄経口：110 mg/kg、ラット雌経口：105 mg/kg。

【その他】〔製剤〕主剤5%を含有する粒剤（オンコル粒剤）。

劇物	ジメチルジブロムジクロルエチルホスフェイト
毒物及び劇物取締法 別表第二／42 毒物及び劇物指定令 第2条／55	**O,O-Dimethyl-1,2-dibromo-2,2-dichloroethyl phosphate** 〔別名〕ナレッド、BRP

【組成・化学構造】

分子式　$C_4H_7Br_2Cl_2O_4P$

構造式

【CAS番号】300-76-5

【性状】無色または淡黄色のやや粘稠性の液体。わずかな刺激臭。比重1.96。冷時結晶を析出、加温すると溶解。水に不溶、脂肪族溶媒に難溶、芳香族溶媒に可溶。比重1.96。なお、純品は白色の結晶で、融点26℃。

【用途】うり類のアブラムシ類、大根のアオムシ、ヨトウムシ、アブラムシ類、茶のコカクモンハマキ、チャハダニ等の駆除。

【毒性】原体のLD_{50}＝マウス経口：121 mg/kg。
本薬物をマウスに注射すると、30分以内に激しい間代性痙攣を起こして死亡する。有機リン製剤の一種で、中毒症状はDDVPと類似し、中毒経過が比較的早い。

【その他】〔製剤〕主剤46%、50%含有の乳剤（モンコール乳剤、ダイブロン、ジブロム乳剤）、10%含有の燻煙剤（ジブロム・ロッド）。

劇物	ジメチル-S-パラクロルフェニルチオホスフェイト
毒物及び劇物指定令 第2条／55の2	**Dimethyl-S-p-chlorophenyl thiophosphate** 〔別名〕DMCP

【組成・化学構造】

分子式　$C_8H_{10}ClO_3PS$

構造式

【CAS番号】3309-87-3

【性状】不揮発性の無色透明の液体。沸点101〜106℃（0.006 mmHg）。エタノー

各　　論

ル、アセトン、ベンゼンに可溶、水に不溶。アルカリで分解。

【用途】　稲のツマグロヨコバイ、ウンカ類の駆除。

【毒性】　原体の LD_{50} ＝マウス経口：94 mg/kg。

【その他】〔製剤〕現在、農薬としての市販品はない。

劇物	3,4-ジメチルフェニル-*N*-メチルカルバメート
毒物及び劇物指定令第2条／55の3	**3,4-Dimethylphenyl-*N*-methyl carbamate** 〔別名〕3,4-キシリル-*N*-メチルカルバメート、MPMC

【組成・化学構造】　分子式　$C_{10}H_{13}NO_2$

構造式

【CAS番号】　2425-10-7

【性状】　白色の結晶。融点79〜80℃。アセトン、クロロホルムに可溶。水には難溶。

【用途】　稲のツマグロヨコバイ、ウンカ類等の駆除。

【毒性】　原体の LD_{50} ＝マウス経口：60 mg/kg。

【その他】〔製剤〕メオバール水和剤（有効成分50%含有）、メオバール粉剤（有効成分2%）、メオバール乳剤（有効成分30%）およびメオバール粉粒剤（有効成分2%）。

劇物	3,5-ジメチルフェニル-*N*-メチルカルバメート
毒物及び劇物指定令第2条／55の4	**3,5-Dimethylphenyl-*N*-methyl carbamate** 〔別名〕3,5-キシリル-*N*-メチルカルバメート、XMC

【組成・化学構造】　分子式　$C_{10}H_{13}NO_2$

構造式

【CAS番号】　2655-14-3

【性状】　白色の粉末。融点99〜100℃。アセトン、アルコール、ベンゼンに可溶。水に難溶。

【用途】　稲のツマグロヨコバイ、ウンカ類等の駆除。

【毒性】　原体の LD_{50} ＝マウス経口：280 mg/kg。

【その他】〔製剤〕2%、3%含有の粉剤（マクバール）、3%含有の粉粒剤（マクバール微粒剤）、50%含有の水和剤（マクバール水和剤）。

劇　物

劇　物	ジメチルフタリルイミドメチルジチオホスフェイト
毒物及び劇物取締法 別表第二／43 毒物及び劇物指定令 第2条／56	Dimethyl-phthalylimide methyldithiophosphate 〔別名〕ホスメット、PMP

【組成・化学構造】　**分子式**　C$_{11}$H$_{12}$NO$_4$PS$_2$

構造式

【CAS番号】　732-11-6

【性状】　白色の結晶。純品は無臭、工業製品は特有の刺激臭あり。融点71〜72℃。水に難溶。アルカリに不安定。アセトン、メチルエチルケトン、キシロールの10〜20％に可溶。

【用途】　稲のイネドロオイムシ、イネハモグリバエ、イネカラバエ等、みかん、りんごのハダニ類成虫、ヤノネカイガラムシの駆除。

【毒性】　原体のLD$_{50}$＝マウス経口：31.9 mg/kg、ラット経口：100 mg/kg。

【その他】　〔製剤〕主剤50％含有の水和剤（アッパ水和剤、PMP水和剤）、3％、5％、7％含有の粉剤（アッパ粉剤、PMP粉剤）、その他混合製剤。

劇　物	2,2-ジメチル-1,3-ベンゾジオキソール-4-イル-**N**-メチルカルバマート
毒物及び劇物指定令 第2条／56の2	2,2-Dimethyl-1,3-benzodioxol-4-yl-**N**-methylcarbamate 〔別名〕ベンダイオカルブ

組成・性状・毒性等については188ページ参照。

劇　物	ジメチルメチルカルバミルエチルチオエチルチオホスフェイト
毒物及び劇物取締法 別表第二／44 毒物及び劇物指定令 第2条／57	Dimethyl-methylcarbamylethylthioethyl thiophosphate 〔別名〕バミドチオン

【組成・化学構造】　**分子式**　C$_8$H$_{18}$NO$_4$PS$_2$

構造式

【CAS番号】　2275-23-2

【性状】　白色ワックス状または脂肪状の固体。融点40℃。水に可溶（1 Lに約4 g）、シクロヘキサン、石油、エーテル以外の有機溶媒にも可溶。熱、アルカリに不安定、酸には安定。

各　　論

【用途】 果樹のハダニ、アブラムシ、水稲のウンカ類、ツマグロヨコバイ、花弁（食用に供することのない観賞用のもの）のハダニ、アブラムシの防除。

【毒性】 原体の LD_{50} ＝ マウス経口：42.2 mg/kg、ラット経口：128 mg/kg。
有機リン製剤の一種であるため、有機リン製剤特有の中毒症状を呈する。致死量をマウスに経口投与または皮下注射すると、大部分は 10 ～ 20 分後に振戦、筋収縮、痙攣、流涎、流涙の症状を呈し、30 分以内に死亡する。

【その他】 〔製剤〕市販品に有効成分 37％含有の液剤（キルバール）。

劇物	ジメチル-(*N*-メチルカルバミルメチル)-ジチオホスフェイト
毒物及び劇物取締法 別表第二／45 毒物及び劇物指定令 第 2 条／58	*O,O*-Dimethyl-*N*-methylcarbamylmethyl-dithiophosphate 〔別名〕ジメトエート

【組成・化学構造】 **分子式** $C_5H_{12}NO_3PS_2$

構造式

【CAS 番号】 60-51-5

【性状】 白色の固体。融点 51 ～ 52℃。キシレン、ベンゼン、メタノール、アセトン、エーテル、クロロホルムに可溶。80℃の水に 7％溶解。水溶液は室温で徐々に加水分解し、アルカリ溶液中では速やかに加水分解。太陽光線には安定で、熱に対する安定性は低い。

【用途】 稲のツマグロヨコバイ、ウンカ類、イネカラバエ等、果樹のヤノネカイガラムシ、ミカンハモグリガ、ハダニ類、アブラムシ類等、蔬菜のアブラムシ等、ハダニ類の駆除。

【毒性】 原体の LD_{50} ＝ マウス経口：53.3 mg/kg。
有機リン製剤の一種であり、その毒性も他の有機リン製剤とほぼ同様で、副交感神経および中枢神経刺激症状を呈する。症状は振戦、流涙、痙攣様呼吸、軽度の麻痺状を呈し、時間とともに間代性痙攣、体温の低下を呈して死亡する。

【その他】 〔製剤〕主剤 20％、30％、43％含有の乳剤（ジメトエート乳剤）、5％または 7％含有の粉剤（ジメトエート粉剤）、30％、46％含有の水和剤、3％、5％含有の粒剤。

劇　物

劇物	ジメチル-[2-(1′-メチルベンジルオキシカルボニル)-1-メチルエチレン]-ホスフェイト
毒物及び劇物指定令 第2条／58の2	Dimethyl-[2-(1′-methylbenzyloxycarbonyl)-1-methylethylene]-phosphate

【組成・化学構造】 　**分子式**　$C_{14}H_{19}O_6P$

構造式

【CAS番号】 7700-17-6

【性状】 淡い麦藁色の液体。沸点135℃（0.03 mmHg）。キシレン、アセトンに可溶。水に不溶。

【用途】 鰻養殖池のプランクトンの異常発生の際のプランクトンの駆除。

【毒性】 原体の LD_{50} ＝ ラット経口：66 mg/kg、ラット経皮：447 mg/kg。

【その他】 〔製剤〕現在、農薬としての市販品はない。

劇物	O,O-ジメチル-O-(3-メチル-4-メチルスルフィニルフェニル)-チオホスフェイト
毒物及び劇物指定令 第2条／58の3	O,O-Dimethyl-O-(3-methyl-4-methylsulfinylphenyl)-thiophosphate 〔別名〕メスルフェンホス

【組成・化学構造】 　**分子式**　$C_{10}H_{15}O_4PS_2$

構造式

【CAS番号】 3761-41-9

【性状】 白色の結晶。融点56.5〜58.5℃。水に難溶。

【用途】 マツノセンザイチュウ（松くい虫）防除用の樹木注入。

【毒性】 原体の LD_{50} ＝ マウス雄経口：290 mg/kg、マウス雌経口：280 mg/kg、ラット雄経口：390 mg/kg、ラット雌経口：500 mg/kg。

【その他】 〔製剤〕メスルフェンホス50％を含有するネマノーン注入剤。

劇
物

各　論

劇物	ジメチル-4-メチルメルカプト-3-メチルフェニルチオホスフェイト
毒物及び劇物取締法 別表第二／46 毒物及び劇物指定令 第2条／59	O,O-Dimethyl-O-4-(methylmercapto)-3-methylphenyl thiophosphate 〔別名〕フェンチオン、MPP

【組成・化学構造】

分子式 $C_{10}H_{15}O_3PS_2$

構造式

【CAS番号】 55-38-9

【性状】 弱いニンニク臭を有する褐色の液体。沸点105℃（0.01 mmHg）。比重1.25。温度に対する安定性210℃、蒸気圧 2.15×10^{-6} mmHg（120℃）。各種有機溶媒に易溶、水に不溶。

【用途】 稲のニカメイチュウ、ツマグロヨコバイ等、豆類のフキノメイガ、マメアブラムシ、マメシンクイガ等の駆除。

【毒性】 原体の LD_{50} ＝ マウス経口：88.1 mg/kg、ラット経口：200 ～ 375 mg/kg。有機リン製剤の一種であり、パラチオン等と同様にコリンエステラーゼ阻害に基づく中毒症状を呈する。

【応急措置基準】 〔措置〕

(1)漏えい時

漏えいした場所の周辺にはロープを張るなどして人の立入りを禁止する。付近の着火源となるものを速やかに取り除く。作業の際には必ず保護具を着用し、風下で作業をしない。

漏えいした液は土砂等でその流れを止め、安全な場所に導き、空容器にできるだけ回収し、そのあとを水酸化カルシウム等の水溶液を用いて処理し、中性洗剤等の分散剤を使用して多量の水で洗い流す。この場合、高濃度の廃液が河川等に排出されないよう注意する。

(2)出火時

・周辺火災の場合 ＝ 速やかに容器を安全な場所に移す。移動不可能な場合には容器および周囲に散水して冷却する。

・着火した場合 ＝ 必ず保護具を着用し消火剤、水噴霧等を用いて消火する。

・消火剤 ＝ 水、粉末、泡、二酸化炭素

(3)暴露・接触時

①急性中毒と刺激性

・吸入した場合 ＝ 倦怠感、頭痛、めまい、嘔気、嘔吐、腹痛、下痢、多汗等の症状を呈し、重症な場合には、縮瞳、意識混濁、全身痙攣等を起こすことがある。

劇　物

　　　　　・皮膚に触れた場合 = 軽度の炎症性を有し、放置すると皮膚より吸収
　　　　　　され中毒を起こすことがある。
　　　　②医師の処置を受けるまでの救急方法
　　　　　・吸入した場合 = 直ちに患者を毛布等にくるんで安静にさせ、新鮮な
　　　　　　空気の場所に移す。呼吸困難または呼吸停止の場合には、直ちに人
　　　　　　工呼吸を行う。
　　　　　・皮膚に触れた場合 = 直ちに汚染された衣服や靴などを脱がせ、付着
　　　　　　部または接触部を石けん水で洗浄し、多量の水で洗い流す。
　　　　　・眼に入った場合 = 直ちに多量の水で15分間以上洗い流す。
　　(4)**注意事項**
　　　　中毒症状が発現した場合には、至急医師による解毒手当てを受ける。
　　(5)**保護具**
　　　　保護眼鏡、保護手袋、保護長靴、保護衣、有機ガス用防毒マスク（火
　　災時：人工呼吸器）

【廃棄基準】〔廃棄方法〕

燃焼法
　　　　ア　おが屑等に吸収させてアフターバーナーおよびスクラバーを備え
　　　　　た焼却炉で焼却する。
　　　　イ　可燃性溶剤とともにアフターバーナーおよびスクラバーを備えた
　　　　　焼却炉の火室へ噴霧し、焼却する。
　　　　〈備考〉スクラバーの洗浄液には水酸化ナトリウム水溶液を用いる。
　　〔検定法〕クロマトグラフィー、高速液体クロマトグラフィー

【その他】〔製剤〕主剤2％または3％含有の粉剤（バイジット粉剤）、50％含有の乳
　　剤（バイジット乳剤、ファインケムB乳剤）、40％含有の水和剤（バイ
　　ジット水和剤）、および5％含有の粒剤ならびに3％含有の粉粒剤。

劇物	3-（ジメトキシホスフィニルオキシ）-*N*-メチル-シス-クロトナミド
毒物及び劇物指定令 第2条／59の2	3-(Dimethoxyphosphinyloxy)-*N*-methyl-*cis*-crotonamide 〔別名〕モノクロトホス

【組成・化学構造】　分子式　$C_7H_{14}NO_5P$

　　　　　　　　　　構造式

$$
\begin{array}{c}
\text{H}_3\text{C}-\text{O} \\
\text{H}_3\text{C}-\text{O}
\end{array}
\!\!\!\!\!
\text{P}
\begin{array}{c}
\text{O} \\
\parallel \\
\end{array}
\text{O}-\text{C}=\text{CH}-\text{C}-\text{N}-\text{CH}_3
$$

【CAS番号】　6923-22-4
　【性状】　暗褐色粘稠状の固体。
　【用途】　稲のニカメイチュウ、ツマグロヨコバイ、ウンカ類、野菜のアブラムシ
　　　　　類、アオムシ等の駆除。

523

各　論

【毒性】原体の LD_{50} ＝ マウス経口：53.8 mg/kg、ラット経口：62.6 mg/kg。

【その他】〔製剤〕5.0％粒剤（アルフェート粒剤）および MIPC 配合の混合粒剤。

劇物	ジメチル硫酸
毒物及び劇物取締法 別表第二／47	**Dimethyl sulfate** 〔別名〕硫酸ジメチル、硫酸メチル

【組成・化学構造】 **分子式** $C_2H_6O_4S$

構造式

H_3C—O—S(=O)(=O)—O—CH_3

【CAS 番号】77-78-1

【性状】無色、油状の液体。刺激臭なし。沸点 188℃。水に不溶。水との接触で、徐々に加水分解する。

【用途】メチル化剤。

【毒性】原体の LD_{50} ＝ ラット経口：50 mg/kg。

蒸気の吸入や、皮膚吸収にて中毒を起こす。皮膚の壊死を起こし、致命的となる。疲労、痙攣、麻痺、昏睡を起こして死亡する。そのほか腎臓、肝臓、心臓も侵される。

【応急措置基準】〔措置〕

(1)漏えい時

　風下の人を退避させる。漏えいした場所の周辺にはロープを張るなどして人の立入りを禁止する。作業の際には必ず保護具を着用し、風下で作業をしない。

・少量 ＝ 漏えいした液はアルカリ水溶液*で分解した後、多量の水で洗い流す。

・多量 ＝ 漏えいした液は土砂等でその流れを止め、安全な場所に導いてアルカリ水溶液*で分解した後、多量の水で洗い流す。

　この場合、高濃度の廃液が河川等に排出されないよう注意する。

＊水酸化ナトリウム水溶液（5 〜 10％）またはアンモニア水（約 10％）が適当である。

(2)出火時

・周辺火災の場合 ＝ 速やかに容器を安全な場所に移す。移動不可能の場合は、容器および周囲に散水して冷却する。

・着火した場合 ＝ 消火剤で覆って消火する。その後漏えい時の処置を採る。

・消火剤 ＝ 二酸化炭素、水

(3)暴露・接触時

①急性中毒と刺激性

　暴露・接触してもすぐに症状が現れず、数時間から 24 時間後に次の

劇　物

ような影響が現れる。

・吸入した場合 ＝ のど、気管支、肺などが激しく侵される。また、中枢神経に作用して睡気、麻痺、痙攣、昏睡などを起こす。重症な場合は肺水腫を起こす。

・皮膚に触れた場合 ＝ 発赤、水ぶくれ、痛覚喪失、やけど（薬傷）を起こす。また、皮膚から吸収され全身中毒を起こす。

・眼に入った場合 ＝ 眼、まぶたを刺激し、重い障害を起こす。

②医師の処置を受けるまでの救急方法

・吸入した場合 ＝ 直ちに患者を毛布等にくるんで安静にさせ、新鮮な空気の場所に移し、速やかに医師の手当てを受ける。呼吸困難のときは酸素吸入を行う。

・皮膚に触れた場合 ＝ 直ちに付着部または接触部を多量の水で十分に洗い流す。汚染された衣服や靴は脱がせ、速やかに医師の手当てを受ける。

・眼に入った場合 ＝ 直ちに多量の水で15分間以上洗い流し、速やかに医師の手当てを受ける。なお、症状の発現は遅いので、一見無症状を呈するようであっても、また障害が軽微に見えても一昼夜は安静にさせる。

(4)注意事項

湿気および水と反応してモノメチル硫酸を生成し、これが鉄などを腐食する。

(5)保護具

保護手袋（ゴム）、保護長靴（ゴム）、保護前掛（ゴム）、保護眼鏡、酸性ガス用防毒マスク

【廃棄基準】〔廃棄方法〕

(1)燃焼法

焼却炉で焼却する。

(2)アルカリ法

多量の水または希アルカリ水溶液を加え、放置または撹拌して分解させた後、酸またはアルカリで中和して廃棄する。

〈備考〉分解を促進させる必要がある場合には加温する。

〔生成物〕CH_3OH，H_2SO_4，CH_3NaSO_4

〔検定法〕吸光光度法

劇
物

各　論

重クロム酸塩類

劇物	毒物及び劇物取締法　別表第二／48 毒物及び劇物指定令　第2条／60

劇物	重クロム酸カリウム
毒物及び劇物指定令 第2条／60	**Potassium bichromate** 〔別名〕ピロクロム酸カリウム、重クロム酸カリ、ニクロム酸カリウム

【組成・化学構造】　**分子式**　$Cr_2H_2O_7・2K$

　　　　　　　　　構造式　$KO\diagdown Cr \diagdown_O^O \diagdown_O Cr \diagdown_O^{OK}$

【CAS番号】　7778-50-9

【性状】　橙赤色の柱状結晶。融点398℃、分解点500℃。水に可溶（20℃で水100
　　　　　mLに12.2g溶解）。アルコールに不溶。強力な酸化剤である。

【用途】　工業用の酸化剤、媒染剤、製革用、電気鍍金用、電池調整用、顔料原料、
　　　　　試薬など。

【毒性】　粘膜や皮膚の刺激性が大きい。

【応急措置基準】　〔措置〕

(1)漏えい時

　飛散した場所の周辺にはロープを張るなどして人の立入りを禁止する。
作業の際には必ず保護具を着用し、風下で作業をしない。飛散したもの
は空容器にできるだけ回収し、そのあとを還元剤（硫酸第一鉄等）の水
溶液を散布し、水酸化カルシウム、炭酸ナトリウム等の水溶液で処理し
た後、多量の水で洗い流す。この場合、高濃度の廃液が河川等に排出さ
れないよう注意する。

(2)出火時

・周辺火災の場合＝速やかに容器を安全な場所に移す。移動不可能な場
　合には、容器および周囲に散水して冷却する。

(3)暴露・接触時

①急性中毒と刺激性

・吸入した場合＝鼻、のど、気管支などの粘膜が侵され、クロム中毒
　を起こすことがある。

・皮膚に触れた場合＝皮膚炎または潰瘍を起こすことがある。

・眼に入った場合＝粘膜を刺激して結膜炎を起こす。

②医師の処置を受けるまでの救急方法

・吸入した場合＝直ちに患者を毛布等にくるんで安静にさせ、新鮮な

526

空気の場所に移し、鼻をかみ、うがいをさせる。

・皮膚に触れた場合＝直ちに汚染された衣服や靴などを脱がせ、付着部または接触部を石けん水で洗浄し、多量の水で洗い流す。

・眼に入った場合＝直ちに多量の水で15分間以上洗い流す。

(4)注意事項

可燃物と混合しないように注意する。

(5)保護具

保護眼鏡、保護手袋、保護長靴、保護衣、防塵マスク

【廃棄基準】〔廃棄方法〕

還元沈殿法

希硫酸に溶かし、クロム酸を遊離させ、還元剤（硫酸第一鉄等）の水溶液を過剰に用いて還元した後、水酸化カルシウム、炭酸ナトリウム等の水溶液で処理し、水酸化クロム（Ⅲ）として沈殿濾過する。溶出試験を行い、溶出量が判定基準以下であることを確認して埋立処分する。

〈備考〉

・還元にあたってはpH3.0以下として十分に時間（15分間以上）をかける。

・生成物の水酸化クロム（Ⅲ）は、乾燥すると一部が酸化されて六価クロムに戻るが、過剰の水酸化鉄（Ⅱ）と共存させた場合は、これを防止できる。

・中和時に溶液がアルカリ性に傾くと、沈殿した水酸化クロム（Ⅲ）が溶解し、一部は六価クロムに戻るため、pH8.5を超えないよう注意する。また、通常のセメントを用いて行うコンクリート固化法は同様な現象を示すので適切でない。

・廃棄物の溶出試験、溶出基準は廃棄物の処理及び清掃に関する法律の規定に基づく。

〔生成物〕$Cr(OH)_3$*

（注）　＊は、生成物が廃棄物の処理及び清掃に関する法律により規制を受けるもの。

〔検定法〕吸光光度法、原子吸光法

〔その他〕可燃物と混合しないように注意する。重クロム酸アンモニウム塩は200℃付近に加熱するとルミネッセンスを発しながら分解するので注意する。

各　　論

劇物
毒物及び劇物指定令 第2条／60

重クロム酸ナトリウム
Sodium bichromate
〔別名〕重クロム酸ソーダ、ピロクロム酸ナトリウム、ニクロム酸ナトリウム

【組成・化学構造】 **分子式** $Cr_2H_2O_7 \cdot 2Na$

構造式

$$NaO \underset{\underset{O}{\parallel}}{\overset{\overset{O}{\parallel}}{Cr}} \underset{}{O} \underset{\underset{O}{\parallel}}{\overset{\overset{O}{\parallel}}{Cr}} ONa$$

【CAS番号】 10588-01-9

【性状】 無水物のほか、二水和物が知られている。一般に流通しているのは、二水和物で、性状は橙色結晶。潮解性。100℃で無水物になる。融点356℃、分解点400℃。水に易溶（20℃で水100 mLに181 g溶解）。

【用途】 試薬。

【毒性】 皮膚・粘膜の刺激性が大きい。

【応急措置基準】 〔措置〕

(1)漏えい時

　飛散した場所の周辺にはロープを張るなどして人の立入りを禁止する。作業の際には必ず保護具を着用し、風下で作業をしない。飛散したものは空容器にできるだけ回収し、そのあとを還元剤（硫酸第一鉄等）の水溶液を散布し、水酸化カルシウム、炭酸ナトリウム等の水溶液で処理した後、多量の水で洗い流す。この場合、高濃度の廃液が河川等に排出されないよう注意する。

(2)出火時

・周辺火災の場合 ＝ 速やかに容器を安全な場所に移す。移動不可能な場合には、容器および周囲に散水して冷却する。

(3)暴露・接触時

①急性中毒と刺激性

・吸入した場合 ＝ 鼻、のど、気管支などの粘膜が侵され、クロム中毒を起こすことがある。

・皮膚に触れた場合 ＝ 皮膚炎または潰瘍を起こすことがある。

・眼に入った場合 ＝ 粘膜を刺激して結膜炎を起こす。

②医師の処置を受けるまでの救急方法

・吸入した場合 ＝ 直ちに患者を毛布等にくるんで安静にさせ、新鮮な空気の場所に移し、鼻をかみ、うがいをさせる。

・皮膚に触れた場合 ＝ 直ちに汚染された衣服や靴などを脱がせ、付着部または接触部を石けん水で洗浄し、多量の水で洗い流す。

・眼に入った場合 ＝ 直ちに多量の水で15分間以上洗い流す。

(4)注意事項

劇物

可燃物と混合しないように注意する。

(5) **保護具**

保護眼鏡、保護手袋、保護長靴、保護衣、防塵マスク

【廃棄基準】〔廃棄方法〕

還元沈殿法

希硫酸に溶かし、クロム酸を遊離させ、還元剤(硫酸第一鉄等)の水溶液を過剰に用いて還元した後、水酸化カルシウム、炭酸ナトリウム等の水溶液で処理し、水酸化クロム(Ⅲ)として沈殿濾過する。溶出試験を行い、溶出量が判定基準以下であることを確認して埋立処分する。

〈備考〉
- 還元にあたってはpH3.0以下として十分に時間(15分間以上)をかける。
- 生成物の水酸化クロム(Ⅲ)は乾燥すると一部が酸化されて六価クロムに戻るが、過剰の水酸化鉄(Ⅱ)と共存させた場合は、これを防止できる。
- 中和時に溶液がアルカリ性に傾くと、沈殿した水酸化クロム(Ⅲ)が溶解し一部は六価クロムに戻るため、pH8.5を超えないよう注意する。また、通常のセメントを用いて行うコンクリート固化法は同様な現象を示すので適切でない。
- 廃棄物の溶出試験、溶出基準は廃棄物の処理及び清掃に関する法律の規定に基づく。

〔生成物〕Cr(OH)$_3$*

(注) *は、生成物が廃棄物の処理及び清掃に関する法律により規制を受けるもの。

〔検定法〕吸光光度法、原子吸光法

〔その他〕可燃物と混合しないように注意する。重クロム酸アンモニウム塩は200℃付近に加熱するとルミネッセンスを発しながら分解するので注意する。

劇物	**重クロム酸アンモニウム**
毒物及び劇物指定令 第2条/60	**Ammonium bichromate** 〔別名〕重クロム酸アンモン、ピロクロム酸アンモニウム、ニクロム酸アンモニウム

【組成・化学構造】
- 分子式: Cr$_2$H$_2$O$_7$・2H$_3$N
- 構造式:

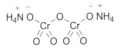

【CAS番号】7789-09-5

【性状】橙赤色の結晶。185℃で気体の窒素を生成し、ルミネッセンスを発して分

各　論

解。水に可溶（20℃で水 100 mL に 35.6 g 溶解）。185℃で気体の窒素を生成し、ルミネッセンスを発して分解。自己燃焼性。

【用途】試薬。

【毒性】皮膚・粘膜の刺激性が大きい。

【応急措置基準】〔措置〕

(1)漏えい時

　飛散した場所の周辺にはロープを張るなどして人の立入りを禁止する。作業の際には必ず保護具を着用し、風下で作業をしない。飛散したものは空容器にできるだけ回収し、そのあとを還元剤（硫酸第一鉄等）の水溶液を散布し、水酸化カルシウム、炭酸ナトリウム等の水溶液で処理した後、多量の水で洗い流す。この場合、高濃度の廃液が河川等に排出されないよう注意する。

(2)出火時

・周辺火災の場合 ＝ 速やかに容器を安全な場所に移す。移動不可能な場合には、容器および周囲に散水して冷却する。

・着火した場合 ＝ 必ず保護具を着用し、多量の水で消火する。

・消火剤 ＝ 水

(3)暴露・接触時

　①急性中毒と刺激性

・吸入した場合 ＝ 鼻、のど、気管支などの粘膜が侵され、クロム中毒を起こすことがある。

・皮膚に触れた場合 ＝ 皮膚炎または潰瘍を起こすことがある。

・眼に入った場合 ＝ 粘膜を刺激して結膜炎を起こす。

　②医師の処置を受けるまでの救急方法

・吸入した場合 ＝ 直ちに患者を毛布等にくるんで安静にさせ、新鮮な空気の場所に移し、鼻をかみ、うがいをさせる。

・皮膚に触れた場合 ＝ 直ちに汚染された衣服や靴などを脱がせ、付着部または接触部を石けん水で洗浄し、多量の水で洗い流す。

・眼に入った場合 ＝ 直ちに多量の水で 15 分間以上洗い流す。

(4)注意事項

　可燃物と混合すると常温でも発火することがある。200℃付近に加熱するとルミネッセンスを発しながら分解する。

(5)保護具

　保護眼鏡、保護手袋、保護長靴、保護衣、防塵マスク

【廃棄基準】〔廃棄方法〕

還元沈殿法

　希硫酸に溶かし、クロム酸を遊離させ、還元剤（硫酸第一鉄等）の水

劇　物

溶液を過剰に用いて還元した後、水酸化カルシウム、炭酸ナトリウム等の水溶液で処理し、水酸化クロム（Ⅲ）として沈殿濾過する。溶出試験を行い、溶出量が判定基準以下であることを確認して埋立処分する。

〈備考〉

・還元にあたっては pH3.0 以下として十分に時間（15 分間以上）をかける。

・生成物の水酸化クロム（Ⅲ）は、乾燥すると一部が酸化されて六価クロムに戻るが、過剰の水酸化鉄（Ⅱ）と共存させた場合は、これを防止できる。

・中和時に溶液がアルカリ性に傾くと、沈殿した水酸化クロム（Ⅲ）が溶解し一部は六価クロムに戻るため、pH8.5 を超えないよう注意する。また、通常のセメントを用いて行うコンクリート固化法は同様な現象を示すので適切でない。

・廃棄物の溶出試験、溶出基準は廃棄物の処理及び清掃に関する法律の規定に基づく。

〔生成物〕Cr(OH)$_3$*

（注）　*は、生成物が廃棄物の処理及び清掃に関する法律により規制を受けるもの。

〔検定法〕吸光光度法、原子吸光法

〔その他〕可燃物と混合しないように注意する。重クロム酸アンモニウム塩は 200℃ 付近に加熱するとルミネッセンスを発しながら分解するので注意する。

劇
物

シュウ酸塩類	
劇物	毒物及び劇物取締法　別表第二／49 毒物及び劇物指定令　第 2 条／61・62

劇物 毒物及び劇物取締法 別表第二／49 毒物及び劇物指定令 第 2 条／61	**シュウ酸** Oxalic acid

【組成・化学構造】　分子式　C$_2$H$_2$O$_4$

構造式

HO—C(=O)—C(=O)—OH

【CAS 番号】　144-62-7

531

各　　論

【性状】2モルの結晶水を有する無色、稜柱状の結晶。乾燥空気中で風化する。加熱すると昇華、急に加熱すると分解。10倍の水、2.5倍のアルコールに溶解、エーテルに難溶。無水物は無色無臭の吸湿性物質で、空気中で二水和物となる。

【用途】捺染剤、木、コルク、綿、藁製品等の漂白剤。鉄錆による汚れ落とし、また合成染料、試薬、その他真鍮、銅の研磨。

【毒性】血液中のカルシウム分を奪取し、神経系を侵す。急性中毒症状は、胃痛、嘔吐、口腔・咽喉の炎症、腎障害。致死量は5～10g。

【応急措置基準】〔措置〕

(1)**漏えい時**

　飛散した場所の周辺にはロープを張るなどして人の立入りを禁止する。作業の際には必ず保護具を着用し、風下で作業をしない。飛散したものは、速やかに掃き集めて空容器に回収し、そのあとを多量の水で洗い流す。この場合、高濃度の廃液が河川等に排出されないように注意する。

(2)**出火時**

・周辺火災の場合＝速やかに容器を安全な場所に移す。移動不可能の場合は、容器および周囲に散水して冷却する。

(3)**暴露・接触時**

①急性中毒と刺激性

・吸入した場合＝鼻の粘膜を刺激する。

・眼に入った場合＝粘膜を刺激して炎症を起こす。

②医師の処置を受けるまでの救急方法

・眼に入った場合＝直ちに多量の水で15分間以上洗い流す。

(4)**保護具**

保護眼鏡、保護手袋、保護長靴、防塵マスク

【廃棄基準】〔廃棄方法〕

(1)**燃焼法**

焼却炉で焼却する。

(2)**活性汚泥法**

ナトリウム塩とした後、活性汚泥で処理する。

〔検定法〕滴定法

【その他】〔鑑識法〕

①水溶液を酢酸で弱酸性にして酢酸カルシウムを加えると、結晶性のシュウ酸カルシウムの沈殿を生成。

②水溶液をアンモニア水で弱アルカリ性にして塩化カルシウムを加えると、シュウ酸カルシウムの白色の沈殿を生成。

③水溶液は過マンガン酸カリウムの溶液の赤紫色を消す。

532

劇　物

劇物	シュウ酸トリウム
毒物及び劇物指定令 第 2 条／62	**Thorium oxalate**

【組成・化学構造】　**分子式**　$Th(C_2O_4)_2 \cdot 6H_2O$

構造式

【CAS 番号】：2040-52-0

【性状】：水に可溶、希無機酸に不溶。

【用途】：トリウムの定量分析。

【毒性】：シュウ酸の項 531 ページ参照。

劇物	シュウ酸水素アンモニウム
毒物及び劇物指定令 第 2 条／62	**Ammonium hydrogenoxalate** 〔別名〕酸性シュウ酸アンモニウム

【組成・化学構造】　**分子式**　$C_2H_2O_4 \cdot xH_3N$

構造式

【CAS 番号】：14258-49-2

【性状】：無色の結晶。比重 1.556。水および強酸に可溶。

【用途】：分析化学の試薬。

【毒性】：シュウ酸の項 531 ページ参照。

劇物	シュウ酸第一鉄
毒物及び劇物指定令 第 2 条／62	**Ferrous oxalate** 〔別名〕シュウ酸亜酸化鉄

【組成・化学構造】　**分子式**　C_2FeO_4

構造式

【CAS 番号】：516-03-0

【性状】：黄色の結晶性粉末。無臭。水に難溶、酸に可溶。

【用途】：写真現像用。

【毒性】：シュウ酸の項 531 ページ参照。

劇
物

533

各　論

劇物	
毒物及び劇物指定令 第 2 条／62	**シュウ酸マンガン** Manganese oxalate

【組成・化学構造】　分子式　C_2MnO_4
構造式

【CAS 番号】：640-67-5

【性状】：ほとんど無色のやや赤色がかった結晶粉。融点 150℃。比重 2.453。希薄酸に可溶、水に難溶。

【用途】：ワニス乾燥剤。

【毒性】：シュウ酸の項 531 ページ参照。

劇物	
毒物及び劇物指定令 第 2 条／62	**シュウ酸ナトリウム** Sodium oxalate

【組成・化学構造】　分子式　$C_2H_2O_4・2Na$
構造式

【CAS 番号】：62-76-0

【性状】：白色の結晶性粉末。水に可溶（20℃で水 100 mL に 3.7 g 溶解）。

【用途】：分析化学の試薬、繊維工業、写真など。

【毒性】：シュウ酸の項 531 ページ参照。

劇物	
毒物及び劇物指定令 第 2 条／62	**シュウ酸チタンカリウム** Potassium titanium oxalate

【組成・化学構造】　分子式　$C_4K_2O_9Ti$
構造式

【CAS 番号】：14481-26-6

【性状】：帯緑白色の光沢ある結晶。水に可溶。

劇　物

【用途】 木綿および皮革の染色の媒染剤。

【毒性】 シュウ酸の項 531 ページ参照。

劇物	
毒物及び劇物指定令 第 2 条／62	**シュウ酸鉄アンモニウム** Ferric ammonium oxalate

【組成・化学構造】 **分子式** $C_6FeO_{12} \cdot 3H_4N$

構造式

Fe^{3+}　$3 \ NH_4^{+}$ $\left[\begin{array}{c} {}^{-}O \overset{O}{\underset{}{}} \overset{O}{\underset{}{}} O^{-} \end{array} \right]_3$

【CAS 番号】 14221-47-7

【性状】 緑色の結晶。水に可溶。

【用途】 青写真用。

【毒性】 シュウ酸の項 531 ページ参照。

劇物	
毒物及び劇物指定令 第 2 条／62	**シュウ酸第二鉄ナトリウム** Ferric sodium oxalate

【組成・化学構造】 **分子式** $C_6FeNa_3O_{12}$

構造式

Fe^{3+}　$3 \ Na^{+}$ $\left[\begin{array}{c} {}^{-}O \overset{O}{\underset{}{}} \overset{O}{\underset{}{}} O^{-} \end{array} \right]_3$

【CAS 番号】 555-34-0

【性状】 鮮緑青色の結晶。水に可溶。

【用途】 写真用。

【毒性】 シュウ酸の項 531 ページ参照。

劇物	
毒物及び劇物指定令 第 2 条／62	**シュウ酸チタン** Titanium oxalate

【組成・化学構造】 **分子式** $C_2H_2O_4 \cdot 2/3Ti$

構造式

$2 \ Ti^{3+}$ $\left[\begin{array}{c} {}^{-}O \overset{O}{\underset{O}{}} \overset{}{\underset{}{}} O^{-} \end{array} \right]_3$

【CAS 番号】 14194-07-1

【性状】 黄色、柱状の結晶。水に難溶、エーテル、アルコールに可溶。強酸で分

各　　論

解。
【用途】：繊維染色の媒染剤。
【毒性】：シュウ酸の項 531 ページ参照。

劇物	シュウ酸亜鉛
毒物及び劇物指定令 第 2 条／62	Zinc oxalate

【組成・化学構造】　分子式　$C_2H_2O_4 \cdot Zn$
　　　　　　　　　構造式

【CAS 番号】：547-68-2
【性状】：白色の粉末。水に難溶、酸、アルカリに可溶。
【用途】：酸化亜鉛、有機合成の原料。
【毒性】：シュウ酸の項 531 ページ参照。

劇物	シュウ酸第一スズ
毒物及び劇物指定令 第 2 条／62	Stannous oxalate

【組成・化学構造】　分子式　$C_2H_2O_4 \cdot Sn$
　　　　　　　　　構造式

【CAS 番号】：814-94-8
【性状】：白色、結晶性の粉末。水に難溶、酸に可溶。
【用途】：染色工業。
【毒性】：シュウ酸の項 531 ページ参照。

劇物	シュウ酸カルシウム
毒物及び劇物指定令 第 2 条／62	Calcium oxalate

【組成・化学構造】　分子式　C_2CaO_4
　　　　　　　　　構造式

【CAS 番号】：563-72-4
【性状】：無色、結晶性の粉末。比重 2.20。水に難溶。

536

劇　物

【用途】　試薬。
【毒性】　シュウ酸の項 531 ページ参照。

劇物	シュウ酸カリウム
毒物及び劇物指定令 第 2 条／62	**Potassium oxalate**

【組成・化学構造】　**分子式**　$C_2H_2O_4 \cdot 2K$

構造式

$$KO-\overset{\displaystyle O}{\underset{\displaystyle O}{C}}-\overset{}{C}-OK$$

【CAS 番号】　583-52-8

【性状】　白色の結晶。比重 2.08。水に可溶、熱すれば分解。風解性で加熱すると無水塩。

【用途】　写真用、分析の試薬、シュウ酸製造原料。

劇物	シュウ酸アンモニウム
毒物及び劇物指定令 第 2 条／62	**Ammonium oxalate**

【組成・化学構造】　**分子式**　$C_2H_2O_4 \cdot 2H_3N$

構造式

$$H_4\overset{+}{N}\ \overset{-}{O}-\overset{\displaystyle O}{\underset{\displaystyle O}{C}}-\overset{}{C}-\overset{-}{O}\ \overset{+}{N}H_4$$

【CAS 番号】　1113-38-8

【性状】　無色の結晶。比重 1.556。水および強酸に可溶。

【用途】　分析化学の試薬。

【毒性】　シュウ酸の項 531 ページ参照。

劇物	臭素
毒物及び劇物取締法 別表第二／50	**Bromine** 〔別名〕ブロミン、ブロム

【組成・化学構造】　**分子式**　Br_2

構造式　$Br-Br$

【CAS 番号】　7726-95-6

【性状】　刺激性の臭気を放って揮発する赤褐色の重い液体。沸点 58.8℃。比重 3.12（20℃）。アルコール、エーテル、水に可溶。特にブロムカリウムの水溶

537

各　論

液に易溶引火性、燃焼性はないが、強い腐食作用を有し、濃塩酸と反応すると高熱を発し、また乾草や繊維類のような有機物と接触すると、火を発する。

【用途】化学薬品、アニリン染料の製造、写真用ほか、酸化剤、殺虫剤、殺菌剤、毒ガス。

【毒性】揮発性が強く、かつ腐食作用が激しく、眼や上気道の粘膜を強く刺激する。蒸気の暴露により咳、鼻出血、めまい、頭痛等を起こし、眼球結膜の着色、発声異常、気管支炎、気管支喘息様発作等が現れる。皮膚に付着すると激しく侵す。

【応急措置基準】〔措置〕

(1)漏えい時

　風下の人を退避させる。必要があれば水で濡らした手ぬぐい等で口および鼻を覆う。漏えいした場所の周辺にはロープを張るなどして人の立入りを禁止する。作業の際には必ず保護具を着用し、風下で作業をしない。

・少量 ＝ 漏えい箇所や漏えいした液には水酸化カルシウムを十分に散布して吸収させる。

・多量 ＝ 漏えい箇所や漏えいした液には水酸化カルシウムを十分に散布し、むしろ、シート等を被せ、その上にさらに水酸化カルシウムを散布して吸収させる。漏えい容器には散水しない。

　多量に気体が噴出した場所には遠くから霧状の水をかけ吸収させる。

(2)出火時

・周辺火災の場合 ＝ 速やかに容器を安全な場所に移す。移動不可能の場合は、容器および周囲に散水して冷却する。

(3)暴露・接触時

①急性中毒と刺激性

・吸入した場合 ＝ 鼻、気管支などの粘膜が激しく刺激され、多量吸入したときは、遅発性肺浮腫が現れ、呼気が臭素臭を帯びることがある。また、しばらくしてから、頭痛、視力障害、言語障害、精神異常、痙攣、昏睡が現れる。

・皮膚に触れた場合 ＝ 液に触れると激痛を伴う炎症または潰瘍を生じる。

・眼に入った場合 ＝ 眼の粘膜が刺激され炎症を起こす。

②医師の処置を受けるまでの救急方法

・吸入した場合 ＝ 直ちに患者を毛布等にくるんで安静にさせ、新鮮な空気の場所に移し速やかに医師の手当てを受ける。呼吸が停止しているときは人工呼吸を行う。呼吸困難のときは酸素吸入を行う。

538

・皮膚に触れた場合 = 直ちに付着部または接触部を多量の水で十分に洗い流す。汚染された衣服や靴は脱がせ、速やかに医師の手当てを受ける。
・眼に入った場合 = 直ちに多量の水で15分間以上洗い流し、速やかに医師の手当てを受ける。

(4)**保護具**
保護手袋、保護長靴、保護衣、保護前掛、保護眼鏡、ハロゲン用防毒マスクまたは人工呼吸器

【廃棄基準】〔廃棄方法〕
(1)**アルカリ法**
アルカリ水溶液（水酸化カルシウムの懸濁液または水酸化ナトリウム水溶液）中に少量ずつ滴下し、多量の水で希釈して処理する。

(2)**還元法**
多量の水で希釈し還元剤（例えばチオ硫酸ナトリウム水溶液など）の溶液を加えた後中和する。その後多量の水で希釈して処理する。

〔生成物〕NaBr, $Na_2S_4O_6$
〔検定法〕吸光光度法

【その他】〔鑑識法〕外観と臭気によって、容易に鑑別することができる。またでんぷんのり液を橙黄色に染め、ヨードカリでんぷん紙を藍変し、フルオレッセン溶液を赤変する。
〔貯法〕少量ならば共栓ガラス瓶、多量ならばカーボイ、陶製壺などを使用し、冷所に、濃塩酸、アンモニア水、アンモニアガスなどと引き離して保管する。直射日光を避け、通風をよくする。もし密閉した室内に火災を起こしたときは、二酸化炭素を吹き込み、鎮火後に換気を行う。
〔使用〕保護手袋、保護眼鏡、防毒マスク等の保護具を使用し、ドラフト内などの換気の良い場所で取り扱う。
〔その他〕本薬物は濃塩酸と反応すると高熱を発し、また有機物と接触すると、火災を誘発するおそれがある。

劇物		
毒物及び劇物取締法 別表第二／51 毒物及び劇物指定令 第2条／63	**硝酸** Nitric acid	

【組成・化学構造】 **分子式** HNO_3

構造式

【CAS番号】 7697-37-2

各　　論

【性状】極めて純粋な、水分を含まない硝酸は、無色の液体で、特有の臭気を有する。腐食性が激しく、空気に接すると刺激性白霧を発し、水を吸収する性質が強い。

硝酸は金、白金その他白金族の金属を除く諸金属を溶解し、硝酸塩を生成。試薬用としては65%硝酸があり、工業用の合成硝酸には98%（純分98%以上）、62%（純分62%以上）、50%（純分50%以上）のものがある。

また、工業用のものは黄色また赤褐色を呈しているものがある。

【用途】冶金、また硫酸、リン酸、シュウ酸などの製造、あるいはニトロベンゼン、ピクリン酸、ニトログリセリンなどの爆薬、各種の硝酸塩類の製造、セルロイド工業や、試薬など。

【毒性】硝酸蒸気は眼、呼吸器などの粘膜および皮膚に強い刺激性を有する。強い硝酸が皮膚に触れると、気体を生成して、組織ははじめ白く、次第に深黄色となる。

液体の経口摂取で、口腔以下の消化管に強い腐食性火傷を生じ、重症の場合にはショック状態となり死亡する。

【応急措置基準】〔措置〕

(1)漏えい時

　風下の人を退避させ、必要があれば水で濡らした手ぬぐい等で口および鼻を覆う。漏えいした場所の周囲にロープを張るなどして人の立入りを禁止する。作業の際には必ず保護具を着用し、風下で作業をしない。

・少量＝漏えいした液は土砂等に吸着させて取り除くか、またはある程度水で徐々に希釈した後、水酸化カルシウム、炭酸ナトリウム等で中和し、多量の水で洗い流す。

・多量＝漏えいした液は土砂等でその流れを止め、これに吸着させるか、または安全な場所に導いて、遠くから徐々に注水してある程度希釈した後、水酸化カルシウム、炭酸ナトリウム等で中和し多量の水で洗い流す。

　この場合、高濃度の廃液が河川等に排出されないよう注意する。

(2)出火時

・周辺火災の場合＝速やかに容器を安全な場所に移す。移動不可能の場合は、容器および周囲に散水して冷却する。

　（注）　有機物等に接触して発火した場合は、水、泡または二酸化炭素等の消火剤を用いて消火する。火に包まれると有毒な窒素酸化物の気体（NO_2）が発生するので、消火作業には必ず保護具を着用する。

(3)暴露・接触時

①急性中毒と刺激性

540

劇　物

・吸入した場合 ＝ のど、気管支が侵される。高濃度の気体の場合は24〜48時間後に肺水腫を起こすことがある。
・皮膚に触れた場合 ＝ 重症のやけど（薬傷）を起こす。
・眼に入った場合 ＝ 粘膜を刺激し失明することがある。

②医師の処置を受けるまでの救急方法
・吸入した場合 ＝ 直ちに患者を毛布等にくるんで安静にさせ、新鮮な空気の場所に移し、速やかに医師の手当てを受ける。呼吸が停止しているときは直ちに人工呼吸を行い、呼吸困難のときは酸素吸入を行う。ただし、NO_2による症状発現は遅いので、一見無症状を呈するようであっても一昼夜安静にさせる。
・皮膚に触れた場合 ＝ 直ちに付着部または接触部を多量の水または石けん水で十分洗い流す。汚染された衣服や靴は脱がせ、速やかに医師の手当てを受ける。
・眼に入った場合 ＝ 直ちに多量の水で15分間以上洗い流し、速やかに医師の手当てを受ける。

(4)**注意事項**
①NO_2を含有し、可燃物、有機物と接触するとNO_2を生成するため、接触させない。
②高濃度の場合、水と急激に接触すると多量の熱を生成し酸が飛散することがある。
③直接中和剤を散布すると発熱し、酸が飛散することがある。

(5)**保護具**
保護手袋（ゴム）、保護長靴（ゴム）、保護前掛（ゴム）、保護眼鏡、酸性ガス用防毒マスク

【廃棄基準】〔廃棄方法〕
中和法
徐々に炭酸ナトリウムまたは水酸化カルシウムの攪拌溶液に加えて中和させた後、多量の水で希釈して処理する。水酸化カルシウムの場合は上澄液のみを流す。
〔検定法〕pH メーター法

【その他】〔鑑識法〕硝酸に銅屑を加えて熱すると、藍色を呈して溶け、その際赤褐色の亜硝酸の蒸気を生成する。羽毛のような有機質を硝酸の中に浸し、特にアンモニア水でこれを潤すと、黄色を呈する。

各論

劇物	硝酸タリウム
毒物及び劇物取締法 別表第二／52 毒物及び劇物指定令 第2条／64	Thallium nitrate

【組成・化学構造】 **分子式** HNO₃・Tl

構造式

【CAS 番号】 10102-45-1

【性状】 白色の結晶。融点260℃。分解点450℃。比重5.55。水に難溶、沸騰水に易溶、アルコールに不溶。

【用途】 殺鼠剤。

【毒性】 原体の LD_{50} ＝ マウス経口：46 mg/kg。

【その他】 〔製剤〕市販品は普通物。小麦粒子にまぶしたもので、黒色に着色されており、かつトウガラシエキスを用いて辛く着味されており、有効成分が0.3％含有している。

劇物	水酸化カリウム
毒物及び劇物取締法 別表第二／53 毒物及び劇物指定令 第2条／65	Potassium hydroxide 〔別名〕苛性カリ

【組成・化学構造】 **分子式** HKO

構造式 K－OH

【CAS 番号】 1310-58-3

【性状】 白色の固体で、水酸化ナトリウムによく似ている。無水物は沸点1324℃、融点360℃、比重2.044。水、アルコールに可溶、熱を発する。アンモニア水に不溶。空気中に放置すると、水分と二酸化炭素を吸収して潮解する。水溶液は強いアルカリ性。市販の固形のものは純分95％以上、液体は45％以上が最高純度。

【用途】 化学工業用、試薬。

【毒性】 水酸化カリウムの高濃度の水溶液は水酸化ナトリウムよりも腐食性が強く、皮膚に触れると、激しく侵す。また、経口摂取で死亡する。ダストやミストを吸入すると呼吸器官を侵し、眼に入った場合には失明のおそれがある。

【応急措置基準】 (1)漏えい時

極めて腐食性が強いので、作業の際には必ず保護具を着用する。必要があれば漏えいした場所の周辺にはロープを張るなどして人の立入りを禁止する。

劇　物

・少量 ＝ 漏えいした液は多量の水で十分に希釈して洗い流す。

・多量 ＝ 漏えいした液は土砂等でその流れを止め、土砂等に吸着させる
　か、または安全な場所に導いて多量の水をかけて洗い流す。必要があ
　ればさらに中和し、多量の水で洗い流す。

　この場合、高濃度な廃液が河川等に排出されないよう注意する。

⑵出火時

・周辺火災の場合 ＝ 速やかに容器を安全な場所に移す。移動不可能の場
　合は、容器および周囲に散水して冷却する。

⑶暴露・接触時

　①急性中毒と刺激性

・吸入した場合 ＝ 微粒子やミストを吸入すると鼻、のど、気管支、肺
　を刺激する。

・皮膚に触れた場合 ＝ 皮膚が激しく腐食される。

・眼に入った場合 ＝ 結膜や角膜が侵され、失明する危険性が高い。

　②医師の処置を受けるまでの救急方法

・吸入した場合 ＝ 直ちに患者を毛布等にくるんで安静にさせ、新鮮な
　空気の場所に移し、できれば酸素吸入を行う。速やかに医師の手当
　てを受ける。

・皮膚に触れた場合 ＝ 直ちに付着部または接触部を多量の水で十分に
　洗い流す。汚染された衣服や靴は脱がせ、速やかに医師の手当てを
　受ける。

・眼に入った場合 ＝ 直ちに多量の水で 15 分間以上洗い流し、速やか
　に医師の手当てを受ける。

⑷注意事項

　水酸化カリウム水溶液は爆発性でも引火性でもないが、アルミニウム、
スズ、亜鉛などの金属を腐食して水素ガスを生成し、これが空気と混合
して引火爆発することがある。

⑸保護具

　保護手袋、保護長靴、保護衣、保護眼鏡

【廃棄基準】〔廃棄方法〕

中和法

　水を加えて希薄な水溶液とし、酸（希塩酸、希硫酸など）で中和させ
た後、多量の水で希釈して処理する。

〔検定法〕pH メーター法

【その他】〔鑑識法〕水溶液に酒石酸溶液を過剰に加えると、白色結晶性の沈殿を生
成。また、塩酸を加えて中性にした後、塩化白金溶液を加えると、黄色
結晶性の沈殿を生成。

543

各　　論

〔貯法〕二酸化炭素と水を強く吸収するから、密栓をして保管する。

水酸化トリアリールスズ塩類

劇物	毒物及び劇物指定令　第2条／66

劇物	水酸化トリフェニルスズ
毒物及び劇物指定令 第2条／66	**Triphenyltin hydroxide** 〔別名〕トリフェニルスズヒドロキシド

【組成・化学構造】　**分子式**　$C_{18}H_{16}OSn$

構造式

【CAS番号】　76-87-9

【性状】　白色粉末。融点 122 〜 125℃。水に不溶。メタノールに可溶。キシレン、*n*-ヘプタンに可溶

【用途】　農業用殺菌剤。

【応急措置基準】　〔措置〕

(1)漏えい時

　飛散した場所の周辺にはロープを張るなどして人の立入りを禁止する。作業の際には必ず保護具を着用し、風下で作業をしない。飛散したものは空容器にできるだけ回収し、そのあとを中性洗剤等の分散剤を使用して多量の水で洗い流す。

(2)出火時

・周辺火災の場合 = 速やかに容器を安全な場所に移す。移動不可能な場合には、容器および周囲に散水して冷却する。

・着火した場合 = 必ず保護具を着用し、多量の水で消火する。

・消火剤 = 粉末、泡、水

(3)暴露・接触時

　①急性中毒と刺激性

　・吸入した場合 = 鼻、のど、気管支の粘膜を刺激し、頭痛、めまいを

544

起こす。重症な場合には肺水腫を起こすことがある。

・皮膚に触れた場合 ＝ 皮膚を刺激し、炎症を起こすことがある。

・眼に入った場合 ＝ 粘膜を刺激し、炎症を起こす。

②医師の処置を受けるまでの救急方法

・吸入した場合 ＝

 1. 鼻をかみ、うがいをさせる。

 2. 重症な場合は患者を毛布等にくるんで安静にさせ、新鮮な空気の場所に移す。呼吸困難を起こしているときは人工呼吸を行う。

・皮膚に触れた場合 ＝ 直ちに汚染された衣服や靴などを脱がせ、付着部または接触部を石けん水で洗浄し、多量の水で洗い流す。

・眼に入った場合 ＝ 直ちに多量の水で5分間以上洗い流す。

(4)注意事項

①火災時など、加熱されると120℃付近で熔融し、流れ出し、有機スズの蒸気を生成する。

②燃焼すると酸化スズ（Ⅳ）の有毒な煙霧を生成する。

(5)保護具

保護眼鏡、保護手袋、保護長靴、保護衣、防塵マスク（火災時：人工呼吸器）

【廃棄基準】〔廃棄方法〕

(1)固化隔離法

セメントで固化して埋立処分する。

(2)燃焼法

アフターバーナーおよびスクラバーを備えた焼却炉を用いて焼却する。

〈備考〉

・スクラバーの洗浄液には、アルカリ溶液を用いる。

・焼却炉は有機ハロゲン化合物を焼却するのに適したものであること。

・有機スズ化合物は水に混ざりにくいので、作業の際には分散剤（中性洗剤等）を使用して水と混合する必要がある。

〔生成物〕SnO_2

〔検定法〕原子吸光法、吸光光度法

〔その他〕本薬物の付着した紙袋等を焼却すると、酸化スズ（Ⅳ）の煙霧および気体を生成するので洗浄装置のない焼却炉等で焼却しない。

【その他】〔製剤〕主剤0.8％含有の粉剤（スズH粉剤）、17％含有の水和剤（スズH水和剤）および塩基性塩化銅との配合水和剤。

劇物	フッ化トリフェニルスズ
毒物及び劇物指定令 第2条／66	**Triphenyltin fluoride** 〔別名〕トリフェニルスズフルオリド

【組成・化学構造】 **分子式** $C_{18}H_{15}FSn$

構造式

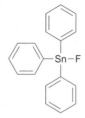

【CAS番号】 379-52-2

【性状】 白色粉末。融点357℃（分解）。水に不溶。ベンゼン、トルエン、キシレン、n-ヘプタン、エタノール、酢酸エチルに不溶。

【応急措置基準】 〔措置〕

(1) 漏えい時

飛散した場所の周辺にはロープを張るなどして人の立入りを禁止する。作業の際には必ず保護具を着用し、風下で作業をしない。飛散したものは空容器にできるだけ回収し、そのあとを中性洗剤等の分散剤を使用して多量の水で洗い流す。

(2) 出火時

・周辺火災の場合 ＝ 速やかに容器を安全な場所に移す。移動不可能な場合には、容器および周囲に散水して冷却する。

・着火した場合 ＝ 必ず保護具を着用し、多量の水で消火する。

・消火剤 ＝ 粉末、泡、水

(3) 暴露・接触時

① 急性中毒と刺激性

・吸入した場合 ＝ 鼻、のど、気管支の粘膜を刺激し、頭痛、めまいを起こす。重症な場合には肺水腫を起こすことがある。

・皮膚に触れた場合 ＝ 皮膚を刺激し、炎症を起こすことがある。

・眼に入った場合 ＝ 粘膜を刺激し、炎症を起こす。

② 医師の処置を受けるまでの救急方法

・吸入した場合 ＝

1. 鼻をかみ、うがいをさせる。
2. 重症な場合は患者を毛布等にくるんで安静にさせ、新鮮な空気の場所に移す。呼吸困難を起こしているときは人工呼吸を行う。

劇　　物

・皮膚に触れた場合 = 直ちに汚染された衣服や靴などを脱がせ、付着
部または接触部を石けん水で洗浄し、多量の水で洗い流す。
・眼に入った場合 = 直ちに多量の水で 15 分間以上洗い流す。

(4)注意事項

①火災時など、加熱されると 357℃付近で熔融し、流れ出し、有機ス
ズの蒸気を生成する。

②燃焼すると有毒な酸化スズ（Ⅳ）の煙霧およびフッ化水素の気体を
生成する。

(5)保護具

保護眼鏡、保護手袋、保護長靴、保護衣、防塵マスク（火災時：人工
呼吸器）

【廃棄基準】　〔廃棄方法〕

(1)固化隔離法

セメントで固化して埋立処分する。

(2)燃焼法

アフターバーナーおよびスクラバーを備えた焼却炉を用いて焼却する。

〈備考〉

・スクラバーの洗浄液には、アルカリ溶液を用いる。
・焼却炉は有機ハロゲン化合物を焼却するのに適したものであること。
・洗浄廃液の処理に際し、洗浄廃液に水酸化カルシウムを加えてフッ
化カルシウムとして分離する。
・有機スズ化合物は水に混ざりにくいので、作業の際には分散剤（中
性洗剤等）を使用して水と混合する必要がある。

〔生成物〕SnO_2, フッ化物 → NaF $\xrightarrow{\quad Ca(OH)_2 \quad}$ CaF_2

〔検定法〕原子吸光法、吸光光度法

〔その他〕本薬物の付着した紙袋等を焼却すると、酸化スズ（Ⅳ）の煙霧
および気体を生成するので洗浄装置のない焼却炉等で焼却しない。

劇
物

各　論

劇物	酢酸トリフェニルスズ
毒物及び劇物指定令 第2条／66	**Triphenyltin acetate** 〔別名〕トリフェニルチンアセテート、トリフェニルスズアセタート

【組成・化学構造】 **分子式** $C_{20}H_{18}O_2Sn$
構造式

【CAS番号】900-95-8

【性状】白色粉末。融点 120 ～ 125℃。アセトン、ベンゼン、アルコール、酢酸に可溶、水に不溶。

【用途】殺菌剤、農薬（ビートの褐斑病、ばれいしょの疫病、夏疫病、豆類の炭疽病、角斑病、はっかの疫病用）。

【毒性】原体の LD_{50} ＝ マウス経口：93.3 mg/kg、マウス皮下：44.0 mg/kg。
本薬物を大量に摂取したときの中毒症状は、軽い歩行障害、軽度の振戦、呼吸困難。

【応急措置基準】〔措置〕

(1)漏えい時

　飛散した場所の周辺にはロープを張るなどして人の立入りを禁止する。作業の際には必ず保護具を着用し、風下で作業をしない。飛散したものは空容器にできるだけ回収し、そのあとを中性洗剤等の分散剤を使用して多量の水で洗い流す。

(2)出火時

・周辺火災の場合 ＝ 速やかに容器を安全な場所に移す。移動不可能な場合には、容器および周囲に散水して冷却する。

・着火した場合 ＝ 必ず保護具を着用し、多量の水で消火する。

・消火剤 ＝ 粉末、泡、水

(3)暴露・接触時

①急性中毒と刺激性

・吸入した場合 ＝ 鼻、のど、気管支の粘膜を刺激し、頭痛、めまいを起こす。重症な場合には肺水腫を起こすことがある。

・皮膚に触れた場合 ＝ 皮膚を刺激し、炎症を起こすことがある。

・眼に入った場合 ＝ 粘膜を刺激し、炎症を起こす。

劇　物

②医師の処置を受けるまでの救急方法

・吸入した場合 ＝

1. 鼻をかみ、うがいをさせる。

2. 重症な場合は患者を毛布等にくるんで安静にさせ、新鮮な空気の場所に移す。呼吸困難を起こしているときは人工呼吸を行う。

・皮膚に触れた場合 ＝ 直ちに汚染された衣服や靴などを脱がせ、付着部または接触部を石けん水で洗浄し、多量の水で洗い流す。

・眼に入った場合 ＝ 直ちに多量の水で 15 分間以上洗い流す。

(4)注意事項

①火災時など、加熱されると 122℃付近で熔融し、流れ出し、有機スズの蒸気を生成する。

②燃焼すると酸化スズ（Ⅳ）の有毒な煙霧および気体を生成する。

(5)保護具

保護眼鏡、保護手袋、保護長靴、保護衣、防塵マスク（火災時：人工呼吸器）

【廃棄基準】〔廃棄方法〕

(1)固化隔離法

セメントで固化して埋立処分する。

(2)燃焼法

アフターバーナーおよびスクラバーを備えた焼却炉を用いて焼却する。

〈備考〉

・スクラバーの洗浄液には、アルカリ溶液を用いる。

・焼却炉は有機ハロゲン化合物を焼却するのに適したものであること。

・有機スズ化合物は水に混ざりにくいので、作業の際には分散剤（中性洗剤等）を使用して水と混合する必要がある。

〔生成物〕SnO_2

〔検定法〕原子吸光法、吸光光度法

〔その他〕本薬物の付着した紙袋等を焼却すると、酸化スズ（Ⅳ）の煙霧および気体を生成するので洗浄装置のない焼却炉等で焼却しない。

【その他】〔製剤〕現在、農薬としての市販品はない。

各　論

劇物
毒物及び劇物指定令 第 2 条／66

塩化トリフェニルスズ

Triphenyltin chloride

〔別名〕トリフェニルチンクロライド、トリフェニルスズクロライド、トリフェニルスズクロリド

【組成・化学構造】　**分子式**　$C_{18}H_{15}ClSn$

　　　　　　　　　　構造式

【CAS番号】　639-58-7

【性状】　白色の粉末。融点 106 ～ 107℃。芳香族溶媒に可溶。水に不溶。

【用途】　てんさいの褐斑病の殺菌剤。

【毒性】　原体の LD_{50} ＝ マウス経口：80 mg/kg。

　　　　　酢酸トリフェニルスズと同様の症状を呈する。

【応急措置基準】　〔措置〕

(1)漏えい時

　飛散した場所の周辺にはロープを張るなどして人の立入りを禁止する。作業の際には必ず保護具を着用し、風下で作業をしない。飛散したものは空容器にできるだけ回収し、そのあとを中性洗剤等の分散剤を使用して多量の水で洗い流す。

(2)出火時

・周辺火災の場合 ＝ 速やかに容器を安全な場所に移す。移動不可能な場合には、容器および周囲に散水して冷却する。

・着火した場合 ＝ 必ず保護具を着用し、多量の水で消火する。

・消火剤 ＝ 粉末、泡、水

(3)暴露・接触時

　①急性中毒と刺激性

・吸入した場合 ＝ 鼻、のど、気管支の粘膜を刺激し、頭痛、めまいを起こす。重症な場合には肺水腫を起こすことがある。

・皮膚に触れた場合 ＝ 皮膚を刺激し、炎症を起こすことがある。

・眼に入った場合 ＝ 粘膜を刺激し、炎症を起こす。

　②医師の処置を受けるまでの救急方法

・吸入した場合 ＝

　1. 鼻をかみ、うがいをさせる。

550

2. 重症な場合は患者を毛布等にくるんで安静にさせ、新鮮な空気
　　　の場所に移す。呼吸困難を起こしているときは人工呼吸を行う。
　・皮膚に触れた場合 = 直ちに汚染された衣服や靴などを脱がせ、付着
　　部または接触部を石けん水で洗浄し、多量の水で洗い流す。
　・眼に入った場合 = 直ちに多量の水で 15 分間以上洗い流す。

⑷注意事項

　①火災時など、加熱されると 107℃ 付近で熔融し、流れ出し、有機ス
　　ズの蒸気を生成する。
　②燃焼すると酸化スズ（Ⅳ）の有毒な煙霧および気体の塩化水素を生
　　成する。

⑸保護具

　保護眼鏡、保護手袋、保護長靴、保護衣、防塵マスク（火災時：人工
呼吸器）

【廃棄基準】 〔廃棄方法〕

⑴固化隔離法

　セメントで固化して埋立処分する。

⑵燃焼法

　アフターバーナーおよびスクラバーを備えた焼却炉を用いて焼却する。
　〈備考〉
　・スクラバーの洗浄液には、アルカリ溶液を用いる。
　・焼却炉は有機ハロゲン化合物を焼却するのに適したものであること。
　・有機スズ化合物は水に混ざりにくいので、作業の際には分散剤（中
　　性洗剤等）を使用して水と混合する必要がある。
〔生成物〕SnO_2
〔検定法〕原子吸光法、吸光光度法
〔その他〕本薬物の付着した紙袋等を焼却すると、酸化スズ（Ⅳ）の煙霧
および気体を生成するので洗浄装置のない焼却炉等で焼却しない。

【その他】 〔製剤〕現在、農薬としての市販品はない。

各　　論

水酸化トリアルキルスズ塩類

劇物	毒物及び劇物指定令　第2条／67

劇物	**トリブチルスズアセテート**
毒物及び劇物指定令 第2条／67	**Tributyltin acetate**

【組成・化学構造】　**分子式**　$C_{14}H_{30}O_2Sn$
　　　　　　　　構造式

【CAS番号】： 56-36-0

【用途】： トリブチルスズオキシドと同様。食品以外のものの殺菌、防かび用。また、油性ペイントと混ぜての船底塗料等、従来の銅剤、水銀剤等の代替用。

【毒性】： 原体の LD_{50} ＝ ラット経口：99 mg/kg、マウス経口：46 mg/kg。
　　　　スズ塩類の項に挙げた中毒とほぼ同様であるが、神経中枢を侵す。

劇物	**酸化ビス（トリブチルスズ）**
毒物及び劇物指定令 第2条／67	**Tributyltin oxide** 〔別名〕トリブチルスズオキシド、ビス（トリブチルスズ）オキシド、TBTO

【組成・化学構造】　**分子式**　$C_{24}H_{54}OSn_2$
　　　　　　　　構造式

【CAS番号】： 56-35-9

【性状】： 無色または微黄色の液体。比重（d_4^{25}）1.16 〜 1.18。水に不溶。キシレン、$n-$ヘプタン、メタノールに可溶。引火点180℃。

【用途】： 食品以外の殺菌、防かび用。油性ペイントと混ぜての船底塗料等、従来の銅剤、水銀剤等の代替用。

552

劇　物

【毒性】原体の LD_{50} ＝ ラット経口：175 mg/kg。

スズ塩類の項に挙げた中毒とほぼ同様であるが、神経中枢を侵す。

【応急措置基準】〔措置〕

(1)漏えい時

　漏えいした場所の周辺にはロープを張るなどして人の立入りを禁止する。作業の際には必ず保護具を着用し、風下で作業をしない。漏えいした液は土砂等でその流れを止め、安全な場所に導き、土砂等に吸着させて空容器に回収し、そのあとを中性洗剤等の分散剤を使用して多量の水で洗い流す。

(2)出火時

・周辺火災の場合 ＝ 速やかに容器を安全な場所に移す。移動不可能な場合には、容器および周囲に散水して冷却する。

・着火した場合 ＝ 必ず保護具を着用し、多量の水で消火する。

・消火剤 ＝ 粉末、泡、水

(3)暴露・接触時

　①急性中毒と刺激性

・吸入した場合 ＝ 鼻、のど、気管支の粘膜を刺激し、頭痛、めまいを起こす。重症の場合には肺水腫を起こすことがある。

・皮膚に触れた場合 ＝ 皮膚を刺激し、炎症を起こす。

・眼に入った場合 ＝ 粘膜を刺激し、炎症を起こす。

　②医師の処置を受けるまでの救急方法

・吸入した場合 ＝

　　1. 鼻をかみ、うがいをさせる。

　　2. 重症の場合は患者を毛布等にくるんで安静にさせ、新鮮な空気の場所に移す。呼吸困難を起こしているときは人工呼吸を行う。

・皮膚に触れた場合 ＝ 直ちに汚染された衣服や靴などを脱がせ、付着部または接触部を石けん水で洗浄し、多量の水で洗い流す。

・眼に入った場合 ＝ 直ちに多量の水で15分間以上洗い流す。

(4)注意事項

　燃焼すると酸化スズ（Ⅱ）の有毒な煙霧を生成する。

(5)保護具

　保護眼鏡、保護手袋、保護長靴、保護衣、有機ガス用防毒マスク（火災時：人工呼吸器)

【廃棄基準】〔廃棄方法〕

(1)固化隔離法

　セメントで固化して埋立処分する。

(2)燃焼法

劇
物

553

各　　論

アフターバーナーおよびスクラバーを備えた焼却炉を用い焼却する。
〈備考〉
・スクラバーの洗浄液には、アルカリ溶液を用いる。
・焼却炉は有機ハロゲン化合物を焼却するのに適したものであること。
・有機スズ化合物は水に混ざりにくいので、作業の際には分散剤（中性洗剤等）を使用して水と混合する必要がある。
〔生成物〕SnO_2
〔検定法〕原子吸光法、吸光光度法
〔その他〕本薬物の付着した紙袋等を焼却すると、酸化スズ（Ⅳ）の煙霧および気体を生成するので洗浄装置のない焼却炉等で焼却しない。

劇物	塩化トリプロピルスズ
毒物及び劇物指定令 第2条／67	**Tripropyltin chloride** 〔別名〕トリプロピルスズクロライド

【組成・化学構造】 **分子式** $C_9H_{21}ClSn$

構造式

【CAS番号】 2279-76-7

【性状】 特異の臭気のある無色液体。沸点123℃（13 mmHg）。比重1.256（30℃）。水に対する溶解性は0.52％。水溶液中でイオン化し、本薬物のエーテル溶液を水酸化カリウム溶液で振盪するとヒドロキシドが生成される。

【用途】 なしのコクハン病、クロホス病、かきの炭疽病の殺菌剤。

【その他】 〔製剤〕現在、農薬としての市販品はない。

劇物	フッ化トリブチルスズ
毒物及び劇物指定令 第2条／67	**Tributyltin fluoride** 〔別名〕トリブチルスズフルオリド

【組成・化学構造】 **分子式** $C_{12}H_{27}FSn$

構造式

【CAS番号】 1983-10-4

【性状】 白色粉末。融点250〜257℃。水に不溶。ベンゼン、トルエン、キシレン、n-ヘプタン、エタノール、酢酸エチルに不溶。

【応急措置基準】 〔措置〕

(1)漏えい時

554

飛散した場所の周辺にはロープを張るなどして人の立入りを禁止する。作業の際には必ず保護具を着用し、風下で作業をしない。飛散したものは空容器にできるだけ回収し、そのあとを中性洗剤等の分散剤を使用して多量の水で洗い流す。

(2)出火時

・周辺火災の場合 ＝ 速やかに容器を安全な場所に移す。移動不可能な場合には、容器および周囲に散水して冷却する。

・着火した場合 ＝ 必ず保護具を着用し、多量の水で消火する。

・消火剤 ＝ 粉末、泡、水

(3)暴露・接触時

①急性中毒と刺激性

・吸入した場合 ＝ 鼻、のど、気管支の粘膜を刺激し、頭痛、めまいを起こす。重症の場合には肺水腫を起こすことがある。

・皮膚に触れた場合 ＝ 皮膚を刺激し、炎症を起こす。

・眼に入った場合 ＝ 粘膜を刺激し、炎症を起こす。

②医師の処置を受けるまでの救急方法

・吸入した場合 ＝

　1. 鼻をかみ、うがいをさせる。

　2. 重症の場合は患者を毛布等にくるんで安静にさせ、新鮮な空気の場所に移す。呼吸困難を起こしているときは人工呼吸を行う。

・皮膚に触れた場合 ＝ 直ちに汚染された衣服や靴などを脱がせ、付着部または接触部を石けん水で洗浄し、多量の水で洗い流す。

・眼に入った場合 ＝ 直ちに多量の水で15分間以上洗い流す。

(4)注意事項

①火災時など、加熱されると257℃付近で熔融し、流れ出し、有機スズの蒸気を生成する。

②燃焼すると酸化スズ（Ⅳ）の有毒な煙霧およびフッ化水素（気体）を生成する。

(5)保護具

保護眼鏡、保護手袋、保護長靴、保護衣、防塵マスク（火災時：人工呼吸器）

【廃棄基準】〔廃棄方法〕

(1)固化隔離法

セメントで固化して埋立処分する。

(2)燃焼法

アフターバーナーおよびスクラバーを備えた焼却炉を用い焼却する。

〈備考〉

各　　論

・スクラバーの洗浄液には、アルカリ溶液を用いる。

・焼却炉は有機ハロゲン化合物を焼却するのに適したものであること。

・洗浄廃液の処理に際し、洗浄廃液に水酸化カルシウムを加えてフッ化カルシウムとして分離する。

・有機スズ化合物は水に混ざりにくいので、作業の際には分散剤（中性洗剤等）を使用して水と混合する必要がある。

〔生成物〕 SnO_2，フッ化物 → NaF $\xrightarrow{Ca(OH)_2}$ CaF_2

〔検定法〕原子吸光法、吸光光度法

〔その他〕本薬物の付着した紙袋等を焼却すると、酸化スズ（Ⅳ）の煙霧および気体を生成するので洗浄装置のない焼却炉等で焼却しない。

劇物	二臭化コハク酸ビス（トリブチルスズ）
毒物及び劇物指定令 第2条／67	**Tributyltin dibromosuccinate** 〔別名〕トリブチルスズジブロモスクシナート、ビス（トリブチルスズ）ジブロモスクシナート

【組成・化学構造】 **分子式**　$C_{28}H_{56}Br_2O_4Sn_2$

構造式

【CAS番号】 31732-71-5

【性状】 白色粉末。融点141℃以上。水に不溶。メタノール、エタノールに可溶。クロロホルムに可溶。ジメチルホルムアミドに可溶。トルエンに可溶。ベンゼン、キシレン、アセトンに難溶。

【応急措置基準】 〔措置〕

(1)漏えい時

飛散した場所の周辺にはロープを張るなどして人の立入りを禁止する。作業の際には必ず保護具を着用し、風下で作業をしない。飛散したものは空容器にできるだけ回収し、そのあとを中性洗剤等の分散剤を使用して多量の水で洗い流す。

(2)出火時

・周辺火災の場合 ＝ 速やかに容器を安全な場所に移す。移動不可能な場合には、容器および周囲に散水して冷却する。

・着火した場合 ＝ 必ず保護具を着用し、多量の水で消火する。

劇　物

・消火剤 ＝ 粉末、泡、水

(3)**暴露・接触時**

①急性中毒と刺激性

・吸入した場合 ＝ 鼻、のど、気管支の粘膜を刺激し、頭痛、めまいを起こす。重症の場合には肺水腫を起こすことがある。

・皮膚に触れた場合 ＝ 皮膚を刺激し、炎症を起こす。

・眼に入った場合 ＝ 粘膜を刺激し、炎症を起こす。

②医師の処置を受けるまでの救急方法

・吸入した場合 ＝

　1. 鼻をかみ、うがいをさせる。

　2. 重症の場合は患者を毛布等にくるんで安静にさせ、新鮮な空気の場所に移す。呼吸困難を起こしているときは人工呼吸を行う。

・皮膚に触れた場合 ＝ 直ちに汚染された衣服や靴などを脱がせ、付着部または接触部を石けん水で洗浄し、多量の水で洗い流す。

・眼に入った場合 ＝ 直ちに多量の水で15分間以上洗い流す。

(4)**注意事項**

①火災時など、加熱されると141℃付近で熔融し、流れ出し、有機スズの蒸気を生成する。

②燃焼すると酸化スズ（Ⅳ）の有毒な煙霧および臭化水素（気体）を生成する。

(5)**保護具**

保護眼鏡、保護手袋、保護長靴、保護衣、防塵マスク（火災時：人工呼吸器）

【廃棄基準】〔廃棄方法〕

(1)**固化隔離法**

セメントで固化して埋立処分する。

(2)**燃焼法**

アフターバーナーおよびスクラバーを備えた焼却炉を用い焼却する。

〈備考〉

・スクラバーの洗浄液には、アルカリ溶液を用いる。

・焼却炉は有機ハロゲン化合物を焼却するのに適したものであること。

・有機スズ化合物は水に混ざりにくいので、作業の際には分散剤（中性洗剤等）を使用して水と混合する必要がある。

〔生成物〕SnO_2

〔検定法〕原子吸光法、吸光光度法

〔その他〕本薬物の付着した紙袋等を焼却すると、酸化スズ（Ⅳ）の煙霧および気体を生成するので洗浄装置のない焼却炉等で焼却しない。

557

各　論

劇物
毒物及び劇物取締法 別表第二／54 毒物及び劇物指定令 第2条／68

水酸化ナトリウム
Sodium hydroxide
〔別名〕苛性ソーダ

【組成】 **分子式** HNaO

　　　　 構造式 Na－OH

【CAS番号】 1310-73-2

【性状】 白色、結晶性の硬い固体で、繊維状結晶様の破砕面を現す。沸点1390℃。
融点318℃。比重2.13。水に可溶、水溶液はアルカリ性反応を呈する。水
と炭酸を吸収する性質が強く、空気中に放置すると、潮解して徐々に炭
酸塩の皮層を生成。工業用の固形のものは95〜99%のHNaOを含有し、
液体のものは含量不定。試薬のものは90%以上である。

【用途】 せっけん製造、パルプ工業、染料工業、レーヨン工業、諸種の合成化学、
試薬、農薬など。

【毒性】 原体のLD$_{50}$＝マウス腹腔内：40mg/kg。

水酸化カリウムと同様に腐食性が極めて強いので、皮膚に触れると激し
く侵し、また高濃度溶液を経口摂取すると、口内、食道、胃などの粘膜
を腐食して死亡する。

【応急措置基準】 水酸化ナトリウム水溶液の場合

(1)漏えい時

極めて腐食性が強いので、作業の際には必ず保護具を着用する。必要
があれば、漏えいした場所の周辺にはロープを張るなどして人の立入り
を禁止する。

・少量＝漏えいした液は多量の水を用いて十分に希釈して洗い流す。

・多量＝漏えいした液は土砂等でその流れを止め、土砂等に吸着させる
か、または安全な場所に導いて多量の水で洗い流す。必要があればさ
らに中和し、多量の水で洗い流す。

この場合、高濃度の廃液が河川等に排出されないよう注意する。

(2)出火時

・周辺火災の場合＝速やかに容器を安全な場所に移す。移動不可能の場
合は、容器および周囲に散水して冷却する。

(3)暴露・接触時

①急性中毒と刺激性

・吸入した場合＝微粒子やミストを吸入すると鼻、のど、気管支、肺
を刺激する。

・皮膚に触れた場合＝皮膚が激しく腐食される。

・眼に入った場合＝結膜や角膜が激しく侵され、失明する危険性が高

い。

②医師の処置を受けるまでの救急方法

・吸入した場合 = 直ちに患者を毛布等にくるんで安静にさせ、新鮮な空気の場所に移し、できれば酸素吸入を行う。速やかに医師の手当てを受ける。

・皮膚に触れた場合 = 直ちに付着部または接触部を多量の水で十分に洗い流す。汚染された衣服や靴は脱がせ、速やかに医師の手当てを受ける。

・眼に入った場合 = 直ちに多量の水で15分間以上洗い流し、速やかに医師の手当てを受ける。

⑷**注意事項**

　水酸化ナトリウム水溶液は爆発性や引火性もないが、アルミニウム、スズ、亜鉛などの金属を腐食して水素（気体）を生成し、これが空気と混合して引火爆発することがある。

⑸**保護具**

　保護手袋、保護長靴、保護衣、保護眼鏡

【廃棄基準】〔廃棄方法〕

中和法

　水を加えて希薄な水溶液とし、酸（希塩酸、希硫酸など）で中和させた後、多量の水で希釈して処理する。

〔検定法〕pH メーター法

【その他】〔鑑識法〕水溶液を白金線につけて無色の火炎中に入れると、火炎は著しく黄色に染まり、長時間続く。

〔貯法〕二酸化炭素と水を吸収する性質が強いため、密栓して保管する。

無機スズ塩類

劇物	毒物及び劇物指定令　第2条／69

スズ塩類は各種合金の原料として使用される。

【毒性】

胸が苦しくなり、吐気を催し、また下痢をしたりする。重症化すると、尿にタンパクが混じるようになり、最終的には心臓麻痺を起こす。皮膚粘膜に接触すると皮膚炎、壊死、膿瘍をつくり、気道刺激症状が現れる。

【鑑識法】

⑴炭の上に小さな孔をつくり、無水炭酸ナトリウムの粉末とともに試料を吹管炎で熱灼すると、白色の粒状となる。これに硝酸を加えても不溶。

各　　論

(2)硫化水素、硫化ナトリウム、硫化アンモニアで黄色（褐色 ＝ これは第一スズ塩の反応である）の硫化物を沈殿する。

劇物	ピロリン酸第一スズ
毒物及び劇物指定令 第2条／69	**Stannous pyrophosphate** 〔別名〕ピロリン酸スズ（Ⅱ）

【組成・化学構造】　**分子式**　$O_7P_2 \cdot 2Sn$

構造式

$$Sn \overset{O}{\underset{O}{\diagup}} \overset{O}{\underset{}{P}} \overset{O}{\underset{}{P}} \overset{O}{\underset{O}{\diagdown}} Sn$$

【CAS番号】　15578-26-4

【性状】　白色粉末。水に不溶。硫酸、アンモニア水、ピロリン酸、ピロリン酸ナトリウム水溶液に可溶。加熱すると分解して酸化スズ（Ⅱ）になる。

【応急措置基準】　**(1)漏えい時**

　　飛散した場所の周辺にはロープを張るなどして人の立入りを禁止する。作業の際には必ず保護具を着用し、風下で作業をしない。飛散したものは空容器にできるだけ回収し、そのあとを多量の水で洗い流す。

(2)出火時

・周辺火災の場合 ＝ 速やかに容器を安全な場所に移す。移動不可能な場合には、容器および周囲に散水して冷却する。

(3)暴露・接触時

①急性中毒と刺激性

・眼に入った場合 ＝ 異物感を与え、粘膜を刺激する。

②医師の処置を受けるまでの救急方法

・吸入した場合 ＝ 鼻をかみ、うがいをさせる。

・皮膚に触れた場合 ＝ 直ちに汚染された衣服や靴などを脱がせ、付着部または接触部を石けん水で洗浄し、多量の水で洗い流す。

・眼に入った場合 ＝ 直ちに多量の水で15分間以上洗い流す。

(4)注意事項

　　強熱すると有毒な酸化スズ（Ⅱ）の煙霧を生成する。

(5)保護具

　　保護眼鏡、保護手袋、保護長靴、保護衣、防塵マスク（火災時：人工呼吸器）

【廃棄基準】　〔廃棄方法〕

(1)固化隔離法

　　セメントを用いて固化し、埋立処分する。

(2)焙焼法

　　多量の場合には還元焙焼法により金属スズとして回収する。

劇　物

〈備考〉焙焼法による場合には専門業者に処理を委託することが望ましい。

〔生成物〕$Sn_2P_2O_7$

〔検定法〕吸光光度法、原子吸光法

劇物	硫酸第一スズ
毒物及び劇物指定令 第2条／69	**Stannous sulfate** 〔別名〕硫酸スズ（Ⅱ）

【組成・化学構造】　分子式　$O_4S \cdot Sn$

構造式

$Sn \diagdown O \diagup O \diagdown S \diagup O \diagdown O$

【CAS番号】　7488-55-3

【性状】　白色粉末。吸湿性。水、塩酸に可溶。空気中で徐々に吸湿して分解し、酸化スズ（Ⅱ）になる。水、塩酸に可溶。

【応急措置基準】　**(1)漏えい時**

　飛散した場所の周辺にはロープを張るなどして人の立入りを禁止する。作業の際には必ず保護具を着用し、風下で作業をしない。飛散したものは空容器にできるだけ回収し、そのあとを水酸化カルシウム、炭酸ナトリウム等の水溶液を用いて処理し、多量の水で洗い流す。この場合、高濃度な廃液が河川等に排出されないよう注意する。

(2)出火時

・周辺火災の場合＝速やかに容器を安全な場所に移す。移動不可能な場合には、容器および周囲に散水して冷却する。

(3)暴露・接触時

　①急性中毒と刺激性

　・吸入した場合＝鼻、のど、気管支の粘膜を刺激することがある。

　・皮膚に触れた場合＝炎症を起こすことがある。

　・眼に入った場合＝粘膜を激しく刺激する。

　②医師の処置を受けるまでの救急方法

　・吸入した場合＝鼻をかみ、うがいをさせる。

　・皮膚に触れた場合＝直ちに汚染された衣服や靴などを脱がせ、付着部または接触部を石けん水で洗浄し、多量の水で洗い流す。

　・眼に入った場合＝直ちに多量の水で15分間以上洗い流す。

(4)注意事項

　強熱すると有毒な酸化スズ（Ⅱ）の煙霧および気体を生成する。

(5)保護具

　保護眼鏡、保護手袋、保護長靴、保護衣、防塵マスク（火災時：人工

各　　論

呼吸器)

【廃棄基準】〔廃棄方法〕

(1)沈殿法

　水に溶かし、水酸化カルシウム、炭酸ナトリウム等の水溶液を加えて処理し、沈殿濾過して埋立処分する。

(2)焙焼法

　多量の場合には還元焙焼法により金属スズとして回収する。

〈備考〉

・中和時の pH は 8.5 以上とする。これ未満では沈殿が完全には生成されない。

・焙焼法による場合には専門業者に処理を委託することが望ましい。

〔生成物〕Sn(OH)$_2$, SnCO$_3$, SnO$_2$·nH$_2$O

〔検定法〕吸光光度法、原子吸光法

〔その他〕

　ア　沈殿物を濾過することが困難などの場合にはセメントを用いて固化し、埋立処分することが望ましい。

　イ　本薬物の付着した紙袋等を焼却するとスズの酸化物の煙霧を生成するので、洗浄装置のない焼却炉等で焼却しない。

劇物	フッ化第一スズ
毒物及び劇物指定令 第 2 条／69	**Stannous fluoride** 〔別名〕フッ化スズ(Ⅱ)

【組成・化学構造】**分子式**　F$_2$Sn

構造式　F^{Sn}F

【CAS 番号】7783-47-3

【性状】白色結晶。融点 213℃。水に可溶。空気中では融点で酸化され SnOF$_2$ を生成。水中では徐々に分解する。

【応急措置基準】**(1)漏えい時**

　飛散した場所の周辺にはロープを張るなどして人の立入りを禁止する。作業の際には必ず保護具を着用し、風下で作業をしない。飛散したものは空容器にできるだけ回収し、そのあとを水酸化カルシウム等の水溶液を用いて処理し、多量の水で洗い流す。この場合、高濃度の廃液が河川等に排出されないよう注意する。

(2)出火時

・周辺火災の場合 ＝ 速やかに容器を安全な場所に移す。移動不可能な場合には容器および周囲に散水して冷却する。

劇　物

(3)**暴露・接触時**

①急性中毒と刺激性

・吸入した場合 = 鼻、のど、気管支、肺などの粘膜を刺激し、炎症を起こすことがある。

・皮膚に触れた場合 = 刺激作用があり、炎症を起こすことがある。

・眼に入った場合 = 粘膜を激しく刺激する。

②医師の処置を受けるまでの救急方法

・吸入した場合 = 鼻をかませ、うがいをさせる。

・皮膚に触れた場合 = 直ちに汚染された衣服や靴などを脱がせ、付着部または接触部を石けん水で洗浄し、多量の水で洗い流す。

・眼に入った場合 = 直ちに多量の水で15分間以上洗い流す。

(4)**注意事項**

ア　火災等で強熱されると有毒な酸化スズ（Ⅱ）の煙霧およびフッ化水素気体を生成する。

イ　酸と接触すると有毒なフッ化水素気体を生成する。

(5)**保護具**

保護眼鏡、保護手袋、保護長靴、保護衣、防塵マスク（火災時：人工呼吸器）

【廃棄基準】 〔廃棄方法〕

(1)**分解沈殿法**

水に溶かし、水酸化カルシウム水溶液を加えて処理し、沈殿濾過して埋立処分する。

(2)**焙焼法**

多量の場合には還元焙焼法により金属スズとして回収する。

〈備考〉

・中和時の pH では 8.5 以上とする。これ未満では沈殿が完全には生成されない。

・焙焼法による場合には専門業者に処理を委託することが望ましい。

〔生成物〕 $Sn(OH)_2$, $SnO_2 \cdot nH_2O$, CaF_2

〔検定法〕吸光光度法、原子吸光法、イオン電極法（F）

〔その他〕本薬物の付着した紙袋等を焼却するとスズの酸化物の煙霧およびフッ化水素の気体を生成するので、洗浄装置のない焼却炉等で焼却しない。

各　論

劇物
毒物及び劇物指定令 第2条／69

塩化第一スズ
Stannous chloride
〔別名〕亜クロルスズ、塩化スズ（Ⅱ）

【組成・化学構造】 **分子式** Cl_2Sn

構造式 $Cl{-}Sn{-}Cl$

【CAS番号】 7772-99-8

【性状】 無水物と二水和物が知られているが、二水和物が一般に流通している。二水和物は、無色結晶で潮解性がある。37.7℃で結晶が水中に溶けて分解する。水、塩酸、エタノールに可溶。

【用途】 工業用の抜染剤、媒染剤、還元剤または試薬。

【応急措置基準】 **(1)漏えい時**

　飛散した場所の周辺にはロープを張るなどして人の立入りを禁止する。作業の際には必ず保護具を着用し、風下で作業をしない。飛散したものは空容器にできるだけ回収し、そのあとを水酸化カルシウム、炭酸ナトリウム等の水溶液を用いて処理し、多量の水で洗い流す。この場合、高濃度な廃液が河川等に排出されないよう注意する。

(2)出火時

・周辺火災の場合 = 速やかに容器を安全な場所に移す。移動不可能な場合には、容器および周囲に散水して冷却する。

(3)暴露・接触時

①急性中毒と刺激性

・吸入した場合 = 鼻、のど、気管支の粘膜を刺激することがある。

・皮膚に触れた場合 = 炎症を起こすことがある。

・眼に入った場合 = 粘膜を激しく刺激する。

②医師の処置を受けるまでの救急方法

・吸入した場合 = 鼻をかみ、うがいをさせる。

・皮膚に触れた場合 = 直ちに汚染された衣服や靴などを脱がせ、付着部または接触部を石けん水で洗浄し、多量の水で洗い流す。

・眼に入った場合 = 直ちに多量の水で15分間以上洗い流す。

(4)注意事項

　強熱すると有毒な酸化スズ（Ⅱ）の煙霧および気体を生成する。

(5)保護具

　保護眼鏡、保護手袋、保護長靴、保護衣、防塵マスク（火災時：人工呼吸器）

【廃棄基準】 〔廃棄方法〕

劇　物

(1)沈殿法

　水に溶かし、水酸化カルシウム、炭酸ナトリウム等の水溶液を加えて処理し、沈殿濾過して埋立処分する。

(2)焙焼法

　多量の場合には還元焙焼法により金属スズとして回収する。

〈備考〉

・中和時の pH は 8.5 以上とする。これ未満では沈殿が完全には生成されない。

・焙焼法による場合には専門業者に処理を委託することが望ましい。

〔生成物〕Sn(OH)$_2$, SnCO$_3$, SnO$_2$・nH$_2$O

〔検定法〕吸光光度法、原子吸光法

〔その他〕

　ア　沈殿物を濾過することが困難などの場合にはセメントを用いて固化し、埋立処分することが望ましい。

　イ　本薬物の付着した紙袋等を焼却すると、スズの酸化物の煙霧および塩化水素の気体を生成するので、洗浄装置のない焼却炉等で焼却しない。

劇物	塩化第二スズ
毒物及び劇物指定令第 2 条／69	**Stannic chloride** 〔別名〕四塩化スズ、塩化スズ（Ⅳ）

劇物

【組成・化学構造】　**分子式**　Cl$_4$Sn

構造式

$$\begin{array}{ccc} Cl & & Cl \\ & \diagdown \diagup & \\ & Sn & \\ & \diagup \diagdown & \\ Cl & & Cl \end{array}$$

【CAS 番号】　7646-78-8

【性状】　無色の液体。沸点 114℃。融点 −33℃。空気中の水分により分解し、白煙（塩化水素）を生成。無水エタノール、アセトン、トルエン、二硫化炭素、ヘキサンに可溶。五水和物もあるが、その性状は白色塊状物で吸湿性を有し、融点は 60℃である。

【用途】　工業用の媒染剤、縮合剤。

【応急措置基準】　(1)漏えい時

　多量に漏えいした場合は風下の人を退避させ、漏えいした場所の周辺にはロープを張るなどして人の立入りを禁止する。作業の際には必ず保護具を着用し、風下で作業をしない。漏えいした液は土砂等でその流れを止め、安全な場所に導き、空容器にできるだけ回収し、そのあとを水酸化カルシウム、炭酸ナトリウム等の水溶液を用いて徐々に処理を行い、多量の水で洗い流す。この場合、高濃度の廃液が河川等に排出されない

565

各　　論

よう注意する。

(2)出火時

・周辺火災の場合 ＝ 速やかに容器を安全な場所に移す。移動不可能な場合には、周囲に散水して冷却する。この場合、容器に水が入らぬよう注意する。

(3)暴露・接触時

　①急性中毒と刺激性

・吸入した場合 ＝ 鼻、のど、気管支の粘膜を刺激し、炎症を起こすことがある。

・皮膚に触れた場合 ＝ 気体は皮膚を侵し、直接液に触れると薬傷を起こす。

・眼に入った場合 ＝ 粘膜を刺激する。

　②医師の処置を受けるまでの救急方法

・吸入した場合 ＝ 直ちに患者を毛布等にくるんで安静にさせ、新鮮な空気の場所に移し、鼻をかみ、うがいをさせる。呼吸困難または呼吸停止の場合は、直ちに人工呼吸を行う。

・皮膚に触れた場合 ＝ 直ちに付着部または接触部を石けん水で洗浄し、多量の水で洗い流した後、汚染された衣服や靴などを脱がせる。

・眼に入った場合 ＝ 直ちに多量の水で 15 分間以上洗い流す。

(4)注意事項

　空気中の水分で発煙する。さらに多量の水に触れると激しく加水分解を起こし、有毒な酸化スズ（Ⅳ）の煙霧および塩化水素気体の白煙を生成する。

(5)保護具

　保護眼鏡、保護手袋、保護長靴、保護衣、人工呼吸器

【廃棄基準】〔廃棄方法〕

(1)沈殿法

　水に溶かし、水酸化カルシウム、炭酸ナトリウム等の水溶液を加えて処理し、沈殿濾過して埋立処分する。

(2)焙焼法

　多量の場合には還元焙焼法により金属スズとして回収する。

　〈備考〉

・中和時の pH は 8.5 以上とする。これ未満では沈殿が完全には生成されない。

・焙焼法による場合には専門業者に処理を委託することが望ましい。

〔生成物〕$Sn(OH)_2$、$SnCO_3$、$SnO_2 \cdot nH_2O$

〔検定法〕吸光光度法、原子吸光法

566

〔その他〕

ア 沈殿物を濾過することが困難などの場合には、セメントを用いて固化し、埋立処分することが望ましい。

イ 本薬物の付着した紙袋等を焼却すると、スズの酸化物の煙霧および塩化水素の気体を生成するので、洗浄装置のない焼却炉等で焼却しない。

劇物	**ケイフッ化スズ**
毒物及び劇物指定令 第 2 条／30	**Stannous silicofluoride** 〔別名〕ヘキサフルオロケイ酸スズ

性状・応急措置基準・廃棄基準等については 462 ページを参照。

劇物	**スチレン及びジビニルベンゼンの共重合物のスルホン化物の 7-ブロモ-6-クロロ-3-[3-[(2R,3S)-3-ヒドロキシ-2-ピペリジル]-2-オキソプロピル]-4(3H)-キナゾリノンと 7-ブロモ-6-クロロ-3-[3-[(2S,3R)-3-ヒドロキシ-2-ピペリジル]-2-オキソプロピル]-4(3H)-キナゾリノンとのラセミ体とカルシウムとの混合塩（7-ブロモ-6-クロロ-3-[3-[(2R,3S)-3-ヒドロキシ-2-ピペリジル]-2-オキソプロピル]-4(3H)-キナゾリノンと 7-ブロモ-6-クロロ-3-[3-[(2S,3R)-3-ヒドロキシ-2-ピペリジル]-2-オキソプロピル]-4(3H)-キナゾリノンとのラセミ体として 7.2%以下を含有するものに限る。**
毒物及び劇物指定令 第 2 条／69 の 2	Salt of sulfonated styrene and divinylbenzene copolymer with calcium and racemic modification of 7-bromo-6-chloro-3-[3-[(2R,3S)-3-hydroxy-2-piperidyl]-2-oxopropyl]-4 (3H)-quinazolinone and of 7bromo-6-chloro-3-[3-[(2S,3R)-3-hydroxy-2-piperidyl]-2-oxopropyl] 4 (3H)-quinazoline 〔別名〕ハロフジノンポリスチレンスルホン酸カルシウム

【性状】 淡黄褐色または茶褐色の粉末。

【用途】 飼料添加物。

【毒性】 原体の LD_{50} ＝ マウス雄経口：85 mg/kg、マウス雌経口：83 mg/kg、ラット雄経口：445 mg/kg、ラット雌経口：377 mg/kg。

1% 製剤の LD_{50} ＝ マウス雄経口：4316 mg/kg、マウス雌経口：4766 mg/kg。

各　論

劇物
毒物及び劇物取締法 別表第二／55

スルホナール
Sulfonal

〔別名〕ジエチルスルホンジメチルメタン

【組成・化学構造】 **分子式**　$C_7H_{16}O_4S_2$

構造式

$$H_3C-S-C(CH_3)_2-S-CH_3$$

【CAS 番号】 115-24-2

【性状】 無色、稜柱状の結晶性粉末。無臭、無味。融点 125 ～ 126℃。水、アルコール、エーテルに不溶、熱湯または熱アルコールに可溶。約 300℃ に熱すると、ほとんど分解しないで沸騰し、これに点火すれば、亜硫酸ガスを生成して燃焼する。酸、アルカリに対して安定。

【用途】 殺鼠剤。

【毒性】 嘔吐、めまい、胃腸障害、腹痛、下痢または便秘などを起こし、運動失調、麻痺、腎臓炎、尿量減退、ポルフィリン尿（尿が赤色を呈する）として現れる。致死量は約 30 g といわれているが、それ以上でも死亡しないこともある。

【その他】 〔鑑識法〕木炭とともに加熱すると、メルカプタンの臭気を放つ。

劇物
毒物及び劇物指定令 第 2 条／69 の 3

センデュラマイシン
Semduramicin

【組成・化学構造】 **分子式**　$C_{45}H_{76}O_{16}$

構造式

【CAS 番号】 113378-31-7

568

劇　物

【性状】　白色〜灰白色の結晶性の粉末。融点 169 〜 171℃。メタノールに可溶。エタノールに可溶。ジクロルメタンまたはエーテルに難溶。水またはイソオクタンに不溶。

【用途】　飼料添加物。鶏コクシジウム症の予防のため、飼料にセンデュラマイシンとして 25 ppm 添加して、初生から出荷前 7 日まで投与する。

【毒性】　原体の LD_{50} ＝ ラット雌雄経口：66 mg/kg、マウス雄経口：122 mg/kg、マウス雌経口：140 mg/kg、マウス雌雄経皮：5000 mg/kg、$LD_{50} \geqq$ ラット雌雄経皮：5000 mg/kg。
　　　　弱い眼刺激性、弱い皮膚刺激性が認められる。

劇物	2-チオ-3,5-ジメチルテトラヒドロ-1,3,5-チアジアジン
毒物及び劇物指定令 第 2 条／69 の 4	**2-Thio-3,5-dimethyltetrahydro-1,3,5-thiadiazine** 〔別名〕ダゾメット

【組成・化学構造】　**分子式**　$C_5H_{10}N_2S_2$

構造式

【CAS 番号】　533-74-4

【性状】　白色の結晶性粉末。融点 106 〜 107℃。

【用途】　芝地雑草の除草。

【毒性】　原体の LD_{50} ＝ マウス経口：180 mg/kg、ラット経口：280 mg/kg、モルモット経口：160 mg/kg。

【その他】　〔製剤〕95.0％粉剤（ガスタード、ソイルボン）。

劇物	チオセミカルバジド
毒物及び劇物指定令 第 2 条／70	**Thiosemicarbazide**

　性状・用途・毒性等については 223 ページ参照。

劇物	テトラエチルメチレンビスジチオホスフェイト
毒物及び劇物取締法 別表第二／56 毒物及び劇物指定令 第 2 条／71	**Tetraethylmethylene bisdithiophosphate** 〔別名〕エチオン

【組成・化学構造】　**分子式**　$C_9H_{22}O_4P_2S_4$

構造式

【CAS 番号】　563-12-2

569

各　論

【性状】不揮発性の液体。融点 −12 〜 15℃。キシレン、アセトン等の有機溶媒に可溶。水に不溶。空気中で徐々に酸化される。

【用途】果樹のダニ類、クワカイガラムシなどに適用。

【毒性】原体の LD_{50} ＝ ラット経口：96 mg/kg。
有機リン製剤であるため血圧降下、コリンエステラーゼの阻害など、他の有機リン製剤と同様な中毒作用を呈する。

【その他】〔製剤〕主剤 50％含有の乳剤（トモチオン乳剤、エチオン乳剤）およびマシン油配合の乳剤。

劇物	
毒物及び劇物取締法 別表第二／56 毒物及び劇物指定令 第 2 条／71 の 2	**1,1,2,2-テトラクロルニトロエタン** 1,1,2,2-Tetrachloronitroethane

【組成・化学構造】　**分子式**　$C_2H_2N_4O_8$

構造式

【CAS 番号】39185-89-2

【性状】無色澄明の揮発性液体。刺激臭あり。沸点 63℃（10 mmHg）。水に不溶。エタノール、アセトン、ベンゼン、石油エーテルに易溶。金属腐食性がある。

【用途】土壌殺菌剤（蔓割病、立枯病、苗立枯病、根腐病、疫病、萎凋病など）。

【その他】〔製剤〕現在、農薬としての市販品はない。

劇物	
毒物及び劇物指定令 第 2 条／71 の 3	**(*S*)-2,3,5,6-テトラヒドロ-6-フェニルイミダゾ[2,1-*b*] チアゾール塩酸塩** (*S*)-2,3,5,6-Tetrahydro-6-phenylimidazo[2,1-*b*]thiazole hydrochloride 〔別名〕塩酸レバミゾール

【組成・化学構造】　**分子式**　$C_{11}H_{12}N_2S$

構造式

【CAS 番号】6649-23-6

【性状】白色の結晶性粉末。

【用途】松枯れ防止剤。

【毒性】原体の LD_{50} ＝ マウス雄経口：223 mg/kg、マウス雌経口：226 mg/kg。

【その他】〔製剤〕主剤（塩酸塩）4％を含有する液剤（センチュリー注入剤）があ

劇　物

るが、普通物である。

劇物	2,3,5,6-テトラフルオロ-4-メチルベンジル＝(Z)- (1RS,3RS)-3-(2-クロロ-3,3,3-トリフルオロ-1-プロペニル)- 2,2-ジメチルシクロプロパンカルボキシラート
毒物及び劇物指定令 第2条71の4	2,3,5,6-Tetrafluoro-4-methylbenzyl (Z)-(1RS,3RS)-3-(2-chloro-3,3,3- trifluoro-1-propenyl)-2,2-dimethylcyclopropanecarboxylate 〔別名〕テフルトリン／Tefluthrin

組成・性状・毒性等については 224 ページ参照。

劇物	3,7,9,13-テトラメチル-5,11-ジオキサ-2,8,14-トリチア- 4,7,9,12-テトラアザペンタデカ-3,12-ジエン-6,10-ジオン
毒物及び劇物指定令 第2条／71の5	3,7,9,13-Tetramethyl-5,11-dioxa-2,8,14-trithia-4,7,9,12- tetraazapentadeca-3,12-dien-6,10-dione 〔別名〕チオジカルブ／Thiodicarb

【組成・化学構造】　**分子式**　$C_{10}H_{18}N_4O_4S_3$

構造式

【CAS 番号】　59669-26-0

【性状】　白色の結晶性粉末。

【用途】　農業用殺虫剤。

【毒性】　原体の LD_{50} ＝ラット雄経口：51.6 mg/kg、ラット雌経口：36.7 mg/kg。
75％製剤の LD_{50} ＝ ラット雄経口：241 mg/kg、 ラット雌経口：128 mg/kg。

劇物	2,4,6,8-テトラメチル-1,3,5,7-テトラオキソカン
毒物及び劇物指定令 第2条／71の6	2,4,6,8-Tetramethyl-1,3,5,7-tetraoxocan 〔別名〕メタアルデヒド

【組成・化学構造】　**分子式**　$C_8H_{16}O_4$

構造式

【CAS 番号】　108-62-3

【性状】　白色の粉末（結晶）。アルデヒド臭を有する。融点 163℃。密度 1.27 g/cm³

各　　論

$(20 \pm 0.5℃)$。蒸気圧 4.4 ± 0.2 Pa（20℃）、6.6 ± 0.3 Pa（30℃）。ジクロロメタン 1 L 中 8.11 g（$20 \pm 0.5℃$）、水 1 L 中 0.22 g（$19.9 \sim 23℃$、pH6.4）溶解。対熱安定性は 150 〜 200℃の間で吸熱反応があり、最大値は 188.7℃。酸性では不安定、アルカリに安定。強酸化剤と接触または混合すると、反応が起こる。アベル－ペンスキー密閉式引火点 50 〜 55℃。

【用途】 農薬（殺虫剤）、固形燃料。

【毒性】 原体の LD_{50} ＝ ラット経口：227 mg/kg、$LD_{50} \geqq$ ラット経皮：2275 mg/kg。$LC_{50} \geqq$ ラット吸入：203 mg/m^3（4 hr）。

　　　　ウサギ雌で軽度の眼刺激性を示し、モルモット雄で皮膚感作性を示す。

無機銅塩類

劇物	毒物及び劇物指定令　第 2 条／72

　銅塩類と亜鉛塩類とは非常によく似ており、同じような中毒症状を起こす。

【毒性】

　銅化合物の中毒では、緑色または青色のものを吐く。のどが焼けるように熱くなり、よだれが流れ、また、しばしば痛む。急性の胃腸カタルを起こすとともに、血便を出す。頭痛、めまい、また瞳孔が開くこともある。運動および知覚神経が麻痺を起こし、うわごとをいう。呼吸や脈拍も不規則となり、血尿を出すこともある。

【鑑識法】

(1)白金線に試料をつけて、溶融炎で熱し、次に希塩酸で白金線を示して、再び溶融炎で炎の色を見ると、青緑色となる。

(2)コバルトの色ガラスを通して見れば、上記の炎で淡青色となる。

(3)白金線を炎で熱灼して、硼砂末の中に突き込んで付着させ、これを再び熱して溶融させ、これに試料を少しつけて、また酸化炎で溶融させると緑色となり、冷えると暗緑色となる。還元炎では無色となり、冷えると赤色となる。

(4)炭の上に小さな孔をつくり、無水炭酸塩の粉末とともに試料を吹管炎で熱灼すると、赤色のもろい塊となる。

(5)水溶液は（以下同じ）水酸化ナトリウム溶液で、冷時青色の水酸化銅（Ⅱ）を沈殿する。

(6)アンモニア水で、はじめ青緑色の塩基性塩を沈殿するが、過剰のアンモニア水によって溶解して濃青色の液となる。これはアンモニア錯塩を生じたためである。

(7)フェロシアン化カリウムの中性または酸性溶液で赤、褐色のフェロシアン化第二銅を沈殿する。

(8)ロダンアンモン溶液で黒色のロダン第二銅を沈殿し、この溶液を放置するか、還元剤を加えると、白色の不溶性のロダン第一銅となる。

劇　物

(9)硫化水素で黒色の硫化銅（Ⅱ）を沈殿する。この沈殿は熱希硝酸に溶ける。

(10)鉄または亜鉛などによって、赤褐色の金属銅をつくる。

劇物	硫酸第二銅
毒物及び劇物指定令 第2条／72	Copper sulfate 〔別名〕胆礬（たんばん）、硫酸銅、硫酸銅（Ⅱ）

【組成・化学構造】　**分子式**　$CuO_4S \cdot 5H_2O$

構造式

$$Cu^{2+} \quad {}^{-}O{-}S{-}O^{-} \quad \cdot 5H_2O$$

【CAS番号】　7758-99-8

【性状】　濃い藍色の結晶。150℃で結晶水を失って、白色の無水硫酸銅の粉末を生成。水に可溶、水溶液は青いリトマス試験紙を赤くし、酸性反応を呈する。風解性。

【用途】　工業用の電解液用、媒染剤、農薬ほか、試薬（医療にも用いられる）。

【応急措置基準】　〔措置〕

(1)漏えい時

飛散した場所の周辺にはロープを張るなどして人の立入りを禁止する。作業の際には必ず保護具を着用し、風下で作業をしない。飛散したものは空容器にできるだけ回収し、そのあとを水酸化カルシウム、炭酸ナトリウム等の水溶液を用いて処理し、多量の水で洗い流す。この場合、高濃度の廃液が河川等に排出されないよう注意する。

(2)出火時

・周辺火災の場合 ＝ 速やかに容器を安全な場所に移す。移動不可能な場合には、容器および周囲に散水して冷却する。

(3)暴露・接触時

①急性中毒と刺激性

・吸入した場合 ＝ 鼻、のどの粘膜を刺激し、炎症を起こすことがある。

・皮膚に触れた場合 ＝ 刺激作用があり、炎症を起こすことがある。

・眼に入った場合 ＝ 粘膜を刺激する。

②医師の処置を受けるまでの救急方法

・吸入した場合 ＝ 鼻をかみ、うがいをさせる。

・皮膚に触れた場合 ＝ 直ちに汚染された衣服や靴などを脱がせ、付着部または接触部を石けん水で洗浄し、多量の水で洗い流す。

・眼に入った場合 ＝ 直ちに多量の水で15分間以上洗い流す。

(4)注意事項

強熱すると有毒な酸化銅（Ⅱ）の煙霧および気体を生成する。

(5)保護具

573

各　　論

　　保護眼鏡、保護手袋、保護長靴、保護衣、防塵マスク（火災時：人工
呼吸器）

【廃棄基準】〔廃棄方法〕

(1)沈殿法

　　水に溶かし、水酸化カルシウム、炭酸ナトリウム等の水溶液を加えて
処理し、沈殿濾過して埋立処分する。

(2)焙焼法

　　多量の場合には還元焙焼法により金属銅として回収する。

　　〈備考〉

　　・中和時の pH は 8.5 以上とする。これ未満では沈殿が完全には生成さ
　　　れない。

　　・焙焼法による場合には専門業者に処理を委託することが望ましい。

〔生成物〕$Cu(OH)_2$, $CuCO_3$

〔検定法〕吸光光度法、原子吸光法

〔その他〕

　　ア　沈殿物を濾過することが困難などの場合には、セメントを用いて
　　　　固化し、埋立処分することが望ましい。

　　イ　本薬物の付着した紙袋等を焼却すると酸化銅（Ⅱ）の煙霧および
　　　　気体を生成するので、洗浄装置のない焼却炉等で焼却しない。

【その他】〔鑑識法〕水に溶かして硝酸バリウムを加えると、白色の硫酸バリウムの
沈殿を生成する。

劇物	
毒物及び劇物指定令 第 2 条／72	**無水硫酸銅** **Copper sulfate anhydride**

【組成・化学構造】**分子式**　$Cu \cdot H_2O_4S$

構造式

$$Cu^{2+} \quad {}^{-}O-\overset{\displaystyle O}{\underset{\displaystyle O}{S}}-O^{-}$$

【CAS 番号】7758-98-7

【性状】白色の粉末。非常に水を吸いやすく、空気中の水分を吸って次第に青色
を呈する。

【用途】乾燥剤、試薬。

【毒性】原体の LD_{50} ＝ラット経口：300 mg/kg。

【その他】〔鑑識法〕水を加えると青くなる。その他は硫酸銅の項に同じ。

劇　　物

劇物	塩化第一銅
毒物及び劇物指定令 第2条／72	**Cuprous chloride** 〔別名〕亜塩化銅、亜クロル銅、塩化銅（Ⅰ）

【組成・化学構造】　**分子式**　ClCu

　　　　　　　　　構造式　Cl—Cu

【CAS番号】　7758-89-6

【性状】　白色または帯灰白色の結晶性粉末。融点430℃。水に難溶。塩酸、アンモニア水に可溶。空気で酸化されやすく緑色の塩基性塩化銅（Ⅱ）となり、光により褐色を呈する。

【用途】　試薬。

【毒性】　原体のLD_{50}＝ラット経口：265 mg/kg。

【応急措置基準】　〔措置〕

(1)漏えい時

　飛散した場所の周辺にはロープを張るなどして人の立入りを禁止する。作業の際には必ず保護具を着用し、風下で作業をしない。飛散したものは空容器にできるだけ回収し、そのあとを多量の水で洗い流す。

(2)出火時

・周辺火災の場合＝速やかに容器を安全な場所に移す。移動不可能な場合には、容器および周囲に散水して冷却する。

(3)暴露・接触時

　①急性中毒と刺激性

　・眼に入った場合＝異物感を与え、粘膜を刺激する。

　②医師の処置を受けるまでの救急方法

　・吸入した場合＝鼻をかみ、うがいをさせる。

　・皮膚に触れた場合＝直ちに汚染された衣服や靴などの汚れを落とした後、付着部または接触部を石けん水で洗浄し、多量の水で洗い流す。

　・眼に入った場合＝直ちに多量の水で15分間以上洗い流す。

(4)注意事項

　強熱すると有毒な酸化銅（Ⅱ）の煙霧および気体を生成する。

(5)保護具

　保護眼鏡、保護手袋、保護長靴、保護衣、防塵マスク（火災時：人工呼吸器）

【廃棄基準】　〔廃棄方法〕

(1)固化隔離法

　セメントを用いて固化し、埋立処分する。

575

各　　論

(2)焙焼法

多量の場合には還元焙焼法により金属銅として回収する。

〈備考〉焙焼法による場合には専門業者に処理を委託することが望ましい。

〔生成物〕（CuCl）

（注）（　）は、生成物が化学的変化を生じていないもの。

〔検定法〕イオン電極法（F）、吸光光度法、原子吸光法

〔その他〕本薬物の付着した紙袋等を焼却すると、酸化銅（Ⅰ）または（Ⅱ）の煙霧および気体を生成するので、洗浄装置のない焼却炉等で焼却しない。

劇物	**塩化第二銅**
毒物及び劇物指定令 第2条／72	**Cupric chloride** 〔別名〕塩化銅（Ⅱ）

【組成・化学構造】　**分子式**　Cl_2Cu

　　　　　　　　　　構造式　$Cl-Cu-Cl$

【CAS番号】　7447-39-4

【性状】　無水物のほか二水和物があり、二水和物が一般に流通している。二水和物は緑色結晶。水、エタノール、メタノール、アセトンに可溶。潮解性。110℃で無水物（褐黄色）となる。強熱すると分解して塩化銅（Ⅰ）になる。

【用途】　試薬。

【毒性】　原体の LD_{50} ＝ ラット経口：140 mg/kg、マウス経口：190 mg/kg。

【応急措置基準】　〔措置〕

(1)漏えい時

飛散した場所の周辺にはロープを張るなどして人の立入りを禁止する。作業の際には必ず保護具を着用し、風下で作業をしない。飛散したものは空容器にできるだけ回収し、そのあとを水酸化カルシウム、炭酸ナトリウム等の水溶液を用いて処理し、多量の水で洗い流す。この場合、高濃度の廃液が河川等に排出されないよう注意する。

(2)出火時

・周辺火災の場合 ＝ 速やかに容器を安全な場所に移す。移動不可能な場合には、容器および周囲に散水して冷却する。

(3)暴露・接触時

①急性中毒と刺激性

・吸入した場合 ＝ 鼻、のどの粘膜を刺激し、炎症を起こすことがある。

・皮膚に触れた場合 ＝ 刺激作用があり、炎症を起こすことがある。

576

劇　物

・眼に入った場合 = 粘膜を刺激する。

②医師の処置を受けるまでの救急方法

・吸入した場合 = 鼻をかみ、うがいをさせる。

・皮膚に触れた場合 = 直ちに汚染された衣服や靴などを脱がせ、付着部または接触部を石けん水で洗浄し、多量の水で洗い流す。

・眼に入った場合 = 直ちに多量の水で 15 分間以上洗い流す。

(4)注意事項

強熱すると酸化銅（Ⅱ）の有毒な煙霧および気体を生成する。

(5)保護具

保護眼鏡、保護手袋、保護長靴、保護衣、防塵マスク（火災時：人工呼吸器）

【廃棄基準】〔廃棄方法〕

(1)沈殿法

水に溶かし、水酸化カルシウム、炭酸ナトリウム等の水溶液を加えて処理し、沈殿濾過して埋立処分する。

(2)焙焼法

多量の場合には還元焙焼法により金属銅として回収する。

〈備考〉

・中和時の pH は 8.5 以上とする。これ未満では沈殿が完全には生成されない。

・焙焼法による場合には専門業者に処理を委託することが望ましい。

〔生成物〕$Cu(OH)_2$, $CuCO_3$

〔検定法〕吸光光度法、原子吸光法

〔その他〕

ア　沈殿物を濾過することが困難などの場合には、セメントを用いて固化し、埋立処分することが望ましい。

イ　本薬物の付着した紙袋等を焼却すると酸化銅（Ⅱ）の煙霧および気体を生成するので、洗浄装置のない焼却炉等で焼却しない。

劇物	無水塩化第二銅
毒物及び劇物指定令 第 2 条／72	Cupric chloride anhydride

【組成・化学構造】

分子式　Cl_2Cu

構造式　$Cl-Cu-Cl$

【CAS 番号】7447-39-4

【性状】黄褐色の粉末。水に易溶。空気中の水分を吸って緑色となる。

【用途】試薬、標本貯蔵用。

577

各　論

劇物	硝酸第二銅
毒物及び劇物指定令 第2条／72	**Copper nitrate** 〔別名〕硝酸銅、硝酸銅（Ⅱ）

【組成・化学構造】　**分子式**　$CuN_2O_6 \cdot 3H_2O$

構造式

$$Cu^{2+} \left[\begin{array}{c} O \\ \| \\ {}^-O-N^+-O \end{array} \right]_2 \cdot 3H_2O$$

【CAS番号】　10031-43-3

【性状】　青色の結晶。融点114℃。水に易溶。空気中の湿気を吸って潮解する。

【用途】　酸化剤、試薬。

【応急措置基準】　〔措置〕

(1)漏えい時

　飛散した場所の周辺にはロープを張るなどして人の立入りを禁止する。作業の際には必ず保護具を着用し、風下で作業をしない。飛散したものは空容器にできるだけ回収し、そのあとを水酸化カルシウム、炭酸ナトリウム等の水溶液を用いて処理し、多量の水で洗い流す。この場合、高濃度の廃液が河川等に排出されないよう注意する。

(2)出火時

・周辺火災の場合 ＝ 速やかに容器を安全な場所に移す。移動不可能な場合には、容器および周囲に散水して冷却する。

(3)暴露・接触時

　①急性中毒と刺激性

　・吸入した場合 ＝ 鼻、のどの粘膜を刺激し、炎症を起こすことがある。

　・皮膚に触れた場合 ＝ 刺激作用があり、炎症を起こすことがある。

　・眼に入った場合 ＝ 粘膜を刺激する。

　②医師の処置を受けるまでの救急方法

　・吸入した場合 ＝ 鼻をかみ、うがいをさせる。

　・皮膚に触れた場合 ＝ 直ちに汚染された衣服や靴などを脱がせ、付着部または接触部を石けん水で洗浄し、多量の水で洗い流す。

　・眼に入った場合 ＝ 直ちに多量の水で15分間以上洗い流す。

(4)注意事項

　①可燃物と混合し加熱すると発火する。

　②強熱すると有毒な酸化銅（Ⅱ）の煙霧および気体を生成する。

(5)保護具

　保護眼鏡、保護手袋、保護長靴、保護衣、防塵マスク（火災時：人工呼吸器）

劇　物

【廃棄基準】〔廃棄方法〕
　(1) **沈殿法**
　　水に溶かし、水酸化カルシウム、炭酸ナトリウム等の水溶液を加えて処理し、沈殿濾過して埋立処分する。
　(2) **焙焼法**
　　多量の場合には還元焙焼法により金属銅として回収する。
　〈備考〉
　　・中和時のpHは8.5以上とする。これ以下では沈殿が完全には生成されない。
　　・焙焼法による場合には専門業者に処理を委託することが望ましい。
〔生成物〕Cu(OH)$_2$、CuCO$_3$
〔検定法〕吸光光度法、原子吸光法
〔その他〕
　ア　沈殿物を濾過することが困難などの場合には、セメントを用いて固化し、埋立処分することが望ましい。
　イ　本薬物の付着した紙袋等を焼却すると酸化銅(Ⅱ)の煙霧および気体を生成するので、洗浄装置のない焼却炉等で焼却しない。

劇物	**塩基性炭酸銅**
毒物及び劇物指定令 第2条／72	**Basic copper carbonate** 〔別名〕マラカイト

【組成・化学構造】　**分子式**　CH$_2$Cu$_2$O$_5$
　　　　　　　　　構造式

【CAS番号】12069-69-1
【性状】暗緑色の結晶性粉末。200～220℃で分解。酸、アンモニアに可溶、水、アルコールには難溶。
【用途】工業用の顔料ほか、試薬。
【応急措置基準】〔措置〕
　(1) **漏えい時**
　　飛散した場所の周辺にはロープを張るなどして人の立入りを禁止する。作業の際には必ず保護具を着用し、風下で作業をしない。飛散したものは空容器にできるだけ回収し、そのあとを多量の水で洗い流す。
　(2) **出火時**
　　・周辺火災の場合 ＝ 速やかに容器を安全な場所に移す。移動不可能な場合には、容器および周囲に散水して冷却する。

各　論

(3)暴露・接触時

①急性中毒と刺激性

・眼に入った場合 = 異物感を与え、粘膜を刺激する。

②医師の処置を受けるまでの救急方法

・吸入した場合 = 鼻をかみ、うがいをさせる。

・皮膚に触れた場合 = 直ちに汚染された衣服や靴などの汚れを落とした後、付着部または接触部を石けん水で洗浄し、多量の水で洗い流す。

・眼に入った場合 = 直ちに多量の水で 15 分間以上洗い流す。

(4)注意事項

強熱すると有毒な酸化銅（Ⅱ）の煙霧を生成する。

(5)保護具

保護眼鏡、保護手袋、保護長靴、保護衣、防塵マスク（火災時：人工呼吸器）

【廃棄基準】〔廃棄方法〕

(1)固化隔離法

セメントを用いて固化し、埋立処分する。

(2)焙焼法

多量の場合には還元焙焼法により金属銅として回収する。

〈備考〉焙焼法による場合には専門業者に処理を委託することが望ましい。

〔生成物〕$(CuCO_3 \cdot Cu(OH)_2)$

（注）（　）は、生成物が化学的変化を生じていないもの。

〔検定法〕イオン電極法（F）、吸光光度法、原子吸光法

〔その他〕本薬物の付着した紙袋等を焼却すると、酸化銅（Ⅰ）または（Ⅱ）の煙霧を生成するので、洗浄装置のない焼却炉等で焼却しない。

劇物	
毒物及び劇物指定令 第 2 条／72	**塩基性塩化銅** **Basic copper chloride**

【組成・化学構造】 分子式　$Cl_2Cu_4H_6O_6$

構造式

$$Cl-Cu \overset{Cl}{} \left[HO-Cu \overset{OH}{} \right]_3$$

【CAS 番号】 1332-40-7

【性状】 青緑色の粉末。冷水に不溶。

【用途】 農薬原料。

580

劇　物

劇物	塩化第二銅カリウム
毒物及び劇物指定令 第2条／72	**Potassium cupric chloride**

【組成・化学構造】

分子式　$Cl_4CuK_2 \cdot 2H_2O$

構造式

$$2K^+ \begin{bmatrix} Cl & Cl \\ & Cu & \\ Cl & Cl \end{bmatrix}^{2-} \quad 2H_2O$$

【CAS番号】10085-76-4

【性状】緑青色の結晶。水に可溶。

【用途】試薬。

劇物	塩化第二銅アンモニウム
毒物及び劇物指定令 第2条／72	**Ammonium cupric chloride** 〔別名〕テトラクロロ銅（Ⅱ）酸アンモニウム、塩化銅（Ⅱ）アンモニウム

【組成・化学構造】

分子式　$Cl_4CuH_8N_2 \cdot 2H_2O$

構造式

$$2NH_4^+ \begin{bmatrix} Cl & Cl \\ & Cu & \\ Cl & Cl \end{bmatrix}^{2-} \quad 2H_2O$$

【CAS番号】10060-13-6

【性状】二水和物が一般に流通している。二水和物は、緑青色結晶で、110℃で無水物になる。水、濃アンモニア水、エタノールに可溶。酸に可溶（分解）。

【用途】試薬。

【応急措置基準】〔措置〕

(1)漏えい時

　飛散した場所の周辺にはロープを張るなどして人の立入りを禁止する。作業の際には必ず保護具を着用し、風下で作業をしない。飛散したものは空容器にできるだけ回収し、そのあとを水酸化カルシウム、炭酸ナトリウム等の水溶液を用いて処理し、多量の水で洗い流す。この場合、高濃度の廃液が河川等に排出されないよう注意する。

(2)出火時

・周辺火災の場合 ＝ 速やかに容器を安全な場所に移す。移動不可能な場合には、容器および周囲に散水して冷却する。

・着火した場合 ＝ 必ず保護具を着用し、多量の水で消火する。

・消火剤 ＝ 水

(3)暴露・接触時

581

各　　論

①急性中毒と刺激性
・吸入した場合＝鼻、のどの粘膜を刺激し、炎症を起こすことがある。
・皮膚に触れた場合＝起炎性を有する。
・眼に入った場合＝粘膜を刺激する。
②医師の処置を受けるまでの救急方法
・吸入した場合＝鼻をかみ、うがいをさせる。
・皮膚に触れた場合＝直ちに汚染された衣服や靴などを脱がせ、付着部または接触部を石けん水で洗浄し、多量の水で洗い流す。
・眼に入った場合＝直ちに多量の水で15分間以上洗い流す。

(4)注意事項
強熱すると酸化銅（Ⅱ）の有毒な煙霧および気体を生成する。

(5)保護具
保護眼鏡、保護手袋、保護長靴、保護衣、防塵マスク（火災時：人工呼吸器）

【廃棄基準】〔廃棄方法〕

(1)沈殿隔離法
水に溶かし、硫化ナトリウム水溶液を加えて沈殿させ、さらにセメントを用いて固化し、埋立処分する。

(2)焙焼法
多量の場合には還元焙焼法により金属銅として回収する。

〈備考〉
・硫化銅（Ⅱ）を沈殿させる場合には適量（理論量の1.5～3倍）の硫化ナトリウムを加える。硫化ナトリウムを理論量の3倍以上加えると、沈殿が溶解するので注意する。
・硫化銅（Ⅱ）の沈殿物をセメント固化しないで放置して乾燥すると発火することがあるので注意する。
・焙焼法による場合には専門業者に処理を委託することが望ましい。

〔生成物〕CuS

〔検定法〕吸光光度法、原子吸光法

〔その他〕
ア　沈殿物を濾過することが困難などの場合には、セメントを用いて固化し、埋立処分することが望ましい。
イ　本薬物の付着した紙袋等を焼却すると酸化銅（Ⅱ）の煙霧および気体を生成するので、洗浄装置のない焼却炉等で焼却しない。

劇　物

劇物	ヨウ化第一銅
毒物及び劇物指定令 第 2 条／72	**Cuprous iodide** 〔別名〕ヨウ化銅（Ⅰ）

【組成・化学構造】　**分子式**　CuI

　　　　　　　　　構造式　$Cu^+ I^-$

【CAS番号】　7681-65-4

【性状】　類白色の粉末。融点 605℃。水に不溶（18℃で水 100 mL に 8×10^{-4} g 溶解）。アンモニア水、ヨウ化カリウム水溶液に可溶。酸、エタノールに不溶。空気中で加熱すると酸化され、ヨウ素を分離して酸化銅（Ⅱ）を生成。

【応急措置基準】　**(1)漏えい時**

　　飛散した場所の周辺にはロープを張るなどして人の立入りを禁止する。作業の際には必ず保護具を着用し、風下で作業をしない。飛散したものは空容器にできるだけ回収し、そのあとを多量の水で洗い流す。

(2)出火時

・周辺火災の場合 ＝ 速やかに容器を安全な場所に移す。移動不可能な場合には、容器および周囲に散水して冷却する。

(3)暴露・接触時

　①急性中毒と刺激性

　・眼に入った場合 ＝ 異物感を与え、粘膜を刺激する。

　②医師の処置を受けるまでの救急方法

　・吸入した場合 ＝ 鼻をかみ、うがいをさせる。

　・皮膚に触れた場合 ＝ 直ちに汚染された衣服や靴などの汚れを落とした後、付着部または接触部を石けん水で洗浄し、多量の水で洗い流す。

　・眼に入った場合 ＝ 直ちに多量の水で 15 分間以上洗い流す。

(4)注意事項

　　強熱すると酸化銅（Ⅱ）の有毒な煙霧および気体を生成する。

(5)保護具

　　保護眼鏡、保護手袋、保護長靴、保護衣、防塵マスク（火災時：人工呼吸器）

【廃棄基準】　〔廃棄方法〕

(1)固化隔離法

　　セメントを用いて固化し、埋立処分する。

(2)焙焼法

　　多量の場合には還元焙焼法により金属銅として回収する。

各　　論

〈備考〉焙焼法による場合には専門業者に処理を委託することが望ましい。

〔生成物〕（CuI）

　（注）（　）は、生成物が化学的変化を生じていないもの。

〔検定法〕イオン電極法（F）、吸光光度法、原子吸光法

〔その他〕本薬物の付着した紙袋等を焼却すると、酸化銅（Ⅰ）または（Ⅱ）の煙霧および気体を生成するので、洗浄装置のない焼却炉等で焼却しない。

劇物	酢酸第二銅
毒物及び劇物指定令 第 2 条／72	**Cupric acetate** 〔別名〕酢酸銅（Ⅱ）

【組成・化学構造】　**分子式**　$C_4H_8CuO_5$

構造式

$$Cu^{2+} \left[\begin{array}{c} O \\ \| \\ H_3C-C-O^- \end{array} \right]^{2-} H_2O$$

【CAS 番号】6046-93-1

【性状】一般に一水和物が流通している。暗緑色結晶。融点 115℃。水（20℃で水 100 mL に 2 g 溶解）、エタノールに可溶。100℃で無水物になる。240℃で分解して酸化銅（Ⅱ）を生成。

【用途】触媒、染料、試薬。

【応急措置基準】〔措置〕

(1)漏えい時

　飛散した場所の周辺にはロープを張るなどして人の立入りを禁止する。作業の際には必ず保護具を着用し、風下で作業をしない。飛散したものは空容器にできるだけ回収し、そのあとを水酸化カルシウム、炭酸ナトリウム等の水溶液を用いて処理し、多量の水で洗い流す。この場合、高濃度の廃液が河川等に排出されないよう注意する。

(2)出火時

・周辺火災の場合 ＝ 速やかに容器を安全な場所に移す。移動不可能な場合には、容器および周囲に散水して冷却する。

・着火した場合 ＝ 必ず保護具を着用し、多量の水で消火する。

・消火剤 ＝ 水

(3)暴露・接触時

①急性中毒と刺激性

・吸入した場合 ＝ 鼻、のどの粘膜に対して起炎性を有する。

・皮膚に触れた場合 ＝ 起炎性を有する。

劇　物

・眼に入った場合 ＝ 粘膜を刺激する。

②医師の処置を受けるまでの救急方法

・吸入した場合 ＝ 鼻をかみ、うがいをさせる。

・皮膚に触れた場合 ＝ 直ちに汚染された衣服や靴などを脱がせ、付着
部または接触部を石けん水で洗浄し、多量の水で洗い流す。

・眼に入った場合 ＝ 直ちに多量の水で 15 分間以上洗い流す。

(4)注意事項

強熱すると酸化銅（Ⅱ）の有毒な煙霧および気体を生成する。

(5)保護具

保護眼鏡、保護手袋、保護長靴、保護衣、防塵マスク（火災時：人工
呼吸器）

【廃棄基準】〔廃棄方法〕

(1)沈殿法

水に溶かし、水酸化カルシウム、炭酸ナトリウム等の水溶液を加えて
処理し、沈殿濾過して埋立処分する。

(2)焙焼法

多量の場合には還元焙焼法により金属銅として回収する。

〈備考〉

・中和時の pH は 8.5 以上とする。これ未満では沈殿が完全には生成さ
れない。

・焙焼法による場合には専門業者に処理を委託することが望ましい。

〔生成物〕Cu(OH)$_2$, CuCO$_3$

〔検定法〕吸光光度法、原子吸光法

〔その他〕

ア　沈殿物を濾過することが困難などの場合には、セメントを用いて
固化し、埋立処分することが望ましい。

イ　本薬物の付着した紙袋等を焼却すると酸化銅（Ⅱ）の煙霧および
気体を生成するので、洗浄装置のない焼却炉等で焼却しない。

劇
物

劇物	チオシアン酸第一銅
毒物及び劇物指定令 第 2 条／72	**Cuprous thiocyanate** 〔別名〕チオシアン酸銅（Ⅰ）、ロダン銅

【組成・化学構造】

分子式　CCuNS

構造式　NC$\diagdown$S$\diagdown$Cu

【CAS 番号】1111-67-7

【性状】灰白色粉末。融点 1084℃。水に不溶（18℃で水 100 mL に 4.4 × 10^{-4} g

585

各　　論

溶解）。アンモニア水、エーテルに可溶。

【用途】船底塗料、銅メッキ、感光剤など。

【応急措置基準】〔措置〕

(1)漏えい時

　飛散した場所の周辺にはロープを張るなどして人の立入りを禁止する。作業の際には必ず保護具を着用し、風下で作業をしない。飛散したものは空容器にできるだけ回収し、そのあとを多量の水で洗い流す。

(2)出火時

・周辺火災の場合 ＝ 速やかに容器を安全な場所に移す。移動不可能な場合には、容器および周囲に散水して冷却する。

(3)暴露・接触時

　①急性中毒と刺激性

　・眼に入った場合 ＝ 異物感を与え、粘膜を刺激する。

　②医師の処置を受けるまでの救急方法

　・吸入した場合 ＝ 鼻をかみ、うがいをさせる。

　・皮膚に触れた場合 ＝ 直ちに汚染された衣服や靴などの汚れを落とした後、付着部または接触部を石けん水で洗浄し、多量の水で洗い流す。

　・眼に入った場合 ＝ 直ちに多量の水で 15 分間以上洗い流す。

(4)注意事項

　強熱すると酸化銅（Ⅱ）の有毒な煙霧を生成する。

(5)保護具

　保護眼鏡、保護手袋、保護長靴、保護衣、防塵マスク（火災時：人工呼吸器）

【廃棄基準】〔廃棄方法〕

(1)固化隔離法

　セメントを用いて固化し、埋立処分する。

(2)焙焼法

　多量の場合には還元焙焼法により金属銅として回収する。

　〈備考〉焙焼法による場合には専門業者に処理を委託することが望ましい。

〔生成物〕（CuSCN）

　（注）　（　）は、生成物が化学的変化を生じていないもの。

〔検定法〕イオン電極法（F）、吸光光度法、原子吸光法

〔その他〕本薬物の付着した紙袋等を焼却すると、酸化銅（Ⅰ）または（Ⅱ）の煙霧および気体を生成するので、洗浄装置のない焼却炉等で焼却しない。

劇　物

劇物	ピロリン酸第二銅
毒物及び劇物指定令 第 2 条／72	**Cupric pyrophosphate** 〔別名〕ピロリン酸銅（Ⅱ）

【組成・化学構造】　**分子式**　$Cu_2O_7P_2$

構造式

【CAS番号】　10102-90-6

【性状】　淡青色粉末。水に不溶。アンモニア水、酸、ピロリン酸ナトリウム水溶
液に可溶。

【用途】　銅メッキ。

【応急措置基準】　〔措置〕

(1)漏えい時

　飛散した場所の周辺にはロープを張るなどして人の立入りを禁止する。
作業の際には必ず保護具を着用し、風下で作業をしない。飛散したもの
は空容器にできるだけ回収し、そのあとを多量の水で洗い流す。

(2)出火時

・周辺火災の場合 ＝ 速やかに容器を安全な場所に移す。移動不可能な場
　合には、容器および周囲に散水して冷却する。

(3)暴露・接触時

　①急性中毒と刺激性

　・眼に入った場合 ＝ 異物感を与え、粘膜を刺激する。

　②医師の処置を受けるまでの救急方法

　・吸入した場合 ＝ 鼻をかみ、うがいをさせる。

　・皮膚に触れた場合 ＝ 直ちに汚染された衣服や靴などの汚れを落とし
　　た後、付着部または接触部を石けん水で洗浄し、多量の水で洗い流
　　す。

　・眼に入った場合 ＝ 直ちに多量の水で15分間以上洗い流す。

(4)注意事項

　強熱すると酸化銅（Ⅱ）の有毒な煙霧を生成する。

(5)保護具

　保護眼鏡、保護手袋、保護長靴、保護衣、防塵マスク（火災時：人工
呼吸器)

【廃棄基準】　〔廃棄方法〕

(1)固化隔離法

　セメントを用いて固化し、埋立処分する。

(2)焙焼法

劇
物

587

各　　論

多量の場合には還元焙焼法により金属銅として回収する。

〈備考〉焙焼法による場合には専門業者に処理を委託することが望まし
い。

〔生成物〕($Cu_2P_2O_7$)

（注）（　）は、生成物が化学的変化を生じていないもの。

〔検定法〕イオン電極法（F）、吸光光度法、原子吸光法

〔その他〕本薬物の付着した紙袋等を焼却すると、酸化銅（Ⅰ）または
（Ⅱ）の煙霧を生成するので、洗浄装置のない焼却炉等で焼却しない。

劇物	フッ化第二銅
毒物及び劇物指定令 第2条／72	**Cupric fluoride** 〔別名〕フッ化銅（Ⅱ）

【組成・化学構造】　**分子式**　CuF_2

　　　　　　　　　　構造式　$F^{\diagdown}Cu^{\diagdown}F$

【CAS番号】　7789-19-7

【性状】　無水物もあるが、一般には二水和物が流通している。二水和物は、青色
結晶で、加熱すると130℃で無水物になると同時に分解する。水に不溶
（25℃の水100 mLに0.07 g溶解）。熱水で分解。塩酸、硝酸、エタノー
ルに可溶。

【応急措置基準】　〔措置〕

(1)漏えい時

飛散した場所の周辺にはロープを張るなどして人の立入りを禁止する。
作業の際には必ず保護具を着用し、風下で作業をしない。飛散したもの
は空容器にできるだけ回収し、そのあとを多量の水で洗い流す。

(2)出火時

・周辺火災の場合 ＝ 速やかに容器を安全な場所に移す。移動不可能な場
合には容器および周囲に散水して冷却する。

(3)暴露・接触時

①急性中毒と刺激性

・吸入した場合 ＝ 重症の場合には鼻、のど、気管支、肺等の粘膜を刺
激し、炎症を起こすことがある。

・眼に入った場合 ＝ 異物感を与え、粘膜を刺激する。

②医師の処置を受けるまでの救急方法

・吸入した場合 ＝ 鼻をかませ、うがいをさせる。

・皮膚に触れた場合 ＝ 直ちに汚染された衣服や靴などの汚れを落とし
た後、付着部または接触部を石けん水で洗浄し、多量の水で洗い流

588

劇　物

す。

・眼に入った場合 ＝ 直ちに多量の水で 15 分間以上洗い流す。

(4)注意事項

①火災等で強熱されると有毒な酸化銅（Ⅱ）の煙霧およびフッ化水素の気体を生成する。

②酸と接触すると有毒なフッ化水素の気体を生成する。

(5)保護具

保護眼鏡、保護手袋、保護長靴、保護衣、防塵マスク（火災時：人工呼吸器）

【廃棄基準】〔廃棄方法〕

(1)固化隔離法

セメントを用いて固化し、埋立処分する。

(2)焙焼法

多量の場合には還元焙焼法により金属銅として回収する。

〈備考〉焙焼法による場合には専門業者に処理を委託することが望ましい。

〔生成物〕（CuF_2）

（注）（ ）は、生成物が化学的変化を生じていないもの。

〔検定法〕イオン電極法（F）、吸光光度法、原子吸光法

〔その他〕本薬物の付着した紙袋等を焼却すると、酸化銅（Ⅰ）または（Ⅱ）の煙霧および気体を生成するので、洗浄装置のない焼却炉等で焼却しない。フッ化水素の気体を生成するので注意する。

劇
物

劇物	**1-ドデシルグアニジニウム=アセタート**
毒物及び劇物指定令 第 2 条／72 の 2	**1-Dodecylguanidinium acetate** 〔別名〕ドジン

組成・性状・毒性等については 225 ページ参照。

劇物	**3,6,9-トリアザウンデカン-1,11-ジアミン**
毒物及び劇物指定令 第 2 条／72 の 3	**3,6,9-Triazaundecane-1,11-diamine**

【組成・化学構造】 分子式　$C_8H_{23}N_5$

構造式

$$H_2N-CH_2CH_2-\overset{H}{N}-CH_2CH_2-\overset{H}{N}-CH_2CH_2-\overset{H}{N}-CH_2CH_2-NH_2$$

【CAS 番号】 112-57-2

【性状】 黄色の液体。沸点 320℃。融点 −30 〜 46℃以下。水に 20℃で 100％溶解。

589

各　論

引火点 139℃。

【用途】界面活性剤、接着剤、農薬。

【毒性】原体の LD_{50} = ラット経口：3250 mg/kg、ラット経皮：660、1260 mg/kg。
LC_{50} ≧ ラット吸入：9.9 ppm（8 hr）。
ウサギにおいて皮膚腐食性があり、強い眼刺劇性あり。

劇物	トリエタノールアンモニウム-2,4-ジニトロ-6-(1-メチルプロピル)-フェノラート
毒物及び劇物取締法 別表第二／57 毒物及び劇物指定令 第2条／73	Triethanolammonium 2,4-dinitro-6-(1-methylpropyl)-phenolate 〔別名〕ドルマント

【組成・化学構造】**分子式** $C_{10}H_{12}N_2O_5 \cdot C_6H_{15}NO_3$

構造式

【CAS番号】6420-47-9

【性状】赤褐色の液体。水に可溶。

【用途】接触性殺虫剤（カイガラムシ、ダニの駆除用）。

【毒性】原体の LD_{50} = マウス経口：45 mg/kg。
重症の場合は呼吸麻痺で死亡する。

【その他】〔製剤〕現在、農薬としての市販品はない。

劇物	トリクロル酢酸
毒物及び劇物取締法 別表第二／58	Trichloroacetic acid 〔別名〕トリクロロ酢酸

【組成・化学構造】**分子式** $C_2HCl_3O_2$

構造式

【CAS番号】76-03-9

【性状】無色の斜方六面形結晶。潮解性で、微弱の刺激性臭気を有する。沸点197℃。融点57.5℃。水、アルコール、エーテルに可溶、水溶液は強酸性を呈する。皮膚、粘膜に対する刺激性を有する。

【用途】有機合成の原料、試薬。

590

劇　　物

【毒性】皮膚に対する腐食性が強い。

【応急措置基準】**(1)漏えい時**

　　飛散した場所の周辺にはロープを張るなどして人の立入りを禁止する。作業の際には必ず保護具を着用し、風下で作業をしない。飛散したものは、速やかに空容器に回収し、そのあとを水酸化カルシウム、炭酸ナトリウム等で中和し、多量の水で洗い流す。この場合、高濃度の廃液が河川等に排出されないように注意する。

(2)出火時

・周辺火災の場合 ＝ 速やかに容器を安全な場所に移す。移動不可能の場合は、容器および周囲に散水して冷却する。

(3)暴露・接触時

　①急性中毒と刺激性

・吸入した場合 ＝ 鼻、のど、気管支などの粘膜に対して起炎性を有する。

・皮膚に触れた場合 ＝ 極めて刺激性・腐食性が強く、やけど（薬傷）、壊疽を生じる。

・眼に入った場合 ＝ 角膜に対して起炎性を有する。

　②医師の処置を受けるまでの救急方法

・吸入した場合 ＝ 直ちに患者を毛布等にくるんで安静にさせ、新鮮な空気の場所に移す。呼吸困難または呼吸停止の場合は直ちに人工呼吸を行う。

・皮膚に触れた場合 ＝ 直ちに汚染された衣服や靴を脱がせ、付着部または接触部を石けん水または多量の水で十分に洗い流す。

・眼に入った場合 ＝ 直ちに多量の水で 15 分間以上洗い流す。

(4)保護具

　保護眼鏡、保護手袋、保護長靴、保護衣、有機ガス用防毒マスク

【廃棄基準】〔廃棄方法〕

燃焼法

　可燃性溶剤とともにアフターバーナーおよびスクラバーを備えた焼却炉の火室へ噴霧し焼却する。

　〈備考〉

・スクラバーの洗浄液にはアルカリ溶液を用いる。

・焼却炉は有機ハロゲン化合物を焼却するのに適したものであること。

〔検定法〕ガスクロマトグラフィー

【その他】〔鑑識法〕

　①水酸化ナトリウム溶液を加えて熱すれば、クロロホルム臭がする。

　②アンチピリンおよび水を加えて熱すれば、クロロホルム臭がする。

劇
物

591

各　論

劇物	トリクロルニトロエチレン
毒物及び劇物指定令 第2条／73の2	**Trichloronitroethylene**

【組成・化学構造】 **分子式** $C_2Cl_3NO_2$

構造式

【CAS 番号】 4607-81-2

【性状】 淡黄色澄明の揮発性液体。刺激臭を有する。沸点59℃（18 mmHg）。水に不溶。エタノール、アセトン、ベンゼン、石油エーテルに易溶。

【用途】 土壌殺菌剤（蔓割病、立枯病、苗立枯病、根腐病、疫病、萎凋病など）。

【その他】 〔製剤〕現在、農薬としての市販品はない。

劇物	トリクロルヒドロキシエチルジメチルホスホネイト
毒物及び劇物取締法 別表第二／59 毒物及び劇物指定令 第2条／74	**Trichlorohydroxyethyldimethylphosphonate** 〔別名〕トリクロルホン、ディプテレックス、 ジメチル –2,2,2– トリクロロ –1– ヒドロキシエチルホスホネイト、DEP

【組成・化学構造】 **分子式** $C_4H_8Cl_3O_4P$

構造式

【CAS 番号】 52-68-6

【性状】 純品は白色の結晶。弱い特異臭を有する。融点76 〜 84℃。沸点100℃（0.1 mmHg）。蒸気圧 7.5×10^{-6} mmHg（20℃）。水に易溶（25℃で水100 mL に 15.4 g 溶解）。脂肪族炭化水素以外の有機溶剤（クロロホルム、ベンゼン、アルコール）に可溶。アルカリで分解する。

【用途】 稲、野菜の諸害虫に対する接触性殺虫剤。

【毒性】 原体の LD_{50} ＝ マウス経口：440.3 mg/kg。

有機リン製剤の一種であり、中毒症状もパラチオン製剤に類似する。

【応急措置基準】 〔措置〕

(1)漏えい時

　飛散した場所の周辺にはロープを張るなどして人の立入りを禁止する。作業の際には必ず保護具を着用し、風下で作業をしない。飛散したものは空容器にできるだけ回収し、多量の水で洗い流す。この場合、高濃度

劇　　物

の廃液が河川等に排出されないよう注意する。

(2)出火時

・周辺火災の場合 ＝ 速やかに容器を安全な場所に移す。移動不可能な場合には容器および周囲に散水して冷却する。

・着火した場合 ＝ 必ず保護具を着用し消火剤、水噴霧等を用いて消火する。

・消火剤 ＝ 水、粉末、泡、二酸化炭素

(3)暴露・接触時

①急性中毒と刺激性

・吸入した場合 ＝ 倦怠感、頭痛、めまい、嘔気、嘔吐、腹痛、下痢、多汗などの症状を呈し、重症の場合には、縮瞳、意識混濁、全身痙攣などを起こすことがある。

・皮膚に触れた場合 ＝ 放置すると皮膚より吸収され中毒を起こすことがある。

・眼に入った場合 ＝ 粘膜に対して起炎性を有する。

②医師の処置を受けるまでの救急方法

・吸入した場合 ＝ 直ちに患者を毛布等にくるんで安静にさせ、新鮮な空気の場所に移し、鼻をかませ、うがいをさせる。呼吸困難または呼吸停止の場合には、直ちに人工呼吸を行う。

・皮膚に触れた場合 ＝ 直ちに汚染された衣服や靴などを脱がせ、付着部または接触部を石けん水で洗浄し、多量の水で洗い流す。

・眼に入った場合 ＝ 直ちに多量の水で 15 分間以上洗い流す。

(4)注意事項

中毒症状が発現した場合には、至急医師による解毒手当てを受ける。

(5)保護具

保護眼鏡、保護手袋、保護長靴、保護衣、防塵マスク（火災時：人工呼吸器）

【廃棄基準】〔廃棄方法〕

(1)燃焼法

ア　そのままスクラバーを備えた焼却炉で焼却する。

イ　可燃性溶剤とともにスクラバーを備えた焼却炉の火室へ噴霧し、焼却する。

(2)アルカリ法

水酸化ナトリウム水溶液等と加温して加水分解する。

〈備考〉

・スクラバーの洗浄液には水酸化ナトリウム水溶液を用いる。

・加水分解する際、反応液の pH を 13 以上に、また、反応液の温度を

各　論

　　　　50℃以上とする。

　　　　〔検定法〕薄層クロマトグラフィー、ガスクロマトグラフィー
【その他】〔製剤〕粉剤（4％含有）、乳剤（10％、50％含有）、水溶剤（80％含有）、
　　　　粒剤（1％含有：市販名ネキリトン）、粉粒剤（4％含有）（粒剤を除きい
　　　　ずれも市販名はディプテレックス）。このほか、他剤との混合剤がある。
　　　　これらのうち、含有量が10％以下のものは普通物である。

劇物	2,4,5-トリクロルフェノキシ酢酸
毒物及び劇物指定令 第2条／74の2	2,4,5-Trichlorophenoxyacetic acid 〔別名〕2,4,5-T

【組成・化学構造】　分子式　$C_8H_5Cl_3O_3$

構造式

【CAS番号】93-76-5
　【性状】無色または白色の結晶。融点153℃。水に不溶、エタノールに可溶。
　【用途】除草剤、除草剤の原料。
　【毒性】原体の LD_{50} ＝ ラット経口：300 mg/kg。
　　　　2,4,5-Tの製造の際に不純物として生成されたジオキシンは強い催奇形性
　　　　を有すると言われている。
【その他】〔製剤〕現在、農薬としての市販品はない。

劇物	2,4,5-トリクロルフェノキシ酢酸ブトキシエチルエステル
毒物及び劇物指定令 第2条／74の2	2,4,5-Trichlorophenoxyacetic acid butoxy ethylester 〔別名〕2,4,5-T ブトキシエチルエステル

【組成・化学構造】　分子式　$C_{14}H_{17}Cl_3O_4$

構造式

【CAS番号】2545-59-7
　【用途】イネ科植物には作用が弱く、広葉植物に強く作用する選択性を有する除
　　　　草剤。
【その他】〔製剤〕現在、農薬としての市販品はない。

594

劇　物

劇物	2,4,5-トリクロルフェノキシ酢酸メトキシブチルエステル
毒物及び劇物指定令 第2条／74の2	2,4,5-Trichlorophenoxyacetic acid methoxybutylester

【組成・化学構造】　**分子式**　$C_8H_5Cl_3O_3$

　構造式

【CAS番号】　93-76-5

【用途】　除草剤（2,4,5-T ブトキシエチルエステルと同効）。

【その他】　〔製剤〕現在、農薬としての市販品はない。

劇物	トリチオシクロヘプタジエン-3,4,6,7-テトラニトリル
毒物及び劇物取締法 別表第二／60	Trithiocycloheptadiene-3,4,6,7-tetranitrile
	〔別名〕1,2,5-トリチオシクロヘプタジエン-3,4,6,7-テトラニトリル、TCH

【組成・化学構造】　**分子式**　$C_8N_4S_3$

　構造式

【CAS番号】　49561-89-9

【性状】　黄色の結晶。無臭。融点 182 ～ 184℃。比重 1.66（20℃）。水に不溶。アルコール、エーテル、二硫化炭素に難溶。ベンゼン、アセトン、クロロホルムに可溶。引火点 200℃。

【用途】　うり類のベト病、ウドンコ病およびトマトのハカビ病。

【毒性】　原体の LD_{50} ＝マウス経口：162 mg/kg。

【その他】　〔製剤〕市販品は有効成分15％を含有する燻蒸剤（デプタン）があり、これは普通物である。

　（参考）本製剤は有機シアン化合物である。

劇物	トリクロロシラン
毒物及び劇物指定令 第2条／74の3	Trichlorosilane
	〔別名〕三塩化シラン、シリコクロロホルム／Silicochlo-roform

【組成・化学構造】　**分子式**　Cl_3HSi

　構造式

各　　論

【CAS番号】 10025-78-2
【性状】 無色で刺激臭を有する液体。沸点 31.8℃。融点 −126℃。比重 1.34（20℃）。蒸気圧 100 mmHg（−16.4℃）。爆発範囲 6 〜 83％。腐食性が強い。可燃性。加水分解し、塩酸を生成。
【用途】 特殊材料ガス。
【毒性】 原体の LD_{50} ＝ ラット経口：1030 mg/kg。LC_{50} ＝ ラット吸入：1000 ppm（4 hr）、1500 mg/m^3（2 hr）。
眼粘膜に対して重度の刺激性を有する。

劇物	トリブチルトリチオホスフェイト
毒物及び劇物指定令 第 2 条／74 の 4	**Tributyltrithiophosphate**

【組成・化学構造】 **分子式** $C_{12}H_{27}OPS_3$
構造式

H$_3$C～～～S＼P／S～～～CH$_3$ ‖O ｜S～～～H$_3$C

【CAS番号】 78-48-8
【性状】 無色〜淡黄色の液体。特異な臭気（メルカプタン臭）を有する。水に難溶、有機溶媒に可溶。引火点 132℃。
【用途】 植物成長調整剤。
【毒性】 原体の LD_{50} ＝ マウス経口：160 mg/kg。
【その他】 〔製剤〕現在、農薬としての市販品はない。

劇物	トリフルオロメタンスルホン酸
毒物及び劇物指定令 第 2 条／74 の 5	**Trifluoromethanesulfonic acid**

【組成・化学構造】 **分子式** CHF_3O_3S
構造式

F₃C-S(=O)(=O)-OH

【CAS番号】 1493-13-6
【性状】 無色透明の液体（常温）。強い刺激臭を有する。沸点 162℃。融点 −40℃。比重（d_4^{25}）1.698。蒸気圧 57.5 mmHg（91℃）。水に接触すると発熱する。空気中で発煙する。吸湿性が強い。水、アルコール、アセトンに可溶。
【用途】 エポキシ、スチレン等の重合触媒。
【毒性】 強度の眼刺激性（ウサギ）。

劇 物

【応急措置基準】 〔措置〕

(1)漏えい時

風下の人を退避させ、必要があれば水で濡らした手ぬぐい等で口および鼻を覆う。漏えいした場所の周辺にはロープを張るなどして人の立入りを禁止する。作業の際には必ず保護具を着用し、風下で作業をしない。

漏えいした液を直接水で洗い流してはならない。漏えいした液は土砂等でその流れを止め、安全な場所に導き、密閉可能な空容器にできるだけ回収し、そのあとに霧状の水をかけ十分に希釈した後、水酸化カルシウム等の水溶液を用い徐々に処理を行い、多量の水で洗い流す。この場合、高濃度の廃液が河川等に排出されないよう注意する。

(2)出火時

・周辺火災の場合 = 速やかに容器を安全な場所に移す。移動不可能な場合には、遮蔽物の活用など容器の破裂に対する防護措置を講じ、容器および周囲に散水して冷却する。この場合、容器に水が入らないよう注意する。

(3)暴露・接触時

①急性中毒と刺激性

・吸入した場合 = 鼻、のど、気管支などの粘膜が侵される。重症の場合には肺水腫を起こす。

・皮膚に触れた場合 = 激しい痛みを生じ、皮膚の内部にまで浸透腐食する。

・眼に入った場合 = 粘膜等が侵され、失明することがある。

②医師の処置を受けるまでの救急方法

・吸入した場合 = 直ちに患者を毛布等にくるんで安静にさせ、新鮮な空気の場所に移し、酸素吸入を行う。呼吸困難または呼吸停止の場合には直ちに人工呼吸を行う。

・皮膚に触れた場合 = 直ちに付着部または接触部を多量の水で洗い流した後、汚染された衣服や靴などを脱がせ、さらに付着部を石けん水で洗浄し、多量の水で洗い流す。

・眼に入った場合 = 直ちに多量の水で15分間以上洗い流す。

(4)注意事項

①水に触れると激しく反応して発熱し、酸が飛散することがあるので、霧状の水をかけ十分に希釈してから中和する。

②可燃物と混合すると発火することがある。

③火災等で強熱されるとフッ化水素の有毒な気体を生成する。

(5)保護具

保護眼鏡、保護手袋、保護長靴、保護衣、人工呼吸器

劇
物

597

各　　論

【廃棄基準】〔廃棄方法〕

燃焼法

　多量の水に徐々に加えて希釈し、水酸化ナトリウムの水溶液を攪拌しながら加えて中和した後、アフターバーナーおよびスクラバーを備えた焼却炉の火室へ噴霧し、焼却する。洗浄廃液に水酸化カルシウム等の水溶液を加えて処理し、沈殿濾過して埋立処分する。

〈備考〉

　・スクラバーの洗浄液には水酸化ナトリウム水溶液を用いる。

　・焼却炉は、有機ハロゲン化合物を焼却するのに適したものであること。

　・トリフルオロメタンスルホン酸は、水と急激に接触すると多量の熱を生成し、酸が飛散することがある。

〔生成物〕CaF$_2$

〔検定法〕吸光光度法、イオン電極法（F）

〔その他〕本薬物の付着した容器等を焼却すると、気体のフッ化水素を生成するので、洗浄装置のない焼却炉等で焼却しない。

劇物 毒物及び劇物取締法 別表第二／61 毒物及び劇物指定令 第2条／75	**トルイジン** Toluidine

【組成・化学構造】　**分子式**　C$_7$H$_9$N

　構造式

H$_2$N　　CH$_3$（ベンゼン環構造式）

【CAS番号】26915-12-8

【性状】トルイジンには、オルトトルイジン、メタトルイジン、パラトルイジンの3種がある。

　オルトトルイジン（*o*-）は無色の液体。特異臭を有する。空気と光に触れて赤褐色に変色する。水に難溶。アルコール、エーテルに可溶。

　メタトルイジン（*m*-）は無色の液体。特異臭を有する。水に難溶。アルコール、エーテルに可溶。

　パラトルイジン（*p*-）は白色の光沢ある板状結晶。特異臭を有する。水に難溶。アルコール、エーテルに可溶。

劇　物

	o-	m-	p-
引火点	85℃	86℃	87℃
融点	α型−16.3℃ β型−24.4℃	−31.5℃	43.5℃
沸点	199.7℃	203.3℃	200.3℃
比重（d_4^{20}）	1.004	0.989	1.046

【用途】 オルト、メタ、パラのいずれも染料、有機合成の製造原料。

【毒性】 メトヘモグロビン形成能があり、チアノーゼ症状を起こす。頭痛、疲労感、呼吸困難、精神障害、腎臓や膀胱の機能障害による血尿をきたす。

【応急措置基準】〔措置〕

(1)漏えい時

　風下の人を退避させ、漏えいした場所の周辺にはロープを張るなどして人の立入りを禁止する。付近の着火源となるものを速やかに取り除く。作業の際には必ず保護具を着用し、風下で作業をしない。

　①液体の場合

　・少量 ＝ 漏えいした液は土砂、おが屑等に吸着させて、空容器に回収し、そのあとを多量の水で洗い流す。

　・多量 ＝ 漏えいした液は、土砂等でその流れを止め、安全な場所に導き、土砂、おが屑等に吸着させて空容器に回収し、そのあとを多量の水で洗い流す。

　②固体の場合

　飛散したものは速やかに掃き集めて空容器に回収し、そのあとを多量の水で洗い流す。

　どちらの場合も、高濃度の廃液が河川等に排出されないように注意する。

(2)出火時

・周辺火災の場合 ＝ 速やかに容器を安全な場所に移す。移動不可能の場合は、容器および周囲に散水して冷却する。

・着火した場合 ＝ 必ず保護具を着用し粉末、二酸化炭素等を用いて消火する。大規模火災の場合は水噴霧、泡を用いる。

・消火剤 ＝ 粉末、二酸化炭素、水、泡

(3)暴露・接触時

　①急性中毒と刺激性

　・吸入した場合 ＝ 皮膚や粘膜が青黒くなる（チアノーゼ）。頭痛、めまい、眠気が起こる。重症の場合は、昏睡、意識不明となる。

各　論

・皮膚に触れた場合＝皮膚からも吸収され、吸入した場合と同様の中毒症状を起こす。

・眼に入った場合＝角膜などに対して起炎性を有する。

②医師の処置を受けるまでの救急方法

・吸入した場合＝直ちに患者を毛布等にくるんで安静にさせ、新鮮な空気の場所に移す。チアノーゼ症状または呼吸停止の場合は直ちに人工呼吸を行う。

・皮膚に触れた場合＝直ちに汚染された衣服や靴を脱がせ、付着部または接触部を石けん水または多量の水で十分に洗い流す。

・眼に入った場合＝直ちに多量の水で 15 分間以上洗い流す。

(4)**保護具**

保護眼鏡、保護手袋、保護長靴、保護衣、有機ガス用防毒マスク

【廃棄基準】〔廃棄方法〕

(1)**燃焼法**

可燃性溶剤とともに焼却炉の火室へ噴霧し焼却する。

(2)**活性汚泥法**

〔検定法〕ガスクロマトグラフィー、吸光光度法

劇物	トルイレンジアミン
毒物及び劇物指定令 第2条／76	**Toluylenediamine** 〔別名〕トリレンジアミン、ジアミノトルエン、メチルフェニレンジアミン、 *m*ートルイレンジアミン

【組成・化学構造】フェニレンジアミンのメチル置換体であって、6 種の異性体があり、これらを総称してトルイレンジアミンという。

分子式　$C_7H_{10}N_2$

構造式

【CAS 番号】25376-45-8

【性状】黄褐色の粉末またはフレーク状。融点 99℃。水に可溶（20℃で水 100 mL に約 10 g 溶解）。

【用途】アゾ系油浴、塩基性染料、分散性染料、アクリジン系塩基性染料および硫化染料の中間体。

【毒性】2,4ージアミノ体では LD_{50} ＝ 260 mg/kg。

著明な肝臓毒で、脂肪肝を起こす。また、皮膚に触れると、皮膚炎（かぶれ）を起こす。

600

劇　物

【応急措置基準】〔措置〕

(1)漏えい時

　飛散した場所の周辺にはロープを張るなどして人の立入りを禁止する。作業の際には必ず保護具を着用し、風下で作業をしない。飛散したものは速やかに空容器に回収し、そのあとを多量の水で洗い流す。この場合、高濃度の廃液が河川等に排出されないように注意する。

(2)出火時

・周辺火災の場合＝速やかに容器を安全な場所に移す。移動不可能の場合は、容器およびその周囲に散水して冷却する。

・着火した場合＝必ず保護具を着用し粉末、二酸化炭素等を用いて消火する。大規模火災の際には水噴霧、泡を用いる。

・消火剤＝粉末、二酸化炭素、水、泡

(3)暴露・接触時

　①急性中毒と刺激性

・吸入した場合＝悪心、嘔吐を起こす。重症の場合は肝臓障害を起こし、黄疸を起こす。

・皮膚に触れた場合＝皮膚に対して刺激性を有し、吸入した場合と同様の中毒症状を起こす。

・眼に入った場合＝角膜などに対して起炎性を有する。

　②医師の処置を受けるまでの救急方法

・吸入した場合＝直ちに患者を毛布等にくるんで安静にさせ、新鮮な空気の場所に移す。

・皮膚に触れた場合＝直ちに汚染された衣服や靴を脱がせ、付着部または接触部を石けん水または多量の水で十分に洗い流す。

・眼に入った場合＝直ちに多量の水で15分間以上洗い流す。

(4)保護具

　保護眼鏡、保護手袋、保護長靴、保護衣、防塵マスク

【廃棄基準】〔廃棄方法〕

(1)燃焼法

　ア　焼却炉でそのまま焼却する。

　イ　可燃性溶剤とともに焼却炉の火室へ噴霧し焼却する。

(2)活性汚泥法

〔検定法〕ガスクロマトグラフィー、吸光光度法

劇
物

各論

劇物	トルエン
毒物及び劇物指定令 第2条76の2	Toluene 〔別名〕トルオール、メチルベンゼン

【組成・化学構造】 C_7H_8

【CAS番号】 108-88-3

【性状】 無色透明、可燃性のベンゼン臭を有する液体。沸点111℃。融点 −95℃。比重 0.86694。引火点 4.4℃（密閉）、7.2℃（開放）。蒸気は空気より重く引火しやすい。爆発範囲 1.2〜7.1%。水に不溶、エタノール、ベンゼン、エーテルに可溶。

【用途】 爆薬、染料、香料、サッカリン、合成高分子材料などの原料、溶剤、分析用試薬。

【毒性】 LC_{50} ＝ ラット吸入：$49\,g/m^3$（4 hr）。
蒸気の吸入により頭痛、食欲不振など、大量の場合、緩和な大赤血球性貧血をきたす。麻酔性が強い。

【応急措置基準】 〔措置〕

(1) **漏えい時**

　風下の人を退避させ、漏えいした場所の周辺にはロープを張るなどして人の立入りを禁止する。付近の着火源となるものを速やかに取り除く。作業の際には必ず保護具を着用し、風下で作業をしない。

・少量 ＝ 漏えいした液は、土砂等に吸着させて空容器に回収する。

・多量 ＝ 漏えいした液は、土砂等でその流れを止め、安全な場所に導き、液の表面を泡で覆いできるだけ空容器に回収する。

(2) **出火時**

・周辺火災の場合 ＝ 速やかに容器を安全な場所に移す。移動不可能の場合は、容器および周囲に散水して冷却する。

・着火した場合 ＝ 初期の火災には粉末、二酸化炭素、乾燥砂等を用いる。大規模火災の際には、泡消火剤等を用いて空気を遮断することが有効である。爆発のおそれがあるときは付近の住民を退避させる。消火作業の際には必ず保護具を着用する。

・消火剤 ＝ 粉末、二酸化炭素、乾燥砂、泡

(3) **暴露・接触時**

① 急性中毒と刺激性

・吸入した場合 ＝ はじめ短時間の興奮期を経て、深い麻酔状態に陥る

ことがある。

・皮膚に触れた場合 ＝ 皮膚を刺激し、皮膚からも吸収され、吸入した場合と同様の中毒症状を起こすことがある。

・眼に入った場合 ＝ 粘膜に対して起炎性を有する。

②医師の処置を受けるまでの救急方法

・吸入した場合 ＝ 直ちに患者を毛布等にくるんで安静にさせ、新鮮な空気の場所に移す。呼吸困難または呼吸停止の場合は直ちに人工呼吸を行う。

・皮膚に触れた場合 ＝ 直ちに汚染された衣服や靴を脱がせ、付着部または接触部を石けん水または多量の水で十分に洗い流す。

・眼に入った場合 ＝ 直ちに多量の水で15分間以上洗い流す。

⑷注意事項

①引火しやすく、また、その蒸気は空気と混合して爆発性混合気体となるので火気に近づけない。

②静電気に対する対策を考慮する。

③常温で容器上部空間の蒸気濃度が爆発範囲に入っているので取扱いに注意する。

⑸保護具

保護眼鏡、保護手袋、保護長靴、保護衣、有機ガス用防毒マスク

【廃棄基準】〔廃棄方法〕

燃焼法

ア　硅そう土等に吸収させて開放型の焼却炉で少量ずつ焼却する。

イ　焼却炉の火室へ噴霧し焼却する。

〔検定法〕ガスクロマトグラフィー

劇物	ナトリウム
毒物及び劇物取締法 別表第二／62	**Sodium** 〔別名〕金曹、金属ソーダ、金属ナトリウム

【組成・化学構造】　**分子式**　Na

　　　　　　　　　構造式　Na

【CAS番号】7440-23-5

【性状】銀白色の光沢を有する金属。常温では軟らかい固体。融点97.8℃。空気中では容易に酸化。冷水中では浮かび上がり、爆発的に反応して水酸化ナトリウムと水素を生成し、反応熱によって水素が発火する。

【用途】アマルガム製造用、漂白剤の過酸化ナトリウムの製造、試薬。

【応急措置基準】〔措置〕

⑴漏えい時

各　　論

漏えいした場所の周辺にはロープを張るなどして人の立入りを禁止し禁水を標示する。作業の際には必ず保護具を着用し、風下で作業をしない。

・流動パラフィン浸漬品 ＝ 露出したナトリウムは、速やかに拾い集めて灯油または流動パラフィンの入った容器に回収する。砂利、石などに付着している場合は砂利などごと回収する。

・溶融固化品（タンク車、タンクローリー、200 L ドラム缶）＝ 容器に穴が開いた場合には、パラフィン等でナトリウムの表面を覆った後、ガムテープ等で容器をシールする。パラフィン等が手近にない場合は、ガムテープ等だけで容器をシールする。さらにそれらの上を防水シート等で覆って安全な場所に移す。

(2)出火時

・周辺火災の場合 ＝ 速やかに容器を安全な場所に移す。

・着火した場合 ＝ 必ず保護具を着用し、粉末（金属火災用）、乾燥した炭酸ナトリウムまたは乾燥砂などでナトリウムが露出しないように完全に覆い消火する。消火後の措置は燃焼物が完全に冷却固化したことを確認した後、空容器に回収し、その上を乾燥した炭酸ナトリウム、砂などで覆い安全な場所に移す。

・消火剤 ＝ 乾燥砂、乾燥炭酸ナトリウム、粉末（金属火災用）

(3)暴露・接触時

①急性中毒と刺激性

・皮膚に触れた場合 ＝ やけど（熱傷と薬傷）を起こす。

・眼に入った場合 ＝ 粘膜に激しい炎症を起こす。

②医師の処置を受けるまでの救急方法

・皮膚に触れた場合 ＝ 直ちに汚染された衣服や靴を脱がせ、付着部または接触部を多量の水で十分に洗い流す。

・眼に入った場合 ＝ 直ちに多量の水で 15 分間以上洗い流す。

(4)注意事項

①燃焼すると生成された酸化ナトリウムが空気中で水酸化ナトリウムになり、皮膚、鼻、のどを刺激する。

②水、二酸化炭素、ハロゲン化炭化水素等と激しく反応するので、これらと接触させない。

(5)保護具

保護眼鏡、保護手袋、保護長靴、難燃性保護衣、人工呼吸器

【廃棄基準】〔廃棄方法〕

(1)燃焼法

スクラバーを備えた焼却炉の中で乾燥した鉄製容器を用い、油または

油を浸した布等を加えて点火し、鉄棒でときどき撹拌して完全に燃焼させる。残留物は放冷後水に溶かし、希硫酸等で中和する。

(2)溶解中和法

不活性ガスを通じて酸素濃度を3%以下にしたグローブボックス内で乾燥した鉄製容器を用い、エタノールを徐々に加えて溶かす。溶解後、水を徐々に加えて加水分解し、希硫酸等で中和する。

〈備考〉

・(1)のスクラバーの洗浄液には水を用いる。

・燃焼の際発生する煙は有害であるので皮膚に触れたり吸入しない。

・(1)における「完全に燃焼」とは燃えきって自然に火の消えた状態をいう。

・油、布等は水分のないものを用いる。

・鉱油中に分散したナトリウム（いわゆるディスパーズド・ソジウム）は少量ずつ焼却する。

・(2)のエタノールは純度95%以上のものをナトリウムに対して60倍容量以上用いる。

・(2)の溶解時に発生する水素は、不活性ガスとともに流動パラフィンの液封ビンを経て放出する。

・(2)の溶解操作中は保護面を必ず着用する。

〔生成物〕Na$_2$SO$_4$

〔検定法〕pHメーター法

〔その他〕ナトリウムは水、二酸化炭素、ハロゲン化炭化水素等と激しく反応するので、これらと接触させない。

【その他】〔鑑識法〕

①白金線に試料をつけて、溶融炎で熱し、炎の色を見ると黄色になる。

②コバルトの色ガラスを通して見れば、吸収されて、この炎は見えなくなる。

〔貯法〕空気中にそのまま保存することはできないので、通常石油中に保管する。石油も酸素を吸収するため、長時間経過すると、表面に酸化物の白い皮を生成する。冷所で雨水などの漏れが絶対にない場所に保存する。

〔その他〕中毒というよりは、爆発の危険のほうが大きく、皮膚についたときには、水酸化ナトリウムより強力な作用を示す。

各　論

劇物	毒物及び劇物指定令　第2条／77

鉛化合物

鉛化合物は、循環器を侵すことが多い。皮膚の傷口から入り、またガス体として、上気道より呼吸器に入る。口、のどがカラカラに乾き、熱を有し、痛むことがある。よだれを流し、また吐気を起こしたりする。胸が痛んだり、便が出なかったり、ときには黒褐色の血便をしたり、脈拍が不規則になり、頭がぼんやりしてくることがある。

【慢性中毒】

ゆっくりと発病するので、一般に知らずしらずのうちに慢性になりやすい。皮膚が蒼白くなり、体力が減退し、だんだんと衰弱してくる。消化不良を起こすとともに、胃が押されるように感じ、食欲がなくなる。口の中が臭く、歯茎が灰白色となり、重症化すると歯が抜けることがある。突然に一時性の失明が起こることがある。

【鑑識法】

(1)白金線に試料をつけて溶融炎で熱し、次に希塩酸で白金線を示して、再び溶融炎で炎の色を見ると、淡青色となる。

(2)コバルトの色ガラスを通して見れば、上記(1)の炎が淡紫色になる。

(3)炭の上に小さな孔をつくり、無水炭酸塩の粉末とともに試料を吹管炎で熱灼すると、黄色になる。これは白紙に黒線をつける。

(4)水溶液は（以下同じ）水酸化ナトリウムの少量で白色の水酸化鉛を沈殿するが、水酸化ナトリウムが過剰になると、亜鉛酸ナトリウムとなり、水に溶ける。

(5)アンモニア水で白色の水酸化鉛を沈殿する。

(6)塩酸で白色の塩化鉛を沈殿する。

(7)硫酸で白色の硫酸鉛を沈殿する。

(8)クロム酸カリウムの溶液で黄色のクロム酸鉛を沈殿する。

(9)ヨードカリの溶液で黄色のヨード鉛を沈殿する。

(10)硫化水素で黒色の硫化鉛を沈殿する。これは希塩酸、希硝酸に溶ける。

劇物	二塩化鉛
毒物及び劇物指定令 第2条／77	**Lead dichloride** 〔別名〕塩化鉛、塩化第一鉛

【組成・化学構造】　分子式　Cl_2Pb

構造式　$Cl-Pb-Cl$（$_{Cl}{\diagup}^{Pb}{\diagdown}_{Cl}$）

【CAS番号】：7758-95-4

【性状】：無色または白色の針状結晶。冷水に難溶だが、温水に可溶。

【用途】：白色または黄色の顔料製造、試薬。

606

劇　　物

劇物	一酸化鉛
毒物及び劇物指定令 第2条／77	**Lead monoxide** 〔別名〕密陀僧、リサージ

【組成・化学構造】　**分子式**　PbO

　　　　　　　　　　構造式　Pb＝O

【CAS番号】　1317-36-8

【性状】　重い粉末で黄色から赤色までのものがあり、黄色酸化鉛、赤色酸化鉛と呼ばれる。赤色粉末を720℃以上に加熱すると黄色に変化する。水に不溶（25℃で水 100 mL に 1.07×10^{-2} g 溶解）。酸、アルカリに易溶。酸化鉛は空気中に放置しておくと、徐々に炭酸を吸収して、塩基性炭酸鉛になることもある。光化学反応を起こし、酸素があると四酸化三鉛、酸素がないと金属鉛を遊離する。

【用途】　鉛丹の原料、鉛ガラスの原料、ゴムの加硫促進剤、顔料、試薬。

【応急措置基準】　〔措置〕

(1)漏えい時

　飛散した場所の周辺にはロープを張るなどして人の立入りを禁止する。作業の際には必ず保護具を着用し、風下で作業をしない。飛散したものは空容器にできるだけ回収し、そのあとを多量の水で洗い流す。

(2)出火時

・周辺火災の場合 = 速やかに容器を安全な場所に移す。移動不可能な場合には、容器および周囲に散水して冷却する。

(3)暴露・接触時

　①急性中毒と刺激性

　・吸入した場合 = 鉛中毒を起こすことがある。

　・眼に入った場合 = 異物感を与え、粘膜を刺激する。

　②医師の処置を受けるまでの救急方法

　・吸入した場合 = 鼻をかみ、うがいをさせる。

　・皮膚に触れた場合 = 直ちに汚染された衣服や靴等の汚れを落とした後、付着部または接触部を石けん水で洗浄し、多量の水で洗い流す。

　・眼に入った場合 = 直ちに多量の水で15分間以上洗い流す。

(4)注意事項

　強熱すると有毒な煙霧を生成する。

(5)保護具

　保護眼鏡、保護手袋、保護長靴、保護衣、防塵マスク（火災時：人工呼吸器）

【廃棄基準】　〔廃棄方法〕

各　　論

(1)固化隔離法

　セメントを用いて固化し、溶出試験を行い、溶出量が判定基準以下であることを確認して埋立処分する。

(2)焙焼法

　多量の場合には還元焙焼法により金属鉛として回収する。

　〈備考〉

　・廃棄物の溶出試験および溶出基準は、廃棄物の処理及び清掃に関する法律に基づく。

　・焙焼法による場合には専門業者に処理を委託することが望ましい。

〔生成物〕(PbO *)

　(注) 1　(　)は、生成物が化学的変化を生じていないもの。
　(注) 2　*は、生成物が廃棄物の処理及び清掃に関する法律により規制を受けるもの。

〔検定法〕イオン電極法(F)、吸光光度法、原子吸光法

〔その他〕本薬物の付着した紙袋等を焼却すると酸化鉛(II)の煙霧を生成するので、洗浄装置のない焼却炉等で焼却しない。

【その他】〔鑑識法〕酸化鉛を希硝酸に溶かすと、無色の液となり、これに硫化水素を通すと、黒色の沈殿の硫化鉛を生成する。

劇物	硝酸鉛
毒物及び劇物指定令 第 2 条／77	**Lead nitrate** 〔別名〕硝酸鉛(II)

【組成・化学構造】 **分子式**　$NO_3 \cdot 1/2Pb$

　　　　　　　構造式

$$O^- \!-\! \overset{O}{\underset{}{\overset{\|}{N^+}}} \!-\! O \!-\! Pb \!-\! O \!-\! \overset{O}{\underset{}{\overset{\|}{N^+}}} \!-\! O^-$$

【CAS 番号】10099-74-8

【性状】無色結晶。470℃で分解して一酸化鉛になる。水に可溶(20℃で水 100 mL に 56.5 g 溶解)。アンモニア水、アルカリにも可溶。

【用途】鉛塩原料、レーキ沈殿剤、試薬。

【応急措置基準】〔措置〕

(1)漏えい時

　飛散した場所の周辺にはロープを張るなどして人の立入りを禁止する。作業の際には必ず保護具を着用し、風下で作業をしない。飛散したものは空容器にできるだけ回収し、そのあとを水酸化カルシウム、炭酸ナトリウム等の水溶液で処理し、多量の水で洗い流す。この場合、高濃度の廃液が河川等に排出されないよう注意する。

(2)出火時

劇　　物

・周辺火災の場合 ＝ 速やかに容器を安全な場所に移す。移動不可能な場合には容器および周囲に散水して冷却する。

(3)暴露・接触時

①急性中毒と刺激性

・吸入した場合 ＝ 鉛中毒を起こすことがある。

・皮膚に触れた場合 ＝ 刺激作用がある。

・眼に入った場合 ＝ 粘膜を刺激する。

②医師の処置を受けるまでの救急方法

・吸入した場合 ＝ 鼻をかみ、うがいをさせる。

・皮膚に触れた場合 ＝ 直ちに汚染された衣服や靴などを脱がせ、付着部または接触部を石けん水で洗浄し、多量の水で洗い流す。

・眼に入った場合 ＝ 直ちに多量の水で 15 分間以上洗い流す。

(4)注意事項

強熱すると有毒な酸化鉛（Ⅱ）の煙霧およびガスを生成する。

(5)保護具

保護眼鏡、保護手袋、保護長靴、保護衣、防塵マスク（火災時：人工呼吸器）

【廃棄基準】〔廃棄方法〕

(1)沈殿隔離法

水に溶かし、水酸化カルシウム、炭酸ナトリウム等の水溶液を加えて沈殿させ、さらにセメントを用いて固化し、溶出試験を行い、溶出量が判定基準以下であることを確認して埋立処分する。

(2)焙焼法

多量の場合には還元焙焼法により金属鉛として回収する。

〈備考〉

・中和時の pH は 8.5 以上とする。これ未満では沈殿が完全には生成されない。

・廃棄物の溶出試験および溶出基準は、廃棄物の処理及び清掃に関する法律に基づく。

・焙焼法による場合には専門業者に処理を委託することが望ましい。

〔生成物〕 $Pb(OH)_2$ *、$PbCO_3$ *

（注）　＊は、生成物が廃棄物の処理及び清掃に関する法律により規制を受けるもの。

〔検定法〕吸光光度法、原子吸光法

〔その他〕本薬物の付着した紙袋等を焼却すると酸化鉛（Ⅱ）の煙霧およびガスを生成するので、洗浄装置のない焼却炉等で焼却しない。

【その他】〔鑑識法〕ほんの少量を磁製のルツボに入れて熱すると、小爆鳴を発する。赤褐色の蒸気を出して、酸化鉛が残留する。

劇物

609

各　論

劇物	二酸化鉛
毒物及び劇物指定令 第 2 条／77	**Lead peroxide** 〔別名〕過酸化鉛

【組成・化学構造】　**分子式**　O_2Pb
　　　　　　　　構造式　$O=Pb=O$
【CAS 番号】：1309-60-0
　　【性状】：茶褐色の粉末。水、アルコールに不溶。光分解を受けて四酸化三鉛と酸素を生成。
　　【用途】：工業用の酸化剤ほか、電池の製造や試薬。

劇物	クロム酸鉛
毒物及び劇物指定令 第 2 条／77	**Lead chromate** 〔別名〕クロム黄、クロムエロー（無機顔料）

　　　組成・性状等については 417 ページ参照。

劇物	アンチモン酸鉛
毒物及び劇物指定令 第 2 条／77	**Lead antimonate** 〔別名〕ネープル黄、アンチモンエロー

　　　組成・性状等については 327 ページ参照。

劇物	酢酸鉛
毒物及び劇物指定令 第 2 条／77	**Lead acetate** 〔別名〕鉛糖、二酢酸鉛

【組成・化学構造】　**分子式**　$C_2H_4O_2\cdot1/2Pb$
　　　　　　　　構造式

$$H_3C-C(=O)-O-Pb-O-C(=O)-CH_3$$

【CAS 番号】：301-04-2
　　【性状】：無色結晶。75℃で無水物を生成。分解点 200℃。水に可溶（20℃で水 100 mL に 44.3g 溶解）。グリセリンに可溶。
　　【用途】：工業用のレーキ、染料、鉛塩の製造用ほか、試薬。
【応急措置基準】：〔措置〕
　　　(1)漏えい時
　　　飛散した場所の周辺にはロープを張るなどして人の立入りを禁止する。作業の際には必ず保護具を着用し、風下で作業をしない。飛散したものは空容器にできるだけ回収し、そのあとを水酸化カルシウム、炭酸ナト

劇　物

リウム等の水溶液で処理し、多量の水で洗い流す。この場合、高濃度の廃液が河川等に排出されないよう注意する。

(2)出火時

・周辺火災の場合 ＝ 速やかに容器を安全な場所に移す。移動不可能な場合には、容器および周囲に散水して冷却する。

・着火した場合 ＝ 必ず保護具を着用し、多量の水で消火する。

・消火剤 ＝ 水

(3)暴露・接触時

　①急性中毒と刺激性

　・吸入した場合 ＝ 鉛中毒を起こすことがある。

　・皮膚に触れた場合 ＝ 刺激作用がある。

　・眼に入った場合 ＝ 粘膜を刺激する。

　②医師の処置を受けるまでの救急方法

　・吸入した場合 ＝ 鼻をかみ、うがいをさせる。

　・皮膚に触れた場合 ＝ 直ちに汚染された衣服や靴などを脱がせ、付着部または接触部を石けん水で洗浄し、多量の水で洗い流す。

　・眼に入った場合 ＝ 直ちに多量の水で 15 分間以上洗い流す。

(4)注意事項

　強熱すると酸化鉛（Ⅱ）の有毒な煙霧およびガスを生成する。

(5)保護具

　保護眼鏡、保護手袋、保護長靴、保護衣、防塵マスク（火災時：人工呼吸器）

【廃棄基準】〔廃棄方法〕

(1)沈殿隔離法

　水に溶かし、水酸化カルシウム、炭酸ナトリウム等の水溶液を加えて沈殿させ、さらにセメントを用いて固化し、溶出試験を行い、溶出量が判定基準以下であることを確認して埋立処分する。

(2)焙焼法

　多量の場合には還元焙焼法により金属鉛として回収する。

　〈備考〉

　・中和時の pH は 8.5 以上とする。これ未満では沈殿が完全には生成されない。

　・廃棄物の溶出試験および溶出基準は、廃棄物の処理及び清掃に関する法律の規定に基づく。

　・焙焼法による場合には専門業者に処理を委託することが望ましい。

〔生成物〕Pb(OH)$_2$*，PbCO$_3$*

　(注)　*は、生成物が廃棄物の処理及び清掃に関する法律により規制を受けるもの。

611

各　論

〔検定法〕吸光光度法、原子吸光法
〔その他〕本薬物の付着した紙袋等を焼却すると酸化鉛（Ⅱ）の煙霧およびガスを生成するので、洗浄装置のない焼却炉等で焼却しない。

劇物	
毒物及び劇物指定令 第2条／77	**炭酸鉛** **Lead carbonate**

【組成・化学構造】　**分子式**　$CH_2O_3 \cdot Pb$

　　　　　　　　構造式　Pb^{2+}

【CAS番号】598-63-0

【性状】無色または白色の結晶性粉末。酸、アルカリに可溶。水、アルコール、アンモニアに不溶。

【用途】顔料。

劇物	
毒物及び劇物指定令 第2条／77	**ヨウ化鉛** **Lead iodide**

【組成・化学構造】　**分子式**　I_2Pb

　　　　　　　　構造式　I—Pb—I

【CAS番号】10101-63-0

【性状】黄色の結晶。アルカリ、ヨウ化カリウムに可溶、水に難溶、アルコールに不溶。

【用途】顔料。

劇物	
毒物及び劇物指定令 第2条／77	**ホウ酸鉛** **Lead metaborate** 〔別名〕メタホウ酸鉛

【組成・化学構造】　**分子式**　B_2O_4Pb

　　　　　　　　構造式　Pb^{2+}

【CAS番号】14720-53-7

【性状】白色粉末。融点180℃（分解）。水に可溶（20℃で水100 mLに1.38 g溶解）。酸に可溶、アルカリに不溶。160℃で無水物を生成。

【用途】ワニス、ペイントの乾燥剤。

劇　　物

【応急措置基準】〔措置〕

(1)漏えい時

　飛散した場所の周辺にはロープを張るなどして人の立入りを禁止する。作業の際には必ず保護具を着用し、風下で作業をしない。飛散したものは空容器にできるだけ回収し、そのあとを多量の水で洗い流す。

(2)出火時

・周辺火災の場合 ＝ 速やかに容器を安全な場所に移す。移動不可能な場合には、容器および周囲に散水して冷却する。

(3)暴露・接触時

　①急性中毒と刺激性

　・吸入した場合 ＝ 鉛中毒を起こすことがある。

　・眼に入った場合 ＝ 異物感を与え、粘膜を刺激する。

　②医師の処置を受けるまでの救急方法

　・吸入した場合 ＝ 鼻をかみ、うがいをさせる。

　・皮膚に触れた場合 ＝ 直ちに汚染された衣服や靴などの汚れを落としたあと、付着部または接触部を石けん水で洗浄し、多量の水で洗い流す。

　・眼に入った場合 ＝ 直ちに多量の水で15分間以上洗い流す。

(4)注意事項

　強熱すると有毒な酸化鉛（Ⅱ）の煙霧を生成する。

(5)保護具

　保護眼鏡、保護手袋、保護長靴、保護衣、防塵マスク（火災時：人工呼吸器）

【廃棄基準】〔廃棄方法〕

(1)固化隔離法

　セメントを用いて固化し、溶出試験を行い、溶出量が判定基準以下であることを確認して埋立処分する。

(2)焙焼法

　多量の場合には還元焙焼法により金属鉛として回収する。

　〈備考〉

　・廃棄物の溶出試験および溶出基準は廃棄物の処理および清掃に関する法律の規定に基づく。

　・焙焼法による場合には専門業者に処理を委託することが望ましい。

〔生成物〕$(Pb(BO_2)_2^*)$

　(注) 1　（ ）は、生成物が化学的変化を生じていないもの。

　(注) 2　＊は、生成物が廃棄物の処理及び清掃に関する法律により規制を受けるもの。

〔検定法〕イオン電極法（F）、吸光光度法、原子吸光法

劇
物

各　　論

〔その他〕本薬物の付着した紙袋等を焼却すると酸化鉛（Ⅱ）の煙霧を生成するので、洗浄装置のない焼却炉等で焼却しない。

劇物	シアナミド鉛
毒物及び劇物指定令 第2条／77	**Lead cyanamide**

【組成・化学構造】　分子式　$CN_2 \cdot Pb$

　　　　　　　　　構造式　Pb (N-CN)

【CAS番号】　20837-86-9

【性状】　淡黄色結晶。融点280℃（分解）。水に不溶。

【用途】　防錆顔料。

【応急措置基準】　〔措置〕

(1)漏えい時

　飛散した場所の周辺にはロープを張るなどして人の立入りを禁止する。作業の際には必ず保護具を着用し、風下で作業をしない。飛散したものは空容器にできるだけ回収し、そのあとを多量の水で洗い流す。

(2)出火時

・周辺火災の場合 ＝ 速やかに容器を安全な場所に移す。移動不可能な場合には、容器および周囲に散水して冷却する。

・着火した場合 ＝ 必ず保護具を着用し、多量の水で消火する。

・消火剤 ＝ 水

(3)暴露・接触時

　①急性中毒と刺激性

・吸入した場合 ＝ 鉛中毒を起こすことがある。

・眼に入った場合 ＝ 異物感を与え、粘膜を刺激する。

　②医師の処置を受けるまでの救急方法

・吸入した場合 ＝ 鼻をかみ、うがいをさせる。

・皮膚に触れた場合 ＝ 直ちに汚染された衣服や靴などの汚れを落とした後、付着部または接触部を石けん水で洗浄し、多量の水で洗い流す。

・眼に入った場合 ＝ 直ちに多量の水で15分間以上洗い流す。

(4)注意事項

　強熱すると有毒な酸化鉛（Ⅱ）の煙霧およびガスを生成する。

(5)保護具

　保護眼鏡、保護手袋、保護長靴、保護衣、防塵マスク（火災時：人工呼吸器）

【廃棄基準】　〔廃棄方法〕

614

(1)固化隔離法

　セメントを用いて固化し、溶出試験を行い、溶出量が判定基準以下であることを確認して埋立処分する。

(2)焙焼法

　多量の場合には還元焙焼法により金属鉛として回収する。

　〈備考〉

　・廃棄物の溶出試験および溶出基準は廃棄物の処理及び清掃に関する法律の規定に基づく。

　・焙焼法による場合には専門業者に処理を委託することが望ましい。

〔生成物〕($PbCN_2$ *)

（注）1　（　）は、生成物が化学的変化を生じていないもの。
（注）2　*は、生成物が廃棄物の処理及び清掃に関する法律により規制を受けるもの。

〔検定法〕イオン電極法（F）、吸光光度法、原子吸光法
〔その他〕本薬物の付着した紙袋等を焼却すると酸化鉛（Ⅱ）の煙霧を生成するので、洗浄装置のない焼却炉等で焼却しない。

劇物	水酸化鉛
毒物及び劇物指定令 第2条／77	**Lead hydroxide** 〔別名〕水酸化鉛（Ⅱ）

【組成・化学構造】　**分子式**　H_2O_2Pb

　　　　　　　　　構造式　$HO^{\diagdown}Pb^{\diagup}OH$

【CAS番号】19783-14-3

【性状】無色または白色粉末。145℃で分解して一酸化鉛を生成。水に不溶（20℃で水 100 mL に 1.07×10^{-4} g 溶解）。硝酸、アルカリに可溶。

【応急措置基準】〔措置〕

(1)漏えい時

　飛散した場所の周辺にはロープを張るなどして人の立入りを禁止する。作業の際には必ず保護具を着用し、風下で作業をしない。飛散したものは空容器にできるだけ回収し、そのあとを多量の水で洗い流す。

(2)出火時

・周辺火災の場合 ＝ 速やかに容器を安全な場所に移す。移動不可能な場合には、容器および周囲に散水して冷却する。

(3)暴露・接触時

①急性中毒と刺激性

　・吸入した場合 ＝ 鉛中毒を起こすことがある。

　・眼に入った場合 ＝ 異物感を与え、粘膜を刺激する。

各　論

②医師の処置を受けるまでの救急方法

・吸入した場合＝鼻をかみ、うがいをさせる。

・皮膚に触れた場合＝直ちに汚染された衣服や靴などの汚れを落とした後、付着部または接触部を石けん水で洗浄し、多量の水で洗い流す。

・眼に入った場合＝直ちに多量の水で15分間以上洗い流す。

(4)注意事項

強熱すると有毒な酸化鉛（Ⅱ）の煙霧を生成する。

(5)保護具

保護眼鏡、保護手袋、保護長靴、保護衣、防塵マスク（火災時：人工呼吸器）

【廃棄基準】〔廃棄方法〕

(1)固化隔離法

セメントを用いて固化し、溶出試験を行い、溶出量が判定基準以下であることを確認して埋立処分する。

(2)焙焼法

多量の場合には還元焙焼法により金属鉛として回収する。

〈備考〉

・廃棄物の溶出試験および溶出基準は、廃棄物の処理及び清掃に関する法律の規定に基づく。

・焙焼法による場合には専門業者に処理を委託することが望ましい。

〔生成物〕（$Pb(OH)_2$*）

（注）1　（　）は、生成物が化学的変化を生じていないもの。

（注）2　＊は、生成物が廃棄物の処理及び清掃に関する法律により規制を受けるもの。

〔検定法〕イオン電極法（F）、吸光光度法、原子吸光法

〔その他〕本薬物の付着した紙袋等を焼却すると酸化鉛（Ⅱ）の煙霧を生成するので、洗浄装置のない焼却炉等で焼却しない。

劇物	
毒物及び劇物指定令第2条／77	**二塩基性亜硫酸鉛** **Dibasic lead sulfite**

【組成・化学構造】　分子式　$2PbO, PbSO_3 \cdot 0.5H_2O$

構造式

$2\,Pb=O$　・　Pb^{2+}

【CAS番号】　90583-37-2

【性状】　白色粉末。融点322℃（分解）。水に不溶。硝酸、アルカリに可溶。

劇　　物

【応急措置基準】〔措置〕

(1)漏えい時

　飛散した場所の周辺にはロープを張るなどして人の立入りを禁止する。作業の際には必ず保護具を着用し、風下で作業をしない。飛散したものは空容器にできるだけ回収し、そのあとを多量の水で洗い流す。

(2)出火時

・周辺火災の場合 ＝ 速やかに容器を安全な場所に移す。移動不可能な場合には、容器および周囲に散水して冷却する。

(3)暴露・接触時

　①急性中毒と刺激性

　・吸入した場合 ＝ 鉛中毒を起こすことがある。

　・眼に入った場合 ＝ 異物感を与え、粘膜を刺激する。

　②医師の処置を受けるまでの救急方法

　・吸入した場合 ＝ 鼻をかみ、うがいをさせる。

　・皮膚に触れた場合 ＝ 直ちに汚染された衣服や靴などの汚れを落とした後、付着部または接触部を石けん水で洗浄し、多量の水で洗い流す。

　・眼に入った場合 ＝ 直ちに多量の水で 15 分間以上洗い流す。

(4)注意事項

　強熱すると有毒な酸化鉛（Ⅱ）の煙霧およびガスを生成する。

(5)保護具

　保護眼鏡、保護手袋、保護長靴、保護衣、防塵マスク（火災時：人工呼吸器）

【廃棄基準】〔廃棄方法〕

(1)固化隔離法

　セメントを用いて固化し、溶出試験を行い、溶出量が判定基準以下であることを確認して埋立処分する。

(2)焙焼法

　多量の場合には還元焙焼法により金属鉛として回収する。

　〈備考〉

　・廃棄物の溶出試験および溶出基準は、廃棄物の処理及び清掃に関する法律の規定に基づく。

　・焙焼法による場合には専門業者に処理を委託することが望ましい。

〔生成物〕（2PbO・PbSO$_3$ *）

（注）1　（　）は、生成物が化学的変化を生じていないもの。
（注）2　＊は、生成物が廃棄物の処理及び清掃に関する法律により規制を受けるもの。

〔検定法〕イオン電極法（F）、吸光光度法、原子吸光法

劇
物

617

各　　論

〔その他〕本薬物の付着した紙袋等を焼却すると酸化鉛（Ⅱ）の煙霧を生成するので、洗浄装置のない焼却炉等で焼却しない。

劇物	二塩基性亜リン酸鉛
毒物及び劇物指定令 第2条／77	Dibasic lead phosphite

【組成・化学構造】　分子式　$2Pb \cdot HO_3PPb$

構造式

$2\ Pb=O$　・　Pb^{2+} 　$\overset{OH}{\underset{O^-}{\overset{|}{P}}}{}_{O^-}$

【CAS番号】　1344-40-7

【性状】　白色粉末。融点253℃（分解）。水に不溶。硝酸、アルカリに可溶。

【応急措置基準】　〔措置〕

(1)漏えい時

飛散した場所の周辺にはロープを張るなどして人の立入りを禁止する。作業の際には必ず保護具を着用し、風下で作業をしない。飛散したものは空容器にできるだけ回収し、そのあとを多量の水で洗い流す。

(2)出火時

・周辺火災の場合＝速やかに容器を安全な場所に移す。移動不可能な場合には、容器および周囲に散水して冷却する。

・着火した場合＝必ず保護具を着用し、多量の水で消火する。

・消火剤＝水

(3)暴露・接触時

①急性中毒と刺激性

・吸入した場合＝鉛中毒を起こすことがある。

・眼に入った場合＝異物感を与え、粘膜を刺激する。

②医師の処置を受けるまでの救急方法

・吸入した場合＝鼻をかみ、うがいをさせる。

・皮膚に触れた場合＝直ちに汚染された衣服や靴等の汚れを落とした後、付着部または接触部を石けん水で洗浄し、多量の水で洗い流す。

・眼に入った場合＝直ちに多量の水で15分間以上洗い流す。

(4)注意事項

強熱すると有毒な酸化鉛（Ⅱ）の煙霧を生成する。

(5)保護具

保護眼鏡、保護手袋、保護長靴、保護衣、防塵マスク（火災時：人工呼吸器）

【廃棄基準】　〔廃棄方法〕

劇　物

(1)固化隔離法

　セメントを用いて固化し、溶出試験を行い、溶出量が判定基準以下であることを確認して埋立処分する。

(2)焙焼法

　多量の場合には還元焙焼法により金属鉛として回収する。

　〈備考〉

　　・廃棄物の溶出試験および溶出基準は、廃棄物の処理及び清掃に関する法律の規定に基づく。

　　・焙焼法による場合には専門業者に処理を委託することが望ましい。

〔生成物〕($2PbO \cdot PbHPO_3$ *)

　(注) 1　（　）は、生成物が化学的変化を生じていないもの。
　(注) 2　*は、生成物が廃棄物の処理及び清掃に関する法律により規制を受けるもの。

〔検定法〕イオン電極法（F）、吸光光度法、原子吸光法

〔その他〕本薬物の付着した紙袋等を焼却すると酸化鉛（Ⅱ）の煙霧を生成するので、洗浄装置のない焼却炉等で焼却しない。

劇物	
毒物及び劇物指定令 第2条／77	**塩基性ケイ酸鉛** **Basic lead silicate**

【組成・化学構造】　**分子式**　O_3PbSi

　　　　　　　　構造式

$$Pb=O \cdot \left[Pb^{2+} \begin{array}{c} O \\ \| \\ O^- Si O^- \end{array} \right]_2$$

【CAS番号】　11120-22-2

【性状】　白色粉末。融点730℃。水に不溶。硝酸、アルカリに可溶。

【応急措置基準】　〔措置〕

(1)漏えい時

　飛散した場所の周辺にはロープを張るなどして人の立入りを禁止する。作業の際には必ず保護具を着用し、風下で作業をしない。飛散したものは空容器にできるだけ回収し、そのあとを多量の水で洗い流す。

(2)出火時

　・周辺火災の場合 ＝ 速やかに容器を安全な場所に移す。移動不可能な場合には、容器および周囲に散水して冷却する。

(3)暴露・接触時

　①急性中毒と刺激性

　・吸入した場合 ＝ 鉛中毒を起こすことがある。

　・眼に入った場合 ＝ 異物感を与え、粘膜を刺激する。

619

②医師の処置を受けるまでの救急方法
　　・吸入した場合＝鼻をかみ、うがいをさせる。
　　・皮膚に触れた場合＝直ちに汚染された衣服や靴などの汚れを落とした後、付着部または接触部を石けん水で洗浄し、多量の水で洗い流す。
　　・眼に入った場合＝直ちに多量の水で15分間以上洗い流す。
　(4)注意事項
　　強熱すると有毒な酸化鉛（Ⅱ）の煙霧を生成する。
　(5)保護具
　　保護眼鏡、保護手袋、保護長靴、保護衣、防塵マスク（火災時：人工呼吸器）

【廃棄基準】〔廃棄方法〕
　(1)固化隔離法
　　セメントを用いて固化し、溶出試験を行い、溶出量が判定基準以下であることを確認して埋立処分する。
　(2)焙焼法
　　多量の場合には還元焙焼法により金属鉛として回収する。
　〈備考〉
　　・廃棄物の溶出試験および溶出基準は、廃棄物の処理及び清掃に関する法律の規定に基づく。
　　・焙焼法による場合には専門業者に処理を委託することが望ましい。
〔生成物〕（PbO・2PbSiO$_3$*）
　　（注）1　（　）は、生成物が化学的変化を生じていないもの。
　　（注）2　*は、生成物が廃棄物の処理及び清掃に関する法律により規制を受けるもの。
〔検定法〕イオン電極法（F）、吸光光度法、原子吸光法
〔その他〕本薬物の付着した紙袋等を焼却すると酸化鉛（Ⅱ）の煙霧を生成するので、洗浄装置のない焼却炉等で焼却しない。

劇物	
毒物及び劇物指定令 第2条／77	**ケイ酸鉛** Lead silicate

【組成・化学構造】
　分子式　O$_3$Si・Pb
　構造式

【CAS番号】10099-76-0
【性状】白色粉末。融点766℃。水に不溶。硝酸、アルカリに可溶。

劇　　物

【応急措置基準】〔措置〕

(1)漏えい時

　飛散した場所の周辺にはロープを張るなどして人の立入りを禁止する。作業の際には必ず保護具を着用し、風下で作業をしない。飛散したものは空容器にできるだけ回収し、そのあとを多量の水で洗い流す。

(2)出火時

・周辺火災の場合 ＝ 速やかに容器を安全な場所に移す。移動不可能な場合には、容器および周囲に散水して冷却する。

(3)暴露・接触時

　①急性中毒と刺激性

　・吸入した場合 ＝ 鉛中毒を起こすことがある。

　・眼に入った場合 ＝ 異物感を与え、粘膜を刺激する。

　②医師の処置を受けるまでの救急方法

　・吸入した場合 ＝ 鼻をかみ、うがいをさせる。

　・皮膚に触れた場合 ＝ 直ちに汚染された衣服や靴などの汚れを落とした後、付着部または接触部を石けん水で洗浄し、多量の水で洗い流す。

　・眼に入った場合 ＝ 直ちに多量の水で 15 分間以上洗い流す。

(4)注意事項

　強熱すると有毒な酸化鉛（Ⅱ）の煙霧を生成する。

(5)保護具

　保護眼鏡、保護手袋、保護長靴、保護衣、防塵マスク（火災時：人工呼吸器）

【廃棄基準】〔廃棄方法〕

(1)固化隔離法

　セメントを用いて固化し、溶出試験を行い、溶出量が判定基準以下であることを確認して埋立処分する。

(2)焙焼法

　多量の場合には還元焙焼法により金属鉛として回収する。

　〈備考〉

　・廃棄物の溶出試験および溶出基準は、廃棄物の処理及び清掃に関する法律の規定に基づく。

　・焙焼法による場合には専門業者に処理を委託することが望ましい。

〔生成物〕($PbSiO_3{}^*$)

（注）1　（　）は、生成物が化学的変化を生じていないもの。
（注）2　＊は、生成物が廃棄物の処理及び清掃に関する法律により規制を受けるもの。

〔検定法〕イオン電極法（F）、吸光光度法、原子吸光法

劇
物

各　　論

〔その他〕本薬物の付着した紙袋等を焼却すると酸化鉛（Ⅱ）の煙霧を生成するので、洗浄装置のない焼却炉等で焼却しない。

劇物	鉛酸カルシウム
毒物及び劇物指定令 第2条／77	Calcium plumbate

【組成・化学構造】　**分子式**　Ca・1/2O$_4$Pb

構造式

$$2Ca^{2+} \left[\begin{matrix} O \diagdown & O \\ & Pb \\ O \diagup & O \end{matrix} \right]^{4-}$$

【CAS番号】　12013-69-3

【性状】　淡黄色または淡褐色粉末。融点950℃以上（分解）。水に不溶。硝酸に可溶、アルカリに難溶。

【応急措置基準】　〔措置〕

(1)漏えい時

　飛散した場所の周辺にはロープを張るなどして人の立入りを禁止する。作業の際には必ず保護具を着用し、風下で作業をしない。飛散したものは空容器にできるだけ回収し、そのあとを多量の水で洗い流す。

(2)出火時

・周辺火災の場合＝速やかに容器を安全な場所に移す。移動不可能な場合には、容器および周囲に散水して冷却する。

(3)暴露・接触時

　①急性中毒と刺激性

・吸入した場合＝鉛中毒を起こすことがある。

・眼に入った場合＝異物感を与え、粘膜を刺激する。

　②医師の処置を受けるまでの救急方法

・吸入した場合＝鼻をかみ、うがいをさせる。

・皮膚に触れた場合＝直ちに汚染された衣服や靴などの汚れを落とした後、付着部または接触部を石けん水で洗浄し、多量の水で洗い流す。

・眼に入った場合＝直ちに多量の水で15分間以上洗い流す。

(4)注意事項

　強熱すると有毒な酸化鉛（Ⅱ）の煙霧を生成する。

(5)保護具

　保護眼鏡、保護手袋、保護長靴、保護衣、防塵マスク（火災時：人工呼吸器）

【廃棄基準】　〔廃棄方法〕

劇　物

(1)固化隔離法

　セメントを用いて固化し、溶出試験を行い、溶出量が判定基準以下であることを確認して埋立処分する。

(2)焙焼法

　多量の場合には還元焙焼法により金属鉛として回収する。

〈備考〉

・廃棄物の溶出試験および溶出基準は、廃棄物の処理及び清掃に関する法律の規定に基づく。

・焙焼法による場合には専門業者に処理を委託することが望ましい。

〔生成物〕($2CaO \cdot PbO_2$ *)

　(注) 1　( ) は、生成物が化学的変化を生じていないもの。
　(注) 2　*は、生成物が廃棄物の処理及び清掃に関する法律により規制を受けるもの。

〔検定法〕イオン電極法（F）、吸光光度法、原子吸光法

〔その他〕本薬物の付着した紙袋等を焼却すると酸化鉛（Ⅱ）の煙霧を生成するので、洗浄装置のない焼却炉等で焼却しない。

劇物	ステアリン酸鉛
毒物及び劇物指定令 第2条／77	**Lead stearate**

【組成・化学構造】　**分子式**　$C_{18}H_{36}O_2 \cdot 1/2Pb$

構造式

$$Pb^{2+} \left[O^- \overset{O}{\underset{}{\|}} C - (CH_2)_{16} - CH_3 \right]_2$$

【CAS番号】　1072-35-1

【性状】　白色粉末。融点 $105 \sim 112℃$。水、エタノール、石油エーテルに難溶。熱トルエン、テレビン油にわずかに可溶。

【用途】　ワニスの乾燥剤、船底塗料、塩化ビニルの安定剤。

【応急措置基準】　〔措置〕

(1)漏えい時

　飛散した場所の周辺にはロープを張るなどして人の立入りを禁止する。作業の際には必ず保護具を着用し、風下で作業をしない。飛散したものは空容器にできるだけ回収し、そのあとを中性洗剤等の分散剤を使用して多量の水で洗い流す。

(2)出火時

・周辺火災の場合 ＝ 速やかに容器を安全な場所に移す。移動不可能な場合には、容器および周囲に散水して冷却する。

・着火した場合 ＝ 必ず保護具を着用し、多量の水で消火する。

各　　論

・消火剤 ＝ 水

(3)暴露・接触時

①急性中毒と刺激性

・吸入した場合 ＝ 鉛中毒を起こすことがある。

・皮膚に触れた場合 ＝ 皮膚に吸収されやすく、放置すると鉛中毒を起こすことがある。

・眼に入った場合 ＝ 異物感を与え、粘膜を刺激する。

②医師の処置を受けるまでの救急方法

・吸入した場合 ＝ 鼻をかみ、うがいをさせる。

・皮膚に触れた場合 ＝ 直ちに汚染された衣服や靴などを脱がせ、付着部または接触部を石けん水で洗浄し、多量の水で洗い流す。

・眼に入った場合 ＝ 直ちに多量の水で 15 分間以上洗い流す。

(4)注意事項

火災などで強熱されると 120℃付近で熔融し、流れ出し、さらに強熱すると燃焼して有毒な酸化鉛（Ⅱ）の煙霧を生成する。

(5)保護具

保護眼鏡、保護手袋、保護長靴、保護衣、防塵マスク（火災時：人工呼吸器）

【廃棄基準】〔廃棄方法〕

(1)固化隔離法

セメントを用いて固化し、溶出試験を行い、溶出量が判定基準以下であることを確認して埋立処分する。

(2)焙焼法

多量の場合には還元焙焼法により金属鉛として回収する。

〈備考〉

・有機酸鉛化合物は水と混合しにくいので、作業の際には分散剤（中性洗剤等）を使用して水と混合する必要がある。

・廃棄物の溶出試験および溶出基準は、廃棄物の処理及び清掃に関する法律に基づく。

・焙焼法による場合には専門業者に処理を委託することが望ましい。

〔生成物〕$(Pb(C_{17}H_{35}COO)_2 {}^*)$

（注）1　（　）は、生成物が化学的変化を生じていないもの。

（注）2　＊は、生成物が廃棄物の処理及び清掃に関する法律により規制を受けるもの。

〔検定法〕吸光光度法、原子吸光法

〔その他〕本薬物の付着した紙袋等を焼却すると酸化鉛（Ⅱ）の煙霧を生成するので、洗浄装置のない焼却炉等で焼却しない。

劇　物

劇物	二塩基性ステアリン酸鉛
毒物及び劇物指定令 第2条／77	**Dibasic lead stearate**

【組成・化学構造】　**分子式**　$C_{18}H_{35}O_3Pb$

構造式

$$2\,Pb{=}O \cdot Pb^{2+} \left[\begin{array}{c} O \\ \| \\ -O-C-(CH_2)_{16}-CH_3 \end{array} \right]_2$$

【CAS番号】　56189-09-4

【性状】　白色粉末。融点280～300℃（分解）。水に難溶。熱トルエン、テレビン油に可溶。

【応急措置基準】　〔措置〕

(1)漏えい時

　飛散した場所の周辺は人の立入りを禁止する。作業の際には必ず保護具を着用し、風下で作業をしない。飛散したものは空容器にできるだけ回収し、そのあとを中性洗剤等の分散剤を使用して多量の水で洗い流す。

(2)出火時

・周辺火災の場合 ＝ 速やかに容器を安全な場所に移す。移動不可能な場合には、容器および周囲に散水して冷却する。

・着火した場合 ＝ 必ず保護具を着用し、多量の水で消火する。

・消火剤 ＝ 水

(3)暴露・接触時

　①急性中毒と刺激性

・吸入した場合 ＝ 鉛中毒を起こすことがある。

・皮膚に触れた場合 ＝ 皮膚に吸収されやすく、放置すると鉛中毒を起こすことがある。

・眼に入った場合 ＝ 異物感を与え、粘膜を刺激する。

　②医師の処置を受けるまでの救急方法

・吸入した場合 ＝ 鼻をかみ、うがいをさせる。

・皮膚に触れた場合 ＝ 直ちに汚染された衣服や靴などを脱がせ、付着部または接触部を石けん水を用いて洗浄し、多量の水で洗い流す。

・眼に入った場合 ＝ 直ちに多量の水で15分間以上洗い流す。

(4)注意事項

　火災などで強熱されると300℃付近で熔融し、流れ出し、さらに強熱すると燃焼して有毒な酸化鉛（Ⅱ）の煙霧を生成する。

(5)保護具

　保護眼鏡、保護手袋、保護長靴、保護衣、防塵マスク（火災時：人工

各　　論

呼吸器）

【廃棄基準】〔廃棄方法〕

(1)固化隔離法

セメントを用いて固化し、溶出試験を行い、溶出量が判定基準以下であることを確認して埋立処分する。

(2)焙焼法

多量の場合には還元焙焼法により金属鉛として回収する。

〈備考〉

・有機酸鉛化合物は水と混合しにくいので、作業の際には分散剤（中性洗剤等）を使用して水と混合する必要がある。

・廃棄物の溶出試験および溶出基準は、廃棄物の処理及び清掃に関する法律に基づく。

・焙焼法による場合には専門業者に処理を委託することが望ましい。

〔生成物〕$(2PbO \cdot Pb(C_{17}H_{35}COO)_2{}^*)$

（注）1　（　）は、生成物が化学的変化を生じていないもの。
（注）2　＊は、生成物が廃棄物の処理及び清掃に関する法律により規制を受けるもの。

〔検定法〕吸光光度法、原子吸光法

〔その他〕本薬物の付着した紙袋等を焼却すると酸化鉛（Ⅱ）の煙霧を生成するので、洗浄装置のない焼却炉等で焼却しない。

劇物	二塩基性フタル酸鉛
毒物及び劇物指定令 第2条／77	**Dibasic lead phthalate**

【組成・化学構造】**分子式**　$C_8H_4O_4Pb$

構造式

$2\ Pb=O\ \cdot\ Pb^{2+}$

【CAS番号】57142-78-6

【性状】白色粉末。融点360℃（分解）。水に難溶。硝酸、アルカリに可溶。

【応急措置基準】〔措置〕

(1)漏えい時

飛散した場所の周辺は人の立入りを禁止する。作業の際には必ず保護具を着用し、風下で作業をしない。飛散したものは空容器にできるだけ回収し、そのあとを中性洗剤等の分散剤を使用して多量の水で洗い流す。

(2)出火時

劇　物

・周辺火災の場合＝速やかに容器を安全な場所に移す。移動不可能な場合には、容器および周囲に散水して冷却する。

・着火した場合＝必ず保護具を着用し、多量の水で消火する。

・消火剤＝水

(3)暴露・接触時

①急性中毒と刺激性

・吸入した場合＝鉛中毒を起こすことがある。

・皮膚に触れた場合＝皮膚に吸収されやすく、放置すると鉛中毒を起こすことがある。

・眼に入った場合＝異物感を与え、粘膜を刺激する。

②医師の処置を受けるまでの救急方法

・吸入した場合＝鼻をかみ、うがいをさせる。

・皮膚に触れた場合＝直ちに汚染された衣服や靴などを脱がせ、付着部または接触部を石けん水を用いて洗浄し、多量の水で洗い流す。

・眼に入った場合＝直ちに多量の水で 15 分間以上洗い流す。

(4)注意事項

火災などで強熱されると 400℃付近で熔融し、流れ出し、さらに強熱すると燃焼して有毒な酸化鉛（Ⅱ）の煙霧を生成する。

(5)保護具

保護眼鏡、保護手袋、保護長靴、保護衣、防塵マスク（火災時：人工呼吸器）

【廃棄基準】〔廃棄方法〕

(1)固化隔離法

セメントを用いて固化し、溶出試験を行い、溶出量が判定基準以下であることを確認して埋立処分する。

(2)焙焼法

多量の場合には還元焙焼法により金属鉛として回収する。

〈備考〉

・有機酸鉛化合物は水と混合しにくいので、作業の際には分散剤（中性洗剤等）を使用して水と混合する必要がある。

・廃棄物の溶出試験および溶出基準は、廃棄物の処理及び清掃に関する法律に基づく。

・焙焼法による場合には専門業者に処理を委託することが望ましい。

〔生成物〕$(2PbO \cdot Pb(C_6H_4(COO)_2)^*)$

(注) 1 （ ）は、生成物が化学的変化を生じていないもの。

(注) 2 ＊は、生成物が廃棄物の処理及び清掃に関する法律により規制を受けるもの。

〔検定法〕吸光光度法、原子吸光法

劇
物

627

各　　論

〔その他〕本薬物の付着した紙袋等を焼却すると酸化鉛（Ⅱ）の煙霧を生成するので、洗浄装置のない焼却炉等で焼却しない。

劇物	三塩基性硫酸鉛
毒物及び劇物指定令 第 2 条／77	**Tribasic lead sulfate**

【組成・化学構造】　**分子式**　O_7Pb_4S

構造式

$3\ Pb=O\ \ddot{\imath}\cdot\ Pb^{2+}$

【CAS 番号】　12202-17-4

【性状】　白色粉末。融点 977℃。水に不溶（20℃で水 100 mL に 2.6 × 10^{-3} g 溶解）。硝酸、アルカリに可溶。

【応急措置基準】　〔措置〕

(1)漏えい時

　飛散した場所の周辺にはロープを張るなどして人の立入りを禁止する。作業の際には必ず保護具を着用し、風下で作業をしない。飛散したものは空容器にできるだけ回収し、そのあとを多量の水で洗い流す。

(2)出火時

・周辺火災の場合 ＝ 速やかに容器を安全な場所に移す。移動不可能な場合には、容器および周囲に散水して冷却する。

(3)暴露・接触時

　①急性中毒と刺激性

　・吸入した場合 ＝ 鉛中毒を起こすことがある。

　・眼に入った場合 ＝ 異物感を与え、粘膜を刺激する。

　②医師の処置を受けるまでの救急方法

　・吸入した場合 ＝ 鼻をかみ、うがいをさせる。

　・皮膚に触れた場合 ＝ 直ちに汚染された衣服や靴などの汚れを落とした後、付着部または接触部を石けん水で洗浄し、多量の水で洗い流す。

　・眼に入った場合 ＝ 直ちに多量の水で 15 分間以上洗い流す。

(4)注意事項

　強熱すると有毒な酸化鉛（Ⅱ）の煙霧を生成する。

(5)保護具

　保護眼鏡、保護手袋、保護長靴、保護衣、防塵マスク（火災時：人工呼吸器）

【廃棄基準】　〔廃棄方法〕

(1)固化隔離法

劇　物

　　セメントを用いて固化し、溶出試験を行い、溶出量が判定基準以下で
あることを確認して埋立処分する。

(2)焙焼法

　　多量の場合には還元焙焼法により金属鉛として回収する。

　　〈備考〉

　　　・有機酸鉛化合物は水と混合しにくいので、作業の際には分散剤（中
　　　　性洗剤等）を使用して水と混合する必要がある。

　　　・廃棄物の溶出試験および溶出基準は、廃棄物の処理及び清掃に関す
　　　　る法律に基づく。

　　　・焙焼法による場合には専門業者に処理を委託することが望ましい。

〔生成物〕($3PbO \cdot PbSO_4{}^*$)

　(注) 1　( ) は、生成物が化学的変化を生じていないもの。
　(注) 2　＊は、生成物が廃棄物の処理及び清掃に関する法律により規制を受けるもの。

〔検定法〕吸光光度法、原子吸光法

〔その他〕本薬物の付着した紙袋等を焼却すると酸化鉛（Ⅱ）の煙霧を生
成するので、洗浄装置のない焼却炉等で焼却しない。

劇物	フッ化鉛
毒物及び劇物指定令 第2条／77	**Lead fluoride** 〔別名〕フッ化鉛（Ⅱ）

【組成・化学構造】　**分子式**　F_2Pb

　　　　　　　　　構造式　$F-Pb-F$

【CAS番号】　7783-46-2

【性状】　白色結晶。融点855℃。水に難溶（25℃で水 100 mL に 0.07 g 溶解）。硝
　　　　酸に可溶。

【応急措置基準】　〔措置〕

(1)漏えい時

　　飛散した場所の周辺にはロープを張るなどして人の立入りを禁止する。
作業の際には必ず保護具を着用し、風下で作業をしない。飛散したもの
は空容器にできるだけ回収し、そのあとを多量の水で洗い流す。

(2)出火時

・周辺火災の場合 ＝ 速やかに容器を安全な場所に移す。移動不可能な場
　合には容器および周囲に散水して冷却する。

(3)暴露・接触時

　①急性中毒と刺激性

　　・吸入した場合 ＝ 重症の場合には鼻、のど、気管支、肺などの粘膜を
　　　刺激し、炎症を起こすことがある。

629

各　論

・眼に入った場合 = 異物感を与え、粘膜を刺激する。

②医師の処置を受けるまでの救急方法

・吸入した場合 = 鼻をかませ、うがいをさせる。

・皮膚に触れた場合 = 直ちに汚染された衣服や靴などの汚れを落とした後、付着部または接触部を石けん水で洗浄し、多量の水で洗い流す。

・眼に入った場合 = 直ちに多量の水で15分間以上洗い流す。

(4)注意事項

①火災等で強熱されると、有毒な酸化鉛（Ⅱ）の煙霧およびフッ化水素ガスを生成する。

②酸と接触すると有毒なフッ化水素ガスを生成する。

(5)保護具

保護眼鏡、保護手袋、保護長靴、保護衣、防塵マスク（火災時：人工呼吸器）

【廃棄基準】〔廃棄方法〕

(1)固化隔離法

セメントを用いて固化し、溶出試験を行い、溶出量が判定基準以下であることを確認して埋立処分する。

(2)焙焼法

多量の場合には還元焙焼法により金属鉛として回収する。

〈備考〉

・廃棄物の溶出試験および溶出基準は、廃棄物の処理及び清掃に関する法律の規定に基づく。

・焙焼法による場合には専門業者に処理を委託することが望ましい。

〔生成物〕（PbF$_2$*）

(注) 1 　（　）は、生成物が化学的変化を生じていないもの。
(注) 2 　*は、生成物が廃棄物の処理及び清掃に関する法律により規制を受けるもの。

〔検定法〕イオン電極法（F）、吸光光度法、原子吸光法

〔その他〕本薬物の付着した紙袋等を焼却すると酸化鉛（Ⅱ）の煙霧を生成するので、洗浄装置のない焼却炉等で焼却しない。

劇物	ケイフッ化鉛
毒物及び劇物指定令 第2条／77	**Lead silicofluoride** 〔別名〕ヘキサフルオロケイ酸鉛

性状・応急措置基準・廃棄基準等については 464 ページを参照。

630

劇　物

劇物	ナラシン
毒物及び劇物指定令 第2条／77の2	**Narasin** 〔別名〕4-メチルサリノマイシン

組成・性状・毒性等については 226 ページ参照。

劇物	1-(4-ニトロフェニル)-3-(3-ピリジルメチル)ウレア
毒物及び劇物指定令 第2条／77の3	**1-(4-Nitrophenyl)-3-(3-pyridylmethyl) urea** 〔別名〕ピリミニール

【組成・化学構造】　**分子式**　$C_{13}H_{12}N_4O_3$

　　　　　　　　　構造式

【CAS番号】 53558-25-1
　　【性状】 無臭の淡黄色粉末。融点 223 〜 225℃。ピリジン、メチルセルソルブなどに可溶。水に難溶。
　　【用途】 殺鼠剤。
　　【毒性】 原体の LD_{50} ＝ マウス雌経口：48.6 mg/kg。
　【その他】 〔製剤〕現在、農薬としての市販品はない。

劇物	ニトロベンゼン
毒物及び劇物取締法 別表第二／63	**Nitrobenzene** 〔別名〕ニトロベンゾール

【組成・化学構造】　**分子式**　$C_6H_5NO_2$

　　　　　　　　　構造式

【CAS番号】 98-95-3
　　【性状】 無色または微黄色の吸湿性の液体。強い苦扁桃様の香気を有し、光線を屈折させる。沸点 210℃。比重 1.173。水に可溶であり、その溶液は甘味を有する。アルコールに易溶。
　　【用途】 アニリンの製造原料、タール中間物の製造原料、合成化学の酸化剤、特殊溶媒、石けん香料（ミルバン油）。
　　【毒性】 皮膚、呼吸器、消化器などから吸収され、8 〜 24 時間で中毒症状が発現する。中毒症状は頭痛、めまい、重症になると苦悶、嘔吐、麻痺、痙攣など。

各　　論

【応急措置基準】〔措置〕

(1)漏えい時

　風下の人を退避させ、漏えいした場所の周辺にはロープを張るなどして人の立入りを禁止する。付近の着火源となるものは速やかに取り除く。作業の際には必ず保護具を着用し、風下で作業をしない。

・少量 ＝ 漏えいした液は、多量の水で洗い流すか、または土砂やおが屑等に吸着させて空容器に回収し安全な場所で焼却する。

・多量 ＝ 漏えいした液は土砂等でその流れを止め、土砂やおが屑等に吸収させて空容器に回収し、安全な場所に移す。そのあとは多量の水で洗い流す。

　この場合、高濃度の廃液が河川等に排出されないように注意する。

(2)出火時

・周辺火災の場合 ＝ 速やかに容器を安全な場所に移す。移動不可能の場合は、容器および周囲に散水して冷却する。

・着火した場合 ＝ 必ず保護具を着用し消火剤、水噴霧等を用いて消火する。

・消火剤 ＝ 水、粉末、泡、二酸化炭素

(3)暴露・接触時

①急性中毒と刺激性

・吸入した場合 ＝ 蒸気を吸入すると中毒し、皮膚や粘膜が青黒くなる（チアノーゼ）、頭痛、めまい、眠気が起こる。重症の場合は、昏睡、意識不明となる。

・皮膚に触れた場合 ＝ 吸入した場合と同様の中毒症状を起こす。たびたび接触すると皮膚炎を起こしやすくなる。

・眼に入った場合 ＝ 強い刺激性はないが、角膜などに障害を起こすことがある。

②医師の処置を受けるまでの救急方法

・吸入した場合 ＝ 直ちに患者を毛布等にくるんで安静にさせ、新鮮な空気の場所に移し、速やかに医師の手当てを受ける。チアノーゼ症状を起こしたときは、酸素吸入を行う。呼吸が停止しているときは、直ちに人工呼吸を行う。

・皮膚に触れた場合 ＝ 直ちに付着部または接触部を多量の水または石けん水で十分に洗い流す。汚染された衣服や靴は脱がせ、医師の手当てを受ける。

・眼に入った場合 ＝ 直ちに多量の水で15分間以上洗い流し、速やかに医師の手当てを受ける。

(4)保護具

保護手袋（ゴム）、保護長靴（ゴム）、保護前掛（ゴム）、保護衣、保護眼鏡、有機ガス用防毒マスク

【廃棄基準】〔廃棄方法〕

燃焼法

おが屑と混ぜて焼却するか、または可燃性溶剤（アセトン、ベンゼン等）に溶かし焼却炉の火室へ噴霧し焼却する。

〔検定法〕ガスクロマトグラフィー

劇物	二硫化炭素
毒物及び劇物取締法 別表第二／64 毒物及び劇物指定令 第2条／78	**Carbon disulfide**

【組成・化学構造】 分子式 CS_2

構造式 $S=C=S$

【CAS番号】 75-15-0

【性状】本来は無色透明の麻酔性芳香を有する液体であるが、市場にあるものは、不快な臭気を有する。有毒で、長時間吸入すると麻酔作用が現れる。沸点46℃。比重1.293。−20℃でも引火してよく燃焼する。水に難溶。アルコール、エーテル、クロロホルムに易溶。硫黄、リン、油脂などを溶解させるので、溶媒として用いられる。

【用途】ヴィスコース法による人絹工業、ゴム工業における加硫作業、セルロイド工業、ゴム糊の製造、ゴム製品の接合作業、油脂の抽出ほか、四塩化炭素、ワニス、マッチの製造、溶剤、防腐剤など。

【毒性】原体の LD_{50} ＝ ラット経口：1200 mg/kg。LC_{50} ＝ マウス吸入：10000 mg/m^3（2 hr）。

二硫化炭素中毒は、多くはその蒸気の吸入によって起こるが、皮膚から吸収される場合もある。この中毒には急性と慢性があるが、工業中毒としては、慢性の場合が多い。二硫化炭素は神経毒であり、脳および神経細胞に脂肪変性をきたし、筋肉を萎縮させ、かつ溶血作用を呈する。急性中毒の症状は、循環器系障害が特徴で、次いで消化器障害が起こり、また中枢神経系も侵す。ヒトの最小致死量（吸入）は10000 mg/m^{3}である。慢性中毒は、少量の二硫化炭素に接触してから数週間、数カ月あるいは数年後に起こり、はじめ頭痛、四肢の疼痛、めまい、食欲不振、嘔吐などが現れ、次いで麻酔状態、癲癇様発作などの精神症状が加わり、重症の場合は、憂鬱、筋肉萎縮、運動および知覚麻痺、視力障害などが起こる。慢性中毒は、早期発見して原因である作業から遠ざければ、予後は良好である。軽症は全治するが、重症の場合には神経または精神障害が長期間現れることが多い。

633

各　　論

【応急措置基準】〔措置〕

(1)漏えい時

　風下の人を退避させ、漏えいした場所の周辺にはロープを張るなどして人の立入りを禁止する。付近の着火源となるものを速やかに取り除く。作業の際には必ず保護具を着用し、風下で作業をしない。その際、特に保護具の材質に注意すること。

・少量 ＝ 漏えいした液は水で覆った後、土砂等に吸着させて空容器に回収し、水封後密栓する。そのあとを多量の水で洗い流す。

・多量 ＝ 漏えいした液は、土砂等でその流れを止め、安全な場所に導き水で覆った後、土砂等に吸着させて空容器に回収し、水封後密栓する。そのあとを多量の水で洗い流す。

　この場合、高濃度の廃液が河川等に排出されないように注意する。

(2)出火時

・周辺火災の場合 ＝ 速やかに容器を安全な場所に移す。移動不可能の場合は、容器および周囲に散水して冷却する。

・着火した場合 ＝ 必ず保護具を着用し、十分な水で消火する。

・消火剤 ＝ 水

(3)暴露・接触時

①急性中毒と刺激性

・吸入した場合 ＝ 興奮状態を経て麻痺状態に入り意識が朦朧とし、呼吸麻痺を起こし、死亡することがある。回復期に猛烈な頭痛を伴う。

・皮膚に触れた場合 ＝ 皮膚を刺激し、皮膚からも吸収され、吸入した場合と同様の症状を起こす。

・眼に入った場合 ＝ 粘膜を刺激して炎症を起こす。

②医師の処置を受けるまでの救急方法

・吸入した場合 ＝ 直ちに患者を毛布等にくるんで安静にさせ、新鮮な空気の場所に移す。呼吸困難または呼吸停止の場合は直ちに人工呼吸を行う。

・皮膚に触れた場合 ＝ 直ちに汚染された衣服や靴を脱がせ、付着部または接触部を石けん水または多量の水で十分に洗い流す。

・眼に入った場合 ＝ 直ちに多量の水で15分間以上洗い流す。

(4)注意事項

①非常に蒸発しやすく、その蒸気は空気と混合して爆発性混合ガスとなるので火気は絶対に近づけない。

②引火点 −30℃、発火点 100℃の極めて燃焼しやすい液体で電球の表面に触れるだけで発火することがある。

③静電気に対する対策を十分考慮する。

劇　　物

(5)保護具

保護眼鏡、保護手袋（合成ゴム）、保護長靴（合成ゴム）、保護衣（保護前掛は合成ゴム）、有機ガス用防毒マスク（火災時：人工呼吸器）

【廃棄基準】〔廃棄方法〕

(1)酸化法

次亜塩素酸ナトリウム水溶液と水酸化ナトリウムの混合溶液を撹拌しながら二硫化炭素を滴下し酸化分解させた後、多量の水で希釈して処理する。

〈備考〉

・$CS_2 + 6NaOH + 8NaClO \rightarrow Na_2CO_3 + 2Na_2SO_4 + 8NaCl + 3H_2O$

・発熱反応なので還流冷却器を付し二硫化炭素ガスが外へ漏れないよう注意する。

・反応容器の気層中の二硫化炭素ガスの検知を行う。

(2)燃焼法

ア　スクラバーを備えた焼却炉の火室へ噴霧し焼却する。

イ　建物や可燃性構築物から離れた安全な場所で冷えて乾いた砂または土の中で少量ずつ場所を変えて燃焼する。

〈備考〉

・(2)－アのスクラバーの洗浄液にはアルカリ溶液を用いること。

・(2)－アの焼却炉の火室の温度を予め 800℃ 以上にしておき 3 kg/cm² 以上の圧力で噴霧燃焼させること。

・(2)－アの二硫化炭素は水圧で圧力をかけること。

・(2)－アのバーナーと二硫化炭素貯槽の配管の途中には必ずステンレス製の逆止弁をとりつけておくこと。

〔生成物〕Na_2CO_3，Na_2SO_4

〔検定法〕吸光光度法

〔その他〕

ア　沸点が 46℃ と低いので、極めて蒸発しやすく中毒を起こしやすい。

イ　引火点が −30℃、発火点が 100℃ と発火しやすく、爆発範囲が 1.3 ～ 44％ と極めて広いので、火気の取扱いや高温物体と接触させない。

【その他】〔貯法〕少量ならば共栓ガラス瓶、多量ならば鋼製ドラムなどを使用する。揮発性が強く、容器内で圧力を生じ、微孔を通って放出するので、密閉するのは困難である。低温でも極めて引火しやすく、その蒸気は床面を伝って広がり、空気中に 6％ 以上混ざると爆発性となり、容器から 6 ～ 7 m 離れていても、引火点に達すると、直ちに容器内の液体に引火する。したがって、いったん開封したものは、蒸留水を混ぜておくと安全であ

635

各 論

る。可燃性、発熱性、自然発火性のものから十分に引き離し、直射日光を受けない冷所で保存する。炎天下の貨車積み中、あるいは高圧蒸気を通じた鉄管に接触して爆発した例がある。また、瓶類の容器は、地震の震動による転倒または転落しないような場所に置く。

劇物	発煙硫酸
毒物及び劇物取締法 別表第二／65	Fuming sulfuric acid

【組成・化学構造】 分子式 $H_2O_7S_2$
構造式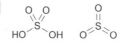

【CAS番号】 8014-95-7
【性状】 無色油状の液体。三酸化硫黄の含有量および温度により固化することがある。空気中にさらすと、刺激臭のある煙霧が発生する。
【用途】 工業上にはインディゴの溶解用、染料工業ではアントラキノンその他の硫酸基類の製造用。
【毒性】 皮膚、粘膜に対する腐食性、刺激性が強い。
【応急措置基準】 〔措置〕

(1) 漏えい時

風下の人を退避させ、必要があれば水で濡らした手ぬぐい等で口および鼻を覆う。漏えいした場所の周辺にはロープを張るなどして人の立入りを禁止する。作業の際には必ず保護具を着用し、風下で作業をしない。

・少量 ＝ 漏えいした液は土砂等に吸着させて、取り除くか、またはある程度水で徐々に希釈した後、水酸化カルシウム、炭酸ナトリウム等で中和し、多量の水で洗い流す。

・多量 ＝ 漏えいした液は土砂等でその流れを止め、これに吸着させるか、または安全な場所に導いて、遠くから徐々に注水してある程度希釈した後、水酸化カルシウム、炭酸ナトリウム等で中和し、多量の水で洗い流す。

この場合、高濃度の廃液が河川等に排出されないよう注意する。

(2) 出火時

・周辺火災の場合 ＝ 速やかに容器を安全な場所に移す。移動不可能の場合は容器および周囲に散水して冷却する。

(3) 暴露・接触時

① 急性中毒と刺激性

・吸入した場合 ＝ 煙霧を吸入すると肺水腫を起こし、重症の場合は意

識不明となる。
　・皮膚に触れた場合 = 火傷および潰瘍を起こす。
　・眼に入った場合 = 粘膜を激しく刺激し、失明することがある。
　②救急方法
　・吸入した場合 = 直ちに患者を毛布等にくるんで安静にさせ新鮮な空気の場所に移し、速やかに医師の手当てを受ける。呼吸が停止しているときは、人工呼吸を行う。呼吸困難のときは、酸素吸入を行う。
　・眼や皮膚に付着した場合 = 直ちに付着部または接触部を多量の水で15分間以上洗い流す。汚染された衣服や靴は脱がせ、速やかに医師の手当てを受ける。

(4)**注意事項**
　①可燃物、有機物と接触させない。
　②水と急激に接触すると多量の熱を生成し、酸が飛散することがある。
　③水で薄めて生じた希硫酸は各種の金属を腐食して水素ガスを生成し、これが空気と混合して引火爆発することがある。
　④直接中和剤を散布すると発熱し、酸が飛散することがある。

(5)**保護具**
　保護手袋（ゴム）、保護長靴（ゴム）、保護衣（ゴム）、保護眼鏡、有機ガス用防毒マスクまたは酸性ガス用防毒マスク

【廃棄基準】〔廃棄方法〕
中和法
　徐々に石灰乳などの攪拌溶液に加えて中和させた後、多量の水で希釈して処理する。
　〈備考〉多量の発煙硫酸を処理する場合は 70～80％硫酸で希釈してからにする。
〔生成物〕$CaSO_4$
〔検定法〕pH メーター法

【その他】〔鑑識法〕定性反応は硫酸と同様であるが、発煙硫酸は空気中で強く発煙する。

劇物	パラトルイレンジアミン
毒物及び劇物取締法別表第二／66	*p*-Toluylene-diamine

【組成・化学構造】　分子式　$C_7H_{10}N_2$
　　　　　　　　　構造式

各　論

【CAS 番号】　95-70-5
　【性状】　無色の結晶。沸点 274℃。融点 64℃。水に可溶。
　【用途】　染料の合成原料、染毛剤。
　【その他】　〈備考〉トルイレンジアミンの項 600 ページ参照。

劇物	パラフェニレンジアミン
毒物及び劇物取締法 別表第二／67	***p*-Phenylene-diamine** 〔別名〕パラミン

【組成・化学構造】　**分子式**　$C_6H_8N_2$
　　　　　　　　　　構造式

【CAS 番号】　106-50-3
　【性状】　白色または微赤色板状結晶。沸点 267℃。融点 140℃。水に可溶。アル
　　　　　　コール、エーテルに可溶。
　【用途】　染料製造、毛皮の染色、ゴム工業、染毛剤および試薬。
　【毒性】　原体の LD_{50} ＝ ラット経口：80 mg/kg。LC_{50} ＝ ラット吸入：920 mg/m^3
　　　　　　(4 hr)。
　　　　　　皮膚に触れると皮膚炎（かぶれ）、眼に作用すると角結膜炎、結膜浮腫、
　　　　　　呼吸器に対しては気管支喘息を起こす。以上の作用はパラ体で最も強い。
　【その他】　（備考）フェニレンジアミン塩類の項 662 ページ参照。

バリウム化合物

劇物	毒物及び劇物指定令　第2条／79

　バリウム化合物は直接に中枢神経を刺激して、痙攣を起こさせる。

【毒性】

　軽症の場合、気持ちが悪くなり、吐いたり、下痢をする。また、腸が痛むことがあ
る。重症の場合、痙攣を起こし、心臓に変調をきたし、脈が不規則になる。血圧は上
がり、呼吸が困難になり、めまいや耳鳴りがし、眼がかすむようになる。また、腎臓
炎や心臓麻痺を起こすことがある。

【鑑識法】

(1)白金線に試料をつけて、溶融炎で熱し、次に希塩酸で白金線を示して、再び溶融
　　炎で炎の色を見ると、緑黄色となる（バリウム化合物は非常に色が出にくいため、
　　ときどき希塩酸で示す必要がある）。

(2)コバルトの色ガラスを通して見れば、この炎が黄緑色になる。

638

劇　物

(3)炭の上に小さな孔をつくり、脱水炭酸塩の粉末とともに、試料を吹管炎で熱灼すると、白色の塊となる。これに硝酸コバルトの溶液１滴を加えて酸化炎で熱すると、赤褐色の塊となる。

(4)水溶液は（以下同じ）、水酸化ナトリウムの希薄溶液では沈殿しないが、濃い溶液からは白色の水酸化バリウムの沈殿をつくる。これは水に溶けやすい。

(5)アンモニア水では沈殿を生じないが、この液に二酸化炭素を吹き込むと、白色の炭酸バリウムの沈殿をつくる。

(6)クロム酸カリウムの中性または酢酸酸性の溶液で、黄色のクロム酸バリウムの沈殿をつくる。

(7)硫酸または硫酸カルシウムの溶液で、白色の硫酸バリウムの沈殿をつくる。

劇物　毒物及び劇物指定令第２条／79	**硫化バリウム**　Barium sulfide

【組成・化学構造】　**分子式**　BaS

　　　　　　　　　構造式　Ba＝S

【CAS番号】　21109-95-5

【性状】　白色の結晶性粉末。水により加水分解し、水酸化バリウムと水硫化バリウムを生成し、アルカリ性を示す。アルコールに不溶。また、空気中で酸化され黄色〜オレンジ色になり、湿気中では硫化水素を生成する。

【用途】　工業用の発光顔料、リトポン原料。

【応急措置基準】　〔措置〕

(1)**漏えい時**

　飛散した場所の周辺にはロープを張るなどして人の立入りを禁止する。作業の際には必ず保護具を着用し、風下で作業をしない。飛散したものは空容器にできるだけ回収し、そのあとを硫酸第一鉄の水溶液を加えて処理し、多量の水で洗い流す。この場合、高濃度の廃液が河川等に排出されないよう注意する。

(2)**出火時**

・周辺火災の場合＝速やかに容器を安全な場所に移す。移動不可能な場合には容器および周囲に散水して冷却する。この場合、容器に水が入らないよう注意する。

(3)**暴露・接触時**

①急性中毒と刺激性

・吸入した場合＝鼻、のど、気管支、肺などの粘膜に刺激性、起炎性を有する。

・皮膚に触れた場合＝刺激性、起炎性を有する。

劇
物

639

各　論

・眼に入った場合 = 結膜や角膜が激しく侵され、失明することがある。

②医師の処置を受けるまでの救急方法

・吸入した場合 = 鼻をかませ、うがいをさせる。

・皮膚に触れた場合 = 直ちに汚染された衣服や靴などを脱がせ、付着部または接触部を多量の水で洗い流す。

・眼に入った場合 = 直ちに多量の水で15分間以上洗い流す。

⑷注意事項

①多量に摂取すると嘔吐、腹痛、下痢等の症状を呈する。

②酸と接触すると有毒な硫化水素ガスを生成する。

⑸保護具

保護眼鏡、保護手袋、保護長靴、保護衣、防塵マスク

【廃棄基準】〔廃棄方法〕

沈殿法

水に溶かし、硫酸第一鉄の水溶液を加えて処理し、沈殿濾過して埋立処分する。

〔生成物〕$BaSO_4$, FeS

〔検定法〕原子吸光法、重量法

劇物	フッ化バリウム
毒物及び劇物指定令 第2条／79	**Barium fluoride**

【組成・化学構造】　**分子式**　BaF_2

構造式　F－Ba－F

【CAS番号】7787-32-8

【性状】白色粉末。融点1353℃。水に難溶（20℃で水100 mLに0.11 g溶解）。酸に可溶。

【用途】ホウロウ工業、カーボンブラシの製造、および金属加工。

【応急措置基準】〔措置〕

⑴漏えい時

飛散した場所の周辺にはロープを張るなどして人の立入りを禁止する。作業の際には必ず保護具を着用し、風下で作業をしない。飛散したものは空容器にできるだけ回収し、そのあとを多量の水で洗い流す。

⑵出火時

・周辺火災の場合 = 速やかに容器を安全な場所に移す。移動不可能な場合には容器および周囲に散水して冷却する。

⑶暴露・接触時

①急性中毒と刺激性

劇　物

・吸入した場合 ＝ 重症な場合には鼻、のど、気管支、肺などの粘膜に
　刺激性、起炎性を有する。
・眼に入った場合 ＝ 異物感を与え、粘膜に刺激性を有する。
②医師の処置を受けるまでの救急方法
・吸入した場合 ＝ 鼻をかませ、うがいをさせる。
・皮膚に触れた場合 ＝ 直ちに汚染された衣服や靴などの汚れを落とし
　た後、付着部または接触部を石けん水で洗浄し、多量の水で洗い流
　す。
・眼に入った場合 ＝ 直ちに多量の水で 15 分間以上洗い流す。

(4)注意事項
①多量に摂取すると嘔吐、腹痛、下痢等の症状を呈する。
②火災等で強熱され、または酸と接触すると有毒なフッ化水素ガスを
　生成する。

(5)保護具
保護眼鏡、保護手袋、保護長靴、保護衣、防塵マスク（火災時：人工
呼吸器）

【廃棄基準】〔廃棄方法〕

(1)沈殿法
水に懸濁し、希硫酸を加えて加熱分解した後、水酸化カルシウム、炭
酸ナトリウム等の水溶液を加えて中和し、沈殿濾過して埋立処分する。

(2)固化隔離法
セメントを用いて固化し、埋立処分する。

〈備考〉
・中和時の pH は 8.5 以上とする。これ未満では沈殿が完全には生成さ
　れない。
・希硫酸を過剰に加えるとフッ化水素ガスを生成するため注意する。

〔生成物〕$BaSO_4$, CaF_2,（BaF_2）
(注) 1 （ ）は、生成物が化学的変化を生じていないもの。
(注) 2 ＊は、生成物が廃棄物の処理及び清掃に関する法律により規制を受けるもの。

〔検定法〕イオン電極法（F）、原子吸光法、重量法
〔その他〕本薬物の付着した紙袋等を焼却するとフッ化水素ガスを生成す
るので、洗浄装置のない焼却炉等で焼却しない。

劇物	ケイフッ化バリウム
毒物及び劇物指定令 第 2 条／79	**Barium silicofluoride** 〔別名〕ヘキサフルオロケイ酸バリウム、フッ化ケイ素バリウム

性状・用途等については 452 ページ参照。

各　　論

劇物	
毒物及び劇物指定令 第2条／79	**塩素酸バリウム** **Barium chlorate**

性状・用途等については 368 ページ参照。

劇物	
毒物及び劇物指定令 第2条／79	**炭酸バリウム** **Barium carbonate**

【組成・化学構造】　分子式　$BaCO_3$

構造式

【CAS 番号】513-77-9

【性状】白色の粉末。水に難溶（18℃で水 100 mL に 0.002 g 溶解）。アルコールに不溶、酸に可溶。

【用途】工業用のバリウム塩原料、陶磁器の釉薬、光学ガラス用、および試薬。

【応急措置基準】〔措置〕

(1)漏えい時

　飛散した場所の周辺にはロープを張るなどして人の立入りを禁止する。作業の際には必ず保護具を着用し、風下で作業をしない。飛散したものは空容器にできるだけ回収し、そのあとを多量の水で洗い流す。

(2)出火時

・周辺火災の場合 ＝ 速やかに容器を安全な場所に移す。移動不可能な場合には容器および周囲に散水して冷却する。

(3)暴露・接触時

①急性中毒と刺激性

・吸入した場合 ＝ 重症な場合には鼻、のど、気管支、肺などの粘膜に刺激性、起炎性を有する。

・眼に入った場合 ＝ 異物感を与え、粘膜に刺激性を有する。

②医師の処置を受けるまでの救急方法

・吸入した場合 ＝ 鼻をかませ、うがいをさせる。

・皮膚に触れた場合 ＝ 直ちに汚染された衣服や靴などの汚れを落とした後、付着部または接触部を石けん水で洗浄し、多量の水で洗い流す。

・眼に入った場合 ＝ 直ちに多量の水で 15 分間以上洗い流す。

(4)注意事項

劇　物

多量に摂取すると嘔吐、腹痛、下痢等の症状を呈する。

(5)保護具

保護眼鏡、保護手袋、保護長靴、保護衣、防塵マスク（火災時：人工呼吸器）

【廃棄基準】〔廃棄方法〕

(1)沈殿法

水に懸濁し、希硫酸を加えて加熱分解した後、水酸化カルシウム、炭酸ナトリウム等の水溶液を加えて中和し、沈殿濾過して埋立処分する。

(2)固化隔離法

セメントを用いて固化し、埋立処分する。

〈備考〉

・中和時の pH は 8.5 以上とする。これ未満では沈殿が完全には生成されない。

〔生成物〕$BaSO_4$，（$BaCO_3$）

(注) 1 （ ）は、生成物が化学的変化を生じていないもの。
(注) 2 ＊は、生成物が廃棄物の処理及び清掃に関する法律により規制を受けるもの。

〔検定法〕イオン電極法（F）、原子吸光法、重量法

劇物	硝酸バリウム
毒物及び劇物指定令 第 2 条／79	Barium nitrate

【組成・化学構造】**分子式** $Ba \cdot 2HNO_3$

構造式

$$Ba^{2+} \left[\begin{array}{c} O \\ \| \\ O-N^+-O^- \end{array} \right]_2$$

【CAS番号】10022-31-8

【性状】無色の結晶。水に可溶（20℃で水 100 mL に 9.2 g 溶解）。濃硫酸に可溶。エタノール、アセトンに難溶。潮解性。

【用途】工業用の煙火の原料、および試薬。

【応急措置基準】〔措置〕

(1)漏えい時

飛散した場所の周辺にはロープを張るなどして人の立入りを禁止する。作業の際には必ず保護具を着用し、風下で作業をしない。飛散したものは空容器にできるだけ回収し、そのあとを硫酸ナトリウムの水溶液を用いて処理し、多量の水で洗い流す。この場合、高濃度の廃液が河川等に排出されないよう注意する。

(2)出火時

各　論

・周辺火災の場合 = 速やかに容器を安全な場所に移す。移動不可能な場合には容器および周囲に散水して冷却する。

(3)暴露・接触時

①急性中毒と刺激性

・吸入した場合 = 重症な場合には鼻、のど、気管支、肺などの粘膜に刺激性、炎症性を有する。

・皮膚に触れた場合 = 炎症性を有する。

・眼に入った場合 = 粘膜を激しい刺激性を有する。

②医師の処置を受けるまでの救急方法

・吸入した場合 = 鼻をかませ、うがいをさせる。

・皮膚に触れた場合 = 直ちに汚染された衣服や靴などを脱がせ、付着部または接触部を石けん水で洗浄し、多量の水で洗い流す。

・眼に入った場合 = 直ちに多量の水で 15 分間以上洗い流す。

(4)注意事項

①多量に摂取すると嘔吐、腹痛、下痢などの症状を呈する。

②可燃物と混ざると易燃性で爆発性の混合物となる。

③強熱すると有毒な酸化窒素ガスを生成する。

(5)保護具

保護眼鏡、保護手袋、保護長靴、保護衣、防塵マスク（火災時：人工呼吸器）

【廃棄基準】 〔廃棄方法〕

沈殿法

水に溶かし、硫酸ナトリウムの水溶液を加えて処理し、沈殿濾過して埋立処分する。

〔生成物〕BaSO$_4$

〔検定法〕原子吸光法、重量法

〔その他〕本薬物の付着した紙袋等を焼却すると気体を生成するので、洗浄装置のない焼却炉等で焼却しない。

劇物	
毒物及び劇物指定令 第 2 条／79	**水酸化バリウム** **Barium hydroxide**

【組成・化学構造】	分子式	BaH$_2$O$_2$
	構造式	HO−Ba−OH

【CAS 番号】 17194-00-2

【性状】 一水和物および八水和物が一般的で、空気中の二酸化炭素を吸収しやすい。一水和物は白色粉末で、水に可溶。八水和物は無色透明結晶または

644

劇　　物

白色の塊で、融点78℃、550℃で無水物になり、水に可溶（15℃で水100
mLに5.6 g溶解）。

【用途】水溶液はバリタ水といわれ、分析用試薬、その他有機合成など。

【応急措置基準】〔措置〕

(1)漏えい時

　飛散した場所の周辺にはロープを張るなどして人の立入りを禁止する。
作業の際には必ず保護具を着用し、風下で作業をしない。飛散したもの
は空容器にできるだけ回収し、そのあとを希硫酸にて中和し、多量の水
で洗い流す。この場合、高濃度の廃液が河川等に排出されないよう注意
する。

(2)出火時

・周辺火災の場合 ＝ 速やかに容器を安全な場所に移す。移動不可能な場
　合には容器および周囲に散水して冷却する。

(3)暴露・接触時

　①急性中毒と刺激性
・吸入した場合 ＝ 鼻、のど、気管支、肺等の粘膜に刺激性、起炎性を
　有する。
・皮膚に触れた場合 ＝ 皮膚に刺激性、起炎性を有する。
・眼に入った場合 ＝ 結膜や角膜が侵され、失明することがある。
　②医師の処置を受けるまでの救急方法
・吸入した場合 ＝ 鼻をかませ、うがいをさせる。
・皮膚に触れた場合 ＝ 直ちに汚染された衣服や靴などを脱がせ、付着
　部または接触部を多量の水で洗い流す。
・眼に入った場合 ＝ 直ちに多量の水で15分間以上洗い流す。

(4)注意事項

　多量に摂取すると嘔吐、腹痛、下痢等の症状を呈する。

(5)保護具

　保護眼鏡、保護手袋、保護長靴、保護衣、防塵マスク

【廃棄基準】〔廃棄方法〕

沈殿法

　水に溶解、希硫酸を加えて中和し、沈殿濾過して埋立処分する。
〔生成物〕$BaSO_4$
〔検定法〕原子吸光法、重量法

各　　論

劇物	
毒物及び劇物指定令 第2条／79	**塩化バリウム** Barium chloride

【組成・化学構造】　**分子式**　$BaCl_2$
　　　　　　　　　構造式　$Cl-Ba-Cl$

【CAS番号】：10361-37-2

【性状】：無水物もあるが、一般的には二水和物で無色の結晶。水に可溶（20℃で水100 mLに35.6 g溶解）。

【用途】：工業用のレーキ製造用、および試薬。

【応急措置基準】：〔措置〕

(1)漏えい時

　飛散した場所の周辺にはロープを張るなどして人の立入りを禁止する。作業の際には必ず保護具を着用し、風下で作業をしない。飛散したものは空容器にできるだけ回収し、そのあとを硫酸ナトリウムの水溶液を用いて処理し、多量の水で洗い流す。この場合、高濃度の廃液が河川等に排出されないよう注意する。

(2)出火時

・周辺火災の場合＝速やかに容器を安全な場所に移す。移動不可能な場合には容器および周囲に散水して冷却する。

(3)暴露・接触時

　①急性中毒と刺激性

・吸入した場合＝重症な場合には鼻、のど、気管支、肺などの粘膜に刺激性、起炎性を有する。

・皮膚に触れた場合＝炎症性を有する。

・眼に入った場合＝粘膜を刺激する。

　②医師の処置を受けるまでの救急方法

・吸入した場合＝鼻をかませ、うがいをさせる。

・皮膚に触れた場合＝直ちに汚染された衣服や靴などを脱がせ、付着部または接触部を石けん水で洗浄し、多量の水で洗い流す。

・眼に入った場合＝直ちに多量の水で15分間以上洗い流す。

(4)注意事項

　多量に摂取すると嘔吐、腹痛、下痢、吐血、血便、血尿等の症状を呈する。

(5)保護具

　保護眼鏡、保護手袋、保護長靴、保護衣、防塵マスク

【廃棄基準】：〔廃棄方法〕

劇　物

沈殿法

　水に溶かし、硫酸ナトリウムの水溶液を加えて処理し、沈殿濾過して埋立処分する。

〔生成物〕BaSO₄

〔検定法〕原子吸光法、重量法

劇　物	過酸化バリウム
毒物及び劇物指定令 第 2 条／79	**Barium peroxide**

【組成・化学構造】　分子式　BaO_2

　　　　　　　　　構造式

$$Ba\!-\!O \quad \overset{O}{\diagdown}$$

【CAS 番号】　1304-29-6

【性状】　白色結晶。水に可溶、分解する。

【用途】　試薬。

劇　物	無水過酸化バリウム
毒物及び劇物指定令 第 2 条／79	**Barium peroxide anhydride**

【組成・化学構造】　分子式　BaO_2

　　　　　　　　　構造式

$$Ba\!-\!O \quad \overset{O}{\diagup}$$

【CAS 番号】　1304-29-6

【性状】　白色または灰白色粉末。水に可溶、分解する。

【用途】　工業用の酸化剤、漂白剤、過酸化水素製造用、および試薬。

劇　物	酸化バリウム
毒物及び劇物指定令 第 2 条／79	**Barium oxide** 〔別名〕重土、バライタ、バリタ

【組成・化学構造】　分子式　BaO

　　　　　　　　　構造式　$Ba\!=\!O$

【CAS 番号】　1304-28-5

【性状】　無色透明の結晶。水と反応して多量の熱を発し、水酸化バリウムを生成、アルカリ性を呈する。

【用途】　工業用の脱水剤、過酸化物、水酸化物の製造用、釉薬原料、および試薬、乾燥剤。

【応急措置基準】　〔措置〕

各　論

(1)漏えい時

　飛散した場所の周辺にはロープを張るなどして人の立入りを禁止する。作業の際には必ず保護具を着用し、風下で作業をしない。飛散したものは空容器にできるだけ回収し、そのあとに希硫酸を用いて中和し、多量の水で洗い流す。この場合、高濃度の廃液が河川等に排出されないよう注意する。

(2)出火時

・周辺火災の場合 ＝ 速やかに容器を安全な場所に移す。移動不可能な場合には容器および周囲に散水して冷却する。

(3)暴露・接触時

　①急性中毒と刺激性

　・吸入した場合 ＝ 鼻、のど、気管支、肺などの粘膜に刺激性、起炎性を有する。

　・皮膚に触れた場合 ＝ 皮膚に刺激性、起炎性を有する。

　・眼に入った場合 ＝ 結膜や角膜が侵され、失明することがある。

　②医師の処置を受けるまでの救急方法

　・吸入した場合 ＝ 鼻をかませ、うがいをさせる。

　・皮膚に触れた場合 ＝ 直ちに汚染された衣服や靴などを脱がせ、付着部または接触部を多量の水で洗い流す。

　・眼に入った場合 ＝ 直ちに多量の水で 15 分間以上洗い流す。

(4)注意事項

　多量に摂取すると嘔吐、腹痛、下痢等の症状を呈する。

(5)保護具

　保護眼鏡、保護手袋、保護長靴、保護衣、防塵マスク

【廃棄基準】〔廃棄方法〕

沈殿法

　水に溶かし、希硫酸を加えて中和し、沈殿濾過して埋立処分する。

〔生成物〕$BaSO_4$

〔検定法〕原子吸光法、重量法

劇物	
毒物及び劇物指定令 第2条／79	**酢酸バリウム** Barium acetate

【組成・化学構造】**分子式**　$C_2H_4O_2 \cdot 1/2Ba$

構造式

$$Ba^{2+} \left[H_3C - \overset{\displaystyle O}{\underset{\displaystyle O^-}{C}} \right]_2$$

648

劇　　物

【CAS 番号】543-80-6
【性状】無色結晶性粉末。水に可溶。アルコールに不溶。
【用途】試薬。

劇物	チタン酸バリウム
毒物及び劇物指定令 第2条／79	**Barium titanate**

【組成・化学構造】 **分子式** $Ba \cdot O_3Ti$

構造式

$$Ba \diagdown \overset{O}{\underset{O}{\diagup}} Ti = O$$

【CAS 番号】12047-27-7
【性状】白色の結晶性粉末。水に不溶。
【用途】電子部品。
【応急措置基準】〔措置〕

(1)漏えい時

　飛散した場所の周辺にはロープを張るなどして人の立入りを禁止する。作業の際には必ず保護具を着用し、風下で作業をしない。飛散したものは空容器にできるだけ回収し、そのあとを多量の水で洗い流す。

(2)出火時

・周辺火災の場合 ＝ 速やかに容器を安全な場所に移す。移動不可能な場合には容器および周囲に散水して冷却する。

(3)暴露・接触時

　①急性中毒と刺激性
・吸入した場合 ＝ 重症な場合には鼻、のど、気管支、肺などの粘膜に刺激性、起炎性を有する。
・眼に入った場合 ＝ 異物感を与え、粘膜を刺激する。
　②医師の処置を受けるまでの救急方法
・吸入した場合 ＝ 鼻をかませ、うがいをさせる。
・皮膚に触れた場合 ＝ 直ちに汚染された衣服や靴などの汚れを落とした後、付着部または接触部を石けん水で洗浄し、多量の水で洗い流す。
・眼に入った場合 ＝ 直ちに多量の水で15分間以上洗い流す。

(4)注意事項

　多量に摂取すると嘔吐、腹痛、下痢等の症状を呈する。

(5)保護具

　保護眼鏡、保護手袋、保護長靴、保護衣、防塵マスク

649

各　論

【廃棄基準】〔廃棄方法〕

(1)沈殿法

　水に懸濁し、希硫酸を加えて加熱分解した後、水酸化カルシウム、炭酸ナトリウム等の水溶液を加えて中和し、沈殿濾過して埋立処分する。

(2)固化隔離法

　セメントを用いて固化し、埋立処分する。

〈備考〉

　・中和時の pH は 8.5 以上とする。これ未満では沈殿が完全には生成されない。

〔生成物〕$BaSO_4$，TiO_2，（$BaTiO_3$）

　（注）（　）は、生成物が化学的変化を生じていないもの。

〔検定法〕イオン電極法（F）、原子吸光法、重量法

劇物	
毒物及び劇物指定令 第 2 条／79	**カルボン酸（高級脂肪酸）のバリウム塩**

【組成・化学構造】　**分子式**　$C_{18}H_{36}O_2 \cdot 1/2Ba$

　　　　　　　　　構造式

$$Ba^{2+} \left[\begin{array}{c} O \\ \| \\ {}^-O-C-(CH_2)_{16}-CH_3 \end{array} \right]_2$$

【CAS番号】6865-35-6

【性状】カルボン酸のバリウム塩のうち、ステアリン酸バリウム等は白色のかさ密度の大きい微粉末。飛散しやすく、水をはじきやすい。水に不溶。

【用途】金属石けん。

【応急措置基準】〔措置〕

(1)漏えい時

　飛散した場所の周辺にはロープを張るなどして人の立入りを禁止する。作業の際には必ず保護具を着用し、風下で作業をしない。飛散したものは空容器にできるだけ回収し、そのあとを中性洗剤等の分散剤を使用して多量の水で洗い流す。

(2)出火時

　・周辺火災の場合 ＝ 速やかに容器を安全な場所に移す。移動不可能な場合には容器および周囲に散水して冷却する。

　・着火した場合 ＝ 初期の火災には二酸化炭素、泡等を用いて消火する。大規模火災の場合には多量の水で消火する。消火作業の際には必ず保護具を着用する。

　・消火剤 ＝ 二酸化炭素、泡、水

劇　物

(3)**暴露・接触時**

①急性中毒と刺激性

・吸入した場合 ＝ 重症な場合には鼻、のど、気管支、肺などの粘膜に刺激性、起炎性を有する。

・眼に入った場合 ＝ 異物感を与え、粘膜に刺激性を有する。

②医師の処置を受けるまでの救急方法

・吸入した場合 ＝ 鼻をかませ、うがいをさせる。

・皮膚に触れた場合 ＝ 直ちに汚染された衣服や靴などを脱がせ、付着部または接触部を石けん水で洗浄し、多量の水で洗い流す。

・眼に入った場合 ＝ 直ちに多量の水で 15 分間以上洗い流す。

(4)**注意事項**

①多量に摂取すると嘔吐、腹痛、下痢等の症状を呈する。

②火災等で強熱されると 210℃付近で熔融し、流れ出し、さらに強熱すると燃焼する。

(5)**保護具**

保護眼鏡、保護手袋、保護長靴、保護衣、防塵マスク

【廃棄基準】〔廃棄方法〕

(1)**沈殿法**

水に懸濁し、希硫酸を加えて加熱分解した後、水酸化カルシウム、炭酸ナトリウム等の水溶液を加えて中和し、沈殿濾過して埋立処分する。遊離したカルボン酸はスクラバーを備えた焼却炉で焼却する。

(2)**燃焼法**

スクラバーを具備した焼却炉で焼却し、残留物に希硫酸を加えて中和し、沈殿濾過して埋立処分する。

〈備考〉

・有機酸バリウム化合物は水と混合しにくいので、作業の際には分散剤（中性洗剤等）を使用して水と混合する必要がある。

・スクラバーの洗浄液には水酸化ナトリウム水溶液を用いる。

〔生成物〕$BaSO_4$

〔検定法〕原子吸光法、重量法

劇
物

各　論

劇物	メタホウ酸バリウム
毒物及び劇物指定令 第２条／79	Barium metaborate

【組成・化学構造】　**分子式**　B_2BaO_4
　　　　　　　　　構造式

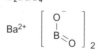

【CAS番号】：13701-59-2
【性状】：白色の粉末。水に不溶。
【応急措置基準】：〔措置〕

(1) **漏えい時**

　飛散した場所の周辺にはロープを張るなどして人の立入りを禁止する。作業の際には必ず保護具を着用し、風下で作業をしない。飛散したものは空容器にできるだけ回収し、そのあとを多量の水で洗い流す。

(2) **出火時**

・周辺火災の場合 ＝ 速やかに容器を安全な場所に移す。移動不可能な場合には容器および周囲に散水して冷却する。

(3) **暴露・接触時**

①急性中毒と刺激性

・吸入した場合 ＝ 重症な場合には鼻、のど、気管支、肺などの粘膜に刺激性、起炎性を有する。

・眼に入った場合 ＝ 異物感を与え、粘膜を刺激する。

②医師の処置を受けるまでの救急方法

・吸入した場合 ＝ 鼻をかませ、うがいをさせる。

・皮膚に触れた場合 ＝ 直ちに汚染された衣服や靴などの汚れを落とした後、付着部または接触部を石けん水で洗浄し、多量の水で洗い流す。

・眼に入った場合 ＝ 直ちに多量の水で15分間以上洗い流す。

(4) **注意事項**

　多量に摂取すると嘔吐、腹痛、下痢等の症状を呈する。

(5) **保護具**

　保護眼鏡、保護手袋、保護長靴、保護衣、防塵マスク

【廃棄基準】：〔廃棄方法〕

(1) **沈殿法**

　水に懸濁し、希硫酸を加えて加熱分解した後、水酸化カルシウム、炭酸ナトリウム等の水溶液を加えて中和し、沈殿濾過して埋立処分する。

劇　物

(2)固化隔離法

セメントを用いて固化し、埋立処分する。

〈備考〉

・中和時の pH は 8.5 以上とする。これ未満では沈殿が完全には生成されない。

〔生成物〕BaSO$_4$,（Ba(BO$_2$)$_2$）

（注）（　）は、生成物が化学的変化を生じていないもの。

〔検定法〕イオン電極法（F）、原子吸光法、重量法

ピクリン酸塩類

劇物	毒物及び劇物取締法　別表第二／68

劇物	ピクリン酸
毒物及び劇物取締法 別表第二／68	**Picric acid** 〔別名〕2,4,6-トリニトロフェノール

【組成・化学構造】　分子式　C$_6$H$_3$N$_3$O$_7$

構造式

【CAS番号】88-89-1

【性状】淡黄色の光沢ある小葉状あるいは針状結晶。純品は無臭。通常品はかすかにニトロベンゼンの臭気を有し、苦味がある。融点122℃。冷水に難溶。熱湯、アルコール、エーテル、ベンゼン、クロロホルムには可溶。濃硫酸溶液で黄色を呈し、水で薄めると微黄色となり、さらに薄めると帯緑黄色になる。水溶液は塩酸で変化しないが、アルカリ溶液では橙黄色となる。発火点320℃。徐々に熱すると昇華するが、急熱あるいは衝撃により爆発する。

【用途】試薬、染料。塩類は爆発薬。

【毒性】原体の LD$_{50}$ ＝ ラット経口：200 mg/kg、ウサギ経口：120 mg/kg。致死量はいまだ明らかにされていない。1～2 g で中毒を起こすが、約6g 飲んでも回復した例がある。染料、爆薬製造工場で、粉や蒸気を吸入して、眼、鼻、口腔などの粘膜、気管に障害を起こし、皮膚に湿疹を生

653

各　　論

じることがある。多量に服用すると、嘔吐、下痢などを起こし、諸器官は黄色に染まる。

【応急措置基準】〔措置〕

(1)漏えい時

　飛散した場所の周辺にはロープを張るなどして人の立入りを禁止する。作業の際には保護具を着用し、風下で作業をしない。飛散したものは空容器にできるだけ回収し、そのあとを多量の水で洗い流す。なお、回収の際は飛散したものが乾燥しないよう、適量の水で散布して行い、また、回収物の保管、輸送に際しても十分に水分を含んだ状態を保つようにする。用具および容器は金属製のものを使用してはならない。

(2)出火時

・周辺火災の場合 ＝ 速やかに容器を安全な場所に移す。移動不可能な場合には、容器および周囲に散水して冷却する。容器が火炎に包まれた場合は爆発のおそれがあるので近寄らない。

・着火した場合 ＝ 必ず保護具を着用し、多量の水で消火する。

・消火剤 ＝ 水、乾燥砂

(3)暴露・接触時

　①急性中毒と刺激性

　・吸入した場合 ＝ 鼻、のどの粘膜を刺激し、重症な場合は意識不明となり、呼吸困難を起こす。

　・皮膚に触れた場合 ＝ 皮膚が黄色に染まり皮膚からも吸収され、頭痛、めまい、悪心、嘔吐、皮膚疹を生じる。

　・眼に入った場合 ＝ 粘膜等を刺激し、角膜障害などを生じる。

　②医師の処置を受けるまでの救急方法

　・吸入した場合 ＝ 直ちに患者を毛布等にくるんで安静にさせ、新鮮な空気の場所に移す。呼吸困難または呼吸停止の場合は、直ちに人工呼吸を行う。鼻やのどに刺激があるときは鼻をかみ、うがいをさせる。

　・皮膚に触れた場合 ＝ 直ちに汚染された衣服や靴などを脱がせ、付着部または接触部を石けん水で洗浄し、多量の水で洗い流す。

　・眼に入った場合 ＝ 直ちに多量の水で15分間以上洗い流す。

(4)注意事項

　①酸化鉄、酸化銅、硫黄、ヨウ素などと混合した場合は摩擦、衝撃により、さらに激しく爆発するので、これらのものと一緒に置かない。

　②ガソリン、アルコール類など燃焼しやすい物質と接触させることを避け、火気に対し安全で隔離された場所に貯蔵する。通常、安全のため、15％以上の水を含有させる。

劇　物

　　　　③ピクリン酸の金属塩類はさらに衝撃等に敏感になることがある。

(5)保護具

　保護眼鏡、保護手袋、保護長靴、保護衣、防塵マスク（火災時：人工呼吸器）

【廃棄基準】〔廃棄方法〕

燃焼法

　　ア　炭酸水素ナトリウムと混合したものを少量ずつ紙などで包み、他の木材、紙等と一緒に危害を生じるおそれがない場所で、開放状態で焼却する。

　　イ　大過剰の可燃性溶剤とともに、アフターバーナーおよびスクラバーを具備した焼却炉の火室へ噴霧して焼却する。

　〈備考〉一度に多量のものを処理しない。

〔検定法〕吸光光度法

〔その他〕加熱・衝撃等で爆発する恐れがあるので注意する。

【その他】〔鑑識法〕

　　①アルコール溶液は、白色の羊毛または絹糸を鮮黄色に染める。

　　②温飽和水溶液は、シアン化カリウム溶液によって暗赤色を呈する。

　　③水溶液にさらし粉溶液を加えて煮沸すると、クロルピクリンの刺激臭を発する。

〔貯法〕火気に対し安全で隔離された場所に、硫黄、ヨード、ガソリン、アルコール等と離して保管する。鉄、銅、鉛等の金属容器を使用しない。

〔解毒法〕胃や腸の洗浄を行う。下剤の服用は内臓を刺激するので好ましくない。卵の白身やミルク、多量のブドウ糖を飲ませるとよい。

劇物	ピクリン酸アンモニウム
毒物及び劇物指定令 第2条／80	**Ammonium picrate**

【組成・化学構造】　分子式　$C_6H_3N_3O_7 \cdot H_3N$

　　　　　　　　　構造式

【CAS番号】　131-74-8

【性状】　輝黄色の安定形と輝赤色の準安定形がある。急熱や衝撃により爆発することがある。融点254℃。水に可溶（20℃で水100 mLに1.02 g溶解）。

655

各　論

【応急措置基準】〔措置〕

(1)漏えい時

　飛散した場所の周辺にはロープを張るなどして人の立入りを禁止する。作業の際には保護具を着用し、風下で作業をしない。飛散したものは空容器にできるだけ回収し、そのあとを多量の水で洗い流す。なお、回収の際は飛散したものが乾燥しないよう、適量の水で散布して行い、また、回収物の保管、輸送に際しても十分に水分を含んだ状態を保つようにする。用具および容器は金属製のものを使用してはならない。

(2)出火時

・周辺火災の場合 ＝ 速やかに容器を安全な場所に移す。移動不可能な場合には、容器および周囲に散水して冷却する。容器が火炎に包まれた場合は爆発のおそれがあるので近寄らない。

・着火した場合 ＝ 必ず保護具を着用し、多量の水で消火する。

・消火剤 ＝ 水、乾燥砂

(3)暴露・接触時

　①急性中毒と刺激性

・吸入した場合 ＝ 鼻、のどの粘膜に刺激性を有し、重症の場合は意識不明となり、呼吸困難を起こす。

・皮膚に触れた場合 ＝ 皮膚が黄色に染まり、皮膚からも吸収され、頭痛、めまい、悪心、嘔吐、皮膚疹を生じる。

・眼に入った場合 ＝ 粘膜等を刺激し、角膜障害などを生じる。

　②医師の処置を受けるまでの救急方法

・吸入した場合 ＝ 直ちに患者を毛布等にくるんで安静にさせ、新鮮な空気の場所に移す。呼吸困難または呼吸停止の場合は、直ちに人工呼吸を行う。鼻やのどに刺激があるときは鼻をかみ、うがいをさせる。

・皮膚に触れた場合 ＝ 直ちに汚染された衣服や靴などを脱がせ、付着部または接触部を石けん水で洗浄し、多量の水で洗い流す。

・眼に入った場合 ＝ 直ちに多量の水で15分間以上洗い流す。

(4)注意事項

　ガソリン、アルコール類など燃焼しやすい物質と接触させることを避け、火気に対し安全で隔離された場所に貯蔵する。

(5)保護具

　保護眼鏡、保護手袋、保護長靴、保護衣、防塵マスク（火災時：人工呼吸器）

【廃棄基準】〔廃棄方法〕

燃焼法

劇　物

　　炭酸水素ナトリウムと混合したものを少量ずつ紙などで包み他の木材、紙等と一緒に危害を生じるおそれがない場所で、開放状態で焼却する。

　　〈備考〉一度に多量のものを処理しない。

〔検定法〕吸光光度法

〔その他〕加熱・衝撃等で爆発する恐れがあるので注意する。

＊ピクリン酸の金属塩類はさらに衝撃等に敏感になることがあるので注意する。

劇物	ジ-2-エチルヘキシルホスフェート
毒物及び劇物指定令 第2条／80の2	Di(2-ethylhexyl) phosphate

【組成・化学構造】

分子式　$C_{16}H_{35}O_4P$

構造式

【CAS 番号】298-07-7

【性状】無色または琥珀色／淡黄色の液体。沸点 240℃。融点 −50℃。密度 0.97 g/cm^3。相対蒸気密度 11.1（空気 = 1）。蒸気圧 10 Pa（20℃）。水 100 mL（20℃）あたり 0.21 g 溶解。ベンゼン、ヘキサンに可溶。引火点 198℃（c.c.）。多くの金属と反応、水素を生成。

【用途】希土類の選択抽出剤、ウラン化合物等金属塩の抽出剤、核燃料の精製、金属の抽出、プラスチック製剤の界面活性剤成分、繊維工業における染色助剤、潤滑油、防蝕剤、抗酸化剤。

【毒性】原体の LD_{50} ＝ ラット経口：1400 mg/kg、ウサギ経皮：1200 mg/kg。LC_{LO} ＞ラット吸入（飽和蒸気）：1.3 mg（8 hr）（1.8 mg/L［4 hr］から換算した数値）、LC_{50} ＝ ラット吸入（飽和蒸気）：1.0 〜 5.0 mg/L（4 hr）程度。

ウサギにおいて皮膚腐食性あり、眼刺激性では重篤な損傷をきたした。2%製剤では、ウサギにおいて皮膚腐食性（軽度の刺激性）あり、眼刺激性なし。

各　論

劇物	**S,S-ビス（1-メチルプロピル）=O-エチル=ホスホロジチオアート**
毒物及び劇物指定令 第2条／80の3	**S,S-Bis(1-methylpropyl)=O-ethylphosphorodithioate** 〔別名〕カズサホス／Cadusafos

性状・用途・毒性等については 230 ページ参照。

劇物	**ヒドラジン一水和物**
毒物及び劇物指定令 第2条／80の4	**Hydrazine hydrate** 〔別名〕水加ヒドラジン、ヒドラジン水化物、水和ヒドラジン

【組成・化学構造】 **分子式**　$H_4N_2 \cdot H_2O$

　　　　　　　　構造式　H_2N-NH_2　H_2O

【CAS 番号】 7803-57-8

【性状】 無色透明液体。沸点 121℃。融点 −51.7℃。比重 1.032（25℃）。水、アルコールに可溶、クロロホルム、エーテルに不溶。

【用途】 ボイラー脱酸素剤。医薬、農薬等の原料。

【毒性】 原体の LD_{50} ＝ ラット経口：129 mg/kg、LD_{50} ≧ ウサギ雄経皮：164 mg/kg、ラット雌経皮：140 mg/kg。

劇物	**ヒドロキシエチルヒドラジン**
毒物及び劇物指定令 第2条／80の5	**Hydroxyethyl hydrazine**

【組成・化学構造】 **分子式**　$C_2H_8N_2O$

　　　　　　　　構造式

　　　　　　　　HO へ $\overset{H}{N}$ へ NH_2

【CAS 番号】 109-84-2

【性状】 無色油状液体。沸点 218 〜 220℃（752 mmHg）。水、エタノールに任意の割合に可溶。

【用途】 植物成長調整剤。

【毒性】 原体の LD_{50} ＝ マウス：140 mg/kg。

【その他】 〔製剤〕現在、農薬としての市販品はない。

劇　物

劇物	2-ヒドロキシ-4-メチルチオ酪酸
毒物及び劇物指定令 第2条／80の6	2-Hydroxy-4-(methylthio) butanoic acid

【組成・化学構造】

分子式　$C_5H_{10}O_3S$

構造式

H_3C-S ... OH ... OH (O)

【CAS 番号】　583-91-5

【性状】　褐色のやや粘性のある液体。特異な臭いを有する。水、エーテルまたはクロロホルムと混和し、エタノールに易溶。

【用途】　飼料添加物（飼料の栄養成分の補給を目的として、飼料に添加して使用）。

【毒性】　原体の LD_{50} ≧ マウス雄経口：3196mg/kg、マウス雌経口：3125 mg/kg、LD_{50} ＝ ラット雄経口：3300 mg/kg、ラット雌経口：3100 mg/kg。
原体は眼粘膜を強く刺激するが、0.5%製剤は眼粘膜を刺激しない。

ヒドロキシルアミン塩類

劇物	毒物及び劇物取締法　別表第二／69 毒物及び劇物指定令　第2条／81・82

劇物	ヒドロキシルアミン
毒物及び劇物取締法 別表第二／69 毒物及び劇物指定令 第2条／81	Hydroxylamine

【組成・化学構造】

分子式　H_3NO

構造式　H_2N-OH

【CAS 番号】　7803-49-8

【性状】　無色針状吸湿性結晶。融点33℃。アルコール、酸、冷水に可溶。水溶液は強いアルカリ性反応を呈する。酸と作用して塩を生成。また強力な還元作用を呈する。常温では不安定で、多少分解する。130℃ぐらいに熱すると爆発。通常、塩酸塩として販売されている。

【毒性】　体内では分解して、亜硝酸塩とアンモニアを生成。メトヘモグロビンをつくり、痙攣、麻痺を起こす。

各　論

劇物	塩酸ヒドロキシルアミン
毒物及び劇物指定令 第2条／82	**Hydroxylamine hydrochloride**

【組成・化学構造】 **分子式** ClH・H_3NO

構造式 H_2N-OH　　HCl

【CAS番号】 5470-11-1

【性状】 無色針状結晶。水に可溶。

【用途】 還元剤、有機合成、写真現像薬、試薬。

2-(3-ピリジル)-ピペリジン塩類

劇物	毒物及び劇物指定令　第2条／83

劇物	2-(3-ピリジル)-ピペリジン
毒物及び劇物指定令 第2条／83	**2-(3-Pyridyl)-piperidine** 〔別名〕アナバシン

【組成・化学構造】 **分子式** $C_{10}H_{14}N_2$

構造式

【CAS番号】 494-52-0

【性状】 中央アジアなどに生育するアカザ科（anabasisaphylla）、およびアメリカ西部に生育するタバコ科（nicotiana glauca）等の植物に含まれているアルカロイドの一つ。やや粘性のある無色液体。沸点276℃。水および大部分の有機溶媒に可溶。空気に接触すると褐色になる。ニコチン同様、著しい殺虫力を有する。

660

劇物	硫酸 2-(3-ピリジル)-ピペリジン
毒物及び劇物指定令 第 2 条／83	**2-(3-Pyridyl)-piperidine sulfate** 〔別名〕硫酸アナバシン

【組成・化学構造】 **分子式** $C_{10}H_{16}N_2O_4S$

構造式

・H_2SO_4

【CAS 番号】 3901-59-5

【性状】 暗褐色の透明な液体。水および大部分の有機溶媒に可溶。

【用途】 ミカンアブラムシ、モモシンクイガ、リンゴアブラムシ等の殺虫剤。

【毒性】 $LD_{50} =$ 白ネズミ経口：56.3 mg/kg、$LD_{50} \geqq$ 白ネズミ経皮：740 mg/kg。

【その他】 〔製剤〕現在、農薬としての市販品はない。

劇物	ピロカテコール
毒物及び劇物指定令 第 2 条／83 の 2	**Catechol**

【組成・化学構造】 **分子式** $C_6H_6O_2$

構造式

【CAS 番号】 120-80-9

【性状】 特徴的臭気のある無色の結晶。沸点 246℃。融点 105℃。相対蒸気密度 3.8（空気 = 1）。密度 1.34 g/cm³（20℃）。蒸気圧 4 Pa（20℃）。25℃の水 1 mL あたり 460 mg 溶解、アセトン、エタノールに易溶、エーテル、クロロホルムに可溶。引火点 127℃。酸化剤と反応。

【用途】 香料、重合防止剤、抗酸化剤、医薬品および農薬の合成原料。レジストの剥離剤、脱酸素剤（活性炭吸着剤）、メッキ処理剤の原料。

【毒性】 原体の $LD_{50} =$ ラット経口：300 mg/kg、ウサギ経皮：800 mg/kg。LC_{50} = ラット吸入（ミスト）：2.8 mg/L（8 hr）(5.6 mg/L〔4 hr〕)。
ウサギで軽度〜中等度の皮膚刺激性、強度の眼刺激性あり。

各　　論

劇物	2-（フェニルパラクロルフェニルアセチル）-1,3-インダンジオン
毒物及び劇物指定令 第2条／83の3	2-(Phenyl-*p*-chlorophenylacetyl)-1,3-indanedione 〔別名〕クロロファシノン

【組成・化学構造】 分子式　$C_{23}H_{15}ClO_3$

構造式

【CAS番号】：3691-35-8

【性状】：白～淡黄白色の結晶性粉末。融点142～144℃。酢酸エチル、アセトンに可溶。

【用途】：農耕地、草地、林地の野ネズミの駆除。

【毒性】：原体のLD_{50}＝マウス経口：250 mg/kg、ラット経口：40 mg/kg。

【その他】：〔製剤〕主剤0.025％含有の粒剤（ネズコ粒剤）および0.3％含有の油剤（ネズコ液剤）がある。粒剤は普通物である。

フェニレンジアミン塩類

劇物	毒物及び劇物指定令　第2条／84

フェニレシジアミンにはオルト、メタ、パラの3種の異性体がある。

劇物	オルトフェニレンジアミン
毒物及び劇物指定令 第2条／84	*o*-Phenylenediamine

【組成・化学構造】 分子式　$C_6H_8N_2$

構造式

【CAS番号】：95-54-5

【性状】：葉状晶（水から再結晶）、板状晶（クロロホルムから再結晶）。融点102～103℃。エタノール、エーテル、クロロホルムに易溶、熱水に可溶。

【用途】：特殊建染め染料の中間体、サフラニンの合成原料。

【毒性】：原体のLD_{50}＝ラット経口：510 mg/kg、マウス経口：91 mg/kg。LC_{50}

＝マウス吸入：91 mg/m³（4 hr）。
皮膚に触れると皮膚炎（かぶれ）、眼に作用すると角結膜炎、結膜浮腫、呼吸器に対しては気管支喘息を起こす。以上の作用はパラ体で最も強い。

劇物 毒物及び劇物指定令 第2条／84	メタフェニレンジアミン *m*-Phenylenediamine

【組成・化学構造】 **分子式** C₆H₈N₂
構造式

【CAS番号】：108-45-2
【性状】：菱形の結晶（エタノールから再結晶）。融点 63～64℃。水、エタノールに易溶、エーテルに可溶。
【用途】：ビスマルクブラウンなどのアゾ系の塩基性染料、媒染染料、直接染料および酸性染料。
【毒性】：原体の LD₅₀ ＝ ラット経口：280 mg/kg。
皮膚に触れると皮膚炎（かぶれ）、眼に作用すると角結膜炎、結膜浮腫、呼吸器に対しては気管支喘息を起こす。以上の作用はパラ体で最も強い。

劇物 毒物及び劇物取締法 別表第二／70 毒物及び劇物指定令 第2条／85	フェノール Phenol 〔別名〕カルボール、石炭酸

【組成・化学構造】 **分子式** C₆H₆O
構造式

【CAS番号】：108-95-2
【性状】：無色の針状結晶あるいは白色の放射状結晶塊。空気中で容易に赤変する。特異の臭気と灼くような味を有する。純品の沸点 182～183℃、融点 40.9℃、比重 1.071。水に可溶。アルコール、エーテル、クロロホルム、二硫化炭素、グリセリン、氷酢酸、揮発油、脂肪油類に易溶。石油エーテル、石油ベンゼン、流動パラフィン、ワセリンに難溶。本薬物は容易には燃焼しないが、その蒸気に点火すると白炎をあげて燃焼し、フェノールを揮散せしめるので、取り扱い上十分な注意を要する。
【用途】：サリチル酸、グアヤコール、ピクリン酸など種々の医薬品および染料の製造原料、防腐剤、ベークライト、人造タンニンの原料、試薬など。

各　　論

【毒性】原体の LD_{50} ＝ラット経口：414 mg/kg、ラット経皮：669 mg/kg、マウス経口：300 mg/kg。

皮膚や粘膜につくと火傷を起こし、その部分は白色となる。経口摂取した場合には口腔、咽喉、胃に高度の灼熱感を訴え、悪心、嘔吐、めまいを起こし、失神、虚脱、呼吸麻痺で倒れる。尿は特有の暗赤色を呈する。少量ずつ長時間、皮膚、粘膜あるいは呼吸器から吸収されると、慢性中毒となり、全身倦怠、頭痛、めまい、嘔吐を起こす。フェノールは 1 〜 2 g で中毒的に作用し、致死量は 10 〜 15 g といわれる。

【応急措置基準】〔措置〕

(1)漏えい時

　風下の人を退避させ、漏えいした場所の周辺にはロープを張るなどして人の立入りを禁止する。付近の着火源となるものを速やかに取り除く。作業の際には必ず保護具を着用する。

・固体の場合 ＝ 飛散したものは、速やかに掃き集めて空容器にできるだけ回収し、そのあとを多量の水で洗い流す。

・液体の場合

　・少量 ＝ 漏えいした液は、土砂等に吸着させて空容器に回収し、そのあとを多量の水で洗い流す。

　・多量 ＝ 漏えいした液は、土砂等でその流れを止め、土砂等で表面を覆い、放置して冷却固化させた後、掃き集めて空容器にできるだけ回収する。そのあとは多量の水で洗い流す。

　この場合、高濃度の廃液が河川等に排出されないように注意する。

(2)出火時

・周辺火災の場合 ＝ 速やかに容器を安全な場所に移す。移動不可能の場合は、容器および周囲に散水して冷却する。

・着火した場合 ＝ 必ず保護具を着用し消火剤、水噴霧等を用いる。

・消火剤 ＝ 水、粉末、泡（アルコール泡）、二酸化炭素

(3)暴露・接触時

　①急性中毒と刺激性

・吸入した場合 ＝ 倦怠感、嘔吐等の症状を起こすことがある。

・皮膚に触れた場合 ＝ 皮膚からも吸収され、吸入した場合と同様の中毒症状を起こす。皮膚を刺激し、激しいやけど（薬傷）を起こすことがある。皮膚に付着した直後には異常がなくても数分後に痛み、やけど（薬傷）を起こすことがある。

・眼に入った場合 ＝ 粘膜に刺激性、起炎性を有する。

　②医師の処置を受けるまでの救急方法

・吸入した場合 ＝ 直ちに患者を毛布等にくるんで安静にさせ、新鮮な

664

劇　物

空気の場所に移す。呼吸困難または呼吸停止の場合は直ちに人工呼吸を行う。鼻やのどに刺激があるときは、うがいを行う。

・皮膚に触れた場合＝直ちに汚染された衣服や靴を脱がせ、付着部または接触部を石けん水または多量の水で十分に洗い流す。

・眼に入った場合＝直ちに多量の水で15分間以上洗い流す。

⑷**保護具**

保護眼鏡、保護手袋、保護長靴、保護衣、有機ガス用防毒マスク

【廃棄基準】〔廃棄方法〕

⑴**燃焼法**

ア　おが屑等に混ぜて焼却炉で焼却する。

イ　可燃性溶剤とともに焼却炉の火室へ噴霧し焼却する。

⑵**活性汚泥法**

〔検定法〕ガスクロマトグラフィー、吸光光度法

【その他】〔鑑識法〕

①水溶液に過クロール鉄液を加えると紫色を呈する。

②1万倍溶液に、黄色を呈するまでブロム水を加えると、白色絮状の沈殿を生じる。

③水溶液に1/4量のアンモニア水と数滴のさらし粉溶液を加えて温めると、藍色を呈する。

劇物	1-t-ブチル-3-(2,6-ジイソプロピル-4-フェノキシフェニル)チオウレア
毒物及び劇物指定令 第2条／85の2	1-*tert*-Butyl-3-(2,6-di-isopropyl-4-phenoxyphenyl) thiourea 〔別名〕ジアフェンチウロン／Diafenthiuron

【組成・化学構造】

分子式　$C_{23}H_{32}N_2OS$

構造式

【CAS番号】80060-09-9

【性状】白～灰白色結晶個体。融点144.6～147.7℃。比重1.09（20℃）。蒸気圧＜2×10^{-6} Pa。溶解度は水 0.062 mg/1L、メタノール43 g、アセトン320 g、n-ヘキサン9.6 g。

【用途】殺虫剤（アブラナ科野菜、茶、みかん等の害虫アブラムシ類、コナジラミ類やコナガ、アオムシなど）。

各　論

【毒性】原体の LD_{50} ＝ マウス雄経口：261 mg/kg、 マウス雌経口：238 mg/kg、LD_{50} ＞ マウス雄経皮：2000 mg/kg、マウス雌経皮：2000 mg/kg。

劇物	ブチル=2,3-ジヒドロ-2,2-ジメチルベンゾフラン-7-イル=N,N′-ジメチル-N,N′-チオジカルバマート
毒物及び劇物指定令 第 2 条／85 の 3	Butyl 2,3-dihydro-2,2-dimethylbenzofuran-7-yl N,N′-dimethyl-N,N′-thiodicarbamate 〔別名〕フラチオカルブ

性状・用途・毒性等については 263 ページ参照。

劇物	t-ブチル=(E)-4-(1,3-ジメチル-5-フェノキシ-4-ピラゾリルメチレンアミノオキシメチル)ベンゾアート
毒物及び劇物指定令 第 2 条／85 の 4	t-Butyl(E)-4-(1,3-dimethyl-5-phenoxy-4-pyrazolylmethyleneamino-oxymethyl)benzoate

【組成・化学構造】　分子式　$C_{24}H_{27}N_3O_4$
　　　　　　　　　構造式

【CAS 番号】134098-61-6

【性状】白色結晶性粉末。融点 101.1 〜 102.4℃。蒸気圧 5.6 × 10^{-8} mmHg 以下 (25℃)。水に難溶。pH4、7、9 で安定。

【用途】果樹、野菜、芥子をはじめとする種々の作物のハダニ類、サビダニ等の害虫を防除する農薬。

【毒性】原体の LD_{50} ＝ ラット雄経口：480 mg/kg、ラット雌経口：245 mg/kg、マウス雄経口：520 mg/kg、マウス雌：440 mg/kg。
5%水和剤（フロアブル）の LD_{50} ＝ ラット雄経口：9000 mg/kg、ラット雌経口：8000 mg/kg、マウス雌経口：8200 mg/kg、LD_{50} ≧ マウス雄経口：10000 mg/kg。

劇物

劇物	ブチルトリクロロスズ
毒物及び劇物指定令 第2条／85の5	Butyl(trichloro)stannane

【組成・化学構造】 分子式 $C_4H_9Cl_3Sn$

構造式

【CAS 番号】 1118-46-3

【性状】 無色～琥珀色の液体。沸点 98℃（13 hPa）。融点 −63℃。密度 1.71 g/cm³（25℃）。相対蒸気密度 9.7（空気 ＝ 1）。蒸気圧 0.06 hPa（25℃）。可溶（加水分解）、ベンゼンに可溶。引火点 81℃（c.c.）。水と反応。

【用途】 プラスチック（ポリ塩化ビニル樹脂等）に添加する安定化剤の中間体。他の有機スズ化合物の中間体。高純度のものはガラス表面処理剤として使用。

【毒性】 原体の LD_{50} ＝ ラット経口：2200 mg/kg、マウス経口：1400 mg/kg。経皮投与・吸入投与（mg/L［4 hr］）では知見なし。ウサギにおいて皮膚腐食性あり、眼刺激性では重篤な損傷をきたす。

劇物	N-ブチルピロリジン
毒物及び劇物指定令 第2条／85の6	N-Butyl pyrrolidine 〔別名〕ノルマルブチルピロリジン

【組成・化学構造】 分子式 $C_8H_{17}N$

構造式

【CAS 番号】 15185-01-0

【性状】 無色、魚肉腐敗臭の液体。沸点 156℃。比重 0.817（水より軽い）。ブタノールその他アルコール類、ベンゼン等の有機溶剤に可溶。水とは混ざらない。引火点 34.7℃。爆発範囲 0.82 ～ 5.35 V/V％。

【用途】 有機合成の際に次のように触媒。

【毒性】 原体の LD_{50} ＝ マウス経口：39.5 ～ 51 mg/kg。
主な中毒症状は著明な中枢興奮であり、その中毒経過は極めて早い。また皮膚に触れるとアルカリ同様の腐食、火傷等の症状を呈する。

【応急措置基準】 〔措置〕

各　　論

(1)漏えい時

　風下の人を退避させ、漏えいした場所の周辺にはロープを張るなどして人の立入りを禁止する。付近の着火源となるものを速やかに取り除く。作業の際には必ず保護具を着用し、吸入や接触を絶対に避け、風下で作業をしない。

　漏えいした液は土砂等でその流れを止め、安全な場所に導き、空容器にできるだけ回収し、そのあとを中性洗剤等の分散剤を使用して多量の水で洗い流す。この場合、高濃度の廃液が河川等に排出されないよう注意する。

(2)出火時

・周辺火災の場合 ＝ 速やかに容器を安全な場所に移す。移動不可能な場合には、容器および周囲に散水して冷却する。

・着火した場合 ＝ 必ず保護具を着用し消火剤、水噴霧等を用いて消火する。

・消火剤 ＝ 水、粉末、泡、二酸化炭素、乾燥砂

(3)暴露・接触時

　①急性中毒と刺激性

・吸入した場合 ＝ 呼吸器に刺激性を有し、吐き気、嘔吐が起こる。重症の場合は痙攣を起こし、意識不明となる。

・皮膚に触れた場合 ＝ 皮膚に刺激性を有し、皮膚からも吸収され、吸入した場合と同様の中毒症状を起こすことがある。

・眼に入った場合 ＝ 粘膜に刺激性、起炎性を有する。

　②医師の処置を受けるまでの救急方法

・吸入した場合 ＝ 直ちに患者を毛布等にくるんで安静にさせ、新鮮な空気の場所に移す。呼吸困難または呼吸停止の場合は、直ちに人工呼吸を行う。

・皮膚に触れた場合 ＝ 直ちに汚染された衣服や靴などを脱がせ、付着部または接触部を石けん水で洗浄し、多量の水で洗い流す。

・眼に入った場合 ＝ 直ちに多量の水で15分間以上洗い流す。

(4)保護具

　保護眼鏡、保護手袋、保護長靴、保護衣、人工呼吸器

【廃棄基準】〔廃棄方法〕

燃焼法

　ア　おが屑等に吸収させて焼却炉で焼却する。

　イ　可燃性溶剤とともに焼却炉の火室へ噴霧し焼却する。

〔検定法〕ガスクロマトグラフィー、吸光光度法

【その他】〔製剤〕触媒用の原体NBPがある。

劇　物

劇物	2-*sec*-ブチルフェノール
毒物及び劇物指定令 第2条／85の7	2-*sec*-Butylphenol

【組成・化学構造】　分子式　$C_{10}H_{14}O$

構造式

【CAS番号】　89-72-5

【性状】　淡黄色の透明な液体。沸点228℃。融点16℃。密度0.9804 g/cm³（25℃）。相対蒸気密度5.2（空気＝1）。蒸気圧109 Pa（25℃）。水1 L（20℃）あたり1520 mg溶解、アルコール、エーテル、アルカリに難溶。引火点107℃。酸化剤と反応。塩基、酸無水物、酸塩化物と激しく反応。

【用途】　樹脂、可塑剤、界面活性剤および他の製品の製造における化学中間体。

【毒性】　原体のLD_{50}＝ラット経口：500～1000 mg/kg、ウサギ経皮：5560 mg/kg。LC_{50}＞ラット吸入（飽和蒸気）：1.78 mg（4 hr）（吸入投与［7 hr］における最小致死濃度［6.6 mgを上回る］から換算）。

ウサギにおいて皮膚腐食性あり、眼刺激性では重篤な損傷をきたす。

劇物	2-*tert*-ブチルフェノール
毒物及び劇物指定令 第2条／85の8	2-*tert*-Butylphenol

【組成・化学構造】　分子式　$C_{10}H_{14}O$

構造式

【CAS番号】　88-18-6

【性状】　特徴的臭気のある無色～黄色の液体。沸点223℃。融点−7℃。密度0.98 g/cm³（20℃）。相対蒸気密度5.2（空気＝1）。蒸気圧0.02 Pa（25℃）。水1 L（20℃）あたり2.3 g溶解。エタノール、エーテル、四塩化炭素に可溶。引火点110℃（o.c.）。強酸化剤、強塩基と反応。

【用途】　樹脂、プラスチック、界面活性剤、香料および農薬等の製造原料。

【毒性】　原体のLD_{50}＝ラット経口：789 mg/kg、ラット経皮：705 mg/kg。LC_{50}＝ラット吸入（ミスト）：1.07 mg/L（4 hr）。

ウサギにおいて皮膚腐食性あり、眼刺激性では重篤な損傷をきたす。

669

各　　論

劇物	2-*t*-ブチル-5-（4-*t*-ブチルベンジルチオ）-4-クロロピリダジン-3（2*H*）-オン
毒物及び劇物指定令 第 2 条／85 の 9	2-*t*-Butyl-5-(4-*t*-butylbenzylthio)-4-chloropyridazin-3(2*H*)-one

【組成・化学構造】　分子式　$C_{19}H_{25}ClN_2OS$

構造式

【CAS 番号】：96489-71-3

【性状】：白色結晶性粉末。融点 111 〜 112℃。蒸気圧 1.9×10^{-6} mmHg（20℃）。
水に難溶（溶解度 1.2×10^{-5} g/L［20℃］）。pH4、7、9 で安定。

【用途】：柑橘、りんご、なし、もも、黄桃、ぶどう等の果樹、茶およびすいか等
の野菜のハダニ類を防除する農薬。

【毒性】：原体の LD_{50} ＝マウス雄経口：253.1 mg/kg、マウス雌経口：205.3 mg/kg。
20％水和剤の LD_{50} ＝ラット雄経口：3350 mg/kg、ラット雌経口：3020
mg/kg、マウス雄経口：2911 mg/kg、マウス雌経口：2600 mg/kg。
中等度の皮膚感作性を有する。

劇物	ブチル-*S*-ベンジル-*S*-エチルジチオホスフェイト
毒物及び劇物指定令 第 2 条／85 の 10	*O*-Butyl-*S*-benzyl-*S*-ethyl phosphorodithioate 〔別名〕BEBP

【組成・化学構造】　分子式　$C_{13}H_{21}O_2PS_2$

構造式

【CAS 番号】：27949-52-6

【性状】：淡黄色油状の液体。各種の有機溶媒に可溶。水に不溶。200℃で分解。

【用途】：稲のイモチ病の防除。

【毒性】：原体の LD_{50} ＝マウス経口：120 mg/kg。

【その他】：〔製剤〕現在、農薬としての市販品はない。

劇物	N-（4-t-ブチルベンジル）-4-クロロ-3-エチル-1-
毒物及び劇物指定令 第2条／85の11	メチルピラゾール-5-カルボキサミド N-(4-t-Butylbenzyl)-4-chloro-3-ethyl-1-methylpyrazole-5-carboxamide 〔別名〕テブフェンピラド／Tebufenpyrad

【組成・化学構造】 **分子式** $C_{18}H_{24}ClN_3O$

構造式

【CAS番号】 119168-77-3

【性状】 淡黄色結晶。融点61～62℃。比重1.0214（真比重）。蒸気圧 7.5×10^{-8} mmHg未満（25℃）。$\log P_{ow} = 5.04$（25℃）。水に難溶。有機溶媒に可溶。pH3～11で安定。

【用途】 野菜、果樹等のハダニ類の害虫を防除する農薬。

【毒性】 原体の LD_{50} ＝ ラット雄経口：595 mg/kg、ラット雌経口：997 mg/kg、マウス雄：224 mg/kg、マウス雌経口：210 mg/kg、$LD_{50} \geqq$ ラット雌雄経皮：2000 mg/kg。
10%乳剤の LD_{50} ＝ ラット雄経口：1054 mg/kg、ラット雌経口：1169 mg/kg。
原体、10%乳剤ともに皮膚感作性を有する。

【その他】 〔製品〕ピラニカ水和剤（テブフェンピラド水和剤）、ピラニカEW（テブフェンピラド乳剤）。

劇物	2-t-ブチル-5-メチルフェノール
毒物及び劇物指定令 第2条／85の12	2-*tert*-Butyl-5-methylphenol

【組成・化学構造】 **分子式** $C_{11}H_{16}O$

構造式

【CAS番号】 88-60-8

【性状】 淡黄色の固体。沸点244℃。融点21.3℃。蒸気圧3.3 Pa（25℃）。溶解度0.42 g/L（水25℃±1℃に対して）。通常の取り扱い条件下では安定。塩基類、酸塩化物、酸無水物、酸化剤と反応する。

各　　論

【用途】酸化防止剤の中間体。

【毒性】原体の LD_{50} ＝ ラット雄経口：320 〜 800 mg/kg、ラット雌経口：130 〜 320 mg/kg、ラット経皮：1200 mg/kg。

ウサギの雄において皮膚腐食性、眼腐食性を有する。

劇物	
毒物及び劇物取締法 別表第二／71 毒物及び劇物指定令 第2条／86・87	**ブラストサイジン S ベンジルアミノベンゼンスルホン酸塩** **Blasticiden-*S*-benzylaminobenzenesulfonate**

【組成・化学構造】*Streptomyces griseochromogenes* から分離された塩基性抗生物質

分子式　　$C_{17}H_{26}N_8O_5$

構造式

【CAS番号】2079-00-7

【性状】純品は白色、針状の結晶、粗製品は白色または微褐色の粉末。融点250℃以上、徐々に分解する。水、氷酢酸にやや可溶、その他の有機溶媒に難溶。pH5 〜 7で安定、pH4以下および8以上で不安定。

【用途】稲のイモチ病用。

【毒性】原体の LD_{50} ＝ ラット経口：53.3 mg/kg。

主な中毒症状は、振戦、呼吸困難である。本毒は肝臓に核の膨大および変性、腎臓には糸球体、細尿管のうっ血、脾臓には脾炎が認められる。また散布に際して、眼刺激性が特に強いので注意を要する。

【その他】〔製剤〕主剤2％の水和剤（ブラエス水和剤）および主剤0.08％の粉剤（ブラエス粉剤）、1％の乳剤（ブラエス乳剤）のほか、配合剤がある。

劇物	ブルシン
毒物及び劇物指定令 第2条／87の2	**Brucine**

【組成・化学構造】

分子式 $C_{23}H_{26}N_2O_4$

構造式

【CAS番号】 357-57-3

【性状】 白色結晶粉末。苦味、無臭。融点178℃（無水塩）。

【用途】 合成触媒、アルコール変性剤。

【毒性】 原体の LD_{50} ＝ マウス経口：150 mg/kg。

劇物	ブロムアセトン
毒物及び劇物指定令 第2条／87の3	**Bromoacetone** 〔別名〕モノブロムアセトン

【組成・化学構造】

分子式 C_3H_5BrO

構造式

【CAS番号】 598-31-2

【性状】 刺激臭の無色の液体。市販品は黄色または褐色。沸点136℃。水に微溶、アルコール、アセトン、エーテル、ベンゼンに可溶。放置すると重合するが、酸化マグネシウムを加えると防止できる。

【用途】 催涙ガス（第1次世界大戦中）、有機合成。

【毒性】 蒸気は強い眼刺激性を有し、催涙作用が強い。皮膚に触れると水疱を生じ激痛を与える。

【その他】 〔製剤〕試薬。

各　　論

劇物 毒物及び劇物取締法 別表第二／72	**ブロムエチル** **Ethyl bromide** 〔別名〕臭化エチル、エチルブロマイド、ブロムエタン

【組成・化学構造】　分子式　C_2H_5Br

構造式　H_3C 〜 Br

【CAS 番号】　74-96-4

【性状】　無色透明、揮発性の液体。強く光線を屈折し、中性の反応を呈する。エーテル様の香気と、灼くような味を有する。沸点38.4℃。比重（d_4^{20}）1.46。水に不溶（20℃で水 100 mL に 0.91 g 溶解）。アルコール、エーテル、クロロホルム、脂肪油、揮発油などに可溶。引火点 −2℃以下。爆発範囲 6.8 〜 8.0％。純品は日光や空気に触れると、分解してブロム水素酸とブロムを生じて褐色を呈し、また水酸化カリウムによってアルコールとブロムカリとに分解する。

【用途】　アルキル化剤。

【毒性】　頭痛、眼および鼻孔の刺激性を有し、呼吸困難などとして現れ、皮膚につくと水疱を生じる。

【応急措置基準】　〔措置〕

(1)漏えい時

　風下の人を退避させ、必要があれば水に濡らした手拭等で口および鼻を覆わせる。漏えいした場所の周辺にはロープを張るなどして人の立入りを禁止する。付近の着火源となるものを速やかに取り除く。作業の際には必ず保護具を着用し、風下で作業をしない。

・少量 ＝ 漏えいした液は、土砂等に吸着させて空容器に回収し、そのあとを多量の水で洗い流す。

・多量 ＝ 漏えいした液は、土砂等でその流れを止め、土砂等に吸着させて空容器に回収し、そのあとを多量の水で洗い流す。

　この場合、高濃度の廃液が河川等に排出されないように注意する。

(2)出火時

・周辺火災の場合 ＝ 速やかに容器を安全な場所に移す。移動不可能の場合は、容器および周囲に散水して冷却する。

・着火した場合 ＝ 必ず保護具を着用し、消火剤を用いて消火する。

・消火剤 ＝ 粉末、泡、二酸化炭素

(3)暴露・接触時

　①急性中毒と刺激性

・吸入した場合 ＝ 鼻、のどに強い刺激性を有し、頭痛、視力障害、口

劇　物

がもつれたり、発音がはっきりしなくなったり、顔面紅潮、瞳孔拡大、動悸を起こす。重症の場合は呼吸困難、チアノーゼ（皮膚や粘膜が青黒くなる）などを起こす。

・皮膚に触れた場合＝皮膚からも吸収され、吸入した場合と同様の中毒症状を起こす。

・眼に入った場合＝眼の粘膜に激しい刺激性、起炎性を有する。

②医師の処置を受けるまでの救急方法

・吸入した場合＝直ちに患者を毛布等にくるんで安静にさせ、新鮮な空気の場所に移す。呼吸困難またはチアノーゼ症状を起こしたときは直ちに人工呼吸を行う。

・皮膚に触れた場合＝直ちに汚染された衣服や靴を脱がせ、付着部または接触部を石けん水または多量の水で十分に洗い流す。

・眼に入った場合＝直ちに多量の水で15分間以上洗い流す。

(4)保護具

保護眼鏡、保護手袋、保護長靴、人工呼吸器または有機ハロゲン防毒マスク

【廃棄基準】〔廃棄方法〕

燃焼法

可燃性溶剤とともに、スクラバーを具備した焼却炉の火室へ噴霧し焼却する。

〈備考〉

・スクラバーの洗浄液にはアルカリ溶液を用いる。

・焼却炉は有機ハロゲン化合物を焼却するに適したものとする。

〔検定法〕ガスクロマトグラフィー

劇物	ブロム水素酸
毒物及び劇物取締法 別表第二／73 毒物及び劇物指定令 第2条／88	**Hydrobromic acid** 〔別名〕臭化水素酸

【組成・化学構造】ブロム水素 HBr の水溶液。

分子式　HBr

構造式　H－Br

【CAS番号】10035-10-6

【性状】無色透明あるいは淡黄色の刺激性の臭気がある液体。空気に触れると、一部酸化されてブロムを遊離する。0℃で飽和した水溶液は、約82％のブロム水素を含有する。極めて反応性に富み、金、白金、タンタル以外のあらゆる金属を腐食する。しかし、塩化ビニル、ポリエチレンなど樹脂には反応しない。

675

各　　論

【用途】各種ブロム塩の製造、臭化アルキルの製造、試薬。

【毒性】他の酸類と同様に、強い腐食性を有する。接触部位の激痛、皮膚の潰瘍を起こすほか、眼接触では疼痛、結膜浮腫から失明することもある。蒸気の吸入によって頭痛、めまい、肺浮腫を起こす。皮膚、眼に接触したときは、直ちに水を噴出させて洗い流す必要がある。

【その他】〔鑑識法〕硝酸銀溶液を加えると、淡黄色のブロム銀を沈殿する。この沈殿は硝酸に不溶、アンモニア水には塩化銀に比べて難溶。

劇物	ブロムメチル
毒物及び劇物取締法 別表第二／74 毒物及び劇物指定令 第2条／88の2	**Methyl bromide** 〔別名〕臭化メチル、メチルブロマイド、ブロムメタン

【組成・化学構造】 分子式　CH_3Br

構造式　H_3C-Br

【CAS番号】74-83-9

【性状】無色の気体。わずかに甘いクロロホルム様の臭いを有する。沸点3.6℃。比重（d_4^{20}）1.73。水に難溶（20℃で水100 mLに0.09 g溶解）。圧縮または冷却すると、無色または淡黄緑色の液体を生成。ガスは空気より重い。爆発範囲10～15％、引火爆発することはまれ。

【用途】果樹、種子、貯蔵食糧等の病害虫の燻蒸用（沸点が低く、低温でガス体であるが、引火性がなく、浸透性が強いため）。

【毒性】毒性はおおよそクロロホルムと同系統であるが、その程度はクロロホルムより強く、通常の燻蒸標準量（1 L中ブロムメチル16 mg）で、1時間、イヌに作用させると、数時間後、死亡すると考えられている。ラットに0.63 mg/L（514 ppm）を6時間吸入させると死亡する。人間に対する毒性は概して他の燻蒸剤より弱いが、通常の燻蒸濃度では臭気を感じないため、中毒を起こすおそれがある。蒸気を吸入した場合の中毒症状は、頭痛、眼や鼻孔に刺激性を有し、呼吸困難をきたす。

【応急措置基準】〔措置〕

(1)漏えい時

　風下の人を退避させ、漏えいした場所の周辺にはロープを張るなどして人の立入りを禁止する。作業の際には必ず保護具を着用し、風下で作業をしない。

・少量＝漏えいした液は、速やかに蒸発するので周辺に近づかないようにする。

・多量＝漏えいした液は、土砂等でその流れを止め、液が広がらないようにして蒸発させる。

(2)出火時

劇　物

・周辺火災の場合 ＝ 速やかに容器を安全な場所に移す。移動不可能の場合は、容器および周囲に散水して冷却する。

(3) 暴露・接触時

①急性中毒と刺激性

・吸入した場合 ＝ 吐き気、嘔吐、頭痛、歩行困難、痙攣、視力障害、瞳孔拡大等の症状を起こすことがある。低濃度のガスを長時間吸入すると、数日を経て、痙攣、麻痺、視力障害等の症状を起こす。重症の場合には数日後に神経障害を起こす。

・皮膚に触れた場合 ＝ 皮膚に刺激性を有し、発疹や水疱などを起こし、皮膚からも吸収され、吸入した場合と同様の中毒症状を起こすことがある。

・眼に入った場合 ＝ 粘膜に刺激性、起炎性を有する。

②医師の処置を受けるまでの救急方法

・吸入した場合 ＝ 直ちに患者を毛布等にくるんで安静にさせ、新鮮な空気の場所に移す。呼吸困難または呼吸停止の場合は直ちに人工呼吸を行う。

・皮膚に触れた場合 ＝ 直ちに汚染された衣服や靴を脱がせ、付着部または接触部を石けん水または多量の水で十分に洗い流す。

・眼に入った場合 ＝ 直ちに多量の水で15分間以上洗い流す。

(4) 注意事項

臭いは極めて弱く、蒸気は空気より重いため吸入による中毒を起こしやすい。

(5) 保護具

保護眼鏡、保護手袋、保護長靴、保護衣、人工呼吸器または臭化メチル燻蒸用防毒マスク

【廃棄基準】〔廃棄方法〕

燃焼法

可燃性溶剤とともに、スクラバーを備えた焼却炉の火室へ噴霧し焼却する。

〈備考〉

・スクラバーの洗浄液にはアルカリ溶液を用いる。

・焼却炉は有機ハロゲン化合物を焼却するに適したものとする。

〔検定法〕ガスクロマトグラフィー

【その他】〔貯法〕常温では気体なので、圧縮冷却して液化し、圧縮容器に入れ、直射日光その他、温度上昇の原因を避けて、冷暗所に貯蔵する。

〔製剤〕燻蒸剤としてメチブロン、ブロムメチル、臭化メチル、ブロヒウム、サンヒューム、カヤヒューム、ニチヒューム、クノヒューム等があ

劇
物

677

各　　論

劇物	1-ブロモ-3-クロロプロパン
毒物及び劇物指定令 第2条／88の3	**1-Bromo-3-chloropropane**

【組成・化学構造】　**分子式**　C_3H_6BrCl

　　　　　　　　　構造式　Br⌒⌒Cl

【CAS番号】　109-70-6

【性状】　無色の液体。沸点143℃。融点 −59℃。蒸気圧 0.85 kPa（25℃）。水に不溶。メタノールに可溶、エタノール、エーテル、クロロホルムに易溶。

【用途】　医薬品および農薬原料。

【毒性】　原体の LD_{50} ＝ ラット経口：930 mg/kg、LD_{50} ≧ ラット経皮：2000 mg/kg。LC_{50} ＝ ラット吸入（蒸気）：6.5 mg/L（4 hr）（推定値）。ウサギにおける皮膚刺激性はない。

劇物	2-（4-ブロモジフルオロメトキシフェニル）-2-メチルプロピル =3-フェノキシベンジル = エーテル
毒物及び劇物指定令 第2条／88の4	**2-(4-Bromodifluoromethoxyphenyl)-2-methylpropyl 3-phenoxybenzyl ether** 〔別名〕ハルフェンプロックス

【組成・化学構造】　**分子式**　$C_{24}H_{23}BrF_2O_3$

　　　　　　　　　構造式

【CAS番号】　111872-58-3

【性状】　無色透明の液体。比重 1.318（20℃）。蒸気圧 2.86×10^{-4} mmHg（100℃）。水に難溶。有機溶媒に可溶。$\log P_{ow}$ ＝ 5.2（25℃）。

【用途】　農薬。果樹や茶などの作物を加害するテトラニクス属、パノニクス属および一部のフシダニ類に対して有効な殺ダニ剤。発生初期（収穫14日前まで）に散布する。

【毒性】　原体の LD_{50} ＝ ラット雄経口：132 mg/kg、ラット雌経口：159 mg/kg、マウス雄経口：146 mg/kg、マウス雌経口：121 mg/kg、ウサギ雄経口：603 mg/kg、ウサギ雌経口：847 mg/kg、LD_{50} ≧ ラット雄経皮：2000 mg/kg、ラット雌経皮：2000 mg/kg。LC_{50} ＝ ラット雄吸入：1.38 mg/L、ラット雌吸入：0.36 mg/L。眼刺激性なし。極めて弱い皮膚刺激性を有する。

劇　物

劇物	ヘキサクロルエポキシオクタヒドロエンドエキソジメタノナフタリン
毒物及び劇物取締法 別表第二／75 毒物及び劇物指定令 第2条／89	**Hexachloro-epoxy-octahydro-*end, exo*-dimethanonaphtalene** 〔別名〕ディルドリン、HEOD

【組成・化学構造】　**分子式**　$C_{12}H_8OCl_6$

構造式

【CAS番号】： 60-57-1

【性状】： 白色の結晶。臭気はほとんどなし。融点 175 ～ 176℃（工業製品は 150℃）。水に不溶。キシレンに可溶、有機溶媒に難溶。本品はエンドリンの立体異性体。

【用途】： 接触性殺虫剤（松くい虫類、その他の樹木〔伐採木、根株〕を害する昆虫の駆除用）。

【毒性】： 原体の LD_{50} ＝ マウス経口：38 mg/kg。
中毒症状は毒物のエンドリン（271 ページ）、アルドリン等と同様であるが、作用の点で弱い。焦燥感、頭痛、食欲減退、体重減少、不眠など。

【その他】： 〔製剤〕現在、農薬としての市販品はない。

劇物	1,2,3,4,5,6-ヘキサクロルシクロヘキサン
毒物及び劇物取締法 別表第二／76 毒物及び劇物指定令 第2条／90	**1,2,3,4,5,6-Hexachlorocyclohexane** 〔別名〕リンデン、六塩化ベンゼン、BHC、HCH

【組成・化学構造】　**分子式**　$C_6H_6Cl_6$

構造式

【CAS番号】： 58-89-9

【性状】： 純品は白色の結晶。わずかに揮発性を有する。通常のものはわずかに黄色を帯びた白色で、特異な刺激臭を有する。水には不溶。各種の有機溶媒に可溶。

【用途】： 接触性殺虫剤（農薬としての使用は全面的に禁止されている）。

【毒性】： 原体の LD_{50} ＝ マウス経口：74 mg/kg（γ 体 95％）。
接触毒で、角皮より吸収されて神経系を侵す。また揮発性であるため、呼

劇

物

679

各　論

吸毒としての作用もある。

劇物	ヘキサクロルヘキサヒドロジメタノナフリタン
毒物及び劇物取締法 別表第二／77 毒物及び劇物指定令 第2条／91	**Hexachloro hexahydro dimethanonaphtalene** 〔別名〕アルドリン、HHDN

【組成・化学構造】 **分子式** $C_{12}H_8Cl_6$

構造式

【CAS番号】 309-00-2

【性状】 白色の結晶。臭気はほとんどなし。融点140℃。水に不溶。有機溶媒に可溶。揮発性。

【用途】 接触性殺虫剤。

【毒性】 原体の LD_{50} ＝ マウス経口：44 mg/kg。
中毒症状は毒物のエンドリン（271ページ）等と同様であるが、エンドリンより弱い。焦燥感、頭痛、食欲減退、体重減少、不眠など。

【その他】 〔製剤〕現在、農薬としての市販品はない。

劇物	ヘキサメチレンジイソシアナート
毒物及び劇物指定令 第2条／91の2	**Hexamethylene diisocyanate** 〔別名〕1,6-ジイソシアナトヘキサン、HDI

【組成・化学構造】 **分子式** $C_8H_{12}N_2O_2$

構造式

【CAS番号】 822-06-0

【性状】 わずかに刺激臭を有する無色の液体。沸点 $130 \sim 132$℃（14 mmHg）。冷水に反応しにくい。水と過熱するとポリヘキサメチレン尿素を生じる。

【用途】 ポリウレタン繊維の製造原料。

【毒性】 原体の LD_{50} ＝ ラット経口：738 mg/kg、マウス経口：350 mg/kg、ウサギ経皮：593 mg/kg。

劇物

劇物	ヘキサン-1,6-ジアミン
毒物及び劇物指定令 第2条／91の3	Hexane-1,6-diamine

【組成・化学構造】　**分子式**　$C_6H_{16}N_2$
　　　　　　　　　　構造式　$H_2N\frown\frown\frown NH_2$

【CAS 番号】　124-09-4

【性状】　アンモニア臭の白色結晶。沸点205℃。融点41℃。溶解度（g/L）は 800（水15.6℃に対して）、670（メタノール20℃に対して）。ジエチルエーテル、ベンゼンに難溶。通常の取扱い条件下では安定。酸と反応する。

【毒性】　原体のLD₅₀ ＝ ラット経口：380 〜 1127 mg/kg、ラット経皮：1110 mg/kg。LC₅₀ ≧ ラット吸入（微粒化製剤）：0.950 mg/L。
ウサギにおいて、腐食性が見られ、眼刺激性にも腐食性が見られる。

劇物	ベタナフトール
毒物及び劇物取締法 別表第二／78 毒物及び劇物指定令 第2条／92	β-Naphthol 〔別名〕2-ナフトール

【組成・化学構造】　**分子式**　$C_{10}H_8O$
　　　　　　　　　　構造式

【CAS 番号】　135-19-3

【性状】　無色の光沢のある小葉状結晶あるいは白色の結晶性粉末。かすかなフェノール様の臭気と、灼くような味を有する。沸点286℃。融点123℃。水に難溶、熱湯に可溶。アルコール、エーテル、クロロホルム等に易溶、二硫化炭素に難溶。熱時には脂肪油に可溶、パラフィンに難溶。

【用途】　染料製造原料、防腐剤（医療用にも）、試薬など

【毒性】　原体のLD₅₀ ＝ マウス経口：98 mg/kg。
生理作用はフェノールに似ている。しかし、フェノールよりは強い防腐剤である。血液や腎臓に有害で、皮膚から吸収されやすく、特に疥癬の場合は中毒しやすい。中毒症状は、嘔吐、昏睡状態、意識不明や、腎臓に刺激性。
アルコール溶液を皮膚に塗ると、尿に血液が現れた例があり、また疥癬の治療のために2％のベタナフトール軟膏を皮膚に塗って、ひどい腎臓炎を起こし、3週間以内に死亡した例があるといわれ、また成人が疥癬や、一般の湿疹のために約15ｇを皮膚に使用して、14日間で急性腎臓

各　　論

炎を起こした例がある。致死量は明確ではないが、3〜4gを外用して
死亡した例がある。

中毒死は、通常24時間から3週間の間に起こる。18gを経口摂取し、非
常に苦しい症状に陥った人もあるといわれている。

【応急措置基準】〔措置〕

(1)漏えい時

　風下の人を退避させ、飛散した場所の周辺にはロープを張るなどして
人の立入りを禁止する。作業の際には必ず保護具を着用し、風下で作業
をしない。飛散したものは速やかに掃き集め、空容器に回収する。ベタ
ナフトールで汚染された土砂、物体は同様の措置をとる。

(2)出火時

・周辺火災の場合 = 速やかに容器を安全な場所に移す。移動不可能の場
　合は、容器および周囲に散水して冷却する。

・着火した場合 = 必ず保護具を着用し粉末、二酸化炭素等を用いて消火
　する。大規模火災の場合は水噴霧、泡を用いる。

・消火剤 = 粉末、二酸化炭素、水、泡

(3)暴露・接触時

　①急性中毒と刺激性

・吸入した場合 = 腎炎を起こし、重症の場合には死亡することがある。
　また肝臓を障害し黄疸が出たり、溶血を起こして血色素尿を見るこ
　ともある。

・皮膚に触れた場合 = 熱感やかゆみ、はれなどの皮膚炎や湿疹を起こ
　す。多量の場合、皮膚からも吸収され吸入した場合と同様の中毒症
　状を起こすことがある。

・眼に入った場合 = 粘膜を刺激し、充血を起こす。

　②医師の処置を受けるまでの救急方法

・吸入した場合 = 直ちに患者を毛布等にくるんで安静にさせ、新鮮な
　空気の場所に移す。呼吸困難または呼吸停止の場合は直ちに人工呼
　吸を行う。

・皮膚に触れた場合 = 直ちに汚染された衣服や靴を脱がせ、付着部ま
　たは接触部を石けん水または多量の水で十分に洗い流す。

・眼に入った場合 = 直ちに多量の水で15分間以上洗い流す。

(4)保護具

　保護眼鏡、保護手袋、保護長靴、保護衣、防塵マスク

【廃棄基準】〔廃棄方法〕

燃焼法

　ア　焼却炉でそのまま焼却する。

682

イ　可燃性溶剤とともに焼却炉の火室へ噴霧し焼却する。

〔検定法〕吸光光度法、高速液体クロマトグラフィー、ガスクロマトグラフィー

【その他】〔鑑識法〕

①水溶液にアンモニア水を加えると、紫色の螢石彩を放つ。

②水溶液に塩素水を加えると、白濁し、これに過剰のアンモニア水を加えると澄明となり、液は最初緑色を呈し、のちに褐色に変化する。

③水溶液に塩化第二鉄溶液を加えると、微かに類緑色を呈し、しばらくしてから白色絮状の沈殿を生成。

〔貯法〕空気や光線に触れると赤変するから、遮光して保管しなくてはならない。

劇物	**1,4,5,6,7-ペンタクロル-3a,4,7,7a-テトラヒドロ-4,7-(8,8-ジクロルメタノ)-インデン**
毒物及び劇物取締法 別表第二／79 毒物及び劇物指定令 第2条／93	1,4,5,6,7-Pentachloro-3a,4,7,7a-tetrahydro-4,7-(8,8-dichloromethano)-indene 〔別名〕ヘプタクロール

【組成・化学構造】　**分子式**　$C_{10}H_5Cl_7$

構造式

【CAS番号】76-44-8

【性状】淡白黄色の粉末。有機溶媒に易溶。酸、アルカリに安定。

【用途】接触性殺虫剤（ネアブラムシ、ケラ、アワヨトウムシ、ネキリムシ等の駆除）。

【毒性】原体の LD_{50} ＝ マウス経口：103 mg/kg。

有機塩素化合物による中毒で、中毒症状は他の塩素化合物と同様に、急性中毒では嘔吐、吐気、頭痛を伴い、いらいらして痙攣を呈する。慢性中毒では、神経過敏になり、食欲がなくなり、次第に衰弱して死亡する。

【その他】〔製剤〕現在、農薬としての市販品はない。

683

各　　論

劇物
毒物及び劇物取締法 別表第二／80 毒物及び劇物指定令 第 2 条／94・95

ペンタクロルフェノール（ペンタクロルフェノールソーダ）

Pentachlorophenol（Sodium pentachloro phenolate）

〔別名〕PCP

【組成・化学構造】 **分子式**　ペンタクロルフェノール：C_6HCl_5O

ペンタクロルフェノールソーダ：$C_6H_{15}NaO$

構造式

ペンタクロルフェノール　　　　　　　ペンタクロルフェノールソーダ

【CAS 番号】 ペンタクロルフェノール：87-86-5

ペンタクロルフェノールソーダ：131-52-2

【性状】

	ペンタクロルフェノール	ペンタクロルフェノールナトリウム
分子量	266.36	288.36
融点	191°C	——
沸点	309 〜 310°／7543 mmHg	——
外観	白色、針状の結晶	灰白色、針状の結晶

　水に可溶。いずれもメタノール、エタノール、アセトン、軽油、灯油等に可溶。また、いずれもその沸点以下で長時間加熱しても分解しない。水または酸と煮沸しても、塩素を分離することはない。他の金属イオンと塩を生成。

【用途】 防腐、防黴および防虫剤（木材、繊維、接着剤、製紙、皮革等の）、農業用殺菌剤、除草剤。

【毒性】 原体の LD_{50} ＝ マウス経口：82 mg/kg、マウス経皮：154.3 mg/kg、ウサギ経口：103 mg/kg。

致死量を投与したときのみに見られる症状は、発熱、呼吸および脈拍増加、糖尿等で、死亡前 10 〜 30 分には、重度の筋肉弛緩と循環器系の衰弱を起こし、完全に虚脱状態を呈して死亡する。皮膚に付着した場合、高濃度の溶液は皮膚に刺激性、起炎性を有する。

【その他】 〔製剤〕90％含有する粉剤（クロン）、20％含有する乳剤（ウッドゾールA）、5％含有する粒剤、50％含有する水和剤（ウッドペンタ）が殺菌剤

劇　　物

として市販されている。

86％水溶剤、25％または37％粒剤または他剤と配合した製剤（パムコン、ペアサイド、マノック、パーロック、エビデン）などが除草剤として市販されている。

ホウフッ化水素酸塩類

劇物	毒物及び劇物指定令　第2条／96

劇物	ホウフッ化水素酸
毒物及び劇物指定令 第2条／96	**Tetrafluoroboric acid** 〔別名〕テトラフルオロホウ酸、フッ化ホウ素酸、フルオロホウ酸

【組成・化学構造】　**分子式**　$BF_4 \cdot H$

　構造式

$$H^+ \quad \begin{array}{c} F \quad F \\ \backslash \ / \\ B \\ / \ \backslash \\ F \quad F \end{array}$$

【CAS番号】：16872-11-0

【性状】：無色透明の液体。特有の刺激臭を有する。不燃性。高濃度なもの（60％以上）は空気中で白煙を生じる。市販品は42〜45％のものが多い。比重1.38〜1.39（42％）、1.39〜1.40（50％）。加熱すると分解してフッ素イオンを生成。多くの塩を生成。ガラスを腐蝕する。水に可溶。

【用途】：金属の表面処理。

【毒性】：強い局所刺激性を有し、細胞を破壊する。

【応急措置基準】：〔措置〕

(1)漏えい時

　風下の人を退避させ、必要があれば水で濡らした手ぬぐい等で口および鼻を覆う。漏えいした場所の周辺にはロープを張るなどして人の立入りを禁止する。作業の際には必ず保護具を着用し、風下で作業をしない。漏えいした液は土砂等でその流れを止め、安全な場所に導き、できるだけ空容器に回収し、そのあとを徐々に注水してある程度希釈した後、水酸化カルシウム等の水溶液で処理し、多量の水で洗い流す。発生するガスは霧状の水をかけて吸収させる。この場合、高濃度の廃液が河川等に排出されないよう注意する。

(2)出火時

・周辺火災の場合＝速やかに容器を安全な場所に移す。移動不可能な場合には、遮蔽物の活用など容器の破損に対する防護措置を講じ、容器

685

各　　論

および周囲に散水して冷却する。この場合、容器に水が入らないよう
注意する。

(3)暴露・接触時

①急性中毒と刺激性

・吸入した場合 ＝ 鼻、のど、気管支、肺などの粘膜が刺激され、侵さ
れる。重症の場合には肺水腫を起こし、呼吸困難を起こす。

・皮膚に触れた場合 ＝ 激しい痛みを感じ、皮膚の内部にまで浸透腐食
する。薄い溶液でも指先に触れると爪の間に浸透し、激痛を感じる。

・眼に入った場合 ＝ 粘膜等が激しく侵され、失明することがある。

②医師の処置を受けるまでの救急方法

・吸入した場合 ＝ 直ちに患者を毛布等にくるんで安静にさせ、新鮮な
空気の場所に移し酸素吸入を行う。呼吸困難または呼吸停止の場合
には直ちに人工呼吸を行う。

・皮膚に触れた場合 ＝ 直ちに付着部または接触部を多量の水で洗い流
した後、汚染された衣服や靴などを脱がせる。

・眼に入った場合 ＝ 直ちに多量の水で 15 分間以上洗い流す。

(4)注意事項

①火災等で強熱されると、有毒なフッ化水素ガスおよび三フッ化ホウ
素ガスを生成する。

②大部分の金属、ガラス、コンクリート等を激しく腐食する。

③水と急激に接触すると多量の熱を生成し、酸が飛散することがある。

④直接中和剤を散布すると発熱し、酸が飛散することがあるので、あ
る程度希釈してから中和する。

⑤皮膚に接触した場合には、至急医師による手当て等を受ける。

(5)保護具

保護眼鏡、保護手袋、保護長靴、保護衣、人工呼吸器

【廃棄基準】〔廃棄方法〕

分解沈殿法

多量の塩化カルシウム水溶液に攪拌しながら少量ずつ加え、数時間加
熱攪拌する。ときどき水酸化カルシウム水溶液を加えて中和し、もはや
溶液が酸性を示さなくなるまで加熱し、沈殿濾過して埋立処分する。濾
液は多量の水で希釈して処理する。

〈備考〉

・塩化カルシウム水溶液と急激に混合すると多量の熱を発生し、酸が
飛散することがあるので注意する。

・テトラフルオロホウ酸イオンの分解には長時間の加熱が必要である。
分解を検定法で確認することが望ましい。

・中和時の pH は 8.5 以上とする。これ未満では沈殿が完全には生成されない。

〔生成物〕CaF$_2$

〔検定法〕イオン電極法（ホウフッ化イオン電極を使用すること）、吸光光度法

〔その他〕作業の際には未反応の有毒なガスを生成することがあるので、必ず保護具を着用する。気体は少量の吸収であっても危険なので注意する。

劇物	ホウフッ化アンモニウム
毒物及び劇物指定令 第 2 条／96	**Ammonium tetrafluoroborate** 〔別名〕テトラフルオロホウ酸アンモニウム、フッ化ホウ素酸アンモニウム

【組成・化学構造】　**分子式**　BF$_4$・H$_4$N

　　　　　　　　　　構造式

$$NH_4^+ \quad \begin{array}{c} F \quad F \\ B^- \\ F \quad F \end{array}$$

【CAS 番号】　13826-83-0

【性状】　無色結晶。融点 230℃（分解）。加熱すれば 110℃以上で分解することなく昇華する。水に可溶（23℃で水 100 mL に 20.3 g 溶解）、アルコール類などに不溶。水溶液は弱酸性で、ガラスを腐食する。

【用途】　試薬。

【応急措置基準】　〔措置〕

(1)漏えい時

　飛散した場所の周辺にはロープを張るなどして人の立入りを禁止する。作業の際には必ず保護具を着用し、風下で作業をしない。飛散したものは空容器にできるだけ回収し、そのあとを水酸化カルシウム等の水溶液を用いて処理し、多量の水で洗い流す。この場合、高濃度の廃液が河川等に排出されないよう注意する。

(2)出火時

・周辺火災の場合 = 速やかに容器を安全な場所に移す。移動不可能な場合には容器および周囲に散水して冷却する。

・着火した場合 = 必ず保護具を着用し、多量の水で消火する。

・消火剤 = 水

(3)暴露・接触時

①急性中毒と刺激性

・吸入した場合 = 鼻、のど、気管支、肺などの粘膜を刺激し、炎症を起こすことがある。

・皮膚に触れた場合 = 刺激作用があり、炎症を起こすことがある。

各　論

・眼に入った場合 = 粘膜を刺激する。
②医師の処置を受けるまでの救急方法
・吸入した場合 = 鼻をかませ、うがいをさせる。
・皮膚に触れた場合 = 直ちに汚染された衣服や靴などを脱がせ、付着部または接触部を石けん水で洗浄し、多量の水で洗い流す。
・眼に入った場合 = 直ちに多量の水で15分間以上洗い流す。

(4) 注意事項
①火災等で燃焼すると有毒な三フッ化ホウ素ガスを生成する。
②酸と接触すると有毒なフッ化水素ガスおよび三フッ化ホウ素ガスを生成する。

(5) 保護具
保護眼鏡、保護手袋、保護長靴、保護衣、防塵マスク（火災時：人工呼吸器）

【廃棄基準】〔廃棄方法〕

分解沈殿法
多量の塩化カルシウム水溶液に撹拌しながら少量ずつ加え、数時間加熱撹拌する。ときどき水酸化カルシウム水溶液を加えて中和し、溶液が酸性を示さなくなるまで加熱し、沈殿濾過して埋立処分する。濾液は多量の水で希釈して処理する。

〈備考〉
・テトラフルオロホウ酸イオンの分解には長時間の加熱が必要である。分解を検定法で確認することが望ましい。
・中和時のpHは8.5以上とする。それ未満では沈殿が完全には生成されない。

〔生成物〕CaF₂
〔検定法〕吸光光度法、イオン電極法（ホウフッ化イオン電極を使用すること）
〔その他〕本薬物の付着した紙袋等を焼却するとフッ化水素および三フッ化ホウ素の気体を生成するので、洗浄装置のない焼却炉等で焼却しない。

劇物	**ホウフッ化ナトリウム**
毒物及び劇物指定令 第2条／96	**Sodium borofluoride** 〔別名〕テトラフルオロホウ酸ナトリウム

【組成・化学構造】　分子式　BF₄・Na

構造式　

【CAS番号】　13755-29-8

劇　　物

【性状】無色結晶。融点 384℃（分解）。水に易溶（27℃で水 100 mL に 109 g 溶解）。

【用途】金属粒度改善剤。

【応急措置基準】〔措置〕

(1)漏えい時

　飛散した場所の周辺にはロープを張るなどして人の立入りを禁止する。作業の際には必ず保護具を着用し、風下で作業をしない。飛散したものは空容器にできるだけ回収し、そのあとを水酸化カルシウム等の水溶液を用いて処理し、多量の水で洗い流す。この場合、高濃度の廃液が河川等に排出されないよう注意する。

(2)出火時

・周辺火災の場合 ＝ 速やかに容器を安全な場所に移す。移動不可能な場合には容器および周囲に散水して冷却する。

(3)暴露・接触時

　①急性中毒と刺激性

　・吸入した場合 ＝ 鼻、のど、気管支、肺などの粘膜を刺激し、炎症を起こすことがある。

　・皮膚に触れた場合 ＝ 刺激作用があり、炎症を起こすことがある。

　・眼に入った場合 ＝ 粘膜を刺激する。

　②医師の処置を受けるまでの救急方法

　・吸入した場合 ＝ 鼻をかませ、うがいをさせる。

　・皮膚に触れた場合 ＝ 直ちに汚染された衣服や靴などを脱がせ、付着部または接触部を石けん水で洗浄し、多量の水で洗い流す。

　・眼に入った場合 ＝ 直ちに多量の水で 15 分間以上洗い流す。

(4)注意事項

　①火災等で強熱されると有毒な三フッ化ホウ素ガスを生成する。

　②酸と接触すると有毒なフッ化水素ガスおよび三フッ化ホウ素ガスを生成する。

(5)保護具

　保護眼鏡、保護手袋、保護長靴、保護衣、防塵マスク（火災時：人工呼吸器）

【廃棄基準】〔廃棄方法〕

分解沈殿法

　多量の塩化カルシウム水溶液に攪拌しながら少量ずつ加え、数時間加熱攪拌する。ときどき水酸化カルシウム水溶液を加えて中和し、溶液が酸性を示さなくなるまで加熱し、沈殿濾過して埋立処分する。濾液は多量の水で希釈して処理する。

劇
物

689

各　　論

〈備考〉
・テトラフルオロホウ酸イオンの分解には長時間の加熱が必要である。
　分解を検定法で確認することが望ましい。
・中和時の pH は 8.5 以上とする。それ未満では沈殿が完全には生成さ
　れない。

〔生成物〕CaF$_2$

〔検定法〕吸光光度法、イオン電極法（ホウフッ化イオン電極を使用する
こと）

〔その他〕本薬物の付着した紙袋等を焼却するとフッ化水素および三フッ
化ホウ素の気体を生成するので、洗浄装置のない焼却炉等で焼却しない。

劇物	ホウフッ化マグネシウム
毒物及び劇物指定令 第 2 条／96	**Magnesium borofluoride** 〔別名〕テトラフルオロホウ酸マグネシウム

【組成・化学構造】 **分子式** B_2F_8Mg

構造式

$$Mg^{2+} \left[\begin{array}{c} F \quad F \\ B^- \\ F \quad F \end{array} \right]_2$$

【CAS 番号】14708-13-5

【性状】無色結晶。融点50℃（分解）。水に易溶（27℃で水 100 mL に 279 g 溶解）。

【応急措置基準】〔措置〕

(1)漏えい時

　飛散した場所の周辺にはロープを張るなどして人の立入りを禁止する。
作業の際には必ず保護具を着用し、風下で作業をしない。飛散したもの
は空容器にできるだけ回収し、そのあとを水酸化カルシウム等の水溶液
を用いて処理し、多量の水で洗い流す。この場合、高濃度の廃液が河川
等に排出されないよう注意する。

(2)出火時

・周辺火災の場合 ＝ 速やかに容器を安全な場所に移す。移動不可能な場
　合には容器および周囲に散水して冷却する。

(3)暴露・接触時

①急性中毒と刺激性

・吸入した場合 ＝ 鼻、のど、気管支、肺などの粘膜を刺激し、炎症を
　起こすことがある。

・皮膚に触れた場合 ＝ 刺激作用があり、炎症を起こすことがある。

・眼に入った場合 ＝ 粘膜を刺激する。

②医師の処置を受けるまでの救急方法

劇　物

・吸入した場合 ＝ 鼻をかませ、うがいをさせる。

・皮膚に触れた場合 ＝ 直ちに汚染された衣服や靴などを脱がせ、付着
部または接触部を石けん水で洗浄し、多量の水で洗い流す。

・眼に入った場合 ＝ 直ちに多量の水で15分間以上洗い流す。

(4)注意事項

①火災等で強熱されると有毒な酸化マグネシウムの煙霧および三フッ
化ホウ素ガスを生成する。

②酸と接触すると有毒なフッ化水素ガスおよび三フッ化ホウ素ガスを
生成する。

(5)保護具

保護眼鏡、保護手袋、保護長靴、保護衣、防塵マスク（火災時：人工
呼吸器）

【廃棄基準】〔廃棄方法〕

分解沈殿法

多量の塩化カルシウム水溶液に攪拌しながら少量ずつ加え、数時間加
熱攪拌する。ときどき水酸化カルシウム水溶液を加えて中和し、溶液が
酸性を示さなくなるまで加熱し、沈殿濾過して埋立処分する。濾液は多
量の水で希釈して処理する。

〈備考〉

・テトラフルオロホウ酸イオンの分解には長時間の加熱が必要である。
分解を検定法で確認することが望ましい。

・中和時の pH は 8.5 以上とする。それ未満では沈殿が完全には生成さ
れない。

〔生成物〕CaF$_2$

〔検定法〕吸光光度法、イオン電極法（ホウフッ化イオン電極を使用する
こと）

〔その他〕本薬物の付着した紙袋等を焼却するとフッ化水素および三フッ
化ホウ素の気体を生成するので、洗浄装置のない焼却炉等で焼却しない。

劇物	ホウフッ化リチウム
毒物及び劇物指定令 第2条／96	**Lithium borofluoride** 〔別名〕テトラフルオロホウ酸リチウム

【組成・化学構造】　**分子式**　BF$_4$・Li

構造式

$$Li^+ \quad \begin{array}{c} F \quad F \\ \backslash \quad / \\ B \\ / \quad \backslash \\ F \quad F \end{array}$$

【CAS番号】14283-07-9

【性状】無色結晶。融点200℃（分解）。水に可溶。

各　　論

【応急措置基準】〔措置〕

(1)漏えい時

　飛散した場所の周辺にはロープを張るなどして人の立入りを禁止する。作業の際には必ず保護具を着用し、風下で作業をしない。飛散したものは空容器にできるだけ回収し、そのあとを水酸化カルシウム等の水溶液を用いて処理し、多量の水で洗い流す。この場合、高濃度の廃液が河川等に排出されないよう注意する。

(2)出火時

・周辺火災の場合 ＝ 速やかに容器を安全な場所に移す。移動不可能な場合には容器および周囲に散水して冷却する。

(3)暴露・接触時

①急性中毒と刺激性

・吸入した場合 ＝ 鼻、のど、気管支、肺などの粘膜を刺激し、炎症を起こすことがある。

・皮膚に触れた場合 ＝ 刺激作用があり、炎症を起こすことがある。

・眼に入った場合 ＝ 粘膜を刺激する。

②医師の処置を受けるまでの救急方法

・吸入した場合 ＝ 鼻をかませ、うがいをさせる。

・皮膚に触れた場合 ＝ 直ちに汚染された衣服や靴などを脱がせ、付着部または接触部を石けん水で洗浄し、多量の水で洗い流す。

・眼に入った場合 ＝ 直ちに多量の水で 15 分間以上洗い流す。

(4)注意事項

①火災等で強熱されると有毒な三フッ化ホウ素ガスを生成する。

②酸と接触すると有毒なフッ化水素ガスおよび三フッ化ホウ素ガスを生成する。

(5)保護具

　保護眼鏡、保護手袋、保護長靴、保護衣、防塵マスク（火災時：人工呼吸器）

【廃棄基準】〔廃棄方法〕

分解沈殿法

　多量の塩化カルシウム水溶液に撹拌しながら少量ずつ加え、数時間加熱撹拌する。ときどき水酸化カルシウム水溶液を加えて中和し、溶液が酸性を示さなくなるまで加熱し、沈殿濾過して埋立処分する。濾液は多量の水で希釈して処理する。

〈備考〉

・テトラフルオロホウ酸イオンの分解には長時間の加熱が必要である。分解を検定法で確認することが望ましい。

劇　物

　　　・中和時の pH は 8.5 以上とする。それ未満では沈殿が完全には生成されない。

〔生成物〕CaF$_2$

〔検定法〕吸光光度法、イオン電極法（ホウフッ化イオン電極を使用すること）

〔その他〕本薬物の付着した紙袋等を焼却するとフッ化水素および三フッ化ホウ素の気体を生成するので、洗浄装置のない焼却炉等で焼却しない。

劇物	ホウフッ化カリウム
毒物及び劇物指定令 第2条／96	**Potassium borofluoride** 〔別名〕テトラフルオロホウ酸カリウム

【組成・化学構造】　分子式　BF$_4$・K

　　　　　　　　　構造式

【CAS番号】　14075-53-7

【性状】　無色の結晶。融点 530℃（分解）。水に難溶（20℃で水 100 mL に 0.45 g 溶解）。

【応急措置基準】〔措置〕

(1)漏えい時

　飛散した場所の周辺にはロープを張るなどして人の立入りを禁止する。作業の際には必ず保護具を着用し、風下で作業をしない。飛散したものは空容器にできるだけ回収し、そのあとを多量の水で洗い流す。

(2)出火時

・周辺火災の場合 ＝ 速やかに容器を安全な場所に移す。移動不可能な場合には容器および周囲に散水して冷却する。

(3)暴露・接触時

　①急性中毒と刺激性

・吸入した場合 ＝ 重症の場合には鼻、のど、気管支、肺などの粘膜を刺激し、炎症を起こすことがある。

・眼に入った場合 ＝ 異物感を与え、粘膜を刺激する。

　②医師の処置を受けるまでの救急方法

・吸入した場合 ＝ 鼻をかませ、うがいをさせる。

・皮膚に触れた場合 ＝ 直ちに汚染された衣服や靴などの汚れを落とした後、付着部または接触部を石けん水で洗浄し、多量の水で洗い流す。

・眼に入った場合 ＝ 直ちに多量の水で 15 分間以上洗い流す。

(4)注意事項

693

各　　論

①火災等で強熱されると有毒な三フッ化ホウ素ガスを生成する。

②酸と接触すると有毒なフッ化水素ガスおよび三フッ化ホウ素ガスを生成する。

(5)保護具

保護眼鏡、保護手袋、保護長靴、保護衣、防塵マスク（火災時：人工呼吸器）

【廃棄基準】〔廃棄方法〕

分解沈殿法

多量の塩化カルシウム水溶液に攪拌しながら少量ずつ加え、数時間加熱攪拌する。ときどき水酸化カルシウム水溶液を加えて中和し、溶液が酸性を示さなくなるまで加熱し、沈殿濾過して埋立処分する。濾液は多量の水で希釈して処理する。

〈備考〉

・テトラフルオロホウ酸イオンの分解には長時間の加熱が必要である。分解を検定法で確認することが望ましい。

・中和時の pH は 8.5 以上とする。それ未満では沈殿が完全には生成されない。

〔生成物〕CaF_2

〔検定法〕吸光光度法、イオン電極法（ホウフッ化イオン電極を使用すること）

〔その他〕本薬物の付着した紙袋等を焼却するとフッ化水素および三フッ化ホウ素の気体を生成するので、洗浄装置のない焼却炉等で焼却しない。

劇物	ホウフッ化テトラエチルアンモニウム
毒物及び劇物指定令 第 2 条／96	**Tetraethylammonium borofluoride** 〔別名〕テトラフルオロホウ酸テトラエチルアンモニウム

【組成・化学構造】　**分子式**　$C_8H_{20}BF_4N$

構造式

【CAS 番号】429-06-1

【性状】白色の結晶性粉末。385℃で分解（DSC 法）。水に可溶（25℃で水 100 mL に 29.1 g 溶解）。メタノールに可溶。

【応急措置基準】〔措置〕

(1)漏えい時

飛散した場所の周辺にはロープを張るなどして人の立入りを禁止する。作業の際には必ず保護具を着用し、風下で作業をしない。飛散したものは空容器にできるだけ回収し、そのあとを水酸化カルシウム等の水溶液

を用いて処理し、多量の水で洗い流す。この場合、高濃度の廃液が河川等に排出されないよう注意する。

(2)出火時

・周辺火災の場合 ＝ 速やかに容器を安全な場所に移す。移動不可能な場合には容器および周囲に散水して冷却する。

(3)暴露・接触時

①急性中毒と刺激性

・吸入した場合 ＝ 鼻、のど、気管支等の粘膜を刺激し、炎症を起こす。

・皮膚に触れた場合 ＝ 皮膚を刺激し、炎症を起こすことがある。

・眼に入った場合 ＝ 異物感を与え、粘膜を刺激する。

②医師の処置を受けるまでの救急方法

・吸入した場合 ＝ 鼻をかませ、うがいをさせる。

・皮膚に触れた場合 ＝ 直ちに汚染された衣服や靴などを脱がせ、付着部または接触部を石けん水で洗浄し、多量の水で洗い流す。

・眼に入った場合 ＝ 直ちに多量の水で 15 分間以上洗い流す。

(4)注意事項

①火災等で強熱されると有毒なフッ化水素および三フッ化ホウ素の気体を生成する。

②酸と接触すると有毒なフッ化水素および三フッ化ホウ素の気体を生成する。

(5)保護具

保護眼鏡、保護手袋、保護長靴、保護衣、防塵マスク（火災時：人工呼吸器）

【廃棄基準】 〔廃棄方法〕

分解沈殿法

多量の塩化カルシウム水溶液に撹拌しながら少量ずつ加え、数時間加熱撹拌する。ときどき水酸化カルシウム水溶液を加えて中和し、溶液が酸性を示さなくなるまで加熱し、沈殿濾過して埋立処分する。濾液は多量の水で希釈して処理する。

〈備考〉

・テトラフルオロホウ酸イオンの分解には長時間の加熱が必要である。分解を検定法で確認することが望ましい。

・中和時の pH は 8.5 以上とする。それ未満では沈殿が完全には生成されない。

〔生成物〕 CaF_2

〔検定法〕吸光光度法、イオン電極法（ホウフッ化イオン電極を使用すること）

〔その他〕本薬物の付着した紙袋等を焼却するとフッ化水素および三フッ化ホウ素の気体を生成するので、洗浄装置のない焼却炉で焼却しない。

劇物	ホルマリン
毒物及び劇物取締法 別表第二／81 毒物及び劇物指定令 第2条／97	Formalin

【組成・化学構造】ホルムアルデヒド（CH₂O）の水溶液。

分子式　CH₂O
構造式

【CAS 番号】50-00-0

【性状】無色の催涙性透明液体。刺激臭を有する。ホルムアルデヒドを 36.5〜37.5 w/w% 含有し、一般にメタノール等を 13% 以下（大部分は 8〜10%）添加してある。低温ではパラホルムアルデヒドとなって析出し、混濁するので常温で保存する。空気中の酸素によって一部酸化され、ギ酸を生じる。中性または弱酸性の反応を呈し、水、アルコールによく混和するが、エーテルには混和しない。

【用途】農薬として、トマト葉黴病、うり類ベト病などの防除、種子の消毒、温室の燻蒸剤、工業用としては、フィルムの硬化、人造樹脂、人造角、色素合成などの製造ほか、試薬。

【毒性】原体の LD₅₀ ＝ ラット経口：500 mg/kg、マウス経口：42 mg/kg。LC₅₀ ＝ ラット吸入：250 ppm（4 hr）。LD_LO ＝ ヒト経口：70 mg/kg、1 mL/kg。40% のホルマリンを1さじ経口摂取し劇烈な胃痙攣と嘔吐を起こしたが、回復したという報告がある。また、40% のホルマリンは 30〜90 mL で 30 分以内に、4% のものでは 30〜90 mL で、29 時間で大人を死亡させると報告されている。ホルムアルデヒドの蒸気は粘膜を刺激し、鼻カタル、結膜炎、気管支炎などを起こさせる。濃ホルマリンは、皮膚に対し壊疽を起こさせ、しばしば湿疹を生じさせる。

【応急措置基準】〔措置〕

(1) 漏えい時

　風下の人を退避させ、必要があれば水で濡らした手ぬぐい等で口および鼻を覆う。漏えいした場所の周辺にはロープを張るなどして人の立入りを禁止する。作業の際には保護具を着用し、風下で作業をしない。
・少量＝漏えいした液は多量の水を用い、十分に希釈して洗い流す。
・多量＝漏えいした液はその流れを土砂等で止め、安全な場所に導いて遠くからホース等で多量の水をかけ十分に希釈して洗い流す。

劇　　物

この場合、高濃度の廃液が河川等に排出されないよう注意する。

(2)出火時

- ・周辺火災の場合 = 速やかに容器を安全な場所に移す。移動不可能の場合は、周囲に散水して冷却する。
- ・着火した場合 = 直ちに消火剤で消火する。水が最も有効である。
- ・消火剤 = 水、粉末、泡、二酸化炭素

(3)暴露・接触時

①急性中毒と刺激性

- ・吸入した場合 = 蒸気は鼻、のど、気管支、肺などを激しく刺激し炎症を起こす。のど等を刺激するので多量吸入はまれである。
- ・皮膚に触れた場合 = 皮膚炎を起こす。たびたび接触すると、人によっては炎症が重症化することがある。
- ・眼に入った場合 = 眼の粘膜を刺激し催涙する。高濃度の液が入ると失明するおそれがある。

②医師の処置を受けるまでの救急方法

- ・吸入した場合 = 直ちに患者を毛布等にくるんで安静にさせ、新鮮な空気の場所に移し、速やかに医師の手当てを受ける。呼吸停止のときは、人工呼吸を行い、呼吸困難のときは、酸素吸入を行う。
- ・皮膚に触れた場合 = 直ちに付着部または接触部を多量の水で十分に洗い流す。汚染された衣服や靴は脱がせ、速やかに医師の手当てを受ける。
- ・眼に入った場合 = 直ちに多量の水で15分間以上洗い流し、速やかに医師の手当てを受ける。

(4)注意事項

ホルマリン自体は引火性ではないが、溶液が高温に熱せられると含有アルコール（メタノール等）がガス状となって揮散し、これに着火して燃焼する場合がある。

(5)保護具

保護手袋（ゴム）、保護長靴（ゴム）、保護衣、保護眼鏡、有機ガス用防毒マスク

【廃棄基準】〔廃棄方法〕

(1)酸化法

ア　多量の水を加え希薄な水溶液とした後、次亜塩素酸塩水溶液を加え分解させ廃棄する。

イ　水酸化ナトリウム水溶液等でアルカリ性とし、過酸化水素水を加えて分解させ多量の水で希釈して処理する。

(2)燃焼法

劇
物

697

各論

アフターバーナーを備えた焼却炉の火室へ噴霧し焼却する。
(3)**活性汚泥法**
〈備考〉次亜塩素酸塩を加えるとき、発熱するので処理液中のホルムアルデヒド濃度を2％以下とすることが望ましい。
〔検定法〕吸光光度法

【その他】〔鑑識法〕
①水浴上で蒸発すると、水に溶解しにくい白色、無晶形の物質を残す。
②アンモニア水を加えて強アルカリ性とし、水浴上で蒸発すると、水に溶解しやすい白色、結晶性の物質を残す。
③アンモニア水を加え、さらに硝酸銀溶液を加えると、徐々に金属銀を析出する。またフェーリング溶液とともに熱すると、赤色の沈殿を生成する。
④硝酸を加え、さらにフクシン亜硫酸溶液を加えると、藍紫色を呈する。
⑤1％フェノール溶液数滴を加え、硫酸上に層積すると、赤色の輪層を生成する。
〔その他〕工業用、農業用はホルムアルデヒド35％以上を含有し、試薬は37％以上、35％以上の2種がある。

劇物 毒物及び劇物取締法別表第二／82 毒物及び劇物指定令第2条／98	**無水クロム酸** **Chromic acid anhydride** 〔別名〕三酸化クローム、酸化クロム(Ⅵ)

【組成・化学構造】 分子式　CrO_3
構造式

【CAS番号】1333-82-0
【性状】暗赤色結晶。潮解性。196℃で融解、酸素を放出して分解し、250℃で酸化クロム(Ⅲ)になる。水に易溶（20℃で水100 mLに167 g溶解）。酸化性、腐食性が大きい。強酸性。
【用途】工業用の酸化剤、試薬。
【毒性】皮膚・粘膜の刺激、潰瘍などの障害を起こし、毒性が強い。
【応急措置基準】〔措置〕
(1)**漏えい時**
飛散した場所の周辺にはロープを張るなどして人の立入りを禁止する。皮膚に触れると薬傷を起こすので素手、素足で作業をしない。作業の際には必ず保護具を着用し、風下で作業をしない。飛散したものは空容器

にできるだけ回収し、そのあとを還元剤（硫酸第一鉄等）の水溶液を散布し、水酸化カルシウム、炭酸ナトリウム等の水溶液で処理した後、多量の水で洗い流す。この場合、高濃度の廃液が河川等に排出されないよう注意する。

(2)出火時
・周辺火災の場合 ＝ 速やかに容器を安全な場所に移す。移動不可能な場合には、容器および周囲に散水して冷却する。

(3)暴露・接触時
①急性中毒と刺激性
・吸入した場合 ＝ 鼻、のど、気管支などの粘膜が侵され、呼吸困難となることがある。
・皮膚に触れた場合 ＝ 薬傷を起こし、皮膚炎または潰瘍を起こす。
・眼に入った場合 ＝ 粘膜を刺激して結膜炎を起こす。
②医師の処置を受けるまでの救急方法
・吸入した場合 ＝ 直ちに患者を毛布等にくるんで安静にさせ、新鮮な空気の場所に移し、鼻をかみ、うがいをさせる。呼吸困難または呼吸停止の場合は、直ちに人工呼吸を行う。
・皮膚に触れた場合 ＝ 直ちに付着部または接触部を石けん水で洗浄し、多量の水で洗い流した後、汚染された衣服や靴などを脱がせる。
・眼に入った場合 ＝ 直ちに多量の水で15分間以上洗い流す。

(4)注意事項
①潮解している場合でも可燃物と混合すると常温でも発火することがある。
②潮解しやすく直ちに薬傷を起こすので、その取扱いについては皮膚に触れないようにする。

(5)保護具
保護眼鏡、保護手袋、保護長靴、保護衣、防塵マスク

【廃棄基準】〔廃棄方法〕

還元沈殿法
希硫酸に溶かし、クロム酸を遊離させ、還元剤（硫酸第一鉄等）の水溶液を過剰に用いて還元した後、水酸化カルシウム、炭酸ナトリウム等の水溶液で処理し、水酸化クロム（Ⅲ）として沈殿濾過する。溶出試験を行い、溶出量が判定基準以下であることを確認して埋立処分する。
〈備考〉
・還元に当たってはpH3.0以下として十分に時間（15分間以上）をかける。
・生成物の水酸化クロム（Ⅲ）は乾燥すると一部が酸化されて六価ク

各　　論

ロムに戻るが、過剰の水酸化鉄（Ⅱ）と共存させた場合は、これを防止できる。

・中和時に溶液がアルカリ性に傾くと、沈殿した水酸化クロム（Ⅲ）が溶解し一部は六価クロムに戻るため、pH8.5を超えないよう注意する。また、通常のセメントを用いて行うコンクリート固化法は同様な現象を示すので適切でない。

・廃棄物の溶出試験、溶出基準は廃棄物の処理及び清掃に関する法律の規定に基づく。

・皮膚に触れると薬傷を起こすので取扱いには注意する。

〔生成物〕Cr(OH)$_3$*

（注）　＊は、生成物が廃棄物の処理及び清掃に関する法律により規制を受けるもの。

〔検定法〕吸光光度法、原子吸光光度法

〔その他〕可燃物と混合すると常温でも発火することがあるので注意する。

劇物	メタノール
毒物及び劇物取締法 別表第二／83	**Methanol** 〔別名〕木精、メチルアルコール／Methyl alcohol

【組成・化学構造】　**分子式**　CH$_4$O

　　　　　　　　　構造式　H$_3$C－OH

【CAS番号】67-56-1

【性状】無色透明、揮発性の液体。特異な香気を有する。沸点64～65℃。比重（d$_4^{20}$）0.7914。蒸気は空気より重く引火しやすい。水、エチルアルコール、エーテル、クロロホルム、脂肪、揮発油と任意の割合で混和する。引火点11℃。空気と混合して爆発性混合ガスを生成。爆発範囲6.7～36.5$\frac{V}{V}$％。

【用途】染料その他有機合成原料、樹脂、塗料などの溶剤、燃料、試薬、標本保存用など。

【毒性】原体のLD$_{50}$＝ラット経口：5600 mg/kg。LC$_{50}$＝ラット吸入：64000 ppm（4 hr）。

致死量は、人間の個人差が大きいので明確ではないが、だいたい30～100 mLといわれる。10 mLでも重症になった例もあり、7～8 mLで失明した例もある。その症状は、頭痛、めまい、嘔吐、下痢、腹痛などを起こし、致死量に近ければ麻酔状態になり、視神経が侵され、眼がかすみ、失明することがある。中毒の原因は、排出が緩慢で、蓄積作用によるとともに、酸中毒症、すなわち神経細胞内でギ酸が生成されることによる。

【応急措置基準】〔措置〕

劇　物

(1)漏えい時

　風下の人を退避させ、漏えいした場所の周辺にはロープを張るなどして人の立入りを禁止する。付近の着火源となるものを速やかに取り除く。作業の際には必ず保護具を着用し、風下で作業をしない。

・少量 ＝ 漏えいした液は多量の水で十分に希釈して洗い流す。

・多量 ＝ 漏えいした液は土砂等でその流れを止め、安全な場所に導き、多量の水で十分に希釈して洗い流す。

　この場合、高濃度の廃液が河川等に排出されないように注意する。

(2)出火時

・周辺火災の場合 ＝ 速やかに容器を安全な場所に移す。移動不可能の場合は、容器および周囲に散水して冷却する。容器が火炎に包まれた場合は爆発のおそれがあるので、近寄らない。

・着火した場合 ＝ 必ず保護具を着用し、多量の水、粉末、二酸化炭素等を用いて消火する。爆発のおそれがあるときは付近の住民を退避させる。

・消火剤 ＝ 水、粉末、二酸化炭素、泡（アルコール泡）

(3)暴露・接触時

　①急性中毒と刺激性

・吸入した場合 ＝ 高濃度の蒸気を吸入すると酩酊、頭痛、眼のかすみなどの症状を呈し、さらに高濃度のときは昏睡を起こす。

・皮膚に触れた場合 ＝ 粘膜を刺激し、繰り返し触れていると皮膚炎を起こす。皮膚からも吸収され、吸入した場合と同様の症状を起こすことがある。

・眼に入った場合 ＝ 粘膜を刺激する。

　②医師の処置を受けるまでの救急方法

・吸入した場合 ＝ 直ちに患者を毛布等にくるんで安静にさせ、新鮮な空気の場所に移す。呼吸困難または呼吸停止の場合は直ちに人工呼吸を行う。

・皮膚に触れた場合 ＝ 直ちに汚染された衣服や靴を脱がせ、付着部または接触部を多量の水で十分に洗い流す。

・眼に入った場合 ＝ 直ちに多量の水で15分間以上洗い流す。

(4)注意事項

　①引火しやすく、また、その蒸気は空気と混合して爆発性混合ガスを形成するので火気には近づけない。

　②常温で容器上部空間の蒸気濃度が爆発範囲に入っている。

　③高濃度の蒸気に長時間暴露された場合、失明することがある。

(5)保護具

各　　論

　　　　　　保護眼鏡、保護手袋、保護長靴、保護衣、有機ガス用防毒マスク

【廃棄基準】〔廃棄方法〕

(1)燃焼法

　ア　珪そう土等に吸収させ、開放型の焼却炉で焼却する。

　イ　焼却炉の火室へ噴霧し焼却する。

(2)活性汚泥法

〔検定法〕吸光光度法、ガスクロマトグラフィー

【その他】〔鑑識法〕

　①サリチル酸と濃硫酸とともに熱すると、芳香のあるサリチル酸メチルエステルを生成する。

　②あらかじめ熱灼した酸化銅を加えると、ホルムアルデヒドができ、酸化銅は還元されて金属銅色を呈する。

劇物	
毒物及び劇物指定令 第2条/98の2	**無水酢酸** **Acetic acid anhydride**

【組成・化学構造】　**分子式**　$C_4H_6O_3$

　　　　　　　　　構造式

H_3C — C(=O) — O — C(=O) — CH_3

【CAS番号】108-24-7

【性状】刺激臭のある無色の液体。沸点139℃。融点 −73℃。密度 1.08 g/cm³ (20℃)。相対蒸気密度3.5（空気＝1）。蒸気圧 0.5 kPa（25℃）。水で分解する（2.6 wt%、20℃）。アルコール、エーテル、クロロホルムに可溶。引火点49℃（c.c.）。水と激しく反応、酢酸と熱を生成。

【用途】アセチルセルロース繊維、プラスチックおよび酢酸ビニルの製造用。医薬品（アスピリン等）、染料および香料の製造におけるアセチル化剤および縮合剤として。

【毒性】原体の LD_{50} ＝ラット経口：630 mg/kg、ウサギ経皮：4000 mg/kg。LC_{50} ＝吸入（蒸気）：2.1 mg/L（500 ppm）(4 hr)。

　　　　ウサギ・ヒトで皮膚腐食性あり、眼刺激性は重篤な損傷をきたす。

劇　物

劇物	2,5-フランジオン
毒物及び劇物指定令 第 2 条／98 の 3	**2,5-Furandione**

【組成・化学構造】　**分子式**　$C_4H_2O_3$

　　　　　　　　　　構造式

【CAS 番号】　108-31-6

【性状】　刺激臭のある無色〜白色の結晶。沸点 202℃。融点 52.8℃。密度 1.48 g/cm^3（25℃）。相対蒸気密度 3.4（空気 ＝ 1）。蒸気圧 25 Pa（25℃）。水と反応（容易に加水分解されてマレイン酸となる）。アセトン、酢酸エチル、クロロホルム、ベンゼンに可溶。引火点 102℃（c.c.）。水酸化アルカリ、アルカリ金属、アミン、酸化剤と激しく反応。

【用途】　主に合成樹脂（不飽和ポリエステル樹脂、樹脂改質剤等）およびフマル酸合成の原料。塩化ビニル安定剤、塗料・インキ用樹脂、農薬の原料として使用。

【毒性】　原体の LD$_{50}$ ＝ ラット経口：400 〜 1100 mg/kg、 ウサギ経皮：2620 mg/kg。LC$_{50}$ ＞ 吸入（ミスト）：1.1 mg/L（4 hr）。
　　　　ウサギにおいて皮膚腐食性あり、眼刺激性では重篤な損傷をきたす。

劇物	メタクリル酸
毒物及び劇物指定令 第 2 条／98 の 4	**Methacrylic acid**

【組成・化学構造】　**分子式**　$C_4H_6O_2$

　　　　　　　　　　構造式

【CAS 番号】　79-41-4

【性状】　無色透明な芳香を有する液体。沸点 160℃。融点 16℃。比重 1.0128（20℃）。蒸気圧 10 mmHg（60℃）。水に 15℃以上にて任意の割合で溶解。エタノール、エーテル等に可溶。引火点 73℃。重合しやすいが、市販品には重合防止剤が添加されている。

【用途】　熱硬化性塗料、接着剤、ラテックス改質剤、共重合によるプラスチック改質、イオン交換樹脂、紙・織物加工剤、皮革処理剤。

【毒性】　原体の LD$_{50}$ ＝ マウス経口：1600 mg/kg、ウサギ経皮：500 mg/kg、モルモット経皮：1000 mg/kg。

【応急措置基準】　〔措置〕

各　　論

(1)漏えい時

　風下の人を退避させ、漏えいした場所の周辺にはロープを張るなどして人の立入りを禁止する。作業の際には必ず保護具を着用し、風下で作業をしない。漏えいした液は土砂等でその流れを止め、安全な場所に導き、空容器にできるだけ回収し、そのあとを水酸化カルシウム等の水溶液を用いて処理し、多量の水で洗い流す。この場合、高濃度の廃液が河川等に排出されないように注意する。

(2)出火時

・周辺火災の場合 ＝ 速やかに容器を安全な場所に移す。移動不可能な場合には容器および周囲に散水して冷却する。

・着火した場合 ＝ 消火剤または多量の霧状の水で消火する。

・消火剤 ＝ 粉末、泡、二酸化炭素、水、乾燥砂、強化液

(3)暴露・接触時

　①急性中毒と刺激性

・吸入した場合 ＝ 鼻、のど、気管支等の粘膜を刺激し、炎症を起こす。

・皮膚に触れた場合 ＝ 皮膚を刺激し、炎症を起こす。

・眼に入った場合 ＝ 粘膜を刺激し、炎症を起こす。重症の場合には失明することがある。

　②医師の処置を受けるまでの救急方法

・吸入した場合 ＝ 直ちに患者を毛布等にくるんで安静にさせ、新鮮な空気の場所に移し、呼吸困難または呼吸停止の場合には直ちに人工呼吸を行い、心臓が停止している場合には直ちに心臓マッサージを行う。

・皮膚に触れた場合 ＝ 直ちに汚染された衣服や靴などを脱がせ、付着部または接触部を石けん水で洗浄し、多量の水で洗い流す。

・眼に入った場合 ＝ 直ちに多量の水で15分間以上洗い流す。

(4)注意事項

　重合防止剤が添加されているが、加熱、直射日光、過酸化物、鉄錆等により重合が始まり、爆発することがある。

(5)保護具

　保護眼鏡、保護手袋、保護長靴、保護衣、有機ガス用防毒マスク（火災時：人工呼吸器）

【廃棄基準】〔廃棄方法〕

(1)燃焼法

　ア　おが屑等に吸収させて焼却炉で焼却する。

　イ　可燃性溶剤とともに焼却炉の火室へ噴霧し、焼却する。

(2)活性汚泥法

劇　物

　　　水で希釈し、アルカリ水で中和した後、活性汚泥で処理する。
　　〔検定法〕ガスクロマトグラフィー

劇物	
毒物及び劇物指定令 第2条／98の5	**メタバナジン酸アンモニウム** Ammonium metavanadate

【組成・化学構造】　**分子式**　NH_4VO_3
　　　　　　　　　　構造式

$$NH_4^+ \quad {}^-O-\underset{\underset{O}{\|}}{\overset{\overset{O}{\|}}{V}}=O$$

【CAS番号】　7803-55-6
【性状】　白色から淡黄色の結晶性粉末。密度 2.33 g/cm^3。20℃の水1Lあたり4.8 g溶解。モノおよびジエタノールアミンに易溶。不燃性。
【用途】　接触法硫酸製造用触媒、ナフタリン・o-キシレンの空気酸化による無水フタル酸製造用触媒、ベンゼンからの無水マレイン酸製造用触媒等の製造、陶磁器（タイル）の着色顔料、試薬。
【毒性】　原体のLD$_{50}$ ＝ ラット雄経口：218 mg/kg、ラット雌経口：141 mg/kg、LD$_{50}$ ＞ラット経皮：2500 mg/kg。LC$_{50}$ ＝ ラット雄吸入：2.61 mg/L（4 hr）、ラット雌吸入：2.43 mg/L（4 hr）。

劇物	
毒物及び劇物指定令 第2条／98の6	**メタンアルソン酸カルシウム** Calcium methanearsonate 〔別名〕MAC

【組成・化学構造】　**分子式**　CH_3AsCaO_3
　　　　　　　　　　構造式

$$\underset{Ca-O}{O-\underset{\overset{\|}{}}{\overset{\overset{O}{\|}}{As}}-CH_3}$$

【CAS番号】　6423-72-9
【性状】　白色粉末。水に難溶。アルコール、アセトンに不溶。酸に溶解してメタンアルソン酸を生成。
【用途】　稲のモンガレ病、ぶどうの晩腐病に殺菌剤。
【その他】〔製剤〕現在、農薬としての市販品はない。

各　　論

劇物	メタンアルソン酸鉄
毒物及び劇物指定令 第2条／98の7	**Iron methanearsonate** 〔別名〕MAF

【組成・化学構造】　**分子式**　$(CH_3AsO_3)_3 \cdot Fe_2$

　構造式

$$2\,Fe^{3+}\left[\begin{array}{c} O \\ \| \\ H_3C-As-O^- \\ | \\ O^- \end{array}\right]_3$$

【CAS番号】　33972-75-7

【性状】　褐色粉末。水に難溶、アルカリに易溶。アルコール、ベンゼンに不溶。

【用途】　稲のモンガレ病の殺菌剤。

【その他】　〔製剤〕0.4%含有の粉剤（モンガレ粉剤、ネオアソジン粉剤、モンキル粉剤、アルゼン粉剤）、配合製剤（タフジンP）。

劇物	2-メチリデンブタン二酸
毒物及び劇物指定令 第2条／98の8	**2-Methylidenebutanedioic acid** 〔別名〕メチレンコハク酸

【組成・化学構造】　**分子式**　$C_5H_6O_4$

　構造式

$$\underset{HO_2C}{}\overset{CH_2}{\diagup\diagdown}\!\!-\!CO_2H$$

【CAS番号】　97-65-4

【性状】　白色の結晶性粉末。沸点 268℃。融点 162～164℃。水溶解度 83 mg/L。常温で安定し、常温での反応性はない。

【用途】　農薬（摘花、摘果剤）、合成樹脂原料、塗料。

【毒性】　原体の $LD_{50} >$ ラット経口：2000 mg/kg、ラット経皮：2000 mg/kg。ウサギにおいて軽度の皮膚刺激性、重度の眼刺激性、腐食性あり。

劇物	メチルアミン
毒物及び劇物指定令 第2条／98の9	**Methylamine** 〔別名〕モノメチルアミン、アミノメタン、メタナミン

【組成・化学構造】　**分子式**　CH_5N

　構造式　H_3C-NH_2

【CAS番号】　74-89-5

【性状】　無色で魚臭（高濃度はアンモニア臭）の気体。沸点 −6.3℃。融点 −93.5℃。水に易溶（20℃で水 100 mL に 108g 溶解）。メタノール、エ

タノールに可溶。蒸気は空気より重く、引火しやすい。引火点 $-12℃$
（100%）、$-11℃$（40%）。爆発範囲 $4.9 \sim 20.7\,V\!/\!V\,\%$。腐食性が強い。

【用途】 農薬原料等。

【毒性】 原体の LD_{50} ＝ ラット経口：100 mg/kg。LC_{50} ＝ ラット吸入：448 ppm
（2.5 hr）、マウス吸入：2400 mg/m^3（2 hr）。

劇物	メチルイソチオシアネート
毒物及び劇物指定令 第 2 条／98 の 10	**Methylisothiocyanate**

【組成・化学構造】 分子式 C_2H_3NS

構造式 $H_3C-N\!=\!C\!=\!S$

【CAS 番号】 556-61-6

【性状】 無色の結晶。

【用途】 土壌中のセンチュウ類や病原菌などに効果を発揮する土壌消毒剤。

【毒性】 原体の LD_{50} ＝ マウス経口：90 mg/kg、ラット経口：72 mg/kg。

【その他】 〔製剤〕20.0％油剤（トラペックサイド油剤）。

劇物	**3−メチル−5−イソプロピルフェニル−_N_−メチルカルバメート**
毒物及び劇物指定令 第 2 条／98 の 11	**3-Methyl-5-isopropylphenyl-_N_-methylcarbamate** 〔別名〕プロメカルブ

【組成・化学構造】 分子式 $C_{12}H_{17}NO_2$

構造式

【CAS 番号】 2631-37-0

【性状】 白色結晶性粉末。融点 $80 \sim 89℃$。水に不溶。クロロホルム、アセトン、
エタノール、メタノールに易溶。

【用途】 水稲の害虫（ツマグロヨコバイ、ウンカ類）、りんご、なし、かきの害虫
（キンモンホソガ、クワコナカイガラムシ等）の駆除。

【毒性】 原体の LD_{50} ＝ マウス経口：88 mg/kg。

【その他】 〔製剤〕現在、農薬としての市販品はない。

各 論

劇物	**メチルエチルケトン**
毒物及び劇物指定令 第2条／98の12	**Methyl ethyl ketone** 〔別名〕エチルメチルケトン、2-ブタノン、MEK

【組成・化学構造】　**分子式**　C_4H_8O
　　　　　　　　　　構造式

【CAS番号】78-93-3

【性状】無色の液体。アセトン様の芳香を有する。沸点79℃。比重（d_4^{20}）0.805。蒸気は空気より重く引火しやすい。有機溶媒、水に可溶（19℃で水100 mLに35.5 g溶解）。引火点 −7℃。爆発範囲1.7～11.4%。

【用途】溶剤、有機合成原料。

【毒性】吸入すると、眼、鼻、のどなどの粘膜を刺激する。高濃度で麻酔状態となる。

【応急措置基準】〔措置〕

(1) **漏えい時**

　風下の人を退避させ、漏えいした場所の周辺にはロープを張るなどして人の立入りを禁止する。付近の着火源となるものを速やかに取り除く。作業の際には必ず保護具を着用し、風下で作業をしない。

・少量 = 漏えいした液は、土砂等に吸着させて空容器に回収する。

・多量 = 漏えいした液は、土砂等でその流れを止め、安全な場所に導き、液の表面を泡で覆い、できるだけ空容器に回収する。

(2) **出火時**

・周辺火災の場合 = 速やかに容器を安全な場所に移す。移動不可能の場合は、容器および周囲に散水して冷却する。

・着火した場合 = 初期の火災には粉末、二酸化炭素、乾燥砂等を用いる。大規模火災の際には、水噴霧を用いるか、または泡消火剤等を用いて空気を遮断することが有効である。爆発のおそれがあるときは付近の住民を退避させる。消火作業の際には必ず保護具を着用する。

・消火剤 = 粉末、二酸化炭素、泡（アルコール泡）、水、乾燥砂

(3) **暴露・接触時**

　①急性中毒と刺激性

・吸入した場合 = 鼻、のどの刺激、頭痛、めまい、嘔吐が起こる。重症の場合は、昏睡、意識不明となる。

・皮膚に触れた場合 = 皮膚を刺激して乾性の炎症（鱗状症）を起こす。

・眼に入った場合 = 角膜などを刺激して炎症を起こす。

②医師の処置を受けるまでの救急方法

　・吸入した場合 ＝ 直ちに患者を毛布等にくるんで安静にさせ、新鮮な空気の場所に移す。呼吸困難または呼吸停止の場合は直ちに人工呼吸を行う。

　・皮膚に触れた場合 ＝ 直ちに汚染された衣服や靴を脱がせ、付着部または接触部を石けん水または多量の水で十分に洗い流す。

　・眼に入った場合 ＝ 直ちに多量の水で 15 分間以上洗い流す。

(4)注意事項

　引火しやすく、また、その蒸気は空気と混合して爆発性の混合ガスとなるので火気は近づけない。

(5)保護具

　保護眼鏡、保護手袋、保護長靴、保護衣、有機ガス用防毒マスク

【廃棄基準】　〔廃棄方法〕

燃焼法

　ア　珪そう土等に吸収させて開放型の焼却炉で焼却する。

　イ　焼却炉の火室へ噴霧し焼却する。

〔検定法〕ガスクロマトグラフィー

劇物	*N*-メチルカルバミル-2-クロルフェノール
毒物及び劇物指定令 第 2 条／99	*N*-Methylcarbamyl-2-chlorophenol 〔別名〕CPMC

【組成・化学構造】　分子式　$C_8H_8ClNO_2$

　　　　　　　　　構造式

【CAS 番号】　3942-54-9

【性状】　白色の結晶性物質。わずかに臭気を有する。融点 90 〜 91℃。有機溶媒に易溶。アルカリと混合すると分解。

【用途】　殺虫剤（稲のニカメイチュウ、ツマグロヨコバイ、ヒメトビウンカ、セジロウンカ、トビイロウンカの駆除）。

【毒性】　原体の LD_{50} ＝ マウス経口：150 mg/kg。

【その他】　〔製剤〕現在、農薬としての市販品はない。

各　　論

N′-(2-メチル-4-クロルフエニル)-N,N-ジメチルホルムアミジン塩類

劇物	毒物及び劇物指定令　第2条／99の2

劇物	N′-(2-メチル-4-クロルフェニル)-N,N-ジメチルホルムアミジン
毒物及び劇物指定令 第2条／99の2	N′-(2-Methyl-4-chlorophenyl)-N,N-dimethylformamizine 〔別名〕クロルフェナミジン

【組成・化学構造】　**分子式**　$C_{10}H_{13}ClN_2$

構造式

【CAS番号】　6164-98-3

【性状】　無色結晶。アミン様臭気。融点35℃。有機溶媒に可溶。水に難溶。

【用途】　殺虫剤（りんご、柑橘類、なしのハダニ類の駆除）。

【毒性】　原体のLD_{50}＝マウス経口：160 mg/kg、マウス経皮：255 mg/kg。

【その他】　〔製剤〕現在、農薬としての市販品はない。

劇物	N′-(2-メチル-4-クロロフェニル)-N,N-ジメチルホルム アミジン塩酸塩
毒物及び劇物指定令 第2条／99の2	N′-(2-Methyl-4-chlorophenyl)-N,N-dimethylformamizine hydrochloride 〔別名〕塩酸クロルフェナミジン

【組成・化学構造】　**分子式**　$C_{10}H_{13}ClN_2 \cdot ClH$

構造式

【CAS番号】　19750-95-9

【性状】　無色結晶。融点225〜227℃。水およびメタノールに可溶。クロロホルム、ベンゼン、ヘキサンに難溶。

【用途】　殺ダニ。

【毒性】　原体のLD_{50}＝マウス経口：160 mg/kg。

【その他】　〔使用方法〕りんご、みかん、なしなどに散布する。

〔製剤〕現在、農薬としての市販品はない。

劇物	メチル=N-[2-[1-(4-クロロフエニル)-1-ピラゾール-3-イルオキシメチル]フエニル](N-メトキシ)カルバマート
毒物及び劇物指定令 第2条／99の3	Methyl N-{2-[1-(4-chlorophenyl)-1H-pyrazol-3-yloxymethyl] phenyl} (N-methoxy)carbamate 〔別名〕ピラクロストロビン

【組成・化学構造】

分子式 $C_{19}H_{18}ClN_3O_4$

構造式

【CAS番号】 175013-18-0

【性状】 暗褐色の粘稠固体。沸点は約200℃で分解のため測定不能。融点63.7～65.2℃。密度1.367 g/cm^3（20℃）。蒸気圧 6.4×10^{-8} Pa（25℃）。溶解度（1 L［20℃］あたり）は、水0.0024 g、アセトン650 g以上、メタノール100 g、2-プロパノール30 g、酢酸エチル650 g以上、アセトニトリル500 g以上、ジクロロメタン570 g以上、トルエン570 g以上、ノルマルヘプタン3.7 g、1-オクタノール24 g。約200℃で分解点を示す強い発熱反応。

【用途】 農薬（殺菌剤）。

【毒性】 $LD_{50} \geqq$ ラット雌雄経口：5000 mg/kg、ラット雌雄経皮：2000 mg/kg。$LC_{50} =$ ラット雌雄吸入（アセトン溶媒のエアロゾル）：0.58 mg/L（4 hr）。

劇物	メチルシクロヘキシル-4-クロルフェニルチオホスフェイト
毒物及び劇物指定令 第2条／99の4	Methylcyclohexyl-4-chlorophenylthiophosphate

性状・用途・毒性等については274ページ参照。

各　　論

劇物	メチルジクロルビニルリン酸カルシウムとジメチルジクロルビニルホスフェイトとの錯化合物
毒物及び劇物指定令 第2条／99の5	Complex compound of calcium methyl dichlorovinyl phosphate and dimethyl dichlorovinyl phosphate 〔別名〕カルクロホス

【組成・化学構造】　分子式　$C_{14}H_{22}CaCl_8O_{16}P_4$

構造式

【CAS番号】：6465-92-5

【性状】：白色の結晶または塊。芳香を有する。融点 52 ～ 65℃。水に可溶。メタノール、無水エタノール、アセトン、エーテルなどに易溶、トルエン、キシレンに可溶、ヘキサンに難溶。

【用途】：キンモンホソガ（りんご）、クワノメイガ、ヒシモンヨコバイ（桑）、アオムシ（白菜）などの殺虫。

【毒性】：原体の LD_{50} ＝ ラット経口：156 mg/kg。

【その他】：〔製剤〕現在、農薬としての市販品はない。

劇物	メチルジチオカルバミン酸亜鉛
毒物及び劇物指定令 第2条／99の6	Zinc methyldithiocarbamate 〔別名〕ZM

【組成・化学構造】　分子式　$C_4H_8N_2S_4Zn$

構造式

【CAS番号】：18984-32-2

【性状】：白色の結晶性粉末。水に不溶。

【用途】：大根の苗立枯病、きゅうり、スイカのつる割病の殺菌剤。

【毒性】：原体の LD_{50} ＝ マウス経口：160 mg/kg。

本薬物は、粘膜を刺激することがある。

【その他】：〔製剤〕現在、農薬としての市販品はない。

劇 物

劇物	メチル-*N'*,*N'*-ジメチル-*N*-［（メチルカルバモイル）オキシ］-
毒物及び劇物指定令 第2条／99の7	1-チオオキサムイミデート Methyl-*N'*,*N'*-dimethyl-*N*-[(methylcarbamoyl) oxy]-1-thiooxamimidate 〔別名〕オキサミル／Oxamyl

：性状・用途・毒性等については 274 ページ参照。

劇物	メチルスルホナール
毒物及び劇物取締法 別表第二／84	Methylsulfonal 〔別名〕ジエチルスルホンメチルエチルメタン

【組成・化学構造】 分子式 $C_8H_{18}O_4S_2$

構造式

$$H_3C-\overset{\overset{O}{\|}}{\underset{\underset{O}{\|}}{S}}-\overset{\overset{CH_3}{}}{\underset{\underset{CH_3}{}}{C}}-\overset{\overset{O}{\|}}{\underset{\underset{O}{\|}}{S}}-CH_3$$

【CAS番号】 76-20-0

【性状】 無色無臭の光輝ある葉状結晶。融点76℃。水に可溶。アルコール、エーテルに易溶。水溶液は中性で、苦味を有する。強く熱すれば亜硫酸を生成。

【用途】 殺鼠剤。

【毒性】 スルホナール（568ページ）を参照。

【その他】 〔鑑識法〕木炭とともに熱すると、メルカプタンの臭気を放つ。

劇物	*S*-（4-メチルスルホニルオキシフェニル）-*N*-
毒物及び劇物指定令 第2条／99の8	メチルチオカルバマート *S*-(4-Methylsulfonyloxyphenyl)-*N*-methylthiocarbamate 〔別名〕メタスルホカルブ

【組成・化学構造】 分子式 $C_9H_{11}NO_4S_2$

構造式

【CAS番号】 66952-49-6

【性状】 淡黄色の結晶。無臭。融点137.5〜138.5℃。酸、光に対して安定、アルカリおよび水で分解。

【用途】 水稲の苗立枯病に用いる殺菌剤。

【毒性】 原体の LD_{50} ＝ ラット雄経口：119 mg/kg、ラット雌経口：112 mg/kg。

【その他】 〔製剤〕主剤10％を含有する粉剤（カヤベスト粉剤）。

劇物

各　　論

劇物	5-メチル-1,2,4-トリアゾロ[3,4-*b*]ベンゾチアゾール
毒物及び劇物指定令 第 2 条／99 の 9	**5-Methyl-1,2,4-triazolo[3,4-*b*]benzothiazole** 〔別名〕トリシクラゾール

【組成・化学構造】　**分子式**　$C_9H_7N_3S$

構造式

【CAS 番号】41814-78-2

【性状】無色の結晶。無臭。融点 183 〜 189℃。水、有機溶剤に難溶。

【用途】農業用殺菌剤（イモチ病に用いる）。

【毒性】原体の LD_{50} ＝ マウス経口 500 mg/kg、ラット経口：223 mg/kg。

【その他】〔製剤〕主剤 20%、75％を含有する水和剤（ビーム水和剤、ビームゾル）、1％を含有する粉剤（ビーム粉剤）、4％を含有する粒剤（ビーム粒剤）、配合製剤。

劇物	*N*-メチル-1-ナフチルカルバメート
毒物及び劇物取締法 別表第二／85 毒物及び劇物指定令 第 2 条／100	***N*-Methyl 1-naphthyl carbamate** 〔別名〕カルバリル、NAC

【組成・化学構造】　**分子式**　$C_{12}H_{11}NO_2$

構造式

【CAS 番号】63-25-2

【性状】白色〜淡黄褐色粉末。融点 140℃。蒸気圧 5×10^{-3} mmHg（26℃）。水に難溶（30℃で水 100 mL に 12 mg 溶解）。有機溶剤に可溶。常温で安定、アルカリに不安定。

【用途】稲のツマグロヨコバイ、ウンカなど農業用殺虫剤、りんごの摘果剤。

【毒性】原体の LD_{50} ＝ ラット経口：230 mg/kg、マウス経口：108 mg/kg。
中毒症状は、摂取後 5 〜 20 分後より運動が不活発になり、振戦、呼吸の促迫、嘔吐、流涎を呈する。この作用は中枢に対する作用が著明である。また、一時的に反射運動亢進、強直性痙攣を示す。死因は呼吸麻痺が多い。

【応急措置基準】〔措置〕

劇　　物

(1)漏えい時

　飛散した場所の周辺にはロープを張るなどして人の立入りを禁止する。作業の際には必ず保護具を着用し、風下で作業をしない。飛散したものは空容器にできるだけ回収し、そのあとを水酸化カルシウム等の水溶液を用いて処理し、多量の水で洗い流す。この場合、高濃度の廃液が河川等に排出されないよう注意する。

(2)出火時

・周辺火災の場合 = 速やかに容器を安全な場所に移す。移動不可能な場合には容器および周囲に散水して冷却する。

・着火した場合 = 必ず保護具を着用し消火剤、水噴霧等を用いて消火する。

・消火剤 = 水、粉末、泡、二酸化炭素

(3)暴露・接触時

　①急性中毒と刺激性

・吸入した場合 = 倦怠感、頭痛、めまい、吐き気、嘔吐、腹痛、下痢、多汗等の症状を呈し、重症の場合には、縮瞳、意識混濁、全身痙攣等を起こすことがある。

・皮膚に触れた場合 = 放置すると皮膚より吸収され中毒を起こすことがある。

・眼に入った場合 = 軽度の炎症を起こすことがある。

　②医師の処置を受けるまでの救急方法

・吸入した場合 = 直ちに患者を毛布等にくるんで安静にさせ、新鮮な空気の場所に移し、鼻をかませ、うがいをさせる。呼吸困難または呼吸停止の場合には、直ちに人工呼吸を行う。

・皮膚に触れた場合 = 直ちに汚染された衣服や靴などを脱がせ、付着部または接触部を石けん水で洗浄し、多量の水で洗い流す。

・眼に入った場合 = 直ちに多量の水で15分間以上洗い流す。

(4)注意事項

　中毒症状が発現した場合には、至急医師による解毒手当てを受ける。

(5)保護具

　保護眼鏡、保護手袋、保護長靴、保護衣、防塵マスク（火災時：人工呼吸器）

【廃棄基準】　〔廃棄方法〕

(1)燃焼法

　ア　そのまま焼却炉で焼却する。

　イ　可燃性溶剤とともに焼却炉の火室へ噴霧し、焼却する。

(2)アルカリ法

各　　論

水酸化ナトリウム水溶液等と加温して加水分解する。
〈備考〉加水分解の際、反応液のpHを10以上に、また、反応液の温度を40℃以上とする。
〔検定法〕ガスクロマトグラフィー、高速液体クロマトグラフィー
〔その他〕アルカリ法の場合には廃液中にフェノール類が生成される。

【その他】〔製剤〕1.5〜5％の粉剤（デナポン、セビン）、40％、50％または85％の水和剤（デナポン水和剤セビモール）、15％の乳剤（デナポン乳剤）、2〜20％の粒剤（デナポン粒剤、ナック粒剤等）、他の薬品との配合剤。

劇物	*N*-メチル-*N*-（1-ナフチル）-モノフルオール酢酸アミド
毒物及び劇物指定令 第2条／100の2	*N*-Methyl-*N*-(1-naphthyl)-monofluoroacetamide 〔別名〕MNFA

【組成・化学構造】　分子式　$C_{13}H_{12}FNO$

構造式

【CAS番号】5903-13-9

【性状】無色無臭の柱状晶。融点88〜89℃。水に不溶。*n*-ヘキサン、石油エーテル、灯油等に難溶。ベンゼン、トルエン、シクロヘキサン、ジメチルホルムアミド等に易溶。ベンゼンに対する溶解度（28℃）は100 mLに60 g、キシレンに対する溶解度（28℃）は100 mLに20 g。

【用途】かんきつ類のミカンハダニ等の殺虫剤。

【毒性】原体のLD_{50}＝ラット経口：115 mg/kg。

【その他】〔製剤〕現在、農薬としての市販品はない。

劇物	2-メチルビフェニル-3-イルメチル＝（1*RS*,2*RS*）-2-（*Z*）-（2-クロロ-3,3,3-トリフルオロ-1-プロペニル）-3,3-ジメチルシクロプロパンカルボキシラート
毒物及び劇物指定令 第2条／100の3	2-Methylbiphenyl-3-ylmethyl (1*RS*,2*RS*)-2-(*Z*)-(2-chloro-3,3,3-trifluoro-1-propenyl)-3,3-dimethylcyclopropanecarboxylate

【組成・化学構造】　分子式　$C_{23}H_{22}ClF_3O_2$

構造式

劇　物

【CAS番号】 82657-04-3

【性状】 類白色固体。融点 68 ～ 70.6℃。蒸気圧 1.81 × 10^{-7} mmHg（25℃）。水に難溶。pH5.9 で安定。

【用途】 シロアリ駆除剤および農薬。

【毒性】 原体の LD_{50} ＝ ラット雄経口：51 mg/kg、ラット雌経口：47 mg/kg、マウス雄経口：54 mg/kg、マウス雌経口：59 mg/kg。

2%水和剤の LD_{50} ≧ ラット雌雄経口およびマウス雌雄経口：5000 mg/kg。

0.05%油剤の LD_{50} ≧ ラット雌雄経口およびマウス雌雄経口：500 mg/kg。

劇物	*S*-（2-メチル-1-ピペリジル-カルボニルメチル）ジプロピルジチオホスフェイト
毒物及び劇物指定令 第 2 条／100 の 4	*S*-(2-Methyl-1-piperidyl-carbonylmethyl) dipropyldithiophosphate 〔別名〕ピペロホス

【組成・化学構造】 **分子式** $C_{14}H_{28}NO_3PS_2$

構造式

【CAS番号】 24151-93-7

【性状】 淡黄色の油状液体。アセトン、ベンゼン等に可溶。

【用途】 水田のノビエ等の除草。

【毒性】 原体の LD_{50} ＝ マウス経口：289 mg/kg、ラット経口：254 mg/kg。

【その他】 〔製剤〕4.4%含有の混合製剤（アビロサン粒剤等）。

劇物	3-メチルフェニル-*N*-メチルカルバメート
毒物及び劇物指定令 第 2 条／100 の 5	3-Methylphenyl-*N*-methylcarbamate 〔別名〕メトルカルブ、メタトリル-*N*-メチルカルバメート、MTMC

【組成・化学構造】 **分子式** $C_9H_{11}NO_2$

構造式

【CAS番号】 1129-41-5

【性状】 白色または淡紅色の結晶（フレーク状固体）。融点 76 ～ 77℃。蒸気圧 1.1 × 10^{-3} mmHg（20℃）。水に不溶（30℃で水 100 mL に 0.26 g 溶解）。アセトン、アルコールに可溶。ベンゼン、キシレンに不溶。アルカリ性で比較的加水分解を受けやすい。

【用途】 カルバメート系殺虫剤。

717

各　　論

【毒性】原体の LD_{50} ＝ マウス経口：268 mg/kg。

【応急措置基準】〔措置〕

(1)漏えい時

　飛散した場所の周辺にはロープを張るなどして人の立入りを禁止する。作業の際には必ず保護具を着用し、風下で作業をしない。飛散したものは空容器にできるだけ回収し、そのあとを水酸化カルシウム等の水溶液を用いて処理し、多量の水で洗い流す。この場合、高濃度の廃液が河川等に排出されないよう注意する。

(2)出火時

・周辺火災の場合 ＝ 速やかに容器を安全な場所に移す。移動不可能な場合には容器および周囲に散水して冷却する。
・着火した場合 ＝ 必ず保護具を着用し消火剤、水噴霧等を用いて消火する。
・消火剤 ＝ 水、粉末、泡、二酸化炭素

(3)暴露・接触時

①急性中毒と刺激性
・吸入した場合 ＝ 倦怠感、頭痛、めまい、吐き気、嘔吐、腹痛、下痢、多汗等の症状を呈し、重症の場合には、縮瞳、意識混濁、全身痙攣等を起こすことがある。
・皮膚に触れた場合 ＝ 放置すると皮膚より吸収され中毒を起こすことがある。
・眼に入った場合 ＝ 軽度の炎症を起こすことがある。

②医師の処置を受けるまでの救急方法
・吸入した場合 ＝ 直ちに患者を毛布等にくるんで安静にさせ、新鮮な空気の場所に移し、鼻をかませ、うがいをさせる。呼吸困難または呼吸停止の場合には、直ちに人工呼吸を行う。
・皮膚に触れた場合 ＝ 直ちに汚染された衣服や靴などを脱がせ、付着部または接触部を石けん水で洗浄し、多量の水で洗い流す。
・眼に入った場合 ＝ 直ちに多量の水で 15 分間以上洗い流す。

(4)注意事項

　中毒症状が発現した場合には、至急医師による解毒手当てを受ける。

(5)保護具

　保護眼鏡、保護手袋、保護長靴、保護衣、防塵マスク（火災時：人工呼吸器）

【廃棄基準】〔廃棄方法〕

燃焼法

　ア　そのまま焼却炉で焼却する。

劇　物

　イ　可燃性溶剤とともに焼却炉の火室へ噴霧し、焼却する。
〔検定法〕ガスクロマトグラフィー、高速液体クロマトグラフィー
【その他】〔製剤〕ツマサイド粉剤（2％または3％含有）、ツマサイド粉粒剤（2％
　　　　　含有）、ツマサイド水和剤（50％含有）、ツマサイド乳剤（30％含有）。

劇物	2-（1-メチルプロピル）-フェニル-**N**-メチルカルバメート
毒物及び劇物指定令 第2条／100の6	2-(1-Methylpropyl)-phenyl-**N**-methyl-carbamate 〔別名〕フェノブカルブ、BPMC

【組成・化学構造】　分子式　$C_{12}H_{17}NO_2$
　　　　　　　　　　構造式

【CAS番号】　3766-81-2
【性状】　無色透明の液体またはプリズム状結晶。沸点115〜116℃（0.02 mmHg）。
　　　　　融点31℃。比重1.057。水に不溶、n-ヘキサン、エーテル、アセトン、ク
　　　　　ロロホルムなどに可溶。
【用途】　稲のツマグロヨコバイ、ウンカ類、野菜のミナミキイロアザミウマ、茶
　　　　　のミドリヒメヨコバイ等の駆除。
【毒性】　原体のLD_{50}＝マウス経口：340 mg/kg、ラット経口：410 mg/kg。
【応急措置基準】〔措置〕
(1)漏えい時
　飛散した場所の周辺にはロープを張るなどして人の立入りを禁止する。
作業の際には必ず保護具を着用し、風下で作業をしない。飛散したものは
空容器にできるだけ回収し、そのあとを水酸化カルシウム等の水溶液を
用いて処理し、中性洗剤等の分散剤を使用して多量の水で洗い流す。こ
の場合、高濃度の廃液が河川等に排出されないよう注意する。
(2)出火時
・周辺火災の場合＝速やかに容器を安全な場所に移す。移動不可能な場
　合には容器および周囲に散水して冷却する。
・着火した場合＝必ず保護具を着用し消火剤、水噴霧等を用いて消火す
　る。
・消火剤＝水、粉末、泡、二酸化炭素
(3)暴露・接触時
　①急性中毒と刺激性
　・吸入した場合＝倦怠感、頭痛、めまい、吐き気、嘔吐、腹痛、下痢、

各　　論

多汗等の症状を呈し、重症の場合には、縮瞳、意識混濁、全身痙攣
等を起こすことがある。

・皮膚に触れた場合＝軽度の紅斑等を起こし、放置すると皮膚より吸
収され中毒を起こすことがある。

・眼に入った場合＝軽度の角膜混濁、結膜発赤・浮腫、虹彩充血等を
起こすことがある。

②医師の処置を受けるまでの救急方法

・吸入した場合＝直ちに患者を毛布等にくるんで安静にさせ、新鮮な
空気の場所に移し、鼻をかませ、うがいをさせる。呼吸困難または
呼吸停止の場合には、直ちに人工呼吸を行う。

・皮膚に触れた場合＝直ちに汚染された衣服や靴などを脱がせ、付着
部または接触部を石けん水で洗浄し、多量の水で洗い流す。

・眼に入った場合＝直ちに多量の水で 15 分間以上洗い流す。

(4)注意事項

中毒症状が発現した場合には、至急医師による解毒手当てを受ける。

(5)保護具

保護眼鏡、保護手袋、保護長靴、保護衣、有機ガス用防毒マスク（火
災時：人工呼吸器）

【廃棄基準】〔廃棄方法〕

(1)燃焼法

ア　そのまま焼却炉で焼却する。

イ　可燃性溶剤とともに焼却炉の火室へ噴霧し、焼却する。

(2)アルカリ法

水酸化ナトリウム水溶液等と加温して加水分解する。

〈備考〉加水分解の際、反応液の pH を 10 以上に、また、反応液の温
度を 40℃以上とする。

〔検定法〕ガスクロマトグラフィー、高速液体クロマトグラフィー

〔その他〕アルカリ法の場合には廃液中にフェノール類が生成される。

【その他】〔製剤〕バッサ粉剤（2％、3％、15％含有）、バッサ乳剤（50％含有）、バッ
サ粒剤（4％含有）、バッサ粉粒剤（3％含有）、バッサ L-50（50％含有）
があるほか、混合製剤がある。

劇　物

劇物	メチル-(4-ブロム-2,5-ジクロルフェニル)-チオノベンゼンホスホネイト
毒物及び劇物指定令第2条／100の7	Methyl-(4-bromo-2,5-dichlorophenyl)-thionobenzenephosphonate 〔別名〕MBCP

【組成・化学構造】 **分子式** $C_{13}H_{10}BrCl_2O_2PS$

構造式

【CAS番号】 21609-90-5

【性状】 白色の固体。融点 72～73℃。キシロール、シクロヘキサノンに可溶。アルカリに不安定。

【用途】 水稲のニカメイチュウ、てんさいのアカザモグリハナバエ等の駆除。

【毒性】 原体の LD_{50} ＝ マウス経口：67 mg/kg、マウス経皮：120 mg/kg。

【その他】〔製剤〕現在、農薬としての市販品はない。

劇物	メチルホスホン酸ジメチル
毒物及び劇物指定令第2条／100の8	Dimethyl methylphosphonate

【組成・化学構造】 **分子式** $C_3H_9O_3P$

構造式

【CAS番号】 756-79-6

【性状】 無色透明の液体。沸点 181℃。比重 1.145。

【用途】 難燃加工剤、試薬。

【毒性】 50％水溶液で皮膚刺激性および眼刺激性が認められる。

各　論

劇物	**S-メチル-N-[(メチルカルバモイル)-オキシ]-チオアセトイミデート**
毒物及び劇物指定令 第2条／100の9	**S-Methyl-N-[(methylcarbamoyl)-oxy]-thioacetimidate** 〔別名〕メトミル

【組成・化学構造】**分子式** $C_5H_{10}N_2O_2S$

構造式

【CAS番号】16752-77-5

【性状】白色の結晶固体（常温常圧）。融点 78 〜 79℃。密度 1.324 g/cm^3（20℃）。蒸気圧 7.2 ka × 10^{-4} Pa（25℃）。水に可溶（25℃で水 100 mL に 5.8g 溶解）。メタノール、アセトンに可溶。ジクロロメタン、メタノールのいずれにも 1 L 中 510 g の溶解性（20℃）。対熱で 150 までは変質なし、温室では安定。

【用途】農薬（殺虫剤）。キャベツ等のアブラムシ、アオムシ、ヨトウムシ、ハスモンヨトウ、稲のニカメイチュウ、ツマグロヨコバイ、ウンカの駆除。

【毒性】45% 製剤の LD$_{50}$ ＝ ラット雄経口：73 mg/kg、マウス雄経口：56 mg/kg、LD$_{50}$ ≧ ラット雌雄経皮：2000 mg/kg。LC$_{50}$ ＝ ラット雌雄（ダスト）：0.76 mg/L（4 hr）。

皮膚刺激性についてはウサギで陰性、眼刺激性についてはウサギで陽性を示した。その他皮膚感作性についてモルモットで陰性を示した。

【応急措置基準】〔措置〕

(1)漏えい時

　飛散した場所の周辺にはロープを張るなどして人の立入りを禁止する。作業の際には必ず保護具を着用し、風下で作業をしない。飛散したものは空容器にできるだけ回収し、そのあとを水酸化カルシウム等の水溶液を用いて処理し、多量の水で洗い流す。この場合、高濃度な廃液が河川等に排出されないよう注意する。

(2)出火時

・周辺火災の場合 ＝ 速やかに容器を安全な場所に移す。移動不可能な場合には容器および周囲に散水して冷却する。

・着火した場合 ＝ 必ず保護具を着用し消火剤、水噴霧等を用いて消火する。

・消火剤 ＝ 水、粉末、泡、二酸化炭素

(3)暴露・接触時

①急性中毒と刺激性

劇　物

・吸入した場合 ＝ 倦怠感、頭痛、めまい、吐き気、嘔吐、腹痛、下痢、多汗などの症状を呈し、重症な場合には、縮瞳、意識混濁、全身痙攣等を起こすことがある。

・皮膚に触れた場合 ＝ 放置すると皮膚より吸収され中毒を起こすことがある。

・眼に入った場合 ＝ 軽度の結膜発赤・浮腫、虹彩充血等を起こすことがある。

②医師の処置を受けるまでの救急方法

・吸入した場合 ＝ 直ちに患者を毛布等にくるんで安静にさせ、新鮮な空気の場所に移し、鼻をかませ、うがいをさせる。呼吸困難または呼吸停止の場合には、直ちに人工呼吸を行う。

・皮膚に触れた場合 ＝ 直ちに汚染された衣服や靴などを脱がせ、付着部または接触部を石けん水で洗浄し、多量の水で洗い流す。

・眼に入った場合 ＝ 直ちに多量の水で 15 分間以上洗い流す。

(4)注意事項

中毒症状が発現した場合には、至急医師による解毒手当てを受ける。

(5)保護具

保護眼鏡、保護手袋、保護長靴、保護衣、防塵マスク（火災時：人工呼吸器）

【廃棄基準】〔廃棄方法〕

(1)燃焼法

ア　そのままスクラバーを備えた焼却炉で焼却する。

イ　可燃性溶剤とともにスクラバーを備えた焼却炉の火室へ噴霧し、焼却する。

(2)アルカリ法

水酸化ナトリウム水溶液等と加温して加水分解する。

〈備考〉

・スクラバーの洗浄液には水酸化ナトリウム水溶液を用いる。

・加水分解の際、反応液の pH を 10 以上に、また、反応液の温度を 40℃ 以上とする。

〔検定法〕ガスクロマトグラフィー

【その他】〔製剤〕主剤 45％を含有する水和剤（ランネート四五水和剤）、1.5％を含有する粉粒剤（ランネート微粒剤）。

劇
物

723

各　　論

劇物	メチレンビス（1-チオセミカルバジド）
毒物及び劇物指定令 第2条／100の10	**Methylenebis(1-thiosemicarbazide)** 〔別名〕ビスチオセミ

性状・用途・毒性等については 276 ページ参照。

劇物	5-メトキシ-N,N-ジメチルトリプタミン
毒物及び劇物指定令 第2条／100の11	**5-Methoxydimethyltryptamine**

【組成・化学構造】　**分子式**　$C_{13}H_{18}N_2O$

構造式

【CAS番号】　1019-45-0

【性状】　灰色かかった白色。結晶性。

【用途】　試薬。

【毒性】　原体の LD_{50} ＝ ラット雌雄経口：200 mg/kg。

被検物質によって中枢神経の運動支配系に異常が生じ、運動協調性が失われた結果、振戦・はいずり姿勢・麻痺の症状を呈する。死亡または安楽殺した個体では強度の痙攣が観察され、後弓反張を伴う強直性痙攣が観察された個体も認められた。スノコを噛む行動も、咬筋に生じた痙攣と考えられる。神経系等に対する作用として、交感神経系で立毛・体温上昇・腸管の弛緩が、副交感神経系で消化管内液貯留が、交感神経系・副交感神経系で唾液の分泌、顕著な流涎が見られた。そのほか、死亡または安楽殺した個体では、腺胃大彎部にストレス性の出血が認められた。

劇物	1-(4-メトキシフェニル)ピペラジン
毒物及び劇物指定令 第2条／100の12	1-(4-Methoxyphenyl)piperazine

【組成・化学構造】 分子式　$C_{11}H_{16}N_2O$
構造式

【CAS番号】 38212-30-5
【性状】 黄色から褐色の個体（液体）。沸点130〜133℃。融点40〜47℃。水に可溶。引火点は110℃より高い。
【用途】 試験研究用試薬。
【毒性】 原体のLD_{50}＝マウス経口：100〜200 mg（150 mg程度）/kg。なお、当毒性については、1-(4-メトキシフェニル)ピペラジン二塩酸塩の文献より作成。

劇物	1-(4-メトキシフェニル)ピペラジン一塩酸塩
毒物及び劇物指定令 第2条／100の13	1-(4-Methoxyphenyl)piperazine hydrochloride

【組成・化学構造】 分子式　$C_{11}H_{16}N_2O \cdot ClH$
構造式

【CAS番号】 84145-43-7
【性状】 水に可溶。
【用途】 試験研究用試薬。
【毒性】 原体のLD_{50}＝マウス経口：100〜200 mg（150 mg程度）/kg。なお、当毒性については、1-(4-メトキシフェニル)ピペラジン二塩酸塩の文献より作成。

各　論

劇物	1-（4-メトキシフェニル）ピペラジン二塩酸塩
毒物及び劇物指定令 第2条／100の14	1-(4-Methoxyphenyl)piperazine dihydrochloride

【組成・化学構造】　**分子式**　$C_{11}H_{16}N_2O \cdot 2ClH$

構造式

・2 HCl

【CAS番号】 38869-47-5

【性状】 淡褐色～褐色の粉末。融点248～250℃。水に可溶。

【用途】 試験研究用試薬。

【毒性】 原体のLD_{50}＝マウス経口：100～200 mg（150 mg程度)/kg。

劇物	2-メトキシ-1,3,2-ベンゾジオキサホスホリン-2-スルフィド
毒物及び劇物指定令 第2条／100の15	2-Methoxy-1,3,2-benzodioxaphosphorine-2-sulfide 〔別名〕サリチオン

【組成・化学構造】　**分子式**　$C_8H_9O_3PS$

構造式

【CAS番号】 3811-49-2

【性状】 無色～淡黄色の板状結晶。融点55～56℃。アセトニトリル、キシレンに可溶。アルカリに不安定。

【用途】 果樹、野菜の諸害虫の駆除。

【毒性】 原体のLD_{50}＝マウス経口：91 mg/kg、マウス皮下：82 mg/kg。

【その他】 〔製剤〕サリチオン乳剤および水和剤（有効成分25%含有）、サリチオン粉剤（有効成分15%含有）、サリチオン粉粒剤（有効成分3%含有）。

劇物	2-メルカプトエタノール
毒物及び劇物指定令 第2条／100の16	2-Mercaptoethanol

【組成・化学構造】　**分子式**　C_2H_6OS

構造式

HO　　　SH

【CAS番号】 60-24-2

【性状】 特徴的臭気の無色の液体。沸点157℃。融点−100～−50℃。比重1.1。

蒸気圧 1.756 mmHg（0.234 kPa = 25℃）。相対蒸気密度 2.69（空気 = 1）。水、エタノール、エーテル、ベンゼンに可溶。引火点 74℃（c.c.）。

【用途】 化学繊維・樹脂添加剤。

【毒性】 原体の LD_{50} ＝ マウス経口：190 mg/kg、ウサギ経皮：150 mg/kg。LC_{50} ＝ ラット吸入（蒸気）：2 mg/L（4 hr）（推定値）。ウサギで皮膚刺激性なし（強度の刺激性）、眼刺激性あり。

10％製剤の LD_{50} ＞ ラット経口：200 mg/kg。LC_{50} ＞ ラット吸入（ミスト）：2.1 mg/L（4 hr）。

0.1％製剤の LD_{50} ＞ ラット経口：2000 mg/kg、ラット経皮：10000 mg/kg。LC_{50} ＞ ラット吸入（ミスト）：10.3 m/L（4 hr）。

劇物	
毒物及び劇物指定令 第2条／100 の 16	**モネンシンナトリウム** Sodium monensin

【組成・化学構造】 *Streptomyces cinnamonensis*（ATCC15413）の産生する抗生物質

分子式 $C_{36}H_{61}NaO_{11}$

構造式

【CAS番号】 22373-78-0

【性状】 白色の結晶性粉末。融点 267 ～ 269℃。クロロホルム、メタノール、エタノールに可溶、水に不溶。光および湿度に対して安定。

【用途】 飼料添加物（抗コクシジウム剤）。

【毒性】 原体の LD_{50} ＝ マウス経口：330 mg/kg、ラット経口：238 mg/kg、マウス腹腔内：31.8 mg/kg、ラット腹腔内：26.3 mg/kg。

中毒症状はラットの経口投与の場合、自発運動の減少、失調性歩行および不整呼吸が主徴で、顕著な呼吸麻痺で死亡するものが多かった。

各　論

劇物	モノクロル酢酸
毒物及び劇物取締法 別表第二／86	**Monochloroacetic acid** 〔別名〕クロル酢酸

【組成・化学構造】　分子式　$C_2H_3ClO_2$

構造式

【CAS 番号】　79-11-8

【性状】　無色、潮解性の単斜晶系の結晶。沸点189℃。融点62℃。水に可溶。アルコール、ベンゼンに可溶。

【用途】　合成染料の製造原料、マロン酸エステル、グリコールなどの有機合成原料、人造樹脂工業、膠製造など。

【毒性】　原体の LD_{50} ＝ ラット経口：76 mg/kg、マウス経口：165 mg/kg。
本薬物、特に蒸気は、皮膚を強く腐食する性質がある。

【応急措置基準】　〔措置〕

(1) 漏えい時

　飛散した場所の周辺にはロープを張るなどして人の立入りを禁止する。作業の際には必ず保護具を着用し、風下で作業をしない。飛散したものは速やかに掃き集めて空容器に回収し、そのあとは水酸化カルシウム、炭酸ナトリウム等で中和し、多量の水で洗い流す。この場合、高濃度の廃液が河川等に排出されないように注意する。

(2) 出火時

・周辺火災の場合 ＝ 速やかに容器を安全な場所に移す。移動不可能の場合は、容器および周囲に散水して冷却する。

(3) 暴露・接触時

①急性中毒と刺激性

・吸入した場合 ＝ 鼻、のど、気管支などの粘膜が侵される。

・皮膚に触れた場合 ＝ 極めて刺激性・腐食性が強く、やけど（薬傷）、壊疽を生じる。

・眼に入った場合 ＝ 角膜を刺激して炎症を起こす。

②医師の処置を受けるまでの救急方法

・吸入した場合 ＝ 直ちに患者を毛布等にくるんで安静にさせ、新鮮な空気の場所に移す。呼吸困難または呼吸停止の場合は直ちに人工呼吸を行う。

・皮膚に触れた場合 ＝ 直ちに汚染された衣服や靴を脱がせ、付着部または接触部を石けん水または多量の水で十分に洗い流す。

劇　　物

　　・眼に入った場合 ＝ 直ちに多量の水で 15 分間以上洗い流す。

⑷保護具

　　保護眼鏡、保護手袋、保護長靴、保護衣、有機ガス用防毒マスク

【廃棄基準】〔廃棄方法〕

燃焼法

　　可燃性溶剤とともに、アフターバーナーおよびスクラバーを備えた焼却炉の火室へ噴霧し焼却する。

　　〈備考〉

　　・スクラバーの洗浄液にはアルカリ溶液を用いる。

　　・焼却炉は有機ハロゲン化合物を焼却するのに適したものであること。

〔検定法〕ガスクロマトグラフィー

劇物	モノゲルマン
毒物及び劇物指定令 第 2 条／100 の 17	**Monogermane** 〔別名〕水素化ゲルマニウム／Germanium hydride

【組成・化学構造】　**分子式**　GeH_4

　　　　　　　　　構造式

$$\begin{array}{c} H \quad H \\ \diagdown \diagup \\ Ge \\ \diagup \diagdown \\ H \quad H \end{array}$$

【CAS 番号】7782-65-2

【性状】無色の刺激臭を有する気体。沸点 $-88.9℃$。融点 $-107℃$。蒸気圧 210 mmHg（$-110℃$）。可燃性。水との反応性は低い。

【用途】特殊材料ガス。

【毒性】原体の LC_{50} ＝ マウス吸入：1380 mg/m^3、モルモット吸入：260 mg/m^3（4 hr）

劇物	モノフルオール酢酸パラブロムアニリド
毒物及び劇物指定令 第 2 条／101	**Monofluoroacet-*p*-bromoanilide**

【組成・化学構造】　**分子式**　C_8H_7BrFNO

　　　　　　　　　構造式

【CAS 番号】2195-44-0

【性状】白色の針状結晶。融点 151℃。水に不溶、有機溶媒に可溶。

【用途】柑橘類のヤノネカイガラムシ、ハダニ類、ナシのハダニ類、リンゴのハダニ類の駆除。

729

各　論

【毒性】原体の LD_{50} ＝ マウス経口：87 mg/kg、マウス経皮：169 mg/kg。
【その他】〔製剤〕現在、農薬としての市販品はない。

劇物	モノフルオール酢酸パラブロムベンジルアミド
毒物及び劇物指定令 第2条／101の2	*N*-(*p*-Bromobenzyl)monofluoroacetamide 〔別名〕FABB

【組成・化学構造】
　分子式　C_9H_9BrFNO
　構造式

【CAS番号】24312-44-5
【性状】白色の粉末。融点 114 ～ 115℃。水に不溶。クロロホルム、アセトンに可溶。
【用途】殺虫剤。
【毒性】原体の LD_{50} ＝ マウス経口：410 mg/kg。
【その他】〔製剤〕現在、農薬としての市販品はない。

劇物	ヨウ化水素酸
毒物及び劇物取締法 別表第二／87 毒物及び劇物指定令 第2条／102	Hydroiodic acid 〔別名〕ヨード水素酸

【組成・化学構造】ヨウ化水素 HI の水溶液である。
　分子式　HI
　構造式　H—I

【CAS番号】10034-85-2
【性状】無色の液体。空気と日光に反応してヨードを遊離し、黄褐色を帯びてくる。ヨウ化水素は高温で強い還元性を呈する。強酸性。
【用途】工業用の還元剤、ヨード化合物の製造。
【応急措置基準】〔措置〕

(1) 漏えい時
　風下の人を退避させ、漏えいした場所の周辺にはロープを張るなどして人の立入りを禁止する。作業の際には必ず保護具を着用し、風下で作業をしない。漏えいした液は、ある程度水で徐々に希釈した後、水酸化カルシウム、炭酸ナトリウム等で中和し、多量の水で洗い流す。この場合、高濃度の廃液が河川等に排出されないように注意する。

(2) 出火時
・周辺火災の場合 ＝ 速やかに容器を安全な場所に移す。移動不可能の場

劇　　物

合は、容器および周囲に散水して冷却する。

(3)暴露・接触時

①急性中毒と刺激性

・吸入した場合 ＝ 毒性が強く、高濃度の蒸気を吸入すると肺水腫で死亡することがある。

・皮膚に触れた場合 ＝ 刺激性が強く炎症、潰瘍を起こす。

・眼に入った場合 ＝ 眼の粘膜が刺激され炎症を起こし失明することがある。

②医師の処置を受けるまでの救急方法

・吸入した場合 ＝ 直ちに患者を毛布等にくるんで安静にさせ、新鮮な空気の場所に移す。呼吸困難または呼吸停止の場合は直ちに人工呼吸を行う。

・皮膚に触れた場合 ＝ 直ちに汚染された衣服や靴を脱がせ、付着部または接触部を石けん水または多量の水で十分に洗い流す。

・眼に入った場合 ＝ 直ちに多量の水で15分間以上洗い流す。

(4)注意事項

①大部分の金属、コンクリート等を腐食する。

②ヨウ化水素酸は爆発性でも引火性でもないが、各種の金属と反応して水素ガスを生成し、これが空気と混合して引火爆発するおそれがある。

③直接中和剤を散布すると発熱し飛散することがある。

(5)保護具

保護眼鏡、保護手袋、保護長靴、保護衣、酸性ガス用防毒マスク

【廃棄基準】〔廃棄方法〕

中和法

水酸化ナトリウム水溶液で中和した後、多量の水で希釈して処理する。

〔生成物〕NaI

〔検定法〕pHメーター法

【その他】〔鑑識法〕ヨウ化水素の水溶液に硝酸銀溶液を加えると、淡黄色のヨウ化銀を沈殿し、この沈殿はアンモニア水に難溶、硝酸に不溶。また、ヨウ化水素酸に塩化水銀（Ⅱ）溶液を加えると、赤色のヨウ化水銀を沈殿する。この沈殿は希硝酸に不溶だが、ヨウ化カリウム液に可溶。

各 論

劇物	ヨウ化メチル
毒物及び劇物指定令 第 2 条／102 の 2	Methyl iodide 〔別名〕ヨードメタン、ヨードメチル

【組成・化学構造】 **分子式** CH₃I
構造式

【CAS 番号】 74-88-4

【性状】 無色または淡黄色透明の液体。エーテル様臭あり。沸点 42.5℃。凝固点 −66.4℃。エタノール、エーテルに任意の割合で混合。水に可溶。空気中で光により一部分解して、褐色になる。冷時水と結合して水化物 2CH₃I・H₂O を生成。また、メチルアルコールで付加化合物 3CH₃I・CH₃OH を生成。

【用途】 たばこの根瘤線虫、立枯病等のガス殺菌剤。重いガス状になるので表面の浅い場所に注入する。また有機合成におけるメチル化試薬。暗所に保管すること。

【毒性】 原体の LD₅₀ ＝ ラット経口：220 mg/kg。
中枢神経系の抑制作用および肺の刺激症状が現れる。皮膚に付着して蒸発が阻害された場合には発赤、水疱が見られる。

【応急措置基準】 〔措置〕

(1)漏えい時

　風下の人を退避させ、漏えいした場所の周辺にはロープを張るなどして人の立入りを禁止する。作業の際には必ず保護具を着用し、風下で作業をしない。漏えいした液は土砂等でその流れを止め、安全な場所に導き、空容器にできるだけ回収し、そのあとを多量の水で洗い流す。この場合、高濃度の廃液が河川等に排出されないよう注意する。

(2)出火時

・周辺火災の場合 ＝ 速やかに容器を安全な場所に移す。移動不可能な場合には、容器および周囲に散水して冷却する。

(3)暴露・接触時

①急性中毒と刺激性

・吸入した場合 ＝ 麻酔性があり、悪心、嘔吐、めまいなどが起こり、重症の場合は意識不明となり、肺水腫を起こす。

・皮膚に触れた場合 ＝ 皮膚との接触時間が長い場合は、発赤、水泡等を生じる。

・眼に入った場合 ＝ 液が眼に入ると粘膜が侵される。

②医師の処置を受けるまでの救急方法

劇　　物

・吸入した場合＝鼻やのどに刺激があるときは鼻をかみ、うがいをさせる。さらに多量に吸入した場合は、直ちに患者を毛布等にくるんで安静にさせ、新鮮な空気の場所に移す。呼吸困難または呼吸停止の場合は、直ちに人工呼吸を行う。

・皮膚に触れた場合＝直ちに汚染された衣服や靴などを脱がせ、付着部または接触部を石けん水で洗浄し、多量の水で洗い流す。

・眼に入った場合＝直ちに多量の水で15分間以上洗い流す。

(4)保護具

保護眼鏡、保護手袋、保護長靴、保護衣、人工呼吸器

【廃棄基準】 〔廃棄方法〕

燃焼法

過剰の可燃性溶剤または重油等の燃料とともに、アフターバーナーおよびスクラバーを備えた焼却炉の火室に噴霧して、できるだけ高温で焼却する。

〈備考〉

・スクラバーの洗浄液には、アルカリ溶液を用いる。

・焼却炉は有機ハロゲン化合物を焼却するのに適したものであること。

〔生成物〕NaI

〔検定法〕ガスクロマトグラフィー

劇物	ヨウ素
毒物及び劇物取締法 別表第二／88	**Iodine** 〔別名〕ヨード、ヨジウム

【組成・化学構造】 **分子式** I_2

構造式 I—I

【CAS番号】 7553-56-2

【性状】 黒灰色、金属様の光沢ある稜板状結晶。熱すると紫菫色の蒸気を生成するが、常温でも多少不快な臭気を有する蒸気を放って揮散する。水には黄褐色を呈して難溶、ヨードカリウムあるいはヨード水素酸を含有する水には可溶。アルコール、エーテルには赤褐色を呈して可溶、クロロホルム、二硫化炭素には紫色を呈して可溶。酸化、殺菌作用は、塩素や臭素に劣る。

【用途】 ヨード化合物の製造、分析用、アニリン色素の製造、写真用など（消毒刺激剤として医薬用にも用いられる）。

【毒性】 ヨードの作用は、塩素や臭素のように激しくはないが、金属に触れるとこれを腐食する。皮膚に触れると褐色に染め、その揮散する蒸気を吸入すると、めまいや頭痛を伴う一種の酩酊（いわゆるヨード熱）を起こす。

733

各　　論

そのほか、鼻感冒、気管支炎、結膜炎等を起こすことがある。慢性中毒は、消化器障害、栄養不良、貧血、紅斑および睾丸の萎縮。

【その他】〔鑑識法〕デンプンと反応すると藍色（ヨードデンプン）を呈し、これを熱すると退色し、冷えると再び藍色を現し、さらにチオ硫酸ナトリウムの溶液と反応すると脱色する。

〔貯法〕容器は気密容器を用い、通風の良い冷所に保管する。腐食されやすい金属、濃塩酸、アンモニア水、アンモニアガス、テレビン油などは、なるべく引き離しておく。

〔その他〕アンモニア、テレビン油などに混ぜると、温度の上昇などによって爆発する危険がある。チリ硝石の母液から製造されたヨードには、ヨウ化シアンが夾雑していることがあるため、十分に注意する。

劇物	ラサロシド
毒物及び劇物指定令 第 2 条／102 の 3	**Lasalocid**

【組成・化学構造】　分子式　$C_{34}H_{54}O_8$

構造式

【CAS 番号】25999-31-9

【性状】帯微褐白色粉末（ナトリウム塩の場合）。

【用途】鶏のコクシジウム症の予防に用いる飼料添加物。

【毒性】原体の LD_{50} ＝ ラット雄経口 312 mg/kg、ラット雌経口：78.8 mg/kg（ナトリウム塩での mg）。

硫化リン

劇物	毒物及び劇物指定令　第 2 条／103

278 ページ参照。

劇　物

劇物	硫酸
毒物及び劇物取締法 別表第二／89 毒物及び劇物指定令 第 2 条／104	Sulfuric acid

【組成・化学構造】　**分子式**　H_2O_4S

構造式

HO$-$S$-$OH（O、O）

【CAS 番号】　7664-93-9

【性状】無色透明、油様の液体。粗製のものは、しばしば有機質が混じて、かすかに褐色を帯びていることがある。工業用の希硫酸はボーメ 50℃、55℃、57℃。濃硫酸はボーメ 60℃、65℃、66℃ および 98% のものがあり、試薬には 94% 以上のものがある。濃い硫酸は猛烈に水を吸収する。

【用途】肥料、各種化学薬品の製造、石油の精製、冶金、塗料、顔料などの製造、乾燥剤、試薬。

【毒性】原体の LC_{50} ＝ ラット吸入：510 mg/m^3（2 hr）。TC_{LO} ＝ ヒト吸入：1 mg/m^3（3 hr）。

濃硫酸が人体に触れると、激しい火傷をきたす。経口摂取での致死量は確定されていないが、3.8 g で大人が死亡した例がある。硫酸の濃度や人の状態、胃が空であるか満腹しているかにより、大いに影響される。

【応急措置基準】〔措置〕

(1)漏えい時

　漏えいした場所の周辺には、ロープを張るなどして人の立入りを禁止する。作業の際には必ず保護具を着用する。

・少量＝漏えいした液は土砂等に吸着させて取り除くか、または、ある程度水で徐々に希釈した後、水酸化カルシウム、炭酸ナトリウム等で中和し、多量の水で洗い流す。

・多量＝漏えいした液は土砂等でその流れを止め、これに吸着させるか、または安全な場所に導いて、遠くから徐々に注水してある程度希釈した後、水酸化カルシウム、炭酸ナトリウム等で中和し、多量の水で洗い流す。

　この場合、高濃度の廃液が河川等に排出されないよう注意する。

(2)出火時

・周辺火災の場合＝速やかに容器を安全な場所に移す。移動不可能の場合は、容器および周囲に散水して冷却する。

(3)暴露・接触時

　①急性中毒と刺激性

　・皮膚に触れた場合＝激しいやけど（薬傷）を起こす。

735

・眼に入った場合 = 粘膜を刺激し、失明することがある。
②救急方法
　眼や皮膚に付着した場合 = 直ちに付着部または接触部を多量の水で15分間以上洗い流す。汚染された衣服や靴は脱がせ、速やかに医師の手当てを受ける。

(4)**注意事項**
①可燃物、有機物と接触させない。
②水と急激に接触すると多量の熱を生成し、酸が飛散することがある。
③水で薄めて生じた希硫酸は、各種の金属を腐食して水素ガスを生成し、空気と混合して引火爆発をすることがある。
④直接中和剤を散布すると発熱し、酸が飛散することがある。

(5)**保護具**
　保護手袋（ゴム）、保護長靴（ゴム）、保護衣（ゴム）、保護眼鏡

【廃棄基準】〔廃棄方法〕
中和法
　徐々に石灰乳などの撹拌溶液に加え中和させた後、多量の水で希釈して処理する。
〔生成物〕CaSO₄
〔検定法〕pH メーター法

【その他】〔鑑識法〕濃硫酸は比重が極めて大きく、水で薄めると発熱し、ショ糖、木片などに触れると、それらを炭化・黒変させ、また銅片を加えて熱すると、無水亜硫酸を生成。硫酸の希釈水溶液に塩化バリウムを加えると、白色の硫酸バリウムを沈殿するが、この沈殿は塩酸や硝酸に不溶。

劇物	
毒物及び劇物取締法 別表第二／90 毒物及び劇物指定令 第2条／105	**硫酸タリウム** Thallium sulfate

【組成・化学構造】　**分子式**　H₂O₄S・2Tl

　　　　　　　　　構造式

【CAS番号】　7446-18-6
【性状】　無色の結晶。水に難溶、熱湯に可溶。
【用途】　殺鼠剤。
【毒性】　原体の LD₅₀ = マウス経口：23.5 mg/kg、ラット経口：16 mg/kg、ラット経皮：550 mg/kg。
　疝痛、嘔吐、振戦、痙攣、麻痺等の症状に伴い、次第に呼吸困難となり、虚脱症状となる。

劇　物

【その他】〔製剤〕主剤2％、3％を含有する液剤（タリウム液剤、サッソ等）、5％、50％を含有する水溶剤（水溶タリウム）、0.3％、0.6％、1％を含有する粒剤がある。なお、0.3％粒剤で黒色に着色され、かつ、トウガラシエキスを用いて著しく辛く着味されているものは普通物である

劇物	硫酸パラジメチルアミノフェニルジアゾニウムナトリウム
毒物及び劇物指定令 第2条／106	*p*-Dimethylaminobenzenediazo sodium sulfonate
	〔別名〕パラジメチルアミノフェニルジアゾスルホン酸ナトリウム塩、DAPA

【組成・化学構造】 **分子式** $C_8H_{10}N_3NaO_3S$

構造式

【CAS番号】 140-56-7

【性状】黄褐色の粉末。水に難溶、ジメチルホルムアミドに可溶、有機溶媒に不溶。分解点200℃。

【用途】ビート立枯病（ビシウム・アファノマイセス菌による苗立枯病）の防除。

【毒性】原体のLD$_{50}$＝マウス経口 144.7 mg/kg、ラット経口：50 mg/kg。

【その他】〔製剤〕現在、農薬としての市販品はない。

劇物	リン化亜鉛
毒物及び劇物取締法 別表第二／91 毒物及び劇物指定令 第2条／107	Zinc phosphide

【組成・化学構造】 **分子式** P_2Zn_3

構造式 $Zn{=}P{-}Zn{-}P{=}Zn$

【CAS番号】 1314-84-7

【性状】暗赤色の光沢ある粉末。融点420℃。水、アルコールに不溶。希酸にホスフィンを出して溶解。ベンゼン、二酸化炭素に可溶。空気中で分解。

【用途】殺鼠剤。

【毒性】原体のLD$_{50}$＝マウス経口：50 mg/kg、ラット経口：40 mg/kg。
嚥下吸入したときに、胃および肺で胃酸や水と反応してホスフィンを生成し中毒する。中毒症状は実験動物（ラット）で立毛、軽度の感覚鈍麻、運動不活発。体位の保持が困難となり、横転し、体温下降、呼吸麻痺で死亡する。胃腸症状、流涎、特異痙攣等の著明な中毒症状を認めず、体重にも特別の変化を認めない。主要臓器の肉眼的変化は、肝臓・脾臓・

各　論

肺臓・膵臓には著明な変化がない。腎臓に充血をみたものがある。消化
管の充血、出血、粘膜のびらん等の刺激反応は認められない。

【応急措置基準】〔措置〕

(1)漏えい時

　多量に飛散した場合には風下の人を退避させ、飛散した場所の周辺に
はロープを張るなどして人の立入りを禁止する。作業の際には必ず保護
具を着用し、風下で作業をしない。飛散したリン化亜鉛の表面を速やか
に土砂等で覆い、密閉可能な空容器にできるだけ回収して密閉する。リ
ン化亜鉛で汚染された土砂等も同様の措置をし、そのあとを多量の水で
洗い流す。

(2)出火時

・周辺火災の場合 ＝ 速やかに容器を安全な場所に移す。移動不可能な場
　合には容器および周囲に散水して冷却する。

・着火した場合 ＝ 初期の火災には土砂等で覆い、空気を遮断して消火す
　る。大規模火災の場合には霧状の水を多量に用いて消火する。消火作
　業の際には必ず保護具を着用する。消火の際、放水機で注水するとリ
　ン化亜鉛の細かい粒子が飛び散るので霧状の水を用いる。

・消火剤 ＝ 土砂、水

(3)暴露・接触時

　①急性中毒と刺激性

・吸入した場合 ＝ 頭痛、吐き気、嘔吐、悪寒、めまい等の症状を起こ
　す。重症な場合には肺水腫、呼吸困難、昏睡を起こす。

・皮膚に触れた場合 ＝ 放置すると皮膚より吸収され中毒を起こすこと
　がある。

・眼に入った場合 ＝ 異物感を与え、粘膜を刺激する。

　②医師の処置を受けるまでの救急方法

・吸入した場合 ＝ 直ちに患者を毛布等にくるんで安静にさせ、新鮮な
　空気の場所に移し、鼻をかませ、うがいをさせる。呼吸困難または
　呼吸停止の場合には直ちに人工呼吸を行う。

・皮膚に触れた場合 ＝ 直ちに汚染された衣服や靴などを脱がせ、付着
　部または接触部を石けん水で洗浄し、多量の水で洗い流す。

・眼に入った場合 ＝ 直ちに多量の水で 15 分間以上洗い流す。

(4)注意事項

　①火災等で燃焼すると酸化亜鉛の煙霧およびホスフィン（リン化水素）
　ガスを生成する。煙霧は亜鉛熱を起こし、煙霧およびガスは有毒で
　ある。

　②酸と接触すると、少量の吸入であっても危険な有毒なホスフィンを

劇　　物

　　生成する。

　③水と徐々に反応して有毒なホスフィンを生成する。

　④土砂等と混合した回収物についてはホスフィンを生成するおそれが

　　あるので、速やかに廃棄処理を行う。

⑸保護具

　保護眼鏡、保護手袋、保護長靴、保護衣、人工呼吸器

【廃棄基準】〔廃棄方法〕

⑴燃焼法

　木粉（おが屑）等の可燃物に混ぜて、スクラバーを備えた焼却炉で焼却する。

⑵酸化法

　多量の次亜塩素酸ナトリウムと水酸化ナトリウムの混合水溶液を撹拌しながら少量ずつ加えて酸化分解する。過剰の次亜塩素酸ナトリウムをチオ硫酸ナトリウム水溶液等で分解した後、希硫酸を加えて中和し、沈殿濾過して埋立処分する。

〈備考〉

・スクラバーの洗浄液には水酸化ナトリウム水溶液を用いる。

・酸化はアルカリ性で十分に時間をかける必要がある。

・中和時の pH は 8.5 以上とする。これ未満では沈殿が完全には生成されない。

〔生成物〕ZnO，Zn(OH)$_2$

〔検定法〕吸光光度法、原子吸光法

〔その他〕

　ア　本薬物の付着した紙袋等を焼却すると、酸化亜鉛の煙霧およびホスフィン（リン化水素）ガスを生成生するので、洗浄装置のない焼却炉等で焼却しない。

　イ　酸化法の作業の際には有毒なガスを生成することがあるので、必ず保護具を着用する。ガスは少量の吸入であっても危険である。

【その他】〔製剤〕主剤3％、10％を含有するペースト剤（ネオラテミン）、1％、2％、3％を含有する粒剤（リンカ、ラテミン、ラッタス、リントロン、ZP 等）がある。なお、1％粒剤で黒色に着色され、かつ、トウガラシエキスを用いて著しく辛く着味されているものは普通物である。

劇
物

各　論

劇物
毒物及び劇物取締法 別表第二／92 毒物及び劇物指定令 第2条／108

ロダン酢酸エチル
Ethyl thiocyanoacetate
〔別名〕チオシアノ酢酸エチルエステル

【組成・化学構造】

分子式　$C_5H_7NO_2S$

構造式

NC-S-CH2-C(=O)-O-CH2CH3

【CAS番号】：5349-28-0

【性状】：淡黄褐色の澄明、可乳化液体。融点225℃。比重1.174。水に可溶。

【用途】：稲のシンガレ線虫の防除。

【毒性】：原体の LD_{50} ＝ マウス経口：55 mg/kg。経皮毒性はマウスに0.2 mLの塗布で、30分以内に死亡する。

主な症状は、めまい、心悸亢進、悪心、嘔吐、体温降下、瞳孔散大等で、主として自律神経系を侵す。また、皮膚の刺激作用を有し、皮膚からの吸収性による経皮毒性もある。

【その他】：〔製剤〕現在、農薬としての市販品はない。

劇物
毒物及び劇物取締法 別表第二／93 毒物及び劇物指定令 第2条／109

ロテノン
Rotenone

【組成・化学構造】

分子式　$C_{23}H_{22}O_6$

構造式

【CAS番号】：83-79-4

【性状】：斜方6面体結晶。融点163℃。水に難溶。ベンゼン、アセトンに可溶、クロロホルムに易溶。

【用途】：農薬（接触毒としてサルハムシ類、ウリバエ類等に用いる）。

【毒性】：LD_{50} ＝ ラット静脈：0.2 mg/kg、ラット経口：2.5 mg/kg。

【その他】：〔存在〕デリス根、魚藤根の類。

〔製剤〕デリス粉、デリス乳剤およびデリス粉剤。デリス粉は、デリス根を砕いて微粉にしたもので、ロテノンの含有規格は3％である。デリス乳剤は、デリス根の有効成分を抽出保持させ、これに乳化力をつけたもので、2％のロテノンを含有する。このほかロテノンの含有量0.5％の粉剤もある。なお、ロテノン含有2％以下の製剤が種々あるが、これらは劇物に属さない。

(参考) デリス根（tuba root, derris root）の原植物は東インドに広く分布する蔓性灌木デリス（*derris ellipticabenth*）で、マレー半島、スマトラ、ボルネオなどで栽培されている。また同類植物として、デリスと同じ地方に産する *derris malaccensis brain* があり、前者を「這トバ」、後者を「立トバ」といって区別している。

なお魚藤根は、台湾に野生するデリス属植物魚藤（*derris chinens benth*）の根である。形状は主根と、それから分岐する多数の細い副根からなり、多数の根瘤がある。外面は暗褐色で、破折面は白色である。

主要成分はロテノン（*rotenone*）$C_{23}H_{22}O_6$ であって、優良種（*derrise lliptica*）は通常4.13％のロテノンを含む。しかし *derris malaccensis* ではロテノン含有量が4％を超えるものはあまりない。また、魚藤根はロテノン含有2％以下である。

ロテノンのほかに、デリス根中には、デグエリン、トキシカロール、テフロジンなどの成分がある。貯蔵する場合、ロテノンは酸素によって分解し、殺虫効力を失うため、デリス製剤は空気と光線を遮断して保管する必要がある。

毒物及び劇物取締法の解説

1 ｜ 沿　革

　医薬用外の毒薬、劇薬を医薬品から切り離し、毒物劇物として独立した法令で取り締まることとしたのは、明治45年に制定された内務省令第5号毒物劇物営業取締規則が最初である。これによれば、「本令ニ於テ毒物劇物ト称スルハ医薬以外ノ用ニ供セシムル目的ヲ以テ販売スル毒性又ハ劇性ノ物品ニシテ別ニ指定シタルモノヲ謂フ」と規定している。すなわち、当時は毒薬、劇薬のように「くすり」として用いられるものは、薬品営業並薬品取扱規則（明治22年法律第10号）によって、その製造、販売等の取り締まりを受けていたが、毒薬、劇薬以外の毒性、劇性の強いものは、内務大臣が別に指定して、前記の省令の取り締まりを受けさせることとしていたのである。

　ところで、前記の毒物劇物営業取締規則では、薬品営業並薬品取扱規則で定められた毒薬、劇薬の品目に該当するもののうちで、毒物劇物営業取締規則で毒物、劇物としての指定を受けていないものは、医薬用以外には貯蔵、陳列、販売または授与をしてはならないと定めているので、毒薬、劇薬に指定されてはいるが、毒物、劇物の品目となっていないものは、毒薬、劇薬として以外には貯蔵、陳列、販売、授与はできないとされていたのである。また、毒薬、劇薬の製造、販売は、原則

として地方長官（現在の都道府県知事）に届け出れば営業が許され、特別の場合には地方長官の許可を受けた営業管理人を置き、その他、表示、譲渡手続き、交付の制限（14歳未満の者又は不安心と認められる者には、毒物、劇物を交付してはならない）等の規定が定められていた。

　前記の省令は、昭和7年と同10年に小部分の改正がされたほかは、毒物、劇物に関する取締規則として終戦後に至るまで、運用されてきたのであった。この旧規則は、営業については、薬剤師、薬種商、製薬業者は地方長官に届出制で、それ以外の者は地方長官の許可を受ければ足り、かつ営業管理人を置く必要のあるのは、営業者が未成年者、身体障害者、その他毒劇物の取扱いをするのに耐えがたいと認められる者および法人に限られ、個人経営の薬局、薬種商および製薬業者は管理人を置かなくてもよいことになっていた。

　ところが、昭和22年、「日本国憲法施行の際現に効力を有する命令の規定の効力に関する法律」によって、新憲法が施行された当時有効に行われていた勅令、省令等の命令の規定で、新憲法の規定からいって当然国会の議決を経た法律によらなければならないものは、昭和22年12月31日までに限り、法律と同一の効力を有するものとされ

た結果、「毒物劇物営業取締規則」も、昭和23年1月1日からは無効の省令となり、取り締まりを必要とする場合には、昭和23年からは新しく法律をもって定めなければならないことになった。そこで政府は、新しい法律を制定する準備を急ぎ、昭和22年、毒物劇物営業取締法案を国会に提出し、法律第206号として制定公布されたのである。

この法律は、旧規則と同様に、毒劇物の営業者を対象とし、旧規則では製造と販売について、薬剤師、薬種商、製薬業者は地方長官に届出制で、その他の者は許可制度をとっていたのを、新たに毒劇物の輸入業を加え、製造業者、輸入業者は主たる事務所の都道府県知事に届出制で、販売業は都道府県知事による許可制度に改めた。

また、届出と許可は個人と法人とを問わず、営業者について行い、旧規則の営業管理人を事業管理人と改め、自ら管理する場合でも、管理人を置く場合でも、いずれも事業所ごとに都道府県知事の許可を受けなければならないこととされた。さらに、事業管理人となることのできない者は、未成年者、禁治産者、準禁治産者、精神病者、耳の聞こえない人、口のきけない人、目の不自由な人などとし、また管理人となるための資格として、省令で薬剤師、一定の学校で応用化学または化学を専攻した者、事業管理人試験に合格した者と規定された。

このほか、毒劇物の取扱い、表示、譲渡手続きなどを法律で規定したが、その規定の対象は、営業者に対する取

り締まりに限られた。

ところが、戦後の凶悪な世相を反映して、帝銀事件をはじめ毒劇物による殺人事件が相次いで起こり、また自殺の手段としても毒劇物を使うことが、一つの流行ともみられるようになった。そして、それらの毒劇物の出所は、解体した軍工場からの散逸をはじめ、通常の取引以外の手段によるものが多く、さらに毒劇物営業者の管理の不十分による場合も少なくないことが注目されるに至った。例えば、道路を疾走する自動車から濃硫酸の容器が転落して、路上の人々に甚大な危害を与え、毒物製造工場を廃止した際の後始末が不完全であったため、付近の家々の井戸に毒物が浸入して中毒者が続発するなどのことは、従来の取り締まり規定ではどうすることもできないものであった。

ことに四エチル鉛は、戦争中、航空機用ガソリンに混入してオクタン価を高め、高性能を発揮させる目的で、大いに増産されたものであるが、戦後これが放置されて、アルコールや各種の溶剤と誤られたり、ライター油に混入されたりして、人命を奪うような例が数多く起こって、このようなものを何らの取締法規なく放置することは、許されない状況に立ち至った。そこで、このような事態を是正するために、厚生省では連合軍総司令部の関係部局とも協議して、従来の営業取締法の欠陥を正し、毒劇物による危害防止に重点を置いて、「毒物及び劇物取締法」を立案した。この法案が昭和25年12月に国会を通過し、法律第303号として公

布されたのである。

制定後の経過

　その後の、この法律ならびに関係政省令についての改正の経過は次のとおりである。ただし、昭和26年1月23日厚生省令第4号で毒物及び劇物取締法施行規則が制定されて以来、同省令の改正は平成29年度末までで九十数次にも及ぶため、省令については近時の改正のみ解説することとする。

(1)　毒物及び劇物取締法の改正

1　昭和28年8月15日、法律第213号で毒物及び劇物取締法の一部に小改正が見られたが、この改正は、地方自治法の改正に伴い、関係する法律を整理するための改正法律（地方自治法の一部を改正する法律の施行に伴う関係法令の整理に関する法律–第40条）で、従来施行規則で定めていたこと（農業上必要な毒劇物を取り扱う者に対する試験を限定すること、および都道府県知事が製造業者や輸入業者に対する処分について厚生大臣に具申する義務の2点）を法律に引き上げて規定し直したものにすぎない。したがって、この法律の施行上、実質的には何らの変更はないのである。

2　昭和29年4月22日、法律第71号で、あへん法制定に伴い、本法第8条第2項第2号中「若しくは大麻」が「大麻若しくはあへん」に改められた。

3　昭和30年8月12日、法律第162号で、毒物及び劇物取締法の一部が改正された。この改正の要旨の第一は、毒物のうち毒性の特に強烈なものについて、新たに特定毒物として指定したこと。第二は、これら特定毒物については毒物劇物営業者等、一定の資格のある者以外の者に対して、その製造、輸入、使用、譲渡、所持等を禁止し、また、その取扱い等について規制したこと。第三は、特定毒物研究者の許可基準を設けたこと。第四は、毒物劇物製造業等の登録について新たな基準を設けたこと。第五は、事業管理人の資格について、新たに要件を設けたこと。第六は、毒物及び劇物の廃棄の方法について、新たな規制を加えたこと等である。

4　昭和39年7月10日、毒物及び劇物取締法は法律第165号で全面的に改正された。改正の要旨は次のとおりである。

(1)　毒物または劇物の取扱いに関する事項

　イ　毒物劇物販売業の登録を一般、農業用品目および特定品目販売業の3種類に分け、これに伴い毒物劇物取扱者試験も3種類に分けたこと。

　ロ　製造所、営業所または店舗の構造設備に関する登録基準を厚生省令で定めるための根拠規定を定めたこと。

　ハ　「事業管理人」を「毒物劇物取扱責任者」に改めたこと。

　ニ　毒物または劇物に該当しない

747

ものであっても、その毒性から見て毒物または劇物と同様に取り扱うことが保健衛生上適当と認められる毒劇物の含有物についても、法第11条（毒物又は劇物の取扱）及び法第15条の2（廃棄）の規制対象としたこと。

ホ　毒物、劇物またはそれらの含有物に起因した事故が生じた際の措置として毒物劇物営業者に保健所等への届出義務および応急の措置義務を課すこととしたこと。

(2)　毒物劇物業務上取扱者の規制に関する事項

イ　業務上取扱者を2種類に分け、政令で定める事業を行う者であって、業務上シアン化ナトリウムその他政令で定める毒物または劇物を取り扱う者に届出義務を課すこととしたこと。

ロ　イの政令で定める業務上取扱者には、毒物劇物取扱責任者の設置義務およびその変更命令等の規定を準用し、施設外への流出防止義務等についても規制することとしたこと。

ハ　届出を要しない業務上取扱者に対しても事故の際の措置義務、流出の防止に関する措置義務を課すこととしたこと。

(3)　毒物、劇物を定める別表を整備するため、法の別表では原体のみを掲げることとし、それらの製剤および改正後の原体、製剤はすべて指定令で定めることとしたこと。

5　昭和45年12月25日、法律第131号で毒物及び劇物取締法の一部が次のように改正された。

(1)　特定毒物以外の毒物または劇物についても、運搬等について技術上の基準を定めることができることとすること。

(2)　毒物または劇物であって家庭用に供されるもの、および毒物等を含有する家庭用品について、その成分の含量等の基準を定めて、これに適合しないものの販売、授与を規制すること。

(3)　毒物劇物営業者等が廃棄の技術上の基準に違反して毒物または劇物を廃棄した場合に保健衛生上の危害を生じるおそれがあると認めるときは、廃棄した物の回収等を命じることができることとすること。

(4)　その他所要の改正を行うこと。

この改正法は昭和46年6月24日から施行された。

6　昭和47年6月26日、法律第103号で毒物及び劇物取締法の一部が次のように改正された。

(1)　興奮、幻覚または麻酔の作用を有する毒物または劇物であって政令で定めるものについて、摂取および吸入等を規制すること。

(2)　引火性、発火性または爆発性のある毒物または劇物であって政令で定めるものについて、所持等を規制すること。

(3)　その他所要の改正を行うこと。

この改正法は昭和47年8月1日か

ら施行された。

7 昭和48年10月12日、法律第112号で有害物質を含有する家庭用品の規制に関する法律が公布され、同時に、毒物及び劇物取締法第22条の2（毒物又は劇物を含有する家庭用品）および第25条第8号（罰則）が削除され、また、これに伴い施行令の関係部分も削除された。

8 昭和56年5月25日、法律第51号「障害に関する用語の整理のための医師法等の一部を改正する法律」第5条により、所要の整備が行われた。

9 昭和57年9月1日、法律第90号により、シンナー等の摂取、吸入等の禁止の規定に違反した者に対する法定刑を引き上げ、新たに1年以下の懲役等に処することができることとした。

10 昭和58年12月10日、法律第83号「行政事務の簡素合理化及び整理に関する法律」第23条により、毒物及び劇物取締法の一部が次のように改正された。

(1) 特定毒物研究者の許可権限を厚生大臣から都道府県知事に委譲したこと。

(2) 都道府県知事が行う毒物劇物販売業の登録の有効期間を2年から3年に延長したこと。

(3) 毒物または劇物の製造業または輸入業の登録権限の一部を厚生大臣から都道府県知事に委譲するため、権限委任規定を設けたこと。

11 昭和60年7月12日、法律第90号「地方公共団体の事務に係る国の関与等の整理、合理化等に関する法律」第22条により、毒物及び劇物取締法の一部が改正され、薬事監視員とは独立して規定されていた毒物劇物監視員が、薬事監視員のうちからあらかじめ指定された者とし、毒物劇物監視員の発令行為が不要とされた。

12 平成5年11月12日、法律第89号「行政手続法の施行に伴う関係法律の整備に関する法律」第105条により、毒物及び劇物取締法の一部が改正され、処分に係る行政手続法の聴聞の方式について所要の整備が行われた。

13 平成9年11月21日、法律第105号「許可等の有効期間の延長に関する法律」第6条により、毒物及び劇物取締法の一部が改正され、販売業の登録の有効期間が6年に延長された。

14 平成11年7月16日、法律第87号「地方分権の推進を図るための関係法律の整備等に関する法律」第174条により、毒物及び劇物取締法の一部が次のように改正された。

(1) 販売業に係る登録等の権限を保健所設置市および特別区へ委譲したこと。

(2) 報告徴収、立入検査等の事務は、原則として登録、許可権者のみが行うことができるものとし、製造業者または輸入業者に対するものについては厚生大臣が行うものとし、毒物または劇物の販売業者または特定毒物研究者に対するものについては都道府県知事、保健所

設置市の市長または特別区の区長が行うものとしたこと。

(3) 手数料については、厚生大臣が徴収する分のみを規定するものとし、都道府県知事が徴収する分については、「地方公共団体の手数料の標準に関する政令（平成12年政令第16号）」において規定するものとしたこと。

(4) 製造業または輸入業の登録の申請に係る経由等の事務を都道府県が処理する法定受託事務としたこと。

この改正法は、平成12年4月1日から施行された。

15 平成11年12月22日、法律第160号「中央省庁等改革関係法施行法」第621条により、毒物及び劇物取締法の一部が改正され、厚生労働省発足に伴う所要の整備が行われた。

この改正法は、平成13年1月6日から施行された。

16 平成12年11月27日、法律第126号「書面の交付等に関する情報通信の技術の利用のための関係法律の整備に関する法律」第14条により、毒物及び劇物取締法の一部が改正され、譲渡手続について、書面の交付に代えて、電子情報処理組織を使用する方法等にて書面に記載すべき事項を提供することができることとされた。

17 平成13年6月29日、法律第87号「障害者等に係る欠格事由の適正化等を図るための医師法等の一部を改正する法律」第8条により、毒物及び劇物取締法の一部が改正され、毒物劇物取扱責任者等の要件に定められている障害者等に係る欠格事由について適正化が図られた。

18 平成23年8月30日、法律第105号「地域の自主性及び自立性を高めるための改革の推進を図るための関係法律の整備に関する法律」第33条により、毒物及び劇物取締法の一部が改正され、毒物または劇物の業務上取扱者による届出の受理等の権限・事務を、毒物または劇物を取り扱う事業場が保健所を設置する市または特別区の区域にある場合においては、都道府県知事から保健所設置市長または特別区長に移譲することとされた。

19 平成27年6月26日、法律第50号「地域の自主性及び自立性を高めるための改革の推進を図るための関係法律の整備に関する法律」第3条により、毒物及び劇物取締法の一部が次のように改正された。

(1) 特定毒物研究者の許可に関する事務・権限について、主たる研究所の所在地が指定都市の区域にある場合にあっては、指定都市の長に移譲すること。

(2) 特定毒物の主たる研究所の所在地が、都道府県または指定都市の区域を越えて変更が生じた場合は、その変更が客観的に生じた日から、当該特定毒物研究者は新管轄の都道府県知事の許可を得ているとみなすこと。

(2) 毒物及び劇物取締法施行令および同施行規則の改正
(制度・手続の変更など)

1　昭和30年9月28日、政令第261号で、毒物及び劇物取締法施行令（以下、施行令）が公布された。本施行令は、法第3条の2第3項、第5項および第9項、第15条の2、第16条第1項および第2項、ならびに第27条の規定に基づいて制定されたものであり、新たに第1章の四エチル鉛より第2章のモノフルオール酢酸の塩類を含有する製剤、第3章の有機燐製剤、第4章の毒物及び劇物の廃棄までの4章が制定された。また、本政令の制定に伴い、四エチル鉛取扱基準令（昭和26年政令第158号）、モノフルオール酢酸ナトリウム取扱基準令（昭和27年政令第28号）、ジエチルパラニトロフエニルチオホスフエイト及びジメチルパラニトロフエニルチオホスフエイト取扱基準令（昭和28年政令第15号）および毒物及び劇物を指定する政令（昭和27年政令第26号）の4政令が廃止された。

2　昭和31年6月12日、政令第178号で、施行令の一部が改正された。本改正は、従来の特定毒物に対する制限の一部が緩和されたこと、および新たに指定された特定毒物の品目に対し使用者、用途等の基準が設けられたことである。すなわち、第4章にモノフルオール酢酸アミド及びこれを含有する製剤に関する規定が制定された。また、第3章にジメチルエチルメルカプトエチルチオホスフエイト及びこれを含有する製剤の基準が加えられた。

3　昭和33年12月19日、政令第334号で施行令の一部が改正され、特定毒物であるジメチルエチルメルカプトエチルチオホスフエイトに関する使用者および用途に関する規制を緩和した。また計量法の改正に伴い、四エチル鉛の章のうちガロン等の表現を、メートル法の表現に改めた。

4　昭和34年3月24日、政令第40号で施行令の一部が改正され、特定毒物であるモノフルオール酢酸の使用者の範囲が緩和された。

5　昭和34年12月28日、政令第385号で施行令の一部が改正され、新たに指定された特定毒物、燐化アルミニウムとその分解促進剤とを含有する製剤について、その用途、使用者および使用方法、表示等の基準、罰則等を制定した。

6　昭和36年1月14日、政令第7号で施行令の一部が次のように改正された。

(1)　「四メチル鉛」の取扱い等について「四エチル鉛」とまったく同様に規制された。

(2)　モノフルオール酢酸の塩類の実地指導員に、市町村の技術職員と林業改良指導員を追加した。

(3)　有機燐製剤のジメチルエチルメルカプトエチルチオホスフエイトを含有する製剤の用途及び使用方法の「ばら、カーネーション、ストック又はホップの害虫」を「あ

んず、梅、ホツプ、なたね、桑、し
ちとうい又は食用に供されること
がない観賞用植物若しくはその球
根の害虫」に改正する等所要の改
正を行った。
(4) 有機燐製剤、モノフルオール酢
酸アミドの実地指導員に、市町村
の技術職員を追加した。
(5) モノフルオール酢酸アミドを含
有する製剤の用途及び使用方法の
「かんきつ類」に、りんご、なし、
桃又は柿を追加した。

7 昭和36年1月26日、政令第11号
で薬事法施行令が制定され、同施行
令の附則において、毒物及び劇物取
締法施行令第12条第一号に引用され
ている薬事法の制定年が改められた。

8 昭和36年6月19日、政令第203
号で施行令の一部が改正され、新た
に指定された特定毒物テトラエチル
ピロホスフエイトを含有する製剤の
使用者、用途、着色、表示および使
用方法等の基準が定められた。

9 昭和36年9月14日、政令第309
号で施行令の一部が改正され、特定
毒物たる燐化アルミニウムとその分
解促進剤とを含有する製剤の使用者
および用途が拡大されるとともに、
燻蒸作業を行う際の実地指導員の拡
大等が図られた。

10 昭和37年1月23日、政令第7号
で、施行令の一部が次のように改正
された。
(1) 有機燐製剤、モノフルオール酢
酸アミド及び燐化アルミニウムと
その分解促進剤とを含有する製剤

を用いて害虫等の防除を行う際の、
防除実施届の届出内容を改正した。
(2) 第30条第一号における燐化アル
ミニウムとその分解促進剤とを含
有する製剤を用いて行う、害虫等
の防除の実地指導員の資格につい
て所要の改正を行った。

11 昭和37年5月4日、政令第191号
で、施行令の一部が次のように改正
された。
(1) 第1章の四エチル鉛および四メ
チル鉛についての規制を四アルキ
ル鉛全体に拡大し、四エチル鉛お
よび四メチル鉛以外の四アルキル
鉛も同様の規制をした。
(2) 有機燐製剤、モノフルオール酢
酸アミドを含有する製剤の実地指
導員の資格について、所要の改正
をした。

12 昭和40年1月4日、政令第3号で
施行令の一部が改正された。改正の
要旨は次のとおりである。
(1) 危害防止の措置を講ずべき毒物
または劇物を含有する物は、無機
シアン化合物を含有する物(た
だし、シアン含有量が1Lにつき
2mg以下のものを除く。)とされ
たこと。
(2) 着色すべき農業用毒物または劇
物について、従前は法および指定
令に定めていたが、施行令で定め
ることとしたこと。
(3) 届出を要する業務上取扱者は、
電気めっきを行う事業とされたこ
と。また、政令で定める毒物は、
無機シアン化合物たる毒物及びこ

れを含有する製剤とされたこと。

13　昭和40年12月24日、政令第379号で施行令の一部が改正された。その要旨は次のとおりである。

　　法第11条第2項に規定する政令で定める物の廃棄の方法について、その技術上の基準が定められたことと、これに伴い、施行令第40条の規定は昭和41年7月1日から適用されることとされた。改正の要旨は次のとおりである。

(1)　第13条第一号ロ、第18条第一号ロ、第24条第一号ロ及び第30条第一号ハ中「事業管理人」を「毒物劇物取扱責任者」に改めること。

(2)　第40条各号列記以外の部分中「毒物又は劇物」を「毒物若しくは劇物又は法第11条第2項に規定する政令で定める物」に改め、同条第一号中「劇物」の下に「並びに法第11条第2項に規定する政令で定める物」を加え、同条中第四号を第五号とし、第三号の次に次の一号を加えたこと。

　　四、無機シアン化合物たる毒物を含有する液体状の物は、人が立ち寄らないか又は人が立ち入らないようにした水路又は水域に、保健衛生上危害を生ずるおそれがない方法で放流すること。

(3)　毒物及び劇物取締法施行令の一部を改正する政令（昭和40年政令第3号）の一部を次のように改正すること。

　　附則第1項中「昭和40年12月31日」を「昭和41年6月30日」に改める。また、昭和41年1月8日、省令第1号で、施行令第38条第2項の規定に基づき、無機シアン化合物たる毒物を含有する液体状の物のシアン含有量の定量方法を定める省令を定め、昭和41年7月1日から施行する。

14　昭和42年1月31日、政令第8号で施行令の一部が次のように改正された。

(1)　モノフルオール酢酸の塩類を含有する製剤の使用者中「300町歩」を「300ヘクタール」に改め、同品質の全文をモノフルオール酢酸の塩類の含有割合が2％以下でかつ、製剤が固体状の場合は、日本薬局方の基準にあうトウガラシ末0.5％以上混入され、製剤が液体状の場合は同じく日本薬局方の基準にあうトウガラシチンキを5分の1に濃縮したもの1％以上混入されていることとし、同使用方法中「モノフルオール酢酸の塩類を含有する製剤」に「えさとして用いる」場合等をも加えた。

(2)　着色すべき農業用毒物又は劇物に「酢酸タリウムを含有する製剤」を追加した。

15　昭和42年12月26日、政令第374号で施行令の一部が次のように改正された。

(1)　燐化アルミニウムとその分解促進剤とを含有する製剤の使用者、用途、表示および使用方法の基準を改め、その品質の基準を定めた

こと。

(2) モノフルオール酢酸の塩類を含有する製剤の表示の基準等を改めたこと。

16 昭和46年3月23日、政令第30号で施行令の一部が次のように改正された。

(1) ガソリンに含有される四アルキル鉛の割合をガソリン1Lにつき0.3 cm³（航空ピストン発動機用ガソリン等にあっては、1.3 cm³）以下とすること。

(2) 有機燐製剤（ジメチルエチルメルカプトエチルチオホスフエイトを含有する製剤を除く。）については、何人も使用者となることができないこととすること。

(3) 無機シアン化合物たる毒物を含有する液体状の物の取扱い上の規制は、シアン含有量が1Lにつき1 mgを超えるものについても行うとともに、廃棄の方法に関する技術上の基準を改めること。

(4) 無機シアン化合物たる毒物およびこれを含有する製剤を業務上取り扱う者が都道府県知事に届け出なければならない事業の範囲に、金属熱処理業を加えること。

(5) その他所要の改正を行うこと。

17 昭和46年6月22日、政令第199号で施行令の一部が次のように改正された。

(1) 特定毒物である燐化アルミニウムとその分解促進剤とを含有する製剤について、コンテナ内におけるねずみ、昆虫等の駆除に使用で

きるようにするため、その使用者、用途、表示および使用方法の基準を定めること。

(2) 四アルキル鉛を含有する製剤、無機シアン化合物たる毒物（液体状のものに限る。）及び弗化水素又はこれを含有する製剤を運搬するための容器の基準等を定めること。

18 昭和46年11月27日、政令第358号で施行令の一部が次のように改正された。

(1) 毒物劇物営業者等がその製造所、営業所等の外に飛散し、流出するのを防止するのに必要な措置を講じなければならない劇物を含有する物として、塩化水素、硝酸若しくは硫酸又は水酸化カリウム若しくは水酸化ナトリウムを含有する液体状の物（当該液体状の物を10倍に希釈した場合の水素イオン濃度が水素指数2.0から12.0までのものを除く。）を指定すること。

(2) 劇物のうち主として一般消費者の生活の用に供せられると認められるものとして、塩化水素又は硫酸を含有する製剤たる劇物（住宅用の洗浄剤で液体状のものに限る。）及びジメチル-2,2-ジクロルビニルホスフエイト（別名DDVP）を含有する製剤（衣料用の防虫剤に限る。）を指定し、これらのものについて成分の含量の基準及び容器又は被包の基準を定めること。

(3) 毒物又は劇物を運搬するための容器、積載の態様及び運搬方法の基準を定めること。

(4) 大型自動車を使用して黄燐ほか3種の毒物及びアクリルニトリルほか18種の劇物の運搬を行う事業者を都道府県知事に届出を要する業務上取扱者に指定すること。

(5) 特定家庭用品として、塩化水素又は硫酸を含有する住宅用の洗浄剤で液体状のものを指定し、その劇物の含量の基準及び容器又は被包の基準を定めること。

19 昭和47年6月30日、政令第252号で施行令の一部が次のように改正された。

(1) 興奮、幻覚又は麻酔の作用を有する物として、酢酸エチル、トルエンまたはメタノールを含有するシンナーおよび接着剤を定めること。

(2) 発火性又は爆発性のある劇物として、塩素酸塩類、ナトリウム及びピクリン酸を定めること。

(3) その他所要の改正を行うこと。

20 昭和48年法律第80号で船舶安全法の一部が改正されたのに伴い、昭和48年11月24日政令第344号（船舶安全法施行令等の一部を改正する政令）で、施行令の一部が改正され、第40条の7中「第28条」が「第28条第1項」と改められた。

21 昭和49年9月26日、政令第335号で施行令について、有害物質を含有する家庭用品の規制に関する法律（昭和48年法律第112号）の施行に伴う所要の整備が行われた。

22 昭和50年8月19日、政令第254号で施行令が一部改正され、興奮、

幻覚又は麻酔の作用を有する物として、「トルエン」および「塗料」が、発火性又は爆発性のある劇物として「塩素酸塩類を含有する製剤（35%以上を含有するものに限る。）」が、それぞれ新たに追加された。

23 昭和50年12月24日、政令第372号で毒物及び劇物取締法施行令等の一部を改正する政令が公布され、登録申請等の手数料の額が改められた。

24 昭和51年3月2日、政令第24号で地方公共団体手数料令が一部改正され、毒物劇物販売業登録票書換えおよび再交付手数料の額が改められた。

25 昭和53年3月30日、政令第57号により手数料が改正された。

26 昭和53年7月5日、政令第282号により、施行令中「農林省」が「農林水産省」に改められた。

27 昭和56年3月27日、政令第44号により手数料が改正された。

28 昭和57年4月20日、政令第122号により施行令の一部が改正され、法第3条の3に規定する興奮、幻覚又は麻酔の作用を有する毒物又は劇物（これらを含有する物を含む。）であって政令で定めるものとして、「閉そく用又はシーリング用の充てん料」が追加された。

29 昭和59年3月16日、政令第32号により、と畜場法施行令等の一部を改正する政令が制定され、同政令第2条において施行令の一部が次のとおり改正された。

(1) 特定毒物研究者について、許可

755

を受けるべき都道府県知事等を定
めたこと。

(2)　毒物劇物製造（輸入）業の登録、
登録の変更等の権限の一部を厚生
大臣から都道府県知事に委任した
こと。これに伴い、登録権限者が
異なることとなった場合の登録簿
の送付について規定したこと。

(3)　手数料が改正されたこと。

30　昭和60年3月5日、政令第24号
により、たばこ事業法等の施行に伴
う関係政令の整備等に関する政令が
制定され、同政令第44条において
施行令第28条第一号イ中「日本専
売公社」が「日本たばこ産業株式会
社」に改められた。

31　昭和62年3月20日、政令第43号
により、検疫法施行令等の一部を改
正する政令が制定され、同政令第7
条において施行令第43条の手数料が
改正された。

32　平成2年9月21日、政令第275号
で施行令の一部が改正され、第32条
の3中「物は」の下に、「亜塩素酸
ナトリウム及びこれを含有する製剤
（亜塩素酸ナトリウム30％以上を含
有するものに限る。）」が加えられた。

33　平成3年3月19日、政令第39号
により手数料が改正された。

34　平成6年2月28日、厚生省令第6
号により申請や届出に用いる書面が
日本工業規格のB5判からA4判に変
更された。

35　平成6年3月24日、政令第64号
により手数料が改正された。

36　平成6年4月28日、厚生省令第

35号により、内燃機関用メタノール
のみを販売する特定品目販売業者の
設置する毒物劇物取扱責任者として
内燃機関用メタノールのみの取扱い
に係る特定品目毒物劇物取扱者試験
合格者が追加され、また関係の規定
が整備された。

37　平成9年3月5日、政令第28号に
より電子情報処理組織を用いて登録
事務を行うことができるとされ、こ
の場合において、施行令第36条の5
に基づく登録簿の送付に代えて、内
容を通知することができるとされた。
　また、厚生省令第9号により、平
成9年3月21日から毒物劇物製造業
及び輸入業について、平成10年4月
1日から毒物劇物販売業について申
請、届出をフレキシブル・ディスク
を用いて行うことができるとされた。

38　平成9年3月24日、政令第57号
により手数料が改正された。

39　平成9年11月21日、厚生省令第
83号により、販売業の登録の有効期
間の延長に伴う関係の規定が整備さ
れた。

40　平成11年1月11日、厚生省令第
5号「薬事法施行規則等の一部を改
正する省令」により、特定毒物研究
者許可申請書の氏名の記載について、
記名押印に加え、自筆による署名で
行うことが可能とされた。

41　平成11年9月29日、政令第292
号により施行令の一部が次のように
改正された。

(1)　着色したものでなければ農業用
に販売、授与してはならないもの

とされている毒物又は劇物について、すでに農業用として販売されていないものについて、着色すべき農業用毒物又は劇物の規定から削除したこと。

(2) 高圧ガス保安法（昭和26年法律第204号）の一部改正に伴い、無機シアン化合物たる毒物（液体状のものに限る。）の運搬について、その容器の基準として、通商産業大臣の登録を受けた者が製造した容器であって所定の刻印等がされているものを追加したこと。

(3) 計量法（平成4年法律第51号）に基づく法定計量単位の改正に伴い、圧力の単位としての「キログラム毎平方センチメートル」を「パスカル」に、濃度の単位としての「規定」を「モル毎リットル」に変更したこと。

(4) 都道府県知事への届出が必要な事業及び取り扱う毒物劇物として、しろありの防除を行う事業並びに砒素化合物たる毒物及びこれを含有する製剤を追加したこと。

42 平成11年9月29日、厚生省令第84号により施行規則の一部が次のように改正された。

(1) 通常食品の容器として用いられる容器を用いてはならない劇物はすべての劇物とし、別表第三を削除したこと。

(2) 着色すべき毒物又は劇物の一部が削除されたことに伴い、これらについての着色の方法の規定を削除したこと。

(3) 法第22条第5項の規定に基づく準用規定の適用対象となる、業務上取扱者が取扱う毒物劇物をすべての毒物及び劇物とし、別表第四を削除したこと。

(4) すでに農業用に用いられていない毒物又は劇物について別表第一から削除したこと。

43 平成11年12月8日、政令第393号「地方分権の推進を図るための関係法律の整備等に関する法律の施行に伴う厚生省関係政令の整備等に関する政令」により、販売業に係る権限が保健所設置市及び特別区に委譲されたことに伴う関係の規定が整備されるとともに、従来、毒物及び劇物取締法施行規則に定められていた登録票又は許可証の書換交付に係る経由等の事務を政令に規定することとされた。

44 平成12年3月17日、政令第65号「検疫法施行令等の一部を改正する政令」により、手数料が改正された。

45 平成12年6月30日、政令第366号により施行令の一部が改正され、毒物劇物営業者が、毒物又は劇物を販売し、又は授与するときは、当該毒物または劇物の性状及び取扱いに関する情報を提供しなければならないこととされた。

46 平成13年1月4日、政令第4号により、毒物又は劇物の譲受人に対する情報の提供に関し必要な事項等が省令で定められることとなった。

47 平成14年12月27日、政令第406号により、無機シアン化合物（液体

757

状のものに限る。）又は弗化水素若し
くはこれを含有する製剤を運搬する
際の容器について、特例として国際
海上危険物輸送規定に適合している
容器も使用可能となった。

48　平成16年7月2日、政令第224
号により毒物又は劇物の運搬に際し、
交替して運転する者の同乗等義務に
かかる基準について、距離の基準か
ら時間の基準に改められた。

49　平成18年3月23日、政令第58号
「毒物及び劇物取締法施行令の一部を
改正する政令」により、手数料が改
正された。

50　平成18年4月21日、厚生労働省
令第114号により施行規則の一部が
改正され、農業用品目販売業者が取
り扱うことができる劇物から次の2
品目が除外された。

（1）　1-（3-クロロ-4,5,6,7-テトラヒド
ロピラゾロ[1,5-a]ピリジン-2-イ
ル）-5-[メチル（プロプ-2-イン-1-
イル）アミノ]-1H-ピラゾール-4-
カルボニトリル（別名ピラクロニ
ル）及びこれを含有する製剤

（2）　2-メトキシエチル=（RS）-2-（4-
t-ブチルフェニル）-2-シアノ-3-オ
キソ-3-（2-トリフルオロメチルフ
エニル）プロパノアート（別名シフ
ルメトフェン）及びこれを含有す
る製剤

51　平成19年2月28日、厚生労働省
令第114号により施行規則の一部が
改正され、別記第15号様式が1020
ページのように改められた。

52　平成19年8月15日、厚生労働省

令第107号で施行規則の一部が次の
ように改正された。

1　農業用品目販売業者が取り扱う
ことができる劇物として次の1品
目が指定された。

（1）　O-エチル=S-プロピル=
[（2E）-2-（シアノイミノ）-3-エ
チルイミダゾリジン-1-イル]ホ
スホノチオアート（別名イミシ
アホス）及びこれを含有する
製剤（O-エチル=S-プロピル=
[（2E）-2-（シアノイミノ）-3-エ
チルイミダゾリジン-1-イル]ホ
スホノチオアート1.5%以下を含
有するものを除く。）

2　農業用品目販売業者が取り扱う
ことができる劇物から次の1品目
が除外された。

（1）　（E）-2-{2-（4-シアノフェニ
ル）-1-[3-（トリフルオロメチル）
フェニル]エチリデン}-N-[4-
（トリフルオロメトキシ）フェニ
ル]ヒドラジンカルボキサミドと
（Z）-2-{2-（4-シアノフェニル）
-1-[3-（トリフルオロメチル）フ
エニル]エチリデン}-N-[4-（ト
リフルオロメトキシ）フェニル]
ヒドラジンカルボキサミドとの
混合物（（E）-2-{2-（4-シアノ
フェニル）-1-[3-（トリフルオロ
メチル）フェニル]エチリデン}-
N-[4-（トリフルオロメトキシ）
フェニル]ヒドラジンカルボキ
サミド90%以上を含有し、かつ、
（Z）-2-{2-（4-シアノフェニル）
-1-[3-（トリフルオロメチル）フ

エニル]エチリデン}−N−[4−(トリフルオロメトキシ)フエニル]ヒドラジンカルボキサミド 10% 以下を含有するものに限る。)(別名メタフルミゾン)及びこれを含有する製剤

53　学校教育法等の一部を改正する法律（平成 19 年法律第 96 号）の施行に伴い、平成 19 年 12 月 25 日付で学校教育法等の一部を改正する法律の施行に伴う厚生労働省関係省令の整理に関する省令が公布され、当該省令第 5 条により、毒物及び劇物取締法施行規則第 6 条が改正された。

54　平成 20 年 6 月 20 日、厚生労働省令第 117 号により施行規則の一部が改正され、農業用品目販売業者が取り扱うことができる劇物から次の 2 品目が除外された。

（1）　1−(6−クロロ−3−ピリジルメチル)−N−ニトロイミダゾリジン−2−イリデンアミン（別名イミダクロプリド）2%（マイクロカプセル製剤にあっては 12%）以下を含有するもの

（2）　(E)−2−(4−ターシャリ−ブチルフエニル)−2−シアノ−1−(1,3,4−トリメチルピラゾール−5−イル)ビニル=2,2−ジメチルプロピオナート（別名シエノピラフエン）及びこれを含有する製剤

55　平成 21 年 3 月 18 日、政令第 39 号により施行令の一部が改正され、毒物又は劇物の製造業又は輸入業の登録に係る手数料額が見直された。新たな手数料は以下のとおり（カッコ内は旧手数料）。

（1）　毒物又は劇物の製造業又は輸入業の登録手数料　1 万 4100 円（1 万 4900 円）

（2）　毒物又は劇物の製造業又は輸入業の登録更新手数料　10000 円（1 万 700 円）

（3）　毒物又は劇物の製造業又は輸入業の登録変更手数料　8800 円（9600 円）

56　平成 21 年 4 月 8 日、厚生労働省令第 102 号により施行規則の一部が次のように改正された。

1　農業用品販売業者が取り扱うことができる毒物として次の 2 品目が指定された。

（1）　アバメクチン及びこれを含有する製剤（アバメクチン 1.8% 以下を含有するものを除く。）

（2）　S−メチル−N−[(メチルカルバモイル)−オキシ]−チオアセトイミデート（別名メトミル）及びこれを含有する製剤（S−メチル−N−[(メチルカルバモイル)−オキシ]−チオアセトイミデート 45% 以下を含有するものを除く。）

2　農業用品販売業者が取り扱うことができる劇物として次の 3 品目が指定された。

（1）　アバメクチン 1.8% 以下を含有する製剤

（2）　2,4,6,8−テトラメチル−1,3,5,7−テトラオキソカン（別名メタアルデヒド）及びこれを含有する製剤（2,4,6,8−テトラメチル−1,3,5,7−テトラオキソカン 10%

以下を含有するものを除く。）

(3) S-メチル-N-[（メチルカルバモイル)-オキシ]-チオアセトイミデート（別名メトミル）45%以下を含有する製剤

3 農業用品販売業者が取り扱うことができる劇物から次の2品目が除外された。

(1) 2-イソプロピル-4-メチルピリミジル-6-ジエチルチオホスフエイト（別名ダイアジノン）5%（マイクロカプセル製剤にあっては、25%）以下を含有する製剤

(2) 3,4-ジクロロ-2'-シアノ-1,2-チアゾール-5-カルボキサニリド（別名イソチアニル）及びこれを含有する製剤

57 平成22年12月15日、政令241号により施行令の一部が次のように改正された。

(1) 四アルキル鉛を含有する製剤（自動車燃料用アンチノック剤に限る。）については、国際海事機関が採択した危険物の運送に関する規程に定める基準に適合している容器であって厚生労働省令で定めるものによる運搬を可能にすることとされた（第40条の2関係）。

(2) (1)に規定する容器で運搬する際には、容器ごとにその内容が四アルキル鉛を含有する製剤であって、自動車燃料用アンチノック剤である旨が表示されていることその他の厚生労働省令で定める要件を満たすものとすることとされた（第40条の3関係）。

(3) (1)に規定する容器で運搬する際における積載の態様について基準を定めることとされた（第40条の4関係）。

58 平成22年12月15日、厚生労働省令第125号により施行規則の一部が改正された。

1 農業用品目販売業者が取り扱うことができる劇物として次の1品目が指定された。

(1) 1,3-ジクロロプロペン及びこれを含有する製剤

2 農業用品目販売業者が取り扱うことができる劇物から次の1品目が除外された。

(1) N-[（RS)-シアノ（チオフエン-2-イル）メチル]-4-エチル-2-（エチルアミノ)-1,3-チアゾール-5-カルボキサミド（別名エタボキサム）及びこれを含有する製剤

59 平成23年10月14日、厚生労働省令第130号により施行規則の一部が改正され、農業用品目販売業者が取り扱うことができる劇物から次の2品目が除外された。

(1) (Z)-2-[2-フルオロ-5-（トリフルオロメチル）フエニルチオ]-2-[3-（2-メトキシフエニル)-1,3-チアゾリジン-2-イリデン]アセトニトリル（別名フルチアニル）及びこれを含有する製剤

(2) 2,2-ジメチル-2,3-ジヒドロ-1-ベンゾフラン-7-イル=N-[N-（2-エトキシカルボニルエチル)-N-イソプロピルスルフエナモイル]-N-

メチルカルバマート（別名ベンフ
ラカルブ）6％以下を含有する製剤

60　平成23年12月21日、厚生労働省
令第150号により施行規則の一部が
改正され、別記第18号様式および同
19号様式の(1)(2)が1023～1025ペー
ジのように改められた。

61　平成24年9月20日、厚生労働省
令第130号により施行規則の一部が
改正され、農業用品目販売業者が取
り扱うことができる劇物から次の1
品目が除外された。

(1)　3-ブロモ-1-(3-クロロピリジン
-2-イル)-N-[4-シアノ-2-メチル
-6-(メチルカルバモイル)フエニ
ル]-1H-ピラゾール-5-カルボキサ
ミド（別名シアントラニリプロー
ル）及びこれを含有する製剤

62　平成24年9月21日、厚生労働省
令第131号により施行規則の一部が
改正された。

1　農業用品目販売業者が取り扱う
ことができる毒物として次の2品
目が指定された。

(1)　2,3-ジシアノ-1,4-ジチアアン
トラキノン（別名ジチアノン）
及びこれを含有する製剤（2,3-
ジシアノ-1,4-ジチアアントラキ
ノン50％以下を含有するものを
除く）

(2)　ヘキサキス(β,β-ジメチルフ
エネチル)ジスタンノキサン（別
名酸化フエンブタスズ）及びこ
れを含有する製剤

2　農業用品目販売業者が取り扱う
ことができる劇物として次の2品

目が指定された。

(1)　2,3-ジシアノ-1,4-ジチアアン
トラキノン50％以下を含有する
製剤

(2)　2-メチリデンブタン二酸（別
名メチレンコハク酸）及びこれ
を含有する製剤

3　すでに劇物として指定している
沃化メチル及びこれを含有する製
剤を、農業用品目販売業者が取り
扱うことができるように指定され
た。

63　平成27年6月19日、厚生労働省
令第113号により施行規則の一部が
改正され、農業用品目販売業者が取
り扱うことができる劇物として次の
2品目が指定された。

(1)　2-エチル-3,7-ジメチル-6-[4-
(トリフルオロメトキシ)フエノキ
シ]-4-キノリル＝メチル＝カルボ
ナート及びこれを含有する製剤

(2)　シアナミド及びこれを含有する
製剤（シアナミド10％以下を含有
するものを除く。）

64　平成28年3月16日、政令第66号
により、地域の自主性及び自立性を
高めるための改革の推進を図るため
の関係法律の整備に関する法律（平
成27年法律第50号）の施行に伴い、
施行令の一部が改正された。

(1)　特定毒物研究者の許可等に係る
事務・権限について、主たる研究
所の所在地が指定都市の区域にあ
る場合にあっては、指定都市の長
に移譲すること。なお、これに伴
い、特定毒物研究者の許可に関す

る事務・権限について、主たる研究所の所在地の都道府県知事又は指定都市の長が有することを法律において明確化し、あわせて所要の改正を行うこと。

(2) 特定毒物研究者が都道府県又は指定都市の区域を異にしてその主たる研究所の所在地を変更したときは、その主たる研究所の所在地を変更した日において、その変更後の主たる研究所の所在地の都道府県知事又は指定都市の長による許可を受けたものとみなすこと。

65 平成28年3月16日、厚生労働省令第32号により、施行規則の一部が改正され、特定毒物研究者の許可等に係る権限を有する者が、都道府県知事（特定毒物研究者の主たる研究所の所在地が、地方自治法（昭和22年法律第67号）第252条の19第1項の指定都市（以下「指定都市」という。）の区域にある場合においては、指定都市の長。）に改められた。

66 平成29年10月25日、政令第264号により、施行令の一部が改正され、農業共済組合連合会（農業保険法（昭和22年法律第185号）第10条第1項に規定する全国連合会に限る。以下同じ。）が農業共済組合に改められた。

(3) 毒物及び劇物指定令等の改正（規制対象物質の変更）

1 昭和26年5月21日、政令第158号で四エチル鉛取扱基準令が公布された。

2 昭和27年2月19日、政令第26号で毒物及び劇物を指定する政令が公布され、テトラエチルピロホスフエイト（TEPP）とヘキサエチルテトラホスフエイト（HETP）が毒物に、ブロムメチルが劇物に指定された。

3 同月22日、政令第28号でモノフルオール酢酸ナトリウム取扱基準令が公布された。

4 同年5月20日、政令第153号で毒物及び劇物を指定する政令が改正され、パラチオン製剤等3品目が毒物に、2-4-ジニトロ-6-シクロヘキシルフエノールが劇物に指定された。

5 同年10月18日、政令第441号で前記の政令はさらに改正され、パラクロルフエニルジアゾチオウレア等の殺鼠剤2品目が毒物に指定され、同時に法第16条第1項による取扱基準が定められる毒物としての指定がなされた。

6 同日、政令第442号でモノフルオール酢酸ナトリウム取扱基準令が改正され、林野の野ネズミ駆除にも用いられることとなった。

7 昭和28年5月18日、政令第94号で毒物及び劇物を指定する政令が改正され、法第16条第1項の取扱基準を定める毒物にパラチオン等の2品目が指定された。

8 同時に政令第95号でジエチルパラニトロフエニルチオホスフエイト及びジメチルパラニトロフエニルチオホスフエイト取扱基準令が公布された。

9 昭和29年4月20日、政令第79号

で、先のジエチルパラニトロフエニルチオホスフエイト及びジメチルパラニトロフエニルチオホスフエイト取扱基準令が改正され、個人の使用は禁止され、さらに使用の制限が強化されるとともに、使用時の指導に万全が期せられた。

10　昭和30年4月4日、政令第55号で、毒物及び劇物を指定する政令が改正され、ペンタクロルフエノール等3品目が劇物に指定された。

11　昭和31年6月12日、政令第179号で毒物及び劇物取締法別表第一第19号、別表第二第58号、別表第三第8号および第13条第6号の規定に基づき、毒物及び劇物指定令（以下「指定令」という。）が制定された。

　　本指定により、ジメチルエチルメルカプトエチルチオホスフエイト及びこれを含有する製剤等3品目が毒物に指定され、ヘキサクロルエポキシオクタヒドロエンドエンドジメタノナフタリン及びこれを含有する製剤等6品目が劇物に指定された。また、モノフルオール酢酸アミド及びこれを含有する製剤等2品目が特定毒物に指定された。

12　昭和31年8月22日、政令第267号で指定令の一部が改正され、二臭化エチレンが劇物に指定された。

13　昭和31年12月29日、政令第367号で指定令の一部が改正され、クロルメチル等5品目が劇物に指定された。

14　昭和32年5月20日、政令第108号で指定令の一部が改正され、ジメチル-2,2,2-トリクロロ-1-ヒドロキシエチルホスホネイト及びこれを含有する製剤が劇物に指定された。

15　昭和33年5月23日、政令第139号で指定令の一部が改正され、ジニトロクレゾール、その塩類及びこれらのいずれかを含有する製剤が毒物に指定され、またアクリルニトリル等4品目が劇物に指定された。

16　昭和33年10月10日、政令第286号で指定令の一部が改正され、ジブロムクロロプロパン及びこれを含有する製剤、ならびにカリウム及びナトリウム合金が劇物に指定された。

17　昭和33年12月19日、政令第333号で指定令の一部が改正され、ジクロルブチン及びこれを含有する製剤ほか1品目が劇物に指定された。

18　昭和34年3月24日、政令第39号で指定令の一部が改正され、2,4-ジニトロ-6-(1-メチルプロピル)-フエノール及びこれを含有する製剤（ただし2%以下を除く）が毒物に、その他3品目が劇物に指定された。

19　昭和34年12月28日、政令第386号で指定令の一部が改正され、燐化アルミニウムとその分解促進剤とを含有する製剤が毒物に指定され、同時に特定毒物に指定された。また、ヘキサクロルエポキシオクタヒドロエンドエンドジメタノナフタリン及びこれを含有する製剤が毒物に、アクロレイン等4品目が劇物に指定された。

20　昭和35年3月16日、政令第27号で指定令の一部が改正され、すでに

劇物に指定されているトリブチル錫
化合物及びこれを含有する製剤のう
ち、トリブチル錫化合物20％以下を
含有するものを劇物から除外した。

　また、劇物としてチオシアノ酢酸
エチルエステル及びこれを含有する
製剤が指定された。

21　昭和35年10月10日、政令第265
号で指定令の一部が次のように改正
された。

　1　毒物として次の1品目が追加指
定された。

　　(1)　ヘキサクロルヘキサヒドロメ
タノベンゾジオキサチエピンオ
キサイド及びこれを含有する製
剤

　2　劇物として次の3品目が追加指
定された。

　　(1)　ジメチルエチルメルカプトエ
チルジチオホスフエイト及びこ
れを含有する製剤

　　(2)　ジメチル-4-メチルメルカプト
-3-メチルフエニルチオホスフエ
イト及びこれを含有する製剤

　　(3)　エチル-N-(ジエチルジチオホ
スホリールアセチル)-N-メチル
カルバメート及びこれを含有す
る製剤

22　昭和36年1月14日、政令第6号
で指定令の一部が改正され、毒物と
して四メチル鉛が指定され、同時に
特定毒物に指定された。

23　昭和36年6月19日、政令第202
号で指定令の一部が次のように改正
された。

　1　劇物として次の4品目が指定さ

れた。

　　(1)　ジメチル-(N-メチルカルバミ
ルメチル)-ジチオホスフエイト
及びこれを含有する製剤

　　(2)　ジメチルジブロムジクロルエ
チルホスフエイト及びこれを含
有する製剤

　　(3)　トリフエニル錫化合物及びこ
れを含有する製剤

　　(4)　ブラストサイジンS、その塩
類及びこれらのいずれかを含有
する製剤

　2　特定毒物として次の1品目が追
加指定された。

　　(1)　テトラエチルピロホスフエイ
ト及びこれを含有する製剤

24　昭和37年1月23日、政令第6号
で指定令の一部が次のように改正さ
れた。

　1　毒物として次の1品目が指定さ
れた。

　　(1)　アルカノールアンモニウム-
2,4-ジニトロ-6-(1-メチルプロ
ピル)-フエノラート及びこれを
含有する製剤（ただし、トリエ
タノールアンモニウム-2,4-ジニ
トロ-6-(1-メチルプロピル)-フ
エノラート及びこれを含有する
製剤を除く。）

　2　第2条第1項中第12号、第24
号、第34号の除外規定の一部が改
正され、第2条の劇物として次の
1品目が指定された。

　　(1)　ジメチルエチルスルフイニル
イソプロピルチオホスフエイト
及びこれを含有する製剤

25 昭和37年5月4日、政令第190号で指定令の一部が次のように改正された。

1 毒物として次の3品目が指定された。

(1) オクタクロルテトラヒドロメタノフタラン及びこれを含有する製剤

(2) 四エチル鉛及び四メチル鉛以外の四アルキル鉛

(3) ジメチル-(ジエチルアミド-1-クロルクロトニル)-ホスフエイト及びこれを含有する製剤

2 劇物として次の2品目が追加指定された。

(1) ジエチル-(2,4-ジクロルフエニル)-チオホスフエイト及びこれを含有する製剤

(2) トリプロピル錫化合物及びこれを含有する製剤

3 特定毒物として次の1品目が追加指定された。

(1) 四エチル鉛及び四メチル鉛以外の四アルキル鉛

26 昭和37年12月27日、政令第460号で指定令の一部が改正され、劇物としてジメチル-ジチオホスホリル-フエニル酢酸エチル及びこれを含有する製剤が劇物に指定された。

27 昭和38年5月17日、政令第167号で指定令の一部が次のように改正された。

1 毒物として次の1品目が指定された。

(1) ジメチル-フタリルイミドメチル-ジチオホスフエイト及びこれ

を含有する製剤

2 劇物として次の3品目が指定された。

(1) 2,4-ジニトロ-6-(1-メチルプロピル)-フエニルアセテート及びこれを含有する製剤

(2) 2,2'-ジピリジリウム-1,1'-エチレンジブロミド及びこれを含有する製剤

(3) ジメチル-メチルカルバミルエチルチオエチルチオホスフエイト及びこれを含有する製剤

3 特定毒物として次の1品目が指定された。

(1) ジメチル-(ジエチルアミド-1-クロルクロトニル)-ホスフエイト及びこれを含有する製剤

28 昭和39年1月20日、政令第7号で指定令の一部が次のように改正された。

1 毒物として次の1品目が指定された。

(1) チオセミカルバジド

2 劇物として次の4品目が指定された。

(1) チオセミカルバジドを含有する製剤。ただし、チオセミカルバジド0.3％以下を含有し、黒色に着色され、かつ、トウガラシエキスを用いて著しくからく着味されているものを除く。

(2) 3,5-ジブロム-4-ヒドロキシ-4-ニトロアゾベンゼン及びこれを含有する製剤

(3) 2,4-ジニトロ-6-メチルプロピルフエノールジメチルアクリ

レート及びこれを含有する製剤

(4) 1,2,5-トリチオシクロヘプタ
ジエン-3,4,6,7-テトラニトリル
及びこれを含有する製剤。ただ
し、1,2,5-トリチオシクロヘプタ
ジエン-3,4,6,7-テトラニトリル
15%以下を含有する燻蒸剤を除
く。

3 第4条にチオセミカルバジドを
含有する製剤たる劇物が指定され
た。

29 昭和39年5月1日、政令第136号
で指定令の一部が次のように改正さ
れた。

1 毒物として次の1品目が指定さ
れた。

(1) ジエチル-S-(エチルチオエチ
ル)-ジチオホスフエイト及びこ
れを含有する製剤。ただし、ジ
エチル-S-(エチルチオエチル)-
ジチオホスフエイト5%以下を
含有するものを除く。

2 劇物として次の8品目が指定さ
れた。

(1) エチル-2,4-ジクロルフエニル
チオノベンゼンホスホネイト

(2) アセチレンジカルボン酸アミ
ド及びこれを含有する製剤

(3) ジイソプロピル-S-(エチルス
ルフイニルメチル)-ジチオホス
フエイト及びこれを含有する製
剤。ただし、ジイソプロピル-S
-(エチルスルフイニルメチル)-
ジチオホスフエイト5%以下を
含有するものを除く。

(4) モノフルオール酢酸パラブロ

ムアニリド及びこれを含有する
製剤

(5) 2-イソプロピルオキシ安息香
酸メチルアミド及びこれを含有
する製剤

(6) 硫酸パラジメチルアミノフエ
ニルジアゾニウム、その塩類及
びこれらのいずれかを含有する
製剤

(7) ジエチル-S-(エチルチオエチ
ル)-ジチオホスフエイト5%以
下を含有する製剤

(8) N-メチルカルバミル-2-クロ
ルフエノール及びこれを含有す
る製剤。ただし、N-メチルカ
ルバミル-2-クロルフエノール
1.5%以下を含有するものを除く。

30 昭和40年1月4日、政令第2号で
毒物及び劇物指定令が全面的に改正
された。

31 昭和40年7月5日、政令第244号
で指定令の一部が次のように改正さ
れた。

1 毒物として次の2品目が指定さ
れた。

(1) N-エチルメチル-(2-クロル-
4-メチルメルカプトフエニル)-
チオホスホルアミド及びこれを
含有する製剤

(2) ジエチル-(1,3-ジチオシクロ
ペンチリデン)-チオホスホルア
ミド及びこれを含有する製剤。
ただし、ジエチル-(1,3-ジチオ
シクロペンチリデン)-チオホス
ホルアミド5%以下を含有する
ものを除く。

2 劇物として次の7品目が指定された。

(1) 4-エチルメルカプトフエニル-N-メチルカルバメート及びこれを含有する製剤

(2) 1-クロル-1,2-ジブロムエタン及びこれを含有する製剤

(3) ジエチル-(1,3-ジチオシクロペンチリデン)-チオホスホルアミド5%以下を含有する製剤

(4) ジエチル-S-ベンジルチオホスフエイト及びこれを含有する製剤。ただし、ジエチル-S-ベンジルチオホスフエイト1.5%以下を含有するものを除く。

(5) ジ(2-クロルイソプロピル)エーテル及びこれを含有する製剤

(6) 1,1-ジメチル-4,4-ジピリジニウムヒドロキシド、その塩類及びこれらのいずれかを含有する製剤

(7) N-メチル-N-(1-ナフチル)-モノフルオール酢酸アミド及びこれを含有する製剤

なお、政令第244号で新たに指定された品目はすべて農業用品目であるため、施行規則別表第一にも追加された。

32 昭和40年10月25日、政令第340号で指定令の一部が次のように改正された。

1 劇物として次の4品目が指定された。

(1) 一水素二弗化アンモニウム及びこれを含有する製剤

(2) N-ブチルピロリジン

(3) ブロムアセトン及びこれを含有する製剤

(4) 沃化メチル及びこれを含有する製剤

2 有機シアン化合物及びこれを含有する製剤の中からシアノアクリル酸エステル及びこれを含有する製剤が新たに除外された。

なお、政令第340号で新たに指定された前記品目のうち、1番目と4番目の品目が、農業用品目として施行規則別表第一に追加された。

33 昭和41年7月18日、政令第255号で指定令の一部が次のように改正された。

1 毒物として次の1品目が指定された。

(1) ジエチル-パラジメチルアミノスルホニル-チオホスフエイト及びこれを含有する製剤

2 劇物として次の5品目が指定された。

(1) 2-クロル-4,5-ジメチルフエニル-N-メチルカルバメート及びこれを含有する製剤

(2) ジエチル-S-(2-オキソ-6-クロルベンゾオキサゾロメチル)-ジチオホスフエイト及びこれを含有する製剤。ただし、ジエチル-S-(2-オキソ-6-クロルベンゾオキサゾロメチル)-ジチオホスフエイト2.2%以下を含有するものを除く。

(3) ジクロルジニトロメタン及びこれを含有する製剤

⑷　テトラクロルニトロエタン及
　　びこれを含有する製剤
　⑸　トリクロルニトロエチレン及
　　びこれを含有する製剤
3　劇物より次の8品目が除外され
　た。
　⑴　有機シアン化合物及びこれを
　　含有する製剤の中
　　㈠　2,6-ジクロルシアンベンゼ
　　　ン及びこれを含有する製剤
　　㈨　ジメチルパラシアンフエニ
　　　ル-チオホスフエイト及びこれ
　　　を含有する製剤
　　㈧　テトラクロル-メタジシアン
　　　ベンゼン（別名テトラクロル
　　　イソフタロニトリル）及びこ
　　　れを含有する製剤
　　㈡　パラジシアンベンゼン（別
　　　名テレフタロニトリル）及び
　　　これを含有する製剤
　　㈩　ペンタクロルマンデル酸ニ
　　　トリル及びこれを含有する製
　　　剤
　　㈻　メタジシアンベンゼン（別
　　　名イソフタロニトリル）及び
　　　これを含有する製剤
　⑵　ジエチル-S-ベンジルチオホ
　　スフエイト2.3％以下を含有する
　　製剤
　⑶　N-メチルカルバミル-2-クロ
　　ルフエノール2.5％以下を含有す
　　る製剤
4　劇物の「2-イソプロピルオキシ
　　安息香酸メチルアミド」の名称を
　　「2-イソプロピルオキシフエニル-
　　N-メチルカルバメート」に改めた。

　　なお、政令第255号で新たに指定
　された全品目、ならびに有機シアン
　化合物及びこれを含有する製剤が、
　省令第26号をもって農業用品目とし
　て施行規則別表第一に追加された。
34　昭和42年1月31日、政令第9号
　で指定令の一部が次のように改正さ
　れた。
1　毒物として次の1品目が指定さ
　れた。
　⑴　メチルシクロヘキシル-4-ク
　　ロルフエニルチオホスフエイト
　　及びこれを含有する製剤。ただ
　　し、メチルシクロヘキシル-4-ク
　　ロルフエニルチオホスフエイト
　　1.5％以下を含有するものを除く。
2　毒物の「ジエチル-パラジメチル
　　アミノスルホニル-チオホスフエイ
　　ト」の名称を、「ジエチルパラジメ
　　チルアミノスルホニルフエニルチ
　　オホスフエイト」に改めた。
3　劇物として次の10品目が指定さ
　れた。
　⑴　2-イソプロピルフエニル-N-
　　メチルカルバメート及びこれを
　　含有する製剤。ただし、2-イソ
　　プロピルフエニル-N-メチルカ
　　ルバメート1.5％以下を含有する
　　ものを除く。
　⑵　酢酸タリウム及びこれを含有
　　する製剤
　⑶　4-ジアリルアミノ-3,5-ジメ
　　チルフエニル-N-メチルカルバ
　　メート及びこれを含有する製剤
　⑷　ジエチル-1-(2′,4′-ジクロルフ
　　エニル)-2-クロルビニルホスフ

エイト及びこれを含有する製剤

(5) 1,3-ジカルバモイルチオ-2-(N,N-ジメチルアミノ)-プロパン、その塩類及びこれらのいずれかを含有する製剤。ただし、1,3-ジカルバモイルチオ-2-(N,N-ジメチルアミノ)-プロパンとして2％以下を含有するものを除く。

(6) 2,4-ジクロル-6-ニトロフェノール、その塩類及びこれらのいずれかを含有する製剤

(7) 3,4-ジメチルフエニル-N-メチルカルバメート及びこれを含有する製剤

(8) ジメチル-[2-(1′-メチルベンジルオキシカルボニル)-1-メチルエチレン]-ホスフエイト及びこれを含有する製剤

(9) N′-(2-メチル-4-クロルフエニル)-N,N-ジメチルホルムアミジン及びこれを含有する製剤

(10) メチルシクロヘキシル-4-クロルフエニルチオホスフエイト1.5％以下を含有する製剤

4 クロム酸鉛12％以下を含有する製剤が劇物から除外され、有機シアン化合物及びこれを含有する製剤の3,5-ジヨード-4-オクタノイルオキシベンゾニトリル3％以下を含有する製剤が同じく除外された。

35 昭和42年12月26日、政令第373号で指定令の一部が次のように改正された。

1 毒物として次の1品目が指定された。

(1) ジアセトキシプロペン及びこれを含有する製剤

2 劇物として次の7品目が指定された。

(1) エチルジフエニルジチオホスフエイト及びこれを含有する製剤。ただし、エチルジフエニルジチオホスフエイト2％以下を含有するものを除く。

(2) 3-ジメチルジチオホスホリル-S-メチル-5-メトキシ-1,3,4-チアジアゾリン-2-オン及びこれを含有する製剤

(3) トリブチルトリチオホスフエイト及びこれを含有する製剤

(4) ヒドロキシエチルヒドラジン、その塩類及びこれらのいずれかを含有する製剤

(5) 3-メチルフエニル-N-メチルカルバメート及びこれを含有する製剤。ただし、3-メチルフエニル-N-メチルカルバメート2％以下を含有するものを除く。

(6) 2-メトキシ-1,3,2-ベンゾジオキサホスホリン-2-スルフイド及びこれを含有する製剤

(7) モノフルオール酢酸パラブロムベンジルアミド及びこれを含有する製剤

3 クロム酸鉛70％以下を含有する製剤及びN-メチル-1-ナフチルカルバメート5％以下を含有する製剤を劇物から除外した。

なお、政令第373号で新たに指定された全品目が、省令第59号をもって農業用品目として施行規則別表第

一に追加された。

36 昭和43年8月30日、政令第276号で指定令の一部が次のように改正された。

 1 毒物として次の6品目が指定された。

  (1) ジメチル–S–パラクロルフエニルチオホスフエイト（別名DMCP）及びこれを含有する製剤

  (2) 3,5–ジメチルフエニル–N–メチルカルバメート及びこれを含有する製剤

  (3) ブチル–S–ベンジル–S–エチルジチオホスフエイト及びこれを含有する製剤

  (4) 2–(1–メチルプロピル)–フエニル–N–メチルカルバメート及びこれを含有する製剤。ただし、2–(1–メチルプロピル)–フエニル–N–メチルカルバメート2%以下を含有するものを除く。

  (5) メチル–(4–ブロム–2,5–ジクロルフエニル)–チオノベンゼンホスホネイト及びこれを含有する製剤

  (6) S–メチル–N–[(メチルカルバモイル)–オキシ]–チオアセトイミデート（別名メトミル）及びこれを含有する製剤

 なお、政令第276号で新たに指定された全品目は、省令第35号をもって農業用品目として施行規則別表第一に追加された。

37 昭和44年5月13日、政令第115号で指定令の一部が次のように改正された。

 1 劇物として次の3品目が指定された。

  (1) ジエチル–3,5,6–トリクロル–2–ピリジルチオホスフエイト及びこれを含有する製剤

  (2) 2–(1,3–ジオキソラン–2–イル)–フエニル–N–メチルカルバメート及びこれを含有する製剤

  (3) ジプロピル–4–メチルチオフエニルホスフエイト及びこれを含有する製剤

 なお、政令第115号で新たに指定された3品目は、省令第10号をもって農業用品目として施行規則別表第一に追加された。

38 昭和46年3月23日、政令第31号で指定令の一部が次のように改正された。

 1 毒物として次の1品目が指定された。

  (1) ジエチル–4–メチルスルフイニルフエニル–チオホスフエイト及びこれを含有する製剤。ただし、ジエチル–4–メチルスルフイニルフエニル–チオホスフエイト3%以下を含有するものを除く。

 2 劇物として次の6品目が指定された。

  (1) 塩化水素と硫酸とを含有する製剤。ただし、塩化水素と硫酸とを合わせて10%以下を含有するものを除く。

  (2) 塩素

  (3) ジエチル–S–(2–クロル–1–フタルイミドエチル)–ジチオホス

フエイト及びこれを含有する製
剤

(4) ジエチル-4-メチルスルフイニ
ルフエニル-チオホスフエイト
3%以下を含有する製剤

(5) 2,4,5-トリクロルフエノキシ
酢酸、そのエステル類及びこれ
らのいずれかを含有する製剤

(6) メチルジチオカルバミン酸亜
鉛及びこれを含有する製剤

3 劇物から次の2品目を除外する
こととした。

(1) 3,5-ジメチルフエニル-N-メ
チルカルバメート3%以下を含
有する製剤

(2) N'-(2-メチル-4-クロルフエ
ニル)-N,N-ジメチルホルムアミ
ジンとして3%以下を含有する
製剤

39 昭和47年6月30日、政令第253
号で指定令の一部が次のように改正
された。

1 毒物として次の1品目が指定さ
れた。

(1) ジメチル-(イソプロピルチオ
エチル)-ジチオホスフエイト及
びこれを含有する製剤。ただし、
ジメチル-(イソプロピルチオエ
チル)-ジチオホスフエイト4%
以下を含有するものを除く。

2 砒素化合物及びこれを含有する
製剤のうち、メタンアルソン酸カ
ルシウム及びこれを含有する製剤、
メタンアルソン酸鉄及びこれを含
有する製剤が毒物から除外された。

3 劇物として次の8品目が指定さ

れた。

(1) 酢酸エチル

(2) ジエチル-(5-フエニル-3-イ
ソキサゾリル)-チオホスフエイ
ト及びこれを含有する製剤

(3) ジメチル-(イソプロピルチオ
エチル)-ジチオホスフエイト
4%以下を含有する製剤

(4) トルエン

(5) 2-(フエニルパラクロルフエニ
ルアセチル)-1,3-インダンジオ
ン及びこれを含有する製剤。た
だし、2-(フエニルパラクロルフ
エニルアセチル)-1,3-インダン
ジオン0.025%以下を含有するも
のを除く。

(6) メタンアルソン酸カルシウム
及びこれを含有する製剤

(7) メタンアルソン酸鉄及びこれ
を含有する製剤

(8) 3-メチル-5-イソプロピルフ
エニル-N-メチルカルバメート
及びこれを含有する製剤

40 昭和49年5月24日、政令第174
号で指定令の一部が次のように改正
された。

1 毒物として次の1品目が指定さ
れた。

(1) メチレンビス(1-チオセミカ
ルバジド)及びこれを含有する
製剤。ただし、メチレンビス(1
-チオセミカルバジド)2%以下
を含有するものを除く。

2 劇物として次の2品目が指定さ
れた。

(1) アクリルアミド及びこれを含

有する製剤

(2) メチレンビス(1-チオセミカル
バジド) 2%以下を含有する製剤
なお、これらはいずれも農業用品
目として施行規則別表第一に追加さ
れた。

41 昭和50年8月19日、政令第253
号で指定令が一部改正され、劇物と
して次の2品目が指定された。

(1) キシレン

(2) メチルエチルケトン

42 昭和50年12月19日、政令第358
号で指定令の一部が改正され、劇物
として次の8品目が指定された。

(1) N-(3-クロル-4-クロルジフルオ
ロメチルチオフエニル)-N′,N′-ジ
メチルウレア及びこれを含有する
製剤。ただし、N-(3-クロル-4-ク
ロルジフルオロメチルチオフエニ
ル)-N′,N′-ジメチルウレア12%以
下を含有するものを除く。

(2) 2-クロル-1-(2,4-ジクロルフエ
ニル)ビニルエチルメチルホスフエ
イト及びこれを含有する製剤

(3) 2-クロル-1-(2,4-ジクロルフエ
ニル)ビニルジメチルホスフエイト
及びこれを含有する製剤

(4) 2-ジエチルアミノ-6-メチルピ
リミジル-4-ジエチルチオホスフエ
イト及びこれを含有する製剤

(5) 2-ジメチルアミノ-5,6-ジメチル
ピリミジル-4-N,N-ジメチルカル
バメート及びこれを含有する製剤

(6) 2-チオ-3,5-ジメチルテトラヒド
ロ-1,3,5-チアジアジン及びこれを
含有する製剤

(7) メチルイソチオシアネート及び
これを含有する製剤

(8) S-(2-メチル-1-ピペリジル-カ
ルボニルメチル)ジプロピルジチオ
ホスフエイト及びこれを含有する
製剤。ただし、S-(2-メチル-1-ピ
ペリジル-カルボニルメチル)ジプ
ロピルジチオホスフエイト4.4%以
下を含有するものを除く。

また、同日、施行規則も一部改正
され、これら8品目は農業用品目と
して別表第一に追加された。

43 昭和51年4月30日、政令第74号
で指定令の一部が次のように改正さ
れた。

1 劇物として次の4品目が指定さ
れた。

(1) 3-(ジメトキシホスフイニル
オキシ)-N-メチル-シス-クロト
ナミド及びこれを含有する製剤

(2) 1-(4-ニトロフエニル)-3-(3-
ピリジルメチル) ウレア及びこ
れを含有する製剤

(3) ブロムメチルを含有する製剤

(4) メチルジクロルビニルリン酸
カルシウムとジメチルジクロル
ビニルホスフエイトとの錯化合
物及びこれを含有する製剤

2 有機シアン化合物及びこれを含
有する製剤の中から2-(4-クロル
-6-エチルアミノ-S-トリアジン-2
-イルアミノ)-2-メチル-プロピオ
ニトリル50%以下を含有する製剤
が除外された。

なお、前記品目については、農業
用品目として施行規則別表第一に追

加及び除外された。

44 昭和51年7月30日、政令第205号で指定令の一部が次のように改正された。

1 毒物として次の1品目が指定された。

(1) 2-ジフエニルアセチル-1,3-インダンジオン及びこれを含有する製剤。ただし、2-ジフエニルアセチル-1,3-インダンジオン0.005%以下を含有するものを除く。

2 劇物として次の1品目が指定された。

(1) 2-ジフエニルアセチル-1,3-インダンジオン0.005%以下を含有する製剤

45 昭和53年5月4日、政令第156号で指定令の一部が改正され、劇物として次の2品目が指定された。

(1) サリノマイシン、その塩類及びこれらのいずれかを含有する製剤。ただし、サリノマイシンとして1%以下を含有するものを除く。

(2) モネンシン、その塩類及びこれらのいずれかを含有する製剤。ただし、モネンシンとして8%以下を含有するものを除く。

46 昭和53年10月24日、政令第358号で指定令の一部が改正され、従来劇物であった次の2品目が毒物とされた。

(1) ジエチル-S-(2-クロル-1-フタルイミドエチル)-ジチオホスフエイト及びこれを含有する製剤

(2) 1,1'-ジメチル-4,4'-ジピリジニ

ウムヒドロキシド、その塩類及びこれらのいずれかを含有する製剤

47 昭和55年8月8日、政令第209号で指定令の一部が次のように改正された。

1 毒物として次の1品目が指定された。

(1) メチル-N',N'-ジメチル-N-[(メチルカルバモイル)オキシ]-1-チオオキサムイミデート及びこれを含有する製剤

2 劇物として次の1品目が指定された。

(1) 5-ジメチルアミノ-1,2,3-トリチアン、その塩類及びこれらのいずれかを含有する製剤。ただし、5-ジメチルアミノ-1,2,3-トリチアンとして3%以下を含有するものを除く。

3 劇物たる有機シアン化合物及びこれを含有する製剤から4-アルキル安息香酸シアノフエニル及びこれを含有する製剤等9品目が除外された。

48 昭和56年8月25日、政令第271号で指定令の一部が次のように改正された。

1 毒物として次の1品目が指定された。

(1) 燐化水素及びこれを含有する製剤

2 劇物として次の1品目が指定された。

(1) 5-メチル-1,2,4-トリアゾロ[3,4-b]ベンゾチアゾール（別名トリシクラゾール）及びこれを

含有する製剤。ただし、5-メチ
ル-1,2,4-トリアゾロ[3,4-b]ベ
ンゾチアゾール4%以下を含有
するものを除く。

3　劇物たる有機シアン化合物及び
これを含有する製剤から1品目が
除外された。

49　昭和57年4月20日、政令第123
号で指定令の一部が次のように改正
された。

1　劇物として次の2品目が追加指
定された。

(1)　2-エチルチオメチルフエニル
-N-メチルカルバメート（別名
エチオフエンカーブ）及びこれ
を含有する製剤

(2)　O,O-ジメチル-O-(3-メチル
-4-メチルスルフイニルフエニ
ル)-チオホスフエイト及びこれ
を含有する製剤

2　劇物たる有機シアン化合物及び
これを含有する製剤からステアロ
ニトリル及びこれを含有する製剤
等4品目が除外された。

50　昭和58年3月29日、政令第35号
で指定令の一部が次のように改正さ
れた。

1　劇物として次の5品目が指定さ
れた。

(1)　1,1'-イミノジ(オクタメチレ
ン)ジグアニジン（別名グアザチ
ン）、その塩類及びこれらのい
ずれかを含有する製剤。ただし、
1,1'-イミノジ(オクタメチレン)
ジグアニジンとして3.5%以下を
含有するものを除く。

(2)　エチル=2-ジエトキシチオホ
スホリルオキシ-5-メチルピラゾ
ロ[1,5-a]ピリミジン-6-カルボ
キシラート（別名ピラゾホス）
及びこれを含有する製剤

(3)　ジニトロメチルヘプチルフエ
ニルクロトナート（別名ジノカ
ップ）及びこれを含有する製剤。
ただし、ジニトロメチルヘプチ
ルフエニルクロトナート0.2%以
下を含有するものを除く。

(4)　2,3-ジヒドロ-2,2-ジメチル-7
-ベンゾ[b]フラニル-N-ジブチ
ルアミノチオ-N-メチルカルバ
マート（別名カルボスルフアン）
及びこれを含有する製剤

(5)　ラサロシド、その塩類及びこ
れらのいずれかを含有する製剤。
ただし、ラサロシドとして2%
以下を含有するものを除く。

2　劇物たる有機シアン化合物及び
これを含有する製剤からカプリロ
ニトリル等9品目が除外された。

51　昭和58年12月2日、政令第246
号で指定令の一部が次のように改正
された。

1　劇物として次の1品目が指定さ
れた。

(1)　1,2,4,5,6,7,8,8-オクタクロ
ロ-2,3,3a,4,7,7a-ヘキサヒド
ロ-4,7-メタノ-1H-インデ
ン、1,2,3,4,5,6,7,8,8-ノナク
ロロ-2,3,3a,4,7,7a-ヘキサヒ
ドロ-4,7-メタノ-1H-インデ
ン、4,5,6,7,8,8-ヘキサクロロ
-3a,4,7,7a-テトラヒドロ-4,7-

メタノインデン、1,4,5,6,7,8,8
-ヘプタクロロ-3a,4,7,7a-テ
トラヒドロ-4,7-メタノ-1H-
インデン及びこれらの類縁化
合物の混合物（別名クロルデ
ン）並びにこれを含有する製
剤。ただし、1,2,4,5,6,7,8,8-オ
クタクロロ-2,3,3a,4,7,7a-ヘキ
サヒドロ-4,7-メタノ-1H-イ
ンデン、1,2,3,4,5,6,7,8,8-ノナ
クロロ-2,3,3a,4,7,7a-ヘキサヒ
ドロ-4,7-メタノ-1H-インデ
ン、4,5,6,7,8,8-ヘキサクロロ-
3a,4,7,7a-テトラヒドロ-4,7-メ
タノインデン、1,4,5,6,7,8,8-ヘプ
タクロロ-3a,4,7,7a-テトラヒド
ロ-4,7-メタノ-1H-インデン及
びこれらの類縁化合物の混合物
6％以下を含有するものを除く。

2　2-エチルチオメチルフエニル-
N-メチルカルバメート2％以下を
含有する製剤、カプリニトリル等
3品目の有機シアン化合物及び
これを含有する製剤の全4品目が劇
物から除外された。

52　昭和59年3月16日、政令第30号
で指定令の一部が次のように改正さ
れた。

1　毒物として次の1品目が指定さ
れた。

(1)　2,2-ジメチル-1,3-ベンゾジオ
キソール-4-イル-N-メチルカ
ルバメート（別名ベンダイオカ
ルブ）及びこれを含有する製剤。
ただし、2,2-ジメチル-1,3-ベン
ゾジオキソール-4-イル-N-メチ

ルカルバマート5％以下を含有
するものを除く。

2　劇物として次の5品目が指定さ
れた。

(1)　L-2-アミノ-4-[（ヒドロキシ）
（メチル）ホスフイノイル]ブチリ
ル-L-アラニル-L-アラニン、そ
の塩類及びこれらのいずれかを
含有する製剤

(2)　O-エチル-O-4-メチルチオフ
エニル-S-プロピルジチオホス
フエイト及びこれを含有する製
剤。ただし、O-エチル-O-4-メ
チルチオフエニル-S-プロピル
ジチオホスフエイト3％以下を
含有するものを除く。

(3)　2-クロルエチルトリメチルア
ンモニウム塩類及びこれを含有
する製剤

(4)　2,2-ジメチル-1,3-ベンゾジオ
キソール-4-イル-N-メチルカル
バマート（別名ベンダイオカル
ブ）5％以下を含有する製剤

(5)　S-（4-メチルスルホニルオキ
シフエニル)-N-メチルチオカル
バマート及びこれを含有する製
剤

なお、前記品目については、農業
用品目として施行規則別表第一に追
加された。

53　昭和60年4月16日、政令第109
号で指定令の一部が次のように改正
された。

1　劇物として次の1品目が指定さ
れた。

(1)　N-エチル-O-（2-イソプロポ

キシカルボニル-1-メチルビニ
ル)-O-メチルチオホスホルア
ミド（別名プロペタンホス）及
びこれを含有する製剤。ただし、
N-エチル-O-(2-イソプロポキ
シカルボニル-1-メチルビニル)
-O-メチルチオホスホルアミド
1%以下を含有するものを除く。
2　劇物から次の2品目が除外され
た。
(1)　2-ブロモ-2-(ブロモメチル)
グルタロニトリル及びこれを含
有する製剤
(2)　ジエチル-3,5,6-トリクロル-2
-ピリジルチオホスフエイト1%
以下を含有する製剤
なお、政令第109号で除外された
品目が、施行規則別表第一の農業品
目から除外された。
54　昭和60年12月17日、政令第313
号で指定令の一部が次のように改正
された。
1　毒物として次の1品目が指定さ
れた。
(1)　O-エチル-O-(2-イソプロポ
キシカルボニルフエニル)-N-イ
ソプロピルチオホスホルアミド
（別名イソフエンホス）及びこれ
を含有する製剤。ただし、O-エ
チル-O-(2-イソプロポキシカル
ボニルフエニル)-N-イソプロピ
ルチオホスホルアミド5%以下
を含有するものを除く。
2　劇物として次の2品目が指定さ
れた。
(1)　O-エチル-O-(2-イソプロポ

キシカルボニルフエニル)-N-イ
ソプロピルチオホスホルアミド
（別名イソフエンホス）5%以下
を含有する製剤
(2)　(S)-2,3,5,6-テトラヒドロ-6
-フエニルイミダゾ[2,1-b]チア
ゾール、その塩類及びこれらの
いずれかを含有する製剤。ただ
し、(S)-2,3,5,6-テトラヒドロ-6
-フエニルイミダゾ[2,1-b]チア
ゾールとして3.4%以下を含有す
るものを除く。
3　劇物から次の1品目が除外され
た。
(1)　ジエチル-(5-フエニル-3-イソ
キサゾリル)-チオホスフエイト
（別名イソキサチオン）2%以下
を含有する製剤
なお、政令第313号で新たに指定
及び指定除外された品目が、農業用
品目として施行規則別表第一に追加
及び除外された。
55　昭和61年8月29日、政令第284
号で指定令の一部が改正され、劇物
として次の1品目が指定された。
(1)　2,2-ジメチル-2,3-ジヒドロ-1-
ベンゾフラン-7-イル=N-[N-(2-
エトキシカルボニルエチル)-N-イ
ソプロピルスルフエナモイル]-N-
メチルカルバマート（別名ベンフ
ラカルブ）及びこれを含有する製
剤
なお、政令第284号で新たに指定
された品目が、農業用品目として施
行規則別表第一に追加された。
56　昭和62年1月12日、政令第2号

で指定令の一部が次のように改正された。

1　毒物として次の1品目が指定された。

　(1)　ストリキニーネ、その塩類及びこれらのいずれかを含有する製剤

2　劇物として次の1品目が指定された。

　(1)　O,O′-ジエチル=O″-(2-キノキサリニル)=チオホスフアート（別名キナルホス）及びこれを含有する製剤

3　劇物から次の2品目が除外された。

　(1)　L-2-アミノ-4-[(ヒドロキシ)(メチル)ホスフイノイル]ブチリル-L-アラニル-L-アラニンとして19%以下を含有するもの

　(2)　α-シアノ-3-フエノキシベンジル=2,2-ジクロロ-1-(4-エトキシフエニル)-1-シクロプロパンカルボキシラート（別名シクロプロトリン）及びこれを含有する製剤

　なお、政令第2号で新たに劇物に指定された品目および劇物から除外された品目が、農業用品目として施行規則別表第一に追加および除外された。

57　昭和62年10月2日、政令第345号で指定令の一部が次のように改正された。

1　毒物として次の1品目が指定された。

　(1)　7-ブロモ-6-クロロ-3-[3-[(2R,3S)-3-ヒドロキシ-2-ピペリジル]-2-オキソプロピル]-4(3H)-キナゾリノン、7-ブロモ-6-クロロ-3-[3-[(2S,3R)-3-ヒドロキシ-2-ピペリジル]-2-オキソプロピル]-4(3H)-キナゾリノン及びこれらの塩類並びにこれらのいずれかを含有する製剤。ただし、スチレン及びジビニルベンゼンの共重合物のスルホン化物の7-ブロモ-6-クロロ-3-[3-[(2R,3S)-3-ヒドロキシ-2-ピペリジル]-2-オキソプロピル]-4(3H)-キナゾリノンと7-ブロモ-6-クロロ-3-[3-[(2S,3R)-3-ヒドロキシ-2-ピペリジル]-2-オキソプロピル]-4(3H)-キナゾリノンとのラセミ体とカルシウムとの混合塩（7-ブロモ-6-クロロ-3-[3-[(2R,3S)-3-ヒドロキシ-2-ピペリジル]-2-オキソプロピル]-4(3H)-キナゾリノンと7-ブロモ-6-クロロ-3-[3-[(2S,3R)-3-ヒドロキシ-2-ピペリジル]-2-オキソプロピル]-4(3H)-キナゾリノンとのラセミ体として7.2%以下を含有するものに限る。）及びこれを含有する製剤を除く。

2　劇物として次の1品目が指定された。

　(1)　スチレン及びジビニルベンゼンの共重合物のスルホン化物の7-ブロモ-6-クロロ-3-[3-[(2R,3S)-3-ヒドロキシ-2-ピペリジル]-2-オキソプロピル]-

4(3H)-キナゾリノンと7-ブロ
モ-6-クロロ-3-[3-[(2S,3R)-3
-ヒドロキシ-2-ピペリジル]-2
-オキソプロピル]-4(3H)-キナ
ゾリノンとのラセミ体とカルシ
ウムとの混合塩（7-ブロモ-6-
クロロ-3-[3-[(2R,3S)-3-ヒド
ロキシ-2-ピペリジル]-2-オキ
ソプロピル]-4(3H)-キナゾリノ
ンと7-ブロモ-6-クロロ-3-[3-
[(2S,3R)-3-ヒドロキシ-2-ピペ
リジル]-2-オキソプロピル]-4
(3H)-キナゾリノンとのラセミ
体として7.2%以下を含有するも
のに限る。以下この号において
同じ。）及びこれを含有する製剤。
ただし、スチレン及びジビニル
ベンゼンの共重合物のスルホン
化物の7-ブロモ-6-クロロ-3-[3
-[(2R,3S)-3-ヒドロキシ-2-ピ
ペリジル]-2-オキソプロピル]-
4(3H)-キナゾリノンと7-ブロ
モ-6-クロロ-3-[3-[(2S,3R)-3
-ヒドロキシ-2-ピペリジル]-2-
オキソプロピル]-4(3H)-キナゾ
リノンとのラセミ体とカルシウ
ムとの混合塩1%以下を含有す
るものを除く。

3　劇物から次の4品目が除外され
た。

（1）　酸化アンチモン（Ⅲ）を含有す
る製剤

（2）　酸化アンチモン（Ⅴ）及びこれ
を含有する製剤

（3）　（RS)-α-シアノ-3-フエノキシ
ベンジル=(1R,3R)-2,2-ジメチ

ル-3-(2-メチル-1-プロペニル)
-1-シクロプロパンカルボキシ
ラート8%以下を含有する製剤

（4）　（RS)-α-シアノ-3-フエノキシ
ベンジル=(1R,3S)-2,2-ジメチ
ル-3-(2-メチル-1-プロペニル)
-1-シクロプロパンカルボキシ
ラート2%以下を含有する製剤

なお、政令第345号において劇物
から除外された品目のうち、(3)およ
び(4)が施行規則別表第一より除外さ
れ、(1)および(2)が同別表第四より除
外された。

58　昭和63年6月3日、政令第180号
で指定令の一部が次のように改正さ
れた。

1　劇物として次の1品目が指定さ
れた。

（1）　トリフルオロメタンスルホン
酸及びこれを含有する製剤。た
だし、トリフルオロメタンスル
ホン酸10%以下を含有するもの
を除く。

2　劇物たる有機シアン化合物及び
これを含有する製剤から4-[5-(ト
ランス-4-エチルシクロヘキシル)
-2-ピリミジニル]ベンゾニトリル
及びこれを含有する製剤等27品目
が削除された。

なお、政令第180号において劇物
から除外された品目が施行規則別表
第一より除外された。

59　昭和63年9月30日、政令第285
号で指定令の一部が次のように改正
された。

1　劇物として次の1品目が指定さ

れた。

(1) 3,7,9,13-テトラメチル-5,11
-ジオキサ-2,8,14-トリチア-
4,7,9,12-テトラアザペンタデカ-
3,12-ジエン-6,10-ジオン（別名
チオジカルブ）及びこれを含有
する製剤

2 劇物たる有機シアン化合物及び
これを含有する製剤から α-シアノ
-4-フルオロ-3-フエノキシベンジ
ル=3-(2,2-ジクロロビニル)-2,2-
ジメチルシクロプロパンカルボキ
シラート0.5％以下を含有する製剤
等3品目が削除された。

なお、政令第285号において新た
に劇物に指定された1品目が施行規
則別表第一に追加されるとともに、
劇物から除外された品目が、施行規
則別表第一より除外された。

前記品目については、農業用品目
として施行規則別表第一に追加およ
び除外された。

60 平成元年3月17日、政令第47号
で指定令の一部が次のように改正さ
れた。

1 劇物として次の1品目が指定さ
れた。

(1) (RS)-[O-1-(4-クロロフエニ
ル)ピラゾール-4-イル=O-エチ
ル=S-プロピル=ホスホロチオ
アート]（別名ピラクロホス）及
びこれを含有する製剤

2 劇物たる有機シアン化合物及び
これを含有する製剤から4-イソプ
ロピルベンゾニトリル及びこれを
含有する製剤等2品目が削除され

た。

61 平成2年2月17日、政令第16号
で指定令の一部が次のように改正さ
れた。

1 劇物から次の2品目が除外され
た。

(1) アンチモン酸ナトリウム及び
これを含有する製剤

(2) 2,3-ジシアノ-1,4-ジチアアン
トラキノン（別名ジチアノン）
及びこれを含有する製剤

2 次の1品目の別名を「グアザチ
ン」から「イミノクタジン」に改
めることとした。

(1) 1,1'-イミノジ(オクタメチレ
ン)ジグアニジン

なお、政令第16号において劇物か
ら除外された品目が、施行規則別表
第一および別表第四から除外される
とともに、別名が改められた品目に
ついて、施行規則別表第一において
同様に改められた。

62 平成2年9月21日、政令第276号
で指定令の一部が次のように改正さ
れた。

1 毒物として次の8品目が指定さ
れた。

(1) 塩化ホスホリル及びこれを含
有する製剤

(2) 五塩化燐及びこれを含有する
製剤

(3) 三塩化硼素及びこれを含有す
る製剤

(4) 三塩化燐及びこれを含有する
製剤

(5) 三弗化硼素及びこれを含有す

る製剤

(6) 三弗化燐及びこれを含有する製剤

(7) 四弗化硫黄及びこれを含有する製剤

(8) ジボラン及びこれを含有する製剤

2 劇物として次の4品目が指定された。

(1) 亜塩素酸ナトリウム及びこれを含有する製剤。ただし、亜塩素酸ナトリウム25%以下を含有するもの及び爆発薬を除く。

(2) トリクロロシラン及びこれを含有する製剤

(3) モノゲルマン及びこれを含有する製剤

3 劇物から次の4品目が除外された。

(1) (RS)-[O-1-(4-クロロフェニル)ピラゾール-4-イル=O-エチル=S-プロピル=ホスホロチオアート](別名ピラクロホス)6%以下を含有する製剤

(2) 2-(4-クロロフェニル)-2-(1H-1,2,4-トリアゾール-1-イルメチル)ヘキサンニトリル（別名ミクロブタニル）及びこれを含有する製剤

(3) (S)-α-シアノ-3-フエノキシベンジル=(1R,3S)-2,2-ジメチル-3-(1,2,2,2-テトラブロモエチル)シクロプロパンカルボキシラート（別名トラロメトリン）0.9%以下を含有する製剤

(4) 5-メチル-1,2,4-トリアゾロ[3,4-b]ベンゾチアゾール（別名トリシクラゾール）8%以下を含有する製剤

なお、劇物から除外された品目については、施行規則別表第一より除外された。

63 平成3年4月5日、政令第105号で指定令の一部が次のように改正された。

1 劇物として次の5品目が指定された。

(1) エチル=(Z)-3-[N-ベンジル-N-[[メチル(1-メチルチオエチリデンアミノオキシカルボニル)アミノ]チオ]アミノ]プロピオナート及びこれを含有する製剤

(2) 2-ヒドロキシ-4-メチルチオ酪酸及びこれを含有する製剤。ただし、2-ヒドロキシ-4-メチルチオ酪酸0.5%以下を含有するものを除く。

(3) t-ブチル=(E)-4-(1,3-ジメチル-5-フエノキシ-4-ピラゾリルメチレンアミノオキシメチル)ベンゾアート及びこれを含有する製剤。ただし、t-ブチル=(E)-4-(1,3-ジメチル-5-フエノキシ-4-ピラゾリルメチレンアミノオキシメチル)ベンゾアート5%以下を含有するものを除く。

(4) 2-t-ブチル-5-(4-t-ブチルベンジルチオ)-4-クロロピリダジン-3(2H)-オン及びこれを含有する製剤

(5) 2-メチルビフエニル-3-イルメチル=(1RS,2RS)-2-(Z)-(2-ク

ロロ-3,3,3-トリフルオロ-1-プロペニル)-3,3-ジメチルシクロプロパンカルボキシラート及びこれを含有する製剤。ただし、2-メチルビフエニル-3-イルメチル=(1RS,2RS)-2-(Z)-(2-クロロ-3,3,3-トリフルオロ-1-プロペニル)-3,3-ジメチルシクロプロパンカルボキシラート2%以下を含有するものを除く。

なお、政令第105号において新たに劇物に指定された5品目が施行規則別表第一に追加された。

64 平成3年12月18日、政令第369号で指定令の一部が次のように改正された。

1 毒物として次の1品目が指定された。

(1) アリルアルコール及びこれを含有する製剤

2 劇物として次の8品目が指定された。

(1) アクリル酸及びこれを含有する製剤

(2) エチレンオキシド及びこれを含有する製剤

(3) エピクロルヒドリン及びこれを含有する製剤

(4) 2-クロロニトロベンゼン及びこれを含有する製剤

(5) シクロヘキシルアミン及びこれを含有する製剤

(6) 2,4-ジニトロトルエン及びこれを含有する製剤

(7) ヘキサメチレンジイソシアナート及びこれを含有する製剤

(8) メタクリル酸及びこれを含有する製剤

3 劇物たる有機シアン化合物及びこれを含有する製剤から4-[トランス-4-(トランス-4-エチルシクロヘキシル)シクロヘキシル]ベンゾニトリル及びこれを含有する製剤等26品目が削除された。

65 平成4年3月21日、政令第38号で指定令の一部が次のように改正された。

1 劇物として次の1品目が指定された。

(1) O-エチル=S-1-メチルプロピル=(2-オキソ-3-チアゾリジニル)ホスホノチオアート（別名ホスチアゼート）及びこれを含有する製剤。ただし、O-エチル=S-1-メチルプロピル=(2-オキソ-3-チアゾリジニル)ホスホノチオアート1%以下を含有するものを除く。

2 劇物から次の1品目が除外された。

(1) 2,2-ジメチル-2,3-ジヒドロ-1-ベンゾフラン-7-イル=N-[N-(2-エトキシカルボニルエチル)-N-イソプロピルスルフエナモイル]-N-メチルカルバマート（別名ベンフラカルブ）1%以下を含有する製剤

なお、劇物に指定された品目については、施行規則別表第一に追加され、また、劇物より除外された品目については、施行規則別表第一より除外された。

66　平成4年10月21日、政令第340号で指定令の一部が次のように改正された。

　1　劇物として次の2品目が指定された。
　　(1)　1-(6-クロロ-3-ピリジルメチル)-N-ニトロイミダゾリジン-2-イリデンアミン（別名イミダクロプリド）及びこれを含有する製剤。ただし、1-(6-クロロ-3-ピリジルメチル)-N-ニトロイミダゾリジン-2-イリデンアミン2%以下を含有するものを除く。
　　(2)　2′,4-ジクロロ-α,α,α-トリフルオロ-4′-ニトロメタトルエンスルホンアニリド（別名フルスルフアミド）及びこれを含有する製剤。ただし、2′,4-ジクロロ-α,α,α-トリフルオロ-4′-ニトロメタトルエンスルホンアニリド0.3%以下を含有するものを除く。
　なお、劇物に指定された品目については施行規則別表第一に追加された。

67　平成5年3月19日、政令第41号で指定令の一部が次のように改正された。

　1　毒物として次の2品目が指定された。
　　(1)　O-エチル=S,S-ジプロピル=ホスホロジチオアート（別名エトプロホス）及びこれを含有する製剤。ただし、O-エチル=S,S-ジプロピル=ホスホロジチオアート5%以下を含有するものを除く。

　　(2)　2,3,5,6-テトラフルオロ-4-メチルベンジル=(Z)-(1RS,3RS)-3-(2-クロロ-3,3,3-トリフルオロ-1-プロペニル)-2,2-ジメチルシクロプロパンカルボキシラート（別名テフルトリン）及びこれを含有する製剤。ただし、2,3,5,6-テトラフルオロ-4-メチルベンジル=(Z)-(1RS,3RS)-3-(2-クロロ-3,3,3-トリフルオロ-1-プロペニル)-2,2-ジメチルシクロプロパンカルボキシラート0.5%以下を含有するものを除く。

　2　劇物として次の3品目が指定された。
　　(1)　O-エチル=S,S-ジプロピル=ホスホロジチオアート（別名エトプロホス）5%以下を含有する製剤。ただし、O-エチル=S,S-ジプロピル=ホスホロジチオアート3%以下を含有する徐放性製剤を除く。

　　(2)　2,3,5,6-テトラフルオロ-4-メチルベンジル=(Z)-(1RS,3RS)-3-(2-クロロ-3,3,3-トリフルオロ-1-プロペニル)-2,2-ジメチルシクロプロパンカルボキシラート（別名テフルトリン）0.5%以下を含有する製剤

　　(3)　N-(4-t-ブチルベンジル)-4-クロロ-3-エチル-1-メチルピラゾール-5-カルボキサミド（別名テブフェンピラド）及びこれを含有する製剤

　3　劇物から次の1品目が除外された。

（1）　2-イソプロピル-4-メチルピ
リミジル-6-ジエチルチオホスフ
エイト（別名ダイアジノン）3％
以下を含有する製剤

なお、毒物もしくは劇物に指定さ
れた品目については施行規則別表第
一に追加され、また、劇物より除外
された品目については施行規則別表
第一より除外された。

68　平成5年9月16日、政令第294号
で指定令の一部が次のように改正さ
れた。

1　毒物として次の2品目が指定さ
れた。

（1）　ホスゲン及びこれを含有する
製剤

（2）　メチルメルカプタン及びこれ
を含有する製剤

2　劇物として次の8品目が指定さ
れた。

（1）　亜硝酸メチル及びこれを含有
する製剤

（2）　2-アミノエタノール及びこれ
を含有する製剤。ただし、2-ア
ミノエタノール20％以下を含有
するものを除く。

（3）　塩化チオニル及びこれを含有
する製剤

（4）　キノリン及びこれを含有する
製剤

（5）　クロロアセチルクロライド及
びこれを含有する製剤

（6）　2-クロロアニリン及びこれを
含有する製剤

（7）　クロロ酢酸ナトリウム及びこ
れを含有する製剤

（8）　クロロプレン及びこれを含有
する製剤

3　劇物から次の3品目が除外され
た。

（1）　(S)-α-シアノ-3-フエノキシ
ベンジル＝(Z)-(1R,3S)-2,2-ジ
メチル-3-[2-(2,2,2-トリフルオ
ロ-1-トリフルオロメチルエトキ
シカルボニル)ビニル]シクロプ
ロパンカルボキシラート及びこ
れを含有する製剤

（2）　(S)-2,3,5,6-テトラヒドロ-6
-フエニルイミダゾ[2,1-b]チア
ゾール6.8％以下を含有する製剤

（3）　2-(1-メチルプロピル)-フエ
ニル-N-メチルカルバメート
15％以下を含有するマイクロカ
プセル製剤

なお、劇物より除外された品目に
ついては施行規則別表第一より除外
された。

69　平成6年3月18日、政令第53号
で指定令の一部が次のように改正さ
れた。

1　劇物として次の1品目が指定さ
れた。

（1）　センデユラマイシン、その塩
類及びこれらのいずれかを含有
する製剤。ただし、センデユラ
マイシンとして0.5％以下を含有
するものを除く。

2　劇物から次の3品目が除外され
た。

（1）　アクリル酸10％以下を含有す
る製剤

（2）　N-(α,α-ジメチルベンジル)-2

－シアノ−2−フエニルアセトアミ
ド及びこれを含有する製剤
(3) メタクリル酸25％以下を含有
する製剤

なお、劇物より除外された品目(2)
については施行規則別表第一より除
外された。

70 平成6年9月19日、政令第296号
で指定令の一部が次のように改正さ
れた。

1 劇物として次の1品目が指定さ
れた。

(1) 2−(4−ブロモジフルオロメト
キシフエニル)−2−メチルプロピ
ル＝3−フエノキシベンジル＝エー
テル（別名ハルフエンプロック
ス）及びこれを含有する製剤

2 毒物たる砒素化合物及びこれを
含有する製剤から砒化インジウム
及びこれを含有する製剤等2品目
が除外された。

3 1,1'−イミノジ（オクタメチレン）
ジグアニジンアルキルベンゼンス
ルホン酸及びこれを含有する製剤
が劇物から除外され、劇物たる有
機シアン化合物及びこれを含有す
る製剤から4−シアノ−3−フルオロ
フエニル＝4−(エトキシメチル)ベ
ンゾアート及びこれを含有する製
剤等7品目が削除された。

なお、劇物に指定された品目に
ついては施行規則別表第一に追加され、
また、劇物より除外された品目に
ついては施行規則別表第一より除外さ
れた。

71 平成7年4月14日、政令第183号

で指定令の一部が次のように改正さ
れた。

1 毒物として次の2品目が指定さ
れた。

(1) ヒドラジン

(2) ブチル＝2,3−ジヒドロ−2,2−ジ
メチルベンゾフラン−7−イル＝
N,N'−ジメチル−N,N'−チオジカ
ルバマート（別名フラチオカル
ブ）及びこれを含有する製剤。
ただし、ブチル＝2,3−ジヒドロ−
2,2−ジメチルベンゾフラン−7−イ
ル＝N,N'−ジメチル−N,N'−チオジ
カルバマート5％以下を含有す
るものを除く。

2 劇物として次の7品目が指定さ
れた。

(1) (1R,2S,3R,4S)−7−オキサビ
シクロ[2,2,1]ヘプタン−2,3−ジ
カルボン酸（別名エンドター
ル）、その塩類及びこれらのい
ずれかを含有する製剤。ただし、
(1R,2S,3R,4S)−7−オキサビシク
ロ[2,2,1]ヘプタン−2,3−ジカルボ
ン酸として1.5％以下を含有する
ものを除く。

(2) ぎ酸及びこれを含有する製剤。
ただし、ぎ酸90％以下を含有す
るものを除く。

(3) 5−クロロ−N−[2−[4−(2−エト
キシエチル)−2,3−ジメチルフエ
ノキシ]エチル]−6−エチルピリミ
ジン−4−アミン（別名ピリミジフ
エン）及びこれを含有する製剤。
ただし、5−クロロ−N−[2−[4−(2
−エトキシエチル)−2,3−ジメチル

フエノキシ]エチル]-6-エチルピ
リミジン-4-アミン 4%以下を含
有するものを除く。

(4) 五酸化バナジウム（溶融した
五酸化バナジウムを固形化した
ものを除く。）及びこれを含有
する製剤。ただし、五酸化バナ
ジウム（溶融した五酸化バナジ
ウムを固形化したものを除く。）
10%以下を含有するものを除く。

(5) ジメチルアミン及びこれを含
有する製剤。ただし、ジメチル
アミン 50%以下を含有するもの
を除く。

(6) ブチル=2,3-ジヒドロ-2,2-ジ
メチルベンゾフラン-7-イル=
N,N′-ジメチル-N,N′-チオジカ
ルバマート（別名フラチオカル
ブ）5%以下を含有する製剤

(7) メチルアミン及びこれを含有
する製剤。ただし、メチルアミ
ン 40%以下を含有するものを除
く。

3　劇物から次の2品目が除外され
た。

(1) 2-ヒドロキシ-5-ピリジンカ
ルボニトリル及びこれを含有す
る製剤

(2) 3-ピリジンカルボニトリル及
びこれを含有する製剤

なお、毒物に指定された品目(2)お
よび劇物に指定された品目(1)(3)(6)に
ついては施行規則別表第一に追加さ
れ、また、劇物より除外された品目
については施行規則別表第一より除
外された。

72　平成7年9月22日、政令第338号
で指定令の一部が次のように改正さ
れた。

1　劇物として次の1品目が指定さ
れた。

(1) トランス-N-(6-クロロ-3-ピ
リジルメチル)-N′-シアノ-N-メ
チルアセトアミジン（別名アセ
タミプリド）及びこれを含有す
る製剤。ただし、トランス-N-
(6-クロロ-3-ピリジルメチル)-
N′-シアノ-N-メチルアセトアミ
ジン 2%以下を含有するものを
除く。

2　劇物から次の1品目が除外され
た。

(1) トランス-1-(2-シアノ-2-メ
トキシイミノアセチル)-3-エチ
ルウレア（別名シモキサニル）
及びこれを含有する製剤

なお、劇物に指定された品目につ
いては施行規則別表第一に追加され、
また、劇物より除外された品目につ
いては施行規則別表第一より除外さ
れた。

73　平成7年11月17日、政令第390
号で指定令の一部が次のように改正
された。

1　毒物として次の1品目が指定さ
れた。

(1) メチルホスホン酸ジクロリド

2　劇物として次の1品目が指定さ
れた。

(1) メチルホスホン酸ジメチル

74　平成8年3月25日、政令第39号
で指定令の一部が次のように改正さ

れた。

1　劇物として次の2品目が指定された。

（1）ヒドラジン一水和物及びこれを含有する製剤。ただし、ヒドラジン一水和物30%以下を含有するものを除く。

（2）1-t-ブチル-3-(2,6-ジイソプロピル-4-フエノキシフエニル)チオウレア（別名ジアフエンチウロン）及びこれを含有する製剤

2　劇物から次の8品目が除外された。

（1）2-イソプロピル-4-メチルピリミジル-6-ジエチルチオホスフエイト（別名ダイアジノン）25%以下を含有するマイクロカプセル製剤

（2）5-アミノ-1-(2,6-ジクロロ-4-トリフルオロメチルフエニル)-3-シアノ-4-トリフルオロメチルスルフイニルピラゾール（別名フイプロニル）1%以下を含有する製剤

（3）3,3'-(1,4-ジオキソピロロ[3,4-c]ピロール-3,6-ジイル)ジベンゾニトリル及びこれを含有する製剤

（4）4-[2,3-(ジフルオロメチレンジオキシ)フエニル]ピロール-3-カルボニトリル（別名フルジオキソニル）及びこれを含有する製剤

（5）ブチル=(R)-2-[4-(4-シアノ-2-フルオロフエノキシ)フエノ

キシ]プロピオナート（別名シハロホツプブチル）及びこれを含有する製剤

（6）3-(シス-3-ヘキセニロキシ)プロパンニトリル及びこれを含有する製剤

（7）ジエチル-3,5,6-トリクロル-2-ピリジルチオホスフエイト25%以下を含有するマイクロカプセル製剤

（8）2-(4-ブロモジフルオロメトキシフエニル)-2-メチルプロピル=3-フエノキシベンジル=エーテル（別名ハルフエンプロックス）5%以下を含有する徐放性製剤

なお、劇物に指定された品目(2)については施行規則別表第一に追加され、また、劇物より除外された品目については施行規則別表第一より除外された。

75　平成8年11月22日、政令第321号で指定令の一部が次のように改正された。

1　毒物から次の2品目が除外された。

（1）亜セレン酸ナトリウム0.00011%以下を含有する製剤

（2）セレン酸ナトリウム0.00012%を含有する製剤

2　次の1品目を毒物から除外し劇物に指定した。

（1）メチル-N',N'-ジメチル-N-[(メチルカルバモイル)オキシ]-1-チオオキサムイミデート0.8%以下を含有する製剤

なお、毒物から除外された劇物に指定された品目については、施行規則別表第一の中で毒物の項から除外され、同表劇物の項で指定された。

76 平成9年3月24日、政令第59号で指定令の一部が次のように改正された。

1 劇物として次の1品目が指定された。

(1) エマメクチン、その塩類及びこれらのいずれかを含有する製剤。ただし、エマメクチンとして1%以下を含有するものを除く。

2 劇物から次の1品目が除外された。

(1) 2,2,3-トリメチル-3-シクロペンテンアセトニトリル10%以下を含有する製剤

なお、劇物に指定された品目については施行規則別表第一に追加され、また、劇物より除外された品目については施行規則別表第一より除外された。

77 平成10年5月15日、政令第171号で指定令の一部が次のように改正された。

1 毒物として次の2品目が指定された。

(1) 3-アミノ-1-プロペン及びこれを含有する製剤

(2) ベンゼンチオール及びこれを含有する製剤

2 劇物として次の3品目が指定された。

(1) クロロぎ酸ノルマルプロピル

及びこれを含有する製剤

(2) クロロ酢酸エチル及びこれを含有する製剤

(3) 1,1-ジメチルヒドラジン及びこれを含有する製剤

3 劇物たる有機シアン化合物及びこれを含有する製剤から N-(2-シアノエチル)-1,3-ビス(アミノメチル)ベンゼン、N,N'-ジ(2-シアノエチル)-1,3-ビス(アミノメチル)ベンゼン及び N,N,N'-トリ(2-シアノエチル)-1,3-ビス(アミノメチル)ベンゼンの混合物並びにこれを含有する製剤等4品目が削除された。

なお、劇物より除外された品目については、施行規則別表第一より除外された。

78 平成10年12月24日、政令第405号で指定令の一部が改正され、毒物として次の1品目が指定された。

(1) アジ化ナトリウム及びこれを含有する製剤。ただし、アジ化ナトリウム0.1%以下を含有するものを除く。

79 平成11年9月29日、政令第293号で指定令の一部が次のように改正された。

1 毒物として次の2品目が指定された。

(1) クロロアセトアルデヒド及びこれを含有する製剤

(2) ジニトロフエノール及びこれを含有する製剤

2 劇物として次の1品目が指定された。

(1) ブルシン及びその塩類

3 劇物たる有機シアン化合物及び
これを含有する製剤から（RS）-4
-（4-クロロフエニル）-2-フエニル
-2-（1H-1,2,4-トリアゾール-1-イ
ルメチル）ブチロニトリル及びこれ
を含有する製剤等 5 品目が削除さ
れた。

なお、劇物より除外された品目に
ついては、施行規則別表第一より除
外された。

80 平成 12 年 4 月 28 日、政令第 213
号で指定令の一部が次のように改正
された。

1 毒物として次の 1 品目が指定さ
れた。

(1) ヘキサクロロシクロペンタジ
エン及びこれを含有する製剤

2 劇物として次の 1 品目が指定さ
れた。

(1) 3-（6-クロロピリジン-3-イル
メチル）-1,3-チアゾリジン-2-イ
リデンシアナミド及びこれを含
有する製剤。ただし、3-（6-クロ
ロピリジン-3-イルメチル）-1,3
-チアゾリジン-2-イリデンシア
ナミド 1.5% 以下を含有するもの
を除く。

3 劇物から次の 2 品目が除外され
た。

(1) （RS）-2-シアノ-N-［（R）-1-
（2,4-ジクロロフエニル）エチル］
-3,3-ジメチルブチラミド（別名
ジクロシメット）及びこれを含
有する製剤

(2) （RS）-シアノ-（3-フエノキシ
フエニル）メチル=2,2,3,3-テトラ

メチルシクロプロパンカルボキ
シラート（別名フエンプロパト
リン）1% 以下を含有する製剤

4 次の 2 品目の劇物から除外され
る製剤中の濃度が変更された。

(1) エマメクチン、その塩類及び
これらのいずれかを含有する製
剤であって、エマメクチンとし
て 2% 以下を含有するもの

(2) O-エチル=S-1-メチルプロピ
ル=（2-オキソ-3-チアゾリジニ
ル）ホスホノチオアート（別名ホ
スチアゼート）1.5% 以下を含有
する製剤

なお、劇物に指定された品目につ
いては施行規則別表第一に追加され、
劇物から除外された品目および劇物
から除外される製剤中の濃度を変更
された品目については施行規則別表
第一より除外された。

81 平成 12 年 9 月 22 日、政令第 429
号で指定令の一部が次のように改正
された。

1 毒物として次の 1 品目が指定さ
れた。

(1) S,S-ビス（1-メチルプロピル）
=O-エチル=ホスホロジチオアー
ト（別名カズサホス）及びこれ
を含有する製剤。ただし、S,S
-ビス（1-メチルプロピル）=O-
エチル=ホスホロジチオアート
10% 以下を含有するものを除く。

2 劇物として次の 1 品目が指定さ
れた。

(1) S,S-ビス（1-メチルプロピル）
=O-エチル=ホスホロジチオアー

ト（別名カズサホス）10%以下
を含有する製剤。ただし、S,S-
ビス（1-メチルプロピル）=O-エ
チル=ホスホロジチオアート 3%
以下を含有する徐放性製剤を除
く。

3　劇物たる有機シアン化合物及び
これを含有する製剤から 4-クロロ
-2-シアノ-N,N-ジメチル-5-パラ
-トリルイミダゾール-1-スルホン
アミド及びこれを含有する製剤等
4品目が削除された。

なお、毒物又は劇物に指定された
品目については施行規則別表第一に
追加され、劇物より除外された品目
については施行規則別表第一より除
外された。

82　平成13年6月29日、政令第227
号で指定令の一部が次のように改正
された。

1　毒物として次の1品目が指定さ
れた。

(1)　ナラシン、その塩類及びこれ
らのいずれかを含有する製剤。
ただし、ナラシンとして10%以
下を含有する製剤を除く。

2　劇物として次の1品目が指定さ
れた。

(1)　ナラシン又はその塩類のいず
れかを含有する製剤であつて、
ナラシンとして10%以下を含有
するもの。ただし、ナラシンと
して1%以下を含有し、かつ、飛
散を防止するための加工をした
ものを除く。

3　劇物から次の2品目が除外され

た。

(1)　5-アミノ-1-(2,6-ジクロロ-4
-トリフルオロメチルフエニル）
-3-シアノ-4-トリフルオロメチ
ルスルフイニルピラゾール（別
名フイプロニル）5%以下を含有
するマイクロカプセル製剤

(2)　2-シアノ-3,3-ジフエニルプロ
パ-2-エン酸 2-エチルヘキシル
エステル及びこれを含有する製
剤

なお、毒物または劇物に指定され
た品目については施行規則別表第一
に追加され、劇物より除外された品
目については施行規則別表第一より
除外された。

83　平成14年3月25日、政令第63号
で指定令の一部が次のように改正さ
れた。

1　毒物として次の1品目が指定さ
れた。

(1)　弗化スルフリル及びこれを含
有する製剤

2　劇物として次の1品目が指定さ
れた。

(1)　4-クロロ-3-エチル-1-メチル
-N-[4-(パラトリルオキシ）ベン
ジル]ピラゾール-5-カルボキサ
ミド及びこれを含有する製剤

3　劇物から次の1品目が除外され
た。

(1)　(S)-α-シアノ-3-フエノキシ
ベンジル=(1R,3R)-2,2-ジメチ
ル-3-(2-メチル-1-プロペニル）
-1-シクロプロパンカルボキシ
ラートと（R)-α-シアノ-3-フエ

789

ノキシベンジル＝(1R、3R)－2,2－ジメチル－3－(2－メチル－1－プロペニル)－1－シクロプロパンカルボキシラートとの混合物（((S)－α－シアノ－3－フエノキシベンジル＝(1R、3R)－2,2－ジメチル－3－(2－メチル－1－プロペニル)－1－シクロプロパンカルボキシラート 91％以上 99％以下を含有し、かつ、(R)－α－シアノ－3－フエノキシベンジル＝(1R、3R)－2,2－ジメチル－3－(2－メチル－1－プロペニル)－1－シクロプロパンカルボキシラート 1％以上 9％以下を含有するものに限る。）10％以下を含有するマイクロカプセル製剤

なお、毒物または劇物に指定された品目については施行規則別表第一に追加され、劇物より除外された品目については施行規則別表第一より除外された。

84　平成 14 年 11 月 27 日、政令第 347 号で指定令の一部が次のように改正された。

1　劇物から次の 2 品目が除外された。

(1)　一水素二弗化アンモニウム 4％以下を含有する製剤

(2)　3－(6－クロロピリジン－3－イルメチル)－1,3－チアゾリジン－2－イリデンシアナミド（別名チアクロプリド）3％以下を含有する製剤

なお、劇物より除外された品目については施行規則別表第一より除外された。

85　平成 16 年 3 月 17 日、政令第 43 号で指定令の一部が次のように改正された。

1　毒物として次の 3 品目が指定された。

(1)　三塩化チタン及びこれを含有する製剤

(2)　フルオロスルホン酸及びこれを含有する製剤

(3)　六弗化タングステン及びこれを含有する製剤

2　劇物として次の 1 品目が指定された。

(1)　メチル＝N－[2－[1－(4－クロロフエニル)－1H－ピラゾール－3－イルオキシメチル]フエニル](N－メトキシ)カルバマート（別名ピラクロストロビン）及びこれを含有する製剤

3　劇物たる有機シアン化合物及びこれを含有する製剤から 5－アミノ－1－(2,6－ジクロロ－4－トリフルオロメチルフエニル)－4－エチルスルフイニル－1H－ピラゾール－3－カルボニトリル（別名エチプロール）及びこれを含有する製剤等 3 品目が削除された。

なお、毒物または劇物に指定された品目については施行規則別表第一に追加され、劇物より除外された品目については施行規則別表第一より除外された。

86　平成 17 年 3 月 24 日、政令第 65 号で指定令の一部が次のように改正された。

1　劇物から次の 8 品目が除外され

た。

(1) 六水酸化錫亜鉛

(2) 4-アセトキシフエニルジメチルスルホニウム=ヘキサフルオロアンチモネート及びこれを含有する製剤

(3) N-シアノメチル-4-(トリフルオロメチル)ニコチンアミド（別名フロニカミド）及びこれを含有する製剤

(4) 2,6-ジフルオロ-4-(トランス-4-ビニルシクロヘキシル)ベンゾニトリル及びこれを含有する製剤

(5) 2-フルオロ-4-(トランス-4-ビニルシクロヘキシル)ベンゾニトリル及びこれを含有する製剤

(6) 2-フルオロ-4-[トランス-4-(E)-(プロパ-1-エン-1-イル)シクロヘキシル]ベンゾニトリル及びこれを含有する製剤

(7) (Z)-[5-[4-(4-メチルフエニルスルホニルオキシ)フエニルスルホニルオキシイミノ]-5H-チオフエン-2-イリデン]-(2-メチルフエニル)アセトニトリル及びこれを含有する製剤

(8) メチル=N-[2-[1-(4-クロロフエニル)-1H-ピラゾール-3-イルオキシメチル]フエニル](N-メトキシ)カルバマート（別名ピラクロストロビン）6.8%以下を含有する製剤

なお、毒物または劇物に指定された品目については施行規則別表第一に追加され、劇物より除外された品目については施行規則別表第一より除外された。

87 平成18年4月21日、政令第176号で指定令の一部が次のように改正された。

1 次の1品目が毒物から劇物に指定し直された。

(1) 三塩化チタン及びこれを含有する製剤

2 劇物として次の3品目が指定された。

(1) 3,6,9-トリアザウンデカン-1,11-ジアミン及びこれを含有する製剤

(2) 2-t-ブチル-5-メチルフエノール及びこれを含有する製剤

(3) ヘキサン-1,6-ジアミン及びこれを含有する製剤

3 劇物たる有機シアン化合物及びこれを含有する製剤から1-(3-クロロ-4,5,6,7-テトラヒドロピラゾロ[1,5-a]ピリジン-2-イル)-5-[メチル(プロプ-2-イン-1-イル)アミノ]-1H-ピラゾール-4-カルボニトリル（別名ピラクロニル）及びこれを含有する製剤等4品目が削除された。

なお、劇物から除外された品目のうち、(1)と(4)が施行規則別表第一より除外された。

88 平成19年8月15日、政令第263号で指定令の一部が次のように改正された。

1 毒物として次の1品目が指定された。

(1) 1-ドデシルグアニジニウム=

アセタート（別名ドジン）及び
これを含有する製剤。ただし、1
－デシルグアニジニウム＝アセ
タート65%以下を含有するもの
を除く。

2　劇物として次の3品目が指定さ
れた。

(1)　3－(アミノメチル)ベンジル
アミン及びこれを含有する製剤。
ただし、3－(アミノメチル)ベン
ジルアミン8%以下を含有する
ものを除く。

(2)　O－エチル＝S－プロピル＝[(2E)
－2－(シアノイミノ)－3－エチルイ
ミダゾリジン－1－イル]ホスホノ
チオアート（別名イミシアホス）
及びこれを含有する製剤。た
だし、O－エチル＝S－プロピル＝
[(2E)－2－(シアノイミノ)－3－エ
チルイミダゾリジン－1－イル]ホ
スホノチオアート1.5%以下を含
有するものを除く。

(3)　1－ドデシルグアニジニウム＝
アセタート（別名ドジン）65%
以下を含有する製剤

3　劇物から次の2品目が除外され
た。

(1)　(E)－2－{2－(4－シアノフエニ
ル)－1－[3－(トリフルオロメチル)
フエニル]エチリデン}－N－[4－
(トリフルオロメトキシ)フエニ
ル]ヒドラジンカルボキサミドと
(Z)－2－{2－(4－シアノフエニル)
－1－[3－(トリフルオロメチル)フ
エニル]エチリデン}－N－[4－(ト
リフルオロメトキシ)フエニル]

ヒドラジンカルボキサミドとの
混合物（((E)－2－{2－(4－シアノ
フエニル)－1－[3－(トリフルオロ
メチル)フエニル]エチリデン}－
N－[4－(トリフルオロメトキシ)
フエニル]ヒドラジンカルボキ
サミド90%以上を含有し、かつ、
(Z)－2－{2－(4－シアノフエニル)
－1－[3－(トリフルオロメチル)フ
エニル]エチリデン}－N－[4－(ト
リフルオロメトキシ)フエニル]
ヒドラジンカルボキサミド10%
以下を含有するものに限る。)（別
名メタフルミゾン）及びこれを
含有する製剤

(2)　バリウム＝4－(5－クロロ－4－メ
チル－2－スルホナトフエニルア
ゾ)－3－ヒドロキシ－2－ナフトアー
ト

なお、前記品目のうち、新たに劇
物に指定された1品目(2)が施行規則
別表第一に追加され、劇物から削除
された1品目(1)が同表より除外され
た。

89　平成20年6月20日、政令199号
で指定令の一部が次のように改正さ
れた。

1　毒物として次の3品目が指定さ
れた。

(1)　塩化ベンゼンスルホニル及び
これを含有する製剤

(2)　1,3－ジクロロプロパン－2－オー
ル及びこれを含有する製剤

(3)　2－メルカプトエタノール及び
これを含有する製剤

2　劇物として次の4品目が指定さ

れた。

(1) 亜硝酸イソブチル及びこれを含有する製剤

(2) 亜硝酸イソペンチル及びこれを含有する製剤

(3) 2-(ジメチルアミノ)エチル=メタクリレート及びこれを含有する製剤

(4) 1-ブロモ-3-クロロプロパン及びこれを含有する製剤

3 劇物から次の4品目が除外された。

(1) 1-(6-クロロ-3-ピリジルメチル)-N-ニトロイミダゾリジン-2-イリデンアミン(別名イミダクロプリド)12%以下を含有するマイクロカプセル製剤

(2) [2-アセトキシ-4-(ジエチルアミノ)ベンジリデン]マロノニトリル及びこれを含有する製剤

(3) p-トルエンスルホン酸=4-[[3-[シアノ(2-メチルフエニル)メチリデン]チオフエン-2(3H)-イリデン]アミノオキシスルホニル]フエニル及びこれを含有する製剤

(4) (E)-2-(4-ターシヤリーブチルフエニル)-2-シアノ-1-(1,3,4-トリメチルピラゾール-5-イル)ビニル=2,2-ジメチルプロピオナート(別名シエノピラフエン)及びこれを含有する製剤

なお、劇物から削除された品目のうち、(1)と(4)が施行規則別表第一より除外された。

90 平成21年4月8日、政令120号で指定令の一部が次のように改正された。

1 毒物として次の5品目が指定された。

(1) 亜硝酸イソプロピル及びこれを含有する製剤

(2) 亜硝酸ブチル及びこれを含有する製剤

(3) アバメクチン及びこれを含有する製剤。ただし、アバメクチン1.8%以下を含有するものを除く。

(4) 2,2-ジメチルプロパノイルクロライド(別名トリメチルアセチルクロライド)及びこれを含有する製剤

(5) S-メチル-N-[(メチルカルバモイル)-オキシ]-チオアセトイミデート(別名メトミル)及びこれを含有する製剤。ただし、S-メチル-N-[(メチルカルバモイル)-オキシ]-チオアセトイミデート45%以下を含有するものを除く。

2 劇物として次の6品目が指定された。

(1) 亜硝酸三級ブチル及びこれを含有する製剤

(2) アバメクチン1.8%以下を含有する製剤

(3) 2,4,6,8-テトラメチル-1,3,5,7-テトラオキソカン(別名メタアルデヒド)及びこれを含有する製剤。ただし、2,4,6,8-テトラメチル-1,3,5,7-テトラオキソカン10%以下を含有するものを除く。

(4) 1-(4-メトキシフエニル)ピペラジン及びこれを含有する製剤

(5) 1-(4-メトキシフエニル)ピペラジン一塩酸塩及びこれを含有する製剤

(6) 1-(4-メトキシフエニル)ピペラジン二塩酸塩及びこれを含有する製剤

3 劇物から次の5品目が除外された。

(1) 2-イソプロピル-4-メチルピリミジル-6-ジエチルチオホスフエイト(別名ダイアジノン)5%(マイクロカプセル製剤にあっては、25%)以下を含有する製剤

(2) シクロポリ(3〜4)[ジフエノキシ、フエノキシ(4-シアノフエノキシ)及び[ビス(4-シアノフエノキシ)]ホスフアゼン]の混合物並びにこれを含有する製剤

(3) 3,4-ジクロロ-2′-シアノ-1,2-チアゾール-5-カルボキサニリド(別名イソチアニル)及びこれを含有する製剤

(4) 4′-メチル-2-シアノビフエニル及びこれを含有する製剤

(5) 2-[2-(4-メチルフエニルスルホニルオキシイミノ)チオフエン-3(2H)-イリデン]-2-(2-メチルフエニル)アセトニトリル及びこれを含有する製剤

なお、新たに毒物に指定された品目のうち(3)と(5)が、また、新たに劇物に指定された品目のうち、(2)と(3)ならびにS-メチル-N[(メチルカルバモイル)-オキシ]-チオアセトイミ

デート(別名メトミル)45%以下を含有する製剤が施行規則別表第一に追加された。また、劇物から削除された品目のうち、(1)と(3)が同表から除外された。

91 平成22年12月15日、政令第242号で指定令の一部が次のように改正された。

1 劇物として次の3品目が指定された。

(1) 3-アミノメチル-3,5,5-トリメチルシクロヘキシルアミン(別名イソホロンジアミン)及びこれを含有する製剤

(2) オキシ三塩化バナジウム及びこれを含有する製剤

(3) 1,3-ジクロロプロペン及びこれを含有する製剤

2 劇物たる有機シアン化合物及びこれを含有する製剤から4-[6-(アクリロイルオキシ)ヘキシルオキシ]-4′-シアノビフエニル及びこれを含有する製剤等7品目が削除された。

なお、新たに劇物に指定された品目のうち、(3)が施行規則別表第一に追加され、劇物から削除された品目のうち、(3)が同表から除外された。

92 平成23年10月14日、政令第317号で指定令の一部が次のように改正された。

1 毒物として次の2品目が指定された。

(1) 3-クロロ-1,2-プロパンジオール及びこれを含有する製剤

(2) 1-(4-フルオロフエニル)プロ

パン-2-アミン、その塩類及びこ
れらのいずれかを含有する製剤
2　劇物として次の1品目が指定さ
れた。
　(1)　5-メトキシ-N,N-ジメチルト
　　リプタミン、その塩類及びこれ
　　らのいずれかを含有する製剤
3　劇物から次の8品目が除外され
た。
　(1)　3-アミノメチル-3,5,5-トリメ
　　チルシクロヘキシルアミン（別
　　名イソホロンジアミン）6%以下
　　を含有する製剤
　(2)　シクロヘキシリデン-o-トリル
　　アセトニトリル及びこれを含有
　　する製剤
　(3)　ノナ-2,6-ジエンニトリル及び
　　これを含有する製剤
　(4)　(2Z)-2-フエニル-2-ヘキセン
　　ニトリル及びこれを含有する製
　　剤
　(5)　(Z)-2-[2-フルオロ-5-(トリ
　　フルオロメチル)フエニルチオ]
　　-2-[3-(2-メトキシフエニル)-
　　1,3-チアゾリジン-2-イリデン]
　　アセトニトリル（別名フルチア
　　ニル）及びこれを含有する製剤
　(6)　2-[2-(プロピルスルホニルオ
　　キシイミノ)チオフエン-3(2H)
　　-イリデン]-2-(2-メチルフエニ
　　ル)アセトニトリル及びこれを含
　　有する製剤
　(7)　2-メチルデカンニトリル及び
　　これを含有する製剤
　(8)　2,2-ジメチル-2,3-ジヒドロ-1
　　-ベンゾフラン-7-イル=N-[N-

（2-エトキシカルボニルエチル)-
N-イソプロピルスルフエナモイ
ル]-N-メチルカルバマート（別
名ベンフラカルブ）6%以下を含
有する製剤
　なお、劇物から除外された品目
のうち、(5)と(8)が施行規則別表第
一より除外された。
93　平成24年9月20日、政令第242
号で指定令の一部が次のように改正
された。
1　毒物から次の1品目が除外され
た。
　(1)　ゲルマニウム、セレン及び砒
　　素から成るガラス状態の物質並
　　びにこれを含有する製剤
2　劇物から次の1品目が除外され
た。
　(1)　3-ブロモ-1-(3-クロロピリジ
　　ン-2-イル)-N-[4-シアノ-2-メ
　　チル-6-(メチルカルバモイル)
　　フエニル]-1H-ピラゾール-5-カ
　　ルボキサミド（別名シアントラ
　　ニリプロール）及びこれを含有
　　する製剤
94　平成24年9月21日、政令第245
号で指定令の一部が次のように改正
された。
1　毒物として次の5品目が指定さ
れた。
　(1)　オルトケイ酸テトラメチル及
　　びこれを含有する製剤
　(2)　2,3-ジシアノ-1,4-ジチアアン
　　トラキノン（別名ジチアノン）
　　及びこれを含有する製剤。ただ
　　し、2,3-ジシアノ-1,4-ジチアア

ントラキノン50%以下を含有す
るものを除く。

(3) 1,1-ジメチルヒドラジン及び
これを含有する製剤

(4) トリブチルアミン及びこれを
含有する製剤

(5) ヘキサキス(*β*,*β*-ジメチルフ
エネチル)ジスタンノキサン(別
名酸化フエンブタスズ)及びこ
れを含有する製剤

2 劇物として次の5品目が指定さ
れた。

(1) 2,4-ジクロロ-1-ニトロベンゼ
ン及びこれを含有する製剤

(2) 2,3-ジシアノ-1,4-ジチアアン
トラキノン50%以下を含有する
製剤

(3) 2,3-ジブロモプロパン-1-オー
ル及びこれを含有する製剤

(4) メタバナジン酸アンモニウム
及びこれを含有する製剤

(5) 2-メチリデンブタン二酸(別
名メチレンコハク酸)及びこれ
を含有する製剤

95 平成25年6月28日、政令第208
号で指定令の一部が次のように改正
された。

1 毒物として次の4品目が指定さ
れた。

(1) クロトンアルデヒド及びこれ
を含有する製剤

(2) クロロ酢酸メチル及びこれを
含有する製剤

(3) テトラメチルアンモニウム＝
ヒドロキシド及びこれを含有す
る製剤

(4) ブロモ酢酸エチル及びこれを
含有する製剤

2 劇物として次の1品目が指定さ
れた。

(1) 2-(ジエチルアミノ)エタノー
ル及びこれを含有する製剤。た
だし、2-(ジエチルアミノ)エタ
ノール0.7%以下を含有するもの
を除く。

3 劇物から次の1品目が除外され
た。

(1) 2,3,5,6-テトラフルオロ-4
-(メトキシメチル)ベンジル＝
(Z)-(1R,3R)-3-(2-シアノプロ
パ-1-エニル)-2,2-ジメチルシ
クロプロパンカルボキシラー
ト、2,3,5,6-テトラフルオロ-4
-(メトキシメチル)ベンジル＝
(E)-(1R,3R)-3-(2-シアノプロ
パ-1-エニル)-2,2-ジメチルシ
クロプロパンカルボキシラー
ト、2,3,5,6-テトラフルオロ-4
-(メトキシメチル)ベンジル＝
(Z)-(1S,3S)-3-(2-シアノプロ
パ-1-エニル)-2,2-ジメチルシ
クロプロパンカルボキシラート、
2,3,5,6-テトラフルオロ-4-(メ
トキシメチル)ベンジル＝(EZ)-
(1RS,3SR)-3-(2-シアノプロパ-
1-エニル)-2,2-ジメチルシクロ
プロパンカルボキシラート及び
2,3,5,6-テトラフルオロ-4-(メ
トキシメチル)ベンジル＝(E)-
(1S,3S)-3-(2-シアノプロパ-1
-エニル)-2,2-ジメチルシクロ
プロパンカルボキシラートの混

合物（2,3,5,6-テトラフルオロ-4-（メトキシメチル）ベンジル＝（Z）-（1R,3R）-3-（2-シアノプロパ-1-エニル）-2,2-ジメチルシクロプロパンカルボキシラート 80.9% 以上を含有し、2,3,5,6-テトラフルオロ-4-（メトキシメチル）ベンジル＝（E）-（1R,3R）-3-（2-シアノプロパ-1-エニル）-2,2-ジメチルシクロプロパンカルボキシラート 10% 以下を含有し、2,3,5,6-テトラフルオロ-4-（メトキシメチル）ベンジル＝（Z）-（1S,3S）-3-（2-シアノプロパ-1-エニル）-2,2-ジメチルシクロプロパンカルボキシラート 2% 以下を含有し、2,3,5,6-テトラフルオロ-4-（メトキシメチル）ベンジル＝（EZ）-（1RS,3SR）-3-（2-シアノプロパ-1-エニル）-2,2-ジメチルシクロプロパンカルボキシラート 1% 以下を含有し、かつ、2,3,5,6-テトラフルオロ-4-（メトキシメチル）ベンジル＝（E）-（1S,3S）-3-（2-シアノプロパ-1-エニル）-2,2-ジメチルシクロプロパンカルボキシラート 0.2% 以下を含有するものに限る。）並びにこれを含有する製剤

96 平成 26 年 6 月 25 日、政令第 227 号で指定令の一部が次のように改正された。

1 毒物として次の 2 品目が指定された。

(1) 1-クロロ-2,4-ジニトロベンゼン及びこれを含有する製剤

(2) クロロ炭酸フエニルエステル及びこれを含有する製剤

2 劇物として次の 1 品目が指定された。

(1) ピロカテコール及びこれを含有する製剤

3 劇物たる有機シアン化合物及びこれを含有する製剤から N-（4-シアノメチルフエニル）-2-イソプロピル-5-メチルシクロヘキサンカルボキサミド及びこれを含有する製剤等 2 品目が削除された。

97 平成 27 年 6 月 19 日、政令第 251 号で指定令の一部が次のように改正された。

1 劇物として次の 3 品目が指定された。

(1) N-（2-アミノエチル）-2-アミノエタノール及びこれを含有する製剤。ただし、N-（2-アミノエチル）-2-アミノエタノール 10% 以下を含有するものを除く。

(2) 2-エチル-3,7-ジメチル-6-［4-（トリフルオロメトキシ）フエノキシ］-4-キノリル＝メチル＝カルボナート及びこれを含有する製剤

(3) シアナミド及びこれを含有する製剤。ただし、シアナミド 10% 以下を含有するものを除く。

2 毒物から次の 1 品目が除外された。

(1) 硫黄、カドミウム及びセレンから成る焼結した物質並びにこれを含有する製剤

3 劇物から次の 5 品目が除外され

た。

(1) カドミウム化合物のうち、硫黄、カドミウム及びセレンから成る焼結した物質

(2) 4,4′-アゾビス（4-シアノ吉草酸）及びこれを含有する製剤

(3) （E)-[(4RS)-4-(2-クロロフェニル)-1,3 ジチオラン-2-イリデン](1H-イミダゾール-1-イル)アセトニトリル及びこれを含有する製剤

(4) 1-(2,6-ジクロロ-α,α,α-トリフルオロ-p-トリル)-4-(ジフルオロメチルチオ)-5-[(2-ピリジルメチル)アミノ]ピラゾール-3-カルボニトリル（別名ピリプロール）2.5%以下を含有する製剤

(5) （E)-[(4R)-4-(2,4-ジクロロフェニル)-1,3-ジチオラン-2-イリデン](1H-イミダゾール-1-イル)アセトニトリル及びこれを含有する製剤

98 平成 28 年 7 月 1 日、政令第 255 号で指定令の一部が次のように改正された。

1 毒物として次の 2 品目が指定された。

(1) （クロロメチル)ベンゼン及びこれを含有する製剤

(2) メタンスルホニル=クロリド及びこれを含有する製剤

2 劇物として次の 6 品目が指定された。

(1) グリコール酸及びこれを含有する製剤。ただし、グリコール酸 3.6%以下を含有するものを除く。

(2) ビス（2-エチルヘキシル)=水素=ホスフアート及びこれを含有する製剤。ただし、ビス（2-エチルヘキシル)=水素=ホスフアート 2%以下を含有するものを除く。

(3) ブチル（トリクロロ)スタンナン及びこれを含有する製剤

(4) 2-セカンダリ-ブチルフエノール及びこれを含有する製剤

(5) 無水酢酸及びこれを含有する製剤

(6) 無水マレイン酸及びこれを含有する製剤

3 毒物たる 2-メルカプトエタノール及びこれを含有する製剤のうち、2-メルカプトエタノール 10%以下を含有する製剤を毒物から除外するとともに劇物に指定し、10%以下を含有する製剤のうち、容量 20 L 以下の容器に収められたものであって、2-メルカプトエタノール 0.1%以下を含有するものを劇物から除外した。

4 劇物から次の 2 品目が除外された。

(1) 2,2,2-トリフルオロエチル=[(1S)-1-シアノ-2-メチルプロピル]カルバマート及びこれを含有する製剤

(2) メタバナジン酸アンモニウム 0.01%以下を含有する製剤

99 平成 29 年 6 月 14 日、政令 160 号で指定令の一部が次のように改正さ

れた。

1　劇物として次の1品目が指定された。

(1)　2-ターシヤリ-ブチルフエノール及びこれを含有する製剤

2　毒物たるセレン化合物及びこれを含有する製剤のうち、亜セレン酸 0.0082％以下を含有する製剤を毒物から除外するとともに劇物に指定し、容量1L以下の容器に収められたものであって、亜セレン酸 0.000082％以下を含有するものを劇物から除外した。

3　劇物から次の5品目が除外され

た。

(1)　焼結した硫化亜鉛（Ⅱ）

(2)　トリス（ジペンチルジチオカルバマト-κ2S,S′）アンチモン 5％以下を含有する製剤

(3)　3-(6,6-ジメチルビシクロ[3.1.1]ヘプタ-2-エン-2-イル)-2,2-ジメチルプロパンニトリル及びこれを含有する製剤

(4)　3-メチル-5-フエニルペンタ-2-エンニトリル及びこれを含有する製剤

(5)　無水マレイン酸 1.2％以下を含有する製剤

2 逐条解説

（目的）
第1条 この法律は、毒物及び劇物について、保健衛生上の見地から必要な
取締を行うことを目的とする。

第1条は、この法律の目的について規定したもので、「この法律は、毒物及び劇物について、保健衛生上の立場から必要な取締を行う」ものであることを明らかにしているのである。憲法第25条の「すべて国民は、健康で文化的な最低限度の生活を営む権利を有する。国は、すべての生活部面について、社会福祉、社会保障及び公衆衛生の向上及び増進に努めなければならない」に見られる公衆衛生の向上および増進の精神から、この法律は定められたものであって、保健衛生上の見地とは、こ

のことを指すものであり、また、この法律による取締とは、毒物または劇物を販売または授与すること、あるいは販売または授与の目的で製造し、輸入し、貯蔵し、運搬し、または陳列すること、あるいは毒物または劇物の容器や被包に付ける表示などについての取締を指すものである。

なお、この法律による取締の対象は、必ずしも次条に定義される毒物または劇物に限定されるものではなく、シンナー、接着剤、毒物または劇物に関連する物質も規制の対象とされている。

（定義）
第2条 この法律で「毒物」とは、別表第一に掲げる物であつて、医薬品及
び医薬部外品以外のものをいう。
2 この法律で「劇物」とは、別表第二に掲げる物であつて、医薬品及び医
薬部外品以外のものをいう。
3 この法律で「特定毒物」とは、毒物であつて、別表第三に掲げるものを
いう。

第2条は、毒物、劇物および特定毒物の定義を定めたものである。毒物、劇物および特定毒物とは、人や動物が飲んだり、吸い込んだり（ガスや蒸気）、

あるいは、皮膚や粘膜に付着した際に生理的機能に危害を与えるもので、その程度の激しいものを毒物、その程度が比較的軽いものを劇物とし、毒物の

うち特に作用の激しいものであって、その使用方法によっては人に対する危害の可能性が高いものを特定毒物とする。生理的機能に危害を与えるとは、毒物や劇物の種類によってさまざまな現象として現れるもので、例えばシアンガスは、大量に吸えばほとんど瞬間的に死に至る。また、濃硫酸が皮膚に付くと激しい薬傷を生じ、メタノールを飲むと失明が起こることは、よく知られている。このように、われわれは毒物や劇物、特定毒物がどんなものであるかは知っているが、品目も多種にわたっており、また、社会通念としては必ずしも一定しているわけではないことから、この法律での取締の対象になる毒物と劇物をはっきりと定めておく必要があるため設けられたものである。

なお、毒物または劇物の判定基準については、6～9ページに詳述してあるので参照されたい。

ところで、毒物または劇物と同じような毒性または劇性の生理作用のあるもので、医薬品として使われるものがあることはいうまでもないが、医薬品として使用される場合には医薬品、医療機器等の品質、有効性及び安全性の確保等に関する法律（昭和35年法律第145号。以下「医薬品医療機器法」という。）で、毒薬または劇薬として毒物または劇物とほぼ同様に取り扱われるので、本法の適用は受けない。よって、医薬品以外のもので別表に掲げるものを、毒物または劇物としているのである。また、医薬品のほか、同じく医薬品医療機器法によって規制されている医薬部外品についても、同法において人体に対する作用が緩和なものとの定義があるところから、本法の適用を受けないものとされている。

なお、毒物については、別表第一第28号に「前各号に掲げる物のほか、前各号に掲げる物を含有する製剤その他の毒性を有する物であつて政令で定めるもの」と、劇物については、別表第二第94号に「前各号に掲げる物のほか、前各号に掲げる物を含有する製剤その他の劇性を有する物であつて政令で定めるもの」と、また特定毒物については、別表第三第10号に「前各号に掲げる毒物のほか、前各号に掲げる物を含有する製剤その他の著しい毒性を有する毒物であつて政令で定めるもの」とそれぞれ規定されており、これらの規定に基づいて毒物及び劇物指定令でさらに毒物、劇物および特定毒物が指定されている。これは新しく毒性または劇性のあるものが発見されたり、創製されたり、輸入されたりした場合であって、それらについてこの法律の適用に係らしめる必要があるにもかかわらず、法律の改正まで待つことができないといったことも考慮し、政令で毒物、劇物および特定毒物を指定することができるように定めているものである。

毒物及び劇物取締法の解説

（禁止規定）

第3条　毒物又は劇物の製造業の登録を受けた者でなければ、毒物又は劇物を販売又は授与の目的で製造してはならない。

2　毒物又は劇物の輸入業の登録を受けた者でなければ、毒物又は劇物を販売又は授与の目的で輸入してはならない。

3　毒物又は劇物の販売業の登録を受けた者でなければ、毒物又は劇物を販売し、授与し、又は販売若しくは授与の目的で貯蔵し、運搬し、若しくは陳列してはならない。但し、毒物又は劇物の製造業者又は輸入業者が、その製造し、又は輸入した毒物又は劇物を、他の毒物又は劇物の製造業者、輸入業者又は販売業者（以下「毒物劇物営業者」という。）に販売し、授与し、又はこれらの目的で貯蔵し、運搬し、若しくは陳列するときは、この限りでない。

第3条は、毒物、劇物の製造業、輸入業、または販売業の登録を受けた者でなければ、毒物、劇物を販売し、授与し、または販売、授与の目的でする製造、輸入、貯蔵、運搬、陳列などを行うことが禁じられている旨を規定したものである。本条に違反して登録を受けずに毒物または劇物の製造、輸入、販売等を行った者については罰則の適用がある（法第24条第1号、第26条）。

【1】第1項では、毒物または劇物の製造業の登録を受けた者でなければ、毒物または劇物を販売または授与の目的で製造することを禁止している。「販売又は授与の目的で……」という規定は本法でよく用いられるが、その意味は「業としてあるいは営業として」という意味を法律的に表現したもので、販売とは売ること、すなわち法律的にいえば対価を得て所有権を他人に移転することを指し、授与とは与えること、すなわち無償で所有権を他人へ移転する

ことを指す。なお、法律用語として譲渡という言葉が用いられる場合があるが、これは販売と授与の両方を指した用語である。

この項では、販売または授与の目的でする製造について規定しているので、工場や研究所などで研究や作業上に使う、すなわち自家消費のために毒物や劇物を製造する場合は、この法律による登録を必要としないのである。近時、試験研究のために、毒物または劇物として包括的に指定されているものに該当する新規の物質について、その製造を他者に委託する場合があるが、それが試験研究目的であり、かつ、所有権の移転を生じない限りは、この項における製造には当たらないとしているところである。しかし、例えば研究室でも販売または授与するために製造するものならば、登録が必要である。換言すれば、研究所や工場等で登録を受けず製造した毒物や劇物は、これを販売

802

したり、他人に与えたりしてはならないのである。

　なお、法律の条文中には明文規定はないが、「製造」には「小分け」も含まれているものである（施行令第36条の7）。

【2】　第2項は、第1項と同じ趣旨を輸入業について規定したものである。工場や研究所などで、自家消費あるいは研究用に輸入する場合、販売または授与するものでなければ、登録を受けなくてもよいのである。

【3】　第3項は、販売業の登録を受けた者でなければ、毒物または劇物を販売したり、授与してはならないこと、および販売または授与の目的で貯蔵したり、運搬したり、陳列してはならないことを規定したものである。

　この際の貯蔵は、販売または授与を目的とする貯蔵であるから、他の物の製造のためや研究のために貯蔵するには、販売業の登録を必要としないことはいうまでもない。

　運搬は、物を一つの場所から他の場所に運び移すことである。この運搬も販売または授与を目的として行うものに限っている。以上の意味で、同一の工場や店の内部で運び移すことは、このなかに含まれない。

　陳列とは、公衆が見やすいような方法で並べ飾ることをいう。ここでも、販売または授与を目的とした陳列に限っているのだから、博覧会、展覧会や博物館、教育資料としての陳列などは、ここには含まれていないのである。

　第3項のただし書は、製造業者が製造し、輸入業者が輸入した毒物または劇物を、毒物劇物営業者（本条以下では「第4条の登録を受けて、毒物劇物の製造業、輸入業又は販売業を営む者」を、毒物劇物営業者としている）に売ったり譲ったり、または売ったり譲ったりする目的で貯蔵したり、運搬したり、陳列したりする場合は、販売業の登録を受けなくてもよいという規定である。すなわち、製造業者や輸入業者が卸売りする場合は、販売業の登録を受けないでもよいのである。製造や輸入を営業とすることは、当然、製造あるいは輸入した品を販売することを前提としており、すなわち業本来の機能としている。あえて販売業の登録をしないでも販売を認めるのは当然であろう。

　以下で「販売又は授与の目的で」の意味や「製造」の範囲について、やや込みいった実例について考えてみよう。

イ　石油精製業者が、四エチル鉛を輸入してガソリンに混入し、いわゆる加鉛ガソリンとして市販する場合、毒物劇物輸入業の登録を受けないでよいか。

――一見、この石油精製業者は「販売又は授与の目的で」毒物である四エチル鉛を輸入するようであるが、その四エチル鉛はそのまま自分でガソリンに混入して加鉛ガソリンを製造するのであって、その毒物自体を「販売又は授与する目的」ではない。この四エチル鉛は自家消費のためであり、したがって本条第2項の適用は受けない。

毒物及び劇物取締法の解説

　しかし、四エチル鉛は特定毒物であるので、次の第3条の2第2項によって輸入業の登録を必要とするのである。特定毒物は販売等の目的を持っていなくても登録を必要とするためである（次条参照）。

ロ　ある毒物劇物販売業者が輸送費節約のため、硫酸を15トン入りタンク車で輸送させ、便宜上、鉄道構内貨物引込線に停車させておき、そのタンク車から鋼管パイプで硫酸を18L入りかめ330本に小分け詰め替えをして、自己の営業所まで運搬することを常時行っているが、この法律の規定に抵触しないか。

　——この行為は、まず販売用の容器である18L入りかめに詰め替える行為それ自体が、本条の第1項に抵触する。これはまさに、その販売業者が、販売または授与の目的で小分け詰め替えをする製造行為であって、第3項の「販売若しくは授与の目的で貯蔵し、運搬し、若しくは陳列」する行為からはみ出しているのはもちろん、「販売業者が毒物又は劇物の直接の容器又は被包を開いて」販売または授与する（施行規則第11条の6第4号）行為（「零販」又は「秤り売り」）にもあたらない。したがって、この販売業者は製造業の登録を受けなければならないのである。

　これは後出の第4条以下の関係になるが、製造業者の製造は自己の登録された製造所で行うべきであるが、鉄道構内引込線付近における小分けは、製造業者が自己の製造所で行う通常の小分け作業とは認めがたい。したがって、製造業の登録を受けたうえでも、一定の作業場を引込線付近に設置するか、またはタンク付き自動車等で自己の作業場まで輸送し、そこで小分けするかしなければならない（昭和27年12月12日、薬収第758号通牒による）。

> **第3条の2**　毒物若しくは劇物の製造業者又は学術研究のため特定毒物を製造し、若しくは使用することができる者としてその主たる研究所の所在地の都道府県知事（その主たる研究所の所在地が、地方自治法（昭和22年法律第67号）第252条の19第1項の指定都市（以下「指定都市」という。）の区域にある場合においては、指定都市の長。第6条の2及び第10条第2項において同じ。）の許可を受けた者（以下「特定毒物研究者」という。）でなければ、特定毒物を製造してはならない。
>
> 2　毒物若しくは劇物の輸入業者又は特定毒物研究者でなければ、特定毒物を輸入してはならない。
>
> 3　特定毒物研究者又は特定毒物を使用することができる者として品目ごとに政令で指定する者（以下「特定毒物使用者」という。）でなければ、特定毒物を使用してはならない。ただし、毒物又は劇物の製造業者が毒物又は劇物の製造のために特定毒物を使用するときは、この限りでない。

4　特定毒物研究者は、特定毒物を学術研究以外の用途に供してはならない。

5　特定毒物使用者は、特定毒物を品目ごとに政令で定める用途以外の用途に供してはならない。

6　毒物劇物営業者、特定毒物研究者又は特定毒物使用者でなければ、特定毒物を譲り渡し、又は譲り受けてはならない。

7　前項に規定する者は、同項に規定する者以外の者に特定毒物を譲り渡し、又は同項に規定する者以外の者から特定毒物を譲り受けてはならない。

8　毒物劇物営業者又は特定毒物研究者は、特定毒物使用者に対し、その者が使用することができる特定毒物以外の特定毒物を譲り渡してはならない。

9　毒物劇物営業者又は特定毒物研究者は、保健衛生上の危害を防止するため政令で特定毒物について品質、着色又は表示の基準が定められたときは、当該特定毒物については、その基準に適合するものでなければ、これを特定毒物使用者に譲り渡してはならない。

10　毒物劇物営業者、特定毒物研究者又は特定毒物使用者でなければ、特定毒物を所持してはならない。

11　特定毒物使用者は、その使用することができる特定毒物以外の特定毒物を譲り受け、又は所持してはならない。

　第3条の2は、特定毒物に対する製造、輸入、使用、譲渡、譲受、所持を一定の者以外に禁止する規定である。すなわち、特定毒物は、毒物のうちでも毒性が特に強烈なので、他の一般毒物のように営業としての製造、輸入、販売を規制するにとどまらず、一定の資格のある者であって、かつ製造、輸入等を特に必要とし、またそれらのことを行うのに最も適していると考えられる者に限って、これらの行為を認めることとしたのである。本条に違反して許可等を受けずに特定毒物の製造、輸入、使用等を行った者については罰則の適用がある（法第24条第1号、第26条）。

【1】第1項は、毒物および劇物の製造業者または特定毒物研究者（本条以下では「学術研究のため特定毒物を製造し、輸入し、若しくは使用することができる者としてその主たる研究所の所在地の都道府県知事（その主たる研究所の所在地が、地方自治法（昭和22年法律第67号）第252条の19第1項の指定都市（以下「指定都市」という。）の区域にある場合においては、指定都市の長。第6条の2及び第10条第2項において同じ。）の許可を受けた者」を特定毒物研究者としている。なお、平成27年6月に公布された第5次地方分権一括法により、許可の権限が指定都市の長に移譲された）以外の者が特定毒物を製造することを禁止している。この場合の製造とは、販売または授与のような目的を必要とせず、意思表示を伴わない事実行為をもって製造とし

ている。

【2】第2項は、第1項と同様の趣旨である。石油精製業者等が自家消費のため四エチル鉛等の特定毒物を輸入する場合であっても、本項により毒物または劇物の輸入業の登録を必要とするのである。もちろん、この場合であっても、いったん登録を行えば、自家消費のみならず輸入した四エチル鉛等を他の営業者に販売し、授与することも可能である。

【3】第3項は、特定毒物研究者および特定毒物使用者以外の者が、特定毒物を使用することを禁止している。すなわち、学術研究のため使用を必要とする特定毒物研究者、または品目ごとに政令で使用を認めた特定毒物使用者（製造業者が製造のために使用するのはこの限りでない）以外は特定毒物を使用できないとしたものである。この場合、特定毒物研究者は、特定毒物のどの品目でも使用できることになっているが、特定毒物使用者の場合は、政令により四アルキル鉛を含有する製剤ほか4品目に限定されており、かつ、特定毒物の品目ごとにその使用者が限定されている（施行令第1条、第11条、第16条、第22条、第28条）。

【4】第4項は、特定毒物研究者が取り扱う特定毒物について、その用途を規制したものである。すなわち、特定毒物研究者に対して学術研究以外の目的における特定毒物の使用を禁止している。このことは、特定毒物である農薬のパラチオンについてみると、パラチオンの殺虫効果、製造方法、薬害、毒

性試験等の研究に使用することは差し支えないが、その研究者の所属する会社、学校、試験所等の付属農場の害虫駆除には、たとえ研究者といえども使用することはできない。この学術研究とは、都道府県知事の許可を受けた学術研究の面に限定して解すべきである。

【5】第5項は、特定毒物使用者の用途に対する規制であり、政令で定めた用途以外には使用してはならない規定である。例えば、モノフルオール酢酸ナトリウムに対する用途は野ネズミの駆除のみであり、施行令における用途の規定（施行令第1条、第11条、第16条、第22条、第28条）は、本条文に基づいて制定されているものである。

【6】第6項は、毒物劇物営業者、特定毒物研究者、または特定毒物使用者以外の者の譲渡、譲受の禁止を規定したものである。この場合の譲渡とは、その物の所有権が移転することを意味し、販売、授与の目的と直接関係はない。

【7】第7項は、毒物劇物営業者、特定毒物研究者、特定毒物使用者の相互以外の譲渡、譲受の禁止を規定したものである。すなわち、これら以外の者には特定毒物を取り扱う能力および必要性を認めないものである。

【8】第8項は、毒物劇物営業者、特定毒物研究者が特定毒物使用者へ特定毒物を譲り渡すときは、政令で定めるその者が使用できる品目以外の品目を譲り渡してはならないとする規定である。これは特定毒物使用者には政令で定める品目と用途に限って認めるので、それ以外の品目について、その使用が認

められないからである。

【9】第9項は、毒物劇物営業者、特定毒物研究者が特定毒物を譲り渡すときに、政令で品質、着色、表示に関する基準が定められている場合（施行令第2条、第12条、第17条、第23条、第29条）はその基準に適合したものでなければ、譲り渡してはならないとする規定である。すなわち、品質等の基準を定めた品目については、使用者は一般にそのものに対する化学的知識はないので、基準に適合したもののみを譲り渡す必要があるからである。

【10】第10項は、毒物劇物営業者、特定毒物研究者、特定毒物使用者以外の者が特定毒物を所持することを禁止した規定である。すなわち、一般の毒劇物と異なり、特定毒物については万が一事故が発生した場合の影響が重大であるため、一般の者がこれを所持すること自体を禁止したものである。この場合の所持とは、必ずしも所有権の有無にかかわらず、占有で十分である。

【11】第11項は、特定毒物使用者は、第3項の規定に基づく政令の規定により、当該使用者が使用できることとされている品目以外のものは、単に使用することができないだけでなく、譲り受けてはならないし、また所持してもならないとする規定である。

第3条の3　興奮、幻覚又は麻酔の作用を有する毒物又は劇物（これらを含有する物を含む。）であつて政令で定めるものは、みだりに摂取し、若しくは吸入し、又はこれらの目的で所持してはならない。

【1】本条は、シンナー等有機溶剤製品の乱用が青少年の間に蔓延し、国民の保健衛生上ゆゆしい問題が生じている実態に鑑み、「興奮、幻覚又は麻酔の作用を有する毒物又は劇物（これらを含有する物を含む。）であって政令で定めるもの」をみだりに摂取し、または吸入する目的でこれらの物を所持する行為を禁止したものであり、昭和47年6月の法改正により新たに追加されたものである。

【2】本条に規定する政令で定めるものとしては、トルエンならびに酢酸エチル、トルエンまたはメタノールのいずれかを含有するシンナー（塗料の粘度を減少させるために使用される有機溶剤をいう）、塗料、接着剤、および閉塞用またはシーリング用充てん料が指定されている（施行令第32条の2）。

なお、酢酸エチル、トルエンまたはメタノールを含有するシンナー、塗料、接着剤および充てん料とは、酢酸エチル、トルエン、メタノールのいずれか1つを含有していればよく、また、これらの劇物の含量についても特に限度は設けられていない。この指定は、有機溶剤の乱用防止という見地から、いわゆるシンナー遊びに実際に使用されているものに限定されたものであり、酢酸エチル、メタノールの原体は指定されていない。

【3】本条でいう「みだりに摂取し、若

毒物及び劇物取締法の解説

しくは吸入し」とは、その目的、態様から判断して社会通念上正当とは認められない場合を指し、シンナー等を用いる工場、事業所等で労働者が作業中その蒸気を含んだ空気を呼吸する場合、学術研究上必要な実験のために摂取、吸入する場合などは含まれない。

なお、「摂取」とは口から液体状のものを流入させることなどをいい、「吸入」とは口または鼻から気体状のものを吸い込むことをいう。

さらに、「所持」とは対象たる物を自己の支配下に置くことであり、必ずしも携帯していることを要するものではない。

【4】本条に違反して、これらのものを摂取、吸入し、またはこれらの目的で所持した者については罰則の適用がある（法第24条の3）。また、これらの行為が行われることの情を知って、これらのものを販売または授与した者についても同様である（法第24条の2第1号、第26条）。

第3条の4 　引火性、発火性又は爆発性のある毒物又は劇物であつて政令で定めるものは、業務その他正当な理由による場合を除いては、所持してはならない。

【1】本条は、発火性または爆発性のある劇物を不法な目的に使用する事例が相次いで発生し、ひいてはその使用の過程における保健衛生上の危害の発生も憂慮されている実態に鑑み、業務上正当な理由によることなく、政令で定める引火性、発火性または爆発性のある毒物または劇物を所持することを禁止したものであり、前条と同様、昭和47年6月の法改正により新たに追加されたものである。

【2】本条に規定する政令で定めるものとして、亜塩素酸ナトリウム及びこれを30％以上含有する製剤、塩素酸塩類及びこれを35％以上含有する製剤、ナトリウムならびにピクリン酸が指定されている（施行令第32条の3）。

なお、政令で指定された劇物のうち、塩素酸塩類及びこれを35％以上含有する製剤、ピクリン酸は爆発性のある劇物として、ナトリウムは発火性のある劇物として指定されている。

【3】本条でいう「業務その他正当な理由」によるものでない所持とは、社会通念上正当とは認められない目的に使用するために所持する場合をいうものであり、引火性、発火性または爆発性を利用するか否かにかかわらない。ここでの構成要件該当の認定は、「いかなる目的をもった所持であるか」という見地から行われるものであり、その所持自体がこの法律その他の法令に違反しているからといって、直ちに「業務その他正当な理由」によらない所持になるものではない。

【4】本条に違反して、これらの物を所持した者については罰則の適用があり（法第24条の4、第26条）、また、業

808

務その他正当な理由によることなく所持することの情を知って販売または授与した者についても同様である（法第24条の2第2号、第26条）。

（営業の登録）

第4条　毒物又は劇物の製造業又は輸入業の登録は、製造所又は営業所ごとに厚生労働大臣が、販売業の登録は、店舗ごとにその店舗の所在地の都道府県知事（その店舗の所在地が、地域保健法（昭和22年法律第101号）第5条第1項の政令で定める市（以下「保健所を設置する市」という。）又は特別区の区域にある場合においては、市長又は区長。第3項、第7条第3項、第10条第1項及び第21条第1項において同じ。）が行う。

2　毒物又は劇物の製造業又は輸入業の登録を受けようとする者は、製造業者にあつては製造所、輸入業者にあつては営業所ごとに、その製造所又は営業所の所在地の都道府県知事を経て、厚生労働大臣に申請書を出さなければならない。

3　毒物又は劇物の販売業の登録を受けようとする者は、店舗ごとに、その店舗の所在地の都道府県知事に申請書を出さなければならない。

4　製造業又は輸入業の登録は、5年ごとに、販売業の登録は、6年ごとに、更新を受けなければ、その効力を失う。

第4条は、製造業、輸入業あるいは販売業の登録について、それを所管する行政庁と登録の手続き、登録更新について規定したものである。

【1】第1項は、製造業は製造所、輸入業は営業所、販売業は店舗を対象として、登録はそれぞれの製造所、営業所、店舗1件ごとに、製造業と輸入業については厚生労働大臣が、販売業についてはその店舗の所在地の都道府県知事、保健所を設置する市の市長または特別区の区長が行うことを定めている。

注意すべきは、製造業の登録は製造所、すなわち実際に製造の作業を行う場所についてなされるのであって、営業所は登録の対象とならないことである。それは、この法律制定の趣旨

——保健衛生上の危害防止——からみて、第5条に示されるように毒物、劇物を取り扱う設備についての基準が定められている点からいっても当然のことである。一方、輸入業については、現実に輸入の業務が行われる場所を営業所とみて、登録の対象としているのである。輸入業者のなかには、その営業所においては毒物、劇物は直接には扱わず、取引の主体となっているものもあるが、この場合には営業所に貯蔵、陳列等の設備がなくても、登録は受けなければならないのである。

販売業の登録の対象となるのは店舗であるが、これは本店、支店、出張所等のすべてを含むものである。

なお、登録は、厚生労働大臣、都道

809

府県知事、保健所を設置する市の市長
または特別区の区長が登録簿に所定の
事項を記載することにより行われるが
（法第6条）、登録を行ったときには、申
請者に登録票を交付することとされて
いる（施行令第33条、施行規則第3条、
別記第3号様式）。また、平成9年3月
21日より登録事務は電子情報処理組織
を用いて行うこともできるようになっ
た（施行規則第22条～第27条）。
【2】　第2項、第3項は登録の手続き
に関する規定で、第2項では、製造業
は製造所ごとに、輸入業は営業所ごと

に、その所在する都道府県知事を経由
して、厚生労働大臣に登録の申請書を
提出することを、第3項では、販売業
は店舗ごとに、店舗所在地の都道府県
知事、保健所を設置する市の市長また
は特別区の区長に登録を申請すること
をそれぞれ規定している。
【3】　製造業または輸入業の登録権限の
一部は、法第23条の3（都道府県が処
理する事務）により、都道府県知事に
委任されているが、これについては850
ページを参照されたい。

（販売業の登録の種類）
第4条の2　毒物又は劇物の販売業の登録を分けて、次のとおりとする。
　　一　一般販売業の登録
　　二　農業用品目販売業の登録
　　三　特定品目販売業の登録

　第4条の2は、販売業の登録の種類
を定めたものである。
　本条は、昭和39年7月の第5次改
正により設けられたもので、それ以前
は販売業の登録の種類は1種類のみで、
販売品目が登録事項とされていたため、
登録された品目以外の毒劇物は、その
都度登録の変更を受けなければ販売で
きないという不便があったが、これが
改められて、本条に規定する販売業の
登録の種類に応じて、全品目または次
条に規定する一定範囲の毒劇物を販売
することができるようになった。
　このように販売業の登録の種類が分
けられたのは、そこに置かれる毒物劇
物取扱責任者とも関連して、その法制

を販売業の実態に合わせる必要がある
ためで、毒劇物の販売業者のなかには、
農業協同組合等農薬の販売業者である
者が極めて多く、また塗料用薬品の販
売業やクリーニング用薬品の販売業等、
特定の業種向けの販売業者が多いため
である。前者が本条第二号の農業用品
目販売業者であり、後者が第三号の特
定品目販売業者にあたるものである。
　なお、従前の販売業が本条のどの種
類の販売業とみなされるかについては、
昭和39年7月改正の附則第2項に記載
されている（次ページの表参照）。
　この法律の施行の際現に改正前の毒
物及び劇物取締法による毒物又は劇物
の販売業の登録を受けている者は、次

810

の表の左欄に定める区分に従い、それ
ぞれ同表の右欄に規定する改正後の毒

物及び劇物取締法による毒物又は劇物
の販売業の登録を受けた者とみなす。

農業上必要な毒物又は劇物のみを取り扱う販売業者及び改正前の第8条第5項の規定により厚生大臣が指定する毒物又は劇物のみを取り扱う販売業者以外の販売業者	一般販売業の登録
農業上必要な毒物又は劇物のみを取り扱う販売業者	農業用品目販売業の登録
改正前の第8条第5項の規定により厚生大臣が指定する毒物又は劇物のみを取り扱う販売業者	特定品目販売業の登録

（販売品目の制限）

第4条の3　農業用品目販売業の登録を受けた者は、農業上必要な毒物又は
　　劇物であつて厚生労働省令で定めるもの以外の毒物又は劇物を販売し、授
　　与し、又は販売若しくは授与の目的で貯蔵し、運搬し、若しくは陳列して
　　はならない。

　2　特定品目販売業の登録を受けた者は、厚生労働省令で定める毒物又は劇
　　物以外の毒物又は劇物を販売し、授与し、又は販売若しくは授与の目的で
　　貯蔵し、運搬し、若しくは陳列してはならない。

　登録を受けた販売業の種類に応じて、その店舗において取り扱いうる毒物、劇物の範囲を定めることは、そこに置かれる毒物劇物取扱責任者との関係上、重要なことである。本条に違反して指定品目以外の品目の販売等を行った者については罰則の適用がある（法第24条第1項、第26条）。

【1】第1項は、農業用品目販売業者が取り扱いうる毒物、劇物の範囲について規定している。当然、農業上必要な毒物、劇物、つまり農薬が主となるが、

具体的には厚生労働省令で定められており、施行規則別表第一に掲げる毒物、劇物がそれである。

【2】第2項は、同じく特定品目販売業者が取り扱いうる毒物、劇物の範囲についての規定であり、施行規則別表第二に掲げるものがそれである。この別表第二に掲げるものは、昭和37年4月厚生省告示第112号に掲げる毒物、劇物と、その範囲はほとんど同じであり、すべて劇物である。

毒物及び劇物取締法の解説

（登録基準）

第5条 厚生労働大臣、都道府県知事、保健所を設置する市の市長又は特別区の区長は、毒物又は劇物の製造業、輸入業又は販売業の登録を受けようとする者の設備が、厚生労働省令で定める基準に適合しないと認めるとき、又はその者が第19条第2項若しくは第4項の規定により登録を取り消され、取消の日から起算して2年を経過していないものであるときは、第4条の登録をしてはならない。

【1】第5条は、厚生労働大臣、都道府県知事、保健所を設置する市の市長または特別区の区長が第4条の登録をする場合に、登録を受けようとする者の設備が厚生労働省令で定められている基準に合わないと認められるとき、またはその者が、かつて毒物劇物の営業者であって登録取消しの処分（法第19条）を受け、その取消しの日から2年を経過していないときは、製造業、輸入業または販売業の登録をしてはならない旨を規定したものである。すなわち、その設備がこの基準に合わない限り登録できないことから、製造業、輸入業または販売業の登録を受けようとする者は、まずこの基準に合う設備を整えることが必要である。もっとも、販売業で取引は行うが現物の取扱いを行わないような場合、すなわち実際に毒物または劇物の貯蔵、陳列をしない場合には、この規定は関係がないことになる。

　毒物や劇物を貯蔵、運搬、陳列する設備は、従業員や一般の人が近寄ったり、これに触れる場合も多いので、その設備が不十分であるときは保健衛生上危険なことになる。そこで、製造業者、輸入業者、販売業者の貯蔵、運搬、陳列に関する設備は、少なくとも次の条件を備えていなければならないことが厚生労働省令で定められているのである（施行規則第4条の4）。

(1)　毒物又は劇物の製造所の設備の基準は、次のとおりとする。

　1　毒物又は劇物の製造作業を行なう場所は、次に定めるところに適合するものであること。

　　イ　コンクリート、板張り又はこれに準ずる構造とする等その外に毒物又は劇物が飛散し、漏れ、しみ出、若しくは流れ出、又は地下にしみ込むおそれのない構造であること。

　　ロ　毒物又は劇物を含有する粉じん、蒸気又は廃水の処理に要する設備又は器具を備えていること。

　2　毒物又は劇物の貯蔵設備は、次に定めるところに適合するものであること。

　　イ　毒物又は劇物とその他の物とを区分して貯蔵できるものであること。

　　ロ　毒物又は劇物を貯蔵するタン

ク、ドラムかん、その他の容器は、毒物又は劇物が飛散し、漏れ、又はしみ出るおそれのないものであること。

ハ　貯水池その他容器を用いないで毒物又は劇物を貯蔵する設備は、毒物又は劇物が飛散し、地下にしみ込み、又は流れ出るおそれがないものであること。

ニ　毒物又は劇物を貯蔵する場所にかぎをかける設備があること。ただし、その場所が性質上かぎをかけることができないものであるときは、この限りでない。

ホ　毒物又は劇物を貯蔵する場所が性質上かぎをかけることができないものであるときは、その周囲に、堅固なさくが設けてあること。

3　毒物又は劇物を陳列する場所にかぎをかける設備があること。

4　毒物又は劇物の運搬用具は、毒物又は劇物が飛散し、漏れ、又はしみ出るおそれがないものであること。

(2)　毒物又は劇物の輸入業の営業所及び販売業の店舗の設備の基準については、前項第2号から第4号までの規定を準用する。

【2】以下施行規則の規定について解説を加えれば次のとおりである。

1　第1項は、製造所の設備基準を定めたものであるが、第1号は製造所の作業場の構造に関する基準である。この場合の作業場は、具体的に毒物または劇物の製造を行う建物および

その場所を指すものである。すなわち、構造についてみるならば、粉剤の製造の場合、粉末が容易に作業場の窓または天井から飛散するとか、建物の老朽化のため、製造中の毒物または劇物が外部を汚染するとか、有害廃棄物の処理施設が設けられていないなどの構造の場合は、本基準からみてその構造は登録するに適しないものである。

2　第2号は、製造所の貯蔵設備の基準に関する規定である。

第一に、貯蔵設備は毒物または劇物とその他の物とを区分して貯蔵できるものであることが要求される。毒劇物による危害防止上、当然である。

第二に、毒物または劇物を貯蔵する容器（タンク、ドラムかん、その他）は、毒物や劇物の内容物が飛散したり、漏れたり、しみ出たりするようなものであってはならない。

容器には、液状（アクリロニトリル、アニリン、硫酸等）のものを入れる場合も、粉末状のものを入れる場合もあるが、いずれもかめにひびが入っていたり、缶の金属が腐食していたり、タンクの密栓すべき部分が不完全であったりしてはいけないのであって、この種の容器を必要とする製造業者、輸入業者、販売業者が用いる容器は、そのようなことのない完全なものでなければならない。

第三に、容器を用いない貯水池のような貯蔵設備では、毒物や劇物の内容物が飛散したり、地下にしみ込

んだり、外部へ流れ出るようなものではいけない。

貯水池のような液槽は通常、容器とは言わないが、このような貯蔵設備については、その周囲のコンクリート壁が粗かったり、ひびが入っているために、貯蔵されている毒物や劇物が飛散したり、地下にしみ込むとか、また設備の取り付け方によって液が上部等から流れ出すおそれがあるなど、そのような欠点があれば不適合として登録されない。

第四に、毒物や劇物を貯蔵する場所には、かぎがかかるようになっていなければならない。

毒物や劇物の倉庫等に関係者以外の者が勝手に入ったりすることは、間違いを起こすもとだからである。「かぎをかける設備がある」というのは、「常にかぎをかけてある」必要はないが、その倉庫等が「使用されるときには必ずかぎをかける」ことが誰にでも明らかな状態になっていること、すなわち「かぎがある」という意味である。

ただし、その設備の性質からかぎをかけられないもの――例えばタンク、ドラムかん（戸外に置く場合）、貯水池などの場合は、かぎの設備がなくてもよいことになっている。

第五は、前述のかぎをかけることのできない貯蔵場所には、その周囲に、しっかりとした堅固なさくを設けなければならないという条件である。

3　第3号は、毒物や劇物を陳列する場合には、かぎをかける設備がなければならないという規定で、貯蔵場所と同じである。

4　第4号は、毒物や劇物を運搬する用具についても、貯蔵のための容器と同様に、毒物や劇物が飛散したり、漏れたり、しみ出たりするようなものであってはならない旨の規定である。運搬用に用いる配達用トラック、タンクローリーなどはもちろんのこと、製造所内で運ぶ際に用いる手押し車などもこの基準に合うことが必要である。

5　以上は製造所の設備基準であるが、営業所および店舗の設備基準も、これら製造所の設備基準に準ずる旨を第2項で規定している。

【3】以上が厚生労働省令で定める設備基準であるが、本条の規定は以上のような設備の基準（すなわち物的基準）に合わないもののほか、人的基準に適合しない場合も登録をしてはならないとしている。すなわち、毒物、劇物の営業者たる者は、毒物、劇物による保健衛生上の危害等について十分の見識を必要とする者であって、少なくとも毒物及び劇物取締法に違反した者、および、設備不十分の理由による設備の改善命令に違反するというような者は、当分の間、営業は認めるべきでなく、よって本法の規定により登録の取消処分を受けた者については、取消しの日から2年間は再登録を行うことができない。

> （登録事項）
> **第6条** 第4条の登録は、左の各号に掲げる事項について行うものとする。
> 　一　申請者の氏名及び住所（法人にあつては、その名称及び主たる事務所の所在地）
> 　二　製造業又は輸入業の登録にあつては、製造し、又は輸入しようとする毒物又は劇物の品目
> 　三　製造所、営業所又は店舗の所在地

【1】第6条は、第4条の規定によってなされる登録の内容を定めている。業種にしたがって厚生労働大臣、都道府県知事、保健所を設置する市の市長または特別区の区長が登録する場合、その登録簿には次の3事項が必ず記載されるべきである旨を規定している。

1　登録を申請する者の住所氏名。申請者が法人であるときは、名称および主たる事務所の所在地

　これは登録を受ける者が誰であるかを明らかにするためで、製造所や店舗の名称、屋号、所在地ではない。例えば大阪府○○区××に本社のあるA社の、東京にあるB工場の場合、登録する事項は「大阪府○○区××・A社」となる。

2　製造または輸入しようとする毒物または劇物の品目

　「品目」の概念は、製造か輸入か、あるいは原体か製剤（47〜48ページ参照のこと）かの違いにより若干異なっている。

　イ　毒物または劇物の原体は、その成分名によって特定される。ただし、毒物または劇物の原体の製造に係る登録にあっては、その製造

が小分け製造かどうかが加味される。すなわち、原体の小分け製造のみを行う場合は、原体の小分けとしての登録が行われ、その後、原体の製造（小分けを除く）を行う場合は、法第9条に規定する登録の変更が必要となる。

　ロ　毒物または劇物の製剤は、その成分名および含有量によって特定されて、この場合、含有量は一定の含有の幅を持たせてもよいが（施行規則別記第1、4、10号様式）、この含量幅は無制限ではなく、当該製剤の性状・性質、貯蔵設備および運搬用具の材質・構造等について、法第5条（登録基準）に基づく設備基準（施行規則第4条の4）に適合するか否か個別に判断される。

3　製造所、営業所または店舗の所在地

　この登録で実際に毒物、劇物を取り扱う場所、例えば、工場のある東京の番地が登録される。

【2】登録簿に記載する法定の登録事項は以上の3事項であるが、そのほか登録事項ではないが、施行規則の規定に

毒物及び劇物取締法の解説

より、登録番号および登録年月日、製造所、営業所または店舗の名称、毒物劇物取扱責任者の氏名および住所等も併せて記載することとされている（施行規則第4条の5）。

（特定毒物研究者の許可）

第6条の2　特定毒物研究者の許可を受けようとする者は、その主たる研究所の所在地の都道府県知事に申請書を出さなければならない。

2　都道府県知事は、毒物に関し相当の知識を持ち、かつ、学術研究上特定毒物を製造し、又は使用することを必要とする者でなければ、特定毒物研究者の許可を与えてはならない。

3　都道府県知事は、次に掲げる者には、特定毒物研究者の許可を与えないことができる。

一　心身の障害により特定毒物研究者の業務を適正に行うことができない者として厚生労働省令で定めるもの

二　麻薬、大麻、あへん又は覚せい剤の中毒者

三　毒物若しくは劇物又は薬事に関する罪を犯し、罰金以上の刑に処せられ、その執行を終わり、又は執行を受けることがなくなつた日から起算して3年を経過していない者

四　第19条第4項の規定により許可を取り消され、取消しの日から起算して2年を経過していない者

第6条の2は、学術研究のため特定毒物を製造し、使用することを必要とする者が、特定毒物研究者の許可を受ける場合の手続き、適格事由および欠格事由を規定したものである。

【1】第1項は特定毒物研究者の許可申請手続きに関する規定である。申請は、「主たる研究所の所在地の都道府県知事」（法第3条の2第1項の規定によりその研究所の主たる所在地が指定都市の区域内にある場合は、指定都市の長）に対して、所定の様式により、かつ、必要な書類を添付して行うこととされている（施行規則第4条の6、同別記第6号様式）。また、都道府県知事または

指定都市の長がこれに対して許可を与えたときには、厚生労働省令（施行規則第4条の10）の定めるところにより特定毒物研究者名簿に必要な事項を記載し、申請者に許可証を交付することとされている（施行令第34条、施行規則第4条の9、別記第7号様式）。

特定毒物研究者の許可は、毒物劇物営業者における製造所、営業所または店舗ごとの登録と異なり、医師、薬剤師等の免許と同様その人ごとに与えられる対人許可の一種である。このため、特定毒物研究者は、許可を受けた後にその者の主たる研究所を変更した場合は、新たに許可を受け直す必要はなく、

この旨を当該研究所の所在する都道府県知事または指定都市の長に届け出ればよいこととされている（法第10条第2項、施行令第36条の4）。

【2】第2項は、特定毒物研究者の適格事由に関する規定である。この特定毒物研究者は、本来は個人の所持、使用等が厳重に禁止されているものを、研究者という資格のもとに自由に使用し、あるいは譲渡できる規定であるから、この研究者の許可にあたっては、第2項にも定められているとおり、あくまで特定毒物に相当な知識を有し、かつ、学術研究上どうしても使用することが必要である者のみにその許可は限定されるべきものなのである。特定毒物研究者の資格については、平成28年3月24日薬生化発0324第1号をもって、各都道府県知事・各指定都市市長・各保健所設置市長・各特別区長宛てに次のような基準が示されている。

1　学校教育法（昭和22年法律第26号）第83条に規定する大学において、薬学、医学、化学その他毒物及び劇物に関係ある学科を専攻修了した者であって、職務上特定毒物の研究を必要とする者。ただし、同一の研究施設より同一の研究事項に関し2人以上許可申請がある場合には、それぞれが許可を受けることを妨げないが、主任研究者について許可を受けることをもって足りるものとする。

2　農業試験場、食品メーカー等において農業関係で使用される特定毒物の効力、有害性、残効性、使用方法等比較的高度の化学的知識を必要と

しない事項のみにつき研究を必要とする場合には、農業上必要な毒物及び劇物に関し農業用品目毒物劇物取扱責任者と同等以上の知識を有すると認められることをもって足りること。ただし、この場合、当該研究施設で農業関係の特定毒物の効力、有害性又は残効性等の研究のみを行い、これ以外の特定毒物の研究は行わないことを、特定毒物研究者許可申請書の記載事項中「特定毒物を必要とする研究事項」に記載するよう指導すること。

3　水質汚濁防止法（昭和45年法律第138号）、下水道法（昭和33年法律第79号）、大気汚染防止法（昭和43年法律第97号）等の規定に基づく分析研究を実施するため標準品としてのみ特定毒物を使用する場合の当該特定毒物研究者の資格は、一般毒物劇物取扱責任者と同等以上の知識を有すると認められることをもって足りること。ただし、この場合、特定毒物を分析研究のための標準品としてのみ使用し、それ以外の用途には用いないことを、特定毒物研究者許可申請書の記載事項中「特定毒物を必要とする研究事項」に記載するよう指導すること。

【3】第3項は特定毒物研究者の欠格事由に関する規定であり、これらのいずれかに該当する者には特定毒物研究者の許可を与えないことができるという、いわゆる相対的欠格事由を列挙している。

【4】特定毒物を製造するために製造業

毒物及び劇物取締法の解説

の登録を受けている工場内の試験室または研究室におけるその特定毒物に関する試験または研究行為は、本法に規定する特定毒物研究行為とみなされず、

この場合の試験または研究に従事する者は特定毒物研究者の許可を得る必要はない。

（毒物劇物取扱責任者）

第7条 毒物劇物営業者は、毒物又は劇物を直接に取り扱う製造所、営業所又は店舗ごとに、専任の毒物劇物取扱責任者を置き、毒物又は劇物による保健衛生上の危害の防止に当たらせなければならない。ただし、自ら毒物劇物取扱責任者として毒物又は劇物による保健衛生上の危害の防止に当たる製造所、営業所又は店舗については、この限りでない。

2　毒物劇物営業者が毒物又は劇物の製造業、輸入業又は販売業のうち2以上を併せ営む場合において、その製造所、営業所又は店舗が互に隣接しているとき、又は同一店舗において毒物又は劇物の販売業を2以上あわせて営む場合には、毒物劇物取扱責任者は、前項の規定にかかわらず、これらの施設を通じて1人で足りる。

3　毒物劇物営業者は、毒物劇物取扱責任者を置いたときは、30日以内に、製造業又は輸入業の登録を受けている者にあつてはその製造所又は営業所の所在地の都道府県知事を経て厚生労働大臣に、販売業の登録を受けている者にあつてはその店舗の所在地の都道府県知事に、その毒物劇物取扱責任者の氏名を届け出なければならない。毒物劇物取扱責任者を変更したときも、同様とする。

第7条は、毒物劇物営業者は毒物劇物取扱責任者を置かなければならない規定である。

ここでいう毒物劇物取扱責任者は、企業の経営を管理するのではなく、毒物劇物の製造、販売、貯蔵、運搬等、実際の取扱いの過程における安全確保について責任を有する技術者のことで、この毒物劇物取扱責任者の責任において、毒物や劇物の取扱い上の誤りを防止し、危険を避けようとする目的でこの規定が設けられている。本条の規定は、業務上取扱者のうち、いわゆる届

出業者についても準用される（法第22条第4項）。

なお、毒物劇物取扱責任者の具体的業務内容については、昭和50年7月31日薬発第668号をもって、各都道府県知事あてに次のように示されている。

1　毒物劇物取扱責任者は、毒物及び劇物取締法（昭和25年法律第303号。以下「法」という。）第7条において、毒物又は劇物による危害の防止に当るものと規定されているが、別添の「毒物劇物取扱責任者の業務について」は、毒物劇物取扱責任者が

818

その業務を果すうえで必要かつ基本的な事項を具体的に定めたものであること。

2 別添の「毒物劇物取扱責任者の業務について」掲げる事項は、毒物劇物取扱責任者が製造所、営業所、店舗その他の事業場における毒物劇物の取扱いについて、総括的に管理、監督すべき事項として定めたものであり、毒物劇物取扱責任者自らが直接これらの事項の実施に従事することを義務付けたものではなく、その責任と指揮、監督のもとに、他の者に行わせても差し支えないこと。

3 毒物劇物取扱責任者がその業務を円滑に遂行できるよう、常時、当該製造所等に勤務し、かつ、適切な権限を有する者を毒物劇物取扱責任者として指名すると共に、当該製造所等に係る毒物劇物危害防止規定を作成し、当該製造所等における毒物及び劇物の管理、責任体制を明確にするよう毒物劇物営業者等を指導すること。

別 添

毒物劇物取扱責任者の業務について

1 製造作業場所等について
製造作業場所、貯蔵設備、陳列場所及び運搬用具について、毒物及び劇物取締法施行規則（昭和26年厚生省令第4号）第4条の4の規定の遵守状況点検、管理に関すること。

2 表示、着色等について
法第3条の2第9項、第12条、第13条及び第13条の2の規定の遵守状況の点検に関すること。

3 取扱いについて
法第11条第1項、第2項及び第4項の規定の遵守状況の点検に関すること。

4 運搬、廃棄に関する技術上の基準について
(1) 運搬に関する法第11条第3項及び法第16条第1項の規定に基づき政令で定める技術上の基準への適合状況の点検に関すること。
(2) 廃棄に関する法第15条の2の規定に基づき政令で定める技術上の基準への適合状況の点検に関すること。

5 事故時の措置等について
(1) 事故時の応急措置に必要な設備器材等の配備、点検及び管理に関すること。
(2) 当該製造所等と周辺事務所等との間の事故処理体制及び事故時の応急措置の連絡に関すること。
(3) 事故時の保健所等への届出及び事故の拡大防止のための応急措置の実施に関すること。
(4) 事故の原因調査及び事故の再発防止のための措置の実施に関すること。

6 その他
(1) 毒物劇物の取扱い及び事故時の応急措置方法等に関する従業員の教育及び訓練に関すること。
(2) 業務日誌の作成に関すること。
(3) その他保健衛生上の危害防止に関すること。

【1】第1項では毒物劇物取扱責任者は専任者として、毒物、劇物を直接取り

扱う製造所、営業所、店舗ごとに置かなければならないとしている。毒物劇物取扱責任者は専任であるから、他との掛け持ちは許されない。また、毒物劇物取扱責任者としての責任が満足に果たせないような他の仕事を持っていてはならない。なお、毒物、劇物を直接に取り扱うことをしない取引だけの販売業者の店舗については、毒物劇物取扱責任者を置く必要がなく、また、個人経営の営業者で、本人が毒物劇物取扱責任者の資格があり、自分で実際にその仕事を行う場合には、別に毒物劇物取扱責任者を置かなくともよいことになっている。

【2】第2項は、毒物劇物取扱責任者は製造所、営業所、店舗ごとに、各々置

くのが原則であるが、例外として製造、輸入、販売のうち2つ以上を兼ねている営業者の場合であって、実際に毒物、劇物を取り扱う製造所、店舗などがごく近くにあり、1人の毒物劇物取扱責任者が、当該2つ以上の製造所等について十分にその責任を果たし得るときには、別に毒物劇物取扱責任者を置かなくてもよいという規定である。

【3】第3項は、毒物劇物取扱責任者についての届出の規定で、毒物劇物取扱責任者を置いたとき、およびこれを変更したときは、毒物劇物営業者は30日以内に営業の登録先に届け出なければならない（届出手続については施行規則第5条、別記第8号・第9号様式参照）。

（毒物劇物取扱責任者の資格）

第8条　次の各号に掲げる者でなければ、前条の毒物劇物取扱責任者となることができない。

一　薬剤師

二　厚生労働省令で定める学校で、応用化学に関する学課を修了した者

三　都道府県知事が行う毒物劇物取扱者試験に合格した者

2　次に掲げる者は、前条の毒物劇物取扱責任者となることができない。

一　18歳未満の者

二　心身の障害により毒物劇物取扱責任者の業務を適正に行うことができない者として厚生労働省令で定めるもの

三　麻薬、大麻、あへん又は覚せい剤の中毒者

四　毒物若しくは劇物又は薬事に関する罪を犯し、罰金以上の刑に処せられ、その執行を終り、又は執行を受けることがなくなつた日から起算して3年を経過していない者

3　第1項第三号の毒物劇物取扱者試験を分けて、一般毒物劇物取扱者試験、農業用品目毒物劇物取扱者試験及び特定品目毒物劇物取扱者試験とする。

4　農業用品目毒物劇物取扱者試験又は特定品目毒物劇物取扱者試験に合格した者は、それぞれ第4条の3第1項の厚生労働省令で定める毒物若しく

は劇物のみを取り扱う輸入業の営業所若しくは農業用品目販売業の店舗又は同条第2項の厚生労働省令で定める毒物若しくは劇物のみを取り扱う輸入業の営業所若しくは特定品目販売業の店舗においてのみ、毒物劇物取扱責任者となることができる。

5　この法律に定めるもののほか、試験科目その他毒物劇物取扱者試験に関し必要な事項は、厚生労働省令で定める。

　第8条は、毒物劇物取扱責任者の条件について、次のように定めている。
【1】第1項は、毒物劇物取扱責任者になるために必要な資格で、次の3つのどれかに該当する者でなければならない。
1　「薬剤師」とは、薬剤師法の規定により薬剤師の免許を与えられている者である。
2　「厚生労働省令で定める学校で、応用化学に関する学課を修了した者」とは、施行規則第6条で指定した「学校教育法第50条に規定する高等学校又はこれと同等以上の学校」の応用化学に関する学部か学科を卒業した者であるが、具体的には、平成13年2月7日医薬化発第5号でその基準が次のように示されている。
◎平成13年2月7日医薬化発第5号（抄）
4　毒物劇物取扱責任者の資格の確認について
　　法第8条第1項第2号に該当する場合は、学校ごとに認定を行っているものではないので、前例にかかわらず該当性について確認してください。
　　毒物劇物取扱責任者の資格について、法第8条第1項第2号に該当するものとして届けられた者については、以下(1)から(4)までの基準に従い、各学校の応用化学の学課を修了した者であることを確認してください。
　　なお、以下の(1)から(4)までのいずれにも該当しない場合については、学校教育法（昭和22年法律第26号）第41条に規定する高等学校と同等以上の学校で応用化学に関する学課を修了したことを証する書類を添え、個別に地方厚生局あて照会してください。
　　法第8条第1項各号に該当しない場合には、毒物劇物取扱者試験を受けるように指導してください。
(1)　大学等
　　学校教育法第52条に規定する大学（同法第69条の2に規定する短期大学を含む。）又は旧大学令（大正7年勅令第388号）に基づく大学又は旧専門学校令（明治36年勅令第61号）に基づく専門学校で応用化学に関する学課を修了した者であることを卒業証明書等で確認する。応用化学に関する学課とは次の学部、学課とする。
ア　薬学部
イ　理学部、理工学部又は教育学

部の化学科、理学科、生物化学科等

ウ 農学部、水産学部又は畜産学部の農業化学科、農芸化学科、農産化学科、園芸化学科、水産化学科、生物化学工学科、畜産化学科、食品化学科等

エ 工学部の応用化学科、工業化学科、化学工学科、合成化学科、合成化学工学科、応用電気化学科、化学有機工学科、燃料化学科、高分子化学科、染色化学工学科等

オ 化学に関する授業科目の単位数が必修科目の単位中28単位以上又は50%以上である学科

ここで化学に関する科目とは、次の分野に関する講義、実験及び演習とする。

工業化学、無機化学、有機化学、化学工学、化学装置、化学工場、化学工業、化学反応、分析化学、物理化学、電気化学、色染化学、放射化学、医化学、生化学、バイオ化学、微生物化学、農業化学、食品化学、食品応用化学、水産化学、化学工業安全、化学システム技術、環境化学、生活環境化学、生活化学、生活化学基礎、素材化学、材料化学、高分子化学等

(2) 高等専門学校

学校教育法第70条の2に規定する高等専門学校工業化学科又はこれに代わる応用化学に関する学課を修了した者であることを確認する。

(3) 専門課程を置く専修学校（専門学校）

学校教育法第82条の2に規定する専修学校のうち同法第82条の4第2項規定する専門学校において応用化学に関する学課を修了した者については、30単位以上の化学に関する科目を修得していることを確認する。化学に関する科目について(1)のオを準用する。

(4) 高等学校

学校教育法第41条に規定する高等学校（旧中等学校令（昭和18年勅令第36号）第2条第3項に規定する実業高校を含む。）において応用化学に関する学課を修了した者については、30単位以上の化学に関する科目を修得していることを確認する。化学に関する科目について(1)のオを準用する。

なお、薬学部については4年制と6年制のいずれも応用化学に関する学課を修了した者として認められる。また、大学院の研究科等にて応用化学に関する学課を修了した者についても、平成13年2月7日医薬化発第5号の4の(1)に従って判断するものとされる。

3 「都道府県知事が行う毒物劇物取扱者試験に合格した者」とは、施行規則第7条に定める課目について、都道府県で行われる筆記試験（毒物劇物関係法規、基礎化学、毒物劇物の性質及び貯蔵その他の取扱い方法）と実地試験（毒物劇物の識別及び取扱い方法）とを受けて、合格証を交

付された者である。この試験は、その1カ月前までに日時と場所が都道府県から発表される（施行規則第8条）。

【2】第2項は、毒物劇物取扱責任者となることができない条件である。

第1号から第3号までは、心身の障害あるいは未成熟なために毒物劇物取扱責任者としての職責を適正に行うことができないと認められた者である。第4号では、本法や医薬品医療機器法、麻薬取締法、覚せい剤取締法等、薬事に関係のある法律に違反したため懲役を科せられた者で、刑の執行後、3年を経過していない者をいい、科料に処せられた者、懲役に科せられても執行猶予となり、その期間を満了した者などはこれには当たらない。また、現に毒物劇物取扱責任者となっている者でも、この第2項の条件が出てきた場合はその資格を失うことになる。

【3】第3項は、都道府県知事の行う毒物劇物取扱者試験が、一般毒物劇物取扱者試験、農業用品目毒物劇物取扱者試験、特定品目毒物劇物取扱者試験の3つに分けられることを規定したものである。そして、第5項は試験科目その他試験に関し必要な事項は厚生労働省令で定めると規定しており、その概要は前述の【1】の3のとおりである。

このように試験が3つに分けられているのは、特に毒物、劇物の販売業の種類との関係からで、一定の毒物、劇物しか取り扱わない店舗における毒物劇物取扱責任者に対してまで、すべての毒物、劇物に関する知識を要請する

ことは必要ないという理由から、試験も3つに分けられたものである。

すなわち、筆記試験および実地試験の内容は前述のとおりであるが、この両試験における毒物および劇物の性質、貯蔵、識別および取扱い方法に関する試験は、農業用品目毒物劇物取扱者試験にあっては施行規則別表第一に掲げる毒物、劇物、特定品目毒物劇物取扱者試験にあっては施行規則別表第二に掲げる毒物、劇物の範囲に限られるものである。

なお、旧法の毒物劇物営業取締規則（昭和22年厚生省令第38号）に基づく事業管理人試験に合格した者は、この法律の規定による試験の合格者とみなして、そのまま資格を認められることに、附則第4項で定められているが、さらにそれ以前の毒物劇物営業取締規則（明治45年内務省令第5号）による試験に合格して認められた営業管理人は、いまは事業管理人の資格は認められないのである（昭和26年9月25日、薬収第656号通牒による）。

【4】第4項は、農業用品目毒物劇物取扱者試験または特定品目毒物劇物取扱者試験に合格した者が、毒物劇物取扱責任者として従事できる営業の種類を規定したものである。これは、上記両試験に合格した者は、限られた毒劇物についてしか知識を有しない者であることから、当然、毒物劇物取扱責任者になれる場合を限定しなければ、その責務を全うできないためである。

すなわち、農業用品目毒物劇物取扱者試験に合格した者は、施行規則別表

第一に掲げる毒物、劇物のみを取り扱う輸入業の営業所か、農業用品目販売業の店舗においてのみ、また特定品目毒物劇物取扱者試験に合格した者は、同じく施行規則別表第二に掲げる毒物、劇物のみを取り扱う輸入業の営業所または特定品目販売業の店舗においてのみ、それぞれ毒物劇物取扱責任者になることができるのである。

これに違反して、これら両試験に合格した者を製造所、その他の毒物、劇物を取り扱う営業所または店舗の毒物劇物取扱責任者とすることは、本法第7条第1項違反で、第19条の行政処分の対象となる。

【5】第5項は省令委任規定である（施行規則第7条〜第9条参照）。

（登録の変更）

第9条　毒物又は劇物の製造業者又は輸入業者は、登録を受けた毒物又は劇物以外の毒物又は劇物を製造し、又は輸入しようとするときは、あらかじめ、第6条第二号に掲げる事項につき登録の変更を受けなければならない。

2　第4条第2項及び第5条の規定は、登録の変更について準用する。

第9条は、毒物、劇物の製造業者または輸入業者が登録品目以外の毒物、劇物を製造、輸入する場合の登録変更申請に関する規定である。すなわち、登録されている毒物や劇物を変えようとする場合（登録品目以外のものを取り扱うとき）には、第6条第2号に掲げる事項について登録変更申請をして、登録変更を受けなければならないと定めている（登録変更の申請手続きについては施行規則第10条参照）。

つまり、取り扱う品目が変われば、当然貯蔵や運搬等に関する設備を登録基準との関係において再度見直す必要があるので、あらかじめ当該品目につ

いての登録をしてからでなければ、他のものを製造したり輸入したりしてはならない。

なお、毒物、劇物の製造業者または輸入業者が現に製造または輸入の登録を受けている毒物、劇物について、単にその販売名のみを変更した場合には、登録の変更を受ける必要はない。

第2項は、これらの登録の変更についても、第4条第2項（登録申請手続）および第5条（登録基準）の規定を準用するものとしたのである。本条に違反した者については罰則の適用がある（法第24条第1号、第26条）。

（届出）

第10条　毒物劇物営業者は、左の各号の一に該当する場合には、30日以内に、製造業又は輸入業の登録を受けている者にあつてはその製造所又は営業所の所在地の都道府県知事を経て厚生労働大臣に、販売業の登録を受け

ている者にあつてはその店舗の所在地の都道府県知事に、その旨を届け出なければならない。

一　氏名又は住所（法人にあつては、その名称又は主たる事務所の所在地）を変更したとき。

二　毒物又は劇物を製造し、貯蔵し、又は運搬する設備の重要な部分を変更したとき。

三　その他厚生労働省令で定める事項を変更したとき。

四　当該製造所、営業所又は店舗における営業を廃止したとき。

2　特定毒物研究者は、次の各号の一に該当する場合には、30日以内に、その主たる研究所の所在地の都道府県知事にその旨を届け出なければならない。

一　氏名又は住所を変更したとき。

二　その他厚生労働省令で定める事項を変更したとき。

三　当該研究を廃止したとき。

3　第1項第四号又は前項第三号の場合において、その届出があつたときは、当該登録又は許可は、その効力を失う。

　第10条は、常に毒物劇物営業者、特定毒物研究者の主体と営業状況を把握しようとする趣旨に基づく規定である。本条第1項第4号または第2項第3号に違反して届出義務を怠った者については罰則の適用がある（法第25条第1号、第26条）。

【1】第1項は、毒物劇物営業者の住所、氏名が変わったとき、設備の重要部分に変更があったとき、および営業を廃止したときなどの届出義務について規定している（本条第1項および第2項の規定による届出の手続については施行規則第11条参照）。

1　第1号は、営業主個人の名が変わったり転居した場合、法人ならば商法上の商号や民法上の名称を変更し、また主たる事務所を移転したときに、30日以内に登録先に変更の届

け出なければならない旨を規定している。

　個人経営が法人組織になった場合は、登録の主体が変わるのであるから、第1号による届出では足りず、個人の営業を一度廃止し（第1項第4号）、改めて新規の営業の登録の申請をしなければならない。

2　第2号は製造、貯蔵、運搬の設備の重要部分に変更があったときで、タンクの位置の変化、貯水池の改造、かぎのかかる倉庫の改造などについて、登録申請のときと同様に、概要図を添えて届け出なければならない旨を規定している。

3　第3号の「その他厚生労働省令で定める事項」としては、製造所、営業所または店舗の名称の変更があったときを規定しており、これらにつ

825

毒物及び劇物取締法の解説

いても届出を要する。また、登録を受けている毒物または劇物の品目について、その製造または輸入を廃止した場合は、当該品目を届け出ることが必要である（施行規則第10条の2第2号）。

4　第4号の製造所、営業所、店舗等の業務を廃止したときは、その場所ごとに届け出なければならない。これはそこに残った毒物、劇物について保健衛生上危害が生じないように処置しなければならないからである。

　製造所、店舗等が移転した場合には、登録は各製造所、店舗等の場所に固有のものとしてなされており、その移動は考えられないから、このときは1つの製造所、店舗は廃止され、別に新しく製造所、店舗ができるものとして、本項の規定により営業廃止の届出を行うとともに、第4条第2項または第3項の規定により新規の登録手続を行わなければならない。

【2】第2項は、特定毒物研究者の氏名、住所の変更および研究を廃止したとき

などの届出に関する規定である。第1号の氏名または住所の変更は、営業者の場合（第1項）と同様であるが、法人は研究者になれないため、常に個人の氏名または住所の場合に限られる。第2号の「その他厚生労働省令で定める事項」としては、主たる研究所の名称または所在地、特定毒物を必要とする研究事項、特定毒物の品目、主たる研究所の設備の重要な部分の変更に関する届出がある（施行規則第10条の3）。第3号は研究の廃止の場合で、第3項の前提となるものであるが、届出によって第21条の登録が失効した場合の特定毒物の措置義務の規定に関連して、研究廃止の実態を把握しておく必要があるのである。

【3】第3項は、営業廃止または研究廃止の届出があったときは、営業者または特定毒物研究者の登録または許可は失効することを明らかにしたものである。登録または許可の失効は、この場合に限ったわけではなく、更新切れ、死亡、解散、登録または許可の取消しの事由に基づく場合もある。

（毒物又は劇物の取扱）

第11条　毒物劇物営業者及び特定毒物研究者は、毒物又は劇物が盗難にあい、又は紛失することを防ぐのに必要な措置を講じなければならない。

2　毒物劇物営業者及び特定毒物研究者は、毒物若しくは劇物又は毒物若しくは劇物を含有する物であつて政令で定めるものがその製造所、営業所若しくは店舗又は研究所の外に飛散し、漏れ、流れ出、若しくはしみ出、又はこれらの施設の地下にしみ込むことを防ぐのに必要な措置を講じなければならない。

3　毒物劇物営業者及び特定毒物研究者は、その製造所、営業所若しくは店舗又は研究所の外において毒物若しくは劇物又は前項の政令で定める物を

運搬する場合には、これらの物が飛散し、漏れ、流れ出、又はしみ出ることを防ぐのに必要な措置を講じなければならない。
4　毒物劇物営業者及び特定毒物研究者は、毒物又は厚生労働省令で定める劇物については、その容器として、飲食物の容器として通常使用される物を使用してはならない。

　第11条は、毒物劇物営業者および特定毒物研究者が毒物、劇物を取り扱う場合に守らなければならない事柄についての心得を示したものであり、業務上取扱者にも準用される（法第22条第4項、第5項）。
【1】製造所等の施設内においては、毒物劇物取扱責任者または特定毒物研究者という毒物、劇物についての専門的知識を有する者の管理のもとに行われ、さらに、構造設備が登録基準に合致することが要件とされているので、十分な保健衛生上の危害防止が図られるが、毒物、劇物がこれら特定の者の管理下から離れた場合は、保健衛生上の危害発生の可能性が非常に大きいので、このような事態を未然に防止するため、第1項では盗難、紛失の防止、第2項では施設外への流出等の防止、第3項では施設外で運搬する場合の事故防止について、それぞれ必要な措置義務を課したものである。
【2】第2項および第3項で、毒物、劇物のほかに「毒物若しくは劇物を含有する物であって政令で定めるもの」とあるが、これは、毒物、劇物の含有物は毒物、劇物そのものではないが、それらのなかにはその含有の程度によっては毒物、劇物と同様の毒性を有するものがあり、それが放置されたり、流

出したりすることによる事故は、毒物、劇物そのものによる事故より甚大なものもあるからである。
　これらの含有物は政令で定められるが、それにはあくまで保健衛生上の危害防止と産業の発展とのバランスのもとに考慮されなければならないが、その基準としては、①毒性の程度が強く、特に経口毒性が激しいこと、②通常の方法では容易に毒性を除去しがたいこと、③一般の事業場等において繁用され、しかも事故が多発していることなどが考えられる。これらの点を考慮して、政令では「無機シアン化合物たる毒物を含有する液体状の物（シアン含有量1Lにつき1mg以下のものを除く。）」および「塩化水素、硝酸若しくは硫酸又は水酸化カリウム若しくは水酸化ナトリウムを含有する液体状の物（水で10倍に希釈した場合の水素イオン濃度が水素指数2.0から12.0までのものを除く。）」を、それに指定している（施行令第38条第1項）。
【3】第1項から第3項までの措置義務については、具体的な内容が定められていないが、これは製造所等の設備が千差万別であり、一律に基準を定めることが困難であるからである。したがって、個々の施設の態様に応じて客観的に必要と考えられる措置を講じな

827

毒物及び劇物取締法の解説

ければならないわけであるが、第1項の盗難、紛失防止措置については、昭和52年3月26日薬発第313号薬務局長通知「毒物及び劇物の保管管理について」をもって、各都道府県知事宛てに次のように示されている。

一　毒物及び劇物取締法第11条第1項に定める措置として次の措置が講じられること。

(1)　毒劇物を貯蔵、陳列等する場所は、その他の物を貯蔵、陳列等する場所と明確に区分された毒劇物専用のものとし、かぎをかける設備等のある堅固な設備とすること。

(2)　貯蔵陳列等する場所については、盗難防止のため敷地境界線から十分離すか又は一般の人が容易に近づけない措置を講ずること。

【4】　第4項は、通常飲食物に用いる容器、例えばビール瓶、菓子用のかんなどを、毒物及び厚生労働省令で定める劇物の容器として用いてはならないことを定めた規定である。これは、誤って飲んだりするおそれのある毒物や厚生労働省令で定める劇物について、その危険を避けるための規定である。この厚生労働省令で定める劇物は施行規則により、すべての劇物と定められている（施行規則第11条の4）。

【5】　本条違反についての罰則はないが、客観的に見て本条に定められている措置が講じられておらず、そのため保健衛生上の危害が予想される場合には、第19条第4項の規定により、登録または許可の取消し、業務停止等の行政処分を行うことができる。

なお、本条の規定は、業務上取扱者について準用されるが、業務上取扱者が本条に違反した場合には、措置命令が発せられ、その命令の違反に対しては罰則の適用がある（法第22条第6項、第24条の2第3号、第26条）。

（毒物又は劇物の表示）

第12条　毒物劇物営業者及び特定毒物研究者は、毒物又は劇物の容器及び被包に、「医薬用外」の文字及び毒物については赤地に白色をもって「毒物」の文字、劇物については白地に赤色をもつて「劇物」の文字を表示しなければならない。

2　毒物劇物営業者は、その容器及び被包に、左に掲げる事項を表示しなければ、毒物又は劇物を販売し、又は授与してはならない。

一　毒物又は劇物の名称

二　毒物又は劇物の成分及びその含量

三　厚生労働省令で定める毒物又は劇物については、それぞれ厚生労働省令で定めるその解毒剤の名称

四　毒物又は劇物の取扱及び使用上特に必要と認めて、厚生労働省令で定める事項

3　毒物劇物営業者及び特定毒物研究者は、毒物又は劇物を貯蔵し、又は陳

2　逐条解説

> 列する場所に、「医薬用外」の文字及び毒物については「毒物」、劇物については「劇物」の文字を表示しなければならない。

　第12条は、毒物、劇物の容器、被包ならびに貯蔵、陳列場所における表示事項義務について規定しているが、本条第1項および第3項の規定は業務上取扱者にも準用される（法第22条第4項、第5項）。
【1】　第1項は、毒物劇物営業者および特定毒物研究者は、毒物、劇物の容器および被包のどちらにも「医薬用外」の文字を表示するとともに、毒物の場合は赤地に白色で「毒物」、劇物の場合は白地に赤色で「劇物」の文字を表示しなくてはならないとする規定である。
【2】　第2項は、毒物劇物営業者が毒物、劇物を販売し、または授与しようとする場合には、第1項の規定による表示に加えて、次の表示をしなければならないとする規定である。この第2項の規定による表示は、他に販売、授与する場合に限って必要であり、販売、授与をしない、単なる工場内での貯蔵、使用のような場合は不要である。
1　第1号の「毒物又は劇物の名称」とは何か、医薬品医療機器法では法第50条第2号に規定があり、医薬品は、その直接の容器または被包に「名称（日本薬局方に収められている医薬品にあっては、日本薬局方において定められた名称、その他の医薬品で一般的名称があるものにあっては、その一般的名称）」を記載（表示）することとなっており、表示する名称を明確に特定している（一般

的名称がないものは、販売名を表示する）。一方、毒物及び劇物取締法では、単に「毒物又は劇物の名称」となっており、どのような名称を表示すればよいか法的には明確でない。しかし、法律制定時の施行通知で、第12条第2項第1号の表示は「毒物又は劇物の化学名及び商品名のあるときはその名称をそれぞれ記載すること」としている。したがって、表示の名称は原則として法律別表、もしくは指定令で指定されている法定名か、または法定名にかえて指定されている化学物質を特定できる名称（化学名［IUPAC命名法によるものなど］、一般名、慣用名など）とし、かつ、販売名があるときはその販売名を併記することが望ましい。
　なお、第2号では、「毒物又は劇物の成分及びその含量」を表示するよう規定しており、この「成分」は法定名もしくは化学物質を特定できる名称で表示するところから、第1号でいう名称は「販売名」のみであっても違法ではない。
2　第2号でいう「成分」は前記のとおりであるが、含量は組成の重量や百分率で記される。成分含量を百分率で示す場合は、法律には特に規定されていないが、商品の毒物または劇物の内容量を示すことが必要である。
　なお、毒物、劇物の名称と成分が

829

同一である場合にも、名称と成分は別に記載する。例えば「名称」として「硫酸」を記し、さらに「成分」として「硫酸」およびその含量を記すことが必要である。

3　第3号は厚生労働省令で定める毒物や劇物については、それぞれ、厚生労働省令で定めた解毒剤の名称を記載すべきものと規定し、用途や毒物、劇物の性質から、中毒などを起こしやすく、また、一定の解毒薬を常に用意させて危害を最小限にとどめる必要のある毒物、劇物には、表示に解毒剤の名を必ず記載させるようにしている。厚生労働省令で定める毒物及び劇物としては、有機リン化合物およびこれを含有する製剤たる毒物および劇物が指定され、また、その解毒剤としては、2-ピリジルアルドキシムメチオダイド（別名PAM）の製剤および硫酸アトロピンの製剤が指定されている（施行規則第11条の5）。有機リン化合物の種類によっては、PAMの製剤または硫酸アトロピンの製剤のどちらか一方しか、解毒剤として有効でないものがあり得るが、その場合は、効果のない解毒剤を記載することによる救命措置への悪影響を避けるためにも、有効な解毒剤のみを記載するべきである。

4　第4号の毒物または劇物の取扱いおよび使用上特に必要であるため厚生労働省令で定める事項とは、次のとおりである（施行規則第11条の6）。

一　毒物又は劇物の製造業者又は輸入業者が、その製造し、又は輸入した毒物又は劇物を販売し、又は授与するときは、その氏名及び住所（法人にあつては、その名称及び主たる事務所の所在地）

二　毒物又は劇物の製造業者又は輸入業者が、その製造し、又は輸入した塩化水素又は硫酸を含有する製剤たる劇物（住宅用の洗浄剤で液体状のものに限る。）を販売し、又は授与するときは、次に掲げる事項
　イ　小児の手の届かないところに保管しなければならない旨
　ロ　使用の際、手足や皮膚、特に眼にかからないように注意しなければならない旨
　ハ　眼に入つた場合は、直ちに流水でよく洗い、医師の診断を受けるべき旨

三　毒物及び劇物の製造業者又は輸入業者が、その製造し、又は輸入したジメチル-2,2-ジクロルビニルホスフエイト（別名DDVP）を含有する製剤（衣料用の防虫剤に限る。）を販売し、又は授与するときは次に掲げる事項
　イ　小児の手の届かないところに保管しなければならない旨
　ロ　使用直前に開封し、包装紙等は直ちに処分すべき旨
　ハ　居間等人が常時居住する室内では使用してはならない旨
　ニ　皮膚に触れた場合には、石けんを使つてよく洗うべき旨

四　毒物又は劇物の販売業者が、毒物又は劇物の直接の容器又は直接の被包を開いて、毒物又は劇物を販売し、又は授与するときは、その氏名及び住所（法人にあつては、その名称及び主たる事務所の所在地）並びに毒物劇物取扱責任者の氏名

【3】第3項は、毒物、劇物を貯蔵し、陳列する場合には、第1項の規定によりその容器または被包に表示するほか、貯蔵し、陳列する場所に、毒物の場合は「医薬用外毒物」、劇物の場合は「医薬用外劇物」と表示しておかなければ

ならないとする規定である。

【4】本条に違反して表示義務を怠った者等については罰則の適用がある（法第24条第2号、第26条）。

【5】もっぱら輸出を目的として製造または輸入される毒物または劇物（輸出用毒物劇物）は、究極的には本法適用地域外に搬出されるものであるが、搬出が完了するまでは、国内において多くの人々の手を介して運搬、貯蔵等されるものであるから、それが本法の効力の及ぶ領域内にある限り、本条で規定する表示を必要とする。

（特定の用途に供される毒物又は劇物の販売等）

第13条　毒物劇物営業者は、政令で定める毒物又は劇物については、厚生労働省令で定める方法により着色したものでなければ、これを農業用として販売し、又は授与してはならない。

第13条は、農業用として販売、授与される毒物、劇物について、一定の方法による着色の義務を定めたものである。

その品目は施行令第39条で「硫酸タリウムを含有する製剤たる劇物」およ

び「燐化亜鉛を含有する製剤たる劇物」が指定されており、また、それらの着色方法は施行規則第12条であせにくい黒色で着色する方法となっている。本条に違反した者については罰則の適用がある（法第24条第3号、第26条）。

第13条の2　毒物劇物営業者は、毒物又は劇物のうち主として一般消費者の生活の用に供されると認められるものであつて政令で定めるものについては、その成分の含量又は容器若しくは被包について政令で定める基準に適合するものでなければ、これを販売し、又は授与してはならない。

第13条の2は、毒物または劇物の取扱い方法等について熟知していない一般消費者が、その取り扱う毒物または劇物により危害を受けることのないよ

う、主として一般消費者の生活の用に供されると認められる毒物または劇物についてはその品目を政令で定めたうえ、当該品目についてその成分の含量

毒物及び劇物取締法の解説

または容器もしくは被包についての基準をこれも政令で定めることができることとし、この政令で定めた基準に適合しない物については、その販売および授与を禁止したものである。

本条の規定に基づき、施行令第39条の2が定められており、「塩化水素又は硫酸を含有する製剤たる劇物」および「ジメチル-2,2-ジクロルビニルホス

フェイト（別名DDVP）を含有する製剤たる劇物」の2品目が指定され、それぞれについて成分の含量および容器または被包に関する基準が定められている（施行令別表第一参照）。

なお、本条に違反した者については罰則の適用がある（法第24条第3号、第26条）。

（毒物又は劇物の譲渡手続）

第14条 毒物劇物営業者は、毒物又は劇物を他の毒物劇物営業者に販売し、又は授与したときは、その都度、次に掲げる事項を書面に記載しておかなければならない。

一 毒物又は劇物の名称及び数量

二 販売又は授与の年月日

三 譲受人の氏名、職業及び住所（法人にあつては、その名称及び主たる事務所の所在地）

2 毒物劇物営業者は、譲受人から前項各号に掲げる事項を記載し、厚生労働省令で定めるところにより作成した書面の提出を受けなければ、毒物又は劇物を毒物劇物営業者以外の者に販売し、又は授与してはならない。

3 前項の毒物劇物営業者は、同項の規定による書面の提出に代えて、政令で定めるところにより、当該譲受人の承諾を得て、当該書面に記載すべき事項について電子情報処理組織を利用する方法その他の情報通信の技術を利用する方法であつて厚生労働省令で定めるものにより提供を受けることができる。この場合において、当該毒物劇物営業者は、当該書面の提出を受けたものとみなす。

4 毒物劇物営業者は、販売又は授与の日から5年間、第1項及び第2項の書面並びに前項前段に規定する方法が行われる場合に当該方法において作られる電磁的記録（電子的方式、磁気的方式その他人の知覚によつては認識することができない方式で作られる記録であつて電子計算機による情報処理の用に供されるものとして厚生労働省令で定めるものをいう。）を保存しなければならない。

第14条は、毒物、劇物を販売または授与するときに必要な手続きの規定で

ある。

毒物、劇物の販売、授与は、所定の

事項を記した書面を整えて行い、販売者はこの書面を5年間保存しなければならないことになっている。法律は、この手続きを営業者の間の取引と毒物劇物営業者以外の者に渡す場合とに区別した。すなわち、営業者同士の場合は、売り手側で書面（実際は帳簿となるであろう）に所定事項を記入すればよいこととし、営業者以外の者の場合は、買い手側から所定の事項を書き入れた書面を出させてから、販売することとしている。いずれの場合も販売、授与のたびに、この手続きを繰り返さなくてはならない。

書面に記載すべき所定の事項は、次のとおりである。

1　毒物または劇物の名称および数量
　　第12条の解説で述べた名称と同じことで、その毒物または劇物の品名と、商品名があれば商品名および数量を記載する。
2　販売または授与の年月日
3　譲受人の氏名、職業および住所
　　法人の場合は、名称と主たる事務所の所在地を記載する。譲受人は毒物、劇物を譲り受ける者であって、

実際には使用人が代理で譲受したとしても、その使用人のことではない。

営業者以外の者が毒物、劇物を購入しようとするときは、自ら前述の書面を作らなければならないことになる。この書面が提出されなければ、毒物劇物営業者以外の者に毒物や劇物を売ってはならない。

譲受人の書面の提出に代えて、当該書面に記載すべき事項について電子情報処理組織を利用する方法その他の情報通信の技術を利用する方法であって厚生労働省令で定めるものにより提供することができることとされている。

前述の書面の保存期間は5年間である。実際上、帳簿に記入した場合でも、1枚ずつ受け取った書面を綴り込みとした場合でも、法律上の保存義務期間は1件ごとにその日付から満5年となる。営業者が業務を廃止した場合は、この保存義務はなくなる。本条に違反した者については罰則の適用がある（第1項・第2項違反については、法第24条第4号、第26条。第3項違反については、法第25条第2号、第26条）。

（毒物又は劇物の交付の制限等）

第15条　毒物劇物営業者は、毒物又は劇物を次に掲げる者に交付してはならない。

一　18歳未満の者

二　心身の障害により毒物又は劇物による保健衛生上の危害の防止の措置を適正に行うことができない者として厚生労働省令で定めるもの

三　麻薬、大麻、あへん又は覚せい剤の中毒者

2　毒物劇物営業者は、厚生労働省令の定めるところにより、その交付を受ける者の氏名及び住所を確認した後でなければ、第3条の4に規定する政

833

令で定める物を交付してはならない。

3 　毒物劇物営業者は、帳簿を備え、前項の確認をしたときは、厚生労働省令の定めるところにより、その確認に関する事項を記載しなければならない。

4 　毒物劇物営業者は、前項の帳簿を、最終の記載をした日から5年間、保存しなければならない。

第15条は、毒物や劇物を交付する際の交付制限および第3条の4に規定する物の交付手続に関する規定である。交付とは物を他人に渡すことである。

【1】第1項は、毒物または劇物を交付してはならない者に関する規定である。

所有権の移転を伴う販売や授与については、前条で手続きが定められているが、加えて、実際に手渡すことができる相手を制限して、不安心な者の手に渡ることによって生ずる不測の危険を避けようとするものである。

1 　年齢が18歳に達しない者に交付してはならない。例えば、工場の工員が適法の書面を持って使いにきたとしても、その工員が18歳未満のときは、その者に毒物や劇物を交付してはならない。別の18歳以上の者に取りにきてもらうか、先方に配達しなければならない。

2 　精神の機能の障害により、毒物または劇物による保健衛生上の危害の防止措置を適正に行うに当たって必要な認知、判断および意思疎通を適切に行うことができない者に交付してはならない。これは、深い酩酊等で一時的に認知、判断および意思疎通に必要な能力が低下している場合や、自傷が懸念されるような重度の

抑鬱状態にある場合、認知症によって認知能力が低下している場合などを含む。それらの者に毒物または劇物を交付すると、適正な取扱いなどができないことが予想される。したがって毒物、劇物の交付の際には、交付を受ける者の確認を十分注意し行うことが肝要である。

3 　麻薬、大麻、あへんまたは覚せい剤の中毒者についても、それらの者に毒物または劇物を交付すると、適正な取扱いなどができないことが予想されるため、交付が制限されている。

【2】第2項から第4項までは、法第3条の4の規定によって業務その他正当な理由によることなく所持することが禁止されている引火性、発火性または爆発性のある毒物、劇物が、不法な目的に使用するおそれがある者の手に渡ることを未然に防止するために設けられた規定である。

第2項は、法第14条の譲渡手続が所有権移転の相手方としての譲受人をチェックする機能しか果たしていないため、事実行為としての「交付」を受ける者がこれらの毒物、劇物を不法目的に使用することを抑止できないことを考慮して加えられた規定である。し

たがって、実際に毒物、劇物を受け取る者であれば、譲受人本人、その代理人、使用人その他の従業者に限らず、委託運送する場合の運転者、郵送する場合の郵便局の係員なども確認の対象に含まれる。

また、この確認義務の主体は、毒物劇物営業者に限られているため、営業者の代表者、代理人、使用人その他の従業者であれば確認義務は課せられるが、委託運送する場合の運転者、郵送する場合の配達人等には、この義務はない。

なお、この確認手続は、法第14条の譲渡手続とは、そのねらいとするところが異なるため、譲受人と実際に交付を受ける者が一致する場合にも省略することは認められない。

また、第2項の規定によれば、確認は厚生労働省令の定めるところにより行うべきものとされているが、これについては施行規則第12条の2の6において、「交付を受ける者からその者の身分証明書、運転免許証、国民健康保険被保険者証、個人番号カード等交付を受ける者の氏名及び住所を確かめるに足りる資料の提示を受けて行うものとする」とされており、氏名および住所の記載があって一定の公証力のあるものの提示を受けて行うことが必要である。

なお、施行規則第12条の2の6の規定はそのただし書において、氏名および住所をしつしている場合を例外としているが、店舗の付近に居住し、住所、氏名が明らかな場合、過去に確認した

ことがあり、その旨帳簿に記載がある場合が、これに該当する。また、同条でいう協同組織体とは農業協同組合のほか、民法上の組合等法令上の根拠を有するものをいう。

同条ただし書では氏名、住所を知つしている者の代理人、使用人その他の従業者等または官公署の職員であることが明らかな者に、その者の業務に関し交付する場合も例外とされているが、この場合、これらの者の代理関係、雇用関係等の関係および業務に関するという事実については、営業者がこれを知っている場合のほか、その者の持参する法第14条に規定する譲受証の記載等からみて明らかな場合、氏名、住所をしつしている本人またはその者の勤務先への問合せにより明らかな場合などが含まれるものである。

【3】第3項および第4項は、前項の規定により確認をしたときは、厚生労働省令の定めるところによりその確認に関する事項を帳簿に記載し、かつ、この帳簿を最終の記載をした日から5年間保存しなければならないとする規定である。

なお、第3項にいう厚生労働省令の定めるところとは、施行規則第12条の3の規定がそれであり、帳簿に記載しなければならない事項は、交付した劇物の名称、交付の年月日および交付を受けた者の氏名および住所の3点である。

【4】本条に違反した者については罰則の適用がある（法第24条第3号、第25条第2号の2、第26条）。

毒物及び劇物取締法の解説

（廃棄）
第15条の2　毒物若しくは劇物又は第11条第2項に規定する政令で定める物は、廃棄の方法について政令で定める技術上の基準に従わなければ、廃棄してはならない。

　第15条の2は、毒物、劇物及び第11条第2項に規定する政令で定める物を廃棄する場合には、すべて政令で定める技術上の基準に従って行わなければならない旨の規定である。本条は、かつて毒物、劇物をむやみに廃棄して、保健衛生上不測の危害を生じた例が数多くあり、それらを防止するために、本法の第3次および第5次改正において改正された重要事項である。

　本条は毒物劇物営業者、特定毒物研究者、業務上使用者はもちろん、およそ毒物、劇物を廃棄する者は誰にでも適用される規定である。この場合の廃棄とは、物を、その本来の用途に供し得ないようにして捨てることをいう。

　この廃棄の方法は、施行令第40条によって規定されており、次の4つの方法によるよう定められている。

　　一　中和、加水分解、酸化、還元、稀釈その他の方法により、毒物及び劇物並びに法第11条第2項に規定する政令で定める物のいずれにも該当しない物とすること。

　　二　ガス体又は揮発性の毒物又は劇物は、保健衛生上危害を生ずるおそれがない場所で、少量ずつ放出し、又は揮発させること。

　　三　可燃性の毒物又は劇物は、保健衛生上危害を生ずるおそれがない場所で、少量ずつ燃焼させること。

　　四　前各号により難い場合には、地下1m以上で、かつ、地下水を汚染するおそれがない地中に確実に埋め、海面上に引き上げられ、若しくは浮き上がるおそれのない方法で海水中に沈め、又は保健衛生上危害を生ずるおそれがないその他の方法で処理すること。

　なお、毒物、劇物等を廃棄する場合には、本条の規定によるほか、その他の法令、例えば水質汚濁防止法、廃棄物の処理及び清掃に関する法律等の規定する基準にも同時に適合しなければならないことはいうまでもない。廃棄物の処理及び清掃に関する法律により産業廃棄物等として処理する場合は、「保健衛生上危害を生ずるおそれがないその他の方法」に該当するものと解する。

　本条に違反した者については罰則の適用がある（法第24条第5号、第26条）。

（回収等の命令）
第15条の3　都道府県知事（毒物又は劇物の販売業にあつてはその店舗の

所在地が保健所を設置する市又は特別区の区域にある場合においては市長
又は区長とし、特定毒物研究者にあつてはその主たる研究所の所在地が指
定都市の区域にある場合においては指定都市の長とする。第17条第2項、
第19条第4項及び第23条の3において同じ。）は、毒物劇物営業者又は
特定毒物研究者の行う毒物若しくは劇物又は第11条第2項に規定する政
令で定める物の廃棄の方法が前条の政令で定める基準に適合せず、これを
放置しては不特定又は多数の者について保健衛生上の危害が生ずるおそれ
があると認められるときは、その者に対し、当該廃棄物の回収又は毒性の
除去その他保健衛生上の危害を防止するために必要な措置を講ずべきこと
を命ずることができる。

第15条の3は、前条の規定に基づ
き政令で定められた技術上の基準に違
反して、「毒物若しくは劇物又は本法
第11条第2項に規定する政令で定める
物」の廃棄が行われた場合の取扱いに
ついて規定している。すなわち、前条
に違反した者については罰則の適用が
あることは前述のとおりであるが、こ
の場合、当該違反者を罰するだけでな
く、すでに違法に廃棄された毒物、劇
物等を回収するなどして、保健衛生上
の危害を防止することが必要である。
そのため、本条においては、違法に廃
棄された毒物、劇物等について、これ

をそのまま放置しておいては不特定ま
たは多数の者について保健衛生上の危
害が生じるおそれがあると認められる
ときは、都道府県知事、保健所を設置
する市の市長または特別区の区長がそ
の者に対して当該廃棄物の回収または
毒性の除去など、必要な措置を講じる
よう命じることができることとしてい
る。

なお、本条による回収等の命令に従
わなかった者については特に罰則の規
定はないが、その場合、本法第19条第
4項の規定に基づいて登録の取消し等
の処分ができることはいうまでもない。

（運搬等についての技術上の基準等）
第16条　保健衛生上の危害を防止するため必要があるときは、政令で、毒
　物又は劇物の運搬、貯蔵その他の取扱について、技術上の基準を定めるこ
　とができる。
2　保健衛生上の危害を防止するため特に必要があるときは、政令で、次に
　掲げる事項を定めることができる。
　一　特定毒物が附着している物又は特定毒物を含有する物の取扱に関する
　　技術上の基準
　二　特定毒物を含有する物の製造業者又は輸入業者が一定の品質又は着色
　　の基準に適合するものでなければ、特定毒物を含有する物を販売し、又

毒物及び劇物取締法の解説

　　　は授与してはならない旨
　三　特定毒物を含有する物の製造業者、輸入業者又は販売業者が特定毒物
　　　を含有する物を販売し、又は授与する場合には、一定の表示をしなけれ
　　　ばならない旨

　第16条は、毒物および劇物の取扱い上の基準、特定毒物が付着し、または含有している物の基準等を規定したものである。業務上取扱者にも準用される（法第22条第4項、第5項）。

【1】第1項は毒物または劇物について、保健衛生上の危害を防止するために特に必要があるときに限り、政令で、その運搬、貯蔵その他の取扱いについて技術上の基準を定めることができるものとし、それによって危害を未然に防止しようとするものである。なお、本項の規定に基づき施行令に基準が設けられており、四アルキル鉛その他の毒物または劇物の運搬方法等について規制がなされている（施行令第4条、第5条、第13条、第18条、第24条、第30条、第31条、第40条の2から第40条の7まで、第40条の9）。

【2】第2項第1号は特定毒物が付着している物、または含有している物に対しても前項と同じく、保健衛生上の危害を防止するために特に必要があるときに限り、その取扱いに関する技術

上の基準を定めることができる規定である。さらに第2号、第3号において、含有している物に対しては、政令で定められた品質、着色の基準に適していない物は販売、授与をしてはならないこと、および販売、授与に当たっては、政令で定められた表示事項を表示しなければならないとしている。

　これらは、ただ特定毒物が付着しているとか、含有している物については、その物自体が本法の毒物に該当しないために、直ちに本法の毒物と同様に規制を加えることは法律的に無理があるので、この本条の規定により保健衛生上遺漏なきを期そうとするものである。

　本項の規定に基づく危害防止に関する基準は、四アルキル鉛を含有する製剤等について定められている（施行令第6条から第9条まで、第14条、第19条、第20条、第25条、第26条）。

【3】本条に違反した者については罰則の適用がある（法第27条、施行令第10条、第15条、第21条、第27条、第32条、第40条の8）。

（事故の際の措置）
第16条の2　毒物劇物営業者及び特定毒物研究者は、その取扱いに係る毒物
　若しくは劇物又は第11条第2項に規定する政令で定める物が飛散し、漏れ、
　流れ出、しみ出、又は地下にしみ込んだ場合において、不特定又は多数の
　者について保健衛生上の危害が生ずるおそれがあるときは、直ちに、その
　旨を保健所、警察署又は消防機関に届け出るとともに、保健衛生上の危害

838

を防止するために必要な応急の措置を講じなければならない。

2 　毒物劇物営業者及び特定毒物研究者は、その取扱いに係る毒物又は劇物が盗難にあい、又は紛失したときは、直ちに、その旨を警察署に届け出なければならない。

　第16条の2は、事故の際の届出義務および応急の措置義務ならびに盗難または紛失の際の届出義務を定めた規定であり、業務上取扱者にも準用される（法第22条第4項・第5項）。

　第1項で、毒物、劇物および政令で定めるその含有物が流出等し、不特定または多数の人々に危害のおそれがあるときは、直ちに保健所、警察署または消防機関に届け出、応急措置を講じ、第2項で、毒劇物の盗難または紛失の際には、直ちに警察署に届け出る義務を課したものである。本条に違反し届出または応急措置を怠った者については罰則の適用がある（法第25条第3号、第26条）。

（立入検査等）

第17条　厚生労働大臣は、保健衛生上必要があると認めるときは、毒物又は劇物の製造業者又は輸入業者から必要な報告を徴し、又は薬事監視員のうちからあらかじめ指定する者に、これらの者の製造所、営業所その他業務上毒物若しくは劇物を取り扱う場所に立ち入り、帳簿その他の物件を検査させ、関係者に質問させ、試験のため必要な最小限度の分量に限り、毒物、劇物、第11条第2項に規定する政令で定める物若しくはその疑いのある物を収去させることができる。

2 　都道府県知事は、保健衛生上必要があると認めるときは、毒物又は劇物の販売業者又は特定毒物研究者から必要な報告を徴し、又は薬事監視員のうちからあらかじめ指定する者に、これらの者の店舗、研究所その他業務上毒物若しくは劇物を取り扱う場所に立ち入り、帳簿その他の物件を検査させ、関係者に質問させ、試験のため必要な最小限度の分量に限り、毒物、劇物、第11条第2項に規定する政令で定める物若しくはその疑いのある物を収去させることができる。

3 　前2項の規定により指定された者は、毒物劇物監視員と称する。

4 　毒物劇物監視員は、その身分を示す証票を携帯し、関係者の請求があるときは、これを提示しなければならない。

5 　第1項及び第2項の規定は、犯罪捜査のために認められたものと解してはならない。

【1】第17条第1項および第2項は、厚　生労働大臣および都道府県知事に対し、

毒物及び劇物取締法の解説

それぞれその登録または許可を行う者について、この法律を実施するに当たって必要な調査、監督の権限を与えた規定である。

1 毒物劇物営業者および特定毒物研究者から必要な報告をとることができる。

2 毒物劇物営業者および特定毒物研究者の製造所、営業所、店舗、研究所、また営業者ではないが業務上毒物や劇物を取り扱う場所に対し、係員を立ち入らせ、帳簿その他の物を検査させたり、関係者に質問させ、また試験するために必要な分量の範囲で、毒物、劇物、政令で定める含有物、あるいはその疑いのある物を収去（取締り上必要な検査のために材料を持ち去ること）させることができる。

【2】第4項の規定により第1項および第2項の職務を行う毒物劇物監視員は、身分を示す証票を持ち、関係者（立入先の責任者、質問の相手など）が要求したときは、これを見せなければならないことになっている（証票の様式については施行規則第14条、別記第15号様式参照）。

【3】第5項の規定は、立入検査等の行政処分は犯罪を捜査するために認められたものではないという、権限の乱用を防ぐ意味の規定である。

【4】本条の規定は業務上取扱者にも準用される（法第22条第4項・第5項）。

【5】本条に違反して報告をせず、または立入検査を拒んだ者等については罰則の適用がある（法第25条第4号・第5号、第26条）。

第18条 削除

（登録の取消等）

第19条 厚生労働大臣は、毒物又は劇物の製造業又は輸入業の登録を受けている者について、都道府県知事（販売業の店舗の所在地が保健所を設置する市又は特別区の区域にある場合においては、市長又は区長。第3項において同じ。）は、販売業の登録を受けている者について、これらの者の有する設備が第5条の規定に基づく厚生労働省令で定める基準に適合しなくなつたと認めるときは、相当の期間を定めて、その設備を同条の規定に基づく厚生労働省令で定める基準に適合させるために必要な措置をとるべき旨を命ずることができる。

2 前項の命令を受けた者が、その指定された期間内に必要な措置をとらないときは、厚生労働大臣又は都道府県知事、保健所を設置する市の市長若しくは特別区の区長は、その者の登録を取り消さなければならない。

3 厚生労働大臣は、毒物又は劇物の製造業又は輸入業の毒物劇物取扱責任

840

者について、都道府県知事は、販売業の毒物劇物取扱責任者について、その者にこの法律に違反する行為があつたとき、又はその者が毒物劇物取扱責任者として不適当であると認めるときは、その毒物又は劇物の製造業者、輸入業者又は販売業者に対して、その変更を命ずることができる。

4　厚生労働大臣は、毒物又は劇物の製造業又は輸入業の登録を受けている者について、都道府県知事は、販売業の登録を受けている者又は特定毒物研究者について、これらの者にこの法律又はこれに基づく処分に違反する行為があつたとき（特定毒物研究者については、第6条の2第3項第一号から第三号までに該当するに至つたときを含む。）は、その登録若しくは特定毒物研究者の許可を取り消し、又は期間を定めて、業務の全部若しくは一部の停止を命ずることができる。

5　都道府県知事は、毒物又は劇物の製造業者又は輸入業者について前各項の規定による処分をすることを必要と認めるときは、その旨を厚生労働大臣に具申しなければならない。

6　厚生労働大臣は、緊急時において必要があると認めるときは、都道府県知事、指定都市の長、保健所を設置する市の市長又は特別区の区長に対し、第1項から第4項までの規定に基づく処分（指定都市の長に対しては、同項の規定に基づく処分に限る。）を行うよう指示をすることができる。

第19条は、設備の改善命令、毒物劇物取扱責任者の変更命令、登録取消し、業務停止、許可取消しについての権限規定である。これらの処分は、登録されている製造所、営業所、店舗および許可されている特定毒物研究者について、個々に行われるものである。

【1】第1項では、厚生労働大臣は登録を受けている製造業者、輸入業者に対し、また都道府県知事、保健所を設置する市の市長または特別区の区長は管下の登録を受けている販売業者に対して、これらの者の設備が第5条に規定する厚生労働省令（施行規則第4条の4）で定める基準に適合していないと認める場合には、適当な期間を定めて、その間に設備を基準に合うよう改善す

ることを命令することができることを規定している。この命令は個々の業者に対して、具体的に行われるべきものである。

【2】第2項では、第1項の改善命令を受けた業者が、その期間内に修繕、改造等の必要な改善措置を行わなかった場合に、そのまま放置しておくことは保健衛生上の危険が予想されるため、製造業者と輸入業者については厚生労働大臣が、販売業者については都道府県知事、保健所を設置する市の市長または特別区の区長が、登録取消しの処分を行わなければならないとしている。

【3】第3項は、毒物劇物取扱責任者の変更命令に関する規定である。すなわち、厚生労働大臣は製造業または輸

入業の責任者について、都道府県知事、保健所を設置する市の市長または特別区の区長は販売業の責任者について、それらの責任者が法律に違反した場合または責任者として不適当である場合には、それらの業者に対して責任者の変更を命じることができる。なお、本項の規定は、毒物劇物取扱責任者の設置を義務づけられた業務上取扱者（法第22条第4項）にも準用される。

【4】第4項は、毒物劇物営業者および特定毒物研究者が、本法またはこれに基づく処分に違反した場合、司法処分に待つほか、行政処分として、製造業者および輸入業者の場合は厚生労働大臣または都道府県知事（施行令第36条の7にて製剤製造業者等についての事務を委任されている）が、販売業者の場合は都道府県知事、保健所設置市市長または特別区区長が、特定毒物研究者の場合は都道府県知事または指定都市の長が、その登録または許可を取り消したり、期間を定めて業務の全部あるいは一部の停止を命じることができることを規定している。

【5】第5項は、毒物や劇物の製造業者または輸入業者に対して、第1項から第4項までの処分を行うのは厚生労働大臣であるが、都道府県知事は、現地にあっていっそうよくそれらの者の実情を承知しているため、都道府県知事においてこれらの処分が必要であると認めたときは、処分の権限を有する厚生労働大臣にそのことを申し出なければならないことを規定している。

【6】第6項は、毒物劇物販売業者に対して、第1項から第4項までの処分を行うのは都道府県知事、保健所を設置する市の市長または特別区の区長であるが、緊急時においてこれらの処分が必要であると認めたときは、厚生労働大臣は、処分の権限を有する都道府県知事、保健所を設置する市の市長または特別区の区長に指示することができることを規定している。

（聴聞等の方法の特例）

第20条　前条第2項から第4項までの規定による処分に係る行政手続法（平成5年法律第88号）第15条第1項又は第30条の通知は、聴聞の期日又は弁明を記載した書面の提出期限（口頭による弁明の機会の付与を行う場合には、その日時）の1週間前までにしなければならない。

2　厚生労働大臣又は都道府県知事、指定都市の長、保健所を設置する市の市長若しくは特別区の区長は、前条第2項の規定による登録の取消し、同条第3項の規定による毒物劇物取扱責任者の変更命令又は同条第4項の規定による許可の取消し（次項において「登録の取消処分等」という。）に係る行政手続法第15条第1項の通知をしたときは、聴聞の期日及び場所を公示しなければならない。

3　登録の取消処分等に係る聴聞の期日における審理は、公開により行わな

ければならない。

【1】第20条は、前条の規定によって業務停止や登録取消し等の処分をする場合の聴聞に関する規定であったが、平成5年11月に制定された行政手続法（平成5年法律第88号）において、不利益処分を行うに当たっての事前手続に関する一般規定が設けられたことに伴い、これとの整合を図るため、行政手続法と同時に制定された行政手続法の施行に伴う関係法律の整備に関する法律（平成5年法律第89号）第105条により改正された。

【2】前条第2項の規定による登録の取消し、同条第3項の規定による毒物劇物取扱責任者の変更命令または同条第4項の規定による許可の取消しについては、旧第20条において、必ず公開による聴聞を行わなければならないと規定され、また、聴聞の期日、場所についての通知および公示を規定していた。ところが、行政手続法が制定され、これらの処分については行政手続法の適用を受けることとなったため、旧第20条に規定していた通知の方法、聴聞の期日および場所の公示、ならびに聴

聞の審理を公開により行うことについて、行政手続法第3章第2節（聴聞）の規定の適用の特例として、毒物及び劇物取締法上に明記する必要が生じたのである。行政手続法第1条第2項には「処分、行政指導及び届出に関する手続に関しこの法律に規定する事項について、他の法律に特別の定めがある場合は、その定めるところによる」とあり、本条の規定は、行政手続法の規定に優先して適用されることとなる。

【3】本条の規定は、第22条第7項の規定により、①要届出業務上取扱者に対する毒物劇物取扱責任者の変更命令、②要届出業務上取扱者の第7条（毒物劇物取扱責任者設置義務）違反に対する是正命令、③要届出業務上取扱者の第11条（盗難紛失防止措置等義務）違反に対する是正命令、④要届出業務上取扱者の第19条第3項（毒物劇物取扱責任者の変更命令）違反に対する是正命令ならびに届出不要業務上取扱者の第11条（盗難紛失防止措置等義務）違反に対する是正命令の場合に準用される。

（登録が失効した場合等の措置）

第21条　毒物劇物営業者、特定毒物研究者又は特定毒物使用者は、その営業の登録若しくは特定毒物研究者の許可が効力を失い、又は特定毒物使用者でなくなつたときは、15日以内に、毒物又は劇物の製造業者又は輸入業者にあつてはその製造所又は営業所の所在地の都道府県知事を経て厚生労働大臣に、毒物又は劇物の販売業者にあつてはその店舗の所在地の都道府県知事に、特定毒物研究者にあつてはその主たる研究所の所在地の都道府県知事（その主たる研究所の所在地が指定都市の区域にある場合において

は、指定都市の長）に、特定毒物使用者にあつては都道府県知事に、それ
ぞれ現に所有する特定毒物の品名及び数量を届け出なければならない。

2 　前項の規定により届出をしなければならない者については、これらの者
がその届出をしなければならないこととなつた日から起算して50日以内
に同項の特定毒物を毒物劇物営業者、特定毒物研究者又は特定毒物使用者
に譲り渡す場合に限り、その譲渡及び譲受については、第3条の2第6項
及び第7項の規定を適用せず、また、その者の前項の特定毒物の所持につ
いては、同期間に限り、第3条の2第10項の規定を適用しない。

3 　毒物劇物営業者又は特定毒物研究者であつた者が前項の期間内に第1項
の特定毒物を譲り渡す場合においては、第3条の2第8項及び第9項の規
定の適用については、その者は、毒物劇物営業者又は特定毒物研究者であ
るものとみなす。

4 　前3項の規定は、毒物劇物営業者、特定毒物研究者又は特定毒物使用者
が死亡し、又は法人たるこれらの者が合併によつて消滅した場合に、その相
続人若しくは相続人に代つて相続財産を管理する者又は合併後存続し、若
しくは合併により設立された法人の代表者について準用する。

第21条は、毒物劇物営業者、特定
毒物研究者、特定毒物使用者が登録ま
たは許可の失効、その他の理由により、
これらの者でなくなった場合の手持ち
の特定毒物の処理に関する規定である。
【1】第1項は、営業者の登録が効力を
失ったとき、特定毒物研究者の許可が
効力を失ったとき、または特定毒物使
用者でなくなったときは、現に所有す
る特定毒物の品名、数量を15日以内
に届け出なければならないとしたもの
である。この場合、毒物、劇物の製造
業者または輸入業者は厚生労働大臣に、
毒物、劇物の販売業者はその店舗の所
在地の都道府県知事に、特定毒物研究
者は都道府県知事又は指定都市の長に、
特定毒物使用者は都道府県知事に届け
出なければならない（届出の手続きに
ついては施行規則第17条、同別記第

17号様式参照）。
【2】第2項は、第1項の規定について、
これらの者が届出事由を生じた日から
50日以内に限り、特定毒物の所持、譲
渡を認めている規定である。すなわち、
50日以内ならば、資格者（毒物劇物営
業者、特定毒物研究者または特定毒物
使用者）に譲り渡すときに限り、すで
に資格者ではないにもかかわらず、第
3条の2第6項、第7項および第10項
の規定でいう譲渡、譲受、所持禁止の
規定は適用されないとしている。
【3】第3項は、前項の場合についても、
特定毒物を特定毒物使用者に譲渡する
ときは、その使用者が使用できる品目
を、しかも品質表示の基準に適合した
物しか譲り渡してはならないとしてい
る。
【4】第4項は、これらの者が死亡し、

844

または合併によって消滅した場合にも、相続人、相続財産の管理者、合併後の法人の代表者は、前3項と同様の手続

きをとることが必要であるとしている（施行規則第17条、別記第17号様式参照）。

（業務上取扱者の届出等）
第22条　政令で定める事業を行う者であつてその業務上シアン化ナトリウム又は政令で定めるその他の毒物若しくは劇物を取り扱うものは、事業場ごとに、その業務上これらの毒物又は劇物を取り扱うこととなつた日から30日以内に、厚生労働省令の定めるところにより、次の各号に掲げる事項を、その事業場の所在地の都道府県知事（その事業場の所在地が保健所を設置する市又は特別区の区域にある場合においては、市長又は区長。第3項において同じ。）に届け出なければならない。
　一　氏名又は住所（法人にあつては、その名称及び主たる事務所の所在地）
　二　シアン化ナトリウム又は政令で定めるその他の毒物若しくは劇物のうち取り扱う毒物又は劇物の品目
　三　事業場の所在地
　四　その他厚生労働省令で定める事項
2　前項の規定に基づく政令が制定された場合においてその政令の施行により同項に規定する者に該当することとなつた者は、その政令の施行の日から30日以内に、同項の例により同項各号に掲げる事項を届け出なければならない。
3　前2項の規定により届出をした者は、当該事業場におけるその事業を廃止したとき、当該事業場において第1項の毒物若しくは劇物を業務上取り扱わないこととなつたとき、又は同項各号に掲げる事項を変更したときは、その旨を当該事業場の所在地の都道府県知事に届け出なければならない。
4　第7条、第8条、第11条、第12条第1項及び第3項、第15条の3、第16条の2、第17条第2項から第5項まで並びに第19条第3項及び第6項の規定は、第1項に規定する者（第2項に規定する者を含む。以下この条において同じ。）について準用する。この場合において、第7条第3項中「都道府県知事に」とあるのは「都道府県知事（その事業場の所在地が保健所を設置する市又は特別区の区域にある場合においては、市長又は区長）に」と、第15条の3中「毒物又は劇物の販売業にあつてはその店舗」とあるのは「第22条第1項に規定する者（同条第2項に規定する者を含む。）の事業場」と、「とし、特定毒物研究者にあつてはその主たる研究所の所在地が指定都市の区域にある場合においては指定都市の長とする。第17条第2項、第19条第4項及び第23条の3」とあるのは「。第17条

毒物及び劇物取締法の解説

第2項及び第19条第3項」と、「又は特定毒物研究者の行う」とあるのは
「の行う」と読み替えるものとする。

5　第11条、第12条第1項及び第3項、第16条の2並びに第17条第2
項から第5項までの規定は、毒物劇物営業者、特定毒物研究者及び第1項
に規定する者以外の者であつて厚生労働省令で定める毒物又は劇物を業務
上取り扱うものについて準用する。この場合において、同条第2項中「都
道府県知事」とあるのは、「都道府県知事（第22条第5項に規定する者の
業務上毒物又は劇物を取り扱う場所の所在地が保健所を設置する市又は特
別区の区域にある場合においては、市長又は区長）」と読み替えるものとす
る。

6　厚生労働大臣又は都道府県知事（第1項に規定する者の事業場又は前項
に規定する者の業務上毒物若しくは劇物を取り扱う場所の所在地が保健所
を設置する市又は特別区の区域にある場合においては、市長又は区長。次
項において同じ。）は、第1項に規定する者が第4項で準用する第7条若
しくは第11条の規定若しくは同項で準用する第19条第3項の処分に違反
していると認めるとき、又は前項に規定する者が同項で準用する第11条
の規定に違反していると認めるときは、その者に対し、相当の期間を定め
て、必要な措置をとるべき旨を命ずることができる。

7　第20条の規定は、厚生労働大臣又は都道府県知事が第4項で準用する
第19条第3項の処分又は前項の処分をしようとする場合に準用する。

　第22条は、毒物、劇物を原材料とし
て使用するなど業務上取り扱う者に関
する規定である。本法は、特定毒物を
除く一般の毒物、劇物については、前
条までの規定においてこれを製造、販
売または授与することを業とする毒物
劇物営業者についてのみ規制を設けて
きたところであるが、このほか毒物、
劇物の取扱いに関する安全衛生を確保
するためには毒物劇物営業者から供給
を受け、または自家製造、自家消費に
より実際に毒物、劇物の使用を行う者
についても所要の規制取締を行う必要
があり、そのため本条の規定が設けら
れているものである。

　本条においては、一定の毒劇物を業
務上取り扱う者をさらに届出を要する
業者（届出業者）および届出を要しな
い業者（非届出業者）に分け、届出業
者については業務開始等に関する届出
義務を課し（第1項、第3項）、また
届出業者および非届出業者の双方につ
いて毒物、劇物の取扱い等に関する規
定の一部を準用するなどの定めをして
いる（第4項、第5項）。なお、ここ
で「業務上取り扱う」というのは、業
務の遂行上もしくは業務に関して取り
扱うという意味であり、「業務」とは、
人が職業であるとか、その他社会上の
地位に基づいて継続して行う事務なり

事業なりを総括していう言葉であって、その者の主たる事務や事業であるかないか、またそれによって利益を得るか得ないかなどは関係はない。

そこで、農家や学校が本条の規定に基づいて指定された毒物や劇物を取り扱う場合も、本条の「業務上取り扱うもの」に該当するのである。それゆえ、農家は農業上使用する DDVP を貯蔵しておく場所には、かぎをかけ、盗難などに遭わないようにし、また毒物がこぼれ出たりしないようにするなど注意しなければならない。また、教材に黄燐を使用している学校は、都道府県知事から保健衛生上の必要があるとの理由で報告を求められた場合は、それについて報告を提出しなければならないのである（昭和 26 年 7 月 16 日、薬事第 382 号による）。なお、本条に違反して届出義務を怠った者等については罰則の適用がある（法第 25 条第 7 号、第 26 条）。

【1】第 1 項は政令で定める事業を行う者であって、シアン化ナトリウムまたは政令で定める毒物、劇物を業務上取り扱う者（届出業者）に対して、その業務開始の日から 30 日以内に、その旨を「都道府県知事（その事業場の所在地が保健所を設置する市又は特別区の区域にある場合においては、市長又は区長）」に届け出る義務を課したものであり、このように業務開始の届出義務を課したのは、これらの保健衛生上危険な作業の行われている場所を行政庁が把握して、取締りを的確なものにさせるためである。なお、届出先に

ついては、地域主権戦略大綱（平成 22 年 6 月 22 日閣議決定）により基礎自治体への権限移譲に係る検討がなされた結果、毒物及び劇物取締法においては、地域の自主性及び自立性を高めるための改革の推進を図るための関係法律の整備に関する法律（平成 23 年 8 月 30 日公布、平成 23 年法律第 105 号）により、「都道府県知事」から「都道府県知事（その事業場の所在地が保健所を設置する市又は特別区の区域にある場合においては、市長又は区長）」に変更され、平成 24 年 4 月 1 日より施行された。

本項の政令で定める事業としては「電気めっきを行う事業」「金属熱処理を行う事業」「大型自動車（最大積載量が 5000kg 以上の自動車又は被牽引自動車）に固定された容器を用い、又は内容積が厚生労働省令（施行規則第 13 条の 13）で定める量（四アルキル鉛を含有する製剤にあっては 200L、その他の毒物又は劇物にあっては 1000L）以上の容器を大型自動車に積載して行う毒物又は劇物の運送の事業」および「しろありの防除を行う事業」が指定され（施行令第 41 条）、また、政令で定める毒劇物としては「電気めっきを行う事業」および「金属熱処理を行う事業」については「無機シアン化合物たる毒物及びこれを含有する製剤」が、運送の事業については黄リン等 23 品目（施行令別表第二）が、「しろありの防除を行う事業」については「砒素化合物たる毒物及びこれを含有する製剤」がそれぞれ指定されている。

なお、届出業者はいわゆるめっき業

者など、これらの事業を専門に行う専業者のみならず、事業の工程にこれらの部門を有する事業を行う者も含まれるものである。

業務開始の届出は、事業場ごとに、①氏名および住所（法人の場合は名称および主たる事務所の所在地）、②取り扱う毒物、劇物の品目、③事業場の所在地、④厚生労働省令で定める事項（事業場の名称——施行規則第18条第1項）を記載した届出書により、行わなければならない（届出の手続については、施行規則第18条第2項、同別記第18号様式参照）。

【2】第2項は、シアン化ナトリウムのほかは政令で定められることとなるので、その政令の制定または改正の都度、新たに届出義務を課せられることとなる者についての届出について定めたものであり、その政令施行の日から30日以内に、第1項の場合と同様な届出をしなければならないこととされている（届出の手続については、第1項の場合と同じ）。

【3】第3項は、届出業者が事業を廃止した場合等の届出について規定したものであるが、「業務上取り扱わないこととなつたとき」というのは、届出業者が政令で定める事業は継続して行うが、従来使用していたシアン化ナトリウム等の使用をやめ、それ以外のものを使用することとなった場合等をさすものである（届出の手続については、施行規則第18条第3項、同別記第19号様式参照）。

【4】第4項は、届出業者について、第

7条（毒物劇物取扱責任者の設置義務）、第8条（毒物劇物取扱責任者の資格）、第11条（毒劇物の流出等防止の措置義務）、第12条第1項および第3項（毒劇物の表示）、第15条の3（回収等の命令）、第16条の2（事故の際の措置）、第17条（立入検査等）、第19条第3項（毒物劇物取扱責任者の変更命令）および第6項（毒物劇物取扱責任者設置義務違反等に対する是正命令）の規定が準用されることを定めたもので、届出業者は、これらの規定の適用について毒物劇物営業者および特定毒物研究者と同様に取り扱われる。

なお、第7項の規定により毒物劇物取扱責任者の変更命令については、行政手続法（平成5年法律第88号）に基づき聴聞等が行われるが、その際第20条の規定が準用される。

【5】第5項は、届出業者以外の業務上取扱者（非届出業者）であっても毒劇物を業務上取り扱う者については、第11条、第12条第1項および第3項、第16条の2、第17条の規定を準用することを定めたものであるが、届出業者の場合と異なり、非届出業者については、毒物劇物取扱責任者の設置に関する規定（第7条、第8条、第19条第3項）は準用されないこととなっている。本項の厚生労働省令で定める毒劇物とは、すべての毒物または劇物である（施行規則第18条の2）。

【6】第6項は、届出業者が毒物劇物取扱責任者を設置しないとき（第7条違反）、毒物、劇物の取扱いに関する遵守義務を守らないとき（第11条違反）、

毒物劇物取扱責任者の変更命令に従わないとき（第19条第3項違反）、または非届出業者が第11条に違反したときは、相当の期間を定めて、必要な措置を命じることができる旨の規定である。

この措置命令に従わない場合（第22条第6項の規定による命令に違反）には、罰則の適用がある（法第24条の2第3号、第26条）。

（手数料）

第23条 次の各号に掲げる者（厚生労働大臣に対して申請する者に限る。）は、それぞれ当該各号の申請に対する国の審査に要する実費を勘案して政令で定める額の手数料を国庫に納めなければならない。
　一　毒物又は劇物の製造業又は輸入業の登録を申請する者
　二　第一号の登録の更新を申請する者
　三　第一号の登録の変更を申請する者

【1】第23条は、この法律で定めている厚生労働大臣に対する登録やその更新または変更の手続きをするときの手数料の規定で、それらの手続をする場合、それに要する実費の額に見合った額の手数料を納めるべきこととし、具体的な額については政令に委任したものである。

本条の規定を受けて施行令第43条において手数料の具体的な額を定めているが、それぞれ次のとおりである（平成21年3月18日政令第39号）。
　一　厚生労働大臣の行う毒物又は劇物の製造業又は輸入業の登録を申請する者　1万4100円
　二　前号の登録の更新を申請する者　1万円
　三　第1号の登録の変更を申請する者　8800円

【2】都道府県、保健所を設置する市または特別区に納めるべき手数料は、それぞれの地方公共団体が条例で定めている。

なお、毒物または劇物の製造業または輸入業の登録等に係る経由の事務に関して都道府県に納めるべき手数料については、全国的に統一して定めることが特に必要とされるものとして、「地方公共団体の手数料の標準に関する政令」（平成12年1月21日政令第16号）において、その標準額を次のとおり定めている。
　一　毒物及び劇物取締法第4条第2項の規定に基づく毒物又は劇物の製造業又は輸入業の登録の申請に係る経由　2万600円
　二　毒物及び劇物取締法第4項の規定に基づく毒物又は劇物の製造業又は輸入業の登録の更新の申請に係る経由　6800円
　三　毒物及び劇物取締法第9条第2項において準用する同法第4条第2項の規定に基づく毒物又は劇物の製造業又は輸入業の変更の申請

849

毒物及び劇物取締法の解説

に係る経由　3200円

（薬事・食品衛生審議会への諮問）
第 23 条の 2　厚生労働大臣は、第 16 条第 1 項、別表第一第 28 号、別表第
　　二第 94 号及び別表第三第 10 号の政令の制定又は改廃の立案をしようとす
　　るときは、あらかじめ、薬事・食品衛生審議会の意見を聴かなければなら
　　ない。ただし、薬事・食品衛生審議会が軽微な事項と認めるものについて
　　は、この限りでない。

　第 23 条の 2 は、第 16 条第 1 項に基づく毒物または劇物の運搬、貯蔵その他の取扱いについての技術上の基準を定める政令および毒物、劇物または特定毒物を指定する政令の制定または改廃の立案しようとするときは、あらかじめ、薬事・食品衛生審議会の意見を聴かなければならない旨を規定したものである。

（都道府県が処理する事務）
第 23 条の 3　この法律に規定する厚生労働大臣の権限に属する事務の一部は、
　　政令で定めるところにより、都道府県知事が行うこととすることができる。

　第 23 条の 3 は厚生労働大臣の権限に属する事務の一部を都道府県知事が行うこととすることができる旨規定したものであり、都道府県知事が行う事務の具体的な内容は施行令第 36 条の 7 に次のとおり定められている。

（都道府県が処理する事務）

　第 36 条の 7　法に規定する厚生労働大臣の権限に属する事務のうち、次に掲げるものは、製造所又は営業所の所在地の都道府県知事が行うこととする。ただし、厚生労働大臣が第四号に掲げる権限に属する事務を自ら行うことを妨げない。

　一　法第 4 条第 1 項に規定する権限に属する事務のうち、製剤の製造（製剤の小分けを含む。以下同じ。）若しくは原体の小分けのみを行う製造業者又は製剤の輸入のみを行う輸入業者（以下「製剤製造業者等」という。）に係る登録に関するもの

　二　製剤製造業者等に係る法第 7 条第 3 項、第 10 条第 1 項、第 17 条第 1 項、第 19 条第 1 項から第 4 項まで及び第 21 条第 1 項に規定する権限に属する事務

　三　製剤製造業者等に係る法第 9 条第 1 項に規定する権限に属する事務のうち、製剤の製造若しくは原体の小分けのみに係る登録の変更又は製剤の輸入のみに係る登録の変更に関するもの

　四　製造業者及び輸入業者（製剤

850

製造業者等を除く。）に係る法第
17条第1項に規定する権限に属
する事務

2　前項の場合においては、法の規
定中同項の規定により都道府県知
事が行う事務に係る厚生労働大臣
に関する規定は、都道府県知事に
関する規定として都道府県知事に
適用があるものとする。

3　都道府県知事は、第1項の規定
により同項第四号に掲げる事務を
行つた場合において、製造業者又
は輸入業者（製剤製造業者等を除
く。）につき法第19条第1項から
第4項までの規定による処分が行
われる必要があると認めるときは、
理由を付して、その旨を厚生労働
大臣に通知しなければならない。

4　第1項の場合においては、法第
4条第2項（法第9条第2項にお
いて準用する場合を含む。）、第7
条第3項、第10条第1項及び第
21条第1項中「都道府県知事を
経て、厚生労働大臣」とあるのは
「都道府県知事」と読み替えるもの
とし、法第19条第5項の規定は、
適用しない。

施行令第36条の7第1項により、厚
生労働大臣の権限に属する事務の一部
を、都道府県知事が行うこととされて
いる。すなわち、厚生労働大臣の権限
に属する事務のうち、①製剤製造業者
等（製剤の製造［製剤の小分けを含む。
以下同じ］もしくは原体の小分けのみ
を行う製造業者または製剤の輸入のみ
を行う輸入業者をいう）に係る法第4

条第1項に規定する登録に関する事務、
②製剤製造業者等に係る法第7条第3
項に規定する毒物劇物取扱責任者の届
出に関する事務、法第10条第1項に
規定する変更届に関する事務、法第17
条第1項に規定する立入検査等に関す
る事務、法第19条第1項から第4項ま
でに規定する登録の取消等に関する事
務および法第21条第1項に規定する
登録が失効した場合の届出に関する事
務、③製剤製造業者等に係る法第9条
第1項（登録の変更）に規定する事務
のうち、製剤の製造もしくは原体の小
分けのみに係る登録の変更または製剤
の輸入のみに係る登録の変更に関する
事務、ならびに④製造業者および輸入
業者（製剤製造業者等を除く）に係る
法第17条第1項に規定する立入調査等
に関する事務を都道府県知事が行うこ
ととされている。

登録に関する厚生労働大臣の事務と
都道府県知事の事務を以上のように原
体の製造（小分けを除く）または輸入
の有無によって区分し、厚生労働大臣
の登録を受けた者が原体の製造（小分
けを除く）または輸入をすべて廃止し
た場合は、新たに登録を受けることな
く、原体の廃止届（施行規則第11条、
別記第11号様式の(2)）を提出するこ
とで都道府県知事の所管となり、一方、
製剤製造業者等が原体の製造（小分け
を除く）または輸入を新たに行おうと
する場合は、厚生労働大臣に対し、法
第9条の登録の変更申請を行い、厚生
労働大臣の行う登録の変更をもって所
管が変わることとなる。以上の関係を

図示すると次のとおりとなる。

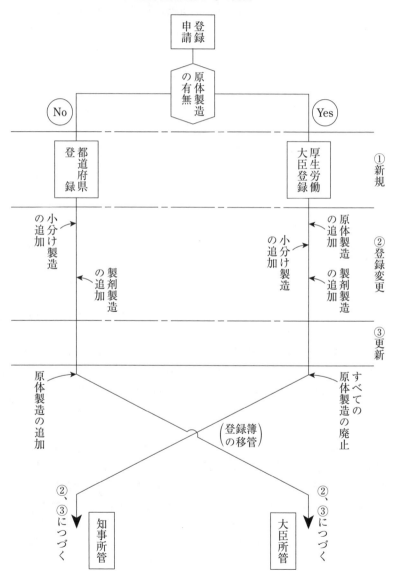

（緊急時における厚生労働大臣の事務執行）

第23条の4　第17条第2項の規定により都道府県知事の権限に属するものとされている事務は、緊急の必要があると厚生労働大臣が認める場合にあつては、厚生労働大臣又は都道府県知事が行うものとする。この場合においては、この法律の規定中都道府県知事に関する規定（当該事務に係るものに限る。）は、厚生労働大臣に関する規定として厚生労働大臣に適用があるものとする。

2　前項の場合において、厚生労働大臣又は都道府県知事が当該事務を行うときは、相互に密接な連携の下に行うものとする。

　第23条の4第1項は、都道府県知事が行うこととされている販売業者、特定毒物研究者に対する立入検査等の事務について、緊急の必要があると厚生労働大臣が認める場合にあっては、厚生労働大臣または都道府県知事が行う

ものとする旨を規定したものである。

　本条第2項で、緊急時において、「厚生労働大臣又は都道府県知事が立入検査等の事務を行うときは、相互に密接な連携の下に行うこと」とされている。

（事務の区分）

第23条の5　第4条第2項（第9条第2項において準用する場合を含む。）、第7条第3項（製造業者又は輸入業者に係る部分に限る。）、第10条第1項（製造業者又は輸入業者に係る部分に限る。）及び第21条第1項（製造業者又は輸入業者に係る部分に限るものとし、同条第4項において準用する場合を含む。）の規定により都道府県が処理することとされている事務は、地方自治法第2条第9項第一号に規定する第一号法定受託事務とする。

　第23条の5は、法の規定により都道府県が処理することとされている事務のうち、地方自治法第2条第9項第一号に規定する第一号法定受託事務であるものを規定している。すなわち、①法第4条第2項（第9条第2項において準用する場合を含む）に規定する製造業者または輸入業者に係る登録の申請の経由事務、②法第7条第3項および法第10条第1項に規定する製造業者

または輸入業者に係る届出の経由事務、③第21条第1項に規定する登録が失効した場合の届出の経由事務（第21条第4項において準用する場合を含む）が、第一号法定受託事務とされている。

　なお、地方自治法第2条第8項の規定により、地方公共団体が処理する事務のうち、法定受託事務以外のものは自治事務とされている。

853

毒物及び劇物取締法の解説

（権限の委任）

第23条の6　この法律に規定する厚生労働大臣の権限は、厚生労働省令で定めるところにより、地方厚生局長に委任することができる。

2　前項の規定により地方厚生局長に委任された権限は、厚生労働省令で定めるところにより、地方厚生支局長に委任することができる。

第23条の6は、法に規定する厚生労働大臣の権限を地方厚生局長へ委任することができる旨の規定である。本条第1項および施行令第36条の10第1項の委任を受け、地方厚生局長へ委任される権限は施行規則第28条に次のとおり規定されている。

（権限の委任）

　　第28条　法第23条の6第1項及び令第36条の10第1項の規定により、次に掲げる厚生労働大臣の権限は、地方厚生局長に委任する。ただし、厚生労働大臣が第四号から第六号まで（第六号に掲げる権限にあつては厚生労働大臣が第五号に掲げる権限を自ら行つた場合に限る。）、第八号及び第九号に掲げる権限を自ら行うことを妨げない。

一　法第4条第1項及び第2項（法第9条第2項において準用する場合を含む。）に規定する権限

二　法第7条第3項（法第22条第4項において準用する場合を含む。）に規定する権限

三　法第10条第1項に規定する権限

四　法第17条第1項に規定する権限

五　法第19条（法第22条第4項において準用する場合を含む。）に規定する権限

六　法第20条第2項（法第22条第7項において準用する場合を含む。）に規定する権限

七　法第21条第1項（同条第4項において準用する場合を含む。）に規定する権限

八　法第22条第6項に規定する権限

九　法第23条の3第1項に規定する権限

十　令第35条第2項に規定する権限

十一　令第36条第2項及び第3項に規定する権限

十二　令第36条の2第1項に規定する権限

十三　令第36条の3第1項に規定する権限

十四　令第36条の7第3項に規定する権限

十五　令第36条の8第2項及び第3項に規定する権限

2 逐条解説

（政令への委任）

第23条の7 この法律に規定するもののほか、毒物又は劇物の製造業、輸入業又は販売業の登録及び登録の更新に関し必要な事項並びに特定毒物研究者の許可及び届出並びに特定毒物研究者についての第19条第4項の処分に関し必要な事項は、政令で定める。

第23条の7は、毒物または劇物の製造業、輸入業または販売業の登録および登録の更新ならびに特定毒物研究者の許可、届出および処分に関し必要な事項についての政令委任規定である。

本条の委任を受けた政令規定は施行令第33条〜第36条の4、第36条の6、第36条の8および第37条がそれである。具体的には、毒物または劇物の製造業、輸入業または販売業の登録を行った者に対する登録票の交付等（施行令第33条）、特定毒物研究者の許可を与えた者に対する許可証の交付等（同第34条）、登録票または許可証の書換え交付（同第35条）、同じく再交付（同第36条）、登録票または許可証の返納（同36条の2）、登録簿または特定毒物研究者名簿（同第36条の3）、特定毒物研究者の主たる研究所の変更の届出（同第36条の4）、他の都道府県知事の許可を受けた特定毒物研究者に対し処分を行った場合等の当該都道府県知事に対する通知（同第36条の6）、製造業者または輸入業者に関する登録等の権限を有する者が厚生労働大臣から都道府県知事に、または都道府県知事から厚生労働大臣に変更した場合における当該業者に関する登録簿の送付（第36条の8）、さらに詳細な事項についての厚生労働省令への委任（同第37条）の規定がある。

（経過措置）

第23条の8 この法律の規定に基づき政令又は厚生労働省令を制定し、又は改廃する場合においては、それぞれ、政令又は厚生労働省令で、その制定又は改廃に伴い合理的に必要と判断される範囲内において、所要の経過措置を定めることができる。

第23条の8は、本法に基づいて政令、省令等を制定または改廃する場合に、それぞれ政令や省令で、所要の経過措置を定めることができる旨を規定したものである。

（罰則）

第24条 次の各号のいずれかに該当する者は、3年以下の懲役若しくは200

855

万円以下の罰金に処し、又はこれを併科する。

　　一　第3条、第3条の2、第4条の3又は第9条の規定に違反した者

　　二　第12条（第22条第4項及び第5項で準用する場合を含む。）の表示
　　　をせず、又は虚偽の表示をした者

　　三　第13条、第13条の2又は第15条第1項の規定に違反した者

　　四　第14条第1項又は第2項の規定に違反した者

　　五　第15条の2の規定に違反した者

　　六　第19条第4項の規定による業務の停止命令に違反した者

第24条の2　次の各号のいずれかに該当する者は、2年以下の懲役若しくは
100万円以下の罰金に処し、又はこれを併科する。

　　一　みだりに摂取し、若しくは吸入し、又はこれらの目的で所持すること
　　　の情を知つて第3条の3に規定する政令で定める物を販売し、又は授与
　　　した者

　　二　業務その他正当な理由によることなく所持することの情を知つて第3
　　　条の4に規定する政令で定める物を販売し、又は授与した者

　　三　第22条第6項の規定による命令に違反した者

第24条の3　第3条の3の規定に違反した者は、1年以下の懲役若しくは
50万円以下の罰金に処し、又はこれを併科する。

第24条の4　第3条の4の規定に違反した者は、6月以下の懲役若しくは
50万円以下の罰金に処し、又はこれを併科する。

第25条　次の各号のいずれかに該当する者は、30万円以下の罰金に処する。

　　一　第10条第1項第四号又は第2項第三号に規定する事項につき、その
　　　届出を怠り、又は虚偽の届出をした者

　　二　第14条第4項の規定に違反した者

　　二の二　第15条第2項から第4項までの規定に違反した者

　　三　第16条の2（第22条第4項及び第5項において準用する場合を含
　　　む。）の規定に違反した者

　　四　第17条第1項又は第2項（これらの規定を第22条第4項及び第5
　　　項において準用する場合を含む。）の規定による厚生労働大臣、都道府県
　　　知事、指定都市の長、保健所を設置する市の市長又は特別区の区長の要
　　　求があつた場合に、報告をせず、又は虚偽の報告をした者

　　五　第17条第1項又は第2項（これらの規定を第22条第4項及び第5
　　　項において準用する場合を含む。）の規定による立入り、検査、質問又は
　　　収去を拒み、妨げ、又は忌避した者

　　六　第21条第1項（同条第4項において準用する場合を含む。）の規定に
　　　違反した者

七 第22条第1項から第3項までの規定による届出を怠り、又は虚偽の
　届出をした者

　第24条、第24条の2、第24条の3、第24条の4および第25条は、この法律に違反した者に対して科せられる罰則（司法処分）についての規定である。罰則については、各条の解説中に説明を加えたので、ここでは省略する。

第26条　法人の代表者又は法人若しくは人の代理人、使用人その他の従業者が、その法人又は人の業務に関して、第24条、第24条の2、第24条の4又は前条の違反行為をしたときは、行為者を罰する外、その法人又は人に対しても、各本条の罰金を科する。但し、法人又は人の代理人、使用人その他の従業者の当該違反行為を防止するため、その業務について相当の注意及び監督が尽されたことの証明があつたときは、その法人又は人については、この限りでない。

　第26条は、いわゆる両罰規定である。第24条、第24条の2、第24条の4または前条の罰則は毒物劇物営業者とか、厚生労働省令で定める毒物または劇物を業務上取り扱う者等の違反ということになっているのであるが、それらの者の法律上の行為は、実際には、法人（会社等）はもちろんであるが、個人の場合にしても、他の個人（法人の代表者、法人または個人の代理人、使用人その他の従業員——すなわち会社の重役、社員、嘱託、個人の友人、店員など）の、その法人なり、その個人の業務に関する行為として行われる場合が多い。

　そこで前述のような使用人等の行動によって第24条、第24条の2、第24条の4または前条の違反行為が行われたときには、実際にその行為をした者はもちろん罰せられるが、そのほかに、営業者なり、取扱者である法人または個人も罰せられるというのである。しかし、この場合は罰金のみで、懲役は科せられない。

　ただし、その法人または個人が、代理人や使用人等によってその違反が行われることがないように、その業務に関して十分注意と監督を行ったという証明があったときは、その法人または個人はこの罰を受けなくてよい。

第27条　第16条の規定に基づく政令には、その政令に違反した者を2年以下の懲役若しくは100万円以下の罰金に処し、又はこれを併科する旨の規定及び法人の代表者又は法人若しくは人の代理人、使用人その他の従業者がその法人又は人の業務に関してその政令の違反行為をしたときはその行為者を罰するほか、その法人又は人に対して各本条の罰金を科する旨の規

857

定を設けることができる。

第27条は、第16条第1項に基づく政令（毒物劇物の運搬、貯蔵その他の取扱い基準）および第2項に基づく政令（特定毒物が付着している物または特定毒物を含有する物の取扱い基準、特定毒物を含有している物の品質、着色および表示の基準）に関する政令違反者に対しては2年以下の懲役もしくは100万円以下の罰金、またはこの併科の罰、および両罰規定を設けることができる規定である（施行令第10条、第15条、第21条、第27条、第32条、第40条の8）。

3 毒物及び劇物取締法施行令について

　本施行令は、先に逐条解説の項において述べたとおり、毒物及び劇物取締法の第3条の2第3項、第5項および第9項、第3条の3、第3条の4、第11条第2項、第13条、第13条の2、第14条第3項、第15条の2、第16条第1項および第2項、第22条第1項、第23条、第23条の3、第23条の7ならびに第27条の規定に基づいて制定されたもので、特定毒物の取扱い方法、毒劇物を含有する物、着色すべき農業用毒劇物、毒劇物の廃棄方法、届出を要する業務上取扱者等について、詳しく規制したものである。

　なお、本施行令の詳細については、法令集の毒物及び劇物取締法施行令（942ページ）を参照されたい。

法令集

毒物及び劇物取締法

	昭和 25 年 12 月 28 日	法律第 303 号
改正	昭和 28 年 8 月 15 日	法律第 213 号
同	昭和 29 年 4 月 22 日	法律第 71 号
同	昭和 30 年 8 月 12 日	法律第 162 号
同	昭和 35 年 8 月 10 日	法律第 145 号
同	昭和 39 年 7 月 10 日	法律第 165 号
同	昭和 45 年 12 月 25 日	法律第 131 号
同	昭和 47 年 6 月 26 日	法律第 103 号
同	昭和 48 年 10 月 12 日	法律第 112 号
同	昭和 56 年 5 月 25 日	法律第 51 号
同	昭和 57 年 9 月 1 日	法律第 90 号
同	昭和 58 年 12 月 10 日	法律第 83 号
同	昭和 60 年 7 月 12 日	法律第 90 号
同	平成 5 年 11 月 12 日	法律第 89 号
同	平成 9 年 11 月 21 日	法律第 105 号
同	平成 11 年 7 月 16 日	法律第 87 号
同	平成 11 年 12 月 22 日	法律第 160 号
同	平成 12 年 11 月 27 日	法律第 126 号
同	平成 13 年 6 月 29 日	法律第 87 号
同	平成 23 年 6 月 22 日	法律第 70 号
同	平成 23 年 8 月 30 日	法律第 105 号
同	平成 23 年 12 月 14 日	法律第 122 号
最終改正	平成 27 年 6 月 26 日	法律第 50 号

（目的）

第1条　この法律は、毒物及び劇物について、保健衛生上の見地から必要な取締を行うことを目的とする。

（定義）

第2条　この法律で「毒物」とは、別表第一に掲げる物であつて、医薬品及び医薬部外品以外のものをいう。

2　この法律で「劇物」とは、別表第二に掲げる物であつて、医薬品及び医薬部外品以外のものをいう。

3　この法律で「特定毒物」とは、毒物であつて、別表第三に掲げるものをいう。

（禁止規定）

第3条　毒物又は劇物の製造業の登録を受けた者でなければ、毒物又は劇物を販売又は授与の目的で製造してはならない。

2　毒物又は劇物の輸入業の登録を受けた者でなければ、毒物又は劇物を販売又は授与の目的で輸入してはならない。

3　毒物又は劇物の販売業の登録を受けた者でなければ、毒物又は劇物を販売し、授

与し、又は販売若しくは授与の目的で貯蔵し、運搬し、若しくは陳列してはならない。但し、毒物又は劇物の製造業者又は輸入業者が、その製造し、又は輸入した毒物又は劇物を、他の毒物又は劇物の製造業者、輸入業者又は販売業者（以下「毒物劇物営業者」という。）に販売し、授与し、又はこれらの目的で貯蔵し、運搬し、若しくは陳列するときは、この限りでない。

第3条の2　毒物若しくは劇物の製造業者又は学術研究のため特定毒物を製造し、若しくは使用することができる者としてその主たる研究所の所在地の都道府県知事（その主たる研究所の所在地が、地方自治法（昭和22年法律第67号）第252条の19第1項の指定都市（以下「指定都市」という。）の区域にある場合においては、指定都市の長。第6条の2及び第10条第2項において同じ。）の許可を受けた者（以下「特定毒物研究者」という。）でなければ、特定毒物を製造してはならない。

2　毒物若しくは劇物の輸入業者又は特定毒物研究者でなければ、特定毒物を輸入してはならない。

3　特定毒物研究者又は特定毒物を使用することができる者として品目ごとに政令で指定する者（以下「特定毒物使用者」という。）でなければ、特定毒物を使用してはならない。ただし、毒物又は劇物の製造業者が毒物又は劇物の製造のために特定毒物を使用するときは、この限りでない。

4　特定毒物研究者は、特定毒物を学術研究以外の用途に供してはならない。

5　特定毒物使用者は、特定毒物を品目ごとに政令で定める用途以外の用途に供してはならない。

6　毒物劇物営業者、特定毒物研究者又は特定毒物使用者でなければ、特定毒物を譲り渡し、又は譲り受けてはならない。

7　前項に規定する者は、同項に規定する者以外の者に特定毒物を譲り渡し、又は同項に規定する者以外の者から特定毒物を譲り受けてはならない。

8　毒物劇物営業者又は特定毒物研究者は、特定毒物使用者に対し、その者が使用することができる特定毒物以外の特定毒物を譲り渡してはならない。

9　毒物劇物営業者又は特定毒物研究者は、保健衛生上の危害を防止するため政令で特定毒物について品質、着色又は表示の基準が定められたときは、当該特定毒物については、その基準に適合するものでなければ、これを特定毒物使用者に譲り渡してはならない。

10　毒物劇物営業者、特定毒物研究者又は特定毒物使用者でなければ、特定毒物を所持してはならない。

11　特定毒物使用者は、その使用することができる特定毒物以外の特定毒物を譲り受け、又は所持してはならない。

第3条の3　興奮、幻覚又は麻酔の作用を有する毒物又は劇物（これらを含有する物

を含む。）であつて政令で定めるものは、みだりに摂取し、若しくは吸入し、又はこれらの目的で所持してはならない。

第3条の4 引火性、発火性又は爆発性のある毒物又は劇物であつて政令で定めるものは、業務その他正当な理由による場合を除いては、所持してはならない。

（営業の登録）

第4条 毒物又は劇物の製造業又は輸入業の登録は、製造所又は営業所ごとに厚生労働大臣が、販売業の登録は、店舗ごとにその店舗の所在地の都道府県知事（その店舗の所在地が、地域保健法（昭和22年法律第101号）第5条第1項の政令で定める市（以下「保健所を設置する市」という。）又は特別区の区域にある場合においては、市長又は区長。第3項、第7条第3項、第10条第1項及び第21条第1項において同じ。）が行う。

2　毒物又は劇物の製造業又は輸入業の登録を受けようとする者は、製造業者にあつては製造所、輸入業者にあつては営業所ごとに、その製造所又は営業所の所在地の都道府県知事を経て、厚生労働大臣に申請書を出さなければならない。

3　毒物又は劇物の販売業の登録を受けようとする者は、店舗ごとに、その店舗の所在地の都道府県知事に申請書を出さなければならない。

4　製造業又は輸入業の登録は、5年ごとに、販売業の登録は、6年ごとに、更新を受けなければ、その効力を失う。

（販売業の登録の種類）

第4条の2 毒物又は劇物の販売業の登録を分けて、次のとおりとする。

一　一般販売業の登録

二　農業用品目販売業の登録

三　特定品目販売業の登録

（販売品目の制限）

第4条の3 農業用品目販売業の登録を受けた者は、農業上必要な毒物又は劇物であつて厚生労働省令で定めるもの以外の毒物又は劇物を販売し、授与し、又は販売若しくは授与の目的で貯蔵し、運搬し、若しくは陳列してはならない。

2　特定品目販売業の登録を受けた者は、厚生労働省令で定める毒物又は劇物以外の毒物又は劇物を販売し、授与し、又は販売若しくは授与の目的で貯蔵し、運搬し、若しくは陳列してはならない。

（登録基準）

第5条 厚生労働大臣、都道府県知事、保健所を設置する市の市長又は特別区の区長は、毒物又は劇物の製造業、輸入業又は販売業の登録を受けようとする者の設備が、

厚生労働省令で定める基準に適合しないと認めるとき、又はその者が第19条第2項若しくは第4項の規定により登録を取り消され、取消の日から起算して2年を経過していないものであるときは、第4条の登録をしてはならない。

（登録事項）

第6条　第4条の登録は、左の各号に掲げる事項について行うものとする。

一　申請者の氏名及び住所（法人にあつては、その名称及び主たる事務所の所在地）

二　製造業又は輸入業の登録にあつては、製造し、又は輸入しようとする毒物又は劇物の品目

三　製造所、営業所又は店舗の所在地

（特定毒物研究者の許可）

第6条の2　特定毒物研究者の許可を受けようとする者は、その主たる研究所の所在地の都道府県知事に申請書を出さなければならない。

2　都道府県知事は、毒物に関し相当の知識を持ち、かつ、学術研究上特定毒物を製造し、又は使用することを必要とする者でなければ、特定毒物研究者の許可を与えてはならない。

3　都道府県知事は、次に掲げる者には、特定毒物研究者の許可を与えないことができる。

一　心身の障害により特定毒物研究者の業務を適正に行うことができない者として厚生労働省令で定めるもの

二　麻薬、大麻、あへん又は覚せい剤の中毒者

三　毒物若しくは劇物又は薬事に関する罪を犯し、罰金以上の刑に処せられ、その執行を終わり、又は執行を受けることがなくなつた日から起算して3年を経過していない者

四　第19条第4項の規定により許可を取り消され、取消しの日から起算して2年を経過していない者

（毒物劇物取扱責任者）

第7条　毒物劇物営業者は、毒物又は劇物を直接に取り扱う製造所、営業所又は店舗ごとに、専任の毒物劇物取扱責任者を置き、毒物又は劇物による保健衛生上の危害の防止に当たらせなければならない。ただし、自ら毒物劇物取扱責任者として毒物又は劇物による保健衛生上の危害の防止に当たる製造所、営業所又は店舗については、この限りでない。

2　毒物劇物営業者が毒物又は劇物の製造業、輸入業又は販売業のうち2以上を併せ営む場合において、その製造所、営業所又は店舗が互に隣接しているとき、又は同一店舗において毒物又は劇物の販売業を2以上あわせて営む場合には、毒物劇物取

毒物及び劇物取締法

扱責任者は、前項の規定にかかわらず、これらの施設を通じて1人で足りる。

3　毒物劇物営業者は、毒物劇物取扱責任者を置いたときは、30日以内に、製造業又は輸入業の登録を受けている者にあつてはその製造所又は営業所の所在地の都道府県知事を経て厚生労働大臣に、販売業の登録を受けている者にあつてはその店舗の所在地の都道府県知事に、その毒物劇物取扱責任者の氏名を届け出なければならない。毒物劇物取扱責任者を変更したときも、同様とする。

（毒物劇物取扱責任者の資格）

第8条　次の各号に掲げる者でなければ、前条の毒物劇物取扱責任者となることができない。

　一　薬剤師

　二　厚生労働省令で定める学校で、応用化学に関する学課を修了した者

　三　都道府県知事が行う毒物劇物取扱者試験に合格した者

2　次に掲げる者は、前条の毒物劇物取扱責任者となることができない。

　一　18歳未満の者

　二　心身の障害により毒物劇物取扱責任者の業務を適正に行うことができない者として厚生労働省令で定めるもの

　三　麻薬、大麻、あへん又は覚せい剤の中毒者

　四　毒物若しくは劇物又は薬事に関する罪を犯し、罰金以上の刑に処せられ、その執行を終り、又は執行を受けることがなくなつた日から起算して3年を経過していない者

3　第1項第3号の毒物劇物取扱者試験を分けて、一般毒物劇物取扱者試験、農業用品目毒物劇物取扱者試験及び特定品目毒物劇物取扱者試験とする。

4　農業用品目毒物劇物取扱者試験又は特定品目毒物劇物取扱者試験に合格した者は、それぞれ第4条の3第1項の厚生労働省令で定める毒物若しくは劇物のみを取り扱う輸入業の営業所若しくは農業用品目販売業の店舗又は同条第2項の厚生労働省令で定める毒物若しくは劇物のみを取り扱う輸入業の営業所若しくは特定品目販売業の店舗においてのみ、毒物劇物取扱責任者となることができる。

5　この法律に定めるもののほか、試験科目その他毒物劇物取扱者試験に関し必要な事項は、厚生労働省令で定める。

（登録の変更）

第9条　毒物又は劇物の製造業者又は輸入業者は、登録を受けた毒物又は劇物以外の毒物又は劇物を製造し、又は輸入しようとするときは、あらかじめ、第6条第2号に掲げる事項につき登録の変更を受けなければならない。

2　第4条第2項及び第5条の規定は、登録の変更について準用する。

867

（届出）

第10条　毒物劇物営業者は、左の各号の一に該当する場合には、30日以内に、製造業又は輸入業の登録を受けている者にあつてはその製造所又は営業所の所在地の都道府県知事を経て厚生労働大臣に、販売業の登録を受けている者にあつてはその店舗の所在地の都道府県知事に、その旨を届け出なければならない。

一　氏名又は住所（法人にあつては、その名称又は主たる事務所の所在地）を変更したとき。

二　毒物又は劇物を製造し、貯蔵し、又は運搬する設備の重要な部分を変更したとき。

三　その他厚生労働省令で定める事項を変更したとき。

四　当該製造所、営業所又は店舗における営業を廃止したとき。

2　特定毒物研究者は、次の各号のいずれかに該当する場合には、30日以内に、その主たる研究所の所在地の都道府県知事にその旨を届け出なければならない。

一　氏名又は住所を変更したとき。

二　その他厚生労働省令で定める事項を変更したとき。

三　当該研究を廃止したとき。

3　第1項第4号又は前項第3号の場合において、その届出があつたときは、当該登録又は許可は、その効力を失う。

（毒物又は劇物の取扱）

第11条　毒物劇物営業者及び特定毒物研究者は、毒物又は劇物が盗難にあい、又は紛失することを防ぐのに必要な措置を講じなければならない。

2　毒物劇物営業者及び特定毒物研究者は、毒物若しくは劇物又は毒物若しくは劇物を含有する物であつて政令で定めるものがその製造所、営業所若しくは店舗又は研究所の外に飛散し、漏れ、流れ出、若しくはしみ出、又はこれらの施設の地下にしみ込むことを防ぐのに必要な措置を講じなければならない。

3　毒物劇物営業者及び特定毒物研究者は、その製造所、営業所若しくは店舗又は研究所の外において毒物若しくは劇物又は前項の政令で定める物を運搬する場合には、これらの物が飛散し、漏れ、流れ出、又はしみ出ることを防ぐのに必要な措置を講じなければならない。

4　毒物劇物営業者及び特定毒物研究者は、毒物又は厚生労働省令で定める劇物については、その容器として、飲食物の容器として通常使用される物を使用してはならない。

（毒物又は劇物の表示）

第12条　毒物劇物営業者及び特定毒物研究者は、毒物又は劇物の容器及び被包に、「医薬用外」の文字及び毒物については赤地に白色をもつて「毒物」の文字、劇物に

ついては白地に赤色をもつて「劇物」の文字を表示しなければならない。

2　毒物劇物営業者は、その容器及び被包に、左に掲げる事項を表示しなければ、毒物又は劇物を販売し、又は授与してはならない。

一　毒物又は劇物の名称

二　毒物又は劇物の成分及びその含量

三　厚生労働省令で定める毒物又は劇物については、それぞれ厚生労働省令で定めるその解毒剤の名称

四　毒物又は劇物の取扱及び使用上特に必要と認めて、厚生労働省令で定める事項

3　毒物劇物営業者及び特定毒物研究者は、毒物又は劇物を貯蔵し、又は陳列する場所に、「医薬用外」の文字及び毒物については「毒物」、劇物については「劇物」の文字を表示しなければならない。

（特定の用途に供される毒物又は劇物の販売等）

第13条　毒物劇物営業者は、政令で定める毒物又は劇物については、厚生労働省令で定める方法により着色したものでなければ、これを農業用として販売し、又は授与してはならない。

第13条の2　毒物劇物営業者は、毒物又は劇物のうち主として一般消費者の生活の用に供されると認められるものであつて政令で定めるものについては、その成分の含量又は容器若しくは被包について政令で定める基準に適合するものでなければ、これを販売し、又は授与してはならない。

（毒物又は劇物の譲渡手続）

第14条　毒物劇物営業者は、毒物又は劇物を他の毒物劇物営業者に販売し、又は授与したときは、その都度、次に掲げる事項を書面に記載しておかなければならない。

一　毒物又は劇物の名称及び数量

二　販売又は授与の年月日

三　譲受人の氏名、職業及び住所（法人にあつては、その名称及び主たる事務所の所在地）

2　毒物劇物営業者は、譲受人から前項各号に掲げる事項を記載し、厚生労働省令で定めるところにより作成した書面の提出を受けなければ、毒物又は劇物を毒物劇物営業者以外の者に販売し、又は授与してはならない。

3　前項の毒物劇物営業者は、同項の規定による書面の提出に代えて、政令で定めるところにより、当該譲受人の承諾を得て、当該書面に記載すべき事項について電子情報処理組織を使用する方法その他の情報通信の技術を利用する方法であつて厚生労働省令で定めるものにより提供を受けることができる。この場合において、当該毒物劇物営業者は、当該書面の提出を受けたものとみなす。

4　毒物劇物営業者は、販売又は授与の日から5年間、第1項及び第2項の書面並びに前項前段に規定する方法が行われる場合に当該方法において作られる電磁的記録（電子的方式、磁気的方式その他人の知覚によつては認識することができない方式で作られる記録であつて電子計算機による情報処理の用に供されるものとして厚生労働省令で定めるものをいう。）を保存しなければならない。

（毒物又は劇物の交付の制限等）

第15条　毒物劇物営業者は、毒物又は劇物を次に掲げる者に交付してはならない。
　一　18歳未満の者
　二　心身の障害により毒物又は劇物による保健衛生上の危害の防止の措置を適正に行うことができない者として厚生労働省令で定めるもの
　三　麻薬、大麻、あへん又は覚せい剤の中毒者
2　毒物劇物営業者は、厚生労働省令の定めるところにより、その交付を受ける者の氏名及び住所を確認した後でなければ、第3条の4に規定する政令で定める物を交付してはならない。
3　毒物劇物営業者は、帳簿を備え、前項の確認をしたときは、厚生労働省令の定めるところにより、その確認に関する事項を記載しなければならない。
4　毒物劇物営業者は、前項の帳簿を、最終の記載をした日から5年間、保存しなければならない。

（廃棄）

第15条の2　毒物若しくは劇物又は第11条第2項に規定する政令で定める物は、廃棄の方法について政令で定める技術上の基準に従わなければ、廃棄してはならない。

（回収等の命令）

第15条の3　都道府県知事（毒物又は劇物の販売業にあつてはその店舗の所在地が保健所を設置する市又は特別区の区域にある場合においては市長又は区長とし、特定毒物研究者にあつてはその主たる研究所の所在地が指定都市の区域にある場合においては指定都市の長とする。第17条第2項、第19条第4項及び第23条の3において同じ。）は、毒物劇物営業者又は特定毒物研究者の行う毒物若しくは劇物又は第11条第2項に規定する政令で定める物の廃棄の方法が前条の政令で定める基準に適合せず、これを放置しては不特定又は多数の者について保健衛生上の危害が生ずるおそれがあると認められるときは、その者に対し、当該廃棄物の回収又は毒性の除去その他保健衛生上の危害を防止するために必要な措置を講ずべきことを命ずることができる。

毒物及び劇物取締法

（運搬等についての技術上の基準等）

第16条 保健衛生上の危害を防止するため必要があるときは、政令で、毒物又は劇物の運搬、貯蔵その他の取扱について、技術上の基準を定めることができる。

2 保健衛生上の危害を防止するため特に必要があるときは、政令で、次に掲げる事項を定めることができる。

　一 特定毒物が附着している物又は特定毒物を含有する物の取扱に関する技術上の基準

　二 特定毒物を含有する物の製造業者又は輸入業者が一定の品質又は着色の基準に適合するものでなければ、特定毒物を含有する物を販売し、又は授与してはならない旨

　三 特定毒物を含有する物の製造業者、輸入業者又は販売業者が特定毒物を含有する物を販売し、又は授与する場合には、一定の表示をしなければならない旨

（事故の際の措置）

第16条の2 毒物劇物営業者及び特定毒物研究者は、その取扱いに係る毒物若しくは劇物又は第11条第2項に規定する政令で定める物が飛散し、漏れ、流れ出、しみ出、又は地下にしみ込んだ場合において、不特定又は多数の者について保健衛生上の危害が生ずるおそれがあるときは、直ちに、その旨を保健所、警察署又は消防機関に届け出るとともに、保健衛生上の危害を防止するために必要な応急の措置を講じなければならない。

2 毒物劇物営業者及び特定毒物研究者は、その取扱いに係る毒物又は劇物が盗難にあい、又は紛失したときは、直ちに、その旨を警察署に届け出なければならない。

（立入検査等）

第17条 厚生労働大臣は、保健衛生上必要があると認めるときは、毒物又は劇物の製造業者又は輸入業者から必要な報告を徴し、又は薬事監視員のうちからあらかじめ指定する者に、これらの者の製造所、営業所その他業務上毒物若しくは劇物を取り扱う場所に立ち入り、帳簿その他の物件を検査させ、関係者に質問させ、試験のため必要な最小限度の分量に限り、毒物、劇物、第11条第2項に規定する政令で定める物若しくはその疑いのある物を収去させることができる。

2 都道府県知事は、保健衛生上必要があると認めるときは、毒物又は劇物の販売業者又は特定毒物研究者から必要な報告を徴し、又は薬事監視員のうちからあらかじめ指定する者に、これらの者の店舗、研究所その他業務上毒物若しくは劇物を取り扱う場所に立ち入り、帳簿その他の物件を検査させ、関係者に質問させ、試験のため必要な最小限度の分量に限り、毒物、劇物、第11条第2項に規定する政令で定める物若しくはその疑いのある物を収去させることができる。

3 前2項の規定により指定された者は、毒物劇物監視員と称する。

871

4　毒物劇物監視員は、その身分を示す証票を携帯し、関係者の請求があるときは、これを提示しなければならない。

5　第1項及び第2項の規定は、犯罪捜査のために認められたものと解してはならない。

第18条　削除

（登録の取消等）

第19条　厚生労働大臣は、毒物又は劇物の製造業又は輸入業の登録を受けている者について、都道府県知事（販売業の店舗の所在地が保健所を設置する市又は特別区の区域にある場合においては、市長又は区長。第3項において同じ。）は、販売業の登録を受けている者について、これらの者の有する設備が第5条の規定に基づく厚生労働省令で定める基準に適合しなくなつたと認めるときは、相当の期間を定めて、その設備を同条の規定に基づく厚生労働省令で定める基準に適合させるために必要な措置をとるべき旨を命ずることができる。

2　前項の命令を受けた者が、その指定された期間内に必要な措置をとらないときは、厚生労働大臣又は都道府県知事、保健所を設置する市の市長若しくは特別区の区長は、その者の登録を取り消さなければならない。

3　厚生労働大臣は、毒物又は劇物の製造業又は輸入業の毒物劇物取扱責任者について、都道府県知事は、販売業の毒物劇物取扱責任者について、その者にこの法律に違反する行為があつたとき、又はその者が毒物劇物取扱責任者として不適当であると認めるときは、その毒物又は劇物の製造業者、輸入業者又は販売業者に対して、その変更を命ずることができる。

4　厚生労働大臣は、毒物又は劇物の製造業又は輸入業の登録を受けている者について、都道府県知事は、販売業の登録を受けている者又は特定毒物研究者について、これらの者にこの法律又はこれに基づく処分に違反する行為があつたとき（特定毒物研究者については、第6条の2第3項第1号から第3号までに該当するに至つたときを含む。）は、その登録若しくは特定毒物研究者の許可を取り消し、又は期間を定めて、業務の全部若しくは一部の停止を命ずることができる。

5　都道府県知事は、毒物又は劇物の製造業者又は輸入業者について前各項の規定による処分をすることを必要と認めるときは、その旨を厚生労働大臣に具申しなければならない。

6　厚生労働大臣は、緊急時において必要があると認めるときは、都道府県知事、指定都市の長、保健所を設置する市の市長又は特別区の区長に対し、第1項から第4項までの規定に基づく処分（指定都市の長に対しては、同項の規定に基づく処分に限る。）を行うよう指示をすることができる。

毒物及び劇物取締法

（聴聞等の方法の特例）

第20条　前条第2項から第4項までの規定による処分に係る行政手続法（平成5年
法律第88号）第15条第1項又は第30条の通知は、聴聞の期日又は弁明を記載した
書面の提出期限（口頭による弁明の機会の付与を行う場合には、その日時）の1週
間前までにしなければならない。

2　厚生労働大臣又は都道府県知事、指定都市の長、保健所を設置する市の市長若し
くは特別区の区長は、前条第2項の規定による登録の取消し、同条第3項の規定に
よる毒物劇物取扱責任者の変更命令又は同条第4項の規定による許可の取消し（次
項において「登録の取消処分等」という。）に係る行政手続法第15条第1項の通知
をしたときは、聴聞の期日及び場所を公示しなければならない。

3　登録の取消処分等に係る聴聞の期日における審理は、公開により行わなければな
らない。

（登録が失効した場合等の措置）

第21条　毒物劇物営業者、特定毒物研究者又は特定毒物使用者は、その営業の登録
若しくは特定毒物研究者の許可が効力を失い、又は特定毒物使用者でなくなつたと
きは、15日以内に、毒物又は劇物の製造業者又は輸入業者にあつてはその製造所又
は営業所の所在地の都道府県知事を経て厚生労働大臣に、毒物又は劇物の販売業者
にあつてはその店舗の所在地の都道府県知事に、特定毒物研究者にあつてはその主
たる研究所の所在地の都道府県知事（その主たる研究所の所在地が指定都市の区域
にある場合においては、指定都市の長）に、特定毒物使用者にあつては都道府県知
事に、それぞれ現に所有する特定毒物の品名及び数量を届け出なければならない。

2　前項の規定により届出をしなければならない者については、これらの者がその届
出をしなければならないこととなつた日から起算して50日以内に同項の特定毒物
を毒物劇物営業者、特定毒物研究者又は特定毒物使用者に譲り渡す場合に限り、そ
の譲渡及び譲受については、第3条の2第6項及び第7項の規定を適用せず、また、
その者の前項の特定毒物の所持については、同期間に限り、第3条の2第10項の規
定を適用しない。

3　毒物劇物営業者又は特定毒物研究者であつた者が前項の期間内に第1項の特定毒
物を譲り渡す場合においては、第3条の2第8項及び第9項の規定の適用について
は、その者は、毒物劇物営業者又は特定毒物研究者であるものとみなす。

4　前3項の規定は、毒物劇物営業者、特定毒物研究者又は特定毒物使用者が死亡し、
又は法人たるこれらの者が合併によつて消滅した場合に、その相続人若しくは相続
人に代つて相続財産を管理する者又は合併後存続し、若しくは合併により設立され
た法人の代表者について準用する。

873

（業務上取扱者の届出等）

第22条　政令で定める事業を行う者であつてその業務上シアン化ナトリウム又は政令で定めるその他の毒物若しくは劇物を取り扱うものは、事業場ごとに、その業務上これらの毒物又は劇物を取り扱うこととなつた日から30日以内に、厚生労働省令の定めるところにより、次の各号に掲げる事項を、その事業場の所在地の都道府県知事（その事業場の所在地が保健所を設置する市又は特別区の区域にある場合においては、市長又は区長。第3項において同じ。）に届け出なければならない。

一　氏名又は住所（法人にあつては、その名称及び主たる事務所の所在地）

二　シアン化ナトリウム又は政令で定めるその他の毒物若しくは劇物のうち取り扱う毒物又は劇物の品目

三　事業場の所在地

四　その他厚生労働省令で定める事項

2　前項の規定に基づく政令が制定された場合においてその政令の施行により同項に規定する者に該当することとなつた者は、その政令の施行の日から30日以内に、同項の例により同項各号に掲げる事項を届け出なければならない。

3　前2項の規定により届出をした者は、当該事業場におけるその事業を廃止したとき、当該事業場において第1項の毒物若しくは劇物を業務上取り扱わないこととなつたとき、又は同項各号に掲げる事項を変更したときは、その旨を当該事業場の所在地の都道府県知事に届け出なければならない。

4　第7条、第8条、第11条、第12条第1項及び第3項、第15条の3、第16条の2、第17条第2項から第5項まで並びに第19条第3項及び第6項の規定は、第1項に規定する者（第2項に規定する者を含む。以下この条において同じ。）について準用する。この場合において、第7条第3項中「都道府県知事に」とあるのは「都道府県知事（その事業場の所在地が保健所を設置する市又は特別区の区域にある場合においては、市長又は区長）に」と、第15条の3中「毒物又は劇物の販売業にあつてはその店舗」とあるのは「第22条第1項に規定する者（同条第2項に規定する者を含む。）の事業場」と、「とし、特定毒物研究者にあつてはその主たる研究所の所在地が指定都市の区域にある場合においては指定都市の長とする。第17条第2項、第19条第4項及び第23条の3」とあるのは「。第17条第2項及び第19条第3項」と、「又は特定毒物研究者の行う」とあるのは「の行う」と読み替えるものとする。

5　第11条、第12条第1項及び第3項、第16条の2並びに第17条第2項から第5項までの規定は、毒物劇物営業者、特定毒物研究者及び第1項に規定する者以外の者であつて厚生労働省令で定める毒物又は劇物を業務上取り扱うものについて準用する。この場合において、同条第2項中「都道府県知事」とあるのは、「都道府県知事（第22条第5項に規定する者の業務上毒物又は劇物を取り扱う場所の所在地が保健所を設置する市又は特別区の区域にある場合においては、市長又は区長）」と読み替えるものとする。

874

毒物及び劇物取締法

6 厚生労働大臣又は都道府県知事（第1項に規定する者の事業場又は前項に規定する者の業務上毒物若しくは劇物を取り扱う場所の所在地が保健所を設置する市又は特別区の区域にある場合においては、市長又は区長。次項において同じ。）は、第1項に規定する者が第4項で準用する第7条若しくは第11条の規定若しくは同項で準用する第19条第3項の処分に違反していると認めるとき、又は前項に規定する者が同項で準用する第11条の規定に違反していると認めるときは、その者に対し、相当の期間を定めて、必要な措置をとるべき旨を命ずることができる。

7 第20条の規定は、厚生労働大臣又は都道府県知事が第4項で準用する第19条第3項の処分又は前項の処分をしようとする場合に準用する。

（手数料）

第23条 次の各号に掲げる者（厚生労働大臣に対して申請する者に限る。）は、それぞれ当該各号の申請に対する国の審査に要する実費を勘案して政令で定める額の手数料を国庫に納めなければならない。

一 毒物又は劇物の製造業又は輸入業の登録を申請する者

二 第一号の登録の更新を申請する者

三 第一号の登録の変更を申請する者

（薬事・食品衛生審議会への諮問）

第23条の2 厚生労働大臣は、第16条第1項、別表第一第28号、別表第二第94号及び別表第三第10号の政令の制定又は改廃の立案をしようとするときは、あらかじめ、薬事・食品衛生審議会の意見を聴かなければならない。ただし、薬事・食品衛生審議会が軽微な事項と認めるものについては、この限りでない。

（都道府県が処理する事務）

第23条の3 この法律に規定する厚生労働大臣の権限に属する事務の一部は、政令で定めるところにより、都道府県知事が行うこととすることができる。

（緊急時における厚生労働大臣の事務執行）

第23条の4 第17条第2項の規定により都道府県知事の権限に属するものとされている事務は、緊急の必要があると厚生労働大臣が認める場合にあつては、厚生労働大臣又は都道府県知事が行うものとする。この場合においては、この法律の規定中都道府県知事に関する規定（当該事務に係るものに限る。）は、厚生労働大臣に関する規定として厚生労働大臣に適用があるものとする。

2 前項の場合において、厚生労働大臣又は都道府県知事が当該事務を行うときは、相互に密接な連携の下に行うものとする。

法令集

（事務の区分）

第23条の5　第4条第2項（第9条第2項において準用する場合を含む。）、第7条第3項（製造業者又は輸入業者に係る部分に限る。）、第10条第1項（製造業者又は輸入業者に係る部分に限る。）及び第21条第1項（製造業者又は輸入業者に係る部分に限るものとし、同条第4項において準用する場合を含む。）の規定により都道府県が処理することとされている事務は、地方自治法第2条第9項第1号に規定する第1号法定受託事務とする。

（権限の委任）

第23条の6　この法律に規定する厚生労働大臣の権限は、厚生労働省令で定めるところにより、地方厚生局長に委任することができる。

2　前項の規定により地方厚生局長に委任された権限は、厚生労働省令で定めるところにより、地方厚生支局長に委任することができる。

（政令への委任）

第23条の7　この法律に規定するもののほか、毒物又は劇物の製造業、輸入業又は販売業の登録及び登録の更新に関し必要な事項並びに特定毒物研究者の許可及び届出並びに特定毒物研究者についての第19条第4項の処分に関し必要な事項は、政令で定める。

（経過措置）

第23条の8　この法律の規定に基づき政令又は厚生労働省令を制定し、又は改廃する場合においては、それぞれ、政令又は厚生労働省令で、その制定又は改廃に伴い合理的に必要と判断される範囲内において、所要の経過措置を定めることができる。

（罰則）

第24条　次の各号のいずれかに該当する者は、3年以下の懲役若しくは200万円以下の罰金に処し、又はこれを併科する。

一　第3条、第3条の2、第4条の3又は第9条の規定に違反した者

二　第12条（第22条第4項及び第5項で準用する場合を含む。）の表示をせず、又は虚偽の表示をした者

三　第13条、第13条の2又は第15条第1項の規定に違反した者

四　第14条第1項又は第2項の規定に違反した者

五　第15条の2の規定に違反した者

六　第19条第4項の規定による業務の停止命令に違反した者

第24条の2　次の各号のいずれかに該当する者は、2年以下の懲役若しくは100万

円以下の罰金に処し、又はこれを併科する。

一　みだりに摂取し、若しくは吸入し、又はこれらの目的で所持することの情を知つて第3条の3に規定する政令で定める物を販売し、又は授与した者

二　業務その他正当な理由によることなく所持することの情を知つて第3条の4に規定する政令で定める物を販売し、又は授与した者

三　第22条第6項の規定による命令に違反した者

第24条の3　第3条の3の規定に違反した者は、1年以下の懲役若しくは50万円以下の罰金に処し、又はこれを併科する。

第24条の4　第3条の4の規定に違反した者は、6月以下の懲役若しくは50万円以下の罰金に処し、又はこれを併科する。

第25条　次の各号のいずれかに該当する者は、30万円以下の罰金に処する。

一　第10条第1項第4号又は第2項第3号に規定する事項につき、その届出を怠り、又は虚偽の届出をした者

二　第14条第4項の規定に違反した者

二の二　第15条第2項から第4項までの規定に違反した者

三　第16条の2（第22条第4項及び第5項において準用する場合を含む。）の規定に違反した者

四　第17条第1項又は第2項（これらの規定を第22条第4項及び第5項において準用する場合を含む。）の規定による厚生労働大臣、都道府県知事、指定都市の長、保健所を設置する市の市長又は特別区の区長の要求があつた場合に、報告をせず、又は虚偽の報告をした者

五　第17条第1項又は第2項（これらの規定を第22条第4項及び第5項において準用する場合を含む。）の規定による立入り、検査、質問又は収去を拒み、妨げ、又は忌避した者

六　第21条第1項（同条第4項において準用する場合を含む。）の規定に違反した者

七　第22条第1項から第3項までの規定による届出を怠り、又は虚偽の届出をした者

第26条　法人の代表者又は法人若しくは人の代理人、使用人その他の従業者が、その法人又は人の業務に関して、第24条、第24条の2、第24条の4又は前条の違反行為をしたときは、行為者を罰する外、その法人又は人に対しても、各本条の罰金を科する。但し、法人又は人の代理人、使用人その他の従業者の当該違反行為を防止するため、その業務について相当の注意及び監督が尽されたことの証明があつた

法令集

ときは、その法人又は人については、この限りでない。

第27条　第16条の規定に基づく政令には、その政令に違反した者を2年以下の懲役若しくは100万円以下の罰金に処し、又はこれを併科する旨の規定及び法人の代表者又は法人若しくは人の代理人、使用人その他の従業者がその法人又は人の業務に関してその政令の違反行為をしたときはその行為者を罰するほか、その法人又は人に対して各本条の罰金を科する旨の規定を設けることができる。

　　　附　則　抄
（施行期日）
1　この法律は、公布の日から施行する。
（毒物劇物営業取締法の廃止）
2　毒物劇物営業取締法（昭和22年法律第206号。以下「旧法」という。）は、廃止する。
（経過規定）
4　毒物劇物営業取締法施行規則（昭和22年厚生省令第38号）第4条の事業管理人試験に合格した者は、第8条の毒物劇物取扱者試験に合格した者とみなす。
7　この法律の施行前、旧法の規定により、毒物劇物営業を営んでいる者についてした処分その他の行為で、この法律に相当規定のあるものは、この法律の当該規定によつてした処分その他の行為とみなす。
　　　附　則　（昭和28年8月15日法律第213号）　抄
1　この法律は、昭和28年9月1日から施行する。
　　　附　則　（昭和29年4月22日法律第71号）　抄
（施行期日）
1　この法律は、昭和29年5月1日から施行する。
　　　附　則　（昭和30年8月12日法律第162号）　抄
1　この法律は、公布の日から起算して50日を経過した日から施行する。
　　　附　則　（昭和35年8月10日法律第145号）　抄
（施行期日）
第1条　この法律は、公布の日から起算して6箇月をこえない範囲内において政令で定める日から施行する。
　　　附　則　（昭和39年7月10日法律第165号）
（施行期日）
1　この法律は、公布の日から起算して6箇月をこえない範囲内において政令で定める日から施行する。
（経過規定）
2　この法律の施行の際現に改正前の毒物及び劇物取締法による毒物又は劇物の販売

業の登録を受けている者は、次の表の上欄に定める区分に従い、それぞれ同表の下欄に規定する改正後の毒物及び劇物取締法による毒物又は劇物の販売業の登録を受けた者とみなす。

農業上必要な毒物又は劇物のみを取り扱う販売業者及び改正前の第8条第5項の規定により厚生大臣が指定する毒物又は劇物のみを取り扱う販売業者以外の販売業者	一般販売業の登録
農業上必要な毒物又は劇物のみを取り扱う販売業者	農業用品目販売業の登録
改正前の第8条第5項の規定により厚生大臣が指定する毒物又は劇物のみを取り扱う販売業者	特定品目販売業の登録

3 改正前の毒物及び劇物取締法による毒物劇物取扱者試験に合格した者は、次の表の上欄に定める区分に従い、それぞれ同表の下欄に規定する改正後の毒物及び劇物取締法による毒物劇物取扱者試験に合格した者とみなす。

課目を限定しない毒物劇物取扱者試験に合格した者	一般毒物劇物取扱者試験
改正前の第8条第3項の規定により限定された課目につき毒物劇物取扱者試験に合格した者	農業用品目毒物劇物取扱者試験
改正前の第8条第5項で準用する同条第3項の規定により限定された課目につき毒物劇物取扱者試験に合格した者	特定品目毒物劇物取扱者試験

　　附　則　（昭和45年12月25日法律第131号）

この法律は、公布の日から起算して6月をこえない範囲内において政令で定める日から施行する。

　　附　則　（昭和47年6月26日法律第103号）　抄

（施行期日）

1　この法律は、公布の日から起算して3月をこえない範囲内において政令で定める日から施行する。

（経過規定）

2　この法律の施行前にした行為に対する罰則の適用については、なお従前の例による。

　　附　則　（昭和48年10月12日法律第112号）　抄

（施行期日）

1　この法律は、公布の日から起算して1年をこえない範囲内において政令で定める日から施行する。

（毒物及び劇物取締法の一部改正に伴う経過措置）

3　この法律の施行前にした行為に対する罰則の適用については、なお従前の例による。

　　附　則　（昭和56年5月25日法律第51号）

この法律は、公布の日から施行する。

　　　附　則　（昭和57年9月1日法律第90号）

この法律は、公布の日から起算して30日を経過した日から施行する。

　　　附　則　（昭和58年12月10日法律第83号）　抄

（施行期日）

第1条　この法律は、公布の日から施行する。ただし、次の各号に掲げる規定は、それぞれ当該各号に定める日から施行する。

　一　略

　二　第1条から第3条まで、第21条及び第23条の規定、第24条中麻薬取締法第29条の改正規定、第41条、第47条及び第54条から第56条までの規定並びに附則第2条、第6条、第13条及び第20条の規定　昭和59年4月1日

（毒物及び劇物取締法の一部改正に伴う経過措置）

第6条　第23条の規定の施行の際現に毒物又は劇物の販売業の登録を受けている者については、同条の規定による改正後の毒物及び劇物取締法第4条第4項に規定する登録の有効期間は、現に受けている登録又は登録の更新の日から起算するものとする。

（その他の処分、申請等に係る経過措置）

第14条　この法律（附則第1条各号に掲げる規定については、当該各規定。以下この条及び第16条において同じ。）の施行前に改正前のそれぞれの法律の規定によりされた許可等の処分その他の行為（以下この条において「処分等の行為」という。）又はこの法律の施行の際現に改正前のそれぞれの法律の規定によりされている許可等の申請その他の行為（以下この条において「申請等の行為」という。）で、この法律の施行の日においてこれらの行為に係る行政事務を行うべき者が異なることとなるものは、附則第2条から前条までの規定又は改正後のそれぞれの法律（これに基づく命令を含む。）の経過措置に関する規定に定めるものを除き、この法律の施行の日以後における改正後のそれぞれの法律の適用については、改正後のそれぞれの法律の相当規定によりされた処分等の行為又は申請等の行為とみなす。

（罰則に関する経過措置）

第16条　この法律の施行前にした行為及び附則第3条、第5条第5項、第8条第2項、第9条又は第10条の規定により従前の例によることとされる場合における第17条、第22条、第36条、第37条又は第39条の規定の施行後にした行為に対する罰則の適用については、なお従前の例による。

　　　附　則　（昭和60年7月12日法律第90号）　抄

（施行期日）

第1条　この法律は、公布の日から施行する。ただし、次の各号に掲げる規定は、それぞれ当該各号に定める日から施行する。

　一及び二　略

三　第22条及び附則第6条の規定　公布の日から起算して1月を経過した日

（毒物及び劇物取締法の一部改正に伴う経過措置）

第6条　第22条の規定の施行の際現に同条の規定による改正前の毒物及び劇物取締法第18条の毒物劇物監視員であり、かつ、薬事監視員である者は、第22条の規定による改正後の毒物及び劇物取締法第17条第1項の規定により指定された者とみなす。

（罰則に関する経過措置）

第11条　この法律（附則第1条各号に掲げる規定については、当該各規定）の施行前にした行為に対する罰則の適用については、なお従前の例による。

　　　附　　則　（平成5年11月12日法律第89号）　抄

（施行期日）

第1条　この法律は、行政手続法（平成5年法律第88号）の施行の日から施行する。

（聴聞に関する規定の整理に伴う経過措置）

第14条　この法律の施行前に法律の規定により行われた聴聞、聴問若しくは聴聞会（不利益処分に係るものを除く。）又はこれらのための手続は、この法律による改正後の関係法律の相当規定により行われたものとみなす。

（政令への委任）

第15条　附則第2条から前条までに定めるもののほか、この法律の施行に関して必要な経過措置は、政令で定める。

　　　附　　則　（平成9年11月21日法律第105号）　抄

（施行期日）

1　この法律は、公布の日から施行する。

（毒物及び劇物取締法の一部改正に伴う経過措置）

4　第6条の規定の施行の際現に毒物及び劇物取締法第4条第3項の登録を受けている者の当該登録の有効期間については、第6条の規定による改正後の同法第4条第4項の規定にかかわらず、なお従前の例による。

　　　附　　則　（平成11年7月16日法律第87号）　抄

（施行期日）

第1条　この法律は、平成12年4月1日から施行する。ただし、次の各号に掲げる規定は、当該各号に定める日から施行する。

一　第1条中地方自治法第250条の次に5条、節名並びに2款及び款名を加える改正規定（同法第250条の9第1項に係る部分（両議院の同意を得ることに係る部分に限る。）に限る。）、第40条中自然公園法附則第9項及び第10項の改正規定（同法附則第10項に係る部分に限る。）、第244条の規定（農業改良助長法第14条の3の改正規定に係る部分を除く。）並びに第472条の規定（市町村の合併の特例に関する法律第6条、第8条及び第17条の改正規定に係る部分を除く。）並びに附則第7条、第10条、第12条、第59条ただし書、第60条第4項及び第5項、第73条、第77条、第157条第4項から第6項まで、第160条、第163条、第164

法令集

　　条並びに第202条の規定　公布の日

（厚生大臣又は都道府県知事その他の地方公共団体の機関がした事業の停止命令その他の処分に関する経過措置）

第75条　この法律による改正前の児童福祉法第46条第4項若しくは第59条第1項若しくは第3項、あん摩マツサージ指圧師、はり師、きゆう師等に関する法律第8条第1項（同法第12条の2第2項において準用する場合を含む。）、食品衛生法第22条、医療法第5条第2項若しくは第25条第1項、毒物及び劇物取締法第17条第1項（同法第22条第4項及び第5項で準用する場合を含む。）、厚生年金保険法第100条第1項、水道法第39条第1項、国民年金法第106条第1項、薬事法第69条第1項若しくは第72条又は柔道整復師法第18条第1項の規定により厚生大臣又は都道府県知事その他の地方公共団体の機関がした事業の停止命令その他の処分は、それぞれ、この法律による改正後の児童福祉法第46条第4項若しくは第59条第1項若しくは第3項、あん摩マツサージ指圧師、はり師、きゆう師等に関する法律第8条第1項（同法第12条の2第2項において準用する場合を含む。）、食品衛生法第22条若しくは第23条、医療法第5条第2項若しくは第25条第1項、毒物及び劇物取締法第17条第1項若しくは第2項（同法第22条第4項及び第5項で準用する場合を含む。）、厚生年金保険法第100条第1項、水道法第39条第1項若しくは第2項、国民年金法第106条第1項、薬事法第69条第1項若しくは第2項若しくは第72条第2項又は柔道整復師法第18条第1項の規定により厚生大臣又は地方公共団体がした事業の停止命令その他の処分とみなす。

（国等の事務）

第159条　この法律による改正前のそれぞれの法律に規定するもののほか、この法律の施行前において、地方公共団体の機関が法律又はこれに基づく政令により管理し又は執行する国、他の地方公共団体その他公共団体の事務（附則第161条において「国等の事務」という。）は、この法律の施行後は、地方公共団体が法律又はこれに基づく政令により当該地方公共団体の事務として処理するものとする。

（処分、申請等に関する経過措置）

第160条　この法律（附則第1条各号に掲げる規定については、当該各規定。以下この条及び附則第163条において同じ。）の施行前に改正前のそれぞれの法律の規定によりされた許可等の処分その他の行為（以下この条において「処分等の行為」という。）又はこの法律の施行の際現に改正前のそれぞれの法律の規定によりされている許可等の申請その他の行為（以下この条において「申請等の行為」という。）で、この法律の施行の日においてこれらの行為に係る行政事務を行うべき者が異なることとなるものは、附則第2条から前条までの規定又は改正後のそれぞれの法律（これに基づく命令を含む。）の経過措置に関する規定に定めるものを除き、この法律の施行の日以後における改正後のそれぞれの法律の適用については、改正後のそれぞれの法律の相当規定によりされた処分等の行為又は申請等の行為とみなす。

毒物及び劇物取締法

2　この法律の施行前に改正前のそれぞれの法律の規定により国又は地方公共団体の機関に対し報告、届出、提出その他の手続をしなければならない事項で、この法律の施行の日前にその手続がされていないものについては、この法律及びこれに基づく政令に別段の定めがあるもののほか、これを、改正後のそれぞれの法律の相当規定により国又は地方公共団体の相当の機関に対して報告、届出、提出その他の手続をしなければならない事項についてその手続がされていないものとみなして、この法律による改正後のそれぞれの法律の規定を適用する。

（不服申立てに関する経過措置）

第161条　施行日前にされた国等の事務に係る処分であって、当該処分をした行政庁（以下この条において「処分庁」という。）に施行日前に行政不服審査法に規定する上級行政庁（以下この条において「上級行政庁」という。）があったものについての同法による不服申立てについては、施行日以後においても、当該処分庁に引き続き上級行政庁があるものとみなして、行政不服審査法の規定を適用する。この場合において、当該処分庁の上級行政庁とみなされる行政庁は、施行日前に当該処分庁の上級行政庁であった行政庁とする。

2　前項の場合において、上級行政庁とみなされる行政庁が地方公共団体の機関であるときは、当該機関が行政不服審査法の規定により処理することとされる事務は、新地方自治法第2条第9項第1号に規定する第1号法定受託事務とする。

（手数料に関する経過措置）

第162条　施行日前においてこの法律による改正前のそれぞれの法律（これに基づく命令を含む。）の規定により納付すべきであった手数料については、この法律及びこれに基づく政令に別段の定めがあるもののほか、なお従前の例による。

（罰則に関する経過措置）

第163条　この法律の施行前にした行為に対する罰則の適用については、なお従前の例による。

（その他の経過措置の政令への委任）

第164条　この附則に規定するもののほか、この法律の施行に伴い必要な経過措置（罰則に関する経過措置を含む。）は、政令で定める。

（検討）

第250条　新地方自治法第2条第9項第1号に規定する第1号法定受託事務については、できる限り新たに設けることのないようにするとともに、新地方自治法別表第一に掲げるもの及び新地方自治法に基づく政令に示すものについては、地方分権を推進する観点から検討を加え、適宜、適切な見直しを行うものとする。

第251条　政府は、地方公共団体が事務及び事業を自主的かつ自立的に執行できるよう、国と地方公共団体との役割分担に応じた地方税財源の充実確保の方途について、経済情勢の推移等を勘案しつつ検討し、その結果に基づいて必要な措置を講ずるものとする。

883

法令集

　　　　附　則　（平成 11 年 12 月 22 日法律第 160 号）　抄
（施行期日）
第1条　この法律（第2条及び第3条を除く。）は、平成 13 年 1 月 6 日から施行する。ただし、次の各号に掲げる規定は、当該各号に定める日から施行する。
　一　第 995 条（核原料物質、核燃料物質及び原子炉の規制に関する法律の一部を改正する法律附則の改正規定に係る部分に限る。）、第 1305 条、第 1306 条、第 1324条第 2 項、第 1326 条第 2 項及び第 1344 条の規定　公布の日
　　　　附　則　（平成 12 年 11 月 27 日法律第 126 号）　抄
（施行期日）
第1条　この法律は、公布の日から起算して 5 月を超えない範囲内において政令で定める日から施行する。
（罰則に関する経過措置）
第2条　この法律の施行前にした行為に対する罰則の適用については、なお従前の例による。
　　　　附　則　（平成 13 年 6 月 29 日法律第 87 号）　抄
（施行期日）
第1条　この法律は、公布の日から起算して 1 月を超えない範囲内において政令で定める日から施行する。
（検討）
第2条　政府は、この法律の施行後 5 年を目途として、この法律による改正後のそれぞれの法律における障害者に係る欠格事由の在り方について、当該欠格事由に関する規定の施行の状況を勘案して検討を加え、その結果に基づいて必要な措置を講ずるものとする。
第4条　この法律の施行前にした行為に対する罰則の適用については、なお従前の例による。
　　　　附　則　（平成 23 年 6 月 22 日法律第 70 号）　抄
（施行期日）
第1条　この法律は、平成 24 年 4 月 1 日から施行する。ただし、次条の規定は公布の日から、附則第 17 条の規定は地域の自主性及び自立性を高めるための改革の推進を図るための関係法律の整備に関する法律（平成 23 年法律第 105 号）の公布の日又はこの法律の公布の日のいずれか遅い日から施行する。
　　　　附　則　（平成 23 年 8 月 30 日法律第 105 号）　抄
（施行期日）
第1条　この法律は、公布の日から施行する。ただし、次の各号に掲げる規定は、当該各号に定める日から施行する。
一　略
二　第 2 条、第 10 条（構造改革特別区域法第 18 条の改正規定に限る。）、第 14 条（地

毒物及び劇物取締法

方自治法第252条の19、第260条並びに別表第一騒音規制法（昭和43年法律第98号）の項、都市計画法（昭和43年法律第100号）の項、都市再開発法（昭和44年法律第38号）の項、環境基本法（平成5年法律第91号）の項及び密集市街地における防災街区の整備の促進に関する法律（平成9年法律第49号）の項並びに別表第二都市再開発法（昭和44年法律第38号）の項、公有地の拡大の推進に関する法律（昭和47年法律第66号）の項、大都市地域における住宅及び住宅地の供給の促進に関する特別措置法（昭和50年法律第67号）の項、密集市街地における防災街区の整備の促進に関する法律（平成9年法律第49号）の項及びマンションの建替えの円滑化等に関する法律（平成14年法律第78号）の項の改正規定に限る。）、第17条から第19条まで、第22条（児童福祉法第21条の5の6、第21条の5の15、第21条の5の23、第24条の9、第24条の17、第24条の28及び第24条の36の改正規定に限る。）、第23条から第27条まで、第29条から第33条まで、第34条（社会福祉法第62条、第65条及び第71条の改正規定に限る。）、第35条、第37条、第38条（水道法第46条、第48条の2、第50条及び第50条の2の改正規定を除く。）、第39条、第43条（職業能力開発促進法第19条、第23条、第28条及び第30条の2の改正規定に限る。）、第51条（感染症の予防及び感染症の患者に対する医療に関する法律第64条の改正規定に限る。）、第54条（障害者自立支援法第88条及び第89条の改正規定を除く。）、第65条（農地法第3条第1項第9号、第4条、第5条及び第57条の改正規定を除く。）、第87条から第92条まで、第99条（道路法第24条の3及び第48条の3の改正規定に限る。）、第101条（土地区画整理法第76条の改正規定に限る。）、第102条（道路整備特別措置法第18条から第21条まで、第27条、第49条及び第50条の改正規定に限る。）、第103条、第105条（駐車場法第4条の改正規定を除く。）、第107条、第108条、第115条（首都圏近郊緑地保全法第15条及び第17条の改正規定に限る。）、第116条（流通業務市街地の整備に関する法律第3条の2の改正規定を除く。）、第118条（近畿圏の保全区域の整備に関する法律第16条及び第18条の改正規定に限る。）、第120条（都市計画法第6条の2、第7条の2、第8条、第10条の2から第12条の2まで、第12条の4、第12条の5、第12条の10、第14条、第20条、第23条、第33条及び第58条の2の改正規定を除く。）、第121条（都市再開発法第7条の4から第7条の7まで、第60条から第62条まで、第66条、第98条、第99条の8、第139条の3、第141条の2及び第142条の改正規定に限る。）、第125条（公有地の拡大の推進に関する法律第9条の改正規定を除く。）、第128条（都市緑地法第20条及び第39条の改正規定を除く。）、第131条（大都市地域における住宅及び住宅地の供給の促進に関する特別措置法第7条、第26条、第64条、第67条、第104条及び第109条の2の改正規定に限る。）、第142条（地方拠点都市地域の整備及び産業業務施設の再配置の促進に関する法律第18条及び第21条から第23条までの改正規定に限る。）、第145条、第146条（被災市街地復興特別措置法第5条及び第7条第3項の改正規定を除く。）、第149条（密

集市街地における防災街区の整備の促進に関する法律第20条、第21条、第191条、第192条、第197条、第233条、第241条、第283条、第311条及び第318条の改正規定に限る。)、第155条（都市再生特別措置法第51条第4項の改正規定に限る。)、第156条（マンションの建替えの円滑化等に関する法律第102条の改正規定を除く。)、第157条、第158条（景観法第57条の改正規定に限る。)、第160条（地域における多様な需要に応じた公的賃貸住宅等の整備等に関する特別措置法第6条第5項の改正規定（「第2項第二号イ」を「第2項第一号イ」に改める部分を除く。）並びに同法第11条及び第13条の改正規定に限る。)、第162条（高齢者、障害者等の移動等の円滑化の促進に関する法律第10条、第12条、第13条、第36条第2項及び第56条の改正規定に限る。)、第165条（地域における歴史的風致の維持及び向上に関する法律第24条及び第29条の改正規定に限る。)、第169条、第171条（廃棄物の処理及び清掃に関する法律第21条の改正規定に限る。)、第174条、第178条、第182条（環境基本法第16条及び第40条の2の改正規定に限る。）及び第187条（鳥獣の保護及び狩猟の適正化に関する法律第15条の改正規定、同法第28条第9項の改正規定（「第4条第3項」を「第4条第4項」に改める部分を除く。)、同法第29条第4項の改正規定（「第4条第3項」を「第4条第4項」に改める部分を除く。）並びに同法第34条及び第35条の改正規定に限る。）の規定並びに附則第13条、第15条から第24条まで、第25条第1項、第26条、第27条第1項から第3項まで、第30条から第32条まで、第38条、第44条、第46条第1項及び第4項、第47条から第49条まで、第51条から第53条まで、第55条、第58条、第59条、第61条から第69条まで、第71条、第72条第1項から第3項まで、第74条から第76条まで、第78条、第80条第1項及び第3項、第83条、第87条（地方税法第587条の2及び附則第11条の改正規定を除く。)、第89条、第90条、第92条（高速自動車国道法第25条の改正規定に限る。)、第101条、第102条、第105条から第107条まで、第112条、第117条（地域における多様な主体の連携による生物の多様性の保全のための活動の促進等に関する法律（平成22年法律第72号）第4条第8項の改正規定に限る。)、第119条、第121条の2並びに第123条第2項の規定　平成24年4月1日

（毒物及び劇物取締法の一部改正に伴う経過措置）

第24条　第33条の規定の施行前に同条の規定による改正前の毒物及び劇物取締法（以下この条において「旧毒物及び劇物取締法」という。）の規定によりされた命令その他の行為又は第33条の規定の施行の際現に旧毒物及び劇物取締法の規定によりされている届出で、同条の規定の施行の日においてこれらの行為に係る行政事務を行うべき者が異なることとなるものは、同日以後における同条の規定による改正後の毒物及び劇物取締法（以下この条において「新毒物及び劇物取締法」という。）の適用については、新毒物及び劇物取締法の相当規定によりされた命令その他の行為又は届出とみなす。

毒物及び劇物取締法

2　第33条の規定の施行前に旧毒物及び劇物取締法の規定により都道府県知事に対し届出その他の手続をしなければならない事項で、同条の規定の施行の日前にその手続がされていないものについては、これを、新毒物及び劇物取締法の相当規定により地域保健法第5条第1項の規定に基づく政令で定める市の市長又は特別区の区長に対して届出その他の手続をしなければならない事項についてその手続がされていないものとみなして、新毒物及び劇物取締法の規定を適用する。

（罰則に関する経過措置）

第81条　この法律（附則第1条各号に掲げる規定にあっては、当該規定。以下この条において同じ。）の施行前にした行為及びこの附則の規定によりなお従前の例によることとされる場合におけるこの法律の施行後にした行為に対する罰則の適用については、なお従前の例による。

（政令への委任）

第82条　この附則に規定するもののほか、この法律の施行に関し必要な経過措置（罰則に関する経過措置を含む。）は、政令で定める。

　　　附　則　（平成23年12月14日法律第122号）　抄

（施行期日）

第1条　この法律は、公布の日から起算して2月を超えない範囲内において政令で定める日から施行する。ただし、次の各号に掲げる規定は、当該各号に定める日から施行する。

一　附則第6条、第8条、第9条及び第13条の規定　公布の日

　　　附　則　（平成27年6月26日法律第50号）　抄

（施行期日）

第1条　この法律は、平成28年4月1日から施行する。ただし、次の各号に掲げる規定は、当該各号に定める日から施行する。

一　第6条、第8条（農業振興地域の整備に関する法律第3条の2及び第3条の3第2項の改正規定に限る。）、第9条（特定農山村地域における農林業等の活性化のための基盤整備の促進に関する法律第4条第8項の改正規定に限る。）、第11条（採石法第33条の17の次に1条を加える改正規定に限る。）及び第17条（建築基準法第80条を削る改正規定、同法第80条の2を同法第80条とする改正規定、同法第80条の3を同法第80条の2とする改正規定及び同法第83条の改正規定を除く。）の規定並びに附則第4条及び第6条から第8条までの規定　公布の日

（処分、申請等に関する経過措置）

第6条　この法律（附則第1条各号に掲げる規定については、当該各規定。以下この条及び次条において同じ。）の施行前にこの法律による改正前のそれぞれの法律の規定によりされた許可等の処分その他の行為（以下この項において「処分等の行為」という。）又はこの法律の施行の際現にこの法律による改正前のそれぞれの法律の規定によりされている許可等の申請その他の行為（以下この項において「申請等の行

為」という。）で、この法律の施行の日においてこれらの行為に係る行政事務を行うべき者が異なることとなるものは、附則第2条から前条までの規定又は附則第8条の規定に基づく政令の規定に定めるものを除き、この法律の施行の日以後におけるこの法律による改正後のそれぞれの法律の適用については、この法律による改正後のそれぞれの法律の相当規定によりされた処分等の行為又は申請等の行為とみなす。

2　この法律の施行前にこの法律による改正前のそれぞれの法律の規定により国又は地方公共団体の機関に対し報告、届出、提出その他の手続をしなければならない事項で、この法律の施行の日前にその手続がされていないものについては、附則第2条から前条までの規定又は附則第8条の規定に基づく政令の規定に定めるもののほか、これを、この法律による改正後のそれぞれの法律の相当規定により国又は地方公共団体の相当の機関に対して報告、届出、提出その他の手続をしなければならない事項についてその手続がされていないものとみなして、この法律による改正後のそれぞれの法律の規定を適用する。

（罰則に関する経過措置）

第7条　この法律の施行前にした行為に対する罰則の適用については、なお従前の例による。

（政令への委任）

第8条　附則第2条から前条までに規定するもののほか、この法律の施行に関し必要な経過措置（罰則に関する経過措置を含む。）は、政令で定める。

別表第一

1　エチルパラニトロフエニルチオノベンゼンホスホネイト（別名EPN）

2　黄燐

3　オクタクロルテトラヒドロメタノフタラン

4　オクタメチルピロホスホルアミド（別名シユラーダン）

5　クラーレ

6　四アルキル鉛

7　シアン化水素

8　シアン化ナトリウム

9　ジエチルパラニトロフエニルチオホスフエイト（別名パラチオン）

10　ジニトロクレゾール

11　2,4-ジニトロ-6-(1-メチルプロピル)-フエノール

12　ジメチルエチルメルカプトエチルチオホスフエイト（別名メチルジメトン）

13　ジメチル-(ジエチルアミド-1-クロルクロトニル)-ホスフエイト

14　ジメチルパラニトロフエニルチオホスフエイト（別名メチルパラチオン）

15　水銀

16　セレン

毒物及び劇物取締法

17　チオセミカルバジド

18　テトラエチルピロホスフエイト（別名 TEPP）

19　ニコチン

20　ニツケルカルボニル

21　砒素

22　弗化水素

23　ヘキサクロルエポキシオクタヒドロエンドエンドジメタノナフタリン（別名エ
　　ンドリン）

24　ヘキサクロルヘキサヒドロメタノベンゾジオキサチエピンオキサイド

25　モノフルオール酢酸

26　モノフルオール酢酸アミド

27　硫化燐

28　前各号に掲げる物のほか、前各号に掲げる物を含有する製剤その他の毒性を有
　　する物であつて政令で定めるもの

別表第二

1　アクリルニトリル

2　アクロレイン

3　アニリン

4　アンモニア

5　2-イソプロピル-4-メチルピリミジル-6-ジエチルチオホスフエイト（別名ダイ
　　アジノン）

6　エチル-N-（ジエチルジチオホスホリールアセチル）-N-メチルカルバメート

7　エチレンクロルヒドリン

8　塩化水素

9　塩化第一水銀

10　過酸化水素

11　過酸化ナトリウム

12　過酸化尿素

13　カリウム

14　カリウムナトリウム合金

15　クレゾール

16　クロルエチル

17　クロルスルホン酸

18　クロルピクリン

19　クロルメチル

20　クロロホルム

889

21 硅弗化水素酸

22 シアン酸ナトリウム

23 ジエチル-4-クロルフエニルメルカプトメチルジチオホスフエイト

24 ジエチル-(2,4-ジクロルフエニル)-チオホスフエイト

25 ジエチル-2,5-ジクロルフエニルメルカプトメチルジチオホスフエイト

26 四塩化炭素

27 シクロヘキシミド

28 ジクロル酢酸

29 ジクロルブチン

30 2,3-ジ-(ジエチルジチオホスホロ)-パラジオキサン

31 2,4-ジニトロ-6-シクロヘキシルフエノール

32 2,4-ジニトロ-6-(1-メチルプロピル)-フエニルアセテート

33 2,4-ジニトロ-6-メチルプロピルフエノールジメチルアクリレート

34 2,2′-ジピリジリウム-1,1′-エチレンジブロミド

35 1,2-ジブロムエタン（別名 EDB）

36 ジブロムクロルプロパン（別名 DBCP）

37 3,5-ジブロム-4-ヒドロキシ-4′-ニトロアゾベンゼン

38 ジメチルエチルスルフイニルイソプロピルチオホスフエイト

39 ジメチルエチルメルカプトエチルジチオホスフエイト（別名チオメトン）

40 ジメチル-2,2-ジクロルビニルホスフエイト（別名 DDVP）

41 ジメチルジチオホスホリルフエニル酢酸エチル

42 ジメチルジブロムジクロルエチルホスフエイト

43 ジメチルフタリルイミドメチルジチオホスフエイト

44 ジメチルメチルカルバミルエチルチオエチルオホスフエイト

45 ジメチル-(N-メチルカルバミルメチル)-ジチオホスフエイト（別名ジメトエート）

46 ジメチル-4-メチルメルカプト-3-メチルフエニルチオホスフエイト

47 ジメチル硫酸

48 重クロム酸

49 蓚酸

50 臭素

51 硝酸

52 硝酸タリウム

53 水酸化カリウム

54 水酸化ナトリウム

55 スルホナール

56 テトラエチルメチレンビスジチオホスフエイト

57 トリエタノールアンモニウム-2,4-ジニトロ-6-(1-メチルプロピル)-フエノラート

58 トリクロル酢酸

59 トリクロルヒドロキシエチルジメチルホスホネイト

60 トリチオシクロヘプタジエン-3,4,6,7-テトラニトリル

61 トルイジン

62 ナトリウム

63 ニトロベンゼン

64 二硫化炭素

65 発煙硫酸

66 パラトルイレンジアミン

67 パラフエニレンジアミン

68 ピクリン酸。ただし、爆発薬を除く。

69 ヒドロキシルアミン

70 フエノール

71 ブラストサイジンS

72 ブロムエチル

73 ブロム水素

74 ブロムメチル

75 ヘキサクロルエポキシオクタヒドロエンドエキソジメタノナフタリン（別名デ
   イルドリン）

76 1,2,3,4,5,6-ヘキサクロルシクロヘキサン（別名リンデン）

77 ヘキサクロルヘキサヒドロジメタノナフタリン（別名アルドリン）

78 ベタナフトール

79 1,4,5,6,7-ペンタクロル-3a,4,7,7a-テトラヒドロ-4,7-(8,8-ジクロルメタノ)-イン
   デン（別名ヘプタクロール）

80 ペンタクロルフエノール（別名PCP）

81 ホルムアルデヒド

82 無水クロム酸

83 メタノール

84 メチルスルホナール

85 N-メチル-1-ナフチルカルバメート

86 モノクロル酢酸

87 沃化水素

88 沃素

89 硫酸

90 硫酸タリウム

法令集

91　燐化亜鉛

92　ロダン酢酸エチル

93　ロテノン

94　前各号に掲げる物のほか、前各号に掲げる物を含有する製剤その他の劇性を有する物であつて政令で定めるもの

別表第三

1　オクタメチルピロホスホルアミド

2　四アルキル鉛

3　ジエチルパラニトロフエニルチオホスフエイト

4　ジメチルエチルメルカプトエチルチオホスフエイト

5　ジメチル−(ジエチルアミド−1−クロルクロトニル)−ホスフエイト

6　ジメチルパラニトロフエニルチオホスフエイト

7　テトラエチルピロホスフエイト

8　モノフルオール酢酸

9　モノフルオール酢酸アミド

10　前各号に掲げる毒物のほか、前各号に掲げる物を含有する製剤その他の著しい毒性を有する毒物であつて政令で定めるもの

毒物及び劇物指定令

	昭和 40 年	1 月	4 日	政令第 　2 号	
改正	昭和 40 年	7 月	5 日	政令第 244 号	（第 　1 次）
同	昭和 40 年	10 月	25 日	政令第 340 号	（第 　2 次）
同	昭和 41 年	7 月	18 日	政令第 255 号	（第 　3 次）
同	昭和 42 年	1 月	31 日	政令第 　9 号	（第 　4 次）
同	昭和 42 年	12 月	26 日	政令第 373 号	（第 　5 次）
同	昭和 43 年	8 月	30 日	政令第 276 号	（第 　6 次）
同	昭和 44 年	5 月	13 日	政令第 115 号	（第 　7 次）
同	昭和 46 年	3 月	23 日	政令第 　31 号	（第 　8 次）
同	昭和 47 年	6 月	30 日	政令第 253 号	（第 　9 次）
同	昭和 49 年	5 月	24 日	政令第 174 号	（第 10 次）
同	昭和 50 年	8 月	19 日	政令第 253 号	（第 11 次）
同	昭和 50 年	12 月	19 日	政令第 358 号	（第 12 次）
同	昭和 51 年	4 月	30 日	政令第 　74 号	（第 13 次）
同	昭和 51 年	7 月	30 日	政令第 205 号	（第 14 次）
同	昭和 53 年	5 月	4 日	政令第 156 号	（第 15 次）
同	昭和 53 年	10 月	24 日	政令第 358 号	（第 16 次）
同	昭和 55 年	8 月	8 日	政令第 209 号	（第 17 次）
同	昭和 56 年	8 月	25 日	政令第 271 号	（第 18 次）
同	昭和 57 年	4 月	20 日	政令第 123 号	（第 19 次）
同	昭和 58 年	3 月	29 日	政令第 　35 号	（第 20 次）
同	昭和 58 年	12 月	2 日	政令第 246 号	（第 21 次）
同	昭和 59 年	3 月	16 日	政令第 　30 号	（第 22 次）
同	昭和 60 年	4 月	16 日	政令第 109 号	（第 23 次）
同	昭和 60 年	12 月	17 日	政令第 313 号	（第 24 次）
同	昭和 61 年	8 月	29 日	政令第 284 号	（第 25 次）
同	昭和 62 年	1 月	12 日	政令第 　2 号	（第 26 次）
同	昭和 62 年	10 月	2 日	政令第 345 号	（第 27 次）
同	昭和 63 年	6 月	3 日	政令第 180 号	（第 28 次）
同	昭和 63 年	9 月	30 日	政令第 285 号	（第 29 次）
同	平成 元 年	3 月	17 日	政令第 　47 号	（第 30 次）
同	平成 2 年	2 月	17 日	政令第 　16 号	（第 31 次）
同	平成 2 年	9 月	21 日	政令第 276 号	（第 32 次）
同	平成 3 年	4 月	5 日	政令第 105 号	（第 33 次）
同	平成 3 年	12 月	18 日	政令第 369 号	（第 34 次）
同	平成 4 年	3 月	21 日	政令第 　38 号	（第 35 次）
同	平成 4 年	10 月	21 日	政令第 340 号	（第 36 次）
同	平成 5 年	3 月	19 日	政令第 　41 号	（第 37 次）
同	平成 5 年	9 月	16 日	政令第 294 号	（第 38 次）
同	平成 6 年	3 月	18 日	政令第 　53 号	（第 39 次）
同	平成 6 年	9 月	19 日	政令第 296 号	（第 40 次）
同	平成 7 年	4 月	14 日	政令第 183 号	（第 41 次）
同	平成 7 年	9 月	22 日	政令第 338 号	（第 42 次）
同	平成 7 年	11 月	17 日	政令第 390 号	（第 43 次）
同	平成 8 年	3 月	25 日	政令第 　39 号	（第 44 次）
同	平成 8 年	11 月	22 日	政令第 321 号	（第 45 次）
同	平成 9 年	3 月	24 日	政令第 　59 号	（第 46 次）
同	平成 10 年	5 月	15 日	政令第 171 号	（第 47 次）
同	平成 10 年	12 月	24 日	政令第 405 号	（第 48 次）
同	平成 11 年	9 月	29 日	政令第 293 号	（第 49 次）
同	平成 12 年	4 月	28 日	政令第 213 号	（第 50 次）
同	平成 12 年	9 月	22 日	政令第 429 号	（第 51 次）
同	平成 13 年	6 月	29 日	政令第 227 号	（第 52 次）
同	平成 14 年	3 月	25 日	政令第 　63 号	（第 53 次）
同	平成 14 年	11 月	27 日	政令第 347 号	（第 54 次）
同	平成 16 年	3 月	17 日	政令第 　43 号	（第 55 次）
同	平成 17 年	3 月	24 日	政令第 　65 号	（第 56 次）

法令集

同	平成 18 年	4 月 21 日	政令第 176 号	（第 57 次）
同	平成 19 年	8 月 15 日	政令第 263 号	（第 58 次）
同	平成 20 年	6 月 20 日	政令第 199 号	（第 59 次）
同	平成 21 年	4 月 8 日	政令第 120 号	（第 60 次）
同	平成 22 年	12 月 15 日	政令第 242 号	（第 61 次）
同	平成 23 年	10 月 14 日	政令第 317 号	（第 62 次）
同	平成 24 年	9 月 20 日	政令第 242 号	（第 63 次）
同	平成 24 年	9 月 21 日	政令第 245 号	（第 64 次）
同	平成 25 年	6 月 28 日	政令第 208 号	（第 65 次）
同	平成 26 年	6 月 25 日	政令第 227 号	（第 66 次）
同	平成 27 年	6 月 19 日	政令第 251 号	（第 67 次）
同	平成 28 年	7 月 1 日	政令第 255 号	（第 68 次）
最終改正	平成 29 年	6 月 14 日	政令第 160 号	（第 69 次）

　内閣は、毒物及び劇物取締法（昭和 25 年法律第 303 号）別表第一第 28 号、別表第二第 94 号、別表第三第 10 号及び第 23 条の 2 の規定に基づき、毒物及び劇物指定令（昭和 31 年政令第 179 号）の全部を改正するこの政令を制定する。

（毒物）

第 1 条　毒物及び劇物取締法（以下「法」という。）別表第一第 28 号の規定に基づき、次に掲げる物を毒物に指定する。

1　アジ化ナトリウム及びこれを含有する製剤。ただし、アジ化ナトリウム 0.1％以下を含有するものを除く。

1 の 2　亜硝酸イソプロピル及びこれを含有する製剤

1 の 3　亜硝酸ブチル及びこれを含有する製剤

1 の 4　アバメクチン及びこれを含有する製剤。ただし、アバメクチン 1.8％以下を含有するものを除く。

1 の 5　3-アミノ-1-プロペン及びこれを含有する製剤

1 の 6　アリルアルコール及びこれを含有する製剤

1 の 7　アルカノールアンモニウム-2,4-ジニトロ-6-(1-メチルプロピル)-フエノラート及びこれを含有する製剤。ただし、トリエタノールアンモニウム-2,4-ジニトロ-6-(1-メチルプロピル)-フエノラート及びこれを含有する製剤を除く。

1 の 8　O-エチル-O-(2-イソプロポキシカルボニルフエニル)-N-イソプロピルチオホスホルアミド（別名イソフエンホス）及びこれを含有する製剤。ただし、O-エチル-O-(2-イソプロポキシカルボニルフエニル)-N-イソプロピルチオホスホルアミド 5％以下を含有するものを除く。

1 の 9　O-エチル=S,S-ジプロピル=ホスホロジチオアート（別名エトプロホス）及びこれを含有する製剤。ただし、O-エチル=S,S-ジプロピル=ホスホロジチオアート 5％以下を含有するものを除く。

2　エチルパラニトロフエニルチオノベンゼンホスホネイト（別名 EPN）を含有する製剤。ただし、エチルパラニトロフエニルチオノベンゼンホスホネイト 1.5％以下を含有するものを除く。

2 の 2　N-エチル-メチル-(2-クロル-4-メチルメルカプトフエニル)-チオホスホル

アミド及びこれを含有する製剤

2の3　塩化ベンゼンスルホニル及びこれを含有する製剤

2の4　塩化ホスホリル及びこれを含有する製剤

3　黄燐を含有する製剤

4　オクタクロルテトラヒドロメタノフタラインを含有する製剤

5　オクタメチルピロホスホルアミド（別名シユラーダン）を含有する製剤

5の2　オルトケイ酸テトラメチル及びこれを含有する製剤

6　クラーレを含有する製剤

6の2　クロトンアルデヒド及びこれを含有する製剤

6の3　クロロアセトアルデヒド及びこれを含有する製剤

6の4　クロロ酢酸メチル及びこれを含有する製剤

6の5　1-クロロ-2,4-ジニトロベンゼン及びこれを含有する製剤

6の6　クロロ炭酸フエニルエステル及びこれを含有する製剤

6の7　3-クロロ-1,2-プロパンジオール及びこれを含有する製剤

6の8　（クロロメチル)ベンゼン及びこれを含有する製剤

6の9　五塩化燐及びこれを含有する製剤

6の10　三塩化硼素及びこれを含有する製剤

6の11　三塩化燐及びこれを含有する製剤

6の12　三弗化硼素及びこれを含有する製剤

6の13　三弗化燐及びこれを含有する製剤

6の14　ジアセトキシプロペン及びこれを含有する製剤

7　四アルキル鉛を含有する製剤

8　無機シアン化合物及びこれを含有する製剤。ただし、次に掲げるものを除く。

イ　紺青及びこれを含有する製剤

ロ　フエリシアン塩及びこれを含有する製剤

ハ　フエロシアン塩及びこれを含有する製剤

9　ジエチル-S-(エチルチオエチル)-ジチオホスフエイト及びこれを含有する製剤。ただし、ジエチル-S-(エチルチオエチル)-ジチオホスフエイト5％以下を含有するものを除く。

9の2　ジエチル-S-(2-クロル-1-フタルイミドエチル)-ジチオホスフエイト及びこれを含有する製剤

9の3　ジエチル-(1,3-ジチオシクロペンチリデン)-チオホスホルアミド及びこれを含有する製剤。ただし、ジエチル-(1,3-ジチオシクロペンチリデン)-チオホスホルアミド5％以下を含有するものを除く。

9の4　ジエチルパラジメチルアミノスルホニルフエニルチオホスフエイト及びこれを含有する製剤

10　ジエチルパラニトロフエニルチオホスフエイト（別名パラチオン）を含有する

製剤

10の2　ジエチル-4-メチルスルフイニルフエニル-チオホスフエイト及びこれを含有する製剤。ただし、ジエチル-4-メチルスルフイニルフエニル-チオホスフエイト3%以下を含有するものを除く。

10の3　1,3-ジクロロプロパン-2-オール及びこれを含有する製剤

10の4　2,3-ジシアノ-1,4-ジチアアントラキノン（別名ジチアノン）及びこれを含有する製剤。ただし、2,3-ジシアノ-1,4-ジチアアントラキノン50%以下を含有するものを除く。

11　ジニトロクレゾールを含有する製剤

12　ジニトロクレゾール塩類及びこれを含有する製剤

12の2　ジニトロフエノール及びこれを含有する製剤

13　2,4-ジニトロ-6-(1-メチルプロピル)-フエノールを含有する製剤。ただし、2,4-ジニトロ-6-(1-メチルプロピル)-フエノール2%以下を含有するものを除く。

13の2　2-ジフエニルアセチル-1,3-インダンジオン及びこれを含有する製剤。ただし、2-ジフエニルアセチル-1,3-インダンジオン0.005%以下を含有するものを除く。

13の3　四弗化硫黄及びこれを含有する製剤

13の4　ジボラン及びこれを含有する製剤

13の5　ジメチル-(イソプロピルチオエチル)-ジチオホスフエイト及びこれを含有する製剤。ただし、ジメチル-(イソプロピルチオエチル)-ジチオホスフエイト4%以下を含有するものを除く。

14　ジメチルエチルメルカプトエチルチオホスフエイト（別名メチルジメトン）を含有する製剤

15　ジメチル-(ジエチルアミド-1-クロルクロトニル)-ホスフエイトを含有する製剤

15の2　1,1′-ジメチル-4,4′-ジピリジニウムヒドロキシド、その塩類及びこれらのいずれかを含有する製剤

16　ジメチルパラニトロフエニルチオホスフエイト（別名メチルパラチオン）を含有する製剤

16の2　1,1-ジメチルヒドラジン及びこれを含有する製剤

16の3　2,2-ジメチルプロパノイルクロライド（別名トリメチルアセチルクロライド）及びこれを含有する製剤

16の4　2,2-ジメチル-1,3-ベンゾジオキソール-4-イル-N-メチルカルバマート（別名ベンダイオカルブ）及びこれを含有する製剤。ただし、2,2-ジメチル-1,3-ベンゾジオキソール-4-イル-N-メチルカルバマート5%以下を含有するものを除く。

17　水銀化合物及びこれを含有する製剤。ただし、次に掲げるものを除く。

イ　アミノ塩化第二水銀及びこれを含有する製剤

ロ　塩化第一水銀及びこれを含有する製剤

ハ　オレイン酸水銀及びこれを含有する製剤

ニ　酸化水銀5％以下を含有する製剤

ホ　沃化第一水銀及びこれを含有する製剤

ヘ　雷酸第二水銀及びこれを含有する製剤

ト　硫化第二水銀及びこれを含有する製剤

17の2　ストリキニーネ、その塩類及びこれらのいずれかを含有する製剤

18　セレン化合物及びこれを含有する製剤。ただし、次に掲げるものを除く。

イ　亜セレン酸 0.0082％以下を含有する製剤

ロ　亜セレン酸ナトリウム 0.00011％以下を含有する製剤

ハ　硫黄、カドミウム及びセレンから成る焼結した物質並びにこれを含有する製剤

ニ　ゲルマニウム、セレン及び砒素から成るガラス状態の物質並びにこれを含有する製剤

ホ　セレン酸ナトリウム 0.00012％以下を含有する製剤

19　テトラエチルピロホスフエイト（別名 TEPP）を含有する製剤

19の2　2,3,5,6-テトラフルオロ-4-メチルベンジル=(Z)-(1RS,3RS)-3-(2-クロロ-3,3,3-トリフルオロ-1-プロペニル)-2,2-ジメチルシクロプロパンカルボキシラート（別名テフルトリン）及びこれを含有する製剤。ただし、2,3,5,6-テトラフルオロ-4-メチルベンジル=(Z)-(1RS,3RS)-3-(2-クロロ-3,3,3-トリフルオロ-1-プロペニル)-2,2-ジメチルシクロプロパンカルボキシラート 0.5％以下を含有するものを除く。

19の3　テトラメチルアンモニウム=ヒドロキシド及びこれを含有する製剤

19の4　1-ドデシルグアニジニウム=アセタート（別名ドジン）及びこれを含有する製剤。ただし、1-ドデシルグアニジニウム=アセタート 65％以下を含有するものを除く。

19の5　トリブチルアミン及びこれを含有する製剤

19の6　ナラシン、その塩類及びこれらのいずれかを含有する製剤。ただし、ナラシンとして 10％以下を含有するものを除く。

20　ニコチンを含有する製剤

21　ニコチン塩類及びこれを含有する製剤

22　ニツケルカルボニルを含有する製剤

22の2　S,S-ビス(1-メチルプロピル)=O-エチル=ホスホロジチオアート（別名カズサホス）及びこれを含有する製剤。ただし、S,S-ビス(1-メチルプロピル)=O-エチル=ホスホロジチオアート 10％以下を含有するものを除く。

23　砒素化合物及びこれを含有する製剤。ただし、次に掲げるものを除く。

イ　ゲルマニウム、セレン及び砒素から成るガラス状態の物質並びにこれを含有する製剤

ロ　砒化インジウム及びこれを含有する製剤

ハ　砒化ガリウム及びこれを含有する製剤

ニ　メタンアルソン酸カルシウム及びこれを含有する製剤

ホ　メタンアルソン酸鉄及びこれを含有する製剤

23の2　ヒドラジン

23の3　ブチル=2,3-ジヒドロ-2,2-ジメチルベンゾフラン-7-イル=N,N′-ジメチル-N,N′-チオジカルバマート（別名フラチオカルブ）及びこれを含有する製剤。ただし、ブチル=2,3-ジヒドロ-2,2-ジメチルベンゾフラン-7-イル=N,N′-ジメチル-N,N′-チオジカルバマート5％以下を含有するものを除く。

24　弗化水素を含有する製剤

24の2　弗化スルフリル及びこれを含有する製剤

24の3　フルオロスルホン酸及びこれを含有する製剤

24の4　1-(4-フルオロフエニル)プロパン-2-アミン、その塩類及びこれらのいずれかを含有する製剤

24の5　7-ブロモ-6-クロロ-3-[3-[(2R,3S)-3-ヒドロキシ-2-ピペリジル]-2-オキソプロピル]-4(3H)-キナゾリノン、7-ブロモ-6-クロロ-3-[3-[(2S,3R)-3-ヒドロキシ-2-ピペリジル]-2-オキソプロピル]-4(3H)-キナゾリノン及びこれらの塩類並びにこれらのいずれかを含有する製剤。ただし、スチレン及びジビニルベンゼンの共重合物のスルホン化物の7-ブロモ-6-クロロ-3-[3-[(2R,3S)-3-ヒドロキシ-2-ピペリジル]-2-オキソプロピル]-4(3H)-キナゾリノンと7-ブロモ-6-クロロ-3-[3-[(2S,3R)-3-ヒドロキシ-2-ピペリジル]-2-オキソプロピル]-4(3H)-キナゾリノンとのラセミ体とカルシウムとの混合塩（7-ブロモ-6-クロロ-3-[3-[(2R,3S)-3-ヒドロキシ-2-ピペリジル]-2-オキソプロピル]-4(3H)-キナゾリノンと7-ブロモ-6-クロロ-3-[3-[(2S,3R)-3-ヒドロキシ-2-ピペリジル]-2-オキソプロピル]-4(3H)-キナゾリノンとのラセミ体として7.2％以下を含有するものに限る。）及びこれを含有する製剤を除く。

24の6　ブロモ酢酸エチル及びこれを含有する製剤

24の7　ヘキサキス(β,β-ジメチルフエネチル)ジスタンノキサン（別名酸化フエンブタスズ）及びこれを含有する製剤

25　ヘキサクロルエポキシオクタヒドロエンドエンドジメタノナフタリン（別名エンドリン）を含有する製剤

26　ヘキサクロルヘキサヒドロメタノベンゾジオキサチエピンオキサイドを含有する製剤

26の2　ヘキサクロロシクロペンタジエン及びこれを含有する製剤

26の3　ベンゼンチオール及びこれを含有する製剤

26の4　ホスゲン及びこれを含有する製剤

26の5　メタンスルホニル=クロリド及びこれを含有する製剤

毒物及び劇物指定令

26の6　メチルシクロヘキシル-4-クロルフエニルチオホスフエイト及びこれを含有する製剤。ただし、メチルシクロヘキシル-4-クロルフエニルチオホスフエイト1.5%以下を含有するものを除く。

26の7　メチル-N′,N′-ジメチル-N-[(メチルカルバモイル)オキシ]-1-チオオキサムイミデート及びこれを含有する製剤。ただし、メチル-N′,N′-ジメチル-N-[(メチルカルバモイル)オキシ]-1-チオオキサムイミデート0.8%以下を含有するものを除く。

26の8　メチルホスホン酸ジクロリド

26の9　S-メチル-N-[(メチルカルバモイル)-オキシ]-チオアセトイミデート（別名メトミル）及びこれを含有する製剤。ただし、S-メチル-N-[(メチルカルバモイル)-オキシ]-チオアセトイミデート45%以下を含有するものを除く。

26の10　メチルメルカプタン及びこれを含有する製剤

26の11　メチレンビス(1-チオセミカルバジド）及びこれを含有する製剤。ただし、メチレンビス(1-チオセミカルバジド) 2%以下を含有するものを除く。

26の12　2-メルカプトエタノール及びこれを含有する製剤。ただし、2-メルカプトエタノール10%以下を含有するものを除く。

27　モノフルオール酢酸塩類及びこれを含有する製剤

28　モノフルオール酢酸アミドを含有する製剤

29　燐化アルミニウムとその分解促進剤とを含有する製剤

30　燐化水素及びこれを含有する製剤

31　六弗化タングステン及びこれを含有する製剤

（劇物）

第2条　法別表第二第94号の規定に基づき、次に掲げる物を劇物に指定する。ただし、毒物であるものを除く。

1　無機亜鉛塩類。ただし、次に掲げるものを除く。

　イ　炭酸亜鉛

　ロ　雷酸亜鉛

　ハ　焼結した硫化亜鉛（Ⅱ）

　ニ　六水酸化錫亜鉛

1の2　亜塩素酸ナトリウム及びこれを含有する製剤。ただし、亜塩素酸ナトリウム25%以下を含有するもの及び爆発薬を除く。

1の3　アクリルアミド及びこれを含有する製剤

1の4　アクリル酸及びこれを含有する製剤。ただし、アクリル酸10%以下を含有するものを除く。

1の5　亜硝酸イソブチル及びこれを含有する製剤

1の6　亜硝酸イソペンチル及びこれを含有する製剤

2　亜硝酸塩類

2の2　亜硝酸三級ブチル及びこれを含有する製剤

2の3　亜硝酸メチル及びこれを含有する製剤

3　アセチレンジカルボン酸アミド及びこれを含有する製剤

3の2　亜セレン酸0.0082％以下を含有する製剤。ただし、容量1リットル以下の容器に収められたものであって、亜セレン酸0.000082％以下を含有するものを除く。

4　アニリン塩類

4の2　アバメクチン1.8％以下を含有する製剤

4の3　2-アミノエタノール及びこれを含有する製剤。ただし、2-アミノエタノール20％以下を含有するものを除く。

4の4　N-(2-アミノエチル)-2-アミノエタノール及びこれを含有する製剤。ただし、N-(2-アミノエチル)-2-アミノエタノール10％以下を含有するものを除く。

4の5　L-2-アミノ-4-［(ヒドロキシ)(メチル)ホスフイノイル]ブチリル-L-アラニル-L-アラニン、その塩類及びこれらのいずれかを含有する製剤。ただし、L-2-アミノ-4-［(ヒドロキシ)(メチル)ホスフイノイル]ブチリル-L-アラニル-L-アラニンとして19％以下を含有するものを除く。

4の6　3-アミノメチル-3,5,5-トリメチルシクロヘキシルアミン（別名イソホロンジアミン）及びこれを含有する製剤。ただし、3-アミノメチル-3,5,5-トリメチルシクロヘキシルアミン6％以下を含有するものを除く。

4の7　3-(アミノメチル)ベンジルアミン及びこれを含有する製剤。ただし、3-(アミノメチル)ベンジルアミン8％以下を含有するものを除く。

5　N-アルキルアニリン及びその塩類

6　N-アルキルトルイジン及びその塩類

7　アンチモン化合物及びこれを含有する製剤。ただし、次に掲げるものを除く。

　イ　4-アセトキシフエニルジメチルスルホニウム＝ヘキサフルオロアンチモネート及びこれを含有する製剤

　ロ　アンチモン酸ナトリウム及びこれを含有する製剤

　ハ　酸化アンチモン(Ⅲ)を含有する製剤

　ニ　酸化アンチモン(Ⅴ)及びこれを含有する製剤

　ホ　トリス(ジペンチルジチオカルバマト-κ^2S,S′)アンチモン5％以下を含有する製剤

　ヘ　硫化アンチモン及びこれを含有する製剤

8　アンモニアを含有する製剤。ただし、アンモニア10％以下を含有するものを除く。

9　2-イソプロピルオキシフエニル-N-メチルカルバメート及びこれを含有する製剤。ただし、2-イソプロピルオキシフエニル-N-メチルカルバメート1％以下を含

有するものを除く。

9の2　2-イソプロピルフエニル-N-メチルカルバメート及びこれを含有する製剤。ただし、2-イソプロピルフエニル-N-メチルカルバメート 1.5％以下を含有するものを除く。

10　2-イソプロピル-4-メチルピリミジル-6-ジエチルチオホスフエイト（別名ダイアジノン）を含有する製剤。ただし、2-イソプロピル-4-メチルピリミジル-6-ジエチルチオホスフエイト 5％（マイクロカプセル製剤にあつては、25％）以下を含有するものを除く。

10の2　一水素二弗化アンモニウム及びこれを含有する製剤。ただし、一水素二弗化アンモニウム 4％以下を含有するものを除く。

10の3　1,1′-イミノジ(オクタメチレン)ジグアニジン（別名イミノクタジン）、その塩類及びこれらのいずれかを含有する製剤。ただし、次に掲げるものを除く。

　　イ　1,1′-イミノジ(オクタメチレン)ジグアニジンとして 3.5％以下を含有する製剤（ロに該当するものを除く。）

　　ロ　1,1′-イミノジ(オクタメチレン)ジグアニジンアルキルベンゼンスルホン酸及びこれを含有する製剤

11　可溶性ウラン化合物及びこれを含有する製剤

11の2　O-エチル-O-(2-イソプロポキシカルボニルフエニル)-N-イソプロピルチオホスホルアミド（別名イソフエンホス）5％以下を含有する製剤

11の3　N-エチル-O-(2-イソプロポキシカルボニル-1 メチルビニル)-O-メチルチオホスホルアミド（別名プロペタンホス）及びこれを含有する製剤。ただし、N-エチル-O-(2-イソプロポキシカルボニル-1-メチルビニル)-O-メチルチオホスホルアミド 1％以下を含有するものを除く。

12　エチル-N-(ジエチルジチオホスホリールアセチル)-N-メチルカルバメートを含有する製剤

12の2　エチル-2-ジエトキシチオホスホリルオキシ-5-メチルピラゾロ[1.5-a]ピリミジン-6-カルボキシラート（別名ピラゾホス）及びこれを含有する製剤

13　エチル-2,4-ジクロルフエニルチオノベンゼンホスホネイト及びこれを含有する製剤。ただし、エチル-2,4-ジクロルフエニルチオノベンゼンホスホネイト 3％以下を含有するものを除く。

13の2　エチルジフエニルジチオホスフエイト及びこれを含有する製剤。ただし、エチルジフエニルジチオホスフエイト 2％以下を含有するものを除く。

13の3　O-エチル=S,S-ジプロピル=ホスホロジチオアート（別名エトプロホス）5％以下を含有する製剤。ただし、O-エチル=S,S-ジプロピル=ホスホロジチオアート 3％以下を含有する徐放性製剤を除く。

13の4　2-エチル-3,7-ジメチル-6-[4-(トリフルオロメトキシ)フエノキシ]-4-キノリル=メチル=カルボナート及びこれを含有する製剤

13の5　2-エチルチオメチルフエニル–N–メチルカルバメート（別名エチオフエンカルブ）及びこれを含有する製剤。ただし、2-エチルチオメチルフエニル–N–メチルカルバメート2%以下を含有するものを除く。

14　エチルパラニトロフエニルチオノベンゼンホスホネイト（別名EPN）1.5%以下を含有する製剤

14の2　O-エチル＝S-プロピル＝[(2E)-2-(シアノイミノ)-3-エチルイミダゾリジン-1-イル]ホスホノチオアート（別名イミシアホス）及びこれを含有する製剤。ただし、O-エチル＝S-プロピル＝[(2E)-2-(シアノイミノ)-3-エチルイミダゾリジン-1-イル]ホスホノチオアート1.5%以下を含有するものを除く。

14の3　エチル＝(Z)-3-[N–ベンジル–N–[[メチル(1–メチルチオエチリデンアミノオキシカルボニル)アミノ]チオ]アミノ]プロピオナート及びこれを含有する製剤

14の4　O-エチル–O-4–メチルチオフエニル–S-プロピルジチオホスフエイト及びこれを含有する製剤。ただし、O-エチル–O-4–メチルチオフエニル–S-プロピルジチオホスフエイト3%以下を含有するものを除く。

14の5　O-エチル＝S-1–メチルプロピル＝(2–オキソ–3–チアゾリジニル)ホスホノチオアート（別名ホスチアゼート）及びこれを含有する製剤。ただし、O-エチル＝S-1–メチルプロピル＝(2–オキソ–3–チアゾリジニル)ホスホノチオアート1.5%以下を含有するものを除く。

14の6　4-エチルメルカプトフエニル–N–メチルカルバメート及びこれを含有する製剤

14の7　エチレンオキシド及びこれを含有する製剤

15　エチレンクロルヒドリンを含有する製剤

15の2　エピクロルヒドリン及びこれを含有する製剤

15の3　エマメクチン、その塩類及びこれらのいずれかを含有する製剤。ただし、エマメクチンとして2%以下を含有するものを除く。

16　塩化水素を含有する製剤。ただし、塩化水素10%以下を含有するものを除く。

16の2　塩化水素と硫酸とを含有する製剤。ただし、塩化水素と硫酸とを合わせて10%以下を含有するものを除く。

17　塩化第一水銀を含有する製剤

17の2　塩化チオニル及びこれを含有する製剤

17の3　塩素

18　塩素酸塩類及びこれを含有する製剤。ただし、爆発薬を除く。

18の2　(1R,2S,3R,4S)-7-オキサビシクロ[2.2.1]ヘプタン–2,3–ジカルボン酸（別名エンドタール）、その塩類及びこれらのいずれかを含有する製剤。ただし、(1R,2S,3R,4S)-7-オキサビシクロ[2.2.1]ヘプタン–2,3–ジカルボン酸として1.5%以下を含有するものを除く。

18の3　オキシ三塩化バナジウム及びこれを含有する製剤

毒物及び劇物指定令

18の4　1,2,4,5,6,7,8,8-オクタクロロ-2,3,3a,4,7,7a-ヘキサヒドロ-4,7-メタノ-1H-イ
ンデン、1,2,3,4,5,6,7,8,8-ノナクロロ-2,3,3a,4,7,7a-ヘキサヒドロ-4,7-メタノ-1H-
インデン、4,5,6,7,8,8-ヘキサクロロ-3a,4,7,7a-テトラヒドロ-4,7-メタノインデン、
1,4,5,6,7,8,8-ヘプタクロロ-3a,4,7,7a-テトラヒドロ-4,7-メタノ-1H-インデン及び
これらの類縁化合物の混合物（別名クロルデン）並びにこれを含有する製剤。た
だし、1,2,4,5,6,7,8,8-オクタクロロ-2,3,3a,4,7,7a-ヘキサヒドロ-4,7-メタノ-1H-イ
ンデン、1,2,3,4,5,6,7,8,8-ノナクロロ-2,3,3a,4,7,7a-ヘキサヒドロ-4,7-メタノ-1H-
インデン、4,5,6,7,8,8-ヘキサクロロ-3a,4,7,7a-テトラヒドロ-4,7-メタノインデン、
1,4,5,6,7,8,8-ヘプタクロロ-3a,4,7,7a-テトラヒドロ-4,7-メタノ-1H-インデン及び
これらの類縁化合物の混合物 6％以下を含有するものを除く。

19　過酸化水素を含有する製剤。ただし、過酸化水素 6％以下を含有するものを除
く。

20　過酸化ナトリウムを含有する製剤。ただし、過酸化ナトリウム 5％以下を含有
するものを除く。

21　過酸化尿素を含有する製剤。ただし、過酸化尿素 17％以下を含有するものを除
く。

22　カドミウム化合物。ただし、硫黄、カドミウム及びセレンから成る焼結した物
質を除く。

22の2　ぎ酸及びこれを含有する製剤。ただし、ぎ酸 90％以下を含有するものを除
く。

22の3　キシレン

22の4　キノリン及びこれを含有する製剤

23　無機金塩類。ただし、雷金を除く。

24　無機銀塩類。ただし、塩化銀及び雷酸銀を除く。

24の2　グリコール酸及びこれを含有する製剤。ただし、グリコール酸 3.6％以下を
含有するものを除く。

25　クレゾールを含有する製剤。ただし、クレゾール 5％以下を含有するものを除
く。

26　クロム酸塩類及びこれを含有する製剤。ただし、クロム酸鉛 70％以下を含有す
るものを除く。

26の2　2-クロルエチルトリメチルアンモニウム塩類及びこれを含有する製剤

26の3　N-（3-クロル-4-クロルジフルオロメチルチオフエニル）-N′,N′-ジメチルウ
レア及びこれを含有する製剤。ただし、N-（3-クロル-4-クロルジフルオロメチル
チオフエニル）-N′,N′-ジメチルウレア 12％以下を含有するものを除く。

26の4　2-クロル-1-（2,4-ジクロルフエニル）ビニルエチルメチルホスフエイト及び
これを含有する製剤

26の5　2-クロル-1-（2,4-ジクロルフエニル）ビニルジメチルホスフエイト及びこれ

903

を含有する製剤

26の6　1-クロル-1,2-ジブロムエタン及びこれを含有する製剤

26の7　2-クロル-4,5-ジメチルフエニル-N-メチルカルバメート及びこれを含有する製剤

27　クロルピクリンを含有する製剤

28　クロルメチルを含有する製剤。ただし、容量300ミリリツトル以下の容器に収められた殺虫剤であつて、クロルメチル50%以下を含有するものを除く。

28の2　クロロアセチルクロライド及びこれを含有する製剤

28の3　2-クロロアニリン及びこれを含有する製剤

28の4　4-クロロ-3-エチル-1-メチル-N-[4-(パラトリルオキシ)ベンジル]ピラゾール-5-カルボキサミド及びこれを含有する製剤

28の5　5-クロロ-N-[2-[4-(2-エトキシエチル)-2,3-ジメチルフエノキシ]エチル]-6-エチルピリミジン-4-アミン（別名ピリミジフエン）及びこれを含有する製剤。ただし、5-クロロ-N-[2-[4-(2-エトキシエチル)-2,3-ジメチルフエノキシ]エチル]-6-エチルピリミジン-4-アミン4%以下を含有するものを除く。

28の6　クロロぎ酸ノルマルプロピル及びこれを含有する製剤

28の7　クロロ酢酸エチル及びこれを含有する製剤

28の8　クロロ酢酸ナトリウム及びこれを含有する製剤

28の9　2-クロロニトロベンゼン及びこれを含有する製剤

28の10　トランス-N-(6-クロロ-3-ピリジルメチル)-N′-シアノ-N-メチルアセトアミジン（別名アセタミプリド）及びこれを含有する製剤。ただし、トランス-N-(6-クロロ-3-ピリジルメチル)-N′-シアノ-N-メチルアセトアミジン2%以下を含有するものを除く。

28の11　1-(6-クロロ-3-ピリジルメチル)-N-ニトロイミダゾリジン-2-イリデンアミン（別名イミダクロプリド）及びこれを含有する製剤。ただし、1-(6-クロロ-3-ピリジルメチル)-N-ニトロイミダゾリジン-2-イリデンアミン2%（マイクロカプセル製剤にあつては、12%）以下を含有するものを除く。

28の12　3-(6-クロロピリジン-3-イルメチル)-1,3-チアゾリジン-2-イリデンシアナミド（別名チアクロプリド）及びこれを含有する製剤。ただし、3-(6-クロロピリジン-3-イルメチル)-1,3-チアゾリジン-2-イリデンシアナミド3%以下を含有するものを除く。

28の13　(RS)-[O-1-(4-クロロフエニル)ピラゾール-4-イル=O-エチル=S-プロピル=ホスホロチオアート]（別名ピラクロホス）及びこれを含有する製剤。ただし、(RS)-[O-1-(4-クロロフエニル)ピラゾール-4-イル=O-エチル=S-プロピル=ホスホロチオアート]6%以下を含有するものを除く。

28の14　クロロプレン及びこれを含有する製剤

29　硅弗化水素酸を含有する製剤

30　硅弗化水素酸塩類及びこれを含有する製剤

30の2　五酸化バナジウム（溶融した五酸化バナジウムを固形化したものを除く。）及びこれを含有する製剤。ただし、五酸化バナジウム（溶融した五酸化バナジウムを固形化したものを除く。）10％以下を含有するものを除く。

30の3　酢酸エチル

30の4　酢酸タリウム及びこれを含有する製剤

30の5　サリノマイシン、その塩類及びこれらのいずれかを含有する製剤。ただし、サリノマイシンとして1％以下を含有するものを除く。

30の6　三塩化チタン及びこれを含有する製剤

31　酸化水銀5％以下を含有する製剤

31の2　シアナミド及びこれを含有する製剤。ただし、シアナミド10％以下を含有するものを除く。

31の3　4-ジアリルアミノ-3,5-ジメチルフエニル-N-メチルカルバメート及びこれを含有する製剤

32　有機シアン化合物及びこれを含有する製剤。ただし、次に掲げるものを除く。

　⑴　4-[6-（アクリロイルオキシ）ヘキシルオキシ]-4′-シアノビフエニル及びこれを含有する製剤

　⑵　[2-アセトキシ-（4-ジエチルアミノ）ベンジリデン]マロノニトリル及びこれを含有する製剤

　⑶　アセトニトリル40％以下を含有する製剤

　⑷　4,4′-アゾビス（4-シアノ吉草酸）及びこれを含有する製剤

　⑸　5-アミノ-1-（2,6-ジクロロ-4-トリフルオロメチルフエニル）-4-エチルスルフイニル-1H-ピラゾール-3-カルボニトリル（別名エチプロール）及びこれを含有する製剤

　⑹　5-アミノ-1-（2,6-ジクロロ-4-トリフルオロメチルフエニル）-3-シアノ-4-トリフルオロメチルスルフイニルピラゾール（別名フイプロニル）1％（マイクロカプセル製剤にあつては、5％）以下を含有する製剤

　⑺　4-アルキル安息香酸シアノフエニル及びこれを含有する製剤

　⑻　4-アルキル-4″-シアノ-パラ-テルフエニル及びこれを含有する製剤

　⑼　4-アルキル-4′-シアノビフエニル及びこれを含有する製剤

　⑽　4-アルキル-4′-シアノフエニルシクロヘキサン及びこれを含有する製剤

　⑾　5-アルキル-2-（4-シアノフエニル）ピリミジン及びこれを含有する製剤

　⑿　4-アルキルシクロヘキシル-4′-シアノビフエニル及びこれを含有する製剤

　⒀　5-（4-アルキルフエニル）-2-（4-シアノフエニル）ピリミジン及びこれを含有する製剤

　⒁　4-アルコキシ-4′-シアノビフエニル及びこれを含有する製剤

　⒂　4-イソプロピルベンゾニトリル及びこれを含有する製剤

法令集

⒃　(E)-ウンデカ-9-エンニトリル、(Z)-ウンデカ-9-エンニトリル及びウンデカ-10-エンニトリルの混合物 ((E)-ウンデカ-9-エンニトリル45%以上55%以下を含有し、(Z)-ウンデカ-9-エンニトリル23%以上33%以下を含有し、かつ、ウンデカ-10-エンニトリル10%以上20%以下を含有するものに限る。) 及びこれを含有する製剤

⒄　4-[トランス-4-(トランス-4-エチルシクロヘキシル)シクロヘキシル]ベンゾニトリル及びこれを含有する製剤

⒅　4-[5-(トランス-4-エチルシクロヘキシル)-2-ピリミジニル]ベンゾニトリル及びこれを含有する製剤

⒆　4-(トランス-4-エチルシクロヘキシル)-2-フルオロベンゾニトリル及びこれを含有する製剤

⒇　トランス-4′-エチル-トランス-1,1′-ビシクロヘキサン-4-カルボニトリル及びこれを含有する製剤

(21)　4′-[2-(エトキシ)エトキシ]-4-ビフエニルカルボニトリル及びこれを含有する製剤

(22)　4-[トランス-4-(エトキシメチル)シクロヘキシル]ベンゾニトリル及びこれを含有する製剤

(23)　3-(オクタデセニルオキシ)プロピオノニトリル及びこれを含有する製剤

(24)　オレオニトリル及びこれを含有する製剤

(25)　カプリニトリル及びこれを含有する製剤

(26)　カプリロニトリル及びこれを含有する製剤

(27)　2-(4-クロル-6-エチルアミノ-S-トリアジン-2-イルアミノ)-2-メチル-プロピオニトリル50%以下を含有する製剤

(28)　4-クロロ-2-シアノ-N,N-ジメチル-5-パラトリルイミダゾール-1-スルホンアミド及びこれを含有する製剤

(29)　3-クロロ-4-シアノフエニル=4-エチルベンゾアート及びこれを含有する製剤

(30)　3-クロロ-4-シアノフエニル=4-プロピルベンゾアート及びこれを含有する製剤

(31)　1-(3-クロロ-4,5,6,7-テトラヒドロピラゾロ[1.5-a]ピリジン-2-イル)-5-[メチル(プロブ-2-イン-1-イル)アミノ]-1H-ピラゾール-4-カルボニトリル (別名ピラクロニル) 及びこれを含有する製剤

(32)　(E)-[(4RS)-4-(2-クロロフエニル)-1,3-ジチオラン-2-イリデン](1H-イミダゾール-1-イル)アセトニトリル及びこれを含有する製剤

(33)　2-(4-クロロフエニル)-2-(1H-1,2,4-トリアゾール-1-イルメチル)ヘキサンニトリル (別名ミクロブタニル) 及びこれを含有する製剤

(34)　(RS)-4-(4-クロロフエニル)-2-フエニル-2-(1H-1,2,4-トリアゾール-1-イルメチル)ブチロニトリル及びこれを含有する製剤

毒物及び劇物指定令

㉟　高分子化合物

㊱　シアノアクリル酸エステル及びこれを含有する製剤

㊲　N-(2-シアノエチル)-1,3-ビス(アミノメチル)ベンゼン、N,N′-ジ(2-シアノエチル)-1,3-ビス(アミノメチル)ベンゼン及び N,N,N′-トリ(2-シアノエチル)-1,3-ビス(アミノメチル)ベンゼンの混合物並びにこれを含有する製剤

㊳　(RS)-2-シアノ-N-[(R)-1-(2,4-ジクロロフエニル)エチル]-3,3-ジメチルブチラミド（別名ジクロシメット）及びこれを含有する製剤

㊴　2-シアノ-3,3-ジフエニルプロパ-2-エン酸 2-エチルヘキシルエステル及びこれを含有する製剤

㊵　4-シアノ-3,5-ジフルオロフエニル=4-ブタ-3-エニルベンゾアート及びこれを含有する製剤

㊶　4-シアノ-3,5-ジフルオロフエニル=4-ペンチルベンゾアート及びこれを含有する製剤

㊷　N-(1-シアノ-1,2-ジメチルプロピル)-2-(2,4-ジクロロフエノキシ)プロピオンアミド及びこれを含有する製剤

㊸　N-[(RS)-シアノ(チオフエン-2-イル)メチル]-4-エチル-2-(エチルアミノ)-1,3-チアゾール-5-カルボキサミド（別名エタボキサム）及びこれを含有する製剤

㊹　4′-シアノ-4-ビフエニリル=トランス-4-エチル-1-シクロヘキサンカルボキシラート及びこれを含有する製剤

㊺　4′-シアノ-4-ビフエニリル=トランス-4-(トランス-4-プロピルシクロヘキシル)-1-シクロヘキサンカルボキシラート及びこれを含有する製剤

㊻　4-シアノ-4′-ビフエニリル=4-(トランス-4-プロピルシクロヘキシル)ベンゾアート及びこれを含有する製剤

㊼　4′-シアノ-4-ビフエニリル=4′-ヘプチル-4-ビフエニルカルボキシラート及びこれを含有する製剤

㊽　4′-シアノ-4-ビフエニリル=トランス-4-(トランス-4-ペンチルシクロヘキシル)-1-シクロヘキサンカルボキシラート及びこれを含有する製剤

㊾　4-シアノ-4′-ビフエニリル=4-(トランス-4-ペンチルシクロヘキシル)ベンゾアート及びこれを含有する製剤

㊿　4-シアノフエニル=トランス-4-ブチル-1-シクロヘキサンカルボキシラート及びこれを含有する製剤

(51)　4-シアノフエニル=トランス-4-プロピル-1-シクロヘキサンカルボキシラート及びこれを含有する製剤

(52)　4-シアノフエニル=トランス-4-ペンチル-1-シクロヘキサンカルボキシラート及びこれを含有する製剤

(53)　4-シアノフエニル=4-(トランス-4-ペンチルシクロヘキシル)ベンゾアート及

907

法令集

びこれを含有する製剤

(54) (E)-2-{2-(4-シアノフエニル)-1-[3-(トリフルオロメチル)フエニル]エチリデン}-N-[4-(トリフルオロメトキシ)フエニル]ヒドラジンカルボキサミドと(Z)-2-{2-(4-シアノフエニル)-1-[3-(トリフルオロメチル)フエニル]エチリデン}-N-[4-(トリフルオロメトキシ)フエニル]ヒドラジンカルボキサミドとの混合物((E)-2-{2-(4-シアノフエニル)-1-[3-(トリフルオロメチル)フエニル]エチリデン}-N-[4-(トリフルオロメトキシ)フエニル]ヒドラジンカルボキサミド90%以上を含有し、かつ、(Z)-2-{2-(4-シアノフエニル)-1-[3-(トリフルオロメチル)フエニル]エチリデン}-N-[4-(トリフルオロメトキシ)フエニル]ヒドラジンカルボキサミド10%以下を含有するものに限る。)(別名メタフルミゾン)及びこれを含有する製剤

(55) (S)-4-シアノフエニル=4-(2-メチルブトキシ)ベンゾアート及びこれを含有する製剤

(56) (RS)-シアノ-(3-フエノキシフエニル)メチル=2,2,3,3-テトラメチルシクロプロパンカルボキシラート（別名フエンプロパトリン）1%以下を含有する製剤

(57) (RS)-α-シアノ-3-フエノキシベンジル=N-(2-クロロ-α,α,α-トリフルオロ-パラトリル)-D-バリナート（別名フルバリネート）5%以下を含有する製剤

(58) α-シアノ-3-フエノキシベンジル=2,2-ジクロロ-1-(4-エトキシフエニル)-1-シクロプロパンカルボキシラート（別名シクロプロトリン）及びこれを含有する製剤

(59) (S)-α-シアノ-3-フエノキシベンジル=(1R,3R)-3-(2,2-ジクロロビニル)-2,2-ジメチルシクロプロパン-カルボキシラートと(R)-α-シアノ-3-フエノキシベンジル=(1S,3S)-3-(2,2-ジクロロビニル)-2,2-ジメチルシクロプロパン-カルボキシラートとの等量混合物0.88%以下を含有する製剤

(60) (S)-α-シアノ-3-フエノキシベンジル=(1R,3S)-2,2-ジメチル-3-(1,2,2,2-テトラブロモエチル)シクロプロパンカルボキシラート（別名トラロメトリン）0.9%以下を含有する製剤

(61) (S)-α-シアノ-3-フエノキシベンジル=(Z)-(1R,3S)-2,2-ジメチル-3-[2-(2,2,2-トリフルオロ-1-トリフルオロメチルエトキシカルボニル)ビニル]シクロプロパンカルボキシラート及びこれを含有する製剤

(62) (S)-α-シアノ-3-フエノキシベンジル=(1R,3R)-2,2-ジメチル-3-(2-メチル-1-プロペニル)-1-シクロプロパンカルボキシラートと(R)-α-シアノ-3-フエノキシベンジル=(1R,3R)-2,2-ジメチル-3-(2-メチル-1-プロペニル)-1-シクロプロパンカルボキシラートとの混合物((S)-α-シアノ-3-フエノキシベンジル=(1R,3R)-2,2-ジメチル-3-(2-メチル-1-プロペニル)-1-シクロプロパンカルボキシラート91%以上99%以下を含有し、かつ、(R)-α-シアノ-3-フエノキシベンジル=(1R,3R)-2,2-ジメチル-3-(2-メチル-1-プロペニル)-1-シクロプロパン

カルボキシラート1%以上9%以下を含有するものに限る。）10%以下を含有するマイクロカプセル製剤

⑹　(RS)-α-シアノ-3-フエノキシベンジル=(1R,3R)-2,2-ジメチル-3-(2-メチル-1-プロペニル)-1-シクロプロパンカルボキシラート8%以下を含有する製剤

⑷　(RS)-α-シアノ-3-フエノキシベンジル=(1R,3S)-2,2-ジメチル-3-(2-メチル-1-プロペニル)-1-シクロプロパンカルボキシラート2%以下を含有する製剤

⑹　4-シアノ-3-フルオロフエニル=4-(トランス-4-エチルシクロヘキシル)ベンゾアート及びこれを含有する製剤

⑹　4-シアノ-3-フルオロフエニル=4-エチルベンゾアート及びこれを含有する製剤

⑹　4-シアノ-3-フルオロフエニル=4-(エトキシメチル)ベンゾアート及びこれを含有する製剤

⑹　4-シアノ-3-フルオロフエニル=4-(トランス-4-ブチルシクロヘキシル)ベンゾアート及びこれを含有する製剤

⑹　4-シアノ-3-フルオロフエニル=4-ブチルベンゾアート及びこれを含有する製剤

⑺　4-シアノ-3-フルオロフエニル=4-(ブトキシメチル)ベンゾアート及びこれを含有する製剤

⑺　4-シアノ-3-フルオロフエニル=4-(トランス-4-プロピルシクロヘキシル)ベンゾアート及びこれを含有する製剤

⑺　4-シアノ-3-フルオロフエニル=4-プロピルベンゾアート及びこれを含有する製剤

⑺　4-シアノ-3-フルオロフエニル=4-(プロポキシメチル)ベンゾアート及びこれを含有する製剤

⑺　4-シアノ-3-フルオロフエニル=4-ヘプチルベンゾアート及びこれを含有する製剤

⑺　4-シアノ-3-フルオロフエニル=4-[(3E)-ペンタ-3-エン-1-イル]ベンゾアート及びこれを含有する製剤

⑺　4-シアノ-3-フルオロフエニル=4-(ペンチルオキシメチル)ベンゾアート及びこれを含有する製剤

⑺　4-シアノ-3-フルオロフエニル=4-(トランス-4-ペンチルシクロヘキシル)ベンゾアート及びこれを含有する製剤

⑺　4-シアノ-3-フルオロフエニル=4-ペンチルベンゾアート及びこれを含有する製剤

⑺　α-シアノ-4-フルオロ-3-フエノキシベンジル=3-(2,2-ジクロロビニル)-2,2-ジメチルシクロプロパンカルボキシラート0.5%以下を含有する製剤

⑻　2-シアノ-N-メチル-2-[3-(2,4,6-トリオキソテトラヒドロピリミジン-5(2H)

-イリデン)-2,3-ジヒドロ-1H-イソインドール-1-イリデン]アセトアミド（別名ピグメントイエロー 185）及びこれを含有する製剤

⑻　N-シアノメチル-4-(トリフルオロメチル)ニコチンアミド（別名フロニカミド）及びこれを含有する製剤

⑻　N-(4-シアノメチルフエニル)-2-イソプロピル-5-メチルシクロヘキサンカルボキサミド及びこれを含有する製剤

⑻　トランス-1-(2-シアノ-2-メトキシイミノアセチル)-3-エチルウレア（別名シモキサニル）及びこれを含有する製剤

⑻　1,4-ジアミノ-2,3-ジシアノアントラキノン及びこれを含有する製剤

⑻　O,O-ジエチル-O-(α-シアノベンジリデンアミノ)チオホスフエイト（別名ホキシム）及びこれを含有する製剤

⑻　3,3′-(1,4-ジオキソピロロ[3.4-c]ピロール-3,6-ジイル)ジベンゾニトリル及びこれを含有する製剤

⑻　シクロヘキシリデン-o-トリルアセトニトリル及びこれを含有する製剤

⑻　2-シクロヘキシリデン-2-フエニルアセトニトリル及びこれを含有する製剤

⑻　シクロポリ(3〜4)［ジフエノキシ、フエノキシ(4-シアノフエノキシ)　及び［ビス(4-シアノフエノキシ)]ホスフアゼン］の混合物並びにこれを含有する製剤

⑼　2,6-ジクロルシアンベンゼン及びこれを含有する製剤

⑼　3,4-ジクロロ-2′-シアノ-1,2-チアゾール-5-カルボキサニリド（別名イソチアニル）及びこれを含有する製剤

⑼　1-(2,6-ジクロロ-α,α,α-トリフルオロ-p-トリル)-4-(ジフルオロメチルチオ)-5-[(2-ピリジルメチル)アミノ]ピラゾール-3-カルボニトリル（別名ピリプロール）2.5%以下を含有する製剤

⑼　(E)-[(4R)-4-(2,4-ジクロロフエニル)-1,3-ジチオラン-2-イリデン](1H-イミダゾール-1-イル)アセトニトリル及びこれを含有する製剤

⑼　ジシアンジアミド及びこれを含有する製剤

⑼　2,6-ジフルオロ-4-(トランス-4-ビニルシクロヘキシル)ベンゾニトリル及びこれを含有する製剤

⑼　2,6-ジフルオロ-4-(トランス-4-プロピルシクロヘキシル)ベンゾニトリル及びこれを含有する製剤

⑼　2,6-ジフルオロ-4-(5-プロピルピリミジン-2-イル)ベンゾニトリル及びこれを含有する製剤

⑼　4-[2,3-(ジフルオロメチレンジオキシ)フエニル]ピロール-3-カルボニトリル（別名フルジオキソニル）及びこれを含有する製剤

⑼　3,7-ジメチル-2,6-オクタジエンニトリル及びこれを含有する製剤

⑽　3,7-ジメチル-6-オクテンニトリル及びこれを含有する製剤

毒物及び劇物指定令

(101) 3,7-ジメチル-2,6-ノナジエンニトリル及びこれを含有する製剤

(102) 3,7-ジメチル-3,6-ノナジエンニトリル及びこれを含有する製剤

(103) 4,8-ジメチル-7-ノネンニトリル及びこれを含有する製剤

(104) ジメチルパラシアンフエニル-チオホスフエイト及びこれを含有する製剤

(105) 3-(6,6-ジメチルビシクロ[3.1.1]ヘプタ-2-エン-2-イル)-2,2-ジメチルプロパンニトリル及びこれを含有する製剤

(106) N-(α,α-ジメチルベンジル)-2-シアノ-2-フエニルアセトアミド及びこれを含有する製剤

(107) 4,4-ジメトキシブタンニトリル及びこれを含有する製剤

(108) 3,5-ジヨード-4-オクタノイルオキシベンゾニトリル及びこれを含有する製剤

(109) ステアロニトリル及びこれを含有する製剤

(110) 染料

(111) テトラクロル-メタジシアンベンゼン及びこれを含有する製剤

(112) 2,3,5,6-テトラフルオロ-4-(メトキシメチル)ベンジル=(Z)-(1R,3R)-3-(2-シアノプロパ-1-エニル)-2,2-ジメチルシクロプロパンカルボキシラート、2,3,5,6-テトラフルオロ-4-(メトキシメチル)ベンジル=(E)-(1R,3R)-3-(2-シアノプロパ-1-エニル)-2,2-ジメチルシクロプロパンカルボキシラート、2,3,5,6-テトラフルオロ-4-(メトキシメチル)ベンジル=(Z)-(1S,3S)-3-(2-シアノプロパ-1-エニル)-2,2-ジメチルシクロプロパンカルボキシラート、2,3,5,6-テトラフルオロ-4-(メトキシメチル)ベンジル=(EZ)-(1RS,3SR)-3-(2-シアノプロパ-1-エニル)-2,2-ジメチルシクロプロパンカルボキシラート及び2,3,5,6-テトラフルオロ-4-(メトキシメチル)ベンジル=(E)-(1S,3S)-3-(2-シアノプロパ-1-エニル)-2,2-ジメチルシクロプロパンカルボキシラートの混合物（2,3,5,6-テトラフルオロ-4-(メトキシメチル)ベンジル=(Z)-(1R,3R)-3-(2-シアノプロパ-1-エニル)-2,2-ジメチルシクロプロパンカルボキシラート80.9%以上を含有し、2,3,5,6-テトラフルオロ-4-(メトキシメチル)ベンジル=(E)-(1R,3R)-3-(2-シアノプロパ-1-エニル)-2,2-ジメチルシクロプロパンカルボキシラート10%以下を含有し、2,3,5,6-テトラフルオロ-4-(メトキシメチル)ベンジル=(Z)-(1S,3S)-3-(2-シアノプロパ-1-エニル)-2,2-ジメチルシクロプロパンカルボキシラート2%以下を含有し、2,3,5,6-テトラフルオロ-4-(メトキシメチル)ベンジル=(EZ)-(1RS,3SR)-3-(2-シアノプロパ-1-エニル)-2,2-ジメチルシクロプロパンカルボキシラート1%以下を含有し、かつ、2,3,5,6-テトラフルオロ-4-(メトキシメチル)ベンジル=(E)-(1S,3S)-3-(2-シアノプロパ-1-エニル)-2,2-ジメチルシクロプロパンカルボキシラート0.2%以下を含有するものに限る。）並びにこれを含有する製剤

(113) (4Z)-4-ドデセンニトリル及びこれを含有する製剤

(114) トリチオシクロヘプタジエン-3,4,6,7-テトラニトリル15%以下を含有する燻蒸剤

911

法令集

⑪ 2-トリデセンニトリルと3-トリデセンニトリルとの混合物（2-トリデセンニトリル80％以上84％以下を含有し、かつ、3-トリデセンニトリル15％以上19％以下を含有するものに限る。）及びこれを含有する製剤

⑯ 2,2,2-トリフルオロエチル=[(1S)-1-シアノ-2-メチルプロピル]カルバマート及びこれを含有する製剤

⑰ 2,2,3-トリメチル-3-シクロペンテンアセトニトリル10％以下を含有する製剤

⑱ p-トルエンスルホン酸=4-[[3-[シアノ(2-メチルフエニル)メチリデン]チオフエン-2(3H)-イリデン]アミノオキシスルホニル]フエニル及びこれを含有する製剤

⑲ ノナ-2,6-ジエンニトリル及びこれを含有する製剤

⑳ パラジシアンベンゼン及びこれを含有する製剤

㉑ パルミトニトリル及びこれを含有する製剤

㉒ 1,2-ビス(N-シアノメチル-N,N-ジメチルアンモニウム)エタン=ジクロリド及びこれを含有する製剤

㉓ 2-ヒドロキシ-5-ピリジンカルボニトリル及びこれを含有する製剤

㉔ 4-(トランス-4-ビニルシクロヘキシル)ベンゾニトリル及びこれを含有する製剤

㉕ 3-ピリジンカルボニトリル及びこれを含有する製剤

㉖ (2Z)-2-フエニル-2-ヘキセンニトリル及びこれを含有する製剤

㉗ ブチル=(R)-2-[4-(4-シアノ-2-フルオロフエノキシ)フエノキシ]プロピオナート（別名シハロホツプブチル）及びこれを含有する製剤

㉘ トランス-4-(5-ブチル-1,3-ジオキサン-2-イル)ベンゾニトリル及びこれを含有する製剤

㉙ 4-[トランス-4-[2-(トランス-4-ブチルシクロヘキシル)エチル]シクロヘキシル]ベンゾニトリル及びこれを含有する製剤

㉚ 4-[トランス-4-(トランス-4-ブチルシクロヘキシル)シクロヘキシル]ベンゾニトリル及びこれを含有する製剤

㉛ 4-ブチル-2,6-ジフルオロ安息香酸4-シアノ-3-フルオロフエニルエステル及びこれを含有する製剤

㉜ (E)-2-(4-ターシヤリ-ブチルフエニル)-2-シアノ-1-(1,3,4-トリメチルピラゾール-5-イル)ビニル=2,2-ジメチルプロピオナート（別名シエノピラフエン）及びこれを含有する製剤

㉝ トランス-4'-ブチル-トランス-4-ヘプチル-トランス-1,1'-ビシクロヘキサン-4-カルボニトリル及びこれを含有する製剤

㉞ 4'-[トランス-4-(3-ブテニル)シクロヘキシル]-4-ビフエニルカルボニトリル及びこれを含有する製剤

㉟ 4-[トランス-4-(3-ブテニル)シクロヘキシル]ベンゾニトリル及びこれを含有する製剤

(136) 2-フルオロ-4-[トランス-4-(トランス-4-エチルシクロヘキシル)シクロヘキシル]ベンゾニトリル及びこれを含有する製剤

(137) (Z)-2-[2-フルオロ-5-(トリフルオロメチル)フエニルチオ]-2-[3-(2-メトキシフエニル)-1,3-チアゾリジン-2-イリデン]アセトニトリル(別名フルチアニル)及びこれを含有する製剤

(138) 2-フルオロ-4-(トランス-4-ビニルシクロヘキシル)ベンゾニトリル及びこれを含有する製剤

(139) 2-フルオロ-4-[トランス-4-(E)-(プロパ-1-エン-1-イル)シクロヘキシル]ベンゾニトリル及びこれを含有する製剤

(140) 2-フルオロ-4-[トランス-4-(トランス-4-プロピルシクロヘキシル)シクロヘキシル]ベンゾニトリル及びこれを含有する製剤

(141) 2-フルオロ-4-(トランス-4-プロピルシクロヘキシル)ベンゾニトリル及びこれを含有する製剤

(142) 3′-フルオロ-4″-プロピル-4-パラ-テルフエニルカルボニトリル及びこれを含有する製剤

(143) 2-フルオロ-4-(トランス-4-ペンチルシクロヘキシル)ベンゾニトリル及びこれを含有する製剤

(144) 2-フルオロ-4-[トランス-4-(3-メトキシプロピル)シクロヘキシル]ベンゾニトリル及びこれを含有する製剤

(145) トランス-4-(5-プロピル-1,3-ジオキサン-2-イル)ベンゾニトリル及びこれを含有する製剤

(146) 4-[トランス-4-[2-(トランス-4-プロピルシクロヘキシル)エチル]シクロヘキシル]ベンゾニトリル及びこれを含有する製剤

(147) 4-[トランス-4-(トランス-4-プロピルシクロヘキシル)シクロヘキシル]ベンゾニトリル及びこれを含有する製剤

(148) 2-[2-(プロピルスルホニルオキシイミノ)チオフエン-3(2H)-イリデン]-2-(2-メチルフエニル)アセトニトリル及びこれを含有する製剤

(149) 4-[2-(トランス-4′-プロピル-トランス-1,1′-ビシクロヘキサン-4-イル)エチル]ベンゾニトリル及びこれを含有する製剤

(150) 4-[トランス-4-(1-プロペニル)シクロヘキシル]ベンゾニトリル及びこれを含有する製剤

(151) 3-ブロモ-1-(3-クロロピリジン-2-イル)-N-[4-シアノ-2-メチル-6-(メチルカルバモイル)フエニル]-1H-ピラゾール-5-カルボキサミド(別名シアントラニリプロール)及びこれを含有する製剤

(152) 4-ブロモ-2-(4-クロロフエニル)-1-エトキシメチル-5-トリフルオロメチルピロール-3-カルボニトリル(別名クロルフエナピル)0.6%以下を含有する製剤

(153) 2-ブロモ-2-(ブロモメチル)グルタロニトリル及びこれを含有する製剤

(154) 3-(シス-3-ヘキセニロキシ)プロパンニトリル及びこれを含有する製剤

(155) 4-[5-(トランス-4-ヘプチルシクロヘキシル)-2-ピリミジニル]ベンゾニトリル及びこれを含有する製剤

(156) ペンタクロルマンデル酸ニトリル及びこれを含有する製剤

(157) トランス-4-(5-ペンチル-1,3-ジオキサン-2-イル)ベンゾニトリル及びこれを含有する製剤

(158) 4-[トランス-4-(トランス-4-ペンチルシクロヘキシル)シクロヘキシル]ベンゾニトリル及びこれを含有する製剤

(159) 4-[5-(トランス-4-ペンチルシクロヘキシル)-2-ピリミジニル]ベンゾニトリル及びこれを含有する製剤

(160) 4-ペンチル-2,6-ジフルオロ安息香酸 4-シアノ-3-フルオロフエニルエステル及びこれを含有する製剤

(161) 4-[(E)-3-ペンテニル]安息香酸 4-シアノ-3,5-ジフルオロフエニルエステル及びこれを含有する製剤

(162) 4′-[トランス-4-(4-ペンテニル)シクロヘキシル]-4-ビフエニルカルボニトリル及びこれを含有する製剤

(163) 4-[トランス-4-(1-ペンテニル)シクロヘキシル]ベンゾニトリル及びこれを含有する製剤

(164) 4-[トランス-4-(3-ペンテニル)シクロヘキシル]ベンゾニトリル及びこれを含有する製剤

(165) 4-[トランス-4-(4-ペンテニル)シクロヘキシル]ベンゾニトリル及びこれを含有する製剤

(166) ミリストニトリル及びこれを含有する製剤

(167) メタジシアンベンゼン及びこれを含有する製剤

(168) 4′-メチル-2-シアノビフエニル及びこれを含有する製剤

(169) メチル=(E)-2-[2-[6-(2-シアノフエノキシ)ピリミジン-4-イルオキシ]フエニル]-3-メトキシアクリレート 80％以下を含有する製剤

(170) 2-メチルデカンニトリル及びこれを含有する製剤

(171) 3-メチル-2-ノネンニトリル及びこれを含有する製剤

(172) 3-メチル-3-ノネンニトリル及びこれを含有する製剤

(173) 2-[2-(4-メチルフエニルスルホニルオキシイミノ)チオフエン-3(2H)-イリデン]-2-(2-メチルフエニル)アセトニトリル及びこれを含有する製剤

(174) (Z)-[5-[4-(4-メチルフエニルスルホニルオキシ)フエニルスルホニルオキシイミノ]-5H-チオフエン-2-イリデン]-(2-メチルフエニル)アセトニトリル及びこれを含有する製剤

(175) 3-メチル-5-フエニルペンタ-2-エンニトリル及びこれを含有する製剤

⒃　2－メトキシエチル＝(RS)－2－(4－t－ブチルフエニル)－2－シアノ－3－オキソ－3－(2
－トリフルオロメチルフエニル)プロパノアート　(別名シフルメトフエン)　及び
これを含有する製剤

⒄　4－[トランス－4－(メトキシプロピル)シクロヘキシル]ベンゾニトリル及びこ
れを含有する製剤

⒅　4－[トランス－4－(メトキシメチル)シクロヘキシル]ベンゾニトリル及びこれ
を含有する製剤

⒆　ラウロニトリル及びこれを含有する製剤

33　ジイソプロピル－S－(エチルスルフイニルメチル)－ジチオホスフエイト及びこれ
を含有する製剤。ただし、ジイソプロピル－S－(エチルスルフイニルメチル)－ジチ
オホスフエイト5%以下を含有するものを除く。

33の2　2－(ジエチルアミノ)エタノール及びこれを含有する製剤。ただし、2－(ジエ
チルアミノ)エタノール0.7%以下を含有するものを除く。

33の3　2－ジエチルアミノ－6－メチルピリミジル－4－ジエチルチオホスフエイト及び
これを含有する製剤

34　ジエチル－S－(エチルチオエチル)－ジチオホスフエイト5%以下を含有する製剤

34の2　ジエチル－S－(2－オキソ－6－クロルベンゾオキサゾロメチル)－ジチオホスフ
エイト及びこれを含有する製剤。ただし、ジエチル－S－(2－オキソ－6－クロルベン
ゾオキサゾロメチル)－ジチオホスフエイト2.2%以下を含有するものを除く。

34の3　O,O′－ジエチル＝O″－(2－キノキサリニル)＝チオホスフアート　(別名キナル
ホス)　及びこれを含有する製剤

35　ジエチル－4－クロルフエニルメルカプトメチルジチオホスフエイトを含有する製
剤

35の2　ジエチル－1－(2′,4′－ジクロルフエニル)－2－クロルビニルホスフエイト及びこ
れを含有する製剤

36　ジエチル－(2,4－ジクロルフエニル)－チオホスフエイトを含有する製剤。ただし、
ジエチル－(2,4－ジクロルフエニル)－チオホスフエイト3%以下を含有するものを
除く。

37　ジエチル－2,5－ジクロルフエニルメルカプトメチルジチオホスフエイトを含有す
る製剤。ただし、ジエチル－2,5－ジクロルフエニルメルカプトメチルジチオホスフ
エイト1.5%以下を含有するものを除く。

37の2　ジエチル－(1,3－ジチオシクロペンチリデン)－チオホスホルアミド5%以下
を含有する製剤

37の3　ジエチル－3,5,6－トリクロル－2－ピリジルチオホスフエイト及びこれを含有
する製剤。ただし、ジエチル－3,5,6－トリクロル－2－ピリジルチオホスフエイト1%
(マイクロカプセル製剤にあつては、25%)　以下を含有するものを除く。

37の4　ジエチル－(5－フエニル－3－イソキサゾリル)－チオホスフエイト　(別名イソ

キサチオン）及びこれを含有する製剤。ただし、ジエチル-(5-フエニル-3-イソキサゾリル)-チオホスフエイト2％以下を含有するものを除く。

37の5　ジエチル-S-ベンジルチオホスフエイト及びこれを含有する製剤。ただし、ジエチル-S-ベンジルチオホスフエイト2.3％以下を含有するものを除く。

37の6　ジエチル-4-メチルスルフイニルフエニル-チオホスフエイト3％以下を含有する製剤

38　四塩化炭素を含有する製剤

38の2　2-(1,3-ジオキソラン-2-イル)-フエニル-N-メチルカルバメート及びこれを含有する製剤

38の3　1,3-ジカルバモイルチオ-2-(N,N-ジメチルアミノ)-プロパン、その塩類及びこれらのいずれかを含有する製剤。ただし、1,3-ジカルバモイルチオ-2-(N,N-ジメチルアミノ)-プロパンとして2％以下を含有するものを除く。

39　しきみの実

40　シクロヘキシミドを含有する製剤。ただし、シクロヘキシミド0.2％以下を含有するものを除く。

40の2　シクロヘキシルアミン及びこれを含有する製剤

40の3　ジ(2-クロルイソプロピル)エーテル及びこれを含有する製剤

40の4　ジクロルジニトロメタン及びこれを含有する製剤

40の5　2,4-ジクロル-6-ニトロフエノール、その塩類及びこれらのいずれかを含有する製剤

41　ジクロルブチンを含有する製剤

41の2　2′,4-ジクロロ-α,α,α-トリフルオロ-4′-ニトロメタトルエンスルホンアニリド（別名フルスルフアミド）及びこれを含有する製剤。ただし、2′,4-ジクロロ-α,α,α-トリフルオロ-4′-ニトロメタトルエンスルホンアニリド0.3％以下を含有するものを除く。

41の3　2,4-ジクロロ-1-ニトロベンゼン及びこれを含有する製剤

41の4　1,3-ジクロロプロペン及びこれを含有する製剤

42　2,3-ジ-(ジエチルジチオホスホロ)-パラジオキサンを含有する製剤

43　2,4-ジニトロ-6-シクロヘキシルフエノールを含有する製剤。ただし、2,4-ジニトロ-6-シクロヘキシルフエノール0.5％以下を含有するものを除く。

43の2　2,4-ジニトロトルエン及びこれを含有する製剤

44　2,4-ジニトロ-6-(1-メチルプロピル)-フエニルアセテートを含有する製剤

45　2,4-ジニトロ-6-(1-メチルプロピル)-フエノール2％以下を含有する製剤

46　2,4-ジニトロ-6-メチルプロピルフエノールジメチルアクリレートを含有する製剤

46の2　ジニトロメチルヘプチルフエニルクロトナート（別名ジノカップ）及びこれを含有する製剤。ただし、ジニトロメチルヘプチルフエニルクロトナート0.2％

毒物及び劇物指定令

以下を含有するものを除く。

46の3　2,3-ジヒドロ-2,2-ジメチル-7-ベンゾ[b]フラニル-N-ジブチルアミノチオ-N-メチルカルバマート（別名カルボスルファン）及びこれを含有する製剤

47　2,2'-ジピリジリウム-1,1'-エチレンジブロミドを含有する製剤

47の2　2-ジフエニルアセチル-1,3-インダンジオン 0.005%以下を含有する製剤

47の3　ジプロピル-4-メチルチオフエニルホスフエイト及びこれを含有する製剤

48　1,2-ジブロムエタン（別名 EDB）を含有する製剤。ただし、1,2-ジブロムエタン 50%以下を含有するものを除く。

49　ジブロムクロルプロパン（別名 DBCP）を含有する製剤

50　3,5-ジブロム-4-ヒドロキシ-4'-ニトロアゾベンゼンを含有する製剤。ただし、3,5-ジブロム-4-ヒドロキシ-4'-ニトロアゾベンゼン 3%以下を含有するものを除く。

50の2　2,3-ジブロモプロパン-1-オール及びこれを含有する製剤

50の3　2-(ジメチルアミノ)エチル＝メタクリレート及びこれを含有する製剤

50の4　2-ジメチルアミノ-5,6-ジメチルピリミジル-4-N,N-ジメチルカルバメート及びこれを含有する製剤

50の5　5-ジメチルアミノ-1,2,3-トリチアン、その塩類及びこれらのいずれかを含有する製剤。ただし、5-ジメチルアミノ-1,2,3-トリチアンとして 3%以下を含有するものを除く。

50の6　ジメチルアミン及びこれを含有する製剤。ただし、ジメチルアミン 50%以下を含有するものを除く。

50の7　ジメチル-(イソプロピルチオエチル)-ジチオホスフエイト 4%以下を含有する製剤

51　ジメチルエチルスルフイニルイソプロピルチオホスフエイトを含有する製剤

52　ジメチルエチルメルカプトエチルジチオホスフエイト（別名チオメトン）を含有する製剤

53　ジメチル-2,2-ジクロルビニルホスフエイト（別名 DDVP）を含有する製剤

54　ジメチルジチオホスホリルフエニル酢酸エチルを含有する製剤。ただし、ジメチルジチオホスホリルフエニル酢酸エチル 3%以下を含有するものを除く。

54の2　3-ジメチルジチオホスホリル-S-メチル-5-メトキシ-1,3,4-チアジアゾリン-2-オン及びこれを含有する製剤

54の3　2,2-ジメチル-2,3-ジヒドロ-1-ベンゾフラン-7-イル＝N-[N-(2-エトキシカルボニルエチル)-N-イソプロピルスルフエナモイル]-N-メチルカルバマート（別名ベンフラカルブ）及びこれを含有する製剤。ただし、2,2-ジメチル-2,3-ジヒドロ-1-ベンゾフラン-7-イル＝N-[N-(2-エトキシカルボニルエチル)-N-イソプロピルスルフエナモイル]-N-メチルカルバマート 6%以下を含有するものを除く。

55　ジメチルジブロムジクロルエチルホスフエイトを含有する製剤

55の2　ジメチル−S−パラクロルフエニルチオホスフエイト（別名 DMCP）及びこれを含有する製剤

55の3　3,4−ジメチルフエニル−N−メチルカルバメート及びこれを含有する製剤

55の4　3,5−ジメチルフエニル−N−メチルカルバメート及びこれを含有する製剤。ただし、3,5−ジメチルフエニル−N−メチルカルバメート 3%以下を含有するものを除く。

56　ジメチルフタリルイミドメチルジチオホスフエイトを含有する製剤

56の2　2,2−ジメチル−1,3−ベンゾジオキソール−4−イル−N−メチルカルバマート（別名ベンダイオカルブ）5%以下を含有する製剤

57　ジメチルメチルカルバミルエチルチオエチルチオホスフエイトを含有する製剤

58　ジメチル−(N−メチルカルバミルメチル)−ジチオホスフエイト（別名ジメトエート）を含有する製剤

58の2　ジメチル−[2−(1′−メチルベンジルオキシカルボニル)−1−メチルエチレン]−ホスフエイト及びこれを含有する製剤

58の3　O,O−ジメチル−O−(3−メチル−4−メチルスルフイニルフエニル)−チオホスフエイト及びこれを含有する製剤

59　ジメチル−4−メチルメルカプト−3−メチルフエニルチオホスフエイトを含有する製剤。ただし、ジメチル−4−メチルメルカプト−3−メチルフエニルチオホスフエイト 2%以下を含有するものを除く。

59の2　3−(ジメトキシホスフイニルオキシ)−N−メチル−シス−クロトナミド及びこれを含有する製剤

60　重クロム酸塩類及びこれを含有する製剤

61　蓚酸を含有する製剤。ただし、蓚酸 10%以下を含有するものを除く。

62　蓚酸塩類及びこれを含有する製剤。ただし、蓚酸として 10%以下を含有するものを除く。

63　硝酸を含有する製剤。ただし、硝酸 10%以下を含有するものを除く。

64　硝酸タリウムを含有する製剤。ただし、硝酸タリウム 0.3%以下を含有し、黒色に着色され、かつ、トウガラシエキスを用いて著しくからく着味されているものを除く。

65　水酸化カリウムを含有する製剤。ただし、水酸化カリウム 5%以下を含有するものを除く。

66　水酸化トリアリール錫、その塩類及びこれらの無水物並びにこれらのいずれかを含有する製剤。ただし、水酸化トリアリール錫、その塩類又はこれらの無水物 2%以下を含有するものを除く。

67　水酸化トリアルキル錫、その塩類及びこれらの無水物並びにこれらのいずれかを含有する製剤。ただし、水酸化トリアルキル錫、その塩類又はこれらの無水物 2%以下を含有するものを除く。

68 水酸化ナトリウムを含有する製剤。ただし、水酸化ナトリウム5%以下を含有するものを除く。

69 無機錫塩類

69の2 スチレン及びジビニルベンゼンの共重合物のスルホン化物の7-ブロモ-6-クロロ-3-[3-[(2R,3S)-3-ヒドロキシ-2-ピペリジル]-2-オキソプロピル]-4(3H)-キナゾリノンと7-ブロモ-6-クロロ-3-[3-[(2S,3R)-3-ヒドロキシ-2-ピペリジル]-2-オキソプロピル]-4(3H)-キナゾリノンとのラセミ体とカルシウムとの混合塩（7-ブロモ-6-クロロ-3-[3-[(2R,3S)-3-ヒドロキシ-2-ピペリジル]-2-オキソプロピル]-4(3H)-キナゾリノンと7-ブロモ-6-クロロ-3-[3-[(2S,3R)-3-ヒドロキシ-2-ピペリジル]-2-オキソプロピル]-4(3H)-キナゾリノンとのラセミ体として7.2%以下を含有するものに限る。以下この号において同じ。）及びこれを含有する製剤。ただし、スチレン及びジビニルベンゼンの共重合物のスルホン化物の7-ブロモ-6-クロロ-3-[3-[(2R,3S)-3-ヒドロキシ-2-ピペリジル]-2-オキソプロピル]-4(3H)-キナゾリノンと7-ブロモ-6-クロロ-3-[3-[(2S,3R)-3-ヒドロキシ-2-ピペリジル]-2-オキソプロピル]-4(3H)-キナゾリノンとのラセミ体とカルシウムとの混合塩1%以下を含有するものを除く。

69の3 センデユラマイシン、その塩類及びこれらのいずれかを含有する製剤。ただし、センデユラマイシンとして0.5%以下を含有するものを除く。

69の4 2-チオ-3,5-ジメチルテトラヒドロ-1,3,5-チアジアジン及びこれを含有する製剤

70 チオセミカルバジドを含有する製剤。ただし、チオセミカルバジド0.3%以下を含有し、黒色に着色され、かつ、トウガラシエキスを用いて著しくからく着味されているものを除く。

71 テトラエチルメチレンビスジチオホスフエイトを含有する製剤

71の2 テトラクロルニトロエタン及びこれを含有する製剤

71の3 (S)-2,3,5,6-テトラヒドロ-6-フエニルイミダゾ[2.1-b]チアゾール、その塩類及びこれらのいずれかを含有する製剤。ただし、(S)-2,3,5,6-テトラヒドロ-6-フエニルイミダゾ[2.1-b]チアゾールとして6.8%以下を含有するものを除く。

71の4 2,3,5,6-テトラフルオロ-4-メチルベンジル=(Z)-(1RS,3RS)-3-(2-クロロ-3,3,3-トリフルオロ-1-プロペニル)-2,2-ジメチルシクロプロパンカルボキシラート（別名テフルトリン）0.5%以下を含有する製剤

71の5 3,7,9,13-テトラメチル-5,11-ジオキサ-2,8,14-トリチア-4,7,9,12-テトラアザペンタデカ-3,12-ジエン-6,10-ジオン（別名チオジカルブ）及びこれを含有する製剤

71の6 2,4,6,8-テトラメチル-1,3,5,7-テトラオキソカン（別名メタアルデヒド）及びこれを含有する製剤。ただし、2,4,6,8-テトラメチル-1,3,5,7-テトラオキソカン10%以下を含有するものを除く。

72　無機銅塩類。ただし、雷銅を除く。

72の2　1-ドデシルグアニジニウム=アセタート（別名ドジン）65％以下を含有する製剤

72の3　3,6,9-トリアザウンデカン-1,11-ジアミン及びこれを含有する製剤

73　トリエタノールアンモニウム-2,4-ジニトロ-6-(1-メチルプロピル)-フエノラートを含有する製剤

73の2　トリクロルニトロエチレン及びこれを含有する製剤

74　トリクロルヒドロキシエチルジメチルホスホネイトを含有する製剤。ただし、トリクロルヒドロキシエチルジメチルホスホネイト10％以下を含有するものを除く。

74の2　2,4,5-トリクロルフエノキシ酢酸、そのエステル類及びこれらのいずれかを含有する製剤

74の3　トリクロロシラン及びこれを含有する製剤

74の4　トリブチルトリチオホスフエイト及びこれを含有する製剤

74の5　トリフルオロメタンスルホン酸及びこれを含有する製剤。ただし、トリフルオロメタンスルホン酸10％以下を含有するものを除く。

75　トルイジン塩類

76　トルイレンジアミン及びその塩類

76の2　トルエン

77　鉛化合物。ただし、次に掲げるものを除く。

　イ　四酸化三鉛

　ロ　ヒドロオキシ炭酸鉛

　ハ　硫酸鉛

77の2　ナラシン又はその塩類のいずれかを含有する製剤であつて、ナラシンとして10％以下を含有するもの。ただし、ナラシンとして1％以下を含有し、かつ、飛散を防止するための加工をしたものを除く。

77の3　1-(4-ニトロフエニル)-3-(3-ピリジルメチル)ウレア及びこれを含有する製剤

78　二硫化炭素を含有する製剤

79　バリウム化合物。ただし、次に掲げるものを除く。

　イ　バリウム=4-(5-クロロ-4-メチル-2-スルホナトフエニルアゾ)-3-ヒドロキシ-2-ナフトアート

　ロ　硫酸バリウム

80　ピクリン酸塩類。ただし、爆発薬を除く。

80の2　ビス(2-エチルヘキシル)=水素=ホスフアート及びこれを含有する製剤。ただし、ビス(2-エチルヘキシル)=水素=ホスフアート2％以下を含有するものを除く。

80の3　S,S-ビス(1-メチルプロピル)=O-エチル=ホスホロジチオアート（別名カズ

サホス）10％以下を含有する製剤。ただし、S,S−ビス（1−メチルプロピル）＝O−エチル＝ホスホロジチオアート3％以下を含有する徐放性製剤を除く。

80の4　ヒドラジン一水和物及びこれを含有する製剤。ただし、ヒドラジン一水和物30％以下を含有するものを除く。

80の5　ヒドロキシエチルヒドラジン、その塩類及びこれらのいずれかを含有する製剤

80の6　2−ヒドロキシ−4−メチルチオ酪酸及びこれを含有する製剤。ただし、2−ヒドロキシ−4−メチルチオ酪酸0.5％以下を含有するものを除く。

81　ヒドロキシルアミンを含有する製剤

82　ヒドロキシルアミン塩類及びこれを含有する製剤

83　2−（3−ピリジル）−ピペリジン（別名アナバシン）、その塩類及びこれらのいずれかを含有する製剤

83の2　ピロカテコール及びこれを含有する製剤

83の3　2−（フエニルパラクロルフエニルアセチル）−1,3−インダンジオン及びこれを含有する製剤。ただし、2−（フエニルパラクロルフエニルアセチル）−1,3−インダンジオン0.025％以下を含有するものを除く。

84　フエニレンジアミン及びその塩類

85　フエノールを含有する製剤。ただし、フエノール5％以下を含有するものを除く。

85の2　1−t−ブチル−3−（2,6−ジイソプロピル−4−フエノキシフエニル）チオウレア（別名ジアフエンチウロン）及びこれを含有する製剤

85の3　ブチル＝2,3−ジヒドロ−2,2−ジメチルベンゾフラン−7−イル＝N,N′−ジメチル−N,N′−チオジカルバマート（別名フラチオカルブ）5％以下を含有する製剤

85の4　t−ブチル＝（E）−4−（1,3−ジメチル−5−フエノキシ−4−ピラゾリルメチレンアミノオキシメチル）ベンゾアート及びこれを含有する製剤。ただし、t−ブチル＝（E）−4−（1,3−ジメチル−5−フエノキシ−4−ピラゾリルメチレンアミノオキシメチル）ベンゾアート5％以下を含有するものを除く。

85の5　ブチル（トリクロロ）スタンナン及びこれを含有する製剤

85の6　N−ブチルピロリジン

85の7　2−セカンダリーブチルフエノール及びこれを含有する製剤

85の8　2−ターシヤリーブチルフエノール及びこれを含有する製剤

85の9　2−t−ブチル−5−（4−t−ブチルベンジルチオ）−4−クロロピリダジン−3（2H）−オン及びこれを含有する製剤

85の10　ブチル−S−ベンジル−S−エチルジチオホスフエイト及びこれを含有する製剤

85の11　N−（4−t−ブチルベンジル）−4−クロロ−3−エチル−1−メチルピラゾール−5−カルボキサミド（別名テブフエンピラド）及びこれを含有する製剤

85の12　2-t-ブチル-5-メチルフエノール及びこれを含有する製剤

86　ブラストサイジンＳを含有する製剤

87　ブラストサイジンＳ塩類及びこれを含有する製剤

87の2　ブルシン及びその塩類

87の3　ブロムアセトン及びこれを含有する製剤

88　ブロム水素を含有する製剤

88の2　ブロムメチルを含有する製剤

88の3　1-ブロモ-3-クロロプロパン及びこれを含有する製剤

88の4　2-(4-ブロモジフルオロメトキシフエニル)-2-メチルプロピル=3-フエノキ
　　シベンジル=エーテル（別名ハルフエンプロツクス）及びこれを含有する製剤。た
　　だし、2-(4-ブロモジフルオロメトキシフエニル)-2-メチルプロピル=3-フエノキ
　　シベンジル=エーテル5％以下を含有する徐放性製剤を除く。

89　ヘキサクロルエポキシオクタヒドロエンドエキソジメタノナフタリン（別名デ
　　イルドリン）を含有する製剤

90　1,2,3,4,5,6-ヘキサクロルシクロヘキサン（別名リンデン）を含有する製剤。た
　　だし、1,2,3,4,5,6-ヘキサクロルシクロヘキサン1.5％以下を含有するものを除く。

91　ヘキサクロルヘキサヒドロジメタノナフタリン（別名アルドリン）を含有する
　　製剤

91の2　ヘキサメチレンジイソシアナート及びこれを含有する製剤

91の3　ヘキサン-1,6-ジアミン及びこれを含有する製剤

92　ベタナフトールを含有する製剤。ただし、ベタナフトール1％以下を含有する
　　ものを除く。

93　1,4,5,6,7-ペンタクロル-3a,4,7,7a-テトラヒドロ-4,7-(8,8-ジクロルメタノ)-イン
　　デン（別名ヘプタクロール）を含有する製剤

94　ペンタクロルフエノール（別名PCP）を含有する製剤。ただし、ペンタクロル
　　フエノール1％以下を含有するものを除く。

95　ペンタクロルフエノール塩類及びこれを含有する製剤。ただし、ペンタクロル
　　フエノールとして1％以下を含有するものを除く。

96　硼弗化水素酸及びその塩類

97　ホルムアルデヒドを含有する製剤。ただし、ホルムアルデヒド1％以下を含有
　　するものを除く。

98　無水クロム酸を含有する製剤

98の2　無水酢酸及びこれを含有する製剤

98の3　無水マレイン酸及びこれを含有する製剤。ただし、無水マレイン酸1.2％以
　　下を含有するものを除く。

98の4　メタクリル酸及びこれを含有する製剤。ただし、メタクリル酸25％以下を
　　含有するものを除く。

98の5　メタバナジン酸アンモニウム及びこれを含有する製剤。ただし、メタバナジン酸アンモニウム0.01%以下を含有するものを除く。

98の6　メタンアルソン酸カルシウム及びこれを含有する製剤

98の7　メタンアルソン酸鉄及びこれを含有する製剤

98の8　2-メチリデンブタン二酸（別名メチレンコハク酸）及びこれを含有する製剤

98の9　メチルアミン及びこれを含有する製剤。ただし、メチルアミン40%以下を含有するものを除く。

98の10　メチルイソチオシアネート及びこれを含有する製剤

98の11　3-メチル-5-イソプロピルフエニル-N-メチルカルバメート及びこれを含有する製剤

98の12　メチルエチルケトン

99　N-メチルカルバミル-2-クロルフエノール及びこれを含有する製剤。ただし、N-メチルカルバミル-2-クロルフエノール2.5%以下を含有するものを除く。

99の2　N′-(2-メチル-4-クロルフエニル)-N,N-ジメチルホルムアミジン、その塩類及びこれらのいずれかを含有する製剤。ただし、N′-(2-メチル-4-クロルフエニル)-N,N-ジメチルホルムアミジンとして3%以下を含有するものを除く。

99の3　メチル=N-[2-[1-(4-クロロフエニル)-1H-ピラゾール-3-イルオキシメチル]フエニル](N-メトキシ)カルバマート（別名ピラクロストロビン）及びこれを含有する製剤。ただし、メチル=N-[2-[1-(4-クロロフエニル)-1H-ピラゾール-3-イルオキシメチル]フエニル](N-メトキシ)カルバマート6.8%以下を含有するものを除く。

99の4　メチルシクロヘキシル-4-クロルフエニルチオホスフエイト1.5%以下を含有する製剤

99の5　メチルジクロルビニルリン酸カルシウムとジメチルジクロルビニルホスフエイトとの錯化合物及びこれを含有する製剤

99の6　メチルジチオカルバミン酸亜鉛及びこれを含有する製剤

99の7　メチル-N′,N′-ジメチル-N-[(メチルカルバモイル)オキシ]-1-チオオキサムイミデート0.8%以下を含有する製剤

99の8　S-(4-メチルスルホニルオキシフエニル)-N-メチルチオカルバマート及びこれを含有する製剤

99の9　5-メチル-1,2,4-トリアゾロ[3.4-b]ベンゾチアゾール（別名トリシクラゾール）及びこれを含有する製剤。ただし、5-メチル-1,2,4-トリアゾロ[3.4-b]ベンゾチアゾール8%以下を含有するものを除く。

100　N-メチル-1-ナフチルカルバメートを含有する製剤。ただし、N-メチル-1-ナフチルカルバメート5%以下を含有するものを除く。

100の2　N-メチル-N-(1-ナフチル)-モノフルオール酢酸アミド及びこれを含有

する製剤

100の3　2-メチルビフエニル-3-イルメチル=(1RS,2RS)-2-(Z)-(2-クロロ-3,3,3-トリフルオロ-1-プロペニル)-3,3-ジメチルシクロプロパンカルボキシラート及びこれを含有する製剤。ただし、2-メチルビフエニル-3-イルメチル=(1RS,2RS)-2-(Z)-(2-クロロ-3,3,3-トリフルオロ-1-プロペニル)-3,3-ジメチルシクロプロパンカルボキシラート2%以下を含有するものを除く。

100の4　S-(2-メチル-1-ピペリジル-カルボニルメチル)ジプロピルジチオホスフエイト及びこれを含有する製剤。ただし、S-(2-メチル-1-ピペリジル-カルボニルメチル)ジプロピルジチオホスフエイト4.4%以下を含有するものを除く。

100の5　3-メチルフエニル-N-メチルカルバメート及びこれを含有する製剤。ただし、3-メチルフエニル-N-メチルカルバメート2%以下を含有するものを除く。

100の6　2-(1-メチルプロピル)-フエニル-N-メチルカルバメート及びこれを含有する製剤。ただし、2-(1-メチルプロピル)-フエニル-N-メチルカルバメート2%（マイクロカプセル製剤にあつては、15%）以下を含有するものを除く。

100の7　メチル-(4-ブロム-2,5-ジクロルフエニル)-チオノベンゼンホスホネイト及びこれを含有する製剤

100の8　メチルホスホン酸ジメチル

100の9　S-メチル-N-[(メチルカルバモイル)-オキシ]-チオアセトイミデート（別名メトミル）45%以下を含有する製剤

100の10　メチレンビス(1-チオセミカルバジド)2%以下を含有する製剤

100の11　5-メトキシ-N,N-ジメチルトリプタミン、その塩類及びこれらのいずれかを含有する製剤

100の12　1-(4-メトキシフエニル)ピペラジン及びこれを含有する製剤

100の13　1-(4-メトキシフエニル)ピペラジン一塩酸塩及びこれを含有する製剤

100の14　1-(4-メトキシフエニル)ピペラジン二塩酸塩及びこれを含有する製剤

100の15　2-メトキシ-1,3,2-ベンゾジオキサホスホリン-2-スルフイド及びこれを含有する製剤

100の16　2-メルカプトエタノール10%以下を含有する製剤。ただし、容量20リットル以下の容器に収められたものであつて、2-メルカプトエタノール0.1%以下を含有するものを除く。

100の17　モネンシン、その塩類及びこれらのいずれかを含有する製剤。ただし、モネンシンとして8%以下を含有するものを除く。

100の18　モノゲルマン及びこれを含有する製剤

101　モノフルオール酢酸パラブロムアニリド及びこれを含有する製剤

101の2　モノフルオール酢酸パラブロムベンジルアミド及びこれを含有する製剤

102　沃化水素を含有する製剤

102の2　沃化メチル及びこれを含有する製剤

毒物及び劇物指定令

102の3　ラサロシド、その塩類及びこれらのいずれかを含有する製剤。ただし、ラサロシドとして2%以下を含有するものを除く。

103　硫化燐を含有する製剤

104　硫酸を含有する製剤。ただし、硫酸10%以下を含有するものを除く。

105　硫酸タリウムを含有する製剤。ただし、硫酸タリウム0.3%以下を含有し、黒色に着色され、かつ、トウガラシエキスを用いて著しくからく着味されているものを除く。

106　硫酸パラジメチルアミノフエニルジアゾニウム、その塩類及びこれらのいずれかを含有する製剤

107　燐化亜鉛を含有する製剤。ただし、燐化亜鉛1%以下を含有し、黒色に着色され、かつ、トウガラシエキスを用いて著しくからく着味されているものを除く。

108　ロダン酢酸エチルを含有する製剤。ただし、ロダン酢酸エチル1%以下を含有するものを除く。

109　ロテノンを含有する製剤。ただし、ロテノン2%以下を含有するものを除く。

2　硝酸タリウム、チオセミカルバジド、硫酸タリウム又は燐化亜鉛が均等に含有されていない製剤に関する前項第64号ただし書、第70号ただし書、第105号ただし書又は第107号ただし書に規定する百分比の計算については、当該製剤10グラム中に含有される硝酸タリウム、チオセミカルバジド、硫酸タリウム又は燐化亜鉛の重量の10グラムに対する比率によるものとする。

（特定毒物）

第3条　法別表第三第10号の規定に基づき、次に掲げる毒物を特定毒物に指定する。

1　オクタメチルピロホスホルアミドを含有する製剤

2　四アルキル鉛を含有する製剤

3　ジエチルパラニトロフエニルチオホスフエイトを含有する製剤

4　ジメチルエチルメルカプトエチルチオホスフエイトを含有する製剤

5　ジメチル−（ジエチルアミド−1−クロルクロトニル）−ホスフエイトを含有する製剤

6　ジメチルパラニトロフエニルチオホスフエイトを含有する製剤

7　テトラエチルピロホスフエイトを含有する製剤

8　モノフルオール酢酸塩類及びこれを含有する製剤

9　モノフルオール酢酸アミドを含有する製剤

10　燐化アルミニウムとその分解促進剤とを含有する製剤

附　則　抄

（施行期日）

1　この政令は、昭和40年1月9日から施行する。ただし、第1条及び第2条第1項の規定中、毒物及び劇物取締法の一部を改正する法律（昭和39年法律第165号）

925

法令集

による改正前の毒物及び劇物取締法（以下「旧法」という。）別表第一第1号から第18号まで及び別表第二第1号から第57号まで並びに従前の毒物及び劇物指定令（以下「旧令」という。）第1条及び第2条第1項に規定されていない物に係る部分は、昭和40年7月1日から施行する。

（経過規定）

2　この政令の施行により毒物又は劇物とされた物のうち旧法又は旧令による劇物又は毒物であつた物であつて、この政令の施行の際現に存し、かつ、その容器及び被包にそれぞれ法第12条第1項の規定による劇物又は毒物の表示がなされているものについては、昭和40年6月30日までに、引き続きその表示がなされている限り、同項の規定を適用しない。

　　　　附　則　（昭和40年7月5日政令第244号）

この政令は、公布の日から施行する。

　　　　附　則　（昭和40年10月25日政令第340号）

この政令中、第2条第10号の次に1号を加える改正規定及び同条第32号の改正規定は公布の日から、その他の改正規定は公布の日から起算して90日を経過した日から施行する。

　　　　附　則　（昭和41年7月18日政令第255号）

この政令は、公布の日から施行する。

　　　　附　則　（昭和42年1月31日政令第9号）

この政令は、公布の日から施行する。

　　　　附　則　（昭和42年12月26日政令第373号）

この政令は、公布の日から施行する。

　　　　附　則　（昭和43年8月30日政令第276号）

この政令は、公布の日から施行する。

　　　　附　則　（昭和44年5月13日政令第115号）

この政令は、公布の日から施行する。

　　　　附　則　（昭和46年3月23日政令第31号）

この政令は、公布の日から施行する。ただし、第2条第1項第16号の次に1号を加える改正規定、同項第17号の次に1号を加える改正規定、同項第74号の2を同項第74号の3とし、同項第74号の次に1号を加える改正規定及び同項第99号の3の次に1号を加える改正規定は、昭和46年6月1日から施行する。

　　　　附　則　（昭和47年6月30日政令第253号）　抄

（施行期日）

1　この政令は、昭和47年8月1日から施行する。

（経過規定）

2　この政令の施行の際現に改正後の毒物及び劇物指定令第2条第1項第30号の2又は第76号の2に掲げる物の製造業、輸入業又は販売業を営んでいる者が引き続き

行なう当該営業については、昭和47年12月31日までは、毒物及び劇物取締法第3条、第7条及び第9条の規定は、適用しない。

3 前項に規定する物であつて、この政令の施行の際現に存するものについては、昭和47年12月31日までは、毒物及び劇物取締法第12条第1項及び第2項の規定は、適用しない。

4 改正後の毒物及び劇物指定令第2条第1項第98号の2及び第98号の3に掲げる物であつて、この政令の施行の際現に存し、かつ、その容器及び被包にそれぞれ毒物及び劇物取締法第12条第1項の規定による毒物の表示がなされているものについては、引き続きその表示がなされている限り、同項の規定は、適用しない。

附　則　（昭和49年5月24日政令第174号）　抄

（施行期日）

1 この政令は、公布の日から起算して10日を経過した日から施行する。

（経過規定）

2 この政令の施行の際現に改正後の第2条第1項第1号の2に掲げる物の製造業、輸入業又は販売業を営んでいる者が引き続き行う当該営業については、昭和49年11月30日までは、毒物及び劇物取締法第3条、第7条及び第9条の規定は、適用しない。

3 前項に規定する物であつて、この政令の施行の際現に存するものについては、昭和49年6月30日までは、毒物及び劇物取締法第12条第1項及び第2項の規定は、適用しない。

附　則　（昭和50年8月19日政令第253号）

（施行期日）

1 この政令は、昭和50年9月1日から施行する。

（経過規定）

2 この政令の施行の際現に改正後の第2条第1項第22号の2又は第98号の5に掲げる物の製造業、輸入業又は販売業を営んでいる者が引き続き行う当該営業については、昭和50年12月31日までは、毒物及び劇物取締法第3条、第7条及び第9条の規定は、適用しない。

3 前項に規定する物であつて、この政令の施行の際現に存するものについては、昭和50年12月31日までは、毒物及び劇物取締法第12条第1項及び第2項の規定は、適用しない。

附　則　（昭和50年12月19日政令第358号）

この政令は、公布の日から施行する。

附　則　（昭和51年4月30日政令第74号）

（施行期日）

1 この政令は、公布の日から施行する。

（経過規定）

法令集

2　この政令の施行の際現に改正後の第2条第1項第88号の2に掲げる物の製造業、
　輸入業又は販売業を営んでいる者が引き続き行う当該営業については、昭和51年8
　月31日までは、毒物及び劇物取締法第3条、第7条及び第9条の規定は、適用しな
　い。

3　前項に規定する物であつて、この政令の施行の際現に存するものについては、昭
　和51年8月31日までは、毒物及び劇物取締法第12条第1項及び第2項の規定は、
　適用しない。

　　　附　則　（昭和51年7月30日政令第205号）

この政令は、公布の日から施行する。

　　　附　則　（昭和53年5月4日政令第156号）

この政令は、公布の日から施行する。

　　　附　則　（昭和53年10月24日政令第358号）

1　この政令は、昭和53年11月1日から施行する。

2　改正後の毒物及び劇物指定令第1条第9号の2及び第15号の2に掲げる物であ
　つて、この政令の施行の際現に存し、かつ、その容器及び被包にそれぞれ毒物及び
　劇物取締法第12条第1項の規定による劇物の表示がなされているものについては、
　昭和54年2月28日までは、引き続きその表示がなされている限り、同項の規定は、
　適用しない。

　　　附　則　（昭和55年8月8日政令第209号）

この政令は、公布の日から施行する。

　　　附　則　（昭和56年8月25日政令第271号）

1　この政令は、昭和56年9月1日から施行する。

2　この政令の施行の際現に改正後の第1条第30号に掲げる物の製造業、輸入業又は
　販売業を営んでいる者が引き続き行う当該営業については、昭和56年12月31日ま
　では、毒物及び劇物取締法第3条、第7条及び第9条の規定は、適用しない。

3　前項に規定する物であつて、この政令の施行の際現に存するものについては、昭
　和56年12月31日までは、毒物及び劇物取締法第12条第1項（同法第22条第5項
　において準用する場合を含む。）及び第12条第2項の規定は、適用しない。

　　　附　則　（昭和57年4月20日政令第123号）

この政令は、公布の日から施行する。

　　　附　則　（昭和58年3月29日政令第35号）

1　この政令は、昭和58年4月10日から施行する。

2　この政令の施行の際現に改正後の第2条第1項第46号の2に掲げる物の製造業、
　輸入業又は販売業を営んでいる者が引き続き行う当該営業については、昭和58年6
　月30日までは、毒物及び劇物取締法第3条、第7条及び第9条の規定は、適用しな
　い。

3　前項に規定する物であつて、この政令の施行の際現に存するものについては、昭

和58年6月30日までは、毒物及び劇物取締法第12条第1項（同法第22条第5項において準用する場合を含む。）及び第2項の規定は、適用しない。

　　　附　則　（昭和58年12月2日政令第246号）

1　この政令は、昭和58年12月10日から施行する。

2　この政令の施行の際現に改正後の第2条第1項第18号の2に掲げる物の製造業、輸入業又は販売業を営んでいる者が引き続き行う当該営業については、昭和59年2月29日までは、毒物及び劇物取締法第3条、第7条及び第9条の規定は、適用しない。

3　前項に規定する物であつて、この政令の施行の際現に存するものについては、昭和59年2月29日までは、毒物及び劇物取締法第12条第1項（同法第22条第5項において準用する場合を含む。）及び第2項の規定は、適用しない。

　　　附　則　（昭和59年3月16日政令第30号）

この政令は、公布の日から施行する。

　　　附　則　（昭和60年4月16日政令第109号）

この政令は、公布の日から施行する。

　　　附　則　（昭和60年12月17日政令第313号）

この政令は、公布の日から施行する。

　　　附　則　（昭和61年8月29日政令第284号）

この政令は、公布の日から施行する。

　　　附　則　（昭和62年1月12日政令第2号）

1　この政令は、公布の日から施行する。ただし、第1条第17号の次に1号を加える改正規定は、昭和62年1月20日から施行する。

2　第1条第17号の次に1号を加える改正規定の施行の際現に改正後の第1条第17号の2に掲げる物の製造業、輸入業又は販売業を営んでいる者が引き続き行う当該営業については、昭和62年4月30日までは、毒物及び劇物取締法第3条、第7条及び第9条の規定は、適用しない。

3　前項に規定する物であつて、第1条第17号の次に1号を加える改正規定の施行の際現に存するものについては、昭和62年4月30日までは、毒物及び劇物取締法第12条第1項（同法第22条第5項において準用する場合を含む。）及び第2項の規定は、適用しない。

　　　附　則　（昭和62年10月2日政令第345号）

この政令は、公布の日から施行する。

　　　附　則　（昭和63年6月3日政令第180号）

1　この政令は、公布の日から施行する。ただし、第2条第1項第74号の3の次に1号を加える改正規定は、昭和63年6月10日から施行する。

2　第2条第1項第74号の3の次に1号を加える改正規定の施行の際現に改正後の第2条第1項第74号の4に掲げる物の製造業、輸入業又は販売業を営んでいる者が引

き続き行う当該営業については、昭和63年8月31日までは、毒物及び劇物取締法
第3条、第7条及び第9条の規定は、適用しない。

3　前項に規定する物であつて、第2条第1項第74号の3の次に1号を加える改正規
　定の施行の際現に存するものについては、昭和63年8月31日までは、毒物及び劇
　物取締法第12条第1項（同法第22条第5項において準用する場合を含む。）及び第
　2項の規定は、適用しない。

　　　附　則　（昭和63年9月30日政令第285号）
　この政令は、公布の日から施行する。
　　　附　則　（平成元年3月17日政令第47号）
　この政令は、公布の日から施行する。
　　　附　則　（平成2年2月17日政令第16号）
1　この政令は、公布の日から施行する。
2　改正後の毒物及び劇物指定令第2条第1項第10号の3に掲げる物であって、この
　政令の施行の際現に存し、かつ、その容器及び被包に改正前の毒物及び劇物指定令
　第2条第1項第10号の3に掲げる名称により毒物及び劇物取締法第12条第2項の
　規定による表示がなされているものについては、平成2年5月31日までは、引き続
　きその表示がなされている限り、同項の規定は、適用しない。
　　　附　則　（平成2年9月21日政令第276号）
（施行期日）
1　この政令は、平成2年10月1日から施行する。ただし、第2条第1項第28号の
　2、第32号及び第99号の7の改正規定は、公布の日から施行する。
（経過措置）
2　この政令の施行の際現に改正後の第1条第2号の3、第6号の2から第6号の6
　まで、第13号の3及び第13号の4並びに第2条第1項第1号の2、第74号の3及
　び第100号の11に掲げる物の製造業、輸入業又は販売業を営んでいる者が引き続き
　行う当該営業については、平成2年12月31日までは、毒物及び劇物取締法第3条、
　第7条及び第9条の規定は、適用しない。
3　前項に規定する物であって、この政令の施行の際現に存するものについては、平
　成2年12月31日までは、毒物及び劇物取締法第12条第1項（同法第22条第5項
　において準用する場合を含む。）及び第2項の規定は、適用しない。
　　　附　則　（平成3年4月5日政令第105号）
　この政令は、公布の日から施行する。
　　　附　則　（平成3年12月18日政令第369号）
（施行期日）
1　この政令は、平成3年12月25日から施行する。ただし、第2条第1項第32号の
　改正規定は、公布の日から施行する。
（経過措置）

毒物及び劇物指定令

2　この政令の施行の際現に改正後の第1条第1号並びに第2条第1項第1号の4、第14号の5、第15号の2、第28号の2、第40号の2、第43号の2、第91号の2及び第98号の2に掲げる物の製造業、輸入業又は販売業を営んでいる者が引き続き行う当該営業については、平成4年3月31日までは、毒物及び劇物取締法第3条、第7条及び第9条の規定は、適用しない。

3　前項に規定する物であって、この政令の施行の際現に存するものについては、平成4年3月31日までは、毒物及び劇物取締法第12条第1項（同法第22条第5項において準用する場合を含む。）及び第2項の規定は、適用しない。

　　　附　則　（平成4年3月21日政令第38号）

この政令は、平成4年4月1日から施行する。ただし、第2条第1項第54号の3の改正規定は、公布の日から施行する。

　　　附　則　（平成4年10月21日政令第340号）

この政令は、平成4年10月30日から施行する。

　　　附　則　（平成5年3月19日政令第41号）

この政令は、平成5年4月1日から施行する。ただし、第2条第1項第10号の改正規定は、公布の日から施行する。

　　　附　則　（平成5年9月16日政令第294号）

（施行期日）

1　この政令は、平成5年10月1日から施行する。ただし、第2条第1項第32号、第71号の3及び第100号の6の改正規定は、公布の日から施行する。

（経過措置）

2　この政令の施行の際現に改正後の第1条第26号の2及び第26号の5並びに第2条第1項第2号の2、第4号の2、第17号の2、第22号の3、第28号の2から第28号の4まで及び第28号の8に掲げる物の製造業、輸入業又は販売業を営んでいる者が引き続き行う当該営業については、平成5年12月31日までは、毒物及び劇物取締法第3条、第7条及び第9条の規定は、適用しない。

3　前項に規定する物であって、この政令の施行の際現に存するものについては、平成5年12月31日までは、毒物及び劇物取締法第12条第1項（同法第22条第5項において準用する場合を含む。）及び第2項の規定は、適用しない。

　　　附　則　（平成6年3月18日政令第53号）

この政令は、平成6年4月1日から施行する。ただし、第2条第1項第1号の4、第32号及び第98号の2の改正規定は、公布の日から施行する。

　　　附　則　（平成6年9月19日政令第296号）

この政令は、平成6年10月1日から施行する。ただし、第1条第23号並びに第2条第1項第10号の3及び第32号の改正規定は、公布の日から施行する。

　　　附　則　（平成7年4月14日政令第183号）

1　この政令は、平成7年4月23日から施行する。ただし、第2条第1項第32号の

931

改正規定は、公布の日から施行する。

2　この政令の施行の際現に改正後の第1条第23号の2並びに第2条第1項第22号の2、第30号の2、第50号の4及び第98号の5に掲げる物の製造業、輸入業又は販売業を営んでいる者が引き続き行う当該営業については、平成7年7月31日までは、毒物及び劇物取締法第3条、第7条及び第9条の規定は、適用しない。

3　前項に規定する物であって、この政令の施行の際現に存するものについては、平成7年7月31日までは、毒物及び劇物取締法第12条第1項（同法第22条第5項において準用する場合を含む。）及び第2項の規定は、適用しない。

　　　附　則　（平成7年9月22日政令第338号）

この政令は、平成7年10月1日から施行する。ただし、第2条第1項第32号の改正規定は、公布の日から施行する。

　　　附　則　（平成7年11月17日政令第390号）

（施行期日）

1　この政令は、平成7年12月1日から施行する。

（経過措置）

2　この政令の施行の際現に改正後の第1条第26号の5及び第2条第1項第100号の8に掲げる物の製造業、輸入業又は販売業を営んでいる者が引き続き行う当該営業については、平成8年2月29日までは、毒物及び劇物取締法第3条、第7条及び第9条の規定は、適用しない。

3　前項に規定する物であって、この政令の施行の際現に存するものについては、平成8年2月29日までは、毒物及び劇物取締法第12条第1項（同法第22条第5項において準用する場合を含む。）及び第2項の規定は、適用しない。

　　　附　則　（平成8年3月25日政令第39号）

（施行期日）

1　この政令は、平成8年4月1日から施行する。ただし、第2条第1項第10号、第32号、第37号の3及び第88号の3の改正規定は、公布の日から施行する。

（経過措置）

2　この政令の施行の際現に改正後の第2条第1項第80号の2に掲げる物の製造業、輸入業又は販売業を営んでいる者が引き続き行う当該営業については、平成8年6月30日までは、毒物及び劇物取締法第3条、第7条及び第9条の規定は、適用しない。

3　前項に規定する物であって、この政令の施行の際現に存するものについては、平成8年6月30日までは、毒物及び劇物取締法第12条第1項（同法第22条第5項において準用する場合を含む。）及び第2項の規定は、適用しない。

　　　附　則　（平成8年11月22日政令第321号）

（施行期日）

1　この政令は、平成8年12月1日から施行する。ただし、第1条第18号の改正規

定は、公布の日から施行する。

（経過措置）

2　改正後の第2条第1項第99号の6に掲げる物であって、この政令の施行の際現に存し、かつ、その容器及び被包にそれぞれ毒物及び劇物取締法第12条第1項（同法第22条第5項において準用する場合を含む。以下同じ。）の規定による毒物の表示がなされているものについては、引き続きその表示がなされている限り、同法第12条第1項の規定は、適用しない。

3　この政令の施行前にした改正後の第2条第1項第99号の6に掲げる物に係る行為に対する罰則の適用については、なお従前の例による。

附　則　（平成9年3月24日政令第59号）

この政令は、平成9年4月1日から施行する。ただし、第2条第1項第32号の改正規定は、公布の日から施行する。

附　則　（平成10年5月15日政令第171号）

（施行期日）

1　この政令は、平成10年6月1日から施行する。ただし、第2条第1項第32号の改正規定は、公布の日から施行する。

（経過措置）

2　この政令の施行の際現に改正後の第1条第1号及び第26号の2並びに第2条第1項第28号の5、第28号の6及び第55号の3に掲げる物の製造業、輸入業又は販売業を営んでいる者が引き続き行う当該営業については、平成10年8月31日までは、毒物及び劇物取締法第3条、第7条及び第9条の規定は、適用しない。

3　前項に規定する物であって、この政令の施行の際現に存するものについては、平成10年8月31日までは、毒物及び劇物取締法第12条第1項（同法第22条第5項において準用する場合を含む。）及び第2項の規定は、適用しない。

附　則　（平成10年12月24日政令第405号）

（施行期日）

1　この政令は、平成11年1月1日から施行する。

（経過措置）

2　この政令の施行の際現に改正後の第1条第1号に掲げる物の製造業、輸入業又は販売業を営んでいる者が引き続き行う当該営業については、平成11年3月31日までは、毒物及び劇物取締法第3条、第7条及び第9条の規定は、適用しない。

3　前項に規定する物であって、この政令の施行の際現に存するものについては、平成11年3月31日までは、毒物及び劇物取締法第12条第1項（同法第22条第5項において準用する場合を含む。）及び第2項の規定は、適用しない。

附　則　（平成11年9月29日政令第293号）

（施行期日）

1　この政令は、平成11年10月15日から施行する。ただし、第2条第1項第32号

の改正規定は、公布の日から施行する。

（経過措置）

2　この政令の施行の際現に改正後の第1条第6号の2及び第12号の2並びに第2条第1項第87号の2に掲げる物の製造業、輸入業又は販売業を営んでいる者が引き続き行う当該営業については、平成11年12月31日までは、毒物及び劇物取締法第3条、第7条及び第9条の規定は、適用しない。

3　前項に規定する物であってこの政令の施行の際現に存するものについては、平成11年12月31日までは、毒物及び劇物取締法第12条第1項（同法第22条第5項において準用する場合を含む。）及び第2項の規定は、適用しない。

　　　附　則　（平成12年4月28日政令第213号）

（施行期日）

1　この政令は、平成12年5月20日から施行する。ただし、第2条第1項第14号の4、第15号の3及び第32号の改正規定は、公布の日から施行する。

（経過措置）

2　この政令の施行の際現に改正後の第1条第26号の2及び第2条第1項第28号の11に掲げる物の製造業、輸入業又は販売業を営んでいる者が引き続き行う当該営業については、平成12年7月31日までは、毒物及び劇物取締法第3条、第7条及び第9条の規定は、適用しない。

3　前項に規定する物であってこの政令の施行の際現に存するものについては、平成12年7月31日までは、毒物及び劇物取締法第12条第1項（同法第22条第5項において準用する場合を含む。）及び第2項の規定は、適用しない。

　　　附　則　（平成12年9月22日政令第429号）

この政令は、平成12年10月5日から施行する。ただし、第2条第1項第32号の改正規定は、公布の日から施行する。

　　　附　則　（平成13年6月29日政令第227号）

この政令は、平成13年7月10日から施行する。ただし、第2条第1項第32号の改正規定は、公布の日から施行する。

　　　附　則　（平成14年3月25日政令第63号）

（施行期日）

1　この政令は、平成14年4月1日から施行する。ただし、第2条第1項第32号の改正規定は、公布の日から施行する。

（経過措置）

2　この政令の施行の際現に改正後の第1条第24号の2及び第2条第1項第28号の4に掲げる物の製造業、輸入業又は販売業を営んでいる者が引き続き行う当該営業については、平成14年6月30日までは、毒物及び劇物取締法第3条、第7条及び第9条の規定は、適用しない。

3　前項に規定する物であってこの政令の施行の際現に存するものについては、平成

14 年 6 月 30 日までは、毒物及び劇物取締法第 12 条第 1 項（同法第 22 条第 5 項において準用する場合を含む。）及び第 2 項の規定は、適用しない。

　　附　則　（平成 14 年 11 月 27 日政令第 347 号）

この政令は、公布の日から施行する。

　　附　則　（平成 16 年 3 月 17 日政令第 43 号）

（施行期日）

1　この政令は、平成 16 年 4 月 1 日から施行する。ただし、第 2 条第 1 項第 32 号の改正規定は、公布の日から施行する。

（経過措置）

2　この政令の施行の際現に改正後の第 1 条第 6 号の 4、第 24 号の 3 及び第 31 号に掲げる物の製造業、輸入業又は販売業を営んでいる者が引き続き行う当該営業については、平成 16 年 6 月 30 日までは、毒物及び劇物取締法第 3 条、第 7 条及び第 9 条の規定は、適用しない。

3　前項に規定する物であってこの政令の施行の際現に存するものについては、平成 16 年 6 月 30 日までは、毒物及び劇物取締法第 12 条第 1 項（同法第 22 条第 5 項において準用する場合を含む。）及び第 2 項の規定は、適用しない。

　　附　則　（平成 17 年 3 月 24 日政令第 65 号）

この政令は、公布の日から施行する。

　　附　則　（平成 18 年 4 月 21 日政令第 176 号）

（施行期日）

1　この政令は、平成 18 年 5 月 1 日から施行する。ただし、第 2 条第 1 項第 32 号の改正規定は、公布の日から施行する。

（経過措置）

2　この政令による改正後の毒物及び劇物指定令（以下「新令」という。）第 2 条第 1 項第 30 号の 6 に掲げる物であって、この政令の施行の際現に存し、かつ、その容器及び被包にそれぞれ毒物及び劇物取締法第 12 条第 1 項（同法第 22 条第 5 項において準用する場合を含む。以下同じ。）の規定による毒物の表示がなされているものについては、引き続きその表示がなされている限り、同法第 12 条第 1 項の規定は、適用しない。

3　この政令の施行前にした新令第 2 条第 1 項第 30 号の 6 に掲げる物に係る行為に対する罰則の適用については、なお従前の例による。

4　この政令の施行の際現に新令第 2 条第 1 項第 72 号の 2、第 85 号の 9 及び第 91 号の 3 に掲げる物の製造業、輸入業又は販売業を営んでいる者が引き続き行う当該営業については、平成 18 年 7 月 31 日までは、毒物及び劇物取締法第 3 条、第 7 条及び第 9 条の規定は、適用しない。

5　前項に規定する物であってこの政令の施行の際現に存するものについては、平成 18 年 7 月 31 日までは、毒物及び劇物取締法第 12 条第 1 項及び第 2 項の規定は、適

法令集

用しない。

　　　附　則　（平成 19 年 8 月 15 日政令第 263 号）

（施行期日）

1　この政令は、平成 19 年 9 月 1 日から施行する。ただし、第 2 条第 1 項第 32 号及び第 79 号の改正規定は、公布の日から施行する。

（経過措置）

2　この政令の施行の際現にこの政令による改正後の毒物及び劇物指定令第 1 条第 19 号の 3 並びに第 2 条第 1 項第 4 号の 4、第 14 号の 2 及び第 72 号の 2 に掲げる物の製造業、輸入業又は販売業を営んでいる者が引き続き行う当該営業については、平成 19 年 11 月 30 日までは、毒物及び劇物取締法第 3 条、第 7 条及び第 9 条の規定は、適用しない。

3　前項に規定する物であってこの政令の施行の際現に存するものについては、平成 19 年 11 月 30 日までは、毒物及び劇物取締法第 12 条第 1 項（同法第 22 条第 5 項において準用する場合を含む。）及び第 2 項の規定は、適用しない。

　　　附　則　（平成 20 年 6 月 20 日政令第 199 号）

（施行期日）

1　この政令は、平成 20 年 7 月 1 日から施行する。ただし、第 2 条第 1 項第 28 号の 11 及び第 32 号の改正規定は、公布の日から施行する。

（経過措置）

2　この政令の施行の際現にこの政令による改正後の毒物及び劇物指定令第 1 条第 2 号の 3、第 10 号の 3 及び第 26 号の 10 並びに第 2 条第 1 項第 1 号の 5、第 1 号の 6、第 50 号の 2 及び第 88 号の 3 に掲げる物の製造業、輸入業又は販売業を営んでいる者が引き続き行う当該営業については、平成 20 年 9 月 30 日までは、毒物及び劇物取締法第 3 条、第 7 条及び第 9 条の規定は、適用しない。

3　前項に規定する物であってこの政令の施行の際現に存するものについては、平成 20 年 9 月 30 日までは、毒物及び劇物取締法第 12 条第 1 項（同法第 22 条第 5 項において準用する場合を含む。）及び第 2 項の規定は、適用しない。

　　　附　則　（平成 21 年 4 月 8 日政令第 120 号）

（施行期日）

1　この政令は、平成 21 年 4 月 20 日から施行する。ただし、第 2 条第 1 項第 10 号及び第 32 号の改正規定は、公布の日から施行する。

（経過措置）

2　この政令の施行の際現にこの政令による改正後の毒物及び劇物指定令（以下「新令」という。）第 1 条第 1 号の 2 から第 1 号の 4 まで及び第 16 号の 2 並びに第 2 条第 1 項第 2 号の 2、第 4 号の 2、第 71 号の 6 及び第 100 号の 11 から第 100 号の 13 までに掲げる物の製造業、輸入業又は販売業を営んでいる者が引き続き行う当該営業については、平成 21 年 7 月 31 日までは、毒物及び劇物取締法第 3 条、第 7 条及

毒物及び劇物指定令

び第9条の規定は、適用しない。

3　前項に規定する物であってこの政令の施行の際現に存するものについては、平成21年7月31日までは、毒物及び劇物取締法第12条第1項（同法第22条第5項において準用する場合を含む。以下同じ。）及び第2項の規定は、適用しない。

4　新令第1条第26号の8に掲げる物であって、この政令の施行の際現に存し、かつ、その容器及び被包にそれぞれ毒物及び劇物取締法第12条第1項の規定による劇物の表示がなされているものについては、平成21年7月31日までは、引き続きその表示がなされている限り、同項の規定は、適用しない。

5　この政令の施行前にした新令第1条第26号の8に掲げる物に係る行為に対する罰則の適用については、なお従前の例による。

　　附　則　（平成22年12月15日政令第242号）

（施行期日）

1　この政令は、平成22年12月31日から施行する。ただし、第2条第1項第32号の改正規定は、公布の日から施行する。

（経過措置）

2　この政令の施行の際現にこの政令による改正後の毒物及び劇物指定令第2条第1項第4号の5、第18号の3及び第41号の3に掲げる物の製造業、輸入業又は販売業を営んでいる者が引き続き行う当該営業については、平成23年3月31日までは、毒物及び劇物取締法（以下「法」という。）第3条、第7条及び第9条の規定は、適用しない。

3　前項に規定する物であってこの政令の施行の際現に存するものについては、平成23年3月31日までは、法第12条第1項（法第22条第5項において準用する場合を含む。）及び第2項の規定は、適用しない。

　　附　則　（平成23年10月14日政令第317号）

（施行期日）

1　この政令は、平成23年10月25日から施行する。ただし、第2条第1項第4号の5、第32号及び第54号の3ただし書の改正規定は、公布の日から施行する。

（経過措置）

2　この政令の施行の際現にこの政令による改正後の第1条第6号の3及び第24号の4並びに第2条第1項第100号の11に掲げる物の製造業、輸入業又は販売業を営んでいる者が引き続き行う当該営業については、平成24年1月31日までは、毒物及び劇物取締法（以下「法」という。）第3条、第7条及び第9条の規定は、適用しない。

3　前項に規定する物であってこの政令の施行の際現に存するものについては、平成24年1月31日までは、法第12条第1項（法第22条第5項において準用する場合を含む。）及び第2項の規定は、適用しない。

　　附　則　（平成24年9月20日政令第242号）

937

法令集

この政令は、公布の日から施行する。

　　　附　則　（平成 24 年 9 月 21 日政令第 245 号）

（施行期日）

1　この政令は、平成 24 年 10 月 1 日から施行する。

（経過措置）

2　この政令の施行の際現にこの政令による改正後の毒物及び劇物指定令（以下「新令」という。）第 1 条第 5 号の 2、第 10 号の 4、第 19 号の 4 及び第 24 号の 6 並びに第 2 条第 1 項第 32 号、第 41 号の 3、第 50 号の 2、第 98 号の 3 及び第 98 号の 6 に掲げる物（同項第 32 号に掲げる物にあっては、この政令による改正前の毒物及び劇物指定令（以下「旧令」という。）第 2 条第 1 項第 32 号（89）に掲げる物（新令第 1 条第 10 号の 4 に掲げる物に該当するものを除く。）に該当するものに限る。）の製造業、輸入業又は販売業を営んでいる者が引き続き行う当該営業については、平成 24 年 12 月 31 日までは、毒物及び劇物取締法（以下「法」という。）第 3 条、第 7 条及び第 9 条の規定は、適用しない。

3　前項に規定する物であってこの政令の施行の際現に存するものについては、平成 24 年 12 月 31 日までは、法第 12 条第 1 項（法第 22 条第 5 項において準用する場合を含む。次項において同じ。）及び第 2 項の規定は、適用しない。

4　新令第 1 条第 16 号の 2 に掲げる物であって、この政令の施行の際現に存し、かつ、その容器及び被包にそれぞれ法第 12 条第 1 項の規定による劇物の表示がなされているものについては、平成 24 年 12 月 31 日までは、引き続きその表示がなされている限り、同項の規定は、適用しない。

5　この政令の施行前にした旧令第 2 条第 1 項第 55 号の 3 に掲げる物に係る行為に対する罰則の適用については、なお従前の例による。

　　　附　則　（平成 25 年 6 月 28 日政令第 208 号）

（施行期日）

1　この政令は、平成 25 月 15 日から施行する。ただし、第 2 条第 1 項第 32 号の改正規定は、公布の日から施行する。

（経過措置）

2　この政令の施行の際現にこの政令による改正後の第 1 条第 6 号の 2、第 6 号の 4、第 19 号の 3 及び第 24 号の 6 並びに第 2 条第 1 項第 33 号の 2 に掲げる物の製造業、輸入業又は販売業を営んでいる者が引き続き行う当該営業については、平成 25 年 10 月 31 日までは、毒物及び劇物取締法（以下「法」という。）第 3 条、第 7 条及び第 9 条の規定は、適用しない。

3　前項に規定する物であってこの政令の施行の際現に存するものについては、平成 25 年 10 月 31 日までは、法第 12 条第 1 項（法第 22 条第 5 項において準用する場合を含む。）及び第 2 項の規定は、適用しない。

　　　附　則　（平成 26 年 6 月 25 日政令第 227 号）

毒物及び劇物指定令

（施行期日）

1　この政令は、平成26年7月1日から施行する。ただし、第2条第1項第32号の改正規定は、公布の日から施行する。

（経過措置）

2　この政令の施行の際現にこの政令による改正後の第1条第6号の5及び第6号の6並びに第2条第1項第83号の2に掲げる物の製造業、輸入業又は販売業を営んでいる者が引き続き行う当該営業については、平成26年9月30日までは、毒物及び劇物取締法（次項において「法」という。）第3条、第7条及び第9条の規定は、適用しない。

3　前項に規定する物であってこの政令の施行の際現に存するものについては、平成26年9月30日までは、法第12条第1項（法第22条第5項において準用する場合を含む。）及び第2項の規定は、適用しない。

　　　附　則　（平成27年6月19日政令第251号）

（施行期日）

1　この政令は、平成27年7月1日から施行する。ただし、第1条第18号並びに第2条第1項第22号及び第32号の改正規定は、公布の日から施行する。

（経過措置）

2　この政令の施行の際現にこの政令による改正後の第2条第1項第4号の4、第13号の4及び第31号の2に掲げる物の製造業、輸入業又は販売業を営んでいる者が引き続き行う当該営業については、平成27年9月30日までは、毒物及び劇物取締法（次項において「法」という。）第3条、第7条及び第9条の規定は、適用しない。

3　前項に規定する物であってこの政令の施行の際現に存するものについては、平成27年9月30日までは、法第12条第1項（法第22条第5項において準用する場合を含む。）及び第2項の規定は、適用しない。

　　　附　則　（平成28年7月1日政令第255号）

（施行期日）

第1条　この政令は、平成28年7月15日から施行する。ただし、第1条第26号の11の改正規定（「製剤」の下に「。ただし、2-メルカプトエタノール10％以下を含有するものを除く。」を加える部分に限る。）、第2条第1項第32号の改正規定及び同項第98号の3の改正規定（「製剤」の下に「。ただし、メタバナジン酸アンモニウム0.01％以下を含有するものを除く。」を加える部分に限る。）並びに次条の規定は、公布の日から施行する。

（経過措置）

第2条　この政令の公布の日から平成28年7月14日までの間における第1条第26号の11の改正規定（「製剤」の下に「。ただし、2-メルカプトエタノール10％以下を含有するものを除く。」を加える部分に限る。）による改正後の同号の規定の適用については、同号中「2-メルカプトエタノール10％以下」とあるのは、「容量20リッ

トル以下の容器に収められたものであつて、2-メルカプトエタノール 0.1％以下」と
する。

第3条 この政令の施行の際現にこの政令による改正後の第1条第6号の8及び第26
号の5並びに第2条第1項第24号の2、第80号の2、第85号の5、第85号の7、
第98号の2及び第98号の3に掲げる物の製造業、輸入業又は販売業を営んでいる者
が引き続き行う当該営業については、平成28年10月31日までは、毒物及び劇物取
締法（以下「法」という。）第3条、第7条及び第9条の規定は、適用しない。

2　前項に規定する物であつて、この政令の施行の際現に存するものについては、平
成28年10月31日までは、法第12条第1項（法第22条第5項において準用する場
合を含む。以下同じ。）及び第2項の規定は、適用しない。

第4条 2-メルカプトエタノール10％以下を含有する製剤（容量20リットル以下の
容器に収められたものであつて、2-メルカプトエタノール 0.1％以下を含有するもの
を除く。）であつて、この政令の施行の際現に存し、かつ、その容器及び被包にそれ
ぞれ法第12条第1項の規定による毒物の表示がされているものについては、平成
28年10月31日までは、引き続きその表示がされている限り、同項の規定は、適用
しない。

第5条 この政令の施行前にした 2-メルカプトエタノール10％以下を含有する製剤
（容量20リットル以下の容器に収められたものであつて、2-メルカプトエタノール
0.1％以下を含有するものを除く。）に係る行為に対する罰則の適用については、な
お従前の例による。

　　　附　則　（平成29年6月14日政令第160号）

（施行期日）

第1条 この政令は、平成29年7月1日から施行する。ただし、第1条第18号並び
に第2条第1項第1号、第7号、第32号及び第98号の3の改正規定並びに次条の
規定は、公布の日から施行する。

（経過措置）

第2条 この政令の公布の日から平成29年6月30日までの間における第1条第18
号の改正規定による改正後の同号の規定の適用については、同号中「亜セレン酸
0.0082％以下を含有する製剤」とあるのは、「容量1リットル以下の容器に収められ
た製剤であつて、亜セレン酸 0.000082％以下を含有するもの」とする。

第3条 この政令の施行の際現に 2-ターシヤリ-ブチルフエノール及びこれを含有す
る製剤の製造業、輸入業又は販売業を営んでいる者が引き続き行う当該営業につい
ては、平成29年9月30日までは、毒物及び劇物取締法（以下「法」という。）第3
条、第7条及び第9条の規定は、適用しない。

2　2-ターシヤリ-ブチルフエノール及びこれを含有する製剤であつて、この政令の
施行の際現に存するものについては、平成29年9月30日までは、法第12条第1項
（法第22条第5項において準用する場合を含む。次条において同じ。）及び第2項の

毒物及び劇物指定令

規定は、適用しない。

第4条　亜セレン酸 0.0082％以下を含有する製剤（容量 1 リットル以下の容器に収められたものであって、亜セレン酸 0.000082％以下を含有するものを除く。）であって、この政令の施行の際現に存し、かつ、その容器及び被包にそれぞれ法第 12 条第 1 項の規定による毒物の表示がされているものについては、平成 29 年 9 月 30 日までは、引き続きその表示がされている限り、同項の規定は、適用しない。

第5条　この政令の施行前にした亜セレン酸 0.0082％以下を含有する製剤（容量 1 リットル以下の容器に収められたものであって、亜セレン酸 0.000082％以下を含有するものを除く。）に係る行為に対する罰則の適用については、なお従前の例による。

毒物及び劇物取締法施行令

改正	昭和 30 年	9 月 28 日	政令第 261 号
同	昭和 31 年	6 月 12 日	政令第 178 号
同	昭和 33 年	12 月 19 日	政令第 334 号
同	昭和 34 年	3 月 24 日	政令第 40 号
同	昭和 34 年	12 月 28 日	政令第 385 号
同	昭和 36 年	1 月 14 日	政令第 7 号
同	昭和 36 年	1 月 26 日	政令第 11 号
同	昭和 36 年	6 月 19 日	政令第 203 号
同	昭和 36 年	9 月 14 日	政令第 309 号
同	昭和 37 年	1 月 23 日	政令第 7 号
同	昭和 37 年	5 月 4 日	政令第 191 号
同	昭和 40 年	1 月 4 日	政令第 3 号
同	昭和 40 年	12 月 24 日	政令第 379 号
同	昭和 42 年	1 月 31 日	政令第 8 号
同	昭和 42 年	12 月 26 日	政令第 374 号
同	昭和 46 年	3 月 23 日	政令第 30 号
同	昭和 46 年	6 月 22 日	政令第 199 号
同	昭和 46 年	11 月 27 日	政令第 358 号
同	昭和 47 年	6 月 30 日	政令第 252 号
同	昭和 48 年	11 月 24 日	政令第 344 号
同	昭和 49 年	9 月 26 日	政令第 335 号
同	昭和 50 年	8 月 19 日	政令第 254 号
同	昭和 50 年	12 月 24 日	政令第 372 号
同	昭和 53 年	3 月 30 日	政令第 57 号
同	昭和 53 年	7 月 5 日	政令第 282 号
同	昭和 53 年	7 月 11 日	政令第 286 号
同	昭和 56 年	3 月 27 日	政令第 44 号
同	昭和 57 年	4 月 20 日	政令第 122 号
同	昭和 59 年	3 月 16 日	政令第 32 号
同	昭和 60 年	3 月 5 日	政令第 24 号
同	昭和 62 年	3 月 20 日	政令第 43 号
同	平成 2 年	9 月 21 日	政令第 275 号
同	平成 3 年	3 月 19 日	政令第 39 号
同	平成 6 年	3 月 24 日	政令第 64 号
同	平成 9 年	2 月 19 日	政令第 20 号
同	平成 9 年	3 月 5 日	政令第 28 号
同	平成 9 年	3 月 24 日	政令第 57 号
同	平成 11 年	9 月 29 日	政令第 292 号
同	平成 11 年	12 月 8 日	政令第 393 号
同	平成 12 年	3 月 17 日	政令第 65 号
同	平成 12 年	6 月 7 日	政令第 309 号
同	平成 12 年	6 月 30 日	政令第 366 号
同	平成 13 年	1 月 4 日	政令第 4 号
同	平成 13 年	7 月 4 日	政令第 236 号
同	平成 14 年	12 月 27 日	政令第 406 号
同	平成 15 年	1 月 31 日	政令第 28 号
同	平成 16 年	7 月 2 日	政令第 224 号
同	平成 17 年	1 月 26 日	政令第 9 号
同	平成 17 年	1 月 26 日	政令第 10 号
同	平成 18 年	3 月 23 日	政令第 58 号
同	平成 21 年	3 月 18 日	政令第 39 号
同	平成 22 年	12 月 15 日	政令第 241 号
同	平成 26 年	7 月 30 日	政令第 269 号
同	平成 28 年	3 月 16 日	政令第 66 号
最終改正	平成 29 年	10 月 25 日	政令第 264 号

毒物及び劇物取締法施行令

　内閣は、毒物及び劇物取締法（昭和25年法律第303号）第3条の2第3項、第5項及び第9項、第15条の2、第16条第1項及び第2項並びに第27条の規定に基き、この政令を制定する。

　目次
第1章　四アルキル鉛を含有する製剤（第1条-第10条）
第2章　モノフルオール酢酸の塩類を含有する製剤（第11条-第15条）
第3章　ジメチルエチルメルカプトエチルチオホスフエイトを含有する製剤（第16条-第21条）
第4章　モノフルオール酢酸アミドを含有する製剤（第22条-第27条）
第5章　燐化アルミニウムとその分解促進剤とを含有する製剤（第28条-第32条）
第5章の2　興奮、幻覚又は麻酔の作用を有する物（第32条の2）
第5章の3　発火性又は爆発性のある劇物（第32条の3）
第6章　営業の登録及び特定毒物研究者の許可（第33条-第37条）
第7章　危害防止の措置を講ずべき毒物等含有物（第38条）
第8章　特定の用途に供される毒物又は劇物（第39条・第39条の2）
第8章の2　毒物又は劇物の譲渡手続（第39条の3）
第9章　毒物及び劇物の廃棄（第40条）
第9章の2　毒物及び劇物の運搬（第40条の2-第40条の8）
第9章の3　毒物劇物営業者等による情報の提供（第40条の9）
第10章　業務上取扱者の届出（第41条・第42条）
第11章　手数料（第43条）
附則

第1章　四アルキル鉛を含有する製剤

（使用者及び用途）
第1条　毒物及び劇物取締法（以下「法」という。）第3条の2第3項及び第5項の規定により、四アルキル鉛を含有する製剤の使用者及び用途を次のように定める。
　一　使用者　石油精製業者（原油から石油を精製することを業とする者をいう。）
　二　用途　ガソリンへの混入

（着色及び表示）
第2条　法第3条の2第9項の規定により、四アルキル鉛を含有する製剤の着色及び表示の基準を次のように定める。
　一　赤色、青色、黄色又は緑色に着色されていること。
　二　その容器に、次に掲げる事項が表示されていること。
　　イ　四アルキル鉛を含有する製剤が入つている旨及びその内容量

943

ロ　その容器内の四アルキル鉛を含有する製剤の全部を消費したときは、消費者は、その空容器を、そのまま密閉して直ちに返送するか、又はその他の方法により保健衛生上危害を生ずるおそれがないように処置しなければならない旨

第3条　削除

（貯蔵）
第4条　四アルキル鉛を含有する製剤を貯蔵する場合には、次の各号に定める基準によらなければならない。
一　容器を密閉すること。
二　十分に換気が行われる倉庫内に貯蔵すること。

（混入の割合）
第5条　四アルキル鉛を含有する製剤をガソリンに混入する場合には、ガソリン1リットルにつき四アルキル鉛1.3立方センチメートルの割合をこえて混入してはならない。

（空容器の処置）
第6条　容器に収められた四アルキル鉛を含有する製剤の全部を消費したときは、消費者は、その空容器を、そのまま密閉して直ちに毒物劇物営業者に返送するか、又はその他の方法により保健衛生上危害を生ずるおそれがないように処置しなければならない。

（加鉛ガソリンの品質）
第7条　四アルキル鉛を含有する製剤が混入されているガソリン（以下「加鉛ガソリン」という。）の製造業者又は輸入業者は、ガソリンに含有される四アルキル鉛の割合がガソリン1リットルにつき四アルキル鉛0.3立方センチメートル（航空ピストン発動機用ガソリンその他の特定の用に使用される厚生労働省令で定める加鉛ガソリンにあつては、1.3立方センチメートル）以下のものでなければ、加鉛ガソリンを販売し、又は授与してはならない。

（四アルキル鉛の量の測定方法）
第7条の2　第5条及び前条の数値は、厚生労働省令で定める方法により定量した場合における数値とする。

（加鉛ガソリンの着色）
第8条　加鉛ガソリンの製造業者又は輸入業者は、オレンジ色（第7条の厚生労働省

令で定める加鉛ガソリンにあつては、厚生労働省令で定める色）に着色されたものでなければ、加鉛ガソリンを販売し、又は授与してはならない。

（加鉛ガソリンの表示）

第9条　加鉛ガソリンの製造業者、輸入業者又は販売業者は、容器のまま加鉛ガソリンを販売し、又は授与する場合において、その容器に次に掲げる事項が表示されていないときは、その容器にこれらの事項を表示しなければならない。

一　そのガソリンが加鉛ガソリンである旨（そのガソリンが第7条の厚生労働省令で定める加鉛ガソリンである場合にあつては、その旨）

二　そのガソリンを内燃機関以外の用（そのガソリンが第7条の厚生労働省令で定める加鉛ガソリンである場合にあつては、当該特定の用以外の用）に使用することが著しく危険である旨

2　加鉛ガソリンの販売業者は、加鉛ガソリンの給油塔の上部その他店舗内の見やすい場所に、前項に掲げる事項を表示しなければならない。ただし、加鉛ガソリンをもつぱら容器のまま販売する者は、この限りでない。

（罰則）

第10条　第4条又は第5条の規定に違反した者は、2年以下の懲役若しくは100万円以下の罰金に処し、又はこれを併科する。

2　第6条、第7条、第8条又は前条の規定に違反した者は、1年以下の懲役若しくは50万円以下の罰金に処し、又はこれを併科する。

3　法人の代表者又は法人若しくは人の代理人、使用人その他の従業者がその法人又は人の業務に関して前2項の違反行為をしたときは、その行為者を罰するほか、その法人又は人に対しても前2項の罰金刑を科する。

第2章　モノフルオール酢酸の塩類を含有する製剤

（使用者及び用途）

第11条　法第3条の2第3項及び第5項の規定により、モノフルオール酢酸の塩類を含有する製剤の使用者及び用途を次のように定める。

一　使用者　国、地方公共団体、農業協同組合、農業共済組合、農業共済組合連合会（農業保険法（昭和22年法律第185号）第10条第1項に規定する全国連合会に限る。以下同じ。）、森林組合及び生産森林組合並びに300ヘクタール以上の森林を経営する者、主として食糧を貯蔵するための倉庫を経営する者又は食糧を貯蔵するための倉庫を有し、かつ、食糧の製造若しくは加工を業とする者であつて、都道府県知事の指定を受けたもの

二　用途　野ねずみの駆除

（品質、着色及び表示）

第12条 法第3条の2第9項の規定により、モノフルオール酢酸の塩類を含有する製剤の品質、着色及び表示の基準を次のように定める。

一　モノフルオール酢酸の塩類の含有割合が2パーセント以下であり、かつ、その製剤が固体状のものであるときは、医薬品、医療機器等の品質、有効性及び安全性の確保等に関する法律（昭和35年法律第145号）に規定する日本薬局方で定める基準に適合するトウガラシ末が0.5パーセント以上の割合で混入され、その製剤が液体状のものであるときは、同法に規定する日本薬局方で定める基準に適合するトウガラシチンキを5分の1に濃縮したものが1パーセント以上の割合で混入されていること。

二　深紅色に着色されていること。

三　その容器及び被包に、次に掲げる事項が表示されていること。

イ　モノフルオール酢酸の塩類を含有する製剤が入っている旨及びその内容量

ロ　モノフルオール酢酸の塩類を含有する製剤は、野ねずみの駆除以外の用に使用してはならない旨

ハ　その容器又は被包内のモノフルオール酢酸の塩類を含有する製剤の全部を消費したときは、消費者は、その容器又は被包を保健衛生上危害を生ずるおそれがないように処置しなければならない旨

（使用方法）

第13条 モノフルオール酢酸の塩類を含有する製剤を使用して野ねずみの駆除を行う場合には、次の各号に定める基準によらなければならない。

一　次に掲げる者の実地の指導の下に行うこと。

イ　薬事又は毒物若しくは劇物に関する試験研究又は事務に従事する厚生労働省又は都道府県若しくは市町村の技術職員

ロ　法第8条に規定する毒物劇物取扱責任者の資格を有する者であつて、都道府県知事の指定を受けたもの

ハ　野ねずみの駆除に関する試験研究又は事務に従事する農林水産省の技術職員

ニ　農業改良助長法（昭和23年法律第165号）第8条第1項に規定する普及指導員

ホ　森林病害虫等防除法（昭和25年法律第53号）第11条に規定する森林害虫防除員

ヘ　植物防疫法（昭和25年法律第151号）第33条第1項に規定する病害虫防除員

ト　森林法（昭和26年法律第249号）第187条第1項に規定する林業普及指導員

チ　農業協同組合、農業共済組合、農業共済組合連合会、森林組合又は生産森林組合の技術職員であつて、都道府県知事の指定を受けたもの

毒物及び劇物取締法施行令

　二　モノフルオール酢酸の塩類を含有する製剤を餌として用い、又はこれを使用した餌を用いて行う駆除については、次の基準によること。

　　イ　屋内で行わないこと。

　　ロ　1個の餌に含有されるモノフルオール酢酸の塩類の量は、3ミリグラム以下であること。

　　ハ　餌は、地表上に仕掛けないこと。ただし、厚生労働大臣が指定する地域において森林の野ねずみの駆除を行うため、降雪前に毒餌が入つている旨の表示がある容器に入れた餌を仕掛けるときは、この限りでない。

　　ニ　餌を仕掛ける日の前後各1週間にわたつて、餌を仕掛ける日時及び区域を公示すること。ただし、この号ハただし書に定める方法のみにより駆除を行うときは、餌を仕掛けた日の後1週間の公示をもつて足りる。

　　ホ　餌を仕掛け終わつたときは、余つた餌を保健衛生上危害を生ずるおそれがないように処置すること。

　三　モノフルオール酢酸の塩類を含有する製剤を液体の状態で用いて行う駆除については、次の基準によること。

　　イ　食糧倉庫以外の場所で行わないこと。

　　ロ　液体に含有されるモノフルオール酢酸の塩類の割合は、0.2パーセント以下であること。

　　ハ　1容器中の液体の量は、300立方センチメートル以下であること。

　　ニ　液体を入れた容器は、倉庫の床面より高い場所に仕掛けないこと。

　　ホ　液体を入れた容器ごとに、モノフルオール酢酸の塩類を含有する液体が入つている旨を表示すること。

　　ヘ　液体を仕掛け終わつたときは、余つた液体を保健衛生上危害を生ずるおそれがないように処置すること。

（空容器等の処置）

第14条　容器又は被包に収められたモノフルオール酢酸の塩類を含有する製剤の全部を消費したときは、消費者は、その製剤が収められていた容器又は被包を保健衛生上危害を生ずるおそれがないように処置しなければならない。

（罰則）

第15条　第13条の規定に違反した者は、2年以下の懲役若しくは100万円以下の罰金に処し、又はこれを併科する。

2　前条の規定に違反した者は、1年以下の懲役若しくは50万円以下の罰金に処し、又はこれを併科する。

3　法人の代表者又は法人若しくは人の代理人、使用人その他の従業者がその法人又は人の業務に関して前2項の違反行為をしたときは、その行為者を罰するほか、そ

法令集

の法人又は人に対しても前2項の罰金刑を科する。

第3章　ジメチルエチルメルカプトエチルチオホスフエイトを含有する製剤

（使用者及び用途）

第16条　法第3条の2第3項及び第5項の規定により、ジメチルエチルメルカプトエチルチオホスフエイトを含有する製剤の使用者及び用途を次のように定める。

一　使用者　国、地方公共団体、農業協同組合及び農業者の組織する団体であつて都道府県知事の指定を受けたもの

二　用途　かんきつ類、りんご、なし、ぶどう、桃、あんず、梅、ホツプ、なたね、桑、しちとうい又は食用に供されることがない観賞用植物若しくはその球根の害虫の防除

（着色及び表示）

第17条　法第3条の2第9項の規定により、ジメチルエチルメルカプトエチルチオホスフエイトを含有する製剤の着色及び表示の基準を次のように定める。

一　紅色に着色されていること。

二　その容器及び被包に、次に掲げる事項が表示されていること。

イ　ジメチルエチルメルカプトエチルチオホスフエイトを含有する製剤が入つている旨及びその内容量

ロ　かんきつ類、りんご、なし、ぶどう、桃、あんず、梅、ホツプ、なたね、桑、しちとうい又は食用に供されることがない観賞用植物若しくはその球根の害虫の防除以外の用に使用してはならない旨

ハ　その製剤が口に入り、又は皮膚から吸収された場合には、著しい危害を生ずるおそれがある旨

ニ　その容器又は被包内の製剤の全部を消費したときは、消費者は、その容器又は被包を保健衛生上危害を生ずるおそれがないように処置しなければならない旨

（使用方法）

第18条　ジメチルエチルメルカプトエチルチオホスフエイトを含有する製剤を使用してかんきつ類、りんご、梨、ぶどう、桃、あんず、梅、ホツプ、菜種、桑、七島い又は食用に供されることがない観賞用植物若しくはその球根の害虫の防除を行う場合には、次の各号に定める基準によらなければならない。

一　次に掲げる者の実地の指導の下に行うこと。

イ　薬事又は毒物若しくは劇物に関する試験研究又は事務に従事する厚生労働省又は都道府県若しくは市町村の技術職員

ロ　法第8条に規定する毒物劇物取扱責任者の資格を有する者であつて、都道府

948

県知事の指定を受けたもの

ハ　植物防疫法第3条第1項に規定する植物防疫官、同条第2項に規定する植物防疫員その他農作物の病害虫の防除に関する試験研究又は事務に従事する農林水産省の技術職員

ニ　植物防疫法第33条第1項に規定する病害虫防除員であつて、都道府県知事の指定を受けたもの

ホ　農業改良助長法第8条第1項に規定する普及指導員であつて、都道府県知事の指定を受けたもの

ヘ　地方公共団体、農業協同組合、農業共済組合又は農業共済組合連合会の技術職員であつて、都道府県知事の指定を受けたもの

二　あらかじめ、防除実施の目的、日時及び区域、使用する薬剤の品名及び数量並びに指導員の氏名及び資格を防除実施区域の市町村長を経由して（特別区及び保健所を設置する市の区域にあつては、直接）保健所長に届け出ること。

三　防除実施の2日前から防除終了後7日までの間、防除実施の日時及び区域を公示すること。

四　菜種、桑又は七島いの害虫の防除は、散布以外の方法によらないこと。

五　かんきつ類、りんご、梨、ぶどう、桃、あんず、梅又は食用に供されることがない観賞用植物の害虫の防除は、散布及び塗布以外の方法によらないこと。

六　ホツプの害虫の防除は、塗布以外の方法によらないこと。

七　食用に供されることがない観賞用植物の球根の害虫の防除は、浸漬以外の方法によらないこと。

八　菜種の害虫の防除は、その抽苔期間以外の時期に行わないこと。

（器具等の処置）

第19条　ジメチルエチルメルカプトエチルチオホスフエイトを含有する製剤を使用して害虫の防除を行なつたときは、防除に使用した器具及び被服であつて、当該製剤が附着し、又は附着したおそれがあるものは、使用のつど、保健衛生上危害を生ずるおそれがないように処置しなければならない。

（空容器等の処置）

第20条　容器又は被包に収められたジメチルエチルメルカプトエチルチオホスフエイトを含有する製剤の全部を消費したときは、消費者は、その製剤が収められていた容器又は被包を保健衛生上危害を生ずるおそれがないように処置しなければならない。

（罰則）

第21条　第18条の規定に違反した者は、2年以下の懲役若しくは100万円以下の罰

金に処し、又はこれを併科する。

2　前2条の規定に違反した者は、1年以下の懲役若しくは50万円以下の罰金に処し、又はこれを併科する。

3　法人の代表者又は法人若しくは人の代理人、使用人その他の従業者がその法人又は人の業務に関して前2項の違反行為をしたときは、その行為者を罰するほか、その法人又は人に対しても前2項の罰金刑を科する。

第4章　モノフルオール酢酸アミドを含有する製剤

（使用者及び用途）

第22条　法第3条の2第3項及び第5項の規定により、モノフルオール酢酸アミドを含有する製剤の使用者及び用途を次のように定める。

一　使用者　国、地方公共団体、農業協同組合及び農業者の組織する団体であつて都道府県知事の指定を受けたもの

二　用途　かんきつ類、りんご、なし、桃又はかきの害虫の防除

（着色及び表示）

第23条　法第3条の2第9項の規定により、モノフルオール酢酸アミドを含有する製剤の着色及び表示の基準を次のように定める。

一　青色に着色されていること。

二　その容器及び被包に、次に掲げる事項が表示されていること。

イ　モノフルオール酢酸アミドを含有する製剤が入つている旨及びその内容量

ロ　かんきつ類、りんご、なし、桃又はかきの害虫の防除以外の用に使用してはならない旨

ハ　その製剤が口に入り、又は皮膚から吸収された場合には、著しい危害を生ずるおそれがある旨

ニ　その容器又は被包内の製剤の全部を消費したときは、消費者は、その容器又は被包を保健衛生上危害を生ずるおそれがないように処置しなければならない旨

（使用方法）

第24条　モノフルオール酢酸アミドを含有する製剤を使用してかんきつ類、りんご、なし、桃又はかきの害虫の防除を行う場合には、次の各号に定める基準によらなければならない。

一　次に掲げる者の実地の指導の下に行うこと。

イ　薬事又は毒物若しくは劇物に関する試験研究又は事務に従事する厚生労働省又は都道府県若しくは市町村の技術職員

ロ　法第8条に規定する毒物劇物取扱責任者の資格を有する者であつて、都道府

県知事の指定を受けたもの

ハ　植物防疫法第３条第１項に規定する植物防疫官、同条第２項に規定する植物防疫員その他農作物の病害虫の防除に関する試験研究又は事務に従事する農林水産省の技術職員

ニ　植物防疫法第33条第１項に規定する病害虫防除員であつて、都道府県知事の指定を受けたもの

ホ　農業改良助長法第８条第１項に規定する普及指導員であつて、都道府県知事の指定を受けたもの

ヘ　農業協同組合の技術職員であつて、都道府県知事の指定を受けたもの

二　あらかじめ、防除実施の目的、日時及び区域、使用する薬剤の品名及び数量並びに指導員の氏名及び資格を防除実施区域の市町村長を経由して（特別区及び保健所を設置する市の区域にあつては、直接）保健所長に届け出ること。

三　防除実施の２日前から防除終了後７日までの間、防除実施の日時及び区域を公示すること。

四　散布以外の方法によらないこと。

（器具等の処置）

第25条　モノフルオール酢酸アミドを含有する製剤を使用してかんきつ類、りんご、なし、桃又はかきの害虫の防除を行つたときは、防除に使用した器具及び被服であつて、当該製剤が附着し、又は附着したおそれがあるものは、使用のつど、保健衛生上危害を生ずるおそれがないように処置しなければならない。

（空容器等の処置）

第26条　容器又は被包に収められたモノフルオール酢酸アミドを含有する製剤の全部を消費したときは、消費者は、その製剤が収められていた容器又は被包を保健衛生上危害を生ずるおそれがないように処置しなければならない。

（罰則）

第27条　第24条の規定に違反した者は、２年以下の懲役若しくは100万円以下の罰金に処し、又はこれを併科する。

2　前２条の規定に違反した者は、１年以下の懲役若しくは50万円以下の罰金に処し、又はこれを併科する。

3　法人の代表者又は法人若しくは人の代理人、使用人その他の従業者がその法人又は人の業務に関して前２項の違反行為をしたときは、その行為者を罰するほか、その法人又は人に対しても前２項の罰金刑を科する。

法令集

第5章　燐化アルミニウムとその分解促進剤とを含有する製剤

（使用者及び用途）

第28条　法第3条の2第3項及び第5項の規定により、燐化アルミニウムとその分解促進剤とを含有する製剤の使用者及び用途を次のように定める。

一　使用者

イ　国、地方公共団体、農業協同組合又は日本たばこ産業株式会社

ロ　燻蒸により倉庫内若しくはコンテナ内のねずみ、昆虫等を駆除することを業とする者又は営業のために倉庫を有する者であつて、都道府県知事の指定を受けたもの

ハ　船長（船長の職務を行なう者を含む。以下同じ。）又は燻蒸により船倉内のねずみ、昆虫等を駆除することを業とする者

二　用途　倉庫内、コンテナ（工業標準化法（昭和24年法律第185号）に基づく日本工業規格Z 1610号（大形コンテナ）に適合するコンテナ又はこれと同等以上の内容積を有する密閉形コンテナに限る。以下同じ。）内又は船倉内におけるねずみ、昆虫等の駆除（前号ロに掲げる者にあつては倉庫内又はコンテナ内、同号ハに掲げる者にあつては船倉内におけるものに限る。）

（品質及び表示）

第29条　法第3条の2第9項の規定により、燐化アルミニウムとその分解促進剤とを含有する製剤の品質及び表示の基準を次のように定める。

一　温度が25度、相対湿度が70パーセントの空気中において、その製剤中の燐化アルミニウムのすべてが分解するのに要する時間が12時間以上24時間以内であること。

二　その製剤中の燐化アルミニウムが分解する場合に悪臭を発生するものであること。

三　その容器及び被包に、次に掲げる事項が表示されていること。

イ　燐化アルミニウムとその分解促進剤とを含有する製剤が入つている旨

ロ　倉庫内、コンテナ内又は船倉内におけるねずみ、昆虫等の駆除以外の用に使用してはならない旨

ハ　空気に触れた場合に燐化水素を発生し、著しい危害を生ずるおそれがある旨

（使用方法）

第30条　燐化アルミニウムとその分解促進剤とを含有する製剤を使用して倉庫内、コンテナ内又は船倉内のねずみ、昆虫等を駆除するための燻蒸作業（燐化水素を当該倉庫、当該コンテナ又は当該船倉から逸散させる作業を含む。）を行なう場合には、次の各号に定める基準によらなければならない。

一　倉庫内におけるねずみ、昆虫等の駆除については、次の基準によること。

イ　燻蒸中は、当該倉庫のとびら、通風口等を閉鎖し、その他必要に応じ、当該倉庫について、燐化水素が当該倉庫の外部にもれることによる保健衛生上の危害の発生を防止するため必要な措置を講ずること。

ロ　燻蒸中及び燐化水素が当該倉庫から逸散し終わるまでの間、当該倉庫のとびら及びその附近の見やすい場所に、当該倉庫に近寄ることが著しく危険である旨を表示すること。

二　コンテナ内におけるねずみ、昆虫等の駆除については、次の基準によること。

イ　燻蒸作業は、都道府県知事が指定した場所で行なうこと。

ロ　燻蒸中は、当該コンテナのとびら、通風口等を閉鎖し、その他必要に応じ、当該コンテナについて、燐化水素が当該コンテナの外部にもれることによる保健衛生上の危害の発生を防止するため必要な措置を講ずること。

ハ　燻蒸中及び燐化水素が当該コンテナから逸散し終わるまでの間、当該コンテナのとびら及びその附近の見やすい場所に、当該コンテナに近寄ることが著しく危険である旨を表示すること。

ニ　燻蒸中及び燐化水素が当該コンテナから逸散し終わるまでの間、当該コンテナを移動させてはならないこと。

三　船倉内におけるねずみ、昆虫等の駆除については、次の基準によること。

イ　使用者が船長以外の者であるときは、あらかじめ、燻蒸作業を始める旨を船長に通知すること。

ロ　燻蒸中は、当該船倉のとびら、通風口等を密閉し、その他必要に応じ、当該船倉について、燐化水素が当該船倉の外部にもれることを防ぐため必要な措置を講ずること。

ハ　燻蒸中は、当該船倉のとびら及びその附近の見やすい場所に、当該船倉内に立ち入ることが著しく危険である旨を表示すること。

ニ　燐化水素を当該船倉から逸散させるときは、逸散し終わるまでの間、当該船倉のとびら、逸散口及びそれらの附近の見やすい場所に、当該船倉に立ち入り、又は当該逸散口に近寄ることが著しく危険である旨を表示すること。

（保管）

第31条　燐化アルミニウムとその分解促進剤とを含有する製剤の保管は、密閉した容器で行わなければならない。

（罰則）

第32条　前2条の規定に違反した者は、2年以下の懲役若しくは100万円以下の罰金に処し、又はこれを併科する。

2　法人の代表者又は法人若しくは人の代理人、使用人その他の従業者がその法人又は人の業務に関して前項の違反行為をしたときは、その行為者を罰するほか、その

法令集

法人又は人に対しても同項の罰金刑を科する。

第5章の2　興奮、幻覚又は麻酔の作用を有する物

（興奮、幻覚又は麻酔の作用を有する物）

第32条の2　法第3条の3に規定する政令で定める物は、トルエン並びに酢酸エチル、トルエン又はメタノールを含有するシンナー（塗料の粘度を減少させるために使用される有機溶剤をいう。）、接着剤、塗料及び閉そく用又はシーリング用の充てん料とする。

第5章の3　発火性又は爆発性のある劇物

（発火性又は爆発性のある劇物）

第32条の3　法第3条の4に規定する政令で定める物は、亜塩素酸ナトリウム及びこれを含有する製剤（亜塩素酸ナトリウム30パーセント以上を含有するものに限る。）、塩素酸塩類及びこれを含有する製剤（塩素酸塩類35パーセント以上を含有するものに限る。）、ナトリウム並びにピクリン酸とする。

第6章　営業の登録及び特定毒物研究者の許可

（登録票の交付等）

第33条　厚生労働大臣又は都道府県知事（毒物又は劇物の販売業にあつては、その店舗の所在地が、地域保健法（昭和22年法律第101号）第5条第1項の政令で定める市（以下「保健所を設置する市」という。）又は特別区の区域にある場合においては、市長又は区長）は、毒物又は劇物の製造業、輸入業又は販売業の登録を行つたときは、厚生労働省令の定めるところにより、登録を申請した者に登録票を交付しなければならない。毒物又は劇物の製造業、輸入業又は販売業の登録を更新したときも、同様とする。

（許可証の交付等）

第34条　都道府県知事（特定毒物研究者の主たる研究所の所在地が、地方自治法（昭和22年法律第67号）第252条の19第1項の指定都市（以下「指定都市」という。）の区域にある場合においては、指定都市の長）は、特定毒物研究者の許可を与えたときは、厚生労働省令の定めるところにより、許可を申請した者に許可証を交付しなければならない。

（登録票又は許可証の書換え交付）

第35条　毒物劇物営業者又は特定毒物研究者は、登録票又は許可証の記載事項に変更を生じたときは、登録票又は許可証の書換え交付を申請することができる。

2　前項の申請は、厚生労働省令で定めるところにより、申請書に登録票又は許可証

を添え、製造業者又は輸入業者にあつてはその製造所又は営業所の所在地の都道府
県知事を経由して厚生労働大臣に、販売業者にあつては店舗の所在地の都道府県知
事（その店舗の所在地が、保健所を設置する市又は特別区の区域にある場合におい
ては、市長又は区長。次条第2項及び第3項並びに第36条の2第1項において同
じ。）に、特定毒物研究者にあつてはその主たる研究所の所在地の都道府県知事（そ
の主たる研究所の所在地が、指定都市の区域にある場合においては、指定都市の長。
次条第2項及び第3項、第36条の2第1項並びに第36条の6において同じ。）に対
して行わなければならない。

3　第36条の7第1項（第1号に係る部分に限る。）の規定により都道府県知事が製
造業又は輸入業の登録を行うこととされている場合における前項の規定の適用につ
いては、同項中「都道府県知事を経由して厚生労働大臣」とあるのは、「都道府県知
事」とする。

（登録票又は許可証の再交付）

第36条　毒物劇物営業者又は特定毒物研究者は、登録票又は許可証を破り、汚し、又
は失つたときは、登録票又は許可証の再交付を申請することができる。

2　前項の申請は、厚生労働省令で定めるところにより、製造業者又は輸入業者にあつ
てはその製造所又は営業所の所在地の都道府県知事を経由して厚生労働大臣に、販
売業者にあつてはその店舗の所在地の都道府県知事に、特定毒物研究者にあつては
その主たる研究所の所在地の都道府県知事に対して行わなければならない。この場
合において、登録票若しくは許可証を破り、又は汚した毒物劇物営業者又は特定毒
物研究者は、申請書にその登録票又は許可証を添えなければならない。

3　毒物劇物営業者又は特定毒物研究者は、登録票又は許可証の再交付を受けた後、失
つた登録票又は許可証を発見したときは、製造業者又は輸入業者にあつてはその製
造所又は営業所の所在地の都道府県知事を経由して厚生労働大臣に、販売業者にあ
つてはその店舗の所在地の都道府県知事に、特定毒物研究者にあつてはその主たる
研究所の所在地の都道府県知事に、これを返納しなければならない。

4　第36条の7第1項（第1号に係る部分に限る。）の規定により都道府県知事が製造
業又は輸入業の登録を行うこととされている場合における前2項の規定の適用につ
いては、これらの規定中「都道府県知事を経由して厚生労働大臣」とあるのは、「都
道府県知事」とする。

（登録票又は許可証の返納）

第36条の2　毒物劇物営業者又は特定毒物研究者は、法第19条第2項若しくは第4
項の規定により登録若しくは特定毒物研究者の許可を取り消され、若しくは業務の
停止の処分を受け、又は営業若しくは研究を廃止したときは、製造業者又は輸入業
者にあつてはその製造所又は営業所の所在地の都道府県知事を経由して厚生労働大

955

臣に、販売業者にあつてはその店舗の所在地の都道府県知事に、特定毒物研究者にあつてはその主たる研究所の所在地の都道府県知事に、その登録票又は許可証を速やかに返納しなければならない。

2　厚生労働大臣、都道府県知事、指定都市の長、保健所を設置する市の市長又は特別区の区長は、法第19条第4項の規定により業務の停止の処分を受けた者については、業務停止の期間満了の後、登録票又は許可証を交付するものとする。

3　第36条の7第1項（第1号に係る部分に限る。）の規定により都道府県知事が製造業又は輸入業の登録を行うこととされている場合における前2項の規定の適用については、第1項中「都道府県知事を経由して厚生労働大臣」とあるのは「都道府県知事」と、前項中「厚生労働大臣又は都道府県知事」とあるのは「都道府県知事」とする。

（登録簿又は特定毒物研究者名簿）

第36条の3　厚生労働大臣、都道府県知事、指定都市の長、保健所を設置する市の市長又は特別区の区長は、登録簿又は特定毒物研究者名簿を備え、厚生労働省令で定めるところにより、必要な事項を記載するものとする。

2　第36条の7第1項（第1号又は第3号に係る部分に限る。）の規定により都道府県知事が製造業又は輸入業の登録又は登録の変更を行うこととされている場合における前項の規定の適用については、「厚生労働大臣又は都道府県知事」とあるのは、「都道府県知事」とする。

（特定毒物研究者の主たる研究所の所在地の変更）

第36条の4　特定毒物研究者は、都道府県又は指定都市の区域を異にしてその主たる研究所の所在地を変更したときは、その主たる研究所の所在地を変更した日において、その変更後の主たる研究所の所在地の都道府県知事（その変更後の主たる研究所の所在地が、指定都市の区域にある場合においては、指定都市の長。以下この条において「新管轄都道府県知事」という。）による法第3条の2第1項の許可を受けたものとみなす。

2　新管轄都道府県知事は、法第10条第2項の届出が都道府県又は指定都市の区域を異にしてその主たる研究所の所在地を変更した特定毒物研究者からあつたときは、当該特定毒物研究者の変更前の主たる研究所の所在地の都道府県知事（その変更前の主たる研究所の所在地が、指定都市の区域にある場合においては、指定都市の長。次項において「旧管轄都道府県知事」という。）にその旨を通知しなければならない。

3　前項の規定による通知を受けた旧管轄都道府県知事は、特定毒物研究者名簿のうち同項の特定毒物研究者に関する部分を新管轄都道府県知事に送付しなければならない。

毒物及び劇物取締法施行令

（厚生労働省令で定める者に係る保健衛生上の危害の防止のための措置）

第36条の5　特定毒物研究者のうち厚生労働省令で定める者は、その者が主たる研究所において毒物又は劇物による保健衛生上の危害を確実に防止するために必要な設備の設置、補助者の配置その他の措置を講じなければならない。

2　毒物劇物営業者は、毒物劇物取扱責任者として厚生労働省令で定める者を置くときは、当該毒物劇物取扱責任者がその製造所、営業所又は店舗において毒物又は劇物による保健衛生上の危害を確実に防止するために必要な設備の設置、補助者の配置その他の措置を講じなければならない。

3　前項の規定は、毒物劇物取扱責任者を同項に規定する者に変更する場合について準用する。

（行政処分に関する通知）

第36条の6　都道府県知事又は指定都市の長は、主たる研究所の所在地が他の都道府県又は指定都市の区域にある特定毒物研究者について、適当な措置をとることが必要であると認めるときは、理由を付して、その主たる研究所の所在地の都道府県知事にその旨を通知しなければならない。

（都道府県が処理する事務）

第36条の7　法に規定する厚生労働大臣の権限に属する事務のうち、次に掲げるものは、製造所又は営業所の所在地の都道府県知事が行うこととする。ただし、厚生労働大臣が第4号に掲げる権限に属する事務を自ら行うことを妨げない。

一　法第4条第1項に規定する権限に属する事務のうち、製剤の製造（製剤の小分けを含む。以下同じ。）若しくは原体の小分けのみを行う製造業者又は製剤の輸入のみを行う輸入業者（以下「製剤製造業者等」という。）に係る登録に関するもの

二　製剤製造業者等に係る法第7条第3項、第10条第1項、第17条第1項、第19条第1項から第4項まで及び第21条第1項に規定する権限に属する事務

三　製剤製造業者等に係る法第9条第1項に規定する権限に属する事務のうち、製剤の製造若しくは原体の小分けのみに係る登録の変更又は製剤の輸入のみに係る登録の変更に関するもの

四　製造業者及び輸入業者（製剤製造業者等を除く。）に係る法第17条第1項に規定する権限に属する事務

2　前項の場合においては、法の規定中同項の規定により都道府県知事が行う事務に係る厚生労働大臣に関する規定は、都道府県知事に関する規定として都道府県知事に適用があるものとする。

3　都道府県知事は、第1項の規定により同項第4号に掲げる事務を行つた場合において、製造業者又は輸入業者（製剤製造業者等を除く。）につき法第19条第1項から第4項までの規定による処分が行われる必要があると認めるときは、理由を付し

法令集

て、その旨を厚生労働大臣に通知しなければならない。

4　第1項の場合においては、法第4条第2項（法第9条第2項において準用する場合を含む。）、第7条第3項、第10条第1項及び第21条第1項中「都道府県知事を経て、厚生労働大臣」とあるのは「都道府県知事」と読み替えるものとし、法第19条第5項の規定は、適用しない。

（登録簿の送付）

第36条の8　厚生労働大臣は、毒物又は劇物の製造業又は輸入業の登録を受けている者（製剤の製造、原体の小分け又は製剤の輸入を行う者に限る。）から原体の製造（小分けを除く。次項において同じ。）又は原体の輸入を廃止した旨の届出があつたときは、登録簿のうち当該登録を受けている者に関する部分を都道府県知事に送付しなければならない。この場合において、都道府県知事は、当該届出をした者に新たな登録票を交付するものとする。

2　都道府県知事は、製剤製造業者等が原体の製造又は輸入に係る登録の変更を受けたときは、登録簿のうち当該登録の変更を受けた者に関する部分を厚生労働大臣に送付しなければならない。この場合において、厚生労働大臣は、当該登録の変更を受けた者に新たな登録票を交付するものとする。

3　前2項の規定により登録票の交付を受けた者は、第1項に定める場合にあつては都道府県知事を経由して厚生労働大臣に、前項に定める場合にあつては都道府県知事に、既に交付を受けた登録票を速やかに返納しなければならない。

（事務の区分）

第36条の9　第35条第2項（経由に係る部分に限る。）、第36条第2項及び第3項（経由に係る部分に限る。）、第36条の2第1項（経由に係る部分に限る。）、第36条の7第1項（第4号に係る部分に限る。）並びに前条第2項及び第3項（経由に係る部分に限る。）の規定により都道府県が処理することとされている事務は、地方自治法第2条第9項第1号に規定する第1号法定受託事務とする。

（権限の委任）

第36条の10　この政令に規定する厚生労働大臣の権限は、厚生労働省令で定めるところにより、地方厚生局長に委任することができる。

2　前項の規定により地方厚生局長に委任された権限は、厚生労働省令で定めるところにより、地方厚生支局長に委任することができる。

（省令への委任）

第37条　この章に定めるもののほか、毒物又は劇物の営業の登録及び登録の更新、特定毒物研究者の許可及び届出並びに特定毒物研究者についての法第19条第4項の処

958

分に関し必要な事項は、厚生労働省令で定める。

第7章　危害防止の措置を講ずべき毒物等含有物
（毒物又は劇物を含有する物）
第38条　法第11条第2項に規定する政令で定める物は、次のとおりとする。
一　無機シアン化合物たる毒物を含有する液体状の物（シアン含有量が1リットルにつき1ミリグラム以下のものを除く。）
二　塩化水素、硝酸若しくは硫酸又は水酸化カリウム若しくは水酸化ナトリウムを含有する液体状の物（水で10倍に希釈した場合の水素イオン濃度が水素指数2.0から12.0までのものを除く。）
三　前項の数値は、厚生労働省令で定める方法により定量した場合における数値とする。

第8章　特定の用途に供される毒物又は劇物
（着色すべき農業用劇物）
第39条　法第13条に規定する政令で定める劇物は、次のとおりとする。
一　硫酸タリウムを含有する製剤たる劇物
二　燐化亜鉛を含有する製剤たる劇物

（劇物たる家庭用品）
第39条の2　法第13条の2に規定する政令で定める劇物は、別表第一の上欄に掲げる物とし、同条に規定する政令で定める基準は、同表の上欄に掲げる物に応じ、その成分の含量については同表の中欄に、容器又は被包については同表の下欄に掲げるとおりとする。

第8章の2　毒物又は劇物の譲渡手続
（毒物又は劇物の譲渡手続に係る情報通信の技術を利用する方法）
第39条の3　毒物劇物営業者は、法第14条第3項の規定により同項に規定する事項の提供を受けようとするときは、厚生労働省令で定めるところにより、あらかじめ、当該譲受人に対し、その用いる同項前段に規定する方法（以下この条において「電磁的方法」という。）の種類及び内容を示し、書面又は電磁的方法による承諾を得なければならない。
2　前項の規定による承諾を得た毒物劇物営業者は、当該譲受人から書面又は電磁的方法により電磁的方法による提供を行わない旨の申出があつたときは、当該譲受人から、法第14条第3項に規定する事項の提供を電磁的方法によつて受けてはならない。ただし、当該譲受人が再び前項の規定による承諾をした場合は、この限りでない。

法令集

第9章　毒物及び劇物の廃棄

（廃棄の方法）

第40条　法第15条の2の規定により、毒物若しくは劇物又は法第11条第2項に規定する政令で定める物の廃棄の方法に関する技術上の基準を次のように定める。

　一　中和、加水分解、酸化、還元、稀釈その他の方法により、毒物及び劇物並びに法第11条第2項に規定する政令で定める物のいずれにも該当しない物とすること。

　二　ガス体又は揮発性の毒物又は劇物は、保健衛生上危害を生ずるおそれがない場所で、少量ずつ放出し、又は揮発させること。

　三　可燃性の毒物又は劇物は、保健衛生上危害を生ずるおそれがない場所で、少量ずつ燃焼させること。

　四　前各号により難い場合には、地下1メートル以上で、かつ、地下水を汚染するおそれがない地中に確実に埋め、海面上に引き上げられ、若しくは浮き上がるおそれがない方法で海水中に沈め、又は保健衛生上危害を生ずるおそれがないその他の方法で処理すること。

第9章の2　毒物及び劇物の運搬

（容器）

第40条の2　四アルキル鉛を含有する製剤（自動車燃料用アンチノック剤を除く。）を運搬する場合には、その容器は、工業標準化法に基づく日本工業規格Z 1601号（鋼製ドラム缶）第一種に適合するドラム缶又はこれと同等以上の強度を有するドラム缶でなければならない。

2　四アルキル鉛を含有する製剤（自動車燃料用アンチノック剤に限る。）を運搬する場合には、その容器は、工業標準化法に基づく日本工業規格Z 1601号（鋼製ドラム缶）第一種に適合するドラム缶若しくはこれと同等以上の強度を有するドラム缶又は当該製剤の国際海事機関が採択した危険物の運送に関する規程に定める基準に適合している容器であつて厚生労働省令で定めるものでなければならない。

3　無機シアン化合物たる毒物（液体状のものに限る。）を内容積が1000リットル以上の容器に収納して運搬する場合には、その容器は、次の各号に定める基準に適合するもの又は高圧ガス保安法（昭和26年法律第204号）第44条第1項の容器検査に合格したもの若しくは同項第1号若しくは第2号に掲げるものでなければならない。

　一　容器の内容積は、1万リットル以下であること。

　二　容器並びにそのマンホール及び注入口のふたの材質は、工業標準化法に基づく日本工業規格G3101号（一般構造用圧延鋼材）に適合する鋼材又はこれと同等以上の強度を有する鋼材であること。

　三　容器並びにそのマンホール及び注入口のふたに使用される鋼板の厚さは、4ミリメートル以上であること。

毒物及び劇物取締法施行令

四　常用の温度において 294 キロパスカルの圧力（ゲージ圧力をいう。以下同じ。）
で行う水圧試験において、漏れ、又は変形しないものであること。

五　内容積が 2000 リットル以上の容器にあつては、その内部に防波板が設けられて
いること。

六　弁及び配管は、鋼製であること。

七　容器の外部に突出しているマンホール、注入口その他の附属装置には、厚さ 2.3
ミリメートル以上の鋼板で作られた山形の防護枠が取り付けられていること。

4　弗化水素又はこれを含有する製剤（弗化水素 70 パーセント以上を含有するものに
限る。）を内容積が 1000 リットル以上の容器に収納して運搬する場合には、その容
器は、前項第 1 号、第 2 号及び第 5 号から第 7 号までに定めるもののほか、次の各
号に定める基準に適合するものでなければならない。

一　容器並びにそのマンホール及び注入口のふたに使用される鋼板の厚さは、6 ミ
リメートル以上であること。

二　常用の温度において 490 キロパスカルの圧力で行う水圧試験において、漏れ、又
は変形しないものであること。

三　内容積が 5000 リットル以上の容器にあつては、当該容器内の温度を 40 度以下
に保つことができる断熱材が使用されていること。

四　内容積が 2000 リットル以上の容器にあつては、弁がその容器の上部に設けられ
ていること。

5　弗化水素を含有する製剤（弗化水素 70 パーセント以上を含有するものを除く。）
を内容積が 1000 リットル以上の容器に収納して運搬する場合には、その容器は、第
3 項第 1 号、第 2 号、第 4 号、第 5 号及び第 7 号並びに前項第 4 号に定めるものの
ほか、次の各号に定める基準に適合するものでなければならない。

一　容器並びにそのマンホール及び注入口のふたに使用される鋼板の厚さは、4.5 ミ
リメートル以上であること。

二　容器の内面がポリエチレンその他の腐食され難い物質で被覆されていること。

三　弁は、プラスチック製又はプラスチック皮膜を施した鋼製であり、配管は、プ
ラスチック皮膜を施した鋼製であること。この場合において、使用されるプラス
チックは、ポリプロピレンその他の腐食され難いものでなければならない。

6　無機シアン化合物たる毒物（液体状のものに限る。）又は弗化水素若しくはこれを
含有する製剤の国際海事機関が採択した危険物の運送に関する規程に定める基準に
適合している容器であつて厚生労働省令で定めるものによる運搬については、厚生
労働省令で、前 3 項に掲げる基準の特例を定めることができる。

7　無機シアン化合物たる毒物（液体状のものに限る。）又は弗化水素若しくはこれを
含有する製剤の船舶による運搬については、第 3 項から前項までの規定は、適用し
ない。

961

（容器又は被包の使用）

第40条の3　四アルキル鉛を含有する製剤は、次の各号に適合する場合でなければ、運搬してはならない。ただし、次項に規定する場合は、この限りでない。

一　ドラム缶内に10パーセント以上の空間が残されていること。

二　ドラム缶の口金が締められていること。

三　ドラム缶ごとにその内容が四アルキル鉛を含有する製剤である旨の表示がなされていること。

2　四アルキル鉛を含有する製剤（自動車燃料用アンチノック剤に限る。）を前条第2項に規定する厚生労働省令で定める容器により運搬する場合には、容器ごとにその内容が四アルキル鉛を含有する製剤であつて自動車燃料用アンチノック剤である旨の表示がなされていることその他の厚生労働省令で定める要件を満たすものでなければ、運搬してはならない。

3　毒物（四アルキル鉛を含有する製剤を除く。以下この項において同じ。）又は劇物は、次の各号に適合する場合でなければ、車両（道路交通法（昭和35年法律第105号）第2条第8号に規定する車両をいう。以下同じ。）を使用して、又は鉄道によつて運搬してはならない。

一　容器又は被包に収納されていること。

二　ふたをし、弁を閉じる等の方法により、容器又は被包が密閉されていること。

三　1回につき1000キログラム以上運搬する場合には、容器又は被包の外部に、その収納した毒物又は劇物の名称及び成分の表示がなされていること。

（積載の態様）

第40条の4　四アルキル鉛を含有する製剤を運搬する場合には、その積載の態様は、次の各号に定める基準に適合するものでなければならない。ただし、次項に規定する場合は、この限りでない。

一　ドラム缶の下に厚いむしろの類が敷かれていること。

二　ドラム缶は、その口金が上位になるように置かれていること。

三　ドラム缶が積み重ねられていないこと。

四　ドラム缶が落下し、転倒し、又は破損することのないように積載されていること。

五　積載装置を備える車両を使用して運搬する場合には、ドラム缶が当該積載装置の長さ又は幅を超えないように積載されていること。

六　四アルキル鉛を含有する製剤及び四アルキル鉛を含有する製剤の空容器以外の物と混載されていないこと。

2　四アルキル鉛を含有する製剤（自動車燃料用アンチノック剤に限る。）を第40条の2第2項に規定する厚生労働省令で定める容器により運搬する場合には、その積載の態様は、次の各号に定める基準に適合するものでなければならない。

毒物及び劇物取締法施行令

一　容器は、その開口部が上位になるように置かれていること。

二　容器が積み重ねられていないこと。

三　容器が落下し、転倒し、又は破損することのないように積載されていること。

四　積載装置を備える車両を使用して運搬する場合には、容器が当該積載装置の長さ又は幅を超えないように積載されていること。

五　四アルキル鉛を含有する製剤及び四アルキル鉛を含有する製剤の空容器以外の物と混載されていないこと。

3　弗化水素又はこれを含有する製剤（弗化水素70パーセント以上を含有するものに限る。）を車両を使用して、又は鉄道によつて運搬する場合には、その積載の態様は、次の各号に定める基準に適合するものでなければならない。

一　容器又は被包に対する日光の直射を防ぐための措置が講じられていること。ただし、容器内の温度を40度以下に保つことができる断熱材が使用されている場合は、この限りでない。

二　容器又は被包が落下し、転倒し、又は破損することのないように積載されていること。

三　積載装置を備える車両を使用して運搬する場合には、容器又は被包が当該積載装置の長さ又は幅を超えないように積載されていること。

四　毒物（四アルキル鉛を含有する製剤並びに弗化水素及びこれを含有する製剤（弗化水素70パーセント以上を含有するものに限る。）を除く。）又は劇物を車両を使用して、又は鉄道によつて運搬する場合には、その積載の態様は、前項第2号及び第3号に定める基準に適合するものでなければならない。

（運搬方法）

第40条の5　四アルキル鉛を含有する製剤を鉄道によつて運搬する場合には、有がい貨車を用いなければならない。

2　別表第二に掲げる毒物又は劇物を車両を使用して1回につき5000キログラム以上運搬する場合には、その運搬方法は、次の各号に定める基準に適合するものでなければならない。

一　厚生労働省令で定める時間を超えて運搬する場合には、車両1台について運転者のほか交替して運転する者を同乗させること。

二　車両には、厚生労働省令で定めるところにより標識を掲げること。

三　車両には、防毒マスク、ゴム手袋その他事故の際に応急の措置を講ずるために必要な保護具で厚生労働省令で定めるものを2人分以上備えること。

四　車両には、運搬する毒物又は劇物の名称、成分及びその含量並びに事故の際に講じなければならない応急の措置の内容を記載した書面を備えること。

（荷送人の通知義務）

第40条の6　毒物又は劇物を車両を使用して、又は鉄道によつて運搬する場合で、当該運搬を他に委託するときは、その荷送人は、運送人に対し、あらかじめ、当該毒物又は劇物の名称、成分及びその含量並びに数量並びに事故の際に講じなければならない応急の措置の内容を記載した書面を交付しなければならない。ただし、厚生労働省令で定める数量以下の毒物又は劇物を運搬する場合は、この限りでない。

2　前項の荷送人は、同項の規定による書面の交付に代えて、当該運送人の承諾を得て、当該書面に記載すべき事項を電子情報処理組織を使用する方法その他の情報通信の技術を利用する方法であつて厚生労働省令で定めるもの（以下この条において「電磁的方法」という。）により提供することができる。この場合において、当該荷送人は、当該書面を交付したものとみなす。

3　第1項の荷送人は、前項の規定により同項に規定する事項を提供しようとするときは、厚生労働省令で定めるところにより、あらかじめ、当該運送人に対し、その用いる電磁的方法の種類及び内容を示し、書面又は電磁的方法による承諾を得なければならない。

4　前項の規定による承諾を得た荷送人は、当該運送人から書面又は電磁的方法により電磁的方法による提供を受けない旨の申出があつたときは、当該運送人に対し、第2項に規定する事項の提供を電磁的方法によつてしてはならない。ただし、当該運送人が再び前項の規定による承諾をした場合は、この限りでない。

（船舶による運搬）

第40条の7　船舶により四アルキル鉛を含有する製剤を運搬する場合には、第40条の2から第40条の4までの規定にかかわらず、船舶安全法（昭和8年法律第11号）第28条第1項の規定に基づく国土交通省令の定めるところによらなければならない。

（罰則）

第40条の8　第40条の2第1項から第5項まで、第40条の3から第40条の5まで、第40条の6第1項又は前条の規定に違反した者は、2年以下の懲役若しくは100万円以下の罰金に処し、又はこれを併科する。

2　法人の代表者又は法人若しくは人の代理人、使用人その他の従業者がその法人又は人の業務に関して前項の違反行為をしたときは、その行為者を罰するほか、その法人又は人に対しても同項の罰金刑を科する。

第9章の3　毒物劇物営業者等による情報の提供

第40条の9　毒物劇物営業者は、毒物又は劇物を販売し、又は授与するときは、その販売し、又は授与する時までに、譲受人に対し、当該毒物又は劇物の性状及び取扱いに関する情報を提供しなければならない。ただし、当該毒物劇物営業者により、

当該譲受人に対し、既に当該毒物又は劇物の性状及び取扱いに関する情報の提供が行われている場合その他厚生労働省令で定める場合は、この限りでない。

2　毒物劇物営業者は、前項の規定により提供した毒物又は劇物の性状及び取扱いに関する情報の内容に変更を行う必要が生じたときは、速やかに、当該譲受人に対し、変更後の当該毒物又は劇物の性状及び取扱いに関する情報を提供するよう努めなければならない。

3　前2項の規定は、特定毒物研究者が製造した特定毒物を譲り渡す場合について準用する。

4　前3項に定めるもののほか、毒物劇物営業者又は特定毒物研究者による毒物又は劇物の譲受人に対する情報の提供に関し必要な事項は、厚生労働省令で定める。

第10章　業務上取扱者の届出

（業務上取扱者の届出）

第41条　法第22条第1項に規定する政令で定める事業は、次のとおりとする。

一　電気めつきを行う事業

二　金属熱処理を行う事業

三　最大積載量が5000キログラム以上の自動車若しくは被牽引自動車（以下「大型自動車」という。）に固定された容器を用い、又は内容積が厚生労働省令で定める量以上の容器を大型自動車に積載して行う毒物又は劇物の運送の事業

四　しろありの防除を行う事業

第42条　法第22条第1項に規定する政令で定める毒物又は劇物は、次の各号に掲げる事業にあつては、それぞれ当該各号に定める物とする。

一　前条第1号及び第2号に掲げる事業　無機シアン化合物たる毒物及びこれを含有する製剤

二　前条第3号に掲げる事業　別表第二に掲げる物

三　前条第4号に掲げる事業　砒素化合物たる毒物及びこれを含有する製剤

第11章　手数料

（手数料）

第43条　法第23条に規定する政令で定める手数料の額は、次の各号に掲げる区分ごとに、それぞれ当該各号に掲げるとおりとする。

一　厚生労働大臣が行う毒物又は劇物の製造業又は輸入業の登録を申請する者

　　　　　　　　　　　　　　　　　　1万4100円

二　前号の登録の更新を申請する者　　1万円

三　第1号の登録の変更を申請する者　　8800円

法令集

　　　　附　　則

（施行期日）

1　この政令は、毒物及び劇物取締法の一部を改正する法律（昭和30年法律第162号）の施行の日（昭和30年10月1日）から施行する。

（関係政令の廃止）

2　次に掲げる政令は、廃止する。

　　一　四エチル鉛取扱基準令（昭和26年政令第158号）

　　二　モノフルオール醋酸ナトリウム取扱基準令（昭和27年政令第28号）

　　三　ヂエチルパラニトロフエニールチオホスフエイト及びヂメチルパラニトロフエニールチオホスフエイト取扱基準令（昭和28年政令第95号）

　　四　毒物及び劇物を指定する政令（昭和27年政令第26号）

（経過規定）

3　この政令の施行前にヂエチルパラニトロフエニールチオホスフエイト及びヂメチルパラニトロフエニールチオホスフエイト取扱基準令第4条第1号ハの規定により都道府県知事がした指定は、第18条第1号への規定により都道府県知事がした指定とみなす。

　　　　附　　則　（昭和31年6月12日政令第178号）

　この政令は、公布の日から施行する。

　　　　附　　則　（昭和33年12月19日政令第334号）　抄

1　この政令は、昭和34年1月1日から施行する。

2　この政令の施行前にした違反行為に対する罰則の適用については、なお従前の例による。

　　　　附　　則　（昭和34年3月24日政令第40号）

　この政令は、公布の日から施行する。

　　　　附　　則　（昭和34年12月28日政令第385号）

　この政令は、公布の日から起算して90日を経過した日から施行する。

　　　　附　　則　（昭和36年1月14日政令第7号）　抄

1　この政令は、公布の日から施行する。

2　この政令の施行前にした違反行為に対する罰則の適用については、なお従前の例による。

　　　　附　　則　（昭和36年1月26日政令第11号）　抄

（施行期日）

1　この政令は、法の施行の日（昭和36年2月1日）から施行する。

　　　　附　　則　（昭和36年6月19日政令第203号）

　この政令は、公布の日から起算して90日を経過した日から施行する。

　　　　附　　則　（昭和36年9月14日政令第309号）　抄

1　この政令は、昭和36年9月15日から施行する。

2　この政令の施行前にした違反行為に対する罰則の適用については、なお従前の例
による。

　　　　附　則　（昭和 37 年 1 月 23 日政令第 7 号）　抄

1　この政令は、公布の日から施行する。

2　この政令の施行前にした違反行為に対する罰則の適用については、なお従前の例
による。

　　　　附　則　（昭和 37 年 5 月 4 日政令第 191 号）

（施行期日）

1　この政令は、公布の日から施行する。

（経過規定）

2　この政令の施行の際、現に第 13 条第 1 号ロの規定による都道府県知事の指定を受
けている者は改正後の毒物及び劇物取締法施行令（以下「新令」という。）第 18 条
第 1 号ロ及び第 24 条第 1 号ロの規定による都道府県知事の指定を受けた者と、現に
第 18 条第 1 号ニ又はホの規定による都道府県知事の指定を受けている者は新令第
24 条第 1 号ニ又はホの規定による都道府県知事の指定を受けた者とみなす。

　　　　附　則　（昭和 40 年 1 月 4 日政令第 3 号）　抄

（施行期日）

1　この政令は、昭和 40 年 1 月 9 日から施行する。ただし、改正後の第 38 条の規定
は、昭和 41 年 6 月 30 日までは、適用しない。

（経過規定）

2　この政令の施行の際現に改正後の第 41 条に規定する事業を行なう者であつてその
業務上シアン化ナトリウム又は改正後の第 42 条に規定する毒物を取り扱うものの事
業場においてこれらの毒物による保健衛生上の危害の防止に当たつている者であつ
て、この政令の施行の日から 90 日以内に氏名その他厚生省令で定める事項を都道府
県知事に届け出たものは、法第 22 条第 4 項において準用する法第 8 条第 1 項の規定
にかかわらず、当該事業場においては、当分の間、毒物劇物取扱責任者となること
ができる。

　　　　附　則　（昭和 40 年 12 月 24 日政令第 379 号）

この政令は、公布の日から施行する。ただし、毒物及び劇物取締法施行令第 40 条の
改正規定は、昭和 41 年 7 月 1 日から施行する。

　　　　附　則　（昭和 42 年 1 月 31 日政令第 8 号）

この政令は、公布の日から施行する。

　　　　附　則　（昭和 42 年 12 月 26 日政令第 374 号）　抄

1　この政令は、公布の日から施行する。ただし、第 12 条第 3 号の改正規定は、昭和
43 年 4 月 1 日から施行する。

2　この政令の施行前にした違反行為に対する罰則の適用については、なお従前の例
による。

法令集

　　附　則　（昭和 46 年 3 月 23 日政令第 30 号）
1　この政令は、昭和 46 年 6 月 1 日から施行する。
2　この政令の施行の際現に第 18 条第 1 号への規定による都道府県知事の指定を受け
　ている者は、改正後の第 24 条第 1 号への規定による都道府県知事の指定を受けた者
　とみなす。
3　この政令の施行の際現に金属熱処理の事業を行なう者であつてその業務上シアン
　化ナトリウム又は第 42 条に規定する毒物を取り扱うものの事業場においてこれらの
　毒物による保健衛生上の危害の防止に当たつている者であつて、この政令の施行の
　日から 90 日以内に氏名その他厚生省令で定める事項を都道府県知事に届け出たもの
　は、法第 22 条第 4 項において準用する法第 8 条第 1 項の規定にかかわらず、当該事
　業場においては、当分の間、毒物劇物取扱責任者となることができる。
4　この政令の施行前にした違反行為に対する罰則の適用については、なお従前の例
　による。

　　附　則　（昭和 46 年 6 月 22 日政令第 199 号）　抄
（施行期日）
1　この政令は、毒物及び劇物取締法の一部を改正する法律（昭和 45 年法律第 131
　号）の施行の日（昭和 46 年 6 月 24 日）から施行する。
（経過措置）
2　この政令の施行の際現に無機シアン化合物たる毒物（液体状のものに限る。）又
　は弗化水素若しくはこれを含有する製剤の運搬の用に供されている容器で内容積が
　1000 リツトル以上のものを使用して運搬する場合は、この政令の施行の日から起算
　して 2 年間は、改正後の第 40 条の 2 第 2 項から第 4 項までの規定は、適用しない。
3　この政令の施行前にした違反行為に対する罰則の適用については、なお従前の例
　による。

　　附　則　（昭和 46 年 11 月 27 日政令第 358 号）
（施行期日）
1　この政令中、第 1 条及び次項の規定は、昭和 47 年 3 月 1 日から、第 2 条及び附則
　第 3 項の規定は、同年 6 月 1 日から施行する。
（第 1 条の規定による改正に伴う経過措置）
2　第 1 条の規定の施行の際に同条の規定による改正後の毒物及び劇物取締法施行
　令第 41 条第 3 号に掲げる事業を行なう者であつてその業務上シアン化ナトリウム又
　は同令別表に掲げる毒物若しくは劇物を取り扱うものの事業場においてこれらの毒
　物又は劇物による保健衛生上の危害の防止に当たつている者であつて、昭和 47 年 5
　月 31 日までに氏名その他厚生省令で定める事項を都道府県知事に届け出たものは、
　毒物及び劇物取締法第 22 条第 4 項において準用する同法第 8 条第 1 項の規定にかか
　わらず、当該事業場においては、当分の間、毒物劇物取扱責任者となることができ
　る。

968

（第2条の規定による改正に伴う経過措置）

3　第2条の規定の施行前に製造された塩化水素若しくは硫酸を含有する製剤たる劇物（住宅用の洗浄剤で液体状のものに限る。）又はジメチル-2,2-ジクロルビニルホスフエイトを含有する製剤（衣料用の防虫剤に限る。）については、同条の規定による改正後の毒物及び劇物取締法施行令第39条の2の規定は、適用しない。

　　　　附　則　（昭和47年6月30日政令第252号）

この政令は、昭和47年8月1日から施行する。

　　　　附　則　（昭和48年11月24日政令第344号）

この政令は、船舶安全法の一部を改正する法律の施行の日（昭和48年12月14日）から施行する。

　　　　附　則　（昭和49年9月26日政令第335号）

この政令は、昭和49年10月1日から施行する。

　　　　附　則　（昭和50年8月19日政令第254号）

この政令は、昭和50年9月1日から施行する。

　　　　附　則　（昭和50年12月24日政令第372号）

この政令は、昭和51年1月1日から施行する。

　　　　附　則　（昭和53年3月30日政令第57号）

この政令は、昭和53年4月10日から施行する。

　　　　附　則　（昭和53年7月5日政令第282号）　抄

（施行期日）

第1条　この政令は、公布の日から施行する。

　　　　附　則　（昭和53年7月11日政令第286号）　抄

（施行期日）

第1条　この政令は、法の施行の日（昭和53年10月2日）から施行する。

　　　　附　則　（昭和56年3月27日政令第44号）

1　この政令は、昭和56年4月1日から施行する。

2　この政令の施行前に実施の公告がされた毒物劇物取扱者試験を受けようとする者が納付すべき手数料については、なお従前の例による。

　　　　附　則　（昭和57年4月20日政令第122号）

この政令は、昭和57年5月1日から施行する。

　　　　附　則　（昭和59年3月16日政令第32号）　抄

1　この政令は、昭和59年4月1日から施行する。

4　この政令の施行前に実施の公告がされた毒物劇物取扱者試験を受けようとする者が納付すべき手数料については、なお従前の例による。

　　　　附　則　（昭和60年3月5日政令第24号）　抄

（施行期日）

第1条　この政令は、昭和60年4月1日から施行する。

法令集

　　　　附　則　（昭和 62 年 3 月 20 日政令第 43 号）

この政令は、昭和 62 年 4 月 1 日から施行する。

　　　　附　則　（平成 2 年 9 月 21 日政令第 275 号）

この政令は、平成 2 年 10 月 1 日から施行する。

　　　　附　則　（平成 3 年 3 月 19 日政令第 39 号）

この政令は、平成 3 年 4 月 1 日から施行する。

　　　　附　則　（平成 6 年 3 月 24 日政令第 64 号）

この政令は、平成 6 年 4 月 1 日から施行する。

　　　　附　則　（平成 9 年 2 月 19 日政令第 20 号）　抄

（施行期日）

第 1 条　この政令は、平成 9 年 4 月 1 日から施行する。

　　　　附　則　（平成 9 年 3 月 5 日政令第 28 号）

この政令は、平成 9 年 3 月 21 日から施行する。

　　　　附　則　（平成 9 年 3 月 24 日政令第 57 号）　抄

（施行期日）

1　この政令は、平成 9 年 4 月 1 日から施行する。

　　　　附　則　（平成 11 年 9 月 29 日政令第 292 号）

（施行期日）

1　この政令は、公布の日から施行する。ただし、次の各号に掲げる規定は、それぞれ当該各号に定める日から施行する。

　　一　第 40 条の 2 第 2 項第 4 号及び第 3 項第 2 号並びに別表第一の 1 の項の改正規定　平成 11 年 10 月 1 日

　　二　第 41 条及び第 42 条の改正規定　平成 11 年 11 月 1 日

（経過措置）

2　前項第 2 号に掲げる規定の施行の際現に改正後の第 41 条第 4 号に掲げる事業を行う者であってその業務上シアン化ナトリウム又は砒素化合物たる毒物若しくはこれを含有する製剤を取り扱うものの事業場においてこれらの毒物による保健衛生上の危害の防止に当たっている者であって、この政令の施行の日から 90 日以内に氏名その他厚生省令で定める事項を都道府県知事に届け出たものは、毒物及び劇物取締法第 22 条第 4 項において準用する同法第 8 条第 1 項の規定にかかわらず、当該事業場においては、当分の間、毒物劇物取扱責任者となることができる。

3　附則第 1 項第 2 号に掲げる規定の施行前にした違反行為に対する罰則の適用については、なお従前の例による。

　　　　附　則　（平成 11 年 12 月 8 日政令第 393 号）　抄

（施行期日）

第 1 条　この政令は、平成 12 年 4 月 1 日から施行する。

（毒物及び劇物取締法施行令の一部改正に伴う経過措置）

970

第7条 この政令の施行の際現に第31条の規定による改正前の毒物及び劇物取締法施行令第35条又は第36条の規定により販売業者（その店舗の所在地が、保健所を設置する市又は特別区の区域にあるものに限る。）から都道府県知事に対してされている申請は、第31条の規定による改正後の毒物及び劇物取締法施行令第35条第1項又は第36条第1項の規定により保健所を設置する市の市長又は特別区の区長に対してされた申請とみなす。

　　　附　則　（平成12年3月17日政令第65号）
　この政令は、平成12年4月1日から施行する。

　　　附　則　（平成12年6月7日政令第309号）　抄
（施行期日）
1　この政令は、内閣法の一部を改正する法律（平成11年法律第88号）の施行の日（平成13年1月6日）から施行する。

　　　附　則　（平成12年6月30日政令第366号）
　この政令は、平成13年1月1日から施行する。

　　　附　則　（平成13年1月4日政令第4号）　抄
（施行期日）
1　この政令は、書面の交付等に関する情報通信の技術の利用のための関係法律の整備に関する法律の施行の日（平成13年4月1日）から施行する。
（罰則に関する経過措置）
2　この政令の施行前にした行為に対する罰則の適用については、なお従前の例による。

　　　附　則　（平成13年7月4日政令第236号）　抄
（施行期日）
第1条　この政令は、障害者等に係る欠格事由の適正化等を図るための医師法等の一部を改正する法律の施行の日（平成13年7月16日）から施行する。

　　　附　則　（平成14年12月27日政令第406号）
1　この政令は、平成15年2月1日から施行する。
2　この政令の施行前にした行為に対する罰則の適用については、なお従前の例による。

　　　附　則　（平成15年1月31日政令第28号）　抄
（施行期日）
第1条　この政令は、行政手続等における情報通信の技術の利用に関する法律の施行の日（平成15年2月3日）から施行する。

　　　附　則　（平成16年7月2日政令第224号）
（施行期日）
第1条　この政令は、平成16年10月1日から施行する。
（罰則に関する経過措置）

法令集

第2条 この政令の施行前にした行為に対する罰則の適用については、なお従前の例
による。

　　　　附　則　（平成17年1月26日政令第9号）　抄

（施行期日）

第1条　この政令は、平成17年4月1日から施行する。

　　　　附　則　（平成17年1月26日政令第10号）　抄

（施行期日）

第1条　この政令は、平成17年4月1日から施行する。

　　　　附　則　（平成18年3月23日政令第58号）

この政令は、平成18年4月1日から施行する。

　　　　附　則　（平成21年3月18日政令第39号）

この政令は、平成21年4月1日から施行する。

　　　　附　則　（平成22年12月15日政令第241号）

1　この政令は、平成23年2月1日から施行する。

2　この政令の施行前にした行為に対する罰則の適用については、なお従前の例によ
る。

　　　　附　則　（平成26年7月30日政令第269号）　抄

（施行期日）

第1条　この政令は、改正法の施行の日（平成26年11月25日）から施行する。

　　　　附　則　（平成28年3月16日政令第66号）

（施行期日）

第1条　この政令は、平成28年4月1日から施行する。

（経過措置）

第2条　この政令の施行の際現にこの政令による改正前の毒物及び劇物取締法施行令
（第3項において「旧令」という。）第35条第2項又は第36条第2項の規定により
特定毒物研究者（毒物及び劇物取締法第3条の2第1項に規定する特定毒物研究者
をいう。以下この条において同じ。）から同法第3条の2第1項の許可（以下この条
において「特定毒物研究者の許可」という。）を与えた都道府県知事に対してされ
ている特定毒物研究者の許可証（以下この条において「許可証」という。）の書換
え交付又は再交付の申請（当該都道府県知事とその主たる研究所の所在地の都道府
県知事とが異なる場合又はその主たる研究所の所在地が地方自治法（昭和22年法律
第67号）第252条の19第1項の指定都市（以下この条において「指定都市」とい
う。）の区域にある場合に限る。）は、それぞれこの政令による改正後の毒物及び劇
物取締法施行令（第3項において「新令」という。）第35条第2項又は第36条第2
項の規定によりその主たる研究所の所在地の都道府県知事又は指定都市の長に対し
てされた許可証の書換え交付又は再交付の申請とみなす。

2　この政令の施行前に特定毒物研究者が特定毒物研究者の許可を与えた都道府県知

事から交付され、又は書換え交付若しくは再交付を受けた許可証（当該都道府県知事とその主たる研究所の所在地の都道府県知事とが異なる場合又はその主たる研究所の所在地が指定都市の区域にある場合に限る。）は、それぞれその主たる研究所の所在地の都道府県知事又は指定都市の長から交付され、又は書換え交付若しくは再交付を受けた許可証とみなす。

3 旧令第36条第3項又は第36条の2第1項の規定により特定毒物研究者が特定毒物研究者の許可を与えた都道府県知事に対して返納しなければならない許可証で、この政令の施行前にその返納がされていないもの（当該都道府県知事とその主たる研究所の所在地の都道府県知事とが異なる場合又はその主たる研究所の所在地が指定都市の区域にある場合に限る。）については、新令第36条第3項又は第36条の2第1項の規定によりその主たる研究所の所在地の都道府県知事又は指定都市の長に対して返納しなければならない許可証についてその返納がされていないものとみなす。

　　附　則　（平成29年10月25日政令第264号）　抄

　この政令は、平成30年4月1日から施行する。ただし、第13条中郵政民営化法施行令第10条第1項第1号の改正規定は、公布の日から施行する。

別表第一 （第39条の2関係）

1	塩化水素又は硫酸を含有する製剤たる劇物（住宅用の洗浄剤で液体状のものに限る。）	1 塩化水素若しくは硫酸の含量又は塩化水素と硫酸とを合わせた含量が15パーセント以下であること。 2 当該製剤1ミリリットルを中和するのに要する0.1モル毎リットル水酸化ナトリウム溶液の消費量が厚生労働省令で定める方法により定量した場合において45ミリリットル以下であること。	品質及び構造が耐酸性試験、漏れ試験その他の厚生労働省令で定める試験に合格するものであること。
2	ジメチル-2,2-ジクロルビニルホスフエイト（別名DDVP）を含有する製剤（衣料用の防虫剤に限る。）	ジメチル-2,2-ジクロルビニルホスフエイトの空気中の濃度が厚生労働省令で定める方法により定量した場合において1立方メートル当たり0.25ミリグラム以下となるものであること。	一 当該製剤に直接触れることができない構造であること。 二 当該製剤が漏出しない構造であること。

974

別表第二 （第42条関係）

1 黄燐

2 四アルキル鉛を含有する製剤

3 無機シアン化合物たる毒物及びこれを含有する製剤で液体状のもの

4 弗化水素及びこれを含有する製剤

5 アクリルニトリル

6 アクロレイン

7 アンモニア及びこれを含有する製剤（アンモニア10パーセント以下を含有するものを除く。）で液体状のもの

8 塩化水素及びこれを含有する製剤（塩化水素10パーセント以下を含有するものを除く。）で液体状のもの

9 塩素

10 過酸化水素及びこれを含有する製剤（過酸化水素6パーセント以下を含有するものを除く。）

11 クロルスルホン酸

12 クロルピクリン

13 クロルメチル

14 硅弗化水素酸

15 ジメチル硫酸

16 臭素

17 硝酸及びこれを含有する製剤（硝酸10パーセント以下を含有するものを除く。）で液体状のもの

18 水酸化カリウム及びこれを含有する製剤（水酸化カリウム5パーセント以下を含有するものを除く。）で液体状のもの

19 水酸化ナトリウム及びこれを含有する製剤（水酸化ナトリウム5パーセント以下を含有するものを除く。）で液体状のもの

20 ニトロベンゼン

21 発煙硫酸

22 ホルムアルデヒド及びこれを含有する製剤（ホルムアルデヒド1パーセント以下を含有するものを除く。）で液体状のもの

23 硫酸及びこれを含有する製剤（硫酸10パーセント以下を含有するものを除く。）で液体状のもの

毒物及び劇物取締法施行規則

	昭和26年	1月	23日	厚生省令第	4号
改正	昭和26年	4月	20日	厚生省令第	15号
同	昭和28年	10月	1日	厚生省令第	47号
同	昭和29年	7月	1日	厚生省令第	35号
同	昭和30年	10月	1日	厚生省令第	24号
同	昭和31年	6月	12日	厚生省令第	20号
同	昭和33年	6月	12日	厚生省令第	15号
同	昭和37年	3月	20日	厚生省令第	9号
同	昭和39年	1月	31日	厚生省令第	2号
同	昭和40年	1月	9日	厚生省令第	1号
同	昭和40年	7月	27日	厚生省令第	40号
同	昭和40年	10月	25日	厚生省令第	48号
同	昭和41年	7月	18日	厚生省令第	26号
同	昭和42年	1月	31日	厚生省令第	4号
同	昭和42年	12月	26日	厚生省令第	59号
同	昭和43年	8月	30日	厚生省令第	35号
同	昭和44年	5月	13日	厚生省令第	10号
同	昭和44年	7月	1日	厚生省令第	17号
同	昭和44年	9月	1日	厚生省令第	28号
同	昭和46年	3月	31日	厚生省令第	11号
同	昭和46年	12月	27日	厚生省令第	45号
同	昭和47年	2月	9日	厚生省令第	3号
同	昭和47年	5月	17日	厚生省令第	25号
同	昭和47年	7月	20日	厚生省令第	39号
同	昭和49年	5月	24日	厚生省令第	18号
同	昭和50年	11月	25日	厚生省令第	41号
同	昭和50年	12月	19日	厚生省令第	46号
同	昭和51年	4月	30日	厚生省令第	15号
同	昭和51年	7月	30日	厚生省令第	35号
同	昭和53年	10月	24日	厚生省令第	67号
同	昭和55年	8月	8日	厚生省令第	30号
同	昭和56年	8月	25日	厚生省令第	59号
同	昭和57年	4月	20日	厚生省令第	19号
同	昭和58年	3月	29日	厚生省令第	11号
同	昭和58年	12月	2日	厚生省令第	42号
同	昭和59年	3月	16日	厚生省令第	11号
同	昭和59年	3月	21日	厚生省令第	14号
同	昭和60年	4月	16日	厚生省令第	23号
同	昭和60年	7月	12日	厚生省令第	31号
同	昭和60年	12月	17日	厚生省令第	44号
同	昭和61年	8月	29日	厚生省令第	43号
同	昭和62年	1月	12日	厚生省令第	4号
同	昭和62年	10月	2日	厚生省令第	44号
同	昭和63年	6月	3日	厚生省令第	41号
同	昭和63年	9月	30日	厚生省令第	55号
同	平成元年	3月	17日	厚生省令第	9号
同	平成元年	3月	24日	厚生省令第	10号
同	平成2年	2月	17日	厚生省令第	3号
同	平成2年	9月	21日	厚生省令第	50号
同	平成3年	4月	5日	厚生省令第	27号
同	平成3年	12月	18日	厚生省令第	57号
同	平成4年	3月	21日	厚生省令第	9号
同	平成4年	10月	21日	厚生省令第	60号
同	平成5年	3月	19日	厚生省令第	7号
同	平成5年	9月	16日	厚生省令第	39号
同	平成6年	2月	28日	厚生省令第	6号
同	平成6年	3月	18日	厚生省令第	12号

毒物及び劇物取締法施行規則

同	平成 6 年 4 月 28 日	厚生省令第 35 号
同	平成 6 年 9 月 19 日	厚生省令第 59 号
同	平成 7 年 4 月 14 日	厚生省令第 30 号
同	平成 7 年 9 月 22 日	厚生省令第 51 号
同	平成 8 年 3 月 25 日	厚生省令第 11 号
同	平成 8 年 3 月 28 日	厚生省令第 21 号
同	平成 8 年 11 月 22 日	厚生省令第 63 号
同	平成 9 年 3 月 5 日	厚生省令第 9 号
同	平成 9 年 3 月 24 日	厚生省令第 17 号
同	平成 9 年 11 月 21 日	厚生省令第 83 号
同	平成 10 年 5 月 15 日	厚生省令第 56 号
同	平成 11 年 1 月 11 日	厚生省令第 5 号
同	平成 11 年 9 月 29 日	厚生省令第 84 号
同	平成 12 年 3 月 24 日	厚生省令第 38 号
同	平成 12 年 4 月 28 日	厚生省令第 94 号
同	平成 12 年 9 月 22 日	厚生省令第 118 号
同	平成 12 年 10 月 20 日	厚生省令第 127 号
同	平成 12 年 11 月 20 日	厚生省令第 134 号
同	平成 13 年 3 月 26 日	厚生労働省令第 36 号
同	平成 13 年 6 月 29 日	厚生労働省令第 134 号
同	平成 13 年 7 月 13 日	厚生労働省令第 165 号
同	平成 14 年 3 月 25 日	厚生労働省令第 30 号
同	平成 14 年 11 月 27 日	厚生労働省令第 153 号
同	平成 15 年 1 月 31 日	厚生労働省令第 5 号
同	平成 16 年 3 月 17 日	厚生労働省令第 29 号
同	平成 16 年 7 月 2 日	厚生労働省令第 111 号
同	平成 16 年 7 月 9 日	厚生労働省令第 112 号
同	平成 17 年 3 月 7 日	厚生労働省令第 25 号
同	平成 17 年 3 月 25 日	厚生労働省令第 41 号
同	平成 18 年 4 月 21 日	厚生労働省令第 114 号
同	平成 19 年 2 月 28 日	厚生労働省令第 15 号
同	平成 19 年 8 月 15 日	厚生労働省令第 107 号
同	平成 19 年 12 月 25 日	厚生労働省令第 152 号
同	平成 20 年 6 月 20 日	厚生労働省令第 117 号
同	平成 21 年 4 月 8 日	厚生労働省令第 102 号
同	平成 22 年 12 月 15 日	厚生労働省令第 125 号
同	平成 23 年 2 月 1 日	厚生労働省令第 15 号
同	平成 23 年 10 月 14 日	厚生労働省令第 130 号
同	平成 23 年 12 月 21 日	厚生労働省令第 150 号
同	平成 24 年 9 月 20 日	厚生労働省令第 130 号
同	平成 24 年 9 月 21 日	厚生労働省令第 131 号
同	平成 26 年 7 月 30 日	厚生労働省令第 87 号
同	平成 27 年 6 月 19 日	厚生労働省令第 113 号
最終改正	平成 28 年 3 月 16 日	厚生労働省令第 32 号

毒物及び劇物取締法施行規則を次のように定める。

（登録の申請）

第1条 毒物及び劇物取締法（昭和 25 年法律第 303 号。以下「法」という。）第 4 条第 2 項の登録申請書は、別記第一号様式によるものとする。

2 前項の登録申請書には、次に掲げる書類を添付しなければならない。ただし、法の規定による登録等の申請又は届出（以下「申請等の行為」という。）の際地方厚生局長に提出された書類については、当該登録申請書にその旨が付記されたときは、この限りでない。

一 毒物若しくは劇物を直接取り扱う製造所又は営業所の設備の概要図

二 申請者が法人であるときは、定款若しくは寄附行為又は登記事項証明書

3 前項の場合において、同項第 2 号に掲げる書類について、当該登録申請書の提出

先とされる地方厚生局長若しくは都道府県知事が、インターネットにおいて識別するための文字、記号その他の符号又はこれらの結合をその使用に係る電子計算機に入力することによって、自動公衆送信装置（著作権法（昭和45年法律第48号）第2条第1項第9号の5イに規定する自動公衆送信装置をいう。）に記録されている情報のうち前項第2号に掲げる書類の内容を閲覧し、かつ、当該電子計算機に備えられたファイルに当該情報を記録することができるときは、前項の規定にかかわらず、第1項の登録申請書に前項第二号に掲げる書類を添付することを要しない。

第2条　法第4条第3項の登録申請書は、別記第2号様式によるものとする。

2　前項の登録申請書には、次に掲げる書類を添付しなければならない。ただし、申請等の行為又は医薬品、医療機器等の品質、有効性及び安全性の確保等に関する法律（昭和35年法律第145号）第4条第1項の許可若しくは同法第24条第1項の許可の申請の際当該登録申請書の提出先とされている都道府県知事、地域保健法（昭和22年法律第101号）第5条第1項の政令で定める市（以下「保健所を設置する市」という。）の市長若しくは特別区の区長に提出され、又は当該都道府県知事を経由して地方厚生局長に提出された書類については、当該登録申請書にその旨が付記されたときは、この限りでない。

一　毒物又は劇物を直接取り扱う店舗の設備の概要図

二　申請者が法人であるときは、定款若しくは寄附行為又は登記事項証明書

3　前項の場合において、同項第2号に掲げる書類について、当該登録申請書の提出先とされる都道府県知事、保健所を設置する市の市長若しくは特別区の区長が、インターネットにおいて識別するための文字、記号その他の符号又はこれらの結合をその使用に係る電子計算機に入力することによって、自動公衆送信装置（著作権法（昭和45年法律第48号）第2条第1項第9号の5イに規定する自動公衆送信装置をいう。）に記録されている情報のうち前項第2号に掲げる書類の内容を閲覧し、かつ、当該電子計算機に備えられたファイルに当該情報を記録することができるときは、前項の規定にかかわらず、第1項の登録申請書に前項第2号に掲げる書類を添付することを要しない。

（登録票の様式）

第3条　毒物又は劇物の製造業、輸入業又は販売業の登録票は、別記第三号様式によるものとする。

（登録の更新の申請）

第4条　法第4条第4項の毒物又は劇物の製造業又は輸入業の登録の更新は、登録の日から起算して5年を経過した日の1月前までに、別記第四号様式による登録更新申請書に登録票を添えて提出することによつて行うものとする。

2　法第4条第4項の毒物又は劇物の販売業の登録の更新は、登録の日から起算して6年を経過した日の1月前までに、別記第五号様式による登録更新申請書に登録票を添えて提出することによつて行うものとする。

（農業用品目販売業者の取り扱う毒物及び劇物）
第4条の2　法第4条の3第1項に規定する厚生労働省令で定める毒物及び劇物は、別表第一に掲げる毒物及び劇物とする。

（特定品目販売業者の取り扱う劇物）
第4条の3　法第4条の3第2項に規定する厚生労働省令で定める劇物は、別表第二に掲げる劇物とする。

（製造所等の設備）
第4条の4　毒物又は劇物の製造所の設備の基準は、次のとおりとする。
　一　毒物又は劇物の製造作業を行なう場所は、次に定めるところに適合するものであること。
　　イ　コンクリート、板張り又はこれに準ずる構造とする等その外に毒物又は劇物が飛散し、漏れ、しみ出若しくは流れ出、又は地下にしみ込むおそれのない構造であること。
　　ロ　毒物又は劇物を含有する粉じん、蒸気又は廃水の処理に要する設備又は器具を備えていること。
　二　毒物又は劇物の貯蔵設備は、次に定めるところに適合するものであること。
　　イ　毒物又は劇物とその他の物とを区分して貯蔵できるものであること。
　　ロ　毒物又は劇物を貯蔵するタンク、ドラムかん、その他の容器は、毒物又は劇物が飛散し、漏れ、又はしみ出るおそれのないものであること。
　　ハ　貯水池その他容器を用いないで毒物又は劇物を貯蔵する設備は、毒物又は劇物が飛散し、地下にしみ込み、又は流れ出るおそれがないものであること。
　　ニ　毒物又は劇物を貯蔵する場所にかぎをかける設備があること。ただし、その場所が性質上かぎをかけることができないものであるときは、この限りでない。
　　ホ　毒物又は劇物を貯蔵する場所が性質上かぎをかけることができないものであるときは、その周囲に、堅固なさくが設けてあること。
　三　毒物又は劇物を陳列する場所にかぎをかける設備があること。
　四　毒物又は劇物の運搬用具は、毒物又は劇物が飛散し、漏れ、又はしみ出るおそれがないものであること。
2　毒物又は劇物の輸入業の営業所及び販売業の店舗の設備の基準については、前項第2号から第4号までの規定を準用する。

法令集

（登録簿の記載事項）

第4条の5　登録簿に記載する事項は、法第6条に規定する事項のほか、次のとおりとする。

一　登録番号及び登録年月日

二　製造所、営業所又は店舗の名称

三　毒物劇物取扱責任者の氏名及び住所

四　毒物及び劇物取締法施行令（昭和30年政令第261号。以下「令」という。）第36条の8第1項の規定による登録簿の送付が行われる場合にあつては、登録等の権限を有する者の変更があつた旨及びその年月日

（特定毒物研究者の許可の申請）

第4条の6　法第6条の2第1項の許可申請書は、別記第六号様式によるものとする。

2　前項の許可申請書には、次に掲げる書類を添付しなければならない。ただし、申請等の行為の際当該許可申請書の提出先とされている都道府県知事（特定毒物研究者の主たる研究所の所在地が、地方自治法（昭和22年法律第67号）第252条の19第1項の指定都市（以下「指定都市」という。）の区域にある場合においては、指定都市の長。第4条の8において同じ。）に提出され、又は当該都道府県知事を経由して地方厚生局長に提出された書類については、当該許可申請書にその旨が付記されたときは、この限りでない。

一　申請者の履歴書

二　研究所の設備の概要図

三　法第6条の2第3項第1号又は第2号に該当するかどうかに関する医師の診断書

四　第11条の3の2第1項に規定する者にあつては、令第36条の5第1項の規定により講じる措置の内容を記載した書面

（法第6条の2第3項第1号の厚生労働省令で定める者）

第4条の7　法第6条の2第3項第1号の厚生労働省令で定める者は、精神の機能の障害により特定毒物研究者の業務を適正に行うに当たつて必要な認知、判断及び意思疎通を適切に行うことができない者とする。

（治療等の考慮）

第4条の8　都道府県知事は、特定毒物研究者の許可の申請を行つた者が前条に規定する者に該当すると認める場合において、当該者に当該許可を与えるかどうかを決定するときは、当該者が現に受けている治療等により障害の程度が軽減している状況を考慮しなければならない。

毒物及び劇物取締法施行規則

（許可証の様式）
第4条の9　特定毒物研究者の許可証は、別記第七号様式によるものとする。

（特定毒物研究者名簿の記載事項）
第4条の10　特定毒物研究者名簿に記載する事項は、次のとおりとする。
一　許可番号及び許可年月日
二　特定毒物研究者の氏名及び住所
三　主たる研究所の名称及び所在地
四　特定毒物を必要とする研究事項
五　特定毒物の品目
六　令第36条の4第3項の規定による特定毒物研究者名簿の送付が行われる場合にあつては、許可の権限を有する者の変更があつた旨及びその年月日

（毒物劇物取扱責任者に関する届出）
第5条　法第7条第3項の届出は、別記第八号様式による届書を提出することによつて行うものとする。
2　前項の届書には、次に掲げる書類を添付しなければならない。ただし、申請等の行為の際当該届書の提出先とされている地方厚生局長、都道府県知事、保健所を設置する市の市長若しくは特別区の区長に提出され、又は当該都道府県知事を経由して地方厚生局長に提出された書類については、当該届書にその旨が付記されたときは、この限りでない。
一　薬剤師免許証の写し、法第8条第1項第2号に規定する学校を卒業したことを証する書類又は同項第3号に規定する試験に合格したことを証する書類
二　法第8条第2項第2号又は第3号に該当するかどうかに関する医師の診断書
三　法第8条第2項第4号に該当しないことを証する書類
四　雇用契約書の写しその他毒物劇物営業者の毒物劇物取扱責任者に対する使用関係を証する書類
五　毒物劇物取扱責任者として第11条の3の2第2項において準用する同条第1項に規定する者を置く場合にあつては、令第36条の5第2項の規定により講じる措置の内容を記載した書面
3　前2項の規定は、毒物劇物営業者が毒物劇物取扱責任者を変更したときに準用する。この場合において、第1項中「別記第八号様式」とあるのは、「別記第九号様式」と読み替えるものとする。

（学校の指定）
第6条　法第8条第1項第2号に規定する学校とは、学校教育法（昭和22年法律第26号）第50条に規定する高等学校又はこれと同等以上の学校をいう。

981

法令集

（法第8条第2項第2号の厚生労働省令で定める者）
第6条の2　第4条の7の規定は、法第8条第2項第2号の厚生労働省令で定める者
について準用する。この場合において、「特定毒物研究者」とあるのは、「毒物劇物
取扱責任者」と読み替えるものとする。

（毒物劇物取扱者試験）
第7条　法第8条第1項第3号に規定する毒物劇物取扱者試験は、筆記試験及び実地
試験とする。
2　筆記試験は、左の事項について行う。
　一　毒物及び劇物に関する法規
　二　基礎化学
　三　毒物及び劇物（農業用品目毒物劇物取扱者試験にあつては別表第一に掲げる毒
　　物及び劇物、特定品目毒物劇物取扱者試験にあつては別表第二に掲げる劇物に限
　　る。）の性質及び貯蔵その他取扱方法
3　実地試験は、左の事項について行う。
　　毒物及び劇物（農業用品目毒物劇物取扱者試験にあつては別表第一に掲げる毒物
　　及び劇物、特定品目毒物劇物取扱者試験にあつては別表第二に掲げる劇物に限る。）
　　の識別及び取扱方法

第8条　都道府県知事は、毒物劇物取扱者試験を実施する期日及び場所を定めたとき
は、少くとも試験を行う1月前までに公告しなければならない。

（合格証の交付）
第9条　都道府県知事は、毒物劇物取扱者試験に合格した者に合格証を交付しなけれ
ばならない。

（登録の変更の申請）
第10条　法第9条第2項において準用する法第4条第2項の登録変更申請書は、別
記第十号様式によるものとする。
2　地方厚生局長は、登録の変更をしたときは、遅滞なく、その旨及びその年月日を
申請者に通知しなければならない。

（営業者の届出事項）
第10条の2　法第10条第1項第3号に規定する厚生労働省令で定める事項は、次の
とおりとする。
　一　製造所、営業所又は店舗の名称
　二　登録に係る毒物又は劇物の品目（当該品目の製造又は輸入を廃止した場合に限

毒物及び劇物取締法施行規則

る。）

（特定毒物研究者の届出事項）
第10条の3　法第10条第2項第2号に規定する厚生労働省令で定める事項は、次のとおりとする。
一　主たる研究所の名称又は所在地
二　特定毒物を必要とする研究事項
三　特定毒物の品目
四　主たる研究所の設備の重要な部分

（毒物劇物営業者及び特定毒物研究者の届出）
第11条　法第10条第1項又は第2項の届出は、別記第十一号様式による届書を提出することによつて行うものとする。
2　前項の届書（法第10条第1項第2号又は第10条の3第1号若しくは第4号に掲げる事項に係るものに限る。）には、設備の概要図を添付しなければならない。ただし、申請等の行為の際当該届書の提出先とされている地方厚生局長、都道府県知事、指定都市の長、保健所を設置する市の市長若しくは特別区の区長に提出され、又は当該都道府県知事を経由して地方厚生局長に提出された設備の概要図については、当該届書にその旨が付記されたときは、この限りでない。

（登録票又は許可証の書換え交付の申請書の様式）
第11条の2　令第35条第2項の申請書は、別記第十二号様式によるものとする。

（登録票又は許可証の再交付の申請書の様式）
第11条の3　令第36条第2項の申請書は、別記第十三号様式によるものとする。

（令第36条の5第1項の厚生労働省令で定める者等）
第11条の3の2　令第36条の5第1項の厚生労働省令で定める者は、視覚、聴覚又は音声機能若しくは言語機能の障害により、特定毒物研究者の業務を行うに当たつて必要な認知、判断及び意思疎通を適切に行うために同項に規定する措置を講じることが必要な者とする。
2　前項の規定は、令第36条の5第2項の厚生労働省令で定める者について準用する。この場合において、「特定毒物研究者」とあるのは、「毒物劇物取扱責任者」と読み替えるものとする。

（飲食物の容器を使用してはならない劇物）
第11条の4　法第11条第4項に規定する劇物は、すべての劇物とする。

983

（解毒剤に関する表示）

第11条の5　法第12条第2項第3号に規定する毒物及び劇物は、有機燐化合物及びこれを含有する製剤たる毒物及び劇物とし、同号に規定するその解毒剤は、2-ピリジルアルドキシムメチオダイド（別名PAM）の製剤及び硫酸アトロピンの製剤とする。

（取扱及び使用上特に必要な表示事項）

第11条の6　法第12条第2項第4号に規定する毒物又は劇物の取扱及び使用上特に必要な表示事項は、左の通りとする。

一　毒物又は劇物の製造業者又は輸入業者が、その製造し、又は輸入した毒物又は劇物を販売し、又は授与するときは、その氏名及び住所（法人にあつては、その名称及び主たる事務所の所在地）

二　毒物又は劇物の製造業者又は輸入業者が、その製造し、又は輸入した塩化水素又は硫酸を含有する製剤たる劇物（住宅用の洗浄剤で液体状のものに限る。）を販売し、又は授与するときは、次に掲げる事項

　　イ　小児の手の届かないところに保管しなければならない旨

　　ロ　使用の際、手足や皮膚、特に眼にかからないように注意しなければならない旨

　　ハ　眼に入つた場合は、直ちに流水でよく洗い、医師の診断を受けるべき旨

三　毒物及び劇物の製造業者又は輸入業者が、その製造し、又は輸入したジメチル-2,2-ジクロルビニルホスフエイト（別名DDVP）を含有する製剤（衣料用の防虫剤に限る。）を販売し、又は授与するときは次に掲げる事項

　　イ　小児の手の届かないところに保管しなければならない旨

　　ロ　使用直前に開封し、包装紙等は直ちに処分すべき旨

　　ハ　居間等人が常時居住する室内では使用してはならない旨

　　ニ　皮膚に触れた場合には、石けんを使つてよく洗うべき旨

四　毒物又は劇物の販売業者が、毒物又は劇物の直接の容器又は直接の被包を開いて、毒物又は劇物を販売し、又は授与するときは、その氏名及び住所（法人にあつては、その名称及び主たる事務所の所在地）並びに毒物劇物取扱責任者の氏名

（農業用劇物の着色方法）

第12条　法第13条に規定する厚生労働省令で定める方法は、あせにくい黒色で着色する方法とする。

（毒物又は劇物の譲渡手続に係る書面）

第12条の2　法第14条第2項の規定により作成する書面は、譲受人が押印した書面とする。

（情報通信の技術を利用する方法）

第12条の2の2　法第14条第3項に規定する厚生労働省令で定める方法は、次のとおりとする。

一　電子情報処理組織を使用する方法のうちイ又はロに掲げるもの

イ　毒物劇物営業者の使用に係る電子計算機と譲受人の使用に係る電子計算機とを接続する電気通信回線を通じて送信し、受信者の使用に係る電子計算機に備えられたファイルに記録する方法

ロ　譲受人の使用に係る電子計算機に備えられたファイルに記録された書面に記載すべき事項を電気通信回線を通じて毒物劇物営業者の閲覧に供し、当該毒物劇物営業者の使用に係る電子計算機に備えられたファイルに当該事項を記録する方法（法第14条第3項前段に規定する方法による提供を行う旨の承諾又は行わない旨の申出をする場合にあつては、毒物劇物営業者の使用に係る電子計算機に備えられたファイルにその旨を記録する方法）

二　磁気ディスク、シー・ディー・ロムその他これらに準ずる方法により一定の事項を確実に記録しておくことができる物をもつて調製するファイルに書面に記載すべき事項を記録したものを交付する方法

2　前項に掲げる方法は、次に掲げる技術的基準に適合するものでなければならない。

一　毒物劇物営業者がファイルへの記録を出力することによる書面を作成することができるものであること。

二　ファイルに記録された書面に記載すべき事項について、改変が行われていないかどうかを確認することができる措置を講じていること。

3　第1項第1号の「電子情報処理組織」とは、毒物劇物営業者の使用に係る電子計算機と、譲受人の使用に係る電子計算機とを電気通信回線で接続した電子情報処理組織をいう。

第12条の2の3　法第14条第4項に規定する厚生労働省令で定める電磁的記録は、前条第1項第1号に掲げる電子情報処理組織を使用する方法又は同項第2号に規定する磁気ディスク、シー・ディー・ロムその他これらに準ずる方法により記録されたものをいう。

第12条の2の4　令第39条の3第1項の規定により示すべき方法の種類及び内容は、次に掲げる事項とする。

一　第12条の2の2第1項各号に規定する方法のうち毒物劇物営業者が使用するもの

二　ファイルへの記録の方式

法令集

（毒物又は劇物の交付の制限）

第12条の2の5　第4条の7の規定は、法第15条第1項第2号の厚生労働省令で定める者について準用する。この場合において、「特定毒物研究者の業務」とあるのは、「毒物又は劇物による保健衛生上の危害の防止の措置」と読み替えるものとする。

（交付を受ける者の確認）

第12条の2の6　法第15条第2項の規定による確認は、法第3条の4に規定する政令で定める物の交付を受ける者から、その者の身分証明書、運転免許証、国民健康保険被保険者証等交付を受ける者の氏名及び住所を確めるに足りる資料の提示を受けて行なうものとする。ただし、毒物劇物営業者と常時取引関係にある者、毒物劇物営業者が農業協同組合その他の協同組織体である場合におけるその構成員等毒物劇物営業者がその氏名及び住所を知りつしている者に交付する場合、その代理人、使用人その他の従業者（毒物劇物営業者と常時取引関係にある法人又は毒物劇物営業者が農業協同組合その他の協同組織体である場合におけるその構成員たる法人の代表者、代理人、使用人その他の従業者を含む。）であることが明らかな者にその者の業務に関し交付する場合及び官公署の職員であることが明らかな者にその者の業務に関し交付する場合は、その資料の提示を受けることを要しない。

（確認に関する帳簿）

第12条の3　法第15条第3項の規定により同条第2項の確認に関して帳簿に記載しなければならない事項は、次のとおりとする。

一　交付した劇物の名称
二　交付の年月日
三　交付を受けた者の氏名及び住所

（加鉛ガソリンの品質）

第12条の4　令第7条に規定する厚生労働省令で定める加鉛ガソリンは、航空ピストン発動機用ガソリン、自動車排出ガス試験用ガソリン及びモーターオイル試験用ガソリンとする。

（定量方法）

第12条の5　令第7条の2に規定する厚生労働省令で定める方法により定量した場合における数値は、工業標準化法（昭和24年法律第185号）に基づく日本工業規格K 2260号（ガソリン中の鉛アンチノック剤定量試験法（重量法））により定量した場合における数値を四エチル鉛に換算した数値とする。

毒物及び劇物取締法施行規則

（航空ピストン発動機用ガソリン等の着色）
第12条の6　令第8条に規定する厚生労働省令で定める色は、赤色、青色、緑色又は紫色とする。

（防除実施の届出）
第13条　令第18条第2号又は第24条第2号の規定による届出は、別記第十四号様式による届書によるものとする。

（毒物又は劇物を運搬する容器に関する基準等）
第13条の2　令第40条の2第2項に規定する厚生労働省令で定める容器は、四アルキル鉛を含有する製剤（自動車燃料用アンチノック剤に限る。）の国際海事機関が採択した危険物の運送に関する規程に定めるポータブルタンクに該当するものであつて次の各号の要件を満たすものとする。
　一　ポータブルタンクに使用される鋼板の厚さは、6ミリメートル以上であること。
　二　常用の温度において600キロパスカルの圧力（ゲージ圧力をいう。）で行う水圧試験において、漏れ、又は変形しないものであること。
　三　圧力安全装置（バネ式のものに限る。以下同じ。）の前に破裂板を備えていること。
　四　破裂板と圧力安全装置との間には、圧力計を備えていること。
　五　破裂板は、圧力安全装置が四アルキル鉛を含有する製剤（自動車燃料用アンチノック剤に限る。）の放出を開始する圧力より10パーセント高い圧力で破裂するものであること。
　六　ポータブルタンクの底に開口部がないこと。
2　令第40条の2第6項に規定する厚生労働省令で定める容器は、無機シアン化合物たる毒物（液体状のものに限る。）又は弗化水素若しくはこれを含有する製剤の国際海事機関が採択した危険物の運送に関する規程に定めるポータブルタンク及びロードタンクビークルに該当するもの（以下この条において「ポータブルタンク等」という。）とし、ポータブルタンク等については、同条第3項から第5項までの規定は、適用しないものとする。

（令第40条の3第2項の厚生労働省令で定める要件）
第13条の3　令第40条の3第2項に規定する厚生労働省令で定める要件は、次の各号に掲げるものとする。
　一　ポータブルタンク内に温度50度において5パーセント以上の空間が残されていること。
　二　ポータブルタンクごとにその内容が四アルキル鉛を含有する自動車燃料用アンチノック剤である旨の表示がなされていること。

法令集

三　自蔵式呼吸具を備えていること。

（交替して運転する者の同乗）
第13条の4　令第40条の5第2項第1号の規定により交替して運転する者を同乗させなければならない場合は、運搬の経路、交通事情、自然条件その他の条件から判断して、次の各号のいずれかに該当すると認められる場合とする。
　一　一の運転者による連続運転時間（1回が連続10分以上で、かつ、合計が30分以上の運転の中断をすることなく連続して運転する時間をいう。）が、4時間を超える場合
　二　一の運転者による運転時間が、1日当たり9時間を超える場合

（毒物又は劇物を運搬する車両に掲げる標識）
第13条の5　令第40条の5第2項第2号に規定する標識は、0.3メートル平方の板に地を黒色、文字を白色として「毒」と表示し、車両の前後の見やすい箇所に掲げなければならない。

（毒物又は劇物を運搬する車両に備える保護具）
第13条の6　令第40条の5第2項第3号に規定する厚生労働省令で定める保護具は、別表第五の上欄に掲げる毒物又は劇物ごとに下欄に掲げる物とする。

（荷送人の通知義務を要しない毒物又は劇物の数量）
第13条の7　令第40条の6第1項に規定する厚生労働省令で定める数量は、1回の運搬につき1000キログラムとする。

（情報通信の技術を利用する方法）
第13条の8　令第40条の6第2項に規定する厚生労働省令で定める方法は、次のとおりとする。
　一　電子情報処理組織を使用する方法のうちイ又はロに掲げるもの
　　イ　荷送人の使用に係る電子計算機と運送人の使用に係る電子計算機とを接続する電気通信回線を通じて送信し、受信者の使用に係る電子計算機に備えられたファイルに記録する方法
　　ロ　荷送人の使用に係る電子計算機に備えられたファイルに記録された書面に記載すべき事項を電気通信回線を通じて運送人の閲覧に供し、当該運送人の使用に係る電子計算機に備えられたファイルに当該事項を記録する方法（令第40条の6第2項前段に規定する方法による提供を受ける旨の承諾又は受けない旨の申出をする場合にあつては、荷送人の使用に係る電子計算機に備えられたファイルにその旨を記録する方法）

988

二　磁気ディスク、シー・ディー・ロムその他これらに準ずる方法により一定の事項を確実に記録しておくことができる物をもつて調製するファイルに書面に記載すべき事項を記録したものを交付する方法

2　前項に掲げる方法は、運送人がファイルへの記録を出力することによる書面を作成することができるものでなければならない。

3　第1項第1号の「電子情報処理組織」とは、荷送人の使用に係る電子計算機と、運送人の使用に係る電子計算機とを電気通信回線で接続した電子情報処理組織をいう。

第13条の9　令第40条の6第3項の規定により示すべき方法の種類及び内容は、次に掲げる事項とする。

一　前条第2項各号に規定する方法のうち荷送人が使用するもの

二　ファイルへの記録の方式

（毒物劇物営業者等による情報の提供）

第13条の10　令第40条の9第1項ただし書に規定する厚生労働省令で定める場合は、次のとおりとする。

一　1回につき200ミリグラム以下の劇物を販売し、又は授与する場合

二　令別表第一の上欄に掲げる物を主として生活の用に供する一般消費者に対して販売し、又は授与する場合

第13条の11　令第40条の9第1項及び第2項（同条第3項において準用する場合を含む。）の規定による情報の提供は、次の各号のいずれかに該当する方法により、邦文で行わなければならない。

一　文書の交付

二　磁気ディスクの交付その他の方法であつて、当該方法により情報を提供することについて譲受人が承諾したもの

第13条の12　令第40条の9第1項（同条第3項において準用する場合を含む。）の規定により提供しなければならない情報の内容は、次のとおりとする。

一　情報を提供する毒物劇物営業者の氏名及び住所（法人にあつては、その名称及び主たる事務所の所在地）

二　毒物又は劇物の別

三　名称並びに成分及びその含量

四　応急措置

五　火災時の措置

六　漏出時の措置

七　取扱い及び保管上の注意

法令集

八　暴露の防止及び保護のための措置

九　物理的及び化学的性質

十　安定性及び反応性

十一　毒性に関する情報

十二　廃棄上の注意

十三　輸送上の注意

（令第 41 条第 3 号に規定する内容積）

第 13 条の 13　令第 41 条第 3 号に規定する厚生労働省令で定める量は、四アルキル鉛を含有する製剤を運搬する場合の容器にあつては 200 リツトルとし、それ以外の毒物又は劇物を運搬する場合の容器にあつては 1000 リツトルとする。

（身分を示す証票）

第 14 条　法第 17 条第 4 項に規定する証票は、別記第十五号様式の定めるところによる。

（収去証）

第 15 条　法第 17 条第 1 項（令第 36 条の 6 第 1 項の規定により法第 17 条第 1 項に規定する権限に属する事務を都道府県知事が行うこととされている場合を含む。）及び第 2 項の規定により当該職員が毒物若しくは劇物又はその疑いのある物を収去しようとするときは、別記第十六号様式による収去証を交付しなければならない。

第 16 条　削除

（登録が失効した場合等の届書）

第 17 条　法第 21 条第 1 項の規定による登録若しくは特定毒物研究者の許可が効力を失い、又は特定毒物使用者でなくなつたときの届出は、別記第十七号様式による届書によるものとする。

（業務上取扱者の届出等）

第 18 条　法第 22 条第 1 項第 4 号に規定する厚生労働省令で定める事項は、事業場の名称とする。

2　法第 22 条第 1 項及び第 2 項に規定する届出は、別記第十八号様式による届書を提出することによつて行うものとする。

3　法第 22 条第 3 項に規定する届出は、別記第十九号様式による届書を提出することによつて行うものとする。

4　第 5 条（第 2 項第 5 号を除く。）の規定は、法第 22 条第 1 項に規定する者（同条

990

第2項に規定する者を含む。）が行う毒物劇物取扱責任者に関する届出について準用する。この場合において第5条第1項中「法第7条第3項」とあるのは「法第22条第4項において準用する法第7条第3項」と、同条第3項中「毒物劇物営業者」とあるのは「法第22条第1項に規定する者」と読み替えるものとする。

第18条の2　法第22条第5項に規定する厚生労働省令で定める毒物及び劇物は、すべての毒物及び劇物とする。

（手数料の納付）

第19条　法第23条の規定により国庫の収入となる手数料の納付は、それぞれその金額に相当する収入印紙を申請書にはつて行うものとする。

（申請書又は届書の提出部数）

第20条　この省令の規定により地方厚生局長に提出する申請書又は届書の提出部数は、正副2通とする。

（読替規定）

第21条　製剤製造業者等（原体の製造（小分けを除く。）又は原体の輸入を行うため、第10条第1項に規定する登録の変更の申請を行う者を除く。）についての第1条及び第10条の規定の適用については、第1条第2項中「地方厚生局長」とあるのは「申請等の行為の際当該登録申請書の提出先とされている都道府県知事に提出され、又は当該都道府県知事を経由して地方厚生局長」と、第10条第2項中「地方厚生局長」とあるのは「都道府県知事」とする。

（電子情報処理組織による事務の取扱い）

第22条　厚生労働大臣又は都道府県知事（保健所を設置する市の市長及び特別区の区長を含む。次項及び次条において同じ。）は、毒物又は劇物の製造業、輸入業又は販売業の登録及び登録の更新に関する事務（次項及び次条第1項において「登録等の事務」という。）の全部又は一部を電子情報処理組織によつて取り扱うことができる。この場合においては、登録簿は、磁気ディスク（これに準ずる方法により一定の事項を確実に記録することができる物を含む。次条第2項において同じ。）に記録し、これをもつて調製する。

2　前項の規定により、都道府県知事が、電子情報処理組織によつて登録等の事務の全部又は一部を取り扱うときは、次に掲げる事項を厚生労働大臣に通知しなければならない。

一　電子情報処理組織によつて取り扱う登録等の事務の範囲

二　電子情報処理組織の使用を開始する年月日

法令集

三　その他必要な事項

（電子情報処理組織による登録簿の送付の特例）

第 23 条　厚生労働大臣又は都道府県知事は、前条第 1 項の規定により電子情報処理組織によつて登録等の事務を取り扱う場合において、令第 36 条の 8 の規定により登録簿のうち同条第 1 項又は第 2 項に規定する者に関する部分を都道府県知事又は厚生労働大臣に送付しなければならないときは、同条の規定にかかわらず、当該部分の送付に代えて、電子情報処理組織によつて当該部分の内容を当該都道府県知事又は厚生労働大臣に通知することができる。ただし、電子情報処理組織によつて登録等の事務を取り扱わない都道府県知事に対して行う通知は、書面によつて行うものとする。

2　厚生労働大臣又は都道府県知事は、前項の規定による通知を受けたときは、遅滞なく、当該通知に係る事項について、登録簿に記載（前条第 1 項の規定により、磁気ディスクをもつて調製する登録簿にあつては、記録）をしなければならない。

（フレキシブルディスクによる手続）

第 24 条　次の表の上欄に掲げる規定中同表の下欄に掲げる書類の提出（特定毒物研究者に係るものを除く。）については、これらの書類の各欄に掲げる事項を記録したフレキシブルディスク並びに申請者又は届出者の氏名及び住所並びに申請又は届出の趣旨及びその年月日を記載した書類（次項において「フレキシブルディスク等」という。）を提出することによつて行うことができる。

第 1 条第 1 項	別記第一号様式による登録申請書
第 2 条第 1 項	別記第二号様式による登録申請書
第 4 条第 1 項	別記第四号様式による登録更新申請書
第 4 条第 2 項	別記第五号様式による登録更新申請書
第 5 条第 1 項	別記第八号様式による届書
第 5 条第 3 項において準用する同条第 1 項	別記第九号様式による届書
第 10 条第 1 項	別記第十号様式による登録変更申請書
第 11 条第 1 項	別記第十一号様式による届書
第 11 条の 2	別記第十二号様式による申請書
第 11 条の 3	別記第十三号様式による申請書

2　前項の規定により同項の表の下欄に掲げる書類の提出に代えてフレキシブルディスク等を提出する場合においては、第 20 条中「正副 2 通」とあるのは、「フレキシブルディスク 1 枚並びに申請者又は届出者の氏名及び住所並びに申請又は届出の趣

旨及びその年月日を記載した書類正副 2 通」とする。

（フレキシブルディスクの構造）

第 25 条　前条第 1 項のフレキシブルディスクは、工業標準化法（昭和 24 年法律第 185 号）に基づく日本工業規格（以下「日本工業規格」という。）X 6223 号（昭和 62 年）に適合する 90 ミリメートルフレキシブルディスクカートリッジでなければならない。

（フレキシブルディスクへの記録方式）

第 26 条　第 24 条第 1 項のフレキシブルディスクへの記録は、次に掲げる方式に従つてしなければならない。

　一　トラックフォーマットについては、日本工業規格 X 6224 号（平成 7 年）又は日本工業規格 X 6225 号（平成 7 年）に規定する方式

　二　ボリューム及びファイル構成については、日本工業規格 X 0605 号（平成 2 年）に規定する方式

（フレキシブルディスクにはり付ける書面）

第 27 条　第 24 条第 1 項のフレキシブルディスクには、日本工業規格 X 6223 号（昭和 62 年）に規定するラベル領域に、次に掲げる事項を記載した書面をはり付けなければならない。

　一　申請者又は届出者の氏名

　二　申請年月日又は届出年月日

（権限の委任）

第 28 条　法第 23 条の 6 第 1 項及び令第 36 条の 10 第 1 項の規定により、次に掲げる厚生労働大臣の権限は、地方厚生局長に委任する。ただし、厚生労働大臣が第 4 号から第 6 号まで（第 6 号に掲げる権限にあつては厚生労働大臣が第 5 号に掲げる権限を自ら行つた場合に限る。）、第 8 号及び第 9 号に掲げる権限を自ら行うことを妨げない。

　一　法第 4 条第 1 項及び第 2 項（法第 9 条第 2 項において準用する場合を含む。）に規定する権限

　二　法第 7 条第 3 項（法第 22 条第 4 項において準用する場合を含む。）に規定する権限

　三　法第 10 条第 1 項に規定する権限

　四　法第 17 条第 1 項に規定する権限

　五　法第 19 条（法第 22 条第 4 項において準用する場合を含む。）に規定する権限

　六　法第 20 条第 2 項（法第 22 条第 7 項において準用する場合を含む。）に規定する

法令集

権限

七　法第21条第1項（同条第4項において準用する場合を含む。）に規定する権限

八　法第22条第6項に規定する権限

九　法第23条の3第1項に規定する権限

十　令第35条第2項に規定する権限

十一　令第36条第2項及び第3項に規定する権限

十二　令第36条の2第1項に規定する権限

十三　令第36条の3第1項に規定する権限

十四　令第36条の7第3項に規定する権限

十五　令第36条の8第2項及び第3項に規定する権限

　　　附　則

1　この省令は、公布の日から施行し、昭和25年12月28日から適用する。

2　学校教育法附則第3条第1項の規定により存続を認められた旧中等学校令（昭和18年勅令第36号）第2条第3項に規定する実業学校は、第6条に規定する学校とみなす。

3　当分の間、特定品目販売業の登録を受け、別表第二第19号に掲げる劇物（内燃機関用に使用されるものであつて、厚生労働大臣が定める方法により着色されたものに限る。以下「内燃機関用メタノール」という。）のみを販売し、授与し、販売若しくは授与の目的で貯蔵し、運搬し、若しくは陳列する者については、第4条の3の規定にかかわらず、法第4条の3第2項に規定する厚生労働省令で定める劇物は、内燃機関用メタノールとする。この場合において、当該販売業者の店舗においてのみ法第7条第1項に規定する毒物劇物取扱責任者の業務を行うことのできる者に係る特定品目毒物劇物取扱者試験についての第7条第2項第3号及び同条第3項の規定の適用については、これらの規定中「別表第二に掲げる劇物」とあるのは、「附則第3項に規定する内燃機関用メタノール」とする。

　　　附　則　（昭和26年4月20日厚生省令第15号）

この省令は、公布の日から施行する。

　　　附　則　（昭和28年10月1日厚生省令第47号）

1　この省令は、公布の日から施行する。

2　毒物又は劇物の指定等に関する省令（昭和26年厚生省令第24号）は、廃止する。

　　　附　則　（昭和29年7月1日厚生省令第35号）　抄

1　この省令は、公布の日から施行し、昭和29年6月1日から適用する。

　　　附　則　（昭和30年10月1日厚生省令第24号）

（施行期日）

1　この省令は、毒物及び劇物取締法の一部を改正する法律（昭和30年法律第162号）の施行の日（昭和30年10月1日）から施行する。

毒物及び劇物取締法施行規則

（経過規定）

2　この省令の施行前に交付された改正前の別記第三号様式による毒物（劇物）製造業（輸入業、販売業）登録票は、この様式に相当する改正後の毒物（劇物）製造業（輸入業、販売業）登録票とみなす。

　　　附　則　（昭和31年6月12日厚生省令第20号）

　この省令は、公布の日から施行する。ただし、第12条の改正規定中燐化亜鉛を含有する製剤に関しては、公布の日から起算して60日を経過した日から施行する。

　　　附　則　（昭和33年6月12日厚生省令第15号）　抄

　この省令は、公布の日から施行する。

　　　附　則　（昭和37年3月20日厚生省令第9号）　抄

（施行期日）

1　この省令は、公布の日から施行する。ただし、第18条及び別表第二の改正規定は、昭和37年7月1日から施行する。

（経過規定）

2　この省令の施行の際現にある登録票、許可証、申請書、届書等の用紙は、当分の間、これを取り繕つて使用することができる。

　　　附　則　（昭和39年1月31日厚生省令第2号）

　この省令は、公布の日から施行する。

　　　附　則　（昭和40年1月9日厚生省令第1号）　抄

（施行期日）

1　この省令は、公布の日から施行する。

（毒物の取扱いに関する実務に従事している者の届出事項）

2　毒物及び劇物取締法施行令の一部を改正する政令（昭和40年政令第3号）附則第2項に規定する厚生省令で定める事項は、次のとおりとする。

　一　届出者の住所

　二　届出者がシアン化ナトリウム又は毒物及び劇物取締法施行令（昭和30年政令第261号）第42条に規定する毒物による保健衛生上の危害の防止に当たつている事業場の名称及び所在地

　三　届出者が前号の事業場において前号の実務に従事することとなつた年月日

　四　第二号の事業場において取り扱う毒物の品目

（経過規定）

3　この省令の施行の際現にある申請書等の用紙は、当分の間、これを取り繕つて使用することができる。

　　　附　則　（昭和40年7月27日厚生省令第40号）

　この省令は、公布の日から施行する。

　　　附　則　（昭和40年10月25日厚生省令第48号）

995

この省令中、別表第一の劇物の項第5号の次に1号を加える改正規定は公布の日から、同項第61号の次に1号を加える改正規定は公布の日から起算して90日を経過した日から施行する。

附　則　（昭和41年7月18日厚生省令第26号）

この省令は、公布の日から施行する。

附　則　（昭和42年1月31日厚生省令第4号）

この省令は、公布の日から施行する。

附　則　（昭和42年12月26日厚生省令第59号）

この省令は、公布の日から施行する。

附　則　（昭和43年8月30日厚生省令第35号）

この省令は、公布の日から施行する。ただし、第11条の4の次に1条を加える改正規定は、昭和44年3月1日から施行する。

附　則　（昭和44年5月13日厚生省令第10号）

この省令は、公布の日から施行する。

附　則　（昭和44年7月1日厚生省令第17号）　抄

1　この省令は、公布の日から施行する。

附　則　（昭和44年9月1日厚生省令第28号）

この省令は、昭和45年3月1日から施行する。

附　則　（昭和46年3月31日厚生省令第11号）　抄

1　この省令は、昭和46年6月1日から施行する。ただし、別表第一の毒物の項第8号の改正規定、同表の劇物の項中第15号の2を第15号の3とし、第15号の次に1号を加える改正規定、同項中第17号の6を第17号の7とし、第17号の5を第17号の6とし、第17号の4の次に1号を加える改正規定、同項第33号の4の改正規定及び同項第59号の2の改正規定は、公布の日から施行する。

2　毒物及び劇物取締法施行令の一部を改正する政令（昭和46年政令第30号）附則第3項に規定する厚生省令で定める事項は、次のとおりとする。

一　届出者の住所

二　届出者がシアン化ナトリウム又は令第42条に規定する毒物による保健衛生上の危害の防止に当たつている事業場の名称及び所在地

三　届出者が前号の事業場において同号の実務に従事することとなつた年月日

四　第二号の事業場において取り扱う毒物の品目

附　則　（昭和46年12月27日厚生省令第45号）

この省令は、昭和47年3月1日から施行する。

附　則　（昭和47年2月9日厚生省令第3号）　抄

1　この省令は、昭和47年3月1日から施行する。

2　毒物及び劇物取締法施行令の一部を改正する政令（昭和46年政令第358号）附則第2項に規定する厚生省令で定める事項は、次のとおりとする。

一 届出者の住所

二 届出者が令別表第二に定める毒物又は劇物による保健衛生上の危害の防止に当たつている事業場の名称及び所在地

三 届出者が前号の事業場において同号の実務に従事することとなつた年月日

四 第二号の事業場において取扱う毒物又は劇物の品目

　　附　則（昭和 47 年 5 月 17 日厚生省令第 25 号）

この省令は、昭和 47 年 6 月 1 日から施行する。

　　附　則（昭和 47 年 7 月 20 日厚生省令第 39 号）

この省令は、昭和 47 年 8 月 1 日から施行する。

　　附　則（昭和 49 年 5 月 24 日厚生省令第 18 号）

この省令は、昭和 49 年 6 月 3 日から施行する。

　　附　則（昭和 50 年 11 月 25 日厚生省令第 41 号）

この省令は、公布の日から施行する。

　　附　則（昭和 50 年 12 月 19 日厚生省令第 46 号）

この省令は、公布の日から施行する。

　　附　則（昭和 51 年 4 月 30 日厚生省令第 15 号）

この省令は、公布の日から施行する。

　　附　則（昭和 51 年 7 月 30 日厚生省令第 35 号）

この省令は、公布の日から施行する。

　　附　則（昭和 53 年 10 月 24 日厚生省令第 67 号）

この省令は、昭和 53 年 11 月 1 日から施行する。

　　附　則（昭和 55 年 8 月 8 日厚生省令第 30 号）

この省令は、公布の日から施行する。

　　附　則（昭和 56 年 8 月 25 日厚生省令第 59 号）

この省令は、昭和 56 年 9 月 1 日から施行する。

　　附　則（昭和 57 年 4 月 20 日厚生省令第 19 号）

この省令は、公布の日から施行する。

　　附　則（昭和 58 年 3 月 29 日厚生省令第 11 号）

この省令は、昭和 58 年 4 月 10 日から施行する。

　　附　則（昭和 58 年 12 月 2 日厚生省令第 42 号）

この省令は、昭和 58 年 12 月 10 日から施行する。

　　附　則（昭和 59 年 3 月 16 日厚生省令第 11 号）

この省令は、公布の日から施行する。

　　附　則（昭和 59 年 3 月 21 日厚生省令第 14 号）　抄

1　この省令は、昭和 59 年 4 月 1 日から施行する。

4　この省令の施行の際現に原体の製造の登録を受けている製造業者であつて、原体の小分けを行うものは、この省令の施行後は、原体の小分けの登録を受けているも

のとみなす。

5　この省令の施行の際現に原体の製造の登録を受けている製造業者であつて、原体の製造（小分けを除く。）を行うものは、この省令の施行後は、原体の製造（小分けを除く。）の登録及び原体の小分けの登録を受けているものとみなす。

　　附　則　（昭和 60 年 4 月 16 日厚生省令第 23 号）

この省令は、公布の日から施行する。

　　附　則　（昭和 60 年 7 月 12 日厚生省令第 31 号）　抄

1　この省令は、公布の日から施行する。ただし、第 6 条の規定は、地方公共団体の事務に係る国の関与等の整理、合理化等に関する法律附則第 1 条第 3 号に定める日（昭和 60 年 8 月 12 日）から、第 2 条中児童福祉法施行規則第 31 条及び第 50 条の 2 の改正規定並びに第 4 条の規定は、同法附則第 1 条第 5 号に定める日（昭和 61 年 1 月 12 日）から施行する。

　　附　則　（昭和 60 年 12 月 17 日厚生省令第 44 号）

この省令は、公布の日から施行する。

　　附　則　（昭和 61 年 8 月 29 日厚生省令第 43 号）

この省令は、公布の日から施行する。

　　附　則　（昭和 62 年 1 月 12 日厚生省令第 4 号）

この省令は、公布の日から施行する。

　　附　則　（昭和 62 年 10 月 2 日厚生省令第 44 号）

この省令は、公布の日から施行する。

　　附　則　（昭和 63 年 6 月 3 日厚生省令第 41 号）

この省令は、公布の日から施行する。

　　附　則　（昭和 63 年 9 月 30 日厚生省令第 55 号）

この省令は、公布の日から施行する。

　　附　則　（平成元年 3 月 17 日厚生省令第 9 号）

この省令は、公布の日から施行する。

　　附　則　（平成元年 3 月 24 日厚生省令第 10 号）　抄

1　この省令は、公布の日から施行する。

2　この省令の施行の際この省令による改正前の様式（以下「旧様式」という。）により使用されている書類は、この省令による改正後の様式によるものとみなす。

3　この省令の施行の際現にある旧様式による用紙及び板については、当分の間、これを取り繕って使用することができる。

4　この省令による改正後の省令の規定にかかわらず、この省令により改正された規定であって改正後の様式により記載することが適当でないものについては、当分の間、なお従前の例による。

　　附　則　（平成 2 年 2 月 17 日厚生省令第 3 号）

この省令は、平成 2 年 4 月 1 日から施行する。ただし、別表第一及び別表第四の改

正規定は公布の日から施行する。

　　附　則　（平成 2 年 9 月 21 日厚生省令第 50 号）

　この省令は、公布の日から施行する。

　　附　則　（平成 3 年 4 月 5 日厚生省令第 27 号）

　この省令は、公布の日から施行する。

　　附　則　（平成 3 年 12 月 18 日厚生省令第 57 号）

　この省令は、公布の日から施行する。

　　附　則　（平成 4 年 3 月 21 日厚生省令第 9 号）

　この省令は、平成 4 年 4 月 1 日から施行する。ただし、別表第一劇物の項第 32 号の 3 の改正規定は、公布の日から施行する。

　　附　則　（平成 4 年 10 月 21 日厚生省令第 60 号）

　この省令は、平成 4 年 10 月 30 日から施行する。

　　附　則　（平成 5 年 3 月 19 日厚生省令第 7 号）

　この省令は、平成 5 年 4 月 1 日から施行する。ただし、別表第一劇物の項第 5 号の改正規定については、公布の日から施行する。

　　附　則　（平成 5 年 9 月 16 日厚生省令第 39 号）

　この省令は、公布の日から施行する。

　　附　則　（平成 6 年 2 月 28 日厚生省令第 6 号）

1　この省令は、平成 6 年 4 月 1 日から施行する。

2　この省令の施行の際現にあるこの省令による改正前の様式による用紙については、当分の間、これを使用することができる。

　　附　則　（平成 6 年 3 月 18 日厚生省令第 12 号）

　この省令は、公布の日から施行する。

　　附　則　（平成 6 年 4 月 28 日厚生省令第 35 号）

　この省令は、公布の日から施行する。

　　附　則　（平成 6 年 9 月 19 日厚生省令第 59 号）

　この省令は、平成 6 年 10 月 1 日から施行する。ただし、別表第一毒物の項第 18 号並びに同表劇物の項第 5 号の 3 及び第 11 号の 6 の改正規定は、公布の日から施行する。

　　附　則　（平成 7 年 4 月 14 日厚生省令第 30 号）

　この省令は、平成 7 年 4 月 23 日から施行する。ただし、別表第一劇物の項第 11 号の 6 の改正規定は、公布の日から施行する。

　　附　則　（平成 7 年 9 月 22 日厚生省令第 51 号）

　この省令は、平成 7 年 10 月 1 日から施行する。ただし、別表第一劇物の項第 11 号の 7 の改正規定（同号を同項第 11 号の 8 とする部分を除く。）は、公布の日から施行する。

　　附　則　（平成 8 年 3 月 25 日厚生省令第 11 号）

　この省令は、平成 8 年 4 月 1 日から施行する。ただし、別表第一劇物の項第 5 号、第

11号の8、第17号の3及び第51号の2の改正規定は、公布の日から施行する。

　　　附　則　（平成8年3月28日厚生省令第21号）

（施行期日）

1　この省令は、公布の日から施行する。

（毒物及び劇物取締法施行規則の一部改正に伴う経過措置）

2　この省令の施行の際第2条の規定による改正前の様式（次項において「旧様式」という。）により使用されている書類は、同条の規定による改正後の様式によるものとする。

3　この省令の施行の際現にある旧様式による用紙については、当分の間、これを取り繕って使用することができる。

　　　附　則　（平成8年11月22日厚生省令第63号）

この省令は、平成8年12月1日から施行する。

　　　附　則　（平成9年3月5日厚生省令第9号）

1　この省令は、平成9年3月21日から施行する。ただし、第2条の規定は、平成10年4月1日から施行する。

2　この省令の施行の際現にある第1条の規定による改正前の様式（次項において「旧様式」という。）により使用されている書類は、改正後の様式によるものとみなす。

3　この省令の施行の際現にある旧様式による用紙については、当分の間、これを取り繕って使用することができる。

　　　附　則　（平成9年3月24日厚生省令第17号）

この省令は、平成9年4月1日から施行する。ただし、別表第一劇物の項第11号の8の改正規定は、公布の日から施行する。

　　　附　則　（平成9年11月21日厚生省令第83号）

（施行期日）

1　この省令は、公布の日から施行する。

（経過措置）

2　この省令の施行の際現に毒物及び劇物取締法第4条第1項の登録を受けている者の当該登録の更新の申請については、この省令による改正後の第4条第2項の規定にかかわらず、なお従前の例による。

　　　附　則　（平成10年5月15日厚生省令第56号）

この省令は、公布の日から施行する。

　　　附　則　（平成11年1月11日厚生省令第5号）

1　この省令は、公布の日から施行する。

2　この省令の施行の際現にあるこの省令による改正前の様式による用紙については、当分の間、これを取り繕って使用することができる。

　　　附　則　（平成11年9月29日厚生省令第84号）

（施行期日）

1　この省令は、平成 11 年 10 月 15 日から施行する。ただし、第 12 条及び別表第一劇物の項第 11 号の 8 の改正規定は、公布の日から施行する。

（経過措置）

2　この省令の施行の際現に農業用品目販売業の登録を受けた者が販売又は授与の目的で貯蔵し、運搬し、又は陳列しているこの省令による改正前の別表第一に掲げる毒物又は劇物についての毒物及び劇物取締法第 4 条の 3 第 1 項の規定の適用については、平成 11 年 12 月 31 日までの間は、なお従前の例による。

3　毒物及び劇物取締法施行令の一部を改正する政令附則第 2 項に規定する厚生省令で定める事項は、次のとおりとする。

一　届出者の住所

二　届出者がシアン化ナトリウム又は砒素化合物たる毒物若しくはこれを含有する製剤による保健衛生上の危害の防止に当たっている事業場の名称及び所在地

三　届出者が前号の事業場において同号の実務に従事することとなった年月日

四　第二号の事業場において取り扱う毒物の品目

附　則　（平成 12 年 3 月 24 日厚生省令第 38 号）

（施行期日）

1　この省令は、平成 12 年 4 月 1 日から施行する。

（経過措置）

2　この省令の施行の際現にあるこの省令による改正前の様式（以下「旧様式」という。）により使用されている書類は、この省令による改正後の様式によるものとみなす。

3　この省令の施行の際現にある旧様式による用紙については、当分の間、これを取り繕って使用することができる。

附　則　（平成 12 年 4 月 28 日厚生省令第 94 号）

この省令は、平成 12 年 5 月 20 日から施行する。ただし、別表第一劇物の項第 8 号の 4、第 9 号の 2 及び第 11 号の 8（同号を同項第 11 号の 9 とする部分を除く。）の改正規定は、公布の日から施行する。

附　則　（平成 12 年 9 月 22 日厚生省令第 118 号）

この省令は、平成 12 年 10 月 5 日から施行する。ただし、別表第一劇物の項第 11 号の 9 の改正規定は、公布の日から施行する。

附　則　（平成 12 年 10 月 20 日厚生省令第 127 号）　抄

（施行期日）

1　この省令は、内閣法の一部を改正する法律（平成 11 年法律第 88 号）の施行の日（平成 13 年 1 月 6 日）から施行する。

（様式に関する経過措置）

3　この省令の施行の際現にあるこの省令による改正前の様式（次項において「旧様式」という。）により使用されている書類は、この省令による改正後の様式によるも

のとみなす。

4 この省令の施行の際現にある旧様式による用紙については、当分の間、これを取り繕って使用することができる。

　　附　則（平成 12 年 11 月 20 日厚生省令第 134 号）

この省令は、平成 13 年 1 月 1 日から施行する。

　　附　則（平成 13 年 3 月 26 日厚生労働省令第 36 号）　抄

（施行期日）

1　この省令は、書面の交付等に関する情報通信の技術の利用のための関係法律の整備に関する法律の施行の日（平成 13 年 4 月 1 日）から施行する。

　　附　則（平成 13 年 6 月 29 日厚生労働省令第 134 号）

この省令は、平成 13 年 7 月 10 日から施行する。ただし、別表第一劇物の項第 11 号の 9 の改正規定は、公布の日から施行する。

　　附　則（平成 13 年 7 月 13 日厚生労働省令第 165 号）

この省令は、障害者等に係る欠格事由の適正化等を図るための医師法等の一部を改正する法律の施行の日（平成 13 年 7 月 16 日）から施行する。

　　附　則（平成 14 年 3 月 25 日厚生労働省令第 30 号）

この省令は、平成 14 年 4 月 1 日から施行する。ただし、別表第一劇物の項第 11 号の 9 の改正規定は、公布の日から施行する。

　　附　則（平成 14 年 11 月 27 日厚生労働省令第 153 号）

この省令は、公布の日から施行する。

　　附　則（平成 15 年 1 月 31 日厚生労働省令第 5 号）

この省令は、平成 15 年 2 月 1 日から施行する。ただし、第 22 条、第 23 条及び第 28 条の改正規定は、行政手続等における情報通信の技術の利用に関する法律の施行の日から施行する。

　　附　則（平成 16 年 3 月 17 日厚生労働省令第 29 号）

この省令は、平成 16 年 4 月 1 日から施行する。ただし、別表第一劇物の項第 11 号の 9 の改正規定は、公布の日から施行する。

　　附　則（平成 16 年 7 月 2 日厚生労働省令第 111 号）

この省令は、平成 16 年 10 月 1 日から施行する。

　　附　則（平成 16 年 7 月 9 日厚生労働省令第 112 号）　抄

（施行期日）

第 1 条　この省令は、薬事法及び採血及び供血あつせん業取締法の一部を改正する法律（以下「改正法」という。）の施行の日（平成 17 年 4 月 1 日）から施行する。

第 9 条　この省令の施行前にした行為に対する罰則の適用については、なお従前の例による。

　　附　則（平成 17 年 3 月 7 日厚生労働省令第 25 号）　抄

（施行期日）

第1条 この省令は、不動産登記法の施行の日（平成17年3月7日）から施行する。

　　附　則（平成17年3月25日厚生労働省令第41号）

この省令は、公布の日から施行する。

　　附　則（平成18年4月21日厚生労働省令第114号）

この省令は、公布の日から施行する。

　　附　則（平成19年2月28日厚生労働省令第15号）

（施行期日）

1　この省令は、平成19年4月1日から施行する。

（経過措置）

2　この省令の施行の際現にあるこの省令による改正前の様式により使用されている書類は、この省令による改正後の様式によるものとみなす。

　　附　則（平成19年8月15日厚生労働省令第107号）

この省令は、平成19年9月1日から施行する。ただし、別表第一劇物の項第11号の9の改正規定は、公布の日から施行する。

　　附　則（平成19年12月25日厚生労働省令第152号）

この省令は、平成19年12月26日から施行する。

　　附　則（平成20年6月20日厚生労働省令第117号）

この省令は、公布の日から施行する。

　　附　則（平成21年4月8日厚生労働省令第102号）

この省令は、平成21年4月20日から施行する。ただし、別表第一劇物の項第5号及び第11号の9の改正規定は、公布の日から施行する。

　　附　則（平成22年12月15日厚生労働省令第125号）

この省令は、平成22年12月31日から施行する。ただし、別表第一劇物の項第11号の9の改正規定は、公布の日から施行する。

　　附　則（平成23年2月1日厚生労働省令第15号）

この省令は、公布の日から施行する。

　　附　則（平成23年10月14日厚生労働省令第130号）

この省令は、公布の日から施行する。

　　附　則（平成23年12月21日厚生労働省令第150号）　抄

（施行期日）

第1条　この省令は、平成24年4月1日から施行する。

（毒物及び劇物取締法施行規則の一部改正に伴う経過措置）

第2条　第4条の規定の施行の際現にある同条の規定による改正前の様式（次項において「旧様式」という。）により使用されている書類は、同条の規定による改正後の様式によるものとみなす。

2　第4条の規定の施行の際現にある旧様式による用紙については、当分の間、これを取り繕って使用することができる。

法令集

　　　附　則　（平成 24 年 9 月 20 日厚生労働省令第 130 号）
この省令は、公布の日から施行する。
　　　附　則　（平成 24 年 9 月 21 日厚生労働省令第 131 号）
この省令は、平成 24 年 10 月 1 日から施行する。
　　　附　則　（平成 26 年 7 月 30 日厚生労働省令第 87 号）　抄
（施行期日）
第1条　この省令は、薬事法等の一部を改正する法律（以下「改正法」という。）の施行の日（平成 26 年 11 月 25 日）から施行する。
　　　附　則　（平成 27 年 6 月 19 日厚生労働省令第 113 号）
この省令は、平成 27 年 7 月 1 日から施行する。
　　　附　則　（平成 28 年 3 月 16 日厚生労働省令第 32 号）
（施行期日）
第1条　この省令は、平成 28 年 4 月 1 日から施行する。
（経過措置）
第2条　この省令の施行の際現にあるこの省令による改正前の様式（次項において「旧様式」という。）により使用されている書類は、この省令による改正後の様式によるものとみなす。
2　この省令の施行の際現にある旧様式による用紙については、当分の間、これを取り繕って使用することができる。

毒物及び劇物取締法施行規則

別記第1号様式（第1条関係）

毒物劇物　製造業／輸入業　登録申請書

製造所（営業所）の所在地及び名称		
製造（輸入）品目	類　　別	化学名（製剤にあつては、化学名及びその含量）
備　　　　考		

上記により、毒物劇物の　製造業／輸入業　の登録を申請します。

　　年　　月　　日

住所（法人にあつては、主たる事務所の所在地）

氏名（法人にあつては、名称及び代表者の氏名）　㊞

地方厚生局長（製剤製造業者等にあつては、都道府県知事）　　　　　　　殿

（注意）
1　用紙の大きさは、日本工業規格A列4番とすること。
2　この申請書は、正副2通（製剤製造業者等にあつては、正本1通）提出すること。
3　字は、墨、インク等を用い、楷書ではつきりと書くこと。
4　製造（輸入）品目欄には、次により記載すること。
　(1)　類別は、法別表又は毒物及び劇物指定令による類別によること。
　(2)　原体の小分けの場合は、その旨を化学名の横に付記すること。
　(3)　製剤の含量は、一定の含量幅を持たせて記載して差し支えないこと。
　(4)　品目のすべてを記載することができないときは、この欄に「別紙のとおり」と記載
　　し、別紙を添付すること。

法令集

別記第2号様式（第2条関係）

<table>
<tr><td rowspan="3">毒物劇物</td><td>一　般　販　売　業</td><td rowspan="3">登録申請書</td></tr>
<tr><td>農業用品目販売業</td></tr>
<tr><td>特定品目販売業</td></tr>
</table>

<table>
<tr><td>店舗の所在地及び
名　　　　　　称</td><td></td></tr>
<tr><td>備　　　　　　考</td><td></td></tr>
</table>

　上記により、毒物劇物の 　一　般　販　売　業／農業用品目販売業／特定品目販売業 　の登録を申請します。

　　　　　年　　　月　　　日

住所（法人にあつては、主たる事務所の所在地）

氏名（法人にあつては、名称及び代表者の氏名）　㊞

都道府県知事
保健所設置市市長　　　　　殿
特別区区長

（注意）
1　用紙の大きさは、日本工業規格A列4番とすること。
2　字は、墨、インク等を用い、楷書ではつきりと書くこと。
3　附則第3項に規定する内燃機関用メタノールのみを取り扱う特定品目販売業にあつては、その旨を備考欄に記載すること。

毒物及び劇物取締法施行規則

別記第3号様式（第3条関係）

登録番号第　　　号

　毒物劇物製造業（輸入業、一般販売業、農業用品目販売業、特定品目販売業）登録票

住所（法人にあつては、主たる事務所の所在地）
氏名（法人にあつては、その名称）
製造所（営業所又は店舗）の所在地
製造所（営業所又は店舗）の名称

　毒物及び劇物取締法第4条の規定により登録を受けた毒物劇物の製造業（輸入業、一般販売業、農業用品目販売業、特定品目販売業）者であることを証明する。

　　　　年　　月　　日

　　　　　　　　　　　　　　　　　　地 方 厚 生 局 長
　　　　　　　　　　　　　　　　　　都 道 府 県 知 事　　　㊞
　　　　　　　　　　　　　　　　　　保健所設置市市長
　　　　　　　　　　　　　　　　　　特 別 区 区 長

　　　　　　　　　　　　　有効期間　　年　　月　　日から
　　　　　　　　　　　　　　　　　　年　　月　　日まで

1007

法令集

別記第 4 号様式（第 4 条関係）

毒物劇物　製造業／輸入業　登録更新申請書

登 録 番 号 及 び 登 録 年 月 日		
製造所（営業所）の所在地及び名称		
製造（輸入）品目	類　　別	化学名（製剤にあつては、化学名及びその含量）
毒物劇物取扱責任者の住所及び氏名		
備　　　　考		

　上記により、毒物劇物　製造業／輸入業　の登録の更新を申請します。

　　　　　年　　　月　　　日

住所（法人にあつては、主たる事務所の所在地）

氏名（法人にあつては、名称及び代表者の氏名）　㊞

地方厚生局長　　（製剤製造業者等にあつては、都道府県知事）　殿

(注意)

1　用紙の大きさは、日本工業規格Ａ列４番とすること。

2　この申請書は、正副２通（製剤製造業者等にあつては、正本１通)提出すること。

3　字は、墨、インク等を用い、楷書ではつきりと書くこと。

4　製造(輸入)品目欄には、次により記載すること。

　(1)　類別は、法別表又は毒物及び劇物指定令による類別によること。

　(2)　原体の小分けの場合は、その旨を化学名の横に付記すること。

　(3)　製剤の含量は、一定の含量幅を持たせて記載して差し支えないこと。

　(4)　品目のすべてを記載することができないときは、この欄に「別紙のとおり」と記載し、別紙を添付すること。

1008

毒物及び劇物取締法施行規則

別記第 5 号様式（第 4 条関係）

毒物劇物　一　般　販　売　業　　登録更新申請書
　　　　　農業用品目販売業
　　　　　特定品目販売業

登録番号及び登録 年　　月　　日	
店舗の所在地及び 名　　　　　称	
毒物劇物取扱責任 者の住所及び氏名	
備　　　　考	

　上記により、毒物劇物　一　般　販　売　業　　の登録の更新を申請します。
　　　　　　　　　　　　農業用品目販売業
　　　　　　　　　　　　特定品目販売業

　　　　年　　月　　日

　　　　　　　　　　　　　　　　　　　住所 $\left(\begin{array}{l}\text{法人にあつては、主}\\\text{たる事務所の所在地}\end{array}\right)$

　　　　　　　　　　　　　　　　　　　氏名 $\left(\begin{array}{l}\text{法人にあつては、名}\\\text{称及び代表者の氏名}\end{array}\right)$ ㊞

都 道 府 県 知 事
保健所設置市市長　　　　殿
特 別 区 区 長

（注意）
　1　用紙の大きさは、日本工業規格 A 列 4 番とすること。
　2　字は、墨、インク等を用い、楷書ではつきりと書くこと。
　3　附則第 3 項に規定する内燃機関用メタノールのみを取り扱う特定品目販売業にあつて
　　は、その旨を備考欄に記載すること。

法令集

別記第6号様式（第4条の6関係）

特定毒物研究者許可申請書

申請者の欠格条項	(1)	法第19条第4項の規定により許可を取り消されたこと	
	(2)	毒物若しくは劇物又は薬事に関する罪を犯し、又は罰金以上の刑に処せられたこと	
主たる研究所の所在地及び名　　　　　　　　　称			
特定毒物を必要とする研究事項及び使用する特定毒物の品　　　　　　　　　　目			
備　　　　　　　　考			

　　　　上記により、特定毒物研究者の許可を申請します。

　　　　　年　　月　　日

　　　　　　　　　　　　　　　　　　　住　所

　　　　　　　　　　　　　　　　　　　氏　名　　　　　　　　㊞

都道府県知事
指定都市の長　　　殿

（注意）

1　用紙の大きさは、日本工業規格A列4番とすること。

2　字は、墨、インク等を用い、楷書ではつきりと書くこと。

3　申請者の欠格条項の(1)欄及び(2)欄には、当該事実がないときは「なし」と記載し、あるときは、(1)欄にあつてはその理由及び年月日を、(2)欄にあつてはその罪、刑、刑の確定年月日及びその執行を終わり、又は執行を受けることがなくなつた場合はその年月日を記載すること。

4　氏名については、記名押印又は自筆による署名のいずれかにより記載すること。

毒物及び劇物取締法施行規則

別記第7号様式（第4条の9関係）

許可番号第　　　　　　号

特定毒物研究者許可証

住所

氏名

主たる研究所の所在地

主たる研究所の名称

　毒物及び劇物取締法第6条の2の規定により許可された特定毒物研究者であることを証明
する。

　年　　月　　日

都道府県知事　　　㊞
指定都市の長

法令集

別記第8号様式（第5条関係）

毒物劇物取扱責任者設置届

業　務　の　種　別	
登　録　番　号　及　び 登　録　年　月　日	
製造所（営業所、店舗、 事業場）の所在地及び 名　　　　　　　　称	
毒物劇物取扱責任者の 住　所　及　び　氏　名	
毒物劇物取扱責任者の 資　　　　　　　　格	
備　　　　　　　考	

　　　上記により、毒物劇物取扱責任者の設置の届出をします。

　　　　年　　　月　　　日

　　　　　　　　　　　　　　　　　　　　　　住所 $\left(\begin{array}{l}\text{法人にあつては、主}\\\text{たる事務所の所在地}\end{array}\right)$

　　　　　　　　　　　　　　　　　　　　　　氏名 $\left(\begin{array}{l}\text{法人にあつては、名}\\\text{称及び代表者の氏名}\end{array}\right)$ ㊞

地 方 厚 生 局 長
都 道 府 県 知 事
保健所設置市市長　　　　殿
特 別 区 区 長

（注意）
1　用紙の大きさは、日本工業規格A列4番とすること。
2　字は、墨、インク等を用い、楷書ではつきりと書くこと。
3　業務の種別欄には、毒物又は劇物の製造業、輸入業、一般販売業、農業用品目販売業
　　若しくは特定品目販売業又は業務上取扱者の別を記載すること。ただし、附則第3項に
　　規定する内燃機関用メタノールのみの取扱いに係る特定品目販売業にあつてはその旨を、
　　業務上取扱者にあつては令第41条第1号、第2号及び第3号の別を付記すること。
4　毒物又は劇物の製造業又は輸入業にあつては、この届書は正副2通（製剤製造業者等に
　　あつては、正本1通）提出すること。
5　業務上取扱者にあつては、登録番号及び登録年月日欄に業務上取扱者の届出をした年
　　月日を記載すること。
6　毒物劇物取扱責任者の資格欄には、法第8条第1項の第何号に該当するかを記載する
　　こと。同項第3号に該当する場合には、一般毒物劇物取扱者試験、農業用品目毒物劇物
　　取扱者試験又は特定品目毒物劇物取扱者試験のいずれかに合格した者であるかを併記す
　　ること。ただし、附則第3項に規定する内燃機関用メタノールのみの取扱いに係る特定
　　品目毒物劇物取扱者試験に合格した者である場合には、その旨を付記すること。

毒物及び劇物取締法施行規則

別記第9号様式（第5条関係）

毒物劇物取扱責任者変更届

業　務　の　種　別	
登　録　番　号　及　び 登　録　年　月　日	
製造所（営業所、店舗、事業場）の所在地及　　び　　名　　称	
変更前の毒物劇物取扱責任者の住所及び氏名	
変更後の毒物劇物取扱責任者の住所及び氏名	
変更後の毒物劇物取扱責任者の資格	
変　更　年　月　日	
備　　　　　　考	

　　上記により、毒物劇物取扱責任者の変更の届出をします。

　　　　年　　　月　　　日

住所（法人にあつては、主たる事務所の所在地）

氏名（法人にあつては、名称及び代表者の氏名）　㊞

地 方 厚 生 局 長
都 道 府 県 知 事　　　　殿
保健所設置市市長
特 別 区 区 長

（注意）
1　用紙の大きさは、日本工業規格A列4番とすること。
2　字は、墨、インク等を用い、楷書ではっきりと書くこと。
3　業務の種別欄には、毒物又は劇物の製造業、輸入業、一般販売業、農業用品目販売業若しくは特定品目販売業又は業務上取扱者の別を記載すること。ただし、附則第3項に規定する内燃機関用メタノールのみの取扱いに係る特定品目販売業にあつてはその旨を、業務上取扱者にあつては令第41条第1号、第2号及び第3号の別を付記すること。
4　毒物又は劇物の製造業又は輸入業にあつては、この届書は正副2通（製剤製造業者等にあつては、正本1通）提出すること。
5　業務上取扱者にあつては、登録番号及び登録年月日欄に業務上取扱者の届出をした年月日を記載すること。
6　変更後の毒物劇物取扱責任者の資格欄には、法第8条第1項の第何号に該当するかを記載すること。同項第3号に該当する場合には、一般毒物劇物取扱者試験、農業用品目毒物劇物取扱者試験又は特定品目毒物劇物取扱者試験のいずれかに合格した者であるかを併記すること。ただし、附則第3項に規定する内燃機関用メタノールのみの取扱いに係る特定品目毒物劇物取扱者試験に合格した者である場合には、その旨を付記すること。

法令集

別記第 10 号様式（第 10 条関係）

毒物劇物　製造業
輸入業　登録変更申請書

登 録 番 号 及 び 登 録 年 月 日		
製造所（営業所）の所在地及び名称		
新 た に 製 造 （ 輸 入 ） す る 品 目	類　　別	化学名（製剤にあつては、化学名及びその含量）
備　　　　考		

　　上記により、毒物劇物　製造業
輸入業　の登録の変更を申請します。

　　　　年　　月　　日

住所（法人にあつては、主たる事務所の所在地）

氏名（法人にあつては、名称及び代表者の氏名）　㊞

地方厚生局長　　　（製剤製造業者にあつては、都道府県知事）　　　殿

（注意）
1　用紙の大きさは、日本工業規格 A 列 4 番とすること。
2　この申請書は、正副 2 通（製剤製造業者等にあつては、正本 1 通）提出すること。
3　字は、墨、インク等を用い、楷書ではつきりと書くこと。
4　新たに製造（輸入）する品目欄には、次により記載すること。
　(1)　類別は、法別表又は毒物及び劇物指定令による類別によること。
　(2)　原体の小分けの場合は、その旨を化学名の横に付記すること。
　(3)　製剤の含量は、一定の含量幅を持たせて記載して差し支えないこと。
　(4)　品目のすべてを記載することができないときは、この欄に「別紙のとおり」と記載し、別紙を添付すること。

毒物及び劇物取締法施行規則

第 11 号様式の(1)（第 11 条関係）

変　更　届

業　務　の　種　別		
登録（許可）番号及び 登録（許可）年月日		
製造所（営業所、店 舗、主たる研究所）の 所 在 地 及 び 名 称		
変 更 内 容	事　　　　　項	変　　更　　前	変　　更　　後
変　更　年　月　日		
備　　　　　考		

上記により、変更の届出をします。
　　年　　　月　　　日

住所 $\left(\begin{array}{l}\text{法人にあつては、主}\\\text{たる事務所の所在地}\end{array}\right)$

氏名 $\left(\begin{array}{l}\text{法人にあつては、名}\\\text{称及び代表者の氏名}\end{array}\right)$　㊞

地 方 厚 生 局 長
都 道 府 県 知 事
指 定 都 市 の 長　　　　殿
保健所設置市市長
特 別 区 区 長

（注意）
1　用紙の大きさは、日本工業規格 A 列 4 番とすること。
2　字は、墨、インク等を用い、楷書ではつきりと書くこと。
3　業務の種別欄には、毒物若しくは劇物の製造業、輸入業、一般販売業、農業用品目販売業若しくは特定品目販売業又は特定毒物研究者の別を記載すること。ただし、附則第 3 項に規定する内燃機関用メタノールのみの取扱いに係る特定品目販売業にあつては、その旨を付記すること。
4　品目の廃止に係る変更の場合は、変更内容欄の変更前の箇所は廃止した品目を、変更後の箇所は「廃止」と記載すること。
5　毒物又は劇物の製造業又は輸入業にあつては、この届書は正副 2 通（製剤製造業者等にあつては、正本 1 通）提出すること。

法令集

別記第 11 号様式の(2)（第 11 条関係）

廃　止　届

業　務　の　種　別	
登録（許可）番号及び 登録（許可）年月日	
製造所（営業所、店 舗、主たる研究所）の 所 在 地 及 び 名 称	
廃　止　年　月　日	
廃止の日に現に所有す る毒物又は劇物の品 名、数量及び保管又は 処　理　の　方　法	
備　　　　　考	

　上記により、廃止の届出をします。

　　年　　　月　　　日

住所（法人にあつては、主
　　　たる事務所の所在地）

氏名（法人にあつては、名
　　　称及び代表者の氏名）　㊞

地 方 厚 生 局 長
都 道 府 県 知 事
指 定 都 市 の 長　　　　殿
保 健 所 設 置 市 市 長
特 別 区 区 長

（注意）

1　用紙の大きさは、日本工業規格 A 列 4 番とすること。

2　字は、墨、インク等を用い、楷書ではつきりと書くこと。

3　業務の種別欄には、毒物若しくは劇物の製造業、輸入業、一般販売業、農業用品目販売業若しくは特定品目販売業又は特定毒物研究者の別を記載すること。ただし、附則第 3 項に規定する内燃機関用メタノールのみの取扱いに係る特定品目販売業にあつては、その旨を付記すること。

4　毒物又は劇物の製造業又は輸入業にあつては、この届書は正副 2 通（製剤製造業者等にあつては、正本 1 通）提出すること。

別記第12号様式（第11条の2関係）

登録票（許可証）書換え交付申請書

登録（許可）番号及び登録（許可）年月日	
製造所（営業所、店舗、主たる研究所）の所在地及び名称	

変更内容	事　　　　項	変　更　前	変　更　後
	変　更　年　月　日		
	備　　　　考		

上記により、毒物劇物　　製　造　業
　　　　　　　　　　　　輸　入　業
　　　　　　　　　　　　一　般　販　売　業　　登録票の書換え交付を申請します。
　　　　　　　　　　　　農業用品目販売業
　　　　　　　　　　　　特定品目販売業

　　　　　特　定　毒　物　研　究　者　許　可　証

　　　　年　　　月　　　日

　　　　　　　　　　　　　　　　　　　住所（法人にあつては、主たる事務所の所在地）

　　　　　　　　　　　　　　　　　　　氏名（法人にあつては、名称及び代表者の氏名）　㊞

地 方 厚 生 局 長
都 道 府 県 知 事
指 定 都 市 の 長　　　　　殿
保健所設置市市長
特 別 区 区 長

（注意）

1　用紙の大きさは、日本工業規格A列4番とすること。

2　字は、墨、インク等を用い、楷書ではつきりと書くこと。

3　毒物又は劇物の製造業又は輸入業にあつては、この申請書は正副2通（製剤製造業者等にあつては、正本1通）提出すること。

4　附則第3項に規定する内燃機関用メタノールのみを取り扱う特定品目販売業にあつては、その旨を備考欄に記載すること。

法令集

別記第13号様式（第11条の3関係）

登録票（許可証）再交付申請書

登録（許可）番号及び 登録（許可）年月日	
製造所（営業所、店 舗、主たる研究所）の 所 在 地 及 び 名 称	
再 交 付 申 請 の 理 由	
備　　　　　考	

　　　　　　　　　　製　　造　　業
　　　　　　　　　　輸　　入　　業
　上記により、毒物劇物　一 般 販 売 業 登録票の再交付を申請します。
　　　　　　　　　　農業用品目販売業
　　　　　　　　　　特 定 品 目 販 売 業

　　　　特 定 毒 物 研 究 者 許 可 証

　　　年　　月　　日

　　　　　　　　　　　　　　　　　　住所$\binom{\text{法人にあつては、主}}{\text{たる事務所の所在地}}$

　　　　　　　　　　　　　　　　　　氏名$\binom{\text{法人にあつては、名}}{\text{称及び代表者の氏名}}$　㊞

地 方 厚 生 局 長
都 道 府 県 知 事
指 定 都 市 の 長　　　　殿
保健所設置市市長
特 別 区 区 長

（注意）
　1　用紙の大きさは、日本工業規格A列4番とすること。
　2　字は、墨、インク等を用い、楷書ではつきりと書くこと。
　3　毒物又は劇物の製造業又は輸入業にあつては、この申請書は正副2通（製剤製造業者等
　　にあつては、正本1通）提出すること。
　4　附則第3項に規定する内燃機関用メタノールのみを取り扱う特定品目販売業にあつて
　　は、その旨を備考欄に記載すること。

1018

毒物及び劇物取締法施行規則

別記第 14 号様式（第 13 条関係）

害虫防除実施届

防除実施の目的		
防除実施の日時 及 び 区 域		
使 用 薬 剤	品　　名	
	予定数量	
指導員	氏　　名	
	資　　格	
備　　　　　考		

　上記により、害虫防除の実施の届出をします。

　　　年　　　月　　　日

　　　　　　　　　　　　　　　　住所 $\left(\begin{array}{l}法人にあつては、主\\たる事務所の所在地\end{array}\right)$

　　　　　　　　　　　　　　　　氏名 $\left(\begin{array}{l}法人にあつては、名\\称及び代表者の氏名\end{array}\right)$　㊞

保健所長　　殿

（注意）

1　用紙の大きさは、日本工業規格 A 列 4 番とすること。

2　字は、墨、インク等を用い、楷書ではつきりと書くこと。

3　防除実施の日時及び区域欄の記載に当たつては、日時と区域との関連を明らかにすること。

4　指導員の資格欄には、指導員が毒物及び劇物取締法施行令第 18 条第 1 号イからへまで及び同令第 24 条第 1 号イからへまでのいずれに該当するかを記載すること。

別記第15号様式（第14条関係）

表

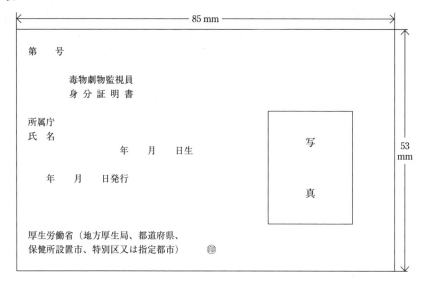

裏

毒物及び劇物取締法（昭和25年法律第303号）抜すい
　　（立入検査等）
第17条　厚生労働大臣は、保健衛生上必要があると認めるときは、毒物又は劇物の製造業者又は輸入業者から必要な報告を徴し、又は薬事監視員のうちからあらかじめ指定する者に、これらの者の製造所、営業所その他業務上毒物若しくは劇物を取り扱う場所に立ち入り、帳簿その他の物件を検査させ、関係者に質問させ、試験のため必要な最小限度の分量に限り、毒物、劇物、第11条第2項に規定する政令で定める物若しくはその疑いのある物を収去させることができる。
2　都道府県知事は、保健衛生上必要があると認めるときは、毒物又は劇物の販売業者又は特定毒物研究者から必要な報告を徴し、又は薬事監視員のうちからあらかじめ指定する者に、これらの者の店舗、研究所その他業務上毒物若しくは劇物を取り扱う場所に立ち入り、帳簿その他の物件を検査させ、関係者に質問させ、試験のため必要な最小限度の分量に限り、毒物、劇物、第11条第2項に規定する政令で定める物若しくはその疑いのある物を収去させることができる。
3　前2項の規定により指定された者は、毒物劇物監視員と称する。
4　毒物劇物監視員は、その身分を示す証票を携帯し、関係者の請求があるときは、これを提示しなければならない。
5　第1項及び第2項の規定は、犯罪捜査のために認められたものと解してはならない。
　　（緊急時における厚生労働大臣の事務執行）
第23条の4　第17条第2項の規定により都道府県知事の権限に属するものとされている事務は、緊急の必要があると厚生労働大臣が認める場合にあつては、厚生労働大臣又は都道府県知事が行うものとする。この場合においては、この法律の規定中都道府県知事に関する規定（当該事務に係るものに限る。）は、厚生労働大臣に関する規定として厚生労働大臣に適用があるものとする。
2　（略）
毒物及び劇物取締法施行令（昭和30年政令第261号）抜すい
　　（都道府県が処理する事務）
第36条の7　法に規定する厚生労働大臣の権限に属する事務のうち、次に掲げるものは、製造所又は営業所の所在地の都道府県知事が行うこととする。ただし、厚生労働大臣が第4号に掲げる権限に属する事務を自ら行うことを妨げない。
　　一～三　（略）
　　四　製造業者及び輸入業者（製剤製造業者等を除く。）に係る法第17条第1項に規定する権限に属する事務
2～4　（略）

別記第16号様式（第15条関係）

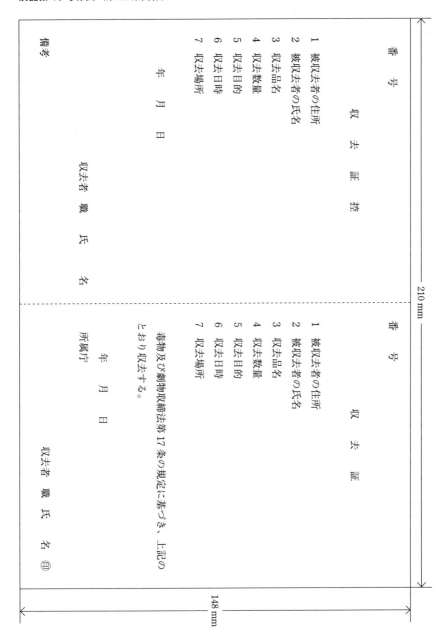

法令集

別記第17号様式（第17条関係）

特定毒物所有品目及び数量届書

登録（許可）の失効等の年月日	
登録（許可）の失効等の事由	
特定毒物の品目及び数量	

　　上記により、特定毒物所有品目及び数量の届出をします。

　　　　年　　　月　　　日

　　　　　　　　　　　　　　　　　住所 $\left(\begin{array}{l}\text{法人にあつては、主}\\\text{たる事務所の所在地}\end{array}\right)$

　　　　　　　　　　　　　　　　　氏名 $\left(\begin{array}{l}\text{法人にあつては、名}\\\text{称及び代表者の氏名}\end{array}\right)$ ㊞

地 方 厚 生 局 長
都 道 府 県 知 事
指 定 都 市 の 長　　　　殿
保健所設置市市長
特 別 区 区 長

（注意）

　1　用紙の大きさは、日本工業規格A列4番とすること。

　2　字は、墨、インク等を用い、楷書ではつきりと書くこと。

1022

毒物及び劇物取締法施行規則

別記第18号様式（第18条関係）

毒物劇物業務上取扱者届書

事 業 場	種　　　類	令第41条第　　号に規定する事業
	名　　　称	
	所 在 地	
取 扱 品 目		
備　　　　考		

　　上記により、毒物劇物業務上取扱者の届出をします。

　　　　年　　　月　　　日

　　　　　　　　　　　　　　　　　　　　住所 $\left(\begin{array}{l}法人にあつては、主\\たる事務所の所在地\end{array}\right)$

　　　　　　　　　　　　　　　　　　　　氏名 $\left(\begin{array}{l}法人にあつては、名\\称及び代表者の氏名\end{array}\right)$ ㊞

都 道 府 県 知 事
保健所設置市市長　　　殿
特 別 区 区 長

（注意）

　1　用紙の大きさは、日本工業規格A列4番とすること。
　2　字は、墨、インク等を用い、楷書ではつきりと書くこと。

1023

法令集

別記第 19 号様式の(1)（第 18 条関係）

変　更　届

事 業 場	種　　類	令第 41 条第　　号に規定する事業	
	名　　称		
	所 在 地		
取 扱 品 目			
変更内容	事　　　項	変　更　前	変　更　後
変 更 年 月 日			
備　　　考			

　上記により、変更の届出をします。

　　　年　　月　　日

住所（法人にあつては、主たる事務所の所在地）

氏名（法人にあつては、名称及び代表者の氏名）　㊞

都 道 府 県 知 事
保健所設置市市長　　　　殿
特 別 区 区 長

（注意）

　1　用紙の大きさは、日本工業規格 A 列 4 番とすること。

　2　字は、墨、インク等を用い、楷書ではつきりと書くこと。

毒物及び劇物取締法施行規則

別記第 19 号様式の(2)（第 18 条関係）

廃　止　届

事 業 場	種　　類	令第 41 条第　　号に規定する事業
	名　　称	
	所 在 地	
取 扱 品 目		
廃 止 年 月 日		
廃止の日に現に所有する毒物又は劇物の品名、数量及び保管又は処理の方法		
備　　　　考		

上記により、廃止の届出をします。

　　　年　　　月　　　日

住所 $\left(\begin{array}{l}\text{法人にあつては、主}\\\text{たる事務所の所在地}\end{array}\right)$

氏名 $\left(\begin{array}{l}\text{法人にあつては、名}\\\text{称及び代表者の氏名}\end{array}\right)$ ㊞

都 道 府 県 知 事
保健所設置市市長　　　　殿
特 別 区 区 長

（注意）

1　用紙の大きさは、日本工業規格 A 列 4 番とすること。
2　字は、墨、インク等を用い、楷書ではつきりと書くこと。

1025

法令集

別表第一 （第4条の2関係）

毒物

1 アバメクチン及びこれを含有する製剤。ただし、アバメクチン 1.8%以下を含有するものを除く。

1の2 O-エチル-O-(2-イソプロポキシカルボニルフエニル)-N-イソプロピルチオホスホルアミド（別名イソフエンホス）及びこれを含有する製剤。ただし、O-エチル-O-(2-イソプロポキシカルボニルフエニル)-N-イソプロピルチオホスホルアミド 5%以下を含有するものを除く。

1の3 O-エチル=S,S-ジプロピル=ホスホロジチオアート（別名エトプロホス）及びこれを含有する製剤。ただし、O-エチル=S,S-ジプロピル=ホスホロジチオアート 5%以下を含有するものを除く。

2 エチルパラニトロフエニルチオノベンゼンホスホネイト（別名EPN）及びこれを含有する製剤。ただし、エチルパラニトロフエニルチオノベンゼンホスホネイト 1.5%以下を含有するものを除く。

3 削除

4 削除

5 削除

6 無機シアン化合物及びこれを含有する製剤。ただし、次に掲げるものを除く。

イ 紺青及びこれを含有する製剤

ロ フエリシアン塩及びこれを含有する製剤

ハ フエロシアン塩及びこれを含有する製剤

7 ジエチル-S-(エチルチオエチル)-ジチオホスフエイト及びこれを含有する製剤。ただし、ジエチル-S-(エチルチオエチル)-ジチオホスフエイト 5%以下を含有するものを除く。

7の2 削除

7の3 ジエチル-(1,3-ジチオシクロペンチリデン)-チオホスホルアミド及びこれを含有する製剤。ただし、ジエチル-(1,3-ジチオシクロペンチリデン)-チオホスホルアミド 5%以下を含有するものを除く。

8 ジエチル-4-メチルスルフイニルフエニル-チオホスフエイト及びこれを含有する製剤。ただし、ジエチル-4-メチルスルフイニルフエニル-チオホスフエイト 3%以下を含有するものを除く。

9 2,3-ジシアノ-1,4-ジチアアントラキノン（別名ジチアノン）及びこれを含有する製剤。ただし、2,3-ジシアノ-1,4-ジチアアントラキノン 50%以下を含有するものを除く。

10 削除

10の2 2-ジフエニルアセチル-1,3-インダンジオン及びこれを含有する製剤。ただし、2-ジフエニルアセチル-1,3-インダンジオン 0.005%以下を含有するものを除く

毒物及び劇物取締法施行規則

く。

11 削除

12 ジメチル-(ジエチルアミド-1-クロルクロトニル)-ホスフエイト及びこれを含有する製剤

13 1,1′-ジメチル-4,4′-ジピリジニウムヒドロキシド、その塩類及びこれらのいずれかを含有する製剤

13の2 2,2-ジメチル-1,3-ベンゾジオキソール-4-イル-N-メチルカルバマート（別名ベンダイオカルブ）及びこれを含有する製剤。ただし、2,2-ジメチル-1,3-ベンゾジオキソール-4-イル-N-メチルカルバマート5%以下を含有するものを除く。

14 削除

15 削除

16 2,3,5,6-テトラフルオロ-4-メチルベンジル＝(Z)-(1RS,3RS)-3-(2-クロロ-3,3,3-トリフルオロ-1-プロペニル)-2,2-ジメチルシクロプロパンカルボキシラート（別名テフルトリン）及びこれを含有する製剤。ただし、2,3,5,6-テトラフルオロ-4-メチルベンジル＝(Z)-(1RS,3RS)-3-(2-クロロ-3,3,3-トリフルオロ-1-プロペニル)-2,2-ジメチルシクロプロパンカルボキシラート0.5%以下を含有するものを除く。

16の2 ナラシン、その塩類及びこれらのいずれかを含有する製剤。ただし、ナラシンとして10%以下を含有するものを除く。

17 ニコチン、その塩類及びこれらのいずれかを含有する製剤

18 S,S-ビス(1-メチルプロピル)＝O-エチル＝ホスホロジチオアート（別名カズサホス）及びこれを含有する製剤。ただし、S,S-ビス(1-メチルプロピル)＝O-エチル＝ホスホロジチオアート10%以下を含有するものを除く。

18の2 ブチル=2,3-ジヒドロ-2,2-ジメチルベンゾフラン-7-イル＝N,N′-ジメチル-N,N′-チオジカルバマート（別名フラチオカルブ）及びこれを含有する製剤。ただし、ブチル=2,3-ジヒドロ-2,2-ジメチルベンゾフラン-7-イル＝N,N′-ジメチル-N,N′-チオジカルバマート5%以下を含有するものを除く。

19 弗化スルフリル及びこれを含有する製剤

20 ヘキサキス(β,β-ジメチルフエネチル)ジスタンノキサン（別名酸化フエンブタスズ）及びこれを含有する製剤

20の2 ヘキサクロルヘキサヒドロメタノベンゾジオキサチエピンオキサイド及びこれを含有する製剤

20の3 メチル-N′,N′-ジメチル-N-[(メチルカルバモイル)オキシ]-1-チオオキサムイミデート及びこれを含有する製剤。ただし、メチル-N′,N′-ジメチル-N-[(メチルカルバモイル)オキシ]-1-チオオキサムイミデート0.8%以下を含有するものを除く。

20の4 S-メチル-N-[(メチルカルバモイル)-オキシ]-チオアセトイミデート（別名メトミル）及びこれを含有する製剤。ただし、S-メチル-N-[(メチルカルバモ

1027

法令集

イル)-オキシ]-チオアセトイミデート 45%以下を含有するものを除く。

21 モノフルオール酢酸並びにその塩類及びこれを含有する製剤

22 削除

23 燐化アルミニウムとその分解促進剤とを含有する製剤

劇物

1 無機亜鉛塩類。ただし、炭酸亜鉛及び雷酸亜鉛を除く。

2 アバメクチン 1.8%以下を含有する製剤

2の2 L-2-アミノ-4-[(ヒドロキシ)(メチル)ホスフイノイル]ブチリル-L-アラニ
ル-L-アラニン、その塩類及びこれらのいずれかを含有する製剤。ただし、L-2-
アミノ-4-[(ヒドロキシ)(メチル)ホスフイノイル]ブチリル-L-アラニル-L-アラ
ニンとして 19%以下を含有するものを除く。

3 アンモニア及びこれを含有する製剤。ただし、アンモニア 10%以下を含有する
ものを除く。

4 2-イソプロピルオキシフエニル-N-メチルカルバメート及びこれを含有する製
剤。ただし、2-イソプロピルオキシフエニル-N-メチルカルバメート 1%以下を含
有するものを除く。

4の2 2-イソプロピルフエニル-N-メチルカルバメート及びこれを含有する製剤。
ただし、2-イソプロピルフエニル-N-メチルカルバメート 1.5%以下を含有するも
のを除く。

5 2-イソプロピル-4-メチルピリミジル-6-ジエチルチオホスフエイト（別名ダイ
アジノン）及びこれを含有する製剤。ただし、2-イソプロピル-4-メチルピリミジ
ル-6-ジエチルチオホスフエイト 5%（マイクロカプセル製剤にあつては、25%）
以下を含有するものを除く。

5の2 削除

5の3 1,1'-イミノジ(オクタメチレン)ジグアニジン（別名イミノクタジン）、そ
の塩類及びこれらのいずれかを含有する製剤。ただし、次に掲げるものを除く。

イ 1,1'-イミノジ(オクタメチレン)ジグアニジンとして 3.5%以下を含有する製
剤（ロに該当するものを除く。）

ロ 1,1'-イミノジ(オクタメチレン)ジグアニジンアルキルベンゼンスルホン酸及
びこれを含有する製剤

5の4 O-エチル-O-(2-イソプロポキシカルボニルフエニル)-N-イソプロピルチ
オホスホルアミド（別名イソフエンホス）5%以下を含有する製剤

6 削除

6の2 エチル=2-ジエトキシチオホスホリルオキシ-5-メチルピラゾロ[1.5-a]ピリ
ミジン-6-カルボキシラート（別名ピラゾホス）及びこれを含有する製剤

7 削除

7の2　エチルジフエニルジチオホスフエイト及びこれを含有する製剤。ただし、エ
チルジフエニルジチオホスフエイト2％以下を含有するものを除く。

7の3　O-エチル＝S,S-ジプロピル＝ホスホロジチオアート（別名エトプロホス）5％
以下を含有する製剤。ただし、O-エチル＝S,S-ジプロピル＝ホスホロジチオアート
3％以下を含有する徐放性製剤を除く。

7の4　2-エチル-3,7-ジメチル-6-[4-(トリフルオロメトキシ)フエノキシ]-4-キノ
リル＝メチル＝カルボナート及びこれを含有する製剤

7の5　2-エチルチオメチルフエニル-N-メチルカルバメート（別名エチオフエン
カルブ）及びこれを含有する製剤。ただし、2-エチルチオメチルフエニル-N-メ
チルカルバメート2％以下を含有するものを除く。

8　エチルパラニトロフエニルチオノベンゼンホスホネイト（別名EPN）1.5％以
下を含有する製剤

8の2　O-エチル＝S-プロピル＝[(2E)-2-(シアノイミノ)-3-エチルイミダゾリジン
-1-イル]ホスホノチオアート（別名イミシアホス）及びこれを含有する製剤。た
だし、O-エチル＝S-プロピル＝[(2E)-2-(シアノイミノ)-3-エチルイミダゾリジン
-1-イル]ホスホノチオアート1.5％以下を含有するものを除く。

8の3　エチル＝(Z)-3-[N-ベンジル-N-[[メチル(1-メチルチオエチリデンアミノ
オキシカルボニル)アミノ]チオ]アミノ]プロピオナート及びこれを含有する製剤

8の4　O-エチル-O-4-メチルチオフエニル-S-プロピルジチオホスフエイト及び
これを含有する製剤。ただし、O-エチル-O-4-メチルチオフエニル-S-プロピル
ジチオホスフエイト3％以下を含有するものを除く。

8の5　O-エチル＝S-1-メチルプロピル＝(2-オキソ-3-チアゾリジニル)ホスホノチ
オアート（別名ホスチアゼート）及びこれを含有する製剤。ただし、O-エチル＝
S-1-メチルプロピル＝(2-オキソ-3-チアゾリジニル)ホスホノチオアート1.5％以
下を含有するものを除く。

9　エチレンクロルヒドリン及びこれを含有する製剤

9の2　エマメクチン、その塩類及びこれらのいずれかを含有する製剤。ただし、エ
マメクチンとして2％以下を含有するものを除く。

10　塩素酸塩類及びこれを含有する製剤。ただし、爆発薬を除く。

10の2　(1R,2S,3R,4S)-7-オキサビシクロ[2.2.1]ヘプタン-2,3-ジカルボン酸（別
名エンドタール）、その塩類及びこれらのいずれかを含有する製剤。ただし、
(1R,2S,3R,4S)-7-オキサビシクロ[2.2.1]ヘプタン-2,3-ジカルボン酸として1.5％
以下を含有するものを除く。

10の3　2-クロルエチルトリメチルアンモニウム塩類及びこれを含有する製剤

10の4　削除

10の5　削除

10の6　2-クロル-1-(2,4-ジクロルフエニル)ビニルジメチルホスフエイト及びこれ

を含有する製剤

11　クロルピクリン及びこれを含有する製剤

11の2　4-クロロ-3-エチル-1-メチル-N-[4-(パラトリルオキシ)ベンジル]ピラゾール-5-カルボキサミド及びこれを含有する製剤

11の3　5-クロロ-N-[2-[4-(2-エトキシエチル)-2,3-ジメチルフエノキシ]エチル]-6-エチルピリミジン-4-アミン（別名ピリミジフエン）及びこれを含有する製剤。ただし、5-クロロ-N-[2-[4-(2-エトキシエチル)-2,3-ジメチルフエノキシ]エチル]-6-エチルピリミジン-4-アミン4%以下を含有するものを除く。

11の4　トランス-N-(6-クロロ-3-ピリジルメチル)-N′-シアノ-N-メチルアセトアミジン（別名アセタミプリド）及びこれを含有する製剤。ただし、トランス-N-(6-クロロ-3-ピリジルメチル)-N′-シアノ-N-メチルアセトアミジン2%以下を含有するものを除く。

11の5　1-(6-クロロ-3-ピリジルメチル)-N-ニトロイミダゾリジン-2-イリデンアミン（別名イミダクロプリド）及びこれを含有する製剤。ただし、1-(6-クロロ-3-ピリジルメチル)-N-ニトロイミダゾリジン-2-イリデンアミン2%（マイクロカプセル製剤にあつては、12%）以下を含有するものを除く。

11の6　3-(6-クロロピリジン-3-イルメチル)-1,3-チアゾリジン-2-イリデンシアナミド（別名チアクロプリド）及びこれを含有する製剤。ただし、3-(6-クロロピリジン-3-イルメチル)-1,3-チアゾリジン-2-イリデンシアナミド3%以下を含有するものを除く。

11の7　(RS)-[O-1-(4-クロロフエニル)ピラゾール-4-イル=O-エチル=S-プロピル=ホスホロチオアート]（別名ピラクロホス）及びこれを含有する製剤。ただし、(RS)-[O-1-(4-クロロフエニル)ピラゾール-4-イル=O-エチル=S-プロピル=ホスホロチオアート]6%以下を含有するものを除く。

11の8　シアナミド及びこれを含有する製剤。ただし、シアナミド10%以下を含有するものを除く。

11の9　有機シアン化合物及びこれを含有する製剤。ただし、次に掲げるものを除く。

(1)　5-アミノ-1-(2,6-ジクロロ-4-トリフルオロメチルフエニル)-4-エチルスルフイニル-1H-ピラゾール-3-カルボニトリル（別名エチプロール）及びこれを含有する製剤

(2)　5-アミノ-1-(2,6-ジクロロ-4-トリフルオロメチルフエニル)-3-シアノ-4-トリフルオロメチルスルフイニルピラゾール（別名フイプロニル）1%（マイクロカプセル製剤にあつては、5%）以下を含有する製剤

(3)　4-アルキル安息香酸シアノフエニル及びこれを含有する製剤

(4)　4-アルキル-4″-シアノ-パラ-テルフエニル及びこれを含有する製剤

(5)　4-アルキル-4′-シアノビフエニル及びこれを含有する製剤

(6) 4-アルキル-4′-シアノフエニルシクロヘキサン及びこれを含有する製剤

(7) 5-アルキル-2-(4-シアノフエニル)ピリミジン及びこれを含有する製剤

(8) 4-アルキルシクロヘキシル-4′-シアノビフエニル及びこれを含有する製剤

(9) 5-(4-アルキルフエニル)-2-(4-シアノフエニル)ピリミジン及びこれを含有する製剤

(10) 4-アルコキシ-4′-シアノビフエニル及びこれを含有する製剤

(11) 4-イソプロピルベンゾニトリル及びこれを含有する製剤

(12) 4-[トランス-4-(トランス-4-エチルシクロヘキシル)シクロヘキシル]ベンゾニトリル及びこれを含有する製剤

(13) 4-[5-(トランス-4-エチルシクロヘキシル)-2-ピリミジニル]ベンゾニトリル及びこれを含有する製剤

(14) 4-(トランス-4-エチルシクロヘキシル)-2-フルオロベンゾニトリル及びこれを含有する製剤

(15) トランス-4′-エチル-トランス-1,1′-ビシクロヘキサン-4-カルボニトリル及びこれを含有する製剤

(16) 4′-[2-(エトキシ)エトキシ]-4-ビフエニルカルボニトリル及びこれを含有する製剤

(17) 4-[トランス-4-(エトキシメチル)シクロヘキシル]ベンゾニトリル及びこれを含有する製剤

(18) 3-(オクタデセニルオキシ)プロピオノニトリル及びこれを含有する製剤

(19) オレオニトリル及びこれを含有する製剤

(20) カプリニトリル及びこれを含有する製剤

(21) カプリロニトリル及びこれを含有する製剤

(22) 2-(4-クロル-6-エチルアミノ-S-トリアジン-2-イルアミノ)-2-メチル-プロピオニトリル50％以下を含有する製剤

(23) 4-クロロ-2-シアノ-N,N-ジメチル-5-パラトリルイミダゾール-1-スルホンアミド及びこれを含有する製剤

(24) 3-クロロ-4-シアノフエニル=4-エチルベンゾアート及びこれを含有する製剤

(25) 3-クロロ-4-シアノフエニル=4-プロピルベンゾアート及びこれを含有する製剤

(26) 1-(3-クロロ-4,5,6,7-テトラヒドロピラゾロ[1.5-a]ピリジン-2-イル)-5-[メチル(プロプ-2-イン-1-イル)アミノ]-1H-ピラゾール-4-カルボニトリル（別名ピラクロニル）及びこれを含有する製剤

(27) 2-(4-クロロフエニル)-2-(1H-1,2,4-トリアゾール-1-イルメチル)ヘキサンニトリル（別名ミクロブタニル）及びこれを含有する製剤

(28) (RS)-4-(4-クロロフエニル)-2-フエニル-2-(1H-1,2,4-トリアゾール-1-イルメチル)ブチロニトリル及びこれを含有する製剤

法令集

(29) 高分子化合物

(30) シアノアクリル酸エステル及びこれを含有する製剤

(31) N-(2-シアノエチル)-1,3-ビス(アミノメチル)ベンゼン、N,N'-ジ(2-シアノエチル)-1,3-ビス(アミノメチル)ベンゼン及び N,N,N'-トリ(2-シアノエチル)-1,3-ビス(アミノメチル)ベンゼンの混合物並びにこれを含有する製剤

(32) (RS)-2-シアノ-N-[(R)-1-(2,4-ジクロロフエニル)エチル]-3,3-ジメチルブチラミド（別名ジクロシメット）及びこれを含有する製剤

(33) 2-シアノ-3,3-ジフエニルプロパ-2-エン酸 2-エチルヘキシルエステル及びこれを含有する製剤

(34) N-(1-シアノ-1,2-ジメチルプロピル)-2-(2,4-ジクロロフエノキシ)プロピオンアミド及びこれを含有する製剤

(35) N-[(RS)-シアノ(チオフエン-2-イル)メチル]-4-エチル-2-(エチルアミノ)-1,3-チアゾール-5-カルボキサミド（別名エタボキサム）及びこれを含有する製剤

(36) 4'-シアノ-4-ビフエニリル=トランス-4-エチル-1-シクロヘキサンカルボキシラート及びこれを含有する製剤

(37) 4'-シアノ-4-ビフエニリル=トランス-4-(トランス-4-プロピルシクロヘキシル)-1-シクロヘキサンカルボキシラート及びこれを含有する製剤

(38) 4-シアノ-4'-ビフエニリル=4-(トランス-4-プロピルシクロヘキシル)ベンゾアート及びこれを含有する製剤

(39) 4'-シアノ-4-ビフエニリル=4'-ヘプチル-4-ビフエニルカルボキシラート及びこれを含有する製剤

(40) 4'-シアノ-4-ビフエニリル=トランス-4-(トランス-4-ペンチルシクロヘキシル)-1-シクロヘキサンカルボキシラート及びこれを含有する製剤

(41) 4-シアノ-4'-ビフエニリル=4-(トランス-4-ペンチルシクロヘキシル)ベンゾアート及びこれを含有する製剤

(42) 4-シアノフエニル=トランス-4-ブチル-1-シクロヘキサンカルボキシラート及びこれを含有する製剤

(43) 4-シアノフエニル=トランス-4-プロピル-1-シクロヘキサンカルボキシラート及びこれを含有する製剤

(44) 4-シアノフエニル=トランス-4-ペンチル-1-シクロヘキサンカルボキシラート及びこれを含有する製剤

(45) 4-シアノフエニル=4-(トランス-4-ペンチルシクロヘキシル)ベンゾアート及びこれを含有する製剤

(46) (E)-2-{2-(4-シアノフエニル)-1-[3-(トリフルオロメチル)フエニル]エチリデン}-N-[4-(トリフルオロメトキシ)フエニル]ヒドラジンカルボキサミドと(Z)-2-{2-(4-シアノフエニル)-1-[3-(トリフルオロメチル)フエニル]エチリデ

1032

ン｝-N-[4-(トリフルオロメトキシ)フエニル]ヒドラジンカルボキサミドとの混合物 ((E)-2-｛2-(4-シアノフエニル)-1-[3-(トリフルオロメチル)フエニル]エチリデン｝-N-[4-(トリフルオロメトキシ)フエニル]ヒドラジンカルボキサミド 90％以上を含有し、かつ、(Z)-2-｛2-(4-シアノフエニル)-1-[3-(トリフルオロメチル)フエニル]エチリデン｝-N-[4-(トリフルオロメトキシ)フエニル]ヒドラジンカルボキサミド 10％以下を含有するものに限る。)(別名メタフルミゾン)及びこれを含有する製剤

(47) (S)-4-シアノフエニル=4-(2-メチルブトキシ)ベンゾアート及びこれを含有する製剤

(48) (RS)-シアノ-(3-フエノキシフエニル)メチル=2,2,3,3-テトラメチルシクロプロパンカルボキシラート (別名フエンプロパトリン) 1％以下を含有する製剤

(49) (RS)-α-シアノ-3-フエノキシベンジル=N-(2-クロロ-α,α,α-トリフルオロ-パラトリル)-D-バリナート (別名フルバリネート) 5％以下を含有する製剤

(50) α-シアノ-3-フエノキシベンジル=2,2-ジクロロ-1-(4-エトキシフエニル)-1-シクロプロパンカルボキシラート (別名シクロプロトリン) 及びこれを含有する製剤

(51) (S)-α-シアノ-3-フエノキシベンジル=(1R,3R)-3-(2,2-ジクロロビニル)-2,2-ジメチルシクロプロパン-カルボキシラートと (R)-α-シアノ-3-フエノキシベンジル=(1S,3S)-3-(2,2-ジクロロビニル)-2,2-ジメチルシクロプロパン-カルボキシラートとの等量混合物 0.88％以下を含有する製剤

(52) (S)-α-シアノ-3-フエノキシベンジル=(1R,3S)-2,2-ジメチル-3-(1,2,2,2-テトラブロモエチル)シクロプロパンカルボキシラート (別名トラロメトリン) 0.9％以下を含有する製剤

(53) (S)-α-シアノ-3-フエノキシベンジル=(Z)-(1R,3S)-2,2-ジメチル-3-[2-(2,2,2-トリフルオロ-1-トリフルオロメチルエトキシカルボニル)ビニル]シクロプロパンカルボキシラート及びこれを含有する製剤

(54) (S)-α-シアノ-3-フエノキシベンジル=(1R,3R)-2,2-ジメチル-3-(2-メチル-1-プロペニル)-1-シクロプロパンカルボキシラートと (R)-α-シアノ-3-フエノキシベンジル=(1R,3R)-2,2-ジメチル-3-(2-メチル-1-プロペニル)-1-シクロプロパンカルボキシラートとの混合物 ((S)-α-シアノ-3-フエノキシベンジル=(1R,3R)-2,2-ジメチル-3-(2-メチル-1-プロペニル)-1-シクロプロパンカルボキシラート 91％以上 99％以下を含有し、かつ、(R)-α-シアノ-3-フエノキシベンジル=(1R,3R)-2,2-ジメチル-3-(2-メチル-1-プロペニル)-1-シクロプロパンカルボキシラート 1％以上 9％以下を含有するものに限る。) 10％以下を含有するマイクロカプセル製剤

(55) (RS)-α-シアノ-3-フエノキシベンジル=(1R,3R)-2,2-ジメチル-3-(2-メチル-1-プロペニル)-1-シクロプロパンカルボキシラート 8％以下を含有する製剤

法令集

(56) (RS)-α-シアノ-3-フエノキシベンジル=(1R,3S)-2,2-ジメチル-3-(2-メチル-1-プロペニル)-1-シクロプロパンカルボキシラート 2%以下を含有する製剤

(57) 4-シアノ-3-フルオロフエニル=4-(トランス-4-エチルシクロヘキシル)ベンゾアート及びこれを含有する製剤

(58) 4-シアノ-3-フルオロフエニル=4-エチルベンゾアート及びこれを含有する製剤

(59) 4-シアノ-3-フルオロフエニル=4-(エトキシメチル)ベンゾアート及びこれを含有する製剤

(60) 4-シアノ-3-フルオロフエニル=4-(トランス-4-ブチルシクロヘキシル)ベンゾアート及びこれを含有する製剤

(61) 4-シアノ-3-フルオロフエニル=4-ブチルベンゾアート及びこれを含有する製剤

(62) 4-シアノ-3-フルオロフエニル=4-(ブトキシメチル)ベンゾアート及びこれを含有する製剤

(63) 4-シアノ-3-フルオロフエニル=4-(トランス-4-プロピルシクロヘキシル)ベンゾアート及びこれを含有する製剤

(64) 4-シアノ-3-フルオロフエニル=4-プロピルベンゾアート及びこれを含有する製剤

(65) 4-シアノ-3-フルオロフエニル=4-(プロポキシメチル)ベンゾアート及びこれを含有する製剤

(66) 4-シアノ-3-フルオロフエニル=4-ヘプチルベンゾアート及びこれを含有する製剤

(67) 4-シアノ-3-フルオロフエニル=4-(ペンチルオキシメチル)ベンゾアート及びこれを含有する製剤

(68) 4-シアノ-3-フルオロフエニル=4-(トランス-4-ペンチルシクロヘキシル)ベンゾアート及びこれを含有する製剤

(69) 4-シアノ-3-フルオロフエニル=4-ペンチルベンゾアート及びこれを含有する製剤

(70) α-シアノ-4-フルオロ-3-フエノキシベンジル=3-(2,2-ジクロロビニル)-2,2-ジメチルシクロプロパンカルボキシラート 0.5%以下を含有する製剤

(71) N-シアノメチル-4-(トリフルオロメチル)ニコチンアミド（別名フロニカミド）及びこれを含有する製剤

(72) トランス-1-(2-シアノ-2-メトキシイミノアセチル)-3-エチルウレア（別名シモキサニル）及びこれを含有する製剤

(73) 1,4-ジアミノ-2,3-ジシアノアントラキノン及びこれを含有する製剤

(74) O,O-ジエチル-O-(α-シアノベンジリデンアミノ)チオホスフエイト（別名ホキシム）及びこれを含有する製剤

1034

(75) 3,3′-(1,4-ジオキソピロロ[3.4-c]ピロール-3,6-ジイル)ジベンゾニトリル及びこれを含有する製剤

(76) 2-シクロヘキシリデン-2-フエニルアセトニトリル及びこれを含有する製剤

(77) 2,6-ジクロルシアンベンゼン及びこれを含有する製剤

(78) 3,4-ジクロロ-2′-シアノ-1,2-チアゾール-5-カルボキサニリド（別名イソチアニル）及びこれを含有する製剤

(79) ジシアンジアミド及びこれを含有する製剤

(80) 2,6-ジフルオロ-4-(トランス-4-プロピルシクロヘキシル)ベンゾニトリル及びこれを含有する製剤

(81) 4-[2,3-(ジフルオロメチレンジオキシ)フエニル]ピロール-3-カルボニトリル（別名フルジオキソニル）及びこれを含有する製剤

(82) 3,7-ジメチル-2,6-オクタジエンニトリル及びこれを含有する製剤

(83) 3,7-ジメチル-6-オクテンニトリル及びこれを含有する製剤

(84) 3,7-ジメチル-2,6-ノナジエンニトリル及びこれを含有する製剤

(85) 3,7-ジメチル-3,6-ノナジエンニトリル及びこれを含有する製剤

(86) 4,8-ジメチル-7-ノネンニトリル及びこれを含有する製剤

(87) ジメチルパラシアンフエニル-チオホスフエイト及びこれを含有する製剤

(88) N-(α,α-ジメチルベンジル)-2-シアノ-2-フエニルアセトアミド及びこれを含有する製剤

(89) 4,4-ジメトキシブタンニトリル及びこれを含有する製剤

(90) 3,5-ジヨード-4-オクタノイルオキシベンゾニトリル及びこれを含有する製剤

(91) ステアロニトリル及びこれを含有する製剤

(92) 染料

(93) テトラクロル-メタジシアンベンゼン及びこれを含有する製剤

(94) トリチオシクロヘプタジエン-3,4,6,7-テトラニトリル15%以下を含有する燻蒸剤

(95) 2-トリデセンニトリルと3-トリデセンニトリルとの混合物（2-トリデセンニトリル80%以上84%以下を含有し、かつ、3-トリデセンニトリル15%以上19%以下を含有するものに限る。）及びこれを含有する製剤

(96) 2,2,3-トリメチル-3-シクロペンテンアセトニトリル10%以下を含有する製剤

(97) パラジシアンベンゼン及びこれを含有する製剤

(98) パルミトニトリル及びこれを含有する製剤

(99) 1,2-ビス(N-シアノメチル-N,N-ジメチルアンモニウム)エタン＝ジクロリド及びこれを含有する製剤

(100) 2-ヒドロキシ-5-ピリジンカルボニトリル及びこれを含有する製剤

(101) 4-(トランス-4-ビニルシクロヘキシル)ベンゾニトリル及びこれを含有する製剤

法令集

⑿　3-ピリジンカルボニトリル及びこれを含有する製剤

⒀　ブチル＝(R)-2-[4-(4-シアノ-2-フルオロフエノキシ)フエノキシ]プロピオナート（別名シハロホツプブチル）及びこれを含有する製剤

⒁　トランス-4-(5-ブチル-1,3-ジオキサン-2-イル)ベンゾニトリル及びこれを含有する製剤

⒂　4-[トランス-4-(トランス-4-ブチルシクロヘキシル)シクロヘキシル]ベンゾニトリル及びこれを含有する製剤

⒃　4-ブチル-2,6-ジフルオロ安息香酸4-シアノ-3-フルオロフエニルエステル及びこれを含有する製剤

⒄　(E)-2-(4-ターシヤリーブチルフエニル)-2-シアノ-1-(1,3,4-トリメチルピラゾール-5-イル)ビニル＝2,2-ジメチルプロピオナート（別名シエノピラフエン）及びこれを含有する製剤

⒅　トランス-4'-ブチル-トランス-4-ヘプチル-トランス-1,1'-ビシクロヘキサン-4-カルボニトリル及びこれを含有する製剤

⒆　4'-[トランス-4-(3-ブテニル)シクロヘキシル]-4-ビフエニルカルボニトリル及びこれを含有する製剤

⑽　4-[トランス-4-(3-ブテニル)シクロヘキシル]ベンゾニトリル及びこれを含有する製剤

⑾　2-フルオロ-4-[トランス-4-(トランス-4-エチルシクロヘキシル)シクロヘキシル]ベンゾニトリル及びこれを含有する製剤

⑿　(Z)-2-[2-フルオロ-5-(トリフルオロメチル)フエニルチオ]-2-[3-(2-メトキシフエニル)-1,3-チアゾリジン-2-イリデン]アセトニトリル（別名フルチアニル）及びこれを含有する製剤

⒀　2-フルオロ-4-[トランス-4-(トランス-4-プロピルシクロヘキシル)シクロヘキシル]ベンゾニトリル及びこれを含有する製剤

⒁　2-フルオロ-4-(トランス-4-プロピルシクロヘキシル)ベンゾニトリル及びこれを含有する製剤

⒂　3'-フルオロ-4''-プロピル-4-パラ-テルフエニルカルボニトリル及びこれを含有する製剤

⒃　2-フルオロ-4-(トランス-4-ペンチルシクロヘキシル)ベンゾニトリル及びこれを含有する製剤

⒄　2-フルオロ-4-[トランス-4-(3-メトキシプロピル)シクロヘキシル]ベンゾニトリル及びこれを含有する製剤

⒅　トランス-4-(5-プロピル-1,3-ジオキサン-2-イル)ベンゾニトリル及びこれを含有する製剤

⒆　4-[トランス-4-(トランス-4-プロピルシクロヘキシル)シクロヘキシル]ベンゾニトリル及びこれを含有する製剤

(120)　4-[2-(トランス-4′-プロピル-トランス-1,1′-ビシクロヘキサン-4-イル)エチル]ベンゾニトリル及びこれを含有する製剤

(121)　4-[トランス-4-(1-プロペニル)シクロヘキシル]ベンゾニトリル及びこれを含有する製剤

(122)　3-ブロモ-1-(3-クロロピリジン-2-イル)-N-[4-シアノ-2-メチル-6-(メチルカルバモイル)フエニル]-1H-ピラゾール-5-カルボキサミド（別名シアントラニリプロール）及びこれを含有する製剤

(123)　4-ブロモ-2-(4-クロロフエニル)-1-エトキシメチル-5-トリフルオロメチルピロール-3-カルボニトリル（別名クロルフエナピル）0.6％以下を含有する製剤

(124)　2-ブロモ-2-(ブロモメチル)グルタロニトリル及びこれを含有する製剤

(125)　3-(シス-3-ヘキセニロキシ)プロパンニトリル及びこれを含有する製剤

(126)　4-[5-(トランス-4-ヘプチルシクロヘキシル)-2-ピリミジニル]ベンゾニトリル及びこれを含有する製剤

(127)　ペンタクロルマンデル酸ニトリル及びこれを含有する製剤

(128)　トランス-4-(5-ペンチル-1,3-ジオキサン-2-イル)ベンゾニトリル及びこれを含有する製剤

(129)　4-[トランス-4-(トランス-4-ペンチルシクロヘキシル)シクロヘキシル]ベンゾニトリル及びこれを含有する製剤

(130)　4-[5-(トランス-4-ペンチルシクロヘキシル)-2-ピリミジニル]ベンゾニトリル及びこれを含有する製剤

(131)　4-ペンチル-2,6-ジフルオロ安息香酸4-シアノ-3-フルオロフエニルエステル及びこれを含有する製剤

(132)　4-[(E)-3-ペンテニル]安息香酸4-シアノ-3,5-ジフルオロフエニルエステル及びこれを含有する製剤

(133)　4′-[トランス-4-(4-ペンテニル)シクロヘキシル]-4-ビフエニルカルボニトリル及びこれを含有する製剤

(134)　4-[トランス-4-(1-ペンテニル)シクロヘキシル]ベンゾニトリル及びこれを含有する製剤

(135)　4-[トランス-4-(3-ペンテニル)シクロヘキシル]ベンゾニトリル及びこれを含有する製剤

(136)　4-[トランス-4-(4-ペンテニル)シクロヘキシル]ベンゾニトリル及びこれを含有する製剤

(137)　ミリストニトリル及びこれを含有する製剤

(138)　メタジシアンベンゼン及びこれを含有する製剤

(139)　メチル=(E)-2-[2-[6-(2-シアノフエノキシ)ピリミジン-4-イルオキシ]フエニル]-3-メトキシアクリレート80％以下を含有する製剤

1037

(140) 3-メチル-2-ノネンニトリル及びこれを含有する製剤

(141) 3-メチル-3-ノネンニトリル及びこれを含有する製剤

(142) 2-メトキシエチル=(RS)-2-(4-t-ブチルフエニル)-2-シアノ-3-オキソ-3-(2-トリフルオロメチルフエニル)プロパノアート（別名シフルメトフエン）及びこれを含有する製剤

(143) 4-[トランス-4-(メトキシプロピル)シクロヘキシル]ベンゾニトリル及びこれを含有する製剤

(144) 4-[トランス-4-(メトキシメチル)シクロヘキシル]ベンゾニトリル及びこれを含有する製剤

(145) ラウロニトリル及びこれを含有する製剤

12　シアン酸ナトリウム

13　削除

13の2　2-ジエチルアミノ-6-メチルピリミジル-4-ジエチルチオホスフエイト及びこれを含有する製剤

14　ジエチル-S-(エチルチオエチル)-ジチオホスフエイト 5%以下を含有する製剤

14の2　ジエチル-S-(2-オキソ-6-クロルベンゾオキサゾロメチル)-ジチオホスフエイト及びこれを含有する製剤。ただし、ジエチル-S-(2-オキソ-6-クロルベンゾオキサゾロメチル)-ジチオホスフエイト 2.2%以下を含有するものを除く。

14の3　O,O'-ジエチル=O''-(2-キノキサリニル)=チオホスフアート（別名キナルホス）及びこれを含有する製剤

15　ジエチル-4-クロルフエニルメルカプトメチルジチオホスフエイト及びこれを含有する製剤

15の2　削除

15の3　ジエチル-1-(2',4'-ジクロルフエニル)-2-クロルビニルホスフエイト及びこれを含有する製剤

16　ジエチル-(2,4-ジクロルフエニル)-チオホスフエイト及びこれを含有する製剤。ただし、ジエチル-(2,4-ジクロルフエニル)-チオホスフエイト 3%以下を含有するものを除く。

17　削除

17の2　ジエチル-(1,3-ジチオシクロペンチリデン)-チオホスホルアミド 5%以下を含有する製剤

17の3　ジエチル-3,5,6-トリクロル-2-ピリジルチオホスフエイト及びこれを含有する製剤。ただし、ジエチル-3,5,6-トリクロル-2-ピリジルチオホスフエイト 1%（マイクロカプセル製剤にあつては、25%）以下を含有するものを除く。

17の4　ジエチル-(5-フエニル-3-イソキサゾリル)-チオホスフエイト（別名イソキサチオン）及びこれを含有する製剤。ただし、ジエチル-(5-フエニル-3-イソキサゾリル)-チオホスフエイト 2%以下を含有するものを除く。

17の5　削除

17の6　ジエチル-4-メチルスルフイニルフエニル-チオホスフエイト 3%以下を含有する製剤

17の7　削除

17の8　1,3-ジカルバモイルチオ-2-(N,N-ジメチルアミノ)-プロパン、その塩類及びこれらのいずれかを含有する製剤。ただし、1,3-ジカルバモイルチオ-2-(N,N-ジメチルアミノ)-プロパンとして 2%以下を含有するものを除く。

18　削除

18の2　ジ(2-クロルイソプロピル)エーテル及びこれを含有する製剤

19　ジクロルブチン及びこれを含有する製剤

19の2　2',4-ジクロロ-α,α,α-トリフルオロ-4'-ニトロメタトルエンスルホンアニリド（別名フルスルフアミド）及びこれを含有する製剤。ただし、2',4-ジクロロ-α,α,α-トリフルオロ-4'-ニトロメタトルエンスルホンアニリド 0.3%以下を含有するものを除く。

20　1,3-ジクロロプロペン及びこれを含有する製剤

21　削除

22　削除

23　削除

24　削除

24の2　ジニトロメチルヘプチルフェニルクロトナート（別名ジノカップ）及びこれを含有する製剤。ただし、ジニトロメチルヘプチルフェニルクロトナート 0.2%以下を含有するものを除く。

24の3　2,3-ジヒドロ-2,2-ジメチル-7-ベンゾ[b]フラニル-N-ジブチルアミノチオ-N-メチルカルバマート（別名カルボスルファン）及びこれを含有する製剤

25　2,2'-ジピリジリウム-1,1'-エチレンジブロミド及びこれを含有する製剤

25の2　2-ジフエニルアセチル-1,3-インダンジオン 0.005%以下を含有する製剤

25の3　ジプロピル-4-メチルチオフエニルホスフエイト及びこれを含有する製剤

26　削除

27　削除

28　削除

28の2　2-ジメチルアミノ-5,6-ジメチルピリミジル-4-N,N-ジメチルカルバメート及びこれを含有する製剤

28の3　5-ジメチルアミノ-1,2,3-トリチアン、その塩類及びこれらのいずれかを含有する製剤。ただし、5-ジメチルアミノ-1,2,3-トリチアンとして 3%以下を含有するものを除く。

29　ジメチルエチルスルフイニルイソプロピルチオホスフエイト及びこれを含有する製剤

30　ジメチルエチルメルカプトエチルジチオホスフエイト（別名チオメトン）及び
これを含有する製剤

31　ジメチル-2,2-ジクロルビニルホスフエイト（別名DDVP）及びこれを含有する
製剤

32　ジメチルジチオホスホリルフエニル酢酸エチル及びこれを含有する製剤。ただ
し、ジメチルジチオホスホリルフエニル酢酸エチル3%以下を含有するものを除
く。

32の2　3-ジメチルジチオホスホリル-S-メチル-5-メトキシ-1,3,4-チアジアゾリン
-2-オン及びこれを含有する製剤

32の3　2,2-ジメチル-2,3-ジヒドロ-1-ベンゾフラン-7-イル=N-[N-(2-エトキシカ
ルボニルエチル)-N-イソプロピルスルフエナモイル]-N-メチルカルバマート（別
名ベンフラカルブ）及びこれを含有する製剤。ただし、2,2-ジメチル-2,3-ジヒド
ロ-1-ベンゾフラン-7-イル=N-[N-(2-エトキシカルボニルエチル)-N-イソプロピ
ルスルフエナモイル]-N-メチルカルバマート6%以下を含有するものを除く。

33　ジメチルジブロムジクロルエチルホスフエイト及びこれを含有する製剤

33の2　削除

33の3　削除

33の4　3,5-ジメチルフエニル-N-メチルカルバメート及びこれを含有する製剤。た
だし、3,5-ジメチルフエニル-N-メチルカルバメート3%以下を含有するものを除
く。

34　ジメチルフタリルイミドメチルジチオホスフエイト及びこれを含有する製剤

34の2　2,2-ジメチル-1,3-ベンゾジオキソール-4-イル-N-メチルカルバマート（別
名ベンダイオカルブ）5%以下を含有する製剤

35　ジメチルメチルカルバミルエチルチオエチルチオホスフエイト及びこれを含有
する製剤

36　ジメチル-(N-メチルカルバミルメチル)-ジチオホスフエイト（別名ジメトエー
ト）及びこれを含有する製剤

36の2　O,O-ジメチル-O-(3-メチル-4-メチルスルフイニルフエニル)-チオホスフ
エイト及びこれを含有する製剤

37　ジメチル-4-メチルメルカプト-3-メチルフエニルチオホスフエイト及びこれを
含有する製剤。ただし、ジメチル-4-メチルメルカプト-3-メチルフエニルチオホ
スフエイト2%以下を含有するものを除く。

37の2　3-(ジメトキシホスフイニルオキシ)-N-メチル-シス-クロトナミド及びこ
れを含有する製剤

38　削除

39　削除

40　削除

毒物及び劇物取締法施行規則

41 削除

41の2 2-チオ-3,5-ジメチルテトラヒドロ-1,3,5-チアジアジン及びこれを含有する製剤

42 削除

43 テトラエチルメチレンビスジチオホスフエイト及びこれを含有する製剤

43の2 削除

43の3 (S)-2,3,5,6-テトラヒドロ-6-フエニルイミダゾ[2.1-b]チアゾール、その塩類及びこれらのいずれかを含有する製剤。ただし、(S)-2,3,5,6-テトラヒドロ-6-フエニルイミダゾ[2.1-b]チアゾールとして6.8%以下を含有するものを除く。

43の4 2,3,5,6-テトラフルオロ-4-メチルベンジル=(Z)-(1RS,3RS)-3-(2-クロロ-3,3,3-トリフルオロ-1-プロペニル)-2,2-ジメチルシクロプロパンカルボキシラート（別名テフルトリン）0.5%以下を含有する製剤

43の5 3,7,9,13-テトラメチル-5,11-ジオキサ-2,8,14-トリチア-4,7,9,12-テトラアザペンタデカ-3,12-ジエン-6,10-ジオン（別名チオジカルブ）及びこれを含有する製剤

43の6 2,4,6,8-テトラメチル-1,3,5,7-テトラオキソカン（別名メタアルデヒド）及びこれを含有する製剤。ただし、2,4,6,8-テトラメチル-1,3,5,7-テトラオキソカン10%以下を含有するものを除く。

44 無機銅塩類。ただし、雷銅を除く。

45 削除

46 トリクロルヒドロキシエチルジメチルホスホネイト及びこれを含有する製剤。ただし、トリクロルヒドロキシエチルジメチルホスホネイト10%以下を含有するものを除く。

46の2 ナラシン又はその塩類のいずれかを含有する製剤であつて、ナラシンとして10%以下を含有するもの。ただし、ナラシンとして1%以下を含有し、かつ、飛散を防止するための加工をしたものを除く。

47 S,S-ビス(1-メチルプロピル)=O-エチル=ホスホロジチオアート（別名カズサホス）10%以下を含有する製剤。ただし、S,S-ビス(1-メチルプロピル)=O-エチル=ホスホロジチオアート3%以下を含有する徐放性製剤を除く。

48 削除

48の2 削除

48の3 2-ヒドロキシ-4-メチルチオ酪酸及びこれを含有する製剤。ただし、2-ヒドロキシ-4-メチルチオ酪酸0.5%以下を含有するものを除く。

49 削除

49の2 2-(フエニルパラクロルフエニルアセチル)-1,3-インダンジオン及びこれを含有する製剤。ただし、2-(フエニルパラクロルフエニルアセチル)-1,3-インダンジオン0.025%以下を含有するものを除く。

1041

49の3　1-t-ブチル-3-(2,6-ジイソプロピル-4-フエノキシフエニル)チオウレア（別名ジアフエンチウロン）及びこれを含有する製剤

49の4　ブチル=2,3-ジヒドロ-2,2-ジメチルベンゾフラン-7-イル=N,N′-ジメチル-N,N′-チオジカルバマート（別名フラチオカルブ）5%以下を含有する製剤

49の5　t-ブチル=(E)-4-(1,3-ジメチル-5-フエノキシ-4-ピラゾリルメチレンアミノオキシメチル)ベンゾアート及びこれを含有する製剤。ただし、t-ブチル=(E)-4-(1,3-ジメチル-5-フエノキシ-4-ピラゾリルメチレンアミノオキシメチル)ベンゾアート5%以下を含有するものを除く。

49の6　2-t-ブチル-5-(4-t-ブチルベンジルチオ)-4-クロロピリダジン-3(2H)-オン及びこれを含有する製剤

49の7　削除

49の8　N-(4-t-ブチルベンジル)-4-クロロ-3-エチル-1-メチルピラゾール-5-カルボキサミド（別名テブフエンピラド）及びこれを含有する製剤

50　ブラストサイジンS、その塩類及びこれらのいずれかを含有する製剤

51　ブロムメチル及びこれを含有する製剤

51の2　2-(4-ブロモジフルオロメトキシフエニル)-2-メチルプロピル=3-フエノキシベンジル=エーテル（別名ハルフエンプロツクス）及びこれを含有する製剤。ただし、2-(4-ブロモジフルオロメトキシフエニル)-2-メチルプロピル=3-フエノキシベンジル=エーテル5%以下を含有する徐放性製剤を除く。

52　2-メチリデンブタンニ酸（別名メチレンコハク酸）及びこれを含有する製剤

53　削除

54　削除

55　削除

56　削除

57　削除

58　削除

58の2　削除

58の3　削除

58の4　メチルイソチオシアネート及びこれを含有する製剤

59　メチル=N-[2-[1-(4-クロロフエニル)-1H-ピラゾール-3-イルオキシメチル]フエニル](N-メトキシ)カルバマート（別名ピラクロストロビン）及びこれを含有する製剤。ただし、メチル=N-[2-[1-(4-クロロフエニル)-1H-ピラゾール-3-イルオキシメチル]フエニル](N-メトキシ)カルバマート6.8%以下を含有するものを除く。

59の2　削除

59の3　削除

59の4　削除

59の5　削除

59の6　メチル-N′,N′-ジメチル-N-[(メチルカルバモイル)オキシ]-1-チオオキサムイミデート 0.8%以下を含有する製剤

59の7　S-(4-メチルスルホニルオキシフエニル)-N-メチルチオカルバマート及びこれを含有する製剤

59の8　5-メチル-1,2,4-トリアゾロ[3.4-b]ベンゾチアゾール（別名トリシクラゾール）及びこれを含有する製剤。ただし、5-メチル-1,2,4-トリアゾロ[3.4-b]ベンゾチアゾール 8%以下を含有するものを除く。

60　N-メチル-1-ナフチルカルバメート及びこれを含有する製剤。ただし、N-メチル-1-ナフチルカルバメート 5%以下を含有するものを除く。

60の2　削除

60の3　2-メチルビフエニル-3-イルメチル=(1RS,2RS)-2-(Z)-(2-クロロ-3,3,3-トリフルオロ-1-プロペニル)-3,3-ジメチルシクロプロパンカルボキシラート及びこれを含有する製剤。ただし、2-メチルビフエニル-3-イルメチル=(1RS,2RS)-2-(Z)-(2-クロロ-3,3,3-トリフルオロ-1-プロペニル)-3,3-ジメチルシクロプロパンカルボキシラート 2%以下を含有するものを除く。

60の4　削除

60の5　S-(2-メチル-1-ピペリジル-カルボニルメチル)ジプロピルジチオホスフエイト及びこれを含有する製剤。ただし、S-(2-メチル-1-ピペリジル-カルボニルメチル)ジプロピルジチオホスフエイト 4.4%以下を含有するものを除く。

60の6　2-(1-メチルプロピル)-フエニル-N-メチルカルバメート及びこれを含有する製剤。ただし、2-(1-メチルプロピル)-フエニル-N-メチルカルバメート 2%（マイクロカプセル製剤にあつては、15%）以下を含有するものを除く。

60の7　削除

60の8　S-メチル-N-[(メチルカルバモイル)-オキシ]-チオアセトイミデート（別名メトミル）45%以下を含有する製剤

61　沃化メチル及びこれを含有する製剤

62　硫酸及びこれを含有する製剤。ただし、硫酸 10%以下を含有するものを除く。

63　硫酸タリウム及びこれを含有する製剤。ただし、硫酸タリウム 0.3%以下を含有し、黒色に着色され、かつ、トウガラシエキスを用いて著しくからく着味されているものを除く。

64　削除

65　燐化亜鉛及びこれを含有する製剤。ただし、燐化亜鉛 1%以下を含有し、黒色に着色され、かつ、トウガラシエキスを用いて著しくからく着味されているものを除く。

66　削除

67　ロテノン及びこれを含有する製剤。ただし、ロテノン 2%以下を含有するもの

を除く。

別表第二 （第4条の3関係）

1 アンモニア及びこれを含有する製剤。ただし、アンモニア10%以下を含有するものを除く。

2 塩化水素及びこれを含有する製剤。ただし、塩化水素10%以下を含有するものを除く。

3 塩化水素と硫酸とを含有する製剤。ただし、塩化水素と硫酸とを合わせて10%以下を含有するものを除く。

4 塩基性酢酸鉛

5 塩素

6 過酸化水素を含有する製剤。ただし、過酸化水素6%以下を含有するものを除く。

6の2 キシレン

7 クロム酸塩類及びこれを含有する製剤。ただし、クロム酸鉛70%以下を含有するものを除く。

8 クロロホルム

9 硅弗化ナトリウム

9の2 酢酸エチル

10 酸化水銀5%以下を含有する製剤

11 酸化鉛

12 四塩化炭素及びこれを含有する製剤

13 重クロム酸塩類及びこれを含有する製剤

14 蓚酸、その塩類及びこれらのいずれかを含有する製剤。ただし、蓚酸として10%以下を含有するものを除く。

15 硝酸及びこれを含有する製剤。ただし、硝酸10%以下を含有するものを除く。

16 水酸化カリウム及びこれを含有する製剤。ただし、水酸化カリウム5%以下を含有するものを除く。

17 水酸化ナトリウム及びこれを含有する製剤。ただし、水酸化ナトリウム5%以下を含有するものを除く。

17の2 トルエン

18 ホルムアルデヒドを含有する製剤。ただし、ホルムアルデヒド1%以下を含有するものを除く。

19 メタノール

19の2 メチルエチルケトン

20 硫酸及びこれを含有する製剤。ただし、硫酸10%以下を含有するものを除く。

毒物及び劇物取締法施行規則

別表第三 削除

別表第四 削除

別表第五 （第 13 条の 6 関係）

1	黄燐	保護手袋 保護長ぐつ 保護衣 酸性ガス用防毒マスク
2	四アルキル鉛を含有する製剤	保護手袋（白色のものに限る。） 保護長ぐつ（白色のものに限る。） 保護衣（白色のものに限る。） 有機ガス用防毒マスク
3	無機シアン化合物たる毒物及びこれを含有する製剤で液体状のもの	保護手袋 保護長ぐつ 保護衣 青酸用防毒マスク
4	弗化水素及びこれを含有する製剤	1 の項に同じ
5	アクリルニトリル	保護手袋 保護長ぐつ 保護衣 有機ガス用防毒マスク
6	アクロレイン	前項に同じ
7	アンモニア及びこれを含有する製剤（アンモニア 10％以下を含有するものを除く。）で液体状のもの	保護手袋 保護長ぐつ 保護衣 アンモニア用防毒マスク
8	塩化水素及びこれを含有する製剤（塩化水素 10％以下を含有するものを除く。）で液体状のもの	1 の項に同じ
9	塩素	保護手袋 保護長ぐつ 保護衣 普通ガス用防毒マスク

10	過酸化水素及びこれを含有する製剤（過酸化水素6%以下を含有するものを除く。）	保護手袋 保護長ぐつ 保護衣 保護眼鏡
11	クロルスルホン酸	1の項に同じ
12	クロルピクリン	5の項に同じ
13	クロルメチル	5の項に同じ
14	硅弗化水素酸	1の項に同じ
15	ジメチル硫酸	1の項に同じ
16	臭素	9の項に同じ
17	硝酸及びこれを含有する製剤（硝酸10%以下を含有するものを除く。）で液体状のもの	1の項に同じ
18	水酸化カリウム及びこれを含有する製剤（水酸化カリウム5%以下を含有するものを除く。）で液体状のもの	10の項に同じ
19	水酸化ナトリウム及びこれを含有する製剤（水酸化ナトリウム5%以下を含有するものを除く。）で液体状のもの	10の項に同じ
20	ニトロベンゼン	5の項に同じ
21	発煙硫酸	1の項に同じ
22	ホルムアルデヒド及びこれを含有する製剤（ホルムアルデヒド1%以下を含有するものを除く。）で液体状のもの	5の項に同じ
23	硫酸及びこれを含有する製剤（硫酸10%以下を含有するものを除く。）で液体状のもの	10の項に同じ

備考
1 この表に掲げる防毒マスクは、空気呼吸器又は酸素呼吸器で代替させることができる。
2 防毒マスクは、隔離式全面形のものに、空気呼吸器又は酸素呼吸器は、全面形のものに限る。
3 保護眼鏡は、プラスチック製一眼型のものに限る。
4 保護手袋、保護長ぐつ及び保護衣は、対象とする毒物又は劇物に対して不浸透性のものに限る。

毒物又は劇物を含有する物の定量方法を定める省令

	昭和 41 年 1 月 8 日	厚生省令第 1 号
改正	昭和 46 年 12 月 27 日	厚生省令第 46 号
最終改正	平成 26 年 7 月 30 日	厚生労働省令第 87 号

　毒物及び劇物取締法施行令（昭和30年政令第261号）第38条第2項の規定に基づき、無機シアン化合物たる毒物を含有する液体状の物のシアン含有量の定量方法を定める省令を次のように定める。

（定量方法）
第1条　毒物及び劇物取締法施行令（昭和30年政令第261号。以下「令」という。）第38条第1項第1号に規定する無機シアン化合物たる毒物を含有する液体状の物のシアン含有量は、次の式により算定する。

　　　シアン含有量（ppm）＝ $0.2 \times (A \div A_0) \times 250 \times (1 \div 25) \times n$

2　前項の式中の次の各号に掲げる記号は、それぞれ当該各号に定める数値とする。
　一　A　　検体に係る吸光度
　二　A_0　シアンイオン標準溶液に係る吸光度
　三　n　　別表第一に定めるところにより試料について希釈を行なつた場合における希釈倍数（希釈を行なわなかつた場合は、1とする。）

第2条　令第38条第1項第2号に規定する塩化水素、硝酸若しくは硫酸又は水酸化カリウム若しくは水酸化ナトリウムを含有する液体状の物の水素イオン濃度は、次の方法により定量する。試料液 100 ミリリツトルをとり蒸留水を加えて 1000 ミリリツトルとし混和する。この混和液について工業標準化法（昭和24年法律第185号）に基づく日本工業規格 K0102 の 8 に該当する方法により測定する。

（吸光度の測定方法等）
第3条　第1条第2項第1号に掲げる検体に係る吸光度及び同条同項第2号に掲げるシアンイオン標準溶液に係る吸光度の測定方法並びにその測定に使用する対照溶液の作成方法は、別表第一に定めるところによる。

（試薬等）
第4条　吸光度の測定及び対照溶液の作成に用いる試薬及び試液は、別表第二に定め

1047

法令集

るところによる。

　　　附　　則

この省令は、昭和41年7月1日から施行する。

　　　附　　則　（昭和46年12月27日厚生省令第46号）

この省令は、昭和47年3月1日から施行する。

　　　附　　則　（平成26年7月30日厚生労働省令第87号）　抄

（施行期日）

第1条　この省令は、薬事法等の一部を改正する法律（以下「改正法」という。）の施行の日（平成26年11月25日）から施行する。

別表第一

検体に係る吸光度の測定	検体に係る吸光度の測定に用いる装置は、通気管及び吸収管を別図1に示すようにビニール管で連結したものを用いる。通気管及び吸収管の形状は、別図2に定めるところによる。吸収管には、あらかじめ水酸化ナトリウム試液（1N）30mlを入れておく。試料には、検体採取後ただちに水酸化ナトリウムを加えてpHを12以上としたものを用いる。試料25mlを通気管にとり、ブロムクレゾールパープル溶液3滴ないし4滴を加え、液が黄色になるまで酒石酸溶液を滴加したのち酢酸・酢酸ナトリウム緩衝液1mlを加え、ただちに装置を別図1のように連結し、通気管を38℃ないし42℃の恒温水そうにその首部まで浸す。次に、水酸化ナトリウム20W/V%溶液に通して洗じようした空気約48lを毎分約1.2lの割合で約40分間通気する。この場合において泡だちがはげしくて通気速度を毎分1.2lにできないときは、通気時間を延長する。通気ののち、吸収管内の液及び通気管と吸収管を連結するビニール管内の水滴を精製水約100mlを用いて250mlのメスフラスコに洗い込む。これにフエノールフタレイン試液2滴ないし3滴を加え、希酢酸で徐々に中和したのち精製水を加えて正確に250mlとする。この液10mlを共栓試験管にとり、リン酸塩緩衝液5ml及びクロラミン試液1mlを加えてただちに密栓し、静かに混和したのち2分間ないし3分間放置し、ピリジン・ピラゾロン溶液5mlを加えてよく混和したのち20℃ないし30℃で50分間以上放置する。こうして得た液について層長約10mmで波長約620mμ付近の極大波長における吸光度を測定する。 　この数値をシアンイオン標準溶液に係る吸光度の数値で除した値が1.5より大きいときは、その値が1.5以下となるように希釈溶液で希釈した試料について同様の操作を行なつて吸光度を測定する。 　以上の操作により測定した吸光度の数値を、対照溶液について測定

1048

	した吸光度の数値によつて補正する。
シアンイオン標準溶液に係る吸光度の測定	シアン化カリウム 2.5 g に精製水を加えて溶かし、1000 ml とする。この液についてその 1 ml 中のシアンイオンの量を測定し、シアンイオンとして 10 mg に相当する量を正確にはかり、水酸化ナトリウム試液（1 N）100 ml を加え、精製水を加えて正確に 1000 ml とし、これをシアンイオン標準溶液とする。 この溶液は、用時製するものとする。 1 ml 中のシアンイオンの量（mg）の測定は、測定に係る液 100 ml を正確にはかり、P−ジメチルアミノベンジリデンロダニン 0.02 g にアセトンを加えて溶かし 100 ml とした溶液 0.5 ml を加え、硝酸銀試液（0.1 N）で、液が赤色に変わるまで滴定し、滴定に要した硝酸銀試液（0.1 N）の量（ml）から次の式により算出する。 シアンイオンの量（mg）＝滴定に要した硝酸銀試液（0.1 N）の量 × 0.05204 シアンイオン標準溶液 5 ml を 250 ml のメスフラスコに正確にとり、水酸化ナトリウム試液（1 N）30 ml、精製水約 100 ml 及びフェノールフタレイン試液 2 滴ないし 3 滴を加えて、希酢酸で徐々に中和したのち、精製水を加えて正確に 250 ml とする。この液 10 ml を共栓試験管にとり、リン酸塩緩衝液 5 ml 及びクロラミン試液 1 ml を加えてただちに密栓し、静かに混和したのち 2 分間ないし 3 分間放置し、ピリジン・ピラゾロン溶液 5 ml を加えてよく混和したのち 20℃ないし 30℃で 50 分間以上放置する。こうして得た液について層長約 10 mm で波長 620 mμ 付近の極大波長における吸光度を測定する。 以上の操作により測定した吸光度の数値を、対照溶液について測定した吸光度の数値によつて補正する。
対照溶液の作成	精製水 10 ml を共栓試験管にとり、リン酸塩緩衝液 5 ml 及びクロラミン試液 1 ml を加えてただちに密栓し、静かに混和したのち 2 分間ないし 3 分間放置し、ピリジン・ピラゾロン溶液 5 ml を加えてよく混和したのち 20℃ないし 30℃で 50 分間以上放置する。

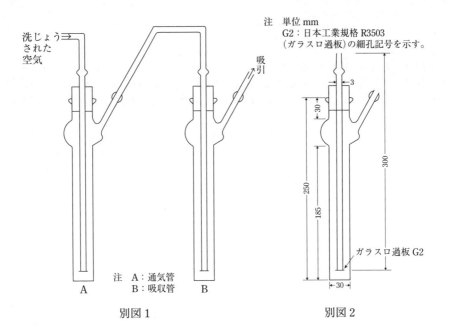

別図1　　　　　　　別図2

別表第二

1　水酸化ナトリウム試液（1N）	医薬品、医療機器等の品質、有効性及び安全性の確保等に関する法律（昭和35年法律第145号）に規定する日本薬局方一般試験法の部試薬・試液の項（以下単に「日本薬局方試薬・試液の項」という。）に掲げるものとする。
2　水酸化ナトリウム	粒状のものとし、日本薬局方試薬・試液の項に掲げるものとする。
3　ブロムクレゾールパープル溶液	ブロムクレゾールパープル0.05gにエタノール20mlを加えて溶かし、さらに精製水を加えて100mlとしたものとする。必要があればろ過する。ブロムクレゾールパープル及びエタノールは、日本薬局方試薬・試液の項に掲げるものとする。
4　酒石酸溶液	酒石酸15gに精製水を加えて溶かし100mlとしたものとする。酒石酸は、日本薬局方試薬・試液の項に掲げるものとする。
5　酢酸・酢酸ナトリウム緩衝液	氷酢酸24gを精製水に溶かして100mlとした液と酢酸ナトリウム54.4gを精製水に溶かして100mlとした液を1対3の割合で混和したものとする。氷酢酸及び酢酸ナトリウムは、日本薬局方試薬・試液の項に掲げるものとする。

6　フエノールフタレイン試液	日本薬局方試薬・試液の項に掲げるものとする。
7　希酢酸	日本薬局方試薬・試液の項に掲げるものとする。
8　リン酸塩緩衝液	リン酸二水素カリウム 3.40 g と無水リン酸一水素ナトリウム 3.55 g を精製水に溶かして全量を 1000 ml とする。リン酸二水素カリウム及び無水リン酸一水素ナトリウムは、日本薬局方試薬・試液の項に掲げるものとする。
9　クロラミン試液	クロラミン 0.2 g に精製水を加えて溶かし、100 ml としたものとする。クロラミンは、日本薬局方試薬・試液の項に掲げるものとする。この試液は、用時製するものとする。
10　ピリジン・ピラゾロン溶液	1-フエニル-3-メチル-5-ピラゾロン（純度90%以上）0.1 g に精製水 100 ml を加え、65℃ないし70℃に加温し、よく振り混ぜて溶かしたのちに 30℃ 以下に冷却する。これにビス-（1-フエニル-3-メチル-5-ピラゾロン）（純度90%以上）0.02 g をピリジン 20 ml に溶かした液を加え混和して製する。ピリジンは、日本薬局方試薬・試液の項に掲げるものとする。この溶液は、用時製するものとする。
11　希釈溶液	この表の1に定める水酸化ナトリウム試液（1 N）120 ml に精製水約 400 ml 及びこの表の6に定めるフエノールフタレイン試液2滴ないし3滴を加え、この表の7に定める希酢酸で中和したのち、精製水を加えて 1000 ml としたものとする。
12　シアン化カリウム	日本薬局方試薬・試液の項に掲げるものとする。
13　アセトン	日本薬局方試薬・試液の項に掲げるものとする。
14　硝酸銀試液（0.1 N）	日本薬局方試薬・試液の項に掲げるものとする。
15　P-ジメチルアミノベンジリデンロダニン	工業標準化法に基づく日本工業規格 K8495 号特級に適合するものとする。

法令集

家庭用品に含まれる劇物の定量方法及び容器又は被包の試験方法を定める省令

改正　　　昭和47年　5月25日　厚生省令第27号
　　　　　昭和49年　9月26日　厚生省令第34号
最終改正　昭和54年12月18日　厚生省令第47号

　毒物及び劇物取締法施行令（昭和30年政令第261号）別表第一及び別表第三に基づき、家庭用品に含まれる劇物の定量方法及び容器又は被包の試験方法を定める省令を次のように定める。

（劇物の定量方法）
第1条　毒物及び劇物取締法施行令（昭和30年政令第261号。以下「令」という。）別表第一第1号中欄2に規定する0.1規定水酸化ナトリウム溶液の消費量の定量方法は、別表第一に定めるところによる。
第2条　令別表第一第2号中欄に規定するジメチル–2,2–ジクロルビニルホスフエイト（別名DDVP。以下「DDVP」という。）の空気中の濃度は、次の式により算定する。
　1 m³ 中の DDVP の量（mg）＝標準液 1 ml 中の DDVP の量（mg）×（A_T÷A_S）×（1000÷60）×20
2　前項の式中の次の各号に掲げる記号は、それぞれ当該各号に定める数値とする。
　一　A_T 検液から得た DDVP のガスクロマトグラフのピーク面積
　二　A_S 標準液から得た DDVP のガスクロマトグラフのピーク面積
3　前2項に掲げる標準液の作成方法及び標準液から得た DDVP のガスクロマトグラフのピーク面積の測定方法並びに検液の作成方法及び検液から得た DDVP のガスクロマトグラフのピーク面積の測定方法は、別表第二に定めるところによる。

（容器又は被包の試験方法）
第3条　令別表第一第1号下欄に規定する容器又は被包の試験は、別表第三に定めるところにより行なう。

　　　附　則
この省令は、昭和47年6月1日から施行する。
　　　附　則　（昭和49年9月26日厚生省令第34号）　抄
（施行期日）
1　この省令は、昭和49年10月1日から施行する。

家庭用品に含まれる劇物の定量方法及び容器又は被包の試験方法を定める省令

附　則　（昭和 54 年 12 月 18 日厚生省令第 47 号）
この省令は、昭和 55 年 4 月 1 日から施行する。

別表第一

0.1 規定水酸化ナトリウム溶液の消費量の定量方法

　検体 10.0 ミリリツトルを量り、蒸留水を加えて 100.0 ミリリツトルとする。この液 10.0 ミリリツトルを量り、蒸留水 20 ミリリツトルを加え、ブロムチモールブルー溶液（工業標準化法（昭和 24 年法律第 185 号）に基づく日本工業規格 K 8006 の 3 に定める方法により調整したもの）2 滴を指示薬として 0.1 規定水酸化ナトリウム溶液で滴定する。このとき、滴定に要した 0.1 規定水酸化ナトリウム溶液の消費量に 0.1 規定水酸化ナトリウム溶液の規定度係数を乗じた数値（ミリリツトル）を、0.1 規定水酸化ナトリウム溶液の消費量の数値（ミリリツトル）とする。

別表第二

1　A_T の測定方法

　　別図第 1 は、ガラス製の立方体（縦 100 センチメートル・横 100 センチメートル・高さ 100 センチメートル）の箱で天井中央部に試料つり下げ具 A がある。一方の側面には、5 個の穴があけてあり、ガラス管又はテフロン管で活せん B に連結している。反対の側面には、3 個の穴があけてあり、ガラス管又はテフロン管で活せん C に連結している。活せん C は、さらに、ガラス管又はテフロン管で容積 60 〜 100 ミリリツトルのガラス製の吸引管 D に連結している。

　　この装置を摂氏 20 プラス・マイナス 3 度、相対湿度 50 プラス・マイナス 5 パーセントで 1 時間以上放置する。次に、A に試料を使用状態にしてつり下げ、箱を密閉し、活せん B 及び C を閉じる。この状態で 10 時間放置したのち、活せん B 及び C を開き、吸引口 E より毎分 1 リットルの割合で 60 分間吸引する。なお、吸収管 D には、あらかじめ、n−ヘキサン 20 ミリリツトルを入れ、吸引を始める 30 分以上前から外部より氷水で冷却しておく。

　　吸引したのち、n−ヘキサンを加えて 20.0 ミリリツトルとし検液とする。この液 1 〜 10 マイクロリツトルの一定量を正確にガスクロマトグラフ用マイクロシリンジ中に採取し、この物につき 3 の操作条件でガスクロマトグラフ法によつて試験を行ない、DDVP のピーク面積 A_T を半値幅法によつて求める。

2　A_S の測定方法

　　DDVP 約 200 ミリグラムを精密に量り、n−ヘキサンを加えて 100.0 ミリリツトルとする。この液 2.0 ミリリツトルをとり、n−ヘキサンを加えて 100.0 ミリリツトルとする。さらに、この液 2.0 ミリリツトルをとり、n−ヘキサンを加えて 100.0 ミリリツトルとし標準液とする。この液につき 1 の検液の採取量と同じ量をマイクロシリンジ中にとり、1 と同様に操作し、DDVP のピーク面積 A_S を半値幅法に

1053

よつて求める。
3 　操作条件
　(1)　検出器　熱イオン放射型検出器
　(2)　分離管　内径 3 〜 4 ミリメートル・長さ 1 〜 2 メートルのガラスカラムに充てん剤（シリコン処理した硅藻土担体にシリコン系樹脂を 3 パーセント被覆したもの）を充てんする。
　(3)　検出器温度　摂氏 180 〜 220 度の一定温度
　(4)　分離管温度　摂氏 160 〜 200 度の一定温度
　(5)　試料注入口（気化室）温度　摂氏 200 〜 250 度の一定温度
　(6)　キヤリヤーガス及び流速　窒素、毎分 40 〜 60 ミリリツトルの一定量
　(7)　水素　最も高い感度を得るように調節する。（通例、毎分 40 〜 50 ミリリツトルの一定量）
　(8)　空気圧　1 平方センチメートルあたり約 0.8 キログラム
　(9)　注意　あらかじめ、DDVP 標準液を用いて定量に使用可能なピークが出ることを確めておくこと。

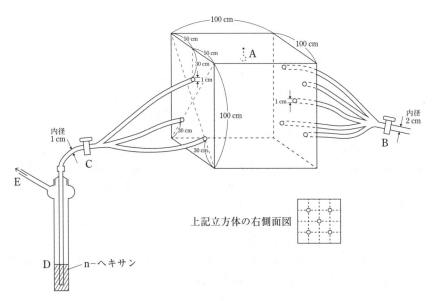

別図第 1

別表第三

令別表第一第1号下欄に規定する容器又は被包の試験方法

1　漏れ試験　呼び内容量の内容液で満たされた住宅用の洗浄剤を通常使用する状態にした後、せんを締め、倒立して24時間放置するとき、漏れを認めない。

2　落下試験　呼び内容量の内容液で満たされた住宅用の洗浄剤を通常使用する状態にした後、せんを締め、120センチメートルの高さからコンクリート面上に、側面及び底面を衝撃点とするようにして1回ずつ落下させるとき、破損又は漏れを認めない。

3　耐酸性試験　呼び内容量の内容液で満たされた住宅用の洗浄剤を摂氏20プラス・マイナス5度で30日間放置した後、2の試験を行うとき、破損又は漏れを認めない。

4　圧縮変形試験　水を満たし、摂氏20プラス・マイナス2度に調節した恒温水槽に30分間浸す。次に別図第2に示すように、直角に曲げた内径2ミリメートルのガラス管とゴムせんで連結した後、これを直径25ミリメートルのゴムせん上に載せ、2分後に水位 H_0（センチメートル）を読む。次に通常押圧する部位又は柔軟な部位を、直径12.5ミリメートルの圧縮面で1重量キログラムの荷重を加えて静かに圧縮し、2分後に水位 H（センチメートル）を読む。この場合において、台座のゴムせん及び圧縮面の中心は合致しなければならない。また、試験の結果に影響を及ぼす場合を除き、必要に応じて容器又は被包の底部を支えてもよい。このとき、H より H_0 を減じた値（センチメートル）は、60センチメートル以下でなければならない。

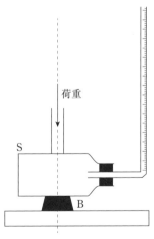

B：台座ゴムせん　　S：検体

別図第1

毒物及び劇物取締法施行令第十三条第二号ハただし書の規定に基づく森林の野ねずみの駆除を行うため降雪前に地表上にえさを仕掛けることができる地域

昭和30年11月1日　厚生省告示第367号

　毒物及び劇物取締法施行令（昭和30年政令第261号）第13条第二号ハただし書の規定に基き、森林の野ねずみの駆除を行うため降雪前に地表上にえさを仕掛けることができる地域として、次のものを指定する。

　北海道、福島県、栃木県、群馬県、長野県、岐阜県及び静岡県の区域内の地域

農薬取締法

改正	昭和 23 年	7 月	1 日	法律第	82 号
同	昭和 24 年	5 月 31 日		法律第	15 号
同	昭和 25 年	4 月 28 日		法律第	113 号
同	昭和 26 年	4 月 20 日		法律第	151 号
同	昭和 37 年	9 月 15 日		法律第	161 号
同	昭和 38 年	4 月 11 日		法律第	87 号
同	昭和 46 年	1 月 14 日		法律第	1 号
同	昭和 46 年	5 月 31 日		法律第	88 号
同	昭和 53 年	4 月 24 日		法律第	27 号
同	昭和 53 年	7 月 5 日		法律第	87 号
同	昭和 56 年	5 月 19 日		法律第	45 号
同	昭和 58 年	5 月 25 日		法律第	57 号
同	昭和 58 年 12 月 2 日			法律第	78 号
同	昭和 58 年 12 月 10 日			法律第	83 号
同	昭和 59 年	5 月 1 日		法律第	23 号
同	平成 5 年 11 月 12 日			法律第	89 号
同	平成 11 年	7 月 16 日		法律第	87 号
同	平成 11 年 12 月 22 日			法律第	160 号
同	平成 11 年 12 月 22 日			法律第	188 号
同	平成 12 年	5 月 31 日		法律第	91 号
同	平成 14 年 12 月 11 日			法律第	141 号
同	平成 15 年	6 月 11 日		法律第	73 号
同	平成 16 年	5 月 26 日		法律第	53 号
同	平成 17 年	4 月 27 日		法律第	33 号
同	平成 19 年	3 月 30 日		法律第	8 号
同	平成 25 年 11 月 27 日			法律第	84 号
最終改正	平成 26 年	6 月 13 日		法律第	69 号

（目的）

第1条 この法律は、農薬について登録の制度を設け、販売及び使用の規制等を行なうことにより、農薬の品質の適正化とその安全かつ適正な使用の確保を図り、もつて農業生産の安定と国民の健康の保護に資するとともに、国民の生活環境の保全に寄与することを目的とする。

（定義）

第1条の2 この法律において「農薬」とは、農作物（樹木及び農林産物を含む。以下「農作物等」という。）を害する菌、線虫、だに、昆虫、ねずみその他の動植物又はウイルス（以下「病害虫」と総称する。）の防除に用いられる殺菌剤、殺虫剤その他の薬剤（その薬剤を原料又は材料として使用した資材で当該防除に用いられるもののうち政令で定めるものを含む。）及び農作物等の生理機能の増進又は抑制に用いられる成長促進剤、発芽抑制剤その他の薬剤をいう。

2 前項の防除のために利用される天敵は、この法律の適用については、これを農薬とみなす。

1057

3 この法律において「製造者」とは、農薬を製造し、又は加工する者をいい、「輸入者」とは、農薬を輸入する者をいい、「販売者」とは、農薬を販売（販売以外の授与を含む。以下同じ。）する者をいう。

4 この法律において「残留性」とは、農薬の使用に伴いその農薬の成分である物質（その物質が化学的に変化して生成した物質を含む。）が農作物等又は土壌に残留する性質をいう。

（公定規格）

第1条の3 農林水産大臣は、農薬につき、その種類ごとに、含有すべき有効成分の量、含有を許される有害成分の最大量その他必要な事項についての規格（以下「公定規格」という。）を定めることができる。

2 農林水産大臣は、公定規格を設定し、変更し、又は廃止しようとするときは、その期日の少くとも30日前までに、これを公告しなければならない。

（農薬の登録）

第2条 製造者又は輸入者は、農薬について、農林水産大臣の登録を受けなければ、これを製造し若しくは加工し、又は輸入してはならない。ただし、その原材料に照らし農作物等、人畜及び水産動植物に害を及ぼすおそれがないことが明らかなものとして農林水産大臣及び環境大臣が指定する農薬（以下「特定農薬」という。）を製造し若しくは加工し、又は輸入する場合、第15条の2第1項の登録に係る農薬で同条第6項において準用する第7条の規定による表示のあるものを輸入する場合その他農林水産省令・環境省令で定める場合は、この限りでない。

2 前項の登録の申請は、次の事項を記載した申請書、農薬の薬効、薬害、毒性及び残留性に関する試験成績を記載した書類並びに農薬の見本を提出して、これをしなければならない。

一 氏名（法人の場合にあつては、その名称及び代表者の氏名。以下同じ。）及び住所

二 農薬の種類、名称、物理的化学的性状並びに有効成分とその他の成分との別にその各成分の種類及び含有量

三 適用病害虫の範囲（農作物等の生理機能の増進又は抑制に用いられる薬剤にあつては、適用農作物等の範囲及び使用目的。以下同じ。）及び使用方法

四 人畜に有毒な農薬については、その旨及び解毒方法

五 水産動植物に有毒な農薬については、その旨

六 引火し、爆発し、又は皮膚を害する等の危険のある農薬については、その旨

七 貯蔵上又は使用上の注意事項

八 製造場の名称及び所在地

九 製造し、又は加工しようとする農薬については、製造方法及び製造責任者の氏

名

十　販売する場合にあつては、その販売に係る容器又は包装の種類及び材質並びに
その内容量

3　農林水産大臣は、前項の申請を受けたときは、独立行政法人農林水産消費安全技
術センター（以下「センター」という。）に農薬の見本について検査をさせ、次条第
1項の規定による指示をする場合を除き、遅滞なく当該農薬を登録し、かつ、次の
事項を記載した登録票を交付しなければならない。

一　登録番号及び登録年月日

二　登録の有効期間

三　申請書に記載する前項第2号及び第3号に掲げる事項

四　第12条の2第1項の水質汚濁性農薬に該当する農薬にあつては、「水質汚濁性
農薬」という文字

五　製造者又は輸入者の氏名及び住所

六　製造場の名称及び所在地

4　検査項目、検査方法その他前項の検査の実施に関して必要な事項は、農林水産省
令で定める。

5　現に登録を受けている農薬について再登録の申請があつた場合には、農林水産大
臣は、これについて、第3項の検査を省略することができる。

6　第1項の登録の申請をする者は、実費を勘案して政令で定める額の手数料を納付
しなければならない。

（記載事項の訂正又は品質改良の指示）

第3条　農林水産大臣は、前条第3項の検査の結果、次の各号のいずれかに該当する
場合は、同項の規定による登録を保留して、申請者に対し申請書の記載事項を訂正
し、又は当該農薬の品質を改良すべきことを指示することができる。

一　申請書の記載事項に虚偽の事実があるとき。

二　前条第2項第3号の事項についての申請書の記載に従い当該農薬を使用する場
合に農作物等に害があるとき。

三　当該農薬を使用するときは、使用に際し、危険防止方法を講じた場合において
もなお人畜に危険を及ぼすおそれがあるとき。

四　前条第2項第3号の事項についての申請書の記載に従い当該農薬を使用する場
合に、当該農薬が有する農作物等についての残留性の程度からみて、その使用に
係る農作物等の汚染が生じ、かつ、その汚染に係る農作物等の利用が原因となつ
て人畜に被害を生ずるおそれがあるとき。

五　前条第2項第3号の事項についての申請書の記載に従い当該農薬を使用する場
合に、当該農薬が有する土壌についての残留性の程度からみて、その使用に係る
農地等の土壌の汚染が生じ、かつ、その汚染により汚染される農作物等の利用が

1059

原因となつて人畜に被害を生ずるおそれがあるとき。

六　当該種類の農薬が、その相当の普及状態のもとに前条第2項第3号の事項についての申請書の記載に従い一般的に使用されるとした場合に、その水産動植物に対する毒性の強さ及びその毒性の相当日数にわたる持続性からみて、多くの場合、その使用に伴うと認められる水産動植物の被害が発生し、かつ、その被害が著しいものとなるおそれがあるとき。

七　当該種類の農薬が、その相当の普及状態のもとに前条第2項第3号の事項についての申請書の記載に従い一般的に使用されるとした場合に、多くの場合、その使用に伴うと認められる公共用水域（水質汚濁防止法（昭和45年法律第138号）第2条第1項に規定する公共用水域をいう。第12条の2において同じ。）の水質の汚濁が生じ、かつ、その汚濁に係る水（その汚濁により汚染される水産動植物を含む。第12条の2において同じ。）の利用が原因となつて人畜に被害を生ずるおそれがあるとき。

八　当該農薬の名称が、その主成分又は効果について誤解を生ずるおそれがあるものであるとき。

九　当該農薬の薬効が著しく劣り、農薬としての使用価値がないと認められるとき。

十　公定規格が定められている種類に属する農薬については、当該農薬が公定規格に適合せず、かつ、その薬効が公定規格に適合している当該種類の他の農薬の薬効に比して劣るものであるとき。

2　前項第4号から第7号までのいずれかに掲げる場合に該当するかどうかの基準は、環境大臣が定めて告示する。

3　第1項の規定による指示を受けた者が、その指示を受けた日から1箇月以内にその指示に基づき申請書の記載事項の訂正又は品質の改良をしないときは、次条第1項の規定により異議の申出がされている場合を除き、農林水産大臣は、その者の登録の申請を却下する。

（異議の申出）

第4条　第2条第1項の登録を申請した者は、前条第1項の規定による指示に不服があるときは、その指示を受けた日から2週間以内に、農林水産大臣に書面をもつて異議を申し出ることができる。

2　農林水産大臣は、前項の申出を受けたときは、その申出を受けた日から2箇月以内にこれについて決定をし、その申出を正当と認めたときは、すみやかに当該農薬を登録し、かつ、当該申請者に登録票を交付し、その申出を正当でないと認めたときは当該申請者にその旨を通知しなければならない。

3　異議の申出をした者が、前項後段の通知を受けた日から1箇月以内に前条第1項の規定による指示に基づいて書面の記載事項の訂正又は品質の改良をしないときは、農林水産大臣は、その者の登録の申請を却下する。

農薬取締法

（登録の有効期間）

第5条　第2条第1項の登録の有効期間は3年とする。

（承継）

第5条の2　第2条第1項の登録を受けた者について相続、合併又は分割（その登録に係る農薬の製造若しくは加工又は輸入の事業の全部又は一部を承継させるものに限る。）があつたときは、相続人（相続人が2人以上ある場合において、その全員の同意によりその登録に係る農薬の製造若しくは加工又は輸入の事業を承継すべき相続人を選定したときは、その者）、合併後存続する法人若しくは合併により設立した法人又は分割によりその登録に係る農薬の製造若しくは加工若しくは輸入の事業を承継した法人は、その登録を受けた者の地位を承継する。

2　第2条第1項の登録を受けた者がその登録に係る農薬の製造若しくは加工又は輸入の事業の全部又は一部の譲渡しをしたときは、譲受人は、その登録を受けた者の地位を承継する。

3　前2項の規定により第2条第1項の登録を受けた者の地位を承継した者は、相続の場合にあつては相続後遅滞なく、合併及び分割並びに事業の譲渡しの場合にあつては合併若しくは分割又は事業の譲渡しの日から2週間以内に、その旨を農林水産大臣に届け出て、登録票の書替交付（1の農薬の製造若しくは加工又は輸入の事業の一部につき分割により事業を承継し、又は事業の譲渡しを受けた者にあつては、登録票の交付）を申請しなければならない。

4　前項の規定により登録票の書替交付又は交付の申請をする者は、実費を勘案して政令で定める額の手数料を納付しなければならない。

（登録を受けた者の義務）

第6条　第2条第1項の登録を受けた者（専ら自己の使用のため当該農薬を製造し若しくは加工し、又は輸入する者を除く。）は、農林水産省令で定めるところにより、登録票を、製造者にあつては主たる製造場に、輸入者にあつては主たる事務所に備え付け、かつ、その写しをその他の製造場又は事務所に備え付けて置かなければならない。

2　第2条第1項の登録を受けた者は、同条第2項第1号又は第4号から第10号までの事項中に変更を生じたときは、その変更を生じた日から2週間以内に、その理由を付してその旨を農林水産大臣に届け出、かつ、変更のあつた事項が登録票の記載事項に該当する場合にあつては、その書替交付を申請しなければならない。

3　登録票を滅失し、又は汚損した者は、遅滞なく、農林水産大臣にその旨を届け出で、その再交付を申請しなければならない。

4　前2項の規定により登録票の書替交付又は再交付の申請をする者については、前条第4項の規定を準用する。

1061

5　第2条第1項の登録を受けた者がその登録に係る農薬の製造若しくは加工又は輸入を廃止したときは、その廃止の日から2週間以内に、その旨を農林水産大臣に届け出なければならない。

6　第2条第1項の登録を受けた法人が解散したときは、合併により解散した場合を除き、その清算人は、その解散の日から2週間以内に、その旨を農林水産大臣に届け出なければならない。

（申請による適用病害虫の範囲等の変更の登録）

第6条の2　第2条第1項の登録を受けた者は、その登録に係る同条第2項第3号の事項を変更する必要があるときは、農林水産省令で定める事項を記載した申請書、登録票、変更後の薬効、薬害、毒性及び残留性に関する試験成績を記載した書類並びに農薬の見本を農林水産大臣に提出して、変更の登録を申請することができる。

2　農林水産大臣は、前項の規定による申請を受けたときは、センターに農薬の見本について検査をさせ、その検査の結果次項の規定による指示をする場合を除き、遅滞なく、変更の登録をし、かつ、登録票を書き替えて交付しなければならない。

3　農林水産大臣は、前項の検査の結果第3条第1項各号の1に該当する場合は、前項の規定による変更の登録を保留して、申請者に対し、申請書の記載事項を訂正すべきことを指示することができる。

4　第1項の規定により変更の登録の申請をする者については第2条第6項の規定を、第2項の検査については同条第4項の規定を、前項の規定による指示があつた場合については第3条第3項及び第4条の規定を準用する。

（職権による適用病害虫の範囲等の変更の登録及び登録の取消し）

第6条の3　農林水産大臣は、現に登録を受けている農薬が、その登録に係る第2条第2項第3号の事項を遵守して使用されるとした場合においてもなおその使用に伴つて第3条第1項第2号から第7号までの各号のいずれかに規定する事態が生ずると認められるに至つた場合において、これらの事態の発生を防止するためやむをえない必要があるときは、その必要の範囲内において、当該農薬につき、その登録に係る第2条第2項第3号の事項を変更する登録をし、又はその登録を取り消すことができる。

2　農林水産大臣は、前項の規定により変更の登録をし、又は登録を取り消したときは、遅滞なく、当該処分の相手方に対し、その旨及び理由を通知し、かつ、変更の登録の場合にあつては変更後の第2条第2項第3号の事項を記載した登録票を交付しなければならない。

3　農林水産大臣は、第1項の規定による処分についての審査請求がされたときは、その審査請求がされた日（行政不服審査法（平成26年法律第68号）第23条の規定により不備を補正すべきことを命じた場合にあつては、当該不備が補正された日）か

ら2月以内にこれについて裁決をしなければならない。

（水質汚濁性農薬の指定等に伴う変更の登録）

第6条の4　農林水産大臣は、第12条の2第1項の規定により水質汚濁性農薬の指定
　があり、又はその指定の解除があつたときは、現に登録を受けている農薬で、その
　指定又は指定の解除に伴い水質汚濁性農薬に該当し、又は該当しないこととなつた
　ものにつき、遅滞なく、その旨の変更の登録をしなければならない。

2　農林水産大臣は、前項の規定により変更の登録をしたときは、遅滞なく、当該農
　薬に係る第2条第1項の登録を受けている者に対し、その旨を通知し、かつ、変更
　後の第2条第3項第4号の事項を記載した登録票を交付しなければならない。

（登録の失効）

第6条の5　次の各号のいずれかに該当する場合には、第2条第1項の登録は、その
　効力を失う。

　一　登録に係る第2条第2項第2号の事項中に変更を生じたとき。

　二　第2条第1項の登録を受けた者が、その登録に係る農薬の製造若しくは加工又
　　は輸入を廃止した旨を届け出たとき。

　三　第2条第1項の登録を受けた法人が解散した場合において、その清算が結了し
　　たとき。

（登録票の返納）

第6条の6　次の各号のいずれかに該当する場合には、第2条第1項の登録を受けた
　者（前条第3号の場合には、清算人）は、遅滞なく、登録票（第3号に該当する場
　合には、変更前の第2条第2項第3号又は同条第3項第4号の事項を記載した登録
　票）を農林水産大臣に返納しなければならない。

　一　第2条第1項の登録の有効期間が満了したとき。

　二　前条の規定により登録がその効力を失つたとき。

　三　第6条の3第1項又は第6条の4第1項の規定により変更の登録がされたとき。

　四　第6条の3第1項又は第14条第1項の規定により登録が取り消されたとき。

（登録に関する公告）

第6条の7　農林水産大臣は、第2条第1項の登録をしたとき、第6条の3第1項の規
　定により変更の登録をし、若しくは登録を取り消したとき、第6条の4第1項の規
　定により変更の登録をしたとき、第6条の5の規定により登録が失効したとき、又
　は第14条第1項の規定により登録を取り消したときは、遅滞なく、その旨及び次の
　事項を公告しなければならない。

　一　登録番号

法令集

　二　農薬の種類及び名称

　三　製造者又は輸入者の氏名及び住所

（製造者及び輸入者の農薬の表示）

第7条　製造者又は輸入者は、その製造し若しくは加工し、又は輸入した農薬を販売するときは、その容器（容器に入れないで販売する場合にあつてはその包装）に次の事項の真実な表示をしなければならない。ただし、特定農薬を製造し若しくは加工し、若しくは輸入してこれを販売するとき、又は輸入者が、第15条の2第1項の登録に係る農薬で同条第6項において準用するこの条の規定による表示のあるものを輸入してこれを販売するときは、この限りでない。

　一　登録番号

　二　公定規格に適合する農薬にあつては、「公定規格」という文字

　三　登録に係る農薬の種類、名称、物理的化学的性状並びに有効成分とその他の成分との別にその各成分の種類及び含有量

　四　内容量

　五　登録に係る適用病害虫の範囲及び使用方法

　六　第12条の2第1項の水質汚濁性農薬に該当する農薬にあつては、「水質汚濁性農薬」という文字

　七　人畜に有毒な農薬については、その旨及び解毒方法

　八　水産動植物に有毒な農薬については、その旨

　九　引火し、爆発し、又は皮膚を害する等の危険のある農薬については、その旨

　十　貯蔵上又は使用上の注意事項

　十一　製造場の名称及び所在地

　十二　最終有効年月

（販売者の届出）

第8条　販売者（製造者又は輸入者に該当する者（専ら特定農薬を製造し若しくは加工し、又は輸入する者を除く。）を除く。次項、第13条第1項及び第3項並びに第14条第4項において同じ。）は、その販売所ごとに、次の事項を当該販売所の所在地を管轄する都道府県知事に届け出なければならない。

　一　氏名及び住所

　二　当該販売所

2　販売者は、前項の届出事項中に変更を生じたときもまた同項と同様に届け出なければならない。

3　前2項の規定による届出は、新たに販売を開始した場合にあつてはその開始の日までに、販売所を増設した場合にあつてはその増設の日から2週間以内に、第1項の事項中に変更を生じた場合にあつてはその変更を生じた日から2週間以内に、こ

れをしなければならない。

（販売者についての農薬の販売の制限又は禁止等）

第9条　販売者は、容器又は包装に第7条（第15条の2第6項において準用する場合を含む。以下この条及び第11条第1号において同じ。）の規定による表示のある農薬及び特定農薬以外の農薬を販売してはならない。

2　農林水産大臣は、第6条の3第1項（第15条の2第6項において準用する場合を含む。第16条第1項において同じ。）の規定により変更の登録をし、又は登録を取り消した場合、第6条の4第1項（第15条の2第6項において準用する場合を含む。）の規定により変更の登録をした場合その他の場合において、農薬の使用に伴つて第3条第1項第2号から第7号までの各号のいずれかに規定する事態が発生することを防止するため必要があるときは、その必要の範囲内において、農林水産省令をもつて、販売者に対し、農薬につき、第7条の規定による容器又は包装の表示を変更しなければその販売をしてはならないことその他の販売の制限をし、又はその販売を禁止することができる。

3　前項の農林水産省令をもつて第7条の規定による容器又は包装の表示を変更しなければ農薬の販売をしてはならない旨の制限が定められた場合において、販売者が当該表示をその制限の内容に従い変更したときは、その変更後の表示は、同条の規定によつて製造者又は輸入者がした容器又は包装の表示とみなす。

4　製造者又は輸入者が製造し若しくは加工し、又は輸入した農薬について第2項の規定によりその販売が禁止された場合には、製造者若しくは輸入者又は販売者は、当該農薬を農薬使用者から回収するように努めるものとする。

（回収命令等）

第9条の2　農林水産大臣は、販売者が前条第1項若しくは第2項又は第14条第3項の規定に違反して農薬を販売した場合において、当該農薬の使用に伴つて第3条第1項第2号から第7号までの各号のいずれかに規定する事態が発生することを防止するため必要があるときは、その必要の範囲内において、当該販売者に対し、当該農薬の回収を図ることその他必要な措置をとるべきことを命ずることができる。

（帳簿）

第10条　製造者、輸入者及び販売者（専ら自己の使用のため農薬を製造し若しくは加工し、又は輸入する者その他農林水産省令で定める者を除く。）は、帳簿を備え付け、これに農薬の種類別に、製造者及び輸入者にあつてはその製造又は輸入数量及び譲渡先別譲渡数量を、販売者（製造者又は輸入者に該当する者を除く。第14条第2項において同じ。）にあつてはその譲受数量及び譲渡数量（第12条の2第1項の水質汚濁性農薬に該当する農薬については、その譲受数量及び譲渡先別譲渡数量）

を、真実かつ完全に記載し、少なくとも3年間その帳簿を保存しなければならない。

（虚偽の宣伝等の禁止）

第10条の2　製造者、輸入者（輸入の媒介を行う者を含む。）又は販売者は、その製造し、加工し、輸入（輸入の媒介を含む。）し、若しくは販売する農薬の有効成分の含有量若しくはその効果に関して虚偽の宣伝をし、又は第2条第1項若しくは第15条の2第1項の登録を受けていない農薬について当該登録を受けていると誤認させるような宣伝をしてはならない。

2　製造者又は輸入者は、その製造し、加工し、又は輸入する農薬について、その有効成分又は効果に関して誤解を生ずるおそれのある名称を用いてはならない。

（除草剤を農薬として使用することができない旨の表示）

第10条の3　除草剤（農薬以外の薬剤であつて、除草に用いられる薬剤その他除草に用いられるおそれがある薬剤として政令で定めるものをいう。以下同じ。）を販売する者（以下「除草剤販売者」という。）は、除草剤を販売するときは、農林水産省令で定めるところにより、その容器又は包装に、当該除草剤を農薬として使用することができない旨の表示をしなければならない。ただし、当該除草剤の容器又は包装にこの項の規定による表示がある場合は、この限りでない。

2　除草剤販売者（除草剤の小売を業とする者に限る。）は、農林水産省令で定めるところにより、その販売所ごとに、公衆の見やすい場所に、除草剤を農薬として使用することができない旨の表示をしなければならない。

（勧告及び命令）

第10条の4　農林水産大臣は、除草剤販売者が前条の規定を遵守していないと認めるときは、当該除草剤販売者に対し、必要な措置をとるべき旨の勧告をすることができる。

2　農林水産大臣は、前項の規定による勧告を受けた除草剤販売者が、正当な理由がなくてその勧告に係る措置をとらなかつたときは、当該除草剤販売者に対し、その勧告に係る措置をとるべきことを命ずることができる。

（使用の禁止）

第11条　何人も、次の各号に掲げる農薬以外の農薬を使用してはならない。ただし、試験研究の目的で使用する場合、第2条第1項の登録を受けた者が製造し若しくは加工し、又は輸入したその登録に係る農薬を自己の使用に供する場合その他の農林水産省令・環境省令で定める場合は、この限りでない。

一　容器又は包装に第7条の規定による表示のある農薬（第9条第2項の規定によりその販売が禁止されているものを除く。）

農薬取締法

二　特定農薬

（農薬の使用の規制）

第12条　農林水産大臣及び環境大臣は、農薬の安全かつ適正な使用を確保するため、農林水産省令・環境省令をもつて、現に第2条第1項又は第15条の2第1項の登録を受けている農薬その他の農林水産省令・環境省令で定める農薬について、その種類ごとに、その使用の時期及び方法その他の事項について農薬を使用する者が遵守すべき基準を定めなければならない。

2　農林水産大臣及び環境大臣は、必要があると認められる場合には、前項の基準を変更することができる。

3　農薬使用者は、第1項の基準（前項の規定により当該基準が変更された場合には、その変更後の基準）に違反して、農薬を使用してはならない。

（水質汚濁性農薬の使用の規制）

第12条の2　政府は、政令をもつて、次の各号の要件のすべてを備える種類の農薬を水質汚濁性農薬として指定する。

一　当該種類の農薬が相当広範な地域においてまとまつて使用されているか、又は当該種類の農薬の普及の状況からみて近くその状態に達する見込みが確実であること。

二　当該種類の農薬が相当広範な地域においてまとまつて使用されるときは、一定の気象条件、地理的条件その他の自然的条件のもとでは、その使用に伴うと認められる水産動植物の被害が発生し、かつ、その被害が著しいものとなるおそれがあるか、又はその使用に伴うと認められる公共用水域の水質の汚濁が生じ、かつ、その汚濁に係る水の利用が原因となつて人畜に被害を生ずるおそれがあるかのいずれかであること。

2　都道府県知事は、水質汚濁性農薬に該当する農薬につき、当該都道府県の区域内における当該農薬の使用の見込み、その区域における自然的条件その他の条件を勘案して、その区域内におけるその使用に伴うと認められる水産動植物の被害が発生し、かつ、その被害が著しいものとなるおそれがあるか、又はその区域内におけるその使用に伴うと認められる公共用水域の水質の汚濁が生じ、かつ、その汚濁に係る水の利用が原因となつて人畜に被害を生ずるおそれがあるときは、政令で定めるところにより、これらの事態の発生を防止するため必要な範囲内において、規則をもつて、地域を限り、当該農薬の使用につきあらかじめ都道府県知事の許可を受けるべき旨（国の機関が行なう当該農薬の使用については、あらかじめ都道府県知事に協議すべき旨）を定めることができる。

1067

法令集

（農薬の使用の指導）

第12条の3　農薬使用者は、農薬の使用に当たつては、農業改良助長法（昭和23年法律第165号）第8条第1項に規定する普及指導員若しくは植物防疫法（昭和25年法律第151号）第33条第1項に規定する病害虫防除員又はこれらに準ずるものとして都道府県知事が指定する者の指導を受けるように努めるものとする。

（農林水産大臣及び都道府県知事の援助）

第12条の4　農林水産大臣及び都道府県知事は、農薬について、その使用に伴うと認められる人畜、農作物等若しくは水産動植物の被害、水質の汚濁又は土壌の汚染を防止するため必要な知識の普及、その生産、使用等に関する情報の提供その他その安全かつ適正な使用の確保と品質の適正化に関する助言、指導その他の援助を行うように努めるものとする。

（報告及び検査）

第13条　農林水産大臣又は環境大臣は製造者、輸入者、販売者若しくは農薬使用者又は除草剤販売者に対し、都道府県知事は販売者に対し、第2条第1項、第3条第1項、第6条の2第3項、第6条の3第1項、第6条の4第1項、第7条、第9条第1項及び第2項、第9条の2、第10条の2、第10条の4、第11条、第12条第3項、第12条の2第1項並びに第14条第1項及び第2項の規定の施行に必要な限度において、農薬の製造、加工、輸入、販売若しくは使用若しくは除草剤の販売に関し報告を命じ、又はその職員にこれらの者から検査のため必要な数量の農薬若しくはその原料若しくは除草剤を集取させ、若しくは必要な場所に立ち入り、農薬の製造、加工、輸入、販売若しくは使用若しくは除草剤の販売の状況若しくは帳簿、書類その他必要な物件を検査させることができる。ただし、農薬若しくはその原料又は除草剤を集取させるときは、時価によつてその対価を支払わなければならない。

2　都道府県知事は、農林水産省令・環境省令の定めるところにより、前項の規定により得た報告又は検査の結果を農林水産大臣又は環境大臣に報告しなければならない。

3　第1項に定めるもののほか、農林水産大臣又は環境大臣は製造者、輸入者若しくは農薬使用者又は除草剤販売者に対し、都道府県知事は販売者又は水質汚濁性農薬の使用者に対し、この法律を施行するため必要があると認めるときは、農薬の製造、加工、輸入、販売若しくは使用若しくは除草剤の販売に関し報告を命じ、又はその職員にこれらの者から検査のため必要な数量の農薬若しくはその原料若しくは除草剤を集取させ、若しくは必要な場所に立ち入り、農薬の製造、加工、輸入、販売若しくは使用若しくは除草剤の販売の状況若しくは帳簿、書類その他必要な物件を検査させることができる。ただし、農薬若しくはその原料又は除草剤を集取させるときは、時価によつてその対価を支払わなければならない。

1068

4 　第1項又は前項の場合において、第1項又は前項に掲げる者から要求があつたときは、第1項又は前項の規定により集取又は立入検査をする職員は、その身分を示す証明書を示さなければならない。

（センターによる検査）
第13条の2 　農林水産大臣は、前条第1項の場合において必要があると認めるときは、センターに、製造者、輸入者、販売者若しくは農薬使用者から検査のため必要な数量の農薬若しくはその原料を集取させ、又は必要な場所に立ち入り、農薬の製造、加工、輸入、販売若しくは使用の状況若しくは帳簿、書類その他必要な物件を検査させることができる。ただし、農薬又はその原料を集取させるときは、時価によつてその対価を支払わなければならない。

2 　農林水産大臣は、前項の規定によりセンターに集取又は立入検査を行わせる場合には、センターに対し、当該集取又は立入検査の期日、場所その他必要な事項を示してこれを実施すべきことを指示するものとする。

3 　センターは、前項の指示に従つて第1項の集取又は立入検査を行つたときは、農林水産省令の定めるところにより、同項の規定により得た検査の結果を農林水産大臣に報告しなければならない。

4 　第1項の場合において、同項に掲げる者から要求があつたときは、同項の規定により集取又は立入検査をするセンターの職員は、その身分を示す証明書を示さなければならない。

（都道府県が処理する事務）
第13条の3 　第13条第1項及び第3項の規定による農林水産大臣又は環境大臣の権限並びに第10条の4及び第14条第2項の規定による農林水産大臣の権限に属する事務の一部は、政令で定めるところにより、都道府県知事が行うこととすることができる。

（権限の委任）
第13条の4 　第10条の4、第13条第1項及び第3項並びに第14条第2項の規定による農林水産大臣の権限は、農林水産省令の定めるところにより、その一部を地方農政局長に委任することができる。

2 　第13条第1項及び第3項の規定による環境大臣の権限は、環境省令の定めるところにより、その一部を地方環境事務所長に委任することができる。

（監督処分）
第14条 　農林水産大臣は、製造者又は輸入者がこの法律の規定に違反したときは、これらの者に対し、農薬の販売を制限し、若しくは禁止し、又はその製造者若しくは

法令集

輸入者に係る第2条第1項の規定による登録を取り消すことができる。

2　農林水産大臣は、販売者が第9条第1項若しくは第2項、第9条の2又は第10条の2第1項の規定に違反したときは、当該販売者に対し、農薬の販売を制限し、又は禁止することができる。

3　農林水産大臣は、その定める検査方法に従い、センターに農薬を検査させた結果、農薬の品質、包装等が不良となつたため、農作物等、人畜又は水産動植物に害があると認められるときは、当該農薬の販売又は使用を制限し、又は禁止することができる。

4　都道府県知事は、販売者がこの法律の規定（第9条第1項及び第2項、第9条の2並びに第10条の2第1項の規定を除く。）に違反したときは、当該販売者に対し、農薬の販売を制限し、又は禁止することができる。

（聴聞の方法の特例）

第14条の2　前条第1項の規定による登録の取消しに係る聴聞の期日における審理は、公開により行わなければならない。

（登録の制限）

第15条　第14条の規定により登録を取り消された者は、取消の日から1年間は、当該農薬について更に登録を受けることができない。

（外国製造農薬の登録）

第15条の2　外国において本邦に輸出される農薬を製造し、又は加工してこれを販売する事業を営む者は、当該農薬について、農林水産大臣の登録を受けることができる。

2　前項の登録を受けようとする者は、本邦内において品質の不良な農薬の流通の防止に必要な措置を採らせるための者を、本邦内に住所を有する者（外国法人で本邦内に事務所を有するものの当該事務所の代表者を含む。）のうちから、当該登録の申請の際選任しなければならない。

3　第1項の登録を受けた者（以下「登録外国製造業者」という。）は、前項の規定により選任した者（以下「国内管理人」という。）を変更したときは、その変更の日から1月以内に、その理由を付してその旨を農林水産大臣に届け出なければならない。

4　登録外国製造業者は、帳簿を備え付け、これに第1項の登録に係る農薬の種類別に、その製造数量及び譲渡先別譲渡数量（本邦に輸出されるものに限る。）を真実かつ完全に記載し、その記載した事項をその国内管理人に通知するとともに、少なくとも3年間その帳簿を保存しなければならない。

5　国内管理人は、帳簿を備え付け、これに前項の規定により通知された事項を記載し、少なくとも3年間その帳簿を保存しなければならない。

6　第2条第2項、第3項及び第6項、第3条から第5条まで、第6条の5並びに第6条の7の規定は第1項の登録に、第2条第5項、第6条の3及び第6条の4第1項の規定は第1項の登録に係る農薬に、第5条の2から第6条の2まで、第6条の4第2項、第6条の6及び第7条（ただし書を除く。）の規定は登録外国製造業者に、第9条第4項及び第10条の2の規定は第1項の登録外国製造業者及びその国内管理人に準用する。この場合において、第2条第2項第1号中「氏名（法人の」とあるのは「第15条の2第1項の登録を受けようとする者及びその者が同条第2項の規定により選任した者の氏名（法人の」と、同項第9号中「製造し、又は加工しようとする農薬については、製造方法」とあるのは「製造方法」と、同条第3項第5号中「製造者又は輸入者」とあるのは「第15条の2第1項の登録を受けた者」と、第3条第3項中「1箇月」とあるのは「2月」と、第4条第1項中「2週間」とあるのは「1月」と、同条第3項中「1箇月」とあるのは「2月」と、第5条の2第1項中「製造若しくは加工又は輸入の事業」とあるのは「製造業（農薬を製造し、又は加工してこれを販売する事業をいう。以下同じ。）」と、「製造若しくは加工若しくは輸入の事業」とあるのは「製造業」と、同条第2項中「製造若しくは加工又は輸入の事業」とあるのは「製造業」と、同条第3項中「2週間」とあるのは「1月」と、「製造若しくは加工又は輸入の事業」とあるのは「製造業」と、第6条第2項中「2週間」とあるのは「1月」と、同条第5項中「製造若しくは加工又は輸入」とあるのは「製造業」と、「2週間」とあるのは「1月」と、同条第6項中「2週間」とあるのは「1月」と、第6条の5第2号中「第2条第1項」とあるのは「第15条の2第1項」と、「製造若しくは加工又は輸入」とあるのは「製造業」と、同条第3号及び第6条の6第1号中「第2条第1項」とあるのは「第15条の2第1項」と、同条第4号及び第6条の7中「第14条第1項」とあるのは「第15条の5第1項」と、同条第3号中「製造者又は輸入者」とあるのは「第15条の2第1項の登録を受けた者及びその者が同条第2項の規定により選任した者」と、第7条中「その製造し若しくは加工し、又は輸入した農薬を」とあるのは「第15条の2第1項の登録に係る農薬で本邦に輸出されるものを製造し、又は加工してこれを」と、第9条第4項中「製造者又は輸入者が製造し若しくは加工し、又は輸入した」とあるのは「当該登録外国製造業者が製造し、又は加工して販売した」と、第10条の2中「その製造し、加工し、輸入（輸入の媒介を含む。）し、若しくは販売する農薬」とあり、及び「その製造し、加工し、又は輸入する農薬」とあるのは「第15条の2第1項の登録に係る農薬で本邦に輸出されるもの」と読み替えるものとする。

（国内管理人に係る報告及び検査）

第15条の3　農林水産大臣又は環境大臣は、国内管理人に対し、その業務に関し報告を命じ、又はその職員に必要な場所に立ち入り、帳簿、書類その他必要な物件を検査させることができる。

2　農林水産大臣は、前項の場合において必要があると認めるときは、センターに、必要な場所に立ち入り、帳簿、書類その他必要な物件を検査させることができる。

3　第13条第4項の規定は第1項の規定による立入検査について、第13条の2第2項から第4項までの規定は前項の規定による立入検査について、それぞれ準用する。

（外国製造農薬の輸入者の届出）

第15条の4　第15条の2第1項の登録に係る農薬の輸入者は、次の事項を農林水産大臣に届け出なければならない。ただし、当該輸入者が当該農薬の登録外国製造業者又はその国内管理人である場合は、この限りでない。

一　輸入する農薬の登録番号

二　輸入者の氏名及び住所

2　前項の規定による届出をした輸入者は、同項の届出事項中に変更を生じたとき及びその輸入を廃止したときもまた同項と同様に届け出なければならない。

3　前2項の規定による届出は、新たに第15条の2第1項の登録に係る農薬の輸入を開始する場合にあつてはその開始の日の2週間前までに、第1項の事項中に変更を生じた場合又はその輸入を廃止した場合にあつてはその変更を生じた日又はその輸入を廃止した日から2週間以内に、これをしなければならない。

（外国製造農薬の登録の取消し等）

第15条の5　農林水産大臣は、次の各号のいずれかに該当するときは、登録外国製造業者に対し、その登録を取り消すことができる。

一　農林水産大臣又は環境大臣が必要があると認めて登録外国製造業者に対しその業務に関し報告を求めた場合において、その報告がされず、又は虚偽の報告がされたとき。

二　農林水産大臣又は環境大臣が、必要があると認めて、その職員又はセンターに登録外国製造業者から検査のため必要な数量の当該登録に係る農薬若しくはその原料を時価により対価を支払つて集取させ、又は必要な場所においてその業務の状況若しくは帳簿、書類その他必要な物件についての検査をさせようとした場合において、その集取又は検査が拒まれ、妨げられ、又は忌避されたとき。

三　国内管理人が欠けた場合において新たに国内管理人を選任しなかつたとき。

四　登録外国製造業者又はその国内管理人がこの法律の規定に違反したとき。

2　前項の規定により登録を取り消された者は、取消しの日から1年間は、当該農薬について更に登録を受けることができない。

3　第6条の3第3項の規定は第1項の規定による登録の取消しについて、第14条の2の規定は同項の規定による登録の取消しに係る聴聞について準用する。

農薬取締法

（センターに対する命令）

第15条の6 農林水産大臣は、第2条第3項及び第6条の2第2項（これらの規定を第15条の2第6項において準用する場合を含む。）の検査、第13条の2第1項の集取及び立入検査、第14条第3項の検査並びに第15条の3第2項の立入検査の業務の適正な実施を確保するため必要があると認めるときは、センターに対し、当該業務に関し必要な命令をすることができる。

（農業資材審議会）

第16条 農林水産大臣は、第1条の2第1項の政令の制定若しくは改廃の立案をしようとするとき、第1条の3の規定により公定規格を設定し、変更し、若しくは廃止しようとするとき、第6条の3第1項の規定により変更の登録をし、若しくは登録を取り消そうとするとき、第9条第2項の農林水産省令を制定し、若しくは改廃しようとするとき、又は第14条第3項に規定する農薬の検査方法を決定し、若しくは変更しようとするときは、農業資材審議会の意見を聞かなければならない。

2 環境大臣は、第3条第2項（第15条の2第6項において準用する場合を含む。）の基準を定め、若しくは変更しようとするとき、又は第12条の2第1項若しくは第2項の政令の制定若しくは改廃の立案をしようとするときは、農業資材審議会の意見を聴かなければならない。

3 農林水産大臣及び環境大臣は、第2条第1項の規定により特定農薬を指定し、若しくは変更しようとするとき、又は第12条第1項の農林水産省令・環境省令を制定し、若しくは改廃しようとするときは、農業資材審議会の意見を聴かなければならない。

（協議等）

第16条の2 農林水産大臣は、水質汚濁性農薬について、公定規格を設定し、変更し、若しくは廃止しようとするとき、又は第9条第2項の農林水産省令を制定し、若しくは改廃しようとするときは、環境大臣に協議しなければならない。

2 環境大臣は、第3条第2項（第15条の2第6項において準用する場合を含む。次項において同じ。）の規定により第3条第1項第4号又は第5号に掲げる場合に該当するかどうかの基準を定め、又は変更しようとするときは、厚生労働大臣の公衆衛生の見地からの意見を聴かなければならない。

3 環境大臣は、第3条第2項の規定により同条第1項第4号又は第5号に掲げる場合に該当するかどうかの基準を定め、又は変更しようとするときは、厚生労働大臣に対し、資料の提供その他必要な協力を求めることができる。

4 農林水産大臣及び環境大臣は、第12条第1項の農林水産省令・環境省令を制定し、又は改廃しようとするときは、厚生労働大臣の公衆衛生の見地からの意見を聴かなければならない。

1073

法令集

（適用の除外）

第 16 条の 3　農薬を輸出するために製造し、加工し、若しくは販売する場合又は除草剤を輸出するために販売する場合には、この法律は、適用しない。

（事務の区分）

第 16 条の 4　第 13 条第 1 項及び第 2 項の規定により都道府県が処理することとされている事務は、地方自治法（昭和 22 年法律第 67 号）第 2 条第 9 項第 1 号に規定する第 1 号法定受託事務とする。

（罰則）

第 17 条　次の各号のいずれかに該当する者は、3 年以下の懲役若しくは 100 万円以下の罰金に処し、又はこれを併科する。

一　第 2 条第 1 項、第 7 条、第 9 条第 1 項、第 10 条の 2（第 15 条の 2 第 6 項において準用する場合を含む。）、第 11 条又は第 12 条第 3 項の規定に違反した者

二　第 9 条第 2 項の農林水産省令の規定による制限又は禁止に違反した者

三　第 9 条の 2 又は第 10 条の 4 第 2 項の規定による命令に違反した者

四　第 12 条の 2 第 2 項の規定により定められた規則の規定に違反して都道府県知事の許可を受けないで水質汚濁性農薬に該当する農薬を使用した者

五　第 14 条第 1 項から第 4 項までの規定による制限又は禁止に違反した者

第 18 条　次の各号のいずれかに該当する者は、6 月以下の懲役若しくは 30 万円以下の罰金に処し、又はこれを併科する。

一　第 6 条第 2 項、第 8 条第 1 項若しくは第 2 項、第 10 条、第 15 条の 2 第 5 項又は第 15 条の 4 第 1 項若しくは第 2 項の規定に違反した者

二　第 13 条第 1 項若しくは第 3 項の規定による報告を怠り、若しくは虚偽の報告をし、又は同条第 1 項若しくは第 3 項若しくは第 13 条の 2 第 1 項の規定による集取若しくは検査を拒み、妨げ、若しくは忌避した者

三　第 15 条の 3 第 1 項の規定による報告を怠り、若しくは虚偽の報告をし、又は同項若しくは同条第 2 項の規定による検査を拒み、妨げ、若しくは忌避した者

第 18 条の 2　第 5 条の 2 第 3 項、第 6 条第 1 項、第 3 項、第 5 項若しくは第 6 項又は第 6 条の 6 の規定に違反した者は、30 万円以下の罰金に処する。

第 19 条　法人の代表者又は法人若しくは人の代理人、使用人その他の従業者が、その法人又は人の業務に関して、前 3 条の違反行為をしたときは、行為者を罰するほか、その法人に対して次の各号に定める罰金刑を、その人に対して各本条の罰金刑を科する。

1074

一 第17条第1号（第2条第1項又は第9条第1項に係る部分に限る。）、第2号又は第3号（第9条の2に係る部分に限る。） 1億円以下の罰金刑

二 第17条（前号に係る部分を除く。）、第18条又は第18条の2 各本条の罰金刑

第20条 第17条の犯罪に係る農薬で犯人の所有し、又は所持するものは、その全部又は一部を没収することができる。犯罪の後、犯人以外の者が情を知つてその農薬を取得した場合においても同様とする。

2 前項の場合において、その農薬の全部又は一部を没収することができないときは、その価額を追徴することができる。

第21条 第15条の6の規定による命令に違反した場合には、その違反行為をしたセンターの役員は、20万円以下の過料に処する。

　　　附　則　抄
1 この法律は、その公布の後1箇月を経過した日から、これを施行する。
　　　附　則　（昭和25年4月28日法律第113号）　抄
1 この法律は、公布の日から施行する。
　　　附　則　（昭和26年4月20日法律第151号）　抄
（施行期日）
1 この法律は、公布の日から施行する。
　　　附　則　（昭和37年9月15日法律第161号）　抄
1 この法律は、昭和37年10月1日から施行する。
2 この法律による改正後の規定は、この附則に特別の定めがある場合を除き、この法律の施行前にされた行政庁の処分、この法律の施行前にされた申請に係る行政庁の不作為その他この法律の施行前に生じた事項についても適用する。ただし、この法律による改正前の規定によつて生じた効力を妨げない。
3 この法律の施行前に提起された訴願、審査の請求、異議の申立てその他の不服申立て（以下「訴願等」という。）については、この法律の施行後も、なお従前の例による。この法律の施行前にされた訴願等の裁決、決定その他の処分（以下「裁決等」という。）又はこの法律の施行前に提起された訴願等につきこの法律の施行後にされる裁決等にさらに不服がある場合の訴願等についても、同様とする。
4 前項に規定する訴願等で、この法律の施行後は行政不服審査法による不服申立てをすることができることとなる処分に係るものは、同法以外の法律の適用については、行政不服審査法による不服申立てとみなす。
5 第3項の規定によりこの法律の施行後にされる審査の請求、異議の申立てその他の不服申立ての裁決等については、行政不服審査法による不服申立てをすることができない。

法令集

6 この法律の施行前にされた行政庁の処分で、この法律による改正前の規定により訴願等をすることができるものとされ、かつ、その提起期間が定められていなかつたものについて、行政不服審査法による不服申立てをすることができる期間は、この法律の施行の日から起算する。

8 この法律の施行前にした行為に対する罰則の適用については、なお従前の例による。

9 前8項に定めるもののほか、この法律の施行に関して必要な経過措置は、政令で定める。

　　附　則　（昭和38年4月11日法律第87号）　抄

1 この法律は、公布の日から起算して20日を経過した日から施行する。

6 この法律の施行前にした行為に対する罰則の適用については、なお従前の例による。

　　附　則　（昭和46年1月14日法律第1号）　抄

（施行期日）

1 この法律は、公布の日から起算して3月をこえない範囲内において政令で定める日から施行する。ただし、第2条、第3条及び第6条の2の改正規定並びに次項から附則第5項までの規定は、公布の日から施行する。

（経過措置）

3 附則第1項ただし書に規定する改正規定の施行の日前に改正前の農薬取締法第2条第2項の規定によつてされた登録の申請で、当該改正規定の施行の際現にこれに対する登録又は登録の拒否の処分がされていないものの処理については、なお従前の例による。

4 附則第1項ただし書に規定する改正規定の施行の際現に改正前の農薬取締法第2条第1項の登録を受けている農薬について、当該改正規定の施行の日から起算して2年を経過する日までの間にされる再登録の申請については、改正後の農薬取締法第2条第2項の規定にかかわらず、当該農薬の毒性及び残留性に関する試験成績を記載した書類の提出を省略することができる。

5 附則第1項ただし書に規定する改正規定の施行の日前に改正前の農薬取締法第6条の2第1項の規定によつてされた登録票の書替交付の申請で、当該改正規定の施行の際現にこれに対する書替交付又は書替交付の拒否の処分がされていないものの処理については、なお従前の例による。

6 この法律の施行前にした行為に対する罰則の適用については、なお従前の例による。

　　附　則　（昭和46年5月31日法律第88号）　抄

（施行期日）

第1条 この法律は、昭和46年7月1日から施行する。

（経過措置）

1076

第41条 この法律の施行の際現にこの法律による改正前の鳥獣保護及狩猟ニ関スル法律、農薬取締法、温泉法、工業用水法、自然公園法、建築物用地下水の採取の規制に関する法律、公害防止事業団法、大気汚染防止法、騒音規制法、公害に係る健康被害の救済に関する特別措置法、水質汚濁防止法又は農用地の土壌の汚染防止等に関する法律（以下「整理法」という。）の規定により国の機関がした許可、認可、指定その他の処分又は通知その他の行為は、この法律による改正後の整理法の相当規定に基づいて、相当の国の機関がした許可、認可、指定その他の処分又は通知その他の行為とみなす。

2　この法律の施行の際現にこの法律による改正前の整理法の規定により国の機関に対してされている申請、届出その他の行為は、この法律による改正後の整理法の相当規定に基づいて、相当の国の機関に対してされた申請、届出その他の行為とみなす。

　　　附　則　（昭和 53 年 4 月 24 日法律第 27 号）　抄

（施行期日）

1　この法律は、公布の日から施行する。

　　　附　則　（昭和 53 年 7 月 5 日法律第 87 号）　抄

（施行期日）

第1条　この法律は、公布の日から施行する。

　　　附　則　（昭和 56 年 5 月 19 日法律第 45 号）　抄

（施行期日）

1　この法律は、公布の日から施行する。

　　　附　則　（昭和 58 年 5 月 25 日法律第 57 号）　抄

（施行期日）

第1条　この法律は、公布の日から起算して 3 月を超えない範囲内において政令で定める日から施行する。

　　　附　則　（昭和 58 年 12 月 2 日法律第 78 号）　抄

1　この法律（第1条を除く。）は、昭和 59 年 7 月 1 日から施行する。

　　　附　則　（昭和 58 年 12 月 10 日法律第 83 号）　抄

（施行期日）

第1条　この法律は、公布の日から施行する。ただし、次の各号に掲げる規定は、それぞれ当該各号に定める日から施行する。

　一から四まで　略

　五　第 25 条、第 26 条、第 28 条から第 30 条まで、第 33 条及び第 35 条の規定、第 36 条の規定（電気事業法第 54 条の改正規定を除く。附則第 8 条（第 3 項を除く。）において同じ。）並びに第 37 条、第 39 条及び第 43 条の規定並びに附則第 8 条（第 3 項を除く。）の規定　公布の日から起算して 3 月を超えない範囲内において政令で定める日

（罰則に関する経過措置）

第16条　この法律の施行前にした行為及び附則第3条、第5条第5項、第8条第2項、第9条又は第10条の規定により従前の例によることとされる場合における第17条、第22条、第36条、第37条又は第39条の規定の施行後にした行為に対する罰則の適用については、なお従前の例による。

　　　　附　則　（昭和59年5月1日法律第23号）　抄

（施行期日）

1　この法律は、公布の日から起算して20日を経過した日から施行する。

　　　　附　則　（平成5年11月12日法律第89号）　抄

（施行期日）

第1条　この法律は、行政手続法（平成5年法律第88号）の施行の日から施行する。

（諮問等がされた不利益処分に関する経過措置）

第2条　この法律の施行前に法令に基づき審議会その他の合議制の機関に対し行政手続法第13条に規定する聴聞又は弁明の機会の付与の手続その他の意見陳述のための手続に相当する手続を執るべきことの諮問その他の求めがされた場合においては、当該諮問その他の求めに係る不利益処分の手続に関しては、この法律による改正後の関係法律の規定にかかわらず、なお従前の例による。

（罰則に関する経過措置）

第13条　この法律の施行前にした行為に対する罰則の適用については、なお従前の例による。

（聴聞に関する規定の整理に伴う経過措置）

第14条　この法律の施行前に法律の規定により行われた聴聞、聴問若しくは聴聞会（不利益処分に係るものを除く。）又はこれらのための手続は、この法律による改正後の関係法律の相当規定により行われたものとみなす。

（政令への委任）

第15条　附則第2条から前条までに定めるもののほか、この法律の施行に関して必要な経過措置は、政令で定める。

　　　　附　則　（平成11年7月16日法律第87号）　抄

（施行期日）

第1条　この法律は、平成12年4月1日から施行する。ただし、次の各号に掲げる規定は、当該各号に定める日から施行する。

　一　第1条中地方自治法第250条の次に5条、節名並びに2款及び款名を加える改正規定（同法第250条の9第1項に係る部分（両議院の同意を得ることに係る部分に限る。）に限る。）、第40条中自然公園法附則第9項及び第10項の改正規定（同法附則第10項に係る部分に限る。）、第244条の規定（農業改良助長法第14条の3の改正規定に係る部分を除く。）並びに第472条の規定（市町村の合併の特例に関する法律第6条、第8条及び第17条の改正規定に係る部分を除く。）並びに附

農薬取締法

則第7条、第10条、第12条、第59条ただし書、第60条第4項及び第5項、第73条、第77条、第157条第4項から第6項まで、第160条、第163条、第164条並びに第202条の規定　公布の日

（農薬取締法の一部改正に伴う経過措置）

第76条　施行日前に第243条の規定による改正前の農薬取締法第13条第1項の規定により得た報告又は検査の結果については、第243条の規定による改正後の同法第13条第2項の規定は、適用しない。

（国等の事務）

第159条　この法律による改正前のそれぞれの法律に規定するもののほか、この法律の施行前において、地方公共団体の機関が法律又はこれに基づく政令により管理し又は執行する国、他の地方公共団体その他公共団体の事務（附則第161条において「国等の事務」という。）は、この法律の施行後は、地方公共団体が法律又はこれに基づく政令により当該地方公共団体の事務として処理するものとする。

（処分、申請等に関する経過措置）

第160条　この法律（附則第1条各号に掲げる規定については、当該各規定。以下この条及び附則第163条において同じ。）の施行前に改正前のそれぞれの法律の規定によりされた許可等の処分その他の行為（以下この条において「処分等の行為」という。）又はこの法律の施行の際現に改正前のそれぞれの法律の規定によりされている許可等の申請その他の行為（以下この条において「申請等の行為」という。）で、この法律の施行の日においてこれらの行為に係る行政事務を行うべき者が異なることとなるものは、附則第2条から前条までの規定又は改正後のそれぞれの法律（これに基づく命令を含む。）の経過措置に関する規定に定めるものを除き、この法律の施行の日以後における改正後のそれぞれの法律の適用については、改正後のそれぞれの法律の相当規定によりされた処分等の行為又は申請等の行為とみなす。

2　この法律の施行前に改正前のそれぞれの法律の規定により国又は地方公共団体の機関に対し報告、届出、提出その他の手続をしなければならない事項で、この法律の施行の日前にその手続がされていないものについては、この法律及びこれに基づく政令に別段の定めがあるもののほか、これを、改正後のそれぞれの法律の相当規定により国又は地方公共団体の相当の機関に対して報告、届出、提出その他の手続をしなければならない事項についてその手続がされていないものとみなして、この法律による改正後のそれぞれの法律の規定を適用する。

（不服申立てに関する経過措置）

第161条　施行日前にされた国等の事務に係る処分であって、当該処分をした行政庁（以下この条において「処分庁」という。）に施行日前に行政不服審査法に規定する上級行政庁（以下この条において「上級行政庁」という。）があったものについての同法による不服申立てについては、施行日以後においても、当該処分庁に引き続き上級行政庁があるものとみなして、行政不服審査法の規定を適用する。この場合に

1079

おいて、当該処分庁の上級行政庁とみなされる行政庁は、施行日前に当該処分庁の上級行政庁であった行政庁とする。

2　前項の場合において、上級行政庁とみなされる行政庁が地方公共団体の機関であるときは、当該機関が行政不服審査法の規定により処理することとされる事務は、新地方自治法第2条第9項第1号に規定する第1号法定受託事務とする。

（手数料に関する経過措置）

第162条　施行日前においてこの法律による改正前のそれぞれの法律（これに基づく命令を含む。）の規定により納付すべきであった手数料については、この法律及びこれに基づく政令に別段の定めがあるもののほか、なお従前の例による。

（罰則に関する経過措置）

第163条　この法律の施行前にした行為に対する罰則の適用については、なお従前の例による。

（その他の経過措置の政令への委任）

第164条　この附則に規定するもののほか、この法律の施行に伴い必要な経過措置（罰則に関する経過措置を含む。）は、政令で定める。

（検討）

第250条　新地方自治法第2条第9項第1号に規定する第1号法定受託事務については、できる限り新たに設けることのないようにするとともに、新地方自治法別表第一に掲げるもの及び新地方自治法に基づく政令に示すものについては、地方分権を推進する観点から検討を加え、適宜、適切な見直しを行うものとする。

第251条　政府は、地方公共団体が事務及び事業を自主的かつ自立的に執行できるよう、国と地方公共団体との役割分担に応じた地方税財源の充実確保の方途について、経済情勢の推移等を勘案しつつ検討し、その結果に基づいて必要な措置を講ずるものとする。

　　　附　則　（平成11年12月22日法律第160号）　抄

（施行期日）

第1条　この法律（第2条及び第3条を除く。）は、平成13年1月6日から施行する。ただし、次の各号に掲げる規定は、当該各号に定める日から施行する。

一　第995条（核原料物質、核燃料物質及び原子炉の規制に関する法律の一部を改正する法律附則の改正規定に係る部分に限る。）、第1305条、第1306条、第1324条第2項、第1326条第2項及び第1344条の規定　公布の日

　　　附　則　（平成11年12月22日法律第187号）　抄

（施行期日）

第1条　この法律は、平成13年1月6日から施行する。ただし、第10条第2項及び附則第7条から第9条までの規定は、同日から起算して6月を超えない範囲内において政令で定める日から施行する。

（農薬取締法の一部改正に伴う経過措置）

農薬取締法

第8条 前条の規定の施行の際現に同条の規定による改正前の農薬取締法（以下「旧法」という。）第2条第3項又は第6条の2第2項（これらの規定を第15条の2第6項において準用する場合を含む。次項において同じ。）の規定により検査職員に行わせている農薬の見本についての検査は、前条の規定による改正後の農薬取締法（以下「新法」という。）第2条第3項又は第6条の2第2項（これらの規定を第15条の2第6項において準用する場合を含む。次項において同じ。）の規定により検査所に行わせている農薬の見本についての検査とみなす。

2　前条の規定の施行の日前に旧法第2条第3項又は第6条の2第2項の規定により検査職員に行わせた農薬の見本についての検査は、新法第2条第3項又は第6条の2第2項の規定により検査所に行わせた農薬の見本についての検査とみなす。

第9条 附則第7条の規定の施行の際現に旧法第14条第3項の規定により検査職員に行わせている農薬の検査は、新法第14条第3項の規定により検査所に行わせている農薬の検査とみなす。

2　附則第7条の規定の施行の日前に旧法第14条第3項の規定により検査職員に行わせた農薬の検査は、新法第14条第3項の規定により検査所に行わせた農薬の検査とみなす。

　　附　則　（平成12年5月31日法律第91号）　抄

（施行期日）

1　この法律は、商法等の一部を改正する法律（平成12年法律第90号）の施行の日から施行する。

　　附　則　（平成14年12月11日法律第141号）

（施行期日）

第1条 この法律は、公布の日から起算して3月を超えない範囲内において政令で定める日から施行する。ただし、附則第3条、第6条及び第8条の規定は、公布の日から施行する。

（検討）

第2条 政府は、この法律の施行後5年を経過した場合において、この法律による改正後の農薬取締法（以下「新法」という。）の規定の実施状況等について検討を加え、必要があると認めるときは、その結果に基づいて所要の措置を講ずるものとする。

（農薬の登録に関する経過措置）

第3条 農薬を製造し若しくは加工し、又は輸入しようとする者（この法律による改正前の農薬取締法（以下「旧法」という。）第1条の2第4項に規定する製造業者及び輸入業者を除く。）は、この法律の施行の日（以下「施行日」という。）前においても、新法第2条の規定の例により、その製造し若しくは加工し、又は輸入しようとする農薬について、農林水産大臣の登録の申請をすることができる。

2　農林水産大臣は、前項の規定により登録の申請があった場合には、施行日前においても、新法第2条の規定の例により、当該農薬の登録をすることができる。この

1081

法令集

場合において、同条の規定の例により登録を受けたときは、施行日において同条の規定により農林水産大臣の登録を受けたものとみなす。

（販売者の届出に関する経過措置）

第4条　この法律の施行の際現に旧法第1条の2第4項に規定する販売業者である者であって、その営業を開始した日から2週間を経過しておらず、かつ、旧法第8条第1項の規定による届出をしていないものについての新法第8条第3項の規定の適用については、同項中「開始の日までに」とあるのは、「開始の日から2週間以内に」とする。

（外国製造農薬の輸入者の届出に関する経過措置）

第5条　施行日から起算して2週間を経過する日までに新法第15条の2第1項の登録に係る農薬の輸入を開始しようとする者（旧法第1条の2第4項に規定する輸入業者を除く。）についての新法第15条の4第3項の規定の適用については、同項中「開始の日の2週間前までに」とあるのは、「開始の日までに」とする。

（施行のために必要な準備）

第6条　農林水産大臣及び環境大臣は、新法第2条第1項に規定する特定農薬を指定しようとするとき、又は新法第12条第1項の農林水産省令・環境省令を制定しようとするときは、施行日前においても、農業資材審議会の意見を聴くことができる。

（罰則の適用に関する経過措置）

第7条　この法律の施行前にした行為に対する罰則の適用については、なお従前の例による。

（政令への委任）

第8条　この附則に規定するもののほか、この法律の施行に関して必要な経過措置は、政令で定める。

　　　　附　則　（平成15年6月11日法律第73号）　抄

（施行期日）

第1条　この法律は、公布の日から起算して3月を超えない範囲内において政令で定める日から施行する。ただし、第2条の規定並びに附則第6条中地方自治法（昭和22年法律第67号）別表第一薬事法（昭和35年法律第145号）の項の改正規定、附則第7条、第9条及び第10条の規定並びに附則第11条中食品安全基本法（平成15年法律第48号）第24条第1項第8号の改正規定及び同法附則第4条の改正規定は薬事法及び採血及び供血あつせん業取締法の一部を改正する法律（平成14年法律第96号）附則第1条第1号に定める日又はこの法律の施行の日のいずれか遅い日から、第4条の規定は公布の日から起算して1年を経過した日から施行する。

（検討）

第2条　政府は、この法律の施行後5年を経過した場合において、第1条から第5条までの規定による改正後の規定の施行の状況等について検討を加え、必要があると認めるときは、その結果に基づいて所要の措置を講ずるものとする。

1082

農薬取締法

（罰則の適用に関する経過措置）

第4条 この法律の施行前にした行為に対する罰則の適用については、なお従前の例による。

（政令への委任）

第5条 この附則に規定するもののほか、この法律の施行に関して必要な経過措置は、政令で定める。

　　　附　則（平成16年5月26日法律第53号）　抄

（施行期日）

第1条 この法律は、平成17年4月1日から施行する。

　　　附　則（平成17年4月27日法律第33号）　抄

（施行期日）

第1条 この法律は、平成17年10月1日から施行する。

（経過措置）

第24条 この法律による改正後のそれぞれの法律の規定に基づき命令を制定し、又は改廃する場合においては、その命令で、その制定又は改廃に伴い合理的に必要と判断される範囲内において、所要の経過措置（罰則に関する経過措置を含む。）を定めることができる。

　　　附　則（平成19年3月30日法律第8号）　抄

（施行期日）

第1条 この法律は、平成19年4月1日から施行する。ただし、附則第4条第2項及び第3項、第5条、第7条第2項並びに第22条の規定は、公布の日から施行する。

（農薬取締法の一部改正に伴う経過措置）

第15条 施行日前に前条の規定による改正前の農薬取締法（次項において「旧農薬取締法」という。）の規定により農薬検査所に行わせた検査は、同条の規定による改正後の農薬取締法（次項において「新農薬取締法」という。）の相当規定に基づいて、農林水産消費安全技術センターに行わせた検査とみなす。

2　施行日前に農薬検査所に対してされた旧農薬取締法第15条の5第1項第2号に該当する行為は、新農薬取締法第15条の5第1項第2号に該当する行為とみなして、同項の規定を適用する。

（罰則に関する経過措置）

第21条 施行日前にした行為及び附則第10条の規定によりなお従前の例によることとされる場合における施行日以後にした行為に対する罰則の適用については、なお従前の例による。

（政令への委任）

第22条 この附則に規定するもののほか、この法律の施行に関し必要な経過措置は、政令で定める。

　　　附　則（平成25年11月27日法律第84号）　抄

（施行期日）

第1条 この法律は、公布の日から起算して1年を超えない範囲内において政令で定める日から施行する。ただし、附則第64条、第66条及び第102条の規定は、公布の日から施行する。

（処分等の効力）

第100条 この法律の施行前に改正前のそれぞれの法律（これに基づく命令を含む。以下この条において同じ。）の規定によってした処分、手続その他の行為であって、改正後のそれぞれの法律の規定に相当の規定があるものは、この附則に別段の定めがあるものを除き、改正後のそれぞれの法律の相当の規定によってしたものとみなす。

（罰則に関する経過措置）

第101条 この法律の施行前にした行為及びこの法律の規定によりなお従前の例によることとされる場合におけるこの法律の施行後にした行為に対する罰則の適用については、なお従前の例による。

（政令への委任）

第102条 この附則に規定するもののほか、この法律の施行に伴い必要な経過措置（罰則に関する経過措置を含む。）は、政令で定める。

　　　附　則　（平成25年12月13日法律第103号）　抄

（施行期日）

第1条 この法律は、公布の日から起算して6月を超えない範囲内において政令で定める日から施行する。ただし、次の各号に掲げる規定は、当該各号に定める日から施行する。

　一　略

　二　附則第17条の規定　薬事法等の一部を改正する法律（平成25年法律第84号）の公布の日又はこの法律の公布の日のいずれか遅い日

　　　附　則　（平成26年6月13日法律第69号）　抄

（施行期日）

第1条 この法律は、行政不服審査法（平成26年法律第68号）の施行の日から施行する。

（経過措置の原則）

第5条 行政庁の処分その他の行為又は不作為についての不服申立てであってこの法律の施行前にされた行政庁の処分その他の行為又はこの法律の施行前にされた申請に係る行政庁の不作為に係るものについては、この附則に特別の定めがある場合を除き、なお従前の例による。

（訴訟に関する経過措置）

第6条 この法律による改正前の法律の規定により不服申立てに対する行政庁の裁決、決定その他の行為を経た後でなければ訴えを提起できないこととされる事項であって、当該不服申立てを提起しないでこの法律の施行前にこれを提起すべき期間を経

過したもの（当該不服申立てが他の不服申立てに対する行政庁の裁決、決定その他の行為を経た後でなければ提起できないとされる場合にあっては、当該他の不服申立てを提起しないでこの法律の施行前にこれを提起すべき期間を経過したものを含む。）の訴えの提起については、なお従前の例による。

2　この法律の規定による改正前の法律の規定（前条の規定によりなお従前の例によることとされる場合を含む。）により異議申立てが提起された処分その他の行為であって、この法律の規定による改正後の法律の規定により審査請求に対する裁決を経た後でなければ取消しの訴えを提起することができないこととされるものの取消しの訴えの提起については、なお従前の例による。

3　不服申立てに対する行政庁の裁決、決定その他の行為の取消しの訴えであって、この法律の施行前に提起されたものについては、なお従前の例による。

（罰則に関する経過措置）

第9条　この法律の施行前にした行為並びに附則第5条及び前2条の規定によりなお従前の例によることとされる場合におけるこの法律の施行後にした行為に対する罰則の適用については、なお従前の例による。

（その他の経過措置の政令への委任）

第10条　附則第5条から前条までに定めるもののほか、この法律の施行に関し必要な経過措置（罰則に関する経過措置を含む。）は、政令で定める。

農薬取締法施行令

改正	昭和 46 年 3 月 30 日	政令第 56 号
同	昭和 46 年 6 月 30 日	政令第 219 号
同	昭和 46 年 12 月 10 日	政令第 368 号
同	昭和 53 年 7 月 5 日	政令第 282 号
同	昭和 58 年 12 月 26 日	政令第 274 号
同	昭和 59 年 5 月 15 日	政令第 142 号
同	昭和 62 年 3 月 25 日	政令第 60 号
同	平成 元年 3 月 22 日	政令第 58 号
同	平成 3 年 3 月 19 日	政令第 40 号
同	平成 6 年 3 月 24 日	政令第 73 号
同	平成 6 年 4 月 18 日	政令第 127 号
同	平成 9 年 3 月 26 日	政令第 76 号
同	平成 11 年 12 月 22 日	政令第 416 号
同	平成 12 年 3 月 24 日	政令第 96 号
同	平成 12 年 6 月 7 日	政令第 310 号
同	平成 12 年 6 月 7 日	政令第 333 号
同	平成 15 年 1 月 8 日	政令第 3 号
同	平成 16 年 3 月 17 日	政令第 37 号
最終改正	平成 28 年 3 月 24 日	政令第 73 号

内閣は、農薬取締法（昭和 23 年法律第 82 号）第 12 条の 2 第 1 項、第 12 条の 3 第 1 項、第 12 条の 4 第 1 項及び第 2 項並びに第 13 条第 3 項の規定に基づき、農薬取締法施行令（昭和 38 年政令第 154 号）の全部を改正するこの政令を制定する。

（手数料）

第1条 農薬取締法（以下「法」という。）第 2 条第 6 項（法第 15 条の 2 第 6 項において準用する場合を含む。）の規定により納付しなければならない手数料の額は、71 万 9300 円（現に登録を受けている農薬について再登録の申請をする場合にあつては、7 万 3200 円）とする。

2 法第 5 条の 2 第 4 項（法第 6 条第 4 項（法第 15 条の 2 第 6 項において準用する場合を含む。）及び第 15 条の 2 第 6 項において準用する場合を含む。）の規定により納付しなければならない手数料の額は、2400 円とする。

3 法第 6 条の 2 第 4 項（法第 15 条の 2 第 6 項において準用する場合を含む。）において準用する法第 2 条第 6 項の規定により納付しなければならない手数料の額は、25 万 1700 円とする。

（水質汚濁性農薬の指定）

第2条 次に掲げる薬剤を法第 12 条の 2 第 1 項の水質汚濁性農薬として指定する。

一 オクタクロルテトラヒドロメタノフタラン（別名テロドリン）を有効成分とする害虫の防除に用いられる薬剤

二　ヘキサクロルエポキシオクタヒドロエンドエンドジメタノナフタリン（別名エンドリン）を有効成分とする害虫の防除に用いられる薬剤

三　ヘキサクロルヘキサヒドロメタノベンゾジオキサチエピンオキサイド（別名ベンゾエピン）を有効成分とする害虫の防除に用いられる薬剤

四　ペンタクロルフェノール（別名 PCP）又はそのナトリウム塩若しくはカルシウム塩を有効成分とする除草に用いられる薬剤

五　ロテノンを有効成分とする害虫の防除に用いられる薬剤

六　2-クロロ-4,6-ビス(エチルアミノ)-s-トリアジン（別名シマジン）を有効成分とする除草に用いられる薬剤

（水質汚濁性農薬の使用の規制をすることができる地域）

第3条　法第12条の2第2項の規定により規則をもつて水質汚濁性農薬に該当する農薬の使用につき許可を受けるべき旨（国の機関が行う当該農薬の使用については、協議すべき旨）を定めることができる地域は、当該農薬の使用に伴うと認められる水産動植物の被害が発生し、かつ、その被害が著しいものとなるおそれがある水域又は当該農薬の使用に伴うと認められる水質の汚濁が生じ、かつ、その汚濁に係る水の利用が原因となつて人畜に被害を生ずるおそれがある公共用水域に流入する河川（用排水路を含む。）の集水区域のうち、地形、当該水域又は公共用水域までの距離その他の自然的条件及び当該農薬の使用状況等を勘案して、当該農薬の使用を規制することが相当と認められる地域の範囲内に限るものとする。

（都道府県が処理する事務）

第4条　法第13条第1項の規定による農林水産大臣又は環境大臣の権限に属する事務のうち、農薬使用者に対し、農薬の使用に関し報告を命ずる権限及び関係職員にこれらの者から検査のため必要な数量の農薬を集取させ、又は必要な場所に立ち入り、農薬の使用の状況若しくは帳簿、書類その他必要な物件を検査させる権限に属するものは、都道府県知事が行うこととする。ただし、農薬の使用により農作物等、人畜又は水産動植物の被害の発生が広域にわたるのを防止するため必要があるときは、農林水産大臣又は環境大臣が自らこれらの権限に属する事務を行うことを妨げない。

2　前項本文の規定は、法第13条第3項の規定による農林水産大臣又は環境大臣の権限に属する事務について準用する。

3　法第14条第2項の規定による農林水産大臣の権限に属する事務は、都道府県知事が行うこととする。ただし、農薬の販売により農作物等、人畜又は水産動植物の被害の発生が広域にわたるのを防止するため必要があるときは、農林水産大臣が自らその権限に属する事務を行うことを妨げない。

4　第1項本文（第2項において準用する場合を含む。）及び前項の場合においては、法中これらの規定に規定する事務に係る農林水産大臣又は環境大臣に関する規定は、

法令集

都道府県知事に関する規定として都道府県知事に適用があるものとする。

5　都道府県知事は、第1項本文の規定に基づき法第13条第1項の規定により報告を命じ、又は集取若しくは検査をした場合には、農林水産省令・環境省令の定めるところにより、その結果を農林水産大臣又は環境大臣に報告しなければならない。

6　都道府県知事は、第3項の規定に基づき法第14条第2項の規定により農薬の販売を制限し、又は禁止した場合には、農林水産省令の定めるところにより、その旨を農林水産大臣に報告しなければならない。

（事務の区分）

第5条　前条第1項、第3項、第5項及び第6項の規定により都道府県が処理することとされている事務は、地方自治法（昭和22年法律第67号）第2条第9項第1号に規定する第1号法定受託事務とする。

　　　附　則

この政令は、農薬取締法の一部を改正する法律（昭和46年法律第1号）の施行の日（昭和46年4月1日）から施行する。ただし、改正後の農薬取締法施行令第1条から第3条までの規定は、昭和46年5月1日から施行する。

　　　附　則　（昭和46年6月30日政令第219号）　抄

（施行期日）

第1条　この政令は、昭和46年7月1日から施行する。

　　　附　則　（昭和46年12月10日政令第368号）

この政令は、昭和46年12月30日から施行する。

　　　附　則　（昭和53年7月5日政令第282号）　抄

（施行期日）

第1条　この政令は、公布の日から施行する。

　　　附　則　（昭和58年12月26日政令第274号）

この政令は、昭和59年3月1日から施行する。

　　　附　則　（昭和59年5月15日政令第142号）

この政令は、各種手数料等の額の改定及び規定の合理化に関する法律（昭和59年法律第23号）の施行の日（昭和59年5月21日）から施行する。

　　　附　則　（昭和62年3月25日政令第60号）

この政令は、昭和62年4月1日から施行する。

　　　附　則　（平成元年3月22日政令第58号）

この政令は、平成元年4月1日から施行する。

　　　附　則　（平成3年3月19日政令第40号）

この政令は、平成3年4月1日から施行する。

　　　附　則　（平成6年3月24日政令第73号）

この政令は、平成6年4月1日から施行する。

　　　附　則　（平成6年4月18日政令第127号）

この政令は、平成6年7月1日から施行する。

　　　附　則　（平成9年3月26日政令第76号）

この政令は、平成9年4月1日から施行する。

　　　附　則　（平成11年12月22日政令第416号）　抄

（施行期日）

第1条　この政令は、平成12年4月1日から施行する。

（農薬取締法施行令の一部改正に伴う経過措置）

第15条　この政令の施行前に第30条の規定による改正前の農薬取締法施行令第6条第2項の規定により権限を委任された都道府県知事が整備法第243条の規定による改正前の農薬取締法（昭和23年法律第82号）第13条第1項の規定により報告を命じ、又は集取若しくは検査をした場合については、第30条の規定による改正後の農薬取締法施行令第6条第5項の規定は、適用しない。

（罰則に関する経過措置）

第22条　この政令の施行前にした行為に対する罰則の適用については、なお従前の例による。

　　　附　則　（平成12年3月24日政令第96号）

この政令は、平成12年4月1日から施行する。

　　　附　則　（平成12年6月7日政令第310号）　抄

（施行期日）

第1条　この政令は、内閣法の一部を改正する法律（平成11年法律第88号）の施行の日（平成13年1月6日）から施行する。

　　　附　則　（平成12年6月7日政令第333号）　抄

（施行期日）

1　この政令（第1条を除く。）は、平成13年4月1日から施行する。

　　　附　則　（平成15年1月8日政令第3号）　抄

（施行期日）

第1条　この政令は、農薬取締法の一部を改正する法律の施行の日（平成15年3月10日）から施行する。

　　　附　則　（平成16年3月17日政令第37号）

この政令は、平成16年3月29日から施行する。

　　　附　則　（平成28年3月24日政令第73号）

この政令は、平成28年4月1日から施行する。

農薬取締法施行規則

改正	昭和 26 年	4 月 20 日	農林省令第 21 号
同	昭和 38 年	5 月 1 日	農林省令第 36 号
同	昭和 46 年	1 月 14 日	農林省令第 2 号
同	昭和 46 年	3 月 30 日	農林省令第 15 号
同	昭和 46 年	7 月 1 日	農林省令第 55 号
同	昭和 50 年	3 月 26 日	農林省令第 10 号
同	昭和 51 年	1 月 22 日	農林省令第 2 号
同	昭和 53 年	3 月 27 日	農林省令第 15 号
同	昭和 53 年	4 月 28 日	農林省令第 31 号
同	昭和 53 年	7 月 5 日	農林省令第 49 号
同	昭和 56 年	5 月 22 日	農林水産省令第 20 号
同	昭和 58 年	7 月 30 日	農林水産省令第 26 号
同	昭和 58 年	12 月 26 日	農林水産省令第 57 号
同	昭和 59 年	5 月 15 日	農林水産省令第 19 号
同	平成 5 年	4 月 1 日	農林水産省令第 12 号
同	平成 8 年	10 月 29 日	農林水産省令第 60 号
同	平成 11 年	1 月 11 日	農林水産省令第 1 号
同	平成 11 年	3 月 30 日	農林水産省令第 15 号
同	平成 12 年	9 月 1 日	農林水産省令第 82 号
同	平成 13 年	3 月 22 日	農林水産省令第 59 号
同	平成 13 年	3 月 30 日	農林水産省令第 77 号
同	平成 14 年	7 月 19 日	農林水産省令第 65 号
同	平成 15 年	3 月 6 日	農林水産省令第 13 号
同	平成 16 年	3 月 18 日	農林水産省令第 18 号
同	平成 16 年	6 月 4 日	農林水産省令第 49 号
同	平成 16 年	6 月 21 日	農林水産省令第 54 号
同	平成 19 年	3 月 8 日	農林水産省令第 6 号
同	平成 19 年	3 月 30 日	農林水産省令第 28 号
同	平成 28 年	3 月 24 日	農林水産省令第 16 号
最終改正	平成 28 年	10 月 31 日	農林水産省令第 71 号

　農薬取締法（昭和23年法律第82号）に基き、及び同法を実施するため、農薬取締法施行規則を次のように定める。

（登録申請書の様式）

第1条　農薬取締法（以下「法」という。）第2条第2項（法第15条の2第6項において準用する場合を含む。第2条第1項及び第2項、第3条、第3条の2第1項並びに第16条において同じ。）の規定により提出する申請書の様式は、別記様式第1号によらなければならない。

（再登録の申請）

第1条の2　現に登録を受けている農薬についての法第2条第1項又は法第15条の2第1項の登録（以下「再登録」という。）の申請は、当該農薬の登録票を添付し、登録の有効期間の満了する日の2月前までにしなければならない。

農薬取締法施行規則

（提出すべき見本）

第2条 法第2条第2項の規定により提出すべき農薬の見本の量は、登録を受けよう
とする農薬1品目ごとに200グラム以上でなければならない。

2 法第2条第2項の規定により提出すべき農薬の見本には、別記様式第2号による
当該見本の検査書を添附しなければならない。

3 農林水産大臣は、第1項の規定により提出のあつた農薬が公定規格に適合しない
ものである場合において、ほ場試験その他これに類する試験の必要があると認める
ときは、当該試験に必要な見本の最少量の追加提出を命ずることがある。

（登録申請書の経由）

第3条 法第2条第2項の規定により農林水産大臣に提出する申請書、農薬の薬効、薬
害、毒性及び残留性に関する試験成績を記載した書類並びに農薬の見本、前条第2
項の検査書並びに再登録の申請の場合における登録票は、独立行政法人農林水産消
費安全技術センター（以下「センター」という。）を経由して提出することができる。

（登録の申請に係る検査）

第3条の2 法第2条第3項（法第15条の2第6項において準用する場合を含む。第
3項及び次条において同じ。）の規定による検査は、法第3条第1項各号のいずれか
に該当するかどうかについて、法第2条第2項の規定により提出された農薬の見本
の調査、分析及び試験によつて行う。

2 前項の農薬の見本の調査、分析及び試験は、現に登録を受けている農薬との成分、
物理的化学的性状、人畜に対する毒性その他の特性の同一性に関する調査、分析及
び試験を含むものとする。

3 センターは、法第2条第3項の規定による検査を行つたときは、遅滞なく、別記
様式第2号の2の検査結果報告書により、当該検査の結果を農林水産大臣に報告し
なければならない。

（登録票の交付の経由）

第3条の3 法第2条第3項の規定による登録票の交付は、センターを経由して行う
ものとする。

（手数料の納付方法）

第4条 法第2条第6項（法第6条の2第4項（法第15条の2第6項において準用す
る場合を含む。）及び第15条の2第6項において準用する場合を含む。）及び法第5
条の2第4項（法第6条第4項（法第15条の2第6項において準用する場合を含
む。）及び第15条の2第6項において準用する場合を含む。）の規定による手数料は、
収入印紙で納付しなければならない。

1091

（地位を承継した者の届出手続）

第4条の2　法第5条の2第3項（法第15条の2第6項において準用する場合を含む。第3項において同じ。）の規定による届出及び登録票の書替交付又は交付の申請は、別記様式第2号の3による届出及び申請書を提出してしなければならない。

2　前項の申請書の提出は、センターを経由して行うことができる。

3　法第5条の2第3項の規定による登録票の書替交付及び登録票の交付は、センターを経由して行うものとする。

（登録票等の備付けの方法）

第4条の3　法第6条第1項（法第15条の2第6項において準用する場合を含む。）の規定による登録票又はその写しの備付けは、登録票又はその写しを製造場又は事務所において閲覧しやすいようにしてしなければならない。

（登録を受けた者の届出手続等）

第5条　法第6条第2項（法第15条の2第6項において準用する場合を含む。第6項において同じ。）の規定による届出は、別記様式第3号による届出書を提出してしなければならない。ただし、変更のあつた事項が登録票の記載事項に該当する場合における同項の規定による届出及び登録票の書替交付の申請は、登録票を添附し、別記様式第4号による届出及び申請書を提出してしなければならない。

2　法第6条第3項（法第15条の2第6項において準用する場合を含む。第6項において同じ。）の規定による届出及び再交付の申請は、別記様式第5号による再交付申請書を提出してしなければならない。

3　法第6条第5項（法第15条の2第6項において準用する場合を含む。）の規定による届出は、別記様式第5号の2による届出書を提出してしなければならない。

4　法第6条第6項（法第15条の2第6項において準用する場合を含む。）の規定による届出は、別記様式第5号の3による届出書を提出してしなければならない。

5　第1項又は第2項の申請書の提出は、センターを経由して行うことができる。

6　法第6条第2項の規定による登録票の書替交付及び同条第3項の規定による登録票の再交付は、センターを経由して行うものとする。

（適用病害虫の範囲等の変更の登録の申請）

第6条　法第6条の2第1項（法第15条の2第6項において準用する場合を含む。以下この条及び第16条において同じ。）の農林水産省令で定める事項は、次の各号に掲げる事項とする。

一　氏名（法人の場合にあつては、その名称及び代表者の氏名）及び住所

二　農薬の登録番号及び名称

三　適用病害虫の範囲（法第2条第2項第3号の適用病害虫の範囲をいう。以下同

じ。）又は使用方法の変更の内容

四　当該変更に伴い農薬登録申請書の記載事項に変更を生ずるときは、その旨及び内容

2　法第6条の2第1項の規定による変更の登録の申請は、別記様式第6号による申請書を提出してしなければならない。

3　第2条から第3条の3までの規定は、法第6条の2第1項の規定による変更の登録について準用する。この場合において、第3条中「再登録の申請の場合における登録票」とあるのは、「登録票」と読み替えるものとする。

（農薬の表示の方法等）

第7条　法第7条（法第15条の2第6項において準用する場合を含む。以下この条において同じ。）の規定による表示は、農薬の容器（容器に入れないで販売する場合にあつては、その包装。以下同じ。）に法第7条の規定により表示すべき事項（以下「表示事項」という。）を印刷し、又は表示事項を印刷した票せんをはり付けてしなければならない。ただし、容器に表示事項のすべてを印刷し、又は表示事項のすべてを印刷した票せんをはり付けることが困難又は著しく不適当なときは、表示事項のうち法第7条第5号から第10号までに掲げる事項については、これを印刷した票せんを農薬の容器に結び付けることにより当該表示をすることができる。

2　法第7条第5号の登録に係る使用方法の表示は、適用農作物等の種類ごとに、次に掲げる事項を記載してしなければならない。

一　単位面積当たりの使用量の最高限度及び最低限度

二　希釈倍数（農薬の希釈をした場合におけるその希釈の倍数をいう。）の最高限度及び最低限度

三　使用時期

四　農作物等の生産に用いた種苗のは種又は植付け（は種又は植付けのための準備作業を含み、果樹、茶その他の多年生の植物から収穫されるものにあつては、その収穫の直前の収穫とする。）から当該農作物等の収穫に至るまでの間（次号において「生育期間」という。）において農薬を使用することができる総回数

五　含有する有効成分の種類ごとの総使用回数（生育期間において当該有効成分を含有する農薬を使用することができる総回数をいい、法第2条第3項に規定する登録票に当該総回数が使用時期又は使用の態様の区分ごとに記載されているときは、当該区分ごとの当該総回数とする。）

六　散布、混和その他の使用の態様

七　前各号に掲げるもののほか、農薬の使用方法に関し必要な事項

（販売者の届出様式）

第8条　法第8条第1項又は第2項の規定による届出は、別記様式第7号による届出

法令集

書を提出してしなければならない。

（帳簿の備付け等を要しない者）

第9条　法第10条の農林水産省令で定める者は、試験研究の目的で農薬を製造し若しくは加工し、又は輸入する者とする。

（除草剤の表示の方法）

第9条の2　法第10条の3第1項の規定による表示は、次のいずれにも該当する方法によりしなければならない。

　　一　容器若しくは包装に除草剤を農薬として使用することができない旨を印刷し、又はその旨を印刷した票せんをはり付けること。

　　二　表示に用いる文字が容器の容量又は包装の寸法に応じ、明瞭に判読できる大きさ及び書体であること。

　　三　表示に用いる文字の色が容器若しくは包装又は票せんの色と比較して鮮明でその文字が明瞭に判読できること。

2　法第10条の3第2項の規定による表示は、次のいずれにも該当する方法によりしなければならない。

　　一　表示に用いる文字が明瞭に判読できる大きさ及び書体であること。

　　二　表示に用いる文字の色が背景の色と比較して鮮明でその文字が明瞭に判読できること。

（生産及び輸入数量等の報告義務）

第10条　農薬の製造者又は輸入者は、毎年10月10日までに、農薬の種類ごとに、その年の前年の10月からその年の9月までの期間における製造又は輸入数量、譲渡数量等を、別記様式第9号により農林水産大臣に報告しなければならない。

2　製造者又は輸入者は、前項の規定による報告のほか、毎年1月10日までに、その年の前年の1月から12月までの期間における臭化メチルの製造又は輸入数量、譲渡数量等を、別記様式第9号により農林水産大臣に報告しなければならない。

（報告）

第10条の2　法第13条の2第3項（法第15条の3第3項において準用する場合を含む。）の規定による報告は、遅滞なく、農薬又はその原料（以下「農薬等」という。）を集取した場合にあつては第1号に掲げる事項を、立入検査をした場合にあつては第2号に掲げる事項を記載した書面を提出してしなければならない。

　　一　農薬等を集取した製造者、輸入者、販売者又は農薬使用者（次号において「製造者等」という。）の氏名及び住所、農薬等を集取した日時及び場所、集取した農薬等の種類、名称及び量並びに集取した農薬等の検査の内容及び結果

二　立入検査をした製造者等の氏名及び住所、立入検査をした日時及び場所並びに
　　立入検査の結果
2　農薬取締法施行令（昭和46年政令第56号）第4条第6項の規定による報告は、遅
　滞なく、次に掲げる事項を記載した書面を提出してしなければならない。
　一　販売を制限し、又は禁止した販売者の氏名及び住所
　二　販売を制限し、又は禁止した年月日
　三　販売を制限し、又は禁止した理由
　四　その他参考となるべき事項

（センターの職員の身分を示す証明書の様式）

第10条の3　法第13条の2第4項（法第15条の3第3項において準用する場合を
　含む。）の規定によるセンターの職員の証明書は、別記様式第9号の2とする。

（権限の委任）

第11条　法第10条の4の規定による農林水産大臣の権限は、地方農政局長に委任す
　る。ただし、農林水産大臣が自らその権限を行うことを妨げない。
2　法第13条第1項の規定による農林水産大臣の権限のうち、製造者、輸入者、販売
　者若しくは農薬使用者又は除草剤販売者に対し、農薬の製造、加工、輸入、販売若
　しくは使用又は除草剤の販売に関し報告を命ずる権限及び関係職員にこれらの者か
　ら検査のため必要な数量の農薬若しくは除草剤を集取させ、又は必要な場所に立ち
　入り、農薬の製造、加工、輸入、販売若しくは使用若しくは除草剤の販売の状況若
　しくは帳簿、書類その他必要な物件を検査させる権限は、地方農政局長に委任する。
　ただし、農林水産大臣が自らその権限を行うことを妨げない。
3　法第13条第3項の規定による農林水産大臣の権限のうち、製造者、輸入者若しく
　は農薬使用者又は除草剤販売者に対し、農薬の製造、加工、輸入若しくは使用又は
　除草剤の販売に関し報告を命ずる権限及び関係職員にこれらの者から検査のため必
　要な数量の農薬若しくは除草剤を集取させ、又は必要な場所に立ち入り、農薬の製
　造、加工、輸入若しくは使用若しくは除草剤の販売の状況若しくは帳簿、書類その
　他必要な物件を検査させる権限は、地方農政局長に委任する。ただし、農林水産大
　臣が自らその権限を行うことを妨げない。
4　法第14条第2項の規定による農林水産大臣の権限は、地方農政局長に委任する。
　ただし、農林水産大臣が自らその権限を行うことを妨げない。

（国内管理人の変更の届出様式）

第12条　法第15条の2第3項の規定による届出は、別記様式第10号による届出書
　を提出してしなければならない。

法令集

（登録外国製造業者の通知手続）

第13条　法第15条の2第4項の規定による国内管理人への通知は、毎年10月20日までに、同条第1項の登録に係る農薬の種類別に、その年の前年の10月からその年の9月までの期間におけるその製造数量及び譲渡先別譲渡数量（本邦に輸出されるものに限る。次項において同じ。）を、別記様式第11号によりしなければならない。

2　臭化メチルに係る法第15条の2第4項の規定による国内管理人への通知は、前項に規定する事項のほか、毎年1月20日までに、その年の前年の1月から12月までの期間におけるその製造数量及び譲渡先別譲渡数量を、別記様式第11号によりしなければならない。

（国内管理人の報告義務）

第14条　国内管理人は、前条の規定による通知を受けたときは、当該通知を受けた日から10日以内に、別記様式第11号の2により農林水産大臣に報告しなければならない。

（輸入者の届出様式）

第15条　法第15条の4第1項又は第2項の規定による届出は、別記様式第12号による届出書を提出してしなければならない。

（外国製造農薬の登録手続）

第16条　法第15条の2第1項の登録に係る農薬についての法第2条第2項又は第6条の2第1項の規定により農林水産大臣に提出する申請書、農薬の薬効、薬害、毒性及び残留性に関する試験成績を記載した書類並びに農薬の見本、第1条、第5条第2項又は第6条第2項の申請書、第2条第2項（第6条第3項において準用する場合を含む。）の検査書、第1条の2、第5条第1項又は法第6条の2第1項の登録票、第4条の2又は第5条第1項の届出及び申請書並びに第5条第1項若しくは第3項又は第12条の届出書は、国内管理人を経由して提出しなければならない。

（提出書類の通数）

第17条　第1条の申請書は、正本1通及び副本2通を、第4条の2又は第5条第1項の届出及び申請書、第5条第1項、第3項若しくは第4項、第8条又は第12条の届出書並びに第5条第2項又は第6条第2項の申請書は、正本1通及び副本1通を、第3条の2第3項、第10条、第10条の2又は第14条の報告書は、1通を提出しなければならない。

　　附　則

1　この省令は、公布の日から施行する。

2　農薬取締法施行規則（昭和23年総理庁令、農林省令第5号）は、廃止する。

　　　附　則　（昭和38年5月1日農林省令第36号）　抄

1　この省令は、公布の日から施行する。

　　　附　則　（昭和46年1月14日農林省令第2号）

　この省令は、公布の日から施行する。

　　　附　則　（昭和46年3月30日農林省令第15号）　抄

1　この省令は、農薬取締法の一部を改正する法律（昭和46年法律第1号）の施行の
　日（昭和46年4月1日）から施行する。

　　　附　則　（昭和46年7月1日農林省令第55号）

　この省令は、公布の日から施行する。

　　　附　則　（昭和51年1月22日農林省令第2号）

　この省令は、昭和51年2月1日から施行する。

　　　附　則　（昭和53年3月27日農林省令第15号）　抄

1　この省令は、公布の日から施行する。

　　　附　則　（昭和53年4月28日農林省令第31号）

　この省令は、昭和53年5月1日から施行する。

　　　附　則　（昭和53年7月5日農林省令第49号）　抄

第1条　この省令は、公布の日から施行する。

　　　附　則　（昭和56年5月22日農林水産省令第20号）　抄

1　この省令は、昭和56年6月1日から施行する。

　　　附　則　（昭和58年7月30日農林水産省令第26号）

　この省令は、外国事業者による型式承認等の取得の円滑化のための関係法律の一部
を改正する法律（昭和58年法律第57号）の施行の日（昭和58年8月1日）から施行
する。

　　　附　則　（昭和58年12月26日農林水産省令第57号）

　この省令は、行政事務の簡素合理化及び整理に関する法律（昭和58年法律第83号）
第26条の規定の施行の日（昭和59年3月1日）から施行する。

　　　附　則　（昭和59年5月15日農林水産省令第19号）

　この省令は、各種手数料等の額の改定及び規定の合理化に関する法律（昭和59年法
律第23号）の施行の日（昭和59年5月21日）から施行する。

　　　附　則　（平成5年4月1日農林水産省令第12号）

1　この省令は、公布の日から施行する。

2　この省令による改正前の肥料取締法施行規則、植物防疫法施行規則、農薬取締法
　施行規則、繭糸価格安定法施行規則、繭検定規則、農業機械化促進法施行規則、大
　豆なたね交付金暫定措置法施行規則、生糸検査規則、家畜改良増殖法施行規則、犬
　の輸出入検疫規則、家畜伝染病予防法施行規則、酪農及び肉用牛生産の振興に関す
　る法律施行規則、家畜取引法施行規則、動物用医薬品等取締規則、家畜商法施行規

則、牛及び豚のうち純粋種の繁殖用のもの並びに暫定税率を適用しない馬の証明書の発給に関する省令、飼料の安全性の確保及び品質の改善に関する法律施行規則、卸売市場法施行規則、農林水産省関係研究交流促進法施行規則、食糧管理法施行規則、林業種苗法施行規則、漁船法施行規則、指定漁業の許可及び取締り等に関する省令、日本国と大韓民国との間の漁業に関する協定第二条の共同規制水域等におけるさばつり漁業及び沿岸漁業等の取締りに関する省令、北太平洋の海域におけるずわいがに等漁業の取締りに関する省令、いかつり漁業の取締りに関する省令、ずわいがに漁業等の取締りに関する省令、北太平洋の海域におけるつぶ漁業の取締りに関する省令、大西洋の海域におけるはえなわ等漁業の取締りに関する省令、かじき等流し網漁業の取締りに関する省令、いか流し網漁業の取締りに関する省令、黄海及び東支那海の海域におけるふぐはえなわ漁業の取締りに関する省令、べにずわいがに漁業の取締りに関する省令及び小型まぐろはえ縄漁業の取締りに関する省令（以下「関係省令」という。）に規定する様式による書面は、平成 6 年 3 月 31 日までの間は、これを使用することができる。

3　平成 6 年 3 月 31 日以前に使用されたこの省令による改正前の関係省令に規定する様式による書面は、この省令による改正後の関係省令に規定する様式による書面とみなす。

　　　附　則　（平成 8 年 10 月 29 日農林水産省令第 60 号）
この省令は、公布の日から施行する。

　　　附　則　（平成 11 年 1 月 11 日農林水産省令第 1 号）　抄

1　この省令は、公布の日から施行する。

2　この省令による改正前の土地改良法施行規則、獣医師法施行規則、家畜等の無償貸付及び譲与等に関する省令、肥料取締法施行規則、病菌害虫防除用機具貸付規則、植物防疫法施行規則、家畜改良増殖法施行規則、犬の輸出入検疫規則、農薬取締法施行規則、農産物検査法施行規則、家畜伝染病予防法施行規則、専門技術員資格試験等に関する省令、農業機械化促進法施行規則、養鶏振興法施行規則、日本国と大韓民国との間の漁業に関する協定第二条の共同規制水域等におけるさばつり漁業及び沿岸漁業等の取締りに関する省令、林業種苗法施行規則、卸売市場法施行規則、漁業操業に関する日本国政府とソヴィエト社会主義共和国連邦政府との間の協定第一条 1 の日本国沿岸の地先沖合の公海水域における漁業の操業の調整に関する省令、分収林特別措置法施行規則、農林水産省関係研究交流促進法施行規則、アリモドキゾウムシの緊急防除に関する省令、牛及び豚のうち純粋種の繁殖用のもの並びに無税を適用する馬の証明書の発給に関する省令、野菜栽培用の豆の証明書の発給に関する省令、ナシ枝枯細菌病菌の緊急防除を行うために必要な措置に関する省令及びイモゾウムシの緊急防除に関する省令（以下「関係省令」という。）に規定する様式による書面は、平成 11 年 3 月 31 日までの間は、これを使用することができる。

4　平成 11 年 3 月 31 日以前に使用されたこの省令による改正前の関係省令に規定す

る様式による書面は、この省令による改正後の関係省令に規定する様式による書面とみなす。

　　　附　則　（平成 11 年 3 月 30 日農林水産省令第 15 号）

この省令は、公布の日から施行する。

　　　附　則　（平成 12 年 9 月 1 日農林水産省令第 82 号）　抄

（施行期日）

第 1 条　この省令は、内閣法の一部を改正する法律（平成 11 年法律第 88 号）の施行の日（平成 13 年 1 月 6 日）から施行する。

　　　附　則　（平成 13 年 3 月 22 日農林水産省令第 59 号）　抄

（施行期日）

第 1 条　この省令は、平成 13 年 4 月 1 日から施行する。

（処分、申請等に関する経過措置）

第 3 条　この省令の施行前に改正前のそれぞれの省令の規定によりされた承認等の処分その他の行為（以下「承認等の行為」という。）又はこの省令の施行の際現に改正前のそれぞれの省令の規定によりされている承認等の申請その他の行為（以下「申請等の行為」という。）は、この省令の施行の日以後における改正後のそれぞれの省令の適用については、改正後のそれぞれの省令の相当規定によりされた承認等の行為又は申請等の行為とみなす。

　　　附　則　（平成 13 年 3 月 30 日農林水産省令第 77 号）

この省令は、平成 13 年 4 月 1 日から施行する。

　　　附　則　（平成 14 年 7 月 19 日農林水産省令第 65 号）

この省令は、公布の日から施行する。

　　　附　則　（平成 15 年 3 月 6 日農林水産省令第 13 号）

1　この省令は、農薬取締法の一部を改正する法律（平成 14 年法律第 141 号）の施行の日（平成 15 年 3 月 10 日）から施行する。

2　この省令の施行前にこの省令による改正前の農薬取締法施行規則別記様式第 1 号により提出された申請書、別記様式第 5 号の 2 により提出された届出書、別記様式第 7 号により提出された届出書、別記様式第 9 号の 2 により交付された職員の証明書及び別記様式第 12 号により提出された届出書は、それぞれこの省令による改正後の農薬取締法施行規則別記様式第 1 号により提出された申請書、別記様式第 5 号の 2 により提出された届出書、別記様式第 7 号により提出された届出書、別記様式第 9 号の 2 により交付された職員の証明書及び別記様式第 12 号により提出された届出書とみなす。

　　　附　則　（平成 16 年 3 月 18 日農林水産省令第 18 号）

この省令は、平成 16 年 3 月 29 日から施行する。

　　　附　則　（平成 16 年 6 月 4 日農林水産省令第 49 号）

1　この省令は、平成 16 年 6 月 11 日から施行する。

2　この省令の施行前に交付したこの省令による改正前の農薬取締法施行規則別記様式第9号の2による職員の証明書は、この省令による改正後の農薬取締法施行規則別記様式第9号の2による職員の証明書とみなす。

　　　　附　則　（平成16年6月21日農林水産省令第54号）

（施行期日）

第1条　この省令は、公布の日から起算して1年を経過した日から施行する。

（経過措置）

第2条　農薬取締法（以下「法」という。）第2条第1項の登録の申請をしようとする者は、この省令の施行前においても、この省令による改正後の農薬取締法施行規則（以下「新規則」という。）別記様式第1号によりその登録の申請をすることができる。

2　前項の規定により登録の申請をし、法第2条第1項の登録を受けた者は、その製造し若しくは加工し、又は輸入した農薬を販売するときは、この省令の施行前においても、新規則第7条の規定の例により法第7条の表示をしなければならない。

第3条　この省令の施行前にこの省令による改正前の農薬取締法施行規則（以下「旧規則」という。）別記様式第1号により申請がされた農薬の登録については、なお従前の例による。

第4条　旧規則別記様式第1号による申請に基づき登録された農薬に係る法第7条の表示については、なお従前の例による。

第5条　この省令の施行前にした行為及び前条の規定によりなお従前の例によることとされる場合におけるこの省令の施行後にした行為に対する罰則の適用については、なお従前の例による。

　　　　附　則　（平成19年3月8日農林水産省令第6号）

（施行期日）

第1条　この省令は、公布の日から施行する。

（経過措置）

第2条　この省令の施行の際現にあるこの省令による改正前の農薬取締法施行規則別記様式第9号の2（次項において「旧様式」という。）による職員の証明書は、この省令による改正後の農薬取締法施行規則別記様式第9号の2による職員の証明書とみなす。

2　この省令の施行の際現にある旧様式により調製した用紙は、この省令の施行後においても当分の間、これを取り繕って使用することができる。

　　　　附　則　（平成19年3月30日農林水産省令第28号）　抄

（施行期日）

第1条　この省令は、平成19年4月1日から施行する。

　　　　附　則　（平成28年3月24日農林水産省令第16号）

この省令は、平成28年4月1日から施行する。

農薬取締法施行規則

　　附　則　（平成 28 年 10 月 31 日農林水産省令第 71 号）

（施行期日）

1　この省令は、平成 29 年 4 月 1 日から施行する。

（経過措置）

2　この省令の施行前にこの省令による改正前の農薬取締法施行規則別記様式第 1 号により提出された申請書は、この省令による改正後の農薬取締法施行規則別記様式第 1 号により提出された申請書とみなす。

法令集

様式第1号（第1条関係）

農 薬 登 録 申 請 書

年　　月　　日

収入印紙
（消印をし
ないこと）

農林水産大臣　殿

住所

氏名（法人の場合にあつては、その名称及び代表者の氏名）　㊞

　農薬取締法第2条第2項（第15条の2第6項において準用する同法第2条第2項）の
規定に基づき下記により農薬の登録を申請します。

記

1　農薬取締法第15条の2第1項の登録であるときは、国内管理人の氏名（法人の場合
　　にあつては、その名称及び代表者の氏名）及び住所
2　現に登録を受けている農薬であるときは、登録番号
3　農薬の種類及び名称
4　物理的化学的性状
5　有効成分の種類及び含有量
6　その他の成分の種類及び含有量
7　適用病害虫の範囲及び使用方法
8　使用上の注意事項
9　人畜に有毒な農薬については、その旨及び解毒方法
10　水産動植物に有毒な農薬については、その旨
11　引火し、爆発し、又は皮膚を害する等の危険のある農薬については、その旨
12　貯蔵上の注意事項
13　製造場の名称、所在地及び製造責任者の氏名
14　製造方法
15　販売する場合にあつては、その販売に係る容器又は包装の種類及び材質並びに内容
　　量

（日本工業規格A4）

備考

1　収入印紙は、正本のみにはり付けること。

農薬取締法施行規則

2　氏名（法人の場合にあつては、その名称及び代表者の氏名）を自署する場合において、押印を省略することができる。

3　輸入農薬であるときは、製造責任者の氏名及び製造方法は、記載することを要しない。

4　記の「7　適用病害虫の範囲及び使用方法」の使用方法は、適用農作物等の種類ごとに、次に掲げる事項を記載すること。

一　単位面積当たりの使用量の最高限度及び最低限度

二　希釈倍数（農薬の希釈をした場合におけるその希釈の倍数をいう。）の最高限度及び最低限度

三　使用時期

四　農作物等の生産に用いた種苗のは種又は植付け（は種又は植付けのための準備作業を含み、果樹、茶その他の多年生の植物から収穫されるものにあつては、その収穫の直前の収穫とする。）から当該農作物等の収穫に至るまでの間（五において「生育期間」という。）において農薬を使用することができる総回数

五　含有する有効成分の種類ごとの総使用回数（生育期間において当該有効成分を含有する農薬を使用することができる総回数をいい、農薬の安全かつ適正な使用の確保を図るため使用時期又は使用の態様ごとに区分する必要があるときは、当該区分ごとの当該総回数とする。）

六　散布、混和その他の使用の態様

七　一から六までに掲げるもののほか、農薬の使用方法に関し必要な事項

1103

様式第２号（第２条関係）

農薬登録申請見本検査書

1　農薬の種類及び名称

2　有効成分の百分率

3　有効成分の検査方法

4　検査責任者の氏名

　　　　年　　　月　　　日

　　　　　　　　　　　　　　　　　　　　住所

　　　　　　　　　　　　　　　　　　　　氏名（法人の場合にあつては、その名称及び代表者の氏名）　㊞

（日本工業規格 A4）

備考

　氏名（法人の場合にあつては、その名称及び代表者の氏名）を自署する場合においては、押印を省略することができる。

（以下様式省略）

農薬取締法第3条第1項第4号から第7号までに掲げる場合に該当するかどうかの基準を定める等の件

改正	昭和 46 年	3 月	2 日	農林省告示	346 号
同	昭和 47 年	11 月	10 日	環境庁告示	109 号
同	昭和 53 年	7 月	1 日	環境庁告示	37 号
同	昭和 58 年	7 月	30 日	環境庁告示	45 号
同	平成 4 年	3 月	9 日	環境庁告示	22 号
同	平成 5 年	3 月	8 日	環境庁告示	20 号
同	平成 12 年	12 月	14 日	環境庁告示	78 号
同	平成 15 年	3 月	10 日	環境省告示	22 号
同	平成 15 年	3 月	28 日	環境省告示	37 号
同	平成 15 年	6 月	30 日	環境省告示	70 号
同	平成 17 年	8 月	3 日	環境省告示	83 号
同	平成 20 年	10 月	22 日	環境省告示	80 号
最終改正	平成 29 年	4 月	13 日	環境省告示	39 号

　農薬取締法（昭和 23 年法律第 82 号）第 3 条第 2 項（同法第 15 条の 2 第 6 項において準用する場合を含む。）の規定に基づき、同法第 3 条第 1 項第 4 号から第 7 号まで（同法第 15 条の 2 第 6 項において準用する場合を含む。）の各号の一に掲げる場合に該当するかどうかの基準を次のように定め、昭和 38 年 5 月 1 日農林省告示第 553 号（農薬取締法第 3 条第 1 項第 4 号に掲げる場合に該当するかどうかの基準を定める件）は、廃止する。

1　当該農薬が次の要件のいずれかを満たす場合は、農薬取締法（以下「法」という。）第 3 条第 1 項第 4 号（同法第 15 条の 2 第 6 項において準用する場合を含む。）に掲げる場合に該当するものとする。

　イ　法第 2 条第 2 項第 3 号（法第 15 条の 2 第 6 項において準用する場合を含む。以下同じ。）の事項についての申請書の記載に従い当該農薬を使用した場合に、その使用に係る農作物（樹木及び農林産物を含む。以下「農作物等」という。）の汚染が生じ、かつ、その汚染に係る農作物等又はその加工品の飲食用品が食品衛生法（昭和 22 年法律第 233 号）第 11 条第 1 項の規定に基づく規格（当該農薬の成分に係る同項の規定に基づく規格が定められていない場合には、当該種類の農薬の毒性及び残留性に関する試験成績に基づき環境大臣が定める基準。ロ並びに次号ロ及びハにおいて同じ。）に適合しないものとなること。

　ロ　法第 2 条第 2 項第 3 号の事項についての申請書の記載に従い家畜の飼料の用に供される農作物等を対象として当該農薬を使用した場合に、その使用に係る農作物等に当該農薬の成分である物質（その物質が化学的に変化して生成した物質を含む。以下「成分物質等」(食品衛生法第 11 条第 3 項の規定に基づき人の健康を損なうおそれのないことが明らかであるものとして厚生労働大臣が定める物質を除

く。以下同じ。）という。）が残留する農薬（その残留量がきわめて微量であること、その毒性がきわめて弱いこと等の理由により有害でないと認められるものを除く。）であつて、当該農作物等を給与した家畜から生産される畜産物（家畜の肉、乳その他の食用に供される生産物をいう。以下同じ。）に当該農薬の成分物質等が残留することとなるもの（当該畜産物が食品衛生法第11条第1項の規定に基づく規格に適合するもの及び同条第3項の規定に基づき人の健康を損なうおそれのない量として厚生労働大臣が定める量を超えないものを除く。）であること。

2　当該農薬が次の要件のいずれかを満たす場合は、法第3条第1項第5号（法第15条の2第6項において準用する場合を含む。）に掲げる場合に該当するものとする。

イ　当該農薬の成分物質等が土壌中において2分の1に減少する期間がほ場試験において180日未満である農薬以外の農薬であつて、法第2条第2項第3号の事項についての申請書の記載に従い当該農薬を使用した場合に、その使用に係る農地において通常栽培される農作物が当該農地の土壌の当該農薬の使用に係る汚染により汚染されることとなるもの（食品衛生法第11条第3項の規定に基づき人の健康を損なうおそれのない量として厚生労働大臣が定める量を超えないものを除く。）であること。

ロ　当該農薬の成分物質等の土壌中において2分の1に減少する期間がほ場試験において180日未満である農薬であつて、法第2条第2項第3号の事項についての申請書の記載に従い当該農薬を使用した場合に、その使用に係る農地においてその使用後1年以内に通常栽培される農作物が汚染されることとなるもの（その汚染に係る農作物又はその加工品の飲食用品が食品衛生法第11条第1項の規定に基づく規格に適合するもの及び同条第3項の規定に基づき人の健康を損なうおそれのない量として厚生労働大臣が定める量を超えないものを除く。）であること。

ハ　当該農薬の成分物質等が土壌中において2分の1に減少する期間がほ場試験において180日未満であり、かつ、法第2条第2項第3号の事項についての申請書の記載に従い当該農薬を使用した場合に、その使用に係る農地においてその使用後1年以内に通常栽培される家畜の飼料の用に供される農作物に当該農薬の成分物質等が残留する農薬（その残留量がきわめて微量であること、その毒性がきわめて弱いこと等の理由により有害でないと認められるものを除く。）であつて、当該農作物等を給与した家畜から生産される畜産物に当該農薬の成分物質等が残留することとなるもの（当該畜産物が食品衛生法第11条第1項の規定に基づく規格に適合するもの及び同条第3項の規定に基づき人の健康を損なうおそれのない量として厚生労働大臣が定める量を超えないものを除く。）であること。

3　法第2条第2項第3号の事項についての申請書の記載に従い当該農薬を使用することにより、当該農薬が公共用水域（水質汚濁防止法（昭和45年法律第138号）第

農薬取締法第3条第1項第4号から第7号までに掲げる場合に該当するかどうかの基準を定める等の件

2条第1項に規定する公共用水域をいう。以下同じ。）に流出し、又は飛散した場合に水産動植物の被害の観点から予測される当該公共用水域の水中における当該種類の農薬の成分の濃度（以下「水産動植物被害予測濃度」という。）が、当該種類の農薬の毒性に関する試験成績に基づき環境大臣が定める基準に適合しない場合は、法第3条第1項第6号（法第15条の2第6項において準用する場合を含む。）に掲げる場合に該当するものとする。

4　法第2条第2項第3号の事項についての申請書の記載に従い当該農薬を使用した場合であつて、当該農薬が公共用水域に流出し、又は飛散することにより、次の要件のいずれかを満たすときは、法第3条第1項第7号（法第15条の2第6項において準用する場合を含む。）に掲げる場合に該当するものとする。

イ　水質汚濁の観点から予測される当該公共用水域の水中における当該種類の農薬の成分の濃度（以下「水質汚濁予測濃度」という。）が、当該種類の農薬の毒性及び残留性に関する試験成績に基づき環境大臣が定める基準に適合しないものとなること。

ロ　当該農薬の成分に係る食品衛生法第11条第1項の規定に基づく食品、添加物等の規格基準（昭和34年厚生省告示第370号）第1食品の部A食品一般の成分規格の項6の目の（1）の規格が定められている場合において、公共用水域に流出又は飛散した当該農薬による汚染が予測される水産動植物又はその加工品の飲食用品が、当該規格に適合しないものとなること。

ハ　当該農薬の成分に係る食品衛生法第11条第1項の規定に基づく食品、添加物等の規格基準第1食品の部A食品一般の成分規格の項7の目（1）の規格が定められている場合において、公共用水域に流出又は飛散した当該農薬による汚染が予測される水産動植物又はその加工品の飲食用品が、当該規格に適合しないものとなること。

ニ　当該農薬の成分に係る食品衛生法第11条第1項の規定に基づく規格が定められていない場合において、公共用水域に流出又は飛散した当該農薬による汚染が予測される水産動植物又はその加工品の飲食用品に、同条第3項の規定に基づき人の健康を損なうおそれのない量として厚生労働大臣が定める量を超える当該農薬が残留するものとなること。

備考
1　ほ場試験は、別表に掲げる方法によるものとする。
2　水産動植物被害予測濃度は、当該種類の農薬が、その相当の普及状態のもとに法第2条第2項第3号の事項についての申請書の記載に従い一般的に使用されるとした場合に、次の要件のすべてを満たす地点の河川の水中における当該種類の農薬の成分の濃度を予測することにより算出するものとする。

イ　当該地点より上流の流域面積が概ね 100 平方キロメートルであること。

ロ　当該地点より上流の流域内の農地の面積が、水田にあつては概ね 500 ヘクタール、畑地等にあつては概ね 750 ヘクタールであること。

3　水質汚濁予測濃度は、当該種類の農薬が、法第 2 条第 2 項第 3 号の事項についての申請書の記載に従い一般的に使用されるとした場合に予測されるほ場から公共用水域への流出水中における当該種類の農薬の成分の濃度の 10 分の 1 に相当する濃度に当該農薬の公共用水域への飛散を勘案して算出するものとする。

附　則　（略）

別　表　（略）

地方自治法（抄）

昭和 22 年 4 月 17 日　法律第 67 号

（手数料）

第 227 条　普通地方公共団体は、当該普通地方公共団体の事務で特定の者のためにするものにつき、手数料を徴収することができる。

地方公共団体の手数料の標準に関する政令

平成 12 年 1 月 21 日 政令第 16 号
最終改正 平成 27 年 12 月 16 日 政令第 424 号

　内閣は、地方自治法（昭和 22 年法律第 67 号）第 228 条第 1 項の規定に基づき、この政令を制定する。

　地方自治法第 228 条第 1 項の手数料について全国的に統一して定めることが特に必要と認められるものとして政令で定める事務（以下「標準事務」という。）は、次の表の上欄に掲げる事務とし、同項の当該標準事務に係る事務のうち政令で定めるもの（以下「手数料を徴収する事務」という。）は、同表の上欄に掲げる標準事務についてそれぞれ同表の中欄に掲げる事務とし、同項の政令で定める金額は、同表の中欄に掲げる手数料を徴収する事務についてそれぞれ同表の下欄に掲げる金額とする。

標準事務	手数料を徴収する事務	金額
1 ～ 40 　（略）	（略）	（略）
41　毒物及び劇物取締法（昭和 25 年法律第 303 号）第 4 条第 2 項の規定に基づく毒物又は劇物の製造業又は輸入業の登録（毒物及び劇物取締法施行令（昭和 30 年政令第 261 号）第 36 条の 7 第 1 項第一号に規定する登録を除く。以下この項から 43 の項までにおいて同じ。）に係る経由に関する事務	毒物及び劇物取締法第 4 条第 2 項の規定に基づく毒物又は劇物の製造業又は輸入業の申請に係る経由	2 万 600 円
42　毒物及び劇物取締法第 4 条第 4 項の規定に基づく毒物又は劇物の製造業又は輸入業の登録の更新の申請に係る経由に関する事務	毒物及び劇物取締法第 4 条第 4 項の規定に基づく毒物又は劇物の製造業又は輸入業の登録の更新の申請に係る経由	6800 円
43　毒物及び劇物取締法第 9 条第 2 項において準用する同法第 4 条第 2 項の規定に基づく毒物又は劇物の製造業又は輸入業の登録の変更に係る経由に関する事務	毒物及び劇物取締法第 9 条第 2 項において準用する同法第 4 条第 2 項の規定に基づく毒物又は劇物の製造業又は輸入業の登録の変更の申請に係る経由	3200 円
44 ～ 109 　（略）	（略）	（略）

備考

一　この表中の用語の意義及び字句の意味は、それぞれ上欄に規定する法律（これに
　　基づく政令を含む。）又は政令における用語の意義及び字句の意味によるものとする。

二　この表の下欄に掲げる金額は、当該下欄に特別の計算単位の定のあるものについ
　　てはその計算単位についての金額とし、その他のものについては1件についての金
　　額とする。

　　　附　則

1　この政令は、平成12年4月1日から施行する。

2　地方公共団体手数料令（昭和30年政令第330号）は、廃止する。

　　　附　則　（平成12年4月28日政令第216号）　抄

（施行期日）

第1条　この政令は、大豆なたね交付金暫定措置法及び農産物価格安定法の一部を改
　　正する法律の施行の日（平成12年5月10日）から施行する。

　　　附　則　（平成12年6月7日政令第304号）　抄

1　この政令は、内閣法の一部を改正する法律（平成11年法律第88号）の施行の日
　　（平成13年1月6日）から施行する。

　　　附　則　（平成12年6月23日政令第345号）　抄

（施行期日）

第1条　この政令は、平成12年7月1日から施行する。

　　　附　則　（平成12年12月6日政令第498号）

　　この政令は、平成13年4月1日から施行する。ただし、本則の表11の項の次に11
の2の項を加える改正規定は、商法等の一部を改正する法律の施行に伴う関係法律の
整備に関する法律（平成12年法律第91号）の施行の日から施行する。

　　　附　則　（平成13年7月4日政令第236号）　抄

（施行期日）

第1条　この政令は、障害者等に係る欠格事由の適正化等を図るための医師法等の一
　　部を改正する法律の施行の日（平成13年7月16日）から施行する。

　　　附　則　（平成13年11月30日政令第383号）　抄

（施行期日）

第1条　この政令は、小型船舶の登録等に関する法律（以下「法」という。）の施行の
　　日（平成14年4月1日）から施行する。

　　　附　則　（平成14年1月17日政令第四号）　抄

（施行期日）

第1条　この政令は、保健婦助産婦看護婦法の一部を改正する法律の施行の日（平成
　　14年3月1日）から施行する。

　　　附　則　（平成14年2月6日政令第26号）　抄

1111

（施行期日）

第1条　この政令は、平成14年6月1日から施行する。

　　　附　則　（平成14年7月12日政令第256号）　抄

（施行期日）

第1条　この政令は、平成15年11月29日から施行する。

　　　附　則　（平成14年12月20日政令第391号）　抄

（施行期日）

第1条　この政令は、法の施行の日（平成15年4月16日）から施行する。

　　　附　則　（平成15年2月17日政令第41号）　抄

（施行期日）

第1条　この政令は、古物営業法の一部を改正する法律（平成14年法律第115号）の施行の日から施行する。

　　　附　則　（平成15年7月25日政令第331号）　抄

（施行期日）

第1条　この政令は、使用済自動車の再資源化等に関する法律附則第1条第1号に掲げる規定の施行の日（平成16年7月1日）から施行する。

　　　附　則　（平成15年10月1日政令第449号）　抄

（施行期日）

第1条　この政令は、平成15年12月1日から施行する。

　　　附　則　（平成15年10月29日政令第464号）　抄

（施行期日）

第1条　この政令は、貸金業の規制等に関する法律及び出資の受入れ、預り金及び金利等の取締りに関する法律の一部を改正する法律（以下「改正法」という。）の施行の日（平成16年1月1日。以下「施行日」という。）から施行する。

　　　附　則　（平成15年11月27日政令第469号）

この政令は、公布の日から施行する。

　　　附　則　（平成15年12月10日政令第496号）

この政令は、平成十六年三月一日から施行する。

　　　附　則　（平成16年2月6日政令第19号）　抄

（施行期日）

第1条　この政令は、消防組織法及び消防法の一部を改正する法律（平成15年法律第84号）附則第1条第2号に掲げる規定の施行の日（平成16年6月1日）から施行する。

　　　附　則　（平成16年3月24日政令第五四号）

この政令は、平成16年3月31日から施行する。

　　　附　則　（平成16年11月25日政令第368号）

この政令は、海上運送事業の活性化のための船員法等の一部を改正する法律の施行

の日（平成 17 年 4 月 1 日）から施行する。

　　　　附　則　（平成 16 年 12 月 10 日政令第 390 号）　抄

（施行期日）

第1条　この政令は、道路交通法の一部を改正する法律（平成 16 年法律第 90 号。以
下「改正法」という。）附則第 1 条第 4 号に掲げる規定の施行の日から施行する。

　　　　附　則　（平成 17 年 2 月 2 日政令第 13 号）

この政令は、平成十七年四月一日から施行する。

　　　　附　則　（平成 17 年 7 月 15 日政令第 244 号）　抄

（施行期日）

1　この政令は、警備業法の一部を改正する法律（平成 16 年法律第 50 号）の施行の
日（平成 17 年 11 月 21 日）から施行する。

　　　　附　則　（平成 17 年 11 月 2 日政令第 333 号）　抄

（施行期日）

第1条　この政令は、核原料物質、核燃料物質及び原子炉の規制に関する法律の一部
を改正する法律の施行の日（平成 17 年 12 月 1 日）から施行する。

　　　　附　則　（平成 17 年 12 月 16 日政令第 369 号）　抄

（施行期日）

1　この政令は、風俗営業等の規制及び業務の適正化等に関する法律の一部を改正す
る法律の施行の日（平成 18 年 5 月 1 日）から施行する。

　　　　附　則　（平成 18 年 1 月 25 日政令第四号）

この政令は、平成 18 年 4 月 1 日から施行する。

　　　　附　則　（平成 18 年 1 月 25 日政令第 6 号）　抄

（施行期日）

第1条　この政令は、平成 18 年 4 月 1 日から施行する。

　　　　附　則　（平成 18 年 11 月 29 日政令第 369 号）

この政令は、探偵業の業務の適正化に関する法律（平成 18 年法律第 60 号）の施行
の日（平成 19 年 6 月 1 日）から施行する。ただし、本則の表 6 の項の改正規定は、公
布の日から施行する。

　　　　附　則　（平成 19 年 11 月 7 日政令第 329 号）　抄

（施行期日）

第1条　この政令は、貸金業の規制等に関する法律等の一部を改正する法律（以下「改
正法」という。）の施行の日（平成 19 年 12 月 19 日。以下「施行日」という。）から
施行する。

（罰則の適用に関する経過措置）

第34条　この政令の施行前にした行為及びこの政令の附則において従前の例による
こととされる場合におけるこの政令の施行後にした行為に対する罰則の適用につい
ては、なお従前の例による。

1113

法令集

　　　附　則　（平成 20 年 3 月 19 日政令第 48 号）

　この政令は、戸籍法の一部を改正する法律（平成 19 年法律第 35 号）の施行の日（平成 20 年 5 月 1 日）から施行する。

　　　附　則　（平成 20 年 12 月 25 日政令第 398 号）

　この政令は、平成 21 年 4 月 1 日から施行する。ただし、本則の表 107 の項及び 108 の項の改正規定は、同月 16 日から施行する。

　　　附　則　（平成 21 年 6 月 10 日政令第 153 号）

　この政令は、平成 21 年 9 月 1 日から施行する。

　　　附　則　（平成 21 年 8 月 28 日政令第 224 号）　抄

（施行期日）

1　この政令は、銃砲刀剣類所持等取締法の一部を改正する法律（次項において「改正法」という。）の施行の日（平成 21 年 12 月 4 日）から施行する。

　　　附　則　（平成 22 年 9 月 8 日政令第 193 号）

　この政令は、平成 22 年 10 月 1 日から施行する。

　　　附　則　（平成 22 年 12 月 22 日政令第 248 号）　抄

（施行期日）

第 1 条　この政令は、廃棄物の処理及び清掃に関する法律の一部を改正する法律（以下「改正法」という。）の施行の日（平成 23 年 4 月 1 日）から施行する。

　　　附　則　（平成 23 年 12 月 21 日政令第 405 号）　抄

（施行期日）

第 1 条　この政令は、平成 24 年 7 月 1 日から施行する。ただし、次の各号に掲げる規定は、当該各号に定める日から施行する。

　一及び二　略

　三　第 9 条第 1 項第 20 号イ、第 11 条及び第 12 条第 1 項第 5 号の改正規定並びに附則第 10 条及び第 13 条の規定　平成 24 年 4 月 1 日

　　　附　則　（平成 25 年 1 月 23 日政令第 10 号）

　この政令は、船員法の一部を改正する法律の施行の日（平成 25 年 3 月 1 日）から施行する。

　　　附　則　（平成 26 年 1 月 29 日政令第 17 号）

　この政令は、平成 26 年 4 月 1 日から施行する。

　　　附　則　（平成 26 年 12 月 24 日政令第 410 号）　抄

（施行期日）

1　この政令は、鳥獣の保護及び狩猟の適正化に関する法律の一部を改正する法律の施行の日（平成 27 年 5 月 29 日）から施行する。

（罰則に関する経過措置）

2　この政令の施行前にした行為に対する罰則の適用については、なお従前の例による。

地方公共団体の手数料の標準に関する政令

　　　附　則　（平成 27 年 2 月 12 日政令第 46 号）

　この政令は、平成 27 年 4 月 1 日から施行する。

　　　附　則　（平成 27 年 11 月 13 日政令第 382 号）

　この政令は、風俗営業等の規制及び業務の適正化等に関する法律の一部を改正する法律の施行の日（平成 28 年 6 月 23 日）から施行する。

　　　附　則　（平成 27 年 12 月 16 日政令第 424 号）

　（施行期日）

1　この政令は、平成 28 年 4 月 1 日から施行する。

索 引

毒物・劇物

和 文

ア行

アイオキシニル ……………………… 476
亜鉛黄一種 …………………………… 422
亜鉛黄二種 …………………………… 424
亜塩化銅 ……………………………… 575
亜塩曹 ………………………………… 298
亜塩素酸ソーダ ……………………… 298
亜塩素酸ナトリウム ………… 59, 66, 298
亜塩素酸ナトリウム及びこれを含有する製剤
　………………………………………… 59
アクチジオン ………………………… 495
アクリルアマイド …………………… 298
アクリルアミド ………………… 64, 298
アクリルアミド及びこれを含有する製剤 …… 53
アクリルアミド水溶液 ……………… 64
アクリルアルデヒド …………… 64, 303
アクリル酸 ………………… 59, 66, 300
アクリル酸アミド …………………… 298
アクリル酸及びこれを含有する製剤 …… 59
アクリル酸ニトリル ……………… 301, 475
アクリルニトリル ………… 53, 301, 475
アクリロニトリル …… 53, 64, 301, 475
亜クロル汞 …………………………… 364
亜クロルスズ（錫） ………………… 564
亜クロル銅 …………………………… 575
アクロレイン …………………… 53, 303
アジ化ナトリウム …………………… 129
アジピン酸ジニトリル ……………… 472
アジポニトリル ……………………… 472
亜硝酸イソブチル …………………… 300
亜硝酸イソプロピル ………………… 129
亜硝酸イソペンチル ………………… 301
亜硝酸塩類 ……………………… 53, 305
亜硝酸カリ …………………………… 307

亜硝酸カリウム ……………………… 307
亜硝酸銀 ……………………………… 408
亜硝酸三級ブチル …………………… 308
亜硝酸ソーダ ………………………… 306
亜硝酸ナトリウム …………… 37, 64, 306
亜硝酸ブチル ………………………… 129
亜硝酸メチル …………………… 66, 308
亜硝酸メチル及びこれを含有する製剤 …… 59
アセタトフェニル水銀（Ⅱ） ……… 207
アセタミプリド ……………………… 444
アセチレンジカルボン酸アミド …… 308
アセトニトリル ……………………… 471
アセトンシアノヒドリン ……… 64, 472
アセトンシアンヒドリン ……… 53, 472
亜セレン酸 …………………………… 309
亜セレン酸ナトリウム ……… 56, 64, 212
亜セレン酸バリウム ………… 56, 64, 218
アゾキシストロビン ………………… 483
アナバシン …………………………… 660
アニリン ………………… 48, 53, 64, 310
アニリン塩酸塩 ……………………… 312
アニリン塩類 …………………… 53, 310
アニリンソルト ……………………… 312
アニリン油 …………………………… 310
アバメクチン ………………… 130, 315
亜ヒ（砒）酸 ………………………… 236
亜ヒ（砒）酸鉛 ……………………… 241
亜ヒ（砒）酸カリウム ……………… 238
亜ヒ（砒）酸カルシウム …………… 240
亜ヒ（砒）酸石灰 …………………… 240
亜ヒ（砒）酸ソーダ ………………… 238
亜ヒ（砒）酸ナトリウム …………… 238
アファーム乳剤 ……………………… 360
アミドチオエート …………………… 135
アミノシクロヘキサン ……………… 496

1119

索　引

アミノニトリル ……………………………… 469
アミノベンゼン ……………………………… 310
アミノメタン ………………………………… 706
アリリデンジアセテート …………………… 148
アリルアミン ………………………………… 131
アリルアルコール ………………… 59, 66, 131
アリルアルコール及びこれを含有する製剤 … 59
アリルアルデヒド …………………………… 303
アルカノールアンモニウム-2,4-ジニトロ-6-(1-メ
　チルプロビル)-フェノラート …………… 132
アルシン ……………………………… 56, 234
アルドリン …………………………………… 680
アルファシペルメトリン …………………… 480
アンチノック剤 ……………………………… 64
アンチモンエロー ………………… 327, 610
アンチモン華 ………………………………… 322
アンチモン化合物 ………………… 10, 320
アンチモン化合物及びこれを含有する製剤
　…………………………………………… 56
アンチモン化水素 …………………………… 329
アンチモン酸鉛 …………………… 327, 610
アンチモン白 ………………………………… 322
アンチモンバター …………………………… 320
アンモニア …………………………………… 336
アンモニア及びこれを含有する製剤 ……… 53
アンモニア水 ……………………… 10, 64, 338
イソキサチオン …………………… 40, 489
イソチオネート …………………… 183, 511
イソフェンホス …………………… 132, 347
イソブチロニトリル ………………………… 472
イソプロカルブ ……………………………… 340
イソホロンジアミン ………………………… 317
一水素二フッ(弗)化アンモニウム …… 65, 343
一水素二弗化アンモニウム及びこれを含有する
　製剤 …………………………………… 56
一硫化ヒ(砒)素 …………………………… 249
一酸化鉛 ………………………… 57, 65, 607
イミシアホス ………………………………… 352
イミダクロプリド …………………………… 444
イミノクタジン ……………………………… 345

ウラリ ………………………………………… 141
液化アンモニア ……………………………… 64
液化塩化水素 ………………………………… 64
液化塩素 ……………………………………… 64
エジフェンホス ……………………………… 349
エチオフェンカルブ ………………………… 351
エチオン ……………………………………… 569
エチル液 ……………………………………… 148
エチルクロリド ……………………………… 430
エチルジフェニルジチオホスフェイト ……… 349
エチルジフェニルジチオホスフェイト及びこれを含
　有する製剤 …………………………… 58
エチル水銀チオサリチル酸ナトリウム ……… 206
エチルチオメトン ………………… 65, 175, 485
エチルトリメチル鉛 ………………………… 150
エチル-パラーシアノフェニルフェニルホスノチオ
　エート ………………………………… 475
エチルパラニトロフェニルチオノベンゼンホスホネ
　イト ……………………………… 133, 352
エチルパラニトロフェニルチオノベンゼンホスホネイ
　ト(別名EPN)及びこれを含有する製剤 … 58
エチルフェニルアミン ……………………… 313
エチルブロマイド …………………………… 674
エチルメチルケトン ……………… 54, 64, 708
エチル-N-(ジエチルジチオホスホリールアセチル)
　-N-メチルカルバメート …………………… 347
エチル=(Z)-3-[N-ベンジル-N-[[メチル(1-メ
　チルチオエチリデンアミノオキシカルボニル)アミ
　ノ]チオ]アミノ]プロピオナート …………… 353
エチル=2-ジエトキシチオホスホリルオキシ-5-メ
　チルピラゾロ[1,5-a]ピリミジン-6-カルボキシラ
　ート …………………………………… 348
エチル-2,4-ジクロルフェニルチオノベンゼンホス
　ホネイト ………………………………… 348
エチレンオキシド ………………… 59, 66, 355
エチレンオキシド及びこれを含有する製剤 … 59
エチレンクロルヒドリン …………… 64, 356
エチレンクロルヒドリン(2-クロロエタノール)及び
　これを含有する製剤 …………………… 53
エチレンシアンヒドリン …………………… 474

1120

エトプロホス ···························· 133, 350
エピクロルヒドリン ··················· 59, 66, 358
エピクロルヒドリン及びこれを含有する製剤
  ····································· 59
エマメクチン安息香酸塩 ················· 360
エメラルドグリーン ····················· 240
塩化亜鉛 ························ 56, 65, 290
塩化アンチモン(V) ····················· 323
塩化エチル ······················ 53, 64, 430
塩化鉛 ································· 606
塩化カドミウム ·················· 54, 64, 391
塩化金 ································· 402
塩化金酸 ························ 55, 64, 402
塩化金(III) ····························· 404
塩化クロロアセチル ····················· 440
鉛化合物 ······················ 10, 57, 606
塩化水銀(I) ····························· 364
塩化水銀(II) ····························· 192
塩化水素 ······························· 361
塩化水素及びこれを含有する製剤 ······· 53
塩化水素酸 ····························· 362
塩化スズ(錫)(II) ························· 564
塩化スズ(錫)(IV) ························· 565
塩化スルフィニル ······················· 366
塩化第一鉛 ····························· 606
塩化第一水銀 ··················· 54, 64, 364
塩化第一スズ(錫) ··············· 57, 65, 564
塩化第一銅 ·················· 57, 65, 575
塩化第一ヒ(砒)素 ····················· 253
塩化第二金 ··················· 55, 64, 404
塩化第二水銀 ··················· 54, 64, 192
塩化第二スズ(錫) ····················· 565
塩化第二錫・五水和物 ············· 57, 65
塩化第二錫(無水物) ················· 57, 65
塩化第二銅 ·················· 65, 576
塩化第二銅アンモニウム ··········· 57, 65, 581
塩化第二銅カリウム ················· 581
塩化第二ヒ(砒)素 ····················· 252
塩化チオニル ····················· 66, 366
塩化チオニル及びこれを含有する製剤 ······ 59

塩化銅(I) ······························· 575
塩化銅(II) ······························· 576
塩化銅(II)アンモニウム ················· 581
塩化トリフェニルスズ(錫) ·········· 55, 65, 550
塩化トリプロピルスズ(錫) ··············· 554
塩化バリウム ··················· 57, 65, 646
塩化ピクリン ··························· 436
塩化ベンジル ··························· 145
塩化ベンゼンスルホニル ················· 136
塩化ホウ(硼)素 ························· 146
塩化ホスホリル ·················· 58, 66, 136
塩化ホスホリル及びこれを含有する製剤 ···· 58
塩化メチル ······················ 53, 64, 438
塩基性塩化銅 ··························· 580
塩基性クロム酸鉛 ····················· 427
塩基性ケイ(硅)酸鉛 ··············· 57, 65, 619
塩基性炭酸銅 ··················· 57, 65, 579
塩酸 ························· 10, 64, 362
塩酸アニリン ··················· 53, 64, 312
鉛酸カルシウム ··················· 57, 65, 622
塩酸クロルフェナミジン ················· 710
塩酸ヒドロキシルアミン ················· 660
塩酸レバミゾール ······················· 570
塩素 ···························· 53, 366
塩素酸塩類 ··················· 10, 58, 368
塩素酸カリ ····························· 371
塩素酸カリウム ··················· 64, 371
塩素酸コバルト ························· 369
塩素酸ソーダ ··························· 369
塩素酸ナトリウム ··················· 64, 369
塩素酸バリウム ··················· 368, 642
鉛糖 ································· 610
エンドスルファン ······················· 271
エンドタール ··························· 372
エンドリン ····························· 271
塩剥 ································· 371
黄色酸化汞 ··················· 190, 469
黄色硫化ヒ(砒)素 ····················· 249
黄リン(燐) ··············· 10, 53, 64, 137
オキサミル ··················· 274, 713

1121

索　引

オキシ塩化リン(燐) ……………… 136	カルタップ ……………… 66, 493
オキシ塩化硫黄 ……………… 366	カルバリル ……………… 714
オキシ三塩化バナジウム ……………… 373	カルボール ……………… 663
オキシシアン化水銀(Ⅱ) ……………… 204	カルボスルファン ……………… 505
オキシシアン化第二水銀 ……… 54, 64, 204	カルボニルクロライド ……………… 273
オキシトルエン ……………… 412	カルボン酸(高級脂肪酸)のバリウム塩
オクタノエート ……………… 476	……………… 57, 65, 650
オクタメチルピロホスホルアミド ……… 140	カロメル ……………… 364
オルソクロロアニリン ……………… 440	甘汞 ……………… 364
オルト-クレゾール ……………… 412	カン水酸 ……………… 362
オルトケイ酸テトラメチル ……………… 141	ぎ酸 ……………… 60, 66, 394
オルトトルイジン ……………… 598	ぎ酸及びこれを含有する製剤 ……………… 60
オルトフェニレンジアミン ……………… 662	キシレン ……………… 53, 64, 396
	キシロール ……………… 396
カ行	キナルホス ……………… 486
	キノリン ……………… 66, 397
過クロル汞 ……………… 192	キノリン及びこれを含有する製剤 ……… 59
過クロルメタン ……………… 490	キング黄 ……………… 249
過酸化カルバミド ……………… 377	金塩化カリウム ……………… 404
過酸化ソーダ ……………… 376	金塩化ナトリウム ……………… 404
過酸化ナトリウム ……… 54, 64, 376	金曹 ……………… 603
過酸化バリウム ……………… 647	金属カリウム ……………… 398
過酸化鉛 ……………… 610	金属ソーダ ……………… 603
過酸化水素液 ……………… 374	金属ナトリウム ……………… 603
過酸化水素及びこれを含有する製剤 ……… 53	クラーレ ……………… 141
過酸化水素水 ……… 64, 374	グリコールクロルヒドリン ……………… 356
過酸化尿素 ……… 64, 377	クレゾール ……… 64, 412
過酸化尿素及びこれを含有する製剤 ……… 54	クレゾール及びこれを含有する製剤 ……… 53
カズサホス ……………… 230, 658	クロトンアルデヒド ……………… 142
苛性カリ ……………… 542	クロムエロー ……………… 417, 610
苛性ソーダ ……………… 558	クロム黄 ……………… 417, 610
カドミウムエロー ……………… 392	クロム酸亜鉛 ……………… 417
カドミウムレッド ……………… 220	クロム酸亜鉛カリウム ……… 55, 65, 422
カドミウム化合物 ……… 54, 378	クロム酸鉛 ……… 47, 55, 65, 417, 610
カーバノレート ……………… 434	クロム酸塩類 ……………… 414
過マンガン酸亜鉛 ……………… 288	クロム酸塩類及びこれを含有する製剤 …… 55
可溶性ウラン化合物 ……………… 346	クロム酸カリ ……………… 415
過ヨード汞 ……………… 194	クロム酸カリウム ……………… 415
カリウム ……… 35, 53, 64, 398	クロム酸カルシウム ……… 55, 65, 428
カリウムナトリウム合金 ……… 53, 64, 400	クロム酸銀 ……… 408, 417
カルクロホス ……………… 712	

1122

クロム酸水溶液 ························· 56, 65
クロム酸ストロンチウム ········· 55, 65, 426
クロム酸蒼鉛 ······························ 428
クロム酸ソーダ ···························· 415
クロム酸ナトリウム ············· 55, 64, 415
クロム酸バリウム ·············· 55, 65, 419
クロム酸ビスマス ························ 428
クロムバーミリオン ······················ 420
クロール ···································· 366
クロル亜鉛 ································· 290
クロルエチル ························· 53, 430
クロル酢酸 ································· 728
クロル酸ソーダ ···························· 369
クロルスルホン酸 ·················· 53, 434
クロルデン ································· 373
クロルピクリン ······················ 42, 436
クロルピクリン(クロロピクリン)及びこれを含有す
　る製剤 ··································· 53
クロルピクリン製剤 ·············· 40, 42
クロルピリホス ···················· 40, 489
クロルフェナピル ························ 482
クロルフェナミジン ······················ 710
クロルフェンビンホス ···················· 487
クロルメコート ···························· 431
クロルメタン ······························ 438
クロルメチル ························· 53, 438
クロル硫酸 ································· 434
クロロアセチルクロライド ·········· 66, 440
クロロアセチルクロライド及びこれを含有する製
　剤 ······································· 59
クロロアセトアルデヒド ················ 143
クロロエタン ······························ 430
クロロぎ酸ノルマルプロピル ············ 442
クロロ酢酸エチル ························ 442
クロロ酢酸クロライド ···················· 440
クロロ酢酸ナトリウム ·············· 66, 443
クロロ酢酸ナトリウム及びこれを含有する製剤
　······································· 59
クロロ酢酸メチル ························ 143
クロロスルホン酸 ·················· 64, 434

クロロ炭酸フェニルエステル ·············· 144
クロロピクリン ······················ 64, 436
クロロファシノン ························ 662
クロロブタジエン ························ 446
クロロプレン ························· 66, 446
クロロプレン及びこれを含有する製剤 ······· 59
クロロホルム ············· 10, 11, 55, 65, 447
クロロメチル ······························ 438
クロロ硫酸 ································· 434
鶏冠石 ····································· 247
ケイ(硅)酸鉛 ··················· 57, 65, 620
ケイフッ(硅弗)化亜鉛 ············ 57, 65, 455
ケイフッ(硅弗)化アンモニウム ······· 57, 65, 457
ケイフッ(硅弗)化鉛 ······· 57, 66, 464, 630
ケイフッ(硅弗)化カリウム ··········· 57, 65, 451
ケイフッ(硅弗)化水素酸 ················ 65, 449
ケイフッ(硅弗)化水素酸塩類 ············ 449
硅弗化水素酸(ヘキサフルオロケイ酸)塩類及び
　これを含有する製剤 ··················· 57
硅弗化水素酸(ヘキサフルオロケイ酸)及びこれ
　を含有する製剤 ························ 57
ケイフッ(硅弗)化スズ(錫) ···· 57, 66, 462, 567
ケイフッ(硅弗)化ソーダ ·················· 454
ケイフッ(硅弗)化銅 ············ 57, 65, 458
ケイフッ(硅弗)化ナトリウム ······· 57, 65, 454
ケイフッ(硅弗)化バリウム ······ 57, 65, 452, 641
ケイフッ(硅弗)化マグネシウム ······ 57, 65, 460
ケイフッ(硅弗)化マンガン ·········· 57, 65, 461
ケイフッ(硅弗)酸 ························ 449
皓礬 ······································· 288
五塩化アンチモン ·············· 56, 64, 323
五塩化ヒ(砒)素 ·················· 56, 65, 252
五塩化リン(燐) ·················· 58, 66, 145
五塩化燐及びこれを含有する製剤 ········· 58
五酸化二ヒ(砒)素 ················ 56, 65, 241
五酸化バナジウム ··············· 60, 66, 466
五酸化バナジウム(溶融した五酸化バナジウム
　を固形化したものを除く)及びこれを含有する
　製剤 ··································· 60
五フッ(弗)化アンチモン ············· 56, 65, 329

1123

索　引

五フッ(弗)化ヒ(砒)素 ·············· 56, 65, 255
五硫化二ヒ(砒)素 ························· 249
五硫化二リン(燐) ·················· 56, 65, 279
五硫化リン(燐) ···························· 279

サ行

酢酸亜鉛 ······················· 56, 65, 291
酢酸ウラニル ····························· 346
酢酸エステル ····························· 466
酢酸エチル ··················· 11, 53, 64, 466
酢酸鉛 ······················· 57, 65, 610
酢酸カドミウム ·························· 389
酢酸ジノセブ ····························· 503
酢酸第一水銀 ····························· 199
酢酸第二水銀 ····················· 54, 64, 199
酢酸第二銅 ··················· 57, 65, 584
酢酸タリウム ····························· 468
酢酸銅(II) ································· 584
酢酸トリフェニルスズ(錫) ··········· 55, 65, 548
酢酸バリウム ····························· 648
酢酸フェニル水銀 ················ 54, 64, 207
サリチオン ································ 726
サリノマイシンナトリウム ················· 468
三塩化アンチモン ················ 56, 64, 320
三塩化シラン ····························· 595
三塩化チタン ····························· 469
三塩化ヒ(砒)素 ················· 56, 65, 253
三塩化ホウ(硼)素 ················ 58, 66, 146
三塩化硼素及びこれを含有する製剤 ········ 58
三塩化リン(燐) ················· 59, 66, 146
三塩化燐及びこれを含有する製剤 ·········· 59
三塩基性硫酸鉛 ················· 57, 65, 628
酸化アンチモン(III) ············· 57, 64, 322
酸化エチレン ····························· 355
酸化カドミウム ····················· 64, 379
酸化カドミウム(II) ······················ 379
酸化クロム(VI) ··························· 698
酸化汞 ····························· 190, 469
酸化水銀(II) ······················ 190, 469
酸化第二水銀 ················· 54, 64, 190, 469

酸化バリウム ····················· 57, 65, 647
酸化ビス(トリブチルスズ[錫]) ······ 55, 65, 552
酸化ビス(トリブチル錫)のエマルジョン(水系)
　10% ······························ 55, 65
酸化フェンブタスズ(錫) ·················· 270
三酸化アンチモン ························· 322
三酸化クローム ··························· 698
三酸化二ヒ(砒)素 ················ 56, 65, 236
三酸化ヒ(砒)素 ·························· 236
酸性シュウ(蓚)酸アンモニウム ············ 533
酸性ピロアンチモン酸カリウム ············· 326
酸性フッ(弗)化アンモン ·················· 343
三フッ(弗)化アンチモン ··········· 56, 65, 327
三フッ(弗)化ヒ(砒)素 ············ 56, 65, 257
三フッ(弗)化ホウ(硼)素 ··········· 59, 66, 147
三弗化硼素及びこれを含有する製剤 ········ 59
三フッ(弗)化リン(燐) ············· 59, 66, 147
三弗化燐及びこれを含有する製剤 ·········· 59
三硫化二ヒ(砒)素 ················ 56, 65, 247
三硫化四リン(燐) ························· 278
三硫化リン(燐) ·························· 278
ジアセトキシプロペン ····················· 148
シアナミド鉛 ················· 57, 65, 614
ジアフェンチウロン ······················· 665
ジアミノトルエン ························· 600
ジアリホール ····························· 177
シアン化亜鉛 ····················· 55, 64, 169
シアン化亜鉛(II) ························· 169
シアン化イソプロピル ····················· 472
シアン化鉛 ······························· 165
シアン化カドミウム ······················· 160
シアン化カリウム ················· 55, 64, 155
シアン化カルシウム ······················· 158
シアン化銀 ··················· 55, 64, 159
シアン化合物 ····························· 152
シアン化コバルトカリウム ··········· 55, 64, 167
シアン化酸化水銀(II) ····················· 204
シアン化水素 ··················· 55, 64, 153
シアン化第一金カリウム ··········· 55, 64, 163
シアン化第一銅 ················· 55, 64, 161

1124

シアン化第二水銀 ······················· 161, 209
シアン化銅 ······························ 161
シアン化銅酸カリウム ············· 55, 64, 171
シアン化銅酸ナトリウム ··········· 55, 64, 173
シアン化銅(I) ··························· 161
シアンカドミウム ························· 160
シアンカルシウム ························· 158
シアン化ナトリウム ·············· 55, 65, 157
シアン化ニッケルカリウム ········· 55, 64, 165
シアン化白金バリウム ····················· 165
シアン化ビニル ······················ 301, 475
シアン化フェニル ························· 471
シアン化メタン ··························· 471
シアン化メチル ··························· 471
シアン銀 ································· 159
シアン酸ソーダ ··························· 483
シアン酸ナトリウム ······················· 483
シアン水銀 ······························ 161
シアン石灰 ······························ 158
シアンソーダ ···························· 157
シアンベンゼン ··························· 471
ジイソプロピル–S–(エチルスルフィニルメチル)–ジ
　チオホスフェイト ······················ 484
ジエチルジメチル鉛 ······················· 150
ジエチルスルホンジメチルメタン ············· 568
ジエチルスルホンメチルエチルメタン ········· 713
ジエチルパラジメチルアミノスルホニルフェニルチ
　オホスフェイト ························ 178
ジエチルパラニトロフェニルチオホスフェイト 178
ジエチル–S–(エチルチオエチル)–ジチオホスフェ
　イト ······························ 175, 485
ジエチル–S–(エチルチオエチル)–ジチオホスフェ
　イト及びこれを含有する製剤 ············· 58
ジエチル–S–ベンジルチオホスフェイト ········ 490
ジエチル–S–(2–オキソ–6–クロルベンゾオキサゾ
　ロメチル)–ジチオホスフェイト ············· 486
ジエチル–S–(2–クロル–1–フタルイミドエチル)–ジ
　チオホスフェイト ······················ 177
ジエチル–1–(2′,4′–ジクロルフェニル)–2–クロル
　ビニルホスフェイト ···················· 487

ジエチル–(1,3–ジチオシクロペンチリデン)–チオ
　ホスホルアミド ······················ 177, 489
ジエチル–(2,4–ジクロルフェニル)–チオホスフェイ
　ト ································· 488
ジエチル–2,5–ジクロルフェニルメルカプトメチルジ
　チオホスフェイト ······················ 488
ジエチル–3,5,6–トリクロル–2–ピリジルチオホスフ
　ェイト ······························ 489
ジエチル–4–クロルフェニルメルカプトメチルジチオ
　ホスフェイト ························ 487
ジエチル–4–メチルスルフィニルフェニル–チオホス
　フェイト ························ 179, 490
ジエチル–(5–フェニル–3–イソキサゾリル)–チオ
　ホスフェイト ·························· 489
シェーレグリーン ························· 240
ジオキサカルブ ··························· 492
しきみの実 ······························ 494
ジクロフェンチオン ······················· 488
シクロヘキシミド ························· 495
シクロヘキシルアミン ··············· 59, 66, 496
シクロヘキシルアミン及びこれを含有する製剤
　······································ 59
ジクロル酢酸 ··················· 54, 64, 498
ジクロルジニトロメタン ····················· 499
ジクロルブチン ··························· 500
ジクロルボス ···························· 512
ジクロロ酢酸 ·························· 498
ジクワット ························ 41, 66, 505
ジクワットジブロミド ······················· 505
ジシアノ金(I)酸カリウム ··················· 163
ジスルホトン ························ 175, 485
ジチアノン ····························· 180
ジニトロフェノール ······················· 181
ジニトロメチルヘプチルフェニルクロトナート · 504
ジノカップ ······························ 504
ジノセブ(DNBP)のアルカノールアミン塩 ··· 132
シフェノトリン ··························· 481
シフルトリン ···························· 482
ジプロピル–4–メチルチオフェニルホスフェイト
　······································ 507

1125

ジブロムクロルプロパン ……………………… 508
ジブロムクロロプロパン ……………………… 508
シペルメトリン …………………………………… 480
ジボラン …………………………………… 59, 66, 183
ジボラン及びこれを含有する製剤 ………… 59
ジメチルアミン …………………………… 60, 66, 511
ジメチルアミン及びこれを含有する製剤 …… 60
ジメチル-(イソプロピルチオエチル)-ジチオホスフェイト……………………………………… 183, 511
ジメチルエチルスルフィニルイソプロピルチオホスフェイト………………………………………… 511
ジメチルエチルメルカプトエチルジチオホスフェイト…………………………………………… 512
ジメチルエチルメルカプトエチルチオホスフェイト
……………………………………………… 184
ジメチル-(ジエチルアミド-1-クロルクロトニル)-ホスフェイト…………………………………… 184
ジメチルジチオホスホリルフェニル酢酸エチル
……………………………………………… 514
ジメチルジチオホスホリルフェニル酢酸エチル及びこれを含有する製剤 ………………………… 58
ジメチルジブロムジクロルエチルホスフェイト
……………………………………………… 517
ジメチルパラニトロフェニルチオホスフェイト
……………………………………………… 186
ジメチルビンホス ……………………………… 433
ジメチルフタリルイミドメチルジチオホスフェイト
……………………………………………… 519
ジメチルメチルカルバミルエチルチオエチルチオホスフェイト………………………………… 519
ジメチル硫酸 …………………………… 53, 524
ジメチル-(N-メチルカルバミルメチル)-ジチオホスフェイト…………………………………… 520
ジメチル-S-パラクロルフェニルチオホスフェイト
……………………………………………… 517
ジメチル-[2-(1′-メチルベンジルオキシカルボニル)-1-メチルエチレン]-ホスフェイト …… 521
ジメチル-2,2-ジクロルビニルホスフェイト …… 512
ジメチル-2,2-ジクロルビニルホスフェイト(別名DDVP)及びこれを含有する製剤 ……… 58

ジメチル-2,2,2-トリクロロ-1-ヒドロキシエチルホスホネイト……………………………………… 592
ジメチル-4-メチルメルカプト-3-メチルフェニルチオホスフェイト…………………………………… 522
ジメチル-4-メチルメルカプト-3-メチルフェニルチオホスフェイト及びこれを含有する製剤 …… 58
ジメトエート ………………………………… 40, 520
臭化エチル ……………………………… 54, 64, 674
臭化カドミウム ………………………… 54, 64, 380
臭化銀 …………………………………… 55, 64, 409
臭化水銀(II) …………………………………… 201
臭化水素酸 ……………………………… 64, 675
臭化第二水銀 ………………………… 54, 64, 201
臭化メチル ……………………………… 64, 676
重クロム酸アンモニウム ………… 55, 65, 529
重クロム酸アンモン ………………………… 529
重クロム酸塩類 ……………………………… 526
重クロム酸塩類及びこれを含有する製剤 … 55
重クロム酸カリ ……………………………… 526
重クロム酸カリウム ……………… 55, 65, 526
重クロム酸ソーダ ………………………… 528
重クロム酸ナトリウム ……………… 55, 65, 528
重クロム酸ナトリウム水溶液 ……… 55, 65
シュウ(蓚)酸 …………………………… 64, 531
シュウ(蓚)酸亜鉛 ………………………… 536
シュウ(蓚)酸亜酸化鉄 …………………… 533
シュウ(蓚)酸アンモニウム ……………… 537
シュウ(蓚)酸塩類 ………………………… 531
蓚酸塩類及びこれを含有する製剤 ………… 54
蓚酸及びこれを含有する製剤 …………… 54
シュウ(蓚)酸カリウム …………………… 537
シュウ(蓚)酸カルシウム ………………… 536
シュウ(蓚)酸水素アンモニウム ………… 533
シュウ(蓚)酸第一スズ(錫) ……………… 536
シュウ(蓚)酸第一鉄 ……………………… 533
シュウ(蓚)酸第二鉄ナトリウム ………… 535
シュウ(蓚)酸チタン ……………………… 535
シュウ(蓚)酸チタンカリウム …………… 534
シュウ(蓚)酸鉄アンモニウム …………… 535
シュウ(蓚)酸トリウム …………………… 533

シュウ（蓚）酸ナトリウム ·················· 64, 534
シュウ（蓚）酸マンガン ·················· 534
臭素 ·················· 53, 64, 537
重土 ·················· 647
重フッ（弗）化アンモニウム ·················· 343
十硫化四リン（燐） ·················· 278
酒石酸アンチモニルカリウム ········ 57, 64, 325
酒石酸カリウムアンチモン ·················· 325
シュラーダン ·················· 140
シュワインフルトグリーン ·················· 240
昇汞 ·················· 192
硝酸 ·················· 10, 64, 539
硝酸亜鉛 ·················· 56, 65, 286
硝酸亜酸化汞 ·················· 195
硝酸ウラニル ·················· 346
硝酸鉛 ·················· 57, 65, 608
硝酸鉛（Ⅱ） ·················· 608
硝酸及びこれを含有する製剤 ·················· 53
硝酸カドミウム ·················· 54, 64, 382
硝酸銀 ·················· 55, 64, 406
硝酸酸化汞 ·················· 197
硝酸水銀（I） ·················· 195
硝酸水銀（Ⅱ） ·················· 197
硝酸ストリキニーネ ·················· 209
硝酸第一水銀 ·················· 54, 64, 195
硝酸第二水銀 ·················· 54, 64, 197
硝酸第二銅 ·················· 57, 65, 578
硝酸タリウム ·················· 542
硝酸銅 ·················· 578
硝酸銅（Ⅱ） ·················· 578
硝酸バリウム ·················· 57, 65, 643
シリコクロロホルム ·················· 595
ジ-2-エチルヘキシルホスフェート ·················· 657
ジ（2-クロルイソプロピル）エーテル ·················· 496
ジ（2-クロルイソプロピル）エーテル及びこれを含
有する製剤 ·················· 58
水加ヒドラジン ·················· 658
水銀 ·················· 10, 37, 54, 64, 189
水銀化合物 ·················· 11, 188
水銀、水銀化合物及びこれを含有する製剤

················· 54
水酸化鉛 ·················· 57, 65, 615
水酸化鉛（Ⅱ） ·················· 615
水酸化カドミウム ·················· 54, 64, 385
水酸化カリウム ·················· 542
水酸化カリウム及びこれを含有する製剤 ···· 53
水酸化カリウム水溶液 ·················· 64
水酸化トリアリールスズ（錫）塩類 ·········· 544
水酸化トリアリール錫、その塩類及びこれらの
　無水物並びにこれらのいずれかを含有する
　製剤 ·················· 55
水酸化トリアルキルスズ（錫）塩類 ·········· 552
水酸化トリアルキル錫、その塩類及びこれらの
　無水物並びにこれらのいずれかを含有する
　製剤 ·················· 55
水酸化トリフェニルスズ（錫） ········ 55, 65, 544
水酸化ナトリウム ·················· 10, 12, 558
水酸化ナトリウム及びこれを含有する製剤

················· 53
水酸化ナトリウム水溶液 ·················· 64
水酸化バリウム ·················· 57, 65, 644
水素化アンチモン ·················· 56, 65, 329
水素化ゲルマニウム ·················· 729
水素化セレニウム ·················· 215
水素化ヒ（砒）素 ·················· 56, 65, 234
水和ヒドラジン ·················· 658
スチビン ·················· 56, 329
スチレン及びジビニルベンゼンの共重合物のス
　ルホン化物の7-ブロモ-6-クロロ-3-[3-[（2R,
　3S)-3-ヒドロキシ-2-ピペリジル]-2-オキソプ
　ロピル]-4（3H)-キナゾリノンと7-ブロモ-6-ク
　ロロ-3-[3-[（2S,3R)-3-ヒドロキシ-2-ピペリ
　ジル]-2-オキソプロピル]-4（3H)-キナゾリノン
　とのラセミ体とカルシウムとの混合塩（7-ブロモ
　-6-クロロ-3-[3-[（2R,3S)-3-ヒドロキシ-2-
　ピペリジル]-2-オキソプロピル]-4（3H)-キナ
　ゾリノンと7-ブロモ-6-クロロ-3-[3-[（2S,3R)
　-3-ヒドロキシ-2-ピペリジル]-2-オキソプロピ
　ル]-4（3H)-キナゾリノンとのラセミ体として7.2
　％以下を含有するものに限る。·········· 567

索　引

ステアリン酸鉛 ···················· 57, 65, 623
ステアリン酸カドミウム ··········· 54, 64, 386
ストロンチュームエロー ················· 426
スルプロホス ·························· 353
スルホナール ······················ 10, 568
青化亜鉛 ····························· 169
青化鉛 ······························· 165
青化カドミウム ························· 160
青化カリ ····························· 155
青化銀 ······························· 159
青化汞 ······························· 161
青化コバルトカリウム ··················· 167
青化水銀 ····························· 161
青化ソーダ ··························· 157
青化第一金カリウム ····················· 163
青化第一銅 ··························· 161
青化銅酸カリウム ······················· 171
青化銅酸ナトリウム ····················· 173
青化ニッケルカリウム ··················· 165
青酸ガス ····························· 153
青酸カリ ····························· 155
青酸カルシウム ························· 158
青酸汞 ······························· 161
青酸石灰 ····························· 158
青酸ソーダ ··························· 157
赤色酸化汞 ······················ 190, 469
石炭酸 ···························· 10, 663
赤ヒ石 ······························· 247
セレン ··························· 56, 64, 210
セレン化合物 ··························· 210
セレン化水素 ····················· 56, 65, 215
セレン化鉄 ······················ 56, 64, 217
セレン酸 ····························· 215
セレン並びにセレン化合物及びこれを含有する
　製剤 ······························· 56
セロサイジン ·························· 308
センデュラマイシン ····················· 568

タ行

ダイアジノン ······················ 40, 66, 342

ダイオキシン類 ······················· 3, 4
第三ヒ(砒)酸ナトリウム ················· 245
第二ヒ(砒)酸ナトリウム ················· 259
ダイアシノン ···················· 182, 507
ダゾメット ··························· 569
炭酸鉛 ······························· 612
炭酸カドミウム ··················· 54, 64, 383
炭酸バリウム ····················· 57, 65, 642
炭酸=2-エチル-3,7-ジメチル-6-[4-(トリフルオ
　ロメトキシ)フエノキシ]キノリン-4-イル=メチル
　····································· 351
胆礬 ································· 573
チアクロプリド ························· 445
チオクロルメチル ······················· 432
チオシアノ酢酸エチルエステル ············· 740
チオシアン酸亜鉛 ················· 56, 65, 293
チオシアン酸水銀(II) ··················· 202
チオシアン酸第一銅 ··············· 57, 65, 585
チオシアン酸第二水銀 ············· 54, 64, 202
チオシアン酸銅(I) ····················· 585
チオジカルブ ························· 571
チオシクラム ·························· 510
チオセミカルバジド ················ 223, 569
チオメトン ··························· 512
チタン酸バリウム ················· 57, 65, 649
チメロサール ····················· 54, 64, 206
中性クロム酸カリウム ··················· 415
ディプテレックス ······················· 592
ディルドリン ······················ 47, 679
テトラエチルピロホスフェイト ············· 223
テトラエチルメチレンビスジチオホスフェイト
　····································· 569
テトラカルボニルニッケル ················· 228
テトラクロルメタン ····················· 490
テトラクロロ金(III)酸 ··················· 402
テトラクロロ銅(II)酸アンモニウム ·········· 581
テトラシアノニッケル(II)酸カリウム ·········· 165
テトラフルオロホウ(硼)酸 ·············· 57, 685
テトラフルオロホウ(硼)酸アンチモン ········· 334
テトラフルオロホウ(硼)酸アンモニウム ······· 687

1128

テトラフルオロホウ(硼)酸カリウム ………… 693
テトラフルオロホウ(硼)酸テトラエチルアンモニウム ……………………………………… 694
テトラフルオロホウ(硼)酸ナトリウム ……… 688
テトラフルオロホウ(硼)酸マグネシウム …… 690
テトラフルオロホウ(硼)酸リチウム ………… 691
テトラミックス …………………………………… 149
テトラメチルアンモニウム=ヒドロキシド …… 224
テトラメチル鉛 …………………………………… 149
テブフェンピラド ………………………………… 671
テフルトリン ……………………………… 224, 571
テミビンホス ……………………………………… 432
デリス根 …………………………………………… 741
テロドリン ………………………………………… 139
吐酒石 ……………………………………………… 325
ドジン ……………………………………… 225, 589
トラロメトリン …………………………………… 481
トランス-N'-(6-クロロ-3-ピリジルメチル)-N'-シアノ-N-メチルアセトアミジン …………… 444
トリエタノールアンモニウム-2,4-ジニトロ-6-(1-メチルプロピル)-フェノラート ………… 590
トリエチルメチル鉛 ……………………………… 149
トリクロル酢酸 …………………………… 54, 64, 590
トリクロルニトロエチレン ……………………… 592
トリクロルニトロメタン ………………………… 436
トリクロルヒドロキシエチルジメチルホスホネイト ……………………………………………… 592
トリクロルヒドロキシエチルジメチルホスホネイト及びこれを含有する製剤 ……………… 58
トリクロルホン ……………………………… 40, 592
トリクロロ酢酸 …………………………………… 590
トリクロロシラン ………………………… 59, 66, 595
トリクロロシラン及びこれを含有する製剤 ……… 59
トリクロロメタン ………………………………… 447
トリシクラゾール ………………………………… 714
トリチオシクロヘプタジエン-3,4,6,7-テトラニトリル …………………………………… 476, 595
トリフェニルスズ(錫)アセタート …………… 548
トリフェニルスズ(錫)クロライド …………… 550
トリフェニルスズ(錫)クロリド ……………… 550

トリフェニルスズ(錫)ヒドロキシド ………… 544
トリフェニルスズ(錫)フルオリド …………… 546
トリフェニルチンアセテート …………………… 548
トリフェニルチンクロライド …………………… 550
トリブチルアミン ………………………………… 225
トリブチルスズ(錫)アセテート ……………… 552
トリブチルスズ(錫)オキシド ………………… 552
トリブチルスズ(錫)ジブロモスクシナート …… 556
トリブチルスズ(錫)フルオリド ……………… 554
トリブチルトリチオホスフェイト ……………… 596
トリフルオロメタンスルホン酸 …………… 66, 596
トリフルオロメタンスルホン酸及びこれを含有する製剤 …………………………………… 58
トリプロピルスズ(錫)クロライド …………… 554
トリメチルアセチルクロリド …………………… 187
トリレンジアミン ………………………………… 600
トルイジン …………………………… 54, 64, 598
トルイレンジアミン ………………………… 54, 600
トルエン …………………………… 54, 64, 602
トルオール ………………………………………… 602
トルフェンピラド ………………………………… 441
ドルマント ………………………………………… 590

ナ行

ナック ……………………………………………… 400
ナトリウム …………………………… 54, 64, 603
ナトリウムアジド ………………………………… 129
ナトリウムカリウム合金 ………………………… 53
ナラシン …………………………………… 226, 631
ナラマイシン ……………………………… 47, 495
ナレッド …………………………………………… 517
二塩化鉛 …………………………………………… 606
二塩基性亜リン(燐)酸鉛 ………… 57, 65, 618
二塩基性亜硫酸鉛 …………………… 57, 65, 616
二塩基性ステアリン酸鉛 …………… 57, 65, 625
二塩基性フタル酸鉛 ………………… 57, 65, 626
二クロム酸アンモニウム ………………………… 529
二クロム酸カリウム ……………………………… 526
二クロム酸ナトリウム …………………………… 528
ニコチン …………………………………………… 227

1129

索　引

ニコチン塩類 ························· 227
二酢酸鉛 ························· 610
二酸化鉛 ························· 610
二酸化セレン ·············· 56, 64, 213
二酸化ナトリウム ················· 376
二臭化エチレン ··················· 507
二臭化コハク酸ビス(トリブチルスズ[錫])
························· 55, 65, 556
ニッケルカルボニル ··········· 64, 228
ニッケルカルボニル及びこれを含有する製剤
····························· 54
ニッケルテトラカルボニル ········· 228
ニトロクロロホルム ··············· 436
ニトロベンゼン ·········· 10, 11, 53, 64, 631
ニトロベンゾール ················· 631
二硫化炭素 ·············· 54, 64, 633
二リン(燐)酸亜鉛 ················· 294
ネーブル黄 ··················· 327, 610
ノルマルブチルピロリジン ········· 667

ハ行

白リン(燐) ························· 137
発煙硫酸 ················ 53, 64, 636
バミドチオン ····················· 519
バライタ ························· 647
パラークレゾール ················· 412
パラコート ·············· 39, 42, 65, 185
パラコート製剤 ················· 40, 41
パラジメチルアミノフェニルジアゾスルホン酸ナトリ
ウム塩 ························· 737
パラチオン ··················· 10, 178
パラトルイジン ··················· 598
パラトルイレンジアミン ··········· 637
パラフェニレンジアミン ········ 10, 638
パラミン ························· 638
バリウムエロー ··················· 419
バリウム化合物 ··················· 638
パリスグリーン ··················· 240
バリタ ························· 647
ハルフェンプロックス ············· 678

ハロフギノン ····················· 269
ハロフジノン ····················· 269
ハロフジノンポリスチレンスルホン酸カルシウム
····························· 567
ビアラホス ························· 317
ヒ(砒)化水素 ····················· 234
ピクリン酸 ·············· 55, 65, 653
ピクリン酸アンモニウム ······· 55, 65, 655
ピクリン酸塩類 ·············· 55, 653
ヒ(砒)酸 ················ 56, 65, 243
ヒ(砒)酸亜鉛 ····················· 247
ヒ(砒)酸鉛 ······················· 245
ヒ(砒)酸カリウム ················· 244
ヒ(砒)酸カルシウム ·········· 56, 239
ヒ(砒)酸水素二ナトリウム ········ 56, 65, 259
ヒ(砒)酸石灰 ····················· 245
ヒ(砒)酸鉄 ······················· 246
ヒ(砒)酸銅 ······················· 246
ヒ(砒)酸ナトリウム ··············· 245
ヒ(砒)酸マンガン ················· 246
ビス(トリブチルスズ(錫))オキシド ········· 552
ビス(トリブチルスズ(錫))ジブロモスクシナート
····························· 556
ビスチオセミ ················ 276, 724
ヒ(砒)素 ·········· 35, 37, 56, 65, 232
ヒ(砒)素化合物 ··············· 10, 231
砒素並びに砒素化合物及びこれを含有する製
剤 ····························· 56
非対称型ジメチルヒドラジン ············· 187
ヒドラジン ················ 60, 66, 262
ヒドラジン一水和物 ··············· 658
ヒドラジン水化物 ················· 658
ヒドロアクリロニトリル ··········· 474
ヒドロキシエチルヒドラジン ········· 658
ヒドロキシ酢酸 ··················· 412
ヒドロキシルアミン ··············· 659
ヒドロキシルアミン塩類 ··········· 659
ヒドロキシルアミン塩類及びこれを含有する製剤
····························· 59
ビナパクリル ····················· 504

1130

ピペロホス ………………………… 717
ピラクロストロビン ……………… 711
ピラクロホス ……………………… 446
ピラゾホス ………………………… 348
ピリミカーブ ……………………… 510
ピリミジフェン …………………… 441
ピリミニール ……………………… 631
ピリミホスエチル ………………… 485
ピロカテコール …………………… 661
ピロクロム酸アンモニウム ……… 529
ピロクロム酸カリウム …………… 526
ピロクロム酸ナトリウム ………… 528
ピロリン酸亜鉛 ……………… 56, 65, 294
ピロリン酸スズ(錫)(Ⅱ) ………… 560
ピロリン酸第一スズ(錫) ……… 57, 65, 560
ピロリン酸第二銅 ……………… 57, 65, 587
ピロリン酸銅(Ⅱ) ………………… 587
フェニルアミン …………………… 310
フェニルメルカプタン …………… 272
フェニレンジアミン塩類 ………… 662
フェノール …………… 10, 11, 64, 663
フェノール及びこれを含有する製剤 ……… 54
フェノブカルブ …………………… 719
フェンチオン …………………… 40, 522
フェントエート ………………… 40, 514
フェンバレレート …………… 54, 66, 478
フェンプロパトリン ……………… 477
ブチルトリクロロスズ(錫) ……… 667
ブチル–S–ベンジル–S–エチルジチオホスフェイト
……………………………………… 670
ブチル=2,3–ジヒドロ–2,2–ジメチルベンゾフラン–7
–イル=N,N′–ジメチル–N,N′–チオジカルバマー
ト ……………………………… 263, 666
フッ(弗)化亜鉛 ……………… 56, 65, 295
フッ(弗)化アンチモン(Ⅲ) ……… 327
フッ(弗)化アンチモン(Ⅴ) ……… 329
フッ(弗)化硫黄 …………………… 182
フッ(弗)化鉛 ………………… 57, 65, 629
フッ(弗)化鉛(Ⅱ) ………………… 629
フッ(弗)化ケイ素酸 ……………… 449

フッ(弗)化ケイ素酸バリウム ……… 452, 641
フッ(弗)化水素 …………… 37, 56, 65, 263
フッ(弗)化水素アンモニウム ……… 343
弗化水素及びこれを含有する製剤 ……… 56
フッ(弗)化水素酸 ……………… 56, 65, 265
フッ(弗)化スズ(錫)(Ⅱ) ………… 562
フッ(弗)化スルフリル …………… 39, 268
フッ(弗)化スルホン酸 …………… 268
フッ(弗)化第一スズ(錫) ……… 57, 65, 562
フッ(弗)化第一ヒ(砒)素 ………… 257
フッ(弗)化第二ヒ(砒)素 ………… 255
フッ(弗)化第二銅 ……………… 57, 65, 588
フッ(弗)化銅(Ⅱ) ………………… 588
フッ(弗)化トリフェニルスズ(錫) …… 55, 65, 546
フッ(弗)化トリブチルスズ(錫) …… 55, 65, 554
フッ(弗)化バリウム …………… 57, 65, 640
フッ(弗)化ヒ(砒)酸カルシウム ……… 251
フッ(弗)化ホウ(硼)素 …………… 147
フッ(弗)化ホウ(硼)素酸 ………… 685
フッ(弗)化ホウ(硼)素酸アンモニウム ……… 687
フッ酸 ……………………………… 265
ブラストサイジン S ベンジルアミノベンゼンスルホン
酸塩 ……………………………… 672
フラチオカルブ ………………… 263, 666
フルオロスルホン酸 ……………… 268
フルオロホウ(硼)酸 ……………… 685
フルオロ硫酸 ……………………… 268
ブルシン …………………………… 673
フルスルファミド ………………… 500
フルバリネート …………………… 477
プロパホス ………………………… 507
プロペタンホス …………………… 347
プロペナール ……………………… 303
プロペンニトリル …………… 301, 475
ブロミン …………………………… 537
ブロム …………………………… 537
ブロムアセトン …………………… 673
ブロムエタン ……………………… 674
ブロムエチル …………………… 54, 674
ブロム水素酸 ……………………… 675

1131

索　　引

ブロム水素を含有する製剤 …………………… 54
ブロムメタン ……………………………… 676
ブロムメチル ……………………………… 676
ブロムメチル（臭化メチル）及びこれを含有する
　製剤 ………………………………………… 54
プロメカルブ ……………………………… 707
ブロモ酢酸エチル ………………………… 270
ヘキサクロルエポキシオクタヒドロエンドエキソジ
　メタノナフタリン ……………………… 679
ヘキサクロルエポキシオクタヒドロエンドエンドジ
　メタノナフタリン ……………………… 271
ヘキサクロルヘキサヒドロジメタノナフリタン
　………………………………………………… 680
ヘキサクロルヘキサヒドロメタノベンゾジオキサチ
　エピンオキサイド ……………………… 271
ヘキサクロロシクロペンタジエン ……… 272
ヘキサシアノコバルト（Ⅲ）酸カリウム ……… 167
ヘキサヒドロアニリン …………………… 496
ヘキサフルオロアンチモン酸カリウム
　…………………………………………… 56, 66, 331
ヘキサフルオロアンチモン酸ナトリウム
　…………………………………………… 56, 66, 332
ヘキサフルオロケイ酸 …………………… 449
ヘキサフルオロケイ酸亜鉛 ……………… 455
ヘキサフルオロケイ酸アンモニウム …… 457
ヘキサフルオロケイ酸鉛 …………… 464, 630
ヘキサフルオロケイ酸カリウム ………… 451
ヘキサフルオロケイ酸スズ（錫）……… 462, 567
ヘキサフルオロケイ酸銅（Ⅱ）…………… 458
ヘキサフルオロケイ酸ナトリウム ……… 454
ヘキサフルオロケイ酸バリウム ……… 452, 641
ヘキサフルオロケイ酸マグネシウム ……… 460
ヘキサフルオロケイ酸マンガン（Ⅱ）……… 461
ヘキサフルオロセレン …………………… 221
ヘキサフルオロタングステン …………… 285
ヘキサフルオロヒ（砒）酸リチウム … 56, 65, 261
ヘキサメチレンジイソシアナート …… 59, 66, 680
ヘキサメチレンジイソシアナート及びこれを含有す
　る製剤 ……………………………………… 59
ヘキサン-1,6-ジアミン …………………… 681

ベタナフトール ………………………… 54, 681
ヘプタクロール …………………………… 683
ベンゼンチオール ………………………… 272
ベンゾエピン ……………………………… 271
ベンゾニトリル …………………………… 471
ベンダイオカルブ ……………………… 188, 519
ペンタクロルフェノール ………………… 684
ペンタクロルフェノールソーダ ………… 684
ベンフラカルブ …………………………… 516
ホウ酸 ……………………………………… 35
ホウ（硼）酸鉛 ………………… 57, 65, 612
ホウフッ（硼弗）化アンチモン ……… 57, 66, 334
ホウフッ（硼弗）化アンモニウム …… 58, 65, 687
ホウフッ（硼弗）化カリウム ………… 58, 65, 693
ホウフッ（硼弗）化水素酸 ………… 57, 65, 685
ホウフッ（硼弗）化水素酸塩類 ……… 57, 685
ホウフッ（硼弗）化テトラエチルアンモニウム
　…………………………………………… 58, 66, 694
ホウフッ（硼弗）化ナトリウム ……… 58, 65, 688
ホウフッ（硼弗）化マグネシウム …… 58, 65, 690
ホウフッ（硼弗）化リチウム ………… 58, 65, 691
ホサロン …………………………………… 486
ホスゲン ………………………………… 66, 273
ホスゲン及びこれを含有する製剤 ……… 59
ホスチアゼート …………………………… 354
ホスファミドン …………………………… 184
ホスフィン ………………………………… 283
ホスメット ………………………………… 519
ホルマリン ………………………………… 696
ホルムアルデヒド ………………………… 696
ホルムアルデヒド及びこれを含有する製剤 … 53
ホルムアルデヒド水溶液 ………………… 64
ボロエタン ………………………………… 183

マ行

マラカイト ………………………………… 579
密陀僧 ……………………………………… 607
無機亜鉛塩類 …………………………… 56, 286
無機顔料 ………………………… 392, 417, 610
無機金塩類 ……………………………… 55, 402

無機銀塩類 …………………… 55, 406
無機シアン化合物及びこれを含有する製剤 … 55
無機シアン化合物たる毒物を含有する液体状の
　物（シアン含有量が1リットルにつき1ミリグラム
　以下のものを除く。）………………… 55, 65
無機スズ（錫）塩類 ………………… 57, 559
無機銅塩類 ……………………… 57, 572
無水亜アンチモン酸 ………………… 322
無水亜セレン酸 ……………………… 213
無水亜ヒ（砒）酸 ………………… 56, 236
無水塩化第二銅 ………………… 57, 577
無水過酸化バリウム ………………… 647
無水クロム酸 …………… 56, 65, 698
無水クロム酸及びこれを含有する製剤 …… 56
無水酢酸 …………………………… 702
無水ヒ（砒）酸 ……………………… 241
無水ヒドラジン ……………………… 262
無水フッ（弗）化水素酸 ……………… 263
無水硫酸銅 …………………………… 574
メカルバム …………………………… 347
メスルフェンホス …………………… 521
メソミル ……………………………… 275
メタアルデヒド ……………………… 571
メタアンチモン酸ナトリウム ………… 327
メタクリル酸 …………… 59, 66, 703
メタクリル酸及びこれを含有する製剤 …… 59
メタ－クレゾール …………………… 412
メタスルホカルブ …………………… 713
メタトリル－N－メチルカルバメート …… 717
メタトルイジン ……………………… 598
メタナミン …………………………… 706
メタノール ………… 10, 11, 36, 37, 54, 64, 700
メタバナジン酸アンモニウム ………… 705
メタフェニレンジアミン ……………… 663
メタホウ（硼）酸鉛 ………………… 612
メタホウ（硼）酸バリウム ………… 57, 65, 652
メタンアルソン酸カルシウム ………… 705
メタンアルソン酸鉄 ………………… 706
メタンスルホニルクロライド ………… 273
メタンチオール ……………………… 276

メチダチオン ………………………… 516
メチルアミン …………………… 60, 66, 706
メチルアミン及びこれを含有する製剤 …… 60
メチルアルコール …………………… 700
メチルイソチオシアネート …………… 707
メチルエチルケトン ……………… 54, 708
メチルクロリド ……………………… 438
メチルシクロヘキシル－4－クロルフェニルチオホス
　フェイト ………………… 274, 711
メチルジクロルビニルリン酸カルシウムとジメチルジ
　クロルビニルホスフェイトとの錯化合物 … 712
メチルジチオカルバミン酸亜鉛 ……… 712
メチルジメトン ……………………… 184
メチルスルホナール ………………… 713
メチルパラチオン …………………… 186
メチルフェニルアミン ……………… 314
メチルフェニレンジアミン …………… 600
メチルフェノール …………………… 412
メチルブロマイド …………………… 676
メチルベンゼン ……………………… 602
メチルホスホン酸ジクロリド ………… 275
メチルホスホン酸ジメチル …………… 721
メチルメルカプタン ……………… 66, 276
メチルメルカプタン及びこれを含有する製剤
　…………………………………… 59
メチル＝（E）-2-[2-[6-（2-シアノフェノキシ）ピリ
　ミジン-4-イルオキシ]フェニル]-3-メトキシアク
　リレート ……………………… 483
メチル－N′,N′－ジメチル－N－[（メチルカルバモイル）
　オキシ]-1-チオオキサムイミデート
　…………………………… 274, 713
メチル＝N-[2-[1-（4-クロロフエニル）-1-ピラゾ
　ール-3-イルオキシメチル]フエニル]（N-メトキ
　シ）カルバマート ………………… 711
メチル-（4-ブロム-2,5-ジクロルフェニル）-チオノ
　ベンゼンホスホネイト ……………… 721
メチレンコハク酸 …………………… 706
メチレンビス（1-チオセミカルバジド） … 276, 724
メトミル ………………… 66, 275, 722
メトルカルブ ………………………… 717

1133

索　引

木精 ……………………………………… 700
モネンシンナトリウム ………………… 727
モノエタノールアミン ………………… 316
モノクロトホス ………………………… 523
モノクロル酢酸 ……………… 54, 64, 728
モノクロル酢酸ソーダ ………………… 443
モノクロル酢酸-2-シアノエチルアミド …… 476
モノゲルマン ………………… 58, 66, 729
モノゲルマン及びこれを含有する製剤 …… 58
モノフルオール酢酸アミド …………… 277
モノフルオール酢酸ナトリウム ……… 277
モノフルオール酢酸パラブロムアニリド …… 729
モノフルオール酢酸パラブロムベンジルアミド
　……………………………………… 730
モノブロムアセトン …………………… 673
モノメチルアニリン …………………… 314
モノメチルアミン ……………………… 706
モリブデン赤 …………………………… 420

ヤ行

雄黄 ……………………………………… 249
有機シアン化合物 ……………………… 471
有機シアン化合物及びこれを含有する製剤
　……………………………………… 53
有機リン製剤 …………………… 10, 40
ヨウ(沃)化鉛 ………………………… 612
ヨウ(沃)化銀 ………………… 55, 64, 410
ヨウ(沃)化水銀(Ⅱ) ………………… 194
ヨウ(沃)化水素酸 ………………… 64, 730
沃化水素を含有する製剤 ……………… 54
ヨウ(沃)化第一銅 …………… 57, 65, 583
ヨウ(沃)化第二水銀 ………… 54, 64, 194
ヨウ(沃)化銅(Ⅰ) …………………… 583
ヨウ(沃)化メチル ………………… 65, 732
沃化メチル及びこれを含有する製剤 …… 55
ヨウ(沃)素 ………………………… 35, 733
ヨジウム ………………………………… 733
ヨード …………………………………… 733
ヨード水素酸 …………………………… 730
ヨードメタン …………………………… 732

ヨードメチル …………………………… 732
四アルキル鉛 …………………………… 148
四アルキル鉛及びこれを含有する製剤 …… 55
四アルキル鉛(四エチル鉛および四メチル鉛を除
　く) ……………………………… 149
四エチル鉛 ……………………………… 148
四塩化スズ(錫) ……………………… 565
四塩化炭素 ………………………… 65, 490
四塩化炭素及びこれを含有する製剤 …… 55
四塩化メタン …………………………… 490
四硫化四ヒ(砒)素 ………… 56, 65, 249
四塩基性クロム酸亜鉛 ……… 55, 65, 424
四フッ(弗)化硫黄 …………… 59, 66, 182
四弗化硫黄及びこれを含有する製剤 …… 59
四メチル鉛 ……………………………… 149

ラ行

ラウリン酸カドミウム ……… 54, 64, 388
ラサロシド ……………………………… 734
リサージ ………………………………… 607
硫化カドミウム ……………… 54, 64, 392
硫化水素 ………………………………… 37
硫化第一ヒ(砒)素 …………………… 247
硫化第二ヒ(砒)素 …………………… 249
硫化バリウム ………………… 57, 65, 639
硫化リン(燐) ………………… 278, 734
硫化燐及びこれを含有する製剤 ……… 56
硫酸 …………………………… 10, 64, 735
硫酸亜鉛 ……………………… 56, 65, 288
硫酸アナバシン ………………………… 661
硫酸及びこれを含有する製剤 ………… 53
硫酸カドミウム ……………… 54, 64, 389
硫酸銀 ………………………… 55, 64, 408
硫酸ジメチル ………………………… 64, 524
硫酸スズ(錫)(Ⅱ) …………………… 561
硫酸第一スズ(錫) …………… 57, 65, 561
硫酸第二銅 …………………… 57, 65, 573
硫酸タリウム …………………………… 736
硫酸銅 …………………………………… 573
硫酸銅(Ⅱ) ……………………………… 573

1134

硫酸ニコチン ……………………………… 228

硫酸パラジメチルアミノフェニルジアゾニウムナト
リウム …………………………………… 737

硫酸ヒドロキシルアミン ………………… 66

硫酸メチル ………………………………… 524

硫酸モリブデン酸クロム酸鉛 …… 55, 65, 420

硫酸2-(3-ピリジル)-ピペリジン ………… 661

硫シアン化亜鉛 ……………………… 64, 293

硫セレン化カドミウム …………… 56, 64, 220

リン(燐)化亜鉛 …………………… 65, 737

燐化亜鉛及びこれを含有する製剤 ……… 56

リン(燐)化アルミニウム燻蒸剤 ……… 39, 281

リン(燐)化アルミニウムとカルバミン酸アンモニウ
ムとの錠剤 ……………………………… 281

燐化アルミニウムとその分解促進剤とを含有す
る製剤 ……………………………… 56, 65

リン(燐)化水素 ………………… 65, 283

燐化水素(ホスフィン)及びこれを含有する製剤
………………………………………… 56

リン(燐)酸亜鉛 ……………… 56, 65, 297

リンデン ………………………………… 679

六塩化ベンゼン ………………………… 679

六フッ(弗)化セレン …………… 56, 65, 221

六フッ(弗)化タングステン …………… 285

ロダン化亜鉛 …………………………… 293

ロダン酢酸エチル ……………………… 740

ロダン銅 ………………………………… 585

ロテノン ………………………………… 740

アルファベット

L-2-アミノ-4-[(ヒドロキシ)(メチル)ホスフィノイ
ル]ブチリル-L-アラニル-L-アラニンナトリウム
塩 ……………………………………… 317

m-トルイレンジアミン ………………… 600

N-アルキルアニリン …………………… 54

N-アルキルアニリン塩類 ……………… 310

N-アルキルトルイジン ………………… 54

N-エチルアニリン ……………… 54, 64, 313

N-エチルメタトルイジン ……… 54, 64, 318

N-エチル-O-メチル-O-(2-クロル-4-メチルメル

カプトフェニル)-チオホスホルアミド ……… 135

N-エチル-O-(2-イソプロポキシカルボニル-1-メ
チルビニル)-O-メチルチオホスホルアミド
………………………………………… 347

N-ブチルピロリジン …………… 55, 65, 667

N-メチルメタンアミン ………………… 511

N-メチルアニリン ……………… 54, 64, 314

N-メチルカルバミル-2-クロルフェノール ……709

N-メチル-1-ナフチルカルバメート ……… 714

N-メチル-1-ナフチルカルバメート及びこれを含
有する製剤 ……………………………… 58

N-メチル-N-(1-ナフチル)-モノフルオール酢酸
アミド …………………………………… 716

N'-(2-メチル-4-クロルフェニル)-N,N-ジメチル
ホルムアミジン ………………………… 710

N'-(2-メチル-4-クロルフエニル)-N,N-ジメチル
ホルムアミジン塩類 …………………… 710

N'-(2-メチル-4-クロロフェニル)-N,N-ジメチル
ホルムアミジン塩酸塩 ………………… 710

N-(3-クロル-4-クロルジフルオロメチルチオフェ
ニル)-N',N'-ジメチルウレア …………… 432

N-(4-t-ブチルベンジル)-4-クロロ-3-エチル-1-
メチルピラゾール-5-カルボキサミド ……… 671

O-エチル-O-(2-イソプロポキシカルボニルフェ
ニル)-N-イソプロピルチオホスホルアミド
…………………………………… 132, 347

O-エチル-O-4-メチルチオフェニル-S-プロピル
ジチオホスフェイト …………………… 353

O-エチル=S-プロピル=[(2E)-2-(シアノイミノ)
-3-エチルイミダゾリジン-1-イル]ホスホノチオ
アート …………………………………… 352

O-エチル=S,S-ジプロピル=ホスホロジチオアー
ト ……………………………… 133, 350

O-エチル=S-1-メチルプロピル=(2-オキソ-3-チ
アゾリジニル)ホスホノチオアート ……… 354

O,O'-ジエチル=O''-(2-キノキサリニル)=チオ
ホスファート …………………………… 486

O,O-ジメチル-O-(3-メチル-4-メチルスルフィニ
ルフェニル)-チオホスフェイト ………… 521

o-クロロニトロベンゼン ………………… 443

1135

索　引

o-ニトロクロロベンゼン ……………………… 443

(*RS*)-シアノ-(3-フェノキシフェニル)メチル=2,2,
3,3-テトラメチルシクロプロパンカルボキシラー
ト ……………………………………………… 477

(*RS*)-[*O*-1-(4-クロロフェニル)ピラゾール-4-
イル=*O*-エチル=*S*-プロピル=ホスホロチオアー
ト] ……………………………………………… 446

(*RS*)-α-シアノ-3-フェノキシベンジル=*N*-(2-ク
ロロ-α,α,α-トリフルオロ-パラトリル)-*D*-バリナ
ート …………………………………………… 477

(*RS*)-α-シアノ-3-フェノキシベンジル=(*RS*)-2-
(4-クロロフェニル)-3-メチルブタノアート
………………………………………… 54, 478

(*RS*)-α-シアノ-3-フェノキシベンジル=(1*RS*,
3*RS*)-(1*RS*,3*SR*)-3-(2,2-ジクロロビニル)
-2,2-ジメチルシクロプロパンカルボキシラート
………………………………………………… 480

(*RS*)-α-シアノ-3-フェノキシベンジル=(1*R*,3*R*)
-2,2-ジメチル-3-(2-メチル-1-プロペニル)-1
-シクロプロパンカルボキシラートと(*RS*)-α-シ
アノ-3-フェノキシベンジル=(1*R*,3*S*)-2,2-ジメ
チル-3-(2-メチル-1-プロペニル)-1-シクロプ
ロパンカルボキシラートを4対1で含有する混合
物 ……………………………………………… 481

S-メチル-*N*-[(メチルカルバモイル)-オキシ]-チ
オアセトイミデート …………… 58, 275, 722

S,*S*-ビス(1-メチルプロピル)=*O*-エチル=ホスホ
ロジチオアート ……………………… 230, 658

S-(2-メチル-1-ピペリジル-カルボニルメチル)ジ
プロピルジチオホスフェイト ……………… 717

(*S*)-2,3,5,6-テトラヒドロ-6-フェニルイミダゾ
[2,1-*b*]チアゾール塩酸塩 …………… 570

S-(4-メチルスルホニルオキシフェニル)-*N*-メチ
ルチオカルバマート ………………………… 713

(*S*)-α-シアノ-3-フェノキシベンジル=(1*R*,3*R*)-
3-(2,2-ジクロロビニル)-2,2-ジメチルシクロプ
ロパン-カルボキシラートと(*R*)-α-シアノ-3-フ
ェノキシベンジル=(1*S*,3*S*)-3-(2,2-ジクロロ
ビニル)-2,2-ジメチルシクロプロパン-カルボキ
シラートとの等量混合物 ………………… 480

(*S*)-α-シアノ-3-フェノキシベンジル=(1*R*,3*S*)-
2,2-ジメチル-3-(1,2,2,2-テトラブロモエチル)
シクロプロパンカルボキシラート ………… 481

t-ブチル=(*E*)-4-(1,3-ジメチル-5-フェノキシ-
4-ピラゾリルメチレンアミノオキシメチル)ベンゾ
アート ………………………………………… 666

α-オキシイソ酪酸ニトリル ………………… 472

α-シアノ-4-フルオロ-3-フェノキシベンジル=3-
(2,2-ジクロロビニル)-2,2-ジメチルシクロプロ
パンカルボキシラート ……………………… 482

β-クロロプレン ……………………………… 446

β-ナフトール ………………………………… 64

数字

1-クロル-1,2-ジブロムエタン ……………… 433

1-クロロ-2,4-ジニトロベンゼン …………… 143

1-ドデシルグアニジニウム=アセタート
………………………………………… 225, 589

1-ブロモ-3-クロロプロパン ………………… 678

(1*R*,2*S*,3*R*,4*S*)-7-オキサビシクロ[2,2,1]ヘプタ
ン-2,3-ジカルボン酸 ……………………… 372

1-*t*-ブチル-3-(2,6-ジイソプロピル-4-フェノキシ
フェニル)チオウレア ………………………… 665

1,1′-イミノジ(オクタメチレン)ジグアニジン … 345

1,1-ジメチルヒドラジン …………………… 187

1,1′-ジメチル-4,4′-ジピリジニウムジクロリド
………………………………………………… 185

1,1′-ジメチル-4,4′-ジピリジニウムヒドロキシド、そ
の塩類及びこれらのいずれかを含有する製
剤 ……………………………………………… 58

1,1,2,2-テトラクロルニトロエタン ………… 570

1,2-ジブロムエタン ………………………… 507

1,2,3,4,5,6-ヘキサクロルシクロヘキサン … 679

1,2,4,5,6,7,8,8-オクタクロロ-2,3,3a,4,7,7a-ヘキ
サヒドロ-4,7-メタノ-1*H*-インデン、1,2,3,4,5,6,
7,8,8-ノナクロロ-2,3,3a,4,7,7a-ヘキサヒドロ
-4,7-メタノ-1*H*-インデン、4,5,6,7,8,8-ヘキサ
クロロ-3a,4,7,7a-テトラヒドロ-4,7-メタノインデ
ン、1,4,5,6,7,8,8-ヘプタクロロ-3a,4,7,7a-テト
ラヒドロ-4,7-メタノ-1*H*-インデン及びこれらの

1136

類縁化合物の混合物 …………………… 373

1,2,5-トリチオシクロヘプタジエン-3,4,6,7-テトラ
ニトリル ……………………… 476, 595

1,3-ジカルバモイルチオ-2-(N,N-ジメチルアミノ)
-プロパン塩酸塩 …………………… 493

1,3-ジカルバモイルチオ-2-(N,N-ジメチルアミノ)
-プロパン、その塩類及びこれらのいずれか
を含有する製剤 …………………… 58

1,3-ジクロロプロパン-2-オール ………… 179

1,3-ジクロロプロペン …………………… 501

1,3,4,5,6,7,8,8-オクタクロロ-3a,4,7,7a-テトラヒド
ロ-4,7-メタノフタラン ………………… 139

1,4-ジシアンブタン …………………… 472

1-(4-ニトロフェニル)-3-(3-ピリジルメチル)ウレ
ア …………………………………… 631

1-(4-フルオロフェニル)プロパン-2-アミン 269

1-(4-メトキシフェニル)ピペラジン ……… 725

1-(4-メトキシフェニル)ピペラジン一塩酸塩
………………………………………… 725

1-(4-メトキシフェニル)ピペラジン二塩酸塩
………………………………………… 726

1,4,5,6,7-ペンタクロル-3a,4,7,7a-テトラヒドロ-4,
7-(8,8-ジクロルメタノ)-インデン ……… 683

1-(6-クロロ-3-ピリジルメチル)-N-ニトロイミダゾ
リジン-2-イリデンアミン …………… 444

1,6-ジイソシアナトヘキサン ……………… 680

2-アミノエタノール ……………… 66, 316

2-アミノエタノール及びこれを含有する製剤
………………………………………… 59

2-イソプロピル-4-メチルピリミジル-6-ジエチルチ
オホスフェイト ………………… 342

2-イソプロピル-4-メチルピリミジル-6-ジエチルチ
オホスフェイト(別名ダイアジノン)及びこれを含
有する製剤 …………………… 58

2-イソプロピルオキシフェニル-N-メチルカルバメ
ート ……………………………… 339

2-イソプロピルフェニル-N-メチルカルバメート
………………………………………… 340

2-イソプロピルフェニル-N-メチルカルバメート及
びこれを含有する製剤 …………… 58

2-エチルチオメチルフェニル-N-メチルカルバメー
ト ………………………………… 351

2-クロルエチルアルコール ……………… 356

2-クロルエチルトリメチルアンモニウムクロリド
………………………………………… 431

2-クロル-1-(2,4-ジクロルフェニル)ビニルエチル
メチルホスフェイト …………… 432

2-クロル-1-(2,4-ジクロルフェニル)ビニルジメチ
ルホスフェイト …………………… 433

2-クロル-4,5-ジメチルフェニル-N-メチルカルバ
メート …………………………… 434

2-クロロアニリン ……………… 66, 440

2-クロロアニリン及びこれを含有する製剤
………………………………………… 59

2-クロロニトロベンゼン ………… 59, 66, 443

2-クロロニトロベンゼン及びこれを含有する製
剤 ………………………………… 59

2-クロロベンゼンアミン ………………… 440

2-クロロ-1,3-ブタジエン ………………… 446

2-シアンエチルアルコール ……………… 474

2-ジエチルアミノ-6-メチルピリミジル-4-ジエチル
チオホスフェイト …………………… 485

2-(ジエチルアミノ)エタノール …………… 484

2-(ジエトキシホスフィノチオイルイミノ)-1,3-ジチ
オラン ……………………… 177, 489

2-ジフェニルアセチル-1,3-インダンジオン
………………………………… 182, 507

2-(ジメチルアミノ)エチル=メタクリレート … 509

2-ジメチルアミノ-5,6-ジメチルピリミジル-4-N,N-
ジメチルカルバメート ………………… 510

2-チオ-3,5-ジメチルテトラヒドロ-1,3,5-チアジア
ジン ……………………………… 569

2-ナフトール …………………………… 681

2-ヒドロキシエチルアミン ……………… 316

2-ヒドロキシ-4-メチルチオ酪酸 ………… 659

2-(フェニルパラクロルフェニルアセチル)-1,3-イ
ンダンジオン …………………… 662

2-ブタノン ……………………………… 708

2-メチリデンブタン二酸 ………………… 706

2-メチルビフェニル-3-イルメチル=(1RS,2RS)-

索　　引

2-(Z)-(2-クロロ-3,3,3-トリフルオロ-1-プロペニル)-3,3-ジメチルシクロプロパンカルボキシラート ……………………………… 716

2-メトキシ-1,3,2-ベンゾジオキサホスホリン-2-スルフィド …………………………… 726

2-メルカプトエタノール ………… 276, 726

2-sec-ブチルフェノール …………………… 669

2-t-ブチル-5-メチルフェノール …………… 671

2-t-ブチル-5-(4-t-ブチルベンジルチオ)-4-クロロピリダジン-3(2H)-オン ……………… 670

2-tert-ブチルフェノール …………………… 669

2-(1-メチルプロピル)-フェニル-N-メチルカルバメート …………………………………… 719

2-(1-メチルプロピル)-フェニル-N-メチルカルバメート及びこれを含有する製剤 ………… 58

2-(1,3-ジオキソラン-2-イル)フェニル-N-メチルカルバメート ……………………… 492

2-(2-アミノエチルアミノ)エタノール ……… 316

2,2′-ジクロルジイソプロピルエーテル ……… 496

2,2′-ジピリジリウム-1,1′-エチレンジブロミド ……………………………………………… 505

2,2′-ジピリジリウム-1,1′-エチレンジブロミド及びこれを含有する製剤 ……………… 58

2,2-ジメチルプロパノイルクロライド ……… 187

2,2-ジメチル-1,3-ベンゾジオキソール-4-イル-N-メチルカルバマート ……………… 188, 519

2,2-ジメチル-2,3-ジヒドロ-1-ベンゾフラン-7-イル=N-[N-(2-エトキシカルボニルエチル)-N-イソプロピルスルフェナモイル]-N-メチルカルバマート ……………………………………… 516

2,3-ジ-(ジエチルジチオホスホロ)-パラジオキサン …………………………………………… 502

2,3-ジヒドロ-2,2-ジメチル-7-ベンゾ[b]フラニル-N-ジブチルアミノチオ-N-メチルカルバマート ………………………………………… 505

2,3-ジブロムプロピオニトリル …………… 475

2,3-ジブロモプロパン-1-オール …………… 509

2-(3-ピリジル)-ピペリジン ………………… 660

2-(3-ピリジル)-ピペリジン塩類 ………… 660

2,3-ベンゾピリジン ………………………… 397

2,3,5,6-テトラフルオロ-4-メチルベンジル=(Z)-(1RS,3RS)-3-(2-クロロ-3,3,3-トリフルオロ-1-プロペニル)-2,2-ジメチルシクロプロパンカルボキシラート …………………………… 224, 571

2,4-ジアミノトルエン ………………… 54, 64

2,4-ジクロル-6-ニトロフェノール・ナトリウム塩 ……………………………………………… 499

2′,4-ジクロロ-α,α,α-トリフルオロ-4′-ニトロメタトルエンスルホンアニリド ………………… 500

2,4-ジクロロ-1-ニトロベンゼン …………… 501

2,4-ジニトロトルエン …………… 59, 66, 503

2,4-ジニトロトルエン及びこれを含有する製剤 ……………………………………………… 59

2,4-ジニトロ-6-シクロヘキシルフェノール … 502

2,4-ジニトロ-6-メチルプロピルフェノールジメチルアクリレート ……………………………… 504

2,4-ジニトロ-6-(1-メチルプロピル)-フェニルアセテート ……………………………………… 503

2,4-ジニトロ-6-(1-メチルプロピル)-フェノール ……………………………………… 181, 503

2-(4-ブロモジフルオロメトキシフェニル)-2-メチルプロピル=3-フェノキシベンジル=エーテル ……………………………………………… 678

2,4,5-トリクロルフェノキシ酢酸 ………… 594

2,4,5-トリクロルフェノキシ酢酸ブトキシエチルエステル …………………………………… 594

2,4,5-トリクロルフェノキシ酢酸メトキシブチルエステル …………………………………… 595

2,4,5-Tブトキシエチルエステル ………… 594

2,4,6-トリニトロフェノール ……………… 653

2,4,6,8-テトラメチル-1,3,5,7-テトラオキソカン ……………………………………………… 571

2,5-フランジオン …………………………… 703

3-(アミノメチル)ベンジルアミン ………… 318

3-アミノメチル-3,5,5-トリメチルシクロヘキシルアミン ……………………………………… 317

3-アミノ-1-プロペン …………………… 131

3-クロロ-1,2-エポキシプロパン ………… 358

3-クロロ-1,2-プロパンジオール ………… 144

3-ジエトキシ-ホスホリル-チオメチル-6-クロロベ

ンズオキサゾロン ··························486

3-ジメチルジチオホスホリル-*S*-メチル-5-メトキシ
-1,3,4-チアジアゾリン-2-オン ···········516

3-(ジメトキシホスフィニルオキシ)-*N*-メチル-シス
-クロトナミド ·····························523

3-メチルフェニル-*N*-メチルカルバメート ·····717

3-メチルフェニル-*N*-メチルカルバメート及びこれ
を含有する製剤 ···························58

3-メチル-5-イソプロピルフェニル-*N*-メチルカル
バメート ·································707

3-[2-(3,5-ジメチル-2-オキソシクロヘキシル)-
2-ヒドロキシエチル]グルタルイミド ·······495

3,4-キシリル-*N*-メチルカルバメート ·········518

3,4-ジメチルフェニル-*N*-メチルカルバメート
·······································518

3,5-キシリル-*N*-メチルカルバメート ·········518

3,5-ジブロム-4-ヒドロキシ-4′-ニトロアゾベンゼ
ン ·····································508

3,5-ジメチルフェニル-*N*-メチルカルバメート
·······································518

3,5-ジヨード-4-オクタノイルオキシベンゾニトリル
·······································476

3-(6-クロロピリジン-3-イルメチル)-1,3-チアゾリ
ジン-2-イリデンシアナミド ···············445

3,6,9-トリアザウンデカン-1,11-ジアミン ······589

3,7,9,13-テトラメチル-5,11-ジオキサ-2,8,14-トリ
チア-4,7,9,12-テトラアザペンタデカ-3,12-ジエ
ン-6,10-ジオン ·························571

4-エチルメルカプトフェニル-*N*-メチルカルバメー
ト ·····································354

4-クロロ-3-エチル-1-メチル-*N*-[4-(パラトリル
オキシ)ベンジル]ピラゾール-5-カルボキサミド
·······································441

4-ジアリルアミノ-3,5-ジメチルフェニル-*N*-メチル
カルバメート ·····························470

4-ブロモ-2-(4-クロロフエニル)-1-エトキシメチ
ル-5-トリフルオロメチルピロール-3-カルボニト
リル ···································482

4-メチルサリノマイシン ···············226, 631

4,6-ジニトロオルトクレゾールナトリウム ·······180

5-クロロ-*N*-[2-[4-(2-エトキシエチル)-2,3-ジ
メチルフェノキシ]エチル]-6-エチルピリミジン
-4-アミン ·······························441

5-ジメチルアミノ-1,2,3-トリチアンシュウ(篠)酸
塩 ·····································510

5-メチル-1,2,4-トリアゾロ[3,4-*b*]ベンゾチアゾー
ル ·····································714

5-メトキシ-*N,N*-ジメチルトリプタミン ·········724

7-ブロモ-6-クロロ-3-[3-[(2*R*,3*S*)-3-ヒドロキ
シ-2-ピペリジル]-2-オキソプロピル]-4(3*H*)
-キナゾリノン ···························269

7-ブロモ-6-クロロ-3-[3-[(2*S*,3*R*)-3-ヒドロキ
シ-2-ピペリジル]-2-オキソプロピル]-4(3*H*)
-キナゾリノン ···························269

===================== 欧　文 =====================

A

Abamectin ························130, 315

Acetic acid anhydride ···············702

Acetone cyanohydrin ················472

Acetonitrile ························471

Acetylenedicarboxylic acid diamide ·····308

Acid potassium pyroantimonate ········326

Acrolein ···························303

Acrylamide ························298

Acrylic acid ·······················300

Acrylic nitrile ··················301, 475

Adiponitrile ·······················472

Alkanolammonium-2,4-dinitro-6-(1-methyl-
propyl)-phenolate ···············132

Alloy of potassium and sodium ·········400

Allyl alcohol ·······················131

Alminum phosphide ammonium carbamate
·······································281

Ammonia ··························336

1139

索　引

Ammonia water ································ 338
Ammonium bichromate ················· 529
Ammonium cupric chloride ············· 581
Ammonium hydrogenfluoride ·········· 343
Ammonium hydrogenoxalate ··········· 533
Ammonium metavanadate ··············· 705
Ammonium oxalate ······················· 537
Ammonium picrate ······················· 655
Ammonium silicofluoride ··············· 457
Ammonium tetrafluoroborate ··········· 687
Aniline ····································· 310
Aniline hydrochloride ···················· 312
Aniline salt ································ 312
Antimony borofluoride ··················· 334
Antimony hydride ························· 329
Antimony pentachloride ················· 323
Antimony pentafluoride ·················· 329
Antimony potassium tartrate ··········· 325
Antimony trichloride ····················· 320
Antimony trifluoride ····················· 327
Antimony trioxide ························· 322
APC ·· 470
Arsenic ···································· 232
Arsenic acid ······························ 243
Arsenic anhydride ························ 241
Arsenic disulfide ·························· 247
Arsenic hydride ··························· 234
Arsenic pentachloride ···················· 252
Arsenic pentafluoride ···················· 255
Arsenic pentaoxide ······················· 241
Arsenic trichloride ······················· 253
Arsenic trifluoride ························ 257
Arsenic trisulfide ························· 249
Arsenictrioxide ··························· 236
Arsenious acid ···························· 236
Arseniousanhydride ······················ 236
Arsine ····································· 234
Auric chloride ···························· 404
Aurichloric acid ·························· 402

B

BAB ·· 508
Barium acetate ··························· 648
Barium carbonate ························· 642
Barium chlorate ····················· 368, 642
Barium chloride ·························· 646
Barium chromate ························· 419
Barium fluoride ·························· 640
Barium hydroxide ························ 644
Barium metaborate ······················ 652
Barium nitrate ··························· 643
Barium oxide ····························· 647
Barium peroxide ·························· 647
Barium peroxide anhydride ············· 647
Barium selenite ·························· 218
Barium silicofluoride ··············· 452, 641
Barium sulfide ··························· 639
Barium titanate ·························· 649
Basic copper carbonate ·················· 579
Basic copper chloride ···················· 580
Basic lead chromate ····················· 427
Basic lead silicate ······················· 619
BEBP ······································ 670
Benfuracarb ······························ 516
Benzeneethanamine,4-fluoro-α-methyl
·· 269
Benzenesulfonyl chloride ··············· 136
Benzenethiol ····························· 272
Benzonitrile ······························ 471
Benzyl chloride ··························· 145
BHC ·· 679
Bismuth chromate ························ 428
Blasticiden-S-benzylaminobenzenesulfonate
·· 672
Boroethane ······························· 183
Boron chloride ··························· 146
Boron fluoride ···························· 147
Boron trichloride ························· 146
Boron trifluoride ························· 147

1140

BPMC	66, 719	Catechol	661
Bromine	537	CDBE	433
Bromoacetone	673	Chlorine	366
BRP	517	Chloroacetaldehyde	143
Brucine	673	Chloroacetyl chloride	440

Butyl 2,3-dihydro-2,2-dimethylbenzofuran-7-yl *N,N'*-dimethyl-*N,N'*-thiodicarbamate
.... 263, 666

Butyl nitrite	129	Chloroform	447
Butyl(trichloro)stannane	667	Chloropicrin	436

C

		Chloroprene	446
Cadmium acetate	389	Chlorosulfonic acid	434
Cadmium bromide	380	Chromic acid anhydride	698
Cadmium carbonate	383	CMP	488
Cadmium chloride	391	Cobalt chlorate	369
Cadmium cyanide	160		

Complex compound of calcium methyl dichlorovinyl phosphate and dimethyl dichlorovinyl phosphate 712

Cadmium hydroxide	385		
Cadmium laurate	388	Copper arsenate	246
Cadmium nitrate	382	Copper nitrate	578
Cadmium oxide	379	Copper silicofluoride	458
Cadmium selenide sulfide	220	Copper sulfate	573
Cadmium stearate	386	Copper sulfate anhydride	574
Cadmium sulfate	389	CPMC	709
Cadmium sulfide	392	Cresol	412
Cadusafos	230, 658	Crotonaldehyde	142
Calcium arsenate	239, 245	Cupric acetate	584
Calcium arsenate fluoride	251	Cupric chloride	576
Calcium arsenite	240	Cupric chloride anhydride	577
Calcium chromate	428	Cupric fluoride	588
Calcium cyanide	158	Cupric pyrophosphate	587
Calcium methanearsonate	705	Cuprous chloride	575
Calcium oxalate	536	Cuprous cyanide	161
Calcium plumbate	622	Cuprous iodide	583
Carbon disulfide	633	Cuprous thiocyanate	585
Carbon tetrachloride	490	Curare	141
		CVP	487

Carbonic acid, 2-ethyl-3,7-dimethyl-6-[4-(trifluoromethoxy)phenoxy]-4-quinolinyl

		Cyanamide	469
		Cycloheximide	495
methyl ester	351	Cyclohexylamine	496
Carbosulfan	505	CYP	475

1141

D

DAP ················· 148
DAPA ················· 737
DBCP ················· 508
DCIP ················· 66, 496
DDVP ················· 66, 512
DEP ················· 66, 592
derris root ················· 741
Di(2-chloroisopropyl) ether ········ 496
Di(2-ethylhexyl) phosphate ········ 657
Diacetoxypropene ················· 148
Diafenthiuron ················· 665
Diarsenic trioxide ················· 236
Dibasic lead phosphite ················· 618
Dibasic lead phthalate ················· 626
Dibasic lead stearate ················· 625
Dibasic lead sulfite ················· 616
Diborane ················· 183
Dibromochloropropane ················· 508
Dichloro dinitromethane ················· 499
Dichloroacetic acid ················· 498
Dichlorobutyne ················· 500
Diethyl-(1,3-dithiocyclopentylidene)-
  thiophosphoramide ········ 177, 489
Diethyl-(2,4-dichlorophenyl)-thiophosphate
  ················· 488
Diethyl-1-(2′,4′-dichlorophenyl)-2-
  chlorovinylphosphate ················· 487
Diethyl-2,5-dichlorophenylmercaptomethyl
  dithiophosphate ················· 488
Diethyl-3,5,6-trichloro-2-
  pyridylthiophosphate ················· 489
Diethyl-4-chlorophenyl
  mercaptomethyldithio-phosphate ····· 487
Diethyl-4-methylsulfinylphenyl-
  thiophosphate ········ 179, 490
Diethyl-paradimethylaminosulfonylphenyl-
  thiophosphate ················· 178
Diethyl-paranitrophenyl-thiophosphate

················· 178
Diethyl-S-(2-chloro-1-phthalimidoethyl)-
  dithiophosphate ················· 177
Diethyl-S-(2-oxo-6-
  chlorobenzoxazolomethyl)-
  dithiophosphate ················· 486
Diethyl-S-(ethylthioethyl)-dithiophosphate
  ················· 175, 485
Diisopropyl-S-(ethylsulfinylmethyl)-
  dithiophosphate ················· 484
Dimethyl dithiophosphoryl phenylacetic
  acid ethylester ················· 514
Dimethyl methylphosphonate ········ 721
Dimethyl sulfate ················· 524
Dimethyl-(diethylamido-1-chlorocroto-nyl)-
  phosphate ················· 184
Dimethyl-(isopropylthioethyl)-
  dithiophosphate ········ 183, 511
Dimethyl-[2-(1′-methylbenzyloxycarbonyl)-
  1-methylethylene]-phosphate ········ 521
Dimethyl-2,2-dichlorovinyl-phosphate ··· 512
Dimethylamine ················· 511
Dimethyl-ethyl-mercaptoethyl-
  thiophosphate ················· 184
Dimethyl-ethylsulfinyl-isopropyl-
  thiophosphate ················· 511
Dimethyl-methylcarbamylethylthioethyl
  thiophosphate ················· 519
Dimethyl-paranitrophenyl-thiophosphate
  ················· 186
Dimethyl-phthalylimide
  methyldithiophosphate ················· 519
Dimethyl-S-p-chlorophenyl thiophosphate
  ················· 517
Dinitromethylheptylphenylcrotonate ···· 504
Dinitrophenol ················· 181
Dinocap ················· 504
Diphacinone ················· 182, 507
Dipropyl-4-methylthiophenylphosphate
  ················· 507

Disodium hydrogenarsenate ⋯⋯⋯ 259
DMCP ⋯⋯⋯⋯⋯⋯⋯⋯⋯⋯⋯ 517
DMTP ⋯⋯⋯⋯⋯⋯⋯⋯⋯⋯⋯ 516
DN ⋯⋯⋯⋯⋯⋯⋯⋯⋯⋯⋯⋯⋯ 502
DNBPA ⋯⋯⋯⋯⋯⋯⋯⋯⋯⋯⋯ 503
DNCHP ⋯⋯⋯⋯⋯⋯⋯⋯⋯⋯ 502
DNCP ⋯⋯⋯⋯⋯⋯⋯⋯⋯⋯⋯ 499
DPC ⋯⋯⋯⋯⋯⋯⋯⋯⋯⋯⋯⋯ 504

E

EBP ⋯⋯⋯⋯⋯⋯⋯⋯⋯⋯⋯⋯ 490
ECP ⋯⋯⋯⋯⋯⋯⋯⋯⋯⋯⋯⋯ 488
EDB ⋯⋯⋯⋯⋯⋯⋯⋯⋯⋯⋯⋯ 507
EDDP ⋯⋯⋯⋯⋯⋯⋯⋯⋯ 66, 349
Emamectin benzoate ⋯⋯⋯⋯⋯⋯ 360
Emerald green ⋯⋯⋯⋯⋯⋯⋯⋯ 240
EMPC ⋯⋯⋯⋯⋯⋯⋯⋯⋯⋯⋯ 354
(E)-N-[(6-Chloro-3-pyridyl) methyl]-N′
  -cyano-N-methylacetamidine ⋯⋯⋯ 444
EPBP ⋯⋯⋯⋯⋯⋯⋯⋯⋯⋯⋯ 348
Epichlorohydrin ⋯⋯⋯⋯⋯⋯⋯ 358
EPN ⋯⋯⋯⋯⋯⋯ 10, 65, 133, 352
Equal mixture of (S)-α-cyano-3-
  phenoxybenzyl (1R,3R)-3-(2,2-
  dichlorovinyl)-2,2-
  dimethylcyclopropanecarboxylate and
  (R)-α-cyano-3-phenoxybenzyl(1S,3S)-
  3-(2,2-dichlorovinyl)-2,2-
  dimethylcyclopropanecarboxylate ⋯⋯ 480
ESP ⋯⋯⋯⋯⋯⋯⋯⋯⋯⋯⋯⋯ 511
Ethiophencarb ⋯⋯⋯⋯⋯⋯⋯⋯ 351
Ethoprophos ⋯⋯⋯⋯⋯⋯ 133, 350
Ethyl 2-diethoxy thiophosphoryloxy-5-
  methylpyrazolo[1,5-a]pyrimidine-6-
  carboxylate ⋯⋯⋯⋯⋯⋯⋯⋯⋯ 348
Ethyl acetate ⋯⋯⋯⋯⋯⋯⋯⋯ 466
Ethyl bromide ⋯⋯⋯⋯⋯⋯⋯⋯ 674
Ethyl bromoacetate ⋯⋯⋯⋯⋯⋯ 270
Ethyl chloride ⋯⋯⋯⋯⋯⋯⋯⋯ 430
Ethyl chloroacetate ⋯⋯⋯⋯⋯⋯ 442

Ethyl fuid ⋯⋯⋯⋯⋯⋯⋯⋯⋯⋯ 148
Ethyl thiocyanoacetate ⋯⋯⋯⋯⋯ 740
Ethyl(Z)-3-[N-benzyl-N-[[methyl(1-methylt
  hioethylideneaminooxycarbonyl)amino]
  thio]amino]propionate ⋯⋯⋯⋯⋯ 353
Ethyl-2,4-dichlorophenylthionobenzene
  phosphonate ⋯⋯⋯⋯⋯⋯⋯⋯ 348
Ethyldiphenyldithiophosphate ⋯⋯⋯ 349
Ethylene chlorohydrin ⋯⋯⋯⋯⋯ 356
Ethylene cyanohydrin ⋯⋯⋯⋯⋯ 474
Ethylene dibromide ⋯⋯⋯⋯⋯⋯ 507
Ethylene oxide ⋯⋯⋯⋯⋯⋯⋯⋯ 355
Ethyl-N-(diethyldithiophosphorylacethyl)-
  N-methylcarbamate ⋯⋯⋯⋯⋯⋯ 347
Ethyl-paranitrophenyl-thionobenzene-
  phosphonate ⋯⋯⋯⋯⋯⋯ 133, 352

F

FABB ⋯⋯⋯⋯⋯⋯⋯⋯⋯⋯⋯⋯ 730
Fenbutatin oxide ⋯⋯⋯⋯⋯⋯⋯ 270
Ferric ammonium oxalate ⋯⋯⋯⋯ 535
Ferric arsenate ⋯⋯⋯⋯⋯⋯⋯⋯ 246
Ferric sodium oxalate ⋯⋯⋯⋯⋯ 535
Ferrous oxalate ⋯⋯⋯⋯⋯⋯⋯⋯ 533
Ferrous selenide ⋯⋯⋯⋯⋯⋯⋯ 217
Fluorosilicic acid ⋯⋯⋯⋯⋯⋯⋯ 449
Fluorosulfonic acid ⋯⋯⋯⋯⋯⋯ 268
Flusulfamide ⋯⋯⋯⋯⋯⋯⋯⋯ 500
Formalin ⋯⋯⋯⋯⋯⋯⋯⋯⋯⋯ 696
Formic acid ⋯⋯⋯⋯⋯⋯⋯⋯⋯ 394
Fosthiazate ⋯⋯⋯⋯⋯⋯⋯⋯⋯ 354
Fuming sulfuric acid ⋯⋯⋯⋯⋯⋯ 636

G

Germanium hydride ⋯⋯⋯⋯⋯⋯ 729
Gold-potassium cyanide ⋯⋯⋯⋯⋯ 163

H

Halofuginone ⋯⋯⋯⋯⋯⋯⋯⋯ 269
HCH ⋯⋯⋯⋯⋯⋯⋯⋯⋯⋯⋯⋯ 679

1143

索　引

HDI ·················· 680
HEOD ················ 679
Hexachloro hexahydro
　dimethanonaphtalene ················ 680
Hexachlorocyclopentadiene ············· 272
Hexachloro-epoxy-octahydro-*end, exo*-
　dimethanonaphtalene ················ 679
Hexachloro-epoxy-octahydro-endo,
　endodimethanonaphthalene ··········· 271
Hexachloro-hexahydro-methano-benzo-dio-
　xathiepine oxide ················· 271
Hexamethylene diisocyanate ············· 680
Hexane-1,6-diamine ················ 681
HHDN ················ 680
Hydrazine ················ 262
Hydrazine hydrate ················ 658
Hydrobromic acid ················ 675
Hydrochloric acid ················ 362
Hydrofluoric acid ················ 265
Hydrogen arsenide ················ 234
Hydrogen chloride ················ 361
Hydrogen cyanide ················ 153
Hydrogen fluoride ················ 263
Hydrogen peroxide solution ············· 374
Hydrogen phosphide ················ 283
Hydrogen selenide ················ 215
Hydroiodic acid ················ 730
Hydroxyacetic acid ················ 412
Hydroxyethyl hydrazine ················ 658
Hydroxylamine ················ 659
Hydroxylamine hydrochloride ··········· 660

I

Imidacloprid ················ 444
Iminoctadine ················ 345
Iodine ················ 733
IPSP ················ 484
Iron methanearsonate ················ 706
Isobutyl nitrite ················ 300
Isobutyronitrile ················ 472

Isofenphos ··············· 132, 347
Isopentyl nitrite ················ 301
Isopropyl nitrite ················ 129

K

King's yellow orpiment ················ 249

L

Lasalocid ················ 734
Lead acetate ················ 610
Lead antimonate ················ 610
Lead antimonite ················ 327
Lead arsenate ················ 245
Lead arsenite ················ 241
Lead carbonate ················ 612
Lead chromate ··············· 417, 610
Lead chromate molybdate sulfate ······· 420
Lead cyanamide ················ 614
Lead cyanide ················ 165
Lead dichloride ················ 606
Lead fluoride ················ 629
Lead hydroxide ················ 615
Lead iodide ················ 612
Lead metaborate ················ 612
Lead monoxide ················ 607
Lead nitrate ················ 608
Lead peroxide ················ 610
Lead silicate ················ 620
Lead silicofluoride ··············· 464, 630
Lead stearate ················ 623
Lithium borofluoride ················ 691
Lithium hexafluoro arsenate ··············· 261

M

MAC ················ 705
MAF ················ 706
Magnesium borofluoride ················ 690
Magnesium silicofluoride ················ 460
Manganese arsenate ················ 246
Manganese oxalate ················ 534

1144

Manganese silicofluoride ·············· 461
MBCP ································ 721
MEK ································· 708
Mercuric acetate ···················· 199
Mercuric bromide ··················· 201
Mercuric chloride ·················· 192
Mercuric cyanide ·············· 161, 209
Mercuric iodide ···················· 194
Mercuric nitrate ··················· 197
Mercuric oxide ··············· 190, 469
Mercuric thiocyanate ··············· 202
Mercurous acetate ················· 199
Mercurous chloride ················ 364
Mercurous nitrate ················· 195
Mercury ···························· 189
Mercury oxycyanide ··············· 204
Methacrylic acid ·················· 703
Methanesulfonyl chloride ··········· 273
Methanol ·························· 700
Methyl (*E*)-2-[2-[6-(2-cyanophenoxy)
pyrimidine-4-yloxy]phenyl]-3-
methoxyacrylate ·············· 483
Methyl alcohol ···················· 700
Methyl bromide ··················· 676
Methyl chloride ··················· 438
Methyl chloroacetate ·············· 143
Methyl ethyl ketone ··············· 708
Methyl iodide ····················· 732
Methyl mercaptan ················· 276
Methyl *N*-{2-[1-(4-chlorophenyl)-1*H*-pyrazol-
3-yloxymethyl] phenyl}(*N*-methoxy)
carbamate ···················· 711
Methyl nitrite ····················· 308
Methyl parathion ················· 186
Methyl-(4-bromo-2,5-dichlorophenyl)-
thionobenzenephosphonate ········· 721
Methylamine ······················ 706
Methylcyclohexyl-4-
chlorophenylthiophosphate ····· 274, 711
Methylenebis(1-thiosemicarbazide)

···························· 276, 724
Methylisothiocyanate ··············· 707
Methyl-*N'*,*N'*-dimethyl-*N*-
[(methylcarbamoyl)oxy]-1-
thiooxamimidate ·············· 274, 713
Methylphosphonic dichloride ········· 275
Methylsulfonal ···················· 713
MIPC ·························· 66, 340
Mixture of (*RS*)-α-cyano-3-phenoxybenzyl
(1*R*,3*R*)-2,2-dimethyl-3-(2-methyl-1-
propenyl)-1-cyclopropanecarboxylate and
(*RS*)-α-cyano-3-phenoxybenzyl(1*R*,3*S*)-
2,2-dimethyl-3-(2-methyl-1-propenyl)-1-
cyclopropanecarboxylate (4:1) ······· 481
MLA ······························ 149
MNFA ···························· 716
Monochloroacetic acid ·············· 728
Monofluoroacet-*p*-bromoanilide ········ 729
Monofuoro acetamide ··············· 277
Monogermane ····················· 729
m-Phenylenediamine ··············· 663
MPMC ···························· 518
MPP ·························· 66, 522
MTMC ························ 66, 717

N

N-(3-Chloro-4-
chlorodifuoromethylthiophenyl)-*N'*,*N'*
-dimethylurea ···················· 432
N-(4-*t*-Butylbenzyl)-4-chloro-3-ethyl-1-
methylpyrazole-5-carboxamide ········ 671
N-(*p*-Bromobenzyl)monofluoroacetamide
······························· 730
N'-(2-Methyl-4-chlorophenyl)-*N*,*N*-
dimethylformamizine ·············· 710
N'-(2-Methyl-4-chlorophenyl)-*N*,*N*-
dimethylformamizine hydrochloride
······························· 710
NAC ·························· 66, 714
Narasin ····················· 226, 631

1145

N-Butyl pyrrolidine ······················· 667

N-Cyanoethyl monochloroacetoamide

··· 476

NET ··· 499

N-Ethylaniline ·································· 313

N-Ethyl-*O*-(2-isopropoxycarbonyl-
1-methylvinyl)-*O*-
methylphosphoramidothioate ········· 347

N-Ethyl-*O*-methyl-*O*-(2-chloro-4-
methylmercaptophenyl)-phosphoramido
thioate ··· 135

N-Ethyltoluidine ······························· 318

Nickel carbonyl ································· 228

Nicotine ·· 227

Nitric acid ··· 539

Nicotine sulfate ································· 228

Nitrobenzene ····································· 631

N-Methyl 1-naphthyl carbamate ········· 714

N-Methylaniline ································· 314

N-Methylcarbamyl-2-chlorophenol ······ 709

N-Methyl-*N*-(1-naphthyl)-
monofluoroacetamide ····················· 716

n-Propyl chloroformate ····················· 442

O

O,O′-Diethyl *O″*-(2-quinoxalinyl)
thiophosphate ································· 486

O,O-Diethyl-*O*-(5-phenyl-3-isoxazolyl)-
phosphorothioate ···························· 489

O,O-Diethyl-*S*-benzylthiophosphate ····· 490

O,O-Dimethyl-1,2-dibromo-2,2-dichloroethyl
phosphate ······································ 517

O,O-Dimethyl-*N*-methylcarbamylmethyl-
dithiophosphate ······························ 520

O,O-Dimethyl-*O*-(3-methyl-4-
methylsulfinylphenyl)-thiophosphate

··· 521

O,O-Dimethyl-*O*-4-(methylmercapto)-3-
methylphenyl thiophosphate ··········· 522

O,O-Dimethyl-*S*-(2-ethylthioethyl)

dithiophosphate ······························ 512

O-Butyl-*S*-benzyl-*S*-ethyl
phosphorodithioate ························· 670

OCA ··· 440

Octamethyl-pyrophosphoramide ········ 140

O-Ethyl *O*-*p*-cyanophenyl
phenylphosphonothioate ················· 475

O-Ethyl *S,S*-dipropyl phosphorodithioate

··· 133, 350

O-Ethyl *S*-1-methylpropyl (2-oxo-3-
thiazolidinyl) phosphono thioate ······ 354

O-Ethyl *S*-propyl [(2*E*)-2-(cyanoimino)-3-
ethylimidazolidin-1-yl]phosphonothioate

··· 352

O-Ethyl-*O*-(2-isopropoxycarbonylphenyl)-*N*-
isopropylthiophosphoramide ····· 132, 347

O-Ethyl-*O*-4-methylthiophenyl-*S*-
propyldithiophosphate ···················· 353

OMPA ·· 140

o-Phenylenediamine ·························· 662

Orpiment ·· 249

Oxalic acid ·· 531

Oxamyl ······································ 274, 713

P

PAP ··· 66, 514

Paraquat ··· 185

Parathion ·· 178

Paris green ·· 240

PCP ··· 684

p-Dimethylaminobenzenediazo sodium
sulfonate ·· 737

Pentachlorophenol ····························· 684

Perchloromethane ······························ 490

PHC ··· 339

Phenol ·· 663

Phenyl chlorocarbonate ······················ 144

Phenylmercuric acetate ······················ 207

Phosgene ·· 273

Phosphine ··· 283

Phosphorus oxychloride ··············· 136
Phosphorus pentachloride ············· 145
Phosphorus pentasulfide ··············· 279
Phosphorus sulfide ····················· 278
Phosphorus trichloride ················· 146
Phosphorus trifluoride ················· 147
Phosphorus trisulfide ·················· 278
Phosphoryl chloride ···················· 136
Picric acid ···························· 653
Platinum-barium cyanide ·············· 165
PMP ··································· 519
Potassium ····························· 398
Potassium arsenate ···················· 244
Potassium arsenite ···················· 238
Potassium bichromate ················· 526
Potassium borofluoride ················ 693
Potassium chlorate ···················· 371
Potassium chloroaurate ················ 404
Potassium chromate ··················· 415
Potassium cobalt cyanide ·············· 167
Potassium cupric chloride ············· 581
Potassium cuprocyanide ··············· 171
Potassium cyanide ···················· 155
Potassium hexafluoroantimonate ······· 331
Potassium hydroxide ·················· 542
Potassium nickel cyanide ·············· 165
Potassium nitrite ····················· 307
Potassium oxalate ···················· 537
Potassium silicofluoride ··············· 451
Potassium titanium oxalate ············ 534
Potassium zinc chromate ·············· 422
p-Phenylene-diamine ················· 638
Propetamphos ························· 347
p-Toluylene-diamine ················· 637
Pyraclofos ···························· 446
Pyrazophos ··························· 348

Q

Quinalphos ··························· 486
Quinoline ···························· 397

R

Realgar ······························ 247
Red orpiment ························· 247
Rotenone ···························· 740
(*RS*)-[*O*-1-(4-Chlorophenyl) pyrazol-4-yl
   O-ethyl *S*-propyl phosphorothioate]
   ································· 446
(*RS*)-Cyano-(3-phenoxyphenyl)methyl 2,2,
   3,3-tetramethylcyclopropanecarboxylate
   ································· 477
(*RS*)-*α*-Cyano-3-phenoxybenzyl (1*RS*,3*RS*)-
   (1*RS*,3*SR*)-3-(2,2-dichlorovinyl)-2,2-
   dimethylcyclopropanecarboxylate
   ································· 480
(*RS*)-*α*-Cyano-3-phenoxybenzyl (*RS*)-2-(4-
   chlorophenyl)-3-methylbutanoate ····· 478
(*RS*)-*α*-Cyano-3-phenoxybenzyl *N*-(2-chloro-
   α,*α*,*α*-trifluoro-*p*-tolyl)-*D*-valinate ······ 477

S

(*S*)-2,3,5,6-Tetrahydro-6-phenylimidazo
   [2,1-*b*]thiazole hydrochloride ·········· 570
S-(2-Methyl-1-piperidyl-carbonylmethyl)
   dipropyldithiophosphate ·············· 717
S-(4-Methylsulfonyloxyphenyl)-*N*-
   methylthiocarbamate ················· 713
S,*S*-Bis(1-methylpropyl)=*O*-
   ethylphosphorodithioate ········· 230, 658
Salt of sulfonated styrene and
   divinylbenzene copolymer with calcium
   and racemic modification of 7-bromo-6-
   chloro-3-[3-[(2*R*,3*S*)-3-hydroxy-
   2-piperidyl]-2-oxopropyl]-4 (3*H*)-
   quinazolinone and of 7bromo-6-chloro-
   3-[3-[(2*S*,3*R*)-3-hydroxy-2-piperidyl]-2-
   oxopropyl] 4 (3*H*)-quinazoline ········ 567
Scheele's green ······················· 240
Schweinfurt green ···················· 240
Selenic acid ·························· 215

1147

索　引

Selenious acid ·················· 309
Selenium ························· 210
Selenium dioxide ·············· 213
Selenium hexafluoride ·········· 221
Semduramicin ·················· 568
Silicochlo-roform ··············· 595
Silver bromide ·················· 409
Silver chromate ············ 408, 417
Silver cyanide ··················· 159
Silver iodide ···················· 410
Silver nitrate ···················· 406
Silver nitrite ···················· 408
Silver sulfate ···················· 408
S-Methyl-N-[(methylcarbamoyl)-oxy]-
　thioacetimidate ·········· 275, 722
Sodium ························· 603
Sodium 2,4-dichloro-6-nitrophenolate ··· 499
Sodium 4,6-dinitro-o-cresol ·············· 180
Sodium arsenate ················· 245
Sodium arsenite ·················· 238
Sodium azide ···················· 129
Sodium bichromate ············· 528
Sodium borofluoride ············· 688
Sodium chlorate ·················· 369
Sodium chloride ·················· 298
Sodium chloroacetate ············· 443
Sodium chloroaurate ············· 404
Sodium chromate ················· 415
Sodium cuprocyanide ············· 173
Sodium cyanate ·················· 483
Sodium cyanide ·················· 157
Sodium fuoroacetate ············· 277
Sodium hexafluoroantimonate ·········· 332
Sodium hydroxide ················ 558
Sodium metaantimonate ············ 327
Sodium monensin ················ 727
Sodium nitrite ··················· 306
Sodium oxalate ·················· 534
Sodium pentachloro phenolate ·········· 684
Sodium peroxide ················· 376

Sodium salinomycin ·············· 468
Sodium selenite ·················· 212
Sodium silicofluoride ············· 454
Sodium=L-2-amino-4-[(hydroxy)(methyl)
　phosphinoyl]butyryl-L-alanyl-L-alanine
　··························· 317
Stannic chloride ················· 565
Stannous chloride ················ 564
Stannous fluoride ················ 562
Stannous oxalate ················· 536
Stannous pyrophosphate ··········· 560
Stannous silicofluoride ··········· 462, 567
Stannous sulfate ················· 561
Streptomyces albus ··············· 468
Streptomyces cinnamonensis ········· 727
Streptomyces griseochromogenes ·········· 672
Strontium chromate ··············· 426
Strychnine nitrate ················ 209
Sulfonal ························· 568
Sulfur fluoride ··················· 182
Sulfur tetrafluoride ··············· 182
Sulfuric acid ···················· 735
Sulfuryl fluoride ················· 268
(S)-α-Cyano-3-phenoxybenzyl (1R,3S)-2,2-
　dimethyl-3-(1,2,2,2-tetrabromoethyl)
　cyclopropanecarboxylate ·············· 481

T

TBTO ·························· 552
t-Butyl(E)-4-(1,3-dimethyl-5-phenoxy-4-
　pyrazolylmethyleneaminooxymethyl)
　benzoate ····················· 666
TCH ······················ 476, 595
Tebufenpyrad ··················· 671
Tefluthrin ···················· 224, 571
TEPP ·························· 223
tert-Butyl nitrite ················· 308
Tetraalkyllead ··················· 149
Tetraarsenic tetrasulfide ············ 249
Tetrachloromethane ·············· 490

Tetraethylammonium borofluoride ····· 694

Tetraethyllead ································· 148

Tetraethylmethylene bisdithiophosphate
·· 569

Tetraethylpyrophosphate ··············· 223

Tetrafluoroboric acid ····················· 685

Tetramethyl orthosilicate ··············· 141

Tetramethylammonium hydroxide ····· 224

Tetramethyllead ···························· 149

Tetraphosphorus trisulfide ············· 278

Thallium acetate ························· 468

Thallium nitrate ·························· 542

Thallium sulfate ·························· 736

Thiacloprid ································ 445

Thimerosal ······························· 206

Thiocyclam ································ 510

Thiodicarb ································· 571

Thionyl chloride ························· 366

Thiosemicarbazide ············· 223, 569

Thorium oxalate ························· 533

Titanium oxalate ························· 535

Titanium trichloride ····················· 469

TMEL ····································· 149

Toluene ···································· 602

Toluidine ·································· 598

Toluylenediamine ······················· 600

Tribasic lead sulfate ···················· 628

Tributylamine ···························· 225

Tributyltin acetate ······················ 552

Tributyltin dibromosuccinate ··········· 556

Tributyltin fluoride ····················· 554

Tributyltin oxide ························· 552

Tributyltrithiophosphate ················ 596

Trichloroacetic acid ····················· 590

Trichlorohydroxyethyldimethylphosphonate
·· 592

Trichloronitroethylene ·················· 592

Trichlorosilane ··························· 595

Triethanolammonium 2,4-dinitro-6-(1-
methylpropyl)-phenolate ············· 590

Trifluoromethanesulfonic acid ··········· 596

Triphenyltin acetate ····················· 548

Triphenyltin chloride ···················· 550

Triphenyltin fluoride ···················· 546

Triphenyltin hydroxide ·················· 544

Tripropyltin chloride ···················· 554

Trithiocycloheptadiene-3,4,6,7-tetranitrile
·· 476, 595

tuba root ································· 741

Tungsten hexafluoride ··················· 285

U

Uranyl acetate ·························· 346

Uranyl nitrate ··························· 346

Urea hydrogen peroxide ················· 377

V

Vanadium oxytrichlorid ················· 373

Vanadium pentoxide ···················· 466

W

White phosphorus ························ 137

X

XMC ····································· 518

Xylene ···································· 396

Y

Yellow arsenic sulfide ··················· 249

Yellow phosphorus ······················ 137

Z · α · β

Zinc acetate ···························· 291

Zinc arsenate ··························· 247

Zinc chloride ··························· 290

Zinc chromate ·························· 417

Zinc chromate, tetrabasic ··············· 424

Zinc cyanide ···························· 169

Zinc fluoride ··························· 295

Zinc methyldithiocarbamate ············· 712

索　引

Zinc nitrate ································· 286
Zinc oxalate ································· 536
Zinc permanganate ························ 288
Zinc phosphate ····························· 297
Zinc phosphide ···························· 737
Zinc pyrophosphate ······················ 294
Zinc silicofluoride ······················· 455
Zinc sulfate ································· 288
Zinc thiocyanate ·························· 293
ZM ··· 712
ZPC ·· 422
ZTO ·· 424
α-Cyano-4-fluoro-3-phenoxybenzyl
　3-(2,2-dichlorovinyl)-2,2-
　dimethylcyclopropanecarboxylate ···· 482
β-Naphthol ································· 681

数字

1-(4-Methoxyphenyl)piperazine ·········· 725
1-(4-Methoxyphenyl)piperazine
　dihydrochloride ························ 726
1-(4-Methoxyphenyl)piperazine
　hydrochloride ·························· 725
1-(4-Nitrophenyl)-3-(3-pyridylmethyl) urea
　······································· 631
1-(6-Chloro-3-pyridylmethyl)-*N*-
　nitroimidazolidin-2-ylideneamine ······ 444
1,1,2,2-Tetrachloronitroethane ··········· 570
1,1′-Dimethyl-4,4′-dipyridinium dichloride
　······································· 185
1,1′-Iminodi (octamethylene) diguanidine
　······································· 345
1,1-Dimethylhydrazine ··················· 187
1,2,3,4,5,6-Hexachlorocyclohexane ······ 679
1,2,4,5,6,7,8,8-Octachloro-2,3,3a,4,7,7a-
　hexahydro-4,7-methano-1*H*-indene·1,2,3,
　4,5,6,7,8,8-nonachloro-2,3,3a,4,7,7a-
　hexahydro4,7-methano-1*H*-indene·4,5,6,7,
　8,8-hexachloro-3a,4,7,7a-tetrahydro-4,7-
　methanoindene·1,4,5,6,7,8,8-heptachloro-

3a,4,7,7a-tetrahydro-4,7-methano-1*H*-
　indene ································· 373
1,2-Dibromoethane ······················· 507
1,3,4,5,6,7,8,8-Octachloro-3a,4,7,7a-
　tetrahydro-4,7-methanophthalan ······· 139
1,3-Dicarbamoylthio-2-(*N*,*N*-
　dimethylamino)-propane hydrochloride
　······································· 493
1,3-Dichloropropane-2-ol ················· 179
1,3-Dichloropropene ······················ 501
1,3-Dinitro-4-chlorobenzene ·············· 143
1,4,5,6,7-Pentachloro-3a,4,7,7a-tetrahydro-
　4,7-(8,8-dichloromethano)-indene ····· 683
1-Bromo-3-chloropropane ················· 678
1-Chloro-1,2-dibromoethane ·············· 433
1-Dodecylguanidinium acetate ······ 225, 589
(1*R*,2*S*,3*R*,4*S*)-7-Oxabicyclo[2,2,1]heptane-
　2,3-dicarboxylic acid ··················· 372
1-*tert*-Butyl-3-(2,6-di-isopropyl-4-
　phenoxyphenyl) thiourea ··············· 665
2((2-Aminoethyl)amino)ethanol ·········· 316
2-(1,3-Dioxolan-2-yl)phenyl-*N*-
　methylcarbamate ······················ 492
2-(1-Methylpropyl)-phenyl-*N*-methyl-
　carbamate ····························· 719
2-(3-Pyridyl)-piperidine ·················· 660
2-(3-Pyridyl)-piperidine sulfate ············ 661
2-(4-Bromodifluoromethoxyphenyl)-2-
　methylpropyl 3-phenoxybenzyl ether
　······································· 678
2-(Diethoxyphosphinothioylimino)-1,3-
　dithiolane ························· 177, 489
2-(Diethylamino) ethanol ················· 484
2-(Dimethylamino) ethyl methacrylate
　······································· 509
2-(Phenyl-p-chlorophenylacetyl)-1,3-
　indanedione ···························· 662
2,2′-Dipyridilium-1,1′-ethylene-dibromide
　······································· 505
2,2-Dimethyl-1,3-benzodioxol-4-yl-*N*-

methylcarbamate ·················· 188, 519

2,2-Dimethyl-2,3-dihydro-1-benzofuran-7 -yl
N-[N-(2-ethoxycarbonylethyl)-N-
isopropylsulfenamoyl]-N-
methylcarbamate ························ 516

2,2-Dimethylpropanoyl chloride ········· 187

2,3,5,6-Tetrafluoro-4-methylbenzyl(Z)-
(1RS,3RS)-3-(2-chloro-3,3,3-trifluoro-1-
propenyl)-2,2-
dimethylcyclopropanecarboxylate
································· 224, 571

2,3-Di-(diethyldithiophosphoro)-paradioxan
······················· 502

2,3-Dibromopropan-1-ol ··················· 509

2,3-Dibromopropionitrile ················· 475

2,3-Dicyano-1,4-dithia-anthraquinone ···· 180

2,3-Dihydro-2,2-dimethyl-7-benzo[b]furanyl-
N-dibutylaminothio-N-methylcarbamate
······················· 505

2,4,5-T ································ 594

2,4,5-Trichlorophenoxyacetic acid ······· 594

2,4,5-Trichlorophenoxyacetic acid butoxy
ethylester ························ 594

2,4,5-Trichlorophenoxyacetic acid
methoxybutylester ······················ 595

2,4,6,8-Tetramethyl-1,3,5,7-tetraoxocan
······················· 571

2,4-Dichloro-1-nitrobenzene ··············· 501

2,4-Dinitro-6-(1-methylpropyl)-phenyl
acetate ··························· 503

2,4-Dinitro-6-(1-methylpropyl)-phenol
······················· 181, 503

2,4-Dinitro-6-(1-methylpropyl)phenol-
dimethyl-acrylate ····················· 504

2,4-Dinitro-6-cyclohexylphenol ··········· 502

2,4-Dinitrotoluene ······················ 503

2,5-Furandione ······················· 703

2′,4-Dichloro-α,α,α-trifluoro-4′-nitro-meta-
toluenesulfonanilide ··················· 500

2-Aminoethanol ······················· 316

2-Chloro-1-(2,4-dichlorophenyl)vinyl
dimethyl phosphate ····················· 433

2-Chloro-1-(2,4-dichlorophenyl)
vinylethylmethyl phosphate ············· 432

2-Chloro-4,5-dimethylphenyl-N-methyl
carbamate ························ 434

2-Chloroaniline ······················· 440

2-Chloronitrobenzene ···················· 443

2-Chroroethyltrimethylammoniumchloride
······················· 431

2-Diethylamino-6-methylpyrimidyl-4-
diethylthiophosphate ··················· 485

2-Dimethylamino-5,6-dimethylpyrimidyl-4-
N,N-dimethylcarbamate ··············· 510

2-Diphenylacetyl-1,3-indandione ···· 182, 507

2-Ethylthiomethylphenyl-N-
methylcarbamate ························ 351

2-Hydroxy-4-(methylthio) butanoic acid
······················· 659

2-Isopropyl-4-methylpyrimidyl-6-
diethylthiophosphate ··················· 342

2-Isopropyloxyphenyl-N-methylcarbamate
······················· 339

2-Isopropylphenyl-N-methylcarbamate
······················· 340

2-Mercaptoethanol ·················· 276, 726

2-Methoxy-1,3,2-benzodioxaphosphorine-2-
sulfide ··························· 726

2-Methylbiphenyl-3-ylmethyl (1RS,2RS)-2-
(Z)-(2-chloro-3,3,3-trifluoro-1-propenyl)-
3,3-dimethylcyclopropanecarboxylate
······················· 716

2-Methylidenebutanedioic acid ··········· 706

2-sec-Butylphenol ······················· 669

2-t-Butyl-5-(4-t-butylbenzylthio)-4-
chloropyridazin-3(2H)-one ············· 670

2-tert-Butyl-5-methylphenol ·············· 671

2-tert-Butylphenol ···················· 669

2-Thio-3,5-dimethyltetrahydro-1,3,5-
thiadiazine ························ 569

1151

3-(6-Chloropyridin-3-ylmethyl)-1,3-
thiazolidin-2-ylidenecyanamide ········ 445

3-(Aminomethyl)benzylamine ············ 318

3-(Dimethoxyphosphinyloxy)-*N*-methyl-*cis*-
crotonamide ······························ 523

3,4-Dimethylphenyl-*N*-methyl carbamate
···································· 518

3,5-Dibromo-4-hydroxy-4′-nitroazobenzene
···································· 508

3,5-Diiodo-4-octanoyloxybenzonitrile ···· 476

3,5-Dimethylphenyl-*N*-methyl carbamate
···································· 518

3,6,9-Triazaundecane-1,11-diamine ······· 589

3,7,9,13-Tetramethyl-5,11-dioxa-2,8,14-
trithia-4,7,9,12-tetraazapentadeca-3,12-
dien-6,10-dione ························ 571

3-Amino-1-propene ····················· 131

3-Aminomethyl-3,5,5-
trimethylcyclohexylamine ············· 317

3-Chloropropane-1,2-diol ················ 144

3-Dimethyldithiophosphoryl-*S*-methyl-5-
methoxy-1,3,4-thiadiazolin-2-one ······· 516

3-Methyl-5-isopropylphenyl-*N*-
methylcarbamate ····················· 707

3-Methylphenyl-*N*-methylcarbamate ····· 717

4-Bromo-2-(4-chlorophenyl)-1-
(ethoxymethyl)-5-trifluoromethylpyrrole-
3-carbonitrile ························· 482

4-Chloro-3-ethyl-1-methyl-*N*-[4-(p-tolyloxy)
benzyl]pyrazole-5-carboxamide ········ 441

4-Diallylamino-3,5-dimethylphenyl-*N*-
methylcarbamate ····················· 470

4-Ethylmercaptophenyl-*N*-methylcarbamate
···································· 354

5-Chloro-*N*-[2-[4-(2-ethoxyethyl)-2,3-
dimethylphenoxy]ethyl]-6-ethylpyrimidin-
4-amine ······························ 441

5-Dimethylamino-1,2,3-trithiane hydrogen-
oxalate ······························ 510

5-Methoxydimethyltryptamine ··········· 724

5-Methyl-1,2,4-triazolo[3,4-*b*]benzothiazole
···································· 714

7-Bromo-6-chloro-3-[3-[(2*R*,3*S*)-3-hydroxy-
2-piperidyl]-2oxopropyl]-4(3*H*)-
quinazolinone ························· 269

7-Bromo-6-chloro-3-[3-[(2*S*,3*R*)-3-hydroxy-
2-piperidyl]-2oxopropyl]-4(3*H*)-
quinazolinone ························· 269

その他

＝＝＝ 和　文 ＝＝＝

ア・カ行

亜硝酸アミル ･･････････････････････ 37, 63
アニリン中毒 ･･････････････････････････ 36
アフターバーナー ･･････････････････････ 52
安全データシート ･･････････････････････ 24
胃洗浄 ･･･････････････････････ 34, 35, 42
一般法 ･･････････････････････････････ 3, 4
医薬品 ･･･････････････････ 3, 4, 5, 12, 37
医薬用外化学物質 ･･･････････････････････ 5
エタノール ･･････････････････････････ 37
エデト酸カルシウム二ナトリウム ･･･････ 37
塩素酸ナトリウム ････････････････ 4, 123
活性汚泥法 ･･････････････････････････ 52
活性炭 ･･･････････････････ 34, 35, 42, 63
拮抗剤 ･･･････････････ 34, 36, 37, 42, 43
クリアランス ･･････････････････････････ 36
グルコン酸カルシウムゼリー ･･･････････ 37
血液吸着 ･･･････････････････････････ 36
血液浄化法 ････････････････････ 34, 35, 36
血液透析 ･･･････････････････････････ 36
解毒剤 ････････････ 34, 36, 37, 41, 42, 43
工業薬品 ･･･････････････････････ 3, 5, 12
コリンエステラーゼ ･･････････････････ 10, 40

サ・タ・ナ行

ジメルカプロール ･･････････････････････ 37
食品添加物 ･･････････････････････ 3, 4, 5
スクラバー ･･････････････････････････ 52
チオ硫酸ナトリウム ････････････････ 37, 63
中枢神経症状 ･･････････････････････････ 40
腸管洗浄 ･･･････････････････････････ 35
直接血液灌流 ･･････････････････････････ 42
テオフィリン中毒 ･･････････････････････ 36
特別法 ･･････････････････････････････ 3, 4

ドローン ･･･････････････････････････ 45
ニコチン様症状 ･･････････････････････ 40
二次暴露 ･･･････････････ 40, 41, 42, 43
農薬 ･･････ 3, 4, 5, 12, 39, 40, 42, 44, 45, 46

ハ・マ・ヤ・ラ行

パム ･････････････････････････････ 37, 41
パラコート中毒 ･･････････････････ 35, 36
バル ･･･････････････････････････････ 37
ヒドロキソコバラミン ･･････････････････ 37
普通物 ･････････････････････････････ 5, 7
プラリドキシムヨウ化物 ･･････････････ 37, 41
プルシアンブルー ･･････････････････････ 37
ヘキサシアノ鉄(Ⅱ)酸鉄(Ⅲ)水和物 ･･･････ 37
ペニシラミン ･･････････････････････････ 37
ホメピゾール ･･････････････････････････ 37
ムスカリン様症状 ･･････････････････････ 40
葉酸 ･･･････････････････････････････ 37
硫酸アトロピン ･･････････････････････ 37

＝＝＝ 欧　文 ＝＝＝

Activated Sludge Process ･･････････････ 52
Afterburner ･･････････････････････････ 52
ChE ･･･････････････････････････････ 40, 41
DDT ･･････････････････････････････････ 4
DHP ･･･････････････････････････････ 36, 42
direct hemoperfusion ･････････････････ 36
GHS ･･･････････････････ 9, 14, 15, 16, 23
HD ･･･････････････････････････････ 36
hemodialysis ･･････････････････････････ 36
PAM ･･･････････････････････････････ 41
Scrubber ･･････････････････････････ 52
SDS ･･･････････････････････････ 23, 24, 31

1153

編集後記

　毒物および劇物の取り締まりの歴史は古く、1950年に毒物及び劇物取締法が成立する40年近く前から実施されており、約100年以上続いているものです。その規制対象の物質である毒物および劇物は、今なお規制の対応が必要となる物質、新たに開発された物質、さらには毒性が高い物質、興奮や幻覚等を起こす物質、引火性や爆発性等のある物質など様々な性質の物質の集合体です。

　このような様々な物質を日常の社会活動のなかで適切に取り扱うためには、物質の性質を把握することはもちろんですが、登録、表示、管理、運搬、廃棄、事故時の対応等の法律上の基準や手続きも熟知しておくことが必要です。

　すべての毒物および劇物に関する多くの物質情報、長き規制の変遷や最新の情報等の双方を一冊にわかりやすくかつ使いやすく改訂するということで、総説と各論との重複記載の見直し、化学式や構造式を読みやすくするためのレイアウト変更（縦書きから横書きへ）、新章として「地震防災応急計画」「テロの未然防止と武力攻撃事態・災害への対策」、参考資料として「GHS対応ラベルの読み方」の追加、最新の改正への対応による解説のアップデートなど、多岐にわたる見直しを実施しました。

　今回の改訂にあたっては、本書の初版発行が1951年という歴史の長さゆえに、準備から最終工程に至るまで確認することも多く、ご協力いただきました先生にお手数をおかけしましたが、みなさまのご尽力によりまして、このような大改訂を円滑に実施することができました。特に、監修の大野泰雄先生、国際医療福祉大学の栗原正明先生、帝京大学の橘高敦史先生、国立医薬品食品衛生研究所の高橋祐次先生、日本中毒情報センターの黒木由美子先生、さらに、東京薬科大学学生のみなさまには、ご多忙かつ時間の限られる中で、多大なご協力をいただきましたこと深謝いたします。また、時事通信出版局の舟川修一氏、永田一周氏、松尾馨氏の献身的なバックアップあっての賜物であることは言うまでもございません。改めまして御礼申し上げます。

　本書が、利用されるみなさまのご活躍の一助となって、引き続きご愛用いただけることを願っております。

2018年5月

東京薬科大学薬学部教授　　益山　光一

【監修】

大野 泰雄（国立医薬品食品衛生研究所 名誉所長）
おお の　やす お

　薬学博士、日本毒性学会名誉トキシコロジスト。1976 年
に平滑筋の薬理学的研究で学位を受け、以後、国立医薬品
食品衛生研究所で薬物代謝と毒性、特に、肝腎培養細胞を
用いた *in vitro* 毒性および動物実験代替法研究に従事。こ
の間、厚生労働省の毒劇物部会長をはじめとする多くの委
員会の委員を務めた。現在は、学術振興・ベンチャー支援
に勤めている。木原記念横浜生命科学振興財団理事長。

【編集】

益山 光一（東京薬科大学薬学部薬事関係法規研究室 教授）
ますやま　こういち

　博士（医学）。東京薬科大学薬学部卒業。2014 年より東京
薬科大学薬学部教授。現在、毒物及び劇物取締法を含む薬
事関係法規を担当し、『薬事関係法規・制度 解説』（薬事
日報社）の編集幹事なども担当。

【編集協力】

栗原 正明（くりはら まさあき）(国際医療福祉大学薬学部 教授)

薬学博士。1981 年東京大学薬学部卒業。87 年東京大学大学院薬学系研究科博士課程修了、同年 4 月、国立医薬品食品衛生研究所有機化学部研究官。2011 年 10 月、同部長。12 年 4 月～16 年 3 月、東京工業大学大学院生命理工学研究科連携講座教授を併任。17 年 4 月より現職。

橘高 敦史（きったか あつし）(帝京大学薬学部医薬化学講座薬化学研究室 教授)

薬学博士。1982 年東京大学薬学部卒業。87 年東京大学大学院薬学系研究科博士課程修了、同年スイス連邦工科大学（ETH）博士研究員。89 年昭和大学薬学部助手となり、同専任講師を経て、99 年帝京大学薬学部助教授。2003 年より現職。主たる研究領域は、ビタミン D 誘導体合成と生物活性研究。

髙橋 祐次（たかはし ゆうじ）(国立医薬品食品衛生研究所 安全性生物試験センター 毒性部 室長)

博士（獣医学）。1995 年帯広畜産大学獣医学科卒業、99 年岐阜大学大学院連合獣医学研究科修了。同年科研製薬株式会社研究員、2004 年、同チームリーダー。09 年国立医薬品食品衛生研究所 安全性生物試験センター毒性部主任研究官、14 年より現職。

黒木 由美子（くろき ゆみこ）(公益財団法人 日本中毒情報センター 参与)

薬学博士。1987 年九州大学大学院薬学研究博士後期課程卒業。89 年財団法人日本中毒情報センター つくば中毒 110 番勤務。2001 年 8 月、同つくば中毒 110 番施設長（～17 年 6 月）。12 年 4 月公益財団法人日本中毒情報センター理事。18 年 6 月より現職。日本中毒学会理事、厚生労働省薬事・食品衛生審議会本委員（薬事分科会委員、毒物劇物部会委員）などを歴任。

・中毒情報執筆

遠藤容子 （(公財) 日本中毒情報センター 大阪中毒 110 番施設長兼理事、現厚生労働省薬事・食品衛生審議会毒物劇物部会委員、元日本中毒学会理事)

三瀬雅史 （(公財) 日本中毒情報センター 大阪中毒 110 番施設長次長、現厚生労働省薬事・食品衛生審議会毒物劇物調査会委員、日本中毒学会評議員、薬学博士)

・データチェック・整理 （東京薬科大学）

金原奈美	赤羽優燿	越智奈津子	木村尚統	菅原健太
高田穂南	能城裕希	長谷川嵩	文字愛羅	

・カバー表紙デザイン／大島恵里子

・DTP・本文デザイン／株式会社エヌ・オフィス

新 毒物劇物取扱の手引

2018 年 6 月 20 日　初　版

監　　　修	大野泰雄
編　　　集	益山光一
編 集 協 力	栗原正明、橘高敦史、髙橋祐次、黒木由美子
発 行 者	松永　努
発 行 所	株式会社　時事通信出版局
発　　　売	株式会社　時事通信社

東京都中央区銀座 5-15-8　〒 104-8178
電話　東京 3501-9855　http://book.jiji.com

印刷・製本	株式会社　太平印刷社

Ⓒ 2018　Jiji Press Publication Services, Inc.
（乱丁・落丁はお取り替えいたします）
ISBN 978-4-7887-1550-9　C3043　Printed in Japan

追　補

□法令一覧

毒物及び劇物指定令の一部を改正する政令（令和6年政令第196号）

.... 3

毒物及び劇物取締法施行規則の一部を改正する省令（令和6年厚生労働省令第90号）

.... 3

毒物及び劇物取締法施行規則の一部を改正する省令（令和6年厚生労働省令第91号）

.... 9

□通知一覧

毒物及び劇物指定令等の一部改正について（令和6年5月29日付け医薬発0529第1号）

.... 10

毒物及び劇物指定令の一部を改正する政令等に伴う劇物のマイクロカプセル製剤の取扱いについて（令和6年5月29日医薬薬審発0529第2号）

.... 12

毒物劇物取扱責任者の資格要件について（令和6年5月30日付け医薬薬審発0530第1号）

.... 13

毒物劇物取扱責任者に係るデジタル原則を踏まえたアナログ規制の見直しについて（令和6年6月26日付け医薬薬審発0626第4号）

.... 14

毒物及び劇物取締法施行規則の一部を改正する省令の施行について（令和6年9月20日付け医薬発0920第12号）

.... 15

毒劇物輸入確認要領について（発出令和2年8月31日付け薬生発0831第22号　改正令和6年9月20日付け医薬発0920第16号）

.... 19

毒劇物輸入監視協力方依頼について（発出令和2年8月31日付け薬生発0831第24号　改正令和6年9月20日付け医薬発0920第17号）

.... 19

□その他

毒物及び劇物指定令の一部を改正する政令（令和6年政令第196号）において指定された物質に関する情報

.... 21

毒物及び劇物指定令の一部を改正する政令（令和 6 年政令第 196 号）

　内閣は、毒物及び劇物取締法（昭和 25 年法律第 303 号）別表第二第 94 号及び第 23 条の 5 の規定に基づき、この政令を制定する。

　毒物及び劇物指定令（昭和 40 年政令第 2 号）の一部を次のように改正する。

　第 2 条第 1 項第 10 号ただし書中「25％」を「30％」に改め、同項中第 28 号の 15 を第 28 号の 16 とし、第 28 号の 14 の次に次の 1 号を加える。

　28 の 15　4-クロロ-2-フルオロ-5-［(RS)-(2,2,2-トリフルオロエチル)スルフイニル］フエニル＝5-［(トリフルオロメチル)チオ］ペンチル＝エーテル（別名フルペンチオフエノツクス）及びこれを含有する製剤

　第 2 条第 1 項第 32 号中(187)を(188)とし、(32)から(186)までを(33)から(187)までとし、(31)の次に次のように加える。

　(32)　1-(3-クロロ-4,5,6,7-テトラヒドロピラゾロ［1,5-a］ピリジン-2-イル)-5-［(シクロプロピルメチル)アミノ]-1H-ピラゾール-4-カルボニトリル（別名シクロピラニル）及びこれを含有する製剤

附　則

　（施行期日）
1　この政令は、令和 6 年 6 月 1 日から施行する。ただし、第 2 条第 1 項第 10 号ただし書及び第 32 号の改正規定は、公布の日から施行する。
　（経過措置）
2　この政令の施行の際現にこの政令による改正後の第 2 条第 1 項第 28 号の 15 に掲げる物の製造業、輸入業又は販売業を営んでいる者が引き続き行う当該営業については、令和 6 年 8 月 31 日までは、毒物及び劇物取締法（次項において「法」という。）第 3 条、第 7 条及び第 9 条の規定は、適用しない。
3　前項に規定する物であってこの政令の施行の際現に存するものについては、令和 6 年 8 月 31 日までは、法第 12 条第 1 項（法第 22 条第 5 項において準用する場合を含む。）及び第 2 項の規定は、適用しない。

上の政令改正に関する解説

・毒物及び劇物指定令等の一部改正について（令和 6 年 5 月 29 日付け医薬発 0529 第 1 号）（10 ページ）
・毒物及び劇物指定令の一部を改正する政令（令和 6 年政令第 196 号）において指定された物質に関する情報（21 ページ）
を参照のこと。

毒物及び劇物取締法施行規則の一部を改正する省令（令和 6 年厚生労働省令第 90 号）

　毒物及び劇物取締法施行規則（昭和 26 年厚生省令第 4 号）の一部を次のように改正する。

別記第1号様式を次のように改める。

別記第4号様式を次のように改める。

別記第10号様式を次のように改める。

附　則

（施行期日）

1　この省令は、令和6年10月1日から施行する。

（経過措置）

2　この省令の施行の際現にあるこの省令による改正前の様式（次項において「旧様式」という。）により使用されている書類は、この省令による改正後の様式によるものとみなす。

3　この省令の施行の際現にある旧様式による用紙は、当分の間、これを取り繕って使用することができる。

別記第1号様式（第1条関係）

毒物劇物　製造業　登録申請書
　　　　　輸入業

製造所（営業所）	所　在　地	
	名　　称	
製造（輸入）品目	類　　別	化学名（製剤にあつては、化学名及びその含量）
備　　考		

上記により、毒物劇物の　製造業　の登録を申請します。
　　　　　　　　　　　輸入業

　　　年　　月　　日

　　　　　　　　　　　　　　　　　　住所（法人にあつては、主たる事務）
　　　　　　　　　　　　　　　　　　　　（所の所在地　　　　　　　　　　）

　　　　　　　　　　　　　　　　　　氏名（法人にあつては、名称及び代）
　　　　　　　　　　　　　　　　　　　　（表者の氏名　　　　　　　　　　）

都道府県知事　殿

（注意）
　1　用紙の大きさは、日本産業規格A列4番とすること。
　2　字は、墨、インク等を用い、楷書ではつきりと書くこと。
　3　製造（輸入）品目欄には、次により記載すること。
　　(1)　類別は、法別表又は毒物及び劇物指定令による類別によること。
　　(2)　有機シアン化合物及びこれを含有する製剤については、化学名欄に「有機シアン化合物」と記載すること。
　　(3)　原体の小分けの場合は、その旨を化学名の横に付記すること。
　　(4)　製剤の含量は、一定の含量幅を持たせて記載して差し支えないこと。
　　(5)　品目の全てを記載することができないときは、この欄に「別紙のとおり」と記載し、別紙を添付すること。

別記第4号様式（第4条関係）

毒物劇物 製造業／輸入業 登録更新申請書

登録番号及び 登録年月日		
製造所（営業所）	所　在　地	
	名　　　称	
製造（輸入）品目	類　　　別	化学名（製剤にあつては、化学名及びその含量）
毒物劇物取扱責任者	氏　　　名	
	住　　　所	
備　　　　考		

上記により、毒物劇物の 製造業／輸入業 の登録の更新を申請します。

　　　　年　　　月　　　日

住所 （法人にあつては、主たる事務所の所在地）

氏名 （法人にあつては、名称及び代表者の氏名）

都道府県知事　殿

（注意）

1　用紙の大きさは、日本産業規格A列4番とすること。

2　字は、墨、インク等を用い、楷書ではつきりと書くこと。

3　製造（輸入）品目欄には、次により記載すること。

　(1)　類別は、法別表又は毒物及び劇物指定令による類別によること。

　(2)　有機シアン化合物及びこれを含有する製剤については、化学名欄に「有機シアン化合物」と記載すること。

　(3)　原体の小分けの場合は、その旨を化学名の横に付記すること。

(4) 製剤の含量は、一定の含量幅を持たせて記載して差し支えないこと。

(5) 品目の全てを記載することができないときは、この欄に「別紙のとおり」と記載し、別紙を添付すること。

(6) 有機シアン化合物及びこれを含有する製剤について登録の更新を行う場合は、当該登録の更新前までに製造（輸入）した実績のある有機シアン化合物の品目（化学名）の全てを別添として提出すること。

別記第10号様式（第10条関係）

毒物劇物　製造業
輸入業　登録変更申請書

登録番号及び登録年月日		
製造所（営業所）	所　在　地	
	名　　　称	
新たに製造（輸入）する品目	類　別	化学名（製剤にあつては、化学名及びその含量）
備　　　　　考		

上記により、毒物劇物の　製造業
輸入業　の登録の変更を申請します。

　　　　年　　　月　　　日

　　　　　　　　　　　　　住所（法人にあつては、主たる事務所の所在地）

　　　　　　　　　　　　　氏名（法人にあつては、名称及び代表者の氏名）

都道府県知事　　殿

（注意）

1　用紙の大きさは、日本産業規格A列4番とすること。

2　字は、墨、インク等を用い、楷書ではつきりと書くこと。

3　新たに製造（輸入）する品目欄には、次により記載すること。

（1）類別は、法別表又は毒物及び劇物指定令による類別によること。

（2）有機シアン化合物及びこれを含有する製剤については、化学名欄に「有機シアン化合物」と記載すること。

（3）原体の小分けの場合は、その旨を化学名の横に付記すること。

（4）製剤の含量は、一定の含量幅を持たせて記載して差し支えないこと。

（5）品目の全てを記載することができないときは、この欄に「別紙のとおり」と記載し、別紙を添付すること。

上の省令改正に関する解説

・毒物及び劇物取締法施行規則の一部を改正する省令の施行について（令和6年9月20日付け医薬発0920第12号）（15ページ）

毒物及び劇物取締法施行規則の一部を改正する省令（令和6年厚生労働省令第91号）

（毒物及び劇物取締法施行規則の一部改正）

第1条 毒物及び劇物取締法施行規則（昭和26年厚生省令第4号）の一部を次の表のように改正する。

（傍線部分は改正部分）

改正後	改正前
別表第一（第4条の2関係） 劇物 　1～11の7（略） 　<u>11の8　4-クロロ-2-フルオロ-5-〔(RS)-(2,2,2-トリフルオロエチル)スルフィニル〕フエニル=5-〔(トリフルオロメチル)チオ〕ペンチル=エーテル（別名フルペンチオフエノックス）及びこれを含有する製剤</u> 　<u>11の9・11の10</u>　（略） 　12～67　（略）	**別表第一**（第4条の2関係） 劇物 　1～11の7（略） 　（新設） 　<u>11の8・11の9</u>　（略） 　12～67　（略）

第2条 毒物及び劇物取締法施行規則の一部を次の表のように改正する。

（傍線部分は改正部分）

改正後	改正前
別表第一（第4条の2関係） 劇物 　1～4の2（略） 　5　2-イソプロピル-4-メチルピリミジル-6-ジエチルチオホスフエイト（別名ダイアジノン）及びこれを含有する製剤。ただし、2-イソプロピル-4-メチルピリミジル-6-ジエチルチオホスフエイト5%（マイクロカプセル製剤にあつては、<u>30%</u>）以下を含有するものを除く。 　5の2～67　（略）	**別表第一**（第4条の2関係） 劇物 　1～4の2（略） 　5　2-イソプロピル-4-メチルピリミジル-6-ジエチルチオホスフエイト（別名ダイアジノン）及びこれを含有する製剤。ただし、2-イソプロピル-4-メチルピリミジル-6-ジエチルチオホスフエイト5%（マイクロカプセル製剤にあつては、<u>25%</u>）以下を含有するものを除く。 　5の2～67　（略）

附　則

　この省令は、毒物及び劇物指定令の一部を改正する政令（令和6年政令第196号）の施行の日から施行する。ただし、第2条の改正規定は、公布の日から施行する。

上の省令改正に関する解説
・毒物及び劇物指定令等の一部改正について（令和6年5月29日付け医薬発0529第1号）（10ページ）

毒物及び劇物指定令等の一部改正について（令和6年5月29日付け医薬発0529第1号）

　毒物及び劇物指定令の一部を改正する政令（令和6年政令第196号。以下「改正政令」という。）及び毒物及び劇物取締法施行規則の一部を改正する省令（令和6年厚生労働省令第91号。以下「改正省令」という。）が令和6年5月29日に公布されましたので、下記に御留意の上、貴管内市町村、関係団体等に周知徹底を図るとともに、適切な指導を行い、その実施に遺漏のないようお願いいたします。

　なお、同旨の通知を一般社団法人日本化学工業協会会長、全国化学工業薬品団体連合会会長、日本製薬団体連合会会長、公益社団法人日本薬剤師会会長、一般社団法人日本化学品輸出入協会会長及び一般社団法人日本試薬協会会長宛てに発出することとしている旨、申し添えます。

　　　　　　　　　　　　　　　　　　　記

第1　改正政令の内容について
　1　次に掲げる物を新たに劇物に指定した。
　　　4-クロロ-2-フルオロ-5-[(*RS*)-(2,2,2-トリフルオロエチル)スルフイニル]フエニル=5-[(トリフルオロメチル)チオ]ペンチル=エーテル（別名フルペンチオフエノックス）及びこれを含有する製剤
　2　劇物として指定されていた次に掲げる物を劇物から除外した。
　　(1)　有機シアン化合物及びこれを含有する製剤のうち、1-(3-クロロ-4,5,6,7-テトラヒドロピラゾロ[1,5-*a*]ピリジン-2-イル)-5-[(シクロプロピルメチル)アミノ]-1*H*-ピラゾール-4-カルボニトリル（別名シクロピラニル）及びこれを含有する製剤
　　(2)　「2-イソプロピル-4-メチルピリミジル-6-ジエチルチオホスフエイト（別名ダイアジノン）を含有する製剤。ただし、2-イソプロピル-4-メチルピリミジル-6-ジエチルチオホスフエイト5%（マイクロカプセル製剤にあつては、25%）以下を含有するものを除く。」のうち、2-イソプロピル-4-メチルピリミジル-6-ジエチルチオホスフエイト（別名ダイアジノン）を、マイクロカプセル製剤として30%以下含有する製剤
　3　施行期日
　　　令和6年6月1日から施行する。ただし、2については、公布日から施行する。
　4　経過措置等
　　(1)　今回新たに劇物に指定した物については、既に製造、輸入及び販売されている実情に鑑み、改正政令の施行日（令和6年6月1日）において、現にその製造業、輸入業又は

販売業を営んでいる者については、令和6年8月31日までは、毒物及び劇物取締法（昭和25年法律第303号。以下「法」という。）第3条（禁止規定）、第7条（毒物劇物取扱責任者）及び第9条（登録の変更）の規定は適用しない。また、新たに劇物に指定した物のうち、改正政令の施行日において、現に存するものについては、令和6年8月31日までは、法第12条（毒物又は劇物の表示）第1項（法第22条第5項において準用する場合を含む。）及び第2項の規定は、適用しない。

(2) 今回新たに劇物に指定した物について、現に製造業、輸入業又は販売業を営んでいる者に対しては、速やかに登録を受け、毒物劇物取扱責任者を設置するとともに、適正な表示を行うよう指導されたい。また、改正政令の施行日において、現に存する物に関しても、法第12条第3項（毒物又は劇物の表示）、第14条（毒物又は劇物の譲渡手続）、第15条（毒物又は劇物の交付の制限等）、第15条の2（廃棄）、第16条（運搬等についての技術上の基準等）等に関する経過措置は定められておらず、これらの規定は施行日から適用するため、関係業者に対して適切に指導されたい。

第2　改正省令について

1　次に掲げる物を農業用品目販売業者が取り扱うことができる劇物に指定した。
4-クロロ-2-フルオロ-5-[(*RS*)-(2,2,2-トリフルオロエチル)スルフイニル]フエニル=5-[(トリフルオロメチル)チオ]ペンチル=エーテル（別名フルペンチオフエノックス）及びこれを含有する製剤

2　次に掲げる物を農業用品目販売業者が取り扱うことができる劇物から除外した。
「2-イソプロピル-4-メチルピリミジル-6-ジエチルチオホスフエイト（別名ダイアジノン）を含有する製剤。ただし、2-イソプロピル-4-メチルピリミジル-6-ジエチルチオホスフエイト5％（マイクロカプセル製剤にあっては、25％）以下を含有するものを除く。」のうち、2-イソプロピル-4-メチルピリミジル-6-ジエチルチオホスフエイト（別名ダイアジノン）を、マイクロカプセル製剤として30％以下含有する製剤

3　施行期日
令和6年6月1日から施行する。ただし、2については、公布日から施行する。

第3　その他

(1) 改正政令及び改正省令の新旧対照表については別添、今般、劇物に指定された物及び劇物から除外された物の性状、毒性等については以下を参考とされたい。
令和5年度第4回薬事・食品衛生審議会薬事分科会資料（資料3毒物劇物部会について）
https://www.mhlw.go.jp/stf/newpage_36932.html

(2) パブリックコメントにおいて寄せられた意見の概要とそれに対する回答の全体は以下のとおりであるので、適宜参考にされたい。
「毒物及び劇物指定令の一部を改正する政令案」に関する意見募集の結果について
https://public-comment.e-gov.go.jp/servlet/Public?CLASSNAME=PCM1040&id=495230349&Mode=1
「毒物及び劇物取締法施行規則の一部を改正する省令案」に関する意見募集の結果について
https://public-comment.e-gov.go.jp/servlet/Public?CLASSNAME=PCM1040&id=495230350&Mode=1

上の別添の資料等について

厚生労働省サイト

https://www.nihs.go.jp/mhlw/chemical/doku/tuuti.html

（毒物及び劇物取締法に関する通知等　ホームページ）

を参照のこと。

毒物及び劇物指定令の一部を改正する政令等に伴う劇物のマイクロカプセル製剤の取扱いについて（令和6年5月29日付け医薬薬審発0529第2号）

　毒物及び劇物指定令の一部を改正する政令（令和6年政令第196号）及び毒物及び劇物取締法施行規則の一部を改正する省令（令和6年厚生労働省令第91号）が令和6年5月29日に公布され、それに伴い、令和6年5月29日付け医薬発0529第1号医薬局長通知が発出されたところであるが、今回の改正において劇物から除外された、「2-イソプロピル-4-メチルピリミジル-6-ジエチルチオホスフエイト（別名ダイアジノン）を、マイクロカプセル製剤として30%以下含有する製剤」について、現在、我が国で流通しているものは下記のとおりであるので、業務の参考とされたい。

　なお、同旨の通知を一般社団法人日本化学工業協会会長、全国化学工業薬品団体連合会会長、日本製薬団体連合会会長、公益社団法人日本薬剤師会会長、一般社団法人日本化学品輸入協会会長及び一般社団法人日本試薬協会会長宛てに発出することを申し添える。

記

1　マイクロカプセル製剤の形状等

　　2-イソプロピル-4-メチルピリミジル-6-ジエチルチオホスフエイト（別名ダイアジノン）を含む組成物を多価イソシアネートと多価アミンを原料として界面重合法により形成するポリウレアにより被覆した、粒子径が概ね数 μm から数百 μm のマイクロカプセルを含有する製剤であり、顕微鏡観察によりカプセルの形成を確認でき、かつ、急性経口毒性の LD_{50} が 2,000 mg/kg 以上のもの。

2　販売名（以下2件）

　　・「ダイアジノン SL ゾル」（販売中）

　　・「ダイアジノン MC」（農薬登録申請中）

3　製造販売元

　　日本化薬株式会社

　　ライフサイエンス事業領域　アグロ事業部

　　東京都千代田区丸の内2丁目1番1号

　　TEL:03-6731-5200

毒物劇物取扱責任者の資格要件について（令和6年5月30日付け医薬薬審発0530第1号）

　毒物及び劇物の適正な管理等の推進については、平素から格段の御配慮を賜り、厚く御礼申し上げます。

　さて、毒物及び劇物取締法（昭和25年法律第303号。以下「法」という。）第7条に規定する毒物劇物取扱責任者について、法第8条第1項第2号及び毒物及び劇物取締法施行規則（昭和26年厚生省令第4号。以下「規則」という。）第6条に該当する場合の具体的な基準は、平成13年2月7日付け医薬化発第5号「毒物及び劇物取締法に係る法定受託事務の実施について」の記第1の4「毒物劇物取扱責任者の資格の確認について」により示してきたところです。

　近年、大学等が設置する学部・学科やカリキュラムが多様化してきたことを踏まえ、従前の基準には当てはまらない学部・学科を卒業した者でも、毒物劇物取扱責任者の業務を遂行する上で十分な知識等を有すると考えられる事例がみられることから、下記のとおり基準を改定いたします。

　なお、この通知の発出に伴い、平成13年2月7日付け医薬化発第5号「毒物及び劇物取締法に係る法定受託事務の実施について」記第1の4は、廃止します。

記

　毒物劇物取扱責任者の資格について、法第8条第1項第2号に該当するものとして届けられた者については、以下の(1)から(5)の基準に従い、各学校の応用化学の学課を修了した者であることを確認してください。

　なお、以下の(1)から(5)のいずれにも該当しない場合、又は判断に迷う事例については、学校教育法（昭和22年法律第26号）第50条に規定する高等学校と同等以上の学校で応用化学に関する学課を修了したことを証する書類及び授業内容が確認できる書類を、必要に応じて添付した上で、個別に厚生労働省医薬局医薬品審査管理課化学物質安全対策室宛て照会してください。

　法第8条第1項の各号に該当しない場合には、毒物劇物取扱者試験を受けるように指導してください。

(1)　大学等

　　学校教育法第83条に規定する大学（同法第108条第3項に規定する短期大学を含む。）又は旧大学令（大正7年勅令第388号）に基づく大学又は旧専門学校令（明治36年勅令第61号）に基づく専門学校で応用化学に関する学課を修了した者であることを卒業証明書等で確認する。応用化学に関する学課とは次の学部、学科とする。

　ア　薬学部

　イ　理学部、理工学部又は教育学部の化学科、理学科（化学専攻のものに限る。）、生物化学科等

　ウ　農学部、水産学部又は畜産学部の農業化学科、農芸化学科、農産化学科、園芸化学科、水産化学科、生物化学工学科、畜産化学科、食品化学科等

　エ　工学部の応用化学科、工業化学科、化学工学科、合成化学科、合成化学工学科、応用電気化学科、化学有機工学科、燃料化学科、高分子化学科、染色化学工学科等

　オ　化学に関する授業科目の単位数が、必修科目・選択科目等を合わせて28単位以上修得

している又は必修科目の単位中50%以上である学科

ここで化学に関する科目とは、次の分野に関する講義、実験及び演習とする。ただし、「化学」の文字が入っていない科目名であっても、講義内容等から総じて化学に関する科目と認められる場合には、単位数に算入して差し支えないこと。また、名称のみでは判断できない場合は、シラバスやカリキュラムにより授業内容を確認すること。

工業化学、無機化学、有機化学、化学工学、化学装置、化学工場、化学工業、化学反応、分析化学、物理化学、電気化学、色染化学、放射化学、医化学、生化学、バイオ化学、微生物化学、農業化学、食品化学、食品応用化学、水産化学、化学工業安全、化学システム技術、環境化学、生活環境化学、生活化学、生活化学基礎、素材化学、材料化学、高分子化学等

有機構造解析、無機材質学、マテリアル工学、高分子合成、食品工学、代謝生物学、機器分析、環境評価、環境リスク管理等

(2) 高等専門学校

学校教育法第115条に規定する高等専門学校工業化学科又はこれに代わる応用化学に関する学課を修了した者であることを確認する。

ただし、学科名により判断できない場合には、(1)のオを準用し、化学に関する科目を28単位以上修得していることを確認すること。

(3) 専門課程を置く専修学校（専門学校）

学校教育法第124条に規定する専修学校のうち同法第126条第2項に規定する専門学校において応用化学に関する学課を修了した者については、25単位以上の化学に関する科目を修得していることを確認する。化学に関する科目については(1)のオを準用する。

(4) 高等学校

学校教育法第50条に規定する高等学校（旧中等学校令（昭和18年勅令第36号）第2条第3項に規定する実業高校を含む。）において応用化学に関する学課を修了した者については、25単位以上の化学に関する科目を修得していることを確認する。化学に関する科目については(1)のオを準用する。

(5) 大学院

学校教育法第97条に規定する大学院で応用化学に関する研究科を修了した者であることを確認する。応用化学に関する研究科への該当性の判断においては(1)のア～オを準用する。なお、(1)のオを準用する場合、大学と大学院の単位数を合算して差し支えないこと。

毒物劇物取扱責任者に係るデジタル原則を踏まえたアナログ規制の見直しについて（令和6年6月26日付け医薬薬審発0626第4号）

毒物及び劇物の適正な管理等の推進については、平素から格段の御配慮を賜り、厚く御礼申し上げます。

アナログ規制の見直しについては、令和3年6月18日に閣議決定された「包括的データ戦

略」に基づき、デジタル原則への適合性の点検・見直し作業を実施し、これを踏まえ、第6回デジタル臨時行政調査会（令和4年12月21日開催）において「デジタル原則を踏まえたアナログ規制の見直しに係る工程表」がとりまとめられました。

毒物及び劇物取締法（昭和25年法律第303号。以下「法」という。）に関しては、法第7条第1項の毒物劇物営業者における毒物劇物取扱責任者の専任要件について、見直しを検討することとなっていたところです。

今般、毒物劇物取扱責任者の取扱いについて下記のとおりにすることとしましたので、貴職におかれましては、貴管内事業者に対する周知及び指導の徹底をお願いします。

記

法第7条第1項は、毒物劇物営業者に対し、専任の毒物劇物取扱責任者を置くことを求めていますが、デジタル技術の活用等により、各条項で規定される管理等を適切に行うことが可能となっています。デジタル技術の活用等の例については、以下のようなものが想定されますが、記載の例示に限るものではありません。
・監視カメラ、ドローン等による倉庫等の常時監視
・センサー等による入室管理
・毒物劇物管理簿の電子化による在庫等の遠隔管理
・通信回線等を利用した遠隔通信
また、毒物劇物取扱責任者については、その業務を円滑に遂行できるよう、常時、当該製造所等に勤務できる者を指名することとしていますが、従来、毒物劇物取扱責任者の常駐義務は課しておりませんので、デジタル技術の活用等により、在宅勤務等を行うことは可能です。

（参考）
○第6回デジタル臨時行政調査会
https://www.digital.go.jp/councils/administrative-research/c43e8643-e807-41f3-b929-94fb7054377e/

毒物及び劇物取締法施行規則の一部を改正する省令の施行について（令和6年9月20日付け医薬発0920第12号）

毒物及び劇物取締法施行規則の一部を改正する省令（令和6年厚生労働省令第90号）が、令和6年5月29日に公布され、本年10月1日に施行される予定です。つきましては、下記に御留意の上、本改正内容について、貴管内市町村、関係団体等に周知徹底を図るとともに、適切な指導を行い、その実施に遺漏のないようお願いいたします。

なお、同旨の通知を一般社団法人日本化学工業協会会長、全国化学工業薬品団体連合会会長、日本製薬団体連合会会長、公益社団法人日本薬剤師会会長、一般社団法人日本化学品輸出入協会会長及び一般社団法人日本試薬協会会長宛てに発出することとしている旨、申し添えます。

記

第1 改正の趣旨について

　毒物及び劇物取締法（昭和25年法律第303号。以下「法」という。）第3条第1項及び第4条第1項の規定に基づき、毒物及び劇物を販売又は授与の目的で製造又は輸入する場合は、事前に管轄の都道府県知事による製造業又は輸入業の登録（以下単に「登録」という。）を受ける必要がある。登録は毒物及び劇物の品目について行うこととされており、製造又は輸入する品目を追加する場合は、法第9条第1項の規定に基づき、事前に当該都道府県知事による登録の変更を受ける必要がある。

　登録する品目については、毒物及び劇物取締法施行規則（昭和26年厚生省令第4号。以下「規則」という。）別記様式において、類別及び化学名（製剤にあっては、化学名及びその含量）を記載することとされている。

　今般、規制改革・行政改革ホットラインに寄せられた意見を踏まえ、有機シアン化合物については、化学名の登録を求めず、類別のみの登録を認めることとするため、規則について所要の改正を行う。

1)　有機シアン化合物について、類別のみを登録することとし、規則別記第1号様式、別記第4号様式及び別記第10号様式の注意欄に、「有機シアン化合物及びこれを含有する製剤については、化学名欄に「有機シアン化合物」と記載すること。」と追加した。

2)　登録更新時において、有機シアン化合物については、前回登録更新以降に製造（輸入）した品目のリスト（製造（輸入）実績品目リスト）の提出を求めることとし、規則別記第4号様式の注意欄に、「有機シアン化合物及びこれを含有する製剤について登録の更新を行う場合は、当該登録の更新前までに製造（輸入）した実績のある有機シアン化合物の品目（化学名）の全てを別添として提出すること。」と追加した。

第2 施行期日等

　令和6年10月1日から施行する。なお、当分の間、旧様式を新様式に取り繕って使用して差し支えない。

第3 その他

(1)　従前、化学名を用いて劇物たる有機シアン化合物及びこれを含有する製剤（以下「有機シアン化合物」という。）の登録をしている者は、施行日以降、化学名から類別への変更のみを目的をした変更登録申請を行うことなく、同物質の製造又は輸入が可能なこと。また、少なくとも一品目の有機シアン化合物を製造又は輸入の登録を行っている者は、他の有機シアン化合物についても、変更登録申請を行うことなく、製造又は輸入が可能なこと。

(2)　登録更新時に提出を求める別添となる有機シアン化合物の製造（輸入）実績品目リストは、前回登録更新以降に製造（輸入）した品目を記載すること（前回登録更新以前から継続して製造（輸入）している品目も含む。）。また、事業所での事故発生時や立入検査に際して、提出を求めることがあるため、登録更新資料作成時のみならず、日頃から必要に応じて更新を行うこと。なお、有機シアン化合物の製造（輸入）実績品目リストの様式は定めていないものの、本通知の別紙を参考として使用して差し支えないこと。

(3)　劇物に該当する有機シアン化合物を輸入する場合、仕入書（invoice）等に、類別が「有機シアン化合物」である旨の記載を行うこと。また、貨物の名称と毒物劇物輸入業登録票（毒劇法施行規則 別記第3号様式。登録品目書（品目登録済証）が添付されたもの。

以下「登録票」という。)（写）の品目名を一致させるため、以下㋐又は㋑の対応を行うこと。

㋐ 「化学名」を記載した登録票を提出する際には仕入書（invoice）等にも「化学名」を合わせて記載すること。

㋑ 施行前の時点で登録票の類別番号に「令2-32」の品目が登録されており、かつ、同一類別番号で異なる品目を輸入する際には、仕入書（invoice）等に「有機シアン化合物」と類別を記載すること。

(4) 今後、「有機シアン化合物」については、類別での登録に統一することとしたことから、「化学名」を申請様式に記載しての登録申請は行わないこと。

(5) 今般の改正は、登録手続に係るもののみであり、容器及び被包に表示する成分及びその含量（法第12条第2項）、荷送人の通知（毒物及び劇物施行令（昭和30年政令第261号。以下「施行令」という。）第40条の6）、情報の提供（施行令第40条の9）等には、引き続き「有機シアン化合物」ではなく、化学名の記載が必要であること。

(6) 有機シアンと他の毒物又は劇物の混合物を製造・輸入する際は、有機シアン化合物の登録に加え、従来どおり他の毒物又は劇物の品目登録が必要であること。

(別紙)

有機シアン化合物　製造（輸入）実績品目リスト

No	化学名	製造（輸入）が終了した品目（○をつけること）	CAS No（任意）	備考

毒劇物輸入確認要領について（発出令和 2 年 8 月 31 日付け薬生発 0831 第 22 号　改正令和 6 年 9 月 20 日付け医薬発 0920 第 16 号）

　「医薬品、医療機器等の品質、有効性及び安全性の確保等に関する法律等の一部を改正する法律の施行に伴う関係省令の整備等に関する省令」（令和 2 年厚生労働省令第 155 号。以下「改正省令」という。）が令和 2 年 8 月 31 日に公布され、同年 9 月 1 日から施行されることとなっている。

　改正省令の内容等について示した「医薬品、医療機器等の品質、有効性及び安全性の確保等に関する法律等の一部を改正する法律の施行に伴う関係省令の整備等に関する省令の公布について」（令和 2 年 8 月 31 日付け薬生発 0831 第 20 号厚生労働省医薬・生活衛生局長通知）により、「医薬品等及び毒劇物輸入監視要領について」（平成 27 年 11 月 30 日付け薬生発 1130 第 1 号厚生労働省医薬・生活衛生局長通知）が廃止されたところであるが、毒物及び劇物の輸入監視について、無登録品又は不良品等が違法に国内に流入することを未然に防ぎ、もって国民の保健衛生上の危害を防止することを目的として、「毒劇物輸入確認要領」を別添のとおり定め、令和 2 年 9 月 1 日から実施するため、ここに通知する。

　また、本件の実施に係る「毒物及び劇物取締法に係る毒劇物の通関の際における取扱要領」については、別添参考のとおり財務省関税局長宛て通知済みであることを申し添える。

上の別添の資料等について
厚生労働省サイト
http://www.nihs.go.jp/mhlw/chemical/doku/tuuti.html
（毒物及び劇物取締法に関する通知等　ホームページ）
を参照のこと。

毒劇物輸入監視協力方依頼について（発出令和 2 年 8 月 31 日付け薬生発 0831 第 24 号　改正令和 6 年 9 月 20 日付け医薬発 0920 第 17 号）

　毒物及び劇物（以下「毒劇物」という。）の輸入監視につきましては、従来「医薬品等及び毒劇物輸入監視協力方依頼について」（平成 27 年 11 月 30 日付け薬生発 1130 第 2 号厚生労働省医薬・生活衛生局長通知。以下「旧通知」という。）により協力をお願いしているところです。

　「医薬品等輸入監視協力方依頼について」（令和 2 年 8 月 31 日付け薬生発 0831 第 4 号厚生労働省医薬・生活衛生局長通知）により旧通知が廃止されることに伴い、別添のとおり「毒物及び劇物取締法に係る毒劇物の通関の際における取扱要領」を定め、令和 2 年 9 月 1 日から実施することとしましたので、毒劇物の通関の際における取扱いにつきましては、特段の御配慮をお願いいたします。

上の別添の資料等について
厚生労働省サイト
http://www.nihs.go.jp/mhlw/chemical/doku/tuuti.html
（毒物及び劇物取締法に関する通知等　ホームページ）
を参照のこと。

毒物及び劇物指定令の一部を改正する政令において指定された物質に関する情報では、「毒物及び劇物取締法」および「毒物及び劇物指定令」の別表第一および第二の順序に従って、個々の毒物劇物について説明する。通常、「性状」「毒性」は指定時のデータに基づくもので、参考データとして記載している。

【凡例】

LD_{50}	50%致死量（別途記載のないものは、体重 1 kg あたりの致死量）
LC_{50}	50%致死濃度（別途記載のないものは、吸入での致死濃度）
LC_0	0%致死濃度　記載されている濃度では死亡例がみられなかったことを示す（致死濃度の閾値を下回っている）
＞●● mg/kg	LD_{50} が●● mg/kg を超える値であることを示す
＞●● mg/L(4 hr)	LC_{50} が●● mg/L(4 hr) を超える値であることを示す
$\log P_{ow}$	オクタノールと水との分配係数 P_{ow} の値を対数変換（底は 10）したもの
沸点、融点	別途記載のないものは、1 気圧（1013.25 hPa）での値を示す
c.c.	引火点測定方法の密閉式（closed-cup）を示す
o.c.	引火点測定方法の開放式（open-cup）を示す

毒物及び劇物指定令の一部を改正する政令（令和6年政令第196号）において指定された物質に関する情報

劇物

劇物	4-クロロ-2-フルオロ-5-[(*RS*)-(2,2,2-トリフルオロエチル)スルフィニル]フェニル =5-[(トリフルオロメチル)チオ]ペンチル =エーテル
毒物及び劇物指定令 第2条／28の15	4-Chloro-2-fluoro-5-[(*RS*)-(2,2,2-trifluoroethyl)sulfinyl]phenyl 5-[(trifluoromethyl)thio]pentyl ether 〔別名〕フルペンチオフェノックス／flupentiofenox

【組成・化学構造】 分子式 $C_{14}H_{14}ClF_7O_2S_2$

構造式

【CAS番号】 1472050-04-6

【性状】 白色の結晶固体。沸点367.9℃。融点47.7℃。密度1.593 g/cm³（20℃）。蒸気圧 2.5×10^{-6} Pa（20℃、外挿法による）〔他のデータ：1.3×10^{-4} Pa（50℃）、4.5×10^{-5} Pa（40℃）、4.9×10^{-6} Pa（25℃）〕。水1Lあたり0.246 mg溶解（精製水、20℃）。$\log P_{ow} = 5.26$。アセトン、トルエン、ジクロロメタン、メタノール、酢酸エチルに混和。

【用途】 農薬の原料。

【毒性】 原体：ラット経口50 mg/kg < LD_{50} ≦ 300 mg/kg、ラット経皮 LD_{50} > 2000 mg/kg、ラット雄吸入（ダスト）LC_{50} > 2.0 mg/L（4 hr）、ラット雌吸入（ダスト）LC_{50} = 1.481 mg/L（4 hr）、ウサギにおいて皮膚刺激性なし、眼刺激性なし。

8%製剤：ラット経口50 mg/kg < LD_{50} ≦ 300 mg/kg、ラット経皮 LD_{50} > 2000 mg/kg、ウサギにおいて軽度の皮膚刺激性あり、軽度の眼刺激性あり。

【お詫びと訂正】

本書の以下のページにおいて誤りがありましたので、訂正してお詫び申し上げます。

頁	行または毒物劇物	誤	正
289	硫酸亜鉛	【廃棄基準】〔廃棄方法〕 (1)**沈殿法**の文中 炭酸カルシウム	炭酸ナトリウム
291	塩化亜鉛	同上	同上
349	エチルジフェニルジチオホスフェイト	【性状】無色～淡褐色の液体	黄色～淡褐色の液体
355	エチレンオキシド	【性状】無色の液体	無色の液体または気体
369	塩素酸ナトリウム	【性状】無色無臭の白色の正方単斜状の結晶	無色無臭の正方単斜状の結晶
371	塩素酸カリウム	$ClHO_3 \cdot K$	$KClO_3$
469	アミノニトリル	【薬物名】アミノニトリル	シアナミド 〔別名〕アミノニトリル
491	四塩化炭素	【毒性】の文中 角膜	強膜
494	1,3-ジカルバモイルチオ-2-(*N,N*-ジメチルアミノ)-プロパン塩酸塩	【廃棄基準】〔廃棄方法〕還元法 〔検定法〕滴定法	〔廃棄方法〕 **燃焼法** 　そのままあるいは水に溶解して、スクラバーを具備した焼却炉の火室へ噴射し、焼却する。 〈備考〉 スクラバーの洗浄液には水酸化ナトリウム水溶液を用いる。 〔検定法〕吸光光度法、高速液体クロマトグラフ法
536	シュウ酸亜鉛	$C_2H_2O_4 \cdot Zn$	ZnC_2O_4
537	シュウ酸カリウム	$C_2H_2O_4 \cdot 2K$	$K_2C_2O_4$
542	硝酸タリウム	$HNO_3 \cdot Tl$	$TlNO_3$
574	無水硫酸銅	$Cu \cdot H_2O_4S$	$CuSO_4$
703	メタクリル酸	【性状】無色透明な芳香を有する液体	刺激臭のする無色透明液体または無色柱状結晶

頁	行または毒物劇物	誤	正
714	N–メチル–1–ナフチルカルバメート	【性状】白色〜淡黄褐色粉末	白色の結晶またはさまざまな形状の固体
736	硫酸タリウム	分子式　$H_2O_4S \cdot 2Tl$ 構造式 Tl O–S(=O)(=O)–O Tl	分子式　Tl_2SO_4 構造式 Tl O–S(=O)(=O)–O Tl

※この冊子は、2024（令和6）年2月から2025（令和7）年1月末の間に改正された政令および厚生労働省令をもとに作成しました。

※2018（平成30）年5月から2024（令和6）年1月末の間に改正された政令および厚生労働省令をもとに作成した追補版（2024年2月作成）については、下記サイトをご参照ください。
https://bookpub.jiji.com/book/b373986.html